Werner Schatt
Hartmut Worch (Herausgeber)
Werkstoffwissenschaft

Werkstoffwissenschaft

Herausgeber
Werner Schatt, Hartmut Worch

WILEY-VCH

Herausgeber

Professor (em.) Dr.-Ing. habil. Dr.-Ing. E. h.
Werner Schatt
Professor Dr.-Ing. habil. Hartmut Worch
Institut für Werkstoffwissenschaft
Technische Universität Dresden
01062 Dresden

9. Auflage 2003
   1. Nachdruck 2007

■ Das vorliegende Werk wurde sorgfältig erarbeitet. Dennoch übernehmen Herausgeber, Autoren und Verlag für die Richtigkeit von Angaben, Hinweisen und Ratschlägen sowie für eventuelle Druckfehler keine Haftung.

**Bibliografische Information
der Deutschen Nationalbibliothek**
Die Deutsche Nationalbibliothek verzeichnet diese Publikation in der Deutschen Nationalbibliografie; detaillierte bibliografische Daten sind im Internet über <http://dnb.d-nb.de> abrufbar.

© 2003 Wiley-VCH Verlag GmbH & Co. KGaA, Weinheim
Alle Rechte, insbesondere die der Übersetzung in andere Sprachen vorbehalten. Kein Teil dieses Buches darf ohne schriftliche Genehmigung des Verlages in irgendeiner Form – durch Photokopie, Mikroverfilmung oder irgendein anderes Verfahren – reproduziert oder in eine von Maschinen, insbesondere von Datenverarbeitungsmaschinen, verwendbare Sprache übertragen oder übersetzt werden.

printed in the Federal Republic of Germany
gedruckt auf säurefreiem Papier.

Satz ProSatz Unger, Weinheim
Druck betz-druck GmbH, Darmstadt
Bindung Litges & Dopf Buchbinderei GmbH, Heppenheim

ISBN 978-3-527-30535-3

Vorwort zur 9. Auflage

Nach wie vor erfreut sich die seit 1972 in ununterbrochener Folge erschienene „Werkstoffwissenschaft" ungeschmälerten Zuspruchs in der einschlägigen Lehre und Forschung.

Nachdem die seinerzeit – nicht zuletzt als eine Folge der Wiedervereinigung – neu bearbeitete 8. Auflage nahezu vergriffen ist, haben sich Herausgeber und Verlag deshalb kurzerhand zu einer 9., überarbeiteten Auflage entschlossen. Dies geschah auch in der Erwartung, einem aktuellen, insbesondere an den Hohen Schulen des Landes bestehenden Bedürfnis nach anspruchsvoller fachwissenschaftlicher Literatur zu entsprechen.

Frau Dipl.-Ing. Renate Teschler danken wir sehr herzlich für die Einarbeitung der Korrekturen in die elektronische Fassung der 9. Auflage.

Dem Verlag Wiley-VCH, der den Titel im vergangenen Jahr übernommen hat, ist für die entschiedene Förderung des Anliegens sowie die hilfreiche und gedeihliche Zusammenarbeit sehr zu danken.

Dresden im April 2002   Die Herausgeber

Inhaltsverzeichnis

Vorwort zur 9. Auflage V

1   **Einleitung** *1*

2   **Zustände des festen Körpers** *4*
2.1   Kristalliner Zustand *6*
2.1.1   Raumgitter und Kristallsysteme *7*
2.1.2   Bravais-Gitter und Kristallstruktur *8*
2.1.3   Analytische Beschreibung des Raumgitters *11*
2.1.4   Polkugel und stereographische Projektion *17*
2.1.5   Bindung im Festkörper *20*
2.1.5.1   Aufbau und Energieniveaus der Atomhülle *24*
2.1.5.2   Ionenbindung *29*
2.1.5.3   Kovalente Bindung (Atombindung) *31*
2.1.5.4   Metallbindung *33*
2.1.5.5   Nebenvalenzbindung *34*
2.1.5.6   Mischbindung *36*
2.1.6   Koordination *37*
2.1.7   Elementstrukturen *39*
2.1.7.1   Krz Struktur (Wolfram-Typ) *39*
2.1.7.2   Kfz Struktur (Kupfer-Typ) *41*
2.1.7.3   Hexagonal dichteste Struktur (Magnesium-Typ) *42*
2.1.8   Legierungsstrukturen *42*
2.1.8.1   Austauschmischkristalle *43*
2.1.8.2   Überstrukturen *44*
2.1.8.3   Einlagerungsmischkristalle *45*
2.1.8.4   Intermetallische Phasen *46*
2.1.9   Ionenstrukturen *50*
2.1.10   Molekülstrukturen *56*
2.1.10.1   Atombindung in Polymeren *56*
2.1.10.2   Zwischenmolekulare Wechselwirkungen in Polymeren *58*
2.1.10.3   Aufbauprinzip und Infrastruktur von Makromolekülen *60*
2.1.10.3.1   Konstitution von Makromolekülen *60*

2.1.10.3.2	Konfiguration von Makromolekülen	63
2.1.10.3.3	Konformation von Makromolekülen	64
2.1.10.4	Kristallstruktur von Polymeren	67
2.1.10.5	Modifizierung von Polymeren	73
2.1.11	Realstruktur	77
2.1.11.1	Nulldimensionale Gitterstörungen	78
2.1.11.2	Eindimensionale Gitterstörungen	81
2.1.11.3	Zweidimensionale Gitterstörungen	91
2.1.11.3.1	Stapelfehler	91
2.1.11.3.2	Antiphasengrenzen	92
2.1.11.3.3	Grenzflächen	93
2.1.11.3.4	Grenzflächen in nanokristallinen Materialien	101
2.1.11.4	Dreidimensionale Gitterstörungen und Defektwechselwirkungen	103
2.2	Zustand unterkühlter Schmelzen und Glaszustand	106
2.2.1	Charakteristik des Zustandes unterkühlter Schmelzen und des Glaszustandes	106
2.2.2	Strukturmodelle silicatischer Gläser	107
2.2.3	Struktur amorpher Polymere	112
2.2.4	Strukturmodelle amorpher Metalle	113
	Literaturhinweise	115

3	**Übergänge in den festen Zustand**	**116**
3.1	Übergang vom flüssigen in den kristallinen Zustand	119
3.1.1	Keimbildung und -wachstum bei Metall- und Ionenkristallen	121
3.1.1.1	Erstarrung von Schmelzen	127
3.1.1.2	Kristallisation aus Lösungsmitteln	130
3.1.1.3	Kristallisation von unterkühlten Glasschmelzen (Entglasung)	135
3.1.2	Kristallisation von Polymeren	136
3.1.2.1	Einfluss der Molekülstruktur auf die Kristallisation	137
3.1.2.2	Keimbildung und Kristallwachstum	137
3.1.3	Abscheidung aus kolloidalen Lösungen	142
3.2	Übergang in den Zustand der unterkühlten Schmelze und in den Glaszustand	144
3.2.1	Änderung der Viskosität bei der amorphen Erstarrung	149
3.2.2	Phasentrennung im Zustand der unterkühlten Schmelze	151
3.2.3	Amorphe Erstarrung von Metallen und Legierungen	153
3.3	Übergang aus dem gasförmigen in den kristallinen Zustand	157
	Literaturhinweise	161

4	**Phasenumwandlungen im festen Zustand**	**163**
4.1	Umwandlungen mit Änderung der Struktur	167
4.1.1	Allotrope Umwandlungen des SiO_2	167
4.1.2	Die γ-α-Umwandlung des Eisens	171
4.1.3	Martensitische Umwandlungen	172
4.1.4	Massivumwandlung	174

4.1.5	Umwandlungsbesonderheiten bei Polymeren	*175*
4.2	Umwandlungen mit Änderung der Konzentration	*176*
4.3	Umwandlungen mit Änderung der Konzentration und der Struktur	*180*
4.3.1	Ausscheidungsumwandlung	*180*
4.3.2	Eutektoider Zerfall	*182*
4.4	Ordnungsumwandlungen	*184*
4.5	Nichtkonventionelle Phasenbildung	*187*
4.5.1	Metastabile Phasenbildung in dünnen Schichten	*188*
4.5.2	Mechanisches Legieren von Pulvern	*191*
	Literaturhinweise	*194*
5	**Zustandsdiagramme**	***195***
5.1	Thermodynamische Grundlagen	*195*
5.2	Experimentelle Methoden zur Aufstellung von Zustandsdiagrammen	*203*
5.3	Grundtypen der Zustandsdiagramme von Zweistoffsystemen	*208*
5.3.1	Zustandsdiagramm eines Systems mit vollständiger Mischbarkeit der Komponenten im festen und flüssigen Zustand	*208*
5.3.2	Zustandsdiagramm eines Systems mit vollständiger Mischbarkeit der Komponenten im flüssigen und vollständiger Unmischbarkeit im festen Zustand	*211*
5.3.3	Zustandsdiagramm von Systemen mit vollständiger Mischbarkeit der Komponenten im flüssigen und teilweiser Mischbarkeit im festen Zustand	*213*
5.3.4	Zustandsdiagramme von Systemen mit intermetallischen Phasen	*216*
5.3.5	Weitere Umwandlungen im festen Zustand	*217*
5.4	Einführung in Mehrstoffsysteme	*219*
5.5	Realdiagramme	*223*
5.5.1	Eisen-Kohlenstoff-Diagramm	*223*
5.5.2	Zustandsdiagramm des Systems Kupfer–Zinn	*227*
5.5.3	Zustandsdiagramm des Systems SiO_2–α-Al_2O_3	*229*
5.5.4	Zustandsdiagramme von Polymermischungen	*230*
5.6	Ungleichgewichtsdiagramme	*232*
5.6.1	Ausbildung von Ungleichgewichtsgefügen	*232*
5.6.2	Zeit-Temperatur-Umwandlungs-Diagramme	*235*
5.6.3	Zeit-Temperatur-Auflösungs-Diagramme	*239*
5.6.4	ZTR-Diagramme bei Kopplung von Umwandlungs- und Umformvorgängen	*240*
	Literaturhinweise	*243*
6	**Gefüge der Werkstoffe**	***245***
6.1	Gefüge	*245*
6.2	Oberfläche	*250*
6.3	Herstellung der Schlifffläche	*255*

6.4	Entwicklung des Gefüges	259
6.4.1	Ätzen in Lösungen	260
6.4.2	Gefügeentwicklung bei hohen Temperaturen	266
6.4.3	Entwicklung des Gefüges durch Ionenätzen	267
6.5	Sichtbarmachen des Gefüges	268
6.5.1	Lichtmikroskopische Gefügebetrachtung	268
6.5.2	Gefügebetrachtung mithilfe des akustischen Reflexionsrastermikroskopes	271
6.5.3	Elektronenmikroskopische Gefügebetrachtung	271
6.5.4	Untersuchung mit der Mikrosonde	273
6.6	Quantitative Gefügeanalyse	273
6.6.1	Flächenanalyse	275
6.6.2	Linearanalyse	276
6.6.3	Charakterisierung der Form und Orientierung der Gefügebestandteile	278
6.6.4	Punktanalyse	279
6.7	Gefüge-Eigenschafts-Beziehungen	280
6.7.1	Einphasige Gefüge	282
6.7.2	Mehrphasige Gefüge	284
	Literaturhinweise	290
7	**Thermisch aktivierte Vorgänge**	**292**
7.1	Diffusion	294
7.1.1	Platzwechselmechanismen	296
7.1.2	Diffusionsgesetze	301
7.1.3	Bildung von Diffusionsschichten	305
7.1.4	Diffusionsgesteuerte Vorgänge	307
7.1.4.1	Diffusionskriechen	307
7.1.4.2	Versetzungskriechen	308
7.1.4.3	Sintern	310
7.2	Kristallerholung und Rekristallisation	314
7.2.1	Kristallerholung	314
7.2.2	Rekristallisation	316
7.2.3	Kornwachstum	321
7.2.4	Rekristallisationstexturen	328
	Literaturhinweise	328
8	**Korrosion**	**329**
8.1	Korrosion der Metalle in wässrigen Medien	335
8.1.1	Grundlagen der elektrolytischen Korrosion	335
8.1.1.1	Elektrochemische Spannungsreihe und Korrosionsvorgänge	338
8.1.1.2	Geschwindigkeit elektrochemischer Reaktionen	342
8.1.2	Gleichförmige Korrosion	345
8.1.3	Passivität und Inhibition	349
8.1.4	Korrosionselemente	354

8.1.5	Lochkorrosion	*358*
8.1.6	Selektive und interkristalline Korrosion	*361*
8.1.7	Spannungsrisskorrosion	*363*
8.1.8	Schwingungsrisskorrosion	*365*
8.2	Korrosion anorganisch-nichtmetallischer Werkstoffe in wässrigen Medien	*366*
8.3	Korrosion von Polymeren in flüssigen Medien	*368*
8.3.1	Begrenzte und unbegrenzte Quellung	*369*
8.3.2	Schädigung durch chemische Reaktionen	*372*
8.3.3	Spannungsrisskorrosion von Polymeren	*373*
8.4	Korrosion in Schmelzen	*374*
8.4.1	Korrosion von Metallen in durch Ablagerungen gebildeten Schmelzen	*375*
8.4.2	Korrosion feuerfester Baustoffe in Schmelzen	*377*
8.5	Korrosion der Metalle in heißen Gasen	*378*
8.5.1	Oxidation (Zundern) von Eisen	*379*
8.5.2	Oxidation von Legierungen	*381*
8.5.3	Schädigung von Stahl durch Druckwasserstoff	*382*
8.5.4	Aufkohlung und Metal Dusting	*383*
8.6	Korrosion feuerfester Werkstoffe in heißen Gasen	*384*
8.7	Korrosionsschutz	*385*
8.7.1	Passiver Korrosionsschutz	*386*
8.7.2	Aktiver Korrosionsschutz	*387*
	Literaturhinweise	*388*
9	**Mechanische Erscheinungen**	*390*
9.1	Reversible Verformung	*391*
9.1.1	Linearelastische Verformung	*392*
9.1.2	Energie- und entropieelastische Verformung	*394*
9.1.3	Anelastische Verformung	*395*
9.1.4	Pseudoelastische Verformung	*396*
9.2	Plastische Verformung	*397*
9.2.1	Geometrie der plastischen Verformung von Einkristallen	*398*
9.2.2	Mechanismus der plastischen Verformung	*401*
9.2.2.1	Theoretische Festigkeit	*401*
9.2.2.2	Entstehen und Wechselwirkung von Versetzungen	*403*
9.2.2.3	Wechselwirkung zwischen Versetzungen und Fremdatomen	*406*
9.2.2.4	Wechselwirkung zwischen Versetzungen und Teilchen	*407*
9.2.3	Plastische Verformung polykristalliner Werkstoffe (Vielkristallplastizität)	*411*
9.2.3.1	Spannungs-Dehnungs-Diagramm	*411*
9.2.3.2	Orientierungseinfluss	*413*
9.2.3.3	Korngrenzeneinfluss	*413*
9.2.3.4	Streckgrenzenerscheinung	*416*
9.2.3.5	Verformungsgefüge und Textur	*417*

9.2.4	Plastische Wechselverformung	*419*
9.2.5	Besondere Erscheinungen der Plastizität	*420*
9.2.5.1	Superplastizität	*420*
9.2.5.2	Umwandlungsplastizität	*422*
9.3	Viskose und viskoelastische Verformung	*424*
9.4	Kriechen	*426*
9.5	Bruch	*428*
9.5.1	Makroskopische und mikroskopische Bruchmerkmale	*429*
9.5.2	Rissbildung	*430*
9.5.3	Rissausbreitung	*434*
9.5.4	Bruchmechanik	*437*
9.5.4.1	Linearelastische Bruchmechanik	*437*
9.5.4.2	Fließbruchmechanik	*439*
9.6	Eigenspannungen	*441*
9.7	Festigkeitssteigerung und Schadenstoleranz	*444*
9.7.1	Kombinierte Mechanismen zur Festigkeitssteigerung metallischer Werkstoffe	*445*
9.7.2	Festigkeitssteigerung durch Druckeigenspannungen in der Randschicht	*447*
9.7.3	Festigkeitssteigerung durch Verstrecken und Vernetzen	*448*
9.7.4	Festigkeitssteigerung durch Faserverstärkung	*449*
9.7.5	Steigerung von Festigkeit und Bruchzähigkeit durch Energiedissipation	*455*
9.8	Härte und Verschleiß	*457*
	Literatur	*460*

10 Physikalische Erscheinungen *462*

10.1	Elektrische Leitfähigkeit	*462*
10.1.1	Elektrische Leitfähigkeit in Metallen	*474*
10.1.2	Elektrische Leitfähigkeit in Halbleitern	*479*
10.1.2.1	Eigenhalbleitung	*480*
10.1.2.2	Störstellenhalbleitung	*480*
10.1.2.3	Sperrschichthalbleitung	*483*
10.2	Supraleitung	*485*
10.2.1	Supraleitung in Metallen und intermetallischen Verbindungen	*485*
10.2.2	Supraleitung in keramischen Substanzen	*490*
10.3	Thermoelektrizität	*493*
10.4	Wärmeleitfähigkeit	*496*
10.5	Dielektrizität	*499*
10.6	Magnetismus	*504*
10.6.1	Erscheinungsformen des Magnetismus	*504*
10.6.2	Technische Magnetisierung	*509*
10.6.3	Weichmagnetisches Verhalten	*514*
10.6.4	Hartmagnetisches Verhalten	*518*
10.6.5	Ferrimagnetisches Verhalten	*520*

10.7	Thermische Ausdehnung	522
10.8	Temperaturunabhängiges elastisches Verhalten	528
10.9	Dämpfung	530
10.10	Wechselwirkung zwischen Strahlung und Festkörpern	534
10.10.1	Wechselwirkung mit energiearmer Strahlung	536
10.10.2	Wechselwirkung mit energiereicher Strahlung	540
10.10.2.1	Elastische Streuung von ionisierenden Strahlen	541
10.10.2.2	Veränderungen in Festkörpern durch Strahlung	545
	Literaturhinweise	551

Register 553

1
Einleitung

Es hat sich allgemein durchgesetzt, von *„Werkstoffwissenschaft"* zu sprechen, wenn es um ein Wissensgebiet geht, das ein in den Einzelheiten bei weitem nicht vollständiges, doch aber in den wesentlichen Zügen umrissenes und wissenschaftlich begründetes Bild von den Werkstoffeigenschaften und deren Ursachen sowie den Möglichkeiten, diese beeinflussen und verändern zu können, gibt.

Bis vor etwa fünf Jahrzehnten bestand kaum Anlass, die an Spannweite äquivalente Bezeichnung „Werkstoffkunde" durch eine andere zu ersetzen. Mit ihr waren damals vorwiegend empirisch ermittelte Fakten gemeint, die, soweit möglich, mit Erkenntnissen der Naturwissenschaften in Verbindung gebracht wurden, jedoch zum größeren Teil nicht oder nur locker – und das auch häufig lediglich über Plausibilitätserklärungen – in ihrem inneren Zusammenhang dargestellt werden konnten. Seitdem hat – nicht zuletzt aus ökonomischen Beweggründen – die Werkstoffforschung einen nie gekannten Aufschwung genommen und mit der Vielfalt der Werkstoffe auch das Wissen über die Werkstoffe eine starke Bereicherung und Vertiefung erfahren. Bei weitgehender Einbeziehung von Ergebnissen der Festkörperphysik und -chemie hat sich eine weiter im Zunehmen begriffene Kohärenz zwischen Wissensteilen, die das Verhalten der einzelnen Werkstoffe verständlich machen, herausgebildet. Viele ehemals zusammenhangslos scheinende Einzelbeobachtungen fügten sich zu systematisierbaren größeren verbindenden Zusammenhängen, mit denen gleichzeitig der Abbau herkömmlicher und die verschiedenen Werkstoffarten trennender Schranken begann.

Es ist nicht nur eine Frage der Zweckmäßigkeit, diesem Tatbestand mit einer aussagefähigeren Benennung des Wissensgebietes zu entsprechen, die seinen vor allem qualitativen Veränderungen gerecht wird und in einer Zeit der Entstehung ständig neuer Termini geeignet ist, der Gefahr des Missverständnisses, der Mehrdeutigkeit und der Einführung bedeutungsunlogischer Begriffe entgegenzuwirken. Die Vergangenheit lehrt, dass die Wahl einer treffenden Bezeichnung nicht allein der Verständigung dient, sondern auch die Formung, Entwicklung und Verselbständigung des sich hinter ihr verbergenden Sachverhaltes fördern kann.

Die Herausbildung umfassender Wissenszusammenhänge ist eine notwendige, jedoch nicht hinreichende Voraussetzung, um von einem eigenständigen Wissensgebiet sprechen zu dürfen. Dessen bedarf es eines weiteren: einer einenden und zugleich ordnenden Betrachtungsweise, von der geleitet der Inhalt des Gebietes in etwa bemessen werden kann. Danach lässt sich die große Mannigfaltigkeit der Werkstoffe und ihrer Eigenschaften ursächlich auf das Zusammenwirken relativ weniger Eigenheiten zurückführen. Das sind (um beim Makroskopischen zu beginnen) der Gefügeaufbau und -zustand, das Ausmaß und die Art der Abweichungen (Defekte) von einer im Raum regelmäßigen Anordnung der Bausteine innerhalb der Gefügebestandteile (Realstruktur) sowie die Bedingungen, unter denen sie sich einstellen, und die Natur der Bausteine des Stoffes sowie die Beschaffenheit der zwischen ihnen bestehenden Wechselwirkungen. Daraus folgt, dass sich im Grundsätzlichen alle Werkstoffe zwischen zwei extreme Vertreter, die realen Einkristalle und die realen amorphen Körper, einordnen lassen, wenn man davon ausgeht, dass in dieser Richtung die Defektdichte zunimmt und im Falle mehrphasiger Stoffe ein „Verbund" von Kristalliten, die hinsichtlich Struktur und/oder chemischer Zusammensetzung verschieden sind, oder auch ein „Verbund" kristalliner und amorpher Phasen vorliegt.

Es erscheint notwendig, darauf hinzuweisen, dass eine derartige Betrachtungsweise auch zur Konsequenz hat, dass es nur *eine* Werkstoffwissenschaft gibt, und im Plural zu sprechen hieße, die Notwendigkeit einer Vervollkommnung der Integration auf diesem Wissensgebiet zu verkennen oder gar die weitere inhaltliche Verflechtung zu hemmen. Aber allein sie bietet die Gewähr, dass bei der schon großen und mit der Zeit wachsenden Zahl der metallischen, der anorganisch-nichtmetallischen und der organischen Werkstoffe unterschiedlichster Zustände noch sachlich fundierte, dauerhafte und ökonomisch vorteilhafte Lösungen der Werkstoffsubstitution und des differenzierter werdenden Werkstoffeinsatzes gefunden werden können.

Die Entwicklung der Werkstoffwissenschaft zeigt eine zunehmende Tendenz, das Werkstoffeigenschaftsbild über die Ausbildung von bisher (auf das jeweilige Material bezogen) ungewohnten Zuständen mehr oder weniger einschneidend zu verändern. Die Inhalte der ehemals durch menschliche Erfahrung geprägten Begriffe, die in der Vorstellung auch mit bestimmten sich dahinter verbergenden Zuständen verknüpft sind, wie z. B. Metall – kristallin oder Glas – amorph, erweitern sich ständig. Es werden, um bei den genannten Beispielen zu bleiben, unterdessen amorphe Metalle und kristalline (keramische) Gläser industriell produziert. Aber auch Legierungen, die dem (Gleichgewichts-)Zustandsdiagramm zufolge nicht existent sind, lassen sich beispielsweise über mechanisches Legieren, Ionenimplantation oder physikalische Beschichtungsmethoden nun erzeugen. Oder mithilfe verschiedenartigster Technologien ist es möglich, metallische und nichtmetallische kristalline Materialien zu gewinnen, deren Kristallitgröße über sieben bis neun Größenordnungen reicht, angefangen von makroskopischen Einkristallen mit einer Ausdehnung von $10^0 \ldots 10^{-1}$ m bis herunter zu nanostrukturierten Werkstoffen mit Kristallitgrößen von $10^{-8} \ldots 10^{-9}$ m, die auch bei gleich bleibender Zusammensetzung allein über die Variation der Korngröße gravierende Eigenschaftsänderungen erfahren.

Voraussetzung für solche Entwicklungen sind immer Technologien, die es gestatten, extreme Parameter (wie höchste Abkühlgeschwindigkeit) sowie geeignete Wirkmechanismen (z. B. gesteuerte Kristallisation) zur Geltung zu bringen. Dabei ist die Zahl entsprechender Wirkmechanismen offensichtlich relativ gering, aber ausreichend, um ein breites Band thermodynamisch metastabiler Zustände herstellen zu können und damit die herkömmliche Anschauung, dass Zustände und die diesen zugehöriges Verhalten ein für alle Mal Eigenschaften des Materials (gemäß seiner chemischen Zusammensetzung) seien, zu verdrängen. Die Nutzung einer verhältnismäßig eng begrenzten Zahl von Wirkmechanismen einerseits und die bei Verfügbarkeit geeigneter Technologien zunehmende Zahl der im Einzelfall einstellbaren Werkstoffzustände andererseits, sind gleichbedeutend mit einer Erhöhung des Verflechtungs- wie auch Verallgemeinerungsgrades der elementaren Vorgänge und ihres Verständnisses. Dies wiederum gestattet in einer mehr gezielten und stärker vorausschauend gelenkten Werkstoffforschung in größerem Umfang stoffliche Träger nichtkonservativer Eigenschaften und Verhaltensweisen zu entwickeln. Der künftige Fortschritt auf dem Werkstoffsektor dürfte weniger durch grundsätzlich andere chemische Zusammensetzungen als vielmehr durch die Erzeugung von Zuständen, die von den gegebenen Materialien bisher nicht bekannt waren, gekennzeichnet sein.

Die Werkstoffwissenschaft ist (wie alle technischen Wissenschaften) eine ausgesprochen integrative Disziplin, die elementare Erkenntnisse der unterschiedlichen Bereiche wie der Kristallographie, der Mineralogie, der Metallphysik, der physikalischen, Elektro-, Polymer- und Silicat-Chemie, der Thermodynamik oder der Mechanik aufgreift, um sie unter dem Gesichtspunkt einer letztlich technischen Umsetzbarkeit zu überprüfen und zu adaptieren sowie weiterzuentwickeln, wobei sie zu eigener Gesetzeserkenntnis gelangt und neues, vor allem für die Praxis relevantes Wissen hervorbringt. Das schließt ein, dass anders als in den vergangenen Jahrzehnten, in denen die wissenschaftliche Entwicklung der technischen meist nachstand, die Werkstoffwissenschaft immer bewusster den Stand der Werkstofftechnik beeinflusst und mitbestimmt, indem sie über eine eigenständige Grundlagenforschung den Wissensvorlauf erbringt, der notwendig ist, um Konstruktions- und Funktionswerkstoffe sowie Technologien ihrer Herstellung, Ver- und Bearbeitung bedürfnisgerecht verbessern bzw. neu schaffen zu können.

Für die Stellung der Werkstoffwissenschaft ist es von grundsätzlicher Bedeutung, dass ihr Objekt, der Werkstoff, von ausgeprägt komplexer Natur sowie mit vielen „Schmutzeffekten" behaftet ist und ein für einen bestimmten technischen Verwendungszweck gedachtes Erzeugnis darstellt, dessen Bereitstellung immer nur mit so viel Aufwand betrieben wird, wie nötig ist, um die bei seinem Einsatz geforderten Eigenschaften gerade zu erbringen. Das verlangt, stets das ganze technische Erscheinungsbild im Auge zu behalten und sich einer eigenen Methodologie zu bedienen, die auch bei wachsender Bedeutung der Theorie der empirischen Forschung weiterhin einen wichtigen und geachteten Platz einräumt. Es gehört zu den vorrangigen Bemühungen der Werkstoffwissenschaft, das Erfahrungswissen mit dem zunehmenden Theorieanteil zu durchdringen und die theoretische Aussage im Hinblick auf den konkreten Fall in ihrer Zuverlässigkeit zu verbessern. Doch liegt darin nicht ihr Ziel, sondern im Angebot von praktisch realisierbaren und gesellschaftlich geforderten Lösungen. Die zentrale Funktion der Werkstoffwissenschaft ist – und damit reiht sie sich unter die technischen Grundlagenwissenschaften ein –, den Kreis zwischen fundamentalen Entdeckungen und ihrer Nutzbarkeit in der materiellen Produktion zu schließen.

2
Zustände des festen Körpers

Die uns umgebende stoffliche Materie ist aus Atomen, Ionen und Molekülen aufgebaut, die untereinander eine mehr oder weniger starke Wechselwirkung ausüben, der zufolge sich Gase, Flüssigkeiten und Festkörper bilden.

Im *gasförmigen Zustand* herrscht eine geringe Teilchendichte vor (10^{19} cm^{-3}). Die einzelnen Atome bzw. Moleküle bewegen sich gegeneinander mit hoher Geschwindigkeit (einige 100 m s^{-1} bei Raumtemperatur) und haben im Vergleich zu ihrer Größe eine große mittlere freie Weglänge (Bild 2.1 a). Für die Wahrscheinlichkeit $W(r)$, mit der ein benachbartes Teilchen im Abstand r von einem im Koordinatenursprung untergebrachten Teilchen anzutreffen ist, erhält man die im Bild 2.1 b dargestellte Funktion.

Sie sagt aus, dass ab einer bestimmten, von der Teilchengröße abhängigen Entfernung δ immer mit gleicher Wahrscheinlichkeit ein Teilchen angetroffen wird.

Im *flüssigen Zustand* liegt die Teilchendichte bei 10^{22} cm^{-3}. Die Teilchen befinden sich ständig miteinander im Kontakt und bewegen sich gegeneinander. Ihre mittlere Weglänge ist mit der Teilchengröße vergleichbar (Bild 2.1 c). Die Zahl der nächsten Nachbarn um ein herausgegriffenes Atom beträgt etwa 10, d. h., die Teilchenanordnung ist relativ dicht. Ein weiteres Merkmal besteht darin, dass in einem bestimmten Augenblick in der unmittelbaren Umgebung (etwa 1 bis 2 Atomdurchmesser) eine geordnete Teilchenkonfiguration vorliegt. In der weiteren Umgebung besteht zum Ausgangsatom (Atom im Koordinatenursprung) keine Korrelation mehr. Man bezeichnet diesen Sachverhalt als *Nahordnung*. Im nächsten Augenblick ist infolge der ständigen Teilchenbewegung die Nahordnung um das herausgegriffene Teilchen verändert. Bild 2.1 d zeigt die zugehörige Verteilungsfunktion $W(r)$ mit einem ausgeprägten Maximum bei $r = 1$ Atomdurchmesser. Das heißt, vom herausgegriffenen Atom entfernt, trifft man dort mit hoher Wahrscheinlichkeit ein Atom an. Es liegt eine gewisse geometrische Anordnung (Struktur) vor. Mit zunehmender Entfernung (etwa ab 1,5 Teilchendurchmesser) entspricht die Wahrscheinlichkeit, ein Flüssigkeitsteilchen anzutreffen, einer Anordnung mit einer statistischen Teilchenverteilung.

In Abweichung von Gasen und Flüssigkeiten sind kristalline und amorphe Stoffe unterhalb der Kristallisations- bzw. Einfriertemperatur durch ihre Formbeständigkeit gekennzeichnet. Sie sind im betrachteten Temperaturbereich Festkörper.

Die Atomanordnung im *amorphen Festkörper* (Bild 2.1 e) ist im Vergleich zur Flüssigkeit infolge der stark eingeschränkten Beweglichkeit der Atome inhomogener

Bild 2.1 Schematische Darstellung der Atomanordnung und der Wahrscheinlichkeitsverteilung $W(r)$ der Atome.
a) + b) in einem Gas, c) + d) in einer Flüssigkeit; e) + f) in einem amorphen Festkörper; g) + h) in einem Kristall

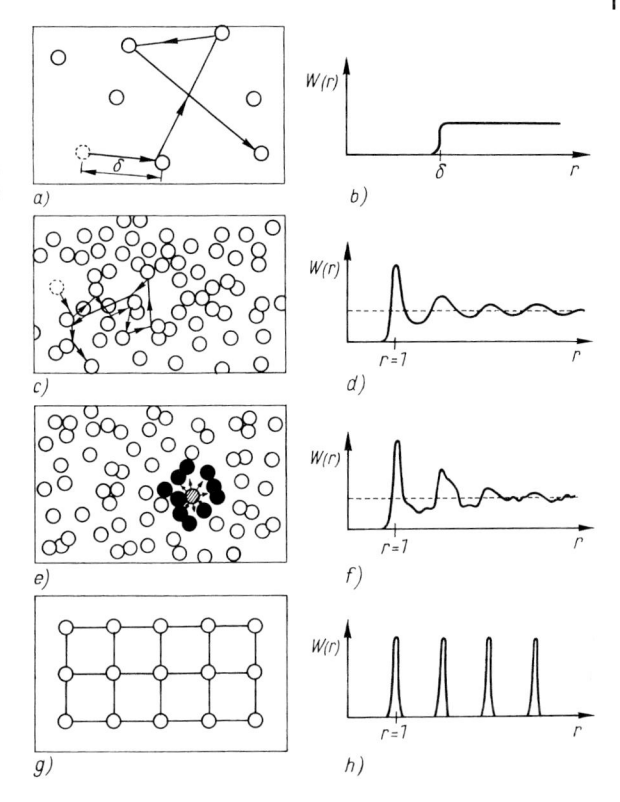

(Bild 2.1 f). Sie weist wie Flüssigkeiten eine Nahordnung auf, die sich aber zeitlich nicht ändert.

Die größte Teilchendichte (10^{23} cm^{-3}) zeigen die *kristallinen Festkörper*. In ihnen sind die Teilchen geordnet (Bild 2.1 g) und homogen verteilt (Bild 2.1 h). Demzufolge befindet sich der kristalline Festkörper auch im energieärmsten und damit stabilsten Zustand. Gasförmiger, flüssiger, amorpher und kristalliner Zustand sind nicht, wie man bei oberflächlicher Betrachtung meinen möchte, an bestimmte Stoffe gebunden. Grundsätzlich kann – wenn auch heute noch nicht in jedem Fall realisierbar – jeder Stoff alle diese Zustände einnehmen. Freilich müssen dafür häufig erst geeignete stoffliche Voraussetzungen – wie bei der Gewinnung von kristallinem Glas – geschaffen oder Technologien entwickelt werden, die es – wie bei der Herstellung amorpher Metalle – gestatten, extreme Parameter zu verwirklichen.

Im Hinblick auf die Werkstoffe sind der kristalline und der amorphe Zustand der Festkörper von besonderer Bedeutung. Sie stellen jedoch nur denkbare Grenzfälle dar, denn weder der ideal kristalline Festkörper (regelmäßige Anordnung der Bausteine und ortsfeste Lage in allen Raumrichtungen) noch der völlig amorphe Körper (ideal statistische Verteilung der Bausteine im Raum) existiert. Bereits die Wärmeschwingungen der Bausteine und alle Oberflächen, einschließlich der Korngrenzen, sind Störungen der Ordnung des Kristalls. Sie und zahlreiche andere Defekte machten die Einführung des Begriffs *Realstruktur* notwendig. Ganz entsprechend weist auch der reale amorphe Festkörper keine durchgängige Unordnung auf. Vielmehr sind in eine fehlgeordnete Grundmasse geringerer Teilchendichte kleine geordnete (nahgeordnete) Bereiche eingebettet, deren hohe Teilchendichte kontinuierlich in die geringere der Grundmasse übergeht.

Mit zunehmender Abweichung der Bausteine von der Kugelform (Atom bis Makromolekül) wächst die Neigung, bei der Erstarrung aus der Schmelze in einer fehlgeordneten Struktur zu verharren. In der Reihenfolge Realkristall – Polykristall – teilkristalliner Festkörper – amorpher Festkörper – Schmelze nimmt das Ausmaß der Fehlordnung zu. Andererseits sind die Störungen des Kristalls eine wichtige Voraussetzung für viele Technologien der Werkstoffver- und -bearbeitung. Da in ihnen sog. freie Energie gebunden ist, erniedrigen sie die zur Einleitung (Aktivierung) einer Reihe von Vorgängen im Werkstoff zu überwindenden Energieschwellen. Die *freie Energie* ist ein Maß für die Entfernung vom möglichen Gleichgewichtszustand, dem zuzustreben und sich anzunähern die Triebkraft für zahlreiche technisch genutzte Prozesse im Festkörper ist – wie beispielsweise beim Homogenisierungsglühen oder beim Sintern.

2.1
Kristalliner Zustand

Im kristallinen Zustand nehmen die Atome, Ionen und Moleküle (Bausteine) eine dreidimensional-periodische Anordnung über größere Entfernungen ein (Bild 2.1 g), d. h. über Entfernungen, die weitaus größer als die Reichweite der Wechselwirkungskräfte des einzelnen Bausteins sind. Es existiert eine Fernordnung. Legt man in eine solche Anordnung ein Koordinatensystem und schreitet in einer bestimmten Richtung fort, so ergibt sich die in Bild 2.1 h dargestellte Verteilungsfunktion. Sie ist durch eine streng periodische Wiederholung von Maxima gekennzeichnet. Das bedeutet, dass identische Bausteine, vom Ursprung des Koordinatensystems aus betrachtet, in einer bestimmten Richtung immer gleichmäßig wiederkehrend anzutreffen sind. Körper, die eine derartige Fernordnung aufweisen, sind kristallin und heißen Kristalle. Mit dem Rastertunnelmikroskop oder hochauflösenden Transmissionselektronenmikroskopen ist es möglich, die kristalline Struktur direkt

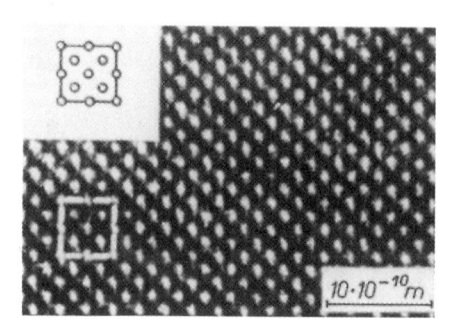

Bild 2.2 Transmissionselektronenmikroskopische Aufnahme von Silicium (nach *K. Izui, S. Furino* und *H. Otsu*). Die Atome des im kubischen Diamantgitter (Bild 2.31 b) kristallisierenden Si sind parallel der Würfelkante auf die Würfelfläche projiziert abgebildet worden

sichtbar zu machen, wie das in Bild 2.2 am Beispiel des Siliciums dargestellt ist (s. a. Abschn. 10.10.2.1).

2.1.1
Raumgitter und Kristallsysteme

Das entscheidende Merkmal eines Kristalls ist die dreidimensional-periodische Wiederholung seiner Bausteine. Denkt man sich jeden Baustein am Ort seines Gestaltmittelpunktes durch einen Punkt ersetzt, so lässt sich die Anordnung der Materie in einem Kristall in übersichtlicher Weise durch ein räumliches Punktgitter, ein sog. *Raumgitter,* darstellen. Man versteht darunter eine nach drei Richtungen periodische Wiederholung des Schwerpunktes eines Atoms, einer Atomgruppe oder eines Makromoleküls.

In Bild 2.3 ist ein beliebiges Raumgitter dargestellt. Um die Gesetzmäßigkeit der Punktanordnung beschreiben zu können, legt man in das Raumgitter ein Koordinatensystem. Dabei wird aus Gründen der Zweckmäßigkeit der Koordinatenursprung in einen Gitterpunkt gelegt, und zu dessen Nachbarpunkten werden 3 nichtkomplanare Vektoren gezeichnet. Auf diese Weise wird ein Körper mit parallelen Flächenpaaren aufgespannt (Parallelepiped). Wird das Parallelepiped längs der 3 Achsen um jeweils eine Kantenlänge verschoben, so erhält man immer wieder dieselbe Anordnung, sodass sich das gesamte Raumgitter aus Parallelepipedzellen aufbauen lässt. Bezüglich der Zellform besteht eine gewisse Willkür. In Bild 2.3 sind verschiedene Möglichkeiten der Einteilung des Raumgitters in derartige Zellen dargestellt. Um die bestehende Mehrdeutigkeit auszuschließen, wurden bestimmte Konventionen festgelegt und das unter deren Berücksichtigung gebildete Parallelepiped als *Elementarzelle* EZ (des Raumgitters) bezeichnet. Dabei handelt es sich um folgende Festlegungen:

– Die EZ soll möglichst klein sein, muss aber die volle Symmetrie des Gitters zeigen. Ihre Koordinatenachsen sollen sich möglichst unter 90° bzw. 120° schneiden.
– Die Achsenkreuze sind Rechtssysteme, d. h., in den Darstellungen zeigt die positive x-Achse auf den Betrachter, die positive y-Achse nach rechts und die positive z-Achse nach oben. Die Längenabmessungen der EZ in Richtung x, y und z werden mit a, b und c sowie die Winkel, die die Achsen miteinander einschließen,

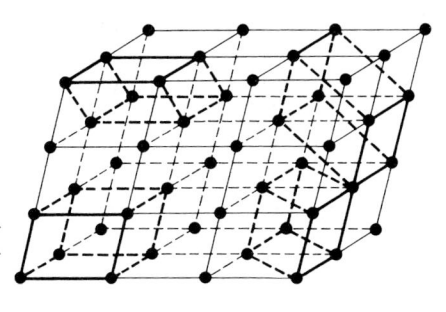

Bild 2.3 Raumgitter (mathematisches Punktgitter) und Beispiele für seine Unterteilung in Parallelepipede

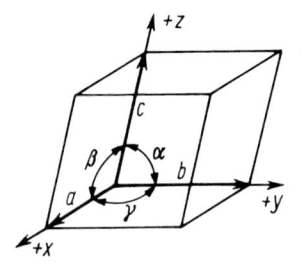

Bild 2.4 Elementarzelle (EZ) und ihre Bemaßung durch *Gitterkonstanten* a, b, c und Achsenwinkel α, β, γ

Tab. 2.1 Definitionsgrößen der 7 kristallographischen Koordinatensysteme (7 Kristallsysteme)

Kristallsystem	Achsenlängen (Gitterkonstanten)	Achsenwinkel
triklin	$a \neq b \neq c$	$\alpha \neq \beta \neq \gamma \, (\neq 90°)$
monoklin	$a \neq b \neq c$	$\alpha = \gamma = 90°, \beta \neq 90°$
orthorhombisch	$a \neq b \neq c$	$\alpha = \beta = \gamma = 90°$
rhomboedrisch	$a = b = c$	$\alpha = \beta = \gamma \neq 90°$
hexagonal	$a = b \neq c$	$\alpha = \beta = 90°, \gamma = 120°$
tetragonal	$a = b \neq c$	$\alpha = \beta = \gamma = 90°$
kubisch	$a = b = c$	$\alpha = \beta = \gamma = 90°$

mit α, β und γ bezeichnet. Die Größen *a*, *b* und *c* sind die Gitterkonstanten (Gitterparameter) der EZ (Bild 2.4).

Es zeigt sich, dass alle möglichen Raumgitter mit sieben verschiedenen Achsenkreuzen beschrieben werden können. Die Definitionsgrößen der 7 *Kristallsysteme* sind in Tabelle 2.1 zusammengestellt.

2.1.2
Bravais-Gitter und Kristallstruktur

A. Bravais fand, dass es nicht immer vorteilhaft ist, eine primitive EZ auszuwählen und das Koordinatensystem nach deren Kanten auszurichten. Zum Beispiel zeigen die Bilder 2.5a und 2.5b zwei rhomboedrische EZ (stark gezeichnet) mit $\alpha = 60°$ bzw. $\gamma = 109{,}47°$. Eine Aneinanderreihung jeder dieser EZ für sich würde ein lückenloses rhomboedrisches Raumgitter liefern. Man sieht jedoch auf den ersten Blick, dass es günstiger ist, die Kanten der dünn eingezeichneten Parallelepipede als Achsenkreuz zugrunde zu legen. Auf diese Weise erhält man eine kubische (höhere) Symmetrie, und die entsprechenden einfacher darstellbaren EZ heißen kubisch flächenzentriert (Bild 2.5a) und kubisch raumzentriert (Bild 2.5b). In Bezug auf die kubisch primitive EZ (Bild 2.5c) ist die kubisch raumzentrierte (krz) und die kubisch flächenzentrierte (kfz) zweifach bzw. vierfach primitiv, weil man sich die daraus gebildeten Gitter durch Ineinanderstellen von 2 bzw. 4 primitiven kubischen Gittern aufgebaut denken kann.

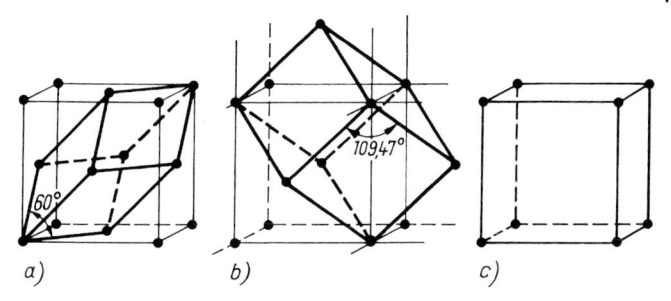

Bild 2.5 Die drei Elementarzellen des kubischen Kristallsystems:
a) kfz EZ; b) krz EZ; c) einfach-primitive kubische EZ

Durch Zulassung von zentrierten Elementarzellen wird die volle Symmetrie der Kristallstrukturen deutlicher und somit eine einfachere Darstellung sowie ein besseres Erfassen der Vorgänge im Gitter (z. B. bei der plastischen Verformung) ermöglicht. Unter Berücksichtigung aller Zentrierungsmöglichkeiten ergeben sich auf der Grundlage der sieben Kristallsysteme insgesamt 14 Bravais-Gitter (Bild 2.6). Mithilfe der Bravais-Gitter kann die Anordnung der Bausteine in jeder *Kristallstruktur* beschrieben werden, indem jedem Gitterpunkt ein bestimmter Baustein zugeordnet wird.

Zur Charakterisierung einer gegebenen Kristallstruktur, die man sich als unbegrenzte Aneinanderreihung von EZ vorzustellen hat, reicht die Abbildung einer einzigen EZ mit der Bemaßung und der Angabe der Orte bestimmter Bausteine innerhalb der EZ aus, denn definitionsgemäß enthält die EZ alle in der Kristallstruktur regelmäßig wiederkehrenden Einzelheiten und weist die gleichen Symmetrieeigenschaften auf, die zur Erklärung der makroskopischen Eigenschaften des Kristalls notwendig sind.

Für die bildhafte Wiedergabe von Kristallstrukturen haben sich verschiedene Darstellungsweisen als zweckmäßig erwiesen:

- Die Bausteine werden nicht maßstabgerecht, sondern im Vergleich zum Atomabstand verkleinert in die Gitter eingezeichnet. Damit erhält der Betrachter einen räumlichen Einblick in die Struktur (z. B. Bild 2.38a), und es lassen sich die Nachbarschaftsverhältnisse erkennen: Im krz Gitter beispielsweise ist jedes Atom A von 8 Atomen ($x_1 \ldots x_8$) im gleichen Schwerpunktabstand umgeben (Bild 2.38b).
- Die Atome werden als starre, sich berührende Kugeln dargestellt (z. B. Bilder 2.39c und 2.27). Es ergeben sich *Kugelpackungen,* die für bestimmte Metall-, Legierungs- und Ionenstrukturen dichtest gepackt sein können, d. h., eine dichtere Aneinanderlagerung von Bausteinen ist aus geometrischen Gründen nicht möglich (s. Abschn. 2.1.7).
- Zur Bestimmung der anteiligen Zugehörigkeit der einzelnen Bausteine zur EZ ist es berechtigt, die EZ-Begrenzung durch Atome laufen zu lassen, d. h., der Ursprung der Koordinatensysteme wird in den Mittelpunkt eines Eckatoms gelegt (z. B. Bild 2.39c). Es lässt sich dann abzählen, wie viel Bausteine die EZ enthält.

2 Zustände des festen Körpers

triklin

monoklin

orthorhombisch

rhomboedrisch (trigonal)

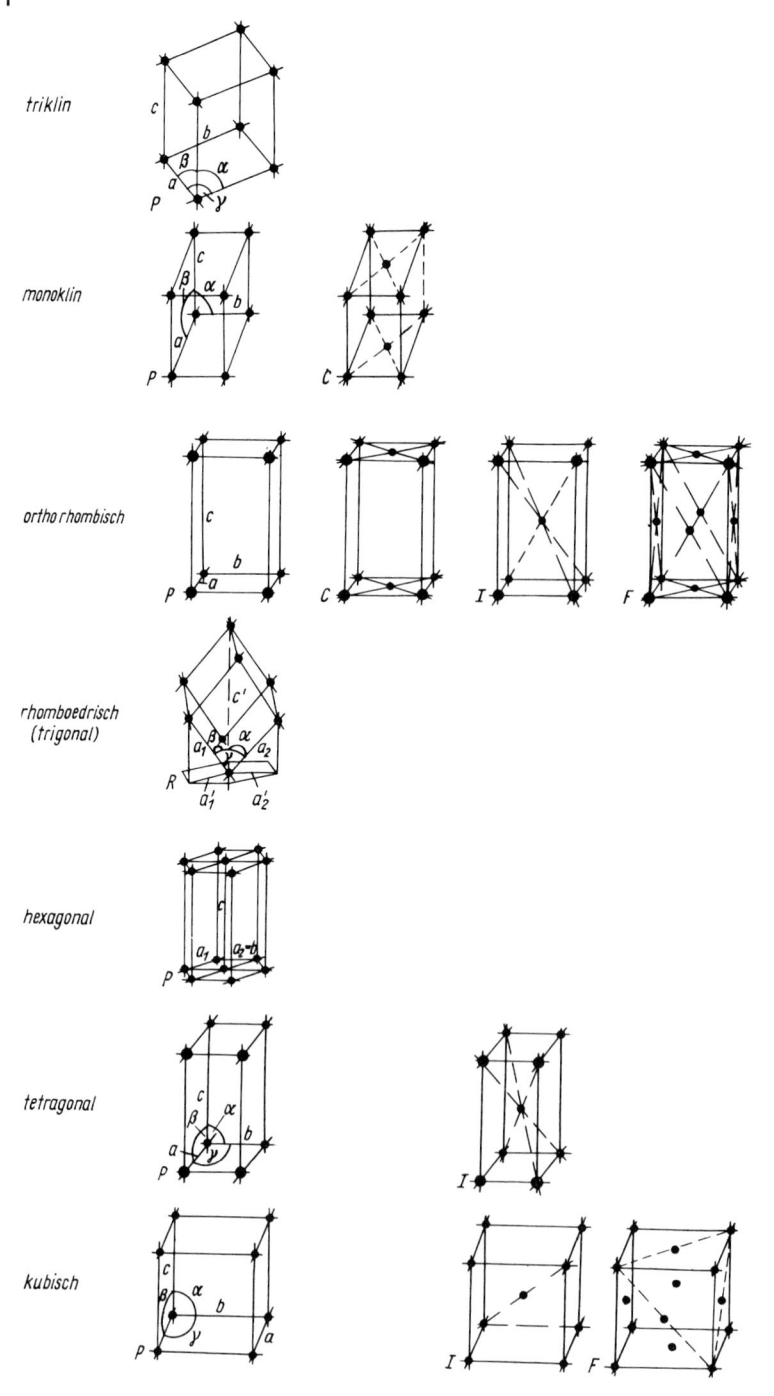

hexagonal

tetragonal

kubisch

Bild 2.6 Die 14 verschiedenen Elementarzellentypen nach A. Bravais (P einfach primitiv, R einfach primitiv rhomboedrisch, C basisflächenzentriert, I innen(raum-)zentriert, F allseitig flächenzentriert)

Außerdem vermittelt eine derartige Darstellung eine Vorstellung von den Abmessungen der Atome bzw. Ionen.

2.1.3
Analytische Beschreibung des Raumgitters

Die Periodizität des Raumgitters bedingt, dass verschiedene Scharen paralleler Ebenen durch seine Gitterpunkte gelegt werden können (Bild 2.7). Eine solche Ebene im Raumgitter bezeichnet man als *Netzebene* (NE). Zu einer *Netzebenenschar* gehören alle zu der betreffenden NE parallelen Ebenen. Der kleinste Abstand zweier nächst benachbarter NE der gleichen NE-Schar heißt *NE-Abstand* d_{hkl}. Die Raumlage einer beliebigen NE (Bild 2.8) wird eindeutig durch ihre Koordinaten im jeweils vor-

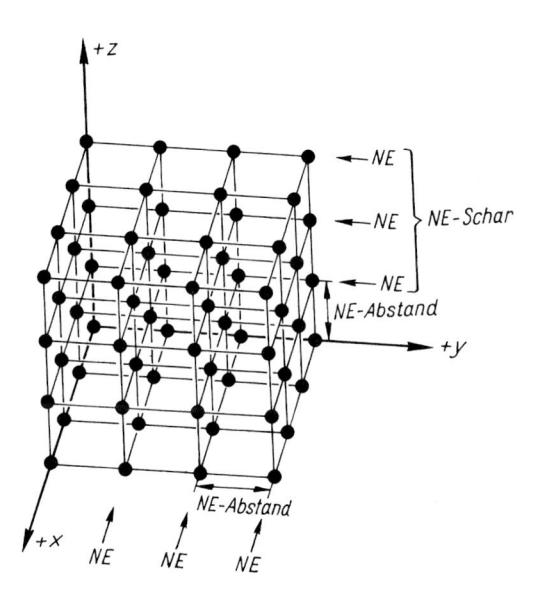

Bild 2.7 Veranschaulichung von Netzebenen (NE), Netzebenenscharen und Netzebenenabstand d_{hkl} eines Raumgitters

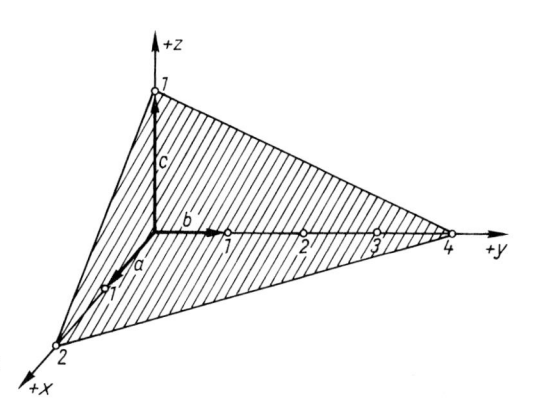

Bild 2.8 Zur Ableitung der Millerschen Indizes

liegenden Achsenkreuz bestimmt. Dafür verwendet man eine vereinbarte Symbolik, die *Millerschen Indizes (hkl)*. Sie werden folgendermaßen festgelegt:

- Man bestimmt die Schnittpunkte der Ebene mit den Koordinatenachsen x, y, z und die sich daraus vom Koordinatenursprung bis zu den Schnittpunkten ergebenden Strecken (Achsenabschnitte). Das Ergebnis wird in Einheiten der Gitterkonstanten ma, nb, pc ausgedrückt.
- Danach bildet man die Kehrwerte $\frac{1}{m}, \frac{1}{n}, \frac{1}{p}$ und sucht drei ganze Zahlen h, k, l, die sich wie diese Kehrwerte verhalten $\frac{1}{m} : \frac{1}{n} : \frac{1}{p} = h : k : l$. Die Zahlen sollen teilerfremd sein. Das Ergebnis wird in runde Klammern gesetzt $(h\,k\,l)$.

Für die Ebene mit den Achsenabschnitten $2\,a$, $4\,b$, $1\,c$ des Bildes 2.8 sind $m = 2$, $n = 4$ und $p = 1$. Die Kehrwerte lauten $\frac{1}{2}, \frac{1}{4}, 1$. Die Brüche mit dem kleinsten gemeinsamen Vielfachen der Nenner multipliziert, ergeben die Millerschen Indizes $(h\,k\,l) = (214)$. Läuft die Ebene einer Koordinatenachse parallel, dann liegt ihr Schnittpunkt mit dieser Achse im Unendlichen, und der zugehörige Index lautet wegen $1/\infty = 0$ (Null). In Bild 2.9 sind weitere für das kubische Gitter wichtige NE und Indizes dargestellt.

Die Achsenabschnitte einer NE, die auf negativen Koordinatenachsen liegen, werden durch ein Minuszeichen über den entsprechenden Millerschen Indizes symbolisiert. So die $(\bar{1}00)$-Fläche (sprich: minus 1, Null, Null) im Bild 2.9d. Sie ist die zur (100)-Fläche von Bild 2.9a parallele NE. An diesem Beispiel erkennt man, dass die Indizes $(h\,k\,l)$ sowohl als Symbol für eine einzige Ebene als auch für eine NE-Schar verwendet werden können. Netzebenen im kubischen Kristallsystem, deren Indizes sich nur durch ihre Stellung in der Klammer oder durch ihre Vorzeichen unterscheiden, sind gleichwertige Netzebenen oder *Netzebenen einer kristallographischen Form*. Will man alle Netzebenen einer Form kennzeichnen bzw. keine bestimmte von ihnen hervorheben, dann schreibt man die Indizes in geschweiften Klammern $\{h\,k\,l\}$. Für das kubische Kristallsystem beispielsweise bedeuten: $\{100\}$ die Gesamtheit der Würfelflächen (100), (010), (001), $(\bar{1}00)$, $(0\bar{1}0)$ und $(00\bar{1})$, d.h., es existieren

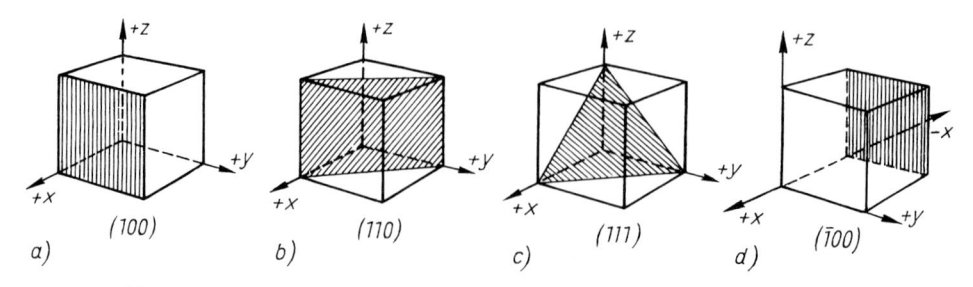

a) (100) b) (110) c) (111) d) ($\bar{1}$00)

Bild 2.9 Millersche Indizes wichtiger Netzebenen des kubischen Kristalls (nach [2.1]). (100), ($\bar{1}$00) Würfelebenen; (110) Rhombendodekaederebene; (111) Oktaederebene. Die Namen der Symbole der Ebenen besagen, dass alle Ebenen der jeweiligen Form (Gesamtheit gleichwertiger NE), der sie angehören, als Gesamtkörper einen Würfel, einen Rhombendodekaeder bzw. einen Oktaeder bilden.

6 Würfelflächen; {110} die Gesamtheit aller Rhombendodekaederflächen (110), (101), (011), (1$\bar{1}$0), ($\bar{1}$10), (10$\bar{1}$), ($\bar{1}$01), (01$\bar{1}$), (0$\bar{1}$1), ($\bar{1}$$\bar{1}$0), ($\bar{1}0\bar{1}$), und (0$\bar{1}$$\bar{1}$), d.h., es gibt 12 Rhombendodekaederflächen; {111} die Gesamtheit aller Oktaederflächen (111), ($\bar{1}$11), (1$\bar{1}$1), (11$\bar{1}$), (1$\bar{1}$$\bar{1}$), ($\bar{1}1\bar{1}$), ($\bar{1}$$\bar{1}$1) und ($\bar{1}$$\bar{1}$$\bar{1}$), d.h., es existieren in der kubischen EZ 8 Oktaederflächen.

Die Orte von Punkten [[x, y, z]] in der EZ werden in Einheiten der Gitterkonstanten, die in eckige Doppelklammern gesetzt werden, gekennzeichnet. So trägt der Nullpunkt des Koordinatensystems, den man in eine Ecke der EZ legt, die Bezeichnung [[000]]. Die Koordinaten weiterer Eckpunkte der EZ lauten (s. Bild 2.10) [[100]], [[110]], [[010]], [[111]]. Für die Koordinaten des Mittelpunktes einer EZ ergibt sich [[$\frac{1}{2}$ $\frac{1}{2}$ $\frac{1}{2}$]] (s.a. Bild 2.38a, wo an dieser Stelle das raumzentrierende Atom des krz Gitters sitzt) und für die Flächenmitten [[0 $\frac{1}{2}$ $\frac{1}{2}$]], [[$\frac{1}{2}$ $\frac{1}{2}$ 0]], [[$\frac{1}{2}$ 0 $\frac{1}{2}$]] usw. (s.a. Bild 2.39a, wo an diesen Stellen die flächenzentrierenden Atome des kfz Gitters sitzen).

Die Bezeichnung der *Richtung einer Gittergeraden* geschieht mit Hilfe der Angabe des ihr entsprechenden Ortsvektors $\boldsymbol{r} = u\boldsymbol{a} + v\boldsymbol{b} + w\boldsymbol{c}$, wobei $\boldsymbol{a}, \boldsymbol{b}, \boldsymbol{c}$ die Vektoren der EZ-Kanten bedeuten. Die ganzen Zahlen $u\,v\,w$ sind dabei Koordinaten des Punktes, durch den die vom Koordinatenursprung aus verlaufende Gitterrichtung geht. Allein ihre Aneinanderreihung, in eckige Klammern geschrieben, reicht zur eindeutigen Kennzeichnung einer Gitterrichtung [$u\,v\,w$] aus. Demnach trägt die Raumdiagonale jeder EZ das Symbol [111], die in x-, y- und z-Richtung verlaufenden Kanten haben die Bezeichnung [100], [010] und [001] (Bild 2.10). Gitterrichtungen, die nicht durch den Koordinatenursprung laufen, werden durch Parallelverschiebung zu sich selbst in den Koordinatenursprung verlegt (z.B. [110] in Bild 2.10 gestrichelt).

Das Symbol $\langle u\,v\,w \rangle$ fasst alle „gleichwertigen" Richtungen zusammen, deren Indizes permutiert sind. So erfasst im kubischen System $\langle 100 \rangle$ die Richtungen der Würfelkanten: [100], [010], [001] und [$\bar{1}$00], [0$\bar{1}$0], [00$\bar{1}$], die in Richtung der negativen x-, y- und z-Achse weisen. Die Richtungen der Flächendiagonalen werden durch $\langle 110 \rangle$ und die aller Raumdiagonalen durch das Symbol $\langle 111 \rangle$ ausgedrückt (Bild 2.10). Im *kubischen System* (und nur hier) gilt, dass die Richtung [$u\,v\,w$] immer senkrecht auf der Ebene ($h\,k\,l$) gleicher Indizes steht ($u = h$; $v = k$; $w = l$).

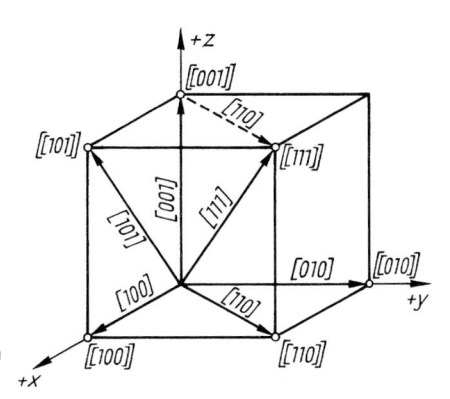

Bild 2.10 Gitterpunkte und Gitterrichtungen im kubischen Kristallsystem

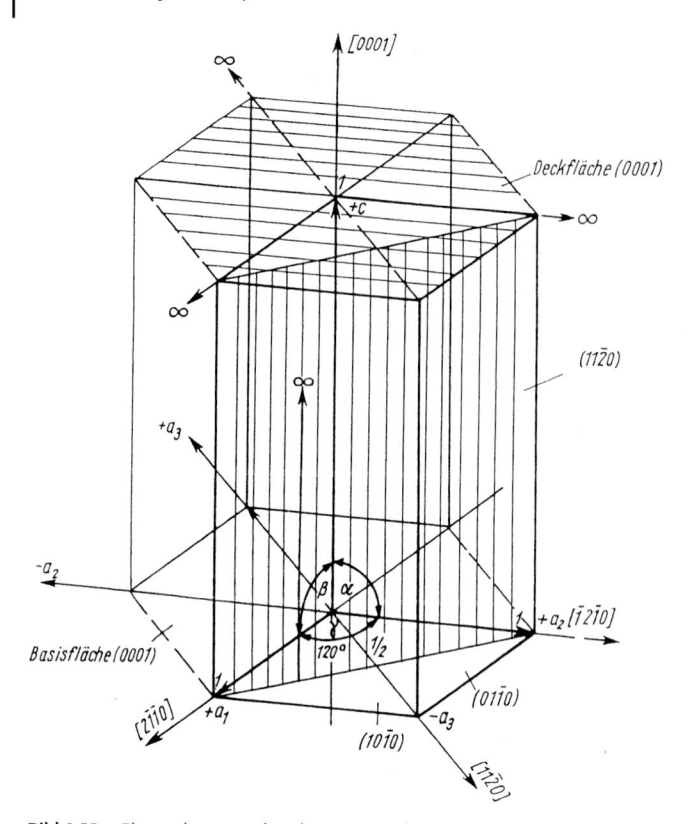

Bild 2.11 Ebenenlagen und Richtungen im hexagonalen Gitter

Im *hexagonalen System* wird die Indizierung der Ebenen häufig in einer abgewandelten Weise vorgenommen. Bild 2.11 zeigt die übliche Aufstellung des Koordinatensystems. In der Basisebene herrscht eine 120°-Symmetrie. Damit existieren in dieser Ebene 3 gleichwertige Achsen. Sie werden mit a_1, a_2 und a_3 bezeichnet. Um dem in der Indizierung Rechnung zu tragen, bezieht man das hexagonale System auf 4 Achsen $a_1 = a_2 = a_3 \neq c$ und verwendet für NE meist viergliedrige Indizes $(h\,k\,i\,l)$. Die Größe des dritten Index ergibt sich zu $i = -(h + k)$. Eine zur Achse a_3 senkrechte NE schneidet $-a_3$ in $\frac{1}{2}$, wenn sie $+a_1$ und $+a_2$ in 1 schneidet. Daraus ergibt sich die Indizierung $(11\bar{2}0)$. Die $[11\bar{2}0]$-Richtung steht senkrecht auf der $(11\bar{2}0)$-Ebene und die Richtung $[0001]$ auf der Ebene (0001).

Ein weiterer Begriff der analytischen Beschreibung des Raumgitters ist die *Zone*. Unter ihr versteht man die Gesamtheit aller NE verschiedener Raumlage $(h\,k\,l)$, die einer Richtung $[u\,v\,w]$ parallel sind. $[u\,v\,w]$ wird als *Zonenachse* bezeichnet. So gehören – um beim Beispiel des Bildes 2.11 zu bleiben – die auf der Basisebene bzw. Deckfläche senkrecht stehenden Ebenen $(10\bar{1}0)$, $(11\bar{2}0)$, $(01\bar{1}0)$ usw. zu einer Zone. Sie stoßen mit Kanten aneinander, die der Richtung $[0001]$, der Zonenachse, parallel gehen. Da die NE einer Zone meist verschiedenen NE-Formen $\{h\,k\,l\}$ angehören, kennzeichnet man eine Zone durch das Symbol ihrer Zonenachse [u v w]. Anhand der *Zonengleichung*

$$hu + kv + lw = 0 \tag{2.1}$$

lässt sich überprüfen, ob eine bestimmte NE (h k l) einer bekannten Zone [u v w] angehört. Zum Beispiel gehört im kubischen Kristallsystem die NE (120) zur Zone [001], da $1 \cdot 0 + 2 \cdot 0 + 0 \cdot 1 = 0$ ist. Umgekehrt lässt sich mit Gl. (2.1) feststellen, ob eine gegebene Gitterrichtung in einer bestimmten Netzebene liegt, wie beispielsweise [u v w] = [1$\bar{1}$0] in (h k l) = (111). Wegen $1 \cdot (+1) + 1 \cdot (-1) + 1 \cdot 0 = 0$ ist die [1$\bar{1}$0]-Richtung in der (111)-Ebene enthalten.

Mithilfe der Geraden- und NE-Symbole ist auch die Berechnung des Winkels φ zwischen zwei Gittergeraden oder Zonenachsen, zwischen zwei NE bzw. NE-Normalen oder zwischen einer Gittergeraden und einer NE bzw. deren Normale möglich. Im orthorhombischen System gilt beispielsweise für den Winkel φ zwischen zwei Gittergeraden [$u_1\ v_1\ w_1$] und [$u_2\ v_2\ w_2$]

$$\cos \varphi = \frac{a^2 u_1 u_2 + b^2 v_1 v_2 + c^2 w_1 w_2}{\sqrt{a^2 u_1^2 + b^2 v_1^2 + c^2 w_1^2} \cdot \sqrt{a^2 u_2^2 + b^2 v_2^2 + c^2 w_2^2}} \tag{2.2}$$

Im kubischen System heben sich die nun gleich langen Achsen heraus, und die Gleichung vereinfacht sich zu

$$\cos \varphi = \frac{u_1 u_2 + v_1 v_2 + w_1 w_2}{\sqrt{u_1^2 + v_1^2 + w_1^2} \cdot \sqrt{u_2^2 + v_2^2 + w_2^2}} \tag{2.3}$$

Da im kubischen System Richtungen [u v w], deren u = h, v = k und w = l sind, auf NE (h k l) senkrecht stehen, können in Gl. (2.3) außerdem auch (h k l) und [u v w] oder ($h_1\ k_1\ l_1$) und ($h_2\ k_2\ l_2$) eingesetzt werden.

Auch der *NE-Abstand* d_{hkl}, der kürzeste, d. h. senkrechte Abstand zweier benachbarter NE einer NE-Schar, kann mithilfe der NE-Symbole errechnet werden:
Für orthorhombische Gitter $a \neq b \neq c$ ist

$$d_{hkl} = \frac{1}{\sqrt{\left(\dfrac{h}{a}\right)^2 + \left(\dfrac{k}{b}\right)^2 + \left(\dfrac{l}{c}\right)^2}} \tag{2.4}$$

für tetragonale Gitter $a = b \neq c$ ist

$$d_{hkl} = \frac{1}{\sqrt{\dfrac{h^2 + k^2}{a^2} + \dfrac{l^2}{c^2}}} = \frac{a}{\sqrt{h^2 + k^2 + \dfrac{a^2}{c^2} l^2}} \tag{2.5}$$

2 Zustände des festen Körpers

für kubische Gitter ist

$$d_{hkl} = \frac{1}{\sqrt{\frac{h^2+k^2+l^2}{a^2}}} = \frac{a}{\sqrt{h^2+k^2+l^2}} \qquad (2.6)$$

und für hexagonale Gitter ist

$$d_{hkl} = \frac{1}{\sqrt{\frac{4}{3}\frac{h^2+hk+k^2}{a^2}}} = \frac{a}{\sqrt{\frac{4}{3}(h^2+hk+k^2)+\frac{a^2}{c^2}l^2}}. \qquad (2.7)$$

Zwischen dem NE-Abstand und der *Belegungsdichte* besteht ein Zusammenhang. Wie Bild 2.12 verdeutlicht, sind die NE mit der niedrigsten Indizierung am dichtesten mit Atomen belegt und haben den größten NE-Abstand. Aufgrund der dichten Belegung ist auch die Oberflächenspannung dieser Ebenen, wenn sie den Kristall begrenzen, minimal (Abschn. 6.2). Das hat weiterhin zur Folge, dass sie die äußere

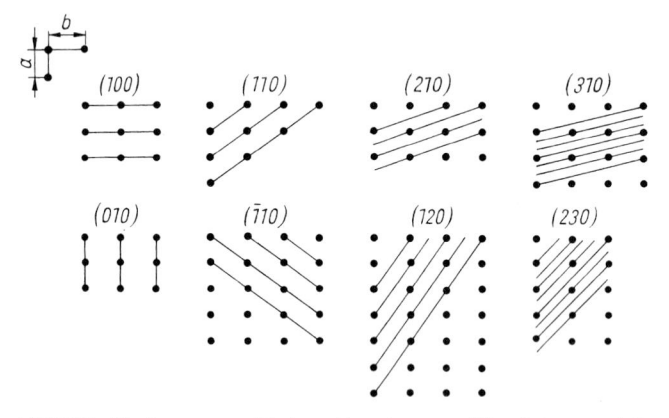

Bild 2.12 Die Spuren verschiedener Netzebenen und ihre Belegungsdichte

Bild 2.13 Frei gewachsener, synthetisch gewonnener Quarzkristall zur Herstellung von Piezoquarzen und Quarzuhren

Begrenzung des Kristalls bilden (Abschn. 3.1.1). Die makroskopische regelmäßige, bestimmten Gesetzmäßigkeiten gehorchende Gestalt des frei gewachsenen Kristalls (Bild 2.13) ist Ausdruck seines dreidimensional streng periodischen inneren Aufbaus.

2.1.4
Polkugel und stereographische Projektion

Für Messungen an Kristallen zur Ableitung bestimmter Eigenschaften von Kristallgittern, insbesondere zur Darstellung richtungsabhängiger Vorgänge im Kristallgitter, sind ebene Projektionen gebräuchlich. Von den verschiedenen Projektionsarten ist die *stereographische Projektion* für praxisbezogene Zwecke von besonderer Bedeutung. Sie ist die Abbildung einer Kugeloberfläche auf einer Ebene.

Man denke sich den Mittelpunkt eines kubischen Kristalls oder einer kubischen EZ in das Zentrum einer Kugel gerückt und alle NE-Normalen so weit verlängert, dass sie die Kugeloberfläche durchstoßen. Die Durchstoßpunkte werden als Pole P_{hkl} der NE, bei frei gewachsenen, von kristallographisch definierten Flächen begrenzten Kristallen auch als *Flächenpole* bezeichnet. Die mit Polen markierte Kugeloberfläche trägt die Bezeichnung *Polkugel* PK oder *Lagekugel* (Bild 2.14).

Mithilfe des Feldionenmikroskopes lassen sich die Pole P_{hkl} als (verzerrte) Draufsicht auf die Lagehalbkugel real abbilden (Bild 2.15). Entsprechend der Aufnahmetechnik stellen die weißen Flecken des Feldionenbildes die Abbildung jener Atome dar, die als Eck- oder Kantenatome (Abschn. 6.2.) die unterschiedlichen indizierten Kristallflächen säumen.

Der Darstellungsweise von Ebenenlagen auf der PK haftet bei aller Anschaulichkeit jedoch der Mangel an, dass die Kugel als räumliches Gebilde keine graphische Lö-

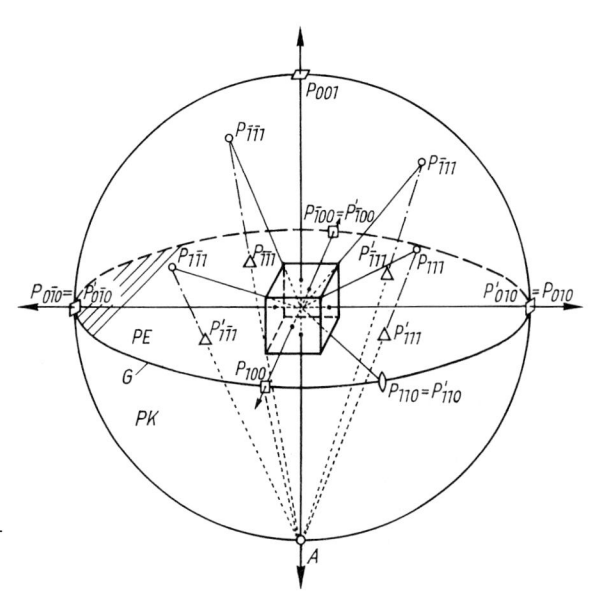

Bild 2.14 Entstehung der stereographischen Projektion der Pol- oder Lagekugel PK (am Beispiel von Würfelflächen und charakteristischen Richtungen)

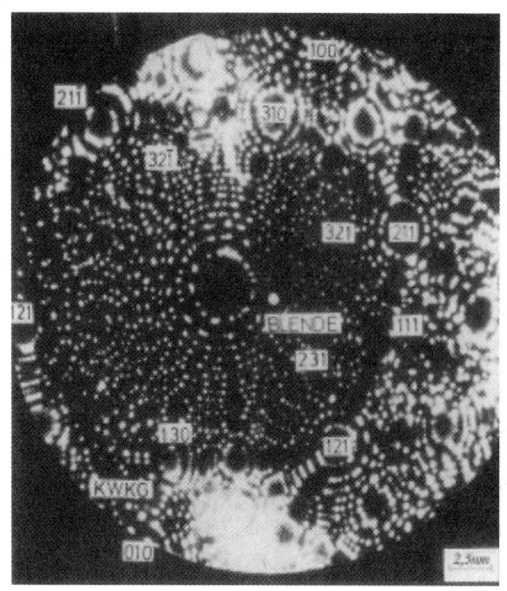

Bild 2.15 Feldionenbild von Fe (nach H. Wendt und R. Wagner). Ausgewählte kristallographische Pole sind eingezeichnet. In der linken unteren Hälfte ist eine Kleinwinkelkorngrenze (KWKG) markiert. Die Abbildung der Blende ist aufnahmetechnisch bedingt.

sung von bestimmten Aufgaben zulässt. Um das tun zu können, werden die Punkte von der PK auf eine Ebene (Projektionsebene PE) projiziert, indem die Pole der nördlichen Lagehalbkugel mit dem Südpol (Augpunkt A) verbunden werden.

Dabei erzeugen die Verbindungsstrahlen in der Äquatorebene, die man zweckmäßigerweise als *Projektionsebene* PE wählt, Schnittpunkte P'_{hkl}. Der Äquator selbst markiert sich als *Grundkreis* G der stereographischen Projektion. Die Punkte P'_{hkl} in der PE sind die stereographisch projizierten Pole. In entsprechender Weise lassen sich auch die Pole der südlichen Halbkugel (im Bild 2.14 nicht eingezeichnet) mit dem Nordpol verbinden und deren Schnittpunkte in der gleichen PE abbilden.

Die stereographische Projektion hat folgende nützliche geometrische Eigenschaften:

– Sie ist winkeltreu, d.h., der Winkel zwischen zwei Richtungen auf der PK wird in der PE richtig und ohne Verzerrung wiedergegeben.
– Sie ist kreistreu, d.h., Groß- und Kleinkreise auf der Lagekugel werden auch in der PE als Kreise abgebildet.
– Überspannt man die PK in geeigneter Weise mit einem Gradnetz aus Längen- und Breitenkreisen konstanten Winkelabstandes, so ergibt deren stereographische kreistreue Projektion ein Netz von Groß- und Kleinkreisen, das sog. *Wulffsche Netz*. Mit ihm können die im Raum (z. B. der EZ) auftretenden Winkel in der ebenen Projektion ausgemessen werden.
– Die Projektionspunkte aller NE einer Zone liegen auf einem Großkreis.

Ein wichtiges Hilfsmittel für die Orientierungsbestimmung, d.h. die Ermittlung der Lage des Kristallkoordinatensystems zu einem Probenkoordinatensystem, beispiels-

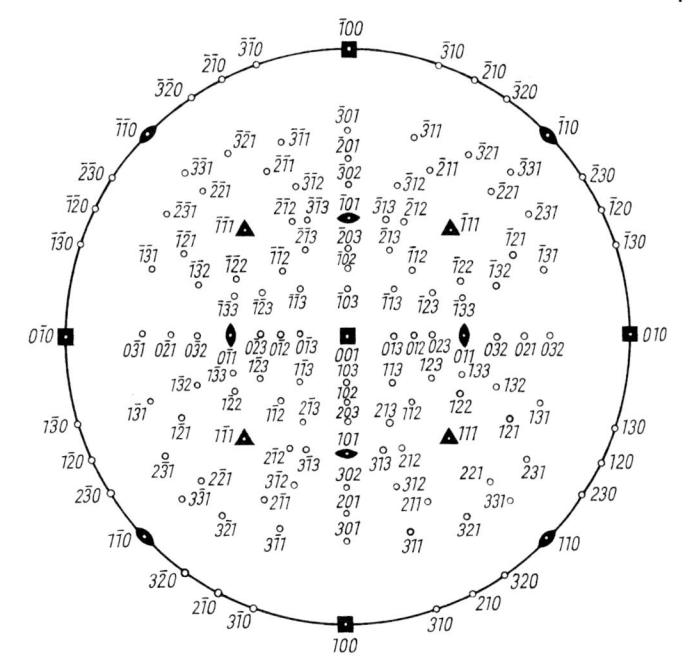

Bild 2.16 Stereographische Standardprojektion der Flächen (bzw. Richtungen) eines kubischen Kristalls in Würfellage (nach H. *Neff*)

weise einer Walzblechoberfläche, sind die *Standardprojektionen*. Sie enthalten nur stereographische Flächenpole niedrigindizierter NE. Bild 2.16 zeigt als Beispiel die Standardprojektion für das kubische Kristallsystem mit dem Projektionszentrum (001). Zur Aufstellung solcher Standardprojektionen werden die Winkel zwischen den Netzebenen nach Gl. (2.3) berechnet und mithilfe des Wulffschen Netzes eingetragen.

Im Falle des kubischen Kristallsystems kann die Standardprojektion der NE-Pole gleichzeitig als Standardprojektion für die kristallographischen Richtungen dienen, da alle Richtungen [h k l] auf den indizesgleichen Ebenen (h k l) senkrecht stehen.

Bei der Erörterung der plastischen Verformung wird zur Angabe der Orientierung häufig die stereographische Projektion benötigt. Hier genügt es, wenn es sich um kubisch kristallisierende Materialien handelt, das so genannte *Orientierungsdreieck* heranzuziehen. Es besteht (s. Bild 2.16) aus den Flächenpolen [001], [011] und [$\bar{1}$11] und tritt im Halbraum 24-mal auf. Deshalb ist auch eine Vertauschung möglich, z. B. [100], [110] und [111]. Wird beispielsweise ein Einkristallstab verformt, so wird seine Stabachse in dieses Dreieck eingezeichnet. Damit ist die Lage seines Kristallkoordinatensystems zur Stabachse (und umgekehrt) bekannt (s. Bild 9.13).

Eine weitere wichtige Form der Anwendung der stereographischen Projektion besteht in der Aufstellung von *Polfiguren*. Hier werden nur Pole einer kristallographischen Form, z. B. nur {100}-Pole, in das Stereogramm eingetragen. Nutzung finden

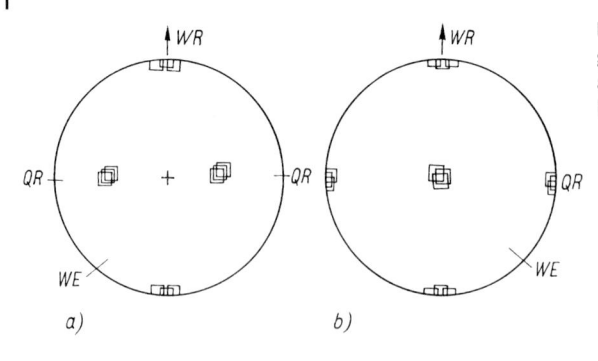

Bild 2.17 Polfiguren (Stereogramme) mit [100]-Ebenen
a) einer [100] (011)-Textur;
b) einer [100] (001)-Textur

die Polfiguren vor allem in Verbindung mit der Darstellung von Texturen (s. Abschn. 7.2.4, 2.3.5 und 10.6.3), d.h. bei der quantitativen Wiedergabe des Bestehens bestimmter kristallographischer Vorzugslagen im Kristallhaufwerk eines polykristallinen bzw. teilkristallinen Werkstoffes. Beispiele hierfür sind Bleche und polymere Halbzeuge (Folien, Platten, Stäbe, Rohre). Bei Blechen, Folien oder Platten ist das Probenkoordinatensystem durch die Form vorgegeben (Walz-, Folien- oder Plattenebene WE, Walz- bzw. Maschinenrichtung WR bzw. MR, Querrichtung QR). Die PK wird so gelegt, dass die PE mit der WE zusammenfällt. Auf diese Weise erhält man für den im Bild 10.37 (links) dargestellten Fall die Polfigur des Bildes 2.17a und im Falle des Bildes 10.37 (rechts) die Polfigur 2.17b.

Die Körner des in Bild 10.37 schematisch wiedergegebenen Bleches sind in bestimmter Weise ausgerichtet, d.h., das Blech weist eine Textur auf. Als weiteres Beispiel sind in Bild 2.18a und b die Polfiguren verschiedener Flächenpole von Aluminiumfolie (Walztextur) dargestellt. Sie zeigen anschaulich die Häufung von {100}- bzw. {111}-Flächenpolen. Das Bild ist so zu verstehen, dass ihre Belegungsdichte mit der Schraffurdichte zunimmt. Den gleichen Sachverhalt zeigen Polymere infolge der Ausrichtung der kristallinen Bereiche beim Blasformen (Bild 2.18c bis e), Extrudieren und Spritzgießen (Bild 2.18f). Polfiguren werden über die Beugung von Röntgenstrahlen mit dem Röntgendiffraktometer (s. Abschnitt 10.10.2.1) gewonnen.

2.1.5
Bindung im Festkörper

In allen Festkörpern stehen sich Anziehungs- und Abstoßungskräfte gegenüber. Die *Anziehungskräfte* wirken zwischen den Festkörperbausteinen (Atomen, Ionen und Molekülen) sowie auch innerhalb der Moleküle und gewährleisten den Zusammenhalt des Bausteinverbandes. Die *Abstoßungskräfte* verhindern ein Ineinanderstürzen der Einzelatome bzw. -ionen. Außerdem erfordert die Stabilität der Bindung, dass die potenzielle Energie benachbarter Bausteine einen Minimalwert einnimmt und geringer ist als die Energie der einzelnen, voneinander getrennten Bausteine. Bild 2.19 veranschaulicht diesen Sachverhalt. Zwei Atome, die sich im Abstand r voneinander befinden, üben aufeinander anziehende und abstoßende Kräfte aus. Diese sind sehr schwach, wenn die Atome weit voneinander entfernt sind, und sehr stark,

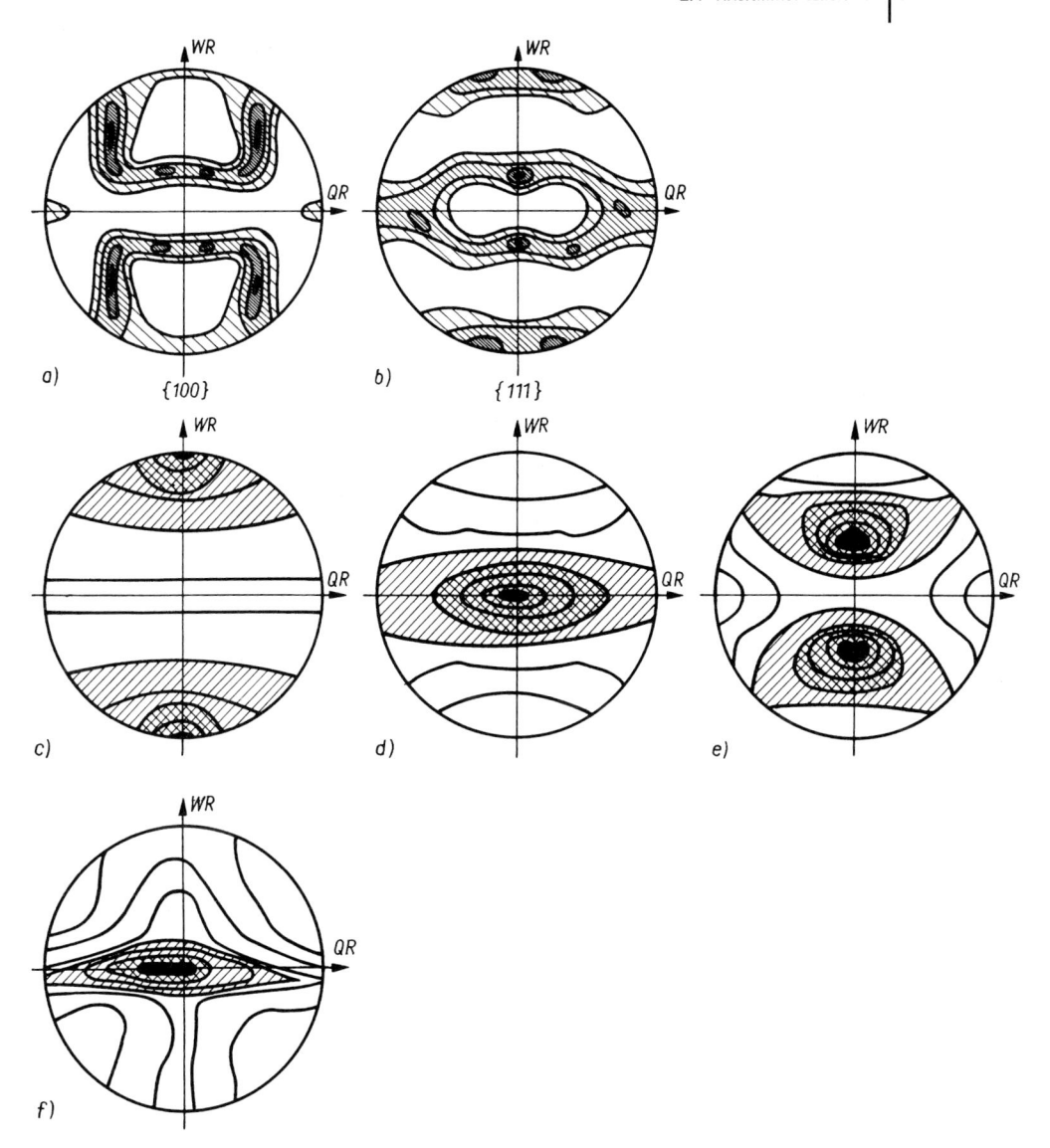

Bild 2.18 Polfiguren von Aluminium und Polyethylen; (a) und (b) nach [2.2], (c) bis (f) nach M. May und Chr. Walther. Walztextur von Al-Folie: {100}-Flächenpole (a); {111}-Flächenpole (b); Textur von Polyethylenblasfolie: {100}-Flächenpole mit kleinem (c), großem (d) bzw. mittlerem Quotienten (e) der Längs-/Querverstreckung, Polyethylenspritzgussteil: {100}-Flächenpole, Textur durch Fließorientierung (f)

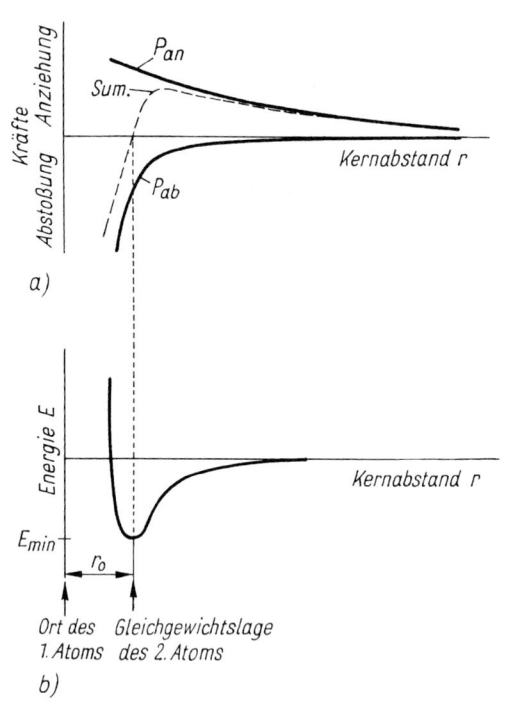

Bild 2.19 a) allgemeine Form anziehender und abstoßender Kräfte zwischen zwei Atomen im Abstand r; b) Form der daraus resultierenden (Potenzial-)Energiekurve

wenn sie nahe beieinander sind. Die insgesamt (resultierend) wirkende Kraft ist die Summe der beiden Teilkräfte. Ihr Verlauf als Funktion des Abstandes r ist ebenfalls in Bild 2.19 angegeben. Aus ihr lässt sich die Energiekurve als Produkt von Kraft und Abstand über

$$E = \int (P_{an} + P_{ab}) \, dr \qquad (2.8)$$

berechnen. An der Stelle $r = r_0$ ($dE/dr = 0$), wo $P_{an} = -P_{ab}$ ist, durchläuft die Energie ein Minimum. Der Ort des Minimums ist der, den das Nachbaratom in der Gleichgewichtslage einnimmt. E_{min} ist die *Dissoziationsenergie*, die aufgebracht werden muss, um zwei Atome zu trennen (dissoziieren).

Verschiedene Arten von Energien sind in der Lage, die Atome aus ihrer Gleichgewichtslage zu entfernen. Durch Zuführen von thermischer Energie (Erwärmen) können die Schwingungen der Bausteine um ihre Schwerpunktlage so stark zunehmen, dass die Bausteine voneinander getrennt werden (Schmelzen, Verdampfen). Hohe elektrische und mechanische Energien können ebenfalls die Bindungen zwischen den Bausteinen zerreißen, z. B. beim Abfunken und beim Bruchvorgang. Umgekehrt widersetzt sich der Festkörper oder die Flüssigkeit einer Kompression, da die Abstoßungskräfte bei einer Annäherung der Atome unterhalb r_0 extrem anwachsen. Die Stärke der Bindung zwischen den Bausteinen des Festkörpers wird durch die *Gitterenergie* beschrieben (s. a. Kap. 3). Sie ist der Energiebetrag, den man einer Einheitsmenge von Bausteinen zuführen muss, um den Festkörper aus der

Bild 2.20 Einfluss der Bindungsart und der Kationenfeldstärke (s. Abschnitt 2.2.1) auf die Schmelztemperatur von Oxiden (nach A. Dietzel)

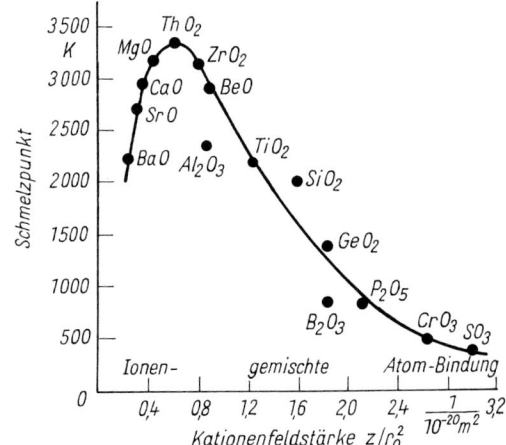

Anordnung seiner Bausteine vom absoluten Nullpunkt in den Dampf seiner chemischen Zusammensetzung zu verwandeln. Für hochpolymere Festkörper organischer wie silicatischer Art ist diese Größe nur auf Umwegen, nicht aber direkt bestimmbar, da sich deren Makromoleküle vor dem Verdampfen zersetzen.

Der schwächste Bindungstyp ist die *Nebenvalenzbindung*, die über rein elektrische Wechselwirkungen organische Makromoleküle sowie Edelgasatome und Gasmoleküle zu Festkörpern verknüpft. Letztere sind nur bei sehr niedrigen Temperaturen beständig, wie beispielsweise CO_2 als „Trockeneis" unterhalb −78,5 °C bei Normaldruck. Von anderer Natur und wesentlich stärker sind die *Hauptvalenzbindungen*, die als metallische Bindung, als Ionenbindung und als Atombindung in den Festkörpern vorkommen. In der Mehrzahl der Stoffe findet sich jedoch nicht nur eine einzige Bindungsart, sondern es wirken gleichzeitig mehrere Anteile verschiedener Bindungstypen (Mischbindung).

Die Art der Bindung bzw. die Größe der Anteile verschiedener Bindungen kommt in wichtigen Eigenschaften der Stoffe wie Härte, Festigkeit oder Schmelztemperatur (Bild 2.20) zum Ausdruck und ist nicht vom Zustand des jeweiligen Stoffes abhängig. So dominiert in einem Metall, gleich ob es unter Gleichgewichtsbedingungen im kristallinen oder nach extrem schneller Abkühlung der Schmelze im amorphen Zustand vorliegt, die metallische Bindung. Dennoch auftretende Unterschiede z. B. im Festigkeitsverhalten sind nicht auf Änderungen der Bindungsverhältnisse, sondern auf die Tatsache zurückzuführen, dass das kristalline Metall entlang bestimmten Kristallgitterebenen und -richtungen plastisch verformbar und deshalb „weicher" ist (Abschn. 9.2).

Die im Festkörper wirkenden verbindenden und abstoßenden Kräfte sind in erster Linie auf den Bau der Elektronenhülle der Atome zurückzuführen, und auf der Grundlage der den verschiedenen Elektronen zuzuordnenden Energieniveaus und Aufenthaltsräume (Orbitale) zu erklären.

2.1.5.1 Aufbau und Energieniveaus der Atomhülle

Jedes Atom besteht aus einem Z-fach positiv geladenen Kern und einer ihn umgebenden negativen Atomhülle. Der Kerndurchmesser beträgt 10^{-15} m, der Hüllendurchmesser $\approx 10^{-10}$ m. Die Hülle besteht aus Z Elektronen, die die positive Kernladung kompensieren und das Volumen des Atoms bestimmen. Z ist die Kernladungs- bzw. *Ordnungszahl* im Periodensystem der Elemente (Bild 2.23).

Obwohl der Kern nur äußerst wenig zur Größe des Atoms beiträgt, vereinigt er in sich nahezu die gesamte Atommasse. Außer für die Dichte, liefert die Atommasse keinen Beitrag zu den technisch im Vordergrund stehenden Werkstoffeigenschaften. Hierfür sind vielmehr die Elektronen maßgebend, von deren Anordnung zunächst ein *energetisches Modell* und hernach eine „bildhafte" räumliche Vorstellung entworfen werden sollen.

Nach der Quantenmechanik ist die Atomhülle ein System von erlaubten Energieniveaus. Nur die durch dieses System vorgegebenen Energiewerte dürfen die Elektronen annehmen. Andere Energiewerte sind für sie verboten. Die erlaubten Energiestufen sind nach einem Schema aufgegliedert, das mithilfe der Quantenzahlen gewonnen wird. Man unterscheidet die Hauptquantenzahl n, die Nebenquantenzahl l (die nur ganzzahlige Werte von 0 bis $n-1$ durchlaufen darf), die magnetische Quantenzahl m_l (die nur ganzzahlige Werte zwischen $+l$ und $-l$ annimmt) und die Spinquantenzahl m_s (die entweder den Wert $+\frac{1}{2}$ oder $-\frac{1}{2}$ hat).

Die *Hauptquantenzahl* bestimmt das Hauptenergieniveau des betreffenden Elektrons ($n = 1, 2, 3$ bis 7). Die *Neben- oder Orbitalquantenzahl* gibt das Unterniveau eines Elektrons innerhalb des Hauptenergieniveaus an. Sie kennzeichnet in etwa die räumliche Verteilung seiner Ladung (Elektronendichteverteilung, Orbitale). Den Nebenquantenzahlen entsprechen die Bezeichnungen s, p, d, f ($l = 0$: s-Elektronen, $l = 1$: p-Elektronen, $l = 2$: d-Elektronen und $l = 3$: f-Elektronen). Demnach wird beispielsweise ein Elektron mit $n = 2$ und $l = 0$ als ein 2s-Elektron und ein Elektron mit $n = 3$ und $l = 2$ als ein 3d-Elektron bezeichnet.

Die *Magnetquantenzahl* charakterisiert das Verhalten des Elektrons im magnetischen Feld. Über sie lässt sich die Zahl der Orbitale bei gegebenem l berechnen:

s-Elektronen:	$m_l = 0$	1 Orbital
p-Elektronen:	$m_l = -1, 0, +1$	3 Orbitale
d-Elektronen:	$m_l = -2, -1, 0, +1, +2$	5 Orbitale
f-Elektronen:	$m_l = -3, -2, -1, 0, +1, +2, +3$	7 Orbitale

Die *Spinquantenzahl* wird als mechanischer Drehimpuls des Elektrons gedeutet. Das Elektron führt demnach eine Eigendrehung aus (im Uhrzeigersinn oder im Gegenuhrzeigersinn), die auch mit einem magnetischen Moment verbunden ist (Abschn. 10.6.1). Die Vorzeichen der Spinquantenzahlen geben den Richtungssinn des Drehimpulses an.

Die nach diesen Gesetzmäßigkeiten gegebene Aufgliederung der Elektronenhülle in mögliche, von den Elektronen besetzbare Zustände zeigt Bild 2.21. Aus ihm ist ersichtlich, dass die Anzahl der Energieniveaus mit der Hauptquantenzahl n zunimmt. Um den Aufbau der Hülle eines bestimmten Atoms zu erfahren, muss die

2.1 Kristalliner Zustand | 25

Bild 2.21 Besetzungsmöglichkeiten der Elektronen in der Atomhülle (nach H. Lindner)

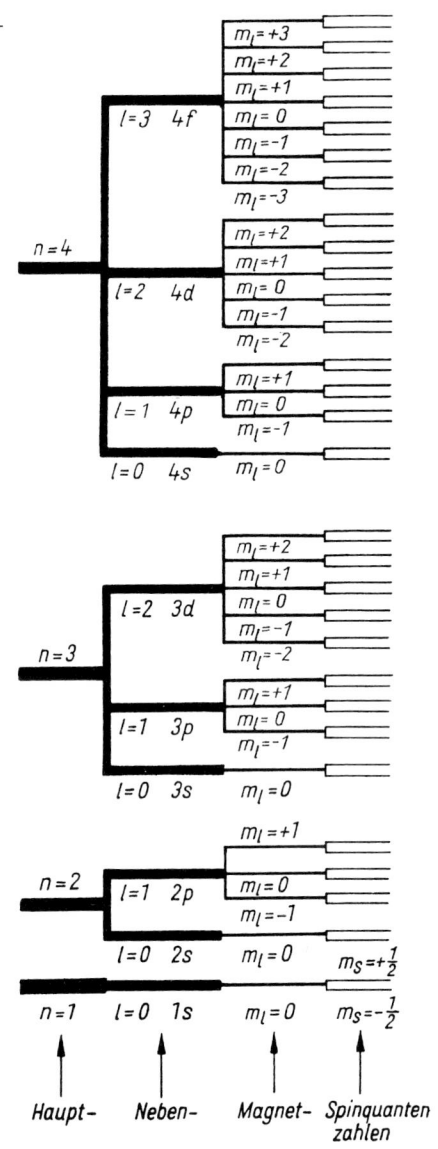

```
                              m_l = +3
                              m_l = +2
                              m_l = +1
                    l=3  4f   m_l =  0
                              m_l = -1
                              m_l = -2
                              m_l = -3

         n = 4                m_l = +2
                              m_l = +1
                    l=2  4d   m_l =  0
                              m_l = -1
                              m_l = -2

                              m_l = +1
                    l=1  4p   m_l =  0
                              m_l = -1

                    l=0  4s   m_l =  0


                              m_l = +2
                              m_l = +1
                    l=2  3d   m_l =  0
                              m_l = -1
         n = 3                m_l = -2

                              m_l = +1
                    l=1  3p   m_l =  0
                              m_l = -1

                    l=0  3s   m_l =  0

                              m_l = +1
         n = 2     l=1  2p    m_l =  0
                              m_l = -1

                    l=0  2s   m_l =  0    m_s = +1/2
         n = 1     l=0  1s    m_l =  0    m_s = -1/2

         Haupt-   Neben-    Magnet-  Spinquanten
                                      zahlen
```

durch die Ordnungszahl Z gegebene Anzahl der Elektronen nach dem Pauli-Prinzip auf diese Energieniveaus verteilt werden. Das *Pauli-Prinzip* besagt, dass in einem Atom oder Atomverband (z. B. auch einem Metall) zwei Elektronen niemals in allen vier Quantenzahlen übereinstimmen dürfen. Auf Bild 2.21 bezogen, heißt das, dass jeder in der äußersten rechten Spalte angedeutete Zustand nur durch ein einziges Elektron besetzt werden darf. Zum vollständigen energetischen Modell der Elektronenhülle gelangt man, wenn für jede der in Bild 2.21 angeführten Besetzungsmöglichkeiten der Energiewert angegeben wird. Dabei gilt die Vereinbarung, dass einem

Bild 2.22 Energieniveauschema der Atomhülle von Lithium (a) bzw. Aluminium (b)

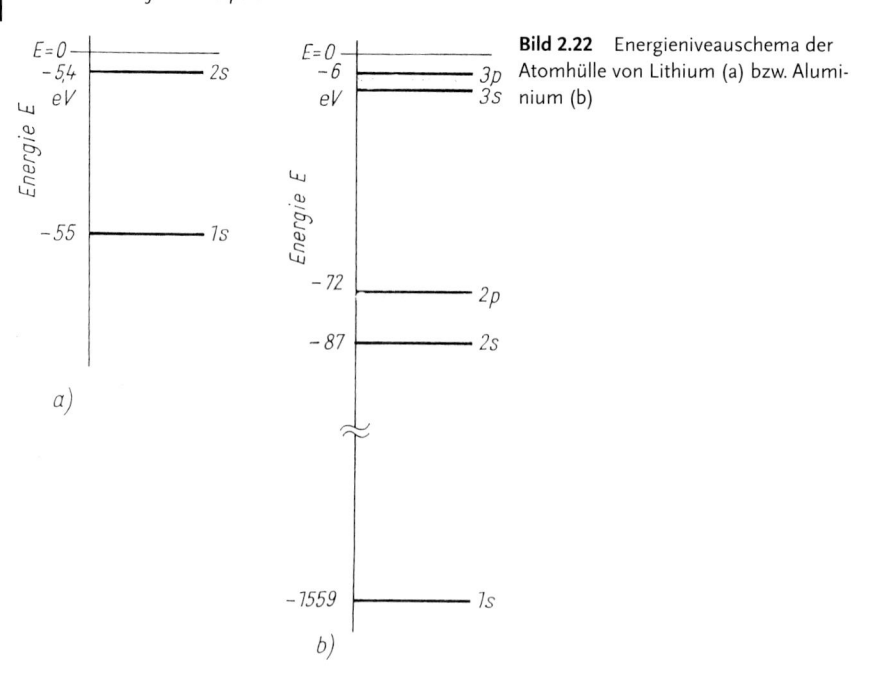

Elektron, das gerade die Atomhülle verlassen kann, der Energiewert Null zugeordnet wird und Elektronen, die der Atomhülle angehören, negative Energiewerte haben. Der jedem Elektron eigene Wert kennzeichnet die Energie, die aufgebracht werden muss, um das Elektron aus der Atomhülle zu entfernen; im Falle der die Wertigkeit charakterisierenden Elektronen ist es die *Ionisierungsenergie*.

Zwei solcher experimentell gewonnenen Energieniveauschemata sind in Bild 2.22 aufgeführt. Es ist zu erkennen, dass bestimmte der in Bild 2.21 angegebenen Besetzungsmöglichkeiten denselben Energiewert annehmen. Mithilfe des energetischen Modells lassen sich die Atomhüllen aller Elemente des Periodensystems aufbauen, indem in der Reihenfolge ihrer Ordnungszahlen von den energetisch am tiefsten liegenden Zuständen beginnend, die erlaubten Energieniveaus mit Elektronen aufgefüllt werden. Man bezeichnet diese Vorgehensweise als Aufbauprinzip der Atomhülle bzw. des Periodensystems (Bild 2.23 und Tab. 10.1).

Die Elektronenhülle und damit die Stellung des Elements im *Periodensystem* ist auch für die Metall- oder Nichtmetalleigenschaften des betreffenden Elements verantwortlich. Gemäß Bild 2.23 stehen die *Metalle* im Periodensystem links, und ihr Metallcharakter nimmt von oben nach unten zu. Die *Nichtmetalle*, von denen einige, wie B, C oder P, auch als *Metalloide* bezeichnet werden, sind auf der rechten Seite des Periodensystems zu finden. Eine Ausnahme bildet der Wasserstoff, der bei sehr hohen Drücken in metallischer Form gewonnen werden kann, was aufgrund seiner elektronischen Struktur – man vergleiche z. B. die Ähnlichkeit zum Lithium in Bild 2.22 – auch verständlich erscheint. Einige Metalle, die an der Grenze zwischen Metallen und Nichtmetallen stehen, wie Arsen, Antimon und Wismut, werden

2.1 Kristalliner Zustand | 27

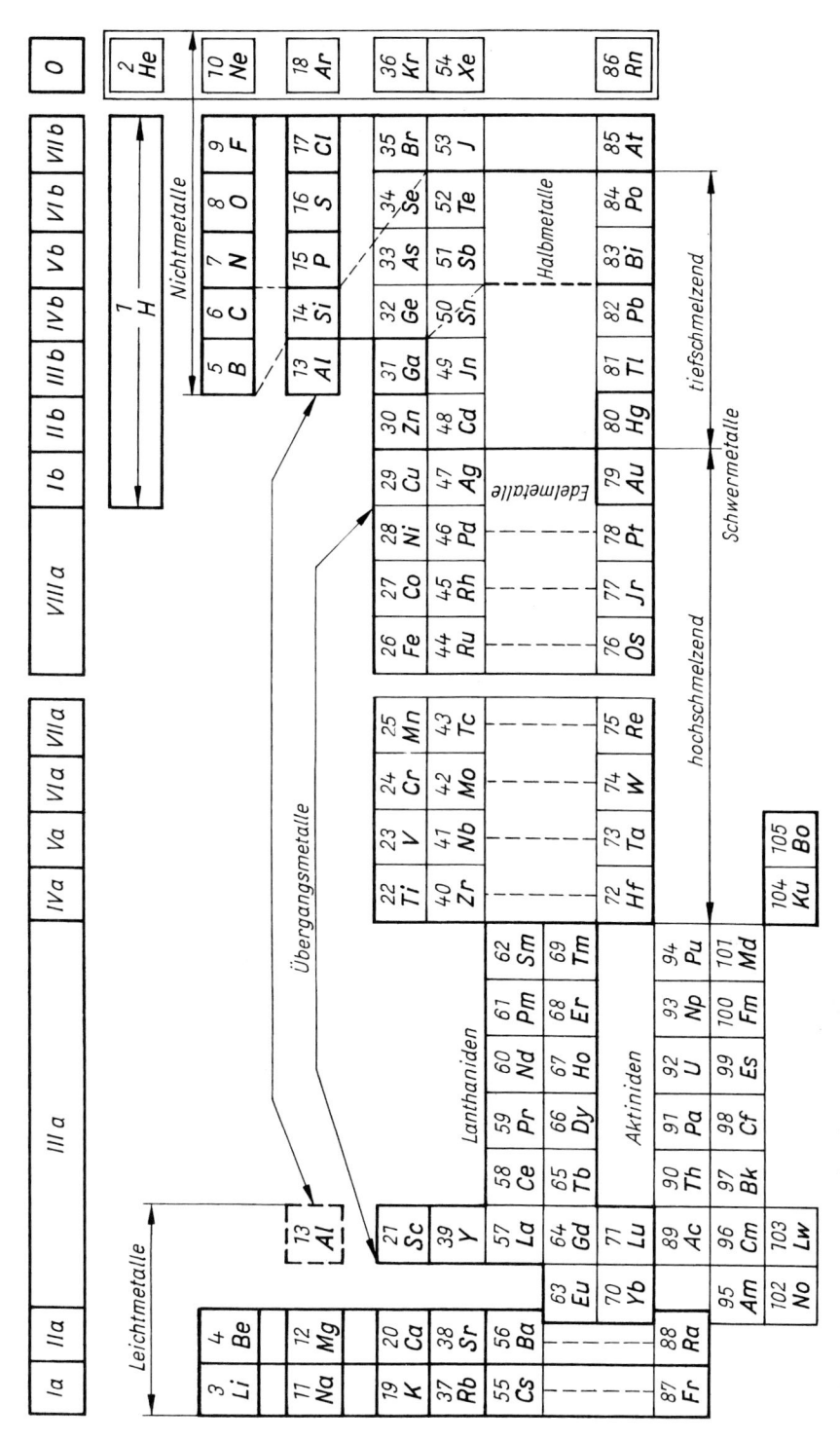

Bild 2.23 Periodensystem der Elemente

manchmal auch als *Halbmetalle* bezeichnet. Unter *Übergangsmetallen* versteht man solche, die unaufgefüllte 3 d-Energieniveaus haben und sich wegen dieser Besonderheit anders (z. B. ferromagnetisch, Abschn. 10.6.) als die übrigen Metalle verhalten.

Zur Erklärung der chemischen, der elektrischen und der magnetischen Eigenschaften benötigt man häufig die Angabe der gesamten *Elektronenkonfiguration* (Grundzustand). Hierzu sind die besetzten Niveaus in der Weise aufzuschreiben, dass man der Hauptquantenzahl die Anzahl der Elektronen in den s-, p-, d- und f-Niveaus als Hochzahlen hinzufügt. Der Grundzustand der Elektronenhülle im Lithiumatom ($Z = 3$) wäre demnach $1s^2 2s^1$, derjenige von Aluminium ($Z = 13$) $1s^2 2s^2 2p^6 3s^2 3p^1$ (vgl. Tab. 10.1).

Der Übergang vom energetischen Modell der Atomhülle zu einer „bildhaften" räumlichen Darstellung ist gegeben, wenn die mit der Quantentheorie für jedes Elektron berechenbare Aufenthaltswahrscheinlichkeit in der Atomhülle (Orbital) herangezogen wird. Danach lässt sich die Atomhülle nicht als eine Anordnung von Elektronen, die sich, wie beim *Bohrschen Atommodell*, auf genau festgelegten Bahnen bewegen, sondern nur als Elektronendichteverteilung darstellen. Für die Veranschaulichung der Orbitale ist die Vorstellung einer diffusen Wolke, deren Abmessungen und Form für jedes Elektron festgelegt sind, treffend. Einfache Beispiele dazu (Wasserstoff-, Helium- und Lithiumatom) sind in Bild 2.24 wiedergegeben.

Beim Stickstoffatom ($Z = 7$) lautet der Grundzustand $1s^2 2s^2 2p^3$. Die drei Elektronen des 2p-Niveaus sind von einheitlicher Spinrichtung. Jedes dieser p-Elektronen beansprucht einen aus zwei eiförmigen Hälften bestehenden Doppelraum (Bild 2.25). Im freien Stickstoffatom sind die drei Doppelräume nach den Achsen des rechtwinkligen Koordinatensystems angeordnet. Im Falle des Neons ($Z = 10$) wird eine sehr stabile Elektronenkonfiguration erreicht, indem die in Bild 2.25 gezeichneten 2p-Zustände (Grundzustand $1s^2 2s^2 2p^6$) aufgefüllt sind. Um ein Elektron aus dem 2p-Niveau herauszuspalten, d. h. das Atom zu ionisieren, bedarf es einer Energie von 21,6 eV. Im Vergleich dazu sind die Ionisierungsenergien des Lithiums mit 5,4 eV (Bild 2.22a) und des Kohlenstoffes mit 14,5 eV weitaus geringer. Eine hohe

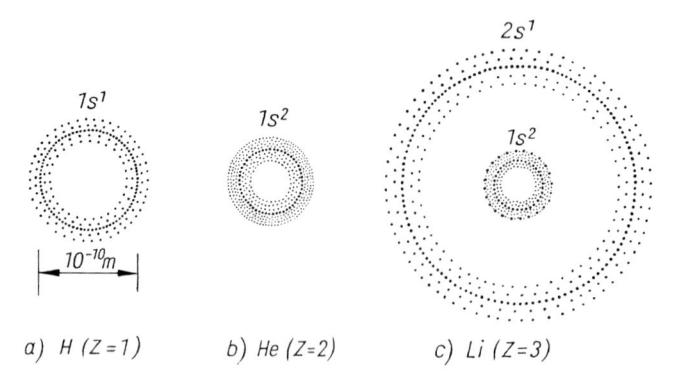

a) H ($Z = 1$)   b) He ($Z = 2$)   c) Li ($Z = 3$)

Bild 2.24 Maßstabgerechte „Bilder" von Atomen. a) Schnitt durch ein Wasserstoffatom; b) Schnitt durch ein Heliumatom; c) Schnitt durch ein Lithiumatom

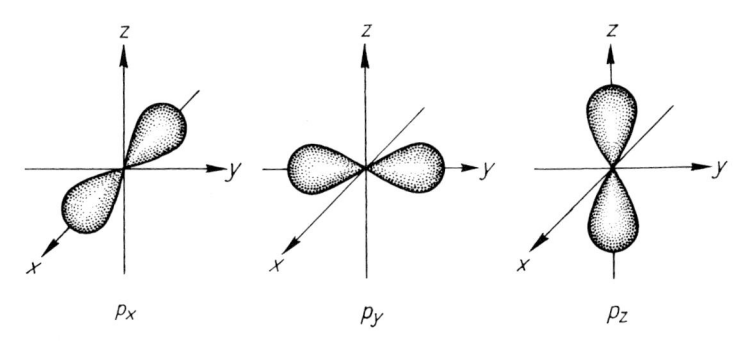

Bild 2.25   Die drei 2p-Elektroden des Stickstoffatoms.
(Die 1s- und 2s-Elektronenwolken wurden der Übersicht wegen nicht eingezeichnet.)

Ionisierungsenergie ist kennzeichnend für eine stabile Elektronenkonfiguration und erklärt die chemische Trägheit der Edelgase. Metalle haben eine niedrige Ionisierungsenergie und sind deshalb chemisch sehr reaktionsfreudig.

Die Quantentheorie hat zeigen können, dass die eingangs genannte Unterscheidung verschiedener Bindungsarten streng genommen nicht aufrechterhalten werden kann, sondern dass diese lediglich Spezialfälle eines einheitlichen quantenmechanischen Bindungsmechanismus sind. Wenn sie im Weiteren trotzdem erörtert werden, so geschieht dies, weil das Wesen eines komplizierten Sachverhaltes anhand seiner Grenzfälle oft am besten verständlich gemacht werden kann.

2.1.5.2 Ionenbindung

Im Bild 2.26a sind die Energieniveaus der Elektronen in einem freien Magnesiumatom und in einem freien Sauerstoffatom wiedergegeben. Das – räumlich gesehen – trichterförmige Gebilde stellt den Verlauf des Potenzials dar. Es ist die örtliche Begrenzung des Aufenthaltsraumes der Elektronen, die sich auf den erlaubten Energieniveaus befinden. Außerhalb des Potenzialtrichters existiert nur eine äußerst geringe Wahrscheinlichkeit für den Aufenthalt von Elektronen. Bei der Bindungsbildung Mg–O überlappen sich die Begrenzungspotenziale beider Atome. Ihr Summenpotenzial liegt jetzt niedriger als das 3s-Niveau des Magnesiums. Durch Abgabe zweier Elektronen an das Sauerstoffatom geht das Magnesiumatom sofort in den Bindungszustand $2p^6$ über, und Sauerstoff, dessen Grundzustand bisher $2p^4$ lautete, wird ebenfalls mit $2p^6$ besetzt. Wie aus Bild 2.26b ersichtlich, entstehen infolge der Bindungsbildung ein doppelt positiv geladenes Magnesiumion und ein doppelt negativ geladenes Sauerstoffatom. Der quantenmechanische Bindungsmechanismus reduziert sich hier auf eine nahezu reine *Coulombsche Anziehung* (elektrostatische Anziehung) zwischen den entgegengesetzt geladenen Ionen. Deshalb auch die Bezeichnung *Ionenbindung*. Die gleichzeitig wirkenden Abstoßungskräfte rühren daher, dass bei weiterer Annäherung sich die inneren Elektronenwolken beider Atome durchdringen müssen. Dies bewirkt eine Abstoßungskraft, die mit der Verkleinerung des Abstandes sehr schnell ansteigt. Damit ist die qualitative Gültigkeit von

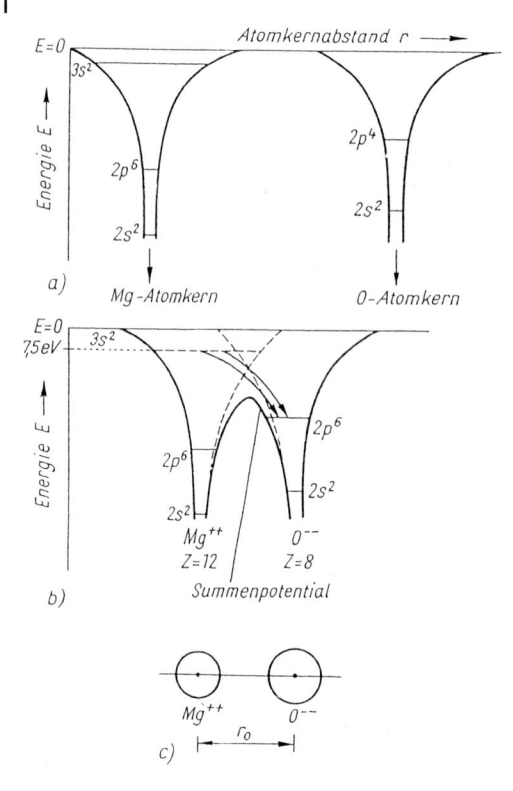

Bild 2.26 Zur Erklärung der Ionenbindung.
a) Energieniveauschema des einzelnen Magnesium- und Sauerstoffatoms;
b) Überlappung der Potenziale und Energiegewinnung durch Übergang der beiden 3s-Elektronen vom Mg in den 2p-Zustand von O;
c) Entstehung des Gleichgewichtsabstandes r_0 der gebildeten Ionen in der MgO-Struktur

Bild 2.19 für diesen Bindungstyp aufgezeigt. Die übrig bleibende Elektronenkonfiguration entspricht für beide Atome der des Elementes Neon, wohlgemerkt aber mit unterschiedlichen Kernladungszahlen.

Die Ionenbindung – auch als *heteropolare Bindung* bezeichnet – ist dadurch charakterisiert, dass die positiv geladenen Ionen in allen Richtungen die gleiche Anziehung auf die negativ geladenen Ionen ausüben und umgekehrt (Bild 2.27). Man spricht deshalb von einer *ungerichteten Bindung*. Die räumliche Zusammenlagerung der Atome wird durch gittergeometrische Gesichtspunkte bestimmt (Abschnitt 2.1.9).

Da bei der Ionenbindung keine freien Elektronen, d.h. Elektronen, die dem gesamten Gitterverband angehören, auftreten, sind alle Stoffe mit vorherrschender Ionenbindung (s. a. Tab. 2.7) schlechte Leiter für die Elektrizität und Wärme, sie sind diamagnetisch und im sichtbaren Licht durchsichtig (s. Abschn. 10.10.1). Weitgehende Ionenbindung tritt nur zwischen einfach bis dreifach geladenen Ionen auf. Höher geladene Kationen verstärken mit ihrer größeren Fähigkeit, die Anionen zu polarisieren, den kovalenten Bindungsanteil (Anteil der Atombindung).

Gitterbaufehler der Ionenkristalle (Abschn. 2.1.11 und 7.1.1) unterliegen der Forderung nach Ladungsneutralität. Es müssen immer ebenso viele Kationenladungen wie Anionenladungen davon betroffen sein, d.h. fehlen oder auf Zwischengitterplätzen sitzen oder bei der Verformung gleichzeitig durch das Gitter wandern. Bei dicht

Bild 2.27 Dreidimensionale Anordnung (Struktur) von MgO. Das zweifach positive Mg-Ion hat gleich starke Bindungskräfte zu allen sechs benachbarten zweifach negativen O-Ionen (vgl. auch Bild 2.52)

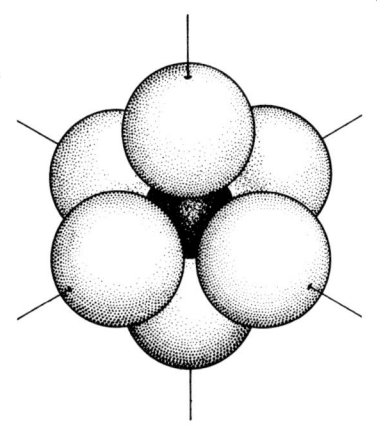

gepackten Ionenkristallen ist dennoch eine metallartig leichte Verformung möglich; komplizierte, komplexe Ionengitter sind aber extrem schlecht verformbar und brechen längs glatter *Spaltflächen* (s. a. Abschn. 6.2).

2.1.5.3 Kovalente Bindung (Atombindung)

Dieser Bindungstyp lässt sich zunächst am besten anhand des Wasserstoffmoleküls H_2 erläutern. Werden zwei Wasserstoffatome einander angenähert, so durchdringen sich die beiden 1s-Elektronenwolken (1s-Orbitale). Die quantentheoretische Berechnung liefert einen energetisch günstigen Zustand für den Fall, dass beide 1s-Elektronen eine einzige Elektronenwolke bilden, in der die beiden Elektronen einen entgegengesetzten Spin haben (Bild 2.28). Nach dem Pauli-Prinzip finden dann beide im tiefsten Energieniveau des Moleküls (Hauptquantenzahl $n = 1$) Platz und liefern den für die Bindung notwendigen Energiegewinn.

Auch innerhalb komplex aufgebauter Moleküle wirkt die Atombindung und bestimmt den Molekülaufbau, wie das in Bild 2.29 am Beispiel des Ammoniaks deutlich wird. Das Stickstoffatom mit seinen keulenförmigen Elektronendichteverteilungen (Orbitalen) tritt mit den 1s-Orbitalen der 3 Wasserstoffatome derart in Wechselwirkung, dass sie sich in bestimmter Weise überlappen und unter Energiegewinn das NH_3-Molekül bilden.

Ein sehr wichtiges Beispiel ist der Kohlenstoff. Gegenüber dem Grundzustand $1s^2 2s^2 2p^2$ des freien C-Atoms ist die Elektronenkonfiguration im Molekül $1s^2 2s^1 2p^3$.

Bild 2.28 Atombindung im Wasserstoffmolekül infolge der Durchdringung der beiden 1s-Elektronenwolken (1s-Orbitale)

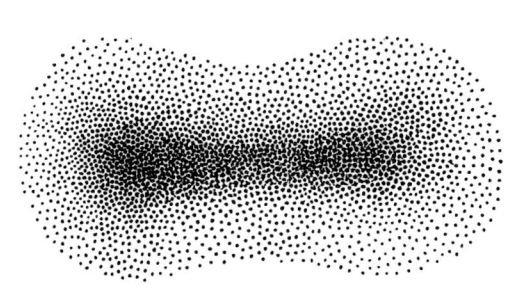

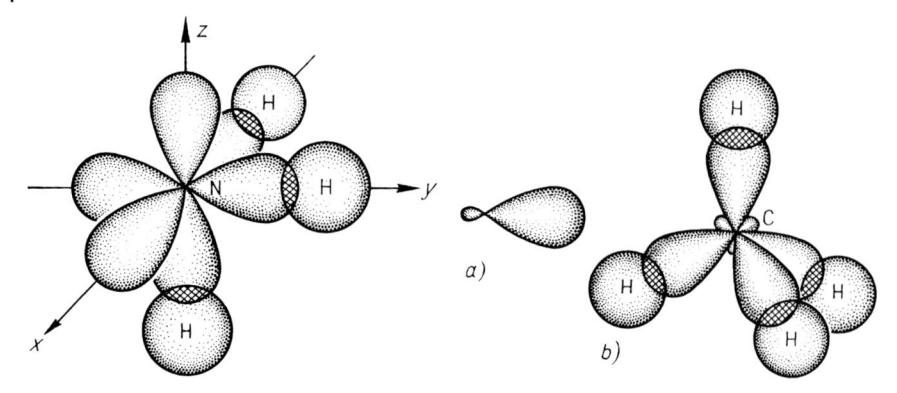

Bild 2.29 Schematische Darstellung der Atombindung in NH$_3$ durch Überlappung von Atomorbitalen (schraffierte Bereiche)

Bild 2.30 a) sp^3-Hybridorbital (Überlagerungsorbital) des Kohlenstoffs; b) Atombindung im CH$_4$-Molekül

Man bezeichnet diese Erscheinung als *Hybridisierung* und das entsprechende Orbital als Hybrid- oder Überlagerungsorbital (Bild 2.30a). Bei der Molekülbildung (z. B. CH$_4$-Bildung, Bild 2.30b) und beim Aufbau des Diamantgitters ordnen sich die sp^3-Hybridorbitale vom C-Atom ausgehend unter bestimmten Winkeln, den so genannten *Valenzwinkeln* (< 180°), an. Die stabilste Bindung liegt dann vor, wenn sie einen Tetraeder (Bild 2.31a) bilden, d. h., dass das im Zentrum sitzende C-Atom seine keulenförmigen Orbitale nach den Eckpunkten eines Tetraeders ausstreckt. In diesem Fall beträgt der Valenzwinkel 109,47° (s. Bild 2.55a und c). Die Bindung der C-Atome untereinander geschieht durch Überlappen ihrer Orbitale (Bild 2.31b). Deshalb kehrt der Valenzwinkel auch bei den an ein gegebenes C-Atom seitlich gebun-

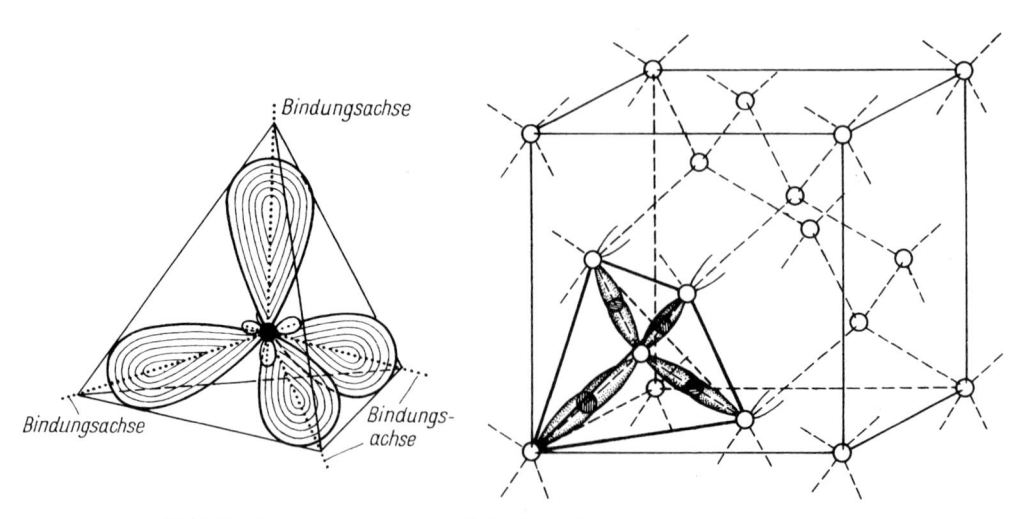

Bild 2.31 Die tetraedrischen Hybridorbitale (a) der C-Atome führen zur tetraedrischen Anordnung der Atome im Diamantgitter (b)

denen Kohlenstoffatomen wieder. Er wird aus diesem Grunde auch als Winkel zwischen den *Bindungsachsen* bezeichnet.

Die Atombindung ist nicht nur eine starke, sondern dank der Existenz der Valenzwinkel auch eine *gerichtete Bindung*. Die Valenzwinkel bedingen kleine Zahlen erstnächster Nachbarn von 1 bis 6, im Diamant 4. Auch der Zickzack-Verlauf der aus C-Atomen aufgebauten Hauptketten von Makromolekülen (Abschn. 2.1.10.1) ist eine Folge des Auftretens von Valenzwinkeln.

Besonders am Diamant (kubischer Kohlenstoff) mit praktisch reiner Atombindung werden die sehr starken Kräfte, die mit diesem Bindungstyp verbunden sind, deutlich. Er ist das härteste in der Natur vorkommende Material und zeichnet sich durch gute Isolatoreigenschaften gegenüber Elektrizität, Durchsichtigkeit, Diamagnetismus und einen hohen Schmelzpunkt aus (seine Struktur wird erst bei 6000 K durch thermische Energie zerstört). Die in Bild 2.31b schematisch gezeigte Verknüpfung der von jedem C-Atom ausgehenden Hybridorbitale liefert gleichzeitig die Erklärung für die Entstehung des kubischen Diamant-Kristallgitters (s. a. Bild 2.2).

2.1.5.4 Metallbindung

Die quantentheoretischen Vorstellungen von der Metallbindung lassen sich nicht anhand solch einfacher Modelle wie im Falle der Ionen- und Atombindung nahe bringen. Als Ausgangspunkt sei wieder das Potenzialtrichtermodell gewählt. In Bild 2.32a ist der Grundzustand eines freien Na-Atoms dargestellt. Wird ihm ein zweites Na-Atom angenähert, dann durchdringen sich ihre Potenzialwände, und aus dem ehemals im freien Atom einfach vorhandenen 3s-Niveau entstehen durch die Wechselwirkung zwischen beiden Na-Atomen zwei 3s-Subniveaus, von denen das eine oberhalb, das andere unterhalb des ursprünglichen 3s-Niveaus liegt (Bild 2.32b). Die Subniveaus befinden sich oberhalb einer im Atomverband nicht mehr trennend wirkenden Potenzialschwelle. Die von den zwei Na-Atomen beige-

Bild 2.32 Schematische Darstellung zur Entstehung der Metallbindung.
a) Energieniveauschema des freien Na-Atoms.
b) In zwei nahe beieinander angeordneten Na-Atomen spalten sich die im freien Atom scharfen Energieniveaus in Subniveaus auf (ΔE Energiegewinn, der für die Bindung zur Verfügung steht).
c) Herausbildung von Energiebändern, wenn viele Atome eine Bindung eingehen. Bei Na ist das 3s-Band halb mit Elektronen gefüllt (durch Schraffur in senkrechter Richtung angedeutet).

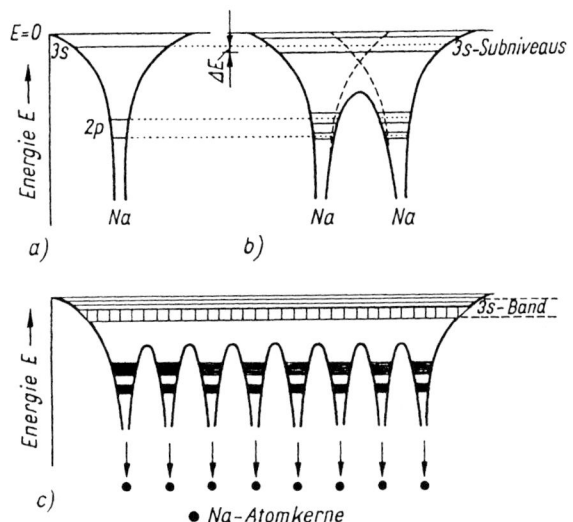

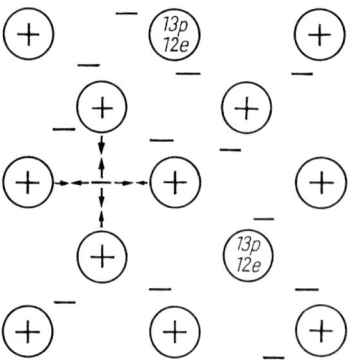

Bild 2.33 Die Metallbindung kann als Anziehung zwischen den positiven Atomrümpfen (Kern + Resthülle) und den negativen, dem ganzen Metall angehörenden freien Elektronen erklärt werden (Beispiel Aluminium $Z = 13$)

steuerten 3s-Elektronen können (ohne das Pauli-Prinzip zu verletzen) auf dem niedrigsten der beiden Subniveaus unterkommen. Der dabei je Atom freiwerdende Energiebetrag liefert im Wesentlichen die Bindungsenergie und ist die Ursache für Bindungskraft. Treten drei Atome zu einem Verband zusammen, dann entstehen drei Subniveaus usw. (Bild 2.32c). Schließlich entsteht in einem Kristall mit N Atomen ein den ganzen Kristall durchsetzendes 3s-Energieband (eigentlich sind es N Subniveaus, wobei N für 1 cm^3 Material den Wert 10^{23} erreicht).

Die im 3s-Band befindlichen Elektronen gehören nicht mehr einem einzelnen Atom an, sondern dem ganzen Metall. Sie bilden das so genannte *Elektronengas*, das – wie in älteren Darstellungen ausgedrückt wird – in seiner Gesamtheit anziehend auf die positiv geladenen Atomrümpfe wirkt. Es entsteht eine allseitige, scheinbar von den Zentren der Atomrümpfe ausgehende *ungerichtete Bindung* (Bild 2.33). Damit ist das Bestreben verbunden, eine möglichst dichte Raumerfüllung – so genannte Kugelpackungen der Atome – zu bilden, vorzugsweise kfz und hdP (hexagonal dichteste Packung) und z.T. auch krz (Tab. 2.3). Auf sie ist auch die gute plastische Verformbarkeit der Metalle zurückzuführen (Abschn. 9.2). Außerdem sind die freien Elektronen die Ursache für den Glanz der Metalle, ihre gute elektrische und thermische Leitfähigkeit. Diese Eigenschaften weisen Stoffe mit vorherrschender Ionen- oder Atombindung nicht auf. Auch werden bei diesem Bindungstyp die Gitterfehler nicht ladungsmäßig verankert, sodass beispielsweise die auf Versetzungsbewegungen beruhende plastische Verformung schon durch eine relativ geringe Zufuhr mechanischer oder thermischer Energie möglich ist.

2.1.5.5 Nebenvalenzbindung

Die *Neben-* oder *Restvalenzbindung* umfasst mehrere, verschieden stark wirkende Bindungen, die durch weit reichende *van-der-Waals-Kräfte* geknüpft werden. Dieser Bindungstyp bedingt die Entstehung von Festkörpern aus Gasmolekülen (O_2, CO_2, H_2 oder Edelgasen) bei tiefen Temperaturen. Charakteristisch für solche Festkörper ist, dass die Bindungsenergie zwischen Molekülen, die bei Raumtemperatur Gase bilden, sehr niedrig sein muss. Des Weiteren stellt dieser Bindungstyp die wichtigste Form der Bindung zwischen den Makromolekülen der Polymeren dar (Abschn. 2.1.10.2). Bis zu einem gewissen Grad kommt er jedoch in der Mehrzahl der Festkörper vor.

Ordnet man die Nebenvalenzbindungen nach abnehmender Bindungsstärke, so ergibt sich die Reihenfolge: Wasserstoffbrückenbindung (zwischen Molekülen), Dispersionskräfte (zwischen Multipolen) und Orientierungskräfte, die als Dipol-Dipol-Bindung (zwischen permanenten Dipolen), als Dipol-Ion-Bindung (zwischen permanentem und im Ion induziertem Dipol) oder als Induktions-Bindung (zwischen permanentem und im neutralen Atom induziertem Dipol) auftreten können.

Die an N-, C- oder O-Atome gebundenen H-Atome vermögen infolge ihrer außerordentlich geringen Größe und unabgeschirmten positiven Kernladungen in die viel größeren Zentralatome hineinzuschlüpfen. Sie ordnen sich in deren Elektronenhülle so, dass oberflächlich eine tetraedrische Ladungsverteilung von 1 bis 3 positiven und 3 bis 1 negativen Ladungen, ein Quadrupol, entsteht. Die Quadrupole lagern sich im Raum derart, dass sie sich mit antipolar geladenen Oberflächenpunkten gegenüberstehen wie ... $H_2CH + -CH_3$ ... Diese als *Wasserstoffbrückenbindung* bezeichnete Bindungsart spielt in Polymeren eine große Rolle. Durch ständigen Wechsel der Lage von einem Zentralatom zum anderen und zurück, der eine so genannte Resonanzbindung zur Folge hat, wird die Bindungskraft noch zusätzlich erhöht (Bild 2.34).

Die etwas schwächeren *Dispersionskräfte* wirken zwischen Multipolen. Diese entstehen durch den dauernden Wechsel der gegenseitigen Lagen der Hüllelektronen, demzufolge sich ständig Gebiete unvollkommener Abschirmung der positiven Kernladung neben Gebieten höherer Elektronegativität bilden, die stärker und wieder schwächer werden oder an anderen Stellen vorher guter Abschirmung neu entstehen. Damit sind wechselnde Zahlen positiv und negativ geladener Oberflächenstellen unterschiedlicher und wechselnder Stärke über die Atomoberfläche verteilt. Infolge einer Resonanz, d.h. eines dauernden Wechsels der Polaritätsverteilung an den Berührungsstellen solcher Multipole, ist diese Bindung fester, als bei stationärer Anordnung und Stärke der Pole zu erwarten wäre.

Schwingen ein positiv geladener Atomkern und seine negativ geladene Atomhülle gegeneinander, so entsteht in dem Atom ein permanentes Dipolmoment. Bei starker Annäherung zweier Atome mit permanentem Dipolmoment wirken die so genannten *Dipol-Dipol-* oder *Orientierungskräfte*, da beide Dipolmomente sich zueinander in stets antipolare Lage orientieren (Bild 2.34b). Orientierungskräfte sind stark temperaturabhängig, da die überlagerte Wärmeschwingung den „Orientierungsgleichklang" zunehmend „verstimmt", d.h. außer Phase, „außer Tritt" geraten lässt. Bei Annäherung eines Atoms mit permanentem Dipolmoment an ein lediglich schwingungsfähiges neutrales Atom oder ein geladenes Atom, ein Ion, werden in diesem antipolar orientierte Dipolschwingungen induziert, und es entstehen die schwa-

Bild 2.34 Schematische Darstellung von Restvalenzbindungen.
a) Wasserstoffbrückenbindung zwischen 2 Wassermolekülen;
b) Dipol-Dipol-Bindung

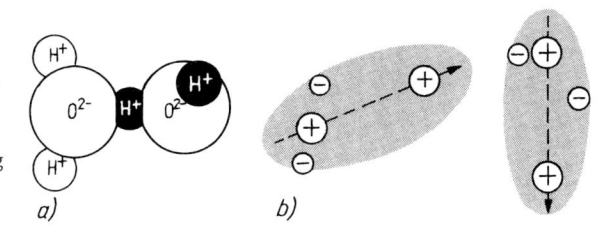

chen, temperaturabhängigen *Induktions-* und *Dipol-Ion-Kräfte*. Außer den Dipol-Ion-Kräften haben alle Restvalenz-Kräfte für den Zusammenhalt der Makromoleküle in den organischen Werkstoffen große Bedeutung.

2.1.5.6 Mischbindung

Es war schon gesagt worden, dass die *Hauptvalenzbindungen* Extremfälle ein und desselben quantenmechanischen Bindungsmechanismus sind und dass sie sich lediglich hinsichtlich der Aufenthaltsräume (Orbitale) der am Zustandekommen der Bindung beteiligten Elektronen sowie der Überlappung der Orbitale unterscheiden. Es ist deshalb nicht mehr als natürlich, dass zwischen den verschiedenen Bindungszuständen *Mischbindungen* auftreten können (Bild 2.35). So nimmt allgemein der Anteil der Metallbindung bei Metallen mit steigender Kernladungszahl im Periodensystem innerhalb einer Periode bis zur Gruppe Ib zu und darüber hinaus schnell ab. Der Atombindungsanteil verhält sich gegenläufig. Die Übergangs- und Leichtmetalle sowie die tiefschmelzenden Metalle Pb und Tl (Bild 2.23) kristallisieren allein oder als Austauschmischkristalle mit nahezu reiner Metallbindung.

Die übrigen niedrigschmelzenden Metalle und die Halbmetalle bilden allein und miteinander Gitter mit vorwiegend kovalenter, d. h. Atombindung. In Kristallen, die aus metallischen und nichtmetallischen Elementen bestehen, wie in Oxid- und Sulfidkristallen, liegt meist eine Mischbindung mit Anteilen von Ionen- und Atombindung vor. In den Oxiden überwiegt die Ionen-, in Sulfiden die Atombindung.

Diese Verhältnisse kommen auch in Eigenschaften dementsprechender Festkörper zum Ausdruck. So sind bei den Halbmetallen mit definiertem Valenzwinkel As, Sb, Bi Metallglanz mit hoher Sprödigkeit, bei Halbleitern, wie CdSe, Durchsichtigkeit mit von der Belichtungsintensität abhängigem elektrischem Widerstand gepaart. Sprödigkeit und definierte Valenzwinkel sind für die Atombindung, Spaltbarkeit

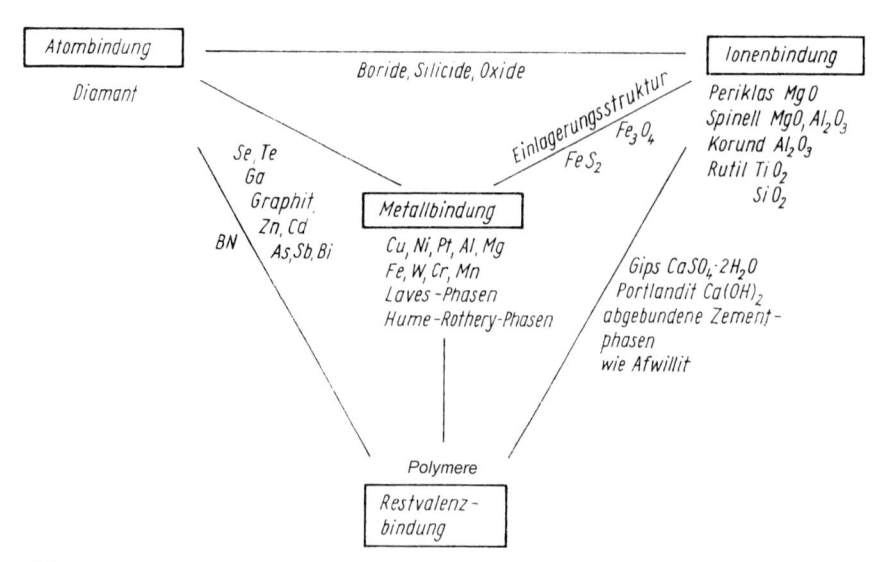

Bild 2.35 Die Bindungsarten und ihre Zwischenformen (Mischbindung)

und Durchsichtigkeit für die Atom- sowie Ionenbindung und Elektronenleitfähigkeit, Photoeffekt und Metallglanz für die Metallbindung charakteristisch. Weitere Zusammenhänge bestehen zwischen der Bindungsart und der Größe der Atomdurchmesserunterschiede in Mehrkomponenten-Kristallen sowie der so genannten Koordinationszahl. Metall- und Atombindung setzen annähernd gleich große Atome voraus. Daher bilden sich metallische Austauschmischkristalle mit Metallbindung und mehrkomponentige Strukturen mit kovalenter Bindung vorwiegend aus benachbarten Elementen einer Periode wie Ni–Cu-Mischkristalle oder das kubische, superharte Bornitrid BN und Borcarbid B_4C.

2.1.6
Koordination

Die *Koordinationszahl* KZ ist eine wichtige Stoffkenngröße, die die Packungsdichte des kristallinen Körpers kennzeichnet. Sie ist die Anzahl um einen herausgegriffenen zentralen Gitterbaustein in gleicher Entfernung platzierter nächster Nachbarn (Liganden). Der herausgegriffene Gitterbaustein A bildet mit den ihm nächstbenachbarten Gitterbausteinen, den *Liganden X*, einen so genannten *Koordinationspolyeder* AX_n, dessen KZ für A gleich n ist (Bild 2.36).

Die KZ ist von der Gestalt der Gitterbausteine wie tetraederförmigen SiO_4- und oktaederförmigen AlO_6-Molekülen oder lang gestreckten organischen Makromolekülen abhängig. Bei kugelförmigen Bausteinen, auf die allein im Weiteren eingegangen werden soll, wird sie für KZ $\geq$ 3 vom Verhältnis der Bausteinradien r_A/r_x bestimmt. In Kristallen mit der ungerichteten Metallbindung ist – wie auch Tabelle 2.2

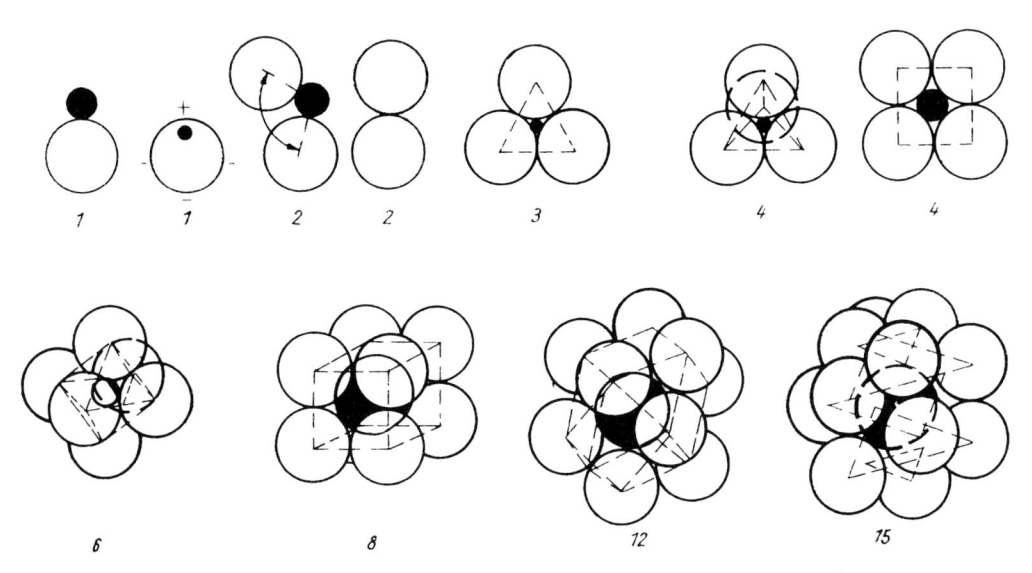

Bild 2.36 Mögliche Koordinationspolyeder kugelförmiger Gitterbausteine. Zentralatom A schwarz, Liganden X hell. Die angeführten Zahlen sind die zugehörigen Koordinationszahlen (s. a. Tab. 2.2).

Tab. 2.2 Mögliche Koordinationszahlen für kugelförmige Bausteine X um A in Verbindung mit Bild 2.36

KZ	Koordinationspolyeder	Radienverhältnis r_A/r_X	Beispiele für AX_n
1	linear hantelförmige Komplexe; kugelförmige Komplexe	ohne Bedeutung	AsS im FeAsS (Erzphase); $(OH)^-$ in Zementphasen
2	bei kovalenter Bindung: ebene Gebilde; bei Wasserstoffbrückenbindung: lineare Gebilde	ohne Bedeutung	CC_2, OC_2, NC_2 in Polymeren, MoS_2 oder $Ca(OH)_2$ mit $-OH^+\cdots^-OH-$
3	ebenes Dreieck um A	0,155 ... 0,225	CO_3 in Carbonaten; BO_3 in Boratgläsern
4	räumlicher Tetraeder um A ebenes Quadrat um A	0,225 ... 0,414 0,414 ... 0,732	SiO_4 in Silicaten; FeO_4 in Magnetit $PtAs_4$ in Sperrylith (Erzphase)
6	räumlicher Oktaeder um A	0,414 ... 0,732	MgO_6 in MgO; TiO_6 in TiO_2
8	räumlicher Würfel um A	0,732 ... 1	α-Fe, Cr, Mo, W
12	räumlicher Kub-Oktaeder um A	1	γ-Fe, Ni, Cu, Ag, Au
14 ... 16	räumliche *Harker-Kasper* Polyeder um A	1	intermetallische Phasen wie $AlCu_3$, $AlFe_3$, $SiFe_3$, $AlCuMg$, $SiCu_3Mg_2$

verdeutlicht – die KZ wegen der gleichen oder etwa gleichen Größe (Radienverhältnis $\cong$ 1) von Zentralatom und Nachbaratomen (Liganden) besonders hoch. Im kubisch primitiven Gitter beträgt sie 6, im krz 8 und im kfz sowie hdP 12 (Abschn. 2.1.7). In den Kristallen mit der gleichfalls ungerichteten Ionenbindung wird die angestrebte höhere KZ durch die Bedingung, dass die Ionenkristalle nach außen elektrisch neutral sind, auf maximal 8 eingeschränkt. In Abweichung davon können sich bei einer gerichteten Bindung die Gitterbausteine nur in bestimmten Bindungsrichtungen aneinander lagern, sodass die Anzahl nächster Nachbarn um ein Zentralatom klein ist. In Kristallen mit Atombindung sind deshalb Koordinationszahlen von 1 bis 6 (z. B. Diamant KZ = 4) verwirklicht.

In den Koordinationspolyedern besetzen die n Liganden X die Ecken der dem Atom A umschriebenen geometrischen Figuren (Bild 2.36). Für $r_A/r_X = 1$ können A und X vom gleichen Element besetzt sein, wie bei den Kristallstrukturen reiner Metalle. Liegt dann das Radienverhältnis an der Grenze zweier aufeinander folgender r_A/r_X-Bereiche (Tab. 2.2), so kann dieses Element in den beiden diesen Bereichen entsprechenden KZ und Gittertypen auftreten (Polymorphie). Das trifft beispielsweise für das Fe zu, das mit KZ = 8 und KZ = 12 in der krz und kfz Modifikation (α-Fe und γ-Fe) auftreten kann.

2.1 Kristalliner Zustand

Für den Fall, dass r_A/r_X 1, aber A und X von verschiedenen Elementen besetzt sind, kann der dementsprechende Koordinationspolyeder Bestandteil eines metallischen Austauschmischkristalls oder auch eines Ionenkristalls wie CsCl und NaCl sein.

Ebenso wie aus Elementarzellen (Abschn. 2.1.1) lässt sich das Raumgitter kristalliner Stoffe auch aus Koordinationspolyedern zusammengesetzt denken (Koordinationsgitter). Die Verknüpfung gleichartiger Koordinationspolyeder zu einem dreidimensionalen Koordinationsgitter kann über gemeinsame Ecken, Kanten und Flächen erfolgen. Bei vorherrschender Ionenbindung nimmt erfahrungsgemäß die Gitterstabilität in dieser Reihenfolge ab, bei metallischer Bindung steigt sie an.

2.1.7 Elementstrukturen

Wie bereits erwähnt, kristallisiert die überwiegende Mehrzahl der chemischen Elemente in Metallstrukturen, und zwar 30 % im krz Wolfram-Typ, mehr als 30 % im kfz Kupfer-Typ und 35 % im hdP Magnesium-Typ. In Tabelle 2.3 sind bekannte Beispiele für diese wichtigen Elementstrukturtypen zusammengefasst. Die restlichen, technisch in der Regel weniger bedeutsamen Vertreter verteilen sich auf Elementstrukturen mit geringer Packungsdichte (PD) und KZ wie Kettenstrukturen (z. B. Se, Te) oder Blattstrukturen (z. B. As, Sb, Bi). Zu den letzten zählt auch die hexagonale Kohlenstoffmodifikation Graphit, bei der die C-Atome innerhalb der Blattebenen (Bild 2.37) – wie im Gitter der kubischen Kohlenstoffmodifikation Diamant (Bild 2.31 b) – durch die festere Atombindung, senkrecht dazu jedoch durch schwache Nebenvalenzkräfte gebunden sind. Daher können die Blätter leicht aufeinander gleiten, worauf die gute Schmierwirkung des Graphits beruht.

2.1.7.1 Krz Struktur (Wolfram-Typ)

In dieser Struktur kristallisieren z. B. die Schwermetalle W, Mo und Ta sowie das α-Fe (Tab. 2.3). Bild 2.38a zeigt die Elementarzelle. Jedes Atom ist von 8 nächstbenachbarten umgeben (Bild 2.38 b; KZ = 8) und kontaktiert mit diesen (Bild 2.38 c). Fasst

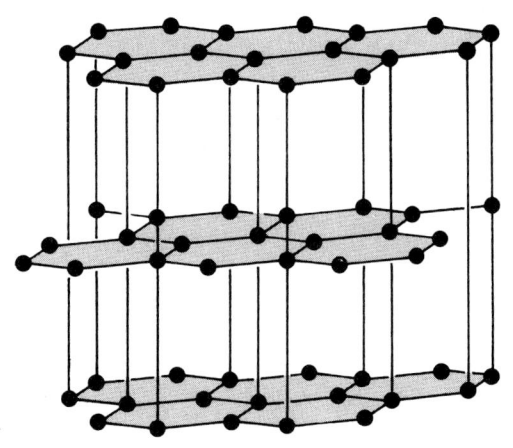

Bild 2.37 Graphitgitter

2 Zustände des festen Körpers

Tab. 2.3 Kristallstrukturen und Gitterkonstanten einiger Metalle bei Normaldruck (die Werte ohne Temperaturangabe beziehen sich auf 20 °C)

Struktur	Metall	Temperatur °C	Gitterkonstanten a 10^{-10} m	c 10^{-10} m	Gitterkonstantenverhältnis c/a
krz	α-Fe		2,866		
	δ-Fe	1390	2,932		
	Cr		2,884		
	V		3,027		
	Mo		3,147		
	W		3,165		
	Nb		3,303		
	Ta		3,306		
	β-Ti	920	3,311		
	β-Zr	862	3,545		
	Na		4,291		
	K		5,328		
kfz	Ni		3,524		
	β-Co	467	3,560		
	Cu		3,615		
	γ-Fe	1000	3,654		
	Ir		3,839		
	Pt		3,923		
	Al		4,049		
	Au		4,079		
	Ag		4,086		
	Pb		4,951		
hdP	Be		2,286	3,584	1,57
	α-Co		2,505	4,060	1,62
	Zn		2,665	4,947	1,86
	Os		2,734	4,319	1,58
	α-Ti		2,950	4,686	1,59
	Cd		2,979	5,618	1,89
	Mg		3,209	5,211	1,62
	α-Zr		3,232	5,147	1,59
	„ideal"				1,633

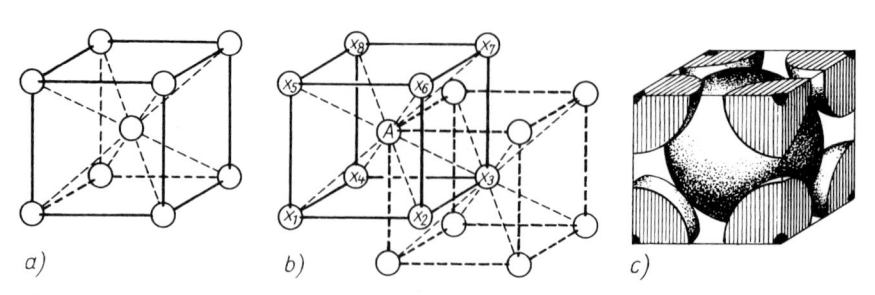

Bild 2.38 Kubisch raumzentrierte EZ. a) Lage der Atome in der EZ; b) zur Ableitung der Koordinationszahl; c) zur Veranschaulichung der Anzahl der Atome in der EZ (nach [2.16])

man die Atome als Kugeln mit dem Radius r auf, dann ergibt sich über die Raumdiagonale der Zusammenhang zwischen Gitterkonstante a und Atomradius r zu

$$a_{krz} = 4r/\sqrt{3} \tag{2.9}$$

Hiermit lässt sich die *Packungsdichte* PD angeben, die als Quotient des auf die EZ entfallenden Volumens der Atome und des Volumens der EZ selbst definiert ist und die *Raumerfüllung* darstellt. Berücksichtigt man, dass die krz EZ 2 Atome (8 Eckatome mal $\frac{1}{8}$ und 1 Zentralatom) enthält (Bild 2.38c), dann ist mit Gl. (2.9)

$$PD_{krz} = \frac{2 \cdot 4\pi r^3}{3 a^3} = 0{,}68 \tag{2.10}$$

2.1.7.2 Kfz Struktur (Kupfer-Typ)

Nach diesem Gittertyp kristallisieren beispielsweise die Metalle Ag, Cu und Al, die eine hohe elektrische Leitfähigkeit aufweisen, oder das γ-Fe (Tab. 2.3). Die kfz EZ (Bild 2.39a, c) besteht aus 4 Atomen (8-mal $\frac{1}{8}$ auf den Ecken, 6-mal auf den Flächenmitten).

Jedes Atom (Bild 2.39b) berührt 12 nächstgelegene Nachbaratome (KZ = 12). Die Gitterkonstante a steht mit dem Atomradius r in folgender Relation

$$a_{kfz} = 4r/\sqrt{2} \tag{2.11}$$

Die Packungsdichte berechnet sich zu

$$PD_{kfz} = \frac{4 \cdot 4\pi \cdot r^3}{3 \cdot a^3} = 0{,}74 \tag{2.12}$$

Die kfz Struktur hat von allen kubischen Strukturen die höchste PD und wird deshalb auch als kubisch-dichtestgepackte Struktur bezeichnet. Die hohe KZ und PD haben zur Folge, dass das kfz Gitter auch eine große Zahl von Gleitelementen aufweist und die darin kristallisierenden Werkstoffe sich durch hohe Duktilität und gute Verformbarkeit auszeichnen (Abschn. 9.2.1).

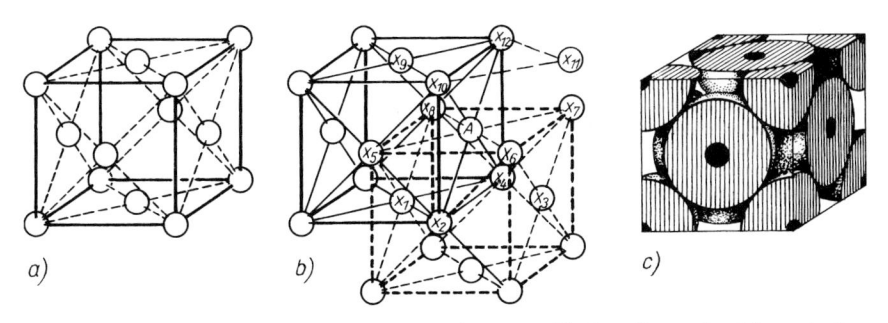

Bild 2.39 Kubisch flächenzentrierte EZ. a) Lage der Atome in der EZ; b) zur Ableitung der Koordinationszahl; c) zur Veranschaulichung der Anzahl der Atome je EZ (nach [2.3])

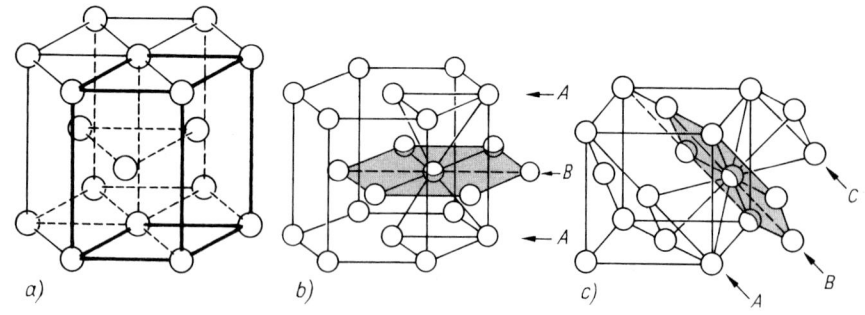

Bild 2.40 Hexagonal dichtestgepackte EZ.
a) Anordnung der Atome;
b) Darstellung von Stapelfolgen ABA ...;
c) Stapelfolge in kfz Gitter ABC ... als Vergleich zu b)

2.1.7.3 Hexagonal dichteste Struktur (Magnesium-Typ)

Unter den mit dieser Struktur kristallisierenden Metallen sind vor allem die Leichtmetalle Mg, Be und α-Ti zu nennen.

Die EZ (Bild 2.40) kann als ein Prisma mit regelmäßigem Sechseck als Basisfläche oder mit einem Rhombus als Grundfläche (in Bild 2.40a dick gezeichnet) angesehen werden. Im letztgenannten Fall ist die Anzahl der Atome je EZ zwei (4 Atome zu $\frac{1}{6}$, 4 Atome zu $\frac{1}{12}$ und 1 Atom ganz). Die Koordinationszahl (Bild 2.40b) und die Packungsdichte haben denselben Wert wie bei der kfz Struktur (KZ = 12, PD = 0,74).

Dennoch ist wegen der geringen Zahl von Gleitsystemen (Abschn. 9.2.1) die Verformbarkeit der hexagonal kristallisierenden Metalle merklich schlechter als die der mit kfz Gitter.

Es besteht noch ein anderer Unterschied. In der Struktur hdP ordnen sich die Atome der darüber und darunter gelegenen Atomschicht in die Zwickel der dazwischen gelegenen mittleren Schicht ein; es liegt eine Schichtfolge ABAB vor (Bild 2.40b). In der kfz Struktur ist dies nicht der Fall, d.h., die Atome der oberen Schicht liegen nicht über den Atomen der unteren Schicht und ordnen sich damit auch nicht in die gleichen Zwickel der mittleren Schicht ein; es existiert eine Stapelfolge ABCABC ... (Bild 2.40c).

2.1.8 Legierungsstrukturen

Die überwiegende Mehrzahl der technisch genutzten Metalle sind, gewollt oder ungewollt, Legierungen mit geringen bis wesentlichen Gehalten an Fremdelementen. Je nach der Art der Fremdatome stellen sie Mischkristalle (Mkr) mit nur etwas aufgeweitetem oder zusammengezogenem Wirtsgitter ohne Änderung des Gittertyps oder intermetallische Phasen (im weitesten Sinne des Wortes) mit meist komplizierteren Gittern dar. Ordnungs- oder Überstrukturen bilden die Übergänge zwischen beiden Legierungstypen.

2.1.8.1 Austauschmischkristalle

Austausch- oder *Substitutionsmischkristalle* ohne Mischungslücke bilden sich nach *Hume-Rothery* nur zwischen Elementen, die isotyp sind, d. h. im gleichen Gittertyp kristallisieren, deren Atomradien sich um nicht mehr als 15 % unterscheiden und deren Atome nur eine geringe chemische Affinität zueinander aufweisen, da sie sonst Verbindungen bilden. Diese Bedingungen sind zwar notwendig, aber, wie Tabelle 2.4 verdeutlicht, nicht hinreichend.

Im Austausch-Mkr werden Fremdatome auf Gitterplätzen des Wirtsgitters eingebaut (Bild 2.41). Sie substituieren, d. h. ersetzen Wirtsgitteratome. Im Beispiel Ni–Cu können die Ni-Atome 100 %ig von Cu-Atomen ersetzt werden und umgekehrt. Man spricht von einer *lückenlosen Mischkristallreihe* bzw. unbegrenzter Löslichkeit (s. a. Bild 5.11). Im Falle des Legierungssystems Cu–Zn (Messing) kann das Zn die Cu-Atome in der kfz Struktur nur bis etwa 45 Masseprozent substituieren. Geht der Zn-Anteil darüber hinaus, wird die kfz Struktur instabil, und es bildet sich ein neuer

Tab. 2.4 Beispiele für Mischkristallbildung

Element	Gittertyp	Atomradius r in 10^{-10} m	Mischung
Ag	kfz	1,44	lückenlose Mkr-Reihe
Au	kfz	1,44	
Cu	kfz	1,28	lückenlose Mkr-Reihe
Ni	kfz	1,25	
Cu	kfz	1,28	lückenlose Mkr-Reihe und Überstrukturen CuAu und Cu_3Au
Au	kfz	1,44	
γ-Fe	kfz	1,26	lückenlose Mkr-Reihe (austenitische Stähle)
Ni	kfz	1,25	
Cr	krz	1,25	lückenlose Mkr-Reihe
Mo	krz	1,36	
Mo	krz	1,36	lückenlose Mkr-Reihe
W	krz	1,37	
Cd	hdP	1,49	lückenlose Mkr-Reihe
Mg	hdP	1,60	
α-Ti	hdP	1,46	lückenlose Mkr-Reihe
α-Zr	hdP	1,58	
Cu	kfz	1,28	begrenzte Mischbarkeit
Zn	hdP	1,33	mehrere intermetallische Phasen
Cu	kfz	1,28	begrenzte Mischbarkeit
Ag	kfz	1,44	
Ni	kfz	1,25	begrenzte Mischbarkeit
Ag	kfz	1,44	

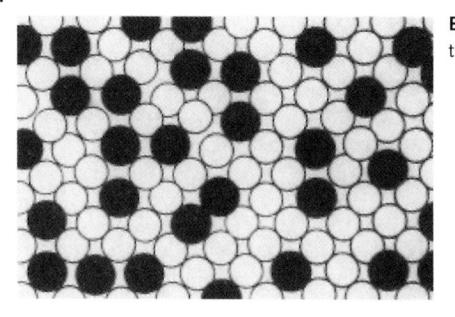

Bild 2.41 Schematische Darstellung eines Austauschmischkristalls

Strukturtyp (krz). In diesem Fall besteht für das Zn in der kfz Cu-Struktur eine begrenzte Löslichkeit *(begrenzte Mischbarkeit)*.Im Austausch-Mkr ändert sich beim Zulegieren eines Elementes die Gitterkonstante etwa linear mit der Konzentration *(Vegardsche Regel)*. Die Gitterkonstanten der Mischkristallphasen setzen sich additiv aus denen der Kristalle der reinen Komponenten zusammen. Die Abweichungen von der Linearität liegen bei ±1%.

Die Verteilung der Atomarten über die Gitterplätze des Mkr ist nicht völlig statistisch. Es bilden sich „*Cluster*", d.h. Schwärme gleicher Atome, die eine stärkere Deformation des Gitters hervorrufen. Daraus sind auch die Mischkristalleigenschaften verständlich: ein höherer elektrischer und thermischer Widerstand sowie eine größere Festigkeit und Härte bzw. Sprödigkeit.

2.1.8.2 Überstrukturen

Überstrukturen treten in Legierungen, die Austausch-Mkr bilden, auf. Bei bestimmten Mengenverhältnissen und Temperaturen (s. a. Bild 5.15 a) kann es vorkommen, dass sich die ehemals statistisch verteilten Atomarten auf ganz bestimmten Gitterplätzen anordnen und somit ein „Übergitter" bilden (s. a. Abschn. 4.4). Man spricht in diesem Fall auch von geordneten Mkr oder Ordnungsphasen, die nun andere elektrische, magnetische und mechanische Eigenschaften als die ungeordneten Phasen gleicher Zusammensetzung aufweisen.

Ein sofort überschaubares Beispiel ist das Legierungssystem Fe–Al. Im Gitter des krz α-Fe können mehr als 50% der Fe-Atome durch Al-Atome substituiert werden. Bei einem Mengenverhältnis von 50:50 wird unter bestimmten Bedingungen die statisti-

Bild 2.42 Struktur eines geordneten FeAl-Austauschmischkristalls (schematisch)

a) ○ Au ○ Cu   b) ○ Au ○ Cu

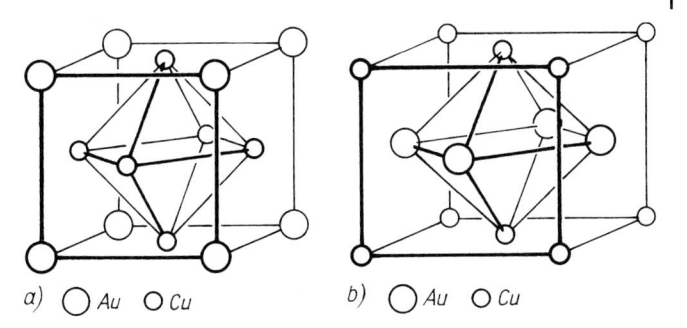

Bild 2.43 Überstruktur im System Cu–Au (nach [2.4]).
a) beim Mengenverhältnis 3:1 (Cu$_3$Au-Typ);
b) beim Mengenverhältnis 1:1 (CuAu-Typ, dessen EZ nicht mehr kubisch, sondern tetragonal verzerrt ist)

sche Verteilung so verändert, dass alle Fe-Atome nun auf den Ecken der kubischen EZ und die Al-Atome im EZ-Zentrum untergebracht sind. Es entsteht die in Bild 2.42 wiedergegebene Überstruktur, bei der die Al-Atome (helle Kreisflächen) eine halbe Gitterkonstante tiefer liegen als die mit schwarzen Kreisflächen markierten Fe-Atome. Ein bekannter Fall ist die Bildung der Ordnungsphasen Cu$_3$Au und CuAu im System Cu–Au (Bilder 2.43 und 10.10). Für den Cu$_3$Au-Typ sind bisher rund 200 Vertreter bekannt, zu denen Ni$_3$Al, Ni$_3$Fe, Ni$_3$Cr, Ni$_3$Pt oder Co$_3$Al gehören. Zum CuAu-Typ zählen TiAl, CoPt oder FePt; von ihnen sind etwa 50 Vertreter bekannt.

Die mit der Bildung der Überstruktur verbundene Änderung der Atomverteilung verläuft stets unter Symmetrieverlust, entweder unter Beibehaltung des Kristallsystems und Bildung primitiver Untergitter (wie Cu$_3$Au) oder mit Bildung andersartiger Übergitter (FeAl, Fe$_3$Al).

Wachsen die Überstrukturbereiche im Mkr-Gitter von verschiedenen Keimpunkten aus, dann entsteht beim Zusammenstoßen beispielsweise einer Au- und einer Cu-Ebene (Bild 2.43b) in der gleichen Netzebene eine *Antiphasengrenze* (Abschn. 4.4 und Bild 2.83).

Die Stabilität von Ordnungsphasen ist nicht groß. Sie wird vom Größenunterschied der Atome, vom Symmetrieunterschied der Gitter sowie von der Wertigkeit und dem Bau der Hülle der Atome bestimmt, die an der Ordnungsbildung teilnehmen. Ordnungsphasen sind thermisch leicht zerstörbar, da sie sich auch nur bei langsamer Abkühlung bilden (Bild 10.10). Durch mechanische Verformung können sie ebenfalls zerstört werden, sich aber bei der Rekristallisation erneut ausbilden.

2.1.8.3 Einlagerungsmischkristalle

Bei dieser Art von Mkr, denen eine große praktische Bedeutung zukommt, lagern sich kleine Nichtmetallatome (NM) in Lücken des Metallgitters (Bild 2.44) ein. Notwendige Bedingungen für die Entstehung von *Einlagerungsmischkristallen* sind, dass im Grundmetall Gitterlücken ausreichender Größe vorhanden sind – das trifft für Übergangsmetalle zu – und dass das Radienverhältnis der Atome $r_{NM}/r_M \leq 0{,}59$ ist, was meist von den Elementen C, N, B und O erfüllt wird.

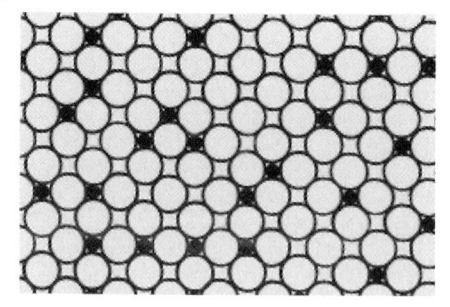

Bild 2.44 Schematische Darstellung eines Einlagerungsmischkristalls

Da den Nichtmetallatomen für eine statistische Unterbringung auf Zwischengitterplätzen von Übergangsmetallen nur sehr beschränkte Möglichkeiten zur Verfügung stehen, ist ihre Löslichkeit gering (maximal wenige Prozent), sodass auch die metallischen Eigenschaften des Grundmetalls durch die Einlagerung nicht grundsätzlich verändert werden. Zudem nimmt die Löslichkeit der Nichtmetallatome im Metall mit fallender Temperatur schnell ab, da die Amplitude der Schwingungen, die die Gitterbausteine um ihre Schwerpunktlagen ausführen, kleiner und damit die Zwischengitterplätze „enger" werden.

Die mit abnehmender Temperatur stark zurückgehende Nichtmetallöslichkeit hat zur Folge, dass bei schneller Abkühlung die Auswanderung der *Zwischengitteratome* behindert wird und durch Übersättigung des Wirtsgitters mit Nichtmetallatomen verursachte Zwangszustände, die von Gitterverzerrungen begleitet sind, entstehen. Die Zwangszustände und deren Abbau können technisch unerwünschte wie erwünschte Erscheinungen nach sich ziehen. So führt die Übersättigung des γ-Fe mit N-Atomen bei der Zufuhr von thermischer oder mechanischer Energie zur Ausscheidung von Eisennitriden, die eine Ausscheidungshärtung (s. Abschn. 4.2) und unerwünschte Versprödung des Stahls (*Alterung* des Stahls) bedingen.

Dagegen weit genutzt sind die Einlagerungsmischkristallbildung des C und die Möglichkeit seiner Zwangslösung im Fe. Das kfz γ-Fe kann bei hohen Temperaturen maximal 2 % C lösen (Bild 5.18), der auf oktaedrischen Gitterlücken, d. h. auf Kanten oder im Inneren der EZ untergebracht ist (s. a. Bild 2.49). Wird das kfz γ-Fe genügend schnell abgekühlt, bleibt auch der über die wesentlich niedrigere Raumtemperaturlöslichkeit des Fe für C (sie beträgt nur 10^{-3} %) hinaus vorhandene C im Gitter zwangsgelöst, wodurch die raumzentrierte Fe–EZ tetragonal verzerrt wird. Diese Erscheinung *(Martensitbildung)* ist der Grundmechanismus der Stahlhärtung (s. Abschn. 4.1.3 und 5.6).

2.1.8.4 Intermetallische Phasen

Werden in ein Metall Atome eines zweiten Metalls so lange eingebaut, bis eine neue Kristallstruktur gebildet wird (Bild 5.14), dann bezeichnet man diese als *intermetallische Phase*. Intermetallische Phasen sind stabiler als Ordnungsphasen, aber hart und spröde. In neuerer Zeit rechnet man auch die Einlagerungsstrukturen, die außer Metallatomen Atome von Nichtmetallen enthalten, zu den intermetallischen Phasen.

Die Raumtemperatursprödigkeit binärer intermetallischer Phasen resultiert aus der Tatsache, dass ihre Struktur aus zwei sich gegenseitig durchdringenden Untergittern besteht, die von Atomen mit jeweils merklich unterschiedlichen Radien besetzt sind. Dies hat allgemein zur Folge, dass die für die Gleichung maßgeblichen jeweiligen *Peierlsspannungen* und Burgers-Vektoren im Vergleich zu denen der Metalle groß sind und deshalb die plastische Verformung sehr erschwert ist (s. Abschn. 2.1.11.2).

Intermetallische Phasen werden durch Formeln ihrer Zusammensetzung wie Ce_2Ni_7, $CaZn_5$ oder $ReBe_{22}$ gekennzeichnet, die nach den klassischen Vorstellungen der Chemie unverständlich und durch keinerlei „Valenzen" der Komponenten erklärbar sind. Sie sind nicht – wie angenommen werden sollte – definiert stöchiometrisch zusammengesetzt, sondern weisen einen mehr oder weniger breiten, von der Temperatur beeinflussten Homogenitätsbereich auf; so das CuZn mit 43,8 bis 48,2 At.-% Zn oder das TiC, das von $TiC_{0,28}$ bis TiC reicht. Die ihre chemische Zusammensetzung ausdrückende Formel hat also nur Mittelwertcharakter. Vorherrschender Bindungstyp ist die Metallbindung, der in unterschiedlichem Maße Atom- und Ionenbindungsanteile „zugemischt" sind.

Strukturell sind die *Einlagerungsstrukturen* geordnete Einlagerungsmischkristalle. Gegenüber den klassischen intermetallischen Phasen weisen sie grundsätzlich einfache, hochsymmetrische Strukturen auf (Tab. 2.5). In die Lücken des Metallwirtsgitters mit dichtester kubischer und hexagonaler Packung oder primitiv hexagonaler Anordnung sind wesentlich kleinere Nichtmetallatome eingelagert (Bild 2.45). Für ihren Stabilitätsbereich gilt ein Radienverhältnis von $0,43 < r_{NM}/r_M < 0,59$, sodass eigentlich – wenn man auch noch das technische Interesse mit in Rechnung stellt – nur Carbide und Nitride von Übergangsmetallen der 4., 5. und 6. Hauptgruppe des Periodensystems dem Einlagerungsprinzip gehorchen und in Betracht kommen. Wegen ihrer außerordentlichen Härte (Tab. 2.6) werden sie auch zu den *Hartstoffen* gezählt, zu denen noch andere Carbide und Nitride, die keine Einlagerungsstrukturen darstellen, sowie Boride, Silicide und Oxide entsprechend der Härte gehören. Die Hartstoffe sind – wenn man davon absieht, dass ihre Bausteine durch Hauptvalenzkräfte gebunden sind – keine einheitliche Stoffgruppe. Ihre Charakterisierung ist rein empirischer Art (hohe Härte, Sprödigkeit, Verschleißfestigkeit und z.T. auch Korrosionsbeständigkeit sowie hoher Schmelzpunkt).

Tab. 2.5 Beispiele für Einlagerungsstrukturen

Anordnung der Metallatome	*Hartstoffphase*
hexagonal einfache	WC, NbN
hexagonal dichteste	W_2C, Mo_2C, Ta_2N, Nb_2N, V_2C, Nb_2C, Ta_2C
kubisch-flächenzentrierte	TiC, ZrC, VC, NbC, TaC, TiN, ZrN, Mo_2N W_2N, Fe_4N

2 Zustände des festen Körpers

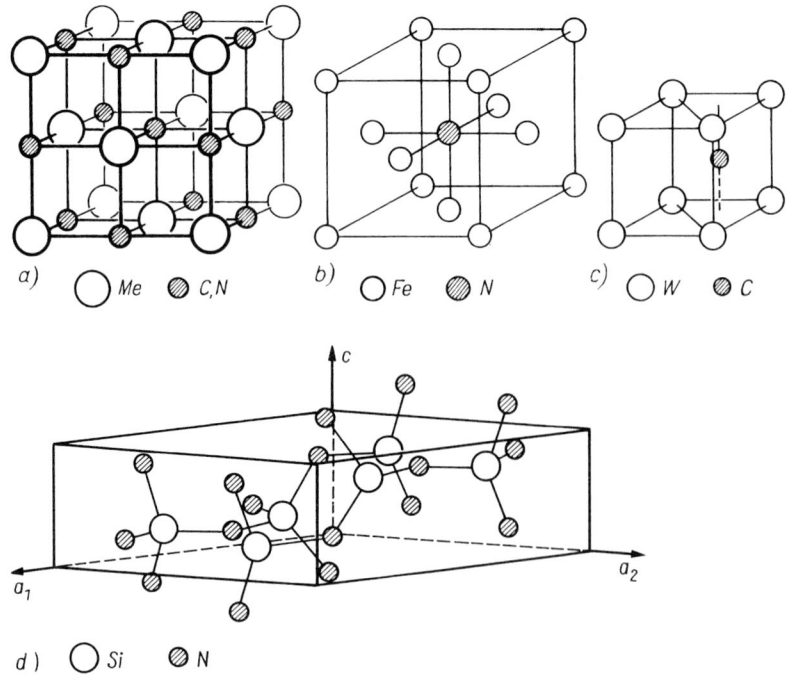

a) ⚪ Me ◐ C,N   b) ⚪ Fe ◐ N   c) ⚪ W ◐ C

d) ⚪ Si ◐ N

Bild 2.45 Gitter von Hartstoffen (a, b, c Einlagerungsstrukturen). a) EZ des NaCl-Typs; danach kristallisieren TiC, TaC, TiN u. a.; b) EZ von Fe_4N (nach *P. Ettmayer*); c) EZ von WC (nach *H. Nowotny*); d) EZ von β-Si_3N_4 (nach *R. Grün*)

Tab. 2.6 Beispiele von Hartstoffen (Einlagerungsstrukturen) T_S Schmelzpunkt in °C; H Mikrohärte bzw. MH Mohs-Härte (nach *R. Kieffer* und *P. Schwarzkopf*)

TiC	VC	Mo_2C	TiN	ZrC	NbC	WC	ZrN	TaC
T_S 3140	T_S 2830	T_S 2690	T_S 2950	T_S 3530	T_S 3500	T_S 2870	T_S 2980	T_S 3880
H 3200	H 2800	H 1500	MH 8...9	H 2600	H 2400	H 2400	MH 8	H 1800

Unter den Hartstoffen mit Einlagerungsstrukturen haben WC, TiC und TaC die größte technische Verbreitung erlangt. Die isotypen kfz Carbide TiC und TaC bilden eine lückenlose Mkr-Reihe. Ihre Löslichkeit für das hexagonale WC ist begrenzt, jedoch beträchtlich. Die genannten Carbide werden als Matrixkomponenten in den so genannten *Hartmetallen* verwendet, die als Werkstoffe für Werkzeuge der Zerspanungs- und Umformtechnik höchste Bedeutung haben. Andere Hartstoffe wie SiC, Si_3N_4 sind die Hauptbestandteile wichtiger Materialien aus der Gruppe der *Konstruktions-*(Hochleistungs-)*Keramik*.

Unter den klassischen intermetallischen Phasen stellen die *Laves-Phasen* die zahlenmäßig stärkste Gruppe (einige hundert Vertreter) dar. Sie kommen in den drei miteinander verwandten Strukturtypen $MgCu_2$ (Bild 2.46), $MgZn_2$ und $MgNi_2$ vor. Ihre

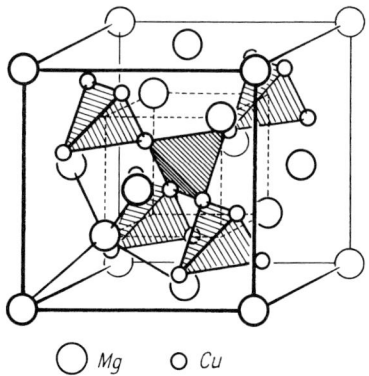

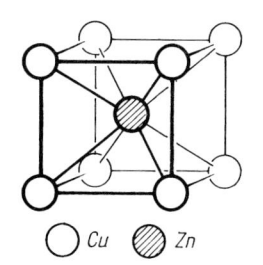

Bild 2.46 EZ des MgCu$_2$
(Prototyp der MgCu$_2$-Struktur; nach [2.4])

○ Mg o Cu

Bild 2.47 EZ des CuZn (β-Messing; CsCl-Typ)

○ Cu ⊘ Zn

besonderen Kennzeichen sind hohe Koordinationszahlen (KZ = 13,5), Atomradienverhältnisse von meist ≈ 1,23, bei Raumtemperatur keine plastische Verformbarkeit und hohe elektrische Leitfähigkeit, die für das MgCu$_2$ z. B. in der Größenordnung der Metalle liegt.

Eine gleichfalls recht häufige Gruppe sind die *Hume-Rothery-Phasen*. Bekannte Vertreter sind die drei Messing-Typen: das im CsCl-Typ kristallisierende β-Messing CuZn (Bild 2.47), das γ-Messing Cu$_5$Zn$_8$ mit 52 Atomen in der kubischen EZ (Bild 2.48) und das ε-Messing CuZn$_3$ mit einer hdP EZ. Den genannten Messingphasen entsprechende weitere Beispiele für Hume-Rothery-Phasen sind die intermetallischen Phasen CuBe, AgMg, FeAl oder NiAl, die intermetallischen Phasen Cu$_9$Al$_4$, Ag$_5$Zn$_8$ oder Cu$_{31}$Sn$_8$ (Bronze) und die intermetallischen Phasen Ni$_3$Sn, AgZn$_3$, Cu$_3$Fe oder Cu$_3$Sn (Bronze; Abschn. 5.5.2). Die beiden letzten Typen sind nicht nur sehr spröde, sondern leiten auch die Wärme und Elektrizität schlecht. Die Hume-Rothery-Phasen reichen von typisch metallischen Phasen wie Messing bis zu salzartigen Phasen wie CaTl.

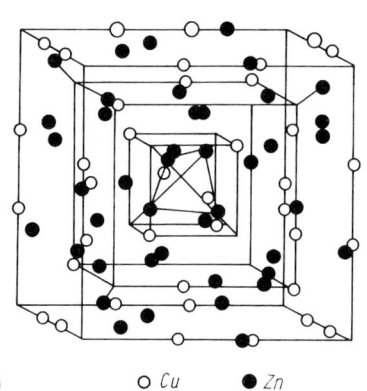

Bild 2.48 EZ des Cu$_5$Zn$_8$ (γ-Messing)   o Cu   • Zn

Es gibt noch weitere Strukturtypen, in denen intermetallische Phasen kristallisieren. Die Zahl ihrer Vertreter ist jedoch wesentlich geringer. Unter ihnen finden sich auch das Eisenkarbid (Zementit) Fe_3C, ein wichtiger Gefügebestandteil des unlegierten Stahls, und das Al_2Cu im System Al–Cu, dem bekannte aushärtbare Al-Basislegierungen entstammen (s. a. Abschn. 4.2).

2.1.9
Ionenstrukturen

Heteropolar gebundene *Ionenstrukturen* bestehen ebenfalls wie Einlagerungsstrukturen aus Metall- und Nichtmetall-Teilchen. Positiv geladene Kationen (Metall) und negativ geladene Anionen (Nichtmetall) bilden sich gegenseitig durchdringende Teilgitter. Die Bedingung äußerer Elektroneutralität sollte im Prinzip zu streng stöchiometrischen, also ganzzahligen Mengenverhältnissen führen, wie es auch die Formeln ihrer Zusammensetzung und Bezeichnung erwarten lassen. Doch zeigen gerade so wichtige Ionenkristalle wie Oxide und Sulfide eine deutliche Nichtstöchiometrie. Die Stöchiometrie ist besonders dann gestört, wenn eine Ionenart unterschiedliche Ladungen annehmen kann, wie Fe^{2+} und Fe^{3+} oder Cr^{2+}, Cr^{3+} und Cr^{6+}. Kommen die Ionenarten nur in einer Wertigkeit vor wie beim Mg^{2+} oder O^{2-}, ist die Stöchiometrie nur sehr wenig gestört.

Bei *stöchiometrischer* Zusammensetzung der *Ionenkristalle* wie den Alkali- und Silberhalogeniden herrscht die Ionenleitung vor. Die Ionen können sich über Gitterfehlstellen (Gitterzwischenplätze und -leerstellen) bewegen. Da die Beweglichkeit der Ionenfehlordnungsstellen bei Raumtemperatur aber gering ist, sind solche Kristalle Isolatoren. Liegt Nichtstöchiometrie vor (Oxide, Sulfide), d. h. Metallionen befinden sich im Über- oder Unterschuss, so ist aus Gründen der Elektroneutralität neben der Ionen- auch eine Elektronenfehlordnung (Überschuss- und Defektelektronen) erforderlich (s. a. Abschn. 2.1.11.1 und 7.1.1). Wegen der um Zehnerpotenzen höheren Beweglichkeit der Elektronen zeigen *nichtstöchiometrische Ionenkristalle* eine überwiegende Elektronenleitung (Halbleiter-Eigenschaften). Wird die Temperatur erhöht, so nimmt auch in nichtstöchiometrischen Kristallen der Anteil an Ionenleitung zu.

Die Ionenstrukturen lassen sich im Wesentlichen in drei große Ionengitterarten zusammenfassen:

- Dicht gepackte Strukturen aus ineinander gestellten Teilgittern, die von Einzelionen besetzt sind und in den Verbindungsgruppen *AX, AX_2* und *$A_mB_nX_p$* vorkommen (*A, B* Kationen; *X* Anionen, in der Regel O, S, Se, Te, F, Cl, Br, J). Die Mehrzahl von ihnen sind dreidimensionale *Koordinationsgitter* (Abschn. 2.1.6.) mit einem Teilgitter dichtester Kugelpackung aus vorzugsweise O^{2-}-Anionen. Die das andere Teilgitter bildenden Metall-Kationen sind mit KZ = 4 in die kleinen tetraedrischen Lücken oder mit KZ = 6 in die größeren oktaedrischen Lücken (Bild 2.49) des Anionenteilgitters eingebaut (Tab. 2.7).
- Ionenstrukturen, bei denen das Anionenteilgitter mit einem Säurerestkomplex, z. B. SO_4^{2-} oder CO_3^{2-}, besetzt ist und das Kationenteilgitter häufig von großen Kationen wie Ca^{2+}, oder von Aquo-Komplexen, z. B. $[Co(H_2O)_6]^{3+}$, gebildet wird. Ein

Tab. 2.7 Wichtige Strukturtypen dicht gepackter Ionengitter aus ineinander gestellten gleichartigen Teilgittern, die von jeweils nur einer Ionenart besetzt sind (vorwiegend nach [2.5])

Verbindungs-Typ	Gitter-Typ	Charakterisierung des Gitters/ Koordinationspolyeders	Beispiele
AX	NaCl-(Kochsalz-)Typ	kfz, dicht gepacktes Anionenteilgitter, Kationen in allen oktaedrischen Lücken. Koordinationspolyeder $NaCl_6$ und $ClNa_6$	MgO, FeO, CoO, NiO
	ZnS-(Zinkblende-)Typ	kfz, dicht gepacktes Anionenteilgitter, Kationen in der Hälfte der tetraedrischen Lücken. Koordinationspolyeder ZnS_4 und SZn_4	SiC, CdS, CdSe, ZnSe, GaAs, GaP, InSb
	ZnS-(Wurtzit-)Typ	hdP, dicht gepacktes Anionenteilgitter, Kationen in der Hälfte der tetraedrischen Lücken. Koordinationspolyeder ZnS_4 und SZn_4	BeO, ZnO
AX_2	CaF_2-(Fluorit-)Typ	kfz Kationenteilgitter, Anionen in allen tetraedrischen Lücken. Koordinationspolyeder CaF_8 und FCa_4	ThO_2, UO_2, ZrO_2, CeO_2
	TiO_2-(Rutil-)Typ	hdP, dicht gepacktes Anionenteilgitter, Kationen in der Hälfte der oktaedrischen Lücken. Koordinationspolyeder TiO_6 und OTi_3	PbO_2, SnO_2, MoO_2; für den Fall, dass $2/3$ aller Oktaederlücken besetzt sind: α-Al_2O_3 (Korund), Cr_2O_3 und α-Fe_2O_3
	$CaTiO_3$-(Perowskit-)Typ	kfz Gitter zu 75% mit O^{2-} und zu 25% mit Ca^{2+} besetzt: Koordinationspolyeder CaO_{12}; übrige Kationen in der Hälfte der Oktaederlücken: Koordinationspolyeder TiO_6	$CaTiO_3$, $BaTiO_3$ (Piezokeramik)
A_mB_nX	$MgAl_2O_4$-Typ normaler Spinell $r_A \leqq r_B$	kfz, dicht gepacktes Anionenteilgitter, in der Hälfte der tetraedrischen Lücken A-Kationen, z. B. Mg; in allen oktaedrischen Lücken B-Kationen, z. B. Al. Koordinationspolyeder MgO_4, AlO_6 und OMe_4	$ZnAl_2O_4$, $CoAl_2O_4$
X hier fast ausschließlich O^{2-}	$NiFe_2O_4$-Typ inverser Spinell $A^{x+} + 2\,B^{y+}$ $= 8 + r_A \geqq r_B$	kfz, dicht gepacktes Anionenteilgitter, in der Hälfte der tetraedrischen Lücken die Hälfte der kleineren B-Kationen, z. B. Fe^{3+}, in allen Oktaederlücken die übrigen B- und alle A-Kationen, z. B. hier Fe^{2+}, die ja größer sind; Koordinationspolyeder z. B. NiO_6, FeO_6, FeO_4 und OMe_4	Ferrite ($MgFe_2O_4$ u. a.), Mg_2TiO_4, Fe_3O_4, Co_3S_4, γ-Al_2O_3, γ-Fe_2O_3

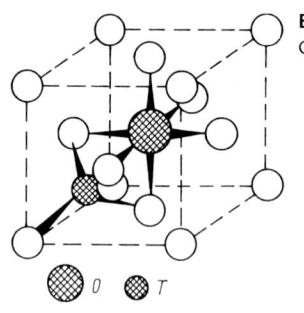

Bild 2.49 Tetraedrische (T) und oktaedrische (O) Lücken im kfz Gitter

bekanntes Beispiel für die erstgenannte Möglichkeit ist der *Gips*, $CaSO_4 \cdot 2\,H_2O$, der eine Schichtstruktur aus $CaSO_4$ mit zwischen den Schichten eingelagertem H_2O aufweist. Aquo-Komplexe sind Gruppierungen von 4 bis 6 Wassermolekülen, die um ein Nebengruppen-Metallatom (Co, Ni, Fe u. a.) angeordnet sind.

- *Ketten-, Bänder-, Schichten-* und *Gerüststrukturen* die durch Eckenvernetzung vor allem von SiO_4^{4-}-Tetraedern gebildet werden (Bild 2.50), zwischen die noch die Struktur stabilisierende Kationen gelagert sein können. Es handelt sich um die große Gruppe der *Silicate*, die als Bestandteil von Werk- und Baustoffen von hervorragender praktischer Bedeutung ist und als einer deren Hauptvertreter der *Quarz*, SiO_2, gilt. Die unterschiedlichen Modifikationen des SiO_2 (Abschnitt 4.1)

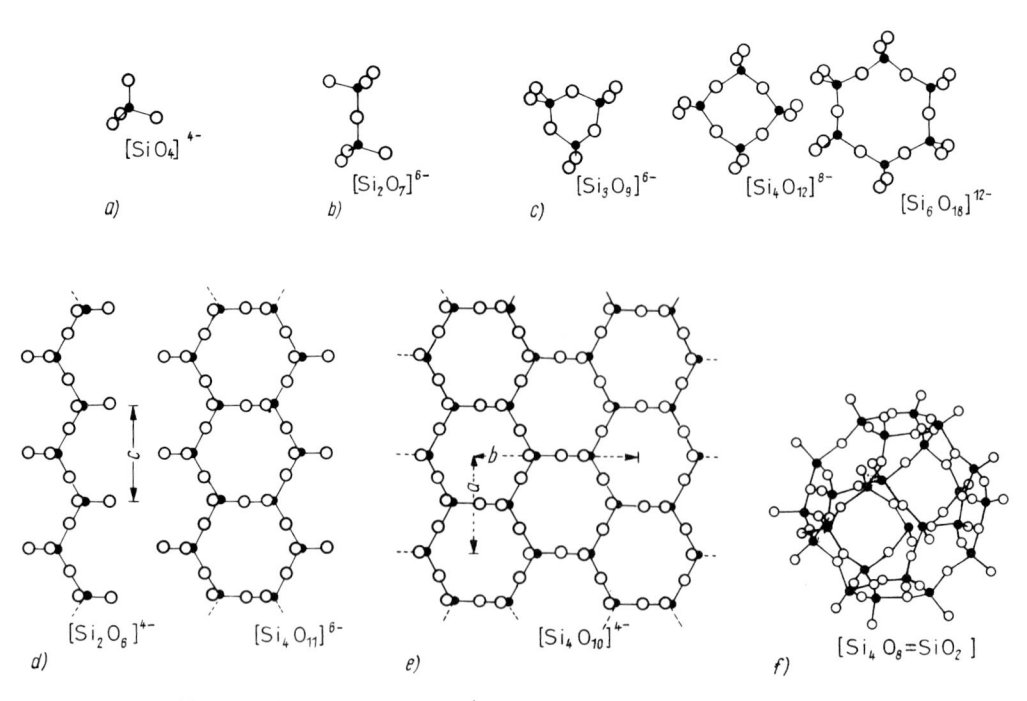

a) $[SiO_4]^{4-}$ b) $[Si_2O_7]^{6-}$ c) $[Si_3O_9]^{6-}$ $[Si_4O_{12}]^{8-}$ $[Si_6O_{18}]^{12-}$

d) $[Si_2O_6]^{4-}$ $[Si_4O_{11}]^{6-}$ e) $[Si_4O_{10}]^{4-}$ f) $[Si_4O_8=SiO_2]$

Bild 2.50 Eckenvernetzung der SiO_4^{4-}-Tetraeder zu Bausteingruppen. a) Inseln; b) Gruppen; c) Ringe; d) Einfach- und Doppelketten (Bänder); e) Netze; f) Gerüste ● Si^{4+}; ○ O^{2-}

kommen durch eine abgewandelte Verknüpfung der SiO_4^{4-}-Tetraeder zustande (Bild 2.51). Jedes O^{2-}-Ion auf den Tetraedern gehört zugleich zwei Tetraedern an, so dass die Summenformel SiO_2 lautet.

Die Art und die PD von Ionenstrukturen hängen nicht allein von der KZ, sondern vielmehr auch von der *elektrostatischen Valenz* (esV) ab. Die esV ist eine Feldstärke und ein Maß für die Stärke der Bindung, die ein beliebig herausgegriffenes Anion X der Ladung z^- zu einem der benachbarten Kationen der A- und B-Teilgitter aufweist. Ist esV $< \frac{z}{2}$, dann folgt, dass das Anion an keines der Kationen so stark gebunden ist wie an alle übrigen nächstbenachbarten Kationen zusammen. Es treten keine abgeschlossenen Gruppierungen auf, sondern die Koordinationspolyeder greifen ineinander. Am Beispiel des MgO soll dies für einen einfachen Typ, der nur eine Kationenart enthält, demonstriert werden. Die beiden Koordinationspolyeder OMg_6 und MgO_6 durchdringen sich derart (Bild 2.52), dass das Zentralatom des einen Komple-

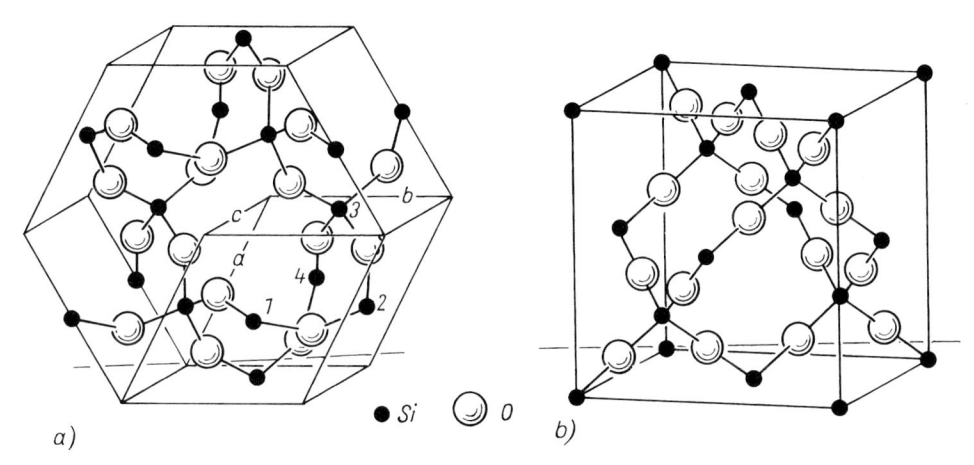

Bild 2.51 Zwei kristalline Modifikationen des SiO_2.
a) α-Quarz, hexagonal; b) α-Cristobalit, kubisch

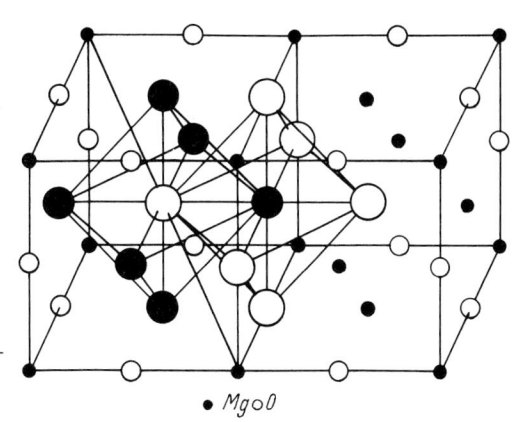

Bild 2.52 MgO-Ionenkristallgitter (NaCl-Struktur) mit einander durchdringenden Koordinationspolyedern OMg_6 und MgO_6

xes zugleich ein Eckatom des anderen Komplexes ist. Beispiele des multiplen Typs, in dem zwei oder mehr Kationenarten vorkommen, sind die Spinelle $MgAl_2O_4$, Fe_3O_4 und Co_3S_4.

Ist die Anion-Kation-Bindung $X-A > \frac{z}{2}$, dann ist diese stärker als die Summe aller übrigen Bindungen, die X^{z-} mit dem Rest der Struktur verbinden. Das Kation A und seine verschiedenen $(n)X$-Nachbarn bilden eine abgeschlossene Gruppierung in der Struktur, ein Komplex-Anion, innerhalb dessen größere Bindungskräfte herrschen als zwischen X^{z-} und anderen Kationen. Beispiele für derartige AX_n-Komplexe sind BO_3^{3-}, CO_3^{2-}, NO_3^{1-}, AlO_4^{5-}, PO_4^{3-}, SO_4^{2-}. Diese abgeschlossenen, kugelähnlichen symmetrischen Komplexanionen bilden mit den großen Kationen der Alkalimetalle und Erdalkalimetalle dichte Packungen; sie kristallisieren in einfachen hochsymmetrischen, meist kubischen Gittern hoher KZ. Das gilt auch für die viel kleineren Kationen der Übergangsmetalle, wenn diese mit Quadrupolmolekülen z. B. im $[Ti(NH_3)_6]^{4+}$ oder Aquo-Komplexen wie $[Co(H_2O)_6]^{3+}$ umgeben sind.

Von besonderer Bedeutung ist der Fall, dass es $V = \frac{z}{2}$ ist. Dann entstehen ebenfalls feste Anionenkomplexe, beispielsweise SiO_4^{4-} (Bild 2.53). Durch Eckenvernetzung der SiO_4^{4-}-Tetraeder entsteht die große Mannigfaltigkeit der kristallinen Silicate (Bild 2.50). Während Inseln, Gruppen, Ringe, Ketten und Bänder noch durch Kationen zu Raumgittern verknüpft werden müssen, sind größere Einheiten (Gerüste) abgesättigt und ergeben reine SiO_2-Strukturen. Ist das Si durch geringerwertige Kationen wie das Al zum Teil substituiert, dann werden zusätzliche Kationen (K, Na, Li oder Ca) zur Neutralisierung benötigt.

Die SiO_4^{4-}-Tetraeder sind auch der Grundbaustein aller amorphen silicatischen Gläser. Hier bilden sie stets Gerüststrukturen (Netzwerke). Diese werden verändert, wenn an die eckenvernetzenden O^{2-}-Ionen H^+ gebunden (Bild 2.53 b, c) oder Metalloxide eingeführt werden (Netzwerkwandler). In beiden Fällen führt der Einbau zum Aufbrechen der Eckenvernetzungen (s. Abschn. 2.2.2).

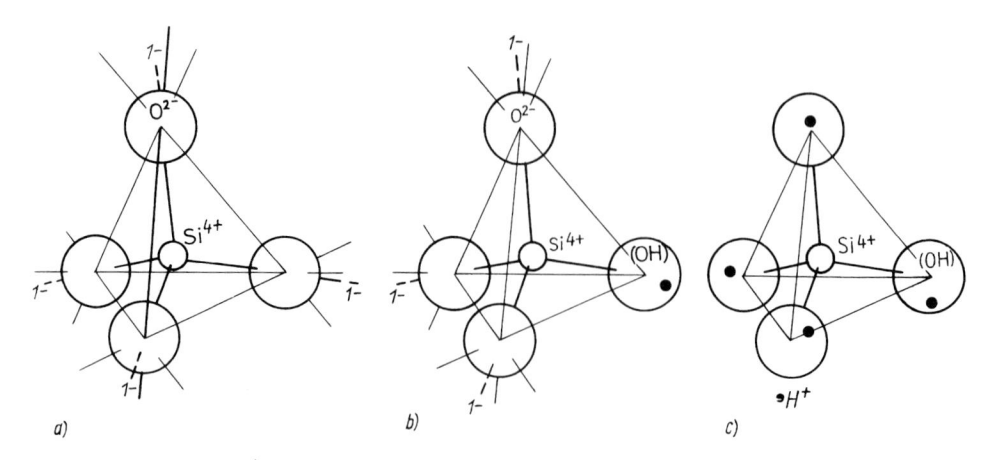

Bild 2.53 SiO_4^{4-}-Tetraeder in Silicaten (a) und seine zunehmende Modifizierung durch H^+-Einbau bei der Korrosion (b) und (c) (s. a. Bild 8.31)

Die Ionenstrukturen lassen sich auch wie entsprechende metallische Legierungen als *Einlagerungs-* und *Austauschmischkristalle* oder als ein Miteinander beider charakterisieren. Ein bekanntes Beispiel hierfür ist das FeO, bei dem das Kationenuntergitter aus Fe^{2+}-Ionen und das Anionenuntergitter aus O^{2-}-Ionen besteht. Durch Fehlen von x zweiwertigen Eisenionen auf Gitterplätzen können Gitterplätze (Austausch) und Zwischengitterplätze (Einlagerung) von dreiwertigen Eisenionen besetzt werden. Die diesen Sachverhalt berücksichtigende Schreibweise für das Eisenmonoxid lautet $Fe_{1-x}O$. Ein weiteres bedeutsames, aber nur formales Beispiel für das Einlagerungsprinzip ist das Abbinden des Zements und die damit verbundene Bildung des *Afwillits* $Ca_3[SiO_3OH]_2 \cdot 2\,H_2O$. In eine typische Inselstruktur mit isolierten Tetraedern (Bild 2.54) werden über die schon vorhandenen Ca^{2+} ($^1/_2$-Plätze) hinaus noch weitere Ca^{2+}-Ionen auf 0,1-Plätze sowie H_2O auf $^1/_2$-Plätze eingebaut. Dadurch wird die ursprüngliche kristalline Inselstruktur aus SiO_4^{4-}-Tetraedern zu einer Gerüststruktur vernetzt, wobei gleichzeitig auf einem O-Platz je Tetraeder noch ein OH^- entsteht. Die Struktur, deren Grundbausteine jetzt SiO_3OH^{3-}-Tetraeder sind, weist eine erhöhte „Festigkeit" auf.

Beim Austauschprinzip kann sich der Fremdioneneinbau auf ein Teilgitter beschränken wie im System Al_2O_3–Cr_2O_3 mit lückenloser Mischbarkeit. Die anstelle von Al^{3+}- eingebauten Cr^{3+}-Ionen färben mit zunehmender Konzentration den farblosen Saphir immer dunkler rot zum Rubin (s. Abschn. 10.10.1.). Bei der *gekoppelten Substitution* erfolgt der Einsatz in mehreren Teilgittern, wie beim Zusatz von LiF zum MgO, wo in das Mg-Ionenteilgitter Li^{1+}-Ionen und gleichzeitig in das O-Ionenteilgitter F^{1-}-Ionen eingebaut werden und umgekehrt. Hierbei kommt es außer auf

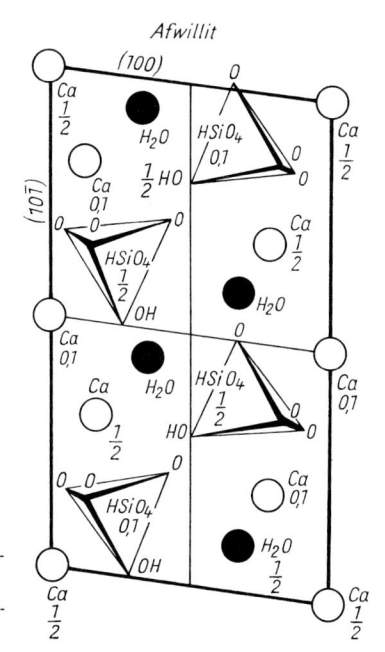

Bild 2.54 Hydraulische Zementphase Afwillit $Ca_3[SiO_3OH]_2 \cdot 2\,H_2O$, die durch zusätzliche Ca-Ionen und Wassermoleküle räumlich vernetzt wurde. Die Zahlen 1/2 und 0,1 beziehen sich auf den Gitterparameter p, der gleich 1 gesetzt wurde, und bringen die auf die Papierebene bezogene Höhenlage der damit bezeichneten Strukturbausteine zum Ausdruck.

die Einhaltung der Elektroneutralität auch (analog der Austauschmischkristallbindung in metallischen Legierungen) auf eine vergleichbare Größe der einander ersetzenden Ionen an. Wenn die Ionenradien stärker als 15 % differieren, ist bei Ionenstrukturen keine vollständige Mischbarkeit mehr möglich. Bei größeren Ionenradiendifferenzen können geringere Mengen von Fremdbestandteilen in das Kristallgitter eingebaut werden; so beispielsweise in das MgO-Gitter bis zu 7 Masse-% Ca^{2+}-Ionen auf Mg-Plätzen und in das CaO-Gitter bis zu 17 Masse-% Mg^{2+}-Ionen auf Ca-Plätzen. Der Ionenradius des Mg^{2+}-Ions beträgt $0{,}66 \cdot 10^{-10}$ m, der des Ca^{2-}-Ions $0{,}99 \cdot 10^{-10}$ m und somit die Differenz der Ionenradien 33 %. In den Silicaten wird der SiO_4-Komplex oft durch AlO_4 ersetzt.

Geschieht die Mischkristallbildung so, dass dabei die Anzahl der besetzten gleichwertigen Gitterplätze im Vergleich zum reinen Stoff vermindert wird, spricht man von einem *Subtraktions-Mischkristall*. Ein Beispiel hierfür ist die Bildung LiCl-reicher $LiCl$–$MgCl_2$-Mischkristalle. Das zweiwertige Mg-Ion ersetzt zwei einwertige Li-Ionen im Kationengitter, womit die Elektroneutralität gewahrt, aber Plätze des Kationenteilgitters frei bleiben, also Leerstellen entstehen. Umgekehrt liegt ein *Additions-Mischkristall* vor, wenn im Mkr eine größere Zahl gleichwertiger Gitterplätze als in der reinen Phase besetzt ist. Schließlich kann sich mit der Entstehung des Mkr die Koordinationsgeometrie oder sogar die KZ der Ionen eines Teilgitters um die Ionen des Teilgitters ändern, in dem die Substitution stattfindet, sodass das von der Substitution nicht betroffene Teilgitter sich in symmetrisch verschiedene Untergitter aufspaltet. Man bezeichnet ihn dann als *Multiplikations-Mischkristall*.

2.1.10
Molekülstrukturen

Während in den Metallkristallen der Zusammenhalt der Bausteine durch die starke Metallbindung gewährleistet wird, liegen im polymeren Festkörper unterschiedliche Bindungsarten vor: Innerhalb eines Makromoleküls wirken die starken und völlig abgesättigten *kovalenten* oder *Atombindungen*. Das sind primäre Bindungen, Hauptvalenzbindungen (s. Abschn. 2.1.5.3), durch die im Verlaufe der Aufbaureaktionen (Polymerisation, Polykondensation, Polyaddition) die monomeren organischen Grundelemente zu makromolekularen Bausteinen zusammengefügt oder auch Makromoleküle untereinander vernetzt werden. Außerdem wirken zwischen benachbarten Makromolekülen oder Molekülteilen desselben Moleküls noch die wesentlich schwächeren und nicht absättigbaren *Nebenvalenzbindungen*. Das sind aufgrund zwischenmolekularer Wechselwirkungen gegebene sekundäre Bindungen (Abschn. 2.1.5.5), die den Zusammenhalt der Makromoleküle untereinander gewährleisten und damit einen entscheidenden Einfluss auf die Bildung der kristallinen Molekülstrukturen und ihre Eigenschaften ausüben.

2.1.10.1 Atombindung in Polymeren
Zum besseren Verständnis des Wesens des kristallinen polymeren Festkörpers ist es notwendig, die kovalente Bindung und ihre Wirkung auf die Gestalt der Makromoleküle näher zu charakterisieren.

Bei Polymeren liegen die Bindungsenergien der Atombindung im Bereich von 250 bis 750 kJ mol^{-1} (Tab. 2.8). Sie sind damit wesentlich größer als die Energie der Wärmebewegung (sie beträgt bei 293 K etwa 24 kJ mol^{-1}). Deshalb erleiden die Makromoleküle erst bei höheren Temperaturen irreversible Veränderungen. Die Größe der Bindungsenergie E_D(A–B) zwischen zwei Atomen A und B ist stark von den miteinander verbundenen Atomsorten und dem Bindungsgrad g_{kov} abhängig. Während H, F und Cl nur mit $g_{kov} = 1$ auftreten können, sind bei O und S Bindungsgrade von 1 und 2 und für C, Si und N g_{kov} von 1, 2 und 3 möglich.

Aufgrund der Wechselwirkung und Anordnung der Orbitale der an der Molekülbildung beteiligten und kovalent gebundenen Atome stellt sich ein Gleichgewichtsmittelpunktabstand d_{A-B} zwischen den Atomen A und B ein. Er wird als *Bindungsabstand* oder Bindungslänge bezeichnet und beträgt etwa (1 bis 2,4) · 10^{-10} m (s. Tab. 2.8). d_{A-B} ist umso kleiner, je größer die Bindungsenergie E_D(A–B) und der Bindungsgrad g_{kov} sind.

Tab. 2.8 Bindungsgrad, -abstand, -energie und -winkel für kovalente Bindung (ausgewählte Beispiele, teilweise aus [2.6, 2.7] und nach K. V. Bühler)

Art der Atombindung (A–B)	Bindungs- grad g_{kov}	Bindungs- abstand d_{A-B} 10^{-10} m	Bindungs- energie E_D(A–B)[1] kJ mol^{-1}	Bindungswinkel (Valenzwinkel)
C–S	1	1,81	(260) 272 (281)	
C–Cl	1	1,77	(280) 318 (335)	
C–C$_{al}$[3]	1	1,54	(250) 335 (352)	CCC 109,5°
C–O	1	1,43	(295) 358	COC 107°
C–H	1	1,09	(370) 390 (415)	HCC 120°, HCH 109°
N–H	1	1,02	(349) 390	
C–N	1	1,47	(242) 410	
S–O	1	1,66	(232) 374	
C–F	1	1,31	(460) 486	
C–C$_{ar}$[3]	1	1,40	(402) 523	CCC 124° (120°)
C=C	2	1,35	(427) 611	[2]
C=O	2	1,22	(624) 695 (762)	[2]
C≡C	3	1,20	(528) 816	[2]

[1] Die E_D-Werte sind je nach dem untersuchten Stoff, dem Mess- und Berechnungsverfahren starken Streuungen unterworfen.
[2] Bei Mehrfachbindung ist keine Drehung der Molekülsegmente zueinander mehr möglich.
[3] al = aliphatisch, ar = aromatisch

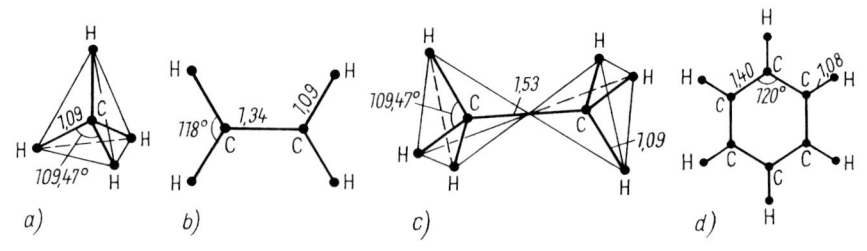

Bild 2.55 Molekülgestalt wichtiger niedermolekularer Ausgangsstoffe für Polymere mit eingetragenem Bindungsabstand in 10^{-10} m und -winkel (nach K. V. Bühler). a) Methan; b) Ethen (Ethylen); c) Ethan; d) Benzen

Zur Gewährleistung einer maximalen Bindungsstabilität ordnen sich die Orbitale entlang bestimmter *Bindungsachsen* (Bindungslinien) an, die diskrete Winkel, die Bindungswinkel oder *Valenzwinkel* τ, einschließen (s. Abschn. 2.1.5.3.). Ihre Größe hängt von der Koordinationszahl, den Bindungspartnern, der Bindungslänge und -energie sowie von Wechselwirkungen mit benachbarten Molekülteilen desselben Makromoleküls ab (vgl. Tab. 2.8).

Bei Kenntnis der Bindungspartner und ihrer Koordinationszahlen sowie der dazugehörigen Größen g_{kov}, d_{A-B} und τ lässt sich die geometrische Gestalt von Molekülen genau angeben, wie es im Fall von Methan (CH_4), Ethen (CH_2=CH_2, Ethylen), Ethan (CH_3–CH_3) und Benzen (C_6H_6), die wichtige niedermolekulare Ausgangsstoffe für Polymere sind, in Bild 2.55 getan wurde. Aufgrund von Ladungsverschiebungen unter den am Zustandekommen der Bindung beteiligten Bindungselektronen zu einem der Bindungspartner hin (Polarisierung) kommt es in den Makromolekülen oft zur Ausbildung von *Dipolen* (Bild 2.34 b), die der Anlass für sekundäre Bindungskräfte zwischen benachbarten Makromolekülteilen sind.

2.1.10.2 Zwischenmolekulare Wechselwirkungen in Polymeren

Die als nebenvalente, restvalente oder sekundäre Bindung bezeichneten zwischenmolekularen Wechselwirkungen (s. Abschn. 2.1.5.5) sind elektrostatischer Natur. Sie sind für den Zusammenhalt der untereinander nicht chemisch gebundenen Makromoleküle im polymeren Festkörper, z. B. in einem Thermoplast, verantwortlich. Insbesondere bewirken sie die Bildung dreidimensional regelmäßiger Anordnungen von linearen Molekülketten, d. h. die kristalline Struktur im Polymer. Sie überlagern sich aber auch den Atombindungen im Makromolekül bzw. den Vernetzungen in Duromeren und Elastomeren, wenn die Molekülteile zueinander Abstände aufweisen, die im Einflussbereich dieser Wechselwirkungskräfte liegen.

Die Bindungsenergien der nebenvalenten Bindungen sind ein bis zwei Zehnerpotenzen kleiner als die der Atombindung. Die sich unter ihrer Wirkung einstellenden Mittelpunktabstände der Makromoleküle liegen in der Größe von $(3 \text{ bis } 10) \cdot 10^{-10}$ m. So geringe Bindungsenergien können bei Temperaturerhöhung infolge der dann zunehmenden Wärmebewegung leicht überwunden werden. Das ist auch der Grund für die niedrigen Schmelztemperaturen von Polymeren und ihr spezifisches mechanisch-thermisches Verhalten, z. B. die Existenz eines breiten Erweichungsbereiches

Tab. 2.9 Zwischenmolekulare Wechselwirkungen bei Polymeren im Vergleich zur Atombindung (nach W. Holzmüller und K. Altenburg sowie [2.7])

Bindungsart		Bindungsenergie kJ mol^{-1}	Bindungs-abstand 10^{-10} m	Ursache und Vorkommen (Beispiele)
Atombindung (E_D) zum Vergleich		250 ... 750	1 ... 2,4	kovalente Bindung in allen Makromolekülen
zwischenmolekulare Wechselwirkungen	sog. van-der-Waals-Kräfte — Dipol-Dipol-Wechselwirkungen	$(1 ... 2) \cdot 10^{-2} E_D$	3 ... 10	unsymmetrischer Bau der Struktureinheiten bewirkt Ladungspolarisation; dadurch entstehen permanente Dipole (polare Makromoleküle: PVC, PVAC, PMMA)
	Induktionskräfte	$1 \cdot 10^{-3} E_D$	3 ... 10	induzierte Dipol-Dipol-Wechselwirkungen zwischen polaren und polarisierbaren Makromolekülen
	Dispersionskräfte	$(1 ... 2) \cdot 10^{-3} E_D$	3 ... 10	Induzierung von Dipolmomenten in benachbarten unpolaren Makromolekülen infolge der Elektronenbewegung in den Bindungsorbitalen (PE, PIB, PTFE, BR)
	Wasserstoffbrückenbindungen	C–H ... O 11 N–H ... O 9,5 N–H ... N 25	≈ 1,7	Ladungsbrücke zwischen H-Atom, gebunden an elektronegatives Atom, und elektronegativem Atom des Nachbarmoleküls (bes. PA, PUR, PVAL, Cellulose)

(s. Tab. 3.2) und das kautschukelastische Verhalten bei Thermoplasten (s. Abschn. 9.1.2). Die schwache Bindung zwischen den Molekülketten und die zwischenmolekularen Wechselwirkungen haben noch andere physikalische Erscheinungen und Verhaltensweisen der polymeren Werkstoffe wie Löslichkeit und Quellbarkeit (s. Abschn. 8.3.1) oder Dielektrizität (s. Abschn. 10.5), zur Folge.

In Tabelle 2.9 sind die wesentlichen Merkmale und Folgeerscheinungen von Sekundärbindungen zusammengestellt. Unter ihnen kommt wegen ihrer relativ hohen Bindungsenergie der *Wasserstoffbrückenbindung* eine besondere Bedeutung zu. Bei diesem Bindungstyp wirkt ein Wasserstoffatom als Bindungsbrücke zwischen einem elektronegativen Atom, an das es kovalent gebunden ist, und einem ebenfalls elektronegativen Atom eines Nachbarmoleküls, an das es nur physikalisch gebunden ist (s. a. Bild 2.34 a). Dadurch wird der Molekülabstand verringert. Diese Art der Bindung ist in Polymeren mit F-, O- und N-Atomen und unter diesen besonders bei Polyamiden (PA) und linearen Polyurethanen (PUR) anzutreffen (s. a. Bild 2.64).

2.1.10.3 Aufbauprinzip und Infrastruktur von Makromolekülen

Aus der *Strukturformel*, die die chemische Struktureinheit eines Makromoleküls angibt, ist in der Regel leicht zu erkennen, aus welchen Monomeren der polymere Werkstoff im Verlaufe seiner Herstellung aufgebaut wurde (s. Tab. 2.11). So zeigt z. B. die Strukturformel des Polyethylens,

$$\left[\begin{array}{cc} H & H \\ | & | \\ -C-C- \\ | & | \\ H & H \end{array} \right]_n$$

dass es aus den Monomeren $H_2C=CH_2$ (Ethen, Ethylen) durch Aufspalten der Doppelbindung zwischen den Kohlenstoffatomen entstanden ist. Dabei können die einzelnen Makromoleküle eine unterschiedliche Kettenlänge, d. h. voneinander abweichende *Molmasse* (unexakt oft als „Molekulargewicht" bezeichnet) bzw. einen unterschiedlichen *Polymerisationsgrad* n (Anzahl der chemischen Struktureinheiten je Makromolekül) aufweisen, was in der Strukturformel nicht zum Ausdruck kommt.

Mit anwachsendem Polymerisationsgrad eines Polymers steigt die Anzahl der Verschlaufungen der Makromoleküle, und deren Beweglichkeit wird zunehmend behindert. Dies führt zum Anstieg der Erweichungstemperatur, der Schmelzviskosität bei gegebener Temperatur, der Zugfestigkeit, der Schlagzähigkeit sowie der Verschleiß- und Chemikalienfestigkeit, andererseits aber zum Rückgang der Kristallisationsfähigkeit, des Kristallinitätsgrades und der Dichte.

Eine enge Molmasseverteilung bewirkt im Polymerwerkstoff eine hohe Gleichmäßigkeit der Kennwerte, einen engen Erweichungsbereich sowie eine bessere Chemikalien- und Spannungsrissbeständigkeit; eine breitere Molmasseverteilung hat eine Verringerung des Kristallinitätsgrades und der Sprödigkeit zur Folge.

Keine Aussage macht die Strukturformel auch über die Infrastruktur, d. h. den räumlichen Aufbau des einzelnen Makromoleküls, der selbst bei übereinstimmender Strukturformel und Moleküllänge von Makromolekül zu Makromolekül sehr verschieden sein kann. Gegenüber den Atomen und Ionen, die eine annähernd kugelige Gestalt haben, sind die Makromoleküle organischer Polymere räumlich wesentlich komplizierter und differenzierter beschaffen. Sie haben eine im Vergleich zu ihrer Dicke große Länge. Man spricht erst dann von einem Makromolekül, wenn die Molmasse > 10000 ist, also weit über 100 monomere Einheiten zu einer Molekülkette verknüpft sind.

Auf welche Weise und in welchem Ausmaß sich derartige Makromoleküle dennoch zu einem Kristallgitter ordnen können, hängt wesentlich von der Infrastruktur des einzelnen Makromoleküls und den zu ihrem Zustandekommen verwirklichten Aufbauprinzipien – der Konstitution, der Konfiguration und der Konformation – ab.

2.1.10.3.1 Konstitution von Makromolekülen

Die *Konstitution* (Bild 2.56) beinhaltet alle Angaben, die die Verknüpfung von Atomen bzw. Atomgruppen zu Makromolekülen betreffen, also das chemische Aufbauprinzip mit Typ und Anordnung der Kettenatome, Art der Substituenten und Endgruppen, Sequenz der Grundbausteine, Art und Länge der Verzweigung, die Molmasse und ihre Verteilungsfunktion. Sie hängt weitgehend von der Art der monomeren Grundbausteine ab. *Lineare Makromoleküle* mit fadenförmiger Gestalt entstehen bei der Verknüpfung von bifunktionellen Gruppen zu langen Ketten, wobei alle nicht in der Kettenrichtung liegenden kovalenten Bindungen mit –H, –OH, =O, –Cl oder –F bzw. mit kleineren organischen Resten, z. B. –CH$_3$, –CH$_2$OH oder –C$_6$H$_5$, gesättigt sind, die als Seitengruppen oder *Substituenten* bezeichnet werden (s. Tab. 2.11).

Werden unsymmetrische Monomere miteinander verknüpft, z. B. Vinylverbindungen wie H$_2$C=CH–Cl (Vinylchlorid) zum Polyvinylchlorid oder H$_2$C=CH–C$_6$H$_5$ (Styren) zum Polystyren, dann kann die Zusammenlagerung regelmäßig (Kopf-Schwanz-Anlagerung), alternierend (Kopf-Kopf-Schwanz-Schwanz-Anlagerung) oder regellos (statistische Folge von Kopf-Kopf-, Kopf-Schwanz- und Schwanz-Schwanz-Anlagerungen) geschehen (folgendes Schema).

```
–CH₂–CH–CH₂–CH–CH₂–CH–        Kopf-Schwanz-Anordnung
     |      |      |           R = Seitengruppe, z. B.
     R      R      R           –CH₃, –C₆H₅, –Cl


–CH₂–CH–CH–CH₂–CH₂–CH–         Kopf-Kopf-Schwanz-Schwanz-
     |   |          |          Anordnung
     R   R          R


–CH₂–CH–CH₂–CH–CH–CH₂–         statistische Anordnung der
     |      |   |              Grundbausteine
     R      R   R
```

Manche Monomere fügen sich infolge vorherrschender oder ausschließlicher Bevorzugung eines bestimmten Anlagerungsmechanismus von selbst regelmäßig oder alternierend zusammen, wodurch günstige Voraussetzungen für die Kristallisation des Werkstoffs entstehen. Andere Monomere müssen durch eine besondere Reaktionsführung und Katalysatoren dazu gezwungen werden.

Werden Polymere aus zwei häufig und regelmäßig quer verbundenen linearen Hauptketten aufgebaut (z. B. aus zwei tetrafunktionellen Verbindungen in zwei Stufen), dann entstehen sog. *Leiterpolymere* (durchgehende annellierte Aneinanderreihung von Ringen hydrierter, partiell hydrierter, aromatischer oder heterocyclischer Struktur, z. B. Polyimide) oder *Halbleiterpolymere* (Unterbrechung der annellierten Ringfolge durch Einfachbindungen, z. B. Polyamid- bzw. Polyester-Imide) mit meist erhöhter Temperaturbeständigkeit (bis 250 °C) und elektrischer Leitfähigkeit (bis 1/10 der von Cu) oder Halbleitung (s. a. Abschn. 10.1 und Bild 2.56).

Verzweigte Makromoleküle (wie im Polyethylen und im Polypropylen) entstehen über den Einbau höherfunktioneller Monomere oder bei Kettenverzweigung an Seitengruppen durch Übertragungsreaktionen. Dabei haben die Seitengruppen meist den gleichen chemischen Aufbau wie die Hauptkette. Streng lineare Makromoleküle sind selten.

lineare Makromoleküle		Thermoplaste	schmelzbar, löslich, bei Raumtemperatur zäh oder spröde
verzweigte Makromoleküle			
vernetzte Makromoleküle	Elastomere (schwach vernetzt)		nicht schmelzbar, unlöslich, quellbar, bei Raumtemperatur elastisch-weich
	Duromere (stark vernetzt)		nicht schmelzbar, unlöslich, nicht quellbar, bei Raumtemperatur hart

Leiterpolymer bzw. Halbleiterpolymere mit aromatischer oder heterocyclischer Struktur, z. B. Polyimide

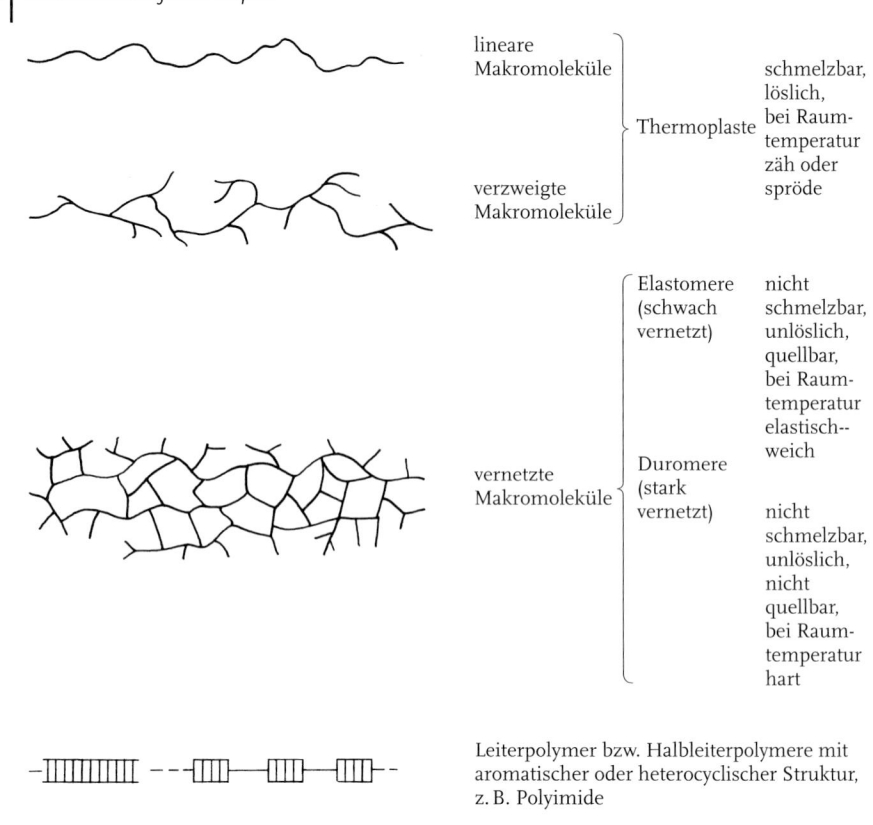

Bild 2.56 Schematische Darstellung verschiedener Konstitutionen

Als Hauptkette gilt die längste der vereinigten Ketten. Das Verhältnis verzweigter Grundbausteine zu den insgesamt vorhandenen Grundbausteinen wird als Verzweigungsgrad bezeichnet. Man unterscheidet zwischen Kurzketten- und Langkettenverzweigungen. Die Moleküle in Thermoplasten haben entweder eine lineare oder eine verzweigte Konstitution und sind daher im Allgemeinen löslich oder schmelzbar (infolge Aufhebung oder Schwächung der sekundären Bindung).

Räumlich vernetzte Makromoleküle (wie in Elastomeren und in Duromeren) werden entweder durch den Einbau relativ vieler polyfunktioneller Gruppen (wie z. B. bei Phenol- und Melaminharzen) oder durch die Aufspaltung von im linearen Makromolekül vorhandenen Doppelbindungen und anschließender Vernetzung untereinander (beispielsweise beim 1,4-Polybutadien oder beim Polyisopren über Schwefelbrücken, das so genannte Vulkanisieren von Kautschuk) gebildet. Auch eine nachträgliche chemische oder durch Strahlen hervorgerufene Vernetzung normalerweise unvernetzter Makromoleküle (wie beim Polyethylen und beim Polypropylen) ist möglich (s. Abschn. 10.10.2.2).

Das Verhältnis vernetzter Grundbausteine zu den insgesamt vorhandenen Grundbausteinen wird als *Vernetzungsgrad* bezeichnet. Während lineare und verzweigte

Makromoleküle (Thermoplaste) im Allgemeinen wiederholbar geschmolzen oder gelöst werden können, sind die weitmaschig vernetzten (Elastomere) nicht mehr löslich oder schmelzbar, wohl aber quellbar und die stark vernetzten (Duromere, Duroplaste) weder löslich bzw. schmelzbar noch quellbar.

Auf Konstitutionsunterschiede, die infolge der Aneinanderlagerung von mehr als einer Sorte Monomere entstehen, wird bei den Molekülen der Legierungsstrukturen eingegangen (Abschn. 2.1.10.5). Konstitutionsformeln geben die wirkliche geometrische Anordnung der Atome und Atomgruppen zueinander (Bindungslängen und -winkel) nicht vollständig und in den meisten Fällen falsch wieder.

2.1.10.3.2 Konfiguration von Makromolekülen

Die *Konfiguration* eines Makromoleküls (Bild 2.57) liefert bei bekannter und sonst gleicher Konstitution Informationen über die stabile geometrische (räumliche) Anordnung bestimmter Atome bzw. Atomgruppen zueinander oder längs der Molekülkette.

Wegen oftmals unterschiedlicher Eigenschaften von Konfigurationsisomeren (in ihrer Konfiguration voneinander abweichende Makromoleküle gleicher Konstitution) ist sie technisch von großer Bedeutung. Es wird unterschieden bezüglich der *Taktizität*, d. h. der räumlichen Anordnung von Substituenten in der Molekülkette bei unsymmetrischen Struktureinheiten wie im Polypropylen oder Polystyren, und der *cis-trans-Isomerie*, d. i. die benachbarte (= cis) bzw. gegenüberliegende (= trans) Stellung von gleichen Atomen oder Seitengruppen, bezogen auf einen Kettenbaustein oder auf eine Doppelbindung, z. B. beim Polyisopren:

cis-1,4-Polyisopren
(Naturkautschuk)

trans-1,4-Polyisopren
(Guttapercha)

Bei der *ataktischen Konfiguration* liegen die Substituenten statistisch zur Ebene der Makromolekülketten verteilt. Sie be- oder verhindert daher die Kristallisation (s. Abschn. 2.1.10.4. und 3.1.2.). Die *syndiotaktische Konfiguration* (Seitengruppen abwechselnd auf der einen und der anderen Seite der Kette) und die *isotaktische Konfiguration* (Seitengruppen nur auf einer Seite) führen dagegen wegen der räumlichen Regelmäßigkeit der Makromoleküle in der Regel zur Ausbildung einer Kristallstruktur. Da sich die Iso- und Syndiotaktizität während des Kettenaufbaues durch stereospezifische Katalysatoren gezielt erzeugen lässt (als technisch genutztes Beispiel sei auf isotaktisches Polypropylen, Bild 2.65, hingewiesen), gelingt es auch bei von Natur aus ataktischen und daher amorphen Polymeren, eine Kristallisation herbeizuführen.

In der Realität ist das Konfigurationsproblem komplizierter, als hier dargestellt, weil zusätzliche Konformationen der Kettenglieder zueinander berücksichtigt werden müssen.

64 | *2 Zustände des festen Körpers*

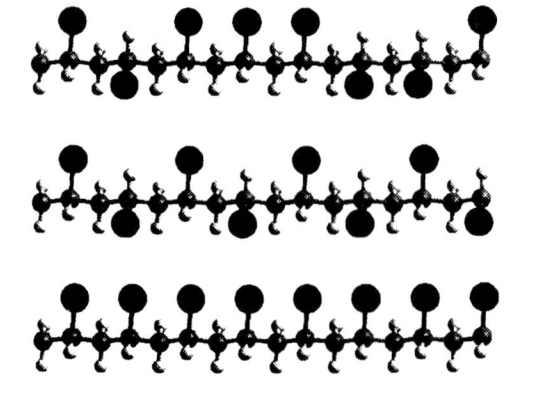

ataktische Konfiguration:
Statistische Anordnung
der Substituenten im Raum
Beispiel: atakt. PVC

syndiotaktische Konfiguration:
Alternierend regelmäßige Anordnung
der Substituenten im Raum
Beispiel: synd. PVC

isotaktische Konfiguration:
Einseitig regelmäßige Anordnung
der Substituenten im Raum
Beispiel: isotakt. PVC

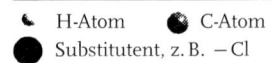

● H-Atom   ● C-Atom
● Substitutent, z. B. − Cl

Bild 2.57 Schematische Darstellung verschiedener Konfigurationen mit Beispielen

2.1.10.3.3 Konformation von Makromolekülen

Die Konformation eines Makromoleküls (Bild 2.58) gibt bei vorliegender Konstitution und Konfiguration eine Beschreibung der geometrischen (räumlichen) An- und Zuordnung bestimmter Atomgruppen in oder an der Molekülkette, die durch Einfachbindungen gebunden sind. *Konformationsisomere* entstehen durch Umklappen

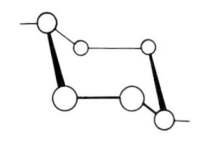

Sesselkonformation einer Ringeverbindung
(aufeinanderfolgende -tt-Konformation)

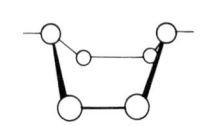

Wannenkonformation einer Ringverbindung
(aufeinanderfolgende -tg-Konformation)

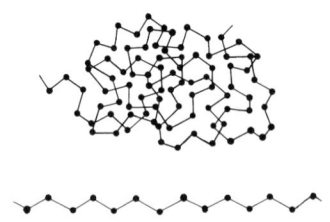

geknäulte Molekülgestalt
(Knäuelstruktur, regellose Aufeinanderfolge von
-t- und -g-Konformationen)
Beispiel: amorphe bzw. unversteckte Polymere

gestreckte Molekülgestalt
(Zickzack- oder all-trans-Konformation)
Beispiel: kristalline bzw. verstreckte Polymere

Bild 2.58 Schematische Darstellung verschiedener Konformationen mit Beispielen

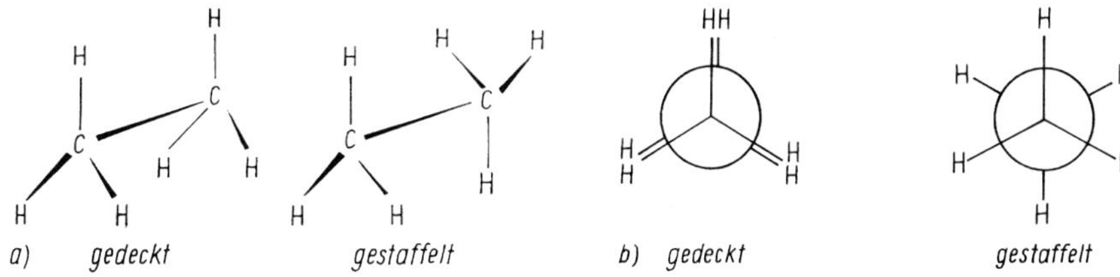

Bild 2.59 Gedeckte und gestaffelte Konformation des Ethans (nach *K. V. Bühler*). a) Perspektivische Darstellung; b) Projektionsdarstellung (nach *Newman*)

oder Drehung solcher Atomgruppen um die Bindungsachse der Einfachbindung, ohne dass dabei Hauptvalenzbindungen gelöst werden. Es handelt sich um reversible Vorgänge. Die dazu notwendigen Energien sind meist so klein, dass der Konformationswechsel bei Temperaturen oberhalb der Einfriertemperatur (mikrobrownsche Bewegung) bzw. der Schmelztemperatur (makrobrownsche Bewegung) eines Polymers (s. Abschn. 3.2.) über die Wärmebewegungen leicht möglich ist. Wegen der Vielzahl wahrscheinlicher Konformationen unterliegt er statistischen Gesetzmäßigkeiten. Bei Temperaturen unterhalb der Einfrier- bzw. der Schmelztemperatur werden jedoch bestimmte Konformationen bevorzugt.

Zur Veranschaulichung derartiger Drehungen soll auf die vom Methan (Bild 2.55 a) abgeleiteten Moleküle Ethan (Bild 2.55 c) und n-Butan zurückgegriffen werden. Das Ethanmolekül ist aus zwei Tetraedern aufgebaut. Da die vier Bindungen am C-Atom jedes Tetraeders völlig gleichwertig sind, ändert sich bei schrittweiser Drehung eines der beiden Tetraeder um 120° nichts an der Symmetrie des Ethanmoleküls. Wird hingegen in Schritten von 60° gedreht, dann sind zwei Konformationen möglich (Bild 2.59). Befinden sich die H-Substituenten beider C-Atome in Richtung der C–C-Bindung gesehen genau hintereinander, d.h. in Deckung, so liegt eine *gedeckte Konformation* vor. Sitzen die H-Atome dagegen „auf Lücke", dann entsteht eine *gestaffelte Konformation*.

Das n-Butan-Molekül ist durch die beiden CH_3-Substituenten nicht mehr symmetrisch. Gemäß Bild 2.60 existieren bei einer vollen Umdrehung eines Molekülteils in 60°-Schritten vier grundsätzlich unterschiedliche Konformationen: Ausgangsstellung trans-gestaffelt (anti-), schief-gedeckt, gauche-gestaffelt (syn-) und cis-gedeckt. Wegen der sterischen Behinderung der Substituenten in den gedeckten Stellungen und aufgrund von Wechselwirkungen zwischen benachbarten ungleichen Substituenten (–H und –CH_3) sind die vier Lagen auch durch vier unterschiedliche Potenziale gekennzeichnet. Der in Abhängigkeit vom Rotationswinkel dargestellte Potenzialverlauf zeigt, dass die gestaffelten Konformationen energetisch günstiger sind. Demzufolge werden im zeitlichen Mittel die CH_3-Substituenten mit großer Wahrscheinlichkeit entweder die *gestaffelte trans-* (t) oder die *gestaffelte gauche-* (g) *Konformation* zueinander einnehmen.

Denkt man sich an diejenigen Stellen des n-Butan-Moleküls, wo die CH_3-Substituenten sitzen, eine längere –C–C–-Kette angeschlossen, dann ergeben sich für das auf diese Weise entstandene Makromolekül hinsichtlich der Konformation dieselben

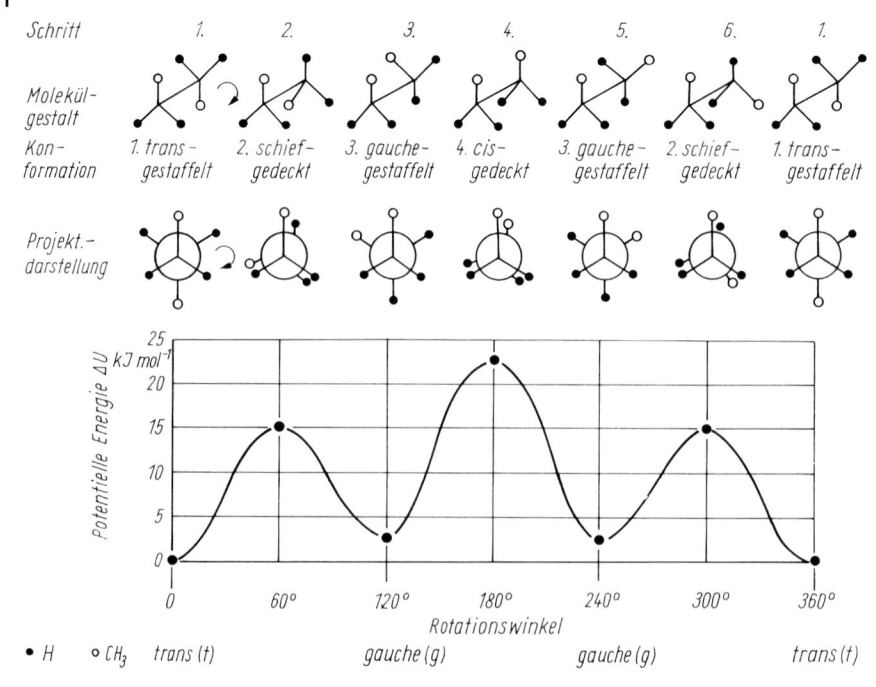

Bild 2.60 Konformation und Potenzialverlauf (Änderung der potenziellen Energie ΔU) eines n-Butan-Moleküls ($CH_3CH_2CH_2CH_3$) in Abhängigkeit vom Rotationswinkel (nach [2.6])

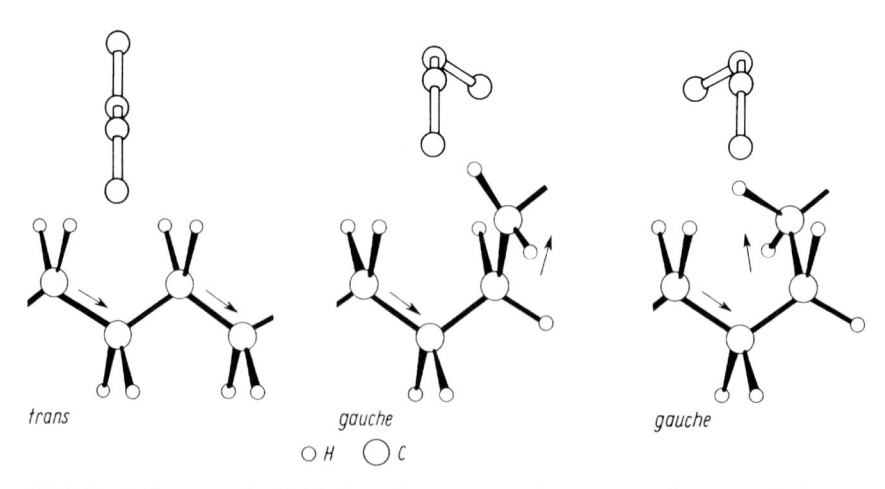

Bild 2.61 Konformation der Molekülkette des Polyethylens; oben: in Kettenrichtung gesehen (nach [2.7]); unten: senkrecht zur Kettenrichtung gesehen; trans-Konformation: –C–C-Bindungen in einer Ebene; gauche-Konformation: –C–C–-Bindungen in räumlicher Stellung

Folgerungen: Die Kettensegmente nehmen entweder eine t- oder g-Stellung ein, wie es im Bild 2.61 für ein Polyethylenmolekül gezeigt ist.

In einem solchen Fall besteht zwischen den aufeinander folgenden Molekülsegmenten eine weitgehende Flexibilität. Die Molekülsegmente sind um die Bindungsachsen –C–C– beweglich, sodass in einem realen Haufwerk von Makromolekülen im Prinzip unendlich viele Makrokonformationen (d. h. die gesamte Gestalt eines Makromoleküls betreffend) vorliegen können. Da jedoch bei einer aufeinander folgenden t-t-Stellung der Abstand zweier nicht am gleichen C-Atom gebundenen Substituenten, wie z. B. –H oder –F beim Polyethylen oder Polytetrafluorethylen, größer ist als in der g-g-Stellung, nimmt das Makromolekül eher eine ideale alltrans- oder *Zickzack-Form* als eine durch g-Konformationen beeinträchtigte Gestalt an. Auf diese Weise entstehen lang gestreckte Molekülabschnitte, die die Fähigkeit haben, sich zu einem Kristallgitter fernordnen zu können.

2.1.10.4 Kristallstruktur von Polymeren

Für eine räumlich-kristalline Anordnung der Makromoleküle in Polymeren müssen sich, ebenso wie bei den anorganischen Kristallen, die Bausteine in drei nicht in einer Ebene liegenden Raumrichtungen in regelmäßigen Abständen wiederholen und Netzebenen bilden. Das setzt freilich voraus, dass im Makromolekül selbst in Kettenrichtung Regelmäßigkeit herrscht, also eine regelmäßige Konstitution, Konfiguration und Konformation vorliegt. Ist dies der Fall, dann ist der polymere Werkstoff kristallisierbar.

Innerhalb eines Kristalls liegen die in regelmäßiger Konformationsaufeinanderfolge ausgerichteten Makromolekülketten parallel zueinander. Dank der starken Atombindungen sind die Abstände der Atome und der Seitengruppen längs der Kette konstant. Die Art der *Konformationsfolge* übt den entscheidenden Einfluss auf die Kristallstruktur aus (Tab. 2.10). Bei reiner ... ttt ...-(all-trans-)Konformation, wie sie z. B. Poly-

Tab. 2.10 Beispiele für Konformations- und Helixtyp kristalliner Polymere (nach [2.6])

Konformationstyp	... ttt ...	... tgtg ...	... ggg ...	... ttgg ...
räumliche Darstellung eines Abschnittes des Makromoleküls (nicht maßstäblich)				
rechtwinklig zur Kette				
in Kettenrichtung				
Helixtyp	1_1	3_1	9_5	4_1

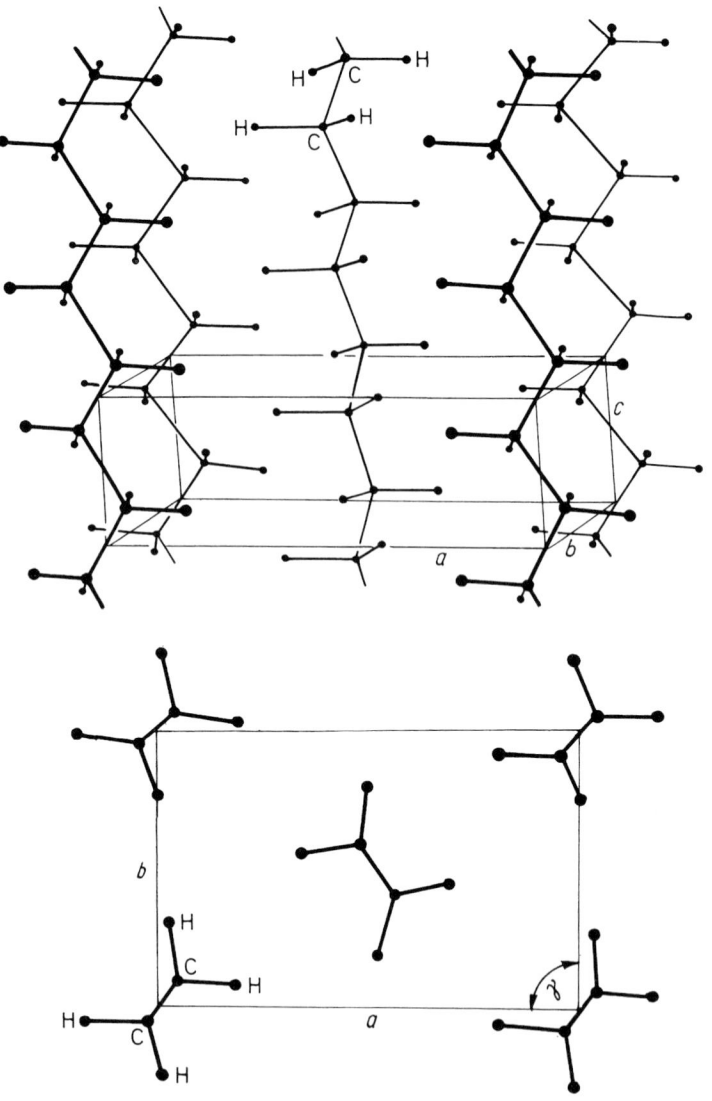

Bild 2.62 Orthorhombisches Raumgitter des Polyethylens (nach R. Nitsche und K. A. Wolf). Die EZ enthält 2 monomere Einheiten –CH_2–CH_2–; Gitterkonstanten: $a = 7{,}36 \cdot 10^{-10}$ m, $b = 4{,}92 \cdot 10^{-10}$ m, $c = 2{,}53 \cdot 10^{-10}$ m; Achsenwinkel: $\alpha = \beta = \gamma = 90°$; Helixtyp 1_1

ethylen (PE), Polyamid (PA) oder Polyurethan (PUR) aufweisen, liegt die Molekülkette in einer Ebene. Dadurch befindet sich jede zweite der jeweils um 180° nach rechts und links gedrehten Seitengruppen genau übereinander. Bei Polyethylen (Bild 2.62) wird wegen des einfachen und symmetrischen Aufbaues der Kette bereits nach jeder 2. Seitengruppe Deckungsgleichheit erzielt. Die Länge c, die Höhe der Elementarzelle, wird auch als *Faserperiode* bezeichnet. Beim Polyamid PA 6.6 (Bild 2.63)

2.1 Kristalliner Zustand | 69

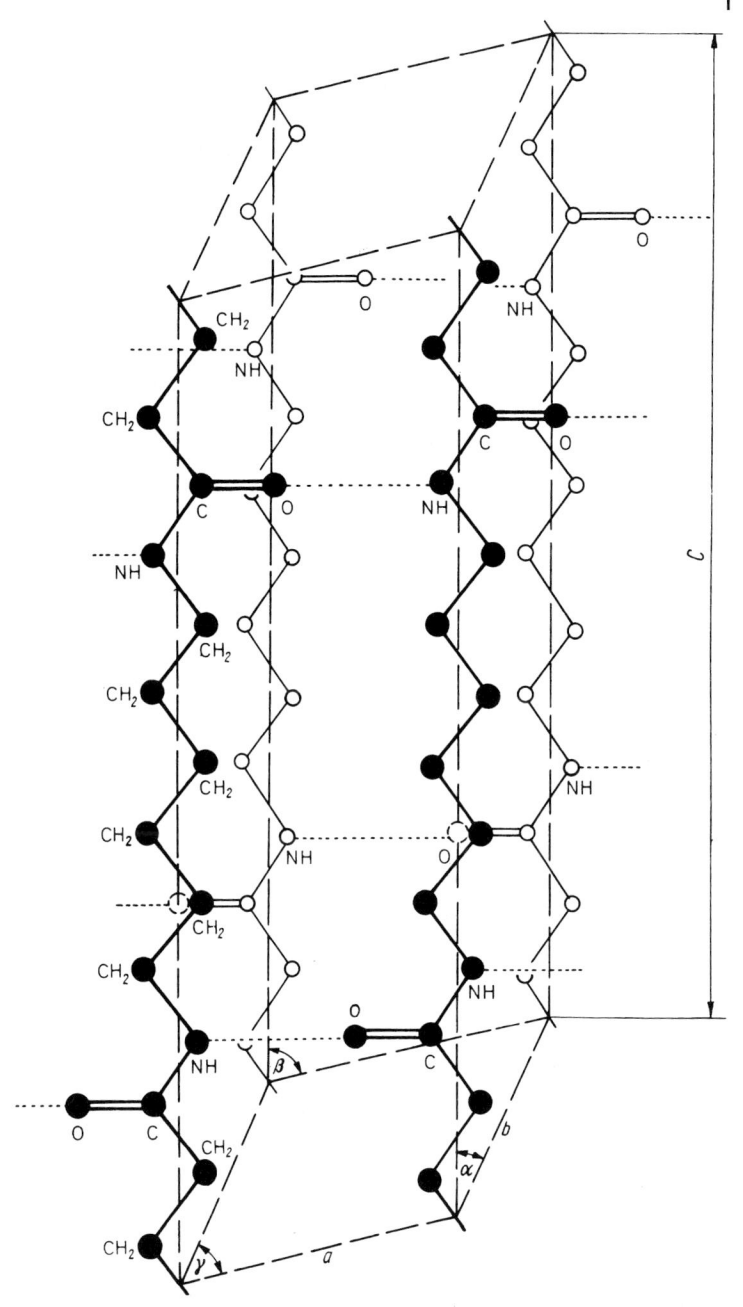

Bild 2.63 Trikline EZ des Polyamids PA 6.6 (α-Form; nach *R. Nitsche* und *K. A. Wolf*). Gitterkonstanten: $a = 4{,}9 \cdot 10^{-10}$ m, $b = 5{,}4 \cdot 10^{-10}$ m, $c = 17{,}2 \cdot 10^{-10}$ m; Achsenwinkel $\alpha = 48{,}5°$, $\beta = 77°$, $\gamma = 63{,}5°$; Helixtyp 1_1; Wasserstoffbrückenbindung NH ... O

PA 6   **PUR**

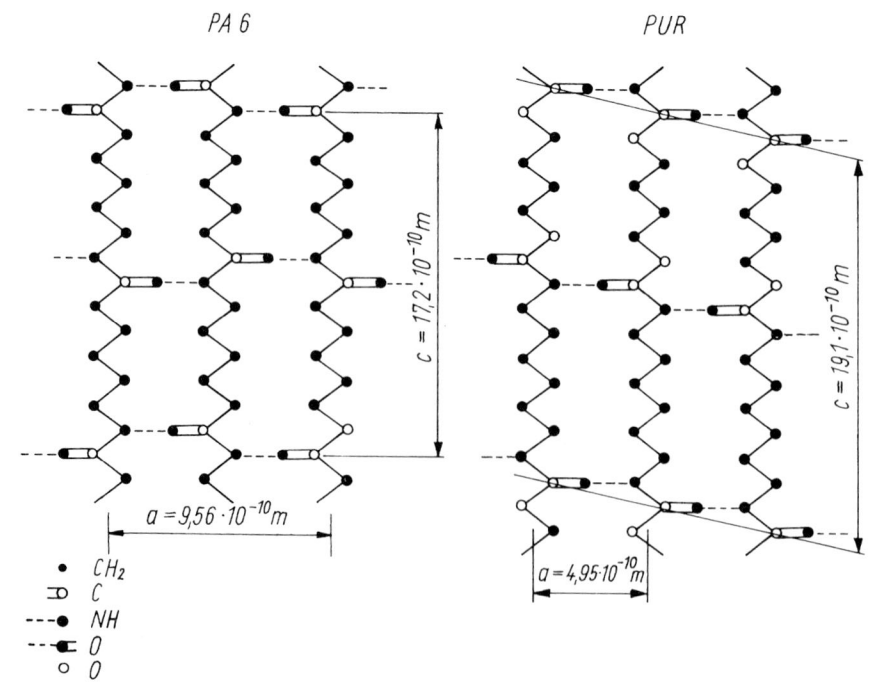

$c = 17{,}2 \cdot 10^{-10}$ m

$a = 9{,}56 \cdot 10^{-10}$ m

$c = 19{,}1 \cdot 10^{-10}$ m

$a = 4{,}95 \cdot 10^{-10}$ m

- • CH_2
- ⊃ C
- ---• NH
- --⊂ O
- ○ O

Bild 2.64 Rostebenen des monoklinen Polyamids (PA 6) und des triklinen linearen Polyurethans (PUR) mit Wasserstoffbrückenbindungen NH ... O sowie den Abmessungen a und c der EZ (nach *R. Houwink* und *J. Staverman*)

und beim Polyamid PA 6 (Bild 2.64) beträgt sie infolge der komplizierteren chemischen Struktur 14, im Falle des linearen Polyurethans PUR 16 Atomabstände (Bild 2.64). Wegen der starken Wasserstoffbrückenbindung liegen die Ketten dieser Polymere dichter zusammen, und es bilden sich im Kristall so genannte *Rostebenen* (blättchenartige Gebilde).

Wird die Molekülkette durch größere Substituenten, wie –F beim Polytetrafluorethylen, –CH_3 beim Polypropylen oder –C_6H_5 beim Polystyren, und durch die daraus resultierende Veränderung der Konformationsfolge noch gleichsinnig verdreht, dann kommt z. B. erst jede 4., 6. oder 8. Seitengruppe wieder zur Deckung. Die Faserperioden werden länger, und es entstehen spiralige Strukturen.

Die Drehung der Molekülkette um sich selbst wird als *Helix* bezeichnet. Beispiele hierfür sind das isotaktische α-Polypropylen mit der Konformation ... tgtg ... (Helixtyp 3_1) (Bild 2.65) oder das ebenfalls mit der Konformationsfolge ... tgtg ... (Helixtyp 3_1) kristallisierende isotaktische Polystyren (Bild 2.66). Helixtyp 3_1 bedeutet, dass drei monomere Bauelemente auf eine Drehung kommen. Eine Drehung des Makromoleküls entsteht auch bei der allgauche-Konformation ... ggg ... (Tab. 2.10), wie das Beispiel Polyoximethylen (POM), ein hexagonal kristallisierender Werkstoff mit dem Helixtyp 9_5, zeigt.

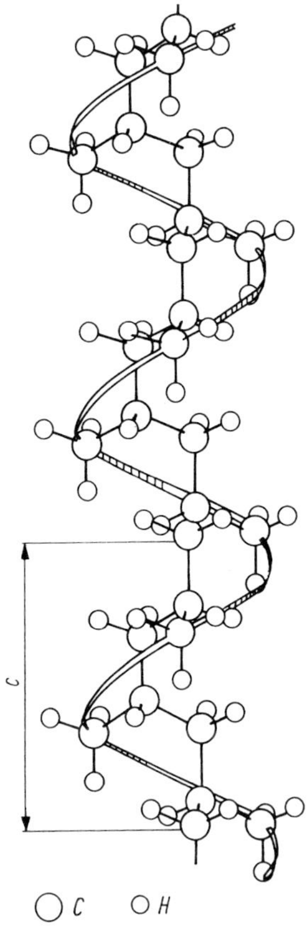

2.1 Kristalliner Zustand | 71

Bild 2.65 Seitenansicht und Projektion der monoklinen Struktur des isotaktischen Polypropylens (α-Form; nach *R. Houwink* und *J. Staverman*). Die EZ enthält 12 monomere Einheiten $-CH_2-CHCH_3-$; Helixtyp 3_1; Gitterkonstanten: $a = 6{,}65 \cdot 10^{-10}$ m, $b = 20{,}96 \cdot 10^{-10}$ m, $c = 6{,}50 \cdot 10^{-10}$ m

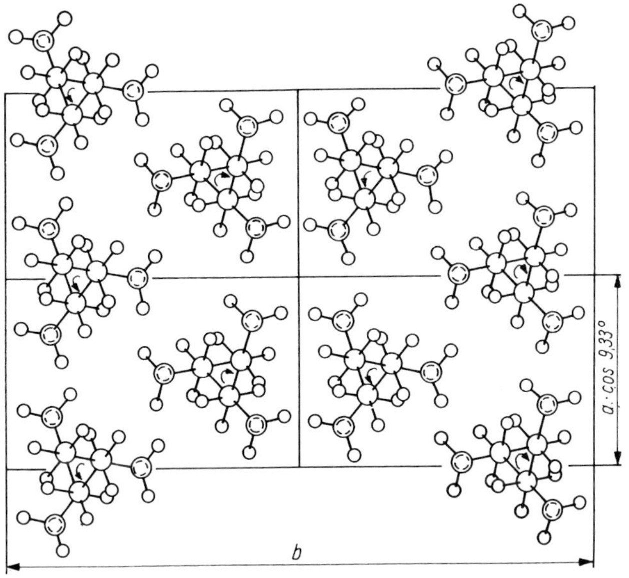

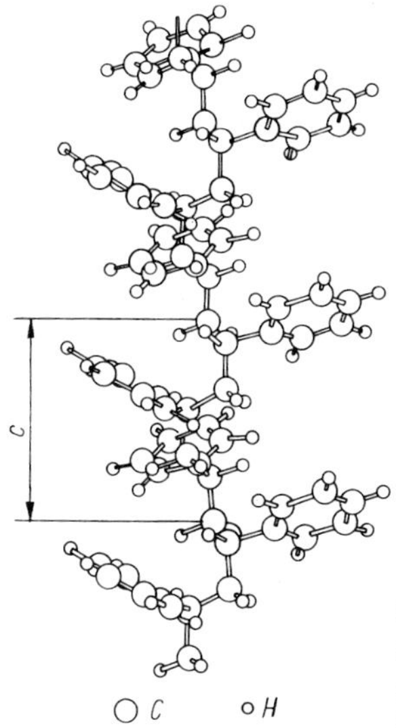

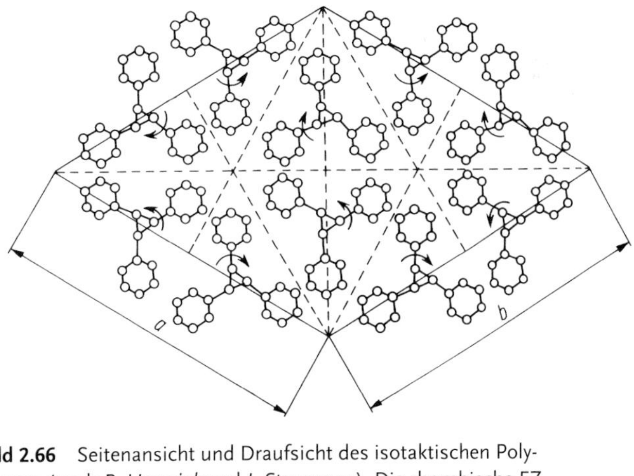

○ C   ○ H

Bild 2.66 Seitenansicht und Draufsicht des isotaktischen Polystyrens (nach *R. Houwink* und *J. Staverman*). Die rhombische EZ enthält 18 monomere Einheiten $-CH_2-CHC_6H_5-$; Helixtyp 3_1; Gitterkonstanten: $a = b = 22{,}08 \cdot 10^{-10}$ m, $c = 6{,}63 \cdot 10^{-10}$ m

○ C   ○ H

Tab. 2.11 Chemische Strukturformel und Kristallstruktur ausgewählter Polymere (A amorph; K (...) teilkristallin (Kristallinitätsgrad in %); ⊀ Valenzwinkel; a ataktisch; i isotaktisch; o ohne Vorbehandlung; m mit Vorbehandlung)

Werkstoff (Kurzzeichen E, T, D: Elastomer-, Thermoplast und Duromer)	Kristallstruktur	Strukturformel
Polyisobutylen (PIB) E	oA; mK rhombisch viell. auch pseudo-hexagonal; ⊀ 114°	$\left[\begin{array}{c} H\ \ CH_3 \\ -C-C- \\ H\ \ CH_3 \end{array}\right]_n$
Polyvinylchlorid (PVC) T	oA; m gering K orthorhombisch	$\left[\begin{array}{c} H\ \ H \\ -C-C- \\ H\ \ Cl \end{array}\right]_n$
Polytetrafluorethylen (PTFE) T	K (60 ... 80%) < 330 °C < 20 °C pseudo-hexagonal > 20 °C hexagonal	$\left[\begin{array}{c} F\ \ F \\ -C-C- \\ F\ \ F \end{array}\right]_n$
Polymethylmethacrylat (PMMA) T	aA; iK (90%) orthorhombisch	$\left[\begin{array}{c} H\ \ CH_3 \\ -C-C- \\ H\ \ COOCH_3 \end{array}\right]_n$
1,4-Polybutadien (BR) E	aA mK (cis) monoklin (trans) dimorph	$\left[\begin{array}{c} H\ \ H\ \ H\ \ H \\ -C-C=C-C- \\ H\ \ \ \ \ \ \ \ \ \ \ \ H \end{array}\right]_n$
6-Polyamid (PA 6) T	K (35 ... 45%) monoklin	$\left[-N(H)-(CH_2)_5-\overset{O}{\overset{\|}{C}}-\right]_n$
Polyurethan (PUR) T, E, D (aus 1,6-Hexamethylendiisocyanat und 1,4-Butandiol)	K triklin mA	$\left[-\overset{O}{\overset{\|}{C}}-\overset{H}{\overset{\|}{N}}-(CH_2)_6-\overset{H}{\overset{\|}{N}}-\overset{\|}{\underset{O}{C}}-O-(CH_2)_4-O-\right]_n$
1,4-cis-Polyisopren = Naturkautschuk (IR) E	A; mK triklin oder monoklin ⊀ =C- 125° ⊀ -C- 109,47°	$\left[\begin{array}{c} H\ \ CH_3 \\ C=C\ \ \ \ \ CH_2\ \ \ \ \ \ \ \ CH_2 \\ CH_2\ \ \ \ \ \ CH_2\ \ \ C=C \\ H\ \ \ CH_3 \end{array}\right]_{\frac{n}{2}}$ 2 Monomere, CH_2-Substituenten in cis-Stellung

Gitter mit drei rechtwinklig aufeinander stehenden Achsen, wie bei Polyethylen, sind dann anzutreffen, wenn alle Bauelemente paralleler Polymerketten in gleicher Höhe liegen. Sind sie dagegen infolge Verzahnungen in Kettenrichtung zueinander verschoben, so entstehen monokline, trikline oder rhomboedrische Gitter, wie im Falle des Polypropylens und Polyamids, des Polyurethans und des Polystyrens. Je nach der möglichen Art der Zusammenlagerung der makromolekularen Bausteine enthält die EZ z. B. eine (Polyamid PA 6.6), zwei (Polyethylen), drei (Polyoximethylen), vier (α-Polypropylen) oder sechs (Polystyren) Ketten.

Tabelle 2.11 enthält weitere Beispiele von kristallinen Polymeren. Bei einigen können gleichzeitig oder auch in Abhängigkeit von der Temperatur zwei oder mehr Kristallsysteme vorkommen, die sich im Konformations- und Helixtyp und damit auch hinsichtlich des Kristallisationsgrades, der Dichte und in noch anderen Eigenschaften unterscheiden.

2.1.10.5 Modifizierung von Polymeren

Der Grundtyp eines polymeren Werkstoffes lässt sich durch *Modifizierung*, d.h. durch Herstellung von homogenen (verträglichen) oder heterogenen Mischungen, auf verschiedene Weise mehr oder weniger stark abwandeln. In Anlehnung an das Legieren von Metallen oder die Fertigung von Composits können derartige Mischungen ebenfalls als Legierungen oder Verbundmaterialien bezeichnet werden.

Wegen der Art ihrer intra- und zwischenmolekularen Bindungen und der mit ihrem makromolekularen Aufbau zusammenhängenden spezifischen Strukturen bestehen zu den Metalllegierungen jedoch weitgehende Unterschiede. Modifizierungen sind über die Bildung von Copolymeren und Polymermischungen (Polymerblends) sowie über das Mischen von Polymeren mit niedermolekularen Stoffen oder Füllstoffen möglich.

Bei *Copolymeren* werden die Änderungen hauptsächlich über die Beeinflussung der Konstitution der monomeren Einheiten sowie der Art und des Ausmaßes ihrer Zusammenlagerung (Konfiguration und Konformation) bewirkt. Man unterscheidet zwischen *statistischen Copolymeren* mit einer statistischen Aneinanderlagerung von zwei oder mehr verschiedenen Grundbausteinen A, B, C,

$-A-A-B-A-B-B-B-A-A-B-A-B-$ Bipolymer
$-A-B-B-C-C-C-A-A-B-B-C-A-$ Terpolymer

alternierenden Copolymeren mit einem regelmäßigen Wechsel der Grundbausteine,

$-A-B-A-B-A-B-A-B-A-B-A-B-$

Blockcopolymeren mit einer Aneinanderlagerung von Blöcken jeweils gleicher Grundbausteine,

$-A-A-A-A-B-B-B-B-B-B-A-A-$

und *Pfropfcopolymeren* mit einem Homo- oder Copolymer als Hauptkette und „aufgepfropften" Seitenketten,

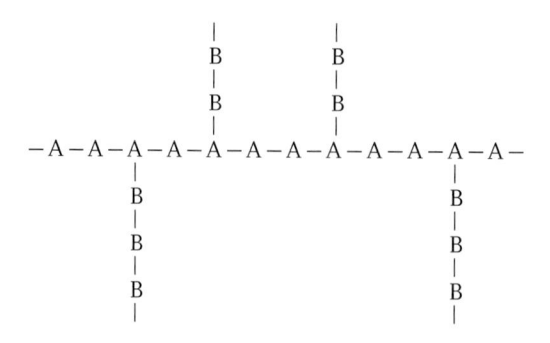

```
              |           |
              B           B
              |           |
              B           B
              |           |
 −A−A−A−A−A−A−A−A−A−A−A−A−
              |           |
              B           B
              |           |
              B           B
              |           |
              B           B
              |           |
```

Aufgrund der mit der Copolymerisation meist zunehmenden Uneinheitlichkeit des Molekülaufbaus war das Interesse an Copolymeren lange Zeit gering. Erst nachdem man gelernt hatte, immer wieder dieselbe Anzahl unterschiedlicher Monomere aneinander zu reihen (Sequenz-Regelmäßigkeit) und die Isotaktizität zu beherrschen und damit die Konformationsfolgen zu steuern, wurde eine Vielzahl von kristallinen Copolymeren entwickelt. Sie werden meist für Spezialzwecke wie in der Raketen- und Raumfahrttechnik eingesetzt, wo z. B. hohe Temperaturbeständigkeit und spezifische dielektrische Eigenschaften verlangt werden. So gelingt es heute, das Polybuten-1 weitgehend isotaktisch und mit einer Reihe anderer Monomere, wie Ethylen, Penten-1,3-Methylbuten, Styren, Vinylchlorid oder Acrylnitril, zu copolymerisieren und in einer Reihe von Fällen im gesamten Mischungsbereich kristallin erstarren zu lassen. Das Vinylfluorid lässt sich mit über 25 anderen Monomeren in vielfältigster Weise modifizieren. Eine weitere Ausweitung der Strukturvielfalt ist durch die Herstellung heterocyclischer und carbocyclischer Kettenpolymere (Leiter- und Halbleiterpolymere) gegeben (s. a. Abschn. 2.1.10.3.1).

Eine andere, viel genutzte Möglichkeit ist die *Polymerblendtechnik*, die auch für herkömmliche Werkstoffe wie Polyethylen-Polypropylen, Polyethylen-Polystyren oder Polystyren-Polyamid Anwendung findet. Die Komponenten der Blends sind jedoch meist unverträglich (nicht mischbar) (s. a. Abschn. 5.5.4.), sodass Polymerblends amorph oder zumindest nur wenig kristallin sind. Eigenschaften von Blends aus verträglichen Komponenten ändern sich annähernd linear mit dem Mischungsverhältnis, bei unverträglichen jedoch nichtlinear.

Polymerblends(-mischungen) bestehen in Analogie zu den metallischen Legierungen (Bild 5.23) aus mindestens zwei Polymeren. Durch die Veränderung der prozentualen Anteile der Polymeren sind die Eigenschaften oft in weiten Bereichen variierbar. Sie hängen außerdem stark davon ab, ob homogene Einphasensysteme oder heterogene Zwei- oder Mehrphasensysteme entstehen. Übergänge zwischen diesen sind ebenfalls möglich.

Einphasensysteme zeigen je nach dem Mischungsverhältnis charakteristische Verschiebungen ihrer Eigenschaften, z. B. der Einfriertemperatur, des Kristallitschmelzpunktes oder des mechanischen Dämpfungsmaximums. Bisher sind sie in der Praxis weniger häufig als die Mehrphasensysteme anzutreffen, zeigen aber meist sehr wertvolle Eigenschaftskombinationen, so das Polystyren-Polyphenylenoxid, ein leicht verarbeitbares Spritzgießmaterial mit einer Einfriertemperatur von 155 °C, guten elastischen Eigenschaften und hoher Formbeständigkeit. Zwei- und Mehrphasensysteme sind bei teilweiser Mischbarkeit an einer Verschmierung der Einzeleigenschaften ihrer Komponenten, bei Nichtmischbarkeit am getrennten Nebeneinander der Einzeleigenschaften, z. B. auch in Form von zwei Einfriertemperaturbereichen, zu erkennen (Bild 2.67).

Durch Mischen mit niedermolekularen Stoffen oder Füll- und Verstärkungsstoffen können die Eigenschaften von Polymeren in starkem Maße modifiziert werden. Dazu gehören Stabilisatoren (Erhöhung der Wärme-, Alterungs- und UV-Beständigkeit), Flammschutzmittel (Aluminiumhydroxid, chlor-, brom- oder phosphorhaltige Stoffe), Antistatika (leitfähige Zusatzstoffe: Ruße, Kohlenstoff- oder Metallfasern), Farbmittel (Pigmente, Farbstoffe, Ruße), Weichmacher (Erhöhung der Flexibilität und Schlagzähigkeit), Gleitmittel (Graphit, MoS_2, PTFE) und Treibmittel (für Polymer-Schaumstoffe). Füllstoffe in Form von Partikeln (Holz-, Gesteinsmehl, Kreide, Glaskugeln) oder Kurzfasern dienen als Streckmittel, zur Erhöhung der Steifigkeit oder zur Verminderung der Schwindung, Verstärkungsstoffe in Form von Langfasern, Rovings (Faserbündel), Vliesen, Matten, Geweben oder Gewebeschnitzeln (meist aus Glas-, Kohlenstoff- oder Aramidfasern) zur Verbesserung von Festigkeit, Steifigkeit, Wärmestandfestigkeit und Dimensionsstabilität.

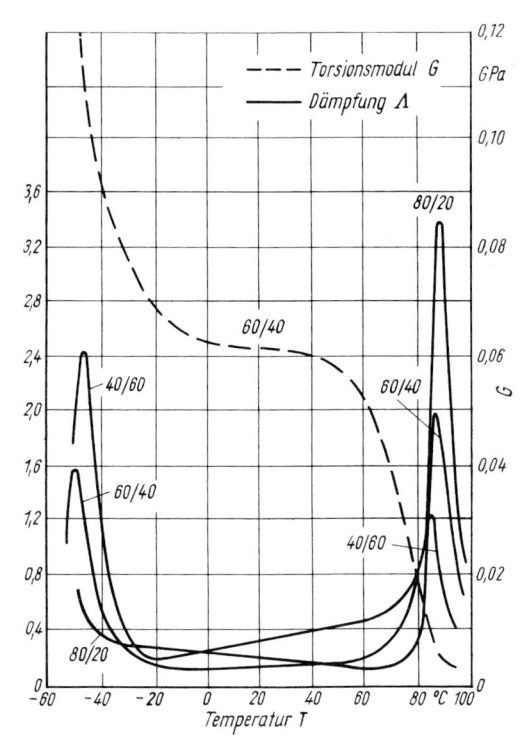

Bild 2.67 Nicht miteinander mischbares Polyvinylchlorid und Poly-Styren-Butadien. Torsionsmodul G und logarithmisches Dekrement der mechanischen Dämpfung in Abhängigkeit von Mischungsverhältnis und Temperatur (nach H. Wolff)

Die *Weichmachung*, durch die vor allem die E-Moduli der Thermoplaste erheblich erniedrigt werden, kann als äußere und innere Weichmachung geschehen. Im erstgenannten Fall werden niedermolekulare Stoffe wie Phthalsäureester oder Oligomere zugemischt. Als Folge dessen wird die Einfriertemperatur T_E unter die Raumtemperatur abgesenkt, sodass der Thermoplast kautschukelastisch wird. Durch Wechselwirkung zwischen den Weichmachermolekülen und polaren Gruppen des Thermoplasts wird dem Ausschwitzen des Weichmachers entgegengewirkt. Bekanntes Beispiel ist die Weichmachung von PVC mit Dioctylphthalat. Die innere Weichmachung wird über die Einpolymerisation von Monomeren verwirklicht, die die zwischenmolekularen Wechselwirkungen schwächen. Dieser Effekt kann auch mit Comonomeren erreicht werden, die – wie Acrylsäuremethylester in PVC – raumfüllende Seitengruppen tragen.

Über die Bildung von *Durchdringungsnetzwerken* (interpenetrierenden Netzwerken, IPN) können thermodynamisch unverträgliche Polymere so „gemischt" werden, dass sie physikalisch nicht mehr trennbar sind. Auf diese Weise werden auch zwangsläufig Eigenschaften der beiden Polymere kombiniert. Zwei voneinander unabhängige interpenetrierende Netzwerke entstehen, indem z. B. ein vernetztes Polymer im Monomer des anderen Polymers gequollen wird, das man danach vernetzend polymerisiert. Im Fall, dass das Polymernetzwerk in eine nicht vernetzende Polymermatrix (Thermoplast) eingelagert ist, spricht man von einem semi-interpenetrierenden Netzwerk.

Von den mehrphasigen Polymerwerkstoffen sind die *thermoplastischen Elastomere* von besonderer Bedeutung. Zu ihnen gehören Dreiblockcopolymere vom Typ SBS aus Styrol (S) und Butadien (B). In ein matrixbildendes weiches Elastomer sind harte Polystyrolphasen eingebettet, die, physikalisch vernetzt, energieelastisch sind. Da die Vernetzungspunkte oberhalb T_E erweichen, ist die Verarbeitbarkeit wie bei Thermoplasten möglich. Während bei den schlagzähmodifizierten Thermoplasten (Polystyrol, Abschn. 9.7.5) die disperse Phase weich (kautschukelastisch) ist, weisen die thermoplastischen Elastomere harte disperse Phasen, die in eine weiche Matrix eingebettet sind, auf. Gleicherweise zu den thermoplastischen Elastomeren zählen *segmentierte Blockcopolyester* und *segmentierte Polyurethane*, die jeweils aus Hart- und Weichsegmenten aufgebaut sind, wobei die Hartsegmente als physikalische Vernetzungspunkte vorliegen, die oberhalb T_E bzw. der Schmelztemperatur erweichen. Die thermoplastischen Elastomere haben die wichtige Eigenschaft, dass sie bei wiederholter Be- und Entlastung lokale Spannungszustände abbauen und Spannungen gleichmäßig dissipieren können, ohne dass die Gesamtstruktur eine nennenswerte Schädigung erfährt.

Den Elastomeren ähnlich verhalten sich *Ionomere*. Über die Copolymerisation von Ethylen oder Butadien mit ungesättigten Säuren (z. B. Acrylsäure, Methacrylsäure), die Carboxylgruppen enthalten, sowie deren teilweise Neutralisation mithilfe von ein- und zweiwertigen Metallverbindungen entstehen salzartige Vernetzungen *(ionogene Gruppen)*, die sich zu Clustern zusammenlagern. Ionomere haben bei Raumtemperatur das Relaxationsverhalten von Elastomeren, bei hohen Temperaturen jedoch sind sie thermoplastisch verarbeitbar, weil die Cluster im Gegensatz zu den kovalenten Vernetzungsstellen der Elastomere aufbrechen. Teilkristalline Ionomere sind dreiphasig, sie enthalten Cluster, kristalline und amorphe Anteile (Bild 2.68).

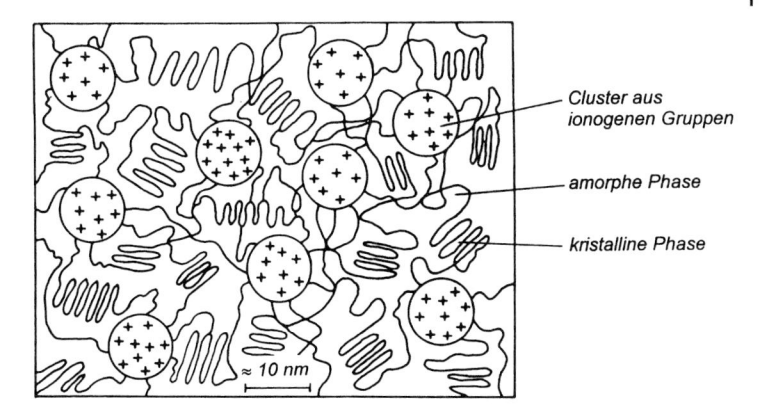

Bild 2.68 Schematische Darstellung der Dreiphasenstruktur eines teilkristallinen Ionomeren (nach G. Wegner)

Die Abfolge von harten und weichen Phasen verleiht ihnen eine hohe Schlagzähigkeit. Die ionogenen Gruppen bedingen eine sehr gute Benetzbarkeit, Verbundbildungsfähigkeit und Verklebbarkeit. Je höher ihre Ionenkonzentration (z. B. an Na^+, Mg^{2+}, Zn^{2+}) ist, desto höher sind auch T_E und die Schmelzviskosität.

Eine gewisse Analogie zu den gerichtet erstarrten Eutektika zeigen die *flüssig-kristallinen Polymere* (LCP). Ihre Makromoleküle bestehen aus steifen Kettensegmenten (mesogenen Gruppen), die mittels flexibler Molekülteile (Spacer) miteinander verbunden sind. Die mesogenen Gruppen weisen eine Stäbchen- oder Blättchenform auf. In der Schmelze behalten sie eine ein- oder zweidimensionale Fernordnung bei. Erst bei noch höheren Temperaturen wird der isotrope Zustand erreicht. Deshalb kann bei geeigneter Verarbeitung in der Schmelze der hohe Orientierungsgrad der mesogenen Gruppen beibehalten und nach der Verarbeitung eingefroren werden. Auf diese Weise erhält man hochfeste Werkstoffe und Faserstoffe, die in Orientierungsrichtung Moduli von 10000 ... 20000 MPa aufweisen. So werden beispielsweise hocharomatische Polyester und Polyamide in Verbindung mit Hochleistungssportgeräten eingesetzt.

2.1.11
Realstruktur

Die Struktur der realen kristallinen Festkörper unterscheidet sich vom Idealzustand meist erheblich. Sie enthält *Kristallbaufehler*, die nach geometrischen Gesichtspunkten eingeteilt werden können in

- nulldimensionale Defekte (punktförmige, daher auch als Punktfehler bezeichnet): Leerstellen, Zwischengitteratome, Substitutionsatome,
- eindimensionale (linienförmige) Defekte: Versetzungen,
- zweidimensionale (flächenhafte) Defekte: Stapelfehler, Grenzflächen (Oberflächen, Phasengrenzen, Groß- und Kleinwinkelkorngrenzen, Zwillingsgrenzen, Grenzen von Ordnungsbereichen),

– dreidimensionale (räumliche) Defekte: Anhäufung von Punktfehlern, Cluster, Ausscheidungen, Poren.

Die einzigen Kristallbaufehler, die oberhalb 0 K im thermodynamischen Gleichgewichtszustand mit einer bestimmten Konzentration vorliegen, sind Leerstellen. Alle anderen Defekte sind durch Störungen des Gleichgewichts hervorgerufen worden.

Obwohl die Konzentration von Gitterstörungen in den Kristallen relativ gering ist[1]), können sie deren Eigenschaften doch beträchtlich beeinflussen. Dies gilt vor allem für die mechanischen Eigenschaften, da die plastische Verformung auf Versetzungsbewegungen beruht (Abschn. 9.2.2), jedoch auch für physikalische, z. B. die Supraleitfähigkeit und die Koerzitivfeldstärke (Abschn. 10.2 und 10.6.2) oder für das elektrochemische Verhalten (Abschn. 6.4.1).

Wesentlich komplexer ist die Situation bei kristallinen Polymeren. Diese können zwar ebenfalls Gitterstörungen verschiedener Dimensionen aufweisen, diese Gitterdefekte sind jedoch aufgrund der Andersartigkeit der Gitterbausteine (Makromoleküle) trotz teilweiser formaler Übereinstimmung von anderem Wesensinhalt als die der Atom- und Ionenkristalle. Aus diesem Grunde lassen sich diese Defekte in das o. a. Schema nicht ohne weiteres einordnen. Die Defekte in Polymeren sind auch für die mechanischen Eigenschaften verantwortlich, treten jedoch nur bei Materialien, die einen sehr hohen kristallinen Anteil aufweisen, eigenschaftsbestimmend in Erscheinung.

2.1.11.1 Nulldimensionale Gitterstörungen

Als nulldimensional werden Gitterstörungen von atomarer Größenordnung (Punktfehler) bezeichnet. Sie treten auf, wenn Atome substituiert oder auf Zwischengitterplätzen (Gitterlücken) untergebracht werden (Abschn. 2.1.8.1 und 2.1.8.3), wenn reguläre Gitterplätze unbesetzt bleiben (Leerstellen) oder Gitterbausteine von regulären Gitterplätzen auf Zwischengitterplätze diffundieren (Abschn. 7.1.1), sodass *Leerstellen* und *Zwischengitteratome* in annähend gleicher Anzahl vorhanden sind.

Leerstellen befinden sich in einem Kristall gegebener endlicher Temperatur im thermodynamischen Gleichgewicht. Aus diesem Grunde werden sie oft auch als thermische Gitterbaufehler bezeichnet. Ihre Entstehung ist mit einer Erhöhung der inneren Energie des Kristalls ΔU verbunden. Dennoch ist ein Absinken der für das thermodynamische Gleichgewicht maßgebenden freien Energie $F = U - TS$ möglich, da gleichzeitig der Unordnungsgrad und damit die innere Entropie S anwachsen. Übersteigt die Zunahme des Produktes TS die der inneren Energie ΔU, so ergibt sich die thermodynamische Gleichgewichtskonzentration der Leerstellen c_L, falls ihre gegenseitige Wechselwirkung vernachlässigt werden kann, aus dem Minimum der freien Energie zu

$$n/N = c_L = \exp(-\Delta U/RT) \qquad 2.13)$$

(n Zahl der Leerstellen; N Zahl der Gitterplätze; R Gaskonstante). ΔU stellt dabei die Bildungsenergie der Leerstellen je Mol, d. h. die Aktivierungsenergie der Leer-

---

[1]) Ein nach üblicher technischer Erstarrung entstandener Kristall enthält etwa 10^7 Versetzungen je cm². Da diese Fläche etwa 10^{15} Atome enthält, beträgt das Verhältnis der Versetzungen zur Atomzahl etwa $1:10^8$.

stellenbildung dar. Für die Leerstellenbildung in Metallen liegt sie bei 80 bis 200 kJ mol^{-1}, woraus sich eine Leerstellenkonzentration nahe der Schmelztemperatur von etwa 10^{-4} ergibt. Bei der o. a. Berechnung der Leerstellenkonzentration wurde die gegenseitige Wechselwirkung der einzelnen Leerstellen vernachlässigt. Von den möglichen kleinen Agglomeraten von Leerstellen (Doppel-, Dreifachleerstellen ...) spielen Doppelleerstellen eine besondere Rolle, da ihre Bildungsenergie und Wanderungsenergie kleiner als die von zwei Einfachleerstellen ist. Aus diesem Grunde stellen Doppelleerstellen, insbesondere bei hohen Temperaturen, einen wesentlichen Beitrag zur vorhandenen Leerstellenkonzentration dar. Zwischengitteratome weisen eine wesentlich höhere Bildungsenergie auf.

Die *Leerstellenkonzentration* übt auf alle thermisch aktivierbaren Prozesse, z. B. die Diffusion, einen entscheidenden Einfluss aus (Abschn. 7.1). Die bei höheren Temperaturen bestehende größere Leerstellenkonzentration lässt sich durch eine ausreichend schnelle Abkühlung weitgehend einfrieren. Leerstellen lassen sich außerdem durch plastische Verformung und durch Bestrahlung mit energiereichen Teilchen erzeugen (Bild 2.69, 10.60). Die so entstandenen *Überschussleerstellen* beschleunigen dann Aus-

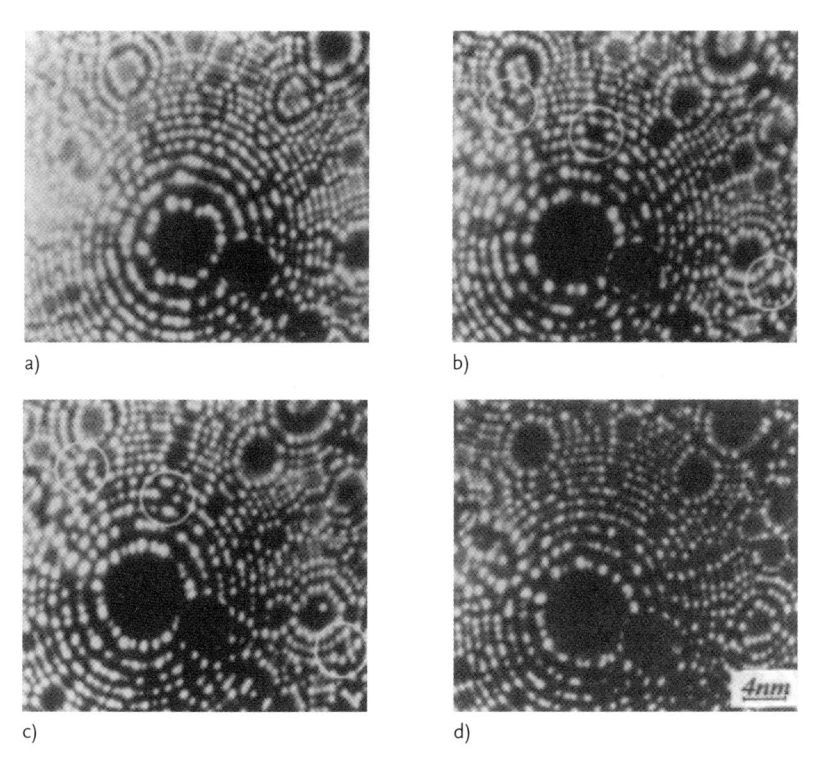

Bild 2.69 Feldionenbild von Eisen, das mit 3 · 10^{19} Neutronen je cm^2 bei 562 K bestrahlt wurde (nach *S. S. Brenner, R. Wagner* und *J. A. Spitznagel*). a) Ungestörter Kristall um den (110)-Pol; b) und c) mit dem Abtrag der Kristalloberfläche sichtbar gewordene Leerstellen-Anhäufungen(-cluster) (weiße Kreise); d) nach Abtrag von insgesamt 8 · 10^{-10} m liegt wieder das ungestörte Gitter vor

scheidungsvorgänge oder beeinflussen das Verformungsverhalten der Metalle. Leerstellen und Zwischengitteratome können auch bei der Versetzungsbewegung (Verformung) und durch Teilchenstrahlung (Abschn. 10.10.2.2) gebildet werden.

Die Struktur, Wanderungsenergie und Eigenschaften der verschiedenen Punktdefekte sind immer noch Gegenstand intensiver Forschung. Die Eigenschaften der Leerstellen misst man nach ihrer Erzeugung in einer hohen Konzentration durch Abschrecken eines Kristalls von hohen Temperaturen. Beim anschließenden Anlassen heilen die Defekte aus, was sich in einer Erholung der durch die Leerstellen bedingten Erhöhung des elektrischen Widerstandes zeigt (Bild 7.19). Aus der Reaktionskinetik, Lage und Höhe jeder Erholungsstufe können wertvolle Aussagen über die Mechanismen und damit auch über die Eigenschaften der Punktfehler gewonnen werden.

Leerstellen, Zwischengitteratome und Substitutionsatome verursachen Gitterverzerrungen (Bild 2.70), die zu einer Verfestigung des Kristalls führen (Abschn. 9.2.2.3).

Die Gleichgewichtskonfiguration und -konzentration von Punktdefekten in Halbleitern, insbesondere in Silicium, ist von großem Interesse für die Halbleitertechnologie, da sie viele Diffusionsprozesse kontrolliert. Bislang zeigte sich ungeachtet der immer noch kontrovers geführten Diskussion [2.9], dass bei hohen Temperaturen das Produkt aus Konzentration c_Z und Diffusionskoeffizient D_Z der Zwischengitteratome sehr groß ist im Vergleich zu dem aus Leerstellenkonzentration c_L und zugehörigem Diffusionskoeffizienten D_L ($c_Z \cdot D_Z \gg c_L \cdot D_L$).

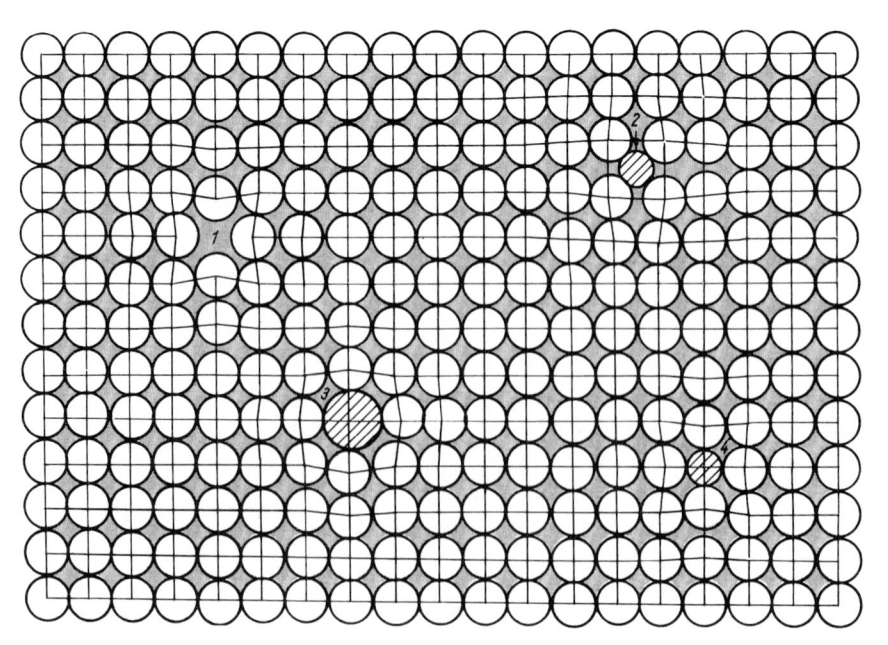

Bild 2.70 Nulldimensionale Gitterfehler im kubisch primitiven Gitter.
1 Leerstelle; *2* Zwischengitteratom; *3* größeres und
4 kleineres Substitutionsatom

In *Ionenkristallen* (Abschn. 2.1.9) ist die Existenz von Punktfehlern mit *Ladungsdefekten* verbunden. Bei stöchiometrisch zusammengesetzten Ionengittern sind zur Wahrung der äußeren Elektroneutralität fünf Typen von Fehlordnung möglich:

- Leerstellen gleicher Konzentration im Kationen- und Anionenteilgitter (*Schottky-Fehlordnung*; s. a. Bild 7.7),
- Anionen und Kationen in gleicher Konzentration auf Zwischengitterplätzen *(Anti-Schottky-Fehlordnung)*,
- Leerstellen im Kationenteilgitter und Kationen gleicher Konzentration auf Zwischengitterplätzen *(Frenkel-Fehlordnung)*,
- Leerstellen im Anionenteilgitter und Anionen in gleicher Konzentration auf Zwischengitterplätzen *(Anti-Frenkel-Fehlordnung)*,
- Kationen im Anionengitter und Anionen im Kationengitter in gleicher Konzentration *(antistrukturelle Fehlordnung)*.

In nichtstöchiometrisch zusammengesetzten Ionengittern wie Oxiden oder Sulfiden ist zur Aufrechterhaltung der äußeren Elektroneutralität neben der *Ionenfehlordnung* noch eine *Elektronenfehlordnung* erforderlich (s. a. Bilder 7.6 und 7.8). Da die Elektronenfehlstellen (Überschuss- bzw. Defektelektronen) eine wesentlich höhere Beweglichkeit als die Ionenfehlstellen haben, tritt in nichtstöchiometrischen Ionenkristallen beim Anlegen eines elektrischen Feldes überwiegend Elektronenleitung auf. Die Eigenschaften der Ionenkristalle wie elektrische Leitfähigkeit (Abschn. 10.1), das Diffusionsverhalten (Abschn. 7.1.1), die Verformbarkeit oder das optische Verhalten (Abschn. 10.10.1) werden von der Konzentration der Ionen- und Elektronenfehlstellen, die durch den Einbau von Fremdionen verändert werden können, in starkem Maße beeinflusst.

2.1.11.2 Eindimensionale Gitterstörungen

Eindimensionale Gitterstörungen, *Versetzungen*, entstehen entweder direkt beim Kristallisationsprozess infolge stets vorhandener Spannungs- oder Temperaturgradienten oder werden unter der Wirkung von Schubspannungen an Korn- und Phasengrenzen sowie bestimmten Versetzungsanordnungen (*Frank-Read-Mechanismus*, Abschn. 9.2.2.2) gebildet. Bei ihnen können hinsichtlich des inneren Aufbaus zwei Grenzfälle unterschieden werden: die Stufenversetzung (Bild 2.71) und die Schraubenversetzung (Bild 2.72). In der Umgebung einer Versetzung ist das Gitter verzerrt, es bildet ein Verzerrungs- und damit auch ein Spannungsfeld aus. Das Maß für die Richtung und Größe dieser Verzerrung ist neben dem Schubmodul der *Burgersvektor* **b**. Man erhält ihn, indem man um die Versetzung durch Abtragen beliebiger Gittervektoren einen Umlauf durchführt und diesen in das ungestörte Gitter überträgt. Der Burgersvektor stellt dann die Größe und Richtung der Wegdifferenz dar, die zur Schließung des Umlaufs benötigt wird (Bild 2.71 b und c).

Eine *Stufenversetzung* lässt sich als Randlinie eines zusätzlich in das Gitter eingefügten oder herausgenommenen Ebenenstückes darstellen (Bild 2.71a). Man spricht deshalb bei einer Stufenversetzung auch von einer „eingeschobenen Halbebene". Charakteristisch für sie ist, dass Burgersvektor und Versetzungslinie rechtwinklig

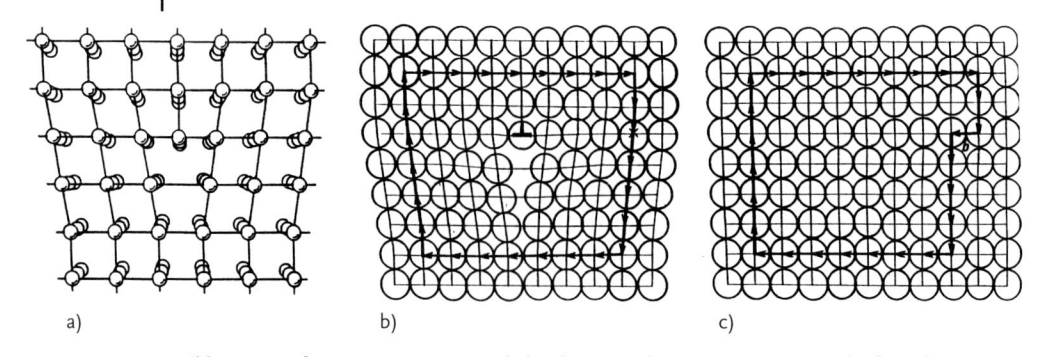

Bild 2.71 Stufenversetzung in einem kubisch primitiven Gitter: a) dreidimensionale schematische Darstellung; b) ein im Uhrzeigersinn markierter Burgersumlauf; c) in das ungestörte Gitter übertragener Burgersumlauf mit dem *Burger*svektor **b**. Die Linienrichtung der Versetzung (untere Atomreihe der eingeschobenen Halbebene in a)) zeigt in die Zeichnung hinein

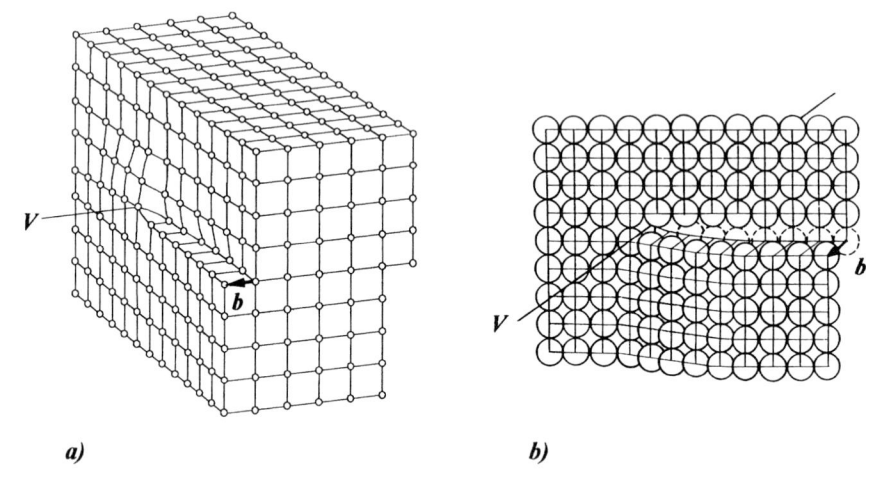

Bild 2.72 Schraubenversetzung im kubisch primitiven Gitter: a) dreidimensionale schematische Darstellung, b) Verlauf der Versetzungslinie V und Lage des *Burger*svektors **b**

zueinander liegen. Sie wird durch das Symbol ⊥ gekennzeichnet. Bei einer *Schraubenversetzung* liegen Burgersvektor und Versetzungslinie parallel. Die Gitterebenen schrauben sich wendelförmig um die Versetzungslinie (Bild 2.72). Das Symbol für eine Schraubenversetzung ist entweder ⊙, falls die Versetzungslinie (Burgersvektor) aus der Zeichenebene weist (wie in Bild 2.72), und ⊗, falls diese in die Zeichnung hinein zeigt.

Ist der Winkel zwischen **b** und der Versetzungslinie von 0° bzw. 90° verschieden, spricht man von *gemischten Versetzungen* (siehe Bild 2.73). Eine gekrümmte Versetzung setzt sich aus Versetzungselementen verschiedenen Typs zusammen, wobei die verschiedenen Komponenten von Linienelement zu Linienelement der Versetzung variieren.

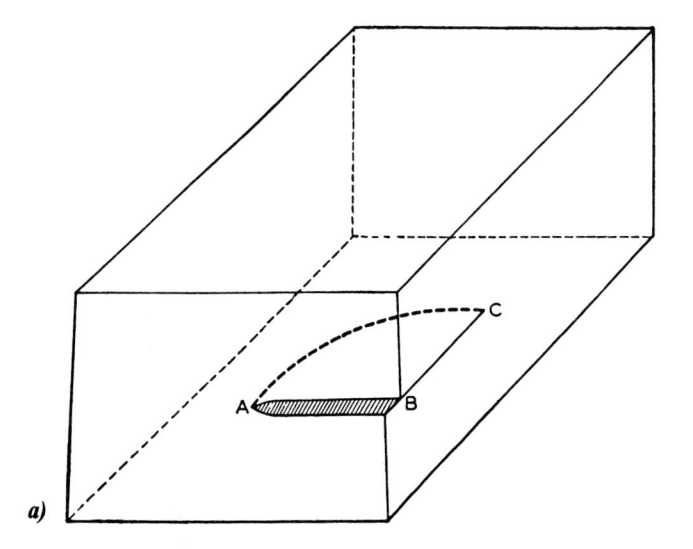

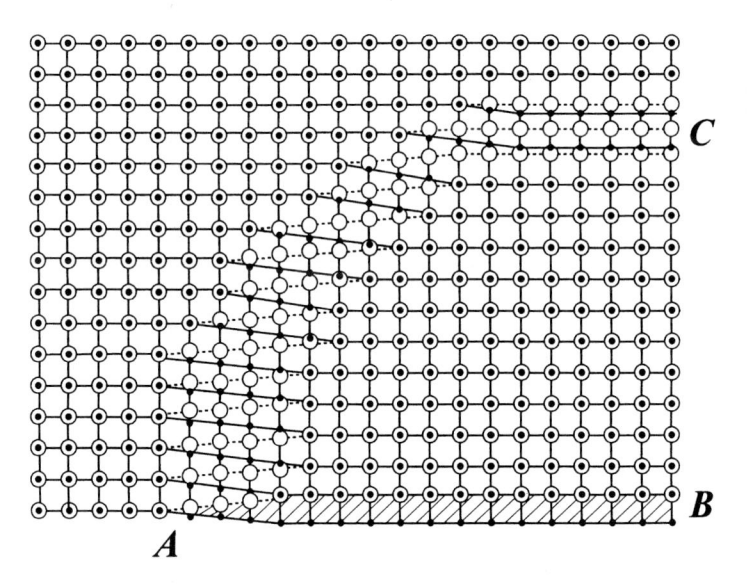

Bild 2.73 a) Gekrümmte Versetzung (Linie AC) in einem Kristall. Dreidimensionale Darstellung. In der Position A liegt eine Schraubenversetzung, in B eine Stufenversetzung vor. In den Zwischenlagen hat die Versetzung gemischten Charakter; b) Anordnung der Atome in der Umgebung der gekrümmten Versetzung. Offene Kreise bezeichnen die Atompositionen oberhalb der Gleitebene, schwarze Punkte die Atompositionen unterhalb der Gleitebene

a) b) c)

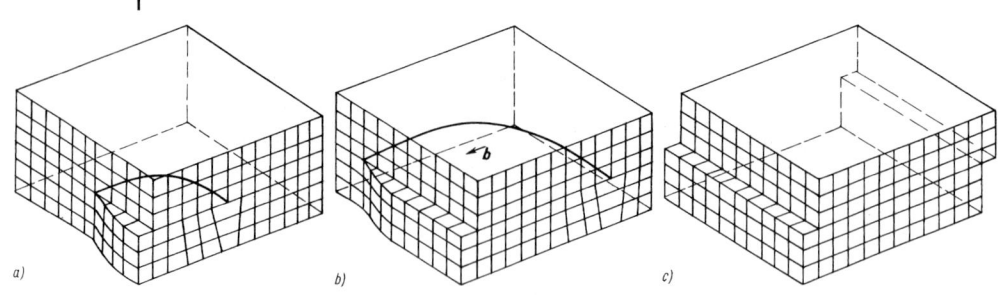

Bild 2.74 Bewegung einer Versetzung durch das kubisch primitive Gitter

Ein Erhaltungssatz fordert, dass eine Versetzungslinie in einem kristallinen Gitter stets in sich geschlossen sein oder an einer Grenzfläche (innere oder äußere Grenzfläche) enden muss. Unter der Wirkung einer genügend hohen Schubspannung kann die Versetzung sich bewegen, die Versetzung gleitet. Als Beispiel weist die in Bild 2.74 eingezeichnete gekrümmte Versetzungslinie an der rechten Grenzfläche des Kristalls Stufen- an der linken vorderen Grenzfläche Schraubencharakter auf. Durch die angelegte Schubspannung wird der untere Gitterblock gegenüber dem oberen stufenweise um *b* verschoben. Die Versetzung rückt jeweils eine Gitterposition weiter, bis sie die hintere rechte Oberfläche erreicht. Die dabei an der Kristalloberfläche entstehenden Stufen der Breite *b* drücken die bleibende Verschiebung (Verformung) aus. Sind in einer Ebene weitere Versetzungen durch den Kristall geglitten, so beträgt die Stufenbreite ein Mehrfaches von *b*, und die Stufen werden als Linien mikroskopisch sichtbar *(Gleitlinien* (s. Bild 9.6).

Versetzungen können mit konventionellen Transmissionselektronenmikroskopen abgebildet werden (Bild 2.95). Bei Beachtung bestimmter Abbildungsbedingungen gelingt es, den Burgersvektor *b* sowie die Versetzungslinienrichtung einzelner Versetzungen und damit auch die Art der Versetzung, ob Stufen-, Schrauben- oder gemischte Versetzung, zu bestimmen. Weiterhin lassen sich Versetzungspaare, -dipole und aufgespaltene Versetzungen nachweisen. Mit hochauflösenden Elektronenmikroskopen lässt sich die Projektion der atomaren Struktur einer Stufenversetzung direkt abbilden (Bild 2.75).

Das Gleiten der Versetzungen (s. a. Abschn. 9.2.2.1) kann nur in Ebenen erfolgen, die ihren Burgersvektor enthalten. Diese werden als *Gleitebenen* und die Richtung von *b* als *Gleitrichtung* bezeichnet. Dadurch sind alle Versetzungen, deren Winkel zum Burgersvektor von 0 verschieden sind, in ihrer Bewegung an eine bestimmte Gleitebene gebunden, während reine Schraubenversetzungen ihre Gleitebene wechseln können. Dieser Vorgang wird *Quergleiten* genannt (Bild 2.76).

Außer der Gleitbewegung kann noch eine weitere (nichtkonservative) Bewegungsform der Versetzungen auftreten, das *Klettern*. Über das Anlagern von Leerstellen kann z. B. eine Stufenversetzung ihre Ebene verlassen (Bild 2.77). Infolge seines Zusammenhanges mit der Leerstellendiffusion ist dieser Vorgang stark temperaturabhängig (s. Abschn. 7.1.4). Er spielt insbesondere bei der Hochtemperaturverformung und beim Kriechen eine wichtige Rolle.

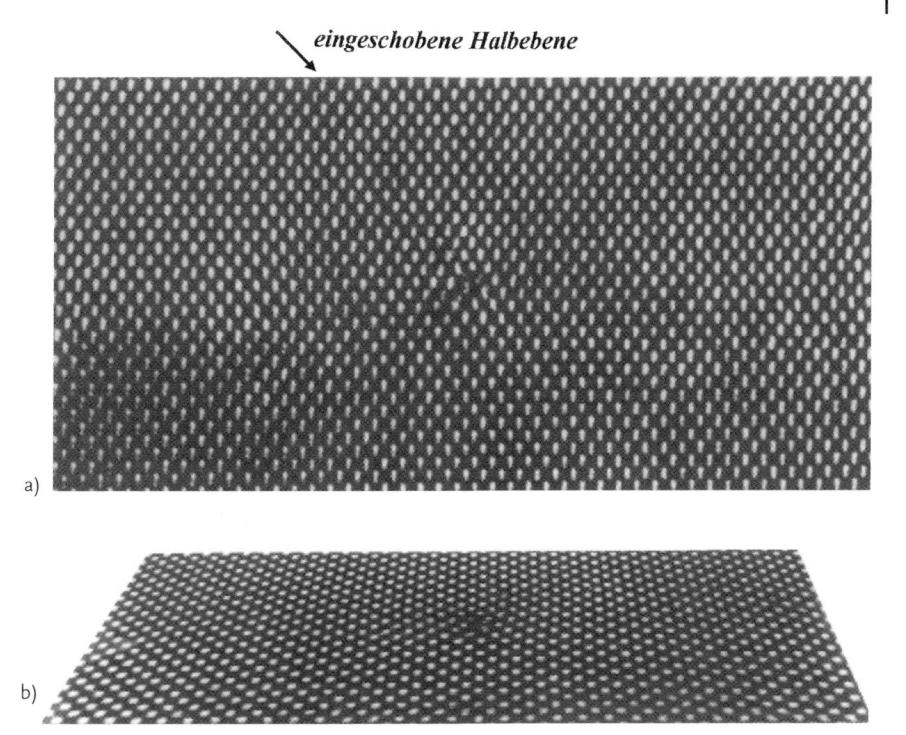

2.1 Kristalliner Zustand

eingeschobene Halbebene

Bild 2.75 a) Direkte Abbildung des Kerns einer Stufenversetzung in Silizium mithilfe der hochauflösenden Elektronenmikroskopie. Die schwarzen Punkte entsprechen der Position von Atomsäulen in der durchstrahlten Folie; b) *Scheimpflug*-Aufnahme derselben Stelle

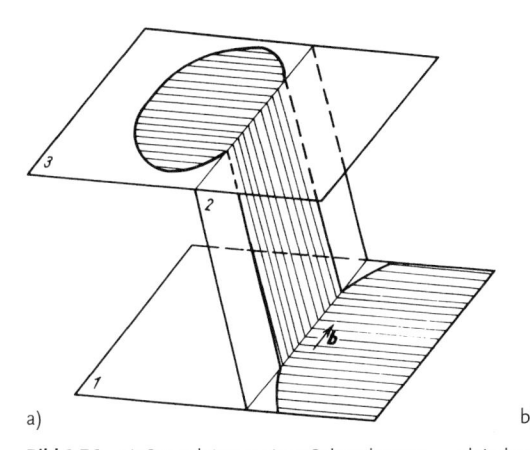

Bild 2.76 a) Quergleitung einer Schraubenversetzung vor einem Bewegungshindernis; b) Gleit- und Quergleitspuren in einem Kupfer-Einkristall. *1* ursprüngliche Gleitebene; *2* Quergleitebene (die hierin entstehenden Versetzungsstücke sind Stufenversetzungen); *3* der ursprünglichen Gleitebene parallele Ebenen, in der kein Hindernis wirkt

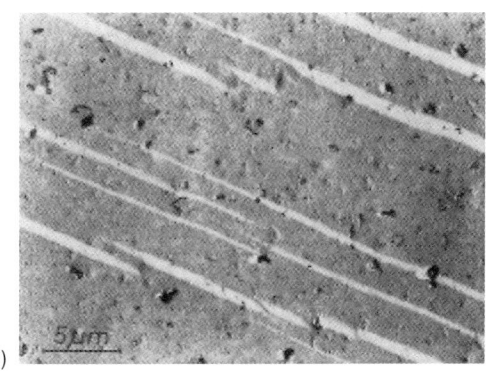

Bild 2.77 Klettern einer Stufenversetzung durch Anlagerung von Leerstellen (L). Die dadurch aus der Versetzung austretenden Atome nehmen die Plätze der Leerstellen ein

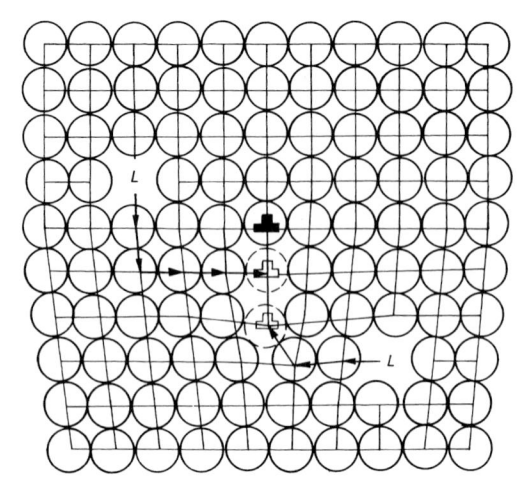

Da der Kletterprozess die Versetzungslinie nicht gleichmäßig erfasst, entstehen in ihr Sprünge *(jogs)* (Bild 2.78). Sprünge werden auch beim gegenseitigen Schneiden von Versetzungen während der Bewegung gebildet, wobei Sprünge in Schraubenversetzungen stets Stufenversetzungen darstellen (Bild 2.79). Da sie eine andere Gleitebene haben, behindern sie die Bewegung der Schraubenversetzung.

Aus den Bildern 2.71 und 2.72 wird deutlich, dass Versetzungen von Gitterverzerrungen und somit Spannungen begleitet sind. Schraubenversetzungen weisen wegen ihrer Symmetrie nur ein Schubspannungsfeld auf, während Stufenversetzungen auch ein Normalspannungsfeld aufbauen. Infolge dieser Spannungsfelder treten zwischen den Kristallbaufehlern Wechselwirkungen auf, die z. B. dazu führen, dass sich Verunreinigungsatome um die Versetzungen ansammeln (s. Abschn. 9.2.2.3). Die Umgebung einer Stufenversetzung hat im Bereich der eingeschobenen Halbebene ein Kompressionszentrum, während unterhalb der Ebene ein Dilatationszentrum liegt. Etwa vorhandene Verunreinigungsatome werden vorwie-

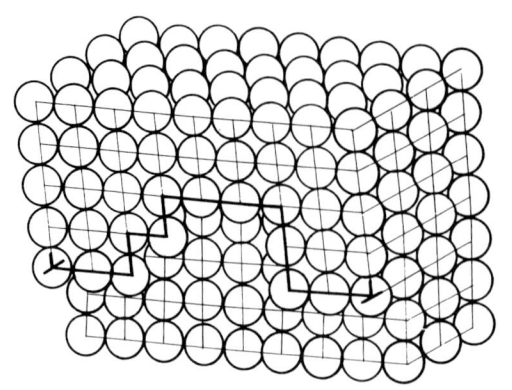

Bild 2.78 Durch Klettern entstandene Sprünge in einer Stufenversetzung

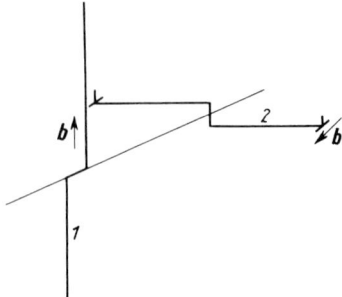

Bild 2.79 Sprünge in einer Schraubenversetzung (1) und einer Stufenversetzung (2) nach erfolgtem Schneidvorgang

gend in den Dilatationszentren (unterhalb der eingeschobenen Halbebene) segregiert sein.

Aufgrund der Spannungsfelder stoßen sich gleichsinnige Versetzungen (⊥ ... ⊥) ab und ungleichsinnige (⊥ ... ⊤) ziehen sich an; Letztere können sich annihilieren. Liegen zwei Versetzungen mit Burgersvektoren ungleichsinnigen Vorzeichens auf verschiedenen Gleitebenen, so stellt sich ein Gleichgewichtsabstand ein. Solche Dipolkonfigurationen werden oft in schwach verformten Proben analysiert.

Versetzungen erhöhen die innere Energie des Kristallgitters beträchtlich. Unter Vernachlässigung der Energie des Versetzungskerns, der nur einen geringen Beitrag liefert, gilt für die Energie einer Schraubenversetzung

$$U_v = (G\boldsymbol{b}^2/4\pi)\ln(r_1/r_0) \tag{2.14}$$

(G Schubmodul; $|\boldsymbol{b}|$ Betrag des Burgersvektors ($\approx 3 \cdot 10^{-10}$ m); r_0 Radius des Versetzungskerns ($\approx |\boldsymbol{b}|$); r_1 halber mittlerer Abstand der Versetzungen im Kristall ($\approx 10^{-6}$ m). Setzt man die angegebenen Werte in die Gleichung ein, ergibt sich

$$U_v \approx G \cdot \boldsymbol{b}^2 \tag{2.15}$$

d. h., $U_v \approx 10^{-11}$ J ($\approx 10^{-8}$ eV) je cm Versetzungslinie. Daraus folgt, dass Versetzungen nicht im thermodynamischen Gleichgewicht vorkommen können.

Da die Versetzungsenergie $\boldsymbol{b}^2$ proportional ist, werden aus energetischen Gründen nur die kürzesten Burgersvektoren im Gitter realisiert:

kfz Gitter $\quad \boldsymbol{b} = \dfrac{a}{2}\langle 110 \rangle$

krz Gitter $\quad \boldsymbol{b} = \dfrac{a}{2}\langle 111 \rangle; \quad \boldsymbol{b} = a\langle 100 \rangle$

hex Gitter $\quad \boldsymbol{b} = a\langle 11\bar{2}0 \rangle; \quad \boldsymbol{b} = c\langle 0001 \rangle$

In diesen Fällen sind die Burgersvektoren gleichzeitig Translationsvektoren des Kristallgitters. Man spricht von *vollständigen Versetzungen*.

Aus Energiebetrachtungen ergeben sich auch die Bedingungen für Versetzungsreaktionen: Die Vereinigung zweier Versetzungen $\boldsymbol{b}_1 + \boldsymbol{b}_2 = \boldsymbol{b}$ tritt ein, wenn $\boldsymbol{b}_1^2 + \boldsymbol{b}_2^2 > \boldsymbol{b}^2$. Eine Aufspaltung $\boldsymbol{b} = \boldsymbol{b}_1 + \boldsymbol{b}_2$ erfolgt, wenn $\boldsymbol{b}^2 > \boldsymbol{b}_1^2 + \boldsymbol{b}_2^2$. Im kfz Gitter beispielsweise ist folgende Aufspaltung energetisch begünstigt:

$$\frac{a}{2}[110] = \frac{a}{6}[211] + \frac{a}{6}[12\bar{1}], \quad \text{da} \quad b^2 > b_1^2 + b_2^2 \tag{2.16}$$

wegen $\quad \dfrac{a^2}{4}[1+1+0] > \dfrac{a^2}{36}[4+1+1] + \dfrac{a^2}{36}[1+4+1]$, d. h.

$$\frac{1}{2} \quad > \quad \frac{1}{6} \quad + \quad \frac{1}{6} \quad \text{gilt.}$$

Die entstandenen Versetzungen des Typs $b = \frac{a}{2}\langle 112\rangle$ werden als *Shockley-Versetzungen* bezeichnet. Sie sind *unvollständige* oder *Teilversetzungen*, da ihr Burgersvektor kein Vektor des Kristallgitters mehr ist. Zwischen ihnen wird durch die Aufspaltung die Stapelfolge der Gitterebenen verändert, es entsteht ein *Stapelfehler*. Die Gesamtenergie des Systems setzt sich damit zusammen aus der Energie der Versetzungen und dem Stapelfehler. Die Aufspaltung wird so lange erfolgen, bis die Gesamtenergie des Systems minimalisiert ist.

In geordneten Legierungen haben die Burgersvektoren aufgrund des großen Translationsabstandes hohe Werte und damit auch deren Energie. So ist z. B. in einer geordneten Legierung von Cu_3Au-Typ (Bild 2.43 a) der Burgersvektor $b = \langle 110\rangle$. Die Energie einer Versetzung mit diesem Burgersvektor ist nach Gl. (2.15) sehr hoch. Spaltet sich eine solche Versetzung auf, so bildet sich zwischen den Teilversetzungen eine *Antiphasengrenze*, die die Energie des Systems erheblich erhöht. Die Elementarvorgänge der Verformung sind in geordneten Legierungen im Vergleich zu denen in einkomponentigen metallischen Systemen mit hochsymmetrischer Kristallstruktur wesentlich komplizierter, da geordnete Legierungen weitaus weniger Gleitsysteme aufweisen.

Auch unvollständige Versetzungen können in reinen Metallen miteinander reagieren. Gleiten z. B. unter der anliegenden Schubspannung im kfz Gitter zwei aufgespaltene Versetzungen in sich schneidenden Gleitebenen aufeinander zu, so können sie sich zu einer weiteren Teilversetzung, der *Lomer-Cottrell-Versetzung*, vereinigen (Bild 2.80):

$$\frac{a}{6}[\bar{1}21] + \frac{a}{6}[2\bar{1}\bar{1}] = \frac{a}{6}[110] \qquad (2.17)$$

Da diese Versetzung von zwei Stapelfehlern in verschiedenen Ebenen begrenzt wird, ist sie ebenfalls nicht gleitfähig und stellt ein wirksames Hindernis gegen die Bewegung weiterer Versetzungen dar.

Unvollständige Versetzungen können auch entstehen, wenn sich Überschussleerstellen in einer Gitterebene ausscheiden (Bild 2.81). Dabei bilden sich *Versetzungsringe*, die einen Stapelfehler umranden. Der Burgersvektor $b = \frac{a}{3}\langle 111\rangle$ (kfz Gitter) dieser so genannten *Frank-Versetzungen* steht senkrecht auf der Ebene des Stapelfehlers, der auf der {111}-Ebene liegt. Solche Versetzungen sind nicht gleitfähig, da sich der Stapelfehler nicht in Richtung des Burgersvektors bewegen kann. Über einen Scherprozess jedoch lässt sich erreichen, dass der *Franksche-Versetzungsring* in einen *vollständigen Versetzungsring* umgewandelt wird. Beim vollständigen Versetzungsring steht der Burgersvektor $b = \frac{a}{2}\langle 110\rangle$ schief zur {111}-Ebene des Rings. Da der Burgersvektor jedoch einem vollständigen Gittervektor entspricht, sind solche Versetzungen gleitfähig.

In intermetallischen Phasen, Halbleiter- und Ionenkristallen sind ebenfalls Versetzungsreaktionen möglich, die jedoch aufgrund der verschiedenen Kristallstrukturen sowie Bindungsarten und wegen Wahrung der Ladungsneutralität in Ionenkristallen wesentlich vielschichtiger sein können. Je komplizierter die Struktur ist, desto schwieriger sind im Allgemeinen auch die Bildung und Bewe-

Bild 2.80 Entstehung einer Lomer-Cottrell-Versetzung. a) Vollständige Versetzung in sich schneidenden Gitterebenen; b) Versetzungen im aufgespaltenen Zustand; c) Versetzungsanordnung nach Reaktion zweier Teilversetzungen (schraffierte Fläche: Stapelfehler)

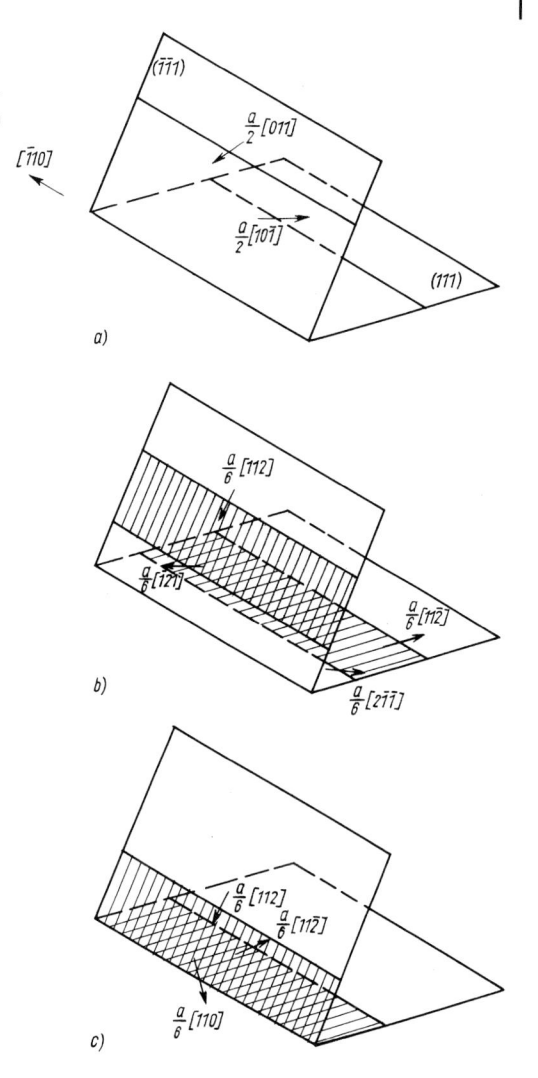

gung von Versetzungen sowie Versetzungsreaktionen (Bild 2.82). Die hexagonalen Metalle Mg und Zn zeigen in $\langle 11\bar{2}0 \rangle$-Richtung (Gleitrichtung = Richtung des Burgersvektors) eine zweifache Stapelfolge ... ABAB ... (Abschn. 2.1.7.3). Demzufolge erfordert eine vollständige Versetzung den Einschub von zwei Ebenen AB (gestrichelt im Bild 2.82b). In der hexagonalen intermetallischen Phase MgZn$_2$ aber haben die Ebenen $\{11\bar{2}0\}$ eine vierfache Stapelfolge ... ABCDABCD ..., sodass eine vollständige Versetzung erst durch das Einfügen von vier Ebenenstücken ABCD (gestrichelt in Bild 2.82a) entsteht. Die damit verbundene Vergrößerung des Burgersvektors zieht gemäß Gl. (2.15) eine beträchtliche Erhöhung der Versetzungsenergie nach sich. Dies – Analoges gilt auch für Ionenkristalle – wiederum hat zur Folge, dass die Dichte der bei der Kristallisa-

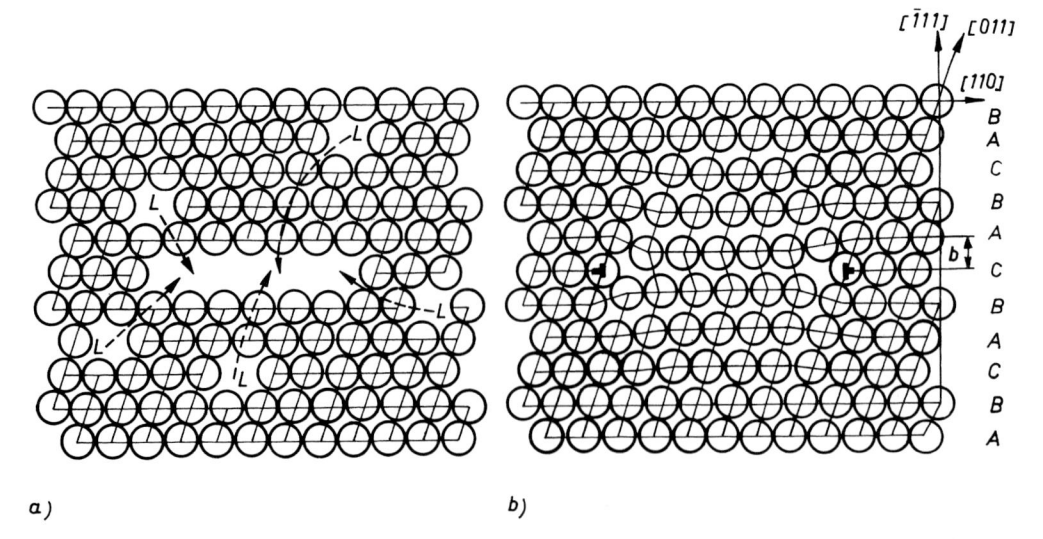

Bild 2.81 a) Durch Leerstellenausscheidung entstandener Versetzungsring (Frank-Versetzung), der b) zu einem Stapelfehler im kfz Gitter kollabiert

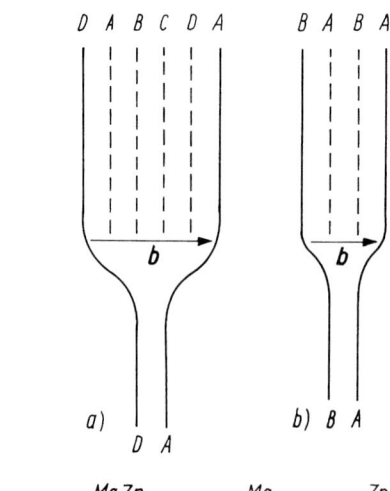

	MgZn$_2$	Mg	Zn
b in 10^{-10} m:	5,221	3,209	2,665
b^2 in 10^{-20} m^2:	27,26	10,30	7,10

Bild 2.82 Zusammenhang zwischen dem Bau der Elementarzelle und der Größe des Burgersvektors (nach P. Paufler); a) intermetallische Phase MgZn$_2$; b) Metalle Mg bzw. Zn

tion im Gitter entstehenden Versetzungen ab- und die kritische Schubspannung zunimmt; die Kristallite versprödern. Außerdem werden die Versetzungsreaktionen dadurch kompliziert, dass solche „*Super*"-Versetzungen meist sehr leicht aufspalten und sich damit Antiphasengrenzen bilden, die die Beweglichkeit ganz wesentlich beschränken.

2.1.11.3 Zweidimensionale Gitterstörungen
2.1.11.3.1 Stapelfehler

Der Aufbau der Kristallgitter lässt sich als eine bestimmte Stapelfolge von Gitterebenen denken (Bild 2.40 b, c). Das hexagonale dichtest gepackte Gitter entspricht dann einer zweifachen Stapelfolge ... ABABAB ... von (0001)-Ebenen, während das kfz Gitter aus einer dreifachen Stapelfolge ... ABCABCABC ... der {111}-Ebenen gebildet wird. Störungen dieser Stapelfolgen werden als *Stapelfehler* bezeichnet. Sie können während der Kristallisation in die Kristallite einwachsen oder bei der Bildung von Teilversetzungen entstehen (Bild 2.83).

Bild 2.84 verdeutlicht die Aufspaltung einer $\frac{a}{2}$[110]-Versetzung im kfz Gitter laut Beziehung (2.16). Die Teilversetzung $\frac{a}{6}$[211] verschiebt die C-Atome auf Plätze der Ebene A. Es entsteht über vier Ebenen eine hexagonale Stapelfolge ... ABCABABABC ..., d.h. ein Stapelfehler. Die Versetzung $\frac{a}{6}$[12$\bar{1}$] verlagert die Atome zwar wieder in die richtige Position, doch da sich beide Teilversetzungen (Shockley-Versetzungen) abstoßen, wird der Stapelfehler verbreitert (Bild 2.85).

Zur Erzeugung eines Stapelfehlers ist wiederum Energie, die *Stapelfehlerenergie* γ, erforderlich. Aus energetischen Gründen wird sich ein Gleichgewichtsabstand d der *Shockley-Versetzungen* einstellen, der von der Größe der Stapelfehlerenergie abhängig ist:

$$d = Ga^2/24\pi\gamma \tag{2.18}$$

Bild 2.83 Stapelfehler auf drei Oktaederebenenscharen und Lomer-Cottrell-Versetzung (rechts) in 35Ni65Co (durchstrahlungselektronenmikroskopische Aufnahme, nach S. Mader). Die Länge der sichtbaren Stapelfehler-„Bänder" entspricht der Aufspaltungsweite der Versetzungen, während die Breite der „Bänder" durch die Foliendicke festgelegt ist.

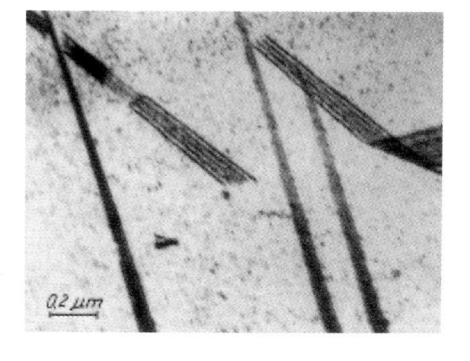

Bild 2.84 Aufspaltung einer vollständigen Versetzung **b** = a/2 [110] in die Teilversetzungen **b**$_1$ = a/6 [211] und **b**$_2$ = a/6 [12$\bar{1}$] in der ($\bar{1}$11)-Ebene des kfz Gitters
○ Atomlagen der Schicht A;
o Atomlagen der Schicht B;
● Atomlagen der Schicht C

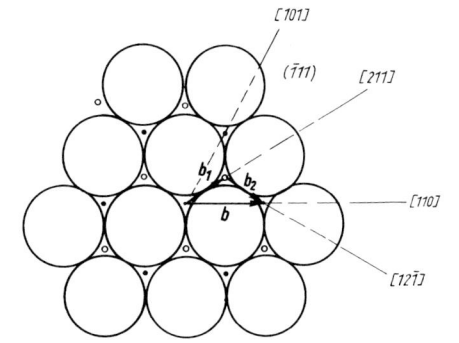

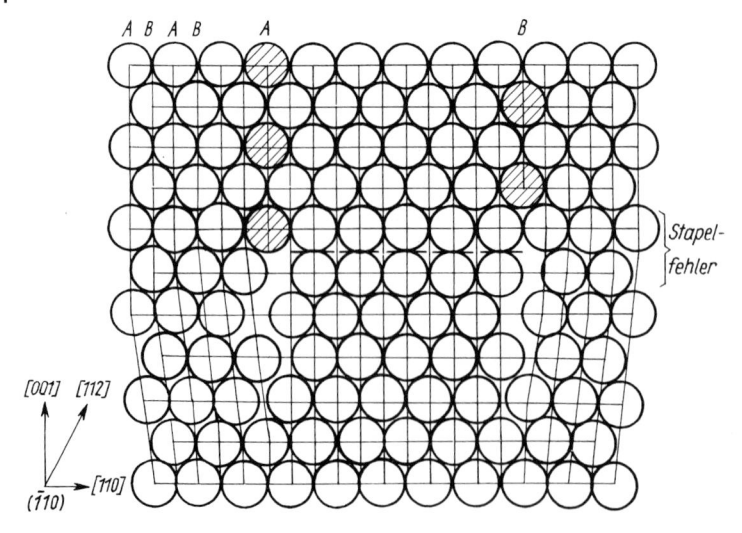

Bild 2.85 Aufgespaltene Stufenversetzung mit Stapelfehler in der Schnittebene (1̄10) des kfz Gitters. Da dieses Gitter in ⟨110⟩-Richtung eine Zweischichtenfolge ABABAB aufweist, kann eine vollständige Versetzung ohne Störung der Stapelfolge nur durch Einschub zweier Ebenen AB entstehen. Es liegen zwei gleichsinnige Teilversetzungen nebeneinander, die sich abstoßen und zwischen sich einen Stapelfehler (gestrichelte Linie) bilden (Versetzungslinien und Burgersvektoren liegen schräg zur Papierebene).

(G Schubmodul; a Gitterparameter). Stapelfehler erschweren die Versetzungsbewegung, da das Schneiden von Versetzungen und das Quergleiten erst möglich wird, wenn die Versetzungsaufspaltung durch die ansteigende Schubspannung rückgängig gemacht wird. Das ist umso schwieriger, je niedriger die Stapelfehlerenergie, d. h. je breiter der Stapelfehler ist. Aus diesen Gründen stellt die Stapelfehlerenergie eine bedeutsame Kenngröße zur Charakterisierung des Werkstoffverhaltens dar. Sie ist jedoch nicht einfach zu ermitteln und beträgt etwa für Ag 0,02 J m^{-2}, für Cu 0,07 J m^{-2}, für Al 0,2 J m^{-2} und für Ni 0,3 J m^{-2}.

2.1.11.3.2 Antiphasengrenzen

Sie sind den Stapelfehlern verwandte Grenzen von Ordnungsbereichen (s. Abschn. 4.4) in Legierungen mit zumindest teilweise geordneter Atomverteilung. Sind z. B. die Atome der Elemente o und x in einer Gitterrichtung abwechselnd angeordnet (... oxoxox ...), so ist die Antiphasengrenze als eine Störung dieser Folge, wenn gleiche (also falsche) Nachbaratome auftreten (oxoxxoxo), gegeben (Bild 2.86). *Antiphasengrenzen* entstehen während der Ordnungsbildung, indem, von unterschiedlich geordneten Keimen ausgehend, die Ordnungsbereiche so lange wachsen, bis sie aneinander stoßen, oder wenn Versetzungen während der plastischen Verformung durch die Ordnungsbezirke hindurchgleiten. Die Energie der Antiphasengrenzen liegt in der Größenordnung von 0,1 J m^{-2}.

Bild 2.86 Antiphasengrenze im kfz Gitter (schematisch)

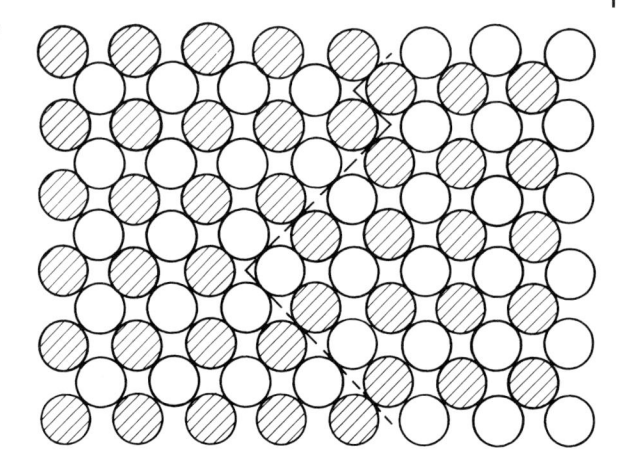

2.1.11.3.3 Grenzflächen

Kristalline Stoffe bestehen aus meist zahlreichen Gitterbereichen mit zumindest unterschiedlicher Orientierung, den Kristalliten (Abschn. 6.1.). Zwischen diesen, aber auch innerhalb der Kristallite kommen *Grenzflächen* vor, die Übergangszonen mit gestörtem Gitter darstellen. Man unterscheidet zwischen Homophasen- und Heterophasengrenzen. *Homophasengrenzen* sind Grenzflächen innerhalb einer Phase, d. h. zwischen Kristalliten (Körnern) identischer Kristallstruktur und identischer chemischer Zusammensetzung. Dazu gehören vor allem die hier vorrangig zu behandelnden Korngrenzen und Zwillingsgrenzen, aber auch die bereits erörterten Antiphasen-(Domänen-)Grenzen und Stapelfehler. *Heterophasengrenzen* sind Grenzflächen zwischen Gebieten verschiedener Kristallstruktur und/oder unterschiedlicher Zusammensetzung. Sie sind also *Phasengrenzen*, die verschiedenen Phasen angehörende Kristallite gegeneinander abgrenzen (Abschn. 6.1).

Bei den *Korngrenzen* unterscheidet man je nach der Größe des Orientierungsunterschiedes benachbarter Kristallite Klein- und Großwinkelkorngrenzen, wobei Letztere in der Regel schlechthin als Korngrenzen bezeichnet werden. *Kleinwinkelkorngrenzen* sind aus flächig angeordneten Versetzungen aufgebaut (s. Bild 6.1). Im Fall von Stufenversetzungen werden, entsprechend Bild 2.87, die angrenzenden Gitterbereiche gegeneinander verkippt (Kipp-, Neigungsgrenzen), während durch eine Folge paralleler Schraubenversetzungen die Gitteranteile gegeneinander verdreht werden (Drehgrenzen). Die Größe der Orientierungsdifferenz (Winkel α) wird vom Abstand der Versetzungen d bestimmt:

$$\frac{\alpha}{2} \approx \tan\frac{\alpha}{2} = \frac{a/2}{d} \tag{2.19}$$

Im realen Gitter tritt an Stelle von α der Betrag des *Burgers*-Vektors $\boldsymbol{b}$, sodass häufig $\frac{\alpha}{2} = \frac{b}{d}$ verwendet wird.

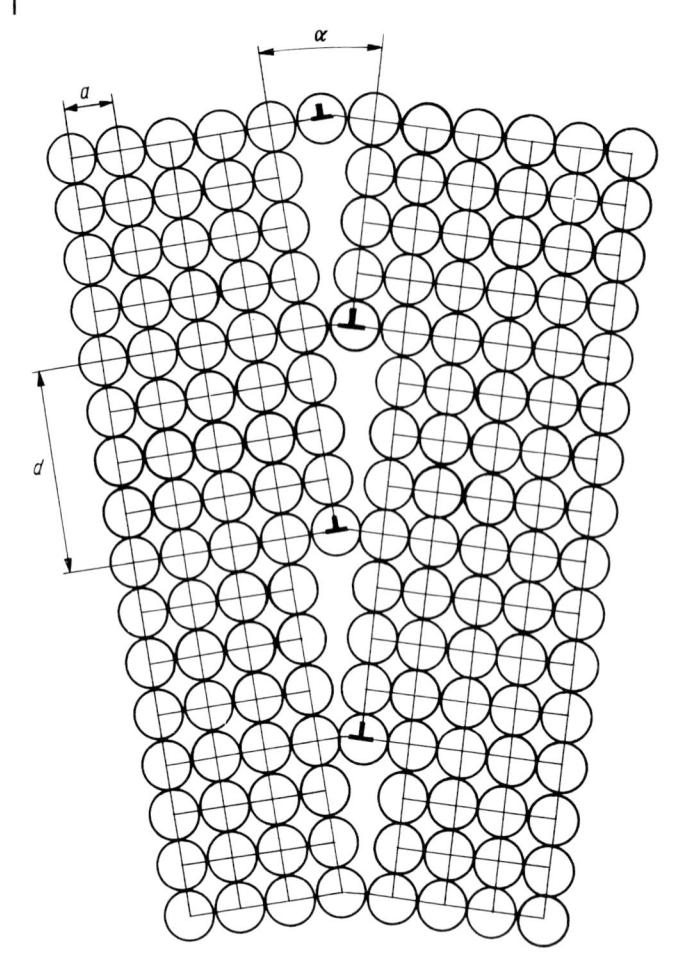

Bild 2.87 Aus Stufenversetzungen aufgebaute Kleinwinkelkorngrenze (Kippgrenze) im kubisch primitiven Gitter

Wachsende Orientierungsunterschiede (Fehlorientierung $\geq 10°$) erfordern eine zunehmend dichtere Versetzungsanordnung. Kann diese nicht mehr realisiert werden, entstehen *Großwinkelkorngrenzen*.

In bestimmten Fällen lässt sich den einer Großwinkelkorngrenze benachbarten Kristalliten ein diesen gemeinsames „Übergitter" überlagern. Man spricht dann von einem *Koinzidenzlagengitter* (coincidence site lattice, CSL) und von einer *Koinzidenzkorngrenze*. Durch das Koinzidenzlagengitter werden zwei Kristallite A und B, die sich an der Grenzfläche begegnen, ineinander so fortgesetzt, dass sie sich vollständig in allen Richtungen durchdringen (Bild 2.88). Die Kristallite A und B werden dann so lange gegeneinander verdreht, bis ein Gitterpunkt im Kristallit A mit einem im Kristallit B übereinstimmt. Dieser Punkt wird als 0-Punkt bezeichnet (Koordinatenursprung). Es ist nun möglich, dass außer diesem Punkt keine anderen Gitter-

Bild 2.88 Koinzidenzlagengitter (hier Σ 5), das in a) durch eine Überlagerung von gleichartigen Gittern A ● und B ○ und in b) durch verschiedenartige Gitter gebildet wird. Die Einheitszelle des CSL ist in der linken Hälfte des jeweiligen Bildes, die lineare Transformation der beiden Gitter in der rechten Hälfte gegeben

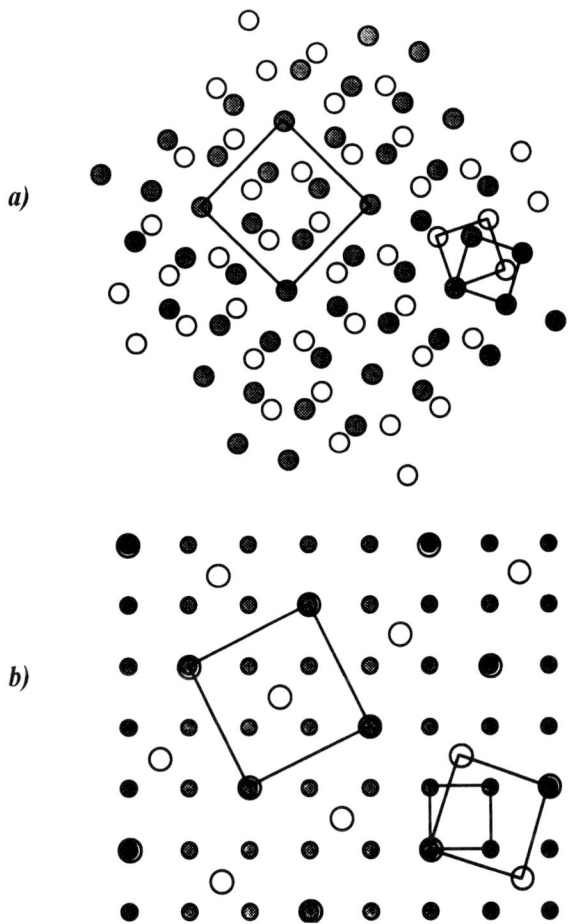

a)

b)

punkte von A und B zusammentreffen. In diesem Fall ist der 0-Punkt der einzige gemeinsame Gitterpunkt. Es zeigt sich jedoch, dass für nahezu alle Orientierungen zusätzliche Koinzidenzen auftreten. Alle Koinzidenzgitterpunkte bilden ein reguläres Gitter, das als *CSL-Gitter* bezeichnet wird.

Grenzflächen werden nach dem Verhältnis des Volumens einer Einheitszelle des CSL zu dem Volumen einer Einheitszelle von A bzw. B klassifiziert. Dieser Wert wird mit Σ bezeichnet. Ein niedriger Σ-Wert bedeutet, dass atomar dicht belegte Koinzidenzlagen der sich durchdringenden Gitter vorliegen. Der Wert $\Sigma = \infty$ steht für eine vollständig inkommensurable oder beliebige Orientierung.

Grenzflächen mit einem relativ niedrigen Σ-Wert werden als *Koinzidenzgrenzflächen* (-korngrenzen) bezeichnet. Sie sind manchmal mit speziellen physikalischen Eigenschaften, wie z. B. niedrige Grenzflächenenergie oder hohe Grenzflächenmobilität, verbunden.

Großwinkelkorngrenzen weisen eine relativ geordnete Struktur auf. Für die Beschreibung des Kerns der Großwinkelkorngrenzstruktur sind verschiedene Modellvor-

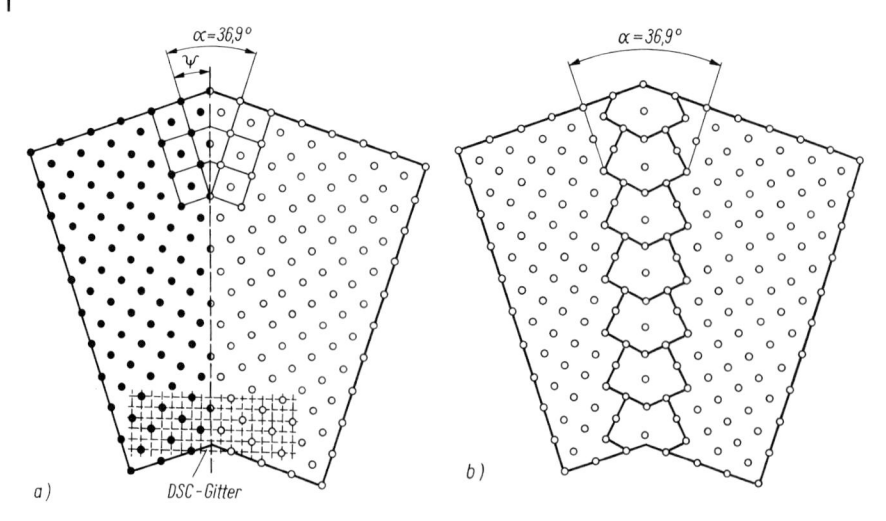

Bild 2.89 Modellierung der Großwinkelkorngrenzen. a) Modell einer Korngrenze zwischen zwei um $\alpha = 36{,}9°$ verkippten kfz-Kristalliten. $\Psi = \alpha/2$; b) relaxierte Korngrenzenstruktur aus aufeinander folgenden Atombaugruppen gleichen Typs (nach [2.18])

stellungen entwickelt worden. Eine der dabei genutzten Verfahrensweisen geht von einem DSC (displacement shift complete lattice)-Gitter aus, das zwei benachbarten und um einen gewissen Winkel α gegeneinander gedrehten Kristallen überlagert ist (Bild 2.89a, unten). Nach weiteren geometrischen Operationen sowie einer computersimulierten Anpassung (Relaxation) der konstruierten Korngrenzenstruktur an einen den realen Verhältnissen angenäherten Zustand niedriger Korngrenzenenergie (Übergang von Bild 2.89a, oben, zu Bild 2.89b) erhält man je nach Größe von α, Korngrenzenstrukturen, die durch Aneinanderreihung einfacher Baugruppen von Atomen (z. B. Bild 2.89b) gebildet sind [2.18].

Einem solchen Aufbauprinzip der Großwinkelkorngrenze liegt eine symmetrische Anordnung der Kristallite zugrunde. Im realen polykristallinen Werkstoff herrschen jedoch zufällige Orientierungsbeziehungen zwischen den Kristalliten vor. Dennoch lässt sich das angeführte Aufbauprinzip grundsätzlich auch auf diese Fälle anwenden, wenn man den Modellvorstellungen zufolge annimmt, dass reale Korngrenzen aus Segmenten relativ weniger Typen symmetrischer Grenzen zusammengesetzt sind und deren Baueinheiten so kombiniert sind, dass sich die Korngrenzen bei einem gleichzeitig niedrigen Energiezustand der bestehenden Orientierungsdifferenz benachbarter Kristallite anpasst.

Die Korngrenze hat die Aufgabe, bei Wahrung der Kompatibilität im Gefüge größere Orientierungsunterschiede zwischen den Körnern (Kristalliten) zu überbrücken. Damit ist ihre Struktur und die ihr entsprechende Korngrenzenenergie in gewisser Weise vom Drehwinkel, um den zwei benachbarte Körner gegeneinander desorientiert sind, abhängig (Bild 2.90). Im Bereich von Kleinwinkelkorngrenzen steigt die Korngrenzenenergie aufgrund der mit wachsendem Drehwinkel in größerer Anzahl erforderlichen Versetzungen an. Im Gebiet beliebiger Großwinkelkorngrenzen weist

Bild 2.90 Gemessene Werte der Korngrenzenenergie γ_G von Al bei Kippung zweier benachbarter Kristallite um die [110]-Achse als Funktion des Kippwinkels Θ (nach [2.13]). Die Oberflächenenergie wurde zu $\gamma_S = 205$ m J/m² bei 240 °C angenommen

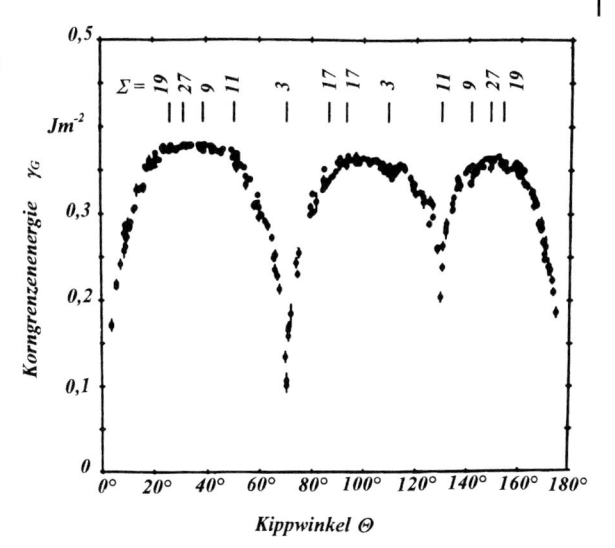

die Energiekurve ein „Plateau" auf, das für Metalle bei etwa 0,5 bis 1,5 J m^{-2} liegt, jedoch von Minima, die unterschiedlichen Korngrenzenstrukturen zuzuordnen sind, unterbrochen wird. Qualitativ ähnliche Ergebnisse wie für Al in Bild 2.90 erhält man auch für die Abhängigkeit der Korngrenzenenergie in Oxiden, z. B. NiO [2.14] oder an monokristallinen Kugel-Platte-Modellen beim Sintern [7.6].

Für Kleinwinkelkorngrenzen lautet der Zusammenhang von Korngrenzenenergie E und Drehwinkel Θ

$$E = E_0 \cdot \Theta \, (A - \ln \Theta) \tag{2.20}$$

d. h., E steigt nahezu linear mit Θ an (E_0 und A sind von Θ unabhängige Parameter [2.13]). Bei Großwinkelkorngrenzen wird die Korngrenzenenergie experimentell an der korngrenzengeätzten Schlifffläche (Abschn. 6.4.2, Bild 6.25) über die Messung des Dihedralwinkels γ ermittelt.

Spezielle Korngrenzen, denen auch die Zwillingsgrenzen angehören, weisen eine besonders niedrige Energie auf. *Zwillingsgrenzen* sind Großwinkelkorngrenzen mit ungestörtem Gitteraufbau. Kristallographisch stellt die Zwillingsgrenze eine Spiegelebene der beiden zum Zwillingskristall gehörenden Gittervolumina dar (Bild 2.91). Da sie einem halben Stapelfehler entspricht, beträgt ihre Energie nur die Hälfte der Stapelfehlerenergie. Zwillinge treten deshalb bevorzugt in Kristallen mit geringer Stapelfehlerenergie auf wie Kupfer, Messing und austenitischen Stählen.

Korngrenzen können andere Gitterfehler – Leerstellen, Fremdatome und Versetzungen – absorbieren wie auch emittieren. Sie wirken für diese Gitterdefekte als „Senken" oder „Quellen" (s. a. Abschn. 7.1.4.1). Korngrenzen können sich senkrecht zu ihrer Tangentialebene bewegen (Abschn. 7.2.3), indem Atome des einen Kristalliten in die Korngrenze ein- und aus dieser Atome an das Gitter des anderen Kristalliten angelagert werden. Die Geschwindigkeit der Korngrenzenbewegung wird von der

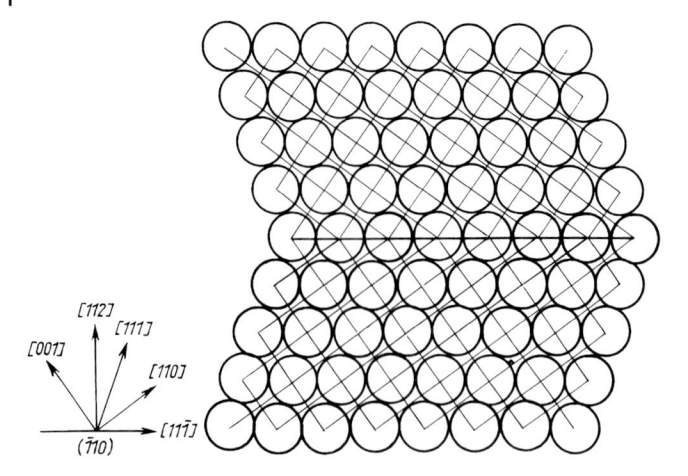

Bild 2.91 (112)-Zwillingsgrenze im krz Gitter

Orientierungsdifferenz der angrenzenden Kristallite (d. h. von der Korngrenzenstruktur), der Temperatur u. a. beeinflusst.

Unter der Wirkung einer äußeren Spannung können sich Kristallite über *Korngrenzengleiten* längs ihrer Grenzen verschieben (s. a. Abschn. 9.4). Dies geschieht vermutlich vorwiegend durch die Bewegung von *Korngrenzenversetzungen*, die sich aus dem strukturellen Aufbau der Korngrenzen ergeben (Bild 2.92). Jede Netzebene, die in eine Korngrenze mündet, bringt in deren Struktur eine Halbebene ein, die bei Kippgrenzen einer Stufenversetzung entspricht. Im Bild 2.92a ist der Aufbau einer Kippgrenze mit $\alpha = 53{,}1°$ und $\Sigma = 5$ dargestellt. Die Stufenversetzungen liegen so dicht aneinander gereiht in der Korngrenze, dass sich ihre Kerne überlappen. Sie werden als *„primäre Korngrenzenversetzungen"* bezeichnet.

In Abweichung von der Korngrenzenstruktur des Bildes 2.92a ist eine Korngrenze, die um $\alpha = 61{,}9°$ ($\Sigma = 17$) gekippt wurde, durch Störungen der Versetzungsanordnung charakterisiert (in Bild 2.92b durch Pfeile markiert). Jeder dieser Störungsbereiche lässt sich aber auch als Folge von zwei zusätzlich in die Korngrenze eingeschobenen {210}-Ebenen auffassen (Bild 2.92c). Im Bereich zwischen den Störungen entspricht der Korngrenzenbau der in Bild 2.92a dargestellten $\Sigma = 5$-Grenze. Die in die Korngrenze einmündenden {210}-Halbebenen erzeugen *„sekundäre Korngrenzenversetzungen"*, die in regelmäßigem Abstand aufeinander folgen und die Winkeländerung von $53{,}1°$ auf $61{,}9°$ bedingen. Das eingezeichnete DSC-Gitter der $\Sigma = 5$-Grenze macht deutlich, dass der Burgersvektor der sekundären Korngrenzenversetzungen einem Vektor dieses DSC-Gitters entspricht.

Die primären und sekundären Korngrenzenversetzungen werden als *„intrinsische Korngrenzenversetzungen"* bezeichnet, da sie die Kippung um α verursachen. Wenn sich hingegen Gitterversetzungen in die Korngrenze hineinbewegen und sich der Korngrenzenstruktur überlagern, indem sie (bei steigender Temperatur mit zunehmender Geschwindigkeit) in Korngrenzenversetzungen dissoziieren, deren Burgersvektoren denen des DSC-Gitters entsprechen, dann spricht man von *„extrinsischen*

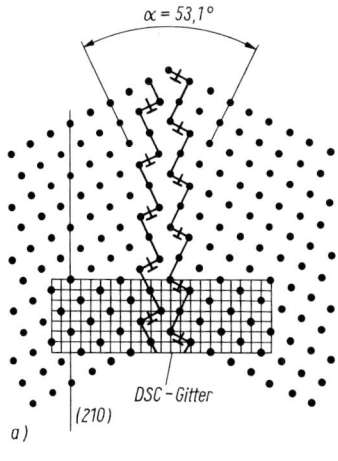

Bild 2.92 Modellierung von Großwinkelkorngrenzen mit Korngrenzenversetzungen (Kippachse ⟨001⟩). Σ ist das Volumenverhältnis der Elementarzellen von Koinzidenzgitter zu Kristallgitter.
a) Korngrenze mit primären Versetzungen, $\alpha = 53{,}1°$ und $\Sigma = 5$.
b) wie a), aber $\alpha = 61{,}9°$ und $\Sigma = 17$.
c) Darstellung der Verhältnisse von b), jedoch mithilfe von sekundären Korngrenzenversetzungen.
d) Durch extrinsische Korngrenzenversetzungen in der Korngrenzenebene entstandene Stufe; $\alpha = 53{,}1°$, $\Sigma = 5$ (nach [2.19], [2.20]).

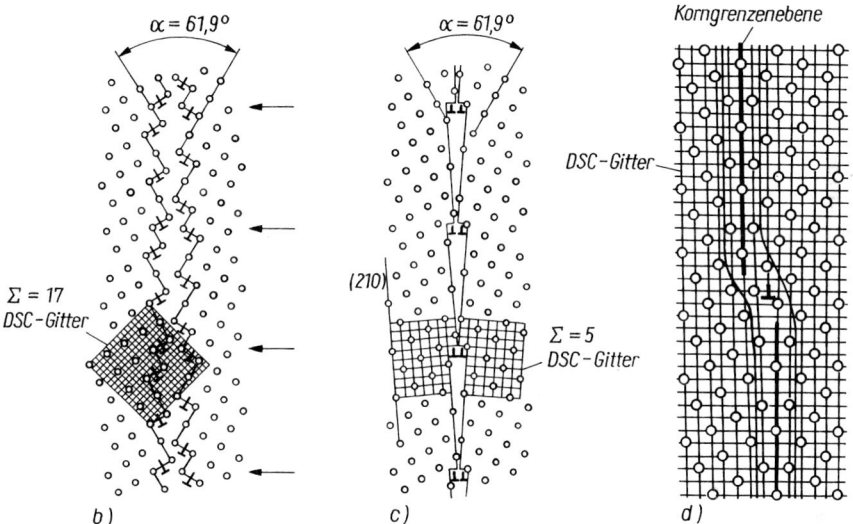

Korngrenzenversetzungen". Triebkraft dieses Vorganges ist das Streben nach Abbau des weit reichenden Spannungsfeldes dieser Versetzungen. Da die Größe der DSC-Vektoren mit zunehmendem Abstand der sekundären Korngrenzenversetzungen (Periodenlänge) stark abnimmt, wird bei allgemeinen Korngrenzen (im Gegensatz zu speziellen) ein regelrechtes „Zerfließen" (spreading) des Kernes der Gitterversetzung beobachtet. In der Korngrenzenebene entstehen Stufen atomarer oder mehrfach atomarer Größenordnung (Bild 2.92 d).

Die Simulation von *Heterophasengrenzen* ist im Vergleich zu der von Homophasengrenzen (Korngrenzen) schon allein dadurch schwieriger, dass auch – insbesondere bei hohen Temperaturen – die chemische Stabilität und die unterschiedlichen Potenziale der an der *Phasengrenze* zusammenstoßenden Phasen berücksichtigt werden müssen. So wird z. B. der Zusammenhalt in Verbundmaterialien zwischen Ag und MgO oder auch Nb und Al_2O_3 über die Grenzfläche hinweg durch Ladungstransfer

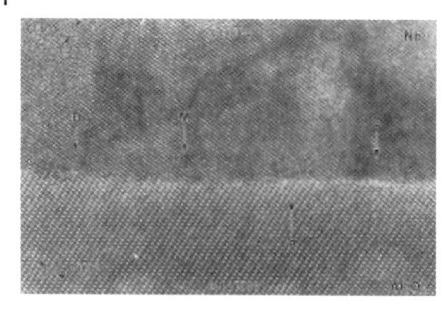

Bild 2.93 Hochauflösende elektronenmikroskopische (HREM) Aufnahme einer Metall/Keramik-Grenzfläche (Nb/Al$_2$O$_3$). Kohärente Gebiete wechseln mit Fehlpassungsversetzungen enthaltenden Gebieten ab. Im Metall (Nb) entsprechen die dunklen Punkte der Position von Nb-Atomsäulen. Das Al$_2$O$_3$ ist mit O gekennzeichnet. Das HREM-Bild löst in diesem Fall die atomare Struktur des Gitters nicht vollständig auf; der Übergang von Nb zu Al$_2$O$_3$ ist abrupt

bewirkt. Die in Bild 2.93 gezeigte Keramik/Metall-Grenzfläche verdeutlicht, dass in ihr kohärente Gebiete mit solchen, die Fehlpassungsversetzungen enthalten, abwechseln. Soweit es werkstoffwissenschaftliche Aspekte betrifft, wie z. B. die mechanischen Eigenschaften mehrphasiger Werkstoffe über den atomaren Aufbau der Phasengrenzen verstehen zu wollen, müssen diese erst noch entwickelt werden.

Haben zwei Phasen einen wenig unterschiedlichen Gitterparameter, so kann die eine durch Gitterverzerrung in die andere übergehen; die *Grenzfläche* ist *kohärent* (Bild 2.94a). Sind die Unterschiede der Gitterparameter größer, sodass eine Anpassung nur teilweise, bei gleichzeitigem regelmäßigem Einbau von Versetzungen, möglich ist, liegt eine *teilkohärente Grenzfläche* vor (Bilder 2.94b und 2.95). Sind die aneinander grenzenden Phasen in ihrem Aufbau so unterschiedlich, dass auch durch eine regelmäßige Versetzungsanordnung keine Anpassung mehr erfolgen kann, dann ist die *Grenzfläche inkohärent* (Großwinkelkorngrenze). Die Energie der Grenzfläche nimmt vom kohärenten zum inkohärenten Zustand zu. Sie ist z. B. für Ausscheidungs- und Umwandlungsprozesse (s. Kap. 4) oder bei der Ausscheidungs- sowie Dispersionshärtung (Abschn. 9.2.2.4) von Bedeutung.

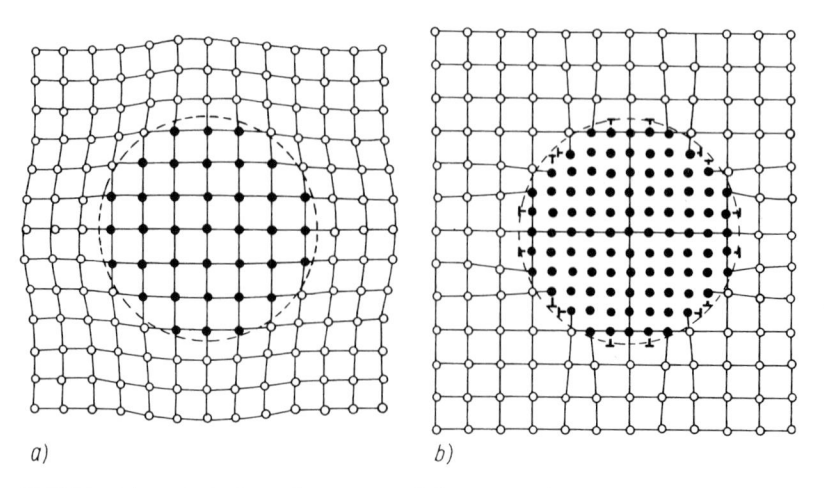

a)   b)

Bild 2.94 Schematische Darstellung (a) einer kohärenten und (b) einer teilkohärenten Phasengrenze

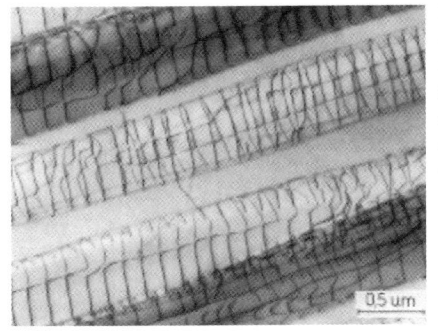

Bild 2.95 Räumliche Versetzungsanordnung in den teilkohärenten Phasengrenzen stäbchenförmiger Cr-Kristallite in einer Al_3Ni-Matrix. Hochspannungselektronenmikroskopische Durchstrahlungsaufnahme eines gerichtet erstarrten AlNi-Cr-Eutektikums, Längsschnitt (nach G. Zies)

2.1.11.3.4 Grenzflächen in nanokristallinen Materialien

Formal sind die inkohärenten Grenzflächen in nanokristallinen Materialien ebenfalls als Großwinkelkorngrenzen anzusehen, da die anliegenden kristallinen Bereiche eine dementsprechende Orientierungsdifferenz aufweisen. Jedoch sprechen vor allem zwei wichtige Gesichtspunkte dafür, dies nicht ohne weitergehende Bemerkungen tun zu dürfen, weshalb diese Grenzflächen in einem gesonderten Abschnitt erörtert werden sollen.

Sofern nanokristalline Werkstoffe über den pulvermetallurgischen Weg (Abschn. 6.1) hergestellt werden (Pressen von Pulvern bei erhöhten Drücken und Temperaturen), bildet sich die (physikalische) Grenzfläche nicht sofort aus, sondern sie muss sich von einer zunächst mechanischen Verbundgrenze im Verlaufe einer gewissen Zeit erst in eine physikalische Grenzfläche umwandeln. Diese Wandlung von einer mechanischen zu einer physikalischen „Kontaktgrenze" ist (ähnlich wie in Abschn. 7.1.4.3 diskutiert) bereits mit einer partiellen Ausheilung des Störgrades der Grenzflächenzone verbunden. Der jeweils diagnostizierte Zustand des nanokristallinen Objektes hängt also auch von der Duktilität des Materials, der Höhe des Pressdruckes und der Temperatur sowie der Erwärmungsgeschwindigkeit und damit vom gegebenen Stadium des Wandlungsprozesses, dem das Objekt unterzogen wurde, ab.

Zum Zweiten – und das ist von besonderer Bedeutung – ist zu bemerken, dass in den nanokristallinen Materialien das Volumen der Grenzflächenbereiche bis zu etwa 50 % des Gesamtwerkstoffvolumens ausmachen kann. Damit rückt die Grenzflächenenergie größenordnungsmäßig in die Nähe der Volumenenergie. Das aber bedeutet, dass die nanostrukturierten Materialien einen anderen Zustand repräsentieren, der dem der „gewöhnlichen" polykristallinen Werkstoffe offensichtlich nicht gleichzusetzen ist.

Die *nanokristallinen Strukturen* sind durch ein matrixbildendes räumliches Netzwerk der Grenzflächenzonen gekennzeichnet, in das das übrige Materialvolumen in Form von etwa gleichachsigen kristallinen „Kernen" (Kristalliten) eingebettet ist. Der Durchmesser der Kristallite liegt in der Größenordnung von 10^0 bis 10^1 nm. Wegen der nur relativ wenige Atomabstände betragenden Größe der Strukturbauelemente und deren ungewöhnlicher volumenmäßiger Zuordnung ist der Begriff „Gefüge" weniger üblich. Es ist allzu verständlich, dass einem so extremen Strukturzustand auch ein atypisches Materialverhalten assoziiert ist.

Die Fehlpassung (Orientierungsunterschied) der Kristallite und das wenige Atomabstände dicke Übergangsgebiet (inkohärente Grenzfläche) bedingen Atomanordnungen mit vergrößertem „freien Volumen", deren Dichte im Inneren der Grenzfläche etwa 70 bis 85 % der Kristalldichte beträgt. Solche Werte liegen weit unter der Dichte von Gläsern (z. B. > 97 % der Kristalldichte). Die räumliche Verteilung der erweiterten interatomaren Abstände im Grenzflächenzentrum scheint inhomogen zu sein, wonach das lokale freie Volumen in der Grenzfläche zwischen Werten des Kristalls und Werten, die etwa einer Leerstelle entsprechen (Bild 2.96 a), schwankt. An Korngrenzenzwickeln können die freien Volumina noch größer sein [2.15], [2.16].

Bei nanokristallinen Materialien, deren Kristallite aus chemisch unterschiedlichen Atomen aufgebaut sind, unterscheidet H. Gleiter in erster Linie „Grenzflächenlegierungen", deren Legierungsatome, da sie in den Kristalliten unlöslich sind, ausschließlich in den Grenzflächen untergebracht sind, und „nanostrukturierte Legierungen", in denen die chemische Zusammensetzung der Kristallite verschieden ist.

Im Fall der *Grenzflächenlegierungen*, beispielsweise W-Ga, ist die räumliche Anordnung der Ga-Atome von der Orientierungsdifferenz der benachbarten W-Kristallite abhängig, d. h., sie variiert von Grenze zu Grenze. Da die Ga-Atome strukturbezogen zwischen die fehlorientierten W-Kristallitoberflächen eingebaut werden, entsteht analog dem epitaktischen Aufwachsen einer Schicht (Deposit) auf ein Substrat (Abschn. 3.3) ein „Einspanneffekt", der jedoch nicht wie bei der Epitaxie ein-, sondern zweiseitig wirkt. Auf diese Weise werden atomare Strukturen erzeugt, die bisher nicht bekannt waren.

Nanostrukturierte Legierungen weisen in bisher allen untersuchten Fällen und, wie es scheint, unabhängig von der Mischbarkeit der Partner im thermodynamischen Gleichgewicht, in der Umgebung der Grenzflächen eine feste Lösung der Partneratome (Legierung) auf [2.16]. So entsteht z. B. im nanostrukturierten System Ag-Fe,

Bild 2.96 a) Zweidimensionales Modell eines nanostrukturierten Materials. Die Atome im Kern der Kristallite sind durch ausgefüllte, die in der Grenzfläche durch offene Kreise dargestellt. Beide Atomarten (offene und ausgefüllte Kreise) sind chemisch identisch. b) Hochauflösendes elektronenmikroskopisches Bild von nanokristallinem Palladium. Die Muster paralleler bzw. gekreuzter Linien stellen die Netzebenen einzelner Kristallite dar. Die (nachgezogenen) Korngrenzen weisen, wie elektronenmikroskopische Untersuchungen bestätigten, eine Atomanordnung auf, die mit der in a) für das Übergangsgebiet (Grenzfläche) schematisch dargestellten vergleichbar ist (nach [2.16])

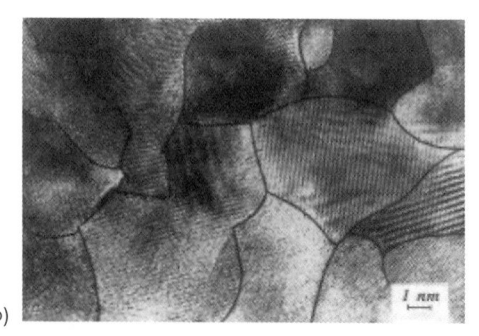

Bild 2.97 Modell des Aufbaus einer nanokristallinen Ag-Fe-Legierung (dunkle Kreise Fe-, helle Ag-Atome). In der Nähe der Ag/Fe-Phasengrenze (schraffierte Bereiche) sowie Ag/Ag- bzw. Fe/Fe-Korngrenzen bilden sich feste Lösungen aus Ag- und Fe-Atomen (nach [2.16])

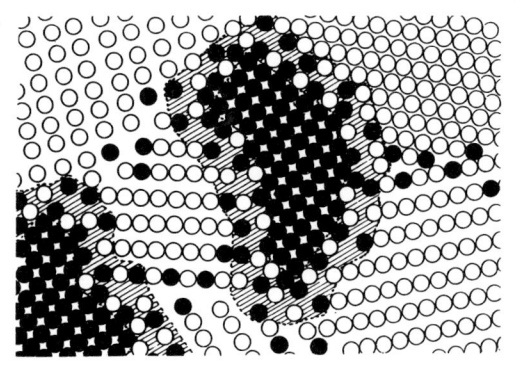

dessen Komponenten im Gleichgewicht weder im flüssigen noch im festen Zustand ineinander löslich sind, in den Grenzflächenbereichen eine Ag-Fe-Legierung (Bild 2.97).

Werden die *nanostrukturierten Legierungen* aus einem vorher durch Implantation der Legierungsatome hergestellten Pulver wie beim mechanischen Legieren (Abschn. 4.5) gewonnen, dann entstehen, weil die Atomeindringtiefe beim Implantieren einige nm beträgt, während des nachfolgenden Sinterns chemisch homogene Legierungen. Da die Menge der implantierten Atome von den durch das Zustandsdiagramm des jeweiligen Systems ausgewiesenen Löslichkeitsverhältnissen unabhängig ist, lassen sich auf diese Weise Legierungen auch anderer als dem Zustandsdiagramm zu entnehmender Zusammensetzung erzeugen (s. a. Abschn. 4.5).

2.1.11.4 Dreidimensionale Gitterstörungen und Defektwechselwirkungen

Die im vorangegangenen Abschnitt diskutierten inkohärenten Grenzflächen der nanokristallinen Materialien können ebenfalls als dreidimensionale Gitterstörungen angesehen werden. Die nachfolgenden Erörterungen sollen jedoch auf die im konventionellen Sinn als dreidimensionale Gitterstörungen bezeichneten Atom- und Leerstellencluster, disperse Ausscheidungen (Teilchen) und Poren sowie deren mögliche Wechselwirkungen untereinander oder mit anderen Gitterdefekten bezogen bleiben. Nicht nur die in den Sammelbegriff „Realstruktur" eingehenden Gitterstörungen für sich, sondern auch deren wechselseitige Reaktionen sind für Werkstoffzustände und -verhalten von erheblicher Bedeutung.

Unter den bei der Einstellung des thermodynamischen Gleichgewichts ablaufenden Phasenreaktionen befinden sich solche, wo die Phasenbildung als feindisperse Ausscheidung in Form von Clustern (Zonen) und Teilchen geschieht (Abschn. 4.2). Im Hinblick auf die Größe der atomaren Agglomerate ist der Übergang von Clustern zu Teilchen (Partikeln) fließend. Repräsentative Beispiele hierfür liefern die Systeme Al-Cu und Ni-Al, in denen bei entsprechender Anlasstemperatur und -zeit Guinier-Preston-Zonen und metastabile Θ'-Partikel (Al_2Cu) bzw. Partikel der γ'-Phase (Ni_3Al) als Segregate auftreten.

Wie die Atome können auch Leerstellen Ansammlungen bilden, indem sie zu Clustern, Mikroporen und Poren agglomerieren. Bekannte Beispiele sind die Entstehung von Leerstellenagglomeraten bei der Neutronenbestrahlung (Abschn. 10.10.2), das Auftreten von Diffusionsporosität als Erscheinung des *Frenkel-Effekts* (Abschn. 7.1) oder die Cluster- und Mikroporenbildung im Pulverteilchenkontaktbereich beim Sintern (Abschn. 7.1.4.3). Im Zuge thermischer Bewegungen ist es möglich, dass Einzelleerstellen untereinander kollidieren und einen Leerstellenkomplex (Cluster) bilden. Dieser Vorgang ist durch die mit ihm verbundene Erniedrigung der inneren Energie des Kristalls begünstigt, da erstens eine gewisse Zahl der unterbrochen gewesenen Atombindungen wieder hergestellt wird und zweitens die Agglomeration der Punktdefekte von einer Verringerung der elastischen Energie begleitet ist, weil das Spannungsfeld, das um die einzelnen, isolierten Defekte existiert, eine partielle Relaxation erfährt. Infolge der Clusterbildung wird jedoch auch die Entropie (Gleichmäßigkeit der Energieverteilung) herabgesetzt (s. a. Abschn. 2.1.11.1), sodass aufgrund des Nebeneinanderbestehens beider Tendenzen die Zahl von Einzelleerstellen, die in einen Cluster eingehen, wie auch die Zahl (Dichte) der Cluster selbst begrenzt ist. Für Cu beispielsweise ist bei 1000 °C und einem Verhältnis von lokaler Leerstellenkonzentration zu thermischer Gleichgewichtskonzentration $c_F/c_{Fo} \cong 10^{-1}$ ein Komplex aus sechs bis sieben Leerstellen hinsichtlich seiner Stabilität optimal [2.17]. Diese Werte stehen mit denen aus Positronenlebensdauermessungen ermittelten im Einklang.

Ein Ensemble von Teilchen mit begrenzter Löslichkeit in der umgebenden Matrix ist ebenso wie die in einer Matrix dispers verteilte „Hohlraumphase" (Leerstellencluster, Poren) einem als *Ostwald-Reifung* bezeichneten und in verfeinerter Form durch die *LSW-Theorie* beschriebenen Umlösungsprozess unterworfen (Abschn. 4.2). Als Folge der Wirkung des Laplaceschen Krümmungsdruckes $\approx 2\gamma_S/r$ (γ_S Oberflächenspannung, r Partikel- bzw. Porenradius) ist die Konzentration c_F der löslichen Atomart oder auch der Leerstellen („Atome der Masse null") in der Partikel- bzw. Porenumgebung gegenüber der thermodynamischen Gleichgewichtskonzentration c_{Fo} erhöht. Die Änderung der Fehlstellenkonzentration Δc_F beträgt bei Teilchen (Poren) mit Kugelform

$$\Delta c_F = \frac{2\gamma_S \Omega}{rkT} c_{F_0} \tag{2.21}$$

(Ω Atom- bzw. Leerstellenvolumen). Da r in einem beliebigen Ensemble von unterschiedlicher Größe ist, nimmt gemäß Gl. (2.21) auch Δc_F lokal verschiedene Werte an. Unter dem Zwang, die dadurch im Teilchen-(Poren-)Kollektiv bestehenden Konzentrationsgradienten abzubauen, erfolgt eine Materie-(Hohlraum-)Umlösung derart, dass kleinere Teilchen bzw. Poren schwinden (sowie schließlich eliminiert werden) und größere wachsen (Bild 4.13).

Von den für das Werkstoffverhalten wichtigen *Wechselwirkungen verschiedenartiger Gitterstörungen* sind die Behinderung von konservativen und nichtkonservativen Versetzungsbewegungen durch Teilchen (Dispersoide) bei der Ausscheidungs- und Dispersionshärtung (Abschn. 9.2.2.4), der Absorption von Fremdatomen in das Versetzungsverzerrungsfeld (Abschn. 9.2.2.3), das Fungieren der Korngrenzen als „ideale" Leerstellensenken für das Diffusionskriechen (Abschn. 7.1.4.1) sowie der Ein- und Ausbau von Leerstellen beim Versetzungsklettern und als Elementarvorgang des

Versetzungskriechens (Abschn. 7.1.4.2) Gegenstand von Betrachtungen, die an anderer Stelle angestellt werden.

Die nichtkonservativen Versetzungsbewegungen beim Versetzungskriechen können intensiviert werden, wenn außer der Wechselwirkung von Versetzungen mit Einzelleerstellen (Bild 7.14 b) noch solche mit Leerstellenclustern auftreten. Für die Cluster existiert ein kritischer Radius r^* (im Fall von Metallen beträgt $r^* \approx 10^{-9}$ m), oberhalb dessen die Tendenz vorherrscht, die Cluster zu einer Versetzungsschleife „zusammenzuquetschen". Bei $r < r^*$ hingegen bewegt sich die Mehrheit der Cluster auf die Versetzungen zu, um von diesen schließlich „inkorporiert" zu werden. Eine Versetzung übt auf einen in der Nähe befindlichen Cluster eine gewisse Anziehungskraft aus, die dadurch bedingt ist, dass die beide Defektarten umgebenden Spannungsfelder eine mit der Annäherung zunehmende partielle Relaxation erfahren. Die Geschwindigkeit, mit der sich die Cluster auf die Versetzung zu bewegen, ist sehr hoch, für Metalle etwa 10^{-2} m s^{-1} [2.17].

Das weitere Schicksal der „wie Tautropfen auf einer Spinnwebe" positionierten Cluster besteht darin (Bild 2.98), dass sie schwinden und ausgeheilt werden, wenn sie Leerstellen an „ihre" Versetzung abgeben (Leerstellenquelle) und dafür Atome absorbieren: Die Halbebene wird abgebaut (Bild 2.98, unten links). Oder, dass die Cluster wachsen (Bild 2.98, oben rechts), indem sie Leerstellen aufnehmen (Senke) und Atome so emittieren, dass die Halbebene in den Kristall weiter hineinwachsen kann. Der erstgenannte Fall gilt für Stufenversetzungen, deren Burgersvektor im Wesentlichen senkrecht zur angelegten Spannung verläuft; der zweitgenannte, wenn der Burgersvektor parallel zu σ gerichtet ist. Der Prozess der Leerstellenabsorption (aus den Clustern) und der -emission (in die Cluster) durch Versetzungen bedingt eine gewisse vor allem von der Höhe der Leerstellenübersättigung c_F/c_{Fo} abhängige Kraft; c_F/c_{Fo} ist durch die auf den Versetzungslinien gelegenen Cluster gegeben. Für $c_F/c_{Fo} = 10^{-1}$ und 1000 °C beispielsweise wirkt auf die Versetzung eine Spannung von $10^1 \ldots 10^2$ MPa, die deren Bewegung verstärkt. Letztlich bedeutet dies, dass durch die Wechselwirkung Versetzungen – Cluster der gerichtete Materialtransport intensiviert wird.

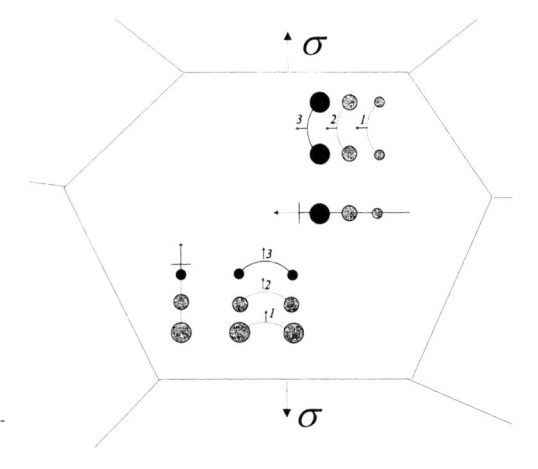

Bild 2.98 Schematische Darstellung der Wechselwirkung von Versetzungen und Clustern (graue bis schwarze Kreisflächen) (nach [2.17])

2.2
Zustand unterkühlter Schmelzen und Glaszustand

Der Zustand der unterkühlten Schmelzen und der Glaszustand sind thermodynamische Zustände, in denen die Bausteine der ihnen entsprechenden Stoffe eine Nah-, aber keine Fernordnung aufweisen, also strukturell im *amorphen Zustand* vorliegen.

Silicatische und hochpolymere Schmelzen lassen sich unter üblichen Bedingungen, metallische hingegen nur mithilfe sehr hoher Abkühlgeschwindigkeiten (Abschn. 3.2.3) unter Umgehung der Kristallisation in den amorphen Zustand überführen. Mit sinkender Temperatur gehen sie dabei zunächst in den *Zustand* einer *unterkühlten Schmelze* und schließlich in den *Glaszustand* über (s. a. Abschn. 3.2). Beide sind für viele nichtmetallisch-anorganische und organische Werkstoffe spezifisch und für deren Formgebung und Eigenschaften bestimmend. Organische Polymere werden sowohl im Zustand der unterkühlten Schmelze als auch im Glaszustand, Gläser im allgemeinen und amorphe Metalle nur im Glaszustand verwendet.

2.2.1
Charakteristik des Zustandes unterkühlter Schmelzen und des Glaszustandes

Die Strukturen unterkühlter Schmelzen wie auch des Glaszustandes leiten sich von den für Flüssigkeiten aufgestellten Strukturmodellen ab (s. Bild 2.1c). Wie bei den Flüssigkeiten befinden sich die Bausteine auf größere Entfernung gesehen in ungeordneter Verteilung und weisen lediglich submikroskopische Nahordnungsbereiche auf (amorphe Struktur).

Wegen der mit fallender Temperatur schnell fortschreitenden Verknüpfung der silicatischen Strukturelemente und der rasch abnehmenden Bewegungs- und Umordnungsmöglichkeit der organischen Makromoleküle kommt es bei zunehmender Unterkühlung der Schmelze zu einem raschen Anstieg ihrer Viskosität (Abschn. 3.2.1) und zu einer Hemmung der für Keimbildung und Kristallwachstum nötigen Transportprozesse. Im Falle der aus leicht beweglichen Atomen bestehenden Metallschmelzen sind hierfür Abkühlungsgeschwindigkeiten von $\geq 10^6$ K s^{-1} erforderlich (Abschn. 3.2.3).

Während sich im Bereich der unterkühlten Schmelze ein der jeweiligen Temperatur entsprechender Gleichgewichtszustand in relativ kurzer Zeit einstellt, wird in der Umgebung der *Einfrier-* oder *Transformationstemperatur* der hier vorliegende thermodynamisch bedingte Ordnungszustand fixiert. Das ist der Übergang in den Glaszustand, der gemäß einer klassischen Definition von *Tammann* eine eingefrorene unterkühlte Schmelze darstellt. Er ist gegenüber dem entsprechenden kristallinen Zustand durch einen größeren Betrag an innerer Energie U sowie einer höheren Entropie S gekennzeichnet und demnach thermodynamisch metastabil. Dies drückt sich auch in einer unterschiedlich stark ausgeprägten Entglasungstendenz aus, worunter der Übergang in den stabilen kristallinen Zustand zu verstehen ist (Abschn. 3.1.1.3). Teilweise setzt die Kristallisation eine so hohe Aktivierungsenergie voraus, dass sie nur über eine lange und abgestimmte Wärmebehandlung oder durch die Energiebarriere vermindernde Zusätze erfolgt. In anderen Fällen lässt sich eine Entglasung in Zeiträumen, die einer Beobachtung zugänglich sind, überhaupt nicht realisieren.

Aus der weitgehend ungeordneten (amorphen) Struktur unterkühlter Schmelzen und des Glaszustandes resultieren makroskopische Eigenschaften, die sich wesentlich von denen der Kristalle unterscheiden. Infolge des Fehlens einer durchgängigen Ordnung der Bausteine gibt es keine Vorzugsrichtung hinsichtlich der zwischen ihnen bestehenden Wechselwirkungen. Deshalb zeigen unterkühlte Schmelzen und Stoffe im Glaszustand ein *isotropes Verhalten*, d.h., ihre Eigenschaften sind im Gegensatz zu vielen Kristalleigenschaften nicht richtungsabhängig.

Der Übergang von der Schmelze über die unterkühlte Schmelze in den Glaszustand und umgekehrt geschieht ohne Phasenänderung, wie sie mit der Bildung und dem Schmelzen von Kristallen verbunden ist. Zumindest gilt diese Aussage für eine makroskopische Betrachtungsweise, da das Auftreten von Mikrophasen in silicatischen Gläsern mit einer definierten Grenzfläche (Abschn. 3.2.2) nicht als eine Einschränkung des Glaszustandes gewertet werden kann.

2.2.2
Strukturmodelle silicatischer Gläser

Für die Kristalle liegen heute sehr weitgehende Aussagen über ihren Ordnungszustand vor. Weniger eindeutig sind die Vorstellungen bei den Gläsern, was u.a. auf die Besonderheiten des Einfriervorganges und auf die Vielfalt der glasbildenden Systeme zurückzuführen ist. So erklärt sich die beträchtliche Anzahl von Strukturtheorien, die auch gegenwärtig erweitert und ergänzt werden.

Der Vorstellung über die Struktur silicatischer Gläser lagen zunächst zwei Ansichten zugrunde, die Kristallithypothese von *Lebedew* (ab 1921) und die Netzwerktheorie von *Zachariasen* und *Warren* (ab 1932). Die *Kristallithypothese* betrachtet das Glas als eine Anhäufung geordneter Mikrobereiche (Kristallite) in einer ungeordneten Matrix. Die Kristallite können mehr oder minder stark verzerrt sein und sind entweder definierte chemische Verbindungen oder Mischkristalle, deren Konzentration mit derjenigen übereinstimmt, die im Zustandsdiagramm des der Glaszusammensetzung entsprechenden Systems verzeichnet ist. Anhand von Röntgenstreukurven wurden Kristallitdurchmesser von (10 bis 20) $\cdot$ 10^{-10} m errechnet.

In Konkurrenz mit der Netzwerktheorie und weiteren experimentellen Ergebnissen konnte das Kristallitmodell in seiner ursprünglichen Form jedoch nicht aufrechterhalten werden (Bild 2.99). Es erfuhr insofern eine Modifizierung, als nicht mehr scharf gegen die Matrix abgegrenzte geordnete Bezirke, sondern hinsichtlich ihres Ordnungsgrades vom Kern des Kristallites zur Matrix hin kontinuierlich abnehmende Bereiche angenommen wurden. Damit musste auch die Vorstellung von Kristalliten mit einem Durchmesser von nur (10 bis 20) $\cdot$ 10^{-10} m begriffliche Schwierigkeiten bereiten.

Wenn auch die Kristallithypothese in ihrer ursprünglichen Form heute kaum noch vertreten wird, so hat sie als Gegenpol zu der zunächst von der Netzwerktheorie vertretenen vollkommen statistischen Verteilung der Strukturelemente doch die Vorstellung einer strukturellen Heterogenität des Glases in Mikrobereichen in der Dis-

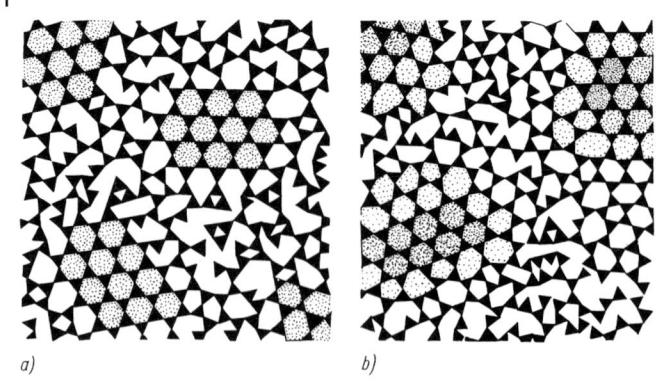

Bild 2.99 Schematische Darstellung des Kieselglases (nach W. Hinz). a) Gemäß der Kristallithypothese, dunkle Bezirke stellen Mikrokristallite dar; b) gemäß der modifizierten Kristallithypothese; die kristallinen Bereiche (dunkel) gehen verzerrt (halbdunkel) in ein ungeordnetes Netzwerk (hell) über; ▼ SiO_4^{4-}-Tetraeder

kussion gehalten und damit Voraussetzungen für die heutigen Anschauungen über eine Schwarmbildung einzelner Strukturelemente bis zur Ausbildung von tröpfchenförmigen und kristallinen Phasen geschaffen.

Die *Netzwerktheorie* geht davon aus, dass sich kristallin und amorph erstarrte Stoffe gleicher Zusammensetzung hinsichtlich ihres Energieinhalts nur wenig unterscheiden. Daraus schloss *Zachariasen* auf die Existenz gleicher Strukturelemente und einen ähnlichen Ordnungszustand, der bei den amorph erstarrten Stoffen allerdings weniger ausgeprägt sein sollte als bei den Kristallen. Im Falle der Verbindung SiO_2 beispielsweise weisen das amorphe Kieselglas wie der kristalline Quarz SiO_4^{4-}-Tetraeder als Struktureinheiten auf (Bild 2.53). Während jedoch im Quarz die Koordinationspolyeder im gesamten Kristall regelmäßig angeordnet sind (Abschn. 2.1.9), stellt die Kieselglasstruktur ein verzerrtes und unregelmäßig gebautes Netzwerk (Gerüststruktur) aus SiO_4^{4-}-Tetraedern (Bild 2.100) dar, für das aber die gleichen Verknüpfungsprinzipien gelten (s. a. Bilder 2.50 f und 2.53). Das erklärt die Nahordnung und die statistische Verteilung über größere Bereiche.

Ausgehend vom Kieselglas, formulierte *Zachariasen* die für die Glasbildung geltenden Auswahlregeln:

– Kationen und Anionen müssen leicht zu polyedrischen Baueinheiten zusammentreten können.
– Die Koordinationszahl KZ des Kations muss klein sein.
– Ein Anion darf an nicht mehr als zwei Kationen gebunden sein.
– Je zwei Polyeder dürfen nicht mehr als eine Ecke gemeinsam haben, d. h. nicht über gemeinsame Kanten oder Flächen miteinander verknüpft sein.
– Mindestens drei Ecken eines Polyeders müssen über Brückenanionen mit benachbarten Polyedern verbunden sein.

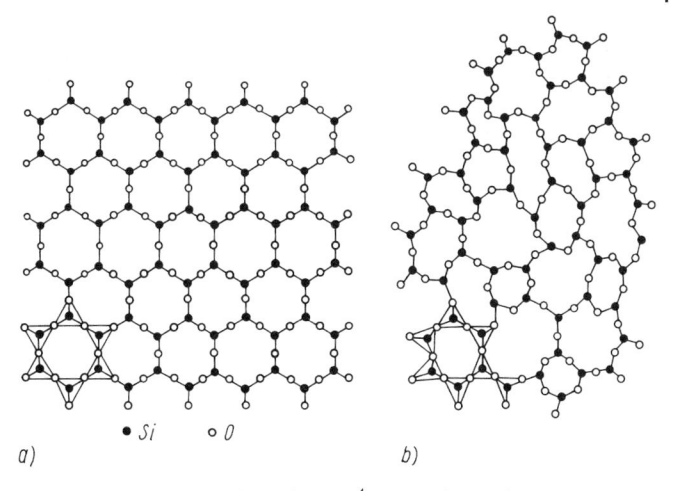

Bild 2.100 Ebene Darstellung der (SiO$_4^{4-}$)-Tetraeder (nach W. H. Zachariasen und B. E. Warren). a) Regelmäßige Vernetzung im Bergkristall unter Ausbildung von Sechsecken; b) unregelmäßige Vernetzung im Kieselglas (verzerrtes Netzwerk)

Beim Kieselglas bilden Silicium und Sauerstoff leicht SO$_4^{4-}$-Tetraeder-Baueinheiten, in denen das Si die KZ 4 aufweist. Die Verknüpfung der Kationen geschieht über Brückensauerstoffanionen. Jedes Anion ist an zwei Kationen gebunden. Die Bindung der Tetraeder erfolgt bei vollkommener dreidimensionaler Vernetzung über alle vier Ecken. Diese Regeln werden auch von den Ionen der anderen glasbildenden Oxide wie Ge^{4+}, P^{5+}, B^{3+} oder Sb^{5+} eingehalten. Sie sind in der Gruppe der *Netzwerkbildner* zusammengefasst.

Werden in das Netzwerk solcher „Einkomponentengläser" weitere Oxide eingebaut, so ist damit vielfach durch die Aufspaltung von Sauerstoffbrückenbindungen eine Schwächung der Struktur verbunden. Dies ist z. B. der Fall, wenn in ein Kieselglas Natriumoxid eingebracht wird:

$$\begin{array}{c}\text{O} \\ | \\ \text{O}-\text{Si}-\text{O}-\text{Si}-\text{O} \\ | \quad\quad | \\ \text{O} \quad\quad \text{O}\end{array} + \text{Na}_2\text{O} \rightarrow \begin{array}{c}\text{O} \quad\quad\quad \text{O} \\ | \quad\quad\quad | \\ \text{O}-\text{Si}-\text{O}\,\, {}^{\text{Na}^+}_{\text{Na}^+}\,\, \text{O}-\text{Si}-\text{O} \\ | \quad\quad\quad | \\ \text{O} \quad\quad\quad \text{O}\end{array}$$

Die Natriumionen lagern sich über Sauerstoffionen an die Tetraeder an und sprengen die zwischen diesen bestehenden Brückenbindungen, sodass das Netzwerk gelockert wird. Die nur noch einseitig an Silicium gebundenen Sauerstoffanionen werden als Trennstellensauerstoffe bezeichnet.

Wie das Silicium streben auch die zusätzlich eingebauten Natriumionen nach Koordination. Sie suchen deshalb die recht großen Hohlräume des Netzwerkes auf und sättigen sich koordinativ mit den benachbarten Brückensauerstoffen ab. Ionen, die wie im dargestellten Fall durch ihren Einbau das Netzwerk schwächen, werden als *Netzwerkwandler* bezeichnet. Zu ihnen gehören in erster Linie die Alkali- und Erdalkaliionen, die gewöhnlich mit Koordinationszahlen von 6 und höher auftreten. Darüber hinaus gibt es eine Reihe von Ionen, die entsprechend der Glaszusammensetzung und der eigenen Konzentration bei Koordinationszahlen von 3 und 4 netzwerkbildend, mit einer höheren KZ aber netzwerkschwächend wirken. Sie werden als Zwischenionen bezeichnet, z. B. Al^{3+}, Mg^{2+} oder Zn^{2+} (Tab. 2.12).

Während die klassische Netzwerktheorie von einer vorwiegend geometrischen Betrachtungsweise ausgeht, bei der die Glasbildung in erster Linie von der Gestalt und Größe der Ionen bestimmt wird, werden mit der Einführung des Begriffs der „Feldstärke" durch *Dietzel* auch die energetischen Beziehungen zwischen den Ionen berücksichtigt. Unter der *Feldstärke* eines Kations, bezogen auf Sauerstoff als Anion, wie es für silicatische Glasstrukturen zutrifft, wird der Ausdruck z/r_0^2 verstanden. Dabei ist z die Wertigkeit des Kations und r_0 der Abstand Kation–Anion (Sauerstoff). Die Feldstärke ist u. a. ein Maß für die Bindestärke zwischen Kationen und Sauerstoff. Sie trägt wesentlich zum Verständnis der Funktion und Wirkung der Kationen im Netzwerk bei (Tab. 2.12). So weisen die im Glas als Netzwerkbildner fungierenden Kationen mit Werten zwischen 1,34 und 2,08 große Feldstärken auf, während

Tab. 2.12 Feldstärke und Funktion einiger Kationen (r_k Kationenradius in 10^{-10} m; r_0 Kationen-Anionen-Abstand in 10^{-10} m)

Kation	KZ	r_K	r_0	z/r_0^2	Funktion
P^{5+}	4	0,34	1,55	2,08	Netzwerkbildner
Si^{4+}	4	0,39	1,60	4,56	
Ge^{4+}	4	0,44	1,66	1,45	
B^{3+}	3	0,20	1,36	1,66	
	4		1,50	1,34	
Al^{3+}	4	0,57	1,77	0,96	Zwischenionen
	6		1,89	0,84	
Zn^{2+}	4	0,83	2,03	0,59	
	6		2,15	0,52	
Mg^{2+}	4	0,78	1,97	0,51	
	6		2,10	0,45	
Ca^{2+}	6	1,06	2,38	0,35	Netzwerkwandler
	8		2,48	0,33	
Li^{1+}	6	0,78	2,10	0,23	
Na^{1+}	6	0,98	2,30	0,19	
K^{1+}	8	1,33	2,66	0,13	

den Netzwerkwandlern mit 0,13 bis 0,35 nur geringe Feldstärken eigen sind. Bei dem bereits erwähnten Einbau von Natriumoxid in ein Kieselglasnetzwerk versuchen sich Silicium- und Natriumionen entsprechend ihrer KZ maximal mit Sauerstoff abzusättigen. Dabei entreißt das Siliciumion wegen seiner höheren Feldstärke dem Natriumion den Sauerstoff. Infolge des Aufbrechens einer Sauerstoffbrückenbindung können die daran beteiligten beiden Siliciumionen je eine Ecke ihres Koordinationstetraeders mit einem von ihnen allein genutzten Sauerstoffion besetzen und ihrem Abschirmbestreben besser entsprechen.

Die Ionen sind keine starren Teilchen bestimmter Form und Ladung, die untereinander konstante Bindungsverhältnisse eingehen. Nach der *Abschirmtheorie* von *Weyl* (Screeningtheorie) kommt es als Folge von Wechselbeziehungen der Ionen untereinander zu einer von Größe und Ladung der Partner abhängigen Deformation und Verschiebung der Ladungsschwerpunkte, die sich auch auf die Bindungsstärke auswirken. Die kleinen und hochgeladenen Kationen üben auf die großen Anionen eine starke Wechselwirkung aus, sodass Letztere polarisiert werden und eine beträchtliche Deformation erleiden. Die Kationen sind bestrebt, sich vollständig durch Anionen nach außen abzuschirmen, woraus die symmetrische Anordnung der Anionen um das Kation resultiert. Die Zahl der zur Abschirmung benötigten Anionen hängt von der Größe und Ladung der Kationen sowie von der Polarisation der Anionen ab und drückt sich in der KZ aus. Erlaubt es die Stoffzusammensetzung nicht, ein hohes Abschirmbedürfnis der Kationen in einem Strukturelement allein zu befriedigen, dann werden dafür auch Anionen benachbarter Strukturelemente in Anspruch genommen und so die Stoffbausteine, wie es bei den silicatischen Gläsern geschieht, miteinander verknüpft (Polymerisation).

Die Netzwerktheorie geht in ihrer ursprünglichen Form von einer völlig gleichmäßigen Verteilung der in das Netzwerk eingebrachten Wandler und einer auch im Mikrobereich homogenen Struktur aus. Erst später wurden strukturelle Diskontinuitäten und schwammartige Aggregationen der Wandler im Netzwerk angenommen, die sich aufgrund unterschiedlicher Oberflächenspannungen ergeben (*A. Dietzel* ab 1938). Danach liegt eine mikroheterogene Struktur vor, die dadurch gekennzeichnet ist, dass auch scheinbar homogene und tyndalleffektfreie Gläser tröpfchenförmige Entmischungsbezirke enthalten, die sich hinsichtlich ihrer chemischen Zusammensetzung und ihres Verhaltens deutlich von der umgebenden Matrix abheben. Wie *Vogel* zeigen konnte (Bild 2.101), sind diese *Mikrophasen* nicht durch statistisch bedingte Änderungen der Zusammensetzung, sondern im Streben, die Zusammensetzung einer definierten chemischen Verbindung anzunehmen, entstanden. Die damit verbundene Abnahme der freien Energie des Systems begünstigt den Ablauf des Entmischungsvorganges und die gleichzeitige Bildung von Phasengrenzflächen (s. a. Abschn. 3.2.2).

Das Zellular- oder *Tröpfchenmodell* des Glases hat die Entwicklung der gegenwärtigen Glasforschung entscheidend beeinflusst. Da die tröpfchenförmigen Mikrophasen definierter Zusammensetzung bereits einen vorkristallinen Zustand darstellen, ist es möglich, über beeinflussbare Entmischungsvorgänge Kristallisationsprozesse gezielt auszulösen und zu steuern, indem die Kristallbildung z. B. auf die disperse Phase beschränkt bleibt. Weitere Strukturmodelle des Glases wie das Fehlordnungs-

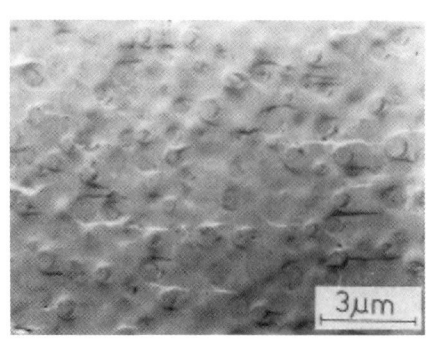

Bild 2.101 Glas mit tropfenförmigen Entmischungsbezirken (elektronenmikroskopische Aufnahme nach W. Vogel)

modell (mit Frenkel-Fehlordnungen übersättigte Struktur), die Struktontheorie von *Huggins* und die Vitronentheorie von *Tilton* sollen nur genannt werden [2.21]. Ihnen allen ist gemeinsam, dass sie keine grundsätzlich neuen Aussagen enthalten und nicht die umfassende Bedeutung erlangt haben wie die modifizierte Netzwerktheorie unter Einbeziehung der Mikrophasenerscheinungen.

2.2.3
Struktur amorpher Polymere

Die amorphe Struktur *unvernetzter Polymere* ist durch eine aus der Schmelze erhalten gebliebene regellose Verteilung der wirr verknäuelten und durch zwischenmolekulare Wechselwirkungskräfte (Abschn. 2.1.10.2) zusammengehaltenen Makromoleküle gekennzeichnet, wobei entweder eine *Filzstruktur* mit vollständiger Knäueldurchdringung (Bild 2.102a) oder eine *Zellstruktur* mit partieller Knäueldurchdringung (so genanntes *Vollmert-Stutz*-Modell) (Bild 2.102b) angenommen wird. Während bei der Filzstruktur die einzelnen Fadenmoleküle individuell nicht mehr unterschieden werden können, behalten sie im Falle der Zellstruktur ihre Individualität weitgehend bei, da sie sich lediglich in den Randzonen der Zelle geringfügig überlagern.

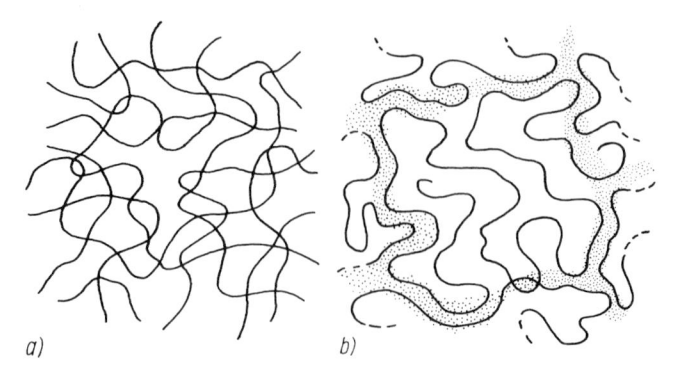

Bild 2.102 Schematische Darstellung der Struktur unvernetzter Polymere. a) Filzstruktur; b) Zellstruktur

Bild 2.103 Schematische Darstellung der Struktur vernetzter Polymere

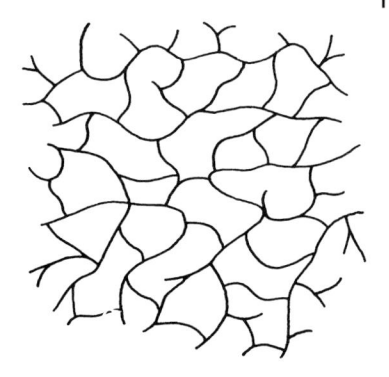

Wegen der schlechten Wärmeleitfähigkeit der Polymere ist es aber oft nicht möglich, bei der Abkühlung aus der Schmelze eine Kristallisation völlig zu unterdrücken. Es sind dann kleinste kristalline Bereiche in eine amorphe Grundmasse eingebettet (s. Bild 3.21). Ein völlig amorpher polymerer Werkstoff müsste etwa 65 % der Dichte eines vollkommen kristallinen Polymers aufweisen. Experimentell wurden aber Werte von 83 bis 95 % ermittelt, womit die Annahme nahgeordneter Bereiche innerhalb der Filz- oder Zellstruktur gerechtfertigt erscheint.

Außerdem können die Molekülfäden miteinander verschlauft und bei Elastomeren und Duromeren sogar durch Hauptvalenzen miteinander vernetzt sein (Bild 2.103). Das bedingt, dass sich solche Strukturen im Zustand der unterkühlten Schmelze, wo die Moleküle mikrobrownsche Bewegungen ausführen, entropieelastisch bzw. kautschukelastisch verhalten können (s. a. Abschn. 9.1.2). Bei starker Verformung werden die Molekülfäden bzw. das Molekülnetzwerk mehr oder weniger ausgerichtet (Bild 9.2), was einem Zustand größerer Ordnung (und damit kleinerer Entropie) gleichkommt. Dabei kann vorübergehend oder bleibend die infolge Unterkühlung unterdrückte Kristallisation nachgeholt werden. Unterhalb der Einfriertemperatur, d. h. bei eingefrorener mikrobrownscher Bewegung, liegt nur noch Energieelastizität vor. In diesem Fall zeigt der Festkörper bei gleichzeitig erhöhter Festigkeit ein sprödelastisches Verhalten. Wegen der hohen Viskosität von $> 10^{12}$ Pa · s (= 10^{13} Poise) können die Moleküle des polymeren Werkstoffs keine Platzwechsel mehr ausführen.

Allgemein gilt für die verschiedenen organischen polymeren Werkstoffe, dass Thermoplaste amorph oder teilkristallin sein können, *Elastomere* vorwiegend amorph und seltener teilkristallin sind und *Duromere* eine röntgenamorphe Netzstruktur aufweisen.

2.2.4
Strukturmodelle amorpher Metalle

Für amorphe Metalle und amorphe metallische Legierungen werden mehrere Strukturmodelle diskutiert, von denen die nachfolgend erörterten die gegenwärtig am meisten anerkannten Modellvorstellungen sind.

Wesentliche Struktureigenschaften amorpher Metalle können relativ einheitlich mithilfe des von *Bernal* simulierten Modells einer dichtesten regellosen Packung harter

a)   b)   c)   d)   e)

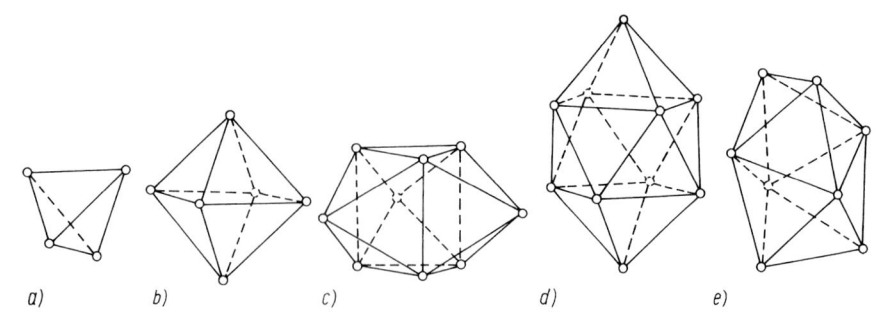

Bild 2.104 Schematische Darstellung verschiedener denkbarer Hohlraumformen in amorph erstarrten Metallen, die gemäß dem DRPHS-Modell durch unterschiedliche Verknüpfungen von Tetraedern entstehen können (nach H. Warlimont)

Kugeln DRPHS (*D*ense *R*andom *P*acking of *H*ard *S*pheres) beschrieben und interpretiert werden, unabhängig davon, wie diese Metalle hergestellt worden sind. Die DRPHS lässt sich als ein Ensemble von verschiedenen Polyedern (Tetraedern, Oktaedern usw., Bild 2.104) darstellen, in dem als Grundform und häufigste Anordnung (86%) der Tetraeder vorkommt. Denkt man sich die harten Kugeln durch Metallatome ersetzt, so ergeben sich innerhalb der in der Struktur statistisch verteilten verschiedenen Tetraederaggregationen (beispielsweise c, d und e im Bild 2.104) größere Hohlräume. In ihnen können auch kleinere Metalloidatome wie P oder B, wenn sie bestimmte kristallchemische Werte erfüllen, Platz finden. Es wurde errechnet, dass zur Auffüllung aller dafür in Betracht kommenden Hohlräume des DRPHS-Modells etwa 21 At.-% Metalloidatome benötigt werden. Das erklärt auch, weshalb bei etwa 20 At.-% Metalloidanteil in den meisten sowohl zwei- als auch mehrkomponentigen Metall-Metalloid-Systemen (s. Abschn. 3.2.3 und 10.6.3) die amorphe Erstarrung besonders begünstigt verläuft und die thermisch beständigsten amorphen Metalle erhalten werden.

Ein anderes Strukturmodell nimmt für die amorphen Metalle eine mikrokristalline Struktur an. Es stützt sich auf die Tatsache, dass sich die mittlere Kristallitgröße beim Abschrecken aus der Schmelze mit zunehmender Abkühlgeschwindigkeit oder bei der Abscheidung aus der Gasphase mit abnehmender Substrattemperatur kontinuierlich verringert. Die amorphe Erstarrung wird daher als Grenzfall mit einer extrem hohen Keimbildungs- und einer gegen null gehenden Kristallwachstumsrate angesehen. Die entstehenden Mikrokristallite setzen sich aus nur wenigen Elementarzellen zusammen und haben Abmessungen, die in der Größenordnung von einigen nm liegen. Dieses Modell lässt eine befriedigende Interpretation der nach dem Abschrecken hochschmelzender Übergangsmetall-Legierungen beobachteten Struktureigenschaften zu. Jedoch steht es häufig nicht mit den Ergebnissen elektronenmikroskopischer Untersuchungen der Kristallisation amorph erstarrter Legierungen in Einklang, die statt einer zu erwartenden kontinuierlichen Vergröberung mikrokristalliner Bereiche eine diskontinuierliche Keimbildung einzelner Kristallite ausweisen.

Röntgenographische Untersuchungen an amorphen Metallen und Legierungen (z. B. $Ni_{60}Fe_{20}P_{13}C_7$) haben ergeben, dass die Verteilungsfunktion $W(r)$ eine Form aufweist, die der in Bild 2.1f dargestellten grundsätzlich entspricht, d. h., solche Metalle sind röntgenamorph (s. a. Bilder 10.55 und 10.57).

Literaturhinweise

2-1 KITTEL, CH.: Einführung in die Festkörperphysik. 10. verb. Aufl. München/Wien: R. Oldenbourg-Verlag 1993

2-2 WASSERMANN, G. und J. GREWEN: Texturen metallischer Werkstoffe. Berlin/Göttingen/Heidelberg: Springer-Verlag 1962

2-3 VAN VLACK, L. H.: Elements of materials sciences. 4. Aufl. Massachusetts: Addison-Wesley Publishing Company Inc. 1980

2-4 SCHULZE, G. E. R.: Metallphysik. 2. Aufl. Berlin: Akademie-Verlag 1974

2-5 PETZOLD, A.: Physikalische Chemie der Silicate und nichtoxidischen Siliciumverbindungen. 1. Aufl. Leipzig: Dt. Verlag für Grundstoffindustrie 1991

2-6 ELIAS, H. G.: Makromoleküle. 6. Aufl. Basel/Heidelberg/New York: Hüthig & Wepf 1999

2-7 EHRENSTEIN, G. W.: Polymerwerkstoffe. 2. Aufl. München/Wien: Carl-Hanser-Verlag 1999

2-8 Polymere Werkstoffe. Bd. 1: Chemie und Physik (Hrsg.: H. BATZER). Stuttgart/New York: Georg-Thieme-Verlag 1985

2-9 WERNER, I. H.; H. P. STRUCK (eds.): Polycrystalline Semiconductors. Berlin/Heidelberg/New York/London/Paris/Tokyo/Hong Kong/Barcelona/Budapest: Springer-Verlag 1991

2-10 FINNIS, M. W.; M. RÜHLE in: Materials Science and Technology (R. W. CAHN, P. HAASEN, E. I. KRAMER, eds.) Vol. 1, Weinheim: VCH Verlag 1993, p. 533

2-11 BELLMANN, W.: Crystal Defects and Crystalline Interfaces. Berlin/Göttingen/Heidelberg: Springer-Verlag 1970

2-12 SUTTON, A. P.; V. VITEK: Phil. Trans. Roy. Soc. 7309 (1982) 1–68

2-13 FIONOVA, L. K.; A. V. ARTEMYEW: Grain Boundaries in Metals and Semiconductors. Lex Ulix: Les Editions de Physique 1993

2-14 DHALENNE, G.; M. DECHAMPS und A. REVCOLEVSKI: In: Grain Boundaries in Semiconductors, MRS Symposium 5 (1982) 13

2-15 TSCHÖPE, R. BIRRINGER und H. GLEITER: J. Appl. Phys. 71 (1992) 5391

2-16 GLEITER, H.: Nordrhein-Westfälische Akademie der Wissenschaften, Vorträge N 400, Westdeutscher Verlag 1993

2-17 SCHATT, W. und J. I. BOIKO: Z. Metallde. 82 (1991) 527

2-18 BALLUFFI, R. W., und P. D. BRISTOWE: On the structural unique/grain boundary dislocation model for grain boundary structure. Surf. Sci. 144 (1984), S. 28

2-19 BALLUFFI, R. W., und G. B. OLSON: On the Hierarchy of Interfacial Dislocation Structure. Metall. Trans. A, 16 A (1985), S. 529

2-20 BALLUFFI, R. W.: Grain Boundary Diffusion Mechanisms in Metals. Metall. Trans. A, 13 A (1982), S. 2069

2-21 SCHOLZE, H.: Glas. 3. Aufl. Berlin/Heidelberg/New York: Springer-Verlag 1988

3
Übergänge in den festen Zustand

Die wichtigsten technisch nutzbaren Eigenschaften der Werkstoffe sind an den festen Zustand geknüpft. Ihm kommt daher als Gebrauchszustand die weitaus größte Bedeutung zu. Die meisten Werkstoffe findet man in der Natur nicht in der Verwendungsform vor. Sie müssen erst durch Verfahren gewonnen werden, bei denen sie einen anderen Aggregatzustand durchlaufen. Das trifft vor allem beim Erschmelzen der Metalle und Gläser und bei der Synthese von Polymeren zu. Auch beim Urformen durch Gießen wird der Werkstoff zunächst in den schmelzflüssigen Zustand gebracht. Das Abscheiden aus der Gas- oder Dampfphase spielt insbesondere bei der Herstellung elektronischer Bauelemente sowie von Verschleißschutzschichten eine wichtige Rolle. Grundsätzlich lassen sich alle festen Stoffe durch Energiezufuhr in den flüssigen und schließlich in den gasförmigen Aggregatzustand überführen. Ausnahmen bilden solche Stoffe, die sich vor Erreichen der Umwandlungstemperatur zersetzen oder Reaktionsprodukte bilden. So kann z. B. ein Teil der Polymeren zwar verflüssigt (Thermoplaste), aber nicht in den gasförmigen Zustand versetzt werden.

Der *feste Zustand* ist durch starke Wechselwirkungen zwischen den Ionen, Atomen oder Molekülen gekennzeichnet. Die potenzielle Wechselwirkungsenergie der Bausteine überwiegt gegenüber ihrer kinetischen Energie. Mit steigender Temperatur nehmen die Schwingungen der Teilchen um ihre Gleichgewichtslagen jedoch zu. Damit wird auch der Anteil der kinetischen Energie an der inneren Energie des Stoffes erhöht. Die *innere Energie U* umfasst die Gesamtenergie eines Teilchensystems, das sind die inneratomaren oder innermolekularen Energien, die potentiellen Wechselwirkungsenergien und die kinetischen Energien aller Teilchen. Ausgehend von der allgemeinen Zustandsgleichung für die innere Energie $U = f(T, V)$, ergibt sich die Energieänderung nach dem totalen Differenzial

$$dU = \left(\frac{\partial U}{\partial T}\right)_V dT + \left(\frac{\partial U}{\partial V}\right)_T dV \qquad (3.1)$$

Führt man einem reinen homogenen Stoff bei konstantem Volumen V thermische Energie in Form einer Wärmemenge dQ zu, so erhöht sich seine Temperatur. Wegen $\left(\frac{dQ}{dT}\right)_V = \left(\frac{\partial U}{\partial T}\right)_V$ bedeutet das eine äquivalente Erhöhung der inneren Energie.

Der partielle Differenzialquotient $\left(\dfrac{\partial U}{\partial T}\right)_V$ entspricht, bezogen auf 1 Mol des Stoffes, der Molwärme C_V.

Für die Beschreibung von Vorgängen, die bei konstantem Druck p ablaufen, wie es beim Schmelzen und Legieren im Allgemeinen der Fall ist, wird eine weitere Energiegröße verwendet, die *Enthalpie H*. Sie ist definiert als

$$H = U + pV \qquad (3.2)$$

Wird einem Stoff eine Wärmemenge dQ bei konstantem Druck zugeführt, so erhöht sich seine innere Energie, und gleichzeitig wird Volumenarbeit geleistet. Die Enthalpie ist gleichbedeutend mit dem Wärmeinhalt eines Systems. Analog zur inneren Energie ist der Temperaturkoeffizient der molaren Enthalpie $\left(\dfrac{\partial H}{\partial T}\right)_p$ gleich der Molwärme C_p. Zustandsänderungen im festen Zustand sind meist mit nur geringen Änderungen des Volumens verbunden. Man kann für solche Vorgänge daher sowohl mit der inneren Energie als auch mit der Enthalpie rechnen, es gilt dann $\Delta U \approx \Delta H$.

Sofern ein einkomponentiger kristalliner Festkörper seinen Strukturtyp nicht ändert, vergrößert sich die Enthalpie bei der Erhitzung bis zum Schmelzpunkt stetig. Zum Schmelzen nimmt der Stoff eine zusätzliche Wärmemenge auf, ohne dass die Temperatur zunächst weiter ansteigt. Diese Wärmemenge wird als *Schmelzwärme* oder als *Schmelzenthalpie* bezeichnet. Mit dem Phasenwechsel geht eine sprunghafte Erhöhung des Wärmeinhalts einher.

Der *Schmelzpunkt* T_S eines reinen kristallinen Stoffes ist diejenige Temperatur, oberhalb der die regelmäßige Anordnung der Bausteine im Raum nicht mehr thermodynamisch stabil ist. Nach der Gleichung von *Clausius-Clapeyron* ist sie, wie auch jede andere Umwandlungstemperatur, vom Druck p abhängig:

$$\frac{dT_S}{dp} = \frac{(V_{\text{flüssig}} - V_{\text{fest}})\, T_S}{H_S} \qquad (3.3)$$

wobei für H_S die auf die Mengeneinheit bezogene Schmelzenthalpie und für ($V_{\text{flüssig}} - V_{\text{fest}}$) der Unterschied der Volumina von fester und flüssiger Phase gleicher Masse einzusetzen ist.

In der *Schmelze* sind die Bausteine nicht mehr an feste Plätze gebunden. Wie im festen Zustand führen sie Wärmeschwingungen aus, aber die Schwingungsmittelpunkte der Teilchen verschieben sich fortwährend in der Flüssigkeit. Diese Bewegung nimmt mit steigender Temperatur immer mehr zu. Die noch wirkenden Bindungskräfte reichen jedoch aus, um die Bausteine auch in der Schmelze relativ dicht gepackt und innerhalb kleiner Bereiche, so genannter Schwärme, ähnlich wie in Kristallen anzuordnen. Ein solcher Ordnungszustand besteht aber nur für die jeweils unmittelbare Nachbarschaft eines Bezugsbausteines, in weiterer Entfernung klingt er schnell ab.

Wie im Abschnitt 2.1.11 beschrieben wurde, ist in Kristallen bei jeder Temperatur eine bestimmte Fehlstellenkonzentration im thermodynamischen Gleichgewicht vorhanden, die mit steigender Temperatur exponentiell ansteigt. Der *schmelzflüssige Zustand* kann folglich auch als eine sehr stark fehlgeordnete Struktur charakterisiert werden. Deshalb ist mit dem Übergang vom festen zum flüssigen Aggregatzustand in der Regel eine Volumenzunahme verbunden. Bei einkomponentigen kristallinen Stoffen erfolgt diese Volumenzunahme wie der Phasenübergang unstetig. Sie beträgt z. B. für Eisen 3 %, für Kupfer 4,4 % und für Aluminium 6,9 %. Beim Schmelzen von Wismut, Antimon, Indium und Gallium dagegen verringert sich das Volumen, da eine Änderung des Bindungscharakters eintritt. Abweichend von den anderen Metallen herrscht bei diesen im festen Zustand die kovalente Bindung vor, während in ihren Schmelzen die metallische Bindung mit höherer Packungsdichte dominiert (s. Abschn. 2.1.5). Bei kristallinen Polymeren ist mit dem Übergang in den Zustand der Schmelze stets eine erhebliche Volumenzunahme verbunden, die bei 10 bis 15 % liegt.

Kristalline Systeme, die aus mehreren Komponenten bestehen (s. Abschn. 5.3), wie auch amorphe Stoffe (Abschn. 3.2) haben keine definierte Schmelztemperatur. Sie schmelzen innerhalb eines Temperaturbereiches, in dem sich in dem Maße, wie mit der Erhöhung der Temperatur der Anteil der kristallinen Phase ab- und der der Schmelze zunimmt bzw. bei amorphen Strukturen die mikro- und die makrobrownsche Bewegung stärker werden, das Volumen stetig vergrößert.

Der *gasförmige Aggregatzustand* ist durch eine sehr große Intensität der Wärmebewegung gekennzeichnet. Damit die im flüssigen Zustand noch vorhandenen Bindungskräfte überwunden werden, muss am *Verdampfungspunkt* eine bedeutend größere Wärmemenge zugeführt werden, als zum Schmelzen notwendig war. Bezieht man die Schmelzenthalpie H_S auf die absolute Schmelztemperatur T_S und die Verdampfungsenthalpie H_V auf die absolute Verdampfungstemperatur T_V, so erhält man – aufgrund der für isotherme Vorgänge sowie bei reversibel aufgenommener Wärmemenge Q_{rev} für die Entropieänderung geltenden Beziehung $\Delta S = \Delta Q_{rev}/T$ und wegen $\Delta Q = \Delta H$ bei konstantem Druck – die Schmelzentropie S_S bzw. die Verdampfungsentropie S_V. Für die meisten Metalle gilt

$$S_S = H_S/T_S \approx 10 \text{ J K}^{-1} \text{mol}^{-1}, \quad S_V = H_V/T_V \approx 88 \text{ J K}^{-1} \text{mol}^{-1}.$$

Unter bestimmten Zustandsbedingungen, z. B. bei sehr niedrigen Drücken, können feste Stoffe in den gasförmigen Zustand übergehen, ohne den flüssigen Zustand zu durchlaufen. Man bezeichnet diesen Vorgang als *Sublimation*. Dabei muss dem Stoff die *Sublimationsenergie* zugeführt werden.

Das Maß für die Stärke der Bindungskräfte im Kristallgitter ist die *Gitterenergie*. Sie ist der Energiebetrag, der aufgewendet werden muss, um alle Gitterbausteine einer Einheitsmenge, z. B. eines Mols (molare Gitterenergie), aus ihrer im Kristall am absoluten Nullpunkt vorliegenden Anordnung unendlich weit voneinander zu entfernen. Je größer die Gitterenergie eines kristallinen Stoffes ist, desto mehr Energie muss aufgewendet werden, um ihn zum Schmelzen oder Sublimieren zu bringen. Deshalb schmelzen kristalline Polymere, deren makromolekulare Bausteine durch die schwächeren Restvalenzkräfte aneinander gebunden sind, bei niedrigen und Kristalle, in denen die starke metallische oder die kovalente Bindung vorherrscht, bei wesentlich höheren Temperaturen.

Bild 3.1 Enthalpie *H* eines reinen kristallinen Stoffes in Abhängigkeit von der Temperatur *T*

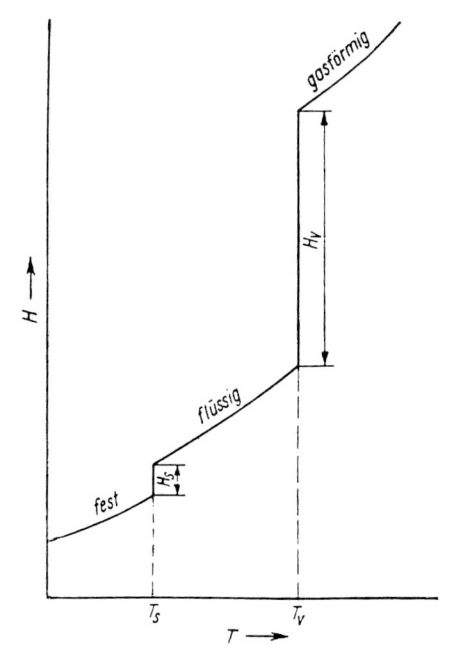

Im Bild 3.1 ist die Zunahme des Wärmeinhalts eines reinen kristallinen Stoffes beim Erhitzen bis über seinen Verdampfungspunkt schematisch dargestellt. Die von einem Stoff beim Schmelzen bzw. beim Verdampfen aufgenommenen Umwandlungswärmen führen nicht zu einem Temperaturanstieg, sondern vergrößern nur seinen Energieinhalt. Die entsprechenden Wärmemengen werden bei den umgekehrten Zustandsänderungen, bei der Kondensation des Dampfes und bei der Erstarrung der Schmelze, wieder frei. Man bezeichnet die *Verdampfungs-* bzw. *Kondensationswärme* und die *Schmelz-* bzw. *Erstarrungs-* oder *Kristallisationswärme* auch als *latente* (verborgene) Wärmen.

3.1
Übergang vom flüssigen in den kristallinen Zustand

Die Kristallisation aus dem flüssigen Zustand geht von Keimen aus, an die sich Atome, Ionen oder Moleküle der sie umgebenden flüssigen Ausgangsphase anlagern. Der räumliche und zeitliche Ablauf der *Kristallisation* ist daher durch zwei Teilvorgänge gekennzeichnet, die *Keimbildung* und das *Kristallwachstum*.

Der strukturelle Aufbau von Schmelzen und Lösungen in der Nähe des Kristallisationspunktes unterscheidet sich, wie vor allem aus Röntgenbeugungsaufnahmen geschlossen werden kann, innerhalb kleiner Bereiche nicht wesentlich von demjenigen des Festkörpers. Wegen der lebhaften Wärmebewegung findet jedoch ein ständiger Aufbau und Zerfall der gitterähnlichen Bezirke statt, sodass sich über größere Entfernungen keine regelmäßige Struktur ausbilden kann. Es besteht ein so genannter dynamischer Ordnungszustand. Für dichtest gepackte Metalle beispielsweise ist die mittlere Koordinationszahl der Schmelze nur wenig kleiner als die des kristallinen Zustandes.

Bei der Kristallisationstemperatur T_K, bei der im Falle einer Lösung gleichzeitig die Sättigungskonzentration c_K vorliegt, befinden sich feste und flüssige Phasen des betreffenden Systems im thermodynamischen Gleichgewicht, d. h., sie existieren stabil nebeneinander. Obwohl entsprechend den Strukturvorstellungen über Flüssigkeiten bereits zahlreiche submikroskopische Kristallisationszentren, von denen aus die Kristallisation vor sich gehen könnte, vorgebildet sind, entstehen wachstumsfähige Kristallkeime erst dann, wenn die thermodynamische Gleichgewichtstemperatur um einen gewissen Betrag, die *Unterkühlung* $\Delta T = T_K - T$, unterschritten und damit bei Lösungen auch eine *Übersättigung* $\Delta c = c_K - c$ erreicht wird.

Die Verhältnisse lassen sich am besten anhand der Änderung der *freien Enthalpie* erläutern (s. a. Abschn. 5.1). Die freie Enthalpie ist definiert als

$$G = H - TS \tag{3.4}$$

wobei H die Enthalpie, S die Entropie und T die Temperatur in K bedeuten. In einem stofflichen System streben alle Vorgänge einem Minimum der freien Enthalpie zu, wenn T und p konstant gehalten werden. Zustände, in denen das Gleichgewicht noch nicht erreicht ist, sind metastabil, also auch die unterkühlte Schmelze und die übersättigte Lösung. Der der Entfernung vom thermodynamischen Gleichgewichtszustand entsprechende Energiebetrag ΔG steht als „überschüssiger Wärmeinhalt" des betreffenden Systems für eine Arbeitsleistung zur Verfügung.

Als qualitatives Beispiel ist in Bild 3.2 schematisch der Verlauf der freien Enthalpie (Minimalwert) als Funktion der Temperatur für die Erstarrung einer Schmelze in der Umgebung des Kristallisationspunktes dargestellt. Die G-Kurven für den flüssigen und für den kristallinen Zustand sind jeweils über T_K hinaus zu tieferen bzw. höheren Temperaturen weitergeführt. Im Gleichgewichtszustand haben die freien Enthalpien der flüssigen und der festen Phase denselben Wert; er ergibt sich als Schnittpunkt beider Kurven. Mit der Abkühlung des Systems unter T_K wird $G_{Schmelze} > G_{Kristall}$, womit der für die Keimbildung erforderliche potenzielle Energiebetrag ΔG entsteht. Die

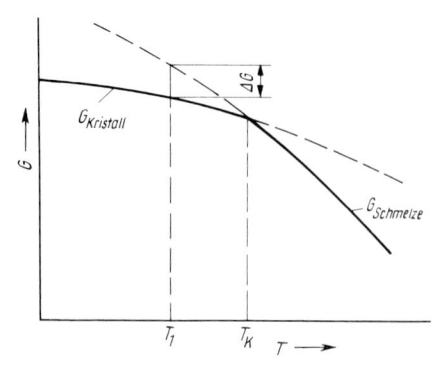

Bild 3.2 Abhängigkeit der freien Enthalpie G des flüssigen und des kristallinen Zustandes von der Temperatur T

Unterkühlung der Schmelze ΔT schafft damit die Voraussetzung für die Keimbildung. Analog ist in Lösungen die Übersättigung Δc die Voraussetzung für die Keimbildung.

3.1.1
Keimbildung und -wachstum bei Metall- und Ionenkristallen

Die Entstehung eines Keims in der homogenen flüssigen Ausgangsphase ist mit einer Änderung der freien Enthalpie ΔG des Systems verbunden. ΔG setzt sich aus zwei gegenläufig wirkenden Anteilen zusammen: Mit dem Phasenübergang wird Umwandlungsenergie gewonnen, da der feste Zustand eine geringere innere Energie hat. Der freiwerdende Energiebetrag $-\Delta G_V$ ist dem Volumen des Keims bzw. der Anzahl der in ihm aneinander gelagerten Teilchen proportional. Andererseits ist für die Bildung der Oberfläche des Keims, d. h. seiner Grenzfläche gegen die ihn umgebende flüssige Phase, Energie aufzuwenden. Dieser Vorgang bedeutet eine Erhöhung der freien Enthalpie um $+\Delta G_G$. Sie wirkt dem Phasenübergang entgegen. Somit ist die mit dem Entstehen des Keims verbundene gesamte Änderung der freien Enthalpie

$$\Delta G = -\Delta G_V + \Delta G_G \tag{3.5}$$

Im Allgemeinen werden die sich bildenden *Kristallkeime* eine polyedrische Gestalt haben. Vereinfachend kann man sie aber als kleine kugelförmige Teilchen mit dem Radius r annehmen. Da ΔG_V dem Volumen und ΔG_G der Oberfläche proportional ist, ergibt sich aus Gl. (3.5)

$$\Delta G(r) = -\frac{4}{3}\pi r^3 \Delta g_v + 4\pi r^2 \gamma \tag{3.6}$$

wobei Δg_v die auf die Volumeneinheit bezogene freie Bildungsenthalpie der festen Phase und γ die Grenzflächenenergie sind.

Den Verlauf der Funktion $\Delta G(r)$ zeigt Bild 3.3. Bei kleinem Keimradius r ist die Oberfläche gegenüber dem Volumen des Keims groß, sodass der Anteil ΔG_G überwiegt und damit die gesamte freie Keimbildungsenthalpie ΔG positive Werte annimmt. Erst mit zunehmender Keimgröße wird der aus der Umwandlung herrührende Anteil ΔG_V größer als ΔG_G, sodass die Funktion $\Delta G(r)$ ein Maximum durchläuft, dem ein *kritischer Keimradius* r^* entspricht. Keime mit $r < r^*$ sind thermodynamisch nicht beständig und lösen sich wieder auf, weil ihr Wachstum zunächst mit einer Zunahme der freien Enthalpie verbunden ist. Deshalb muss bis zum Einstellen der kritischen Keimgröße eine dem Höchstwert ΔG^* entsprechende Energie, die *Keimbildungsarbeit* oder Aktivierungsenergie für die Keimbildung aufgewendet werden. Ist $r > r^*$, wird der Keim stabil und wächst unter Verringerung der freien Enthalpie des Systems weiter.

Soll die Keimbildung aus der homogenen flüssigen Ausgangsphase erfolgen, so muss die Keimbildungsarbeit dem System selbst entnommen werden. Damit erklärt

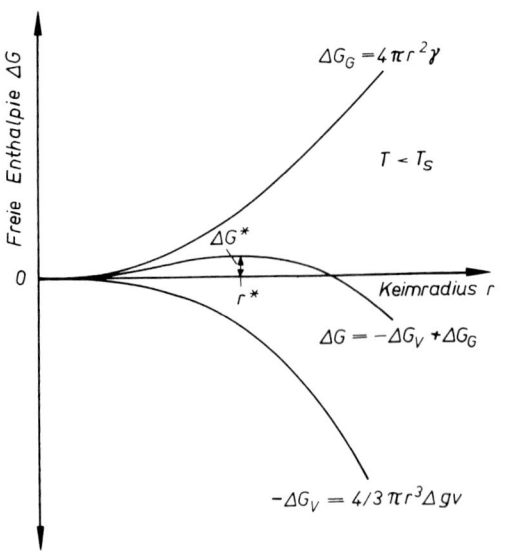

Bild 3.3 Freie Bildungsenthalpie ΔG als Funktion des Keimradius r (nach [3.1])

$\Delta G_G = 4\pi r^2 \gamma$

$T < T_S$

ΔG^*

r^*

Keimradius r

$\Delta G = -\Delta G_V + \Delta G_G$

$-\Delta G_V = 4/3\, \pi r^3 \Delta g_V$

sich die Notwendigkeit einer gewissen Unterkühlung bzw. Übersättigung, durch die nach Bild 3.2 der Betrag ΔG bereitgestellt wird.

Für die Kristallisation folgt aus der Bedingung $d(\Delta G)/dr = 0$ ein kritischer Keimradius

$$r^* = 2\gamma/\Delta g_v \tag{3.7}$$

wobei Δg_V eine Funktion der Unterkühlung entsprechend

$$\Delta g_v = (H_S/T_S)(T_K - T) = (H_S/T_S)\Delta T \tag{3.8}$$

ist. Sie ergibt sich, indem in die für thermodynamische Reaktionen allgemein gültige Beziehung

$$\Delta G = \Delta H - T\Delta S \tag{3.9}$$

anstelle der Änderung der Enthalpie ΔH die Schmelzenthalpie H_S und für die Entropieänderung ΔS die Schmelzentropie H_S/T_S eingesetzt wird. Damit hängt auch der kritische Keimradius r^* von der Unterkühlung ΔT ab. Am Kristallisationspunkt selbst wird $r^* = \infty$, es können noch keine stabilen Keime entstehen.

Mit zunehmender Unterkühlung nimmt der kritische Keimradius ab, d.h., je größer ΔT ist, desto kleinere Keime sind bereits wachstumsfähig. Dementsprechend ergibt sich in Bild 3.3 für jede Temperatur $T < T_S$ ein veränderter Kurvenverlauf der Funktion $\Delta G(r)$.

Da mit wachsender Unterkühlung die erforderliche Keimbildungsarbeit und die kritische Keimgröße verringert werden, nimmt die Anzahl der in der Zeiteinheit in einem Einheitsvolumen der unterkühlten Schmelze gebildeten Keime, die *Keimbildungshäufigkeit* oder *Keimzahl* dn/dt (Keimbildungsgeschwindigkeit), mit ΔT zu. Auch das Zusammentreten einer genügenden Zahl von Teilchen zu einem submikroskopischen Keim wird zunächst durch die Abnahme der Wärmebewegung begünstigt. Bei noch tieferen Temperaturen jedoch wird die Teilchenbeweglichkeit wegen der ansteigenden Viskosität der Schmelze so stark eingeschränkt und damit die Keimbildung erschwert, dass die Keimzahl mit zunehmender Unterkühlung ein Maximum durchläuft (s. a. Bild 3.8). Bei der Kristallisation aus Lösungen hingegen nimmt die Keimbildungshäufigkeit mit der Übersättigung stetig zu [3.2].

Keimbildung und Kristallwachstum können bei Metallen nur durch eine extrem schnelle Abkühlung und große Unterkühlung unterdrückt werden. Bei Gläsern und entsprechenden Polymeren sind beide Teilvorgänge bereits unter den technisch üblichen Abkühlungsbedingungen so stark gehemmt, dass sich keine Fernordnung der Bausteine mehr einstellen kann; sie erstarren amorph.

Ein stabil gewordener Keim wächst weiter, indem aus der flüssigen Phase andiffundierende Teilchen an seiner Oberfläche adsorbiert werden und durch Oberflächendiffusion an jene Stellen gelangen, wo sie endgültig in das Gitter eingebaut werden. Nach der Theorie von *W. Kossel* und *J. N. Stranski* werden die Bausteine bevorzugt an den Oberflächenstellen angelagert, an denen der Einbau in das Gitter mit dem größten Energiegewinn verbunden ist. Verschiedene Anlagerungsmöglichkeiten sind in Bild 3.4 schematisch dargestellt. Im Fall der Würfelfläche eines Ionenkristalls mit NaCl-Struktur beispielsweise betragen die für die Möglichkeiten 1 bis 6 resultierenden relativen Energiewerte 0,8738; 0,4941; 0,2470; 0,1806; 0,0903 und 0,0662. Von allen möglichen Anlagerungsschritten bringt der, der zur Lage 1 führt, den größten Energiegewinn. Da der Baustein in der Lage 1 gegenüber einem im Kristallinneren untergebrachten nur von halb so viel erstnächsten Nachbarn umgeben ist, spricht man bei dieser Lage auch von der *Halbkristalllage* (s. Abschn. 6.2). Der über sie erfolgende Anbau (bzw. Abbau) wird auch als *wiederholbarer Schritt* bezeichnet, da er die Halbkristalllage immer wieder neu erzeugt.

Danach sollte das Flächenwachstum so vor sich gehen, dass zunächst mit wiederholbaren Schritten die Bausteinkette aufgefüllt wird und erst dann der Neuaufbau einer Stufe von der Lage 2 aus beginnt. Durch die ständige Aufeinanderfolge dieser Vorgänge wird der Bau der Netzebene schließlich abgeschlossen. Der für das Dickenwachstum erforderliche Beginn einer neuen Netzebene (Lage 3, 5 oder 6) ist, wie

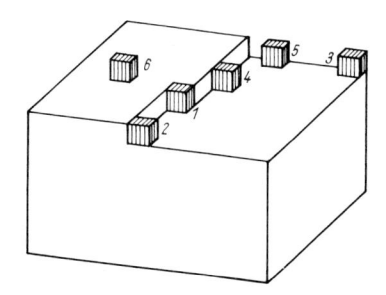

Bild 3.4 Verschiedene Anlagerungsmöglichkeiten von Gitterbausteinen

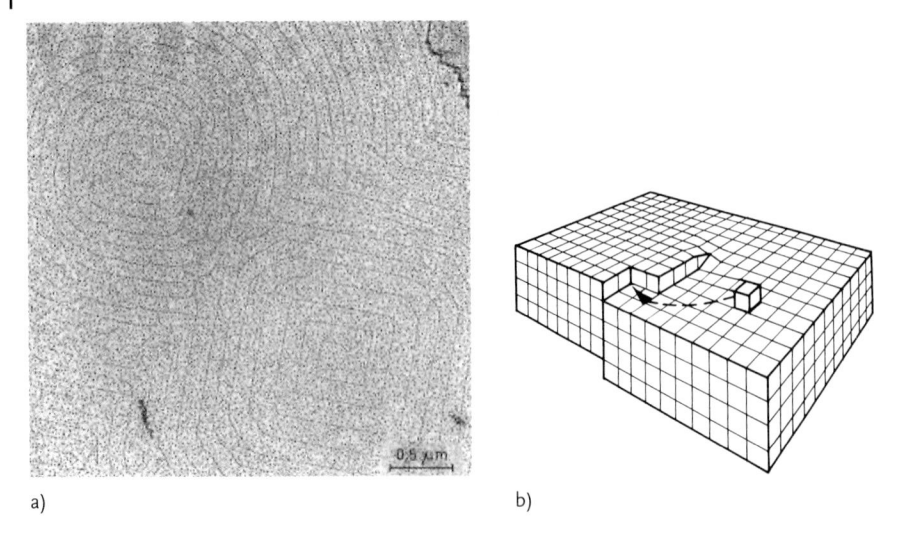

Bild 3.5 a) Mit aufgedampften Goldteilchen markierte Schraubenfläche um die Durchstoßpunkte von zwei Schraubenversetzungen in einer NaCl-(100)-Spaltfläche (aus dem Forschungszentrum für Elektronenmikroskopie der Universitäten in der Steiermark; b) Schematische Darstellung der Anlagerung eines Bausteines an eine Schraubenversetzung

die angeführten Werte verdeutlichen, energetisch erschwert. Er wird erleichtert, wenn sich auf der abgeschlossenen Fläche infolge statistischer Schwankungen ein zweidimensionaler Keim kritischer Größe bildet, der wieder genügend wachstumsfähige Stellen aufweist.

In einem realen System indessen werden diese Vorgänge noch in anderer Weise beeinflusst. Von besonderer Bedeutung sind Gitterfehler, namentlich Schraubenversetzungen, die, wenn sie an der Oberfläche enden, eine Schraubenfläche erzeugen, deren Abbruch die Stufen- und Halbkristalllage enthält (Bilder 3.5 und 3.32). Damit entfällt die mit dem Beginn einer neuen Netzebene erschwerte Keimbildung, zumal bei der weiteren Anlagerung von Bausteinen im Zuge des Dickenwachstums die Schraubenfläche erhalten bleibt, d. h. keine stufenlos abgeschlossene Netzebene entsteht. Andererseits bedingt das bevorzugte Wachstum derart gestörter Kristalle, dass die kristallinen Werkstoffe zahlreiche „eingewachsene" Versetzungen (s. a. Abschnitt 2.1.11.2) enthalten. Außerdem kann der reale Wachstumsvorgang beeinflusst werden durch das Abdiffundieren von Bausteinen aus bereits entstandenen Keimen, durch gleichzeitiges Anlagern an energetisch begünstigten Stellen und an Netzebenen oder -keimen, durch die Adsorption artfremder Teilchen, die die Wachstumsgeschwindigkeit verändern, sowie durch eine stärkere Übersättigung oder Unterkühlung, wodurch neue Netzebenen bereits begonnen werden können, ehe die angefangenen vollendet sind, sodass treppenförmig abgestufte Flächen entstehen.

Das Wachstum der Kristalle erfolgt niemals gleichmäßig, d. h. nach allen Seiten mit der gleichen Verschiebungsgeschwindigkeit. Vielmehr ändern die Kristalle ihre Gestalt derart, dass die schnell wachsenden energetisch ungünstigen Flächen, d. h.,

Bild 3.6 Verschiebungsstadien einer langsam (a) und einer schnell (b) wachsenden Fläche

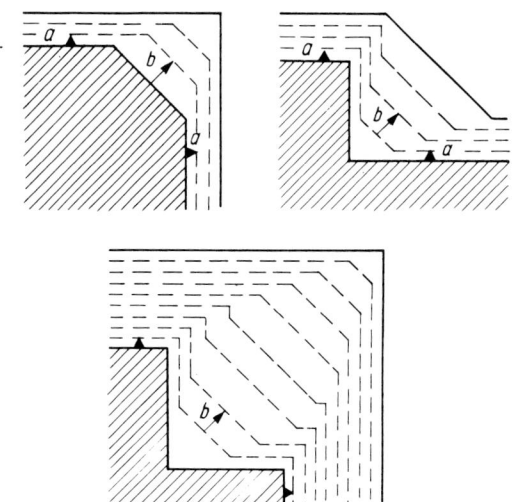

diejenigen mit der größten freien Oberflächenenergie, verschwinden, sie werden zu Ecken oder Kanten (Bild 3.6, oben links). Auch wenn an einer konkav gekrümmten Kristalloberfläche die schneller wachsende Fläche zunächst vergrößert wird (Bild 3.6, oben rechts), so geschieht dies nur zeitweilig (Bild 3.6, unten), sodass der Kristall, sofern sein Wachstum nicht von Nachbarkristallen behindert wird, in seiner Endgestalt stets ein von Flächen geringster Verschiebungsgeschwindigkeit begrenztes Polyeder darstellt. Erfolgt das Kristallwachstum von anderen Faktoren unbeeinflusst, so sind die Begrenzungsflächen dichtest gepackte Flächen. Der Kristall hat dann die *Gleichgewichtsform* und bei gegebenem Volumen die geringste freie Ober-(Grenz-)flächenenergie. Unter Realbedingungen und im fortgeschrittenen Wachstumsstadium sind die Verschiebungsgeschwindigkeiten jedoch nicht mehr der spezifischen freien Grenzflächenenergie proportional. Vor allem infolge einer Adsorption von Fremdstoffen oder aber auch anderer Störeffekte wird die Grenzflächenenergie und damit die Verschiebungsgeschwindigkeit der einzelnen Flächen unterschiedlich verändert. Die dann entstehende Form des Kristalls wird als *Wachstumsform* bezeichnet, die vor allem durch diejenigen Flächen gebildet wird, die durch die Adsorption eine minimale Grenzflächenenergie erzwungen haben.

Erfolgt das Kristallwachstum bevorzugt in bestimmten Richtungen oder Flächen, so treten stark verzerrte Wachstumsformen, wie z.B. *Nadelkristalle* (*Whiskers*, s. Abschn. 3.3) oder *Dendriten*, auf. Letztere entstehen insbesondere dann, wenn bei schneller Abkühlung ständig neue Keime gebildet werden und die Kristallisation in bestimmten (niedrig indizierten) Kristallrichtungen besonders rasch verläuft. Es bilden sich Kristallskelette (Bild 3.7), deren Äste (man spricht auch von Tannenbaumkristallen) in die bevorzugten Wachstumsrichtungen weisen.

Der Wachstumsprozess kann so lange fortschreiten, bis sich die Kristalle berühren und Korngrenzen bilden (s. Abschn. 6.1). Für das bei der Erstarrung entstehende *Gefüge* ist das Verhältnis von Keimbildungshäufigkeit dn/dt zur Kristallwachs-

Bild 3.7 a) Dendriten in einer Fe–Cr-Gusslegierung (24 % Cr); b) Dendriten, die in einen Mikrolunker einer Co–Cr–Mo-Gusslegierung (60–65 Masse-% Co) hineingewachsen sind

tumsgeschwindigkeit dv/dt entscheidend. Je nach Art des kristallisierenden Stoffes und seiner Reinheit liegen ihre Maximalwerte bei verschiedenen Unterkühlungen (Bild 3.8), sodass das Verhältnis in Abhängigkeit von der Unterkühlung variiert. Ist das Kristallwachstum gegenüber der Keimbildung bei gegebener Unterkühlung der schnellere Vorgang, entsteht ein grobkörniges Gefüge. Werden dagegen in einem bestimmten Volumen in der Zeiteinheit sehr viele Keime gebildet, fällt das Gefüge feinkörnig aus, was wegen der damit verbundenen besseren mechanischen Eigenschaften meist angestrebt wird. Dieser Fall lässt sich in der Regel durch eine stärkere Unterkühlung und ein schnelles Abführen der freiwerdenden Erstarrungswärme verwirklichen.

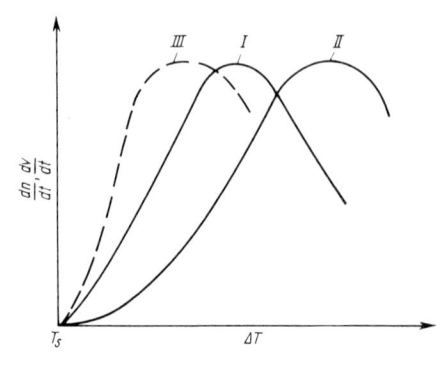

Bild 3.8 Keimbildungshäufigkeit dn/dt und Kristallwachstumsgeschwindigkeit dv/dt in Abhängigkeit von der Unterkühlung ΔT
I dv/dt; II dn/dt bei homogener Keimbildung;
III dn/dt bei heterogener Keimbildung

Wie bereits erörtert, kommt bei der Keimbildung in einer homogenen flüssigen Phase anfangs der Grenzflächenenergie eine dominierende Rolle zu. Da zu ihrer Kompensierung Energie aufgebracht werden muss, wirkt sie dem Phasenübergang flüssig-fest zunächst entgegen und erfordert eine entsprechende Unterkühlung bzw. Übersättigung. Sind in der flüssigen Phase jedoch bereits fremde Grenzflächen vorhanden, z. B. fein verteilte Kristalle eines anderen Stoffes oder auch die Gefäßwände, so heben diese die Hemmung der Keimbildung weitgehend auf. Die Kristallisation kann dann schon bei sehr geringen Unterkühlungen einsetzen. Man spricht in diesem Falle von *heterogener Keimbildung* – im Gegensatz zur *homogenen*, die unter Ausschluss fremder Grenzflächen erfolgt [3.3]. Die Wirkung der Fremdkeime ist umso stärker, je kleiner die Oberflächenenergie der Keimsubstanz gegenüber der des Fremdkeimes und je niedriger die Grenzflächenenergie zwischen Fremdkeim und dem an diesen aus der Flüssigkeit ankristallisierenden arteigenen Keim ist. Sehr reine Substanzen kristallisieren wegen der vorherrschend homogenen Keimbildung, bei der arteigene Keime gebildet werden müssen, häufig grobkörnig.

In der Halbleitertechnik und für manche Maschinenteile (z. B. Schaufeln für Gasturbinen) sowie zum Studium festkörperphysikalischer Probleme werden Festkörper benötigt, die nur aus einem einzigen Kristall bestehen. Bei der Herstellung solcher *Einkristalle* liegt der Grenzfall vor, dass die Kristallisation von einem einzigen Keim ausgeht. Dazu wird ein Keimkristall in die flüssige Phase eingebracht und die Kristallisation bei nur geringer Unterkühlung bzw. Übersättigung und Kristallisationsgeschwindigkeit so geführt, dass sie ohne Bildung weiterer Keime vom Keimkristall ausgehend langsam fortschreitet.

3.1.1.1 Erstarrung von Schmelzen

Bei der Erstarrung von metallischen und nichtmetallischen (vorwiegend oxidischen) Schmelzen bilden sich Kristallite (Körner), deren Form hauptsächlich durch den *Wärmefluss* bestimmt wird. Wird die freiwerdende *Erstarrungswärme* isotrop, d. h. in alle Richtungen gleichmäßig, abgeführt, erstarrt die Schmelze *globulitisch*. Fließt dagegen die aus der *Erstarrungsfront* freigesetzte Wärmemenge anisotrop ab, z. B. durch die Kristalle zur Formwand hin oder in die unterkühlte Schmelze, so tritt eine *transkristalline* oder *gerichtete Erstarrung* auf. Das Kristallwachstum bestimmt weitgehend das Gefüge und die Eigenschaften der Gusswerkstoffe. Beim Gießen in eine Metallform zeigt das Gussgefüge meist eine deutliche Abgrenzung von drei in der Korngröße und Kornform unterschiedlichen Bereichen (Bild 3.9). Am Rande entstehen infolge der starken Unterkühlung sowie durch die heterogene Keimbildung an der Formwand viele Keime, die zur Bildung von kleinen, relativ gleichmäßigen Kristalliten führen. Bei weiterer Abkühlung wachsen jedoch nur noch die Kristallite, deren kristallographische Richtung größter Kristallwachstumsgeschwindigkeit zufällig mit der Richtung des von außen nach innen verlaufenden Temperaturgefälles übereinstimmt. Es entsteht eine *Transkristallisationszone* mit stängelförmigen, meist sehr groben Kristalliten. Die dadurch eintretende Übereinstimmung zwischen den Stängelachsen und einer bestimmten kristallographischen Orientierung bezeichnet man als *Gusstextur*. Schließlich bildet sich im Inneren der Form ein dritter Bereich, der

a) b)

Bild 3.9 Gussgefüge in einem Al-Barren. (a) Kopfteil; (b) Mittelteil

wieder aus weitgehend globularen Kristalliten besteht. Da in metallischen Schmelzen die Verunreinigungen meist einen höheren Schmelzpunkt aufweisen, reichern sie sich in dem am längsten flüssig bleibenden zentralen Teil des Gussstückes an und führen dort über die Zunahme der Keimzahl zu einer feinkörnigen Erstarrung.

Außer durch eine geeignete Temperaturführung bei der Abkühlung ist auch die Anwesenheit von *Fremdkeimen*, die die erforderliche Keimbildungsarbeit erniedrigen und demzufolge die Keimbildungshäufigkeit erhöhen, geeignet, die Schmelze mit einem feinkörnigen Gefüge erstarren zu lassen. Man macht von dieser Möglichkeit technisch Gebrauch, indem der Schmelze kurz vor Erreichen des Erstarrungspunktes arteigene oder artfremde Keime *(Kristallisatoren)*, wie beim Gusseisen beispielsweise Ferrosilizium, hinzugefügt werden (*Impfen*, Modifizieren). Im Stahl sind Carbid- und Nitridteilchen aufgrund ihrer thermischen Stabilität potenzielle Kristallisatoren, so z. B. in entsprechend legierten Stählen das TiN oder das SiC.

Bei Metallen muss ferner eine stärkere Überhitzung der Schmelze vermieden werden, um ein feinkörniges Gussgefüge zu erhalten. Sie enthält dann noch viele „präformierte Keime", die bei der Erstarrung mitwirken. Zur Verbesserung der Gefügequalität und der davon beeinflussten Eigenschaften (s. Abschn. 6.7) wird, wenn das Erzeugnis durch das Gießen nicht sogleich seine endgültige Gestalt erhält, das gegossene Material in der Regel noch verformt und wärmebehandelt und dabei das *Primärgefüge* (Gussgefüge) in ein *Sekundärgefüge* überführt.

Neben der Gefügeausbildung sind auch makroskopische Fehlererscheinungen mit dem Erstarrungsvorgang von metallischen und oxidischen Schmelzen verbunden, die für die Qualität eines Gussstückes von großer Bedeutung sind. Fast alle Metalle und Oxide haben im flüssigen Zustand ein größeres spezifisches Volumen als im festen. Demzufolge tritt bei der Erstarrung einer Schmelze eine Volumenkontraktion (Schwindung) auf (Bild 3.10). Eine Folge der Schwindung ist die Bildung eines makroskopischen Hohlraumes, der als *Lunker* bezeichnet wird. Außer Makrolunkern können auch zwischen den einzelnen Kristalliten kleine Hohlräume entstehen; man spricht dann von *Mikrolunkern* bzw. porösem Guss.

Eine andere Fehlererscheinung wird dadurch hervorgerufen, dass Schmelzen eine erhebliche Menge an Gasen aufnehmen können. Bei der Erstarrung nimmt das Lösungsvermögen sprunghaft ab, d. h., die Gase müssen den Festkörper verlassen.

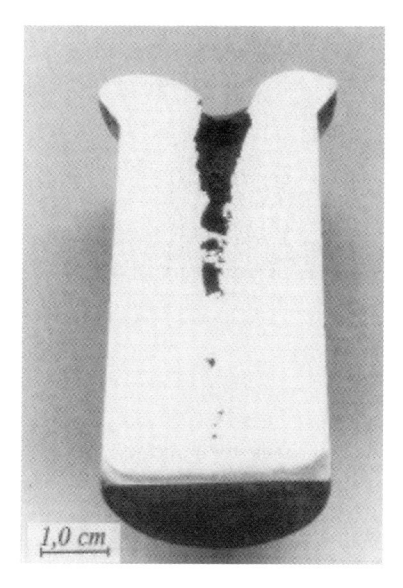

Bild 3.10 Lunker in einem Fe-Si-Gussingot (0,6 Masse-% Si); der untere, lunkerfreie Teil des Ingots wurde abgetrennt

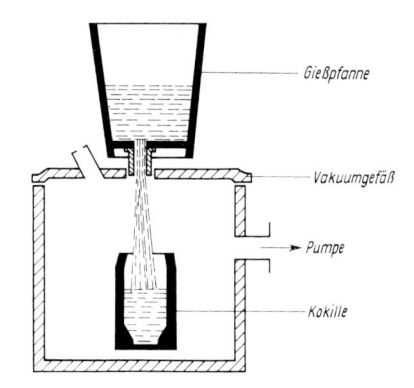

Bild 3.11 Gießstrahlentgasung

Die ausgeschiedenen Gase vereinigen sich zu *Gasblasen*, die in dem noch teilweise flüssigen Material aufsteigen und dabei eine starke Bewegung der Schmelze hervorrufen. Ein Teil der Gasblasen kann nach der Erstarrung im Gussstück eingeschlossen bleiben und bewirkt dadurch ebenfalls eine Porosität. Zur Vermeidung derartiger Fehler wird im Falle von metallischen Schmelzen im Vakuum vergossen. Eine besonders einfache und wirtschaftliche Variante ist die *Gießstrahlentgasung* (Bild 3.11).

Nach Abschluss der Erstarrung kommt es zu einer weiteren Volumenverringerung, die als *Schrumpfung* bezeichnet wird. Wenn infolge ungleicher Querschnitte und unterschiedlicher Temperaturverteilungen die Schrumpfung ungleichmäßig verläuft, können Eigenspannungen (Gussspannungen) und Risse auftreten (s. a. Abschn. 9.6). Zur Verhinderung der Gussspannungen muss die Abkühlung nach einem geeigneten Temperaturregime durchgeführt werden. Eine nachträgliche Beseitigung von Gussspannungen kann über ein Spannungsarmglühen geschehen.

Schließlich können bei der Erstarrung von *Mehrkomponenten-Schmelzen* Entmischungserscheinungen auftreten, die als *Seigerungen* bezeichnet werden. Seigerungen entstehen durch große Unterschiede in der Dichte der beteiligten Komponenten (Schwerkraftseigerung), durch Ansammlung von Verunreinigungen an bestimmten Stellen des Gussstückes (Blockseigerung, vorwiegend bei Stahl) und durch Konzentrationsunterschiede bei der Bildung von Mischkristallen (*Kristallseigerungen*, s. a. Abschn. 5.3.1). Von diesen Seigerungsarten können nur die Kristallseigerungen durch ein nachträgliches Homogenisierungsglühen wieder beseitigt werden.

Bild 3.12 Rasterelektronenmikroskopische Aufnahme eines gerichtet erstarrten Al–Al$_3$Ni-Eutektikums (Querschliff; nach *R. Bürger* und *G. Zies*)

In eutektischen Legierungen geeigneter Zusammensetzung lässt sich die Erstarrung so lenken, dass je nach Volumenanteil und Grenzflächenenergie der beteiligten Phasen gerichtete lamellare bis faserige Eutektika gebildet werden (Bilder 3.12 und 6.3b). Die gleichsinnige Ausrichtung der bei der Kristallisation senkrecht zur Flüssig-fest-Phasengrenze wachsenden Fasern bzw. Lamellen erfordert einen anisotropen Wärmefluss sowie eine ebene Erstarrungsfront. Letztere wird durch einen steilen Temperaturgradienten vor der Flüssig-fest-Phasengrenze und eine niedrige Kristallwachstumsgeschwindigkeit begünstigt. Solche Bedingungen lassen sich bei kleinen Querschnitten eher als bei großen Gussstücken einhalten.

In den *gerichtet erstarrten Eutektika* bestehen zwischen den beteiligten Phasen bestimmte Orientierungsbeziehungen. Meist sind alle Fasern bzw. Lamellen kristallographisch gleich orientiert, sodass solche Werkstoffe auch als zwei einander durchdringende Einkristalle (Matrix und Fasern bzw. Lamellen) angesehen werden können *(Duplex-Kristall)*. Je nach Wahl des Legierungssystems, d.h. der Kristallarten und ihrer Volumenanteile, lassen sich *anisotrope Verbundwerkstoffe* (s.a. Abschnitt 9.7.4) mit besonderen mechanischen, elektrischen, magnetischen und optischen Eigenschaften gewinnen. Das gerichtet erstarrte Nickel-Wolfram-Eutektikum, in dem etwa 10^6 Wolframfasern je cm^2 in eine Nickelmatrix eingebettet sind, wird beispielsweise als Werkstoff für Kaltkatoden genutzt.

3.1.1.2 Kristallisation aus Lösungsmitteln

Bei technischen Prozessen ist die Kristallisation *(Ausfällung, Ausscheidung)* fester kristalliner Stoffe aus flüssigen Lösungen weit verbreitet. Im Niedertemperaturbereich spielt sie insbesondere in der chemischen Industrie, in der Düngemittel-, Salz- und Zuckerindustrie eine wichtige Rolle. Zur Herstellung von Werkstoffen wird das Prinzip des Übergangs aus dem gelösten flüssigen Zustand in die feste Form vor allem bei der *Erhärtung der Bindemittel* Zement, Kalk und Gips zur Erzeugung von Betonen verwendet [3.4], [3.5].

Die anorganischen Bindemittel erhärten infolge ihrer Reaktionen mit Wasser. Dabei bilden sich Reaktionsprodukte, die in Wasser weniger löslich sind als ihre Ausgangsstoffe. Der Umwandlungsprozess verläuft in zwei zeitlich aufeinander folgenden Etappen:

- die Auflösung der Bindemittelbestandteile in Wasser, die chemische Reaktion der Lösungsprodukte mit Wasser zu Hydraten und deren Ausfällung aus der Lösung infolge ihrer geringeren Löslichkeit gegenüber der der Bindemittelbestandteile; dieses Stadium wird in seiner Kinetik durch den langsamsten Teilprozess, in zahlreichen Fällen durch die Auflösungsgeschwindigkeit der Ausgangsprodukte, in anderen durch die Keimbildungs- und Kristallwachstumsgeschwindigkeit der Neubildungen, bestimmt;
- den Transport von Wasser durch die in der ersten Etappe auf der Oberfläche der Bindemittelkörner entstandene Hydratschicht zum noch unreagierten Kern der Bindemittelteilchen; für die Kinetik dieses Prozesses ist die Diffusionsgeschwindigkeit des Wassers durch die Hydratschicht maßgebend.

Unmittelbar nach dem Vermischen des feinkörnigen Bindemittelpulvers mit Wasser sind die Bindemittelkörnchen durch eine Wasserschicht voneinander getrennt; der Mörtel ist ein beliebig verformbarer Brei. Aus den gebildeten Hydraten entstehen Aggregate der Neubildungen, deren Größe mit dem Reaktionsfortschritt zunimmt, sodass die Viskosität des Mörtels ansteigt. Wenn eine Struktur von gegenseitig sich berührenden Hydratteilchen entstanden ist, verliert die Suspension ihre Fließfähigkeit; sie ist erstarrt. Mit weiterer *Hydratation* vermehrt sich die Zahl der Kontakte, und die Festigkeit nimmt zu. Die Endfestigkeit ist erreicht, wenn das Bindemittel vollständig reagiert hat; der Baustoff ist steinartig erhärtet.

Das Bindemittel *Branntgips* besteht überwiegend aus der Verbindung $CaSO_4 \cdot 1/2\, H_2O$ (s. Abschn. 2.1.9). Nach dem Anrühren des Branntgipses mit Wasser zu einem formbaren Mörtel laufen folgende Vorgänge ab: Auflösung des $CaSO_4 \cdot 1/2\, H_2O$ in Wasser, chemische Hydratationsreaktion $CaSO_4 \cdot 1/2\, H_2O + 3/2\, H_2O \rightarrow CaSO_4 \cdot 2\, H_2O$ und Kristallisation des $CaSO_4 \cdot 2\, H_2O$. Die Verbindung $CaSO_4 \cdot 1/2\, H_2O$ weist bei Raumtemperatur mit etwa 10 g/l eine relativ starke Wasserlöslichkeit auf. Dagegen hat die Verbindung $CaSO_4 \cdot 2\, H_2O$ nur eine Löslichkeit von etwa 2 g/l, sodass die wässrige Lösung nach der Hydratationsreaktion an der Verbindung $CaSO_4 \cdot 2\, H_2O$ übersättigt ist und feste $CaSO_4 \cdot 2\, H_2O$-Kristalle ausfallen. In der ersten Phase der Kristallisation entstehen isolierte $CaSO_4 \cdot 2\, H_2O$-Kristalle, die eine Abnahme der Verformbarkeit und eine geringe Verfestigung des Mörtels verursachen. Nachfolgend bilden sich zwischenkristalline Kontakte, Verwachsungen und Verfilzungen (Bild 3.13), mit denen eine kraftschlüssige Verbindung zwischen den Kristallen entsteht, die die Festigkeit des steinartig erhärteten Gipses bedingt.

Löschkalk $Ca(OH)_2$ erhärtet, indem er sich in Wasser auflöst, mit dem aus der Luft im Wasser gelösten CO_2 reagiert und schließlich die Verbindung $CaCO_3$ bildet. Die Löslichkeiten des $Ca(OH)_2$ von 1,55 g/l, des CO_2 von 1,45 g/l und des $CaCO_3$ von 0,014 g/l erklären in ähnlicher Weise wie beim Gips den Erhärtungsvorgang als Kristallisationsprozess, allerdings handelt es sich beim Kalk nicht wie beim Gips um eine hydratische, sondern um eine carbonatische Erhärtung.

Zemente erhärten hydraulisch. Während die Reaktionsprodukte der hydratischen und carbonatischen Erhärtung noch so stark löslich sind, dass sie dem lang andauernden Angriff von Wasser nicht widerstehen, sind die Reaktionsprodukte der hy-

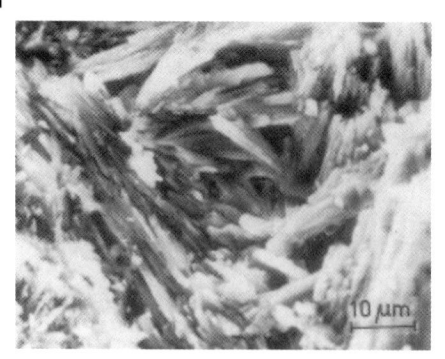

Bild 3.13 Rasterelektronenmikroskopische Aufnahme von erhärtetem Gips

draulischen Bindemittel extrem wenig löslich, sodass eine Dauerbeständigkeit über Jahrhunderte selbst in fließendem Wasser gegeben ist. Zu Beginn der *hydraulischen Erhärtung* löst sich ein geringer Teil der Zementbestandteile in Wasser unter Hydratbildung (Gelbildung) auf. Bereits unmittelbar nach dem Anmachen mit Wasser bildet sich Calciumhydroxid, das in Zementbetonen stets vorhanden ist und die Wasserstoffionenkonzentration im Beton so niedrig hält, dass beispielsweise Stahl im Beton nicht rostet. Ebenfalls sofort entsteht die Verbindung *Ettringit*, ein Reaktionsprodukt aus den Verbindungen $Ca_3Al_2O_6$ und Gips, der dem Zement in geringen Mengen zugesetzt wird. Die Ettringitbildung verhindert ein zu rasches Erstarren des Zementmörtels. Nach etwa 6 h entstehen die wichtigsten Erhärtungsprodukte des Zements, die Calciumsilicathydrate, die den Porenraum ausfüllen und die Erhärtung verursachen (Bilder 3.14a und b).

So geht die Verbindung Ca_3SiO_5, der Hauptbestandteil des Portlandzements, in Hydrate der allgemeinen chemischen Zusammensetzung $CaO \cdot SiO_2 \cdot H_2O$ über. Die Hydrate, mineralogisch als *Afwillit* (s. Abschn. 2.1.9 und Bild 2.54) und Tobermorit anzusehen, sind wesentlich weniger als die Verbindung Ca_3SiO_5 in Wasser löslich, sodass sie als feinstkristalliner Feststoff in schlecht kristallisierter Form ausgeschieden werden, miteinander verwachsen und verkleben. Daneben laufen bei der *Hydratation* der Zementbestandteile auch so genannte topochemische Reaktionen, d.h. chemische Umwandlungen direkt an der Oberfläche der Zementteilchen, ab, die zu den gleichen Reaktionsprodukten führen.

In Bild 3.15 sind die Entwicklungsstufen des Gefüges und die sich in Abhängigkeit davon einstellende Druckfestigkeit des Zements nochmals schematisch veranschaulicht. Teilbild a verdeutlicht, dass die Zementteilchen zunächst vom Anmachwasser umgeben sind, der Mörtel also verformbar ist, und dass von der Oberfläche her nadelförmige Ettringitkristalle wachsen, die (Teilbild b) nach einigen Stunden den Raum zwischen den Zementteilchen überbrücken, sodass dann eine Verformung nicht mehr möglich, d.h. der Mörtel erstarrt ist (c). Wesentlich langsamer formieren sich die Calciumsilicathydrate. Nur allmählich (d) verdrängen sie den Ettringit und bilden eine überaus feinkristalline und feinporige Silicatstruktur (e). Die Abmessungen der Hydratationsprodukte liegen im Bereich von 1 bis 100 nm. Sie haben deshalb die Eigenschaften von Gelen. Die Hydratationsprodukte einschließ-

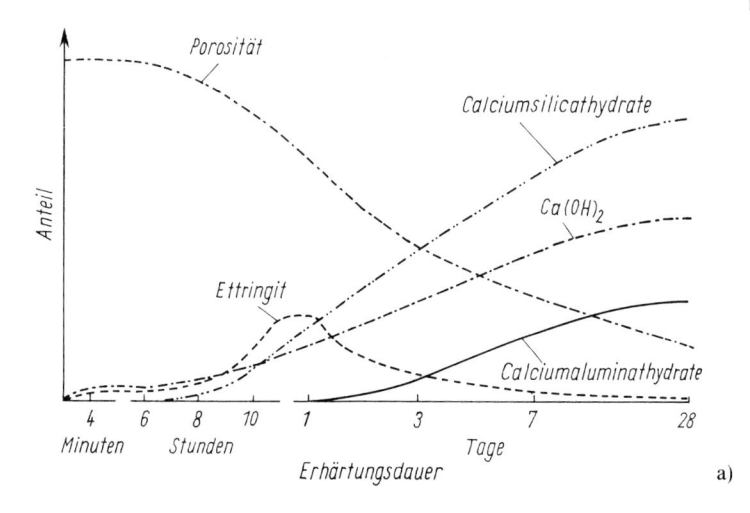

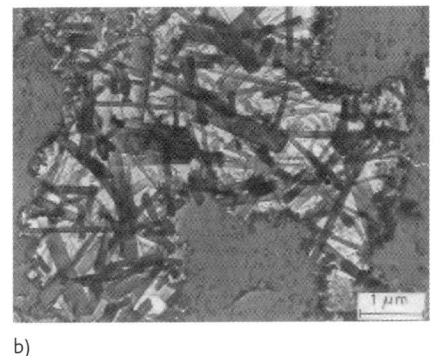

3.1 Übergang vom flüssigen in den kristallinen Zustand | 133

Bild 3.14 a) Bildung von Hydratphasen und Entwicklung der Porosität eines erhärtenden Portlandzements in Abhängigkeit von der Zeit; b) Zementbruchgefüge; während des Abbindevorganges entstandene Calciumsilicatverbindungen (nach H. Martin)

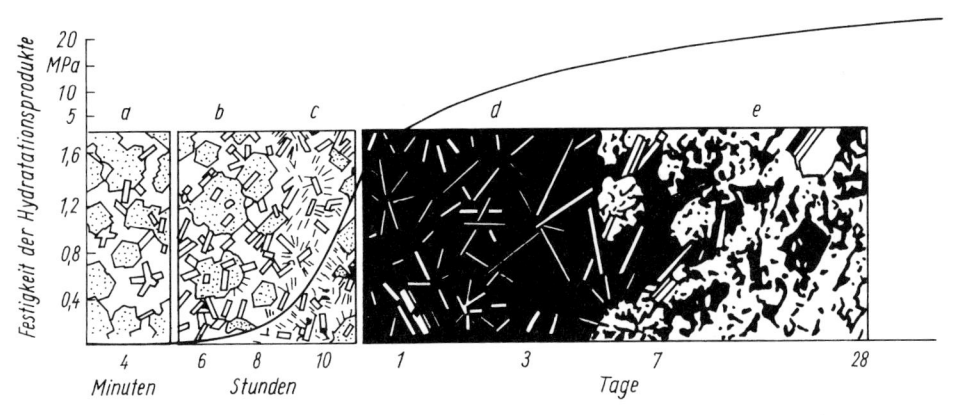

Bild 3.15 Struktur (schematisch) und Festigkeit des Zementsteins; Wasser/Zement = 1:2; Erhärtungstemperatur 22 °C (nach [3.6])

lich der zwischen ihnen befindlichen 2 bis 4 nm großen Poren, die mit Wasser gefüllt sind, das durch starke Adsorptionskräfte gebunden ist, bezeichnet man als *Zementgel*.

Die Geschwindigkeit der Hydratation und Verfestigung des Zements hängt von seiner Korngröße, von der mineralischen Zusammensetzung, von der Anmachwassermenge, von der Hydratationstemperatur und von den chemischen Zusätzen zum Anmachwasser ab. Die Festigkeit des hydratisierten Zements, des *Zementsteins*, beruht auf direkten Kristallkontakten und auf Kohäsionskräften zwischen den Gelteilchen. Das Zementgel hat eine spezifische Oberfläche von 200 bis 300 m^2/g. Der zwischen den Gelteilchen angelagerte und wenige Moleküllagen dicke Wasserfilm verfestigt den Zementstein, sodass Druckfestigkeiten bis zu etwa 200 MPa erreicht werden. Zwischen der Festigkeit und der Konzentration des Gelanteils existiert ein quantitativer Zusammenhang (Bild 3.16). Unter dem Begriff „Konzentration des Gelanteils" wird nach [3.6] das Verhältnis des Volumens des porenfreien Zementgels zu dem auszufüllenden Volumen aus Anmachwasser und verbrauchtem Zement verstanden. Der Begriff ist ein Maß für die Ausfüllung des Raums mit Feststoff und ein Volumenmaß für den Reaktionsumsatz des Zements.

Voraussetzung für die *hydraulische Erhärtung* der Zemente ist das Vorliegen der mit Wasser reaktionsfähigen Zementbestandteile, insbesondere die Verbindung Ca_3SiO_5. Aus diesem Klinkermineral entstehen beim Erhärtungsprozess in der wässrigen Phase Ca^{2+}-, OH^-- und SiO_4^{4-}-Ionen. Unter hydrothermalen Bedingungen ändern sich die Eigenschaften des Wassers als Lösungsmittel so stark [3.7], dass bei Temperaturen von über 150 °C und Drücken von über 5 bar Quarz aufgelöst wird und in der wässrigen Phase SiO_4^{4-}-Ionen vorhanden sind. Gibt man zu den Gemischen aus Quarzsand und Wasser Löschkalk hinzu, so erfolgt ähnlich wie beim Zement eine Bildung und Ausfällung der Calciumsilicathydrate und somit eine hydraulische Verfestigung, die so genannte Hydrothermal- oder Autoklaverhärtung. Sie wird bei Silikatbetonen und Porenbetonen großtechnisch praktiziert [3.8]. Der hydrothermale Erhärtungsprozess ist gegenüber der Normalerhärtung der Zemente, die 28 Tage dauert, in etwa 12 Stunden abgeschlossen.

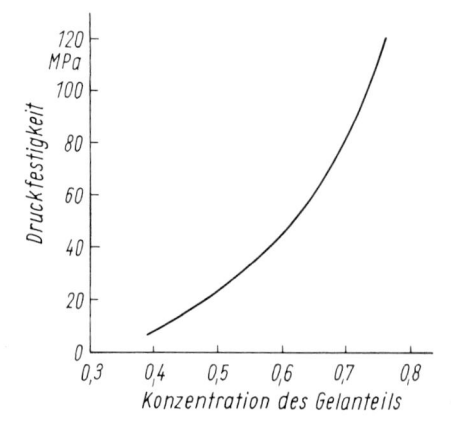

Bild 3.16 Druckfestigkeit des erhärtenden Portlandzements in Abhängigkeit von der Konzentration des Gelanteils

3.1.1.3 Kristallisation von unterkühlten Glasschmelzen (Entglasung)

Betrachtet man die Phasentrennung in unterkühlten Glasschmelzen (Abschn. 3.2.2) als einen Vorgang, der zu Bereichen mit verringerter freier Energie und damit höherer Ordnung führt, so liegt es nahe, unter Ausnutzung der Keimbildungs- und Kristallwachstumsprozesse den Vorgang bis zur vollständigen Kristallisation, d.h. der Entstehung eines polykristallinen Körpers, zu führen. Entsprechende Arbeiten hatten die Entwicklung einer neuen Werkstoffgruppe, der *Vitrokerame* bzw. der *Glaskeramik*, zur Folge. Die Bezeichnung deutet bereits auf die engen Beziehungen zu Glas- und kristallinem Zustand hin.

Die Herstellung von Vitrokeramen (Bild 3.17) geschieht in der 1. Verfahrensstufe nach der für Glas geltenden Technologie: Ein Gemenge geeigneter Zusammensetzung wird eingeschmolzen und zu Erzeugnissen verarbeitet. In der 2. Verfahrensstufe wird zunächst während einer Wärmebehandlung um 750 °C eine Aggregation in kleinsten Bereichen ausgelöst, sodass gleichartige Struktureinheiten in enge Nachbarschaft gebracht werden und sich eine homogene Keimbildung vollziehen kann. In gleicher Richtung wirken zugesetzte Nukleatoren wie TiO_2, ZrO_2, Cr_2O_3 oder P_2O_5, die zu einer heterogenen Keimbildung führen. Die im Ergebnis beider Keimbildungsvorgänge in der Glasphase entstandenen Primärkristalle wachsen, nachdem die Temperatur im zweiten Abschnitt dieser Verfahrensstufe um 50 K angehoben wurde, schließlich so lange, bis der völlige Übergang von der unterkühlten Glasschmelze zur polykristallinen Glaskeramik vollzogen ist.

Die gleichmäßige und dichte Verteilung der Kristallisationskeime hat zur Folge, dass sich viele kleine Kristalle innerhalb des gesamten Glasvolumens bilden, wodurch ein für die Eigenschaften günstiges Gefüge entsteht. Die Kristallgröße und der Kristallisationsgrad lassen sich über die Haltedauer im Temperaturbereich der

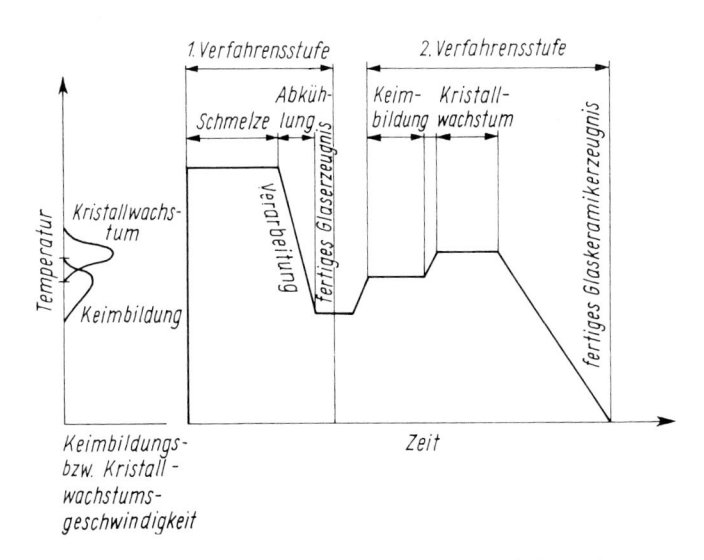

Bild 3.17 Temperaturschema für die Herstellung von Glaskeramikwerkstoffen

maximalen Keimbildungs- und Kristallwachstumsgeschwindigkeit beeinflussen, weshalb mit Recht von einer *gesteuerten Kristallisation* gesprochen werden darf. Wird die Kristallgröße sehr klein gehalten (unterhalb der Lichtwellenlänge) oder unterscheiden sich die Kristalle in ihrer Brechzahl nicht wesentlich von der der restlichen Glasphase, so erhält man eine *transparente Glaskeramik*. Der Kristallisationsprozess ist von keinerlei Volumenänderung begleitet. Die mit der Umwandlung des Glaszustandes in den kristallinen Zustand verbundenen Eigenschaftsänderungen einschließlich der Festigkeitssteigerung werden im wesentlichen durch die Art der Kristallphase, die Kristallgröße und den Kristallisationsgrad bestimmt.

Gläser des Systems Li_2O–Al_2O_3–SiO_2 bilden in Gegenwart eines Keimbildners (bevorzugt TiO_2) während der Wärmebehandlung Kristalle, die in der Hauptsache aus β-Eukriptit-SiO_2-Mischkristallen oder β-Spodumen-SiO_2-Mischkristallen bestehen. Die Kristalle haben einen sehr geringen bzw. sogar negativen thermischen Ausdehnungskoeffizienten, sodass derartige Vitrokerame eine Wärmedehnung um null aufweisen und für Erzeugnisse eingesetzt werden können, bei denen jede Wärmedehnung vermieden werden muss (Teleskopspiegel, Endmaße) oder Unempfindlichkeit gegenüber Temperaturschock (feuerfeste Herdabdeckungen) gefordert wird. Andererseits ist es möglich, den thermischen Ausdehnungskoeffizienten an den von Stahl oder anderer Metalle anzupassen. Das trifft für Vitrokerame auf der Grundlage Li_2O–MgO–SiO_2 zu. Damit lassen sich temperaturwechselbeständige und korrosionsfeste Auskleidungen von Behältern und Reaktionsgefäßen herstellen.

Mit dem Übergang in den kristallinen Zustand ist für spezielle Glaskeramiken auch – wie bei Metallen – die Möglichkeit einer spanenden Bearbeitung und Formgebung verbunden. Die kristalline Phase der *bearbeitbaren Vitrokerame* besteht überwiegend aus dem Fluorglimmer Phlogopit (Blattsilicat). Die Spaltbarkeit der Glimmerkristalle ist parallel den kristallographischen Basisflächen (Spaltflächen) aufgrund der schwachen Bindungskräfte zwischen diesen besonders erleichtert. Von außen angreifende Kräfte führen deshalb zu einer Verschiebung und Drehung der Kristallschichten parallel zur Spaltfläche. Eine Bruchausweitung senkrecht zur Basisfläche der Glimmerkristalle ist aus dem gleichen Grunde erschwert.

Die Festigkeit der Glaskeramik lässt sich bis auf den zehnfachen Wert des Ausgangsmaterials erhöhen, wenn in der Glasmatrix Kristalle mit einem größeren Ausdehnungskoeffizienten ausgeschieden werden [3.9]. Bei der Abkühlung entstehen dann in der Matrix Druckspannungen, die die Ursache für die Verfestigung sind (s. a. Abschn. 9.7.2).

Zunehmende Bedeutung gewinnen biokompatible und bioaktive Glaskeramiken in der Medizin als Implantate oder Knochenzemente [3.10].

3.1.2
Kristallisation von Polymeren

Für die Kristallisation von Polymeren gelten im Prinzip die gleichen thermodynamischen und kinetischen Gesetzmäßigkeiten wie für Metall- und Ionenkristalle. Wegen der von einer kugeligen oder kugelähnlichen Gestalt weit entfernten Form der

Makromoleküle ergeben sich jedoch einige Besonderheiten bei Kristallisation, Keimbildung und Kristallwachstum [3.11].

3.1.2.1 Einfluss der Molekülstruktur auf die Kristallisation

Neben den äußeren Bedingungen der Kristallisation wie Konzentration, Temperatur bzw. Abkühlungsgeschwindigkeit oder Art der Initiierung der Keimbildung haben die chemische bzw. physikalische Struktur der Makromoleküle (s. a. Abschn. 2.1.10.3) und die daraus resultierenden zwischenmolekularen Wechselwirkungen entscheidenden Einfluss.

Je einfacher, einheitlicher sowie chemisch und sterisch symmetrischer die Molekülketten aufgebaut sind, umso eher und auf umso größere Bereiche wird eine räumliche Ausrichtung benachbarter Moleküle möglich sein. Je komplizierter, uneinheitlicher und unsymmetrischer der Molekülaufbau oder je stärker die sterische Behinderung, die Verschlaufung verknäuelter Fadenmoleküle oder die Vernetzung der Molekülstrukturen ist, umso weniger wird sich eine Ordnung einstellen können. Die innere Energie U, die bei der Kristallisation einem Minimum zustrebt, ist am niedrigsten, wenn die Makromoleküle als gestreckte Ketten wie z. B. bei Polyethylen (PE) oder als schraubenförmige Helix wie beim Polyoximethylen (POM) vorliegen und weitestgehend parallel gelagert werden können (Abschn. 2.1.10.4). Infolge der Überlagerung und unterschiedlichen Wirkung weiterer kristallisationsbegünstigender wie auch hemmender Struktureinflüsse ist jedoch eine genaue Vorhersage weder über die Kristallisationsfähigkeit oder die Amorphie noch zu der sich ausbildenden Kristallstruktur von Polymeren möglich.

Die sterisch regelmäßige Struktur der Molekülkette ist eine zwar notwendige, aber nicht hinreichende Voraussetzung für die Kristallisation. Art und Größe der zwischenmolekularen Wechselwirkungen sind von ebensolcher Bedeutung. Während das Polyvinylidenchlorid (PVDC) [$-CH_2-CCl_2-$]$_n$ wegen der sich überlagernden Wirkung von Dispersions- und Dipol-Dipol-Kräften gut kristallisiert, zeigt das ähnlich gebaute Polyisobutylen (PIB) [$-CH_2-C(CH_3)_2-$]$_n$ eine Kristallisation nur bei starker Dehnung, weil die hier allein auftretenden Dispersionskräfte (s. a. Abschn. 2.1.5.5) die Molekülketten nicht genügend zusammenhalten können.

3.1.2.2 Keimbildung und Kristallwachstum

Bei Polymeren geht die Kristallisation ebenfalls von Keimen aus, die nach Gl. (3.6) und Bild 3.3 oberhalb des kritischen Keimradius r^* umso stabiler sind, je kleiner die Oberfläche des Keims gegenüber seinem Volumen ist. Daher zeigt auch bei Makromolekülen der sich bildende Keim das Bestreben, eine kugelförmige Gestalt anzunehmen. Da aber Δg_V nur dann einen genügend kleinen Wert annimmt, wenn die einzelnen Moleküle gestreckt und parallel gelagert sind, verbindet sich damit die Forderung, dass die Moleküle im Keim gefaltet sein müssen und eine optimale Faltungshöhe, die *kritische Keimbildungslänge*, nicht überschreiten dürfen.

Zunächst nahm man an, dass die Kristallisation mit der Bildung von *Fransenkeimen* einsetzt, indem sich teilweise gestreckte Kettenabschnitte verschiedener Makromoleküle parallel richten (Bild 3.18a). Zwischen solchen kristallinen Mikrobereichen und den sie umgebenden amorphen Gebieten besteht ein allmählicher Über-

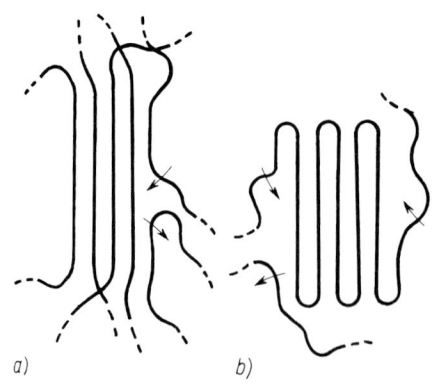

Bild 3.18 Schematische Darstellung von Kristallisationskeimen bei Polymeren. a) Fransenkeim aus parallel liegenden Makromolekülen; b) Faltungskeim aus einem in sich gefalteten Makromolekül

gang; es existieren keine Korngrenzen. Derartige Keime wurden beispielsweise bei Polyamid beobachtet [3.12]. Da ihrer Bildung aber erst eine Streckung der Moleküle über relativ weite Bereiche vorausgehen muss, erscheint diese Art Keimbildung erschwert, sofern die Ausrichtung nicht durch eine Fließorientierung in der hochviskosen Schmelze während des Urformens geschieht. Wahrscheinlicher und leichter vorstellbar dagegen ist, dass sich bereits in der Schmelze Teile der Einzelmolekülkette falten und so genannte *Faltenkeime (Faltungskeime)* bilden (Bild 3.18 b). Tatsächlich haben röntgenographische und elektronenmikroskopische Untersuchungen ergeben, dass bei den meisten kristallisationsfähigen Polymeren die Kristallbildung weitgehend über eine Faltung und Zusammenlagerung mehrerer Makromoleküle zu *Lamellen* erfolgt (Bild 3.19), die als Einkristalle anzusehen sind und je nach den Kristallisationsbedingungen eine Dicke von 10^{-8} bis 10^{-7} m haben können. Beim Polyethylen z. B. treten Molmassen von 10^4 bis 10^6 auf. Aus dem Abstand der C-Atome in der Kette (s. Bild 2.62) ergeben sich dann Moleküllängen von 10^{-7} bis 10^{-6} m, so-

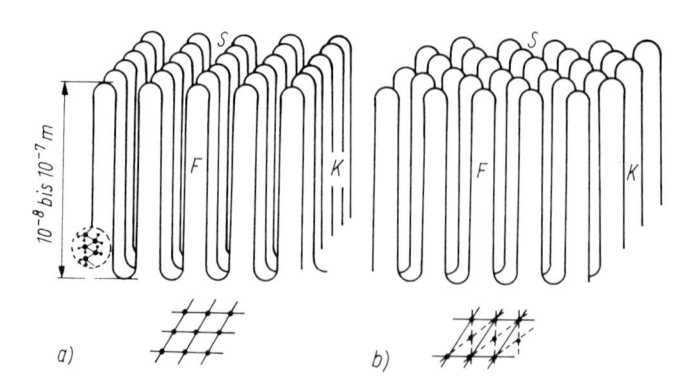

Bild 3.19 Schematische Darstellung der Bildung einer Lamelle durch Faltung von Makromolekülen (idealisierte Faltung). Ansicht von der Seite und Projektion von oben; a) Faltungen in gedeckter Lage (z. B. bei Polyamid); b) Faltungen auf Lücke (z. B. bei Polyethylen) *F* Faltenfläche, Wachstum durch Anlagerung weiterer Moleküle energetisch bevorzugt; *K* Kettenfläche, Anlagerung weiterer Moleküle erschwert; *S* Faltungsbögen- oder Schlaufenfläche, Anlagerung von Molekülen nicht ohne weiteres möglich

dass ein Makromolekül im gleichen Kristall mehrere hundert parallel liegende Falten haben kann. Infolge von Unregelmäßigkeiten in der Faltenbildung am Rande der Lamellen sowie der Erscheinung, dass benachbarte Lamellen durch einzelne Makromoleküle miteinander verbunden werden, entstehen dünne amorphe Zwischenbereiche, die als *Korngrenzen* der Lamellen (Kristalle) anzusehen sind. Sie lassen ein weiteres geordnetes Anlagern von Molekülen an den Faltenkeim in diesen Richtungen nicht ohne weiteres zu.

Es ist noch nicht völlig geklärt, warum knäuelförmige Makromoleküle unter Kettenfaltung kristallisieren. Eine thermodynamische Begründung wird darin gesehen, dass für eine bestimmte Faltungslänge, die kritische Keimbildungslänge, Δg_V ein Minimum einnimmt und daher die gefaltete Kette stabiler als die gestreckte ist. Die kinetische Begründung besagt, dass die Keimbildungslänge durch die Abmessungen der homogenen Primärkeime (s.u.) bestimmt wird und von der Unterkühlung und nicht von der Kristallisationstemperatur abhängt. Demnach sind Faltenkeime metastabil und unter allen anderen denkbaren Keimformen jene Keime, die am schnellsten wachsen.

Wie bei den Atom- und Ionenkristallen werden eine homogene und eine heterogene Keimbildung unterschieden. Im Falle der *homogenen* oder *thermischen Keimbildung* entstehen in der Schmelze ohne Beteiligung fremder oder bereits vorgebildeter Oberflächen allein durch die Unterkühlung spontan Primärkeime; beim Polyethylen z. B. bei Temperaturen von >50 K unter dem Kristallitschmelzpunkt. An solche Keime ist – die von den Faltungsbögen gebildeten Flächen ausgenommen – eine allseitige Anlagerung weiterer Ketten möglich (Bild 3.19). Die *heterogene Keimbildung* geht von fremden Grenzflächen aus, wie Werkzeugwänden, Verunreinigungen oder absichtlich zugesetzten Keimbildnern (Impfen). Dabei kann die Anlagerung teilweise räumlich eingeschränkt sein.

Dienen die beim Aufschmelzen eines polymeren Materials erhalten gebliebenen Bruchstücke der vorherigen kristallinen Ordnung als Keime, dann spricht man von einer *athermischen* oder *verschleppten Keimbildung*. Heterogene und athermische Keimbildung bezeichnet man auch als *sekundäre Keimbildung*. Sie erfordert eine geringere Unterkühlung. Zur Erhöhung von Keimkonzentration und Kristallisationsgeschwindigkeit sowie zur Erzielung eines feinkristallinen Gefüges werden polymeren Schmelzen in bestimmten Fällen Fremdkeime zugesetzt, so dem Polyamid anorganische kristalline Stoffe, z. B. Alkalisalze, oder anorganische Farbpigmente.

Die Keimgröße liegt bei einem Volumen von 10^{-27} bis 10^{-25} m^3 und nimmt mit wachsender Unterkühlung ab. Da ein Polyethylenmolekül ein Volumen von etwa 10^{-24} m^3 einnimmt, reichen für die Bildung eines stabilen Keimes bereits Teile einer Molekülkette aus [3.12]. Die *Keimkonzentration* einer homogenen (primären) Keimbildung ist bei den einzelnen Polymeren sehr unterschiedlich. Während sie sich bei Polyethylen auf $<10^{12}$ Keime je cm^3 beläuft (ein Grund dafür, dass sich auch bei extrem rascher Abkühlung eine Kristallisation nicht unterdrücken lässt!), liegt sie für Polyethylenoxid [–CH$_2$–CH$_2$–O–]$_n$ bei >1 Keim je cm^3 [3.13].

Die lineare *Kristallwachstumsgeschwindigkeit* v_w ist von Polymer zu Polymer außerordentlich verschieden, da sie von der Konfiguration und Konformation abhängt. Symmetrisch aufgebaute Makromoleküle kristallisieren sehr rasch (Polyethylen:

$v_\mathrm{w} = 5\,000 \cdot 10^{-6}$ m min^{-1}; Polyoximethylen: $v_\mathrm{w} = 1\,200 \cdot 10^{-6}$ m min^{-1}). Sperrige Seitengruppen hingegen setzen die Werte stark herab (isotaktisches Polypropylen: $v_\mathrm{w} = 20 \cdot 10^{-6}$ m min^{-1}; Polyvinylchlorid: $v_\mathrm{w} = 0{,}01 \cdot 10^{-6}$ m min^{-1}) [3.10]. Außerdem hat auch analog Bild 3.8 die Unterkühlung einen großen Einfluss. v_w ist sowohl kurz unterhalb der Kristallitschmelztemperatur T_S, weil sich die noch nicht stabilen Keime rasch wieder auflösen, als auch in der Nähe der Einfriertemperatur der unterkühlten Schmelze T_E (s. Abschn. 3.2) wegen der geringen Beweglichkeit der Molekülsegmente klein. Folglich wird v_w zwischen T_S und T_E bei der Temperatur $T_{\mathrm{K\,max}}$ einen Höchstwert durchlaufen. Faustregeln besagen, dass (T in K angegeben) $T_\mathrm{E} = (0{,}48$ bis $0{,}69) \, T_\mathrm{S}$ und $T_{\mathrm{K\,max}} = 0{,}89 \, T_\mathrm{S}$ [3.13].

Bei der Kristallisation können drei Wachstumsformen, zwischen denen viele Übergänge möglich sind, unterschieden werden. Beim *Facettenwachstum* entstehen rauten- oder rhombenförmige Kristallite mit gut ausgebildeten Grenzflächen, aber großer Grenzflächenarmut, da das Wachstum praktisch nur an den Faltenflächen F der Lamellen möglich ist (s. Bild 3.19). Die Rhomben stellen *Zwillinge* mit den kristallographischen Achsen als Diagonalen dar und zeigen Spiralwachstum durch Schraubenversetzung. Das *Dendritenwachstum* tritt auf, wenn die Kristallite in einer unterkühlten Schmelze bevorzugt in Richtung eines großen Temperaturgefälles hin wachsen. Es ist nicht an bestimmte Grenzflächen gebunden und führt zu bandförmigen Gebilden oder bei allseitiger ungehinderter Ausbreitung (Bild 3.20) zu kugelförmigen Kristalliten, so genannten *Sphärolithen*. Die *mikrokristalline Erstarrung* schließlich ist dadurch gekennzeichnet, dass die zwischen den bereits gebildeten und angewachsenen Kristallkeimen liegenden Moleküle oder Molekülteile lediglich ihre Ordnung zueinander noch verbessern.

Die kristallinen Bereiche sind bei Polymeren im Vergleich zur Moleküllänge klein. Dadurch wird ein Makromolekül meist mehreren Kristalliten angehören. Dazwischen liegen im Allgemeinen Gebiete mit amorpher Struktur (Bild 3.21). Nur in wenigen Fällen ist ein Kristallisationsgrad von $\geq 95\%$ erreicht worden. Die technischen Polymerwerkstoffe liegen entweder im *teilkristallinen Zustand* (Kristallinität allgemein 40 bis 60%, bei einigen maximal 80 bis 85%) oder im amorphen Zustand vor. Für das mechanische Verhalten sind die amorphen Bereiche bedeutungsvoll. Völlig kristalline Polymere wären sehr spröde. Auf den orientierten Zustand infolge Ausrichtung der Molekülfäden unter äußerer Beanspruchung wird im Abschnitt 9.1.2 eingegangen.

Unter günstigen Kristallisationsbedingungen oder auch infolge einer nachträglichen Wärmebehandlung ist das Wachstum der Lamellen an den Faltenflächen nahezu unbegrenzt möglich, sodass Faltungsblöcke von $(1{,}5$ bis $10) \cdot 10^{-8}$ m Dicke, wie bei Polyethylen, entstehen können. Ordnen sich solche Blöcke beim Abkühlen radial zu größeren polykristallinen Einheiten, dann entstehen Sphärolithe, d. h. *kugelförmige Überstrukturen*, deren Durchmesser von $<0{,}1$ bis >1 mm reichen. Die Lamellenpakete, die meist gegeneinander verdreht sind, liegen radial hintereinander gereiht, sodass die gefalteten Makromoleküle tangential ausgerichtet sind. Zwischen den einzelnen Kristalliten befinden sich amorphe Zwischenbereiche. Werden zudem noch während des Wachstums Verzweigungen gebildet, so entstehen weniger gleichmäßige *garbenförmige Sphärolithe*, wie sie schematisch für Polyamid in Bild 3.22 dargestellt

Bild 3.20 Schematische Darstellung der Sphärolithbildung durch allseitiges radiales Wachstum von Lamellen (nur in einer Ebene und idealisiert dargestellt)

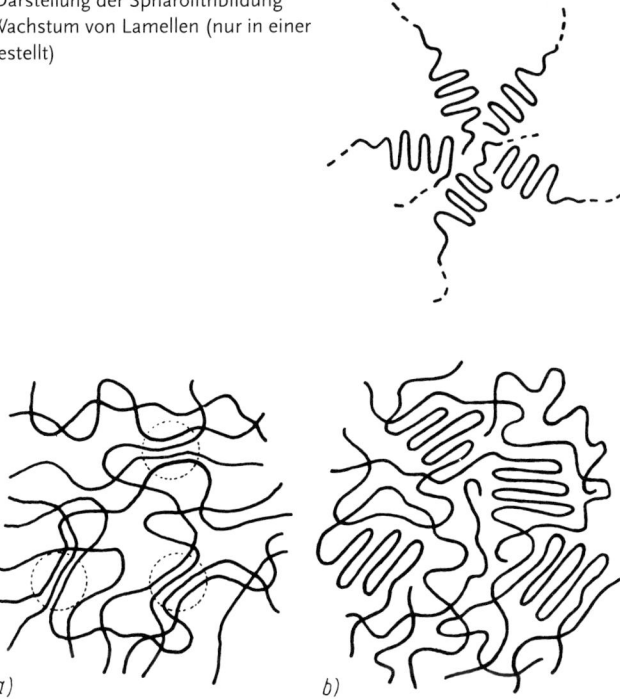

Bild 3.21 Schematische Darstellung eines Gefüges mit kristallinen und amorphen Bereichen. a) Kristalline Bereiche durch Fransen; b) kristalline Bereiche durch Faltung

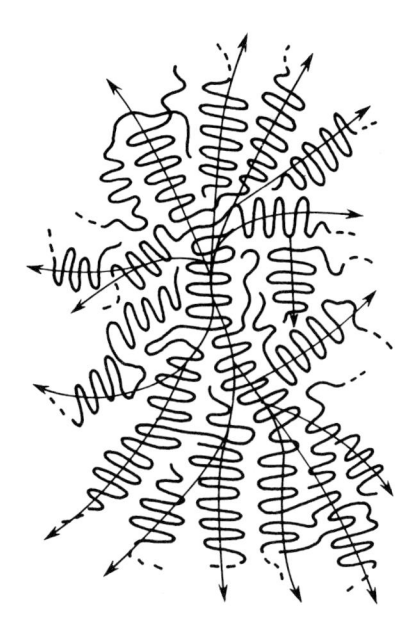

Bild 3.22 Schematische Darstellung eines garbenförmigen Sphärolithen (Polyamid)

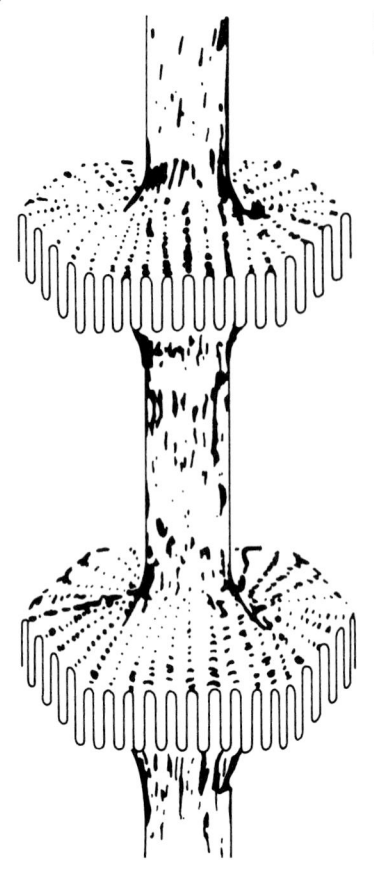

Bild 3.23 Schematische Darstellung einer Schaschlyk-Struktur (lineares Polyethylen; nach [3.12])

sind. Kristallisieren schließlich Faltungsblöcke ungestört seitlich an Fibrillen an, dann formieren sich die Makromoleküle zu so genannten „Schaschlyk"-Strukturen, die z. B. an linearem Polyethylen nachgewiesen werden konnten (Bild 3.23).

Für die Praxis bringen kristalline Überstrukturen meist Nachteile. So konnte an Polyethylen, Polyoximethylen und Polyamid PA 6.6 festgestellt werden, dass sie bei mechanischer Beanspruchung durch Rissbildung an den Korngrenzen (amorphen Zwischenbereichen) stärker gefährdet sind. Die Werkstoffe sind spröder als solche mit feinkörnigem Gefüge.

3.1.3
Abscheidung aus kolloidalen Lösungen

Die Abscheidung einer kristallinen oder glasigen Phase aus einem kolloiddispersen System verläuft über eine *Sol-Gel-Umwandlung*. Aus einer Lösung der Ausgangsstoffe wird, vorwiegend durch Hydrolyse, die kolloide Dispersion, das Sol, erhalten. In ihm liegt die dispergierte Phase mit einem mittleren Teilchendurchmesser von

1 bis 500 nm kolloiddispers vor. Das Sol ist damit bezüglich der Teilchengröße zwischen den molekulardispersen Lösungen und den grobdispersen Systemen (Aufschlämmung, Suspension) einzuordnen. Der hohe Zerteilungsgrad der kolloiddispersen Phase bedingt eine große Oberfläche, durch die verschiedene Eigenschaften maßgeblich geprägt werden.

Kolloide Dispersionen sind wesentlich energiereicher als entsprechende Stoffsysteme im kompakten oder grobdispersen Zustand und erhalten ihre Stabilität aus elektrischen Oberflächenladungen oder adsorbierten grenzflächenaktiven Verbindungen (Tenside).

Durch die Aufhebung der stabilisierenden Einflüsse, durch Änderung der Art oder Verringerung der Menge des Dispersionsmittels gehen die formindifferenten Sole in einen makroskopisch höher konsistenten, häufig pastenartigen, aber stets plastisch leicht verformbaren Zustand über, der als Gel bezeichnet wird. Dabei bilden sich räumlich vernetzte Strukturen mit einer relativen Formstabilität. *Reversible Gele* lassen sich wieder in den Solzustand zurückführen, im anderen Fall handelt es sich um *irreversible Gele*, die nur noch begrenzt quellfähig sind.

Die Gele enthalten auch im getrockneten Zustand noch erhebliche Mengen an Dispersionsmittel (in der Regel Wasser). Beim Erhitzen wird dieses jedoch abgegeben, sodass sich zwischen den dispersen Teilchen stärkere Attraktionskräfte entwickeln können, die einen Aggregationsprozess und damit einen mechanischen Zusammenhalt bewirken.

Ein Sol lässt sich durch Dispergieren frisch gefällter Hydroxide oder durch Hydrolyse der entsprechenden Salze erhalten. Zunehmend geht man von metallorganischen oder siliciumorganischen Verbindungen aus. Im Falle der in Alkohol leicht löslichen Alkoxsilane $Si(OR)_4$ mit $R = -CH_3, -C_2H_5$ usw. wird durch Wasserzusatz und unter Mitwirkung von Katalysatoren bei Abspaltung von Alkohol die Hydrolyse hervorgerufen [3.14]:

$$Si(OR)_4 + H_2O \rightarrow SiO_2 + 4\,ROH$$

Gleichzeitig setzt eine partielle Kondensation zu kettenförmigen Kolloiden ein (Solbildung).

Die Gelbildung verläuft als ein gesteuerter weiterführender Prozess unter zunehmender Agglomeration bzw. Vernetzung nach dem folgenden Schema:

Nach Abtrennung des Dispersionsmittels wird getrocknet und im Falle der Pulvergewinnung bei Temperaturen zwischen 400 und 800 °C kalziniert. Man erhält das kristalline Endprodukt in oxidischer Form mit einstellbarer Kornfeinheit in sehr reinem und homogenem Zustand und mit erhöhter Sinteraktivität. Der Übergang vom Gel zum Glas vollzieht sich durch Sintern bei Temperaturen im Einfrierbereich (s. Abschn. 3.2) oder wenig darüber. Für Kieselglas aus SiO_2-Gel sind bereits 600 bis 1 000 °C ausreichend.

Die *Sol-Gel-Technik* ermöglicht z. B. die Herstellung spezieller Gläser in dünnen Schichten, Filmen oder Fasern unter Umgehung der Schmelzphase oder feindisperser und sehr homogen dotierter Pulver für keramische Erzeugnisse. Neben Si- und Al-Oxidpulvern werden heute auch Pulver aus Ti-, Nb-, Zr-, Hf-Oxid und weitere Übergangsmetalloxidpulver höchster Reinheit (Gesamtverunreinigungsgehalt $\leqq$ 100 ppm) gewonnen [3.15]. Die Anwendung von Nano-Pulvern als Ausgangsmaterial für Keramikwerkstoffe führt zu einer deutlichen Senkung der Sintertemperatur und gewährleistet in Verbindung mit angepassten Formgebungsverfahren ein defektarmes Gefüge. Es lassen sich gegenüber Korrosionseinflüssen und hohen Temperaturen beständige keramische Filterschichten herstellen, die bei einer Dicke von 10 bis 30 µm einen Porendurchmesser von wenigen bis 100 nm aufweisen. Vorteile durch die Sol-Gel-Technologie ergeben sich bei der Fertigung von hochreinen und gezielt dotierten Kieselglasfasern für die Nachrichtenübertragung sowie bei der Herstellung von Bausteinen für die optische Nachrichtentechnik.

Mittels der Sol-Gel-Technik aufgebrachte dünne Schichten erhöhen infolge ihrer speziellen Eigenschaften oder der resultierenden Eigenschaftskombinationen den Gebrauchswert und den Anwendungsbereich von Erzeugnissen in bemerkenswertem Maße. Als Beispiel sei die Werkstoffgruppe der Ormocere (Organically Modified Ceramics) angeführt, bei der molekulare Netzwerke anorganischer Keramiken und Gläser mit denen organischer Polymerer ineinander wachsen. Hauchdünne Silicatschichten erhöhen die Oberflächenhärte, während gleichzeitig die Flexibilität und das geringe Gewicht des Polymerwerkstoffs erhalten bleiben (Brillengläser).

Aufgrund ihrer Stellung zwischen atomaren Bausteinen der Materie und festen Körpern zeigen Nanopartikel im Verbund häufig neue und überraschende Eigenschaften. Dazu gehören u. a. schnelle elektronisch gesteuerte Änderungen der Steifigkeit, der Lichtdurchlässigkeit und der Farbe.

3.2
Übergang in den Zustand der unterkühlten Schmelze und in den Glaszustand

Auch bei einem prinzipiell kristallisierbaren Stoff reichen gegebene strukturelle Voraussetzungen allein nicht aus, ihn unterhalb der Schmelztemperatur T_S auch tatsächlich in den thermodynamisch stabilen kristallinen Zustand zu überführen. Die Kristallisation unterbleibt, wenn die dazu notwendigen Mindestwerte für Keimbildungshäufigkeit und Kristallwachstumsgeschwindigkeit z. B. durch sehr schnelles Abkühlen der Schmelze unterschritten werden. Infolge des Aufhörens der makrobrownschen Bewegung und des starken Viskositätsanstiegs haben die Stoffbausteine keine Möglichkeit mehr, einen Kristall zu bilden. Der Stoff geht stetig aus dem Zustand der Schmelze in den Zustand der unterkühlten Schmelze und danach in den Glaszustand über. Nichtkristallisierbare Stoffe behalten bei der Abkühlung und Erstarrung grundsätzlich ihren amorphen Zustand, wie er in der Schmelze vorliegt, bei (s. a. Abschn. 2.2.1).

Polymere und silicattechnische Werkstoffe lassen sich bei geeigneter Abkühlung bleibend in den Zustand einer unterkühlten Schmelze überführen. Dabei liegen amorphe Polymere und anorganische Gläser in einem thermodynamisch stabilen Zustand, kristallisierbare Polymere und silicattechnische Werkstoffe aber in einem thermodynamisch metastabilen Zustand vor.

Da die Größe der Entropie S ein Maß für den molekularen Ordnungszustand darstellt, lassen sich mit ihrer Hilfe Veränderungen des Unordnungs- bzw. Ordnungszustandes beschreiben. Wie Bild 3.24 zeigt, nimmt die Entropie bei der kristallinen Erstarrung sprunghaft um ΔS ab. Der allmählichere Übergang (Kurventeil 6) in die Kurve 5 ist dadurch bedingt, dass die Kristallisation mit endlicher Geschwindigkeit abläuft. Im Zuge der weiteren Abkühlung des festen Kristalls (Kurve 5) wird der Ordnungszustand nur noch geringfügig, vor allem infolge der stetigen Abnahme der Wärmebewegungen der Bausteine um ihre Gleichgewichtslagen, verbessert. Bei $T = 0$ K schließlich haben alle Bausteine die höchstmögliche Ordnung erlangt, in der sie nur noch Nullpunktschwingungen ausführen.

Wird die Kristallisation unterdrückt, ist die Abkühlung aus der Schmelze (Kurventeil 1) zwar auch mit einer Verbesserung der Ordnung verbunden (Kurventeil 2), sie ist jedoch wesentlich geringer als beim Übergang zum Kristall. Der damit gegebene Zustand wird als *unterkühlte Schmelze* bezeichnet. Er wird von der Schmelztemperatur T_S und der Einfriertemperatur T_E eingegrenzt. Je mehr sich T der Einfriertemperatur annähert, umso flacher verläuft die $S(T)$-Kurve und umso geringer wird der Ordnungszuwachs, da die mikrobrownschen Bewegungen immer mehr abnehmen. Die Struktur des Stoffes ist der der Schmelze weitgehend ähnlich, sie ist amorph (s. a. Abschn. 2.2.1). Wie Bild 3.24 b verdeutlicht, zeigen auch andere Größen, wie z. B. die Enthalpie oder das Volumen, einen der Entropie S analogen, den Übergang in den kristallinen bzw. in den Zustand der unterkühlten Schmelze wiedergebenden Verlauf.

Wird eine unterkühlte Schmelze weiter abgekühlt, so erfolgt entweder bei kristallisierbaren Stoffen eine spontane Kristallisation (Übergang von Kurve 2 auf Kurve 5), wobei der Stoff aus dem metastabilen in den stabilen Zustand übergeht, oder der Stoff geht, wenn die kinetischen und strukturellen Voraussetzungen hierfür nicht gegeben sind, bei T_E in den *Glaszustand* über. Die $S(T)$-Kurve 2 führt nicht in Richtung auf den Koordinatenursprung (Kurventeil 3), sondern knickt bei T_E ab und verläuft (Kurventeil 4) mit einem kleineren Temperaturkoeffizienten weiter. Mit dem Unterschreiten der Einfriertemperatur ist die Viskosität des Stoffes so groß geworden ($\geq 10^{12}$ Pa s), dass eine weitere Verbesserung der Ordnung durch Lagenveränderungen der Bausteine stark behindert ist. Die Wahrscheinlichkeit für Platzwechsel nimmt rapide ab, und die mikrobrownsche Bewegung friert ein. Der Stoff hat die Eigenschaften eines Festkörpers, seine Struktur ist amorph.

Wie die Kristallisation ist auch der Übergang unterkühlte Schmelze–Glas durch eine wenn auch nicht so stark ausgeprägte Änderung der Temperaturabhängigkeit

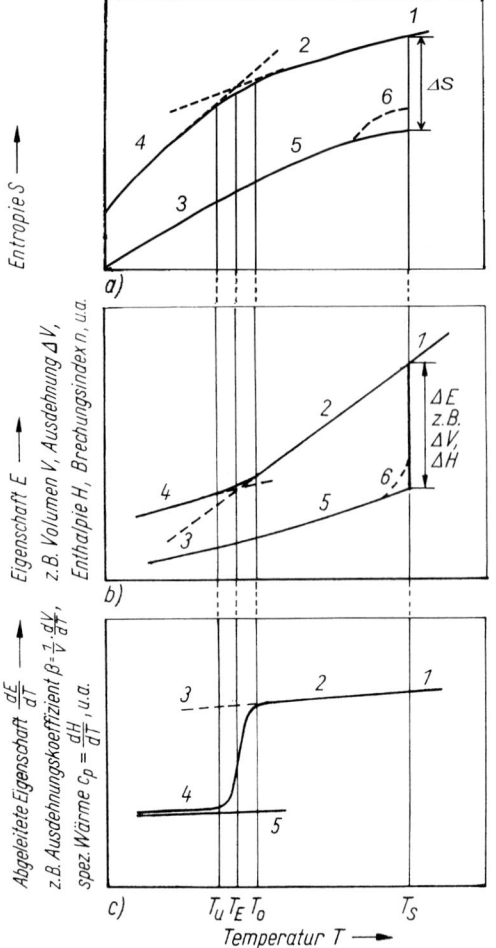

Bild 3.24 Schematische Darstellung der Eigenschafts-Temperatur-Kurven von Polymeren und silicattechnischen Werkstoffen. T_S Schmelztemperatur (Schmelzpunkt, Liquidustemperatur); T_E Einfriertemperatur (Transformationstemperatur); T_u bzw. T_o untere bzw. obere Grenze des Einfriertemperaturbereiches; ΔE Eigenschaftsänderung am Schmelzpunkt; ΔH Schmelzenthalpie; ΔV Volumenänderung am Schmelzpunkt; ΔS Schmelzentropie. 1 Schmelze (flüssiger Zustand); 2 Zustand unterkühlter Schmelze; 3 Gleichgewichtszustand der unterkühlten Schmelze; 4 Glaszustand; 5 kristalliner Zustand; 6 Bereich der zeitabhängigen Bildung der Kristallite

bestimmter Eigenschaften gekennzeichnet, mit deren Hilfe sich umgekehrt die Einfriertemperatur ermitteln lässt. Sie ergibt sich entweder aus den Schnittpunkten der verlängerten Kurven 2 und 4 (Bild 3.24b) oder, wenn man die Ableitung der betreffenden Eigenschaft nach der Temperatur bildet, als Mittelwert der den Steilabfall eingrenzenden Temperaturen T_u und T_o (Bild 3.24c). Das von diesen Temperaturen eingeschlossene Temperaturgebiet wird als *Einfrierbereich* bezeichnet.

Im Glaszustand befindet sich der Stoff im Vergleich zum Kristall in einem thermodynamischen Ungleichgewicht, im Hinblick auf den Zustand der unterkühlten Schmelze aber in einem thermisch-strukturellen Ungleichgewicht. Das kommt auch im Verlauf der Entropie S zum Ausdruck, da der Stoff hinsichtlich der Ordnung seiner Bausteine die Entropie der unterkühlten Schmelze bei T_E beibehält. Der Abfall der Kurve 4 rührt nur noch von den mit der Temperatur abnehmenden Wärmeschwingungen der Bausteine her. Im Glaszustand befindliche amorphe poly-

Bild 3.25 Abhängigkeit des Einfriervorganges von der Abkühlungsgeschwindigkeit. T_S Schmelztemperatur; T_{E2} Einfriertemperatur bei schneller Abkühlung; T_{E1} Einfriertemperatur bei langsamer Abkühlung; *1* Schmelze (flüssiger Zustand); *2* Zustand unterkühlter Schmelze; *3* Gleichgewichtszustand der unterkühlten Schmelze bei extrem langsamer Abkühlung von T_2 auf T_1; *4* Glaszustand bei schneller Abkühlung; *5* Glaszustand bei langsamer Abkühlung; *6* Eigenschafts-Temperatur-Kurve bei schneller Erwärmung von T_1 auf T_2; a) langsame Eigenschaftsnachwirkung im Glaszustand zum Gleichgewichtszustand 3 hin; b) rasche Eigenschaftsnachwirkung nach schneller Erwärmung

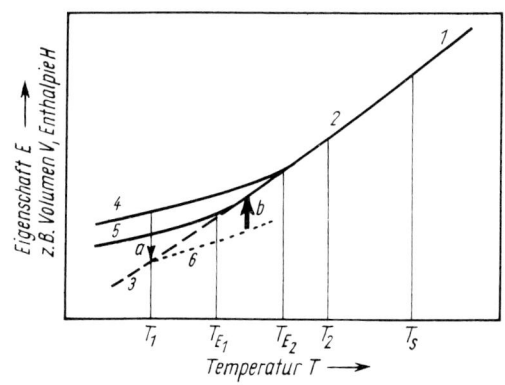

mere und silicatische Stoffe versuchen den stabilen Zustand der unterkühlten Schmelze wieder einzunehmen (Übergang von Kurve 4 zu Kurve 3), kristallisierbare Stoffe hingegen den des Kristalls, indem sie entglasen.

Dass bei T_E tatsächlich ein Einfrieren der Bausteinbewegungen und keine Umwandlung eintritt, kann experimentell dadurch gezeigt werden, dass sich bei schneller Abkühlung T_E zu höheren Temperaturen verschiebt und bei extrem langsamer Temperaturerniedrigung das Abknicken der Kurve in den Glaszustand sogar ausbleibt (Bild 3.25). Der Verlauf der Kurve 2 zu 3, 4 oder 5 ist also von der Geschwindigkeit der Abkühlung abhängig. Durch *Nachwirkungen* (Pfeil a) versucht der Stoff, seinen stabilen Zustand (Kurve 3) einzunehmen. Umgekehrt gelangt er bei sehr schneller Erwärmung in einen instabilen Zustand (Kurve 6), aus dem er durch Nachwirkungen (Pfeil b) den stabilen Zustand der unterkühlten Schmelze zu erreichen sucht. Außer durch die Abkühlungsgeschwindigkeit lässt sich die Lage von T_E auch durch andere, die Bausteinbeweglichkeit beeinflussende Maßnahmen verändern. Wird z. B. bei Polymeren die Beweglichkeit der Moleküle durch die Zugabe von Weichmachern oder – über eine Mischpolymerisation oder Polymermischung – anderen Polymeren mit niedrigeren Einfriertemperaturen erhöht, so erniedrigt sich T_E.

Bei anorganischen Gläsern treten zwischen T_S und T_E häufiger *Entmischungen* auf (Abschn. 3.2.2). Darunter versteht man die Trennung in mehrere Phasen, die unterhalb T_E als emulsionsartig vermischte Mikrophasen in der Größe von einzelnen Molekülaggregationen bis zu mikroskopisch wahrnehmbaren Tröpfchen erhalten bleiben. Art und Größe der Mikrophasen bestimmen die Eigenschaften der Gläser in starkem Maße. An den Phasengrenzflächen bestehen günstige Voraussetzungen für eine Entglasung, d. h. eine Kristallisation des Glases (s. Abschn. 3.1.1.3).

Wie schon eingangs des Abschnitts 2.2 erwähnt, ist der Zustand der unterkühlten Schmelze wie auch der Glaszustand für die praktische Nutzung von Polymeren und silicatischen Gläsern von grundsätzlicher Bedeutung. Aus Tabelle 3.1 geht hervor, dass zahlreiche Polymere, vor allem jedoch Elastomere, im Zustand der unterkühl-

3 Übergänge in den festen Zustand

Tab. 3.1 Schmelztemperatur T_S und Einfriertemperatur T_E für ausgewählte Polymere und silicattechnische Werkstoffe (E Elastomere; T Thermoplaste)

Werkstofftyp	T_S °C	T_E °C
Polyisobutylen E	100 ... 130	–74 ... –60
Naturkautschuk E	–[1])	–72
Polyethylen T	110 ... 140	–68
Polyurethan-Kautschuk E	–[1])	–40 ... +20
Polyvinylacetat T	60 ... 80	28 ... 31
Polyvinylchlorid T	80 ... 160	75
Polystyren T	120 ... 160	90 ... 100
Polymethylmethacrylat T	120 ... 150	≈ 100
Polyurethan-Hartschaum	–[1])	120 ... 200
Kieselglas	1723	≈ 1200
Natronsilicatglas (Fensterglas)	etwa 900	540
Borosilicatglas (chemisch-technisches Glas)	etwa 1000	570

Bei amorphen Thermoplasten vollzieht sich das Aufschmelzen in einem weiten Erweichungs- oder Schmelzbereich, der sich mit zunehmender Uneinheitlichkeit des Polymerisationsgrades noch verbreitert. Schmelz- und Erweichungstemperatur erhöhen sich außerdem mit der Molmasse.
[1]) Vernetzte Polymere lassen sich nicht mehr aufschmelzen.

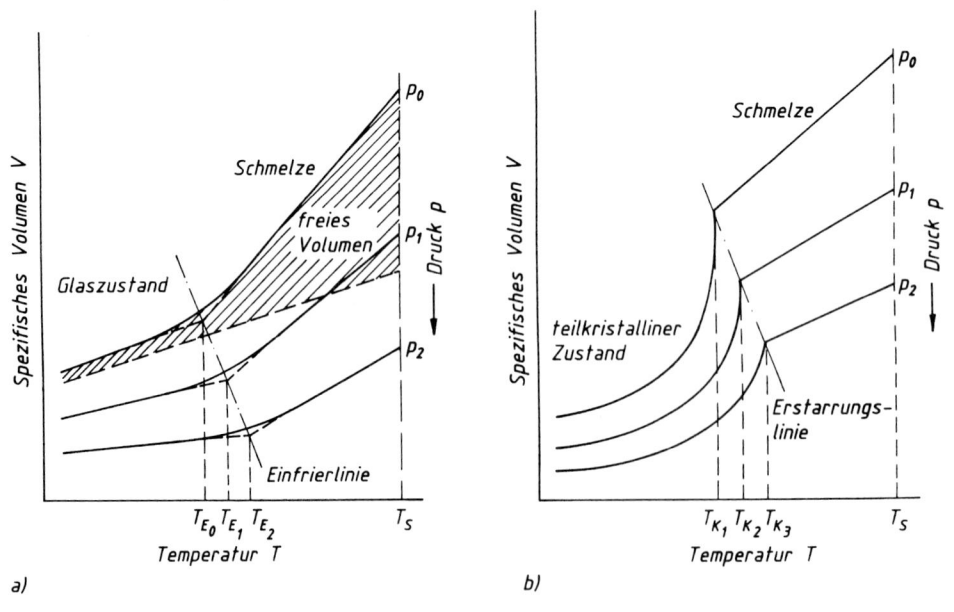

Bild 3.26 p-V-T-Diagramme eines amorphen (a) und eines teilkristallinen (b) Thermoplasts; T_E Einfriertemperatur; T_S Schmelztemperatur; T_K Kristallisationstemperatur

ten Schmelze, der bei diesen Werkstoffen oft bis weit unter die Raumtemperatur reicht, technisch angewendet werden. Kristallisierbare Polymere kristallisieren dann während des Gebrauchs nach (s. Abschn. 4.1.5). Andere Polymere, vorzugsweise Thermoplaste, und anorganische Gläser werden im Glaszustand eingesetzt.

In der Polymerschmelze befindet sich zwischen den Makromolekülen ein „freies Volumen" (Leerstellen), das mit der Temperatur ansteigt (Bild 3.26a), unterhalb der Einfriertemperatur des Polymeren (Glaszustand) aber ebenfalls eingefroren ist. Findet eine teilweise Kristallisation des Polymeren statt, sinkt das spezifische Volumen sprunghaft ab (Bild 3.26b). Bild 3.26 zeigt ferner, dass mit steigendem Druck p das spezifische Volumen und der Anstieg der V/T-Kurven vermindert werden [3.16].

3.2.1
Änderung der Viskosität bei der amorphen Erstarrung

Ein wesentliches Charakteristikum der amorphen Erstarrung von Schmelzen ist die über einen weiten Temperaturbereich kontinuierliche Änderung der *Viskosität*[1]. Sie ergibt sich aus den Besonderheiten des amorphen Zustandes und ist für die Verarbeitung, insbesondere das Ur- und Umformen der betreffenden Stoffe, entscheidend.

Die Schmelzen der Polymeren bestehen aus denselben fadenförmigen Makromolekülen, die vorher durch bestimmte Aufbaureaktionen gebildet wurden, wenn man davon absieht, dass sie bei zu hohen oder zu lange einwirkenden Temperaturen infolge Kettenabbau, Depolymerisation, Pyrolyse und nicht gewollter Vernetzung thermisch geschädigt werden können. Wird die Temperatur der Schmelze erniedrigt, dann nimmt die kinetische Energie ab, und die zwischenmolekularen Wechselwirkungen werden stärker. Damit werden die Platzwechselmöglichkeiten der Moleküle immer mehr eingeschränkt und zugleich auch die mikrobrownschen Bewegungen der Molekülsegmente und Seitengruppen schwächer, sodass die Viskosität stark ansteigt oder, was dasselbe ist, das Fließvermögen des Polymeren rapide abnimmt. Polymerschmelzen und unterkühlte Schmelzen zeigen ein *nichtnewtonsches Fließen*, das durch Fließanomalien wie die Strukturviskosität und die Entropieelastizität oder die Relaxation gekennzeichnet ist. Dieses Verhalten ist nicht nur für das Urformen und Umformen von Polymerwerkstoffen zu Formteilen oder Halbzeugen von Bedeutung. Es bedingt auch das bei allen mechanischen Beanspruchungen für Polymere charakteristische zeit- und beanspruchungsabhängige viskoelastische und viskose Verformungsverhalten (Abschn. 9.3).

In silicatischen Schmelzen sind die Strukturelemente bereits miteinander zu größeren Baugruppen verbunden. Die zwischen ihnen bestehenden Ionenbindungen öffnen und schließen sich ständig. Die gebildeten dreidimensionalen und weitgehend ungeordnet verknüpften Netzwerkstücke sind die Ursache der relativ hohen Viskosität der Schmelze. Mit abnehmender Temperatur sinkt die kinetische Energie des Systems. Es wächst die Wahrscheinlichkeit eines weiteren Zusammenschlusses von Baugruppen zu größeren Struktureinheiten, sodass sich das für Glas typische Netzwerk ausbilden kann, wobei die Viskosität mit dem Grad der Vernetzung stän-

---

[1] dynamische Viskosität.

dig zunimmt. Im Bereich des festen amorphen Stoffes mit völlig vernetzter Struktur ändert sich die Viskosität nur noch wenig mit der Temperatur.

Die Kenntnis der Temperaturabhängigkeit der Viskosität η von Gläsern und Schmelzen ist von erheblicher praktischer Bedeutung, da die Zähigkeit die Herstellungs- und Verarbeitungstechnologie entscheidend beeinflusst und die Einstellung der jeweils notwendigen Viskosität über die Arbeitstemperatur erfolgt. Von den zahlreichen mathematischen Ansätzen entspricht die *Vogel-Fulcher-Tammann*-Gleichung in der Form

$$\lg \eta = A + B/(T - T_0) \tag{3.10}$$

am besten den Erfordernissen, da sie besonders gut die Verhältnisse im verarbeitungstechnisch wichtigen Temperaturbereich oberhalb der Einfriertemperatur beschreibt. A, B und T_0 sind Konstanten, die für jedes Glas mittels dreier möglichst weit auseinander liegender Viskositätsfixpunkte bestimmt werden müssen. *Viskositätsfixpunkte* sind solche Viskositätswerte, die für das Erschmelzen und die Verarbeitung von Gläsern charakteristisch sind. Die ihnen zugeordneten Arbeitstemperaturen werden der Viskositäts-Temperatur-Kurve (Bild 3.27) entnommen.

Neben der Temperatur übt die chemische Zusammensetzung einen deutlichen Einfluss auf die Viskosität einer Schmelze aus. Da ein Austausch von Komponenten mit strukturellen Veränderungen verbunden ist, sind auch entsprechende Auswir-

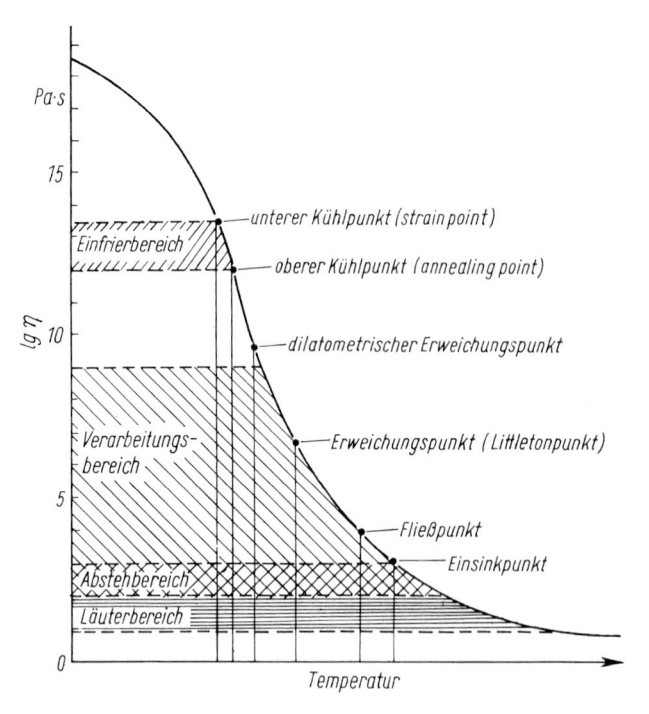

Bild 3.27 Grundsätzlicher Verlauf der Viskositäts-Temperatur-Kurve für Gläser mit eingezeichneten Viskositätsfixpunkten

kungen auf die Zähigkeit verständlich. Die hohe Viskosität einer Kieselglasschmelze beispielsweise ergibt sich aus der vollständigen dreidimensionalen Verknüpfung der SiO_4^{4-}-Tetraeder zu einem Netzwerk. Trennstellen hingegen verringern die Viskosität, da durch sie das Netzwerk aufgelockert wird (s. Abschn. 2.2.2). So führt der Einbau von netzwerkwandelnden Alkaliionen in das Kieselglasnetzwerk auch zu einer starken Viskositätsabnahme der Schmelze.

3.2.2
Phasentrennung im Zustand der unterkühlten Schmelze

Beim Abkühlen von Silicatschmelzen kommt es bereits oberhalb der Liquidustemperatur zur Aggregation und *Schwarmbildung* der leicht beweglichen Netzwerkwandlerkationen in einer Flüssigkeitsstruktur, die schon aus relativ großen Netzwerkstükken besteht. Bedingt durch die Glaszusammensetzung, die Bindungskräfte der einzelnen Komponenten und durch die unterschiedliche Beweglichkeit der Bausteine, kann die Entmischung bei höheren Temperaturen schließlich so weit fortschreiten, dass sich eine Mikrophase bildet, die gegenüber der Matrix eine unterschiedliche chemische Zusammensetzung hat und von dieser durch eine Phasengrenze deutlich abgegrenzt ist. Letzteres muss nicht immer der Fall sein.

Bei Bestehen einer metastabilen Mischungslücke im Subliquidusgebiet (s. Bild 3.30) ist ein spinodaler Zerfall möglich (s. a. Abschn. 5.3.5), bei dem die *Mikrophasenbildung* allein über thermisch bedingte Fluktuation der Komponenten durch eine spontane Trennung in zwei unterkühlte Schmelzphasen geschieht.

Triebkraft der Phasentrennung ist die Abnahme der freien Energie des Systems, da sich die Änderung der Zusammensetzung der Phasen in Richtung auf definierte Verbindungen bewegt. Die gebildeten Phasen weisen insgesamt einen höheren Ordnungszustand auf als die ursprüngliche Matrix. Im Ergebnis einer solchen *spinodalen Entmischung* entsteht bei nur geringer Grenzflächenspannung ein Gefüge, in dem sich die Phasen gegenseitig durchdringen (Bild 3.28), wie das beispielsweise zumindest für den Beginn der Phasentrennung bei Gläsern des Vycortyps (System Na_2O–B_2O_3–SiO_2) typisch ist. Bei höherer Grenzflächenspannung zwischen Matrix und Mikrophase nimmt letztere Tröpfchenform an. Die Bildung von Phasengrenzen ist freilich mit einem Energieaufwand verbunden, der von dem sich entmischenden System selbst zur Verfügung gestellt wird. Die sich einstellenden Ordnungszustände müssen also insgesamt mehr Energie freisetzen, als für die Bildung der Phasengrenzen benötigt wird.

Der Prozess kann unter bestimmten Voraussetzungen weiterlaufen und zu stöchiometrisch zusammengesetzten Verbindungen führen, wobei es schließlich zu einer Kristallisation der Tröpfchenphase (Bild 3.29), der Matrix oder beider Phasen kommt. Die Einstellung einer Verbindung definierter Zusammensetzung ist hierfür bereits als Vorstufe zu werten. Als Regel gilt, dass zur Entmischung neigende Gläser auch leicht zur Kristallisation gebracht werden können. Mit Kenntnis der Zusammenhänge, die zur Phasentrennung führen, lässt sich eine *gesteuerte Kristallisation* durchführen (s. Abschn. 3.1.1.3).

Es braucht nicht bei einer einfachen Entmischung unter Bildung von zwei Phasen zu bleiben. Es können sich weitere Ausscheidungen sowohl in der Matrix als auch

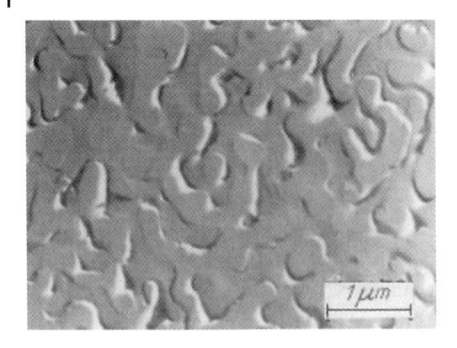

Bild 3.28 Durch Entmischung gebildetes Durchdringungsgefüge eines Glases vom Vycortyp (nach *Skatulla*)

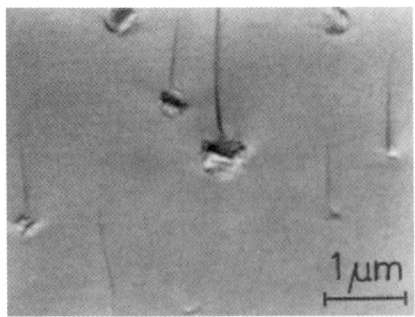

Bild 3.29 Kristallisierte Tröpfchenphase in einem entmischten Glas. Die von Tröpfchen ausgehenden Bruchfahnen entstanden bei der Präparation (nach *Skatulla*)

in der primär abgetrennten Tröpfchenphase bilden, wenn durch die erste Phasentrennung Gleichgewichtszustände, die bei tieferen Temperaturen liegen, noch nicht erreicht wurden. W. *Vogel* zeigt einen solchen Fall im glasbildenden System BaO–B_2O_3–SiO_2, bei dem schließlich im Gleichgewichtszustand sechs unterschiedliche Phasen nebeneinander vorliegen (Bild 3.30). Bei der Temperatur T_1 zerfällt die unterkühlte Glasschmelze in die Tröpfchenphase Tr_1 und die Matrix M_1. In einer zweiten Stufe scheiden sich bei T_2 aus der Matrix Tröpfchen Tr_2 aus, wobei die Matrix M_1 in eine solche der Zusammensetzung M_2 übergeht. Bei T_3 bilden sich aus Tr_1 die Phasen Tr_3 und Tr_4. Während sich die Phase Tr_4 bei T_4 in die Phasen Tr_5 und Tr_6 trennt, kommt es bei T_5 zur Bildung von Tr_7 und Tr_8 aus der Phase Tr_3. Es liegen jetzt die bei unterschiedlichen Temperaturen gebildeten Phasen M_2, Tr_2, Tr_5, Tr_6, Tr_7 und Tr_8 nebeneinander vor.

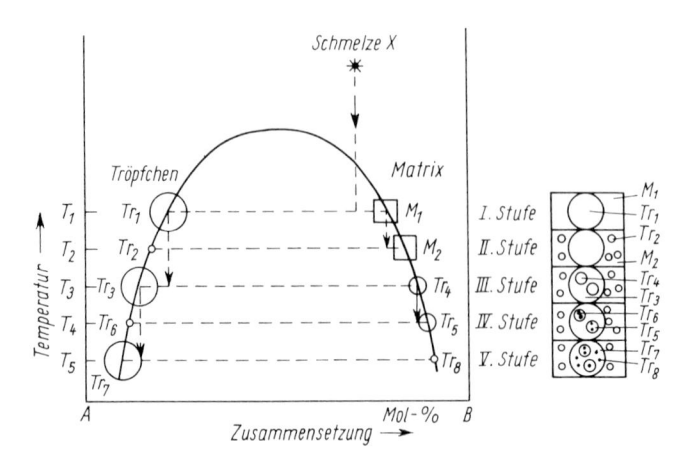

Bild 3.30 Schematische Darstellung eines stufenförmigen Entmischungsprozesses in Gläsern mit mehr als zwei Mikrophasen (nach [3.9])

Derartige Entmischungen können nicht nur im Zuge der Abkühlung aus der Schmelze, sondern auch durch eine der Abkühlung nachfolgende Wärmebehandlung, die die zur Diffusion notwendige Energie liefert, erzeugt werden. Ein typisches Beispiel hierfür ist die Entmischung von Natriumboratsilicatgläsern des Vycortyps. Als Folge einer Subliquidusentmischung bilden sich bei einer Wärmebehandlung zwischen 550 bis 750 °C sich gegenseitig durchdringende Phasen (Bild 3.28), die mit zunehmender Glühtemperatur und -dauer zu einer mit bloßem Auge erkennbaren Trübung des Glases führen. Während die Borsäurematrix und die natriumoxidreiche Boratglasphase mit verdünnten Mineralsäuren aus dem Glaskörper herausgelöst werden können, bleibt die SiO_2-reiche Phase zurück und bildet ein durchgängiges Gerüst mit überwiegend offener Porenstruktur, ohne dass die ursprüngliche Form des Körpers verändert wird. Man erhält ein poröses Glas aus etwa 96% SiO_2, das durch anschließendes Sintern bei etwa 1100 °C zu einem dichten und durchsichtigen kieselglasähnlichen Glas umgeformt wird. Derartige *Vycorgläser* werden industriell hergestellt und haben sowohl in der porösen als auch der gesinterten Form Anwendung gefunden.

Entmischungseffekte führen durch die Bildung unterschiedlich zusammengesetzter *Mikrophasen* zu Eigenschaftsänderungen gegenüber dem Ausgangsglas. Art und Umfang der Änderungen werden von der Glaszusammensetzung, dem Entmischungsverlauf sowie von Zahl und Größe der Mikrophasen bestimmt. Fast immer wirkt sich die Phasentrennung auf das optische Verhalten aus. Teilchengrößen beträchtlich unterhalb der eingestrahlten Lichtwellenlänge haben infolge Beugung eine schwache Opaleszenz, verbunden mit einer unterschiedlichen Färbung in Abhängigkeit von der Richtung des einfallenden Lichtes zum Betrachter, zur Folge. Eine Vergrößerung der ausgeschiedenen Phasen kann schließlich durch unterschiedliche Lichtbrechung und Transparenz sowie durch diffuse Reflexion zu ausgesprochenen *Trübgläsern* führen, die seit langem praktisch genutzt werden.

3.2.3
Amorphe Erstarrung von Metallen und Legierungen

Bei Metallen werden mit immer schnellerer Abkühlung aus dem schmelzflüssigen Zustand beträchtliche morphologische Veränderungen im Erstarrungsgefüge und Änderungen in der Phasenzusammensetzung bei Legierungen bis hin zur Überführung in den amorphen festen Zustand beobachtet (Tab. 3.2). Als Folge der bei rascher Erstarrung eingeschränkten Diffusion ist zunächst das Dendritenwachstum behindert, und die Dendritenabstände werden kleiner. Damit verringert sich die mittlere Kristallitgröße, und das Gussgefüge fällt feinkörniger und gleichmäßiger aus.

In Legierungen mit begrenzten Mischkristallbereichen werden mit zunehmender Abkühlungsgeschwindigkeit die Homogenitätsgebiete im Phasendiagramm bedeutend erweitert (s. a. Abschn. 5.6.1). Es tritt eine starke metastabile Übersättigung der Mischkristalle, d. h. eine Abweichung von der chemischen Zusammensetzung der Phasen unter Gleichgewichtsbedingungen, ein. In Systemen mit intermetallischen Verbindungen bilden sich bei extrem rascher Abkühlung metastabile neue Phasen,

Tab. 3.2 Übersicht über das Gebiet der Schnellabkühlung

Anwendungs-bereich	größere Volumina	Folien, dünne Bänder und Drähte	kleinste Volumina im μm^3-Bereich dünne Schichten
Verfahren	Strangguss	Klatschkokille	Laserimpuls
	Bandguss	Versprühen auf rotierende Cu-Walzen	CVD („Chemical Vapour Deposition") = chemische Abscheidung aus der Gasphase
	Druckguss		
		Plasmaspritzen	Sputtern
Wirkungen	geringere Block-, Kristall- und dendritische Seigerung		─────── neue Phase ───────
	geringere Kristallitgröße		─────── metastabile Übersättigung ───────
	geringerer Dendritenabstand		─────── amorphe Zustände ───────

```
   |    |    |    |    |    |    |    |    |
   10  10²  10³  10⁴  10⁵  10⁶  10⁷  10⁸  10⁹  10¹⁰
        Abkühlungsgeschwindigkeit                K s⁻¹
```

die sich von den unter Gleichgewichtsbedingungen erstarrten sowohl in der chemischen Zusammensetzung als auch insbesondere durch andere, meist einfachere Kristallstrukturen unterscheiden.

Bei noch höherer Abkühlungsgeschwindigkeit können auch bei Metallen und Legierungen die Keimbildung und Kristallisation verhindert und somit eine *amorphe Erstarrung* erreicht werden. Hierfür sind Abkühlungsgeschwindigkeiten von mehr als 10^5 bis 10^6 K s^{-1} erforderlich, wobei die Mindestabkühlungsgeschwindigkeit in starkem Maße von der chemischen Zusammensetzung abhängt.

Zur Realisierung derartig hoher Abkühlungsgeschwindigkeiten sind heute vorwiegend folgende Verfahren im Gebrauch:

– *Walzabschrecken* eines kontinuierlichen Schmelzflusses zwischen zwei rotierenden Metallzylindern, meist aus Kupfer oder Silber (roller quenching),
– *Aufspritzen* eines Schmelzstrahls aus einer Schlitzdüse auf die Außenfläche (melt spinning) oder auf die abgeschrägte Innenfläche eines schnell rotierenden Rades (centrifugal melt spinning),
– *Aufdampfen* auf ein stark gekühltes Substrat (Temperatur des flüssigen Stickstoffs oder Heliums) in Vakua von 10^{-2} bis 10^{-7} Pa,
– *elektrolytische Abscheidung* (electrodeposition), bei der über längere Zeit (Tage) konstante Bedingungen (Zusammensetzung, Temperatur, pH-Wert der Lösung) eingehalten werden müssen,
– *Katodenzerstäubung* (sputtering).

Mithilfe des Walzabschreckens gelingt es, 10 bis 100 µm dicke und bis zu 300 mm breite kontinuierliche amorphe Bänder herzustellen. Diese Technologie ist so weit entwickelt, dass Fertigungsgeschwindigkeiten bis zu 2 000 m min^{-1} möglich sind. Sowohl Bänder als auch Schichten sind aufgrund ihrer Herstellungsverfahren mehr oder weniger stark mit einer strukturellen Anisotropie behaftet, die beispielsweise bei ferromagnetischen Materialien in der Richtungsabhängigkeit bestimmter magnetischer Eigenschaften makroskopisch hervortritt.

Mit den gegenwärtig erreichbaren Abkühlungsgeschwindigkeiten lassen sich vor allem amorphe Legierungen, die aus folgenden Komponenten kombiniert zusammengesetzt sind, herstellen:

- Übergangsmetalle: Sc, Ti, V sowie Cr, Mn, Fe, Co, Ni und die ihnen verwandten, in der entsprechenden Gruppe des Periodensystems aufgeführten Metalle (Zr, Nb)
- Erdalkali-/Leichtmetalle: Ca, Sr, Be, Mg, Al
- Edelmetalle: Au, Cu
- Metalloide/Halbmetalle: B, C, P, Si, Ge, As, Sb

Die Unterdrückung der Kristallisation gelingt bevorzugt bei solchen Zusammensetzungen, die in der Nähe eines tief schmelzenden Eutektikums liegen. Die amorphe Erstarrung ist in den Fällen erleichtert, wo Übergangs(T)-Metalle mit Metalloiden (M), so genannten Stabilisatoren der amorphen Struktur, legiert und Zusammensetzungen $T_{1-x}M_x$, für die $0,15 < x < 0,25$ gilt, gewählt werden. In diesem Konzentrationsbereich ist die Ausbildung einer optimal dichten regellosen Packung der Metallatome gegeben (Abschn. 2.2.4). Die zurzeit technisch hauptsächlich angewendeten Legierungen (Abschn. 10.6.3) enthalten wenigstens ein Übergangsmetall als Basismetall und ein oder mehrere Metalloide.

In ähnlicher Weise wie bei den Silicatgläsern existiert auch für die amorphe Erstarrung der Metalle eine (kinetisch definierte) *Einfriertemperatur* T_E, die den Glaszustand vom Bereich der unterkühlten Schmelze trennt (s. Bild 3.31). Um die Keimbildung zu verhindern, muss die Abkühlungsgeschwindigkeit zwischen Liquidus- und Einfriertemperatur den für das jeweilige System kritischen Wert überschreiten. Das lässt sich am besten dort realisieren, wo dieses Temperaturintervall minimal ist, nämlich bei oder in der Nähe der eutektischen Konzentration. Entscheidende thermodynamische Bedingung ist dabei ferner eine möglichst geringe freie Enthalpiedifferenz ΔG zwischen Schmelze und der im Gleichgewicht kristallisierenden Phase als Triebkraft der Kristallisation (s. Bild 3.2).

Ebenso wie die Silicatgläser befinden sich die amorphen Metalle unterhalb T_E, d. h. im Glaszustand, nicht im Gleichgewicht. Infolge des schnellen Abschreckens der Schmelze wird in der amorphen Struktur eine große Anzahl leerstellenartiger Defekte eingefroren. Die Dichte eines amorphen Metalles ist deshalb je nach Abschreckgeschwindigkeit bis zu 4% geringer als die des dazugehörigen Kristalls. Kennzeichnend für das amorphe Metall ist daraus folgend ein so genanntes „freies Volumen", das auch für wesentliche Eigenschaften wie die relativ gute Verformbarkeit bei gleichzeitig hoher Festigkeit verantwortlich gemacht wird. Bei Temperaturerhöhung tritt eine strukturelle Entspannung (Relaxation) ein, bei der sich vor allem

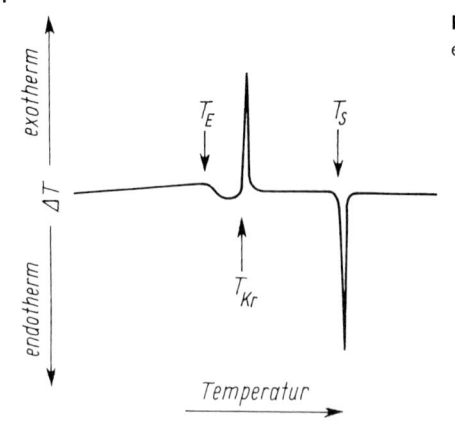

Bild 3.31 Differenzial-Thermoanalyse-Kurve eines amorphen Metalls (schematisch)

„eingeschreckte" Defekte umbilden und in der metastabilen Schmelzstruktur thermodynamisch stabilere Atomkonfigurationen entstehen. Die Relaxationsvorgänge sind mit stärkeren Eigenschaftsänderungen verbunden und führen teilweise zur Versprödung des amorphen Werkstoffs. Eine durch Anlassen vollständig relaxierte Struktur lässt sich meist nicht erreichen, da so hohe Temperaturen angewendet werden müssten, dass vorher bereits die Kristallisation einsetzt [3.17].

Die amorphen Metalle zeigen bei thermischer Aktivierung (Erwärmung) eine ausgeprägte Neigung zur Kristallisation *(Entglasung)* wodurch ihr technischer Anwendungsbereich entsprechend eingeschränkt ist. Bild 3.31 gibt den schematischen Verlauf einer Differenzial-Thermoanalyse-Kurve (DTA) für ein amorphes Metall wieder. Auf der Ordinate ist die Temperaturdifferenz ΔT zwischen der Temperatur einer amorphen Metallprobe und der einer umwandlungsfreien Inertsubstanz beim Erhitzen aufgetragen. Der Übergang vom Glaszustand in den Zustand der unterkühlten Schmelze deutet sich auf der DTA-Kurve als eine durch einen schwachen endothermen Vorgang verursachte Stufe (T_E) an. In der Regel nur wenige Temperaturgrade darüber tritt die Kristallisation ein, die durch einen steilen exothermen Peak (T_{Kr}) gekennzeichnet ist. Der Übergang des kristallinen Festkörpers in die Schmelze (T_S) wird durch eine stark endotherme Reaktion angezeigt. Die Übergangsmetall-Metalloid-Legierungen sind die thermisch beständigsten amorphen Metalle und kristallisieren erst bei mehreren 100 K. Andere Legierungen wandeln bei wesentlich tieferen Temperaturen und aus der Gasphase abgeschiedene reine Metalle bereits bei einigen K in die kristalline Phase um, d. h., die thermische Stabilität wird außer von der chemischen Zusammensetzung auch durch die Herstellungsbedingungen beeinflusst.

Der *Bindungszustand* der *amorphen Metalle*, die auch als *metallische Gläser* bezeichnet werden, ist überwiegend metallisch. Sie weisen (vergleichbar mit den hochfesten Stählen) eine beachtliche mechanische Festigkeit und sehr große Härte auf, ohne dabei, wie die silicatischen Gläser, spröde zu sein. Dünne Bänder und Drähte sind duktil und lassen sich technologisch gut verarbeiten. Hervorzuheben ist ferner die meist ausgezeichnete Korrosionsbeständigkeit der amorphen metallischen Werkstoffe. Einige sind gegenüber Säuren und anderen aggressiven Medien ähnlich resistent wie Glas.

3.3
Übergang aus dem gasförmigen in den kristallinen Zustand

Der Übergang aus dem gasförmigen in den kristallinen Zustand wird ebenso wie die Kristallisation in einer flüssigen Phase durch eine Keimbildung eingeleitet, sobald eine genügende Anzahl von Teilchen infolge statistischer Schwankungen der Teilchenkonzentration und -geschwindigkeit gleichzeitig zusammentrifft. Dabei kann die Keimbildung, wenn Teilchen einer Art zusammentreffen, homogen oder bei Anlagerung an fremde (kristalline oder amorphe) Substanzen heterogen erfolgen. Dies ist aber erst dann möglich, wenn das Gesamtsystem vom thermodynamischen Gleichgewicht abweicht, d. h. im übersättigten und damit unterkühlten Zustand vorliegt. In ihm können sich im Unterschied zum Gleichgewichtszustand, für den eine sehr geringe Wechselwirkung zwischen den Teilchen charakteristisch ist, ständig Kristallkeime bilden und wieder auflösen. Ist eine kritische Keimgröße, die mit steigender Übersättigung abnimmt, überschritten, wird der Keim stabil und wachstumsfähig. Hinsichtlich der dafür erforderlichen Keimbildungsarbeit wie auch des weiteren Keim- und Kristallwachstums gelten grundsätzlich die im Abschnitt 3.1. hierzu gemachten Ausführungen.

Das Volumenwachstum isolierter Keime kann bei hoher Übersättigung und direkter Anlagerung der Teilchen an Stellen größten Energieumsatzes unter Ausbildung so genannter „Wachstumsstrahlen" parallel zu den Richtungen größerer Wachstumsgeschwindigkeit, wie den vier $\langle 111 \rangle$-Richtungen des NaCl oder den sechs $\langle 110 \rangle$-Richtungen des Fe, erfolgen. Die Oberflächendiffusion spielt dabei eine ganz untergeordnete Rolle. Es entstehen dann *Dendriten*. Ein bekanntes Beispiel für derartige Dendriten sind die Schneesterne.

Noch extremer sind die Verhältnisse bei der Bildung von Haarkristallen, so genannten *Whiskers*, die außer aus gasförmigen Medien auch aus Lösungen, Schmelzen oder fester Phase entstehen können. Wegen ihrer gegenüber anders gewachsenen Kristallen um einige Zehnerpotenzen höheren Festigkeit in Faserrichtung (die im Allgemeinen eine niedrig indizierte Richtung ist) nimmt man an, dass sie nur eine einzige Schraubenversetzungslinie in Faserrichtung enthalten, im Übrigen aber frei von Störungen sind.

Für das Wachsen von Whiskers auf einer kristallinen Unterlage werden insbesondere in dieser gelegene Schraubenversetzungen verantwortlich gemacht. Wie in Zusammenhang mit Bild 3.5 schon erörtert wurde, ist eine senkrecht aus einer Ebene ausstechende Schraubenversetzung Ausgangspunkt einer halben Gitterbausteinkette, die die Halbkristalllage enthält und beim Dickenwachstum nicht verschwindet. Bei fortgesetzter Anlagerung von Bausteinen dreht sie sich um die Versetzungslinie. In Bild 3.32 ist dieser Vorgang schematisch dargestellt. Die mit (1), (2) (beide verdeckt), (3), (4), (5) usw. bezeichneten Stellen markieren die Plätze der anfangs in der durch die Schraubenversetzung bedingten Kette gelegenen Bausteine. Am Beispiel der Ausgangslagen (1), (3) und (5) lässt sich die Drehung der Kette verfolgen, wenn von den jeweils angelagerten 13 Bausteinen immer solche mit gleicher Bezeichnung betrachtet werden. Da mit zunehmender Entfernung r der Anlagerungsstellen von der Versetzungslinie die je Umlauf $2\pi r$ benötigte Materialmenge zunimmt, ist bei

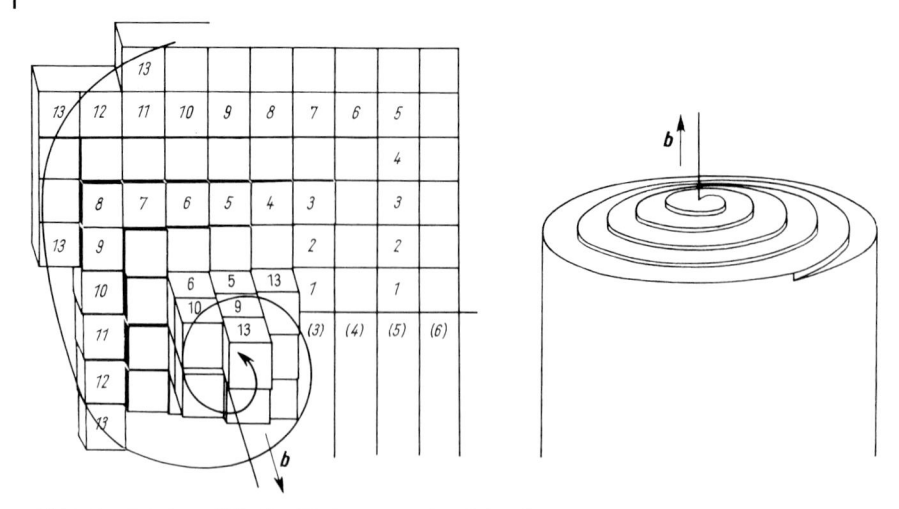

Bild 3.32 Spiral- und Whisker-Wachstum an einer Schraubenversetzung

überall gleichem Materialstrom die Dickenzunahme unmittelbar an der Versetzungslinie am größten. Die Stufe erhält die Form einer geschleppten Spirale, deren gleichwertige Punkte mit wachsendem Zentralabstand r zunehmend zurückbleiben (der bei der Kristallauflösung umgekehrte Vorgang führt zur Bildung von *Ätzgrübchen*, s.a. Abschn. 6.4.1). Schließlich bildet sich eine Kristallnadel, deren Ende die Form einer spiraligen Stufenpyramide hat. Da dieser Mechanismus gegenüber der Bildung von Flächenkeimen hinsichtlich Energiegewinn und Kontinuität weit überwiegt, ist die geringe Dicke (in der Größenordnung von 10 µm und weniger) der Whiskers bei beachtlicher Länge (in der Größenordnung von 10 mm) verständlich.

Whiskers entstehen also stets auf einem Eigen- oder einem Fremdkeim (nie aber als Keim frei schwebend), sobald in diesem durch ein Überangebot an Bausteinen des gasförmigen Mediums (oder des gelösten Stoffs) ein Baufehler geeigneter Art entstanden ist, der dann als Whiskerkeim wirken kann. Haarkristalle sind bisher vor allem aus Metallen, Oxiden, Carbiden, Nitriden, Siliciden, Boriden und Kohlenstoff gewonnen worden. Ihre extrem hohe Zugfestigkeit lässt sich jedoch nur im Verbund mit geeigneten Matrix-Werkstoffen nutzen.

Die Kristallisation aus der Gasphase ist häufig mit dem Auftreten von *Epitaxie* verknüpft. Darunter versteht man die gesetzmäßige Verwachsung verschiedener Kristalle, die entsteht, wenn die Wirtsebene eine ihr strukturell angepasste kristalline Ordnung der aus dem gasförmigen Medium an ihr adsorbierten und ankristallisierenden Bausteine erzwingt. Der aufwachsende Kristall (Gast, Deposit) orientiert sich gegenüber dem Gitter der Unterlage (Wirt, Substrat) derart, dass in beiden Kristallgittern gewisse Atomabstände gleiche oder zumindest einander sehr nahe kommende Werte haben. Infolge der strukturbezogenen und -gelenkten Keimbildungs- und Aufwachsungsvorgänge auf der Oberfläche des Substrates ist die Keimbildungsarbeit stark erniedrigt und die Bildung epitaktischer Phasen begünstigt. Epitaxie kann zwischen metallischen Kristallen wie Mo || W, Cu || W oder Cu || Mo, nichtmetallischen wie KCl || NaCl, KBr || NaCl, KJ || Glimmer oder NH$_4$Cl || PbS, oder auch metallischen und nichtmetallischen Kristallen wie Ag || NaCl oder Ag || Muskovit auftreten. Ist die epitaktisch aufgewachsene Schicht das Reaktionsprodukt zwischen Substrat und äußerem Medium, wie es beispielsweise bei der Hochtemperaturkorrosion oft der Fall ist (s.a. Abschn. 8.5), spricht man auch von *Chemoepitaxie*. Tabelle 3.3 enthält hierfür Beispiele (es sei nur erwähnt, dass die Epitaxie auch bei der Ankristallisation aus Lösungen oder Schmelzen auftreten kann: Liquidepitaxie).

Um die Differenz der Atomabstände in bestimmten Gitterrichtungen von Wirts- und Gastgitter auszugleichen, d.h. die Kohärenz in der Phasengrenzfläche zu gewährleisten, kann das Gastgitter elastisch verzerrt oder sogar veranlasst werden, nicht in der unter normalen Kristallisationsbedingungen entstehenden Struktur, sondern in einem anderen für die Anpassung günstigeren Gitter aufzuwachsen. Diese Erscheinungen werden unter dem Begriff *Pseudomorphie* zusammengefasst. Während z.B.

Tab. 3.3 Epitaxien in Korrosionsschichten auf Metallen (nach [3.18])

Phasen		Epitaxien		Atomabstand		Unterschied
Wirt	Gast	Wirt	Gast	Wirt 10^{-10} m	Gast 10^{-10} m	%
α-Fe	FeO	(001) [100]	(001) [110]	2,86	3,03	+6
α-Fe	Fe$_3$O$_4$	(001) [100]	(001) [110]	2,86	2,97	+4
Ni	NiO	(100) [011]	(111) [11$\bar{2}$]	4,98	5,11	−3
		(110) [1$\bar{1}$0]	(110) [1$\bar{1}$1]	2,49	2,95	+18
Al	α-Al$_2$O$_3$	(111) [1$\bar{1}$0]	(0001) [12.0]	2,83	2,75	−3
Zn	ZnO	(0001) [10.01]	(0001) [10.0]	2,66	3,25	+22
		[10$\bar{1}$1] [01.0]	[0001] [10.0]	2,66	3,25	+22
Cu	Cu$_2$S	(110) [1$\bar{1}$0]	(110) [001]	5,10	4,34	−13
Ag	AgCl	(001) [100]	(001) [110]	4,08	3,94	−4
Ti	TiC	(0001) [10.0]	(111) [1$\bar{1}$0]	2,95	3,07	+4
Cr	CrN	(011) [01$\bar{1}$]	(001) [100]	4,04	4,41	+2

die Gitterkonstante des ZnO im „freien Zustand" $a = 3{,}25 \cdot 10^{-10}$ m beträgt (Tab. 3.3), wurde für die (0001) || (0001)-Verwachsung von ZnO auf Zn eine ZnO-Gitterkonstante von $a = 2{,}686 \cdot 10^{-10}$ m ermittelt, demzufolge auch das ursprüngliche Achsenverhältnis $c/a = 1{,}61$ auf $c/a = 2{,}56$ vergrößert, also die Elementarzelle längs der c-Achse gedehnt wird. Qualitative Strukturänderungen wurden beispielsweise beobachtet an Fe, das, unterhalb 400 °C auf Cu aufgedampft, nicht krz, sondern kfz kristallisiert, oder auch an Co, das unterhalb 400 °C nicht hexagonal, sondern kfz auf Cu elektrolytisch abgeschieden werden konnte, sowie an Ni (normalerweise kfz), das hexagonal auf Co elektrolytisch niedergeschlagen wurde. Wird die Fehlpassung („misfit", Quotient aus der Differenz der Gitterkonstanten von Substrat und Aufwachsung und der Gitterkonstante der Aufwachsung) durch die Verzerrung des Gastgitters nicht vollständig ausgeglichen, so kann, wie z. B. im Fall der (111) || (111)-Verwachsung von Ag auf Cu festgestellt wurde, der weitere Angleich der Gitter über *Anpassungsversetzungen* herbeigeführt werden. Ihr Anteil nimmt mit wachsender Schichtdicke zu. Für das Auftreten der Epitaxie ist jedoch nicht allein die strukturgeometrische Anpassungsfähigkeit, d. h. eine möglichst geringe Abweichung der Gitterparameter der miteinander verwachsenden Netzebenen, entscheidend. Wie Beispiele der Tabelle 3.3 zeigen, ist eine epitaktische Verwachsung auch bei größeren Parameterdifferenzen möglich. Außer der strukturellen Anpassungsfähigkeit sind hierfür ebenfalls die Bindungszustände im Wirts- und Gastkristall, die Realstruktur der Substratoberfläche sowie die Bedingungen, unter denen der Übergang in die feste Phase erfolgt, maßgebend. Oberhalb einer kritischen Schichtdicke ≤ 15 μm geht die Pseudomorphie wieder verloren.

Die Abscheidung aus dem gasförmigen Zustand auf amorphe oder (ein)kristalline Substanzen von leitenden, halbleitenden und isolierenden kristallinen Phasen, deren Dicke von wenigen nm bis zu einigen hundert nm reicht, wird in elektronischen Bauelementen technisch genutzt. Ihre Eigenschaften, die sich merklich von denen des kompakten Materials unterscheiden, lassen sich über die Struktur (Wahl der Abscheidungsbedingungen) und den gezielten Einbau einer geringen Menge von Fremdatomen (Dotieren, s. Abschn. 10.1.2) in größerem Umfang variieren, sodass beispielsweise einkristalline Halbleiterschichten hoher Perfektion ebenso wie quasi amorphe Isolatorschichten hoher dielektrischer Festigkeit erzeugt werden können. Die epitaktische Abscheidung ist ein wesentlicher Teilprozess der Fertigung monolithischer Festkörperschaltkreise [3.19].

Weitere technisch bedeutsame Beispiele einer Beschichtung aus der Gas- oder Dampfphase stellen die *CVD- und PVD-Verfahren* dar [3.20], [3.21]. Der zur Erhöhung der Verschleißfestigkeit und Lebensdauer von Konstruktionselementen und Werkzeugen, insbesondere von Hartmetallen, entwickelte CVD- (Chemical Vapor Deposition-)Prozess besteht in der thermischen Zersetzung reaktionsfähiger Gasgemische. Dabei wird eines der Reaktionsprodukte in fester Form ausgefällt oder als Deposit auf einem Substrat abgeschieden. In der Praxis häufig anzutreffende Depositsubstanzen sind Titancarbid und Chromcarbide. Im Falle einer TiC-Hartmetallbeschichtung, die bei 900 bis 1200 °C vorgenommen wird, verläuft die Reaktion formal gemäß der Beziehung

$$TiCl_4 + CH_4 \xrightarrow{H_2} TiC + 4\,HCl$$

Die Schichtdicken handelsüblicher Wendeschneidplatten betragen meist 5 bis 15 µm, wodurch die Standzeit des Hartmetalls auf das 2- bis 3 fache erhöht wird oder bei der gleichen Standzeit die Schnittgeschwindigkeit beträchtlich gesteigert werden kann. Maßgebliche Einflussgrößen der Abscheidung beim CVD-Prozess sind Temperatur, Druck, Gaszusammensetzung und -strömungsgeschwindigkeit sowie die chemische Aktivität des Substrats. Über die CVD-Techniken lassen sich Metalle, Halbleiterwerkstoffe, Oxide, Boride, Carbide, Nitride und Silicide sowie weitere intermetallische Verbindungen abscheiden. Außer Einfachschichten werden auch Beschichtungen, die aus Schichtfolgen unterschiedlicher Zusammensetzung bestehen, angeboten. Das Verfahren hat die Vorteile, dass die Deposite mit nahezu theoretischer Dichte, guter Haftfestigkeit, gleichförmig und mit großer Reinheit aufgebracht werden können.

Bei den PVD- (Physical Vapor Deposition-)Methoden werden die Schichten im Vakuum niedergeschlagen, die Beschichtungstemperaturen liegen unter 500 °C. Die einzelnen PVD-Verfahren unterscheiden sich im Wesentlichen durch die Art der Überführung des Beschichtungswerkstoffs in die Dampfphase. Dies kann entweder durch Verdampfen des Schichtmaterials (Vakuumaufdampfen) oder durch Katodenzerstäuben (sputtern) erfolgen. Werden zusätzlich die Atome der Depositsubstanz ionisiert und durch ein elektrisches Feld auf das Substrat hin beschleunigt, so spricht man vom Ionenplattieren. Die gebräuchlichen Schichtdicken liegen zwischen wenigen nm und einigen 10 µm. Die Hauptanwendungen der PVD-Prozesse bestehen darin, dünne Schichten für optische, magnetische, mikro- und optoelektronische Bauelemente herzustellen. Des Weiteren werden die Verfahren allgemein für die Verbesserung des Korrosions- und Verschleißschutzes (TiN) sowie für dekorative Zwecke und zur Verspiegelung eingesetzt.

Literaturhinweise

3.1 Meyer, K. : Physikalisch-chemische Kristallographie. 2. Aufl. Leipzig: Deutscher Verlag für Grundstoffindustrie 1977

3.2 Matz, G.: Kristallisation; Grundlagen und Technik. 2. Aufl. Berlin/Heidelberg/New York: Springer-Verlag 1969

3.3 Gottstein, G.: Physikalische Grundlagen der Materialkunde. Berlin/Heidelberg/New York: Springer-Verlag 1998

3.4 Henning, O.: Technologie der Bindebaustoffe, Bd. 1. 2. Aufl. Berlin: Verlag für Bauwesen 1989

3.5 Locher, F. W.: Zement – Grundlagen und Anwendung. Düsseldorf: Verlag Bau + Technik 2000

3.6 Reichel, W., und D. Conrad: Beton, Bd. 1. 5. Aufl. Berlin: Verlag für Bauwesen 1988

3.7 Schlegel, E.: Grundlagen technischer hydrothermaler Prozesse. Freiberger Forschungshefte, A; 655 Leipzig: Deutscher Verlag für Grundstoffindustrie 1982

3.8 Röbert, S. (Hrsg.): Silikatbeton. 2. Aufl. Berlin: Verlag für Bauwesen 1989

3.9 Vogel, W.: Glaschemie. 3. völlig überarb. Aufl. Berlin: Springer-Verlag 1992

3.10 Shackelford, J. F.(Hrsg.) : Bioceramics. Uetikon-Zürich/u. a./: Trans. Tech. Publ. 1999

3.11 Batzer, H. (Hrsg.): Polymere Werkstoffe, Bd. 1: Chemie und Physik. Stuttgart und New York: Georg Thieme Verlag 1985

3.12 Ehrenstein, G. W.: Polymer-Werkstoffe; Struktur, Eigenschaften, Anwendung. 2. völlig überarb. Aufl. München/Wien: Carl Hanser Verlag 1999

3.13 Elias, H.-G.: Makromoleküle; Chemische Struktur und Synthesen, Bd. 1. 6. vollst. überarb. Aufl. Weinheim/u. a./: Wiley-VCH 1999

3.14 Sakka, S.: Sol-Gel Synthesis of Glasses:

Present and Future. Amer. Ceram. Soc. Bull. 64 (1985) 11, S. 1463–1466

3.15 MOOIMAN, M. B., und SOLE, K. C.: Aqueous Processing in Materials Sience and Engineering. JOM 46 (1994) 6, S. 18–28

3.16 MENGES, G.: Werkstoffkunde Kunststoffe. 5. völlig überarb. Aufl. München und Wien: Carl Hanser Verlag 2001

3.17 STEEB, S.; FÄHNLE, M.; MOSER, N.; NEUHÄUSER, H.; SOMMER, F.; WENGERTER, R.: Glasartige Metalle. Kontakt & Studium; Bd. 290 Ehningen bei Böblingen: expert-Verlag 1990

3.18 NEUHAUS, A., und M. GEBHARDT: Kristalline Korrosionsschichten auf Metallen und ihre Beziehung zur Epitaxie. Werkstoffe und Korrosion 16 (1966) 7, S. 567–585

3.19 NITZSCHE, K., und H.-J. ULLRICH (Hrsg.): Funktionswerkstoffe der Elektrotechnik und Elektronik. 2. Aufl. Leipzig und Stuttgart: Deutscher Verlag für Grundstoffindustrie 1993

3.20 HAEFER, R. A.: Oberflächen- und Dünnschicht-Technologie, Teil I – Beschichtungen von Oberflächen – Reihe Werkstoff-Forschung und -Technik, Bd. 5 (herausgeg. von B. Ilschner) Berlin/Heidelberg/New York/London/Paris/Tokyo: Springer-Verlag 1987

3.21 SCHATT, W., und K.-P. WIETERS (Hrsg.): Pulvermetallurgie. Düsseldorf: VDI-Verlag 1994

4
Phasenumwandlungen im festen Zustand

Phasenänderungen im festen Zustand sind von großer technischer Bedeutung, da über sie Gefüge und Eigenschaften der Werkstoffe (Abschn. 6.7) gezielt verändert werden können. Ihre Abhängigkeit von den Zustandsgrößen Temperatur, Konzentration und Druck wird in Zustandsdiagrammen (Abschn. 5.3), die Abhängigkeit von der Geschwindigkeit der Temperaturänderung in Zeit-Temperatur-Reaktions-Schaubildern erfasst (Abschn. 5.6).

Umwandlungen, bei denen eine latente Umwandlungswärme auftritt und sich die Entropie diskontinuierlich ändert, wie Umwandlungen mit Änderung der Struktur oder/und der Konzentration, werden als *Umwandlungen 1. Art* bezeichnet. Durchläuft die spezifische Wärme während der Phasenänderung nur einen Maximalwert und ändert sich die Entropie stetig, so liegen *Umwandlungen 2. Art* vor. Hierzu gehören die Bildung mancher Ordnungsphasen (z. B. CsCl-Typ), die magnetischen Umwandlungen und der Übergang vom normal- in den supraleitenden Zustand (Supraleiter 2. Art).

Wie bei den Phasenumwandlungen gasförmig–fest und flüssig–fest (Kap. 3) stellt auch bei den Umwandlungen im festen Zustand der Unterschied der freien Enthalpie ΔG zwischen den festen Phasen die Triebkraft der Umwandlung dar. Für Keimbildung und Keimwachstum gelten deshalb analoge Beziehungen (Bild 4.1). Bei Umwandlungen mit Änderung der Kristallstruktur ist jedoch für die Keimbildung nach Gl. (3.5) zusätzlich noch ein Enthalpieanteil ΔG_E aufzubringen, der aus der elastischen Verzerrungsenergie infolge des unterschiedlichen spezifischen Volumens v (Größe der Elementarzelle/Anzahl der Atome in der Elementarzelle) von Matrix und Keim resultiert. Die gesamte freie Bildungsenthalpie des Keims ergibt sich zu

$$\Delta G = -\Delta G_V + \Delta G_G + \Delta G_E \tag{4.1}$$

Zunächst betrachten wir einen spannungsfreien Festkörper, in dem die Keimbildung erfolgt. Dann wächst ΔG_E proportional mit dem Quadrat der Änderung des spezifischen Volumens $(\Delta v)^2$. Da die elastische Energie dem Volumen des einzelnen Teilchens direkt proportional ist, wird das Keimwachstum mit zunehmender Teilchengröße durch elastische Verzerrungen behindert.

Die Form der Keime und auch der Umwandlungsphasen wird von der Größe der Grenzflächen- und der Verzerrungsenergie bestimmt. Letztere kann herabgesetzt

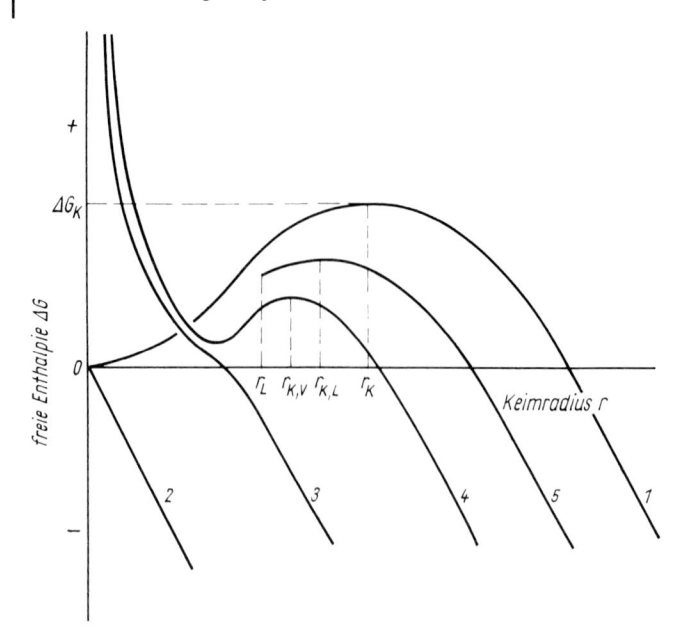

Bild 4.1 Freie Keimbildungsenthalpie als Funktion des Keimradius für verschiedene Keimbildungsmechanismen (nach E. Hornbogen).
1 homogene Keimbildung für nichtkohärente Umwandlung; *2* homogene Keimbildung für kohärente Umwandlung; *3* heterogene Keimbildung an Stapelfehlern; *4* heterogene Keimbildung an Versetzungen; *5* heterogene Keimbildung an Leerstellenausscheidungen

werden, indem sich die Keime platten- oder stabförmig ausbilden, falls die Grenzflächenenergie nicht zu hoch ist. Ist hingegen die Grenzflächenenergie groß und die Verzerrungsenergie klein, dann entstehen kugelförmige Keime. Die Grenzflächenenergie hängt im Allgemeinen von der Orientierung der Grenzfläche relativ zum Kristallsystem des Keimes und der Ausgangsphase ab. Darüber hinaus kann die Wachstumsgeschwindigkeit der Keime auch aus kinetischen Gründen eine Richtungsabhängigkeit aufweisen. Für isotrope Verhältnisse entstehen kugelförmige Keime, ansonsten können sich auch platten- oder stabförmige, oder kristallitartige, globulitische Keime ausbilden.

Falls im Festkörper innere Spannungen σ vorliegen – wie zum Beispiel in der Nähe eines belasteten Risses oder als Eigenspannung in einer dünnen Schicht – dann variiert ΔG_E linear mit $\sigma \Delta v$. In Abhängigkeit vom Vorzeichen beider Faktoren kann in diesem Fall die Keimbildung durch die inneren Spannungen erleichtert ($\Delta G_E < 0$) oder verzögert ($\Delta G_E > 0$) werden.

Die Keimbildung ist, wie in Kapitel 3 dargelegt, eine Folge von örtlichen Schwankungen der Atomkonzentration. Sie stellen Abweichungen vom Normalzustand der homogenen Phase und daher Bereiche erhöhter Energie dar. Der für die Keimbildung benötigte zusätzliche Energieanteil ist die so genannte *Aktivierungsenergie* Q_K bzw., den bisherigen Darlegungen entsprechend, die *Aktivierungsenthalpie* ΔG_K

(Bild 4.1)[1]). Ihre Berechnung erfolgt analog zu dem in Kapitel 3 dargelegten Vorgehen, wobei lediglich der Term $\Delta G_E \cong 4\pi r^3 \Delta g_E/3$ hinzuzufügen ist. Somit hängt auch der kritische Keimradius bei der Festphasenumwandlung von der spezifischen elastischen Verzerrungsenergie Δg_E ab.

Die *Keimbildungsgeschwindigkeit* v_K wird außer von der Aktivierungsenthalpie der Keimbildung noch von der thermisch aktivierten Diffusion der Atome zu den Keimstellen bestimmt, sodass sich folgende Beziehung ergibt:

$$v_K = A \exp[-(\Delta G_K + \Delta G_D)/kT] \tag{4.2}$$

(A Konstante; k Boltzmannkonstante; T absolute Temperatur; ΔG_D freie Aktivierungsenthalpie der Diffusion).

Trägt man die Keimbildungsgeschwindigkeit als Funktion der Unterkühlung unter die Gleichgewichtstemperatur auf, so ergibt sich der schematisch in Bild 4.2 gezeigte Verlauf. Das Maximum ist dadurch verursacht, dass mit zunehmender Unterkühlung zwar die notwendige Keimbildungsenthalpie verringert wird (Abschn. 3.1), die langsamer werdende Diffusion aber die Keimbildung erschwert. Dieser Sachverhalt kommt beispielsweise in den ZTU-Diagrammen zum Ausdruck (Abschn. 5.6.2).

Da ΔG_G und ΔG_E strukturabhängige Größen sind, werden die Aktivierungsenthalpie der Keimbildung ΔG_K und der kritische Keimradius r_K von den kristallographischen Beziehungen zwischen Matrix und Umwandlungsphase beeinflusst. Für Umwandlungen im festen Zustand, bei denen während der Keimbildung nichtkohärente Grenzflächen gebildet werden, sind im Allgemeinen ΔG_G und ΔG_E und damit ΔG_K so groß, dass eine homogene Keimbildung gemäß Kurve 1 in Bild 4.1 nicht verwirklicht werden kann.

Die *Keimbildung* kann *homogen* erfolgen, wenn die Umwandlungsphase zur Matrix kohärent ist, also ΔG_G und ΔG_E nahezu null sind. In diesem Fall ist eine nahezu verschwindende und damit experimentell nur schwer beobachtbare Aktivierung der Keimbildung notwendig, da ΔG sehr rasch mit zunehmendem Keimradius sinkt (Bild 4.1, Kurve 2). Die Wachstumsgeschwindigkeit wird nur von der Aktivierungsenergie der Diffusion bestimmt. Diese Verhältnisse sind die Ursache dafür, dass in vielen Werkstoffen, wie z. B. bei den ausscheidungshärtbaren Aluminium-Basislegierungen, im Falle ungenügender Aktivierung der Umwandlung in die stabile Phase metastabile Phasen gebildet werden, deren Strukturen meist große kristallographische Ähnlichkeit mit der Matrix zeigen.

Die *Keimbildung* erfolgt bei den Fest–fest-Umwandlungen jedoch überwiegend *heterogen* an vorhandenen Gitterdefekten. So kann der Grenzflächenenergiebedarf der neuen Phase teilweise aus der Energie einer Korngrenzenfläche gedeckt werden (s. Bild 4.17a), falls in ihr die benötigte Atomanordnung zumindest annähernd vorgebildet ist. Ein feinkörniges Gefüge neigt daher eher zur Umwandlung als ein grobkörniges.

[1] Die thermische Aktivierung wird im Kapitel 7 behandelt. Bei konstantem Druck und vernachlässigbaren Volumenänderungen des Umwandlungssystems kann $\Delta G_K = Q_K$ gesetzt werden (s. Kap. 3).

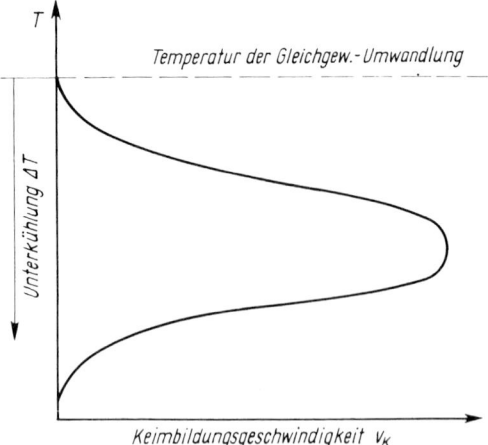

Bild 4.2 Keimbildungsgeschwindigkeit in Abhängigkeit von der Unterkühlung

Versetzungen begünstigen die Keimbildung (Bild 4.3), da das umgebende Spannungsfeld die Anreicherung von Legierungsatomen fördert (Bildung so genannter Cottrell-Wolken; Abschn. 9.2.2.3) und die für eine Umwandlung benötigte Gitterverzerrung teilweise schon enthält (Bild 4.1, Kurve 4). Besonders wirksam sind Versetzungen dann, wenn durch Aufspaltung ein Stapelfehler entsteht, der bereits als Gitterebene der Umwandlungsphase dienen kann, wobei auch hier die vom Stapelfehler begünstigte Ansammlung von Fremdatomen, die zudem die Stapelfehlerenergie herabsetzt, die Keimbildung zusätzlich aktiviert (Bild 4.1, Kurve 3). Ähnlich wirken infolge Leerstellenausscheidung entstandene Versetzungsringe mit umschlossenem Stapelfehler.

Leerstellen können Volumenänderungen während der Umwandlung ausgleichen, sodass mit erhöhter Leerstellenkonzentration (z. B. durch Abschrecken) ΔG_E herabgesetzt wird. Außerdem kann die Keimbildung in Leerstellenausscheidungen selbst, wenn sie eine gewisse Größe (r_L) haben, einsetzen (Bild 4.1, Kurve 5; s. a. Bild 4.16).

Diese Zusammenhänge sind die Ursache dafür, dass durch eine Erhöhung der Gitterfehlerdichte über Verformen, Abschrecken oder Bestrahlen Umwandlungen im festen Zustand eingeleitet bzw. beschleunigt werden können.

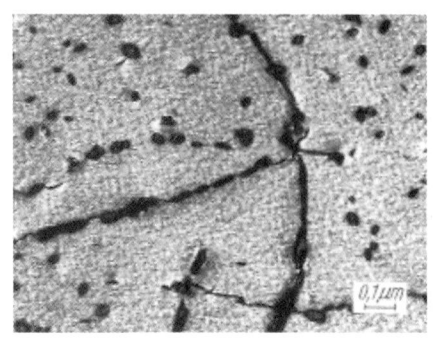

Bild 4.3 Teilkohärente Molybdäncarbidausscheidungen in Molybdän bei 620 °C. Die Keimbildung erfolgte heterogen an den Versetzungen und homogen in der Matrix (nach P. Burck)

Der Wachstumsmechanismus der gebildeten Keime ist von der Art der Umwandlung abhängig. Ändert sich während der Umwandlung die Konzentration, so ist gleichzeitig Diffusion erforderlich. Ihre Geschwindigkeit ist in erster Näherung durch den Diffusionskoeffizienten und den Konzentrationsgradienten gegeben (s. Abschn. 7.1). Außerdem wird sie von vorhandenen Spannungen, der geometrischen Form der Keime u. a. Größen beeinflusst und ist daher theoretischen Berechnungen schwer zugänglich.

Im Falle von Strukturumwandlungen ohne Konzentrationsänderungen erfolgt das Wachstum der Umwandlungsphase ähnlich dem der Rekristallisationskeime (s. Abschn. 7.2.2) über thermisch aktivierte Atomplatzwechsel in der Grenzfläche, ohne dass eine weit reichende Diffusion erforderlich ist, oder durch kooperative Scherbewegungen der Atome aufgrund von der plastischen Verformung ähnlichen Versetzungsmechanismen (martensitische Umwandlung).

4.1
Umwandlungen mit Änderung der Struktur

Es sind zahlreiche Elemente, Legierungen und Verbindungen bekannt, die je nach Temperatur und Druck unterschiedliche Gitterstrukturen, so genannte *allotrope Modifikationen* aufweisen (Polymorphie). In Tabelle 4.1 sind einige Beispiele aufgeführt. Die mit dem Modifikationswechsel verbundene Phasenumwandlung, die auch als *polymorphe Umwandlung* bezeichnet wird, kann reversibel (enantiotrop) oder irreversibel (monotrop) verlaufen.

In einigen Legierungen wird die polymorphe Umwandlung bei sehr rascher Abkühlung so stark unterkühlt, dass sie nicht mehr über einen Diffusionsmechanismus in der Phasengrenze, sondern nur noch als *martensitische Umwandlung* abläuft. Bei mehreren Metallen, wie z. B. dem Kobalt, liegen die Umwandlungstemperaturen von vornherein so tief, dass sich die Umwandlung ohnehin martensitisch vollzieht. Besonderheiten der Umwandlung treten auch bei Polymeren auf.

Im Weiteren wird auf wichtige Fälle von Strukturumwandlungen näher eingegangen.

4.1.1
Allotrope Umwandlungen des SiO_2

Ein theoretisch wie praktisch sehr bedeutsames Beispiel für die *Polymorphie* sind die allotropen Umwandlungen des SiO_2, das wesentlicher Bestandteil viel genutzter silicattechnischer Werkstoffe ist. Die wichtigsten der insgesamt 12 Modifikationen des SiO_2 sind in dem nach *Fenner* bekannten Phasendiagramm (Bild 4.4) enthalten. Danach ist der β-Quarz (Tiefquarz) die für tiefe Temperaturen stabile Modifikation. Sie kommt in der Natur als Sand oder Quarzit, besonders rein als Bergkristall vor. Bei 573 °C wandelt sich der Tiefquarz enantiotrop in den bis 870 °C beständigen α-Quarz (Hochquarz) unter Volumenzunahme um. Nach dem Fenner-Diagramm (die heute vorherrschende Meinung bestreitet den 870 °C-Übergang) sollte er bei 870 °C

Tab. 4.1 Modifikationen einiger metallischer, anorganisch-nichtmetallischer und organischer kristalliner Stoffe

Metall bzw. Verbindung	Phase	Beständigkeitsbereich °C	Strukturtyp
Eisen	α	bis 911	krz
	γ	911 … 1392	kfz
	δ	1392 … 1536	krz
Kobalt	α	bis 450	hdP
	β	450 … 1495	kfz
Mangan	α	bis 727	kubisch
	β	727 … 1095	kubisch
	γ	1095 … 1133	kfz
	δ	1133 … 1245	krz
Titan	α	bis 882	hdP
	β	882 … 1668	krz
Zinn	α	bis 13,2	kubisch (Diamantgitter)
	β	13,2 … 232	tetragonal
SiO_2	β-Quarz	bis 573	trigonal
	α-Quarz	573 … 870	hexagonal
	α-Tridymit	870 … 1470	hexagonal
	α-Cristobalit	1470 … 1713	kubisch
Ca_2SiO_4	γ	bis 725	rhombisch
	β	725 … 1450	rhombisch
	α	1450 … 2130	hexagonal
NH_4Cl	α	bis 184	krz
	β	über 184	kfz
isotaktisches Polybuten	α	stabile Form	rhomboedrisch
	β	entsteht bei der Kristallisation aus der Schmelze	tetragonal
	γ	entsteht bei der Kristallisation aus einer Lösung	rhombisch

in den α-Tridymit (Hochtemperaturform) und dieser schließlich bei 1470 °C in den α-Cristobalit übergehen.

Diese den Gleichgewichtsbedingungen entsprechenden Zustände liegen jedoch nicht immer vor. Während die Umwandlung Tiefquarz ⇌ Hochquarz rasch und reversibel verläuft, sind die Übergänge Quarz ⇌ Tridymit ⇌ Cristobalit unter praktischen Bedingungen gehemmt und weitgehend monotrop. Das unterschiedliche Ver-

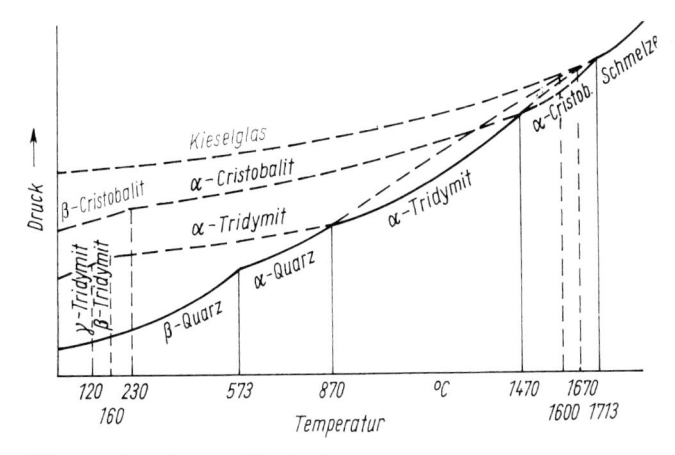

Bild 4.4 Einstoffsystem SiO$_2$ (nach C. Fenner)

halten beruht auf charakteristischen strukturellen Änderungen, die mit der Umwandlung verbunden sind. Der Tiefquarz besteht wie alle SiO$_2$-Modifikationen aus SO$_4^{4-}$-Tetraeder-Struktureinheiten, die in trigonaler Symmetrie über die Tetraederecken allseitig verknüpft eine Gerüststruktur bilden (Abschn. 2.1.9). Der 573 °C-Übergang zum hexagonalen Hochquarz (Bild 2.51) erfordert nur eine geringfügige Verschiebung der Atomlagen und der Bindungswinkel, ohne dass Gitterbausteine umgeordnet oder Bindungen aufgebrochen und neu geknüpft werden müssten. Eine solche *displazive Umwandlung* ist energetisch begünstigt; sie verläuft schnell und reversibel. Neuere Untersuchungen sprechen sogar dafür, dass bereits ab 400 °C strukturelle Vorordnungsprozesse stattfinden, denen zufolge sich der Übergang in den Hochquarz stetig vollzieht und die Umwandlung β-Quarz $\rightleftharpoons$ α-Quarz eine Umwandlung 2. Art ist.

Der Übergang Quarz $\rightleftharpoons$ Tridymit $\rightleftharpoons$ Cristobalit dagegen ist mit einer tief greifenden strukturellen Änderung verbunden. Unter dem Aufbrechen von Bindungen wird die Gerüststruktur wesentlich umgeordnet. Eine solche *rekonstruktive Umwandlung* geht erheblich langsamer vonstatten und ist weitgehend irreversibel. Die Quarz-Tridymit-Cristobalit-Umwandlungen sind daher kinetisch gehemmt und finden meist nur in Gegenwart von Mineralisatoren (Fremdionen) in merklichem Umfang statt. So kann der α-Quarz im Extremfall so weit überhitzt werden, dass er entsprechend der gestrichelt gezeichneten Kurve des Bildes 4.4 direkt in die Schmelze übergeht. Nur wenn sehr langsam auf Temperaturen oberhalb 870 °C erhitzt wird, wandelt sich der α-Quarz über eine röntgenamorphe Zwischensubstanz, die als stark fehlgeordneter Cristobalit angesehen wird, allmählich in den α-Tridymit und schließlich in den α-Cristobalit um.

Andererseits ermöglichen die geringen Geschwindigkeiten rekonstruktiver Umwandlungen bei der Abkühlung der SiO$_2$-Modifikationen eine beträchtliche Unterkühlung und die Existenz metastabiler Phasen. So können die Modifikationen Kieselglas, Cristobalit und Tridymit als metastabile Phasen auch bei Raumtemperatur erhalten und in dieser Form technisch genutzt werden. Im amorphen Kieselglas scheidet sich beim Tempern > 1200 °C Cristobalit aus, der während der nachfolgenden Abkühlung bei 230 °C displaziv in die Tieftemperaturmodifikation übergeht (Bild 4.4).

In hochreinem SiO_2 tritt kein Tridymit auf. Er wird deshalb nach *Flörke* als eine stark fehlgeordnete polytype Cristobalitstruktur angesehen, die durch Verunreinigungen gebildet und stabilisiert wird. Das von *Fenner* aufgestellte Phasendiagramm gilt somit nur für das technisch genutzte SiO_2. Aus dieser Sicht ist es zweckmäßig, die Modifikationen des Siliciumdioxids (Bild 4.5) einmal für das hochreine und andermal für das mit Fremdionen verunreinigte SiO_2 anzugeben.

Die den SiO_2-Modifikationen eigenen unterschiedlichen Dichten haben eine teilweise erhebliche Volumenänderung zur Folge, die in SiO_2-reichen Werkstoffen sehr hohe Eigenspannungen hervorrufen. Bei schnellem Durchfahren des Modifikationswechsels, das eine Eigenspannungsrelaxation weitestgehend ausschließt, kommt es dann zur Mikrorissbildung, was schließlich zum makroskopischen Bruch ohne äußere Bauteilbelastung führen kann. Dies trifft insbesondere für die α-Quarz–α-Cristobalit-Umwandlung zu. Wird beispielsweise längere Zeit bei etwa 1100 °C geglüht, dann führt die strukturelle Umwandlung gemeinsam mit der thermischen Ausdehnung zu einer Volumenvergrößerung von etwa 20 %. Um Werkstoffschädigungen zu vermeiden, muss deshalb bei quarz- und cristobalitreichen Materialien der Umwandlungsbereich langsam passiert oder die Umwandlung weitgehend vorweggenommen werden. Silicatsteine (95 % SiO_2) z. B., die als Feuerfestmaterial zur Auskleidung von Brennöfen und Schmelzaggregaten dienen, werden zu diesem Zweck bei 1400 °C vorgebrannt. Dabei geht der Quarz größtenteils in die Hochtemperatur-Cristobalitphase (Volumenzunahme) über, die infolge Unterkühlung auch bei Raumtemperatur erhalten bleibt. Wenn beim späteren Einsatz das Aggregat hochgeheizt wird, beträgt die Volumenänderung nur $\approx 5\,\%$, die sich konstruktiv berücksichtigen lassen.

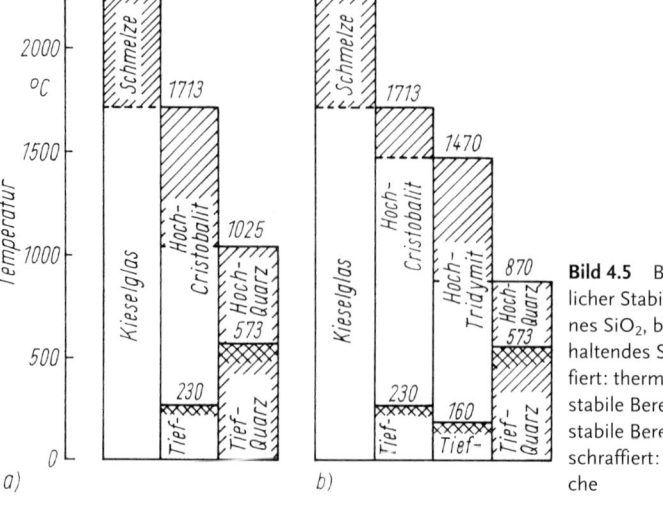

Bild 4.5 Bereiche unterschiedlicher Stabilität für a) hochreines SiO_2, b) Fremdionen enthaltendes SiO_2. nicht schraffiert: thermodynamisch nicht stabile Bereiche; schraffiert: stabile Bereiche; zweifach schraffiert: Umwandlungsbereiche

4.1.2
Die γ-α-Umwandlung des Eisens

Das technisch bedeutungsvollste Beispiel einer polymorphen Umwandlung ist die des kfz γ-Eisens in das krz α-Eisen bei 898 °C. Die Keimbildung erfolgt heterogen, bevorzugt an den Korngrenzen. Zwischen den beiden Phasen besteht der kristallographische Zusammenhang

$$\{110\}\alpha\,||\,\{111\}\gamma \quad \text{bzw.} \quad \langle 111\rangle\alpha\,||\,\langle 110\rangle\gamma$$

Während der Umwandlung muss das Gitter seine Abmessungen und Dichte ändern und die γ-Phase mit der größeren Gitterkonstante, aber dem kleineren spezifischen Volumen in die α-Phase mit der kleineren Gitterkonstante und dem größeren spezifischen Volumen übergehen (Bild 4.6). Das Wachstum der Umwandlungsphase erfolgt über thermisch aktivierte Atomplatzwechsel (Diffusion) in der Phasengrenze.

Die α-γ-*Umwandlung des Eisens* liegt wichtigen Verfahren der Wärmebehandlung von Eisenbasiswerkstoffen zugrunde, so dem *Normalglühen* des Stahles (s. a. Bild 6.38) [4.5]. Die Bezeichnung drückt aus, dass infolge des zweimaligen Durchlaufens der Umwandlung und der damit verbundenen Umkristallisation krz → kfz → krz beim Aufheizen des Stahles kurz über die A_{C3}-Temperatur (Tab. 5.1) und Wiederabkühlen auf Raumtemperatur Gefügeungleichmäßigkeiten beseitigt und ein feines – normales – Korn eingestellt wird. Die dem normalgeglühten Zustand entsprechenden Eigenschaftswerte dienen vielfach als Bezugsgrößen für die in Verbindung mit anderen Gefügezuständen ermittelten gleichen Eigenschaften.

Bei Zugabe von C und einer beschleunigten Abkühlung (Abschn. 5.6.1) wird das kfz γ-Fe-Gitter nicht mehr in die krz α-Gleichgewichtsphase umgewandelt, sondern

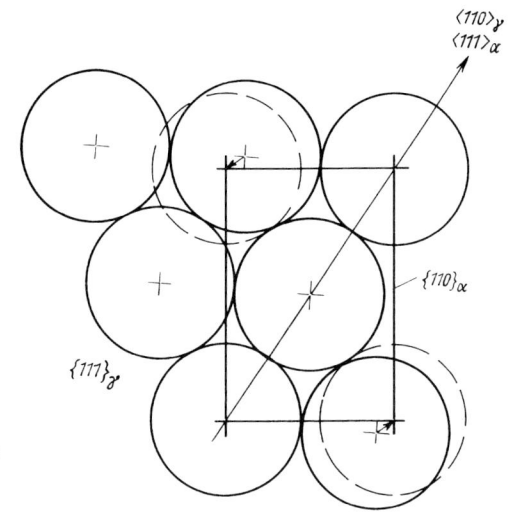

Bild 4.6 Schematische Darstellung der Orientierungsbeziehungen zwischen α- und γ-Eisen

bei wesentlich tieferer Temperatur (M_S) in eine metastabile rz tetragonal verzerrte Phase überführt, die den C zwangsgelöst auf den Kantenmitten der Elementarzelle enthält und als *Martensit* (α'-Martensit) bezeichnet wird. Die tetragonale Gitterverzerrung ist die Ursache für die außerordentlich hohe Härte, die der Kohlenstoffmartensit im Vergleich zu anderen Martensitarten aufweist. Sie ist der Grundvorgang der Stahlhärtung.

Für die Martensitumwandlung der Fe-C-Legierung gelten die gleichen kristallographischen Beziehungen wie für die polymorphe γ-α-Umwandlung, jedoch wird die α-Phase mit steigendem C-Gehalt zunehmend übersättigt und deshalb in wachsendem Maße tetragonal verzerrt (Bild 5.26). Dadurch wird die notwendige Keimbildungsenergie erhöht und die Temperatur des Umwandlungsbeginns erniedrigt.

Bei Zusatz weiterer Legierungselemente können in Eisenlegierungen noch andere Martensitphasen, z. B. hexagonaler ε-Martensit bei Mn-Zusatz, gebildet werden. Außerdem sind martensitische Umwandlungen nicht auf Eisenlegierungen beschränkt. Martensit- und Gleichgewichtsumwandlung sind einander sehr ähnlich, unterscheiden sich jedoch durch die Art der Grenzflächenbewegung während des Keimwachstums.

4.1.3
Martensitische Umwandlungen

Martensitische Umwandlungen sind – wie schon erwähnt – diffusionslose Umwandlungen, bei denen die Ausgangsphase durch eine kooperative Scherbewegung der Atome ähnlich der mechanischen Zwillingsbildung (Abschn. 9.2) in die Martensitphase überführt wird. Ein beispielsweise kugelförmiges einkristallines Volumenelement der Ausgangsphase wird dabei zu einem dreiachsigen Ellipsoid deformiert (Bild 4.7). Danach sind die Atome beiderseits der Scherebene (Habitusebene) weiterhin von denselben Nachbaratomen umgeben, jedoch in veränderter kristallographischer Anordnung.

Die Keimbildung der martensitischen Phase erfolgt heterogen an Versetzungen oder Stapelfehlern. Zur Veranschaulichung dessen sei die martensitische Umwandlung des Kobalts aus der kubisch-flächenzentrierten in die hexagonal dichtest ge-

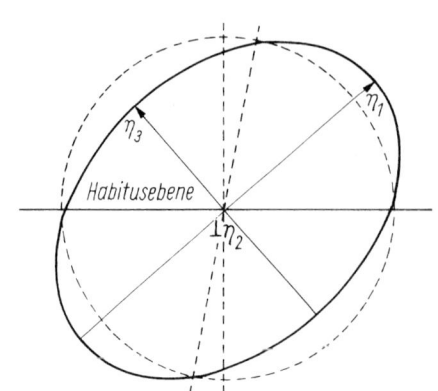

Bild 4.7 Formänderung eines monokristallinen Kugelelementes bei martensitischer Umwandlung (nach H. *Schumann*)
η Ellipsoidachsen

packte Struktur bei 450 °C angeführt. Beide bestehen aus gleich gebauten, jedoch unterschiedlich gestapelten Atomschichten (Bild 2.40) und haben annähernd dasselbe spezifische Volumen. Der Stapelfehler einer aufgespaltenen Versetzung im kfz Gitter stellt bereits einen Umwandlungskeim dar, weil er mit einer Netzebene des Gitters hdP identisch ist. Da die Stapelfehlerenergie durch den Unterschied der freien Energie zwischen den beiden Gitterstrukturen bestimmt wird, verschwindet sie bei der Umwandlung, sodass die den Stapelfehler begrenzenden Shockley-Versetzungen infolge der gegenseitigen Abstoßung weit auseinander gleiten können und daher den Keim verbreitern (s. a. Abschn. 2.1.11.2).

Das Dickenwachstum der martensitischen Keime erfolgt ebenfalls über einen relativ einfachen Versetzungsmechanismus („Polmechanismus"), der zu einer gekoppelten Bewegung von Shockley-Versetzungen in parallelen Netzebenen und daher zur Scherung des Gitters führt. Es bildet sich somit eine gleitfähige kohärente oder teilkohärente Grenzfläche aus, durch deren Bewegung der Umwandlungskeim wächst. Aufgrund dieses Mechanismus und der während der Umwandlung entstehenden Spannungen haben die martensitischen Kristallite Lanzen- oder Plattenform (Bild 4.8). Die Ebene der längsten Plattenausdehnung ist die *Habitusebene*. Ihre Indizierung wird auf das Matrixgitter bezogen.

Bildung und Wachstum der Martensitplatten *(Plattenmartensit)* geschehen mit sehr hoher Geschwindigkeit. Da die Keime die Scherbewegungen in der umgebenden Matrix nicht zwangsfrei ausführen können, erleiden sie durch Gleitung oder Zwillingsbildung innere Verformungen, sodass die Martensitplatten oft eine hohe Versetzungs-, Stapelfehler- oder Zwillingsdichte aufweisen (Bild 4.8 b). Weiterhin entstehen in ihrer Umgebung hohe Spannungen, die der treibenden Kraft der Umwandlung entgegenwirken, wodurch das Wachstum des Martensits aufgehalten werden kann. Die Erhöhung der Triebkraft ist über eine weitergehende Unterkühlung möglich.

a)   b)

Bild 4.8 Plattenmartensit: a) in einer Fe-24%-Ni-0,45%-C-Legierung (nach P. Müller). Die Spannungskonzentration an den Plattenkanten begünstigt die Keimbildung weiterer Platten, wodurch eine Zickzack-Anordnung zustande kommt; b) in einer Cu-11%-Al-Legierung. Die Platten sind von zahlreichen Zwillingen durchzogen. Rechts oben im Bild die metastabile Matrix

Die Martensitbildung erfolgt somit zeitunabhängig, d.h., der umgewandelte Anteil ist nicht von der Zeit, sondern nur von der Unterkühlungstemperatur abhängig. Erst wenn die Triebkraft so groß geworden ist, dass sie ausreicht, die Matrix plastisch zu verformen, kann der Martensitkeim mit hoher Geschwindigkeit so lange wachsen, bis er von einer Phasengrenze aufgehalten wird. Die Temperatur, bei der sich während der Abkühlung erstmals Martensit bildet, wird als M_s-Temperatur, diejenige, bei der das gesamte Gefüge in Martensit umgewandelt wird, als M_f-Temperatur bezeichnet. Aufgrund der mit der Matrixverformung verbundenen Verfestigung ist es jedoch schwierig, selbst bei sehr starker Unterkühlung eine vollständige Martensitumwandlung zu erreichen. Das entstehende Gefüge ist überwiegend zweiphasig. Anlassvorgänge, die die verbliebene Matrix teilweise entspannen, können zu einer Fortsetzung der Umwandlung führen.

Ist die Fließgrenze der Matrix σ_F so hoch, dass die mit der Umwandlung einhergehenden Spannungen die Matrix nicht plastisch verformen können, dann stellt sich zwischen ihr und der Triebkraft der Martensitumwandlung ein Gleichgewicht ein. Wird die Triebkraft durch weitere Unterkühlung vergrößert, wachsen die Martensitplatten, wird sie durch Temperaturerhöhung erniedrigt, nimmt die Größe der Platten ab. Diese Art Martensit, die z.B. in Cu- und Ni-Legierungen auftritt, wird als *thermoelastischer Martensit* bezeichnet.

Während der thermoelastische Martensit bei weiter gehender Temperaturerhöhung wieder martensitisch in die Ausgangsphase zurückgeht, führt im allgemeinen Fall die Temperatursteigerung zur thermisch aktivierten Umwandlung (Diffusionsumwandlung) des Martensits in die Gleichgewichtsphase. Aufgrund der auch hierfür aufzuwendenden Keimbildungsenergie liegen die Temperaturen für Beginn (A_s) und Ende (A_f) der Rückumwandlung oberhalb M_s.

Eine andere Möglichkeit, die Martensitbildung zu aktivieren, besteht darin, dass die metastabile Matrix einer äußeren Spannung σ unterworfen wird. Die damit der Matrix zugeführte Verzerrungsenergie vergrößert die Triebkraft, und entstehende Gitterfehler begünstigen die Keimbildung der Martensitumwandlung. Im Ergebnis dessen wird die Martensitbildungstemperatur auf einen Wert $M_d > M_s$ erhöht. Der im Temperaturbereich zwischen M_d und M_s entstandene Martensit wird im Fall $\sigma < \sigma_F$ als *spannungsinduzierter*, für $\sigma > \sigma_F$ als *verformungsinduzierter* bzw. Verformungs-Martensit bezeichnet. Der spannungsinduzierte Martensit bildet sich mit der Abnahme von σ (wie der thermoelastische Martensit mit der Erhöhung der Temperatur) reversibel zurück (s.a. Abschn. 9.1.4 und 9.2.5.2).

4.1.4
Massivumwandlung

In einigen Legierungen, vor allem des Kupfers, tritt bei beschleunigter Abkühlung anstelle einer Gleichgewichtsumwandlung mit Konzentrationsänderung eine weitere Art der Umwandlung ohne Konzentrationsänderung, die *massive Umwandlung*, auf. Sie erfolgt analog den polymorphen Umwandlungen durch thermisch aktivierte Keimbildung an den Korngrenzen; die Grenzfläche der durch sie gebildeten Phase ist inkohärent. Die für die Keimbildung erforderliche Atomdiffusion verläuft nicht

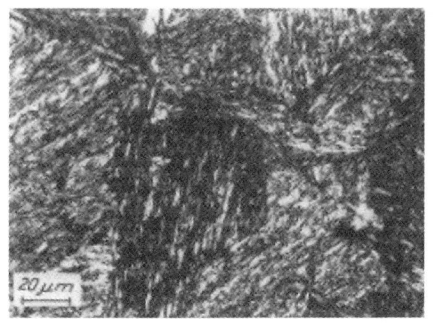

Bild 4.9 Massiv-Martensit in einer Fe-12%-Ni-0,45%-C-Legierung (nach P. Müller)

über Leerstellen, sondern über Platzwechselvorgänge in der Grenzfläche, wofür in der Regel niedrige Aktivierungsenergien benötigt werden. Damit ordnet sich die massive Umwandlung kinetisch zwischen die Gleichgewichts- und die Martensitumwandlung ein. Die dabei gebildeten Kristallite sind im Unterschied zum Martensit von unregelmäßiger „massiver" Gestalt. Die Massivumwandlungsphase entspricht in der Zusammensetzung der Hochtemperaturgleichgewichtsphase [4.7].

Je nach Legierungszusammensetzung und Abkühlungsbedingungen können sich die verschiedenen Umwandlungsvorgänge überlagern, sodass die entstehenden Gefüge oft schwierig zu interpretieren sind. Während z. B. bei beschleunigter Abkühlung von Stählen mit geringem C-Gehalt die massive, bei höherem C-Gehalt die martensitische Umwandlung eintritt, bildet sich im Zwischenbereich (etwa 0,2 bis 0,5 % C) dagegen infolge der Überlagerung beider Vorgänge ein Gefüge, das als Massiv-Martensit bzw., da die Kristallite aus Subkörnern lattenförmiger Gestalt bestehen, als *Lattenmartensit* bezeichnet wird (Bild 4.9). Innerhalb der „Latten" liegt eine hohe Dichte verknäuelter Versetzungen von 10^{11} cm^{-2} vor.

4.1.5
Umwandlungsbesonderheiten bei Polymeren

Bei einigen kristallinen und teilkristallinen Polymeren wie dem Polyamid kann durch einen Modifikationswechsel die mit dem Aufschmelzen verbundene Zerstörung der geordneten Struktur zu höheren Temperaturen verschoben werden. Dies geschieht, indem die Moleküle Lagen höherer innerer Energie bei gleichzeitiger Verminderung der Bindungsstärke einnehmen. Die Schwächung der Bindung wird über eine Vergrößerung der Abstände zwischen den Molekülen (z. B. Polyamid 6.6) oder durch einen Wechsel in der dominierend wirkenden Bindungsart realisiert. Polyamid 6.6 und 6.10 beispielsweise weisen derartige Umwandlungen auf, wenn als Folge langsamer Abkühlung aus der Schmelze als Tieftemperaturphase nicht die metastabile β-, sondern die stabile α-Modifikation, deren Kristallitschmelzpunkt aber niedriger ist, vorliegt. Dann wandelt sich bei der Erwärmung vor Erreichen der Schmelztemperatur die α-Struktur (Bild 2.63) in die β-Struktur (beide sind triklin) um. Die Änderung der Parameter der Elementarzellen ist in Tabelle 4.2 wiedergegeben. Infolge dieser *Umkristallisation* schmilzt das Polyamid erst bei einer um etwa 20 K höheren Temperatur auf.

Tab. 4.2 Abmessungen der EZ der triklinen Gitter des Polyamids

	$\dfrac{a}{10^{-10}\ m}$	b	c	α	β	γ
Polyamid 6.6						
α-Form	4,9	5,4	17,2	48,5°	77°	63,5°
β-Form	4,9	8,0	17,2	90°	77°	67°
Polyamid 6.10						
α-Form	4,95	5,4	22,4	49°	76,5°	63,5°
β-Form	4,9	8,0	22,4	90°	77°	67°

Praktische Bedeutung hat die Umkristallisation, wenn die betreffenden Werkstoffe bei Temperaturen in der Nähe der Schmelztemperatur eingesetzt werden. Die bei höheren Temperaturen mögliche Umordnung der Makromoleküle in den Kristalliten ist mit einer Veränderung der Koordinationszahl *(Nahordnungsumwandlung)* oder der Struktur der weiteren Umgebung *(Fernordnungsumwandlung)* vorwiegend durch eine Verschiebung der Makromoleküle verbunden. Verschiebungen *(Versetzungen)* entstehen, wenn sich die Makromoleküle in Faserrichtung *c* gegeneinander bewegen und in neue, einander zugeordnete Lagen einrasten.

Eine weitere Besonderheit der Umwandlung in Polymeren ist die *Neukristallisation* (Neokristallisation), die gleichfalls in Verbindung mit höheren Temperaturen wie auch beim Verstrecken (Abschn. 9.7.3) vorkommt. Sie wird beispielsweise bei Guttapercha beobachtet. Im Ergebnis des Aufschmelzens und Neukristallisierens entsteht hier aus einem orthorhombischen Gitter ($c = 4,8 \cdot 10^{-10}$ m, $T_s = 64\ °C$) ein stabileres monoklines Gitter ($c = 8,7 \cdot 10^{-10}$ m, $T_s = 74\ °C$) mit höherem Schmelzpunkt. Die Umwandlung ist mit einer erheblichen Veränderung der Konformation der Makromoleküle verbunden.

Auf der Basis von Fransen- und Faltenkeimen (Abschn. 3.1.2.2) kristallisierende Polymere erreichen in der Regel nicht den höchstmöglichen Kristallinitätsgrad. Im Einsatz vor allem bei höheren Temperaturen und beim Verstrecken tritt deshalb eine teilweise *Nachkristallisation* amorph erstarrter Gefügebestandteile ein, durch die die Maßhaltigkeit und die Eigenschaftsstabilität beeinträchtigt werden und die Formteile oft Verzug erleiden. Die Nachkristallisation lässt sich vermeiden, indem während der Abkühlung aus der Schmelze relativ hohe Temperaturen ($T_E \ll T < T_S$) aufrechterhalten werden, sodass über genügend lange Zeiträume eine ausreichende Beweglichkeit der Molekülsegmente und damit eine gründliche Kristallisation gewährleistet ist.

4.2
Umwandlungen mit Änderung der Konzentration

Umwandlungsphasen, bei denen sich gegenüber der Matrix die Konzentration, nicht aber die Struktur ändert, werden nur bei Entmischungsvorgängen in übersättigten Mischkristallen gebildet. Sie sind z.T. Vorstufen der Umwandlung in die Gleichgewichtsphase.

Es entstehen metastabile Phasen (Teilchen), die Anreicherungen geringer Größe von Legierungsatomen in der Matrix, so genannte *Zonen*, darstellen. Sie weisen eine von der Matrix abweichende Konzentration, jedoch eine kohärente Grenzfläche und dieselbe Struktur wie die Matrix bei nur wenig verändertem Gitterparameter auf. Da die mit Legierungsatomen angereicherten und verarmten Bezirke mehr oder weniger periodisch aufeinander folgen, nennt man die Anordnung der Zonen auch *modulierte Struktur* und die mittlere Länge eines vollständigen Konzentrationswechsels innerhalb der angereicherten und verarmten Bezirke *Modulationsperiode*. In Aluminiumlegierungen werden die Ansammlungen von Legierungsatomen außerdem als „Guinier–Preston-Zonen" bezeichnet. Sie bilden z. B. in Al–Cu-Legierungen plattenförmige Anreicherungen der Kupferatome auf den {100}-Ebenen des kfz Mischkristalls (Bild 4.10). Der Größenunterschied zwischen Cu- und Al-Atomen bedingt dabei eine gewisse Gitterverzerrung. Guinier-Preston-Zonen I bestehen nur aus wenigen Atomlagen mit einem Durchmesser in der Größenordnung von $100 \cdot 10^{-10}$ m, während Guinier-Preston-Zonen II, auch Θ''-Phase genannt, von größerer Ausdehnung sind und einen Ordnungszustand der Atome aufweisen. Die Bildung solcher Partikel wird als Nahentmischung oder *einphasige Entmischung* bezeichnet. Sie ist für die Verfestigung von Werkstoffen durch Ausscheidungshärtung bestimmend (Abschn. 9.2.2.4).

Voraussetzung für eine einphasige Entmischung ist, dass die Bildung der Gleichgewichtsphase durch rasche Abkühlung aus dem Mischkristallgebiet unterdrückt wird. Während einer nachfolgenden Anlassbehandlung kann die Entmischung dann bereits bei einer Temperatur einsetzen, bei der die thermische Aktivierung für die Keimbildung der stabilen Ausscheidung noch nicht ausreicht, da die Zonenbil-

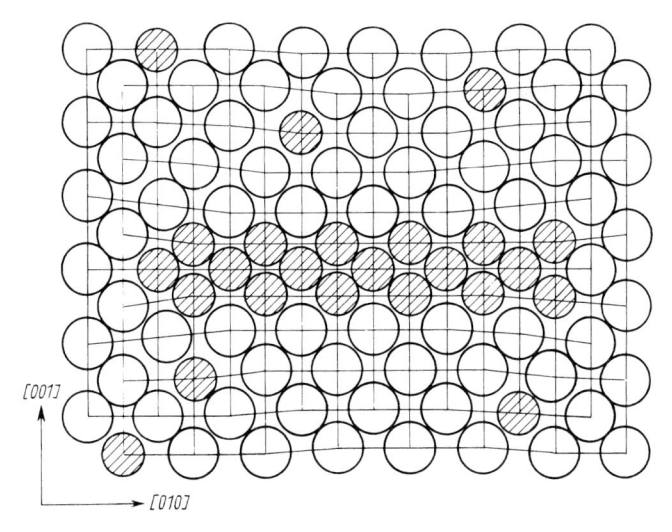

Bild 4.10 Schematische Darstellung einer plattenförmigen Entmischungszone (Guinier-Preston-Zone) im kfz Gitter

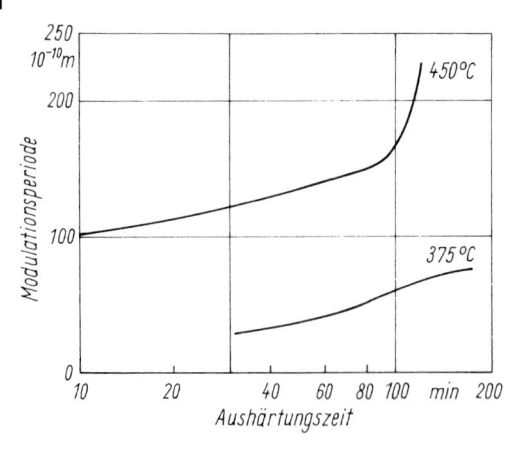

Bild 4.11 Abhängigkeit der Modulationsperiode von der Anlasstemperatur und -zeit für eine Cu-3%-Ti-Legierung. Als erstes Zerfallsstadium des übersättigten Cu-Ti-Mischkristalls bilden sich plattenförmige Ansammlungen von Ti-Atomen auf den Würfelflächen des Cu.

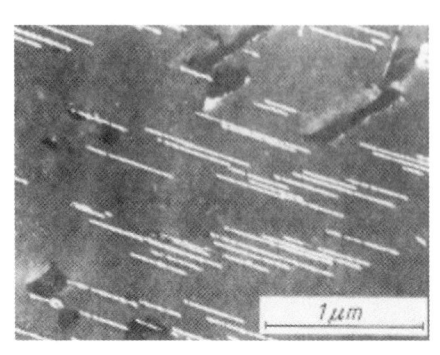

Bild 4.12 Ausscheidungen der Θ'-Phase parallel den {100}-Ebenen des Mischkristalls in einer Al-Cu-Legierung

dung energetisch durch eine geringe Grenzflächenenergie und kinetisch durch die bei der Abschreckung entstandenen Überschussleerstellen begünstigt ist.

Die Modulationsperiode nimmt mit der Anlasszeit und -temperatur zu (Bild 4.11). Gleichzeitig werden mit dem Anwachsen der Modulationsperiode höhere innere Spannungsfelder (Kohärenzspannungen) aufgebaut, die bei gegebener Beanspruchung die Versetzungsbewegungen behindern. Guinier-Preston-Zonen I bilden sich z. B. bereits bei Raumtemperatur, Guinier-Preston-Zonen II im Bereich von 100 bis 200 °C. Wird die Temperatur weiter erhöht, scheidet sich die metastabile Θ'-Phase aus, die ein tetragonales Gitter und eine teilkohärente Grenzfläche aufweist, in der Gitterverzerrungen durch den Einbau von Versetzungen ausgeglichen werden. Wie bei den Guinier-Preston-Zonen ist die Habitusebene die {100}-Ebene des Mischkristalls (Bild 4.12).

Das Beständigkeitsgebiet der metastabilen Phasen (Teilchen) lässt sich im Zustandsdiagramm darstellen (s. Bild 4.14). Bei höheren Temperaturen – aber noch innerhalb des Teilchen-Existenzbereiches – kann über Umlösungsvorgänge *(Ostwald-Reifung)* Teilchenwachstum auftreten (Bild 4.13). Enthält die Teilchenphase z. B. die in der Matrix begrenzt lösliche Atomart *B*, so ist infolge der größeren Flächenkrümmung kleiner Partikel in deren Umgebung die *B*-Konzentration höher als in der

Bild 4.13 Schematische Darstellung der Umlösung (a), Überalterung (b) und Wiederauflösung von Teilchen (c, d)

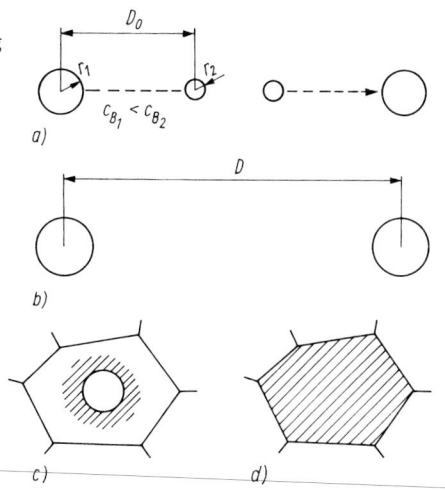

Bild 4.14 Zustandsdiagramm mit beschränkter Löslichkeit der Komponenten im festen Zustand. Für die Legierung L kann bei der Temperatur T je nach den Keimbildungsbedingungen ein Gleichgewicht zwischen den stabilen Phasen α und β oder zwischen den metastabilen Phasen α′ und β′ herrschen.

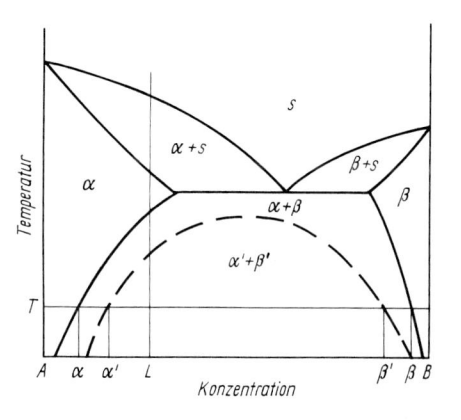

Nähe größerer Teilchen ($\Delta c_B \sim 1/r$). Im Bestreben, den Konzentrationsgradienten abzubauen (wie auch insgesamt Grenzflächenenergie einzusparen), diffundieren B-Atome so, dass sich letzten Endes kleine Teilchen auflösen und große wachsen. Nach der LSW-(Lifšic-Slezov-Wagner-)Theorie gehorcht das Teilchenwachstum unter der Voraussetzung, dass Volumendiffusion der geschwindigkeitsbestimmende Mechanismus ist, einem Zeitgesetz

$$r \sim (kt)^{1/3} \tag{4.3}$$

Damit nimmt der mittlere Teilchenabstand $\bar{D}$ zu, was nach Gln. (9.15) und (9.16) einem Rückgang der durch die Teilchen verursachten Verfestigung gleichkommt (*Überalterung*).

Mit Überschreiten der Grenze des Beständigkeitsgebietes lösen sich die Zonen entweder auf, oder sie wandeln sich in die Gleichgewichtsphase um. In den Al–Cu-

Legierungen gehen die auftretenden Phasen direkt ineinander über. Die Guinier-Preston-Zonen II entstehen durch Umordnung der Atome in den Guinier-Preston-Zonen I. Die Keimbildung der metastabilen Ausscheidungsphase Θ' erfolgt mithilfe von Teilversetzungen aus der elastischen Gitterverzerrung der größeren Guinier-Preston-Zonen II. Die Ausscheidung der Gleichgewichtsphase Θ (Al_2Cu), die aufgrund ihrer vom kfz Mischkristall sehr verschiedenen tetragonalen Struktur eine Grenzfläche hoher Energie aufweist (≈ 1 J m^{-2} gegenüber $\approx 0{,}1$ J m^{-2} der Zonen) und deshalb für die Keimbildung eine hohe Aktivierungsenergie benötigt, beginnt an den Grenzflächen der größten Θ'-Teilchen.

Die Form der Zonen hängt vom Gitterparameterunterschied zur Matrix ab. Ist dieser sehr gering, wie bei Al–Zn- und Al–Ag-Legierungen, so bilden sich kugelartige Zonen. Wird er merklicher, tendieren die Zonen zwecks Verringerung der Kohärenzspannungen zur Platten- (Cu–Ti, Al–Cu-Legierungen) oder Stabform (Al–Mg–Si-Legierungen).

In der Praxis weicht das Zeitverhalten der Kornvergröberung vom Lifšic-Slezov-Wagner-Modell in weiten Bereichen ab. Ursachen dafür können durch Diffusionskurzschlüsse entlang von Versetzungen oder Korngrenzen gegeben sein, aber auch durch Beiträge der elastischen Verzerrungsenergie der wachsenden Teilchen. Ebenso kann der Mechanismus grenzflächenkontrolliert ablaufen.

Ganz allgemein gilt jedoch praktisch immer, dass die Wachstumszeit mit einem Faktor $k = D\gamma c_{B,e}$ skaliert, wobei D den Diffusionskoeffizienten, γ die Teilchengrenzflächenenergie und $c_{B,e}$ die Gleichgewichtslöslichkeit von B in der Matrix bedeuten. Somit sind z. B. Hochtemperaturlegierungen, deren Festigkeit durch feindisperse Ausscheidungen bestimmt wird, durch einen besonders kleinen Wert dieses Produktes charakterisiert.

4.3
Umwandlungen mit Änderung der Konzentration und der Struktur

Umwandlungen dieser Art sind die Ausscheidung einer Phase β aus einem Mischkristall α ($\alpha \rightarrow \alpha + \beta$) und der eutektoide Zerfall eines Mischkristalls in zwei neue Phasen ($\gamma \rightarrow \alpha + \beta$) (s. a. Kap. 5). Sie sind diffusionsabhängig. Aufgrund unterschiedlicher Diffusionsverhältnisse sind kontinuierliche und diskontinuierliche Umwandlungen zu unterscheiden. Während die eutektoide Umwandlung nur diskontinuierlich erfolgt, werden bei Ausscheidungsvorgängen beide Umwandlungsarten beobachtet.

4.3.1
Ausscheidungsumwandlung

Ausscheidungsumwandlungen sind gegeben, wenn die Löslichkeit einer Atomart B in einem Mischkristall α mit abnehmender Temperatur sinkt (s. a. Bild 5.13 a). Wird die Löslichkeitsgrenze unterschritten, scheidet sich zur Wahrung der Gleichgewichtskonzentration des Mischkristalls eine B-reiche Phase β aus (Bild 4.14). Der gleiche Vorgang tritt auf, wenn der Mischkristall durch rasche Abkühlung übersättigt und anschließend auf eine Temperatur angelassen wird, die eine thermische Aktivierung der β-Keimbildung zulässt.

Die *kontinuierliche Ausscheidung* ist durch ein relativ langsames Wachstum (für konst. Temperatur proportional $t^{1/2}$) individueller β-Kristalle über die Gitterdiffusion von B-Atomen gekennzeichnet. Die Matrixkristalle behalten ihre Struktur bei, ihre Konzentration ändert sich aber stetig (Bild 4.15 a). Die Ausscheidung verläuft kontinuierlich, wenn der Unterschied der freien Enthalpie zwischen beiden Phasen und somit die Triebkraft der Umwandlung groß ist. Die Keimbildung erfolgt überwiegend heterogen und bevorzugt an Ansammlungen von Überschussleerstellen (Bild 4.16). In manchen Legierungen geht die stabile Phase auch aus einer metastabilen Zwischenphase hervor (s. Abschn. 4.2).

Diskontinuierliche Ausscheidungen kommen vor, wenn die Keimbildungsgeschwindigkeit für eine kontinuierliche Umwandlung zu gering ist. Dabei erfolgt keine individuelle Keimbildung der β-Phase. Die Gleichgewichtsphasen α und β ent-

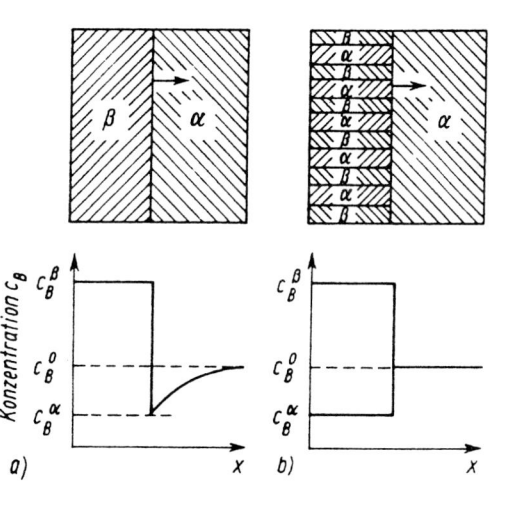

Bild 4.15 Gefügeschema und Konzentrationsverlauf der kontinuierlichen (a) und diskontinuierlichen Ausscheidung (b). c_B^0 Ausgangskonzentration der α-Matrixphase an B-Atomen; c_B^α, c_B^β Endkonzentration der gebildeten Phasen an B-Atomen (α-, β-Mischkristalle); x Ortskoordinate der Grenzflächenbewegung

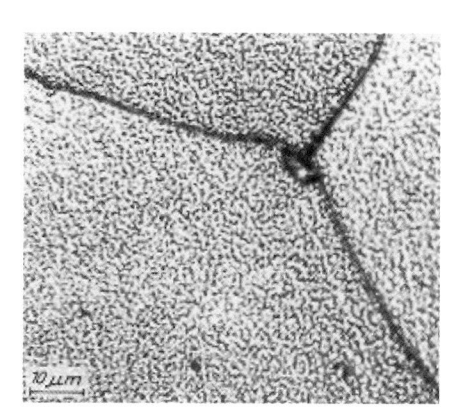

Bild 4.16 Kontinuierliche Ausscheidung in einer Cu-3%-Ti-Legierung

a) b)

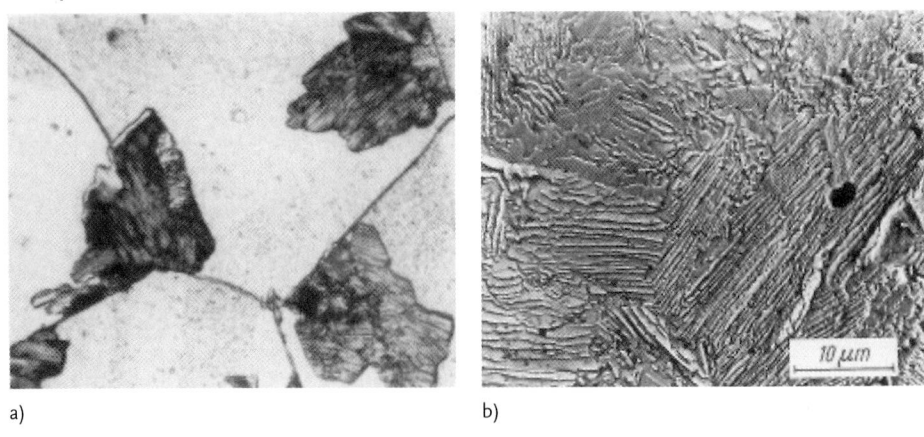

Bild 4.17 Diskontinuierliche Ausscheidung in einer Cu-3%-Ti-Legierung. a) Lichtmikroskopische Aufnahme; b) elektronenmikroskopische Abdruckaufnahme

stehen vielmehr durch heterogene Keimbildung an den Korngrenzen abhängig voneinander als Lamellen, die parallel in die metastabilen Matrixkristalle hineinwachsen (Bild 4.17). Die für die Umwandlung notwendigen Konzentrationsänderungen (Bild 4.15b) beschränken sich lediglich auf die inkohärenten Grenzflächen (Phasengrenzen $\alpha - \beta$ und Korngrenzen $\alpha - \alpha$). Da der Diffusionskoeffizient der Grenzflächendiffusion um Zehnerpotenzen größer ist als der der Gitterdiffusion, verläuft die diskontinuierliche Umwandlung wesentlich rascher als die kontinuierliche.

4.3.2
Eutektoider Zerfall

Der *eutektoide Zerfall* eines Mischkristalls geschieht ebenfalls diskontinuierlich. Am Beispiel der eutektoiden Umwandlung der kfz Fe–C–γ-Mischkristalle *(Austenit)* in ein lamellares Kristallgemisch aus krz α-Mischkristallen *(Ferrit)* und intermetallischer Phase Fe_3C *(Zementit)*, das als *Perlit* bezeichnet wird (s. Bilder 5.20 und 6.29), sollen Keimbildung und Keimwachstum erläutert werden (Bild 4.18). Da die Gleichgewichts-Kohlenstoffkonzentration der entstehenden Phasen sehr unterschiedlich ist, müssen zur Keimbildung im Austenit thermisch aktivierte Konzentrationsschwankungen auftreten. An Versetzungen und in Korngrenzen ist aus energetischen Gründen die Kohlenstoffkonzentration erhöht. Es bilden sich an diesen Stellen Zementitkeime, wobei der unmittelbaren Umgebung der Keime Kohlenstoff entzogen wird. Infolge der Kohlenstoffverarmung können dort Ferritkeime entstehen, die ihrerseits den Kohlenstoff, der von ihnen nur in sehr begrenztem Umfang in das Gitter eingebaut werden kann, wiederum in das benachbarte Austenitgefüge drängen, sodass dort erneut Zementitkeimbildung einsetzt. Sobald eine Perlitzelle gebildet ist, geschieht das weitere Wachstum bevorzugt senkrecht zu den Lamellenenden, wobei der Kohlenstoff in der Grenzfläche Austenit/Perlit zu den Zementitlamellen diffundiert.

Bild 4.18 Schematische Darstellung der Wachstumsfront bei der diskontinuierlichen Umwandlung am Beispiel des Perlits. Die kurzen Pfeile zeigen die Richtung der Kohlenstoffdiffusion in der Grenzfläche an.

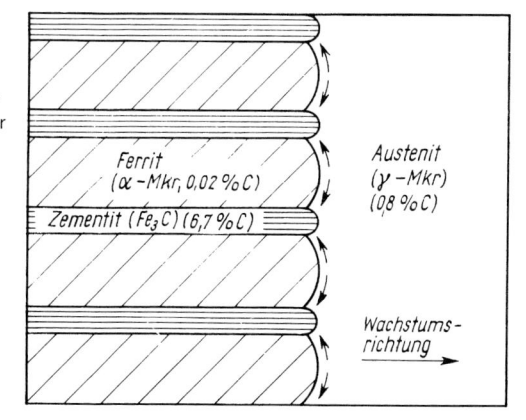

Der Lamellenabstand hängt von der Umwandlungstemperatur ab (Bild 4.19). Mit zunehmender Unterkühlung wird die Kohlenstoffdiffusion verlangsamt, sodass der Lamellenabstand kleiner werden muss, um den Diffusionsweg zu verkürzen. Er kann jedoch nicht beliebig verringert werden, da der damit verbundene Zuwachs an Grenzflächenenergie die Keimbildung erschwert. In Zusammenhang mit der bei zunehmender Unterkühlung anwachsenden Triebkraft der Umwandlung stellt sich deshalb ein Gleichgewichts-Lamellenabstand ein. Er wird mit abnehmender Bildungstemperatur kleiner und beeinflusst über die Vergrößerung der Phasengrenzfläche die mechanischen Eigenschaften des Perlits wesentlich. Wie Bild 4.19 veranschaulicht, wird allein durch die Abnahme des Lamellenabstandes von 0,9 µm auf 0,1 µm die Härte des Perlits von 200 auf 400 HB (und die Festigkeit von 700 auf 1300 MPa) erhöht. Erfolgt die Umwandlung isotherm, bleibt der Lamellenabstand

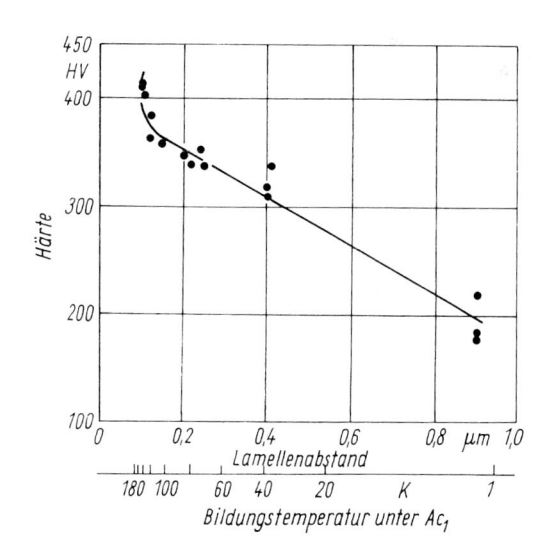

Bild 4.19 Härte des Perlits in Abhängigkeit von Lamellenabstand und Bildungstemperatur (nach A. Rose)

konstant. Der Konzentrationsgradient an der Wachstumsfront verändert sich nicht, sodass auch die Geschwindigkeit der diskontinuierlichen Umwandlung konstant bleibt (s. a. Abschn. 5.6.1).

4.4
Ordnungsumwandlungen

In einer Reihe von Mischkristalllegierungen liegt die statistisch regellose Verteilung der Atome im Gitter nur bei hohen Temperaturen vor. Beim Übergang zu tiefen Temperaturen stellt sich dann entweder eine örtliche Anreicherung jeweils gleichartiger Atome ein (Nahentmischung), oder die Atome ordnen sich so an, dass sie von ungleichartigen Nachbarn umgeben sind. Letzteres setzt voraus, dass in der betreffenden Legierung die Bindungskräfte zwischen den ungleichartigen Atomen $A-B$ stärker sind als zwischen gleichen ($A-A$, $B-B$). Für kleine ganzzahlige Atomverhältnisse, z. B. 1:1 oder 1:3, entstehen regelmäßige Verteilungen *(Überstrukturen)* der Atome im Raumgitter (Teilgitter), in denen jede Atomart immer nur gleichwertige Gitterplätze besetzt (Abschn. 2.1.8.2).

Der Übergang von der statistischen zur geordneten Verteilung ist mit Eigenschaftsänderungen verbunden. Im Ergebnis der Ordnung tritt ein Ausgleich der Elektronenzustände der an ihr beteiligten Atomarten auf ein mittleres Energieniveau ein. Die Ordnungsbildung bewirkt daher eine Änderung aller Eigenschaften, die empfindlich von der Elektronenstruktur abhängen, wie z. B. der elektrischen Leitfähigkeit (Abschn. 10.1.1), der Hallkonstanten und der magnetischen Polarisation, aber auch des Elastizitätsmoduls.

Der Zustand idealer *Fernordnung*, d. h., dass gleichartige Atome im gesamten Kristall nur auf einem der Teilgitter untergebracht sind, ist allein bei niedrigen Temperaturen möglich. Das Minimum der freien Energie $F = U - TS$ wird dann vor allem durch die Konfigurationsenergie der Atome, die Bestandteil der inneren Energie U ist, bestimmt. Mit steigender Temperatur aber gewinnt das Entropieglied TS an Bedeutung. Die auf eine statistische Verteilung hinwirkende Wärmebewegung führt zur Auflockerung und schließlich zur Aufhebung der Ordnung. Jede Überstruktur hat deshalb eine kritische Ordnungstemperatur T_0, oberhalb der sie thermodynamisch nicht mehr beständig ist und sich auflöst. So beträgt beispielsweise T_0 für die Ordnungsphase Cu_3Au 390 °C und für CuZn 465 °C. Sie liegt also noch weit unterhalb der Soliduslinie. Je größer die Ordnungsenergie ist, d. h., je stärker die Bindungskräfte zwischen den ungleichartigen Atomen gegenüber denen zwischen gleichartigen sind, desto höher ist T_0.

Die mehr oder weniger ausgeprägte Ordnung wird durch den *Ordnungsgrad s* (nach *Bragg-Williams*) charakterisiert. Für eine Überstruktur der Zusammensetzung AB mit krz Gitter (CsCl-Typ) ist $s = 2p - 1$, wobei für p derjenige Bruchteil aller Gitterplätze im Teilgitter A, die von A-Atomen eingenommen werden, eingesetzt wird. Danach ergibt sich für den ungeordneten Zustand $p = 1/2$, $s = 0$ und für den geordneten Zustand $p = 1$, $s = 1$. Für Ordnungsphasen, bei denen das stöchiometrische Mengenverhältnis der Atome nicht 1:1 beträgt, z. B. bei Cu_3Au, wird der Ordnungsgrad als $s = (p - r)/(1 - r)$ ermittelt. r ist der Anteil aller Gitterplätze der A-Atome im vollständig geordneten Mischkristall.

Mit steigender Temperatur wird die Fernordnung mehr und mehr gestört. Die Art, wie sich der Ordnungsgrad mit der Temperatur ändert, hängt von der Kristallstruktur ab (Bild 4.20). Während s in einer Ordnungsphase AB (CsCl-Typ) kontinuierlich absinkt, sinkt er bei A_3B-Strukturen (Cu$_3$Au-Typ) zunächst stetig bis $\approx 0{,}5$ und fällt dann bei T_0 plötzlich auf $s = 0$ ab.

Bei der kritischen Ordnungstemperatur T_0 ist zwar die Fernordnung aufgehoben, jedoch liegt noch keine völlig regellose Atomanordnung im Gitter vor. Die Anzahl der Bindungen zwischen ungleichartigen nächsten Nachbarn ist größer, als es der statistischen Verteilung entspricht. Ein solcher Zustand wird nach *Bethe* als *Nahordnung* bezeichnet (Bild 4.21). Die oberhalb T_0 oft noch beträchtliche Nahordnung klingt erst bei weiterer Temperaturerhöhung in dem Maße ab, wie der Mischkristall mehr und mehr in den statistischen Zustand übergeht.

Zur Ordnungsbildung sind Platzwechsel der Atome über nur geringe Entfernungen erforderlich. Ein Wechsel des Raumgittertyps ist damit nicht verbunden. Die *Überstruktur* entsteht, wenn eine ordnungsfähige Legierung entweder langsam abkühlt und T_0 unterschritten wird oder wenn nach vorangegangener rascher Abkühlung bei Temperaturen wenig unterhalb T_0 wieder angelassen wird. Da es sich um

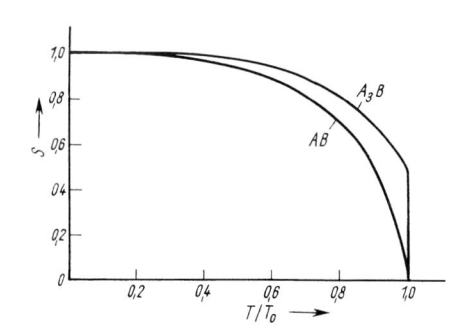

Bild 4.20 Temperaturabhängigkeit des Ordnungsgrades s für Überstrukturen des Cu$_3$-Au-Typs und des CsCl-Typs

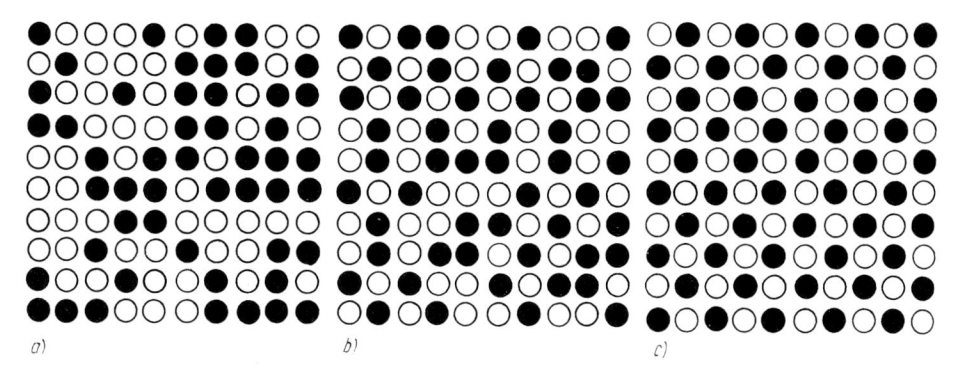

Bild 4.21 Atomanordnungen in einem Mischkristall der Zusammensetzung AB. a) Ungeordneter Mischkristall; b) Nahordnung; c) Fernordnung

einen Diffusionsvorgang handelt, muss für die Einstellung des Ordnungsgleichgewichts genügend Zeit zur Verfügung stehen. Hinsichtlich der Ordnungskinetik werden allerdings erhebliche Unterschiede je nach dem Grad, in dem sich die kristallchemischen und gittergeometrischen Verhältnisse bei der Ordnungsumwandlung ändern, beobachtet. Während sich z. B. die Ordnungsphase CuZn in kurzer Zeit formiert, ist für die Bildung der Überstruktur Ni$_3$Mn mehr als eine Woche erforderlich, obwohl die kritischen Ordnungstemperaturen sich nur wenig unterscheiden. Die Ausbildung einer Überstruktur kann ganz oder zum größten Teil unterdrückt werden, wenn die Legierung aus dem Gebiet regelloser Atomverteilung abgeschreckt wird. Der Mischkristall befindet sich dann in einem metastabilen Zustand.

Die Grenzflächenenergie zwischen dem sich beim Übergang vom ungeordneten in den geordneten Zustand bildenden Überstrukturgitter und der Ausgangsphase ist sehr niedrig. Sie wird hauptsächlich vom Unterschied der Gitterparameter und der Symmetrie bestimmt. Demzufolge ist auch die freie Energie der Keimbildung stark herabgesetzt, und es können innerhalb eines Kristalls gleichzeitig sehr viele geordnete Keime entstehen. Diese sind nur z.T. „in Phase", denn die Atome der gleichen Art können an verschiedenen Stellen des Kristalls ein anderes Teilgitter besetzen. Beim nachfolgenden Zusammenwachsen der geordneten Bereiche hat das die Bildung von Antiphasengrenzen (s. Abschn. 2.1.11.3.2) zur Folge. Die geordneten Bereiche beiderseits einer Antiphasengrenze werden auch als *Domänen* bezeichnet. Da Antiphasengrenzen innere Grenzflächen erhöhter Energie darstellen, verschwinden sie bei fortgesetzter Wärmebehandlung, indem einige Domänen analog dem Kornwachstum auf Kosten anderer wachsen. Dieser Vorgang verläuft bei Ordnungsphasen mit CsCl-Struktur, die aus nur zwei Teilgittern besteht, relativ schnell. Dagegen wird die Fernordnung bei Überstrukturen des Cu$_3$Au-Typs erst nach sehr langer Behandlungsdauer erreicht, da dessen Atome auf vier verschiedenen Teilgittern angeordnet sind und die Antiphasendomänen eine verhältnismäßig stabile Struktur bilden können.

Ordnungsumwandlungen tragen Merkmale von Umwandlungen erster oder auch zweiter Art. Für Ordnungsphasen des Cu$_3$Au-Typs beispielsweise weist die diskontinuierliche Änderung des Fernordnungsgrades s bei der kritischen Temperatur T_0 (Bild 4.20) auf eine *Umwandlung erster Art* hin. Mit dem Ordnungszustand ändert sich gleichermaßen sprunghaft die Konfigurationsenergie der Atome und damit die innere Energie. Infolgedessen hat die spezifische Wärme bei T_0 eine Singularität. Ihr Wert strebt gegen Unendlich, und es tritt eine latente Umwandlungswärme auf.

Der Verlauf der *s-T*-Kurve bei Überstrukturen des CsCl-Typs hingegen (z. B. CuZn) ist charakteristisch für *Umwandlungen zweiter Art*. Nach Unterschreiten von T_0 erfolgt, Gleichgewichtseinstellung vorausgesetzt, ein mit sinkender Temperatur zunächst schnelles, doch stetiges Anwachsen der Anzahl der Bindungen zwischen ungleichartigen Atomen und damit des Ordnungsgrades. Die aus der Bildung bzw. Auflösung der Überstruktur resultierende Anomalie der spezifischen Wärme ist über ein breiteres Temperaturintervall verteilt, und bei T_0 tritt ein scharfes Maximum auf. Folglich wird auch keine latente Umwandlungswärme beobachtet.

4.5
Nichtkonventionelle Phasenbildung

Für die Bildung von metastabilen Phasen im Ergebnis von Festkörperreaktionen sowie die Erzeugung von Werkstoffgefügen mit ausgeprägter Heterogenität im atomaren bis Submikrometer-Bereich stehen verschiedene Verfahren zur Verfügung. Hierzu gehören das mechanische Legieren metallischer Pulver, die Erzeugung von nanokristallinen Keramiken über flüssige Prekursoren, die Schnellerstarrung metallischer Legierungen oder die Oberflächenbehandlung und Beschichtung mittels energiereicher Strahlung (Laser-, Elektronen- und Ionenstrahltechnologie).

Die Bildung metastabiler Phasen wird durch ein Wechselspiel von thermodynamischen Triebkräften und kinetischen Mechanismen bedingt. Phänomenologisch wird das Einstellen verschiedener metastabiler Phasen in der *Ostwaldschen Stufenregel* zusammengefasst [4.10]. Danach nähert sich ein System aus einem Nichtgleichgewicht mit hoher freier Enthalpie dem thermodynamischen Gleichgewichtszustand durch stufenweises Durchlaufen einer Reihe von Zwischenzuständen in der Folge abnehmender freier Enthalpie (Bild 4.22). Die physikalische Begründung dieser Regel kann nicht allgemein gegeben werden. Sie spiegelt letztlich die Existenz unterschiedlicher Reaktionskanäle für die Phasenbildung wider, deren zeitliche Folge sowohl durch die Aktivierungsenthalpie $\Delta G_k^{i \to j}$ für die Phasenübergänge zwischen den einzelnen metastabilen Zuständen (i, j) als auch durch deren kinetische Koeffizienten (Diffusionskoeffizient $D^{i \to j}$) bestimmt wird. Diese können in einem Spektrum von Relaxationszeiten $\tau^{i \to j}$ für die einzelnen Prozesse zusammengefasst werden.

$$1/\tau^{i \to j} = A \cdot D^{i \to j} \cdot \exp(-\Delta G_k^{i \to j}/kT) \tag{4.4}$$

Wie Gleichung (4.4) zum Ausdruck bringt, ist die Bildung von metastabilen Phasen durch die Kombination einer thermodynamischen Triebkraft, zusammengefasst in

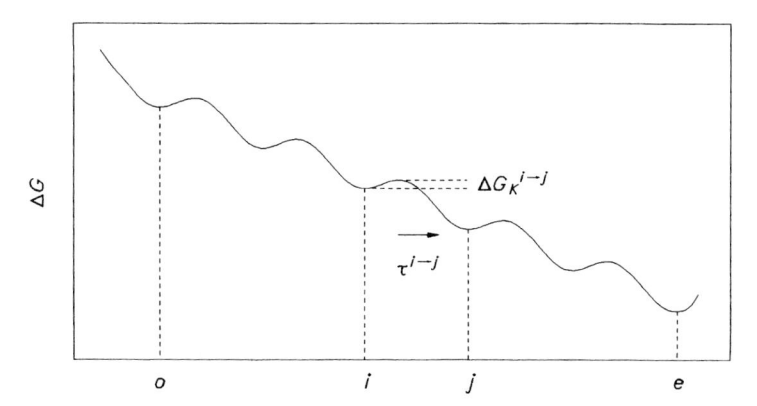

Bild 4.22 Schematische Darstellung des Durchlaufens verschiedener metastabiler Zwischenzustände der freien Enthalpie bei der Relaxation eines Festkörpers in das thermodynamische Gleichgewicht (Ostwaldsche Stufenregel)

der freien Enthalpie für die Keimbildung, und einer kinetischen Prozesskenngröße, dem Diffusionskoeffizienten determiniert. Ihre Variation mittels äußerer und innerer Prozessparameter, insbesondere der Temperaturabhängigkeit, bedingt die verschiedenartigen Wege der Festkörperreaktion.

Das System durchläuft den Zustandsraum der freien Enthalpie auf dem Weg minimaler Relaxationszeiten von Zwischenzustand zu Zwischenzustand. Um einen bestimmten metastabilen Zwischenzustand z beobachten zu können, muss für die resultierende Relaxationszeit aus dem Ausgangszustand o folgende Bedingung erfüllt sein

$$\tau^{o \to z} \ll t_B \ll \tau^{z \to z+1} \tag{4.5}$$

Hier bezeichnet t_B die jeweilige Zeit, während der das System beobachtet wird. Zugleich muss die Relaxation in den metastabilen Zwischenzustand z rascher erfolgen als auf irgendeinem anderen Weg in den thermodynamischen Gleichgewichtszustand e

$$\tau^{o \to z} \ll \tau^{o \to e} \tag{4.6}$$

Es muss noch darauf hingewiesen werden, dass in dem vielparametrigen Zustandsraum der freien Enthalpie nicht nur ein einziger Weg zum thermodynamischen Gleichgewicht existiert. Grundsätzlich gibt es verschiedene miteinander konkurrierende Relaxationspfade. In Abhängigkeit von den gegebenen Prozessbedingungen (Abkühl- oder Aufheizrate, Anlasstemperatur und -zeit einer thermischen Behandlung, Mahldauer und Mahlintensität beim mechanischen Legieren u. Ä.) wird das System den Weg mit den jeweils kürzesten Relaxationszeiten zwischen den einzelnen Zwischenzuständen einschlagen.

4.5.1
Metastabile Phasenbildung in dünnen Schichten

Bei den verschiedenen Methoden der Oberflächenbehandlung und Dünnschichttechnologie werden in der Regel Gefüge mit steilen chemischen Gradienten, großen inneren Spannungen und oftmals auch einer erhöhten Defektdichte erzeugt, die als Ausgangszustände für das Entstehen metastabiler Phasen dienen.

Besonders begünstigt sind solche Prozesse, wenn die Ausgangsgefüge extrem feindispers sind. Dann reichen oftmals nur geringe Temperaturänderungen aus, um dank der kurzen Diffusionswege und des großen Anteils an Überschussenthalpie durch innere Grenzflächen solche Gefüge umzuwandeln. Ein metallphysikalisch gut zu diagnostizierendes und auch technisch interessantes Beispiel hierfür stellen metallische oder Metall-Halbleiter-Vielfachschichten dar. Von besonderem Interesse war dabei die Beobachtung, dass sich in solchen Vielfachschichten durch Strukturumwandlungen nahe Raumtemperatur amorphe Phasen bilden können. Die erstmals von *Schwarz* und *Johnson* beobachtete Entstehung einer amorphen Legierung in einer Gold-Lanthan-Vielfachschicht bei Erwärmung auf etwa 100 °C ist unterdessen analog auch an einer Anzahl anderer Vielfachschichten nachgewiesen worden [4.11]. Die Bildung und das Wachstum der amorphen Phase wird, wie eingangs dargelegt, durch thermodynamische und kinetische Faktoren bestimmt. Für die Ausbildung größerer, ausgedehnter Interdiffusionszonen entlang der Phasengrenze von zwei Stoffen A und B ist eine negative Änderung der freien Enthalpie für die Mischung $\Delta G_m < 0$ Voraussetzung. Interessanterweise sind für nanoskalige Gefüge infolge des dominierenden Grenzflächenenergiebeitrages auch bei positiver Mischungsenthalpie solche Interdiffusionszonen möglich (s. Abschn. 4.5.2).

Amorphe feste Lösungen werden sich im Ergebnis der Interdiffusion dann bilden, wenn deren freie Enthalpie kleiner ist als diejenigen der auch möglichen Bildung kristalliner fester Lösungen von A und B. Ein Beispiel hierfür stellt das System Ni-Zr dar [4.11]. Bei etwa gleichen Konzentrationen von Nickel und Zirkon beträgt die Enthalpieänderung für die amorphe feste Lösung $\Delta G_m \approx -40$ kJ/mol, für Mischkristallphasen mit hexagonaler Kristallstruktur $\Delta G_m \approx -20$ kJ/mol, bei kubisch raumzentrierter Struktur $\Delta G_m \approx -25$ kJ/mol und in einer kubisch flächenzentrierten Struktur $\Delta G_m \approx -30$ kJ/mol. Das heißt, der amorphe Zustand ist thermodynamisch gegenüber den kristallinen Lösungen bevorzugt. Die thermodynamisch noch günstigere intermetallische Phase NiZr mit $\Delta G_m \approx -50$ kJ/mol wird im Experiment erst nach längerem Anlassen oberhalb 400 °C beobachtet. Deren Bildung ist also bei tieferen Temperaturen kinetisch verhindert. Hierzu tragen sowohl kleinere Werte für den effektiven Diffusionskoeffizienten infolge einer geringeren Beweglichkeit von Zr als auch größere kritische Keimradien für die heterogene Keimbildung an der polykristallinen Ni-Zr-Grenzschicht bei der Bildung der wohl geordneten intermetallischen Phase bei. Die Verhältnisse im System Ni-Zr sind repräsentativ für das Entstehen von amorphen Legierungen in einer größeren Gruppe von Metall-Metall- und Metall-Halbleiter-Schichtkombinationen mit negativer Mischungsenthalpie.

Wie schon erwähnt, kann es auch bei Systemen mit positiver Mischungsenthalpie zu Phasenumwandlungen im festen Zustand kommen, wenn der Ausgangszustand hinreichend fern vom thermodynamischen Gleichgewicht ist. Als Beispiel soll ein nanoskaliges Ni-C-Vielfachschichtsystem dienen [4.12], das mittels gepulster Laserverdampfung (PLD – pulsed laser deposition) über die Gasphase auf einem Siliciumsubstrat abgeschieden wurde (Bild 4.23). Im chemischen Gleichgewicht existieren im System Ni-C zwei feste Phasen, das kubisch flächenzentrierte α-Nickel und Graphit (Bild 4.24). Die α-Nickel-Phase kann maximal 2,7 At-% Kohlenstoff lösen. Im Bild 4.24 ist dem Gleichgewichts-Phasendiagramm ein metastabiles Phasendiagramm überlagert, das die metastabile α'-Nickel-Phase und das metastabile Ni_3C ausweist.

Im Ausgangszustand enthalten die mittels PLD-Verfahren präparierten Ni–C-Vielfachschichten ca. 14 At-% Kohlenstoff gelöst in Nickel, also wesentlich mehr, als Nickel im thermodynamischen Gleichgewicht bei Raumtemperatur lösen kann. Zugleich werden durch den energiereichen Abscheidungsprozess mit Teilchenenergien > 20 eV in den Schichten hohe Druckeigenspannungen (im Nickelfilm mehr als 1,5 GPa, im Kohlenstofffilm mehr als 4 GPa) erzeugt. Beim thermischen Anlassen (jeweils 20 min) entsteht, wie mittels Röntgen-Weitwinkeldiffraktogrammen nachge-

Bild 4.23 Hochauflösende transmissionselektronenmikroskopische Aufnahme einer Ni-C-Vielfachschicht, die dunklen Schichten stellen teilkristallines Nickel, die hellen amorphen Kohlenstoff dar (nach *H. Mai* u. a.)

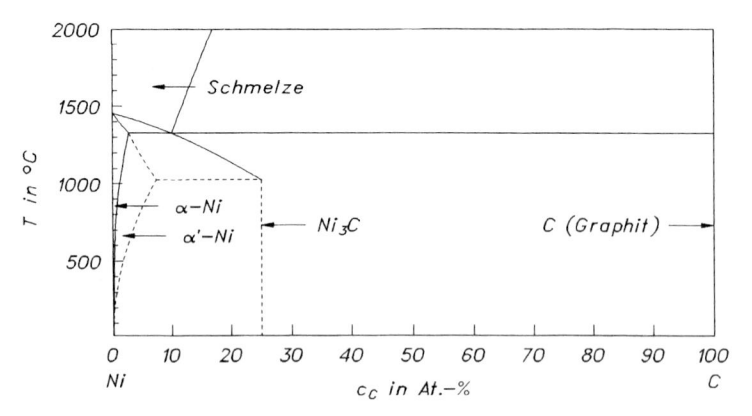

Bild 4.24 Stabiles (——) und metastabiles (– – –) Ni-C-Phasendiagramm nach *M. Singleton* und *P. Nash*

wiesen werden konnte, eine Folge von metastabilen Zwischenzuständen im Vielfachschichtsystem (Bild 4.25). In der im Ausgangszustand zunächst teilkristallinen Ni-C-Kohlenstoffschicht kann aus den Diffraktogrammen auf zwei aufeinander folgende Festphasenumwandlungen: (I) Amorphes Ni-14%-C → α'-Nickel/Ni_3C, und (II) α'-Nickel/Ni_3C → α-Nickel/C geschlossen werden. Die beobachteten Umwandlungen, insbesondere das Auftreten der Nickelkarbid-Phase im Bereich von 200–350 °C, stehen im Einklang mit den Aussagen der Ostwaldschen Stufenregel.

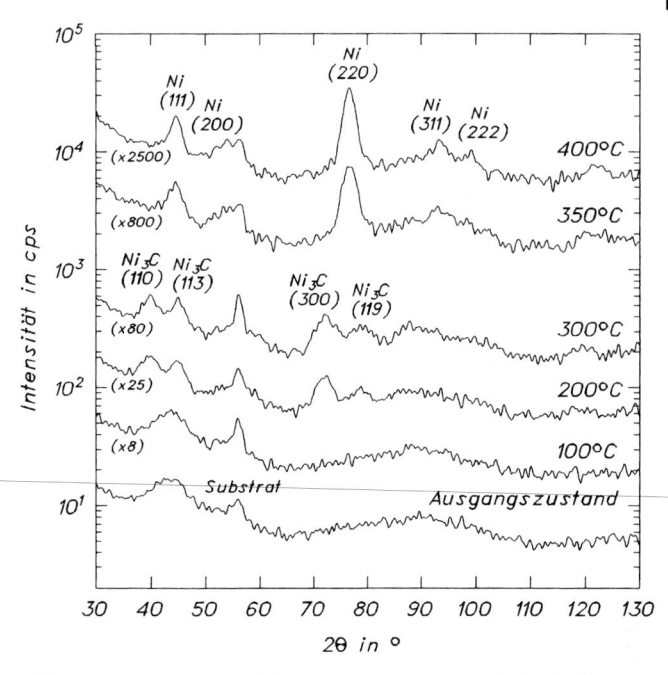

Bild 4.25 Röntgen-Weitwinkeldiagramme von Ni–C-Vielfachschichten, die mittels gepulster Laserverdampfung abgeschieden worden sind, in Abhängigkeit von der Anlasstemperatur (Anlasszeit jeweils 20 min) (nach R. Krawietz)

4.5.2
Mechanisches Legieren von Pulvern

Das Mahlen von Pulvermischungen mit hohem Energieeintrag wurde erstmals von *Benjamin* für die Herstellung von oxiddispersionsverfestigten (ODS) Superlegierungen detailliert untersucht. Da bei der intensiven mechanischen Behandlung eine Homogenisierung bis zum atomaren Niveau erreicht werden kann, wird das Verfahren allgemein als „mechanisches Legieren" bezeichnet [4.15]. Im Gegensatz zu dem bekannten der Zerkleinerung dienenden Mahlen spröder Stoffe muss die Pulvermischung beim mechanischen Legieren zumindest eine relativ duktile Komponente enthalten. Als weitere Komponenten können duktile Materialien oder spröde Stoffe zugesetzt werden.

Da es sich beim mechanischen Legieren um einen Prozess handelt, bei dem lokal große Energiebeträge in die temporären Teilchenkontakte eingetragen werden, ist es verständlich, dass dabei Zustände fern vom thermodynamischen Gleichgewicht erzeugt werden. Es können fünf charakteristische Prozessstadien des mechanischen Legierens unterschieden werden:

– Umschließen der spröden Teilchen mit verformten duktilen Teilchen und teilweises Zerbrechen der spröden Teilchen,

- Ausbilden größerer plättchenförmiger Teilchen durch Verschweißung, Anstieg der Teilchenhärte,
- äquiaxiale Pulverausformung mit lamellaren Teilchenstrukturen, Abnahme der Lamellendicke mit jedem Aufbrech- und Wiederverschweißungsvorgang, Verringerung der mittleren Teilchengröße,
- statistisch verteiltes Aufbrechen und Verschweißen von Pulverteilchen,
- stationäres Gleichgewicht zwischen Verschweiß- und Aufbrechvorgängen mit einer relativ engen und über die Mahldauer konstanten Teilchengrößenverteilung.

Ein Beispiel für die dabei auftretende Gefügeentwicklung ist in Bild 4.26 gegeben.

Bei den energiereichen Kollisionen von Mahlkörpern und Pulver kann die in den Pulverteilchen kurzzeitig auftretende Temperaturerhöhung von einigen hundert Grad Diffusion ermöglichen. Diese ist umso intensiver, je höher der Grenzflächenanteil mit fortschreitender Mahlung wird. In Systemen mit negativer Mischungsenthalpie bilden sich dabei Mischkristalle oder stabile Phasen (z. B. Hartstoffe). Jedoch können auch metastabile und amorphe Phasen sowie stark übersättigte Mischkri-

a)

b)

c)

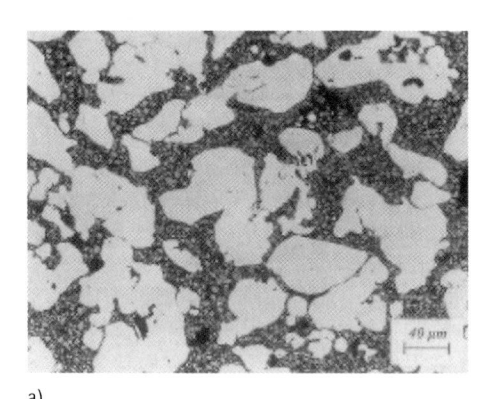

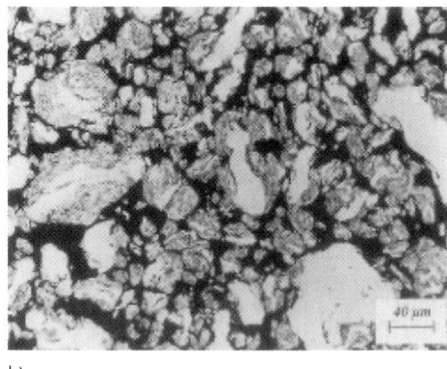

Bild 4.26 Gefügezustand von mechanisch mit 7 Masse-% Si legiertem X1CrNi18.10 Stahl. a) Ausgangszustand (grobe Körner Stahl, feine Körner Silicium), b) nach 7 h Mahldauer, c) nach 32 h Mahldauer

stalle entstehen. Aus den eingangs angestellten allgemeinen Betrachtungen zu den Bildungsbedingungen metastabiler Phasen folgt, dass im Mahlprozess ein Zustand hoher freier Enthalpie erzeugt werden muss, aus dem das System in die metastabilen Zustände relaxieren kann. Mit dem im Mahlprozess sich bildenden nanodispersen lamellaren Gefüge sind die Voraussetzungen dafür gegeben, dass Mechanismen wirksam werden, wie sie in metallischen Vielfachschichten beobachtet werden (s. Abschn. 4.5.1). Somit ist verständlich, dass für Systeme mit negativer Mischungsenthalpie die Herausbildung amorpher Phasen oder metastabiler Phasen möglich wird. Im Unterschied zu der dafür notwendigen Anlassbehandlung für die metallischen Schichtsysteme wird bei den Pulvern die notwendige Aktivierungsenergie über den Mahlprozess zugeführt. So liegt eine $Ni_{50}Zr_{50}$-Legierung nach 16 h Mahldauer in einer Hochenergiekugelmühle bereits im amorphen Zustand vor, während nach 8 h Mahldauer noch ein feindispers lamellares Gefüge (mit Einzelschichtdicken von etwa 100 nm) der kristallinen Ni- und Zr-Ausgangsphasen besteht [4.16]. Für die Kinetik der Relaxationsvorgänge dürfte es auch von Bedeutung sein, dass beim Mahlprozess eine hohe Defektdichte (zusätzliche Leerstellen und Zwischengitteratome im abgescherten Teilchenkontaktbereich sowie hohe Versetzungsdichten) erzeugt wird, die die Diffusionsprozesse bei Raumtemperatur wesentlich beschleunigen kann.

Bislang nicht endgültig geklärt ist das Entstehen von amorphen Zuständen oder Mischkristallen in Systemen mit positiver Mischungsenthalpie. Zum einen ist es möglich, dass – ebenso wie in dem in Abschn. 4.5.1 vorgestellten Beispiel für Ni–C-Vielfachschichten – der Energiebeitrag der Gitterdefekte die Existenzgebiete der möglichen Phasen verschiebt. Zum anderen gibt es aber auch ein thermodynamisches Argument für eine Änderung der Gleichgewichtskonzentration in den thermodynamisch stabilen Phasen, wenn man zu Kristallitgrößen von einigen 10 nm kommt. Der zunehmende Anteil von Grenzflächenenergie (verbunden mit Überschuss an freier Enthalpie) verschiebt dann die Gleichgewichtskonzentrationen aus den Minima der freien Enthalpie, die das Phasengemisch für quasi unendlich ausgedehnte Kristallite annehmen kann.

Es ist verständlich, dass im Einklang mit der Ostwaldschen Stufenregel beim mechanischen Legieren je nach der Wahl der Mahlintensität verschiedene metastabile Zustände erhalten werden können. So berichten *Schultz* und *Eckert* [4.16] von der Möglichkeit, in einer $Al_{65}Cu_{20}Mn_{15}$-Legierung je nach den Mahlbedingungen (niedrige oder hohe Intensität) amorphe bzw. quasikristalline Phasen erzeugen zu können. Die amorphe Legierung ist weniger stabil. Sie ist aber kinetisch infolge einfacherer (wahrscheinlicherer) Anordnung der einzelnen Atome bevorzugt. Experimentell wird beobachtet, dass sie bei niedrigerer Mahlintensität, also als erste Relaxationsstufe gebildet wird und durch zusätzliche intensivere Mahlung nachträglich in die quasikristalline Struktur überführt werden kann.

Literaturhinweise

4.1 MEYER, K.: Physikalisch-chemische Kristallographie. Leipzig: VEB Deutscher Verlag für Grundstoffindustrie 1977

4.2 SCHUMANN, H.: Metallographie. 12. Aufl. Leipzig: Deutscher Verlag für Grundstoffindustrie 1991

4.3 CAHN, R. W.: Physical Metallurgy. Amsterdam: North Holland Phys. Publ. 1983

4.4 HAASEN, P.: Physikalische Metallkunde. Berlin, Heidelberg, New York, London, Paris, Tokyo, Hong Kong, Barcelona, Budapest: Springer 1994

4.5 SCHATT, W. (Hrsg.): Werkstoffe des Maschinen-, Anlagen- und Apparatebaus. Leipzig: Deutscher Verlag für Grundstoffindustrie 1991 und Heidelberg: Dr. Alfred Hüthig Verlag 1991

4.6 SCHUMANN, H.: Kristallgeometrie. Leipzig: VEB Deutscher Verlag für Grundstoffindustrie 1980

4.7 CHRISTIAN, J. W.: The Theory of Transformations in Metals and Alloys. Oxford, London, Edinburgh, New York, Paris, Frankfurt: Pergamon Press 1975

4.8 BATZER, H. (Hrsg.): Polymere Werkstoffe, Bd. I: Chemie und Physik. Stuttgart, New York: Georg Thieme Verlag 1985

4.9 HAUSSÜHL, S.: Kristallgeometrie. Weinheim: Verlag Chemie 1993

4.10 OSTWALD, W.: Z. f. Physikal. Chemie 22 (1879), S. 289

4.11 JOHNSON, W. L.: Amorphization by Interfacial Reactions. In: Materials Interfaces, Atomic-Level Structure and Properties, Hrsg. D. Wolf, S. Yip, Chapman & Hall, 1992, S. 517–549

4.12 MAI, H. u. a.: Pulsed Laser Deposition of X-Ray Optical Layer Stacks with Atomically Flat Interfaces. SPIE 2253 (1994), S. 268–279

4.13 SINGLETON, M., u. P. NASH: The C-Ni System, Bulletin of Alloy Phase Diagrams 10 (1989), S. 121–126

4.14 KRAWIETZ, R.: Untersuchung des Verhaltens von Ni–C-Nanometerschichten beim thermischen Anlassen unter Verwendung von Röntgenmethoden. Dissertation TU Dresden (1995)

4.15 SCHATT, W., u. K. P. WIETERS: Pulvermetallurgie, Technologien und Werkstoffe, VDI-Verlag, Düsseldorf, 1994

4.16 SCHULTZ, L., u. ECKERT, J.: Mechanically Alloyed Glassy Metals, in: Topics in Applied Physics, Vol. 72, Hrsg. Beck/Güntherodt, Springer-Verlag 1994, S. 69–118

5
Zustandsdiagramme

5.1
Thermodynamische Grundlagen

Jeder Werkstoffzustand ist, wie bereits gezeigt wurde, durch bestimmte Anordnungen der Atome, Ionen und Moleküle charakterisiert. Im Folgenden sollen nun die Bedingungen untersucht werden, unter denen ein solcher Zustand stabil existieren kann. Hierfür ist es zweckmäßig, den Werkstoffzustand thermodynamisch zu betrachten.

In der Regel ist ein bestimmter stabiler Zustand eines reinen Stoffes gegebener Masse durch den Druck p und die Temperatur T festgelegt. Druck und Temperatur werden als *Zustandsgrößen* oder Zustandsvariable bezeichnet. Für Systeme, die aus mehreren Komponenten bestehen, kommen als weitere Zustandsgrößen die Zusammensetzungsvariablen oder Konzentrationsvariablen c_i hinzu. Unter *Komponenten* sollen dabei die zum Aufbau des Systems erforderlichen reinen Stoffe verstanden werden. Systeme, die nur aus einer Komponente bestehen, werden als *Einstoffsysteme* bezeichnet. Analog nennt man Systeme mit zwei, drei oder mehr Komponenten Zweistoff-, Dreistoff- und allgemein *Mehrstoffsysteme*. Besteht das System aus mindestens zwei Komponenten, so spricht man auch von einer *Legierung*.

Der Anteil der einzelnen Komponenten im System, d. h. ihre Konzentration oder Zusammensetzung, wird in der Technik meist in Masseprozent bzw. als Massebruch angegeben. Er ist für die i-te Komponente eines Systems, das aus k Komponenten besteht, durch den Ausdruck

$$c_i = \frac{m_i}{m_1 + m_2 + m_3 + \ldots + m_K} = \frac{m_i}{\sum_{i=1}^{i=K} m_i} \tag{5.1}$$

festgelegt, wobei für die Angabe in Masseprozent $c_i \cdot 100\,\%$ geschrieben wird, m_i ist die Masse der i-ten Komponente.

Für die thermodynamische Herleitung der Zustandsdiagramme sind Angaben der Zusammensetzung bzw. Konzentration in Molenbrüchen x_i bzw. Mol- oder Atomprozent $x_i \cdot 100\,\%$ üblich. Sie berechnen sich zu

$$x_i = \frac{n_i}{n_1 + n_2 + n_3 + \ldots + n_K} = \frac{n_i}{\sum_{i=1}^{i=K} n_i} \qquad (5.2)$$

wenn die Mengen in Molen oder Grammatomen n_i eingesetzt werden.

Ist ein System aus mehreren Bestandteilen aufgebaut, die sich in ihren Eigenschaften voneinander unterscheiden und durch Grenzflächen voneinander getrennt sind, so liegt ein *heterogenes System* vor. Die einzelnen in sich homogenen Bestandteile des Systems werden als Phasen bezeichnet.

Im gasförmigen Aggregatzustand sind die Atome und Moleküle völlig mischbar. Dieser Zustand ist daher immer homogen, d. h. einphasig. Im flüssigen oder festen Aggregatzustand können mehrere Phasen nebeneinander existieren. Bei Legierungen treten mehrere Phasen im festen Zustand auf, wenn die Bedingungen für eine lückenlose Mischkristallbildung nicht gegeben sind. Das Gefüge einer solchen heterogenen Legierung ist im Bild 5.1 dargestellt. Es besteht aus einem Gemenge von Kristallarten der am Aufbau der Legierung beteiligten Komponenten und wird als *Kristallgemisch* bezeichnet.

Die Anzahl, die Art und das Mengenverhältnis der in einem heterogenen System vorhandenen Phasen sind bei vorgegebenen Zustandsgrößen (Druck, Temperatur) und vorgegebener Gesamtmenge dann stabil, wenn sich das System im thermodynamischen Gleichgewicht befindet. Zur Untersuchung des Gleichgewichtes ist es zweckmäßig, die innere Energie U des Systems zu betrachten. Sie setzt sich aus zwei Anteilen zusammen: der gebundenen Energie TS (S Entropie) und der freien Energie F. Addiert man zu Letzterer die Volumenenergie $p \cdot V$ (V Volumen), so erhält man die freie Enthalpie

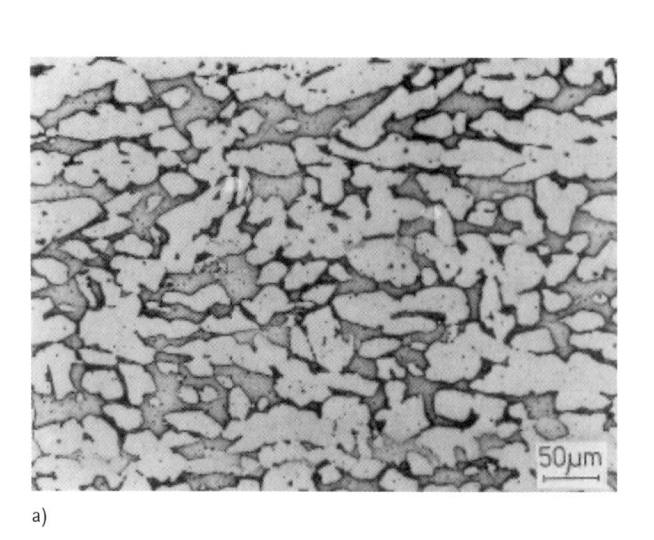

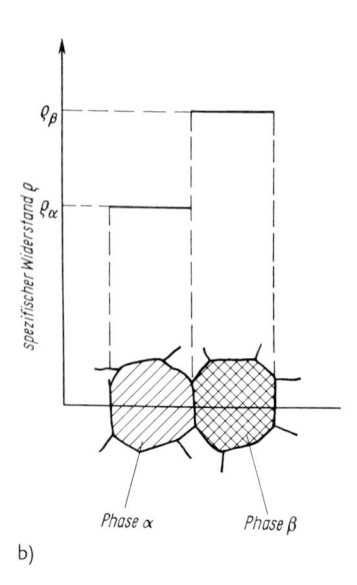

Bild 5.1 a) Gefüge einer heterogenen Legierung, α- und β-Phase im Messing; b) elektrischer Widerstand der α- und β-Phase (schematisch)

$$G = F + p \cdot V = U - TS + pV = H - TS \qquad (5.3)$$

(H Enthalpie). Sie ist durch die Summe

$$n_1 \mu_1 + n_2 \mu_2 + \ldots + n_K \mu_K = \sum_{i=1}^{i=K} n_i \mu_i = G \qquad (5.4\,\text{a})$$

bzw.

$$x_1 \mu_1 + x_2 \mu_2 + \ldots + x_K \mu_K = \sum_{i=1}^{i=K} x_i \mu_i = \bar{G} \qquad (5.4\,\text{b})$$

gegeben, wenn das System aus K Komponenten besteht, μ_i das chemische Potenzial der i-ten Komponente, n_i ihre Menge in Molen und x_i ihr Molenbruch sind. $\bar{G}$ ist die mittlere molare freie Enthalpie.

Durch Differenziation von Gl. (5.3) erhält man unter Berücksichtigung der Aussagen des ersten und zweiten Hauptsatzes der Thermodynamik die Beziehungen

$$dU + p \cdot dV = T\,dS \qquad (5.5)$$

und für die Änderung der freien Enthalpie

$$dG = V\,dp - S\,dT + \sum_{i=1}^{i=K} \mu_i\,dn_i \qquad (5.6)$$

Unter der Voraussetzung, dass p = const und T = const sind, folgt mit dp = 0 und dT = 0 aus Gl. (5.6)

$$(dG)_{p,T} = \sum_{i=1}^{i=K} \mu_i\,dn_i = 0 \qquad (5.7)$$

Gl. (5.7) macht deutlich, dass in einem dem Gleichgewicht zustrebenden System nur Vorgänge ablaufen können, bei denen die freie Enthalpie G abnimmt. Die Vorgänge kommen zum Stillstand, sobald die freie Enthalpie ein Minimum erreicht hat. Die Gleichgewichtsbedingung kann wie folgt formuliert werden: Das *thermodynamische Gleichgewicht* ist erreicht, wenn die freie Enthalpie G ein Minimum einnimmt. Wendet man diese Bedingung auf ein heterogenes System an, das aus den Komponenten A und B besteht und zwei Phasen enthält, so kann sich das Gleichgewicht zwischen den Phasen bei gegebenem Druck und gegebener Temperatur und Gesamtmenge nur durch eine Änderung der Anteile der Komponenten A und B in den Phasen 1 und 2 einstellen. Die Komponente A wird so lange aus der Phase 1 in die Phase 2 übergehen oder umgekehrt, bis das chemische Potenzial $\mu_i = \partial G/\partial n_i$ in beiden Phasen gleich ist, d. h.

$$\mu_{A,1} = \mu_{A,2} \quad \text{und} \quad \mu_{B,1} = \mu_{B,2} \qquad (5.8\,\text{a})$$

ist.

5 Zustandsdiagramme

Drückt man die chemischen Potenziale durch die mittlere molare freie Enthalpie $\bar{G}$ aus, so kann man die Gleichgewichtsbedingung für ein binäres System mit $x_B = 1 - x_A$ auch in der Form schreiben:

$$\bar{G}_1 + (1 - x_B) \frac{\partial \bar{G}_1}{\partial x_B} = \bar{G}_2 + (1 - x_B) \frac{\partial \bar{G}_2}{\partial x_B} \tag{5.8 b}$$

und

$$\bar{G}_1 - x_B \frac{\partial \bar{G}_1}{\partial x_B} = \bar{G}_2 - x_B \cdot \frac{\partial \bar{G}_2}{\partial x_B}$$

Die Subtraktion beider Gleichungen liefert die Beziehung

$$\frac{\partial \bar{G}_1}{\partial x_B} = \frac{\partial \bar{G}_2}{\partial x_B} \tag{5.8 c}$$

Gleichung (5.8 c) und (5.8 a) sagen aus, dass die $\bar{G} - x_B$-Kurven beider Phasen für den Gleichgewichtszustand eine gemeinsame Tangente haben. Im Bild 5.2 ist die

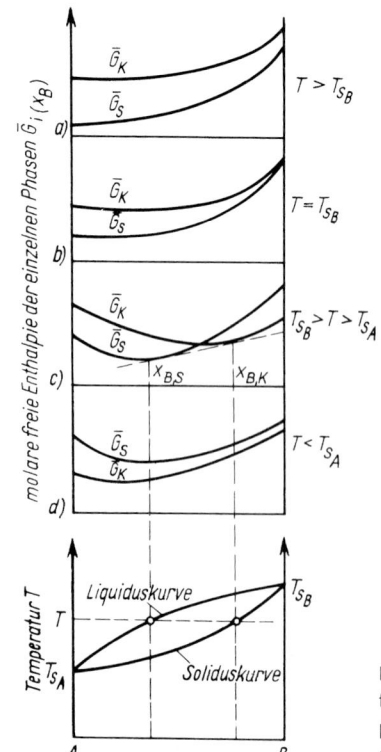

Bild 5.2 Konstruktion des Temperatur-x_B-Diagramms für das System mit vollständiger Mischbarkeit der Komponenten A und B im festen und flüssigen Zustand aus den $\bar{G}_i$-x_B-Diagrammen der einzelnen Phasen (nach [5.1])

Abhängigkeit der mittleren molaren freien Enthalpien der einzelnen Phasen vom Molenbruch x_B für ein System dargestellt, dessen Komponenten im festen und flüssigen Aggregatzustand im gesamten Intervall $0 < x_B < 1$ mischbar sind. Die Zustandsgrößen Druck und Temperatur sind konstant, wobei die Temperatur als Parameter eingeführt wird. Die Schmelztemperaturen der reinen Komponenten A und B sollen bei T_{SA} bzw. T_{SB} liegen, wobei $T_{SB} > T_{SA}$ sein soll. Entsprechend Bild 5.2 können dann folgende Bereiche unterschieden werden:

a) $T > T_{SB}$
Die mittlere molare freie Enthalpie der Schmelze $\bar{G}_S(x_B)$ ist im Intervall $0 \leq x_B \leq 1$ kleiner als diejenige der festen Kristalle, d.h. für jeden beliebigen Wert von x_B liegt das Minimum der freien Enthalpie auf der Kurve $\bar{G}_S(x_B)$. Überträgt man die $\bar{G}(x_B)$–x_B-Diagramme in ein T–x_B-Diagramm, so findet man, dass bei $T > T_{SB}$ nur die schmelzflüssige Phase S thermodynamisch stabil ist.

b) $T = T_{SB}$
Für $x_B = 1$ gilt $\bar{G}_S(x_B) = \bar{G}_S(x_B)$. Die freien Enthalpien der schmelzflüssigen und der kristallinen Phase sind bei der Schmelztemperatur der reinen Komponente T_{SB} gleich. Im T–x_B-Diagramm sind bei dieser Temperatur und Konzentration beide Phasen thermodynamisch stabil.

c) $T_{SA} < T < T_{SB}$
In diesem Temperaturintervall schneiden sich die Kurven der thermodynamischen Potenziale der kristallinen und der schmelzflüssigen Phase. Das Minimum des thermodynamischen Potenzials des Systems liegt auf der durch Gl. (5.8c) angegebenen Tangente. Die Abszissen der Berührungspunkte dieser Tangente an die $\bar{G}_S(x_B)$- und $\bar{G}_K(x_B)$-Kurve, $x_{B,S}$ bzw. $x_{B,K}$, entsprechen den Gleichgewichtskonzentrationen der Komponenten in der Schmelze sowie in der kristallinen Phase. Überträgt man die Verhältnisse in das T–x_B-Diagramm, so existiert bei der Temperatur T im Intervall $0 \leq x_B \leq x_{B,S}$ die Schmelze als thermodynamisch stabile Phase. Im Intervall $x_{B,S} \leq x_B \leq x_{B,K}$ befinden sich bei der vorliegenden Temperatur beide Phasen im Gleichgewicht. Für $x_{B,K} \leq x_B \leq 1$ ist nur die Mischkristallphase stabil.

d) $T < T_{SA}$
Für Temperaturen unterhalb der Schmelztemperatur T_{SA} liegt das Minimum der freien Enthalpie für jede beliebige Konzentration auf der Kurve $\bar{G}_K(x_B)$. Im T–x_B-Diagramm tritt bei dieser Temperatur daher nur der Mischkristall als stabile Phase auf.

Die Existenzbereiche der einzelnen Phasen im T–x_B-Diagramm sind somit durch die theoretisch hergeleiteten Phasenumwandlungskurven voneinander getrennt. Die Grenzkurve zwischen dem Bereich der homogenen Schmelze und dem heterogenen Zweiphasenbereich (vgl. Bild 5.2d), in dem Schmelze und Mischkristalle als thermodynamisch stabile Phasen nebeneinander vorliegen, wird als *Liquiduslinie* bezeichnet. Bei Temperaturen oberhalb der Liquiduslinie existieren nur flüssige Phasen. Die Grenzkurve zwischen dem Bereichen der festen Mischkristallphase und dem Zweiphasenbereich nennt man *Soliduslinie*. Im $T-x_B$-Diagramm liegen bei Temperaturen unterhalb der Soliduslinie nur feste Phasen vor.

Weist die Abhängigkeit der freien Enthalpie $\Delta \bar{G}(x_B)$ einer Phase vom Molenbruch x_B mehr als ein Minimum auf, so können Entmischungserscheinungen in dieser Phase innerhalb eines von der Temperatur abhängigen Konzentrationsintervalls auftreten (s. a. Abschn. 5.3.5). Die Grenzkurve des entstehenden Zweiphasengebietes wird als Spinodale bezeichnet. Sie kann über die Beziehung

$$\frac{\partial^2 \Delta \bar{G}(x_B)}{\partial x_B^2} = 0 \qquad (5.9)$$

berechnet werden. Die zur Darstellung der Spinodalen im Temperatur-x_B-Diagramm (Bild 5.3) erforderlichen Daten ergeben sich mit Gl. (5.9) als Koordinaten der Wendepunkte der im Bild 5.3 für verschiedene Temperaturen wiedergegebenen Konzentrationsabhängigkeit der freien Enthalpie. Zwischen dem Einphasengebiet und dem durch die Spinodale begrenzten Zweiphasengebiet existiert ein Bereich, in dem die homogene Phase metastabil ist. Die Kurve, die diesen Bereich gegen die ho-

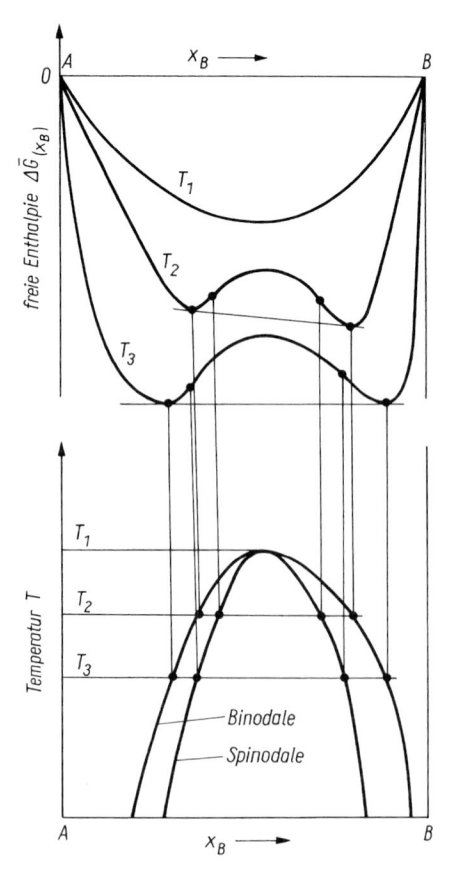

Bild 5.3 Konstruktion des Temperatur-x_B-Diagramms eines Zweistoffsystems mit spinodaler Entmischung einer Phase aus dem $\bar{G}_{i(x_B)} - x_B$-Diagramm

mogene Phase im Temperatur-x_B-Diagramm abgrenzt, wird als Binodale bezeichnet. Die Koordinaten zur Darstellung der Binodalen im Temperatur-x_B-Diagramm ergeben sich als Koordinaten der Berührungspunkte der Tangente an die Minima der Konzentrationsabhängigkeit der freien Enthalpie im Bild 5.3.

Der im Gleichgewichtszustand bestehende Zusammenhang zwischen der Anzahl der Komponenten K, der Anzahl der Phasen P und der Zahl der Freiheitsgrade F eines heterogenen Systems wird durch das *Gibbssche Phasengesetz*

$$F = K + 2 - P \tag{5.10a}$$

beschrieben, wobei unter der Zahl der Freiheitsgrade die Anzahl der frei wählbaren Zustandsgrößen (Druck, Temperatur, Konzentration) verstanden wird, die unabhängig voneinander verändert werden können, ohne dass sich die Zahl der Phasen ändert.

Wird mit p = const der Druck als Zustandsvariable bereits festgelegt, so nimmt das Gibbssche Phasengesetz die Gestalt

$$F = K + 1 - P \tag{5.10b}$$

an.

Für ein *Einstoffsystem* ist die Konzentration mit $x_B = 1$ konstant, da das System nur aus einer Komponente besteht. Als Zustandsgrößen treten der Druck p und die Temperatur T auf. Die Existenzbereiche der einzelnen Phasen eines reinen Stoffes, der im festen Aggregatzustand beispielsweise in drei verschiedenen Modifikationen auftreten kann, sind im Bild 5.4a dargestellt. Auf den Phasenumwandlungskurven stehen zwei Phasen miteinander im Gleichgewicht. Die Zahl der frei wählbaren Zustandsgrößen ergibt sich für die Phasenumwandlungskurven mit der Zahl der Komponenten $K = 1$ und der Zahl der im Gleichgewicht stehenden Phasen $P = 2$ aus Gl. (5.10a) zu $F = 1$. Wenn also eine der beiden Zustandsgrößen p oder T frei gewählt wird, ist gleichzeitig die zweite Größe mit bestimmt. Die Punkte P_1, P_2, P_3 und P_4 entsprechen jeweils 3 Phasen im Gleichgewicht. Diese Punkte werden als Tripelpunkte bezeichnet. Für sie liefert das Gibbssche Phasengesetz mit $K = 1$ und $P = 3$ den Freiheitsgrad $F = 0$. Am Tripelpunkt kann somit weder der Druck noch die Temperatur verändert werden, ohne dass sich die Zahl der Phasen ändert. Innerhalb der Existenzbereiche der einzelnen Phasen sind Druck und Temperatur frei wählbar. Da dort jeweils nur eine Phase existiert, liefert Gl. (5.10a) mit $K = 1$ und $P = 1$ für die Zahl der Freiheitsgrade $F = 2$.

In jeder Phase eines Einstoffsystems sind die Zustandsvariablen p und T durch eine Gleichung der Form

$$f(p, T) = 0 \tag{5.11}$$

miteinander verknüpft. Als Beispiel ist im Bild 5.4b das Zustandsdiagramm des Eisens im Temperaturbereich von 0 bis 1000 °C und für Drücke von $1 \cdot 10^3$ bis $2 \cdot 10^4$ MPa dargestellt. Mit steigendem Druck sinkt die Temperatur der Umwand-

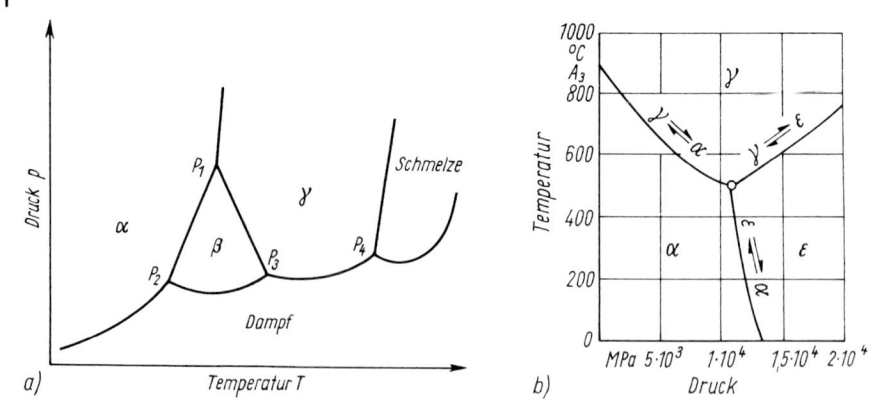

Bild 5.4 a) Zustandsdiagramm eines Einstoffsystems mit drei festen Phasen α, β, γ, der Schmelze, der Dampfphase und den Tripelpunkten P_1 bis P_4. b) Einstoffsystem des Eisens im Temperaturintervall von 0 °C bis 1000 °C und bei Drücken bis zu $2 \cdot 10^4$ MPa (nach F. P. Bundy)

lung des kfz γ-Eisens in das krz α-Eisen von $T = 911$ °C bei Normaldruck bis auf $T = 490$ °C bei $p = 1{,}1 \cdot 10^4$ MPa ab. Hier, am Tripelpunkt, tritt mit der ε-Phase eine neue Kristallmodifikation auf. Sie hat ein hexagonal dicht gepacktes Gitter. Die höhere Packungsdichte der ε-Phase kann als Ursache dafür angesehen werden, dass die α–ε-Umwandlung bis zur Raumtemperatur auftritt. Die ε-Phase hat bisher jedoch nur als martensitische Phase (vgl. Abschn. 4.1) in niedrig kohlenstoffhaltigen legierten Stählen Bedeutung erlangt.

Für *Zweistoffsysteme* kommt als weitere unabhängige Variable die Konzentration c oder x_B hinzu, sodass Gl. (5.10) die Gestalt

$$f(p, T, c) = 0 \quad \text{bzw.} \quad f(p, T, x_i) = 0 \tag{5.12}$$

annimmt. Zur vollständigen Darstellung eines Zweistoffsystems ist daher ein räumliches Koordinatensystem erforderlich. In ihm werden die Existenzbereiche der einzelnen Phasen, die jetzt dreidimensional ausgedehnt sind, durch beliebig gekrümmte Flächen voneinander getrennt. Da eine solche Darstellung relativ unübersichtlich ist und die meisten technischen Prozesse (eine Ausnahme bildet z. B. die Vakuummetallurgie) unter Normaldruck von $p = 0{,}1$ MPa ablaufen, begnügt man sich bei der Untersuchung und Darstellung der Zweistoffsysteme mit der Angabe eines Schnittes bei $p = 0{,}1$ MPa durch das räumliche p-T-c-Diagramm, d. h., man stellt nur die bei $p = 0{,}1$ MPa vorliegenden Verhältnisse im T-c-Koordinatensystem dar.

Wie bereits gezeigt, ist die theoretische Herleitung der Zustandsdiagramme aus den Gleichgewichtsbedingungen für die freien Enthalpien prinzipiell möglich. In den letzten Jahren ist die Berechnung von Zustandsdiagrammen von Zwei- und Mehrstoffsystemen mit der Entwicklung der Rechentechnik stärker in den Vordergrund der Konstitutionsforschung gerückt [5.5]. Dabei kann z. B. die stabilste Phasenkombination im Zustandsraum eines Mehrstoffsystems ermittelt werden, oder es wird eine Phasenkombination, d. h. ein Phasengleichgewicht durch den Zustandsraum eines Mehrstoffsystems in Abhängigkeit von den Zustandsvariablen (Temperatur, Druck, Zusammensetzung) bestimmt. Die Vorgehensweise der rechnerischen Verkopplung thermodynamischer Daten zum Erarbeiten von konsistenten Zustandsdiagrammen wird nach Angaben von *Petzow* und *Lukas* [5.19] von der internationalen Arbeitsgruppe CACPHAD (Calculation of Phase Diagrams) verfolgt. Dabei werden die thermodynamischen Funktionen mit einer ausreichenden Anzahl anpassbarer Koeffizienten dargestellt. Diese Koeffizienten sind aus experimentellen Daten zu berechnen. Auch aus diesem Grund hat die experimentelle Ermittlung von Phasengrenzkurven für die Aufstellung von Zustandsdiagrammen nach wie vor eine große Bedeutung.

5.2
Experimentelle Methoden zur Aufstellung von Zustandsdiagrammen

Die Methoden zur experimentellen Bestimmung von Phasengrenzlinien in Zustandsdiagrammen beruhen auf der Messung von Eigenschaften, die sich bei Phasenumwandlungen diskontinuierlich ändern. Als geeignet hat sich die Messung der Längenänderung, der magnetischen Suszeptibilität, des elektrischen Widerstandes oder der Enthalpie in Abhängigkeit von der Temperatur erwiesen [5.19]. Die Änderung der Enthalpie beruht auf der Tatsache, dass im Verlaufe der Phasenumwandlungen Wärmemengen frei bzw. gebunden werden. Die bekannteste Erscheinung dieser Art ist das Freiwerden oder der Verbrauch von Wärme beim Erstarren bzw. Schmelzen von reinen Stoffen und Legierungen.

Für die Untersuchung von Phasenumwandlungen ist es nicht erforderlich, die Wärmemengen exakt kalorimetrisch zu erfassen. Hier genügt es, die zeitliche Änderung der Temperatur in Form von Abkühlungskurven festzuhalten. Diese Methode wurde von *Tammann* eingeführt und wird als *thermische Analyse* bezeichnet. Der prinzipielle Aufbau der hierfür erforderlichen Geräte und Zubehöre ist im Bild 5.5 dargestellt.

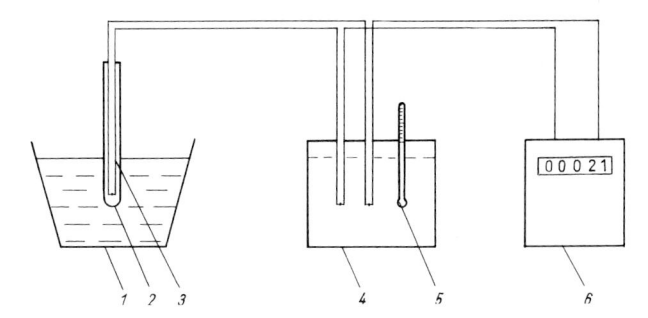

Bild 5.5 Prinzip der thermischen Analyse. *1* Schmelztiegel mit der zu untersuchenden Legierung; *2* Pyrolanrohr zum Schutz der Thermoelemente; *3* Thermoelement (Messstelle) zur Temperaturmessung; *4* Thermostat zum Konstanthalten der Temperatur an der Vergleichsstelle des Thermoelementes; *5* Thermometer; *6* Messinstrument zur Anzeige der Thermospannung für die Temperaturmessung

Zur Bestimmung der Phasenumwandlungskurven im Zustandsdiagramm werden von dem zu untersuchenden System eine Reihe von Legierungen unterschiedlicher Zusammensetzung geschmolzen und nachfolgend abgekühlt, wobei *Abkühlungskurven* aufgenommen, d.h. innerhalb bestimmter Zeitintervalle die Änderungen der Temperatur mithilfe eines Thermoelements registriert werden. Die Abkühlung muss sehr langsam erfolgen, um dem Gleichgewichtszustand möglichst nahe zu kommen. Im Bereich der Phasenumwandlungen zeigt die zeitliche Temperaturänderung einen diskontinuierlichen Verlauf. Es treten daher bei den Umwandlungstemperaturen je nach dem Charakter des Systems Knick- und Haltepunkte in den Abkühlungskurven auf. Solche Abkühlungskurven zeigt Bild 5.6a für verschiedene Legierungen eines Systems, dessen Komponenten im flüssigen und festen Zustand völlig mischbar sind. Überträgt man die für einzelne Konzentrationen in Form von Knick- bzw. Haltepunkten aus den Abkühlungskurven zu entnehmenden Umwandlungstemperaturen in das T-c-Diagramm (Bild 5.6b), so erhält man die Punkte, mit denen die Phasenumwandlungskurven konstruiert und die Existenzbereiche der einzelnen Phasen grafisch dargestellt werden können.

Die Bedingungen für das Auftreten von Knick- bzw. Haltepunkten in den Abkühlungskurven sind, wie später bei der Behandlung der einzelnen Typen von Zustandsdiagrammen gezeigt werden wird, durch die Anzahl der an den jeweiligen Phasenumwandlungskurven miteinander im Gleichgewicht stehenden Phasen, d.h. durch die Anzahl der Freiheitsgrade des Systems, bestimmt.

Die Empfindlichkeit des Nachweises von Phasenumwandlungen lässt sich erhöhen, indem die thermische Analyse als Differenzmessverfahren durchgeführt wird. Diese als *Differenzialthermoanalyse* (DTA) bekannte Methode gestattet den Nachweis auch solcher Umwandlungen, die mit nur geringen Wärmetönungen verbunden sind. Hierzu gehören z.B. Phasenumwandlungen im festen Zustand, Ausschei-

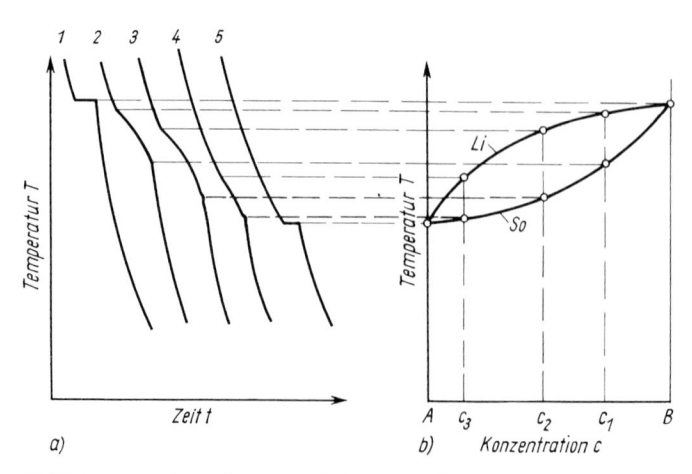

Bild 5.6 Konstruktion des Zustandsdiagramms für ein System mit vollständiger Mischbarkeit der Komponenten im festen und flüssigen Zustand (Li Liquiduskurve, So Soliduskurve). a) Mithilfe der thermischen Analyse gewonnene Abkühlungskurven für die Legierungen 1 bis 5; b) aus den Abkühlungskurven 1 bis 5 entwickeltes Zustandsdiagramm

Bild 5.7 Schematische Darstellung einer Anlage für die Differenzialthermoanalyse (DTA). *1* zu untersuchende Probe; *2* Vergleichsprobe; *3* gegeneinander geschaltete Thermoelemente zur Registrierung der Temperaturdifferenz; *4* Thermoelement zur Messung der Ofentemperatur; *5* Ofen; *6* Registriereinrichtung zur Aufzeichnung der DTA-Kurve und zur Kontrolle der linearen Aufheizung; *7* Regel- und Steuereinrichtung für die Realisierung eines linearen Temperaturanstieges im Ofen

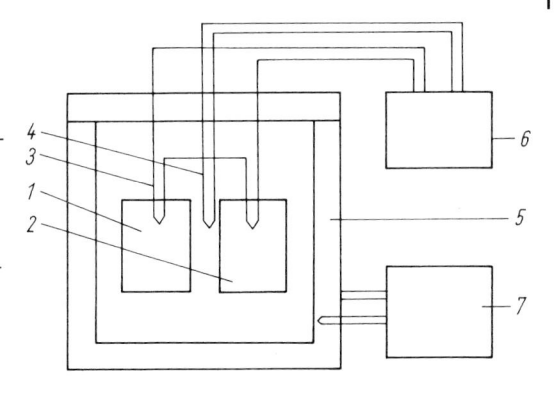

dungsvorgänge in Legierungen, Schmelz- bzw. Kristallisationsvorgänge in teilkristallinen Polymeren, der Übergang vom ferromagnetischen in den paramagnetischen Zustand bei der Curie-Temperatur oder der Übergang aus dem Zustand der unterkühlten Schmelze in den Glaszustand.

Das Funktionsprinzip einer DTA-Anlage (Bild 5.7) besteht darin, dass das Aufheizoder das Abkühlungsverhalten der interessierenden Probe dem Aufheiz- bzw. Abkühlungsverhalten einer auch als Inertprobe bezeichneten Vergleichsprobe gegenübergestellt wird. Die Vergleichsprobe muss im zu untersuchenden Temperaturintervall frei von Phasenumwandlungen sein. Probe und Vergleichsprobe befinden sich im gleichen Ofen und werden mit derselben Geschwindigkeit aufgeheizt oder abgekühlt, wobei die zeitliche Temperaturänderung linear sein soll. Zur Temperaturmessung werden üblicherweise Thermoelemente, für sehr hohe Temperaturen Pyrometer und Photodioden eingesetzt. In der zu untersuchenden Probe und in der Vergleichsprobe befindet sich je ein Thermoelement (vgl. Bild 5.7). Sie sind so gegeneinander geschaltet, dass die Differenz der Thermospannungen ΔU und damit die Temperaturdifferenz ΔT zwischen Probe und Vergleichsprobe gemessen und registriert werden kann. Ein weiteres Thermoelement dient der Messung und Regelung der Ofentemperatur. Auch die Registrierung der Vergleichsprobentemperatur ist üblich.

Solange in der betreffenden Probe keine Phasenumwandlung auftritt, kompensieren sich die Thermospannungen in den gegeneinander geschalteten Thermoelementen, und es wird keine Temperaturdifferenz registriert. Setzt in der zu untersuchenden Probe eine Phasenumwandlung ein, so nimmt diese eine andere Temperatur an als die Vergleichsprobe. Die zwischen beiden Proben bestehende Temperaturdifferenz wird in Abhängigkeit von der Ofentemperatur registriert. Auf diese Weise entsteht die im Bild 5.8 schematisch dargestellte DTA-Kurve (s. a. Bild 3.31).

Als Registriereinrichtungen wurden ursprünglich Spiegelgalvanometer verwendet. Gegenwärtig werden für die Registrierung in der Regel x-y-Schreiber eingesetzt, die eine selbsttätige Aufzeichnung der DTA-Kurven gestatten. Es gibt auch Geräteausführungen, bei denen auf die Anwendung einer Vergleichsprobe verzichtet wird. Bei diesen als Differenzial-Scanning-Kalorimeter bezeichneten Geräten wird die Heizleistung gemessen, die für die Realisierung einer linearen Aufheizgeschwindig-

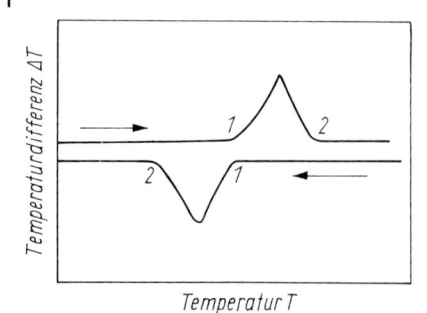

Bild 5.8 DTA-Kurve (schematisch).
1 Beginn der Phasenumwandlung;
2 Ende der Phasenumwandlung

keit erforderlich ist und dem Ofen über Regler- und Steuereinrichtungen zugeführt wird. Die Kurven können dabei auf dem Bildschirm eines Rechners verfolgt und über einen Plotter ausgegeben werden.

Bei einem anderen von *Petzow* und *Lukas* angegebenen Verfahren der Hochtemperatur-DTA werden die zur Darstellung der DTA-Kurve erforderlichen Informationen durch elektronische Differenziation der zeitlichen Temperaturabhängigkeit gewonnen.

Für die Festlegung der Gleichgewichtstemperatur der Phasenumwandlung wird die Temperatur (in Bild 5.8 mit 1 bezeichnet) der DTA-Kurve herangezogen, bei der die Phasenumwandlung sowohl während der Erwärmung als auch während der Abkühlung einsetzt. Aus den für Proben unterschiedlicher Konzentration ermittelten DTA-Kurven können dann die Phasengrenzlinien von Zustandsdiagrammen entsprechend Bild 5.9 konstruiert werden.

Zum Nachweis von Phasenumwandlungen im festen Zustand wird neben den bisher dargelegten Methoden, die auf einer mit der Änderung der Enthalpie verbundenen Temperaturänderung basieren, auch häufig das *Dilatometerverfahren* herangezogen. Es nutzt die mit Phasenumwandlungen verbundenen Änderungen des spezifischen Volumens zur Messung aus, wobei nicht die Volumenänderung direkt, sondern die Temperaturabhängigkeit der infolge von Volumenänderungen eintretenden Längenänderungen stäbchenförmiger Probekörper erfasst wird. Da diese Messgröße mit 10^{-4} bis 10^{-5} mm relativ klein ist, werden Registriermethoden mit mechanisch-

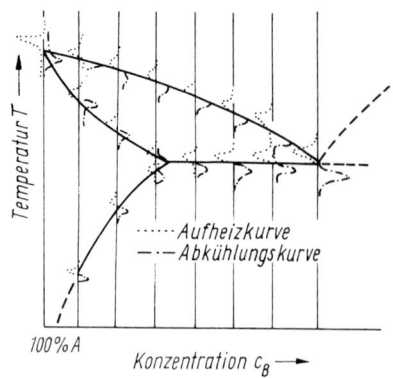

Bild 5.9 Konstruktion der Phasengrenzlinien (von Zustandsdiagrammen aus DTA-Kurven schematisch)

Bild 5.10 Dilatometerkurve zur Bestimmung der Umwandlungspunkte der drei Modifikationen α, δ und γ des Eisens

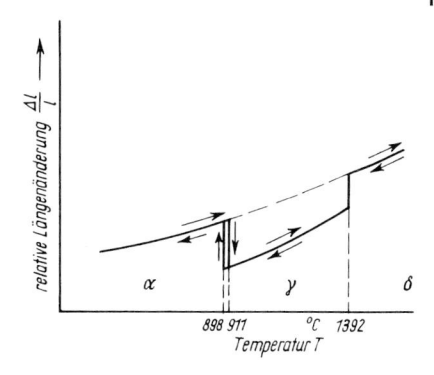

optischer oder elektronischer Verstärkung eingesetzt. Im Bild 5.10 ist eine auf diese Weise registrierte Dilatometerkurve von Eisen dargestellt. Die Volumenverringerung, die sich in einer Verkürzung der Probe bei der Umwandlung der kubisch-raumzentrierten α- und δ-Phase in die kubisch-flächenzentrierte γ-Phase äußert, ist durch die größere Packungsdichte der γ-Phase verursacht (Abschn. 2.1.7.2). Bild 5.10 zeigt ferner, dass die Umwandlungstemperatur der α–γ-Umwandlung verschieden ist, je nachdem, ob sie beim Erwärmen oder Abkühlen bestimmt wird. Die Tatsache, dass beim Erwärmen oder Abkühlen unterschiedliche Umwandlungstemperaturen auftreten können, wird als *thermische Hysterese* bezeichnet.

Neben der thermischen Analyse und dem Dilatometerverfahren werden röntgenographische und magnetische Messmethoden eingesetzt. So gestattet die röntgenographische Bestimmung der Konzentrationsabhängigkeit der Gitterparameter in Mischkristallen eine exakte Festlegung von Löslichkeitsgrenzen.

Für die Bestimmung der Löslichkeitsgrenzen von Sauerstoff in Mischkristallen ausgewählter Metallsauerstoffsysteme werden Messungen der elektromotorischen Kraft (EMK) benutzt. Als Festelektrolyte sind z. B. ThO_2–Y_2O_3 bzw. CaO–ZrO_2 u. a. in Anwendung [5.18]. Zwischen der EMK = E, die an den Phasengrenzen Metallelektrode-Festelektrolyt im Gleichgewichtszustand auftritt, und der freien Enthalpie gilt die Beziehung

$$G = nFE, \tag{5.13}$$

in der F die Faradaysche Konstante und n die Anzahl der Farad darstellen, die für einen Formelumsatz benötigt werden. Unter Berücksichtigung der Sauerstoffgleichgewichtsdrücke bzw. der Sauerstoffaktivitäten a' und a'' an den beiden Elektroden kann geschrieben werden

$$E = \frac{RT}{2F} \ln \frac{a'}{a''} \tag{5.14}$$

Wird die Aktivität der Zelle konstant gehalten und die Temperatur verändert, so lässt sich aus der Abhängigkeit der EMK von der Temperatur die Sättigungskonzentration als Funktion der Temperatur und damit die Löslichkeitslinie für Sauerstoff im Mischkristall ermitteln.

Über die Messung der spezifischen magnetischen Sättigung ist eine Analyse der Mengenanteile ferromagnetischer Phasen möglich. Des Weiteren haben licht- und elektronenmikroskopische Verfahren der Gefügeuntersuchung sowie die Anwendung der Mikrosonde, oft in Kombination mit den bereits genannten Methoden, größere Bedeutung in Verbindung mit der Aufstellung von Zustandsdiagrammen erlangt. So erlaubt die heute weitgehend automatisierte quantitative Analyse licht- und elektronenmikroskopischer Gefügebilder die Bestimmung der Mengenanteile einzelner Phasen bzw. Gefügebestandteile (s. Abschn. 6.6). Mithilfe der Mikrosonde sind Aussagen über die Mengenanteile und die Verteilung der Elemente und Komponenten im Gefüge möglich. Trübungsmessungen können zum Nachweis von Entmischungszuständen in anorganischen Gläsern und Polymerschmelzen herangezogen werden.

Während die thermische Analyse, die Differenzialthermoanalyse und das Dilatometerverfahren für Systeme geeignet sind, bei denen sich der Gleichgewichtszustand innerhalb kürzerer Zeit einstellt, eignen sich die zuletzt genannten Methoden auch für die Untersuchung solcher Systeme, in denen der Gleichgewichtszustand wegen der geringen Reaktionsgeschwindigkeit erst nach sehr langen Zeiten erreicht wird. Zu ihnen gehören vor allem silicatische Systeme, bei denen zur Aufstellung von Zustandsdiagrammen ein als statische oder *Abschreckmethode* bezeichnetes Verfahren angewendet wird. Es beruht auf der Tatsache, dass es im Falle kleiner Reaktionsgeschwindigkeiten möglich ist, den bei hohen Temperaturen vorliegenden Gleichgewichtszustand durch rasches Abkühlen oder Abschrecken einzufrieren. Als Abschreckmedien dienen Wasser, Öl oder Quecksilber. Die bei verschiedenen Temperaturen im Gleichgewicht vorliegenden Phasen sind dann in den jeweiligen Probekörpern bei Raumtemperatur fixiert. Sie können durch mikroskopische sowie Röntgen- und Elektronenbeugungsuntersuchungen identifiziert werden. Liegt die abgeschreckte Probe als Glasphase vor, so kann daraus geschlossen werden, dass bei Glühtemperatur das Material schmelzflüssig war. Besteht die Probe nur aus Kristalliten, so muss ihre Glühtemperatur unterhalb der Soliduslinie gelegen haben.

Treten kristalline und Glasphasen gemeinsam in der abgeschreckten Probe auf, so lag deren Glühtemperatur zwischen der Liquiduskurve und der Soliduskurve. Durch eine ausreichend große Probenanzahl und Staffelung der Glühtemperaturen können die Liquidus- und die Soliduskurve sehr genau bestimmt werden.

5.3
Grundtypen der Zustandsdiagramme von Zweistoffsystemen

5.3.1
Zustandsdiagramm eines Systems mit vollständiger Mischbarkeit der Komponenten im festen und flüssigen Zustand

Das Zustandsdiagramm mit vollständiger Mischbarkeit der Komponenten im festen und flüssigen Zustand ist im Bild 5.11 dargestellt. Der Verlauf der Liquidus- und Soliduskurve wurde bereits dargelegt. Sie grenzen drei Bereiche gegeneinander ab. Im Bereich I bei Temperaturen oberhalb der Liquiduskurve liegt eine Phase, die homogene Schmelze, vor. Im Bereich II, zwischen Liquidus- und Soliduskurve, existieren schmelzflüssige Phase und als feste Phase *Austauschmischkristalle* thermodynamisch stabil nebeneinander. Im Bereich III, unterhalb der Soliduskurve, findet man nur noch Austauschmischkristalle, deren Gitterparameter etwa linear von denen der einen Komponente A in die der reinen Komponente B übergehen *(Vegardsche Regel)*.

Untersucht man mithilfe des Gibbsschen Phasengesetzes (Gl. (5.10b)) die Freiheitsgrade des Systems, so erhält man für den Bereich I ($K = 2$, $P = 1$) $F = 2$. Sowohl die Konzentration als auch die Temperatur sind in diesem Bereich frei wählbar. Die gleichen Verhältnisse liegen für den Bereich III vor. Für den Bereich II ergibt sich mit $K = 2$ und $P = 2$ für die Freiheitsgrade $F = 1$. In diesem Phasenfeld ist nur noch eine der beiden Zustandsgrößen, d.h. entweder die Temperatur T oder die Konzentration c, frei wählbar.

Betrachtet man den Abkühlungsverlauf einer Legierung L mit der Zusammensetzung c aus dem schmelzflüssigen Zustand, so sind folgende Erscheinungen zu beobachten: Die im Bereich I bestehende homogene Schmelze hat eine Zusammensetzung, die der Konzentration c bzw. $1 - c$ der Komponenten B bzw. A in der Legierung entspricht. Wird im Verlaufe der Abkühlung am Punkt P_1 die Liquiduskurve erreicht, so scheiden sich feste Mischkristalle aus der Schmelze aus. Die Zusammensetzung dieser Mischkristalle c'_1 findet man (vgl. Bild 5.11) als Konzentrationskoordinate des Punktes P'_1, der sich als Schnittpunkt einer durch P_1 gelegten *Konode* (isothermen Linie) mit der Soliduskurve ergibt. Durch die freiwerdende Kristallisationswärme verringert sich die Abkühlungsgeschwindigkeit. In der Abkühlungskurve tritt daher ein Knickpunkt auf. Die Mischkristalle enthalten bei der Konzentration c'_1 mehr B-Atome, als es der Zusammensetzung der Legierung entspricht. Mit sinkender Temperatur scheiden sich aus der Schmelze weitere mit der Komponente B angereicherte Mischkristalle aus. Die Konzentration der Komponente B in der

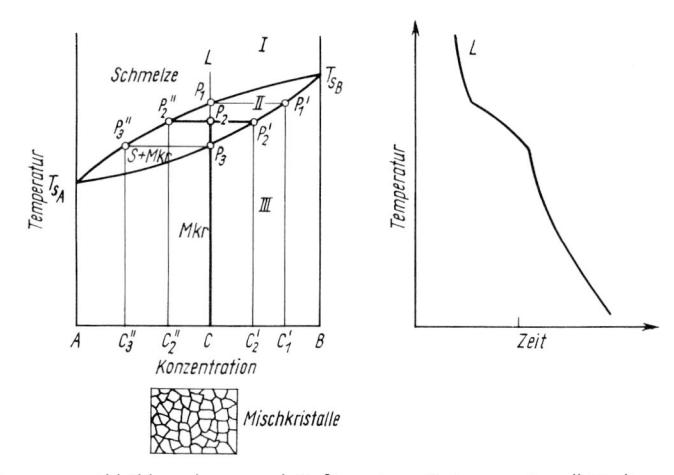

Bild 5.11 Zustandsdiagramm, Abkühlungskurve und Gefüge eines Systems mit vollständiger Mischbarkeit der Komponenten A und B im festen und flüssigen Zustand

Schmelze verringert sich demzufolge. Erreicht die Temperatur der Legierung den Punkt P_2, so haben die Mischkristalle die Konzentration c'_2, während sich in der Schmelze die Konzentration c''_2 einstellt. Beide Gleichgewichtskonzentrationen erhält man wieder als Koordinaten der Schnittpunkte einer durch P_2 gezogenen Konode mit der Solidus- bzw. Liquiduskurve.

Im Punkt P_3 ist die Solidustemperatur der Legierung erreicht. Die Konzentration der Komponenten in den Mischkristallen entspricht der Zusammensetzung der Legierung. Die Restschmelze hat die Konzentration c''_3. Unterhalb der Solidustemperatur existieren nur feste Mischkristalle. Die Abkühlungsgeschwindigkeit ist jetzt wieder größer, da keine weitere Kristallisationswärme frei wird. In der Abkühlungskurve tritt nochmals ein Knickpunkt auf. Während des Erstarrungsvorganges ändert sich die Zusammensetzung der Mischkristalle von der Konzentration c_1 zu c. Der Konzentrationsausgleich erfolgt über Platzwechselvorgänge (Diffusion). Ist ein vollständiger Konzentrationsausgleich infolge zu schneller Abkühlung nicht möglich, so entstehen innerhalb der Kristalle Konzentrationsunterschiede, die als *Kristallsteigerungen* bezeichnet werden. Man nennt solche Kristalle *Zonenmischkristalle*.

Die Mengenanteile, in denen die Phasen Schmelze und Mischkristall am Punkt P_2 vorliegen, sind durch die Lage von P_2 in Bezug auf die Liquidus- und die Soliduskurve bestimmt. Bezeichnet man die Masse der bei P_2 entsprechend der Temperatur T vorliegenden Schmelze mit m_s und die Masse der Mischkristalle mit m_k, so ist die Gesamtmasse der Legierung durch $m_s + m_k = 1$ gegeben. Die Konzentration c der Komponente B in der Gesamtlegierung errechnet sich aus den Anteilen von B in der Schmelze und in den Mischkristallen unter Berücksichtigung der Gleichgewichtskonzentration von B in beiden Phasen und c''_2 und c'_2 zu

$$m_s c''_2 + m_k c'_2 = c$$

Durch Umformung erhält man mit $m_k = 1 - m_s$, die Masse der Schmelze zu

$$m_s = (c'_2 - c)/(c'_2 - c''_2)$$

In analoger Weise ergibt sich die Masse der Mischkristalle zu

$$m_k = (c - c''_2)/(c'_2 - c''_2)$$

Das Verhältnis

$$m_k/m_s = (c - c''_2)/(c'_2 - c) \tag{5.15}$$

wird als *Hebelgesetz* bezeichnet und gestattet die Bestimmung der Mengenanteile der Phasen in allen Zweiphasengebieten der Zustandsdiagramme. Damit ermöglicht das Zustandsdiagramm nicht nur Aussagen über die Anzahl und Art der bei verschiedenen Temperaturen und Konzentrationen vorliegenden Phasen, sondern gestattet auch die Bestimmung der Mengenanteile, mit denen diese Phasen im Gefüge vorhanden sind. Nach diesem Zustandsdiagramm laufen z. B. die Umwandlungsvorgänge in den Systemen Kupfer – Nickel, Al_2O_3 – Cr_2O_3 u. a. ab.

5.3.2
Zustandsdiagramm eines Systems mit vollständiger Mischbarkeit der Komponenten im flüssigen und vollständiger Unmischbarkeit im festen Zustand

Das Zustandsdiagramm dieses Systems, nach dem z. B. die Umwandlungsvorgänge in Zinn-Zink-Legierungen ablaufen, ist im Bild 5.12 dargestellt. Es treten vier durch Phasengrenzlinien voneinander getrennte Bereiche auf. Oberhalb der Liquiduskurve $T_{SA}\,ET_{SB}$ liegt der Bereich der homogenen Schmelze S. Die Erstarrungstemperaturen, ausgehend von denen der reinen Komponenten T_{SA} bzw. T_{SB}, erniedrigen sich durch das Zulegieren der zweiten Komponente. Die Konzentrationsabhängigkeit der Liquidustemperatur der Legierungen ergibt sich nach *Roozeboom* aus dem Erstarrungspunkt der reinen Komponenten B zu

$$T_{S_c} = T_{SB} U_B / (U_B - RT_{SB} \ln c) \qquad (5.16)$$

(T_{SB} Erstarrungstemperatur der Komponente B; T_{Sc} Liquidustemperatur der Legierung; R Gaskonstante; U_B molare Schmelzwärme der Komponente B; c Konzentration der Komponente B in der Legierung). Ein analoger Ausdruck lässt sich auch für die Schmelzpunkterniedrigung der Komponente A angeben. Diese Beziehungen liefern Kurven, die mit steigender Konzentration der zweiten Komponente fallen. Sie schneiden sich im Punkt E des Zustandsdiagramms. Der Punkt E wird als eutektischer Punkt bezeichnet. An ihm stehen drei Phasen, Schmelze, Phase A und Phase B, miteinander im Gleichgewicht. Wendet man das Phasengesetz auf diesen Punkt an, so erhält man mit $K = 2$ und $P = 3$ die Zahl der Freiheitsgrade zu $F = 0$. Betrachtet man den Abkühlungsverlauf der Legierung L_1 – sie wird als eutektische Legierung bezeichnet – mit der Konzentration c_E, so kristallisieren bei der Temperatur T_E die festen Phasen A und B aus. Da die Komponenten im festen Zustand völlige Unmischbarkeit zeigen, sind die festen Phasen identisch mit den Komponenten A und B. In der Abkühlungskurve tritt wegen $F = 0$ bei der eutektischen Temperatur T_E ein Haltepunkt auf, d. h., die Temperatur T_E bleibt so lange konstant, bis die gesamte Schmelze durch die eutektische Reaktion

$$S \xrightleftharpoons{T, p = \text{const}} A + B$$

verbraucht ist.

Da die Erstarrungstemperatur des *Eutektikums* erheblich unter den Erstarrungstemperaturen der reinen Komponenten liegt, bilden sich zahlreiche Keime (s. a. Abschn. 3.1.1.1). Die Kristallkeime behindern sich gegenseitig in ihrem Wachstum, und es entsteht ein feines, häufig lamellar ausgebildetes Gefüge (s. a. Bild 6.29). Wegen ihres niedrigen Schmelzpunktes und des feinen Gefüges, das gute mechanische Eigenschaften bedingt, werden eutektische Legierungen in der Technik häufig eingesetzt.

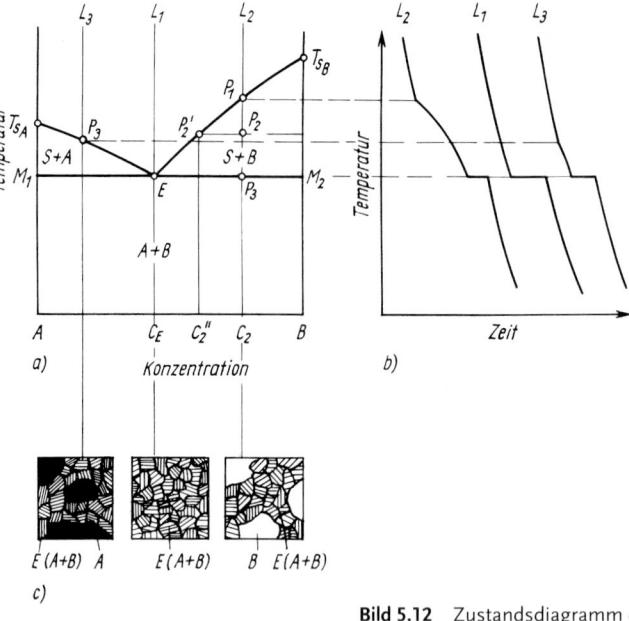

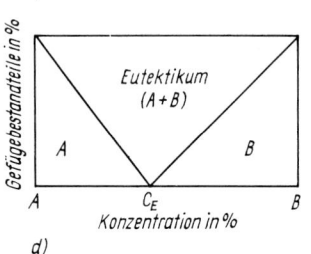

Bild 5.12 Zustandsdiagramm des Systems mit vollständiger Mischbarkeit der Komponenten A und B im flüssigen und vollständiger Unmischbarkeit im festen Zustand. a) Zustandsdiagramm; b) Abkühlungskurven der Legierungen L_1 bis L_3; c) Gefüge der Legierungen L_1 bis L_3; d) Gefügerechteck. E(A + B) Eutektikum aus fein verteilten lamellar angeordneten Kristalliten der Komponenten A und B; A bzw. B primär ausgeschiedene Kristallite der Komponente A bzw. B

Unterhalb der Liquiduskurve liegen zwei durch das Eutektikum voneinander getrennte Zweiphasenbereiche vor, in denen Kristalle der Komponente A bzw. B mit der Schmelze im Gleichgewicht stehen. Sie werden gegen den Existenzbereich des festen Kristallgemisches durch die Soliduskurve $T_{S_A}M_1M_2T_{S_B}$ abgegrenzt. Für alle Zweiphasenbereiche liefert die Gibbssche Phasenregel, Gl. (5.10 b), die Anzahl der Freiheitsgrade zu $F = 1$.

Die im Verlaufe der Abkühlung auftretenden Erscheinungen sollen an der Legierung L_2 mit der Konzentration c_2 betrachtet werden. Erreicht die Legierung L_2 im Verlaufe der Abkühlung aus der homogenen Schmelze am Punkt P_1 die Liquiduskurve, so beginnt die Ausscheidung von Kristallen der reinen Komponente B aus der Schmelze. Durch die freiwerdende Kristallisationswärme verringert sich die Abkühlungsgeschwindigkeit der Legierung. In der Abkühlungskurve tritt daher ein Knickpunkt auf.

Infolge der mit sinkender Temperatur zunehmenden Ausscheidung von Kristallen der Komponente B verändert sich die Zusammensetzung der Schmelze. Sie erreicht am Punkt P_2 die Konzentration c_2'', die sich als Koordinate des Schnittpunktes einer durch P_2 gelegten Konode mit der Liquiduskurve ergibt. Entsprechend Gl. (5.16) erniedrigt sich die Erstarrungstemperatur der Schmelze mit abnehmender

Konzentration der Komponente B. Am Punkt P_3 ist die Solidustemperatur T_E erreicht. Die vorhandene Restschmelze hat die eutektische Zusammensetzung c_E. Jetzt scheiden sich gleichzeitig Kristalle der Komponenten A und B aus, d. h., die Erstarrung der Restschmelze erfolgt eutektisch. Diese Vorgänge wurden bereits an der Legierung L_1 erläutert. In der Abkühlungskurve der Legierung L_2 tritt bei der Temperatur T_E ein Haltepunkt auf, denn aus Gl. (5.10b) folgt mit $P = 3$ und $K = 2$ $F = 0$. Im Gefüge der Legierung L_2 liegt neben den primär ausgeschiedenen größeren Kristallen der Komponente B das Eutektikum, bestehend aus fein verteilten Kristallen der Komponenten A und B, vor. Analoge Verhältnisse gelten für Legierungen im Konzentrationsintervall $0 \leqq c \leqq c_E$, wobei hier primär Kristalle der Komponente A aus der Schmelze ausgeschieden wurden. Das durch diese Erstarrungsvorgänge entstehende Gefüge ist ebenfalls im Bild 5.12 schematisch dargestellt und enthält neben großen Kristallen der Komponente A das Eutektikum.

Die Bestimmung der Mengenanteile, mit denen die einzelnen Phasen an dem jeweiligen Zustandspunkt P in den heterogenen Bereichen des Zustandsdiagramms vorliegen, ist durch den Ausdruck (5.15) möglich. Auf dem Punkt P_2 angewendet, erhält man

Menge der Kristalle B/Menge der Restschmelze $= (c_2 - c_2'')/(1 - c_2)$

In gleicher Weise können die Mengen an A, B und Eutektikum bestimmt werden. Trägt man die Menge der bei einer bestimmten Temperatur, z. B. Raumtemperatur, vorliegenden Gefügebestandteile über der Konzentration auf, so entsteht ein *Gefügerechteck* oder Gefügediagramm (Bild 5.12 d). Es gibt Auskunft über Art und Menge der bei dieser Temperatur auftretenden Gefügebestandteile. Ihre Anordnung im Gefüge muss aus den jeweiligen Abkühlungsbedingungen hergeleitet werden.

5.3.3
Zustandsdiagramm von Systemen mit vollständiger Mischbarkeit der Komponenten im flüssigen und teilweiser Mischbarkeit im festen Zustand

Neben den bisher betrachteten Grenzfällen vollständiger Mischbarkeit bzw. Unmischbarkeit im festen Zustand treten häufig Systeme auf, deren Komponenten nur in beschränktem Umfang mischbar sind. Im Zustandsdiagramm sind zwei neue Phasen zu beobachten: Mischkristalle (Mkr), die die Kristallstruktur der Komponente A aufweisen, werden als α-Mkr, die mit der Kristallstruktur der Komponente B als β-Mkr bezeichnet. Sie können als Einlagerungs- oder Substitutionsmischkristalle auftreten (s. Abschn. 2.1.8) und sind nur innerhalb bestimmter temperaturabhängiger Konzentrationsbereiche thermodynamisch stabil.

Im Bild 5.13a ist das Zustandsdiagramm eines Systems mit teilweiser Mischbarkeit im festen Zustand dargestellt, in dem eine eutektische Entmischung auftritt. Nach diesem Zustandsdiagramm laufen z. B. die Umwandlungsvorgänge in den Systemen Blei–Antimon, Zinn–Cadmium und Silber–Kupfer ab. Die Liquiduskurve dieses Zustandsdiagramms $T_{SA}ET_{SB}$ zeigt prinzipiell den gleichen Verlauf, wie er für das System mit vollständiger Unmischbarkeit besteht. Der Verlauf der Soliduskurve ist durch den Kurvenzug $T_{SA}M_1M_2T_{SB}$ gegeben. Die Entmischung der homogenen Schmelze erfolgt über die eutektische Reaktion

$$S \xrightleftharpoons{p,T=\text{const}} \alpha + \beta$$

Diese Reaktion ist hier nicht wie bei dem in Bild 5.12 wiedergegebenen Zustandsdiagramm über den gesamten Konzentrationsbereich von 0 bis 1 möglich, sondern nur im Intervall $c_\alpha \leqq c \leqq c_\beta$, wobei c_α und c_β die Gleichgewichtskonzentrationen der Mischkristallphasen α bzw. β bei der eutektischen Temperatur T_E sind.

In den Konzentrationsintervallen $0 < c < c_\alpha$ und $c_\beta < c < 1$ erstarrt die Schmelze nach den im Abschnitt 5.3.1. für Systeme mit vollständiger Mischbarkeit im flüssigen und festen Zustand dargelegten Vorgängen. Im festen Aggregatzustand treten als weitere Phasenumwandlungskurven mit den Kurven $M_1 c'_\alpha$ und $M_2 c'_\beta$ die Löslichkeitsgrenzen der α- und β-Mkr für die Komponenten B bzw. A auf. Am Punkt M_1 haben die α-Mkr mit der Konzentration c_α die maximale Löslichkeit für die Komponente B. Mit sinkender Temperatur verringert sich die Anzahl der in den α-Mkr lösbaren B-Atome. Sie diffundieren in energetisch günstigere Bereiche, z.B. die Korn-

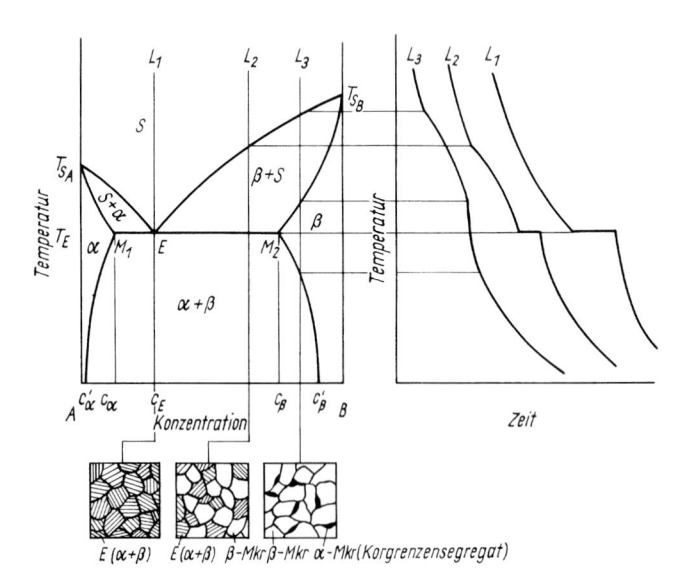

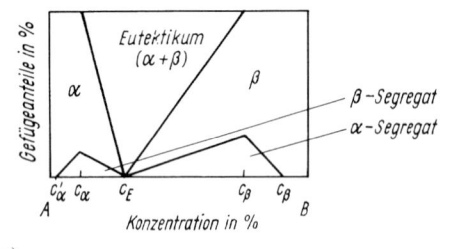

Bild 5.13 Zustandsdiagramm von Systemen mit vollständiger Mischbarkeit der Komponenten A und B im flüssigen und teilweiser Mischbarkeit im festen Zustand.
a) Entmischung durch eutektische Reaktion

grenzen, scheiden sich als β-Mkr in Form von Segregaten aus. Da die Wärmetönung dieses Vorgangs sehr gering ist, tritt in der Abkühlungskurve nur ein schwach ausgeprägter Knickpunkt auf. Die Löslichkeitsgrenzen werden daher meist mit röntgenographischen oder magnetischen Messmethoden bestimmt. Unter dem Zustandsdiagramm sind wiederum die Gefügebilder und das Gefügerechteck dargestellt. Durch eine schnelle Abkühlung kann die Ausscheidung von Segregaten unterdrückt werden. Die Mischkristalle liegen im übersättigten Zustand vor, der wiederum Ausgangszustand für eine Ausscheidungshärtung (s. a. Abschn. 4.2 und 9.2.2.4) oder auch von Alterungserscheinungen (Abschn. 2.1.8.3) sein kann.

Außer in homogenen Schmelzen können Entmischungsreaktionen auch im festen Aggregatzustand bei homogenen Mischkristallen (festen Lösungen) auftreten, z. B. in der Form

$$\gamma \xrightleftharpoons{p,T=const} \alpha + \beta$$

Sie werden als *eutektoide Reaktionen* bezeichnet. Eine weitere Reaktion, bei der drei Phasen miteinander im Gleichgewicht stehen, ist die *peritektische Reaktion*. Sie ist dadurch gekennzeichnet, dass die Schmelze mit bereits ausgeschiedenen z. B. β-Mkr so reagiert, dass sich eine andere Mischkristallart, z. B. α-Mkr, bildet:

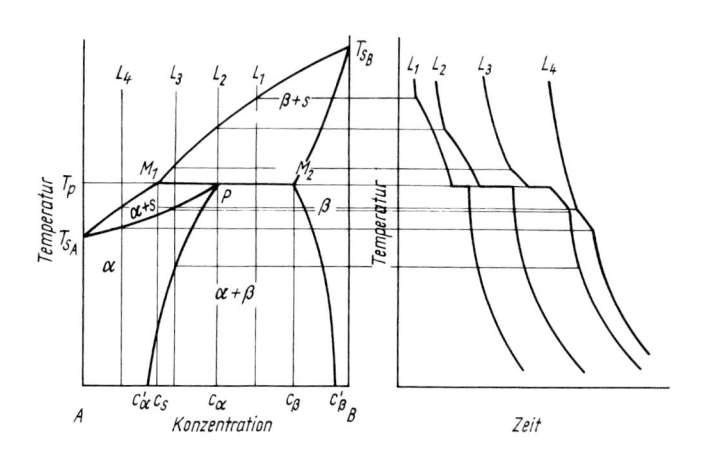

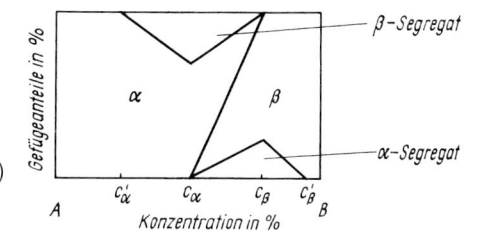

$$S + \beta \xrightleftharpoons{p,T=const} \alpha$$

Bild 5.13 (Fortsetzung)
b) Entmischung durch peritektische Reaktion

Das Zustandsdiagramm eines peritektischen Systems, nach dem z. B. die Umwandlungsvorgänge in Platin-Silber- und Cadmium-Quecksilber-Legierungen ablaufen, ist im Bild 5.13 b dargestellt. Im Temperaturintervall $T_{SB} > T > T_P$ werden aus der homogenen Schmelze β-Mkr ausgeschieden. Ihre Gleichgewichtskonzentration ändert sich längs der Kurve $T_{SB}M_2$ und erreicht bei $T = T_P$ den maximalen Wert c_β. Die Zusammensetzung der Schmelze ändert sich entlang $T_{SB}M_1$ und hat bei M_1 den Wert c_S. Wird die peritektische Temperatur T_P erreicht, so setzen sich die β-Mkr mit der Schmelze zu α-Mkr um, deren Gleichgewichtskonzentration bei $T = T_P$ den Wert c_α annimmt. Das Phasengesetz [Gl. (5.10 b)] liefert für den peritektischen Punkt P mit $K = 2$ und $P = 3$ die Zahl der Freiheitsgrade zu $F = 0$. In den Abkühlungskurven von Legierungen, deren Zusammensetzung im Intervall $c_S \leqq c \leqq c_\beta$ liegt (L_1, L_2, L_3), muss daher ein Haltepunkt auftreten. Die Temperatur bleibt so lange konstant, bis Schmelze und/oder β-Mkr bei der peritektischen Umsetzung verbraucht worden sind. Legierungen, deren Zusammensetzung im Intervall $c_\alpha \leqq c \leqq c_\beta$ liegt (L_1), haben eine größere Menge an β-Mkr, als für die peritektische Umsetzung mit der Restschmelze verbraucht werden kann. Nach Erstarrung liegen daher die restlichen β-Mkr neben den peritektisch entstandenen α-Mkr im Gefüge vor. Außerhalb des Konzentrationsintervalls $c_S < c < c_\beta$ erstarren die Legierungen nach den in Systemen mit vollständiger Mischbarkeit ablaufenden Vorgängen, wobei im Intervall $0 < c < c_S$ α-Mkr und im Konzentrationsintervall $c_\beta < c < 1$ β-Mkr ausgeschieden werden. Im festen Zustand verringert sich die Löslichkeit der α-Mkr längs der Linie Pc'_α und die der β-Mkr längs $M_2c'_\beta$. Das Gefüge enthält daher Segregate von α- bzw. β-Mkr. Ihre Mengenanteile sind im Gefügerechteck angegeben.

5.3.4
Zustandsdiagramme von Systemen mit intermetallischen Phasen

Bilden die Komponenten eines Systems eine oder mehrere intermetallische Phasen V (vgl. Abschn. 2.1.8.4) der allgemeinen Form $A_m B_n$ (m, $n = 1, 2, 3, ...$), so werden Zahl und Form der im Zustandsdiagramm auftretenden Phasenumwandlungskurven durch die Eigenschaften der intermetallischen Phase, die eine von der der Komponenten A und B verschiedene, meist kompliziertere Kristallstruktur hat, festgelegt. Es sind folgende Möglichkeiten zu unterscheiden:

– Die intermetallische Phase kristallisiert aus der Schmelze aus. Sie kann entweder Atome der Komponenten A und B in beschränktem Umfang lösen, also in einem bestimmten Konzentrationsbereich existent sein, wie es z. B. im System Nickel–Beryllium für die intermetallischen Phasen NiBe und Ni_5Be_{21} der Fall ist, oder aber auch nur bei der Zusammensetzung $c_{A_mB_n}$ vorkommen. Dem letzten Fall entspricht z. B. die im System Magnesium–Blei auftretende Phase Mg_2Pb, die im System Magnesium–Silicium auftretende Phase Mg_3Si und die im System Aluminium–Antimon beobachtete Phase AlSb.
– Die intermetallische Phase entsteht im Ergebnis einer peritektischen Umwandlung oder als Folge einer Reaktion zwischen zwei Schmelzen.

Bild 5.14 Zustandsdiagramm eines Systems mit vollständiger Mischbarkeit der Komponenten A und B im flüssigen und teilweiser Mischbarkeit im festen Zustand, in dem eine bis zum Schmelzpunkt beständige intermetallische Phase $V(A_mB_n)$ auftritt

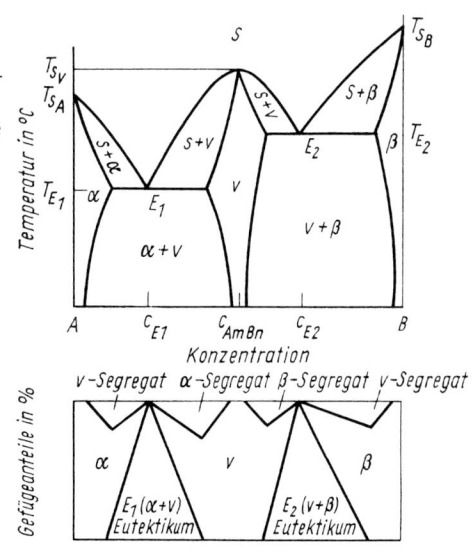

Bild 5.14 zeigt das Zustandsdiagramm eines Systems mit der intermetallischen Phase V. A_mB_n bezeichnet ihre mittlere Zusammensetzung. Bei der A_mB_n entsprechenden Konzentration c_{AmBn} tritt ein Maximum in der Liquiduskurve auf. Die Schmelztemperatur der intermetallischen Phase ist umso höher, je größer ihre Bildungsenergie ist. In der Abkühlungskurve einer Legierung mit der Zusammensetzung c_{AmBn} tritt bei der Temperatur T_{Sv} ein Haltepunkt auf. Eine intermetallische Phase verhält sich bei der Erstarrung wie ein reiner Stoff. Das im Bild 5.14 gezeigte Zustandsdiagramm kann in zwei Teildiagramme mit den Eutektika E_1 und E_2 zerlegt werden, von denen das eine die Komponenten A und V, das andere die Komponenten V und B enthält. Bei der Erstarrung laufen in jedem dieser Teildiagramme die gleichen Vorgänge ab, wie sie im Abschnitt 5.3.3 für ein System mit teilweiser Mischbarkeit im festen und vollständiger Mischbarkeit im flüssigen Zustand dargelegt wurden.

5.3.5
Weitere Umwandlungen im festen Zustand

In Systemen mit Mischkristallbildung sind unterhalb der Soliduslinie die Atome der Komponenten A und B statistisch auf die Gitterplätze des Substitutionsmischkristalls α verteilt. Bei der Abkühlung können außer der bereits erwähnten eutektoiden Umwandlung auch noch andere Umordnungsvorgänge, in deren Verlauf neue Phasen gebildet werden, auftreten (Bild 5.15). Im einfachsten Fall geht der nach der Erstarrung ungeordnete α-Mkr in einen geordneten α'-Mkr über, der eine regelmäßige Anordnung der A- und B-Atome auf bestimmten Gitterplätzen aufweist und deshalb als *Überstruktur* bezeichnet wird (s. a. Abschn. 2.1.8.2 und 4.4). Innerhalb ihres Existenzbereiches $c_1 < c < c_2$ ist die Zusammensetzung der Überstruktur in Abhängig-

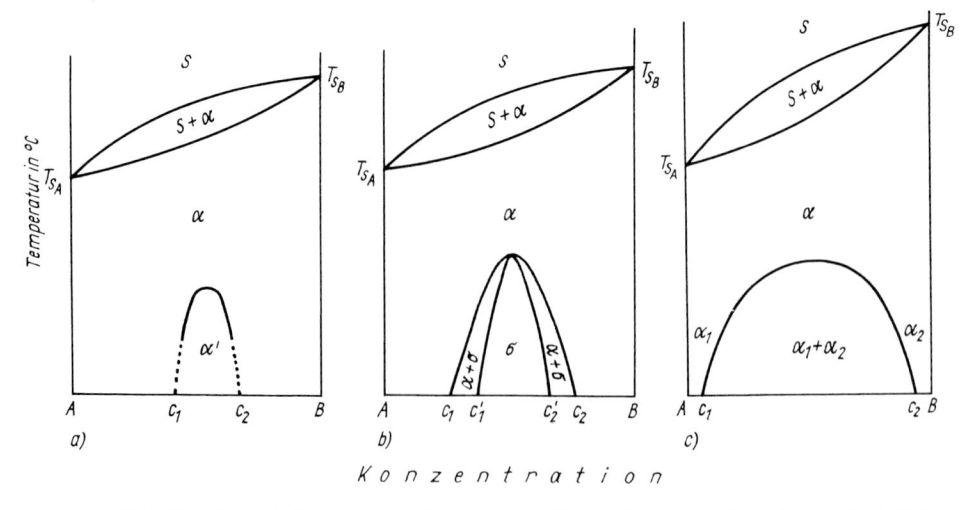

Bild 5.15 Zustandsdiagramm von Systemen mit Umwandlungen im festen Zustand. a) Bildung einer Überstrukturphase; b) Ausscheidung einer neuen Phase σ; c) Entmischung durch Konzentrationsverschiebung

keit von der Temperatur variabel (Bild 5.15 a). Das Gefüge der Überstrukturmischkristalle ist von dem der ungeordneten Mischkristalle nicht zu unterscheiden. Sie können durch das Auftreten zusätzlicher Überstrukturlinien in Röntgenbeugungsdiagrammen sowie durch eine Veränderung in den mechanischen und elektrischen Eigenschaften nachgewiesen werden.

Der Umwandlungsvorgang kann aber auch so verlaufen, dass sich eine Phase mit ganz anders geartetem Gitter während der Abkühlung des Mischkristalls α bildet. Im Zustandsdiagramm treten die im Bild 5.15 b dargestellten Phasenumwandlungskurven auf. In Legierungen, deren Zusammensetzung im Intervall $c_1 < c < c_2$ liegt, scheidet sich aus dem homogenen α-Mkr eine neue Phase σ aus. Im Gegensatz zu Überstrukturen sind solche Phasen im Gefüge als gesonderter Bestandteil erkennbar.

Weiterhin kann während der Abkühlung durch Konzentrationsverschiebung eine Entmischung der homogenen α-Mkr eintreten (vgl. Bild 5.3). Es entstehen mit α_1 und α_2 zwei Mischkristalle, die die gleiche Kristallstruktur, aber unterschiedliche Zusammensetzung und Gitterparameter haben *(spinodale Entmischung)*. Der α_1-Mkr ist an Atomen der Komponente A, der α_2-Mkr an Atomen der Komponente B reicher, als es der Zusammensetzung der Legierung entspricht. Im Zustandsdiagramm (Bild 5.15 c) tritt eine Mischungslücke auf (s. a. Bild 3.29). Spinodale Entmischungen (Bild 5.3) können im Zustand der unterkühlten Schmelze anorganischer Gläser (Bild 3.30) und in Schmelzen von Polymermischungen auftreten.

5.4
Einführung in Mehrstoffsysteme

Viele technische Werkstoffe bestehen aus mehr als zwei Komponenten. Zur Charakterisierung der Gleichgewichtszustände ist daher – konstanten Druck vorausgesetzt – neben der Angabe der Temperatur die Festlegung mehrerer Konzentrationen als Zustandsgrößen erforderlich. Ihre Bestimmung erfolgt analog Gl. (5.1). Für die Darstellung der Phasengleichgewichte im Zustandsdiagramm sind bei einem *Dreistoffsystem* (ternäres System) räumliche Koordinaten erforderlich. Zur Angabe der Zusammensetzung von Dreistofflegierungen wird das im Bild 5.16 gezeigte und durch die Punkte ABC aufgespannte gleichseitige Dreieck benutzt. Die Eckpunkte dieses *Konzentrationsdreiecks* entsprechen den reinen Komponenten. Auf den Seiten können Zusammensetzungen der drei Zweistoffsysteme A–B, B–C und C–A entnommen werden. Jeder Punkt P_i der Dreieckfläche entspricht der Zusammensetzung einer Dreistofflegierung. Die Konzentration der einzelnen Komponenten in der Legierung kann auf den drei Konzentrationsskalen abgelesen werden. Ihre Summe ergibt sich zu $c_{A_i} + c_{B_i} + c_{C_i} = 1$. Die beispielsweise durch den Punkt P_1 im Bild festgelegte Legierung enthält c_{A_1} der Komponente A, c_{B_1} der Komponente B und c_{C_1} der Komponente C.

Die Temperaturachse des ternären Systems steht senkrecht auf dem Konzentrationsdreieck. Das Zustandsdiagramm eines Dreistoffsystems ist damit ein Prisma, auf dessen Kanten die Gleichgewichtszustände der reinen Komponenten, auf dessen Seitenflächen die Zustände in den drei binären Teilsystemen und in dessen Volumen die Gleichgewichtszustände des Dreistoffsystems angegeben werden. Die Existenzbereiche der Phasen erhalten jetzt dreidimensionale Ausdehnung. Im Ein-

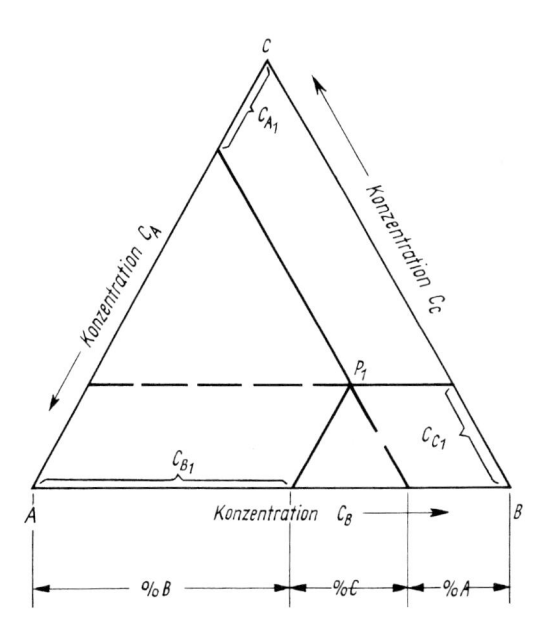

Bild 5.16 Konzentrationsdreieck zur Angabe der Zusammensetzung von Dreistofflegierungen

zelnen entstehen beim Übergang vom Zweistoffsystem zum Dreistoffsystem folgende Veränderungen:

Zweistoffsystem		Dreistoffsystem
Phasenfläche	→	Phasenräume
Phasenumwandlungkurven (z. B. Liquidus-, Soliduskurve)	→	Phasenumwandlungsflächen (z. B. Liquidus-, Solidusfläche)
binäre eutektische, peritektische und eutektoide Punkte	→	binäre eutektische, peritektische und eutektoide Kurven räumlicher Krümmung, ternärer eutektischer Punkt

Im Bild 5.17 ist ein Dreistoffsystem dargestellt, das aus drei eutektisch erstarrenden Zweistoffsystemen aufgebaut ist. Die Liquidusfläche wird durch die Schmelzpunkte der drei Komponenten T_{SA}, T_{SB}, T_{SC}, durch die binären Eutektika E_{AB}, E_{BD}, E_{AC} und durch den ternären eutektischen Punkt E_{ABC} aufgespannt. Die eutektischen Punkte der Zweistoffsysteme setzen sich als binäre eutektische Rinnen im ternären Temperatur-Konzentrations-Raum fort. Sie stellen räumlich gekrümmte Kurven dar, die sich als Schnittlinien der drei zwischen den Liquiduskurven der binären Teilsysteme aufgespannten Schmelzflächen ergeben. Mit sinkender Temperatur laufen

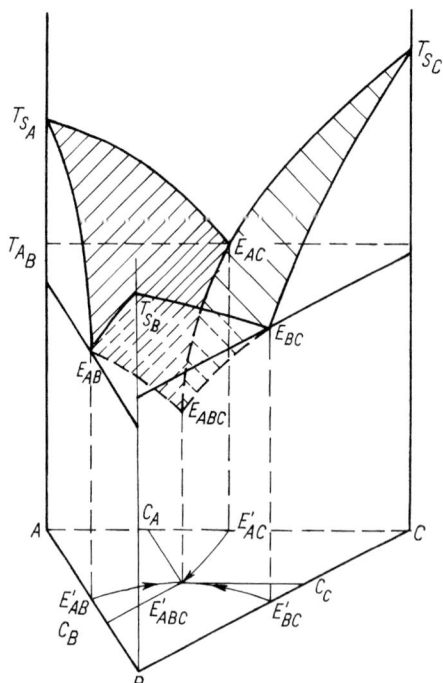

Bild 5.17 Zustandsdiagramm eines Dreistoffsystems, das aus drei eutektisch erstarrenden Zweistoffsystemen aufgebaut ist

die eutektischen Rinnen aufeinander zu und treffen sich im ternären eutektischen Punkt. Sie sind im Bild 5.17 in die Konzentrationsebene projiziert worden.

Die an den in die Konzentrationsebene projizierten eutektischen Rinnen angebrachten Pfeile geben die Richtung fallender Temperatur an. Die ternäre eutektische Legierung mit der Zusammensetzung c_A, c_B, c_C hat die niedrigste Erstarrungstemperatur des Dreistoffsystems. Die Solidusfläche stellt im vorliegenden Fall eine zum Konzentrationsdreieck parallele Ebene durch den Punkt E_{ABC} dar. Sie ist im Bild 5.17 der Übersicht halber nicht eingezeichnet. In Zustandsdiagrammen mit vollständiger oder teilweiser Mischbarkeit der Komponenten erscheint sie als räumlich gekrümmte Fläche bzw. Ebene mit räumlich gekrümmten Flächenanteilen.

Die Erstarrung beginnt im Konzentrationsbereich A, E'_{AB}, E'_{AC}, E'_{ABC} mit der primären Ausscheidung von A-Kristallen, im Konzentrationsbereich B, E'_{AB}, E'_{BC}, E'_{ABC} mit der Ausscheidung von B-Kristallen und im Bereich C, E'_{BC}, E'_{AC}, E'_{ABC} mit der Ausscheidung von C-Kristallen aus der Schmelze. Verändert die Schmelze im Verlaufe der Erstarrung ihre Zusammensetzung so, dass eine der eutektischen Rinnen erreicht wird, dann sind folgende drei binären Reaktionen möglich: $S \rightarrow A + B$; $S \rightarrow B + C$; $S \rightarrow A + C$. Nimmt die Restschmelze schließlich die Zusammensetzung des ternären Eutektikums E_{ABC} an, so scheiden sich Kristalle aller drei Komponenten gleichzeitig entsprechend der ternären eutektischen Reaktion $S \rightarrow A + B + C$ aus.

Für die Darstellung aller bei einer bestimmten Temperatur T vorliegenden Phasen werden isotherme Schnitte durch das Raumdiagramm gelegt. Man gibt die Phasen dann in einer bei der interessierenden Temperatur T zur Konzentrationsebene parallelen Ebene an. Sollen dagegen die im Verlaufe der Abkühlung einzelner Legierungen auftretenden Phasen dargestellt werden, so benutzt man hierfür zur Konzentrationsebene senkrechte Schnitte. Dabei werden häufig zwei Arten bevorzugt:

– Schnitte, die von einem Eckpunkt zur gegenüberliegenden Seite des Zustandsdiagramms gehen. Sie enthalten Legierungen, in denen das Mengenverhältnis der anderen Komponenten konstant ist.
– Schnitte, die zu einer Seite des Konzentrationsdreiecks parallel sind. Sie enthalten Legierungen, in denen der Gehalt an der Komponente konstant ist, die der Dreiecksseite gegenüber liegt.

Vielfach werden auch für Übersichtszwecke in der Darstellungsart „isothermer Schnitt" für Raumtemperatur im System existente Gruppen von Werkstoffen, innerhalb derer sich die Legierungen durch bestimmte, ihnen gemeinsame Eigenschaften auszeichnen, als Konzentrationsfelder dargestellt. In den Bildern 5.18 und 5.19 sind solche für die Dreistoffsysteme Ni–Co–Fe und SiO_2–CaO–Al_2O_3 als Beispiele wiedergegeben.

Die schraffierten Konzentrationsbereiche des Bildes 5.18 betreffen Legierungen, bei denen dank einer Glühung im magnetischen Gleichfeld das Remanenzverhältnis B_r/B_s auf gleich/größer 0,95 angehoben werden kann (s. Abschn. 10.6.3). Eine solche Magnetfeldglühung hat freilich zur Voraussetzung, dass erstens die Glühtemperatur unter der jeweiligen Curietemperatur T_c liegt und T_c genügend hoch ist,

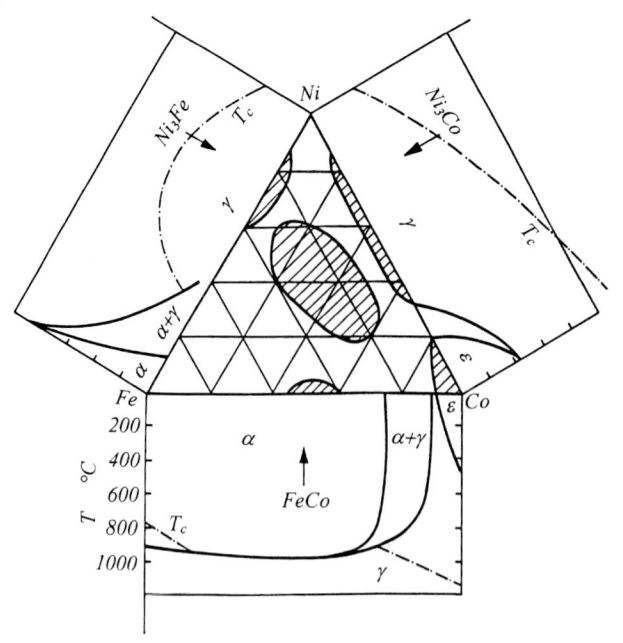

Bild 5.18 Konzentrationsgebiete (schraffiert) wirksamer Magnetfeldglühung im System Ni–Fe–Co. Über den Konzentrationsachsen sind die jeweiligen Zweistoffsysteme der Komponenten, Fe, Ni und Co dargestellt. Infolge der Magnetfeldglühung steigt das Remanenzverhältnis auf $B_r/B_s \geq 0{,}95$ an; B_r remanente Induktion (Remanenz), B_s Sättigungsinduktion (nach G. Rassmann)

um eine ausreichend intensive Volumendiffusion zu gewährleisten, sowie, zweitens, dass die magnetische Kristallanisotropie K_1 im System kleine Werte annimmt (Abschn. 10.6.3).

Über zahlreiche Verbindungen sowie die Konzentrationsbereiche einer Vielzahl technischer Silicatwerkstoffe im Dreistoffsystem CaO–Al$_2$O$_3$–SiO$_2$ informiert Bild 5.19. Das System weist folgende kristalline Verbindungen auf:

– die Einzelverbindungen CaO, Al$_2$O$_3$ (Korund) und SiO$_2$ als Cristobalit und Tridymit,
– die binären Verbindungen CaO · SiO$_2$ (Wollastonit), 3 CaO · 2 SiO$_2$ (Rankinit), 2 CaO · SiO$_2$, 3 CaO · SiO$_2$, 3 CaO · Al$_2$O$_3$, 12 CaO · 7 Al$_2$O$_3$, CaO · Al$_2$O$_3$, CaO · 2 Al$_2$O$_3$, CaO · 6 Al$_2$O$_3$ und 3 Al$_2$O$_3$ · 2 SiO$_2$ (Mullit) sowie
– die ternären Verbindungen 2 CaO · Al$_2$O$_3$ · SiO$_2$ (Anorthit) und CaO · Al$_2$O$_3$ · 2 SiO$_2$ (Gehlenit).

Zu den technisch relevanten Werkstoffen gehören gemäß Bild 5.19 feuerfeste Silika-, Schamotte- und Korundsteine, Keramik-, Korund- und Glasfasern, traditionelle Silicatkeramik (Steingut, Steinzeug, Ziegel), technische Keramik, Alumosilicatgläser, Baustoffe sowie Calciumsilicat-Wärmedämmstoffe. Die meisten dieser Materialien liegen jedoch nicht im Gleichgewichtszustand vor, daher können aus dem Diagramm

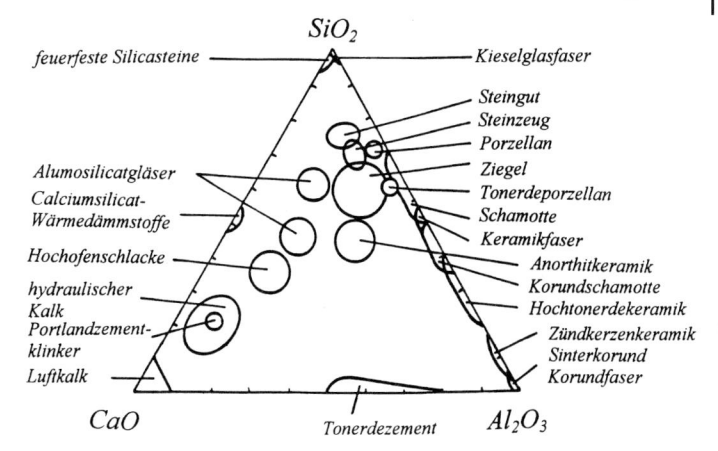

Bild 5.19 Konzentrationsgebiete technisch bedeutsamer Silicatwerkstoffe im System CaO–Al$_2$O$_3$–SiO$_2$

nur Anhaltspunkte für den Zustand der technischen Erzeugnisse entnommen werden.

5.5 Realdiagramme

Nachdem die wichtigsten Grundtypen der Zustandsdiagramme behandelt worden sind, sollen einige für technische Werkstoffe bedeutsame Systeme dargestellt werden. Sie sind häufig aus mehreren Grundtypen aufgebaut. Systematische Zusammenstellungen von Zwei- und Dreistoffsystemen finden sich in [5.15], [5.22] und [5.20].

5.5.1 Eisen-Kohlenstoff-Diagramm

Zunächst sollen die Gleichgewichtszustände in dem für die Werkstoffe Stahl und Gusseisen wichtigen System Eisen–Kohlenstoff behandelt werden. Unter Stahl sind dabei die *Eisen-Kohlenstoff-Legierungen* mit weniger als rund 2% C und unter Gusseisen Legierungen mit in der Regel 2 bis 4% C zu verstehen, in denen das Fe–C-Eutektikum auftritt. Für technische Werkstoffe ist daher nur die eisenreiche Seite des Zustandsdiagramms bis zur Konzentration der intermetallischen Phase Fe$_3$C, die 6,67% C enthält, von Bedeutung. Dieser Teil des Diagramms ist im Bild 5.20 dargestellt (s. a. Bilder 6.38 und 6.29). Er ist aus einem peritektischen, einem eutektischen und einem eutektoiden Teildiagramm aufgebaut, von denen das peritektische und das eutektoide durch die allotropen Modifikationen des Eisens und ihre Löslichkeit für Kohlenstoff bedingt sind.

Die Schmelztemperatur des reinen Eisens beträgt 1536 °C. Während der Erstarrung entstehen Kristalle mit einer krz Struktur, die als δ-Eisen bezeichnet werden.

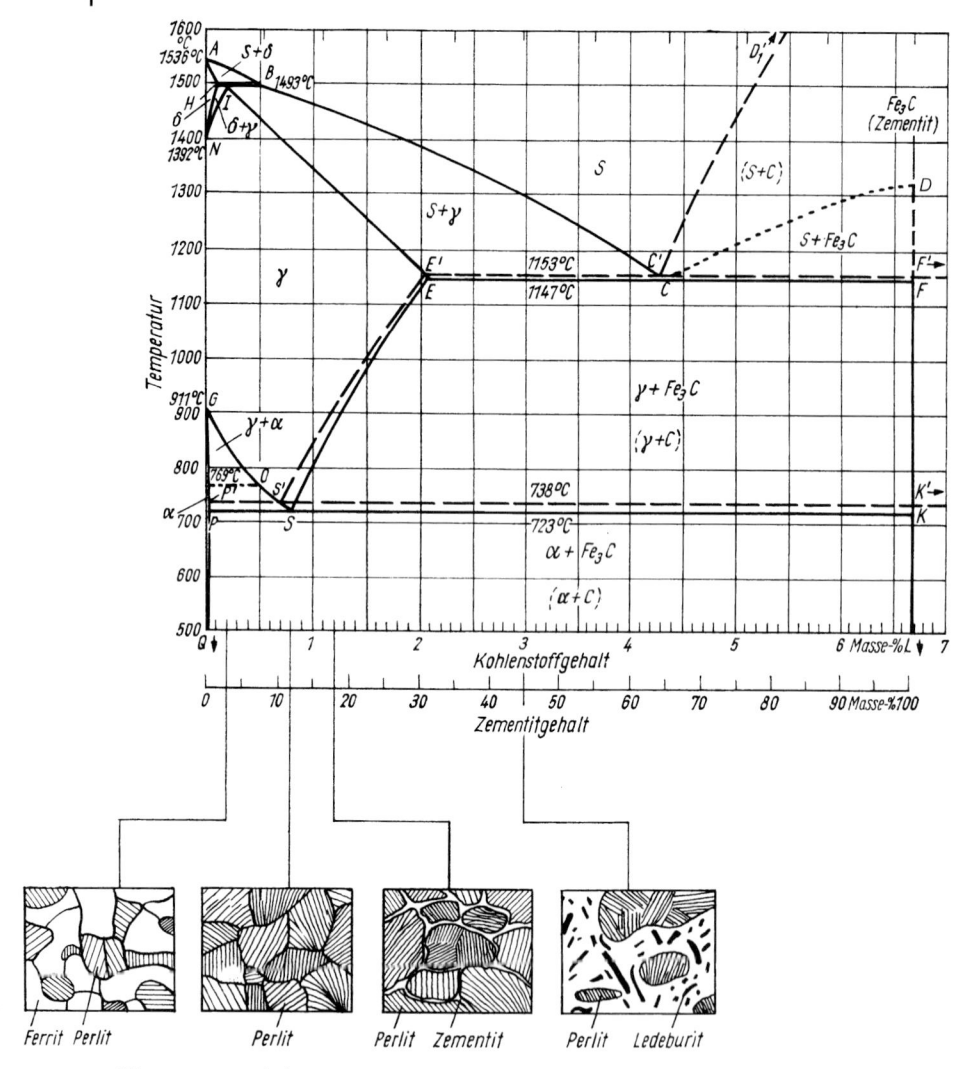

Bild 5.20 Zustandsdiagramm des Systems Eisen–Kohlenstoff. ausgezogene Linien: Diagramm des metastabilen Systems; unterbrochen gezeichnete Linien: Diagramm des stabilen Systems

Sie können mit Kohlenstoff Einlagerungsmischkristalle bilden. Die maximale Löslichkeit des Kohlenstoffs im δ-Eisen wird für 1493 °C mit 0,10 % angegeben. Das reine δ-Eisen ist bis 1392 °C thermodynamisch stabil und wandelt sich bei dieser Temperatur in kfz γ-Eisen um. Dieses kann maximal (bei 1147 °C) 2,06 % C in Form von Einlagerungsatomen lösen. Reines γ-Eisen steht bei 911 °C mit dem krz α-Eisen im Gleichgewicht. Das α-Eisen ist unterhalb 911 °C stabil und wird am Curiepunkt (769 °C) ferromagnetisch. Die maximale Löslichkeit für Kohlenstoff beträgt bei 723 °C 0,02 %.

Kohlenstoff bildet mit Eisen die intermetallische Phase Fe$_3$C (Eisencarbid, Zementit). Sie hat ein orthorhombisches Kristallgitter, enthält 6,67 % C und kann bei sehr langen Glühzeiten und hohen Temperaturen in die Komponenten Kohlenstoff in Form von Graphit und Eisen zerfallen. Die intermetallische Phase Fe$_3$C wird daher als metastabil bezeichnet. Je nachdem, ob der Kohlenstoff in Form von Fe$_3$C oder als elementarer Kohlenstoff (Graphit) auftritt, spricht man vom metastabilen oder stabilen System. Nach dem metastabilen System verlaufen die Umwandlungsvorgänge im Stahl und im weißen Gusseisen. Das stabile System gibt Auskunft über die im graphithaltigen Gusseisen vorliegenden Gleichgewichtszustände.

In Eisen-Kohlenstoff-Legierungen, deren Kohlenstoffgehalt unter 0,51 % liegt, beginnt die Erstarrung mit der Ausscheidung von δ-Mkr aus der Schmelze. Im Konzentrationsintervall 0,10 % C bis 0,51 % C findet bei 1493 °C eine peritektische Reaktion statt. Für einen Kohlenstoffgehalt von 0,16 % lautet sie

$$\delta\text{-Mkr} + \text{Restschmelze} \xrightleftharpoons{T=1493\,°C} \gamma\text{-Mkr}$$

Die im peritektischen Teilsystem ablaufenden Vorgänge sind im Abschnitt 5.3.3 ausführlich behandelt worden.

Bei Legierungen, deren Zusammensetzung im Intervall 0,51 % C bis 4,3 % C liegt, beginnt die Erstarrung an der Linie BC mit der Ausscheidung von γ-Mkr aus der Schmelze. Sie ist für Kohlenstoffkonzentrationen von weniger als 2,06 % beendet, sobald die gesamte Schmelze zu homogenen γ-Mkr erstarrt ist. Liegt der Kohlenstoffgehalt über 2,06 %, so reichert sich die Schmelze durch die Ausscheidung von γ-Mkr so lange mit Kohlenstoff an, bis eine Konzentration der Restschmelze von 4,3 % C erreicht ist. Danach setzt bei 1147 °C ein eutektischer Zerfall in γ-Mkr und die intermetallische Phase Fe$_3$C ein, entsprechend der eutektischen Reaktion

$$\text{Schmelze} \xrightleftharpoons{T=1147\,°C} \gamma\text{-Mkr} + \text{Fe}_3\text{C}$$

In Legierungen mit mehr als 4,3 % C beginnt die Erstarrung entlang der Linie CD mit der Ausscheidung der intermetallischen Phase Fe$_3$C. Sie wird als *Primärzementit* bezeichnet. Da dieser 6,67 % C enthält, verarmt die Schmelze an Kohlenstoff, bis sie schließlich die Konzentration von 4,3 % C erreicht hat und die Erstarrung unter gleichzeitiger Entstehung von γ-Mkr und Fe$_3$C entsprechend der eutektischen Reaktion beendet wird. Infolge der eutektischen Erstarrung sind beide Phasen sehr fein verteilt und bilden einen besonderen Gefügebestandteil. Er wird als *Ledeburit I* bezeichnet.

Mit sinkender Temperatur verringert sich die Löslichkeit der γ-Mkr für Kohlenstoff von 2,06 % bei 1147 °C auf 0,8 % bei 723 °C. Während der Abkühlung scheidet sich daher der Kohlenstoff in Form von Fe$_3$C aus. Im Gegensatz zum Primärzementit, der direkt aus der Schmelze kristallisiert, wird das aus den γ-Mkr entstandene Fe$_3$C im Gefüge als *Sekundärzementit* bezeichnet.

In Legierungen mit weniger als 0,8 % C werden aus den γ-Mkr, deren Gefügebezeichnung *Austenit* ist, mit Unterschreiten der Linie GOS α-Mkr gebildet. Ihre Gefügebezeichnung ist *Ferrit*. Da die Löslichkeit des Kohlenstoffs im Ferrit sehr gering ist, steigt der Kohlenstoffgehalt in den γ-Mkr bis auf 0,8 % an.

Tab. 5.1 Bezeichnung der Umwandlungstemperaturen in Eisen-Kohlenstoff-Legierungen

Lage im Eisen-Kohlenstoff-Diagramm	Art der Umwandlung	Bezeichnung der Umwandlung		
		im Gleich-gewichtszustand	bei Abkühlung	bei Erwärmung
PSK	$\alpha + Fe_3C \xrightleftharpoons{723\,°C} \gamma$	Ae_1	Ar_1	Ac_1
MO	ferromagnetisch $\xrightleftharpoons{769\,°C}$ paramagnetisch	Ae_2	Ar_2	Ac_2
G	$\alpha \xrightleftharpoons[898\,°C]{911\,°C} \gamma$	Ae_3	Ar_3	Ac_3
GOS	$\alpha + \gamma \rightleftharpoons \gamma$			
SE	$\gamma + Fe_3C \rightleftharpoons \gamma$	Ae_{cm}	Ar_{cm}	Ac_{cm}
N	$\gamma + \xrightleftharpoons{1392\,°C} \delta$	Ae_4	Ar_4	Ac_4
NH	$\gamma + \delta \rightleftharpoons \delta$			

In γ-Mkr mit 0,8 % C findet bei 723 °C eine eutektoide Reaktion (s. a. Abschn. 4.3.2)

$$\gamma\text{-Mkr} \xrightleftharpoons{T=723\,°C} \alpha\text{-Mkr} + Fe_3C$$

statt.

Das eutektoide Gefüge enthält α-Mkr und Fe_3C in Form fein verteilter Lamellen und wird als *Perlit* bezeichnet (Bild 6.29). Unterhalb 723 °C nimmt die Löslichkeit der α-Mkr für Kohlenstoff entlang der Linie *PQ* weiter ab. Es scheiden sich Fe_3C-Segregate aus. Diese werden als *Tertiärzementit* bezeichnet. Ihr Anteil im Gefüge ist allerdings sehr gering.

In Eisen-Kohlenstoff-Legierungen, deren Kohlenstoffgehalt zwischen 0,02 und 0,8 % liegt – sie werden als *untereutektoide Stähle* bezeichnet –, besteht das Gefüge bei Raumtemperatur aus voreutektoid ausgeschiedenem Ferrit, dem eutektoiden Gefügebestandteil Perlit und Tertiärzementit. Eisen-Kohlenstoff-Legierungen mit 0,8 % Kohlenstoff werden als *eutektoide Stähle* bezeichnet. Ihr Gefüge besteht bei Raumtemperatur zu 100 % aus Perlit. *Übereutektoide Stähle* (0,8 % C bis 2,06 % C) enthalten den an der Linie *SE* ausgeschiedenen Sekundärzementit und Perlit. In Legierungen mit mehr als 2,06 % Kohlenstoff sind, bedingt durch den eutektoiden Zerfall der γ-Mkr an der Linie *PSK*, folgende Gefügebestandteile zu finden:

Konzentrationsbereich:	Gefüge:
2,06 % C bis 4,3 % C	Perlit, Ledeburit II und Sekundärzementit
4,3 % C	Ledeburit II
4,3 % C bis 6,67 % C	Ledeburit II und Primärzementit

Ledeburit II unterscheidet sich von Ledeburit I dadurch, dass die γ-Mkr entlang der Linie *PSK* in Sekundärzementit und Perlit zerfallen sind. Ledeburit II enthält daher die Phasen α-Mkr und Fe_3C.

Im Zustandsdiagramm des stabilen Systems tritt Graphit an die Stelle von Fe_3C. Er kann entlang der Linie $C'D'$ aus der Schmelze oder aus den γ-Mkr entlang der Linie $E'S'$ nach längerem Tempern ausgeschieden werden. Seine Entstehung wird durch eine langsame Abkühlung oder durch Erwärmen oberhalb 800 °C sowie Legierungselemente, vor allem Silicium, begünstigt.

Die Darstellungen zeigen, dass die Umwandlungspunkte der *allotropen Modifikationen* des reinen Eisens durch Zulegieren von Kohlenstoff verändert werden. Der Existenzbereich der γ-Phase wird erweitert, die Existenzbereiche der δ- und α-Phase werden eingeengt. Für die Beschreibung der Umwandlungsvorgänge haben sich in der Praxis folgende in Tabelle 5.1 zusammengestellte Bezeichnungen der Umwandlungstemperaturen als zweckmäßig erwiesen. In ihr wird mit Rücksicht auf die thermische Hysterese und die Vorgänge bei schneller Abkühlung zwischen Erwärmung und Abkühlung unterschieden.

5.5.2
Zustandsdiagramm des Systems Kupfer–Zinn

Während die Verhältnisse im Eisen-Kohlenstoff-Diagramm noch relativ übersichtlich sind, weist das Zustandsdiagramm des Systems Kupfer–Zinn, das für die das Zinnbronzen oder kurz *Bronzen* genannten Werkstoffe wichtig ist, einen komplizierteren Aufbau auf. Es ist im Bild 5.21 dargestellt.

Auf den kfz kupferreichen α-Mkr, der als Substitutionskristall maximal 15,8 % Sn lösen kann, folgen bei steigendem Zinngehalt mit β und γ zwei krz Phasen, die durch peritektische Umsetzungen entstehen. Die komplizierten Verhältnisse im Konzentrationsintervall von 15,8 bis 39,5 % Sn sind bedingt durch die eutektoide Umwandlung der γ-Phase sowie eine Reihe von Reaktionen der γ-Phase, als deren Folge die *intermetallischen Phasen* δ ($Cu_{31}Sn_8$), ξ ($Cu_{20}Sn_6$) und ε (Cu_3Sn) auftreten (s. a. Abschn. 2.1.8.4). Ihre Kristallgitter sind relativ kompliziert aufgebaut. So hat z. B. die kfz δ-Phase eine Elementarzelle mit $17{,}95 \cdot 10^{-10}$ m Kantenlänge, in der $8 \cdot 52 = 416$ Atome enthalten sind. Die ε-Phase weist ein orthorhombisches Gitter auf. Sie entsteht bei 676 °C direkt aus der γ-Phase oder infolge einer isothermen Umwandlung der γ-Phase in die ε-Phase und Schmelze bzw. ε und ξ bei 640 °C sowie durch den eutektoiden Zerfall der δ-Phase in α und ε bei etwa 350 °C.

Im Konzentrationsintervall von 39,5 bis 100 % Sn finden noch weitere isotherme Reaktionen statt. Bei 415 °C entsteht die η-Phase durch eine peritektische Reaktion zwischen ε-Phase und Schmelze. Schließlich geht die noch vorhandene Restschmelze über einen eutektischen Zerfall bei 227 °C in die η-Phase und in Zinn

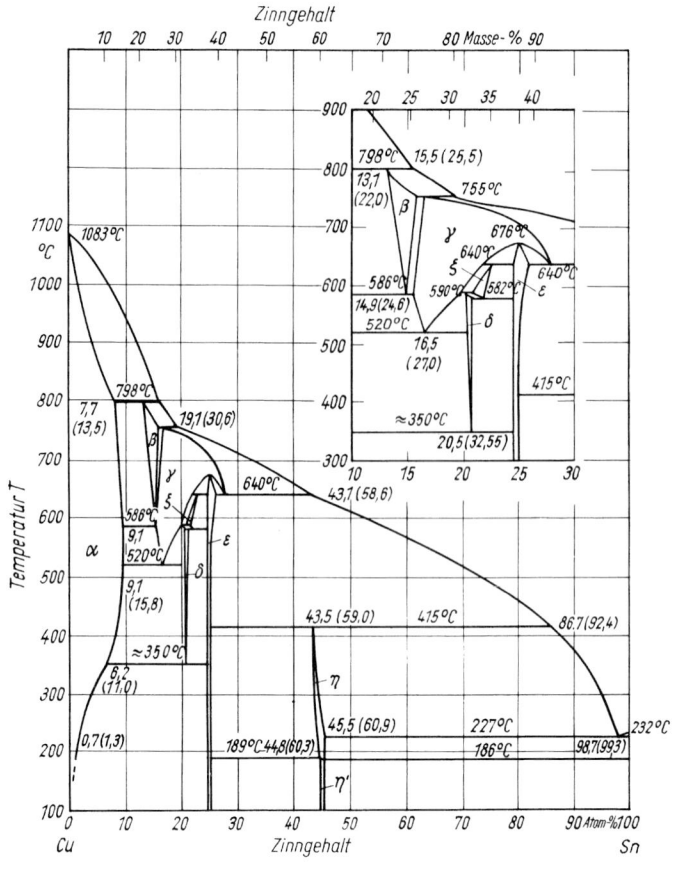

Bild 5.21 Zustandsdiagramm des Systems Kupfer–Zinn (nach [5.15])

über, das bei der eutektischen Temperatur maximal 0,006% Cu lösen kann. Im festen Zustand bildet sich durch Ordnungsvorgänge aus der η-Phase eine *Überstruktur* η', der die mittlere Zusammensetzung Cu_6Sn_5 zukommt. Im System Kupfer–Zinn laufen folgende isotherme Reaktionen, nach sinkender Gleichgewichtstemperatur geordnet, ab:

$$S + \alpha \xrightleftharpoons{T=798\,°C} \beta \qquad \beta \xrightleftharpoons{T=586\,°C} \alpha + \gamma \qquad \eta \xrightleftharpoons{T=186\,°C} \eta'$$

$$S + \beta \xrightleftharpoons{T=755\,°C} \gamma \qquad \zeta \xrightleftharpoons{T=582\,°C} \delta + \varepsilon$$

$$\gamma \xrightleftharpoons{T=676\,°C} \varepsilon \qquad \gamma \xrightleftharpoons{T=520\,°C} \alpha + \delta$$

$$\gamma + \varepsilon \xrightleftharpoons{T=640\,°C} \zeta \qquad \varepsilon + S \xrightleftharpoons{T=415\,°C} \eta$$

$$\gamma \xrightleftharpoons{T=640\,°C} \varepsilon + S \qquad \delta \xrightleftharpoons{T=350\,°C} \alpha + \varepsilon$$

$$\gamma + \zeta \xrightleftharpoons[]{T=590\,°C} \delta \qquad S \xrightleftharpoons[]{T=227\,°C} \eta + Sn$$

Bei Raumtemperatur liegen im Gleichgewichtszustand vier Phasen vor: Die α-Mkr, deren Löslichkeit für Zinn sehr stark zurückgegangen ist und bei 170 °C nur noch 0,74 % beträgt, die ε-Phase (Cu_3Sn), die Überstrukturphase η' (Cu_6Sn_5) und Zinn, dessen Löslichkeit für Kupfer bei Raumtemperatur praktisch null ist. Unter den in der Technik üblichen Abkühlungsbedingungen tritt der bei etwa 350 °C zu erwartende Zerfall der δ-Phase in die α- und die ε-Phase nicht auf, sodass im Gefüge entsprechender technischer Kupfer-Zinn-Legierungen die α-Phase und das (α + δ)-Eutektoid vorliegen.

5.5.3
Zustandsdiagramm des Systems SiO_2–α-Al_2O_3

Als Beispiel für ein System, dessen Komponenten keine Elemente, sondern chemische Verbindungen (Ionenkristalle) sind, soll das silicatische System mit den Komponenten SiO_2 (α-Cristobalit) und α-Al_2O_3 (Korund) betrachtet werden. Es ist in Bild 5.22 dargestellt.

Das Zutandsdiagramm zeigt die Gleichgewichtsphasen bis zu einer Temperatur von 1400 °C. Bei weiterer Abkühlung erfährt das SiO_2 allotrope Umwandlungen (s. Abschnitt 4.1.1), sodass es bei Raumtemperatur und bei Einstellen des thermodynamischen Gleichgewichts als β-Quarz vorliegt. α-Al_2O_3 (Korund) und 3 Al_2O_3 · 2 SiO_2 (Mullit) sind auch bei Raumtemperatur stabile Phasen. Die kristalline Verbindung 3 Al_2O_3 · 2 SiO_2, Mullit, mit der Zusammensetzung 72 Masse-% Al_2O_3 und 28 Masse-% SiO_2 kann bis zu 3 Masse-% Al_2O_3 als Mischkristall aufnehmen. Mullit schmilzt kongruent bei einer Temperatur von 1850 °C.

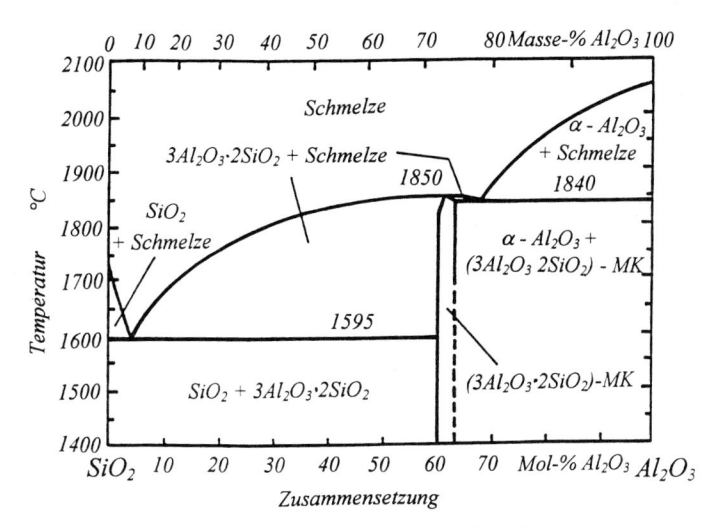

Bild 5.22 Zustandsdiagramm des Systems SiO_2-α-Al_2O_3 (nach S. Aramaki und S. Roy)

Auf der α-Al_2O_3-reichen Seite läuft die Erstarrung über die eutektische Reaktion

$$S \xrightleftharpoons{T=1480\,°C} \alpha\text{-}Al_2O_3 + (3\,Al_2O_3 \cdot 2\,SiO_2) - Mkr$$

ab. Die SiO_2-reiche Seite weist ebenfalls eine eutektische Erstarrung bei der Zusammensetzung von 6 Masse-% Al_2O_3 und 94 Masse-% SiO_2 auf. Sie läuft bei einer Temperatur von 1595 °C gemäß der Reaktion

$$S \xrightleftharpoons{T=1595\,°C} SiO_2 + 3\,Al_2O_3 \cdot 2\,SiO_2$$

ab. Im festen Zustand liegt dann unterhalb eines Anteils von 72 % Al_2O_3 und bei mehr als 28 % SiO_2 ein Kristallgemisch aus Mullit (3 Al_2O_3 · 2 SiO_2) und der jeweiligen stabilen Modifikation des SiO_2 vor. Bei höheren Al_2O_3-Anteilen und geringerem SiO_2-Gehalten besteht das feste Kristallgemisch aus Mullitmischkristallen mit maximal 75 % Al_2O_3 und minimal 25 % SiO_2 und aus Korund.

Die beschriebenen Umwandlungen entsprechen dem thermodynamischen Gleichgewicht, das sich aber unter den Bedingungen der technischen Abkühlung in den extrem zähen Silicatschmelzen und bei den außerordentlich langsamen Massetransportprozessen in den festen Silicaten nicht einstellt. In technischen Al_2O_3-SiO_2-Erzeugnissen (feuerfeste Schamotte, Porzellan, Silicatkeramik) findet man deshalb neben den beschriebenen kristallinen Gleichgewichtsphasen auch noch amorphe Glasphase, in die die Komponenten des Systems und eventuell vorhandene Verunreinigungen eingehen.

5.5.4
Zustandsdiagramme von Polymermischungen

Bei gegebenen Bedingungen *(p, T, c)* befindet sich eine Polymermischung (*Polymerblend, Polymerlegierung*) im Gleichgewicht, wenn ihre freie Enthalpie ein Minimum aufweist. Eine homogene Polymermischung ist stabil, sofern die freie Enthalpie G_m kleiner ist als die Summe der freien Enthalpien der reinen Komponenten G_K [5.23]:

$$\Delta G_m = G_m - G_K < 0 \tag{5.17}$$

Die meisten Polymere sind aber miteinander unverträglich. Dies beruht auf der Abnahme der Mischungsentropie mit steigendem Polymerisationsgrad. Mehrstoffsysteme sind bei geringer Mischungsentropie ΔS_m gemäß

$$\Delta G_m = \Delta H_m - T\Delta S m \tag{5.18}$$

nur dann noch mischbar, wenn die Mischungsenthalpie ΔH_m sehr klein oder negativ ist.

Entsprechend Bild 5.3 ist es auch bei Polymerblends möglich, dass Mischungen unterschiedlicher Zusammensetzung nebeneinander vorliegen.

Die bei binären Polymermischungen gefundenen Typen von Phasendiagrammen sind in Bild 5.23 dargestellt [5.23]. Sie unterscheiden sich nach der Richtung der Öffnung der Mischungslücke: Typen mit oberer (UCST), unterer (LCST) oder ohne „kritische" Entmischungstemperatur. Weist eines der beteiligten Polymere eine bimodale Molmasseverteilung auf, können Phasendiagramme mit mehreren kritischen Entmischungstemperaturen auftreten.

Am Beispiel Polyvinylidenfluorid-Polymethylmethacrylat wurde eine nach oben offene Mischungslücke gefunden (Bild 5.23 a). Bild 5.23 b zeigt die beidseitig offene Mischungslücke ohne kritische Temperatur, aber mit zwei kritischen Konzentrationen $c_{B,c}^1$, $c_{B,c}^2$ und Bild 5.23 c eine geschlossene Mischungslücke mit UCST- und LCST-Verhalten bei verschiedenen kritischen Konzentrationen $c_{B,c}^L$, $c_{B,c}^U$. Beim System Polycaprolacton-Polystyrol (Bild 5.23 d) tritt eine nach unten offene Mischungslücke auf. In Bild 5.23 e ist eine nach oben offene Mischungslücke mit zwei unteren kritischen Mischungstemperaturen LCST^1 und LCST^2, gefunden am Beispiel Polyisobutylen-Polystyren, dargestellt. Schließlich wird am Beispiel Polymethylmethacrylat-nachchloriertes Polyethylen (Bild 5.23 f.) das Auftreten einer getrennten Mischungslücke mit LCST- und UCST-Verhalten demonstriert.

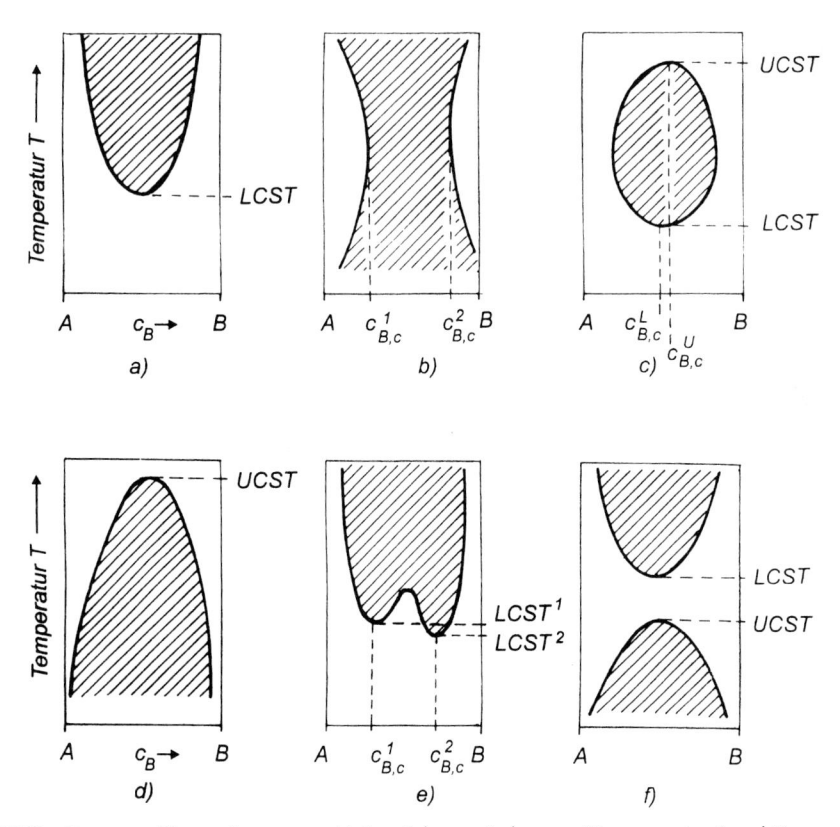

Bild 5.23 Typen von Phasendiagrammen binärer Polymermischungen (Komponenten A und B) (nach [5.23]); die schraffierten Bereiche entsprechen Mischungslücken

5.6
Ungleichgewichtsdiagramme

Die in den vorangegangenen Abschnitten behandelten Zustandsschaubilder beziehen sich auf Gleichgewichtszustände und können mit den Methoden der klassischen Thermodynamik hergeleitet werden.

Die in der werkstoffherstellenden und -verarbeitenden Industrie üblichen Abkühlungsgeschwindigkeiten, wie schon in Abschnitt 5.5.3 erwähnt, vereiteln jedoch häufig die Ausbildung des thermodynamischen Gleichgewichtszustandes. Zudem ist gerade die Einstellung bestimmter metastabiler Zustände von technisch hervorragender Bedeutung, da mit den ihnen adäquaten Gefügearten (z. B. Bild 6.38) der nutzbare Spielraum von Eigenschaftswerten (insbesondere der Festigkeit, Dehnung, Härte und Zähigkeit) wesentlich erweitert werden kann. Sie gestatten es, den Werkstoff dem jeweiligen Verwendungszweck oder Verarbeitungsverfahren optimal anzupassen. Es gilt also, zusätzlich die Parameter „Zeit" und „Abkühlungsgeschwindigkeit" einzubeziehen.

Eine solche Betrachtungsweise ist Gegenstand der nichtlinearen, irreversiblen Thermodynamik. Bei umfassenden Fortschritten in der Theorie ist sie derzeit jedoch noch nicht in der Lage, geeignete Berechnungsunterlagen für eine quantitative Aussage über die sich bei einer beschleunigten Abkühlung bildenden Ungleichgewichtszustände bzw. -phasen zur Verfügung zu stellen. Deshalb geschieht die Aufstellung von Ungleichgewichts- (Zeit-Temperatur-Reaktions-)Schaubildern z. Z. allein nach experimentell-empirischen Methoden. Sie konzentriert sich vorwiegend auf unlegierte und legierte Stähle. Im Ergebnis dessen ist es möglich, den Abkühlungs- und Erwärmungsverlauf für die wichtigsten Stähle so zu gestalten, dass die gewünschten Gefüge-Eigenschafts-Beziehungen auch realisiert werden.

5.6.1
Ausbildung von Ungleichgewichtsgefügen

Phasenumwandlungen erfordern eine Umordnung der Bausteine durch Diffusion, in einigen Fällen auch über einen Schervorgang (vgl. Abschn. 4.1). Da die Diffusion (Abschn. 7.1) ein thermisch aktivierter und damit zeit- und temperaturabhängiger Vorgang ist, wird die Ausbildung des Gleichgewichtszustandes bzw. -gefüges in dem Maße erschwert oder völlig unterdrückt, wie die Unterkühlung des Umwandlungsbeginns und -ablaufs zunimmt. Bei hinreichend hoher Abkühlungsgeschwindigkeit entstehen dann meta- bzw. instabile Gefügezustände oder sogar neuartige Phasen (s. a. Tab. 3.2). Diese Verhältnisse sollen am Beispiel des am meisten verbreiteten Eisenwerkstoffs, des unlegierten Stahles, näher erläutert werden.

Mit wachsender Abkühlungsgeschwindigkeit verschieben sich die dem Gleichgewichtszustand entsprechenden Phasenumwandlungskurven des Eisen-Kohlenstoff-Diagramms (Bild 5.24) zu tieferen Temperaturen, insbesondere die das Austenitgebiet begrenzende GOSE-Kurve (A_3 bzw. A_{cm}) und die für die eutektoide Reaktion charakteristische Isotherme PSK (A_1). In Bild 5.24 ist die durch eine schnelle Abkühlung des Stahles aus dem γ-Gebiet bedingte Verlagerung des Ar_3- und des Ar_1-Punktes für einen Stahl mit 0,45 % Kohlenstoff schematisch dargestellt.

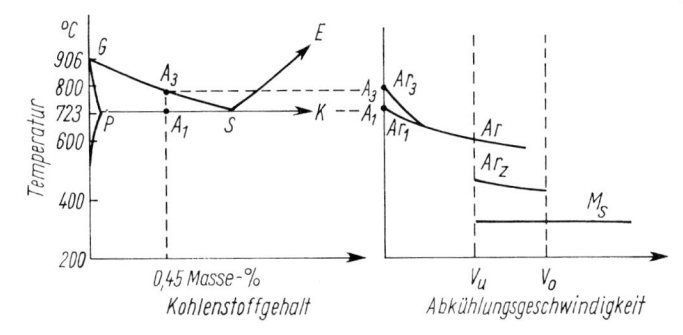

Bild 5.24 Schematische Darstellung des Einflusses der Abkühlungsgeschwindigkeit auf die Lage der Umwandlungspunkte A_3 und A_1 für einen Stahl mit 0,45 % Kohlenstoff (nach D. Horstmann)

Mit der Zunahme der Abkühlungsgeschwindigkeit verlagert sich der Ar_3-Punkt schneller zu tieferen Temperaturen als der Ar_1-Punkt. Demzufolge wird die voreutektoide Ferritbildung in steigendem Maße unterdrückt, bis sie, wenn Ar_3- und Ar_1- zum Ar-Punkt zusammenfallen, überhaupt nicht mehr auftritt.

Schließlich wird durch das Abkühlmedium die Wärme so schnell abgeführt, dass die Austenitumwandlung unvollständig bleibt und mit der Bildung von *Bainit* (Ar_z) und *Martensit* (M_s) fortgesetzt wird. Die Abkühlungsgeschwindigkeit, bei der erstmals Martensit im Gefüge auftritt, wird als *untere kritische Abkühlungsgeschwindigkeit* v_u, die, bei der das Gefüge rein martensitisch ist, als obere kritische Abkühlungsgeschwindigkeit v_o bezeichnet.

Werden die am Beispiel eines Stahles mit 0,45 % C beschriebenen Verhältnisse verallgemeinert und auf den gesamten „Stahlteil" des Fe–Fe$_3$C-Diagramms ausgedehnt, dann erhält man die in Bild 5.25 für alle unlegierten Kohlenstoffstähle bis zu einem Kohlenstoffgehalt von 1,8 % wiedergegebene Verschiebung der Umwandlungspunkte A_3 und A_1. (Die an der rechten Ordinate angegebenen Abkühlungsgeschwindigkeiten gelten nur für reine Fe–C-Legierungen.) Es treten fünf Unterkühlungsstufen des Austenits auf, von denen die Unterkühlungsstufe 0 der Gleichgewichtsumwandlung entspricht.

In der Unterkühlungsstufe I wird die Unterdrückung der voreutektoiden Ferritausscheidung bei Stählen mit Kohlenstoffgehalten unter 0,8 % *(untereutektoide Stähle)* und der voreutektoiden Sekundärzementitausscheidung für die Stähle mit einem Kohlenstoffgehalt über 0,8 % *(übereutektoide Stähle)* deutlich. Als Folge dessen geht der Punkt S im Zustandsdiagramm in die Strecke $S'S''$ über. Stähle, deren Kohlenstoffgehalt in diesem Intervall liegt, wandeln deshalb bereits bei Abkühlungsgeschwindigkeiten von 1 K s^{-1} perlitisch um, d.h., aus dem unterkühlten Austenit entsteht ein rein perlitisches Gefüge. Die weitere Erhöhung der Abkühlungsgeschwindigkeit führt zunächst zur völligen Unterdrückung der voreutektoiden Sekundärzementitausscheidung und zu einer starken Behinderung der voreutektoiden Ferritausscheidung, sodass sie nur noch bei Stählen mit niedrigeren Kohlenstoffgehalten zu finden ist. Es bildet sich ein feinlamellarer *Perlit*, der, wenn sein Lamellengefüge gerade noch lichtmikroskopisch auflösbar ist, den Namen *Sorbit* trägt.

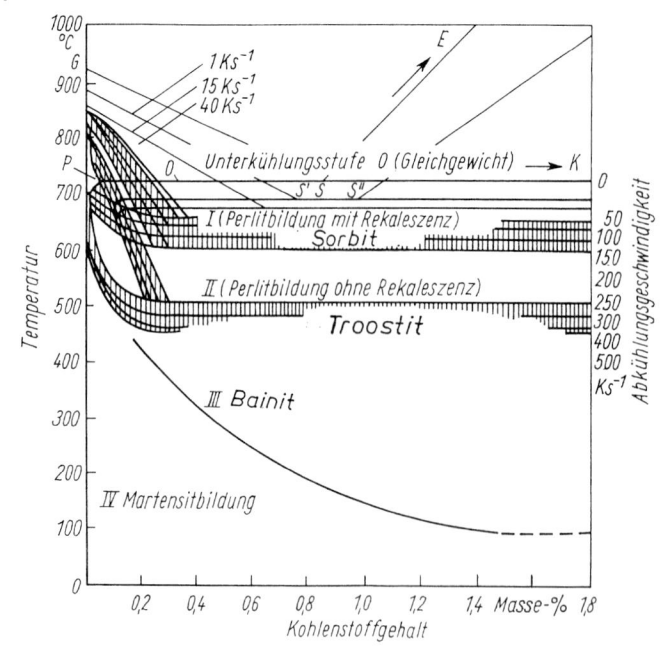

Bild 5.25 Einfluss unterschiedlicher Abkühlungsgeschwindigkeiten auf die Verschiebung der Umwandlungspunkte A_1, A_3, A_{cm} reiner Fe–C-Legierungen und Abhängigkeit der M_s-Temperatur vom Kohlenstoffgehalt (in Anlehnung an F. Wever und A. Rose)

In der Unterkühlungsstufe II, die durch eine Perlitbildung ohne *Rekaleszenz* (nachträgliche Erwärmung des Werkstücks durch im Werkstoffvolumen noch vorhandene, beim Abkühlvorgang nicht abgeführte Restwärme) gekennzeichnet ist, entsteht ein Gefüge aus feinstlamellarem Perlit. Es ist nur noch im Elektronenmikroskop als lamellares Gefüge erkennbar und trägt die Bezeichnung *Troostit* (s. a. Abschn. 4.3.2). Der Umwandlungsbereich, in dem sich „normaler" Perlit (Bild 6.29), Sorbit und Troostit bilden, wird als *Perlitstufe* bezeichnet.

In der III. Unterkühlungsstufe, die ab etwa 450 °C einsetzt, ist eine Diffusion der Eisenatome und somit auch eine perlitische Umwandlung nicht mehr möglich. Lediglich die kleineren Kohlenstoffatome vermögen noch zu diffundieren. Bereits bevor und auch während der kfz Austenit durch einen Schervorgang in einen übersättigten kfz Ferrit übergeht, scheidet sich Fe_3C aus. Das Bainitgefüge enthält daher in einer ferritischen Matrix fein dispers verteilte Zementitpartikeln. Zwischen dem ursprünglichen Austenitgitter und dem Gitter der Ferritnadeln des Bainitgefüges bestehen bestimmte, durch den Schervorgang bedingte Orientierungszusammenhänge.

In der als *Martensitstufe* bezeichneten Unterkühlungsstufe IV schließlich ist die Unterkühlung des Austenits so groß, dass nun auch die Diffusion der Kohlenstoffatome unterdrückt wird. Das kfz Gitter des unterkühlten Austenits schert, ehe der Kohlenstoff Fe_3C bilden kann, diffusionslos in das raumzentrierte Gitter des *Martensits* über (vgl. Abschn. 4.1.3), das mit Kohlenstoff übersättigt ist, da der krz Ferrit le-

Bild 5.26 Veränderung der Gitterkonstanten des Martensits und Zunahme seiner Tetragonalität mit steigendem Kohlenstoffgehalt (nach K. Honda und Z. Nishiyama)

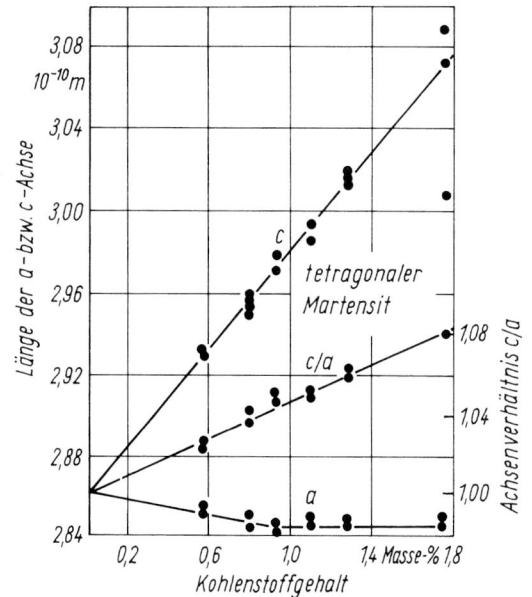

diglich 10^{-5}% Kohlenstoff zu lösen vermag. Infolge der Kohlenstoffübersättigung treten hohe Eigenspannungen auf, die zu einer mit wachsendem Kohlenstoffgehalt zunehmenden tetragonalen Verzerrung des Gitters führen (Bild 5.26). Das ist auch die Ursache für die dem Martensit eigene hohe Härte.

Neben Auskünften über die nach der Umwandlung des unterkühlten Austenits auftretenden Gefügearten ist es für die praktische Nutzung der beschriebenen Vorgänge wichtig, auch Aussagen über die Geschwindigkeit, mit der der Stahl in den einzelnen Unterkühlungsstufen umwandelt, sowie über den zeitlichen Ablauf der Umwandlung und die Mengenanteile, in denen die einzelnen Gefügebestandteile nach der Umwandlung im Gefüge vorliegen, zu gewinnen.

5.6.2
Zeit-Temperatur-Umwandlungs-Diagramme

Art und Mengenanteil der Ungleichgewichtsphasen und -gefüge sowie die zugehörigen Umwandlungsbereiche lassen sich übersichtlich in so genannten Zeit-Temperatur-Umwandlungs-Diagrammen *(ZTU-Diagramme)* darstellen. Zu diesem Zweck wird (mit logarithmischer Teilung der Zeitachse) die Zeit für den Beginn und das Ende der jeweiligen Umwandlung aufgetragen. Dabei können Umwandlungszeiten und entstehende Gefüge entweder für einen isothermen Ablauf der Umwandlung (ZTU-Diagramme für isotherme Umwandlung) oder unter den Bedingungen einer kontinuierlichen Abkühlung bei verschiedenen Abkühlgeschwindigkeiten (ZTU-Diagramme für kontinuierliche Abkühlung) aufgenommen werden. Die Gefügeumwandlung wird mit Abschreckdilatometern, magnetischen sowie DTA-Messungen

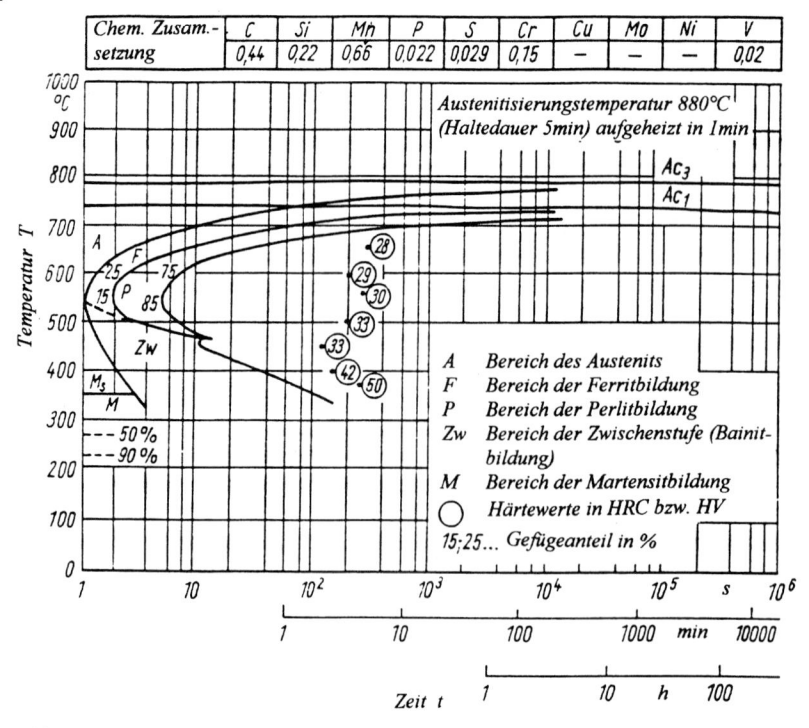

Bild 5.27 ZTU-Diagramm für isotherme Umwandlung eines unlegierten Stahls mit 0,44 Masse-% Kohlenstoff (nach [5.17])

und anhand metallographischer Untersuchungen erfasst. Ergänzend werden häufig noch die entsprechenden Härtewerte mit angegeben.

Im Bild 5.27 ist als Beispiel das ZTU-Diagramm für isotherme Umwandlung eines unlegierten Stahles mit 0,44 Masse-% C wiedergegeben. Es enthält die Ac_3- und die Ac_1-Temperatur als waagerechte Linien. Eingezeichnet sind ferner die Kurven für den Beginn der voreutektoiden Ferritausscheidung, für Beginn und Ende der Perlitumwandlung, für Beginn und Ende der Zwischenstufenumwandlung (Bainitbildung) sowie für die Martensitbildung. Die an den einzelnen Umwandlungskurven angegebenen Zahlen sind die prozentualen Anteile der bei der jeweiligen Unterkühlungstemperatur aus dem Austenit nach einer bestimmten Zeit entstandenen Gefügebestandteile. ZTU-Diagramme für isotherme Umwandlung sind nur auf Isothermen, d.h. auf Parallelen zur Zeitachse, zu „lesen". Danach enthält beispielsweise das Gefüge des betrachteten Stahles nach isothermer Umwandlung bei 600 °C 25 % Ferrit und 75 % Perlit.

Aussagen über die Gefügeausbildung bei unterschiedlichen Abkühlungsgeschwindigkeiten liefern die ZTU-Diagramme für kontinuierliche Abkühlung (Bild 5.28). Neben den Umwandlungskurven enthalten sie Abkühlungskurven, an denen die mit der jeweiligen Abkühlungsgeschwindigkeit erzielten Härtewerte verzeichnet sind.

5.6 Ungleichgewichtsdiagramme | 237

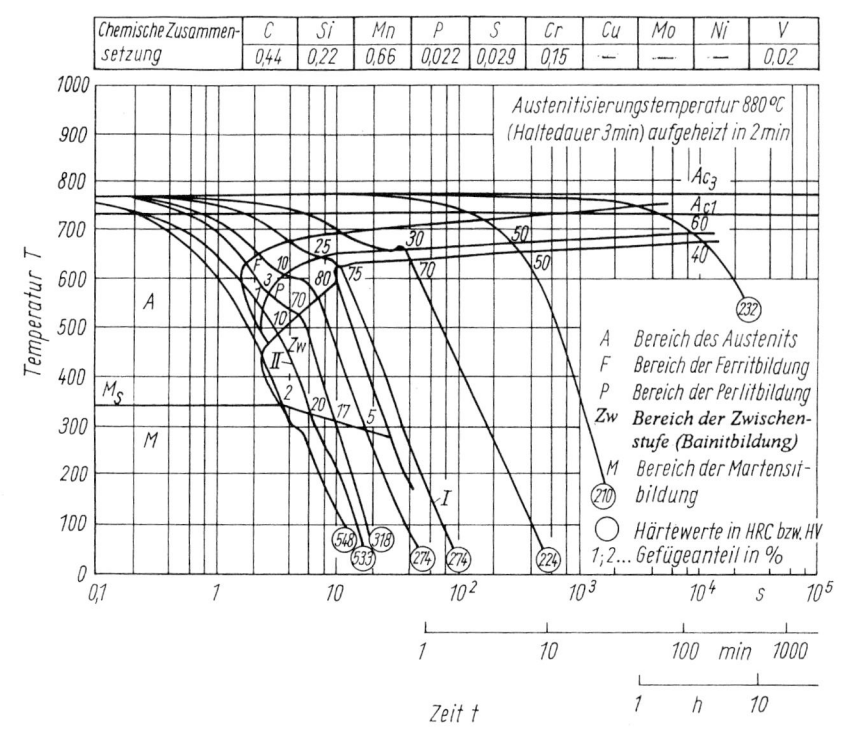

Chemische Zusammensetzung	C	Si	Mn	P	S	Cr	Cu	Mo	Ni	V
	0,44	0,22	0,66	0,022	0,029	0,15	—	—	—	0,02

Bild 5.28 ZTU-Diagramm für kontinuierliche Abkühlung eines unlegierten Stahls mit 0,44 Masse-% Kohlenstoff (nach [5.17])

Darüber hinaus geben die an den Schnittpunkten der Umwandlungskurven mit den Abkühlungskurven stehenden Zahlen die prozentualen Anteile der Gefügebestandteile, die im Verlaufe der Abkühlung entstanden sind, an. ZTU-Diagramme für kontinuierliche Abkühlung sind daher entlang den eingetragenen Abkühlungskurven zu „lesen". So enthält z. B. das nach der Abkühlungskurve I entstandene Gefüge 25% Ferrit und 75% Perlit, während das aus dem Abkühlungsverlauf II resultierende Gefüge aus etwa 1% Ferrit, 10% Perlit, 20% Bainit und der Rest aus Martensit besteht.

Die Lage und der Verlauf der Umwandlungskurven in ZTU-Diagrammen werden wesentlich von den im Stahl enthaltenen Legierungselementen beeinflusst. Unlegierte oder nur mit Nickel legierte Stähle lassen keine ausgeprägte Trennung zwischen der Umwandlung in die Perlitstufe und der Zwischenstufe erkennen. Dagegen weisen ZTU-Diagramme von Stählen, die ausgesprochene Carbidbildner enthalten, d. h. Legierungselemente mit einer größeren Affinität zu Kohlenstoff als Eisen, einen deutlichen Unterschied in der Lage beider Umwandlungsstufen auf: Die Umwandlung in der Perlitstufe wird zu höheren, die in der Zwischenstufe zu tieferen Temperaturen verschoben. Zwischen beiden Umwandlungsstufen tritt ein reaktionsträger Bereich auf.

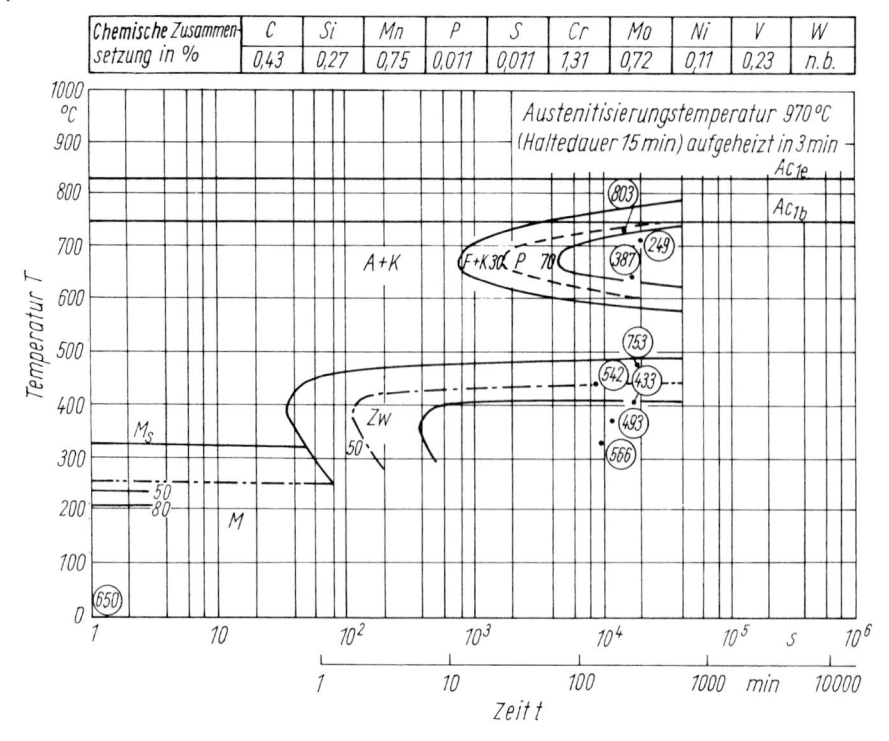

Chemische Zusammensetzung in %	C	Si	Mn	P	S	Cr	Mo	Ni	V	W
	0,43	0,27	0,75	0,011	0,011	1,31	0,72	0,11	0,23	n.b.

Bild 5.29 ZTU-Diagramm für isotherme Umwandlung eines mit Chrom, Molybdän und Vanadium legierten 0,43 Masse-% Kohlenstoff enthaltenden Stahles (nach [5.17]). K Carbide

Ferner ist festzustellen, dass die Umwandlungen in legierten Stählen erst nach längeren Zeiten einsetzen, d. h., dass die Anlauf- oder Inkubationszeiten, die ebenfalls diffusionsbedingt sind, durch die Legierungselemente, insbesondere für die Perlitstufe, verlängert werden. Ein Vergleich des ZTU-Diagrammes für den unlegierten, 0,44 Masse-% C enthaltenden Stahl (Bild 5.27) mit dem ZTU-Diagramm eines mit Chrom, Molybdän und Vanadium legierten Stahls gleichen Kohlenstoffgehalts (Bild 5.29) macht diese Wirkung der Legierungselemente besonders deutlich. Die Verschiebung des Umwandlungsbeginns kommt einer Verringerung der kritischen Abkühlungsgeschwindigkeiten v_o und v_u gleich. Während der unlegierte Stahl zur Erzielung eines martensitischen Gefüges in weniger als 1 s von Austenit- auf M_s-Temperatur abgekühlt werden muss, steht beim Cr–Mo–V-legierten Stahl hierfür ein Zeitraum von fast 40 s zur Verfügung. Das wirkt sich günstig auf die *Durchhärtbarkeit* der legierten Stähle aus und ist vor allem für das Härten und Vergüten von Bauteilen mit größerem Querschnitt von Bedeutung.

5.6.3
Zeit-Temperatur-Auflösungs-Diagramme

Das Zeit-Temperatur-Auflösungs-*(ZTA)*Diagramm ist das für die entgegengesetzte Richtung der Temperaturänderung dem ZTU-Diagramm analoge Schaubild. Es beschreibt die Auflösung bzw. die Umwandlung einzelner Phasen und Gefügebestandteile für unterschiedliche Aufheizungsgeschwindigkeiten bzw. Haltezeiten. Entsprechend den ZTU-Diagrammen können ZTA-Diagramme für kontinuierliche Erwärmung oder für isotherme Auflösung aufgestellt werden. In Bild 5.30 ist als Beispiel das ZTA-Diagramm für isotherme Auflösung eines Stahls mit 0,45 Masse-% C wiedergegeben. Es enthält Linien, oberhalb derer die jeweiligen Gefügebestandteile im Austenit umgewandelt oder im Austenit gelöst worden sind.

Vergleicht man die im ZTA-Diagramm dargestellten Verhältnisse mit denen des Gleichgewichtszustandes, wie sie das Eisen-Kohlenstoff-Diagramm (Bild 5.20) beschreibt, so ist festzustellen, dass bei der Erwärmung diejenigen Gefügebestandteile zuerst aufgelöst werden, die während der Gleichgewichtsumwandlung beim Abkühlen zuletzt entstehen. Im vorliegenden Fall ist das der Perlit. Die Perlitumwandlung setzt bei umso niedrigeren Temperaturen ein, je länger die Haltedauer ist. Für Inkubationszeiten von 10^2 s und mehr beginnt sie bei Temperaturen, die nur wenig über der Gleichgewichtstemperatur Ac_1 liegen. Die Inkubationszeiten werden verkürzt, wenn anstatt des perlitischen ein Bainit- oder Vergütungsgefüge als Ausgangsgefüge vorliegt.

Sobald die Perlitumwandlung – ohne völlige Auflösung des Zementits – abgeschlossen (gestrichelte Linie im ZTA-Diagramm) und auch der Übergang des Ferrits in den Austenit beendet ist (zweite voll ausgezogene Linie im ZTA-Diagramm), werden mit längeren Haltezeiten und höherer Austenitisierungstemperatur auch die restlichen Carbide im Austenit aufgelöst. Da der im Stahl enthaltene Kohlenstoff (vor allem bei legierten Stählen) zu einem erheblichen Teil in den Carbiden gebun-

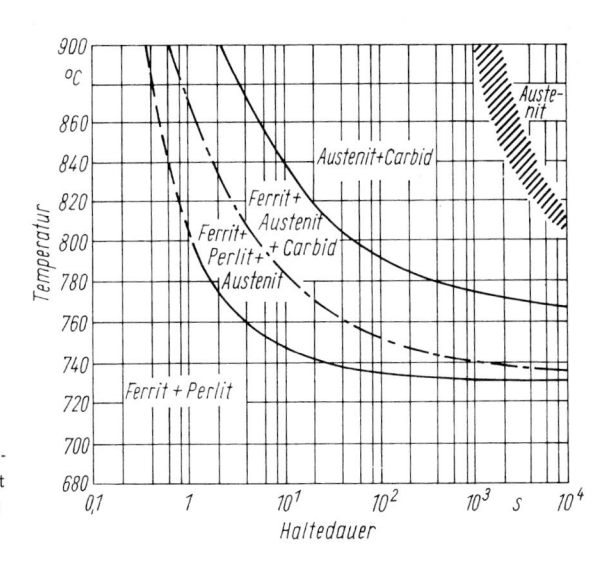

Bild 5.30 ZTA-Diagramm für isotherme Auflösung eines Stahles mit 0,45 Masse-% Kohlenstoff, Ausgangsgefüge Ferrit + Perlit (nach Y. Orlich, A. Rose und P. Wiest)

den ist, nimmt der Anteil des im Austenit gelösten Kohlenstoffs mit fortschreitender Carbidauflösung zu.

Die Möglichkeit einer quantitativen Aussage zu den Beziehungen zwischen der Haltedauer beim Glühen und dem Kohlenstoffgehalt des Austenits ist für die *Stahlhärtung* von erheblicher Bedeutung. Die erzielbaren Härtewerte steigen mit der Austenitisierungstemperatur bzw. der Austenitisierungszeit bis zu einem für den jeweiligen Stahl charakteristischen Höchstwert an. Darüber hinaus fallen die Härtewerte für Stähle mit ≳ 0,6 % C wieder ab, da beim Abschrecken nicht mehr der gesamte Austenit in Martensit umgewandelt wird, sondern ein Teil als *Restaustenit* im Abschreckgefüge verbleibt. Außerdem ist zu beachten, dass höhere Austenitisierungstemperaturen bzw. längere Haltezeiten auch ein merkliches Wachstum der Austenitkörner zur Folge haben. Daher werden in der Praxis neben dem in Bild 5.30 dargestellten ZTA-Diagramm für die Auflösung von Phasen und Gefügebestandteilen weitere ZTA-Teildiagramme, in denen die Veränderung der Abschreckhärte, der Austenitkorngröße oder der Beginn der Martensitbildung erfasst sind, herangezogen.

Die Bedeutung der ZTA-Diagramme besteht darin, dass ihnen Hinweise für die zum Härten optimalen Austenitisierungstemperaturen und Austenitisierungszeiten entnommen werden können. Insbesondere gilt dies für die *Oberflächenhärtung* durch Induktions- oder Flammenhärten (vgl. [5.9], [5.8]). Hier muss die Aufheizgeschwindigkeit so gewählt werden, dass einerseits ein stärkerer Wärmefluss in das Werkstückinnere unterbleibt, andererseits aber an der Oberfläche der zur Erzielung optimaler Härtewerte notwendige Austenitisierungszustand eingestellt wird.

5.6.4
ZTR-Diagramme bei Kopplung von Umwandlungs- und Umformvorgängen

Außer über die in den isothermen sowie den kontinuierlichen ZTU- und ZTA-Diagrammen zum Ausdruck gebrachten Möglichkeiten können Ungleichgewichtszustände auch durch die Kopplung von Umwandlungs- oder Ausscheidungsvorgängen mit Umformprozessen *(thermomechanische Behandlung)* eingestellt werden. Die Umformung kann dabei zeitlich vor, während oder nach der Phasenumwandlung erfolgen. Die Umformtemperaturen werden so gewählt, dass sie bevorzugt in der Nähe der Umwandlungstemperatur oder der Bereiche liegen, in denen instabile Gefügezustände existieren bzw. sich ausbilden.

Als Beispiel für die Wirkung unterschiedlicher Kombinationen von Umform- und Ausscheidungsprozessen ist im Bild 5.31 die Veränderung der Härte einer Kupfer-Titan-Legierung mit 3 Masse-% Ti in Abhängigkeit vom Umformgrad dargestellt. Die temperaturmäßige und zeitliche Lage des Umformvorganges im jeweiligen Ausscheidungsstadium ist in das im unteren Teil des Bildes 5.31 wiedergegebene Zeit-Temperatur-Reaktions-(ZTR-)Diagramm gestrichelt eingetragen. Es zeigt sich, dass größte Härten (und Festigkeiten) dann beobachtet werden, wenn die plastische Verformung (VI) bei der Aushärtungstemperatur (375 °C) erst kurz vor dem Ende des ersten Zerfallstadiums des Cu–Ti-Mischkristalls (Bildung einer einphasigen Entmischung β') einsetzt und bis in den Phasenbereich β'', d. h. bis zum Beginn der Entstehung einer tetragonal flächenzentrierten Zwischenphase, fortgeführt wird.

Bild 5.31 Einfluss plastischer Umformungen bei erhöhter Temperatur entsprechend den Eintragungen in das ZTR-Diagramm auf die Härte einer Kupfer-Titan-Legierung mit 3 Masse-% Ti (nach *A. Beger, E. Friedrich* und *W. Schatt*)
Die verschiedenen Verformungsbehandlungen sind gestrichelt in das ZTR-Diagramm eingezeichnet. β'' einphasige Entmischung von Ti-Atomen parallel den Würfelflächen der Cu-Matrix (s. a. Bild 4.10); β' tetragonal-flächenzentrierte Zwischenphase; β_{disk} diskontinuierlich ausgeschiedene Gleichgewichtsphase Cu_3Ti; β_{kont} kontinuierlich ausgeschiedene Gleichgewichtsphase (s. u. Bild 4.16)

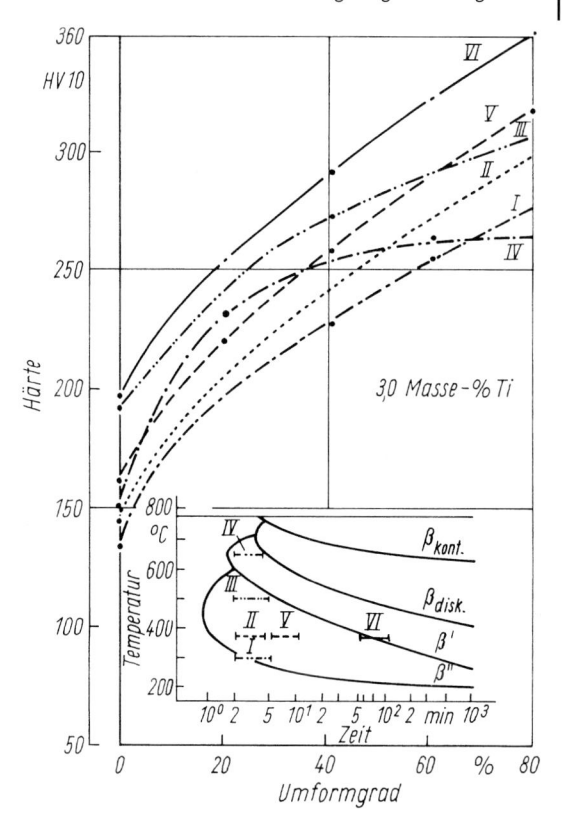

Des Weiteren können durch die Kombination von Umformprozessen mit Umwandlungs- und/oder Ausscheidungsvorgängen *(thermomechanische Behandlung)* besonders feinkörnige Ungleichgewichtsgefüge mit hoher Festigkeit und guter Verformbarkeit, insbesondere aber Zähigkeit eingestellt werden. Die durch die Umformung erzeugte Defektstruktur (hohe Versetzungsdichten und Leerstellenkonzentrationen, Versetzungsnetzwerke, Subkorn- bzw. Zwillingskorngrenzen) enthält zahlreiche Keime für die Phasenumwandlung und Ausscheidung, die die Ausbildung eines feinkörnigen Gefüges bedingen. Dabei wird in Hochtemperatur und Niedertemperatur thermomechanische Behandlung unterschieden.

Die *Hochtemperatur thermomechanische Behandlung* (HTMB) wird bei Umformtemperaturen über Ac_3, d. h. im Bereich des stabilen Austenits (vgl. Bild 5.32 a) vorgenommen. Es bildet sich bei niedriger Warmformendtemperatur durch die während der Umformung einsetzende Rekristallisation ein feinkörniges austenitisches Gefüge, was nach der Umwandlung zu feinen gleichmäßigen Gefügen führt. In Stählen, die ausscheidungsbildende Legierungselemente (Karbid-, Nitridbildner z. B. V, Ti, Nb) enthalten, erfolgt die Ausscheidung feiner Teilchen, wenn die Löslichkeitsgrenzen im Austenit unterschritten werden. Sie verzögern die Rekristallisation im Austenit, sodass bei der Umwandlung eine zusätzliche Kornfeinung eintritt. Erfolgt die Phasenumwandlung nach der Umformung im Zweiphasengebiet Austenit-

Ferrit (Kurve 1 in Bild 5.32a), so ist als umwandlungsfähiger Gefügebestandteil nur noch der Austenit vorhanden. Er kann bei hinreichend hoher Abkühlgeschwindigkeit in Martensit umwandeln. Im Ergebnis liegt dann ein Dualphasen-Stahl mit ferritisch-martensitischem Gefüge vor. Diese Art Temperaturführung und Gefügeausbildung wird bei niedrig gekohlten Stählen (C bis 0,1 %) für Warmband angewendet. Solche Stähle weisen bei guter Festigkeit eine wesentlich bessere Kaltumformbarkeit auf als Flacherzeugnisse aus unlegierten Baustählen. Der Ferrit sichert die gute Umformbarkeit, während die martensitischen Gefügebestandteile zur Festigkeitssteigerung beitragen.

Wird die Umwandlung des Austenits in der Ferrit-Perlit-Stufe durchgeführt (Kurve 2, Bild 5.32a), so ergibt sich ein im Vergleich zum normalgeglühten Zustand sehr feines Gefüge aus Ferrit und Perlit. Wird der Austenit nach der Umformung so stark unterkühlt, dass die Umwandlung in der Zwischenstufe (Bainitbildung) erfolgt, so ergibt sich aufgrund der unvollständigen Rekristallisation des Austenits und der beim Umklappvorgang entstehenden Defektstruktur ein gleichfalls feinkristallines Gefüge mit günstigen mechanischen Eigenschaften.

Eine Umwandlung in der Martensitstufe liefert ein feines Härtungsgefüge, insbesondere wenn aufgrund von Legierungselementen (Mo, V, Cr) das Gebiet des metastabilen Austenits hinreichend groß ist (Kurve 3, Bild 5.32a). Die hohe Anzahl an beweglichen Versetzungen und der mit der Umformung verbundene Spannungszustand erhöhen die Martensitbildungstemperatur.

Die *Niedertemperatur thermomechanische Behandlung* (NTMB) bezeichnet eine Umformung im Temperaturbereich des metastabilen Austenits, d.h. bei Temperaturen unter Ac_3 bzw. Ac_1, bevor die Phasenumwandlung einsetzt (Bild 5.32b). Da durch eine Rekristallisation die infolge der Umformung im metastabilen Austenit erzeugten Defektstrukturen (Versetzungsdichten, Versetzungsnetzwerke, Subkorngrenzen, Verformungszwillinge) abgebaut würden, muss vor der Phasenumwandlung eine Rekristallisation des Austenits vermieden werden. Es entstehen dann je nach der Lage der Umwandlungstemperatur sehr feinkörnige ferritisch-perlitische, bainiti-

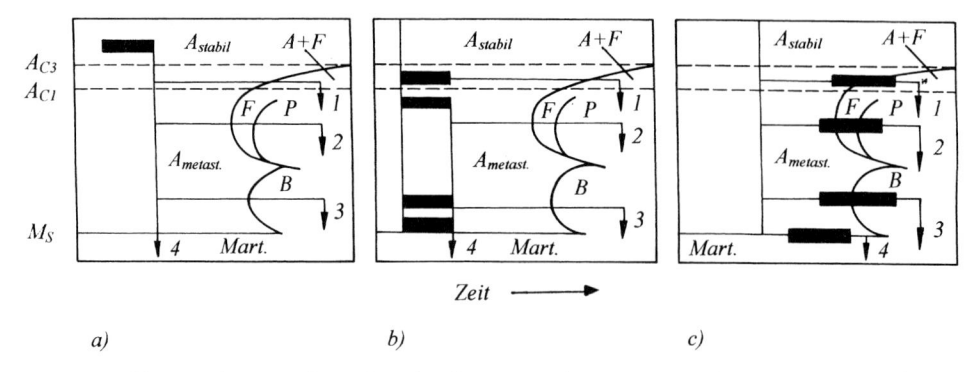

Bild 5.32 Thermomechanische Behandlung von Stahl eingetragen in das isotherme ZTU-Schaubild (A Austenit; P Perlit; B Bainit; Mart. Martensit). a) Umformung im stabilen Austenit, b) Umformung des metastabilen Austenits, c) Umformung während der Umwandlung (nach [5.21])

sche oder martensitische Gefüge mit hoher Festigkeit und guter Zähigkeit. Die Umformung kann jedoch auch während der Phasenumwandlung vorgenommen werden (Bild 5.32c). Die dabei auftretenden Gefügereaktionen hängen insbesondere von der Temperatur, dem Umformgrad und der Umformgeschwindigkeit ab. Je nach der Lage der Temperatur kann die Umformung erfolgen während der voreutektoidischen Austenit-Ferrit-Umwandlung (Kurve 1), während der Perlitumwandlung (Kurve 2), während der Bainitumwandlung (Kurve 3) oder während der Martensitumwandlung (Kurve 4). Bei der Umwandlung und Umformung in der Perlitstufe (Kurve 2, Bild 5.32c) entsteht z. B. anstelle des vom Normalglühen her bekannten lamellaren Perlits eine sehr feinkörnige ferritische Matrix, in die globulare Karbidteilchen in sehr feiner Verteilung eingelagert sind.

Die Umformung in der Martensitstufe wird bei metastabilen austenitischen Stählen vorgenommen, bei denen während der Umformung eine Verformungsmartensitbildung auftritt, da die Martensitbildungstemperatur M_s auf die Martensittemperatur bei Umformung M_d angehoben wird. Es entstehen dann z. B. austenitisch-martensitische Gefüge. Diese Stähle weisen eine gleichmäßige Verformbarkeit auf, da die infolge der Verformung auftretende Martensitbildung eine Verfestigung der verformten Bereiche liefert und somit die bisher nicht verfestigten Bereiche weiter verformt werden können. Solche Stähle werden auch als *TRIP-Stähle* (transformation-induced plasticity) bezeichnet.

Die thermomechanischen Behandlungen sind nicht auf Stähle beschränkt. Sie werden auch für Cu–Al-Legierungen oder Mo-Legierungen mit Ti-, Zr- oder Hf-Karbiden angewendet, wo bei Letzteren durch ein geeignetes Temperatur-Zeit-Regime in Verbindung mit der Umformung eine feine und gleichmäßige Karbidausscheidung erzielt wird.

Durch unterschiedliche Wechselwirkungen von Legierungsatomen und den durch die Umformung erzeugten Kristallbaufehlern (Abschn. 2.1.11) mit dem jeweiligen Umwandlungsmechanismus lassen sich die verschiedensten Gefüge und Substrukturen einstellen, mit denen vor allem Härte, Festigkeit und Zähigkeit der Werkstoffe in einem weiten Bereich verändert werden können (s. a. Abschn. 9.7.1).

Literaturhinweise

5.1 PAUFLER, P.: Phasendiagramme. Berlin: Akademie-Verlag 1981
5.2 WALSH, D. J.; HIGGINS, J. S., und MACONNACHIE, A.: Polymer Blends and Mixtures. Dortrecht/Boston/Lancaster: Martinus Nijhoff Publishers 1985
5.3 BENNETT, L. H.: Computer Modelling of Phase Diagrams. The Metallurgical Society Inc. Warrendale Pennsylvania 15086 1986
5.4 KAUFMANN, L., und BERNSTEIN, H.: Computer Calculation of Phase Diagrams. New York: Academic Press 1979
5.5 ALDINGER, F., und SEIFERT, H. J.: Konstitution als Schlüssel zur Werkstoffentwicklung. Z. Metallkd. 84 (1993) I, S. 2–10
5.6 SELMAG, H., und SCHOLZE, H.: Keramik. Berlin/Heidelberg/New York: Springer-Verlag 1982
5.7 PETZOLD, A.: Anorganisch-nichtmetallische Werkstoffe. Leipzig: Deutscher Verlag für Grundstoffindustrie 1986
5.8 ECKSTEIN, H. J. (Hrsg.): Technologie der Wärmebehandlung von Stahl. Leipzig: Deutscher Verlag für Grundstoffindustrie 1987
5.9 SCHATT, W., SIMMCHEN, E., ZOUHAR, G. (Hrsg.): Konstruktionswerkstoffe Stuttgart:

Deutscher Verlag für Grundstoffindustrie, 5. völlig neu bearbeitete Auflage von SCHALL, Werkstoffe des Maschinen-, Anlagen und Apparatebaues, 1998

5.10 PETZOW, G.; HENIG, E.-T.; KATTNER, U., und LUKAS, H. L.: Beitrag thermodynamischer Rechnung zur Konstitutionsforschung. Z. Metallkd. 75 (1984) 1, S. 3–10

5.11 SCHUMANN, H.: Metallographie. Leipzig: Deutscher Verlag für Grundstoffindustrie 1991

5.12 HUNGER, H.-J. (Hrsg.): Ausgewählte Untersuchungsverfahren in der Metallkunde. Leipzig: Deutscher Verlag für Grundstoffindustrie 1987

5.13 MEYER, U.: Neuzeitliche Umform- und Wärmebehandlungstechnologien zur Erzielung günstiger Eigenschaften. VDI-Berichte (1981) 428, S. 35–42

5.14 LEVINSKIJ, JU. V.: p-T-x-Diagrammy sostojanija dvuchkomponentnych sistem. Moskva: Metallurgija 1982

5.15 HANSEN, M.: Constitution of binary alloys. New York/Toronto/London: Mc Graw-Hill Book Company, Inc. 1958

5.16 HAASEN, P.: Physikalische Metallkunde. Berlin/Heidelberg/New York: Springer-Verlag 1994

5.17 ROSE, A., u. a.: Atlas zur Wärmebehandlung der Stähle, Bd. 1/2. Düsseldorf: Verlag Stahleisen 1961 und 1962

5.18 PRABHAKAR, S. R., and KAPOOR, M. L.: Thermodynamic Behaviour of Oxygen in Liquid Lead-Tin Alloys. Z. Metallkd. 84 (1993) 5, S. 358–364

5.19 IPSER, H., and KOMAREK, K. L.: Phase Diagrams: New Experimental Methods. Z. Metallkd. 75 (1984) 1, S. 11–22

5.20 PETZOW, G., und EFFENBERG, G. (Hrsg.): Ternary Alloys. Weinheim: Verlag Chemie 1992

5.21 Werkstoffkunde Stahl, Bd. 1: Grundlagen, Bd. 2: Anwendungen. Hrsg.: Verein Deutscher Eisenhüttenleute. Berlin/Heidelberg/New York/Tokio: Springer Verlag, Düsseldorf: Verlag Stahleisen 1984/1985

5.22 Binary alloy phase diagrams. ed.-in-chief: THADDEUS B. MASSALSKI. American Society for Metals. Metals Park, Ohio: ASM International 1990. 3 Bände

5.23 JUNGNICKEL, B.-J.: Polymer-Blends; Struktur – Eigenschaften – Verarbeitung. München/Wien: Carl Hanser Verlag 1990

5.24 LEVINSKIJ, J. B.: Druck-Temperatur – Konzentrations – Zustandsdiagrammme metallischer Zweistoffsysteme (russisch). – Moskau: Verlag „Metallurgija" 1990; Bd. I, II

6
Gefüge der Werkstoffe

Der Begriff *Gefüge* kennzeichnet die Beschaffenheit der Gesamtheit jener Teilvolumina eines Werkstoffs, von denen jedes hinsichtlich seiner Zusammensetzung und hinsichtlich der räumlichen Anordnung seiner Bausteine in Bezug auf ein in den Werkstoff gelegtes ortsfestes Achsenkreuz in erster Näherung homogen ist. In „erster Näherung" bedeutet, dass innerhalb der Teilvolumina (Gefügebestandteile) sowohl von der Zusammensetzung (z. B. cluster) als auch von der Struktur her (z. B. Einzelversetzungen) Abweichungen (Defekte) existieren, die jedoch gegenüber dem Gefügebestandteil in der Regel eine um Größenordnungen geringere Ausdehnung haben.

Das Gefüge ist durch die Art, Größe, Form, Verteilung und Orientierung der Gefügebestandteile charakterisiert. Die *Gefügebestandteile* (Kristallite bzw. Körner, amorphe Bereiche, Füllstoffe) sind durch Gefügegrenzen (Kristallitgrenzen, Korngrenzen, Phasengrenzen) voneinander getrennt. Die *Gefügegrenzen* können als „innere Oberfläche" des Werkstoffes angesehen werden. Sie sind physikalisch aber so beschaffen, dass ein fester Zusammenhalt und die Kompatibilität der Gefügebestandteile im Werkstoff gewahrt sind.

Das Wissensgebiet, das sich mit der qualitativen und quantitativen Beschreibung des Gefüges metallischer Werkstoffe mithilfe optischer Verfahren befasst, ist die Metallographie. Entsprechend spricht man bei keramischen Werkstoffen auch von Keramographie und bei Polymeren von Plastographie. Die Grundlage für das Verständnis der Entstehung wie auch für die Beschreibung der Gefügearten sind die Zustands- und die Zeit-Temperatur-Reaktions-Diagramme (Kap. 5).

6.1
Gefüge

Unter extremen Bedingungen gelingt es, die Erstarrung so zu lenken, dass ein einziger Kristall, ein *Einkristall* (Abschn. 3.1), entsteht. Er hat eine Subkornstruktur, in der die einzelnen, nur wenig gegeneinander desorientierten Subkörner durch *Kleinwinkelkorngrenzen* getrennt sind (Bild 6.1; Abschn. 2.1.11). Einkristalle werden vor allem in der Forschung, aber auch industriell, z. B. als Silicium- oder Germanium-Halbleiter, eingesetzt. Hinsichtlich der meisten ihrer Eigenschaften sind sie *aniso-*

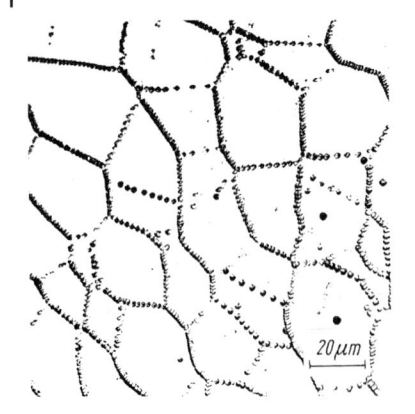

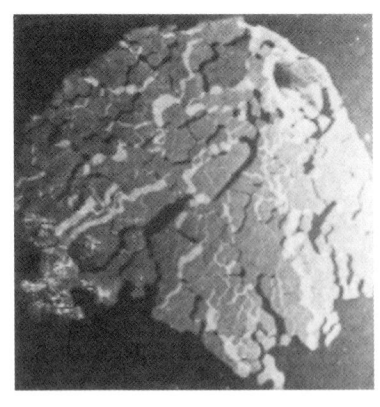

Bild 6.1 Kleinwinkelkorngrenzen von zonengereinigtem Molybdän (nach *P. Finke* und *D. Schulze*). rechts: Topographische Abbildung einer Ni-Einkristalloberfläche mittels Röntgenstrahlen (Berg-Barrett-Aufnahme). Die Kleinwinkelkorngrenzen erscheinen im rechten Teilbild als hellere und dunklere Säume

trop, d. h., die Größe des jeweiligen Eigenschaftswertes hängt von der kristallographischen Richtung, in der er ermittelt wird, ab.

Im Allgemeinen sind die metallischen und keramischen sowie kristallinen und teilkristallinen polymeren *Werkstoffe* jedoch *polykristallin*. Wegen der regellosen Verteilung der Orientierung der einzelnen Kristallite zeigt der vielkristalline Werkstoff ein mit abnehmender Kristallitgröße zunehmendes *quasiisotropes Verhalten*, d. h., seine Eigenschaften sind in allen Richtungen praktisch gleich. Sein Gefüge ist vor allem durch Großwinkelkorngrenzen charakterisiert (Abschn. 2.1.11). In einphasigen Werkstoffen sind dies *Korngrenzen* (Großwinkelkorngrenzen zwischen Kristalliten einer Phase) und Zwillingsgrenzen (Großwinkelkorngrenzen innerhalb von Kristalliten einer Phase) (Bild 6.2). In mehrphasigen Werkstoffen treten außerdem noch *Phasengrenzen* auf (s. Bild 5.1), die Kristallite verschiedener Phasen bzw. Kristallite und amorphe Bereiche gegeneinander abgrenzen. Die mechanischen Eigen-

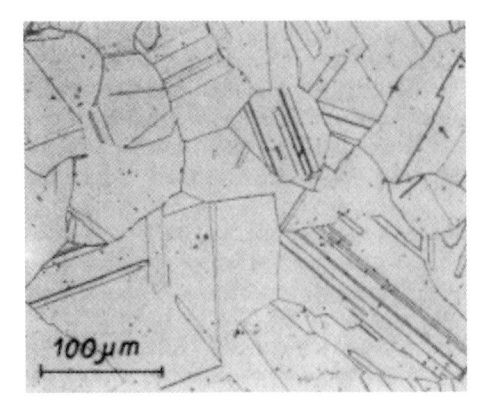

Bild 6.2 Gefüge von α-Messing. Die parallelen Linien innerhalb der Kristallite sind Zwillingsgrenzen

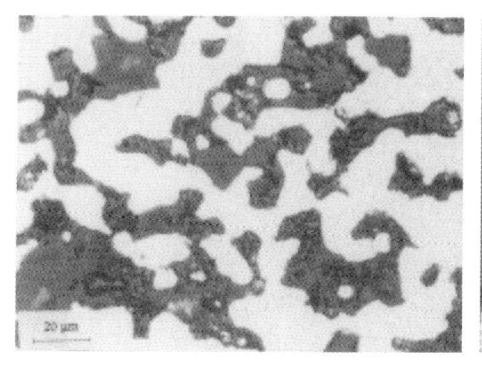

Bild 6.3 Gefüge von gesinterten Metall-Keramik-Verbundwerkstoffen. links: Al_2O_3–Cr-Verbundwerkstoff (Cr helle Phase); rechts: Gerichtet erstarrtes Eutektikum aus Al_2O_3–Cr_2O_3–Mkr (dunkel) und Cr (hell)

schaften der Vielkristalle werden stark von der Größe der spezifischen Kristallitoberfläche bzw. der amorphen Gefügeanteile beeinflusst.

Grenzen zwischen Phasen nahezu beliebiger Stoffgruppen (Metallen, Hartstoffen, Keramik, Glas, Polymeren) sind in Verbundwerkstoffen (s.a. Abschn. 9.7.4) anzutreffen (Bild 6.3). Ihre Eigenschaften sind in besonderer Weise von Anteil, Form und Verteilung der Phasen abhängig. In zahlreichen keramischen Werkstoffen kommen neben kristallinen auch amorphe (Glas-)Phasen in unterschiedlichen Mengenanteilen vor. Analoges gilt für teilkristalline Polymere, die zudem noch Füll- und Hilfsstoffe, soweit diese körnig sind und nicht in Lösung gehen, in ihrem Gefüge enthalten können.

Viele technische Werkstoffe enthalten Verunreinigungen, die sich bei der Abkühlung bevorzugt an den Großwinkelkorngrenzen ablagern oder als Einschlüsse ins Korninnere eingebaut werden (Bild 6.4). Sie bilden mit dem Grundwerkstoff gleichfalls Phasengrenzen. Bei grobem Korn, d.h. kleiner spezifischer Kristallitoberfläche, können die an den Grenzen gelegenen Verunreinigungen ein zusammenhängendes Netzwerk ausbilden, das sich ungünstig auf die Verarbeitbarkeit (Formgebung) aus-

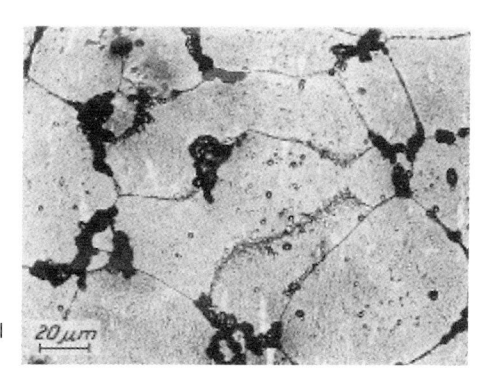

Bild 6.4 Gefüge von polykristallinem Nickel mit Sulfidausscheidungen

wirkt. Auch aus diesem Grunde strebt man in der Regel ein feinkörniges Gefüge an (höhere Festigkeit und Dehnung, keine Richtungsabhängigkeit der Eigenschaften, geringer Einfluss von Verunreinigungen).

In Sinterwerkstoffen findet man außer den genannten Gefügemerkmalen meist Poren vor, die ungewollt als Restporen bei nicht vollständiger Verdichtung zurückbleiben (Bild 6.5) oder, da sie wie in Sinterlagern und -filtern eine Funktion zu erfüllen haben, beabsichtigt sind. Es ist berechtigt, hier von einer *Porenphase* (Hohlraumphase) zu sprechen, da sich die Poren in mancherlei Hinsicht wie auch andere Phasen in heterogenen Festkörpern verhalten; sie lösen sich beispielsweise bei ausreichender thermischer Aktivierung (s. a. Abschn. 7.1.4.3) in der kristallinen Matrix durch Leerstellendiffusion auf.

Schließlich wird das Gefüge der polykristallinen Werkstoffe noch durch Grenzen, die innerhalb der Kristallite liegen, charakterisiert. Das sind die schon erwähnten *Kleinwinkelkorngrenzen* als flächige Anordnungen von Versetzungen und die *Antiphasengrenzen* in geordneten Mischkristallen (s. Abschn. 4.4).

Besteht der Werkstoff aus Kristallen oder Mischkristallen einer Art (einer Phase), dann ist sein *Gefüge homogen*. Entsprechend ist das *Gefüge heterogen*, wenn es mehrere Phasen enthält. Die Phasen heterogener Werkstoffe können Einlagerungs- oder Durchdringungsgefüge bilden. Bei etwa gleichen Volumenanteilen entstehen *Durchdringungsgefüge* (Bild 6.3 links). Ist eine der Phasen dagegen mit deutlich geringerem Volumen vertreten und in die Matrixphase dispers eingebettet (z. B. Bild 6.4), so liegt ein *Einlagerungsgefüge* vor. Sind die thermischen Ausdehnungskoeffizienten der Phasen merklich verschieden, dann entstehen während der Abkühlung thermisch induzierte Eigenspannungen (Abschn. 9.6), die je nach Elastizitätsgrenze der Phasen und der Festigkeit der Phasengrenze zum Aufschrumpfen einer Phase auf die andere (Festigkeitserhöhung) oder zur Rissbildung in der Phasengrenze (Festigkeitserniedrigung) führen können.

Hinsichtlich des Zeitpunktes seiner Entstehung im Verlaufe des Herstellungs- und Verarbeitungsganges wird zwischen Primär- und Sekundärgefüge unterschieden. Als *Primärgefüge* bezeichnet man das sich beim Erstarren der Schmelze in Ab-

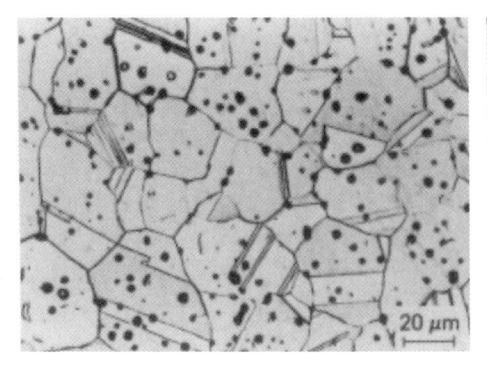

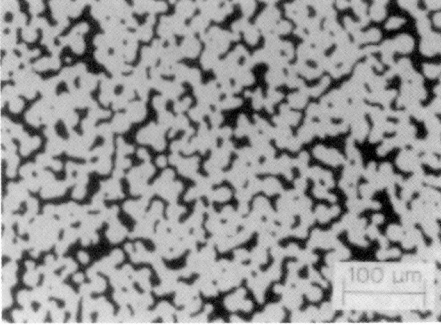

Bild 6.5 Gefüge von Sinterwerkstoffen. Links: Sinterkupfer; rechts: hochporöser Sinterkörper einer Schüttung aus Cr–Ni-Stahlpulver

Bild 6.6 Gefüge einer nanokristallinen FeAl8-Legierung – Transmissionselektronenmikroskopische Aufnahme (da mehrere Nanokristallite in der Durchstrahlungsrichtung liegen, kommt es zu Kontrastüberlagerungen infolge Elektronenbeugung an den einzelnen Kristallen)

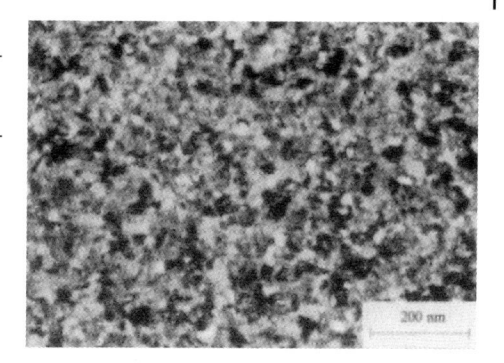

hängigkeit von den Abkühlungs- und Keimbildungsbedingungen einstellende (s. Abschn. 3.1.1.1) und als *Sekundärgefüge* das sich im Verlaufe nachfolgender Verformungs- und Wärmebehandlungen ausbildende Gefüge.

Enthält ein Gefüge größere Inhomogenitäten wie Blockseigerungen oder Gasblasen, die schon mit dem unbewaffneten Auge oder der Lupe erkennbar sind, spricht man vom *Makrogefüge*. Der Begriff *Mikrogefüge* wird hingegen verwendet, wenn die Gefügebestandteile nur mit optischen Geräten höheren Auflösungsvermögens sichtbar gemacht werden können. Eine relativ eigenständige Position nehmen die von H. Gleiter entwickelten Materialien mit nanokristallinem Gefügeaufbau ein. Ihre Kristallitgrößen betragen bis zu einigen 10^1 nm (Bild 6.6 und 2.95), sodass der Anteil an Korngrenzenzonen je nach Kristallitgröße am Gesamtvolumen bis zu 50% ausmachen kann. Die Defektkonzentration ist in diesen Werkstoffen demzufolge drastisch erhöht und bedeutet eine insgesamt offenere Struktur (Abschn. 2.1.11.3.4). Die Energie der inneren Oberflächen nähert sich der Größe der Volumenenergie des kristallinen Körpers, weshalb sich z. B. die mechanischen, magnetischen oder Korrosions-Eigenschaften derartiger Werkstoffe z.T. erheblich von denen der konventionell hergestellten unterscheiden. *Nanostrukturierte Werkstoffe* sind nur mithilfe spezieller Technologien herstellbar. Für dünne Schichten im Nanometerbereich eignen sich u.a. das Magnettronsputtern oder die Laserablation. In beiden Verfahren werden im Ultrahochvakuum Metallatome verdampft und anschließend auf einer Substratoberfläche abgeschieden. Mikrometerdicke Folien lassen sich mithilfe der Schnellerstarrung ($\geq 10^6$ K s^{-1}) über eine zunächst amorphe Struktur und nachfolgender Wärmebehandlung (Kristallisation) erzeugen. Kompakte Werkstoffe werden in der Mehrzahl der Fälle auf pulvermetallurgischem Weg hergestellt, wobei nanokristalline Pulver unmittelbar verpresst werden oder der nanokristalline Zustand erst über eine Hochenergiemahlung der Pulverteilchen eingestellt wird (s.a. Abschn. 4.5).

6.2
Oberfläche

Soll das Gefüge einer Beobachtung zugänglich gemacht werden, so muss in der Mehrzahl der Fälle nach sinnvoller Auswahl eines dem Untersuchungsziel entsprechenden Probestückes eine ebene Fläche angearbeitet und diese geätzt werden.

Eine solche Fläche heißt *Schlifffläche* und der in ihr einem einzelnen Kristalliten zukommende Bereich *Kornschnittfläche*. Die Gefügeentwicklung durch Ätzen ist meist ein – wenn auch gewollter – Korrosionsvorgang, im Verlaufe dessen die jeweiligen Gefügebestandteile unter der Bildung von Korrosionselementen (s. Abschn. 8.1.4) unterschiedlich abgetragen oder mit einer verschieden dicken bzw. optisch aktiven Reaktionsschicht bedeckt werden. Zum tieferen Verständnis der Selektivität des Ätzangriffes (aber auch von Korrosions- und Sintervorgängen) erscheint es angebracht, die Oberfläche zunächst einer allgemeineren Betrachtung zu unterziehen.

Die Oberfläche nimmt insofern eine Sonderstellung ein, als sich an ihr alle Eigenschaften des Körpers unstetig ändern. Die zu ihrer Vergrößerung aufzuwendende freie Energie wird als Oberflächenenergie γ_A bzw. im Kontakt mit einer anderen Phase als Grenzflächenenergie γ_{AB} bezeichnet. Die auf die Flächeneinheit bezogene spezifische Oberflächenenergie ist mit der Oberflächenspannung, einem bevorzugt bei Flüssigkeiten angewendeten Ausdruck, identisch. Die Atome, Ionen und Moleküle der Oberfläche sind in Abweichung von den im Innern untergebrachten Bausteinen nicht allseitig durch Bindungen zu benachbarten Bausteinen abgesättigt. Ihre erhöhte potenzielle Energie bedingt einen Energieüberschuss, sodass γ_A bzw. γ_{AB} auch als die mit einer Vergrößerung der Ober- bzw. Grenzfläche ΔO verbundene Änderung des Energieüberschusses (freien Energieanteiles) ΔF definiert werden kann:

$$\gamma = \Delta F / \Delta O \tag{6.1}$$

Daraus folgt, dass die Oberflächenenergie eines kristallinen Körpers anisotrop ist. Sie ist umso kleiner, je größer die Oberflächenkoordinationszahl, d.h. die Belegungsdichte der Oberfläche mit Bausteinen ist. Beispielsweise beträgt sie für die (111)-Fläche des Wolframs $6690 \cdot 10^{-3}$, für die (100)-Fläche $6430 \cdot 10^{-3}$ und für die (110)-Fläche $5510 \cdot 10^{-3}$ J m^{-2}. Die Tendenz, Reaktionen einzugehen, durch die die Oberflächenenergie erniedrigt wird, nimmt mit der Oberflächenenergie zu, hängt also von der kristallographischen Orientierung der Oberfläche ab.

Beim Idealkristall sind nur „einfache" dicht gepackte Flächen wie die (110) bei krz oder die (111) bei kfz Kristallen atomar glatt. Höher indizierte Flächen *(Vizinalflächen)* weisen atomare Stufen (Bild 6.7) und Ecken auf, die aus „einfachen" Flächen aufgebaut sind. Die in den Stufen und Ecken untergebrachten Bausteine sind mit einer geringeren Energie als die in einer Fläche oder im Kristallinneren gebunden (s.a. Abschn. 3.1.1). Während beispielsweise ein in einer (111)-Oberfläche eines kfz Kristalls gelegenes Atom von 9 nächsten Nachbarn umgeben ist, hat das in einer Stufe dieser Fläche untergebrachte 7 und das am Stufenbeginn, der Ecke, 6 nächste Nachbarn und ist gegenüber einem Atom im Gitterinneren (KZ = 12) nur noch mit

Bild 6.7 Schematische Darstellung einer „einfachen", dicht gepackten Ebene und der Stufenstruktur verschieden orientierter, höher indizierter Kristallflächen, die aus „einfachen" Flächen gebildet wird (nach W. Kossel)

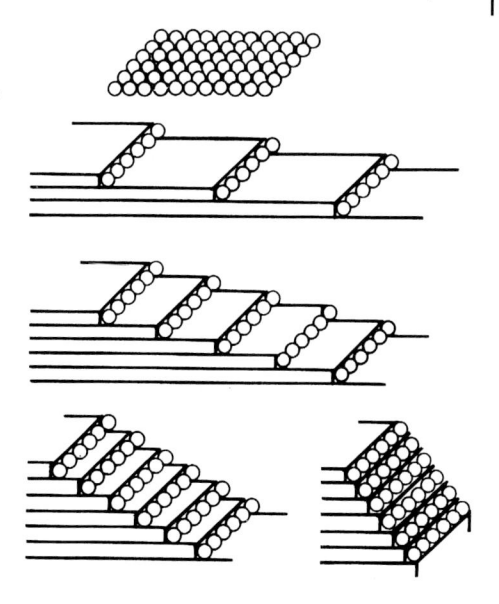

der halben Gitterenergie an das Kristallgebäude gebunden (Halbkristall-Lage; Bild 6.4). Ist $T > 0$, wird durch Fluktuation von Oberflächenbausteinen das atomare Relief weiter aufgeraut (Bild 6.8), bis sich im Gleichgewicht eine quasistationäre Oberflächenstruktur ausbildet, wobei Ecken und Stufen weiter entstehen und verschwinden, die mittlere Charakteristik der Oberfläche aber erhalten bleibt.

Ebenso wie beim Kristallaufbau (s. Abschn. 3.1) nehmen auch bei den Vorgängen, die zu einer Verminderung der Oberflächenenergie führen, die energetisch begünstigten Eckatome eine besondere Stellung ein: Der Abbau bei Lösungsvorgängen wie auch die Anlagerung anderer Partikeln bei der Adsorption erfolgen bevorzugt an den Halbkristall-Lagen (s. a. Abschn. 8.1.4). Deshalb ist die Neigung, solche Reaktionen einzugehen, bei einer höher indizierten Kornschnittfläche größer als bei einer niedrig indizierten; sie verhält sich unedler. Haben beide eine gemeinsame Korngrenze, wie im vielkristallinen Werkstoff, so erscheint diese nach einem Lösungsvorgang (Bild 6.17) infolge des zwischen den Kornschnittflächen entstandenen Niveauunterschiedes als Kante *(Korngrenzenätzung)* bzw. ist die Dicke der Schicht beiderseits der Korngrenze verschieden *(Ätzanlassen, Farbätzen)*, wenn eine Reaktionsschicht gebildet wird.

Wie bereits deutlich wurde, ist der Zustand minimaler Größe einer willkürlichen Kristalloberfläche nicht gleichbedeutend mit dem eines Minimums an Oberflächenenergie. Da die Bausteine des festen Körpers nicht in der Weise wie in einer Flüssigkeit beweglich sind, wird deshalb, sobald geeignete Bedingungen vorliegen, die kristallographisch zufällig orientierte Oberfläche durch Verdampfungs-, Lösungs- oder Diffusionsvorgänge so verändert, dass ihre integrale Oberflächenenergie abnimmt, wenngleich sich damit auch die Oberfläche geometrisch vergrößert. Es bildet sich ein Oberflächenrelief aus Terrassen *(Kornflächenätzung;* Bilder 6.9a, b, c und 6.19) oder Furchen *(Korngrenzenätzung* bei hohen Temperaturen im Vakuum; Bild 6.9c),

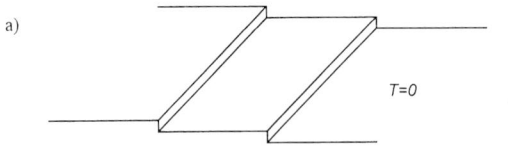

Bild 6.8 Schematische Darstellung der Stufenstruktur von Kristalloberflächen: a) bei $T = 0$, b) bei $T > 0$ (nach Ja. E. Geguzin) und c) Realbeispiel: Rastertunnelmikroskopische Aufnahme einer (111)-Goldoberfläche (nach D. M. Kolb)

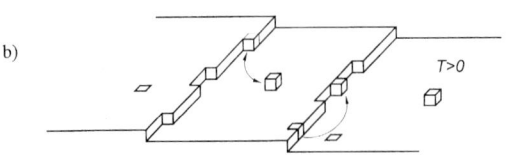

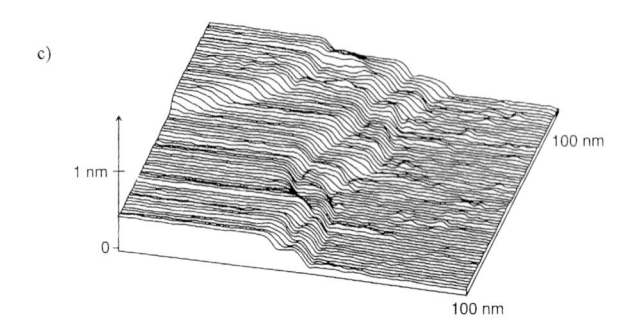

das aus mikroskopisch kleinen Flächenelementen niedrigerer Oberflächenspannung zusammengesetzt ist. Auch das in Bruchflächen nichtduktiler Kristalle häufig zu beobachtende stufenförmige Relief besteht aus Flächen *(Spaltflächen)* niedrigerer Oberflächenspannung (Bild 6.9 d). (Die Untersuchung von Bruchflächen ist Gegenstand der *Mikrofraktographie*).

Gleichfalls unter dem Streben nach Verminderung der Oberflächenenergie können Bausteine aus angrenzenden Phasen an der Kristalloberfläche adsorbiert werden. Das kann im Kontakt mit Gasen oder Flüssigkeiten bis zur Bildung von Reaktionsschichten, wie bei der Korrosion, beim *Ätzanlassen* oder *Farbätzen*, oder auch über die Anlagerung fester Phasen zu Agglomerations- und Sintervorgängen führen. Technisch weniger bedeutsame Vorgänge, durch die die Oberflächenenergie erniedrigt werden kann, sind Umgruppierungen von Bausteinen, die sich bis etwa 100 Netzebenen tief in einer Vergrößerung der Gitterabstände (etwa bis 5 %) bemerkbar machen, oder Lagenverschiebungen von Oberflächenionen als Folge der Polarisation und gegenseitigen Abschirmung.

Die reale Oberfläche beherbergt zahlreiche Defekte, die zusätzlich ihre freie Energie und Reaktionsfähigkeit beeinflussen. Von ihnen sind hier vor allem die Versetzungen, die aus ihnen aufgebauten Kleinwinkelkorngrenzen, Großwinkelkorngrenzen und Verunreinigungsatome zu nennen. Schraubenversetzungen und Versetzungen, die senkrecht zur Oberfläche eine Schraubenkomponente haben, bedingen weitere Stufen und Halbkristall-Lagen (Bild 3.5). Verunreinigungsatome in Versetzungen

a) b)

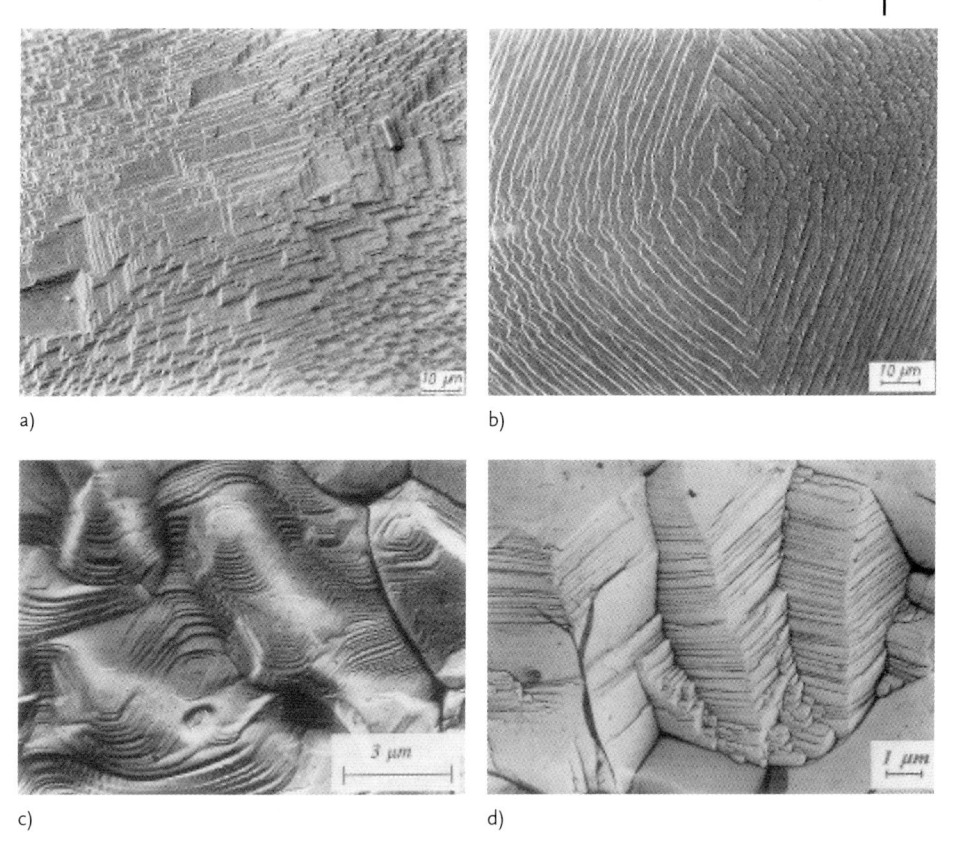

c) d)

Bild 6.9 Terrassenstruktur verschiedener Oberflächen. a) Umgebung des (001)-Pols einer Cu-Einkristallkugel; geätzt in einer 20%igen $(NH_4)_2S_2O_8$-Lösung. Die Terrassenstruktur ist aus {111}-Flächenelementen aufgebaut. b) Umgebung des (011)-Pols einer Cu-Einkristallkugel; sonst wie in a). c) Terrassen- und Furchenbildung an der Porenwand von Sintertonerde im Verlaufe des Sinterns (nach *W. Schatt* und *D. Schulze*). d) Bruchflächen von Sintertonerde (nach *W. Schatt* und *D. Schulze*)

und Korngrenzen verändern deren elektrochemisches Potenzial und begünstigen über die Bildung von Lokalelementen die selektive Löslichkeit (*Versetzungsätzung* Bild 6.21; *Korngrenzenätzung* Bild 6.16). Adsorbierte Partikeln können, insbesondere bei „offeneren" Strukturen, in eine Oberflächenschicht, deren Dicke wesentlich mehr als einen Netzebenenabstand beträgt, eingebaut werden. Bei mehrphasigen Werkstoffen besteht die Oberfläche aus einer Vielzahl von kleinen Bereichen (Kornschnittflächen) mit unterschiedlicher Zusammensetzung und Struktur, deren elektrochemisches Potenzial und damit auch Neigung zu Reaktionen unterschiedlich ist. Edlere werden z. B. bei Lösungsvorgängen weniger angegriffen als unedlere (Reliefbildung).

Die Oberflächen technischer Werkstoffe liegen meist im bearbeiteten Zustand vor. Vor allem durch mechanische Bearbeitungsverfahren wie Sägen, Drehen, Fräsen oder Schneiden (Abtrennen einer Schliffprobe) sowie Schleifen und Polieren (Herstellen einer Schlifffläche) wird die physikalische und chemische Beschaffenheit der Oberflächenzone weiter verändert und differenziert. In Abhängigkeit vom Verfahren, von der Härte des Materials und von der Größe der zwischen Werkstoff und Werkzeug bestehenden Reibung entsteht eine mehr oder minder dicke *Bearbeitungsschicht* (Beilbyschicht), die deformiert und deren Oberfläche aufgeraut ist (Bild 6.10). Sie unterscheidet sich vom Werkstoffinneren durch eine erhöhte Versetzungsdichte (Bild 6.11) und Eigenspannungen sowie durch vom Bearbeitungswerkzeug oder der Atmosphäre aufgenommene Verunreinigungen. Als Folge der bei der Bearbeitung auftretenden Reibungswärme können z. B. Oberflächen von Eisenwerkstoffen Stickstoff aufnehmen, entkohlen, oxidieren, rekristallisieren oder Phasenumwandlungen im festen Zustand erleiden. Die Möglichkeit dieser Vorgänge ist bei der Schliffherstellung zu berücksichtigen, wenn nicht ein gegenüber dem Zustand im Werkstoffinneren verfälschtes Gefügebild entstehen soll.

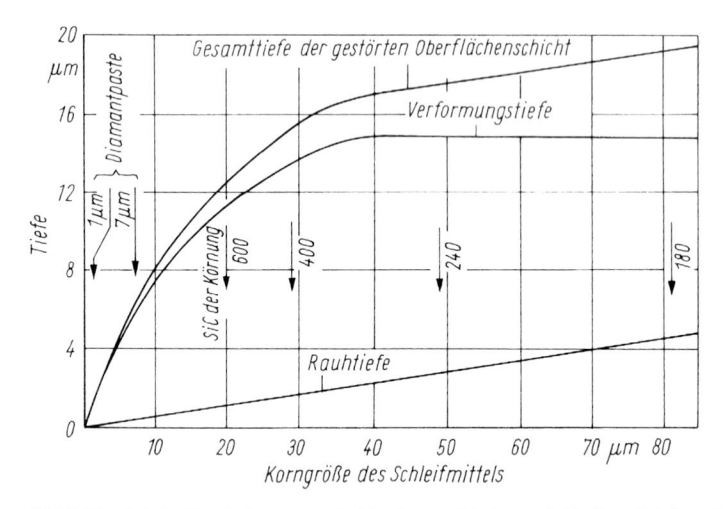

Bild 6.10 Bei der Bearbeitung von Stahl mit verschiedenen Schleif- und Poliermitteln beobachtete Rau- und Verformungstiefe (nach [6.8])

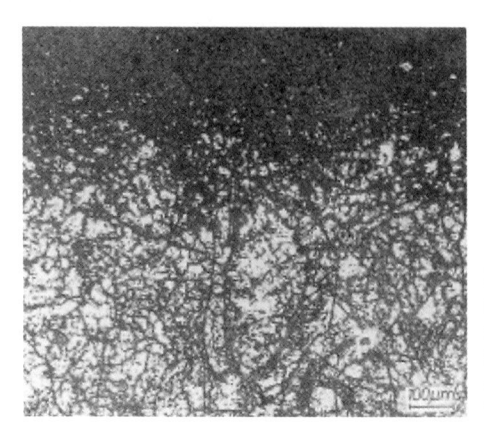

Bild 6.11 Durch eine erhöhte Versetzungsdichte charakterisierte Bearbeitungsschicht an einem Cu-Einkristall (Querschliff), versetzungsgeätzt mit einer halogenidhaltigen Lösung (dunkle Bereiche sind die mit erhöhter Versetzungsdichte)

Bei unsachgemäßem Schleifen und Polieren duktiler Werkstoffe wird je nach der Schnittkraft des einwirkenden Schleif- und Poliermittels die Rauigkeit der Oberfläche nicht nur durch Abspanen, sondern auch durch plastisches Fließen abgebaut, indem Material von den Spitzen in die Riefen des Rauigkeitsprofils hinein „gequetscht" wird. Diese hochverformten Oberflächenanteile werden, da sie elektrochemisch unedler als die nicht so stark deformierte Umgebung sind, bei der Auflösung (Ätzung) der Schlifffläche bevorzugt herausgelöst, sodass die Schleif- und Polierkratzer wieder sichtbar werden.

Auch sehr sorgfältig bearbeitete Oberflächen, vor allem spröder Werkstoffe, weisen neben einer Rauigkeit oft Mikrorisse auf, die beim Ätzen aufgeweitet werden und zu falschen Rückschlüssen hinsichtlich des Gefüges führen können.

Die „saubere" und „glatte" *Werkstoffoberfläche* weist also in Abhängigkeit von ihrer Entstehung eine sich über Größenordnungen erstreckende Rauigkeit sowie physikalisch und chemisch unterschiedlich beschaffene Gebiete auf. Ihre physikalische und chemische Heterogenität ermöglicht es aber andererseits, das Gefüge durch Ätzen in der für eine mikroskopische Untersuchung erforderlichen Weise zu entwickeln, d. h. ein gefügespezifisches Relief zu erzeugen, dessen Elemente das einfallende Licht unterschiedlich reflektieren.

6.3
Herstellung der Schlifffläche

Der optischen Betrachtung des Gefüges geht das Anarbeiten einer Schlifffläche voraus. Die mechanisch (Trennen, Sägen, Schneiden, Drehen, Abschlagen), elektroerosiv (Blech-, Drahtelektrode) oder elektrochemisch (Säuresäge, Säurefräse, Säurestrahl) abgetrennte Probe wird ohne Vorkehrungen oder bei kleineren Proben, nachdem diese in einer Klammer oder einer geeigneten Einbettmasse gehalten worden sind, durch Schleifen und Polieren so weit abgearbeitet, bis die Schlifffläche glänzt *(Mikroschliff)*. Bei der Untersuchung des Makrogefüges *(Makroschliff)* genügt oft nur Schleifen.

Werkstoffe, die lichtdurchlässig sind oder im Durchstrahlungs-(Transmissions-) Elektronenmikroskop betrachtet werden sollen, werden in Form dünner Plättchen oder Folien untersucht. Es wird ein *Dünnschliff* bzw. eine abgedünnte Probe angefertigt, wobei der Schleif- und Poliervorgang bzw. die chemische oder elektrochemische Abdünnung so weit getrieben werden, bis die Probe für eine Durchstrahlbetrachtung geeignet ist.

Das Schleifen wird im Allgemeinen auf mit Schmirgelpapieren bestückten Schleifmaschinen durchgeführt. Man geht schrittweise zu immer feineren Schmirgelkörnungen über. Es wird in jeder Bearbeitungsstufe so lange geschliffen, bis die in der vorhergehenden erzeugten Schleifriefen nicht mehr zu sehen sind. Vorrangig bei heterogenen Gefügen, deren Gefügebestandteile sich deutlich in ihrer Härte unterscheiden, empfiehlt sich nach dem Schleifen ein Schleifläppen. Bei diesem Verfahren wird als Scheibe ein Gusswerkstoff verwendet, auf dessen Oberfläche das Schleifkorn teils lose (rollend) und teils fest verankert ist. Das rollende Korn ermöglicht einen sanfteren Abtrag und führt insgesamt zu randscharfen Schliffflächen mit einer vergleichbar geringeren Bearbeitungsschichtdicke.

Durch Polieren wird die Schlifffläche weiter eingeebnet. Als Poliermittel für nahezu alle Werkstoffgruppen hat sich Diamant trotz seines vergleichbar höheren Preises eine führende Position in den Metallographielabors erobert. Die Ursache hierfür ist in den herausragenden Schneideigenschaften des Diamantkornes zu suchen. Die Bearbeitungsschichtdicken und auch die Polierzeiten sind deutlich geringer im Vergleich zu anderen Verfahren. Unverzichtbar ist es für solche Werkstoffe, die sich durch hohe Härte auszeichnen – wie Carbide, Silicide, Nitride, Boride und Oxide oder ihre Kombination mit Metallen (Cermets). Aber auch für extrem weiche Werkstoffe, die in starkem Maße zur Ausbildung einer Bearbeitungsschicht neigen, wird Diamantpulver wegen seiner hohen Schnittkraft verwendet. Es wird entweder mit einem Bindemittel zu einem festen Schleifwerkzeug gebunden oder mit einem entsprechenden Stoff zu Paste verarbeitet und nach Korngruppen gesondert eingesetzt. Schließlich findet es auch in Form von Sprays und Suspensionen Verwendung. Sie werden auf spezielle Poliertücher, die aus einer oberflächlichen Wirk- und einer darunter befindlichen Sperrschicht bestehen, aufgetragen. Die Sperrschicht soll das Einarbeiten des Diamantkornes in das Tuch verhindern. Die Eigenschaften der Wirkschicht haben einen maßgeblichen Einfluss auf das Polierergebnis. Für harte Werkstoffe werden wenig nachgiebige Materialien mit hoher und für weiche Werkstoffe nachgiebige mit niedriger Stoßelastizität verwendet.

Nach wie vor ist Tonerde (Al_2O_3) in wässriger Suspension, die je nach Härte des Werkstoffs in verschiedenen Korngrößen auf Wolltuch, Seide oder Samt aufgegeben wird, für viele Zwecke ein geeignetes Poliermittel. Nur sehr weiche Werkstoffe werden abschließend von Hand poliert. Ansonsten geschieht das Polieren maschinell. Beim Schleifen und Polieren muss darauf geachtet werden, dass die Schlifffläche nicht durch zu starkes Andrücken stärker verformt und erwärmt wird oder nicht probeneigener Abschliff bzw. Schleif- und Poliermittelkörner in die Schlifffläche eingedrückt oder auch bestimmte Gefügebestandteile (nichtmetallische Einflüsse, Graphit) aus der metallischen Matrix herausgerissen werden.

Um die Schleif- und Polierarbeit zu erleichtern, vor allem aber, um eine bearbeitungsschichtfreie bzw. -arme Schlifffläche zu erhalten, werden auch andere Verfahren zur Einebnung der Oberfläche herangezogen. Insbesondere für weichere Werkstoffe und auch für Polymerverbundwerkstoffe und Klebverbunde [6.9] lässt sich das *Mikrotom* mit Vorteil einsetzen (Tab. 6.1). Mithilfe einer Hartmetall- bzw. einer Diamantschneide werden dünne Schichten von der Oberfläche abgetragen. Das Eindringen von Schleifkörner in die Probe wird vermieden. Es findet keine tiefer greifende Kaltverformung statt. Materialfehler, wie z. B. Mikroporen, werden klar freigelegt. In vielen Fällen kann sogleich geätzt werden. Anderenfalls ist ein Nachpolieren erforderlich.

Bearbeitungsschichtarme Oberflächen werden auch beim *Vibrationsverfahren* erhalten, das die Handarbeit bei der Schliffherstellung reduziert und bis zu etwa einem Dutzend Proben gleichzeitig zu bearbeiten gestattet. Das Verfahren ist für das Schleifen, vornehmlich aber doch für das Polieren anwendbar. Ein mit einem Poliertuch bespannter und über schräg stehende Blattfedern mit einer Grundplatte

Tab. 6.1 Fertigungszeiten zur Herstellung von Schliffen nach verschiedenen Präparationsvorgaben (nach E. Paller)

Werkstoff	HB	Zeit für			Gesamt-zeit	Zeit für	Polieren	Ätzen	Gesamt-zeit
		Schleifen	Polieren	Ätzen		Mikrotom-schneiden			
		min	min	min	min	min	min	min	min
Blei	5,6	30	180	0,2	210,2	1,5	25	0,2	26,7
Zinn	10,3	26	40	2,0	68,0	3,3	30	0,2	33,5
Blei-Antimon (95 Ma.-% Pb)	2,5	15	15	0,2	30,2	3,2	15	0,2	18,4
Blei-Antimon (70 Ma.-% Pb)	14,5	15	30	0,2	45,2	2,3	30	0,1	32,3
Blei-Antimon (30 Ma.-% Pb)	24,6	26	60	0,3	86,3	2,3	20	0,1	22,4
Zink	32	27	90	0,1	117,1	5,2	5	0,03	10,2
Aluminium-Leg. (AlMgSi)	34	26	60	0,3	86,3	2,2	15	0,3	17,5
Magnesium	36	21	60	0,3	81,3	4,3	60	0,3	64,6
Aluminium-Bronze (AlBz5)	59	16	77	0,8	93,8	10,3	30	0,3	40,6
Antimon	61	16	20	0,8	36,8	5,2	30	0,8	36,0
Kupfer	76	36	60	0,3	96,3	2,2	20	0,05	22,3
Bronze (GBz10)	80	16	20	0,5	26,5	4,3	20	0,2	24,5
Weicheisen	90	12	15	0,7	27,7	8,0	15	0,6	23,6
Aluminium-Leg. (AlMg9)	111	21	60	0,1	81,1	6,3	60	0,1	66,4
Aluminium-Leg. (GAlSi13)	125	16	25	0,6	41,6	10,2	9	0,5	19,7
Messing (Ms58)	142	16	15	0,5	31,5	7,3	7	0,1	14,4
Stahl (0,23 Ma.-% C)	146	13	10	0,5	23,5	14,6	20	0,5	35,1
Stahl (0,44 Ma.-% C)	182	15	15	0,5	30,5	15,0	15	0,5	30,5
Stahl (0,62 Ma.-% C)	256	16	10	0,5	26,5	15,0	30	0,5	45,5
Stahl (1,01 Ma.-% C)	260	32	15	0,5	47,5	11,3	30	0,4	41,7

fest verbundener Teller wird von einem mit Wechselstrom gespeisten Elektromagneten mit der Frequenz des Stromes (nach unten) angezogen und von den Federn wieder (nach oben) in die Ausgangsstellung gedrückt. Wegen der Neigung der Federn ist die Auf- und Abbewegung mit einer Drehung des Tellers in der Tellerebene verbunden. Der schnellen Abwärtsbewegung vermag die aufgelegte Probe nicht sofort zu folgen. Sie fällt wenig später, aber auf eine andere als die ursprünglich innegehabte Stelle, da sich der Teller während der Abwärtsbewegung gedreht hat. Der bei der folgenden Aufwärtsbewegung vom Teller in entgegengesetzter Richtung ausgeführten Drehung vermag die Probe aufgrund ihrer Trägheit nicht ganz zu folgen.

Sie gleitet auf der Polierunterlage, bis sie durch die Reibung angehalten wird. Die Wiederholung dieser kleinen Gleitschritte ist der Poliervorgang. Nachdem dieses Verfahren wegen vergleichbar längerer Polierdauer in den Metallographielaboratorien kaum noch angewendet wurde, hat es sich heute für das Polieren von porigen Werkstoffen sowie für ausgezeichnete Endpolituren als unverzichtbar erwiesen.

Für elektrisch leitende Werkstoffe werden zum Polieren auch elektrochemische Vorgänge genutzt. Geschieht dies mit äußerer Stromzufuhr, spricht man vom *elektrolytischen Polieren*. Der Vorteil des Verfahrens liegt vor allem in der Zeitersparnis. Außerdem entstehen keine verformten Oberflächenschichten. Die Polierwirkung ist optimal, wenn die in Lösung gehenden Metallionen mit anderen Bestandteilen des Elektrolyten (Anionen, Lösungsmittelmolekülen) reagieren und eine hochviskose Flüssigkeitsschicht, die sich in das Rauigkeitsrelief der Schlifffläche legt, bilden können. Somit ist über dicken Schichtbereichen die An- und Abdiffusion von Ladungsträgern erschwert, zudem ist der ohmsche Widerstand größer als über dünnen Bereichen. Insgesamt führt dies zu vergleichbar höheren Abtragungsgeschwindigkeiten an Erhebungen des Oberflächenreliefs und schließlich zur Glättung der gesamten Oberfläche. Begünstigt wird die Ausbildung derartiger Flüssigkeitsschichten durch die Abwesenheit von Wasser, da dann größervolumige Teilchen entstehen (Bild 6.12, Kurve 4), die den Auflösungsvorgang in der Regel diffusions- bzw. reaktionskontrolliert ablaufen lassen. Das ist auch der Grund dafür, dass das elektrolytische Polieren in der Mehrzahl der Fälle von der Elektrolyttemperatur und -bewegung abhängig ist. In wasserhaltigen Elektrolyten formiert sich dagegen bei Potenzialen $U \gtrsim U_1$ über schrittweise Reaktionen von Metall und Wasser eine dichte Passivschicht/Oxidschicht (s. a. Abschn. 8.1.3), die den Durchtritt von Ladungsträgern nahezu unterbricht, sodass kein Poliereffekt mehr auftritt (Bild 6.12, Kurve 1). Dazwischen, bei geringeren Wasseranteilen, existieren Übergangsformen (Kurven 2, 3) einer Schichtbildung, die die Einebnung der Oberfläche mehr oder weniger hemmen.

Das elektrolytische Polieren von ausgeprägt elektrochemisch heterogenen und grobkörnigen Legierungen bereitet gewisse Schwierigkeiten, da die unedlere Phase sich mit relativ hohen Stromdichten auflöst, während die edlere Phase nicht oder nur wenig abgetragen wird. Für solche Legierungen, wie auch als Endbearbeitung für Schliffflächen, die mit dem Mikrotom überschnitten wurden, hat sich das *Elektrowischpolieren*, eine Kombination von elektrolytischem und mechanischem Polieren, bewährt. Eine korrosionsbeständige, langsam rotierende und mit einem Polier-

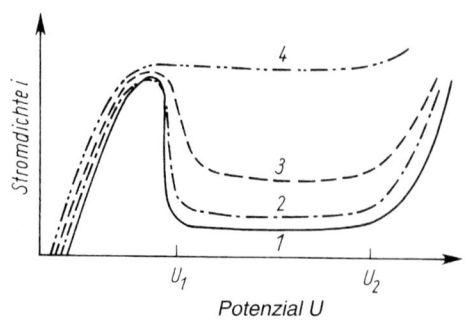

Bild 6.12 Schematische Stromdichte-Potenzial-Kurve für passivierbare Metalle in Elektrolyten mit unterschiedlichem Wassergehalt. Wassergehalt nimmt von 1 nach 3 ab, 4 wasserfreier Elektrolyt (nach *K. Schwabe* und *W. Schmidt*). Der Polierbereich liegt zwischen den Potenzialen U_1 und U_2 und ist mit dem Auftreten eines Grenzstromes verbunden. $U < U_1$ ist der Bereich der aktiven Metallauflösung.

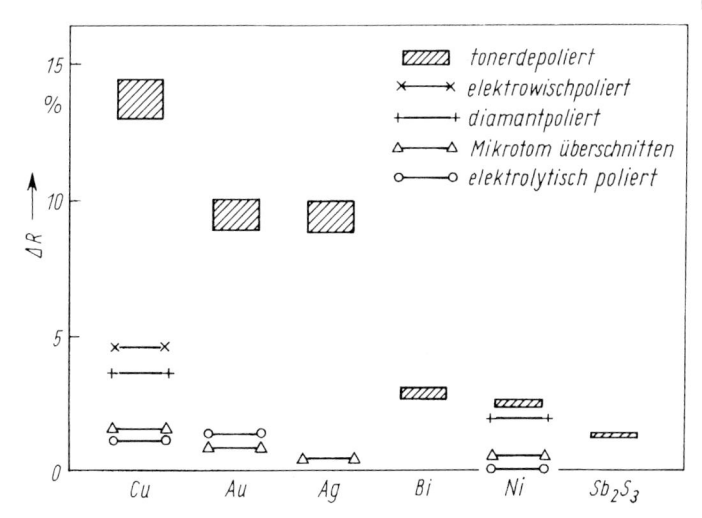

Bild 6.13 Oberflächenqualität von verschiedenen, mit unterschiedlichen Methoden bearbeiteten Materialien (nach [6.8], [6.9]). Die mittlere Abweichung des Reflexionsvermögens ΔR ist auf das Reflexionsvermögen einer frischen Spaltfläche ($\Delta R = 0$) bezogen.

tuch bespannte Scheibe wird als Katode, die zu polierende Probe als Anode geschaltet. Als Poliermittel wird ein Elektrolyt verwendet, dem zur Verstärkung des Abtrages noch Poliertonerde zugegeben werden kann.

Eine Kombination des elektrolytischen Angriffs mit mechanischem Abtrag wird auch in Form von so genannten Endpolituren angewendet. Als Poliermittel hat sich dabei in einer Reihe von Fällen SiO_2 als geeignet erwiesen. Als Elektronennehmer für den elektrolytischen Teilprozess erhalten diese Suspensionen oftmals H_2O_2.

Der Wirkungsgrad der einzelnen Einebnungsmethoden ist unterschiedlich und vom Werkstoff abhängig (Bild 6.13). Bei ausgesprochen duktilen Werkstoffen werden die besten Oberflächenqualitäten durch Mikrotomschneiden mit Diamantmessern und elektrolytisches Polieren erzielt. Spröde Materialien dagegen lassen sich durch Polieren mit Tonerde recht befriedigend glätten [6.8].

6.4
Entwicklung des Gefüges

An das Schleifen und Polieren schließt sich in den meisten Fällen die Gefügeentwicklung an, der chemische und elektrochemische, also Korrosionsvorgänge oder auch Vorgänge physikalischer Natur zugrunde liegen. Nur in relativ wenigen Fällen sind bereits am ungeätzten Schliff bestimmte Gefügeeinzelheiten aufgrund der Eigenfarbe der Gefügebestandteile zu erkennen. So z. B. beim Beton (Bilder 6.14 und 6.15) und anderen Verbundwerkstoffen (Bild 6.3) oder bei metallischen Werkstoffen nach dem Reliefpolieren die Korngrenzen, beim Grauguss der Graphit oder die Poren in Sinterwerkstoffen (Bild 6.5).

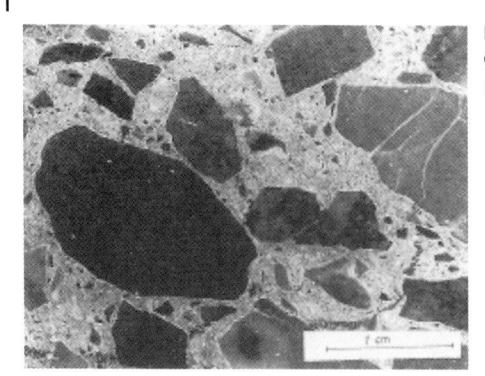

Bild 6.14 Gefüge von Agglomeratbeton; Grobzuschlagkörner in einer Mörtelmatrix (nach [6.10])

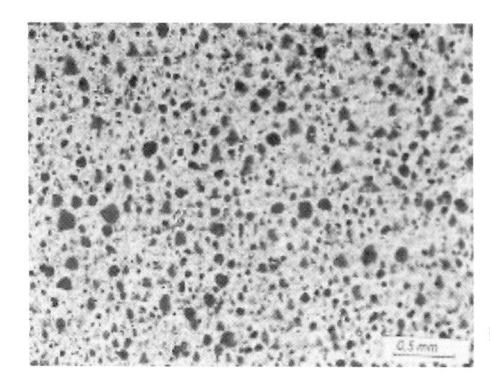

Bild 6.15 Gefüge eines Gassilicatbetons (nach [6.10])

6.4.1
Ätzen in Lösungen

Das am häufigsten angewendete Verfahren ist das Ätzen in Lösungen. Je nach der Art des Werkstoffes und des für seine Ätzung geeigneten Elektrolyten stellen die dabei ablaufenden Vorgänge eine Säure- oder Sauerstoffkorrosion bzw. eine Korrosion unter Reduktion eines geeigneten Oxidationsmittels (s. Abschn. 8.1.2) dar. Die Ätzlösungen, in denen die Gefügeentwicklung unter Sauerstoffreduktion verläuft, sind universeller und deshalb besonders häufig im Gebrauch. So löst z. B. die vielfach anwendbare HNO_3-Lösung Kupfer und Silber nicht aufgrund ihrer sauren Eigenschaften, sondern allein wegen des hohen positiven Redoxpotenzials. In manchen Fällen wird die Ätzung durch eine Komplexbildung verstärkt bzw. bei Edelmetallen z.T. überhaupt erst möglich (vgl. Bild 8.13).

Wirkt das Ätzmittel so, dass vorzugsweise die Korngrenzenzone angegriffen wird, so spricht man von einer *Korngrenzenätzung*. Senkrecht einfallendes Licht wird an den freigelegten Furchen diffus reflektiert (Bild 6.16a), sodass sie als dunkle Linien erscheinen (Bild 6.16b). Ursachen für die selektive Löslichkeit im Korngrenzenbereich sind

Bild 6.16 a) Schematische Darstellung der Korngrenzenätzung durch Furchenbildung; b) Realbeispiel: Korngrenzenätzung mit Furchenbildung am Stahl X8CrNi19.8

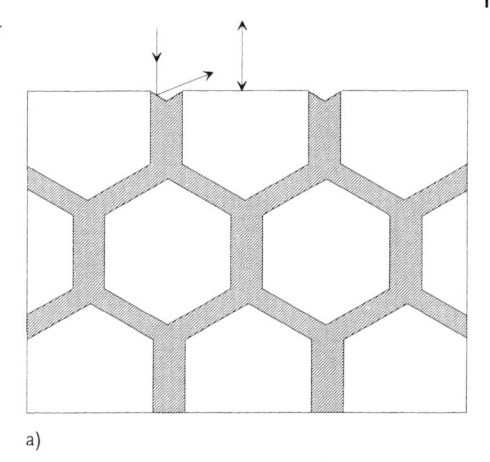

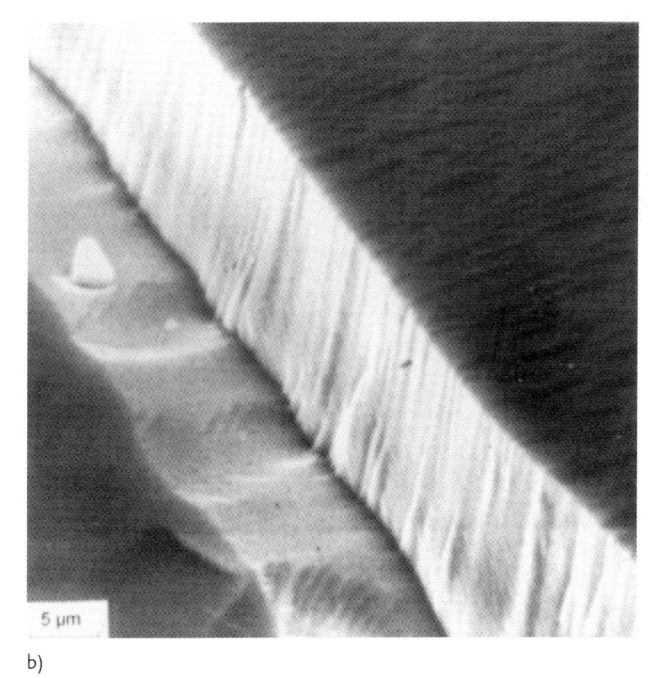

a)

b)

- Verunreinigungen in der Korngrenzenzone, die unedler oder edler als die Kornsubstanz sind, sodass sich ein Korrosionselement ausbildet,
- stark gestörte Strukturbereiche der Korngrenze, die verstärkt angegriffen werden oder die Ionen aus der Lösung bevorzugt adsorbieren, wodurch die Reaktionsgeschwindigkeit an diesen Stellen erhöht wird.

Eine Korngrenzenätzung liegt auch dann vor, wenn Kornschnittflächen unterschiedlicher Orientierung, Kristallstruktur oder Zusammensetzung mit verschiedener Ge-

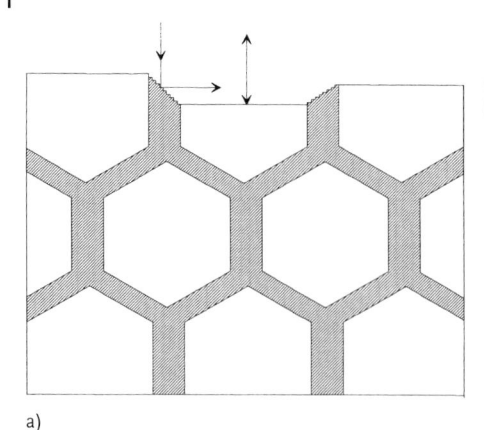

Bild 6.17 a) Schematische Darstellung der Korngrenzenätzung durch Abhangbildung; b) Realbeispiel: Korngrenzenätzung mit Abhangbildung an Eisen

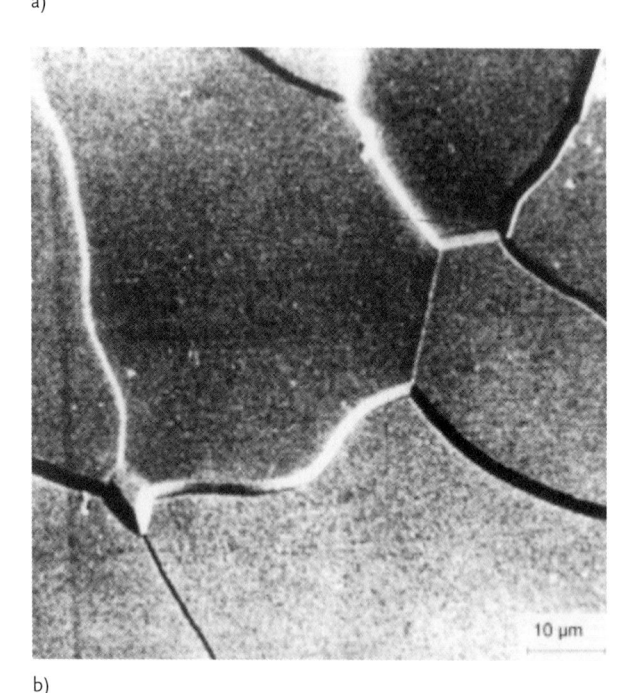

a)

b)

schwindigkeit abgetragen werden. An dem dabei zwischen benachbarten Kristalliten in der Korngrenzenzone entstehenden Abhang (Bild 6.17a) wird das senkrecht einfallende Licht gleichfalls diffus reflektiert. Die Korngrenzen erscheinen als dunkle Linien (Bild 6.17b).

Andere Ätzmittel wirken so, dass die Kornschnittfläche kristallographisch definiert (Bild 6.18a) oder auch unregelmäßig angegriffen wird (Bild 6.18b). Je nach der Richtung und dem Grad des Angriffs reflektiert die Kornschnittfläche unterschiedlich (dislozierte Reflexion; Bild 6.19), sodass sie in verschiedenen Hell-Dunkel-Tönen im Mikroskop sichtbar werden. Man spricht dann von einer *Kornflächenätzung*

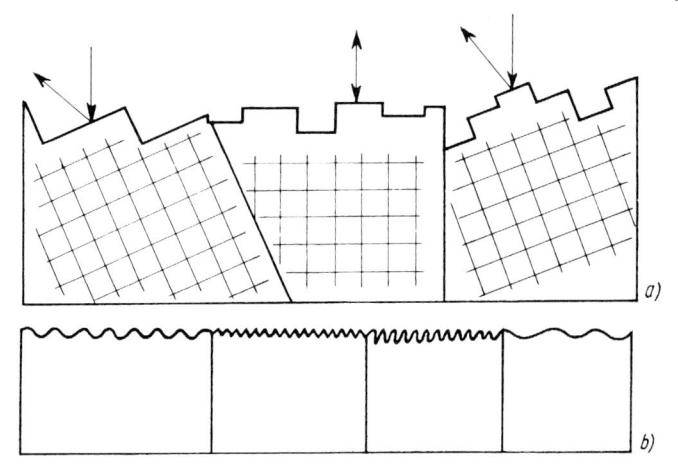

Bild 6.18 Schematische Darstellung der Kornflächenätzung: a) bei definiertem Angriff (dislozierte Reflexion); b) bei unregelmäßigem Angriff

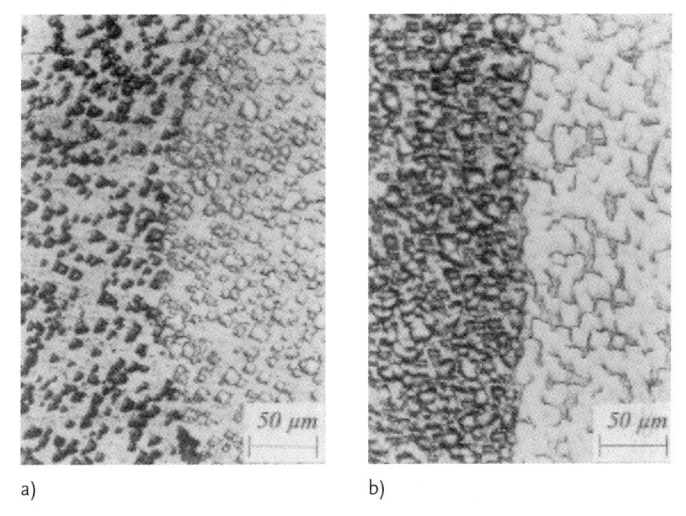

a) b)

Bild 6.19 Definierter Angriff an verschieden orientierten Al-Kornschnittflächen: a) Anfangsstadium; b) fortgeschrittenes Stadium

(Bild 6.20). Auch die Ätzmethoden, bei denen auf den Kornschnittflächen unterschiedlich dicke Reaktionsschichten gebildet werden, die infolge Interferenz von Korn zu Korn verschiedene Farbtöne annehmen, sind im weiteren Sinne Kornflächenätzverfahren. Hierzu zählt auch das *Ätzanlassen*, bei dem die Probe bei erhöhter Temperatur dem Luftsauerstoff ausgesetzt wird, sodass eine dünne Oxidschicht entsteht, oder das *Aufdampfen* von *Interferenzschichten* stark lichtbrechender Substanzen wie TiO_2, ZnS, $ZnSe$, CdS u. a.

Bild 6.20 Kornflächenätzung an Eisen mit 0,1% Kohlenstoff

In besonderem Maße selektiv wirken die Lösungen für das Anätzen von Versetzungen *(Versetzungsätzung)*. Der Angriff erfolgt lokal an den Durchstoßpunkten der Versetzungen. Diese dürfen als submikroskopisch kleine, konkav gekrümmte Stellen der Oberfläche angesehen werden, an denen – dem Wachstum einer konvexen Kristalloberfläche (Bild 3.6) kinematisch reziprok – der Abtrag erfolgt. Es werden – bei nicht zu rascher Auflösung – diejenigen Ebenen freigelegt, deren Normale der Richtung minimaler Lösungsgeschwindigkeit parallel geht, sodass Ätzgrübchen entstehen, deren Wände bestimmten kristallographischen Flächen entsprechen (Bild 6.21). Bei höheren Auflösungsgeschwindigkeiten verliert sich die geometrische Form der Ätzfiguren, und es bilden sich Grübchen undefinierter Gestalt.

Dekorierte Versetzungen, d.h. solche mit Fremdatomgehalten, werden über die Bildung von Lokalelementen angeätzt. Bei sauberen Versetzungen ist die Versetzungsätzung dann gegeben, wenn es gelingt, die Potenzialdifferenz zwischen der Durchstoßstelle der Versetzung (Anode) und der umgebenden versetzungsfreien Oberfläche (Katode) zu spreizen. Konkrete Wege dazu sind

– Dekoration der Versetzungen aus der Ätzlösung,
– Komplexbildungen in der Ätzlösung, wodurch der Vorgang der anodischen Auflösung zu negativeren Potenzialen verschoben wird (Bild 6.22),
– Bildung einer Passivschicht auf der Oberfläche, bei der sich die unmittelbare Umgebung der Versetzung weiter aktiv auflöst,
– Erniedrigung des pH-Wertes an den anodischen Stellen der Oberfläche (Versetzung) über die Erhöhung der Auflösungsgeschwindigkeit.

Bei Realisierung der genannten Faktoren ist es möglich, die sonst nur für niedrigindizierte Kornschnittflächen geeignete Versetzungsätzung auf beliebig orientierte Kornschnittflächen auszudehnen und dem Netz der Großwinkelkorngrenzen das der Kleinwinkelkorngrenzen zu überlagern.

Geometrisch gut ausgebildete Ätzgrübchen können auch, da ihre Wände kristallographische Flächen und die von diesen auf der Schlifffläche gebildeten Vielecke *(Ätzfiguren)* Schnitte mit dem Grundkörper der Ätzflächenform sind, zur Indizierung der Kornschnittfläche herangezogen werden.

6.4 Entwicklung des Gefüges | 265

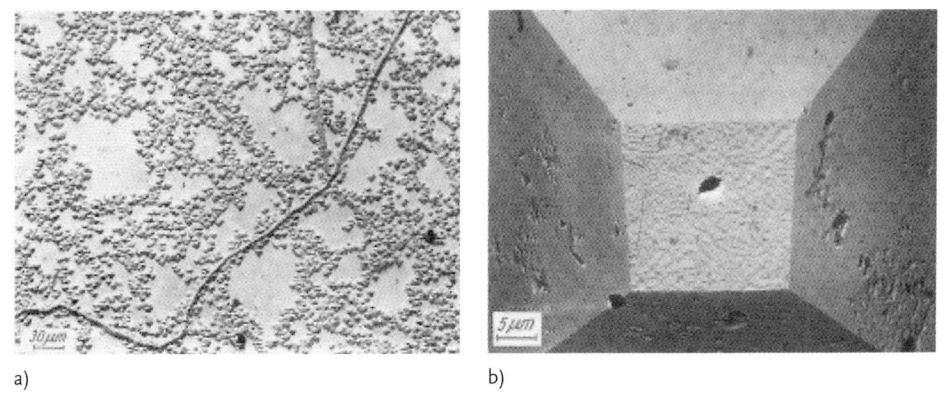

a)   b)

Bild 6.21   Versetzungsätzung an einer (100)-Fläche von Nickel. a) Übersicht; b) einzelne Ätzgrube

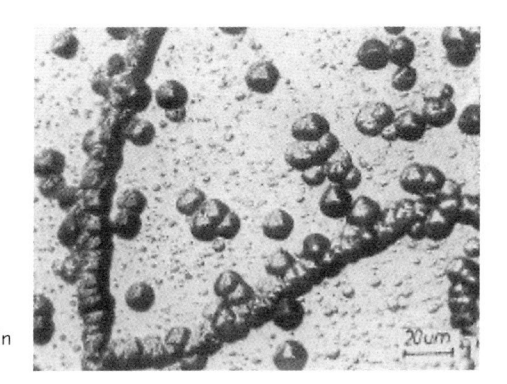

Bild 6.22   (712)-Fläche eines Cu-Einkristalls, potenziostatisch versetzungsgeätzt in 1 normaler H_2SO_4 + 0,5 molarer KCN

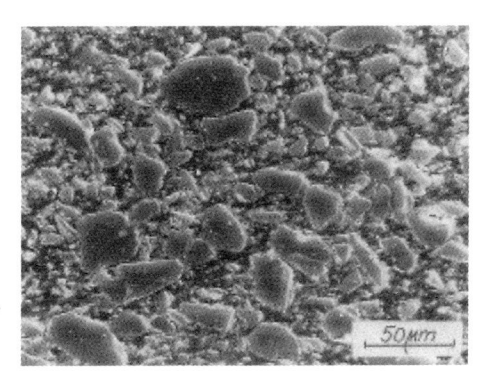

Bild 6.23   Gefüge eines Formteiles aus Phenolformaldehydharz mit Holzmehl (dunkler Bereich) als Füllstoff

Bei Polymeren werden Ätzverfahren nur dann angewendet, wenn die Füllstoffe in der polymeren Grundmasse sichtbar gemacht werden sollen. Dabei werden in der Mehrzahl der Fälle Thermoplaste herausgelöst und Elastomere und Duromere abgebaut. Die Füllstoffpartikeln werden nicht angegriffen (Bild 6.23). Um sie von der Grundmasse besser unterscheiden zu können, werden sie manchmal auch angefärbt. Die kristallinen Bereiche können durch Ätzen nicht kenntlich gemacht werden, wohl aber bei der Betrachtung im polarisierten Licht (Bild 6.30).

6.4.2
Gefügeentwicklung bei hohen Temperaturen

Für die Ausbildung eines gefügespezifischen Oberflächenreliefs kommen im Hochtemperaturbereich *(thermisches Ätzen)* im Wesentlichen drei Erscheinungen in Betracht: die Furchenbildung an Korngrenzen und bei heterogenen Gefügen außerdem noch unterschiedliche thermische Ausdehnungskoeffizienten sowie verschiedene spezifische Volumina der gefügebildenden Phasen. Sie alle eignen sich für eine direkte Beobachtung des Gefüges und seiner Veränderungen im Hochtemperaturmikroskop, zu dem außer dem optischen Teil eine Heizkammer gehört, die die Probe aufnimmt und eine genaue Temperaturmessung gestattet sowie hochevakuiert oder mit Schutzgas betrieben werden kann. Die indirekte, d. h. nachträgliche Beurteilung des Hochtemperaturgefüges ist dagegen allein anhand der Furchenbildung möglich, da nur sie bei der Abkühlung auf Raumtemperatur erhalten bleibt. Als Beispiel hierfür ist in Bild 6.24 das Gefüge einer durch Heißpressen hergestellten Sintertonerde wiedergegeben.

Ab Temperaturen $T \approx 0{,}5\ T_s$ wandern durch Oberflächendiffusion Bausteine aus der Korngrenzenzone ab. Im Streben, die integrale Oberflächenenergie zu vermindern, suchen die an der Korngrenzenspur zusammenstoßenden Flächen (in Bild 6.25) Kornschnittfläche A, Kornschnittfläche B und Kornschnittfläche AB) eine Gleichgewichtskonfiguration einzunehmen, für die die Gleichgewichtsbedingung

$$\frac{\gamma_A}{\sin\alpha} = \frac{\gamma_B}{\sin\beta} = \frac{\gamma_{AB}}{\sin\gamma} \tag{6.2}$$

gilt. Dabei senken sich die der Korngrenze unmittelbar benachbarten Kornschnittflächenränder ein und bilden mit der Korngrenzenfläche einen Zwickel. Es entsteht

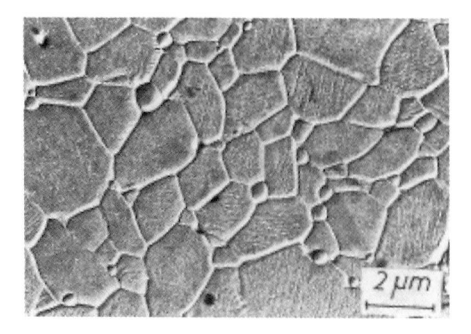

Bild 6.24 Durch Heißätzen in H_2 (1600 °C, 2 min) entwickeltes Gefüge von Sintertonerde (nach [6.12]). Durchstrahlungselektronenmikroskopische Aufnahme eines Folienabdruckes

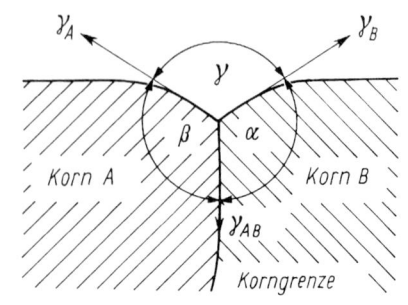

Bild 6.25 Gleichgewichtskonfiguration an einer Korngrenze

eine Korngrenzenfurche *(Korngrenzenätzung)*, sodass beispielsweise Kornwachstum und Rekristallisation unmittelbar beobachtet werden können.

Bei der Abkühlung untereutektoider Stähle aus dem γ-Gebiet ins γ-α-Zweiphasengebiet (s. a. Abschn. 5.5.1) lässt sich die γ-α-Umwandlung verfolgen, da die α-Phase ein größeres spezifisches Volumen hat als die γ-Phase und deshalb aus der Oberfläche herausragt. Das Gleiche trifft für den Martensit zu, der sich aus dem Austenit heraushebt.

Die thermischen Ausdehnungskoeffizienten von Zementit und Austenit sind so weit verschieden, dass die thermische Ätzung eines rein weiß erstarrten untereutektoiden Gusseisens im Wesentlichen auf das infolge unterschiedlicher thermischer Ausdehnung gebildete Relief zurückzuführen ist.

Es entsteht natürlich die Frage, ob die bei einer bestimmten Temperatur an der Oberfläche gemachten Feststellungen Allgemeingültigkeit haben, d.h. bei dieser Temperatur auch für das Probeninnere zutreffen. Ist die Gefügeentwicklung z. B. mit einer Volumenzunahme einer Phase verbunden (α-γ-Umwandlung, örtliches Schmelzen), so ist, da bei sehr niedrigem Druck gearbeitet wird, zu erwarten, dass sie an der Oberfläche bei tieferer Temperatur eintritt als im Werkstoffinneren. Außerdem herrschen an der Oberfläche andere Keimbildungsbedingungen als im Probeninneren. Im Allgemeinen sind derartige Einwirkungen jedoch gering bzw. lassen sich berücksichtigen. Weitere, unter den Bedingungen in der Heizkammer mögliche, unerwünschte Veränderungen in freien Oberflächen sind Oxidation, Entkohlung, selektive Verdampfung und Auflegieren der Oberfläche.

6.4.3
Entwicklung des Gefüges durch Ionenätzen

Treffen in einem Rezipienten Ionen eines inerten Gases mit hoher Energie auf eine als Katode geschaltete Probe auf, so werden aus der Oberfläche Gitterbausteine entfernt, wodurch ein das Gefüge wiedergebendes Relief entsteht. Es wird angenommen, dass die auf Oberflächenbausteine auftreffenden Ionen einen Teil ihres Impulses an diese abgeben, der nach den Gesetzen des elastischen Stoßes harter Kugeln an benachbarte Bausteine weitergegeben wird, bis an einer dafür prädestinierten Stelle Bausteine aus der Oberfläche herausgeschlagen werden. Die Stoßfolgen *(Fokusonen)* pflanzen sich bevorzugt in mit Gitterbausteinen dicht gepackten Richtungen fort, sodass dicht besetzte Ebenen schneller abgetragen werden als weniger dicht besetzte (Bild 6.26). Die Qualität des Gefügebildes kann dadurch verbessert werden, dass nachträglich Sauerstoff in den Rezipienten eingelassen wird. Die Kornschnittflächen werden selektiv oxidiert und infolge Interferenz unterschiedlich gefärbt, sodass sich die Gefügebestandteile deutlicher voneinander abheben. Das Verfahren ist besonders geeignet für heterogene sowie radioaktive Werkstoffe („heiße Metallographie"), da berührungsfrei gearbeitet werden kann.

Bild 6.26 Ionengeätzte Übergangszone eines Fe/Al–Si-Verbundwerkstoffes elektronenmikroskopische Aufnahme, C-Abdruck

6.5
Sichtbarmachen des Gefüges

Die wichtigsten Verfahren der Gefügeuntersuchung sind die der Licht- und Elektronenmikroskopie. Sie werden zur weiteren Differenzierung der Befunde häufig von der Elektronenstrahlmikroanalyse sowie den Verfahren der Strukturuntersuchung (Beugungsverfahren mittels Röntgen- und Materiestrahlen, s. a. Abschn. 10.10.2.1) unterstützt.

6.5.1
Lichtmikroskopische Gefügebetrachtung

Für die Beobachtung des Gefüges im normalen (weißen) Licht bestehen hinsichtlich des Strahlenganges verschiedene Möglichkeiten, die am Mikroskop nebeneinander genutzt werden können. Ihre Wahl richtet sich nach dem, was man sehen will, bzw. nach der Beschaffenheit des zu untersuchenden Werkstoffes.

Schliffe nichtlichtdurchlässiger Werkstoffe werden in der Hauptsache bei senkrechter Beleuchtung im *Auflicht-Hellfeld* beobachtet. Diese Beleuchtungsart mit Planglas ist im Bild 6.27a dargestellt. Der seitlich einfallende Lichtstrahl wird vom Planglas so reflektiert, dass er durch das Objektiv auf die Schliffoberfläche fällt. Bei glatter Oberfläche wird er über Objektiv, Planglas und Okular zum Betrachter zurückgeworfen. Die Oberfläche erscheint in ihrer Farbe. An geneigten Flächenteilen wird der Lichtstrahl in andere Richtungen reflektiert und gelangt nicht ins Okular. Folglich erscheinen diese im Gesichtsfeld dunkel. Anstelle des Planglases kann auch ein total reflektierendes Prisma in den Strahlengang eingeführt werden (Bild 6.27b).

Bei der *Dunkelfeld-Beleuchtung* (Bild 6.28) fallen die Lichtstrahlen schräg auf die Schliffoberfläche. Glatte Gefügebestandteile reflektieren das Licht derart, dass es am Objektiv vorbeigeht. Sie erscheinen dunkel. Dagegen können aufgeraute, diffus reflektierende Stellen hell erscheinen, wenn ein Teil des Lichtes in das Objektiv gelangt. Das Hell- und Dunkelfeldbild verhält sich etwa wie Positiv und Negativ einer fotografischen Aufnahme (Bild 6.29).

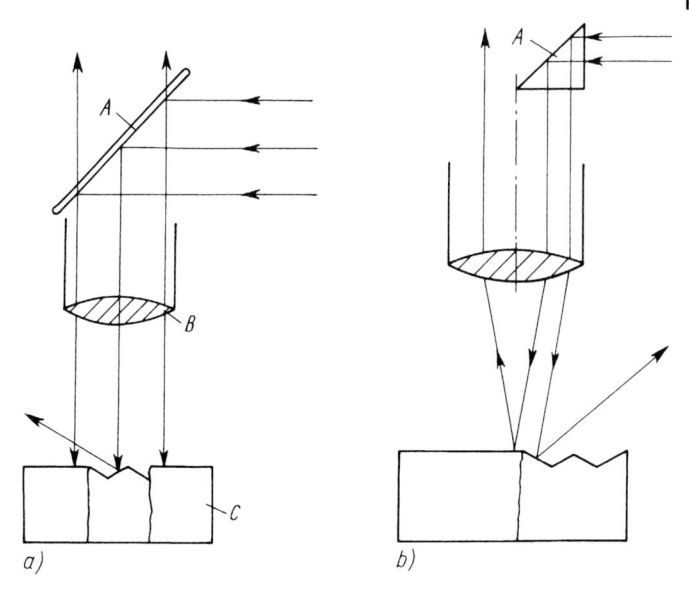

Bild 6.27 Strahlengang bei Auflicht-Hellfeldbeleuchtung: a) mit Planglas A (B Objektiv, C Objekt); b) mit totalreflektierendem Prisma A

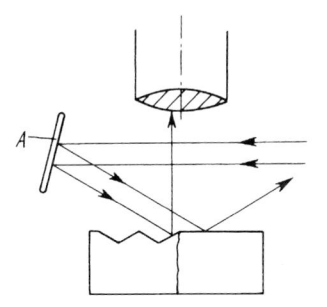

Bild 6.28 Strahlengang bei schräger Beleuchtung (Dunkelfeld). A Spiegel

Lichtdurchlässige Werkstoffe werden häufig auch im *Durchlicht* beobachtet. Dazu werden dünne Schnitte, z. B. bei Polymeren oder Dünnschliffe, die für die Untersuchung silicattechnischer Werkstoffe vielfach herangezogen werden, in den Strahlengang eingeführt. Durch eine spezifische Anfärbung einzelner Gefügebestandteile kann die Bildgüte verbessert werden.

Eine ähnliche Wirkung lässt sich bei der *Betrachtung im polarisierten Licht* – sowohl im Auflicht- als auch im Durchlichtverfahren – erzielen, wenn das Gefüge optisch anisotrope (doppelbrechende) Phasen enthält. Während optisch isotrope (einfachbrechende) Gefügeanteile linear polarisiertes Licht nicht verändern und bei gekreuzten Nicols im Gesichtsfeld dunkel bleiben, wird es von optisch anisotropen zerlegt, sie erscheinen hell bzw. farbig. Diese Möglichkeit wird für die Gefügeuntersuchung von kristallinen und teilkristallinen Polymeren (Bild 6.30) und silicattechnischen Werkstoffen, aber auch zur Untersuchung nichtmetallischer Einschlüsse

a) b)

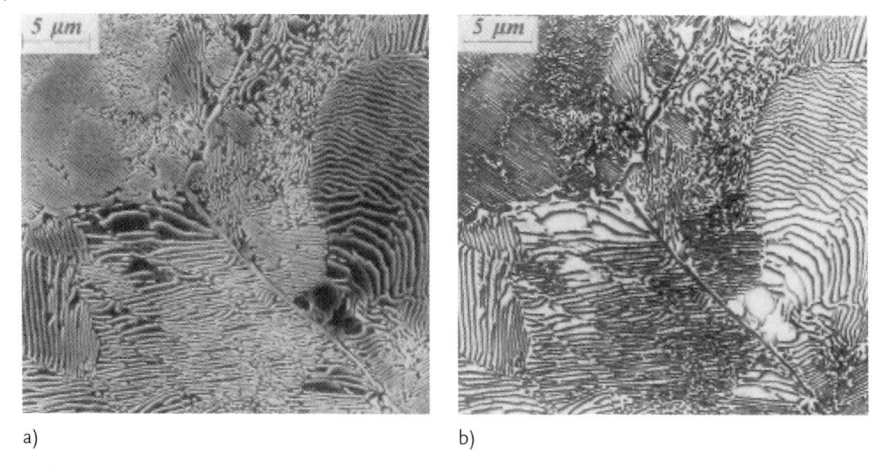

Bild 6.29 Gefügebild eines eutektoiden (perlitischen) Stahles; REM-Aufnahme. *links:* Dunkelfeld; *rechts:* Hellfeld

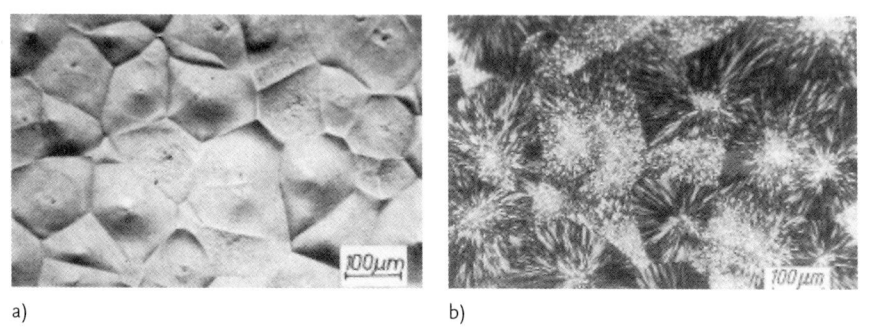

a) b)

Bild 6.30 Gefüge von Polymeren; Dünnschnitte; Aufnahme im polarisierten Licht. a) Kristallines Polyamid; b) sphärolithisches Polypropylen (nach *J. Trempler*)

(Silicate, Oxide, Sulfide, Nitride) in metallischen Werkstoffen, insbesondere im Stahl, genutzt. Eine Ätzung ist dann nicht erforderlich.

Aufgrund von Härtedifferenzen können verschieden orientierte Kristallite und zusammengesetzte Phasen beim Polieren unterschiedlich stark abgetragen werden *(Reliefpolieren)*. Die durch die Niveauunterschiede zwischen den Gefügebestandteilen im reflektierten Licht ausgelösten Phasenverschiebungen machen sich, wenn sie wesentlich unter $5 \cdot 10^{-1}$ µm liegen, bei der üblichen mikroskopischen Betrachtung nicht mehr bemerkbar. Wird jedoch eine so genannte Phasenplatte in den Strahlengang eingeführt *(Phasenkontrastverfahren)*, werden die Phasenverschiebungen in einen Hell-Dunkel-Effekt umgesetzt und sichtbar. Im einfachsten Fall erhält man ein der Korngrenzenätzung analoges Bild.

6.5.2
Gefügebetrachtung mithilfe des akustischen Reflexionsrastermikroskopes

Seit einiger Zeit stehen für die Gefügeabbildung akustische Reflexionsrastermikroskope (ARRM) zur Verfügung. Unter der Voraussetzung, dass die Gefügebestandteile unterschiedliche elastische Eigenschaften haben, ist mit ihrer Hilfe eine Gefügeabbildung ohne vorangegangene Ätzung möglich [6.13]. Der durch einen piezoelektrischen Schallwandler ausgesendete und von einer Linse fokussierte Ultraschall gelangt über ein Koppelmedium in das Gefüge. In ihm wird das Schallfeld durch die Eigenschaften seiner Bestandteile verändert, reflektiert und in den Wandler zurückgesandt. Nachgeschaltete Elektronikbausteine setzen das Wandlersignal um und leiten es auf einen Monitor zur Abbildung. Ebenso wie es Ultraschallprüfverfahren ermöglichen, so können auch mit dieser Methode Gefügeinhomogenitäten unterhalb der Oberfläche (z. B. Lunker) nachgewiesen werden. Die mit diesem Mikroskop erreichbaren Auflösungen sind außer von den Gefügeeigenschaften von der verwendeten Ultraschallfrequenz sowie der Schallankopplung abhängig.

6.5.3
Elektronenmikroskopische Gefügebetrachtung

Die Vorteile des Elektronenmikroskops gegenüber dem Lichtmikroskop bestehen nicht nur in der wesentlich höheren Auflösung, sondern auch in der größeren Tiefenschärfe, die im Lichtmikroskop bei hohen Vergrößerungen so gering wird, dass sich das Oberflächenrelief nur noch schwerlich in größeren Bereichen scharf abbilden lässt. Deshalb ist das Elektronenmikroskop für die Untersuchung stark strukturierter Oberflächen (z. B. Bruchflächen) vorzüglich geeignet.

Die Oberfläche einer kompakten Probe kann in einem nach dem Durchstrahlungsprinzip arbeitenden Elektronenmikroskop nicht direkt abgebildet werden. Man ist darauf angewiesen, vom Untersuchungsobjekt entweder ein abgedünntes und durchstrahlungsfähiges Präparat (s. z. B. Bilder 2.83 und 2.93) oder von der Oberfläche des Objektes einen für die Durchstrahlung geeigneten Abdruck herzustellen, der das Oberflächenrelief formgetreu im Negativ enthält (s. a. Bild 6.26). Die Herstellung der Abdrücke (Repliken) geschieht im direkten, häufiger aber im Matrizenabdruckverfahren (Bild 6.31). Entsprechend der unterschiedlichen Dicke des Abdrucks, die sich aus dem Oberflächenrelief ergibt, werden die Elektronen mehr oder weniger stark gestreut und liefern demzufolge auf dem Leuchtschirm Kontraste (Bild 6.32).

Eine direkte Betrachtung der Oberfläche im Auflicht ist mit dem *Rasterelektronenmikroskop* möglich. Zur Bilderzeugung wird die Intensität der an der Oberfläche reflektierten Elektronen bzw. die der ausgelösten Sekundärelektronen erfasst. Reflektierte bzw. Sekundärelektronen treffen auf einen Szintillarkristall, erzeugen dort ein entsprechend ihrer Intensität moduliertes Fluoreszenzlicht, das von einem Fotomultiplier gewandelt, verstärkt und zur Betrachtung an eine Bildröhre weitergeleitet wird. Das Rasterelektronenmikroskop zeichnet sich gegenüber dem Lichtmikroskop gleichfalls durch eine wesentlich größere Tiefenschärfe und Vergröße-

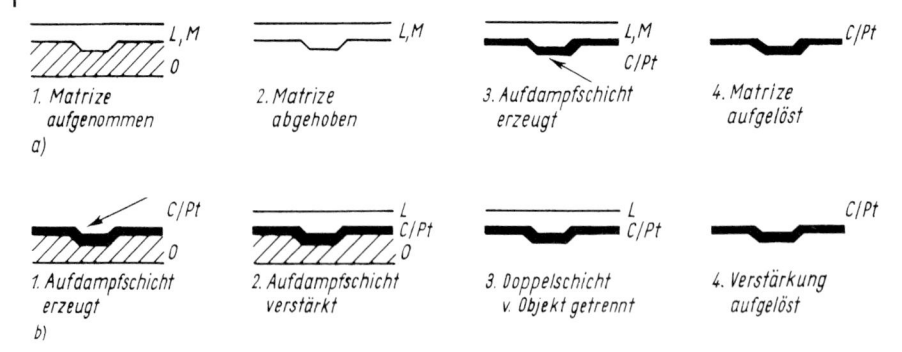

a)
1. Matrize aufgenommen
2. Matrize abgehoben
3. Aufdampfschicht erzeugt
4. Matrize aufgelöst

b)
1. Aufdampfschicht erzeugt
2. Aufdampfschicht verstärkt
3. Doppelschicht v. Objekt getrennt
4. Verstärkung aufgelöst

Bild 6.31 Beispiel der Herstellung eines Präparates für die elektronenmikroskopische Betrachtung (nach D. Schulze) a) nach dem Matrizenabdruckverfahren; b) nach dem Direktabdruckverfahren. O Objekt; L Lack; M Metall; C/Pt Kohlenstoff-Platin-Mischschicht

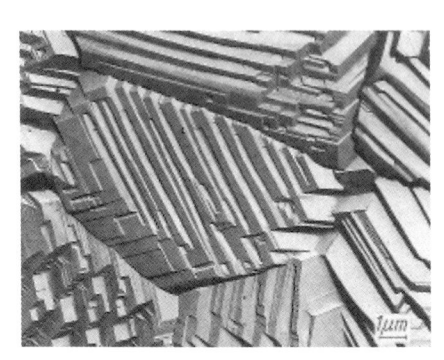

Bild 6.32 Elektronenmikroskopische Aufnahme einer thermisch geätzten Silberoberfläche (nach C.-G. Nestler)

a)   b)

Bild 6.33 a) Rasterelektronenmikroskopische Abbildung von Cu-Verdüspulver, das in H_2 reduziert wurde; b) Ausschnitt aus a).
Das Zerbersten der Teilchen ist eine Folge der „Wasserstoffkrankheit"

rungen bis 30000fach und mehr aus. Auch mit ihm lassen sich stark aufgeraute Oberflächen, wie z. B. Bruchzonen und Pulveroberflächen (Bild 6.33), vorteilhaft untersuchen.

6.5.4
Untersuchung mit der Mikrosonde

Die chemische Zusammensetzung eines Werkstoffs in mikroskopisch kleinen Gebieten kann mithilfe der *Elektronenstrahl-Mikrosonde* ermittelt werden. Über die gewonnenen Parameter lassen sich Phasen identifizieren, Spurenelemente auffinden, Diffusionszonen und Seigerungen analysieren.

Es wird ein gebündelter Elektronenstrahl mit einem Durchmesser von etwa 1 µm über die zu untersuchende Probenoberfläche bewegt. Im Analysengebiet werden die Atome durch den Elektronenstrahl zur Emission von charakteristischer Röntgenstrahlung angeregt, die mit einem Kristallspektrometer wellenlängendispersiv bzw. mit einem Halbleiterdetektor energiedispersiv analysiert wird. Werden vom Elektronenstrahl Gefügebestandteile verschiedener Zusammensetzung getroffen, dann ändert sich das Spektrum. Aus der Lage der Spektrallinien werden die Elemente, aus der Intensität der Linien die Konzentration der Elemente bestimmt.

Bild 6.34 zeigt am Beispiel eines Al-W-Verbundwerkstoffs Gefügeaufnahmen, die mit der Elektronenstrahl-Mikrosonde hergestellt wurden. In Bild 6.34b ist ein Topographiebild wiedergegeben, das Auskunft über das Oberflächenrelief gibt. Bild 6.34a stellt das Rasterbild der absorbierten Elektronen dar, mit dem man unterschiedliche Phasen sichtbar machen kann. Die Bilder 6.34c und d sind Rasterbilder der charakteristischen Röntgenstrahlung, die die Konzentrationsverteilung der Elemente im Analysengebiet anzeigen.

6.6
Quantitative Gefügeanalyse

Das Ziel der quantitativen Gefügeanalyse besteht darin, durch Zählen, Messen und Klassifizieren von Gefügeelementen des zweidimensionalen Gefügebildes eines gegebenen Werkstoffs die Beschaffenheit des Volumens dieses Werkstoffs zahlenmäßig zu beschreiben. In diesem Zusammenhang spricht man auch von *Stereometrie*. Darunter wird die Gesamtheit der Verfahren verstanden, mit denen anhand eines zweidimensionalen Schnittes durch den Festkörper oder seiner Projektion auf eine Fläche Aussagen zur räumlichen Beschaffenheit des Körpers getroffen werden können [6.6].

Während bei mechanischen bzw. halbautomatischen Verfahren der Beobachter selbst die im Gesichtsfeld auftauchenden Gefügemerkmale identifiziert und klassifiziert, wird bei vollautomatischen Methoden das mikroskopische Bild von einer Fernsehkamera aufgenommen, in elektrische Signale, die von der örtlichen Helligkeit abhängig sind, umgewandelt und nach dem Prinzip der Linearanalyse auf einem Bildschirm abgebildet [6.14]. Der elektronischen Bildauswertung sind weitere Aus-

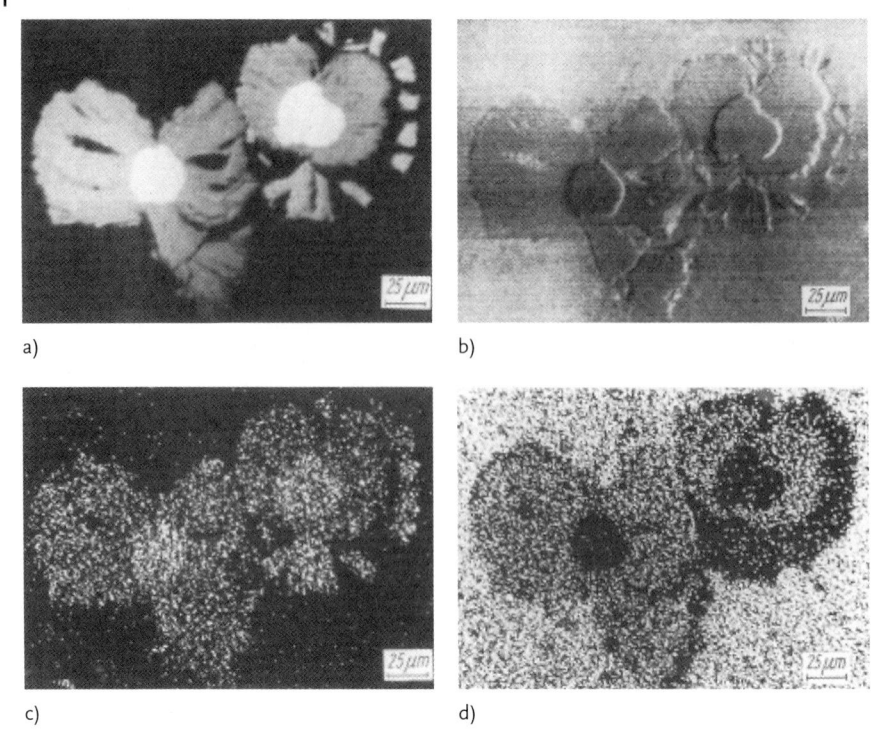

Bild 6.34 Aufnahme von einem Al-W-Verbundwerkstoff mit der Elektronenstrahlmikrosonde (nach H.-J. Ullrich, S. Däbritz, K. Kleinstück). a) Rasterbild der absorbierten Elektronen; b) Topographiebild; c) Rasterbild der W–L_α-Strahlung; d) Rasterbild der Al–K_α-Strahlung

werteeinheiten nachgeschaltet, die die interessierenden Gefügeparameter in kürzester Zeit aufbereiten und liefern.

Die Datenerfassung an Schliffflächen oder Aufnahmen kann grundsätzlich nach drei Arten erfolgen: der Flächen-, der Linear- und der Punktanalyse (Tab. 6.2). Die Berechtigung, das Werkstoffgefüge mithilfe eines Punktrasters oder anhand von ein- und zweidimensionalen Messgrößen räumlich quantitativ beschreiben zu dürfen, leitet sich grundsätzlich von dem durch *A. Rosiwal, M. Delesse* und *A. A. Glagolev* formulierten Zusammenhang

$$V_V = A_A = L_L = P_P \tag{6.3}$$

her, der besagt, dass der Volumenanteil einer Phase ihrem Flächen-, Linear- oder Punkteanteil entspricht. In Beziehung (6.3) bedeuten vereinbarungsgemäß:

$V_V = V/V_T$ auf das Testvolumen V_T bezogenes Volumen V einer Phase
$A_A = A/A_T$ auf eine Testfläche A_T bezogene Fläche A einer Phase
$L_L = L/L_T$ auf eine Testfläche L_T bezogene Summe L der aus L_T von den Gefügebestandteilen einer Phase herausgeschnittenen N Sehnen L^K

6.6 Quantitative Gefügeanalyse

Tab. 6.2 Messwerte und Kenngrößen der Gefügeanalyse (in Anlehnung an [6.11])

Punktanalyse		Flächenanalyse		Linearanalyse	
Messwert	räumlicher Parameter	Messwert	räumlicher Parameter	Messwert	räumlicher Parameter
Zahl der Messpunkte in der interessierenden Phase N^P	Volumenanteil V_V	Auf die interessierende Phase entfallende Fläche A	Volumenanteil V_V	Länge der Messlinie in der betreffenden Phase L	Volumenanteil V_V
		Zahl der Schnittflächen in einer Messfläche N^K	Spezifische Grenzfläche S_V^G (bei eindeutig definierbarer Form der Gefügebestandteile)	Zahl der Sehnen auf der Messlinie N	Spezifische Grenzfläche S_V^G
		Zahl der Schnittflächen als Funktion ihres mittleren Durchmessers	mittlerer Durchmesser (bei eindeutiger Form)	Zahl der Schnittpunkte mit Korngrenzen	Spezifische Korngrenzfläche S_V^{KG}
			Korngrößenverteilung (bei eindeutiger Form)	Zahl der Schnittpunkte mit Phasengrenzen N^{PG}	Spezifische Phasengrenzfläche S_V^{PG}
				Zahl der Sehnen als Funktion ihrer Länge	Kontiguität C
					Mittelkorngröße L^K

$P_P = N^P / N_T^P$ Verhältnis der Anzahl der Punkte N^P eines Punktrasters, die auf eine bestimmte Phase entfällt, zur Gesamtpunktzahl des Rasters N_T^P

6.6.1 Flächenanalyse

Bei der *Flächenanalyse* werden Schnittflächen A^K der Gefügeelemente (Kornschnittflächen) gezählt und gemessen. Die Messung von A^K kann durch Ausplanimetrieren, durch Ausschneiden aus der Gefügeaufnahme und Wägen oder über die Ermittlung flächengleicher Kreise des Durchmessers d (Bild 6.35 a) mithilfe einer über das Gefügebild geführten Vergleichsschablone bestimmt werden.

Die durchschnittliche Kornschnittflächengröße $\bar{A}^K$ *(mittlere Kornfläche)* einer Phase beträgt

$$\bar{A}^K = \frac{\Sigma A^K}{N^K} = \frac{A}{N^K} \tag{6.4}$$

(N^K Anzahl aller Kornschnittflächen A^K in der Prüffläche A_T). Hat A_T die Form eines Kreises *(Kreisverfahren)*, dann müssen die von der Kreislinie geschnittenen Körner

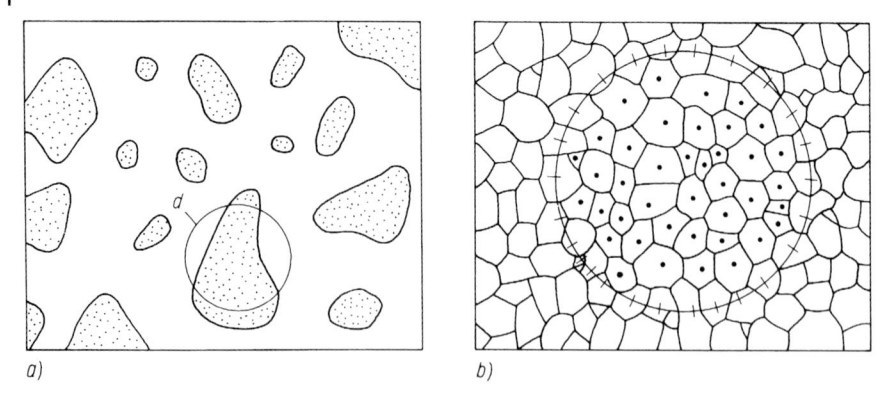

Bild 6.35 Schematische Darstellung zur Flächenanalyse: a) allgemeines Messprinzip; b) Kreisverfahren

mit dem Faktor 0,67 (Bild 6.35 b), im Fall eines Rechtecks *(Rechteckverfahren)* mit 0,5 multipliziert werden. Die Berechnung der räumlichen Mittelkorngröße $\bar{V}^K$ aus $\bar{A}^K$ ist nur über vereinfachende Annahmen hinsichtlich der Kristallitgestalt (Kugeln) möglich.

Der *Volumenanteil* V_V einer Phase wird als das Verhältnis der Fläche A dieser Phase zur Testfläche A_T erhalten.

6.6.2
Linearanalyse

Bei der *Linearanalyse* wird die Schlifffläche entlang einer beliebig in sie hineingelegten Linie der Länge L_T abgesucht. Dabei werden die Schnittpunkte der Messlinie mit Korngrenzen oder Phasengrenzen gezählt und die sich beim Schneiden der einzelnen Gefügebestandteile ergebenden Sehnen L^K (in Bild 6.36 die Sehnen L^α und L^β in den Körnern der α- bzw. der β-Phase) gezählt, gemessen und nach Größengruppen klassiert.

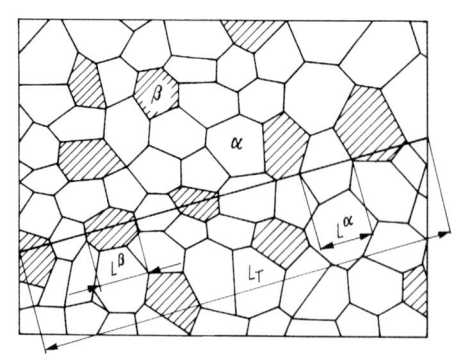

Bild 6.36 Schematische Darstellung des Prinzips der Linearanalyse

Die mittlere Korngröße *(lineare Mittelkorngröße)* ergibt sich als das Verhältnis aus Gesamtsehnenlänge ΣL^K und Anzahl der Sehnen N

$$\bar{L}^K = \frac{\Sigma L^K}{N} = \frac{L}{N} \qquad (6.5)$$

Bei isometrischen Gefügen, also solchen ohne Verzugsorientierung, kann die Richtung der Messlinie beliebig sein. Bei Gefügen mit in Vorzugsrichtungen gestreckten Körnern wird die Richtung der Messgeraden entweder so gewählt, dass sie mit den Vorzugsrichtungen zusammenfällt oder statistisch variiert.

Andere Korngrößenmaße, wie z. B. die Jeffries-Korngröße oder die Korngrößennummern nach ASTM, haben in Abweichung von der linearen Mittelkorngröße keine Beziehung zur räumlichen Korngröße. Nach wie vor im Gebrauch sind aber *Richtreihen*, die als Schätzverfahren eine schnelle Kontrollmöglichkeit bieten.

Der *Volumenanteil* einer Phase entspricht bei der Linearanalyse ihrem Längenanteil L_L, demzufolge die Bestimmungsgleichung die Form

$$V_V = \frac{\Sigma L^K}{L_T} = \frac{L}{L_T} \qquad (6.6)$$

annimmt. Die Linearanalyse gestattet, mithilfe der dargelegten Elementaroperationen noch weitere, für die Gefügecharakterisierung wichtige Größen (Gefügeparameter) zu ermitteln (Tab. 6.2). So kann die *spezifische Korngrenzfläche* S_V^{KG} einphasiger Gefüge aus der Zahl N^{KG} der von L_T geschnittenen Korngrenzen bestimmt werden:

$$S_V^{KG} = \frac{2N^{KG}}{L_T} \qquad (6.7)$$

Sie ist eine eindeutige Kennzeichnung des Dispersionsgrades. In grobkörnigen Metallen beispielsweise liegt sie in der Größenordnung von 100 cm^2/cm^3 entsprechend einer linearen Mittelkorngröße $\bar{L}^K$ von 200 µm. Für feinkörnigere Werkstoffe mit z. B. $\bar{L}^K$ = 5 µm steigt sie auf 4000 cm^2/cm^3 an. Bei mehrphasigen Gefügen setzt sich die *spezifische Grenzfläche* S_V^G einer Phase aus einem Korngrenzenanteil

$$S_V^{KG} = \frac{2N^{KG}}{L} \qquad (6.8)$$

und einem Phasengrenzenanteil

$$S_V^{PG} = \frac{2N^{PG}}{L} \qquad (6.9)$$

zusammen (N^{PG} Zahl der von L_T geschnittenen Phasengrenzen). Wird in den Gln. (6.8) und (6.9) L durch L_T ersetzt, dann erhält man anstelle der spezifischen,

d. h. auf das Phasenvolumen bezogenen, die auf das Prüfvolumen V_T bezogene Grenzfläche.

Für die Charakterisierung von Einlagerungs- und Durchdringungsgefügen sowie für das Verständnis ihrer Eigenschaften sind die so genannte Kontiguität und der „mittlere freie Weg" von Bedeutung. Die *Kontiguität C* kennzeichnet das Verhältnis der spezifischen Korngrenzfläche S_V^{KG} zur spezifischen (Gesamt-)Oberfläche S_V^O einer Phase

$$C = \frac{2S_V^{KG}}{S_V^O} = \frac{2N^{KG}}{2N^{KG} + N^{PG}} \tag{6.10}$$

($S_V^O = 2S_V^{KG} + S_V^{PG}$). Der *C*-Wert schwankt zwischen null und eins. Er wird häufig auch als „Skelettbildungsgrad" der betreffenden Phase bezeichnet, lässt aber keine Schlussfolgerungen hinsichtlich der Ausbildung eines kontinuierlichen räumlichen Netzwerkes dieser Phase zu.

Der *mittlere freie Weg p* dagegen kennzeichnet die durchschnittliche Wandstärke der sich gegenseitig durchsetzenden räumlichen Netzwerke in Durchdringungsgefügen:

$$p = 2 \frac{1 - SL^K}{N^{PG}} \tag{6.11}$$

Die Größe *p* ist u. a. für die Gefügecharakterisierung und die Eigenschaften von Hartmetallen (Carbid-Metall-Verbundwerkstoffen) von ausschlaggebender Bedeutung (Bilder 6.46 und 6.47).

Wie schon aus Tabelle 6.2 hervorgeht, zeichnet sich die Linearanalyse durch die große Zahl der durch sie erfassbaren Gefügeparameter aus. Sie ist von den genannten drei Methoden die einzige, aus deren in der Ebene gewonnenen Messwerten auf die räumliche Größenverteilung der Gefügebestandteile ohne Einschränkung geschlossen werden kann. Nicht zuletzt erlaubt das angewendete Messprinzip, die Linearanalyse zu mechanisieren und zu automatisieren, sodass die für die statistische Absicherung des Befundes erforderliche große Anzahl von Einzelmesswerten in relativ kurzer Zeit erbracht werden kann.

6.6.3
Charakterisierung der Form und Orientierung der Gefügebestandteile

Mit dem Werkstoffherstellungsverfahren ist zumeist auch die Ausbildung kennzeichnender Formen und Orientierungen der Gefügebestandteile verbunden, die die Eigenschaften des Werkstoffs ebenso wie die anderen erörterten Gefügeparameter beeinflussen. Die an eine von subjektiven Einflüssen freie Quantifizierung der Form und der Orientierung eines Gefügebestandteiles zu stellende Grundforderung ist, dass diese unabhängig von der Größe des Gefügeelements geschieht, d. h., dass der beschreibende Wert (Formfaktor, Orientierungsfaktor) dimensionslos ist.

Die große Zahl der vorgeschlagenen *Formfaktoren* lässt sich in zwei Gruppen zusammenfassen [6.18]. Der ersten liegt das Verhältnis aus der dritten Potenz der mittleren Oberfläche eines Kornes und dem Quadrat des mittleren Volumens eines Kornes der interessierenden Phase zugrunde. Ihre stereologische Messung ist nicht ohne gewisse Voraussetzungen möglich. Die Formfaktoren der zweiten Gruppe dagegen enthalten Größen, die sich stereologisch in jedem Fall genau bestimmen lassen. Sie sind alle auf den Formfaktor

$$F = \frac{2}{3\pi} \cdot \frac{(N^{KG})^2 A_T}{N^K L_T L} \tag{6.12}$$

oder auf Potenzen von *F* zurückführbar. L ist im Falle einphasiger Werkstoffe gleich L_T. Der Formfaktor *F* stellt hinsichtlich der Ermittlung der Bestimmungsgrößen also eine Kombination von Flächen- und Linearanalyse dar. Elektronische Bildanalyseverfahren gestatten, beide Analysearten in einem Messgang durchzuführen.

Für Kugeln ist $F = 1$. In dem Maße, wie der Gefügebestandteil von der Kugelform (Rundheit) abweicht, d. h. die Kompliziertheit der Gestalt der Gefügeelemente zunimmt, wird $F > 1$. Der Ausdruck $\dfrac{(N^{KG})^2 A_T}{N^K L_T L}$ ist die einzige dimensionslose Kombination von der stereologischen Messung zugänglichen Größen, die, vom Volumen- und Flächenanteil der betreffenden Phase unbeeinflusst, allein von der Form der Gefügebestandteile abhängt [6.18], [6.19].

Wie der Formfaktor so ist auch der *Orientierungsfaktor O* für die Abweichung eines Eigenschaftswertes des mehrphasigen Werkstoffs von dem durch die Mischungsregel (6.20) gegebenen Wert von wesentlicher Bedeutung (Bild 6.42). Unter Zugrundelegung der Linearanalyse nimmt er für eine gegebene Phase die Form

$$O = \frac{\dfrac{N}{L^{\perp}} - \dfrac{N}{L''}}{\dfrac{N}{L^{\perp}} + 0{,}273\, \dfrac{N}{L''}} \tag{6.13}$$

an [6.6]. Darin sind *N* die Anzahl der auf die Phase entfallenden Sehnen und $L^{\perp}$ und L'' die Summe der senkrecht bzw. parallel der Gefügebildkante in den Körnern der Phase ermittelten Sehnenlängen ($L^{\perp} = \Sigma L^{K\perp}$, $L'' = \Sigma L^{K''}$).

6.6.4
Punktanalyse

Bei der Punktanalyse wird dem Schliffbild oder der fotografischen Aufnahme ein Punktraster überlagert und die Zahl der auf eine bestimmte Phase treffenden Punkte N^P ausgezählt (in Bild 6.37 die Anzahl der auf die Körner der α- bzw. β-Phase entfallenden Kreuze). Der Volumenanteil dieser Phase ergibt sich dann zu

$$V_V = N^P / N_T^P = P_P \tag{6.14}$$

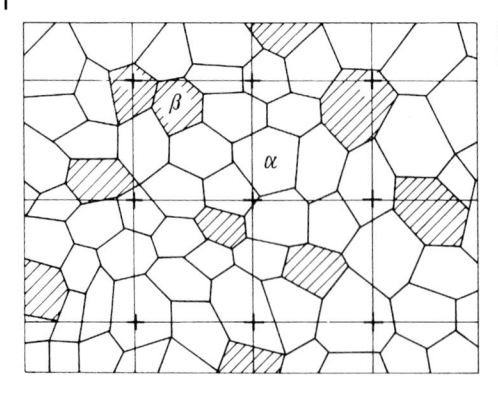

Bild 6.37 Schematische Darstellung des Prinzips der Punktanalyse

Die Punktanalyse findet neben der Linearanalyse vor allem Anwendung bei mehr als zweiphasigen Gefügen oder wenn ein Gefügebestandteil in besonders fein verteilter Form vorliegt. Durch die Möglichkeit, das Punktraster mithilfe einer mechanischen Vorrichtung selbsttätig abtasten zu können, gestattet dieses Verfahren, in relativ kurzer Zeit eine große Anzahl von Gefügeelementen zu erfassen.

6.7
Gefüge-Eigenschafts-Beziehungen

Art, Größe, Form und Verteilung der Gefügebestandteile beeinflussen die Eigenschaften der Werkstoffe entscheidend. Sie sind ein Ergebnis der Werkstoffherstellung und -bearbeitung und über diese in weiten Grenzen einstellbar. Ehe auf systematische und quantitative Zusammenhänge eingegangen wird, sollen hierzu am Beispiel des Stahles einige allgemeine Vorstellungen vermittelt werden.

Im *normalgeglühten Zustand* (Bild 6.38) liegt der Zementit für unlegierte Stähle mit einigen 10^{-2}% C als Korngrenzenschicht (Tertiärzementit, Bild 6.38a) und ab 10^{-1}% C in wechselnder Folge mit dem Ferrit (α-Fe) in Lamellengestalt (Perlit, Bild 6.38b, c) vor, dem sich bei C-Gehalten > 0,8% noch Zementitschichten an den ehemaligen Austenitkorngrenzen (Sekundärzementit, Bild 6.38e) zugesellen. Der in dieser Form vorzugsweise auf eine starke Vergrößerung der Phasengrenzfläche hinwirkende Zementit hat eine mit steigendem Anteil nahezu stetige Zunahme von Härte und Festigkeit ($R_m = 0{,}35$ HV) zur Folge (s. a. Bild 4.19).

Wird der Perlit längere Zeit bei Temperaturen bis etwa 700 °C geglüht, nimmt der Zementit seine Gleichgewichtsform an (Weichglühen, Bild 6.37d). In dem Bestreben, die Grenzflächenenergie zu vermindern, entsteht über Umlösungsvorgänge aus dem lamellaren ein kugeliger Zementit, wobei die Härte bis auf 150 HB abfällt, die Zähigkeit hingegen ansteigt. Dieser Zustand wird häufig in Verbindung mit der Forderung nach einem verbesserten Zerspanungs- und Umformverhalten eingestellt.

Der zwischen dem normalgeglühten und *gehärteten Zustand* (der nach dem Abschrecken tetragonale Martensit wurde durch Anlassen bei gleichzeitig feindisperser Ausscheidung von Fe_2C in einen *kubischen Martensit* umgewandelt; Bild 6.38g) lie-

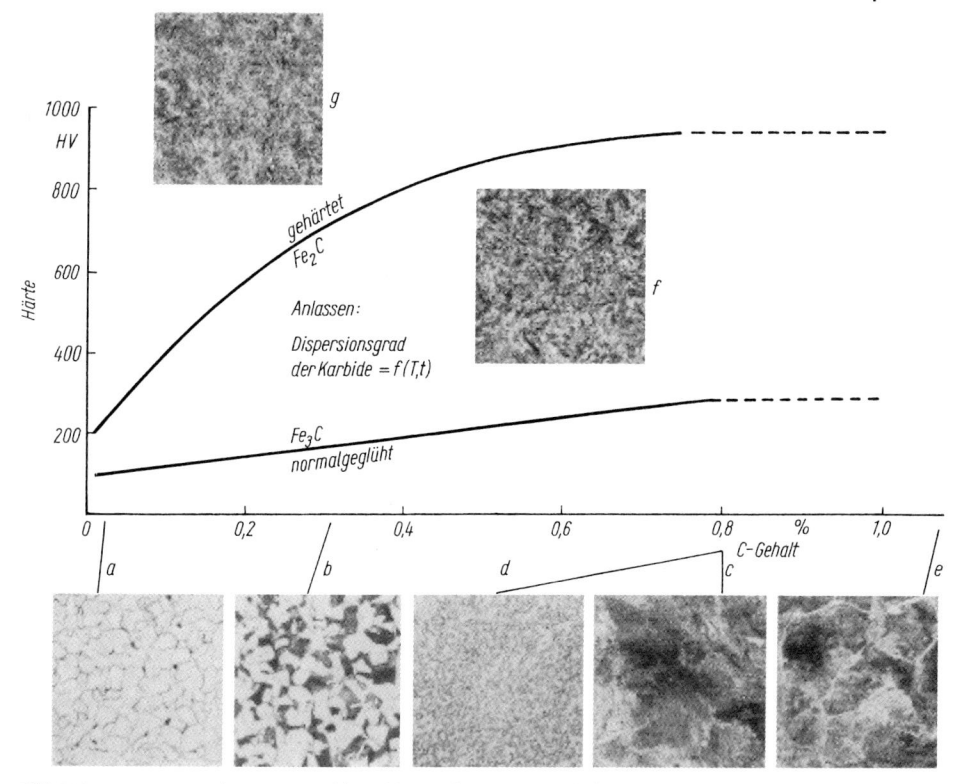

Bild 6.38 Härte von unlegiertem Stahl in Abhängigkeit vom C-Gehalt und Gefüge

gende Härte- und Festigkeitsbereich lässt sich erschließen, indem Fe_3C als disperse Phase in die ferritische Matrix eingelagert wird (Bild 6.38 f). Dies geschieht durch Anlassen des kubischen Martensits auf 450 bis 650 °C, wobei zunehmende Glühtemperatur und -dauer zur Vergrößerung der Zementitpartikeln wie auch ihres mittleren Abstandes führen. Als Folge dessen geht der Teilchenhärtungseffekt (s. Abschn. 9.2.2.4) zurück, die Zähigkeit des Stahles jedoch wird verbessert. Diese als *Vergüten* bezeichnete Wärmebehandlung ist für Baustähle charakteristisch.

Wie unterschiedlich sich dabei jedoch Form und Verteilung des Zementits auf verschiedene Stahleigenschaften auswirken, verdeutlicht Bild 6.39. (Dass es sich hier um einen niedriglegierten Stahl handelt, ändert nichts am Grundsätzlichen.) Es ist ersichtlich, dass sich z. B. eine Härte von 325 HV durch isothermische Umwandlung bei 620 °C (überwiegend Perlit), 520 °C (etwa 50 % Perlit, 50 % Bainitgefüge mit Carbidteilchen) sowie 450 °C (Bainitgefüge mit Carbidteilchen) oder durch Martensitanlassen bei 640 °C (Vergütungsgefüge mit Carbidteilchen) erzielen lässt. Trotz gleicher Härte ist aber, wie das Teilbild b) zeigt, die Zähigkeit – und auch die Streckgrenze (1:960; 2:950; 3:920; 4:790; 5:680; 6:640 MPa) –der so behandelten Stahlproben recht unterschiedlich und in anderer Weise als die Härte von der Zementitform und -verteilung abhängig (s. a. Abschn. 5.6).

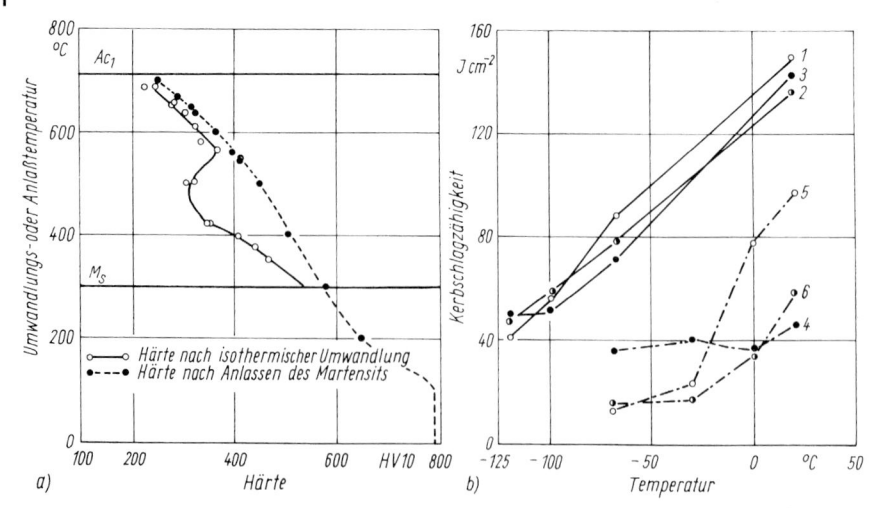

Bild 6.39 Härte (a) und Kerbschlagzähigkeit (b) des Stahles 50 CrMo4 nach verschiedenen Wärmebehandlungen (nach A. Rose). *1, 2* angelassener Martensit; *3* Umwandlung in der unteren Bainitstufe; *4* Umwandlung in der oberen Bainitstufe; *5* Perlit; *6* Mischgefüge

Auch bei weiterer Vervollkommnung der durch die Methoden der quantitativen Gefügeanalyse möglichen zahlenmäßigen Charakterisierung der Gefügeelemente und deren Korrelationen ist somit zu erwarten, dass angesichts der Differenziertheit, die in den Wechselbeziehungen zwischen Gefüge und Eigenschaften besteht, immer nur für eine oder wenige Eigenschaften – und das auch jeweils lediglich für bestimmte Werkstoffgruppen – quantitative Eigenschafts-Gefüge-Beziehungen ableitbar sind.

6.7.1
Einphasige Gefüge

Das Verhalten des einphasigen Werkstoffs wird in erster Linie von seiner „Grundmasse" bestimmt, in deren Eigenschaften die durch Zusammensetzung, Struktur und Realstruktur verursachten Eigenschaftsanteile summarisch erfasst sind. Der Gefügeeinfluss reduziert sich im Wesentlichen auf den Einfluss der Korngröße *(Korngrenzenverfestigung)* und in einigen Fällen auch auf den der Kornform und -orientierung (Textur, Abschn. 9.2.3.5), die bei gleichsinniger Anordnung im polykristallinen Werkstoff eine *Gefügeanisotropie* zur Folge haben.

Stark beeinflusst durch das Gefüge werden meist solche Werkstoffeigenschaften (eine Ausnahme bildet aber z. B. die Leitfähigkeit für Wärme und Elektrizität), die auf Störungen der Gitterstruktur empfindlich reagieren (Tab. 6.3). Für strukturempfindliche Eigenschaften liegt nur dann ein merklicher Gefügeeinfluss vor, wenn sie – wie der Elastizitätsmodul – richtungsabhängig sind und der Werkstoff eine Textur aufweist.

Die Korngrenzen wirken bei der Bewegung der Versetzungen als Barrieren (Abschn. 9.2.3.3), sodass zwischen den Festigkeitseigenschaften und der spezifischen Korngrenzfläche S_V^{KG} bzw. der linearen Mittelkorngröße $\bar{L}^K$ Wechselwirkun-

Tab. 6.3 Gegen Strukturstörungen empfindliche und unempfindliche Eigenschaften

Empfindliche Eigenschaften	Unempfindliche Eigenschaften
Zugfestigkeit	Elastizitätsmodul
Streckgrenze	Dichte
Bruchdehnung	Wärmeausdehnungskoeffizient
Koerzitivfeldstärke	spezifische Wärme
Leitfähigkeit für	magnetische Sättigung
Wärme und Elektrizität	Umwandlungstemperaturen

gen bestehen. Bekannte Beispiele für darauf fußende und empirisch ermittelte Beziehungen sind die von *S. A. Saltykov* [6.6] für die Zugfestigkeit von Eisenlegierungen formulierte Gleichung

$$R_\mathrm{m} = 420 + \mathrm{const} \cdot S_\mathrm{V}^\mathrm{KG} \tag{6.15}$$

sowie die allgemeingültigere *Hall-Petch-Beziehung* für die Streckgrenze

$$R_\mathrm{e} = \sigma_\mathrm{i} + K/\sqrt{\bar{L}^\mathrm{K}} \tag{6.16}$$

(σ_r „Reibungsspannung", die aufgebracht werden muss, um die Versetzungsbewegung im Korn einzuleiten; K Widerstand, den die Korngrenze der Fortpflanzung der plastischen Verformung im polykristallinen Haufwerk entgegensetzt). Für die praktische Anwendung sind in der Gleichung (6.16) weitere, die Streckgrenze beeinflussende Summanden wie die Mischkristall- und Versetzungsverfestigung und – im Falle mehrphasiger Gefüge – die Teilchenverfestigung mit zu berücksichtigen (s.a. Abschnitt 9.2.2). Auch im Falle der Härte besteht für eine Reihe einphasiger Werkstoffe (Bild 6.40) ein linearer Zusammenhang mit der spezifischen Korngrenzfläche

$$HB = HB_0 + \mathrm{const} \cdot S_\mathrm{V}^\mathrm{KG} \tag{6.17}$$

Eine andere, in charakteristischer Weise vom Gefüge abhängige Eigenschaft ist die Koerzitivfeldstärke, da die Bewegung der Blochwände gleichfalls von den Korngrenzen gehemmt wird (Abschn. 10.6.2). Zudem wird die magnetische Bereichsstruktur der Ferromagnetika selbst von der Korngröße beeinflusst. Nach *N. Mager* gilt zwischen Koerzitivfeldstärke H_c und Korngröße der lineare Zusammenhang

$$H_\mathrm{c} = H_\mathrm{co} + m \cdot 1/\bar{L}^\mathrm{K} \tag{6.18}$$

in der H_co den inneren Spannungszustand charakterisiert und

$$m = 3 \cdot \sqrt{\frac{k \cdot T_\mathrm{c} \cdot K_1/a}{B_\mathrm{s}}} \tag{6.19}$$

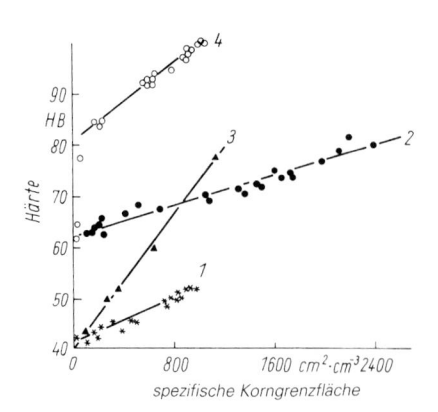

Bild 6.40 Härte HB in Abhängigkeit von der spezifischen Korngrenzfläche S_V^{KG} (nach [6.16])
1 Kupfer; *2* Bronze; *3* Messing; *4* Armco-Eisen

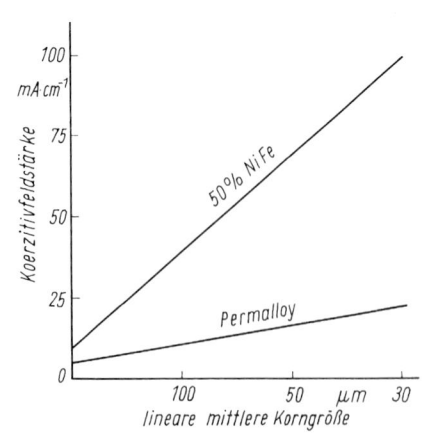

Bild 6.41 Abhängigkeit der Koerzitivfeldstärke H_c von der linearen Mittelkorngröße $\bar{L}^K$ für weichmagnetische NiFe-Legierungen (nach [6.17])

die Steigung der sich aus (6.18) ergebenden Geraden (Bild 6.41) darstellt (T_c Curietemperatur; K_1 Kristallanisotropie; B_s Sättigungsinduktion).

6.7.2
Mehrphasige Gefüge

Bei einiger Verallgemeinerung und Schematisierung sowie der Beschränkung auf Zweiphasengefüge lassen sich diese als eine α-Matrix, in die mehr oder weniger Globuliten, Scheiben oder zylindrischen Stäben angenäherte β-Gefügebestandteile eingebettet sind, vorstellen. Die zuletzt genannten Fälle sind in eutektischen Legierungen oder Faserverbundwerkstoffen (Abschn. 9.7.4) anzutreffen. Der praktisch häufigste Gefügetyp ist jedoch die Einlagerung von globulitischen Phasen („Teilchengefüge"). Der dabei mögliche Grenzfall, in dem die β-Phase so feindispers verteilt ist, dass der mittlere Abstand zwischen den β-Partikeln in der Größe der mittleren freien Weglänge der Versetzungen oder darunter liegt und der einem anderen Wirkmechanismus gehorcht, wird im Abschnitt 9.2.2.4 erörtert.

Die Abhängigkeit der Eigenschaften zweiphasiger Werkstoffe vom Anteil der Zweitphase liegt in einem Variationsbereich, der von zwei Kurven, für ein Gefüge mit Parallelanordnung und für eines mit Reihenanordnung der β-Gefügebestandteile, eingegrenzt wird (Bild 6.42). Die Grenzkurven repräsentieren die möglichen Extremwerte einer Eigenschaft, die umso weiter auseinander liegen, je verschiedener die Eigenschaft für die beiden Phasen ist (z. B. im Gussguss oder bei der Kombination von Metall- mit Keramik-, Polymer- oder Hohlraum-[Poren-]Gefügebestandteilen in Sinterwerkstoffen). Die Lage der dazwischen liegenden Werte einer Eigenschaft wird vom Ausmaß der Abweichung von einer Parallel- bzw. Reihenanordnung, das mithilfe der Gefügeparameter beschrieben werden kann, bestimmt [6.19].

Bild 6.42 Variationsbereich der Eigenschaften von zweiphasigen Werkstoffen in Abhängigkeit vom Gehalt der Zweitphase bei Änderung des Gefügetyps (nach [6.19]). Fall A: Die Eigenschaften der Phasen unterscheiden sich stark. Fall B: Die Eigenschaften der Phasen unterscheiden sich wenig.

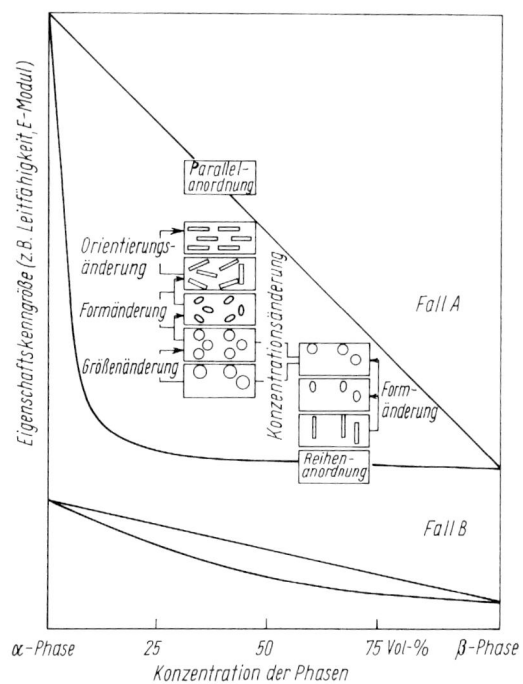

Die im Fall A und B des Bildes 6.42 durch Geraden dargestellte Abhängigkeit folgt der Mischungsregel

$$E^M = E^1 V_V^1 + E^2 V_V^2 + \ldots E^i V_V^i \tag{6.20}$$

nach der sich eine Eigenschaft des Phasengemisches E^M additiv aus den Eigenschaftswerten E^n und den Anteilen V_V^n ($\sum_n V_V = 1$) der in den heterogenen Werkstoff eingehenden $n = 1, 2, \ldots i$ Phasen zusammensetzt. Werkstoffe, deren Gefüge diesen Forderungen weitgehend entsprechen, sind die gerichtet erstarrten Eutektika (Bild 3.12), wie Al–Al$_3$Ni und AlNi–Cr mit Al$_3$Ni- bzw. Cr-Stäbchen oder Al–Al$_2$Cu und Ni–Ni$_3$Ti mit Al$_2$Cu- bzw. Ni$_3$Ti-Platten (Lamellen) und die faserverstärkten Verbundwerkstoffe (Bild 6.43), auf deren wichtigste Eigenschafts-Gefüge-Beziehungen im Abschnitt 9.7.4 eingegangen wird. Für die E-Modul-Abhängigkeit von Verbundwerkstoffen ist, wie im Bild 6.43 am Beispiel des Systems Cu–W deutlich wird, kennzeichnend, dass bei Parallelanordnung (obere Gerade) beide Phasen durch Zugbeanspruchung gleich stark gedehnt und damit in ihnen unterschiedliche Spannungen erzeugt werden, bei Reihenanordnung dagegen die Spannungen in beiden Phasen gleich groß sind, aber die in ihnen dadurch bedingte Formänderung unterschiedlich ist. Sie ist für die weichere Phase größer, sodass diese einen mehr ins Gewicht fallenden Anteil an der (Gesamt-)Eigenschaft des Verbundwerkstoffs hat.

Werkstoffe mit „*Teilchengefüge*" nehmen, wie schon gesagt, eine Mittelstellung ein (Bilder 6.44 und 6.45). Bei Beanspruchungen, die mit bleibender Verformung ver-

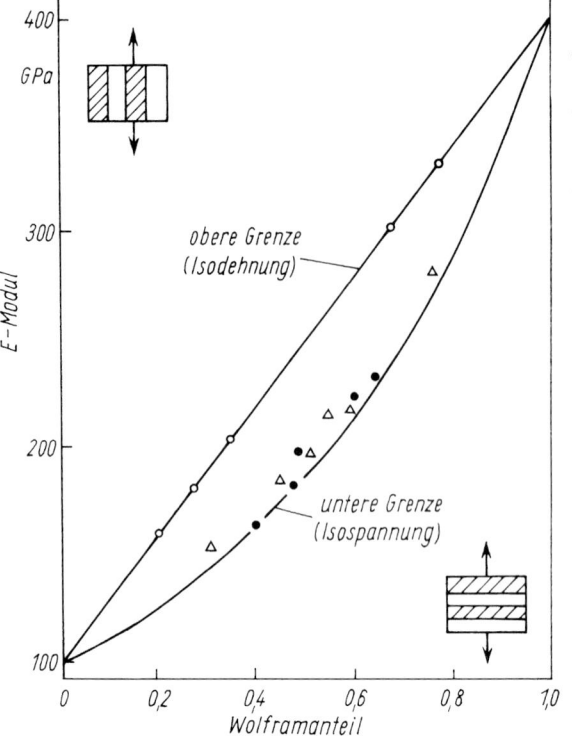

Bild 6.43 Abhängigkeit des E-Moduls von Cu–W-Verbundwerkstoffen vom Wolframanteil V_V^W für verschiedene Ausbildungsformen der W-Phase (nach Mc G. Tegart).
o ausgerichtete W-Drähte;
• Cu-getränktes W-Skelett;
△ W-Teilchen in Cu-Matrix

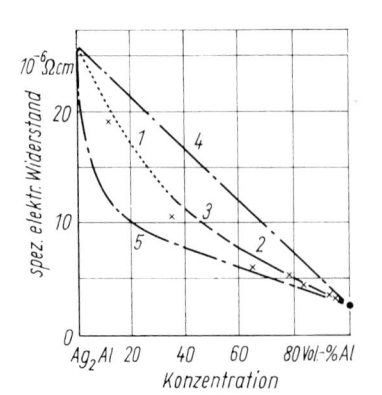

Bild 6.44 Spezifischer elektrischer Widerstand von Ag$_2$Al-Al-Legierungen (nach [6.20]). *1* für Ag$_2$Al-Matrix berechneter Kurvenast; *2* für Al-Matrix berechneter Kurvenast; *3* Übergangsbereich; *4, 5* berechnete Grenzkurven für Parallel- und Reihenanordnung; X Messwerte

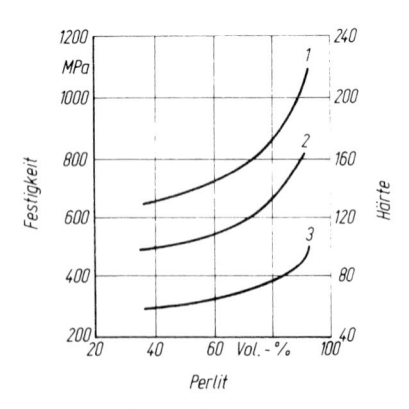

Bild 6.45 Abhängigkeit von Zugfestigkeit *(2)*, Streckgrenze *(3)* und Härte *(1)* vom Perlitanteil untereutektoider Stähle (nach H. Unckel)

Bild 6.46 Biegebruchfestigkeit von WC–Co-Hartmetallen in Abhängigkeit vom mittleren freien Weg p^{Co} (nach *J. Gurland*)

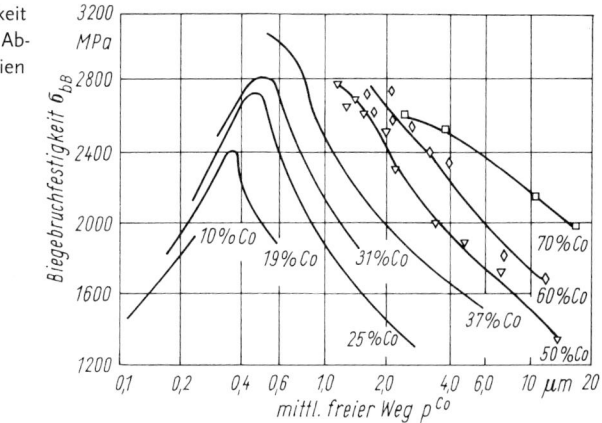

bunden sind, ist grundsätzlich für die härtere Phase eine überhöhte Spannung und verminderte Dehnung und für die weichere Phase der umgekehrte Tatbestand anzunehmen. Da die Größe der Spannungs- und Dehnungsüberhöhung jedoch nicht generell angegeben werden kann, ist auch keine allgemeine quantitative Eigenschaftsvorhersage möglich [6.20], sodass in diesen Fällen aufgestellte Gefüge-Eigenschafts-Beziehungen immer nur für einen enger eingegrenzten Gefüge- und Werkstofftyp Gültigkeit haben.

Sehr eingehenden Betrachtungen wurden in dieser Hinsicht die für Zerspanungs- und Umformwerkzeuge weit genutzten WC–Co-Hartmetalle unterzogen. Bei Beanspruchung wird nur die Bindemetallphase Co plastisch verformt und verfestigt. Infolge Spannungsüberhöhung durch Versetzungsaufstau an den Phasengrenzen (Abschn. 9.5.2) tritt die Rissbildung in der Hartstoffphase WC ein. Die Ausbreitung der Risse wird zunächst durch die Duktilität der Bindephase behindert und geschieht erst nach deren starker Verfestigung aufgrund fortgesetzter Beanspruchung. Damit sind die Festigkeitseigenschaften der Hartmetalle in starkem Maße von der „freien Weglänge" der Versetzungen zwischen den Phasengrenzen abhängig, die der Dicke der Bindemetallschicht (*mittlerer freier Weg p*, Gl. (6.11)) entspricht (Bild 6.46). Mit abnehmendem freien Weg wird die Verformbarkeit der Bindephase zunehmend erschwert. Die Festigkeit wächst bis zu einem Maximum an, das sich ausbildet, wenn die Bindemetallphase durch die Einschränkung der Versetzungsbeweglichkeit versprödet und ihre rissausbreitungshemmende Wirkung verloren geht. Bei sehr dünnen Bindemetallschichten führt bereits der erste sich ausbreitende Riss zum Versagen des Werkstoffs.

Für die Qualität und den Einsatz der *Hartmetalle* sind die Härte

$$HV = 0{,}877 \left[(p^{Co})^2 / \bar{L}^{WC} \right]^{-\frac{1}{5}} \tag{6.21}$$

und die Biegebruchfestigkeit ausschlaggebend. In Bild 6.47 sind Ergebnisse entsprechender Berechnungen und Untersuchungen zu einem Diagramm zusammengestellt, dem in Abhängigkeit von den wichtigsten Gefügeparametern (bei Annahme einer kon-

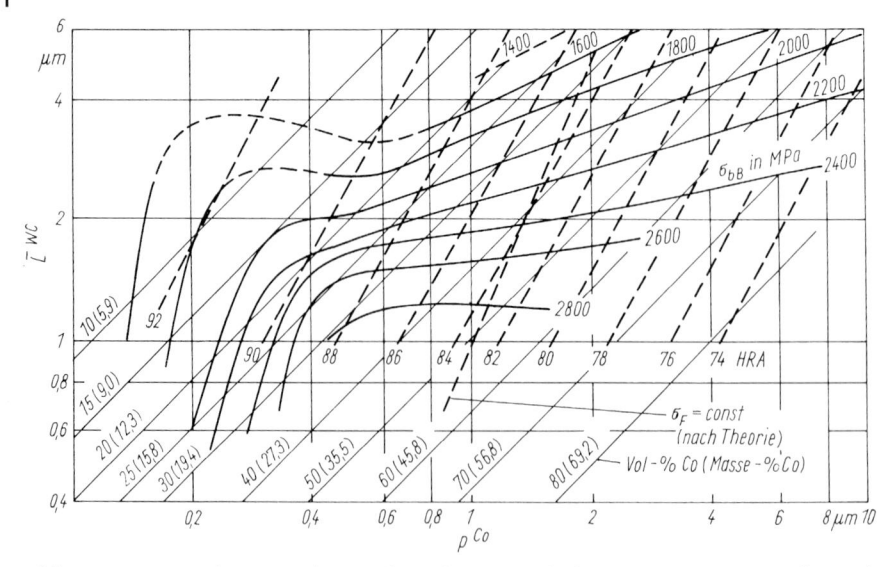

Bild 6.47 Zusammenhang zwischen mechanischen Eigenschaften von WC–Co-Hartmetallen und den Gefügeparametern (nach A. Merz)

stanten Porigkeit und Korngrößenverteilung) Härte und Biegebruchfestigkeit für unterschiedliche Werkstoffzusammensetzungen entnommen werden können.

Ein Gefüge mit Bindephase weist auch der Verbundwerkstoff *Beton* (Bild 6.14) auf, in dem etwa 75 % Zuschlagstoffe (Sand, Kies) in eine durch Erhärten der Zement-Wasser-Mischung entstandene, allerdings spröde Bindephase, den *Zementstein* (Abschn. 3.1.1.2), eingebunden sind. Die Festigkeit der Bindephase ist geringer als die der Zuschlagstoffteilchen, sodass die Rissausbildung vor allem auf den Zementstein konzentriert ist und die Rissausbreitung durch die Zuschlagstoffkörner gehemmt wird. Nach H. *Rumpf* ist die Zugfestigkeit solcher Agglomerate durch die Beziehung

$$\sigma_B = \frac{9}{8} \cdot \frac{1-\Theta}{\Theta} \cdot \frac{\gamma_{AB}}{D} \cdot F_H \qquad (6.22)$$

gegeben (Θ Porosität des Zementsteins; γ_{AB} Grenzflächenspannung; D Abstand der Zuschlagkörner; F_H Haftkraft zwischen Zuschlagstoff und Zementstein). Danach erfordert eine hohe Betonfestigkeit neben einem geringen Teilchenabstand und einer großen Haftkraft vor allem eine geringe Porosität. Die Anzahl der Poren, die als Risskeime wirken, ist im Zementstein umso geringer, je kleiner der Wasserzementwert (Masseverhältnis von Anmachwasser zu Zement) ist (Bild 6.48). Größere Wasserzementwerte als 0,4 haben zur Folge, dass neben herstellungsbedingten 0,1 bis 2 mm großen Luftporen nicht chemisch gebundenes oder adsorbiertes (überschüssiges) Wasser im Zementstein in Form von wassergefüllten Kapillarporen (1 μm bis 10 μm Durchmesser) zurückbleibt.

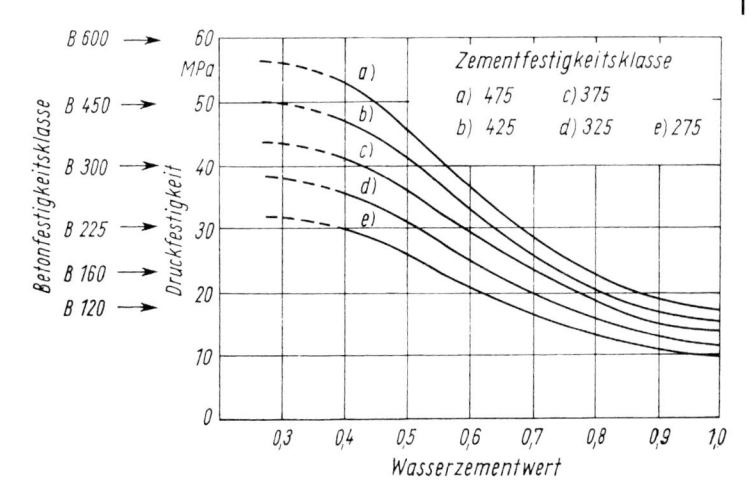

Bild 6.48 Abhängigkeit der Druckfestigkeit des Betons vom Wasserzementwert für Zemente unterschiedlicher Festigkeitsklassen (nach [6.22])

In zweiphasigen Polymerblends(-legierungen) ist das sich einstellende Gefüge vor allem vom Anteil beider Phasen sowie von den technologischen Parametern bei der Compoundierung in einem Extruder bzw. der Formgebung in einer Spritzgussmaschine, insbesondere dem dabei vorliegenden Verhältnis der Schmelzviskositäten, abhängig.

Bei einem ABS/PA-Blend führt beispielsweise allein eine Änderung des Mengenverhältnisses beider Komponenten bei ansonsten gleichen Verarbeitungsparametern zu einer deutlichen Veränderung der Partikelgröße der eingelagerten Polyamidphase (Bilder 6.49a und b). Diese wirkt sich sowohl auf die Verbundeigenschaften als auch die Fließeigenschaften der Polymerphase aus (Bild 6.50). Schon bei geringen Anteilen von Polyamid ist ein deutliches Absinken der Bruchdehnung und der Schlagzähigkeit zu beobachten, während die Zugfestigkeit in diesem Bereich na-

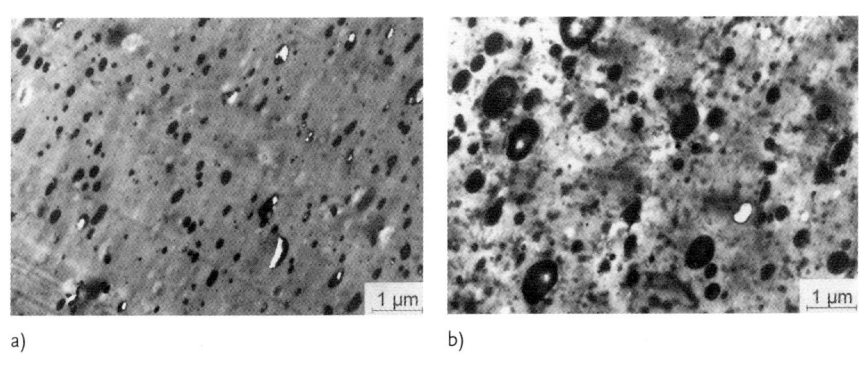

Bild 6.49 Gefüge eines ABS/Polyamid(schwarz)-Blends mit 5 (a) bzw. 10 (b) Masse-% Polyamid-Anteil

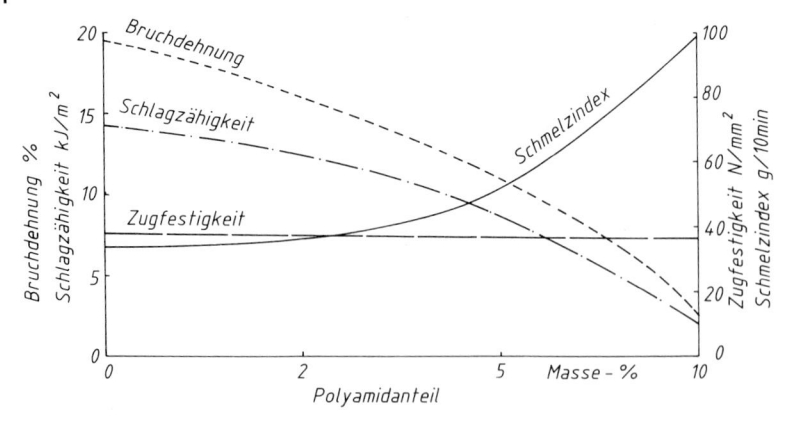

Bild 6.50 Zugfestigkeit, Bruchdehnung, Schlagzähigkeit und Schmelzindex nach DIN 53735 eines ABS/Polyamid-Blends in Abhängigkeit vom Polyamid-Anteil (nach B. Kretzschmar)

hezu unbeeinflusst bleibt. Der Schmelzindex, definiert als das reziproke Maß für die Viskosität, steigt dagegen an, weil sich das bessere Fließverhalten des Polyamids durchsetzt, ein Effekt, der für die Verwendung dieses Blends zur Formteilherstellung im Spritzgussverfahren Vorteile bietet.

Literaturhinweise

6.1 SCHUMANN, H.: Metallographie. Leipzig: Deutscher Verlag für Grundstoffindustrie GmbH 1991
6.2 BLUMENAUER, H. (Hrsg.): Werkstoffprüfung. Leipzig/Stuttgart: Deutscher Verlag für Grundstoffindustrie GmbH 1994
6.3 RHINES, F. N.: Mikrostrukturologie – Gefüge und Werkstoffverhalten. Stuttgart: Dr. Riederer Verlag GmbH 1988
6.4 KOLB, M. D.: Ber. Bunsenges. Phys. Chem. 98, 1421–1432 (1994) No. 11.
6.5 HUPPMANN, W. J., und K. DALAL: Metallographic Atlas for Powder Metallurgy. Freiburg i. Br.: Verlag Schmid GmbH 1986
6.6 SALTYKOV, S. A.: Stereometrische Metallographie. Leipzig: VEB Deutscher Verlag für Grundstoffindustrie 1974
6.7 BECKERT, M., und H. KLEMM: Handbuch der metallographischen Ätzverfahren. Leipzig: VEB Deutscher Verlag für Grundstoffindustrie 1984
6.8 PETZOW, G.: Metallographisches, Keramographisches und Plastographisches Ätzen. Berlin/Stuttgart: Gebrüder Borntraeger 1994
6.9 SCHÄFER, H., O.-D. HENNEMANN und J. RICKEL: Ultramikrotomie als Präparationsmethode für Untersuchungen an Klebverbunden. In: Sonderbände der Praktischen Metallographie, Bd. 17: Metallographie – Präparationstechnik und Gefügeanalyse an Schweiß- und Lötverbindungen, Korrosions- und Verschleißschutzschichten. Stuttgart: Dr. Riederer Verlag GmbH 1986, S. 369–376
6.10 RÖBERT, S. (Hrsg.): Systematische Baustofflehre, Bd. 1: Grundlagen. Berlin: VEB Verlag für Bauwesen 1977
6.11 DIESER, K., W. U. KOPP, I. GRÄF und S. WEBER (Hrsg.): Metallographie – Präparationstechnik und Gefügeinterpretation metallischer und nichtmetallischer Werkstoffe. Sonderbände der Praktischen Metallographie, Bd. 19. Stuttgart: Dr. Riederer Verlag GmbH 1988
6.12 ELSSNER, G., und G. PETZOW: Metallographie von keramischen Werkstoffen und Metall/Keramik-Verbundsystemen. In: Sonderbände der Praktischen Metallographie, Bd. 9: Metallographie und Keramographie – Fort-

schritte in der Präparationstechnik. Stuttgart: Dr. Riederer Verlag GmbH 1978, S. 207–222

6.13 MAURER, J., U. NETZELMANN, S. PANGRAZ und W. ARNOLD: Hochfrequenz-Ultraschall – Bindeglied zwischen technischem Ultraschall und akustischer Mikroskopie. In: Sonderbände der Praktischen Metallographie. München/Wien: Carl Hanser Verlag 1992, S. 329–338

6.14 EXNER, H. E.: European Instruments for Quantitative Image Analysis in Stereology and Quantitative Metallography. ASTM STP 504 (1972), S. 95–107

6.15 EXNER, H. E.: Qualitative and Quantitative Surface Microscopy in Physical Metallurgy. Ed.: Robert W. Cahn. Band 2. Amsterdam: North Holland 1996, p. 944–1032

6.16 ONDRACEK, G.: Quantitative microstructural analysis, stereology and properties of materials. In: Sonderbände der Praktischen Metallographie, Bd. 8: Analyse Quantitative des Microstructures en Sciences des Materiaux, Biologie et Medicine. Stuttgart: Dr. Riederer Verlag GmbH 1978, S. 103–115

6.17 KUNZ, W.: Metallkundliche Aspekte der weichmagnetischen Ni-Fe-Legierungen. Z. Metallkd. 69 (1978), S. 135–142

6.18 FISCHMEISTER, H.: Characterization of porous structures by stereological measurements. Powder Metallurgy International 7 (1975), S. 178–188

6.19 ONDRACEK, G.: Zum Zusammenhang zwischen Eigenschaften und Gefügestruktur mehrphasiger Werkstoffe. Z. Werkstofftechn. 8 (1977), S. 240–246, 280–287

6.20 MAURER, K. L., und M. POHL (Hrsg.): Gefüge und Bruch. Metallkundlich-technische Reihe, Bd. 9. Berlin/Stuttgart: Gebürder Borntraeger 1990

6.21 SCHATT, W., und *K.-P. Wieters* (Hrsg.): Pulvermetallurgie; Technologien und Werkstoffe. Düsseldorf: VDI Verlag 1994

6.22 REICHEL, W., und *D. Conrad:* Beton, Bd. 1. Berlin: VEB Verlag für Bauwesen 1978

7
Thermisch aktivierte Vorgänge

Im Abschnitt 5.1 ist dargelegt worden, dass Zustandsänderungen im Festkörper ablaufen, um dessen freie Energie herabzusetzen und dadurch den energieärmsten, den stabilen Zustand herbeizuführen. Die Zustandsänderungen laufen jedoch meist nicht stufenlos ab, sondern stellen Folgen verschiedener Vorgänge dar, wobei sich Zwischenzustände unterschiedlicher Lebensdauer einstellen, die auch als metastabile Zustände oder lokale Energieminima des Systems bezeichnet werden. So laufen z. B. Ausscheidungsvorgänge über die Stufen Entmischung des Mischkristalls oder Keimbildung und Teilchenwachstum ab. Der stabile Zustand des Systems entspricht seinem globalen Minimum der freien Enthalpie. Bei genauer Analyse folgt, dass der stabile Zustand eines thermodynamischen Systems je nach Vorgabe von äußeren Bedingungen, z. B. konstantes Volumen oder konstanter Druck, einem Minimum eines thermodynamischen Potenzials entspricht. Im Folgenden wird konstanter Druck vorausgesetzt, sodass das System einem Minimum der freien Enthalpie zustrebt.

Die Zustände des Systems sind durch ihre freie Enthalpie G charakterisiert. Bild 7.1 (s. a. Bild 4.1) verdeutlicht, dass während einer Zustandsänderung von einem metastabilen zum nächstfolgenden bzw. zum stabilen Zustand eine Barriere (Schwellwert) der freien Enthalpie ΔG_a überschritten werden muss. Ganz entscheidend für das Überwinden dieser Barriere ist der Umstand, dass in einem thermodynamischen System räumliche und zeitliche Schwankungen der Zustandsgrößen auftreten. Infolge einer ausreichend hohen Schwankung der freien Enthalpie kann die Barriere überwunden werden. Ursache für das Zustandekommen der Schwan-

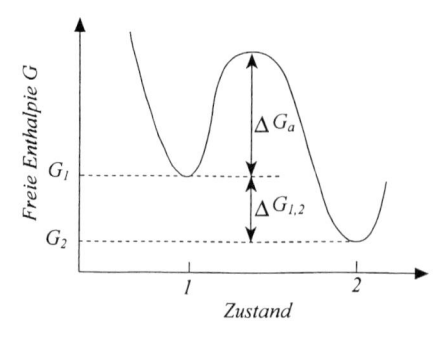

Bild 7.1 Schematische Darstellung des Verlaufs der freien Enthalpie während einer Zustandsänderung. 1 metastabiler Ausgangszustand; 2 metastabiler Zwischenzustand oder stabiler Endzustand

kung ist die thermische Bewegung (Fluktuation) der Atome. Man spricht deshalb in diesem Fall von *thermischer Aktivierung*. Eine Aktivierung im Sinne einer lokalen Energieübertragung an das System zur Überwindung der Barriere der freien Enthalpie kann z. B. auch durch Bestrahlung mit Photonen oder energiereichen Teilchen erfolgen.

Die *thermische Aktivierung* ist dadurch charakterisiert, dass je höher die Barriere ist, desto länger es im Mittel dauert, bis eine genügend hohe Schwankung der freien Enthalpie auftritt. Eine genauere quantitative Analyse dieser Zusammenhänge erfolgt im Rahmen der statistischen Theorie und Kinetik. Als Ergebnis der so genannten Ratentheorie folgt, dass die Rate ν zur Überwindung der freien Enthalpiebarriere proportional dem Ausdruck $\exp(-\Delta G_a/RT)$ ist, wobei R die Gaskonstante und T die absolute Temperatur bezeichnen. Der reziproke Wert der Rate, $1/\nu$, entspricht der mittleren Verweilzeit des Systems im jeweiligen metastabilen Zustand. Unter Berücksichtigung des Zusammenhangs zwischen freier Enthalpie und Enthalpie, $\Delta G_a = \Delta H_a - T\Delta S_a$ (ΔH_a Enthalpie-, ΔS_a Entropieschwellwert) folgt die *Arrhenius-Gleichung*

$$\nu = K\exp(-Q/RT) \tag{7.1}$$

mit $Q = \Delta H_a$ als *Aktivierungsenthalpie* und K als Proportionalitätskonstante.

Die *Aktivierungsenthalpie* lässt sich einfach ermitteln, indem man die Geschwindigkeit v einer Zustandsänderung misst und deren Logarithmus in einem so genannten Arrhenius-Diagramm über der Variablen $1/T$ aufträgt. Die Geschwindigkeit v ist im Wesentlichen durch den langsamsten thermisch aktivierten Prozess während der Zustandsänderung bestimmt, sodass v proportional der diesen Prozess charakterisierenden Rate ν ist. Durch Logarithmieren von Gl. (7.1) und Berücksichtigen der Proportionalität von v und ν folgt

$$\ln v = \ln K' - Q/RT \tag{7.1a}$$

mit einer modifizierten Konstante K'. Aus dem Anstieg der sich ergebenden Geraden im Arrhenius-Diagramm (Bild 7.2) kann die Aktivierungsenthalpie, die oft auch als *Aktivierungsenergie* bezeichnet wird (s. Einleitung und Fußnote Kap. 4.),

$$Q = -R\Delta(\ln v)/\Delta(1/T) \tag{7.1b}$$

bestimmt werden.

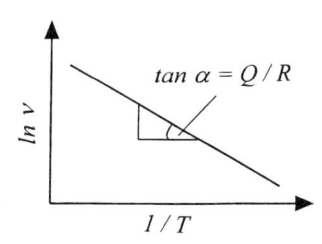

Bild 7.2 Arrhenius-Gerade zur Bestimmung der Aktivierungsenthalpie eines atomaren Umordnungsprozesses

Da für spezielle Systeme oft Kenntnisse über die Aktivierungsenthalpien (Aktivierungsenergien) typischer atomarer Prozesse wie die Bewegung von Leerstellen, Zwischengitteratomen oder Versetzungen vorliegen, kann durch ihre Bestimmung in gewissen Grenzen auf die Art der atomaren Vorgänge geschlossen werden, die die zeitliche Entwicklung der Zustandsänderung bestimmen. Abweichungen eines Arrhenius-Diagramms von einer Geraden deuten darauf hin, dass in Abhängigkeit von der Temperatur verschiedene atomare Prozesse für die Zustandsänderung zeitbestimmend sind.

Thermisch aktivierte Vorgänge von technischer Bedeutung sind die Umordnung von Atomen bei Gitterumwandlungen (Kap. 4), der Ausgleich von Konzentrationsunterschieden durch Diffusion (Abschn. 7.1), Erholung und Rekristallisation verformter Gefüge (Abschn. 7.2), Sintervorgänge (Abschn. 7.1.4.3), Kriechen (Abschn. 9.4) und Diffusions- sowie Versetzungskriechen (Abschn. 7.1.4), die Nachhärtung von Duromeren, die Entglasung (Abschn. 3.1.1.3) oder die thermisch-chemische Oberflächenbehandlung (Abschn. 7.1.3).

7.1
Diffusion

Der Elementarvorgang der Diffusion in Festkörpern ist ein durch thermische Fluktuation bedingter Platzwechsel von Atomen, Ionen oder niedermolekularen Bestandteilen, der umso häufiger auftritt, je höher die Temperatur ist. Wenn die aus der thermischen Anregung resultierende Schwingungsenergie genügend groß ist, können die Bausteine aus ihrer durch das Gleichgewicht der Bindungskräfte bedingten Potenzialmulde herausschwingen und einen benachbarten Platz einnehmen. Werden die Platzwechsel in einem betrachteten Gitter von gittereigenen Bausteinen ausgeführt, so handelt es sich um *Selbstdiffusion*, im Fall von gitterfremden um *Fremd-(Inter-)Diffusion*. Die Geschwindigkeit der Platzwechsel (Diffusion) wird durch den Diffusionskoeffizienten gekennzeichnet.

Je nachdem, ob die Teilchen im Strukturinneren oder entlang von Grenzflächen wandern, spricht man von *Volumendiffusion* oder von *Grenzflächendiffusion* (Bild 7.3). Wichtige Fälle der Grenzflächendiffusion sind die Diffusion an äußeren Oberflächen *(Oberflächendiffusion)* und an Korngrenzen *(Korngrenzendiffusion)*. Da die Bausteine in den Grenzflächen weniger fest gebunden sind und Grenzflächen stets stärker gestörte Bereiche darstellen, ist die für die Aktivierung der Grenzflächendiffusion nötige Energie kleiner und die Diffusionsgeschwindigkeit, insbesondere bei mittleren und tiefen Temperaturen, um ein Vielfaches größer als bei der Volumendiffusion (Bild 7.4). Beispielsweise wurden für die Diffusion des Thoriums in Wolfram folgende Diffusionskoeffizienten (s. Gl. (7.2)) ermittelt:

Oberflächendiffusion $\quad D_F = 0{,}47 \cdot \exp(-275\ \text{kJ/g-Atom}/RT)\ \text{cm}^2\ \text{s}^{-1}$,
Korngrenzendiffusion $\quad D_K = 0{,}47 \cdot \exp(-375\ \text{kJ/g-Atom}/RT)\ \text{cm}^2\ \text{s}^{-1}$ und
Volumendiffusion $\quad D_V = 1{,}00 \cdot \exp(-500\ \text{kJ/g-Atom}/RT)\ \text{cm}^2\ \text{s}^{-1}$.

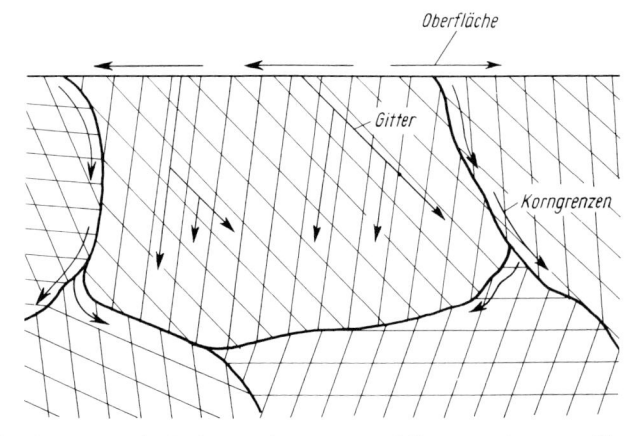

Bild 7.3 Diffusionswege bei der Gitter-, Oberflächen- und Korngrenzendiffusion (nach R. F. Mehl)

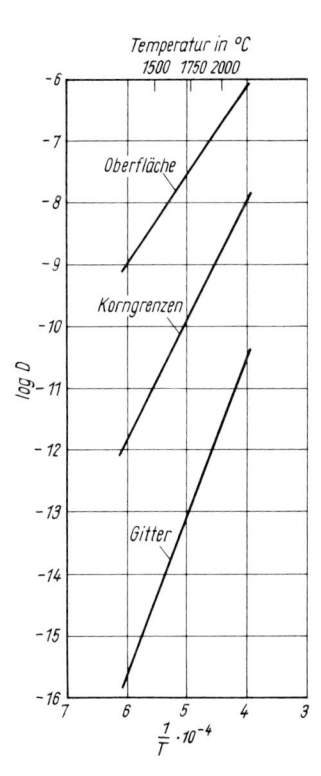

Bild 7.4 Temperaturabhängigkeit der Diffusionskoeffizienten von Thorium in Wolfram (nach W. Seith)

Da der Anteil der Korngrenzen- und Oberflächenbereiche am Gesamtvolumen jedoch meist sehr klein ist, für die Volumendiffusion aber ein sehr großer „Strömungsquerschnitt" zur Verfügung steht, wird das Diffusionsgeschehen mit zunehmender Temperatur immer mehr von der Volumendiffusion bestimmt. In polykristallinen Werkstoffen verringert sich der Anteil der Korngrenzendiffusion mit zunehmender Korngröße, d. h. in dem Maße, wie die spezifische Korngrenzenfläche (Abschn. 6.6) abnimmt.

Für die Geschwindigkeit von Diffusionsvorgängen ist die Größe des *Diffusionskoeffizienten D* maßgebend. D hängt von den am Vorgang beteiligten Bausteinen, von der Konzentration und nach einer Beziehung analog Gl. (7.1)

$$D = D_o \exp(-Q/RT) \qquad (7.2)$$

in besonders starkem Maße von der Temperatur ab. D_o (Frequenzfaktor) ist eine Materialkonstante. Bei Interstitiellen-Diffusion wird Q durch die Enthalpieänderung bei der Wanderung der Zwischengitteratome bestimmt, d. h. Q ist gleich der Differenz ΔH_{ZW} der Enthalpie zwischen Gleichgewichts- und Sattellage des Zwischengitteratoms. Im Fall des Leerstellenmechanismus tritt in Q zusätzlich die Aktivierungsenthalpie ΔH_{LB} für die Leerstellenbildung auf, da der Diffusionskoeffizient der Leerstellenkonzentration c_L proportional ist: $D = c_L \cdot D_L$ (D_L Leerstellendiffusionskoeffizient). Somit gilt für $Q = \Delta H_{LB} + \Delta H_{LW}$ [7.3].

Trägt man, ausgehend von der logarithmierten Gl. (7.2), log D über $1/T$ auf, so erhält man für die Temperaturabhängigkeit der Diffusionskoeffizienten Geraden (Bild 7.4), aus deren Steigung sich die *Aktivierungsenthalpie* ergibt. Werden Abweichungen von der Geraden gefunden, so deutet dies auf den gleichzeitigen Ablauf mehrerer Elementarprozesse mit unterschiedlichen Aktivierungsenthalpien hin. Die Aktivierungsenthalpien der Selbstdiffusion ist eine jener Kenngrößen kristalliner Festkörper, die zu den Bindungskräften im Gitter in direkter Beziehung stehen. Für eine große Gruppe typischer Metalle, wie beispielsweise Au, Cu, Ni, Pt u. a., findet man das Verhältnis von Aktivierungsenthalpie zur Verdampfungswärme gleich 0,65 bis 0,7.

Der Diffusionsvorgang im Kristallgitter ist in hohem Maße strukturempfindlich. So sind bei gleicher Temperatur die Diffusionskoeffizienten von im Eisen gelösten C-Atomen für das α-Fe etwa hundertmal größer als im γ-Fe. In nichtkubischen Gittern ist die Diffusion anisotrop, und die Diffusionsgeschwindigkeit kann in verschiedenen kristallographischen Richtungen sehr unterschiedlich sein. Zum Beispiel werden beim hexagonal kristallisierenden Wismut für den Koeffizienten der Selbstdiffusion D_S parallel und senkrecht zur c-Achse in der Nähe der Schmelztemperatur folgende Werte angegeben [7.1]:

$D_S \parallel c$: $9 \cdot 10^{-11}$ cm^2 s^{-1}; $\qquad D_S \perp c$: $2{,}15 \cdot 10^{-16}$ cm^2 s^{-1};
$Q \parallel c$: 130 kJ/g-Atom; $\qquad Q \perp c$: 586 kJ/g-Atom

7.1.1
Platzwechselmechanismen

Während die Bausteine an freien Festkörperoberflächen (Abschn. 6.2) in ihrer Bewegung weitgehend ungehindert sind und auch in den vom Ordnungsgrad her stark gestörten Korngrenzen (Abschn. 2.1.11) hinreichenden Bewegungsspielraum haben, ist der Teilchentransport im Gitter nur unter bestimmten Voraussetzungen möglich und auf der Grundlage nur weniger Platzwechselmechanismen denkbar. Bei der Volumendiffusion in kristallinen Körpern werden grundsätzlich drei Mechanismen unterschieden, die ihrerseits weiter modifiziert werden und im realen Festkörper, meist bei Dominanz eines Mechanismus, zu unterschiedlichen Anteilen auftreten können.

In einem Kristall, in dem alle Gitterplätze besetzt sind, kann ein Platzwechsel nur bei gleichzeitiger Beteiligung von mindestens zwei Atomen erfolgen (*Austauschmechanismus;* Bild 7.5 a). Da der direkte Austausch zweier benachbarter Atome in einem dicht gepackten Gitter aber eine zeitweilige stärkere Gitterverzerrung erfordert, ist die Energieschwelle für diesen Vorgang sehr hoch. Daher ist ein solcher Mechanismus wenig wahrscheinlich. Gitterverzerrung und Aktivierungsenthalpie können jedoch wesentlich niedriger sein, wenn anstatt zwei – gemäß der von *Zener* vorgeschlagenen *Ringdiffusion* – drei oder mehr Atome gleichzeitig ihre Plätze wechseln. Es ist noch nicht sicher, ob ein solcher Ringmechanismus in Kristallen tatsächlich vorkommt.

Die Diffusion über Zwischengitterplätze *(Zwischengittermechanismus)* ist möglich (Bild 7.5 b), wenn eine ausreichende Fehlordnung durch Zwischengitteratome (-ionen) vorliegt oder die Kristallstruktur wie bei zahlreichen Silicaten und Graphit ohnehin größere Zwischenräume aufweist. Die Zwischengitterplatz-Diffusion ist insbesondere bei Einlagerungsmischkristallen, wie sie häufig von Metallen mit H, N und C gebildet werden, von Bedeutung *(Interstitiellen-Diffusion)*. Infolge der kleinen Atomradien der eingelagerten Elemente kann der Platzwechsel ohne stärkere Verzerrung des Metallgitters und bei niedriger Aktivierungsenthalpie vor sich gehen. Da die Löslichkeit der Metalle für interstitiell eingebaute Atome relativ gering ist, sind in der Nachbarschaft der Einlagerungsatome genügend Zwischengitterplätze für Diffusionssprünge frei.

Die Größe der Aktivierungsenthalpie entspricht dann im Wesentlichen der (auf 0 K bezogenen) durch die Gitteraufweitung verursachten und zur Realisierung des Elementarsprungs notwendigen Änderung der elastischen Energie. Sind die Einlagerungsatome größer, kann es günstiger sein, wenn das Atom nicht direkt in eine Gitterlücke wandert, sondern den regulären Gitterplatz eines Nachbaratoms, das seinerseits auf einen Zwischengitterplatz verdrängt wird, einnimmt. Auch in

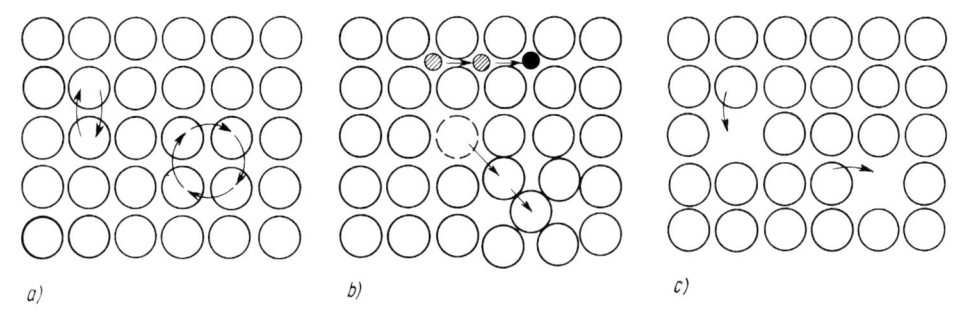

a) *b)* *c)*

Bild 7.5 Platzwechselmöglichkeiten im Gitter. a) Austauschmechanismus; b) Zwischengittermechanismus; c) Leerstellenmechanismus

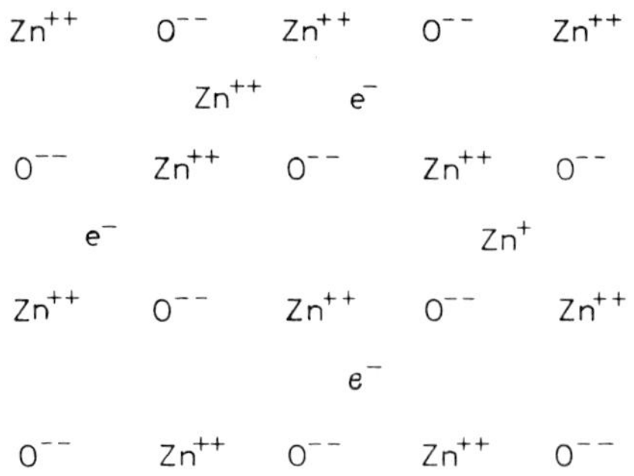

Zn^{++}	O^{--}	Zn^{++}	O^{--}	Zn^{++}	
	Zn^{++}		e^-		
O^{--}	Zn^{++}	O^{--}	Zn^{++}	O^{--}	
e^-			Zn^+		
Zn^{++}	O^{--}	Zn^{++}	O^{--}	Zn^{++}	
		e^-			
O^{--}	Zn^{++}	O^{--}	Zn^{++}	O^{--}	

Bild 7.6 Idealisierte Darstellung der Fehlordnung in Zinkoxid. Das Verhältnis von ein- und zweiwertigen Zinkionen auf Zwischengitterplätzen hängt von der Temperatur ab

nichtstöchiometrisch aufgebauten intermetallischen Phasen und Ionenkristallen (z. B. Oxiden) ist eine Zwischengitterplatz-Diffusion möglich, wenn eine Teilchenart im Überschuss vorliegt und die überschüssigen Teilchen auf Zwischengitterplätzen untergebracht sind. Bei nichtstöchiometrischen Ionenkristallen mit Metallüberschuss müssen außer den positiven Metallionen zur Wahrung der Elektroneutralität noch Elektronen auf Zwischengitterplätzen vorhanden sein (Bild 7.6). Entsprechende Verhältnisse liegen bei CdO, TiO_2, Al_2O_3, MoO_3, Fe_2O_3 (s. a. Abschn. 8.5.1) u.a. vor. Der Fall, dass in einem stöchiometrisch aufgebauten Ionenkristall sich Anionen und Kationen auf Zwischengitterplätzen befinden, ist energetisch nicht begünstigt.

In Abhängigkeit von der Temperatur enthält der Realkristall eine bestimmte Anzahl unbesetzter Gitterplätze (Leerstellen, s. a. Abschn. 2.1.11), in die benachbarte Bausteine leicht einspringen können *(Leerstellenmechanismus)*. Als Aktivierungsenthalpie muss die Ablösearbeit aufgebracht werden. An ihrem ursprünglichen Gitterplatz hinterlassen die Bausteine eine neue Leerstelle (Bild 7.5 c), sodass Bausteine und Leerstellen in entgegengesetzte Richtungen wandern. Die mit der Temperaturerhöhung zu beobachtende Erleichterung der Diffusion ist sowohl auf die Zunahme der Schwingungsenergie der Bausteine als auch auf die Erhöhung der Leerstellenkonzentration (s. Abschn. 2.1.11) zurückzuführen. Der Leerstellenmechanismus ist in reinen Metallen und Austauschmischkristallen wirksam und in den kubisch-flächenzentrierten vorherrschend. In stöchiometrisch aufgebauten Ionenkristallen ist wegen der elektrischen Neutralität die gleichzeitige Anwesenheit einer äquivalenten Anzahl von Leerstellen im Kationen- und Anionenteilgitter (Bild 7.7) oder von Leerstellen und Zwischengitterionen in einem der Teilgitter erforderlich, wobei die Fehlordnung des Kationengitters energetisch bevorzugt ist. Im ersten Fall erfolgt die Diffusion von Anionen und Kationen nur über Leerstellen, im zweiten bewegen sich Kationen über Zwischengitterplätze oder Leerstellen. In nichtstöchiometrischen Ionenkristallen sind die Leerstellen auf das Teilgitter der im Unterschuss vorliegenden Komponente konzentriert. Die elektrische Neutralität wird, wenn die Leerstellen im Anionengitter bestehen, durch eine äquivalente Anzahl von Überschusselektronen und für Leerstellen im Kationenteilgitter über die Bindung von Defektelektronen (Bild 7.8) hergestellt. Bei dem im Bild 7.8 dargestellten Beispiel Cu_2O wandern die einwertigen Kupferionen über Leerstellen ihres Teilgitters. Die Defektelektronen

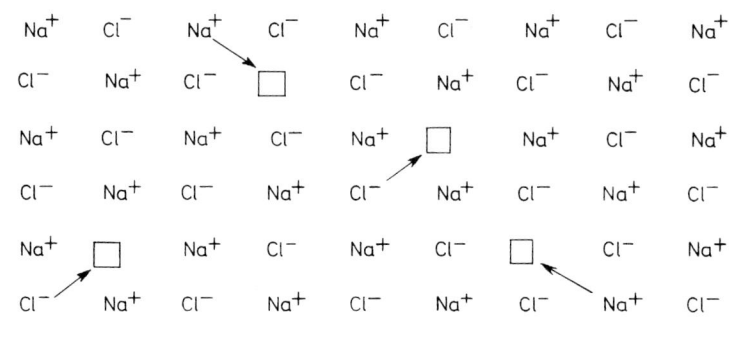

```
Na⁺   Cl⁻   Na⁺   Cl⁻   Na⁺   Cl⁻   Na⁺   Cl⁻   Na⁺
Cl⁻   Na⁺   Cl⁻   ☐     Cl⁻   Na⁺   Cl⁻   Na⁺   Cl⁻
Na⁺   Cl⁻   Na⁺   Cl⁻   Na⁺   ☐     Na⁺   Cl⁻   Na⁺
Cl⁻   Na⁺   Cl⁻   Na⁺   Cl⁻   Na⁺   Cl⁻   Na⁺   Cl⁻
Na⁺   ☐     Na⁺   Cl⁻   Na⁺   Cl⁻   ☐     Cl⁻   Na⁺
Cl⁻   Na⁺   Cl⁻   Na⁺   Cl⁻   Na⁺   Cl⁻   Na⁺   Cl⁻
```

Bild 7.7 Fehlordnungsmodell für NaCl

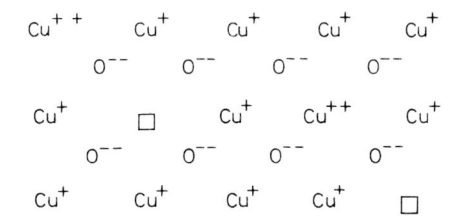

Bild 7.8 Fehlordnungsmodell des Cu_2O

werden durch zweiwertige Kupferionen repräsentiert. Analoge Verhältnisse werden auch für NiO, Cr_2O_3, FeO (s. a. Abschn. 8.5.1), CoO, MoO_2 u. a. angenommen.

Die Platzwechsel über Fehlstellen vollziehen sich in Mehrkomponentensystemen meist mit einem für jede Ionen-(Atom-)Art unterschiedlichen Energieaufwand, d. h., die *partiellen Diffusionskoeffizienten* sind verschieden, $D_A \neq D_B$. (Auch dies ist ein Grund für die geringe Wahrscheinlichkeit des Auftretens eines Austauschmechanismus in Legierungen, der ja gleiche Diffusionskoeffizienten der Komponenten voraussetzt.) Für Ionenkristalle, in denen die Fehlordnung im Wesentlichen auf eines der Teilgitter konzentriert ist, ist dies ohnehin verständlich. Bei Ionenkristallen wie Alkalihalogeniden, wo in beiden Teilgittern Leerstellen in gleicher Konzentration vorliegen (s. Bild 7.7, Beispiel NaCl), wird häufig eine größere Beweglichkeit der Kationen festgestellt, was auf ihre geringere Größe zurückzuführen ist.

Die unterschiedlichen Aktivierungsenthalpien für die Selbstdiffusion von As und Ga in der halbleitenden intermetallischen Verbindung GaAs (Ga: 540 kJ/mol; As: 985 kJ/mol) lassen darauf schließen, dass auch hier der Platzwechsel einer Atomart nur innerhalb ihres Teilgitters geschieht, d. h., der der As-Atome erfolgt über Leerstellen im As-Teilgitter, derjenige der Ga-Atome über Leerstellen im Ga-Teilgitter. Ebenso diffundieren Dotanten (substituierende Fremdatome, Abschn. 10.1.2) in Verbindungshalbleitern jeweils nur im entsprechenden Teilgitter (z. B. Substituenten des As im As-Teilgitter, Substituenten des Ga im Ga-Teilgitter).

Das Bestehen verschiedener partieller Diffusionskoeffizienten in metallischen Legierungen wurde erstmals von *Kirkendall* experimentell bestätigt *(Kirkendall-Effekt)*. Es kommt in einem chemisch inhomogenen System in beiden Richtungen des Konzentrationsgefälles zu einem unterschiedlichen Materialfluss. Im klassischen Versuch *Kirkendalls* wurde ein Messingblock (70 % Cu – 30 % Zn), der mit Kupfer plattiert war und dessen Messing–Kupfer-Phasengrenzen mit Molybdändrähten markiert wurden, geglüht. Aufgrund der größeren Diffusionsgeschwindigkeit des Zinks diffundiert dieses schneller in die Plattierungsschicht als Kupfer in den Block. Infolge des stärkeren Materialflusses nach außen werden die Markierungen in Richtung auf den Messingblock verschoben.

Eine andere Folge des ungleichen Materialtransports ist der *Frenkel-Effekt*, demzufolge in der schneller diffundierenden Komponente *Diffusionsporosität* und in der langsameren Schwellung auftritt. Ein repräsentatives Beispiel hierfür ist das System Ni–Cu, in dem beispielsweise bei 1000 °C die konzentrationsabhängigen partiellen Diffusionskoeffizienten um rund eine Zehnerpotenz differieren ($D_{Cu} \gg D_{Ni}$), sodass über den Cu–Ni-Kontakt in der Zeiteinheit mehr Cu-Atome in das Ni diffundieren als umgekehrt und im Cu hinterlassene Leerstellen zu Mikroporen koagulieren, während auf der Ni-Seite so viel Cu gelöst wird, dass eine höhere Dichte von Atomen entsteht und das Material eine lokale Schwellung erfährt. Beide Erscheinungen, Kirkendall- und Frenkel-Effekt, sind freilich temporärer Natur. Bei genügend langer Expositionsdauer führt die Fremddiffusion zum Konzentrationsausgleich (Homogenisierung) und schließlich zu jenen Mischkristallkonzentrationen, die das (Gleichgewichts-)Zustandsdiagramm ausweist.

Nach den heutigen Vorstellungen sind die *Diffusionsvorgänge in silicatischen Gläsern* denen in Ionenkristallen etwa vergleichbar. Der Atomplatzwechsel wird durch Schwingungen in der Netzwerkstruktur der Gläser (Abschn. 2.2.2) ermöglicht. Während die fester gebundenen Si^{4+}- und O^{2-}-Ionen (Netzwerkbildner) den stabileren Teil des Netzwerkes darstellen, weisen eingelagerte Bestandteile wie Ca^{2+}-Ionen, vor allem aber Na^+-Ionen (Netzwerkwandler), deren Diffusionskoeffizient gemäß der Weylschen Theorie aufgrund der niedrigeren Kationenladung um mehr als drei Zehnerpotenzen über dem der Ca^{2+}-Ionen liegt, eine wesentlich größere Beweglichkeit auf. Sitzt beispielsweise das Na^+-Ion an einem nicht brückenbildenden O^{2-}-Ion, so entspricht dies einem „Zwischengitterplatz", fehlt das Na^+-Ion an dieser Stelle, so kann in entsprechender Weise von einer „Leerstelle" gesprochen werden. Für die Diffusion selbst erscheint aus energetischen Betrachtungen der Materialtransport über die „Zwischengitterplätze" wahrscheinlicher als der über „Leerstellen", wenn Letzterer auch nicht ganz ausgeschlossen werden kann.

Ausschließlich strukturelle Faktoren sind für die Diffusion von neutralen einatomigen Edelgasen in Gläsern maßgebend. So diffundieren die kleinen Heliumatome in dem locker strukturierten Kieselglas erheblich schneller als die größeren Neonatome.

In Polymeren ist aufgrund ihres ganz andersartigen Aufbaus ein Platzwechsel des Makromoleküls im festen Zustand praktisch ausgeschlossen. Es kann sich nur unter Mitführung angrenzender Makromoleküle, also kooperativ mit Nachbarketten, bewegen *(gebundene Diffusion)*. Das ist jedoch bei amorphen Polymeren erst oberhalb der Einfriertemperatur und für kristalline sogar erst im schmelzflüssigen Zustand möglich. Niedermolekulare Stoffe hingegen, die als flüssige oder Gasphase vorliegen (wie Luft, Wasser, den polymeren Werkstoff nichtlösende organische Dämpfe und Flüssigkeiten), diffundieren in den polymeren Körper. Sie dringen in die zwischenmolekularen Räume ein, wenn die Molekülsegmente mikrobrownsche Bewegungen ausführen und zwischen diesen und niedermolekularen Bestandteilen Platzwechsel möglich sind.

Daher wird durch alle Einflüsse, die die Beweglichkeit der Molekülsegmente oder den Zwischenraum zwischen den Makromolekülen (das sog. freie Volumen) vergrößern, wie z. B. Temperaturerhöhung, äußere Weichmachung, Molekülverzweigung oder -vernetzung, Erhöhung der Amorphie, die Diffusionsgeschwindigkeit z.T. erheblich erhöht. Entgegengesetzt wirken solche Einflüsse wie Temperaturerniedrigung, innere Weichmachung, Erhöhung der Kristallinität, Kompression oder Deformation unter mechanischer Spannung bzw. Orientierung der Makromoleküle durch Verstreckung (es entstehen dabei sogar Anisotropien der Diffusion) sowie Zumischung anorganischer Füllstoffe. Reißen allerdings Poren auf, erhöht sich die Diffusionsgeschwindigkeit, die sich auch mit Abnahme der relativen Masse und des Durchmessers der Moleküle des diffundierenden Mediums vergrößert.

Die *Diffusion in Polymeren* kann mit Sorptions- und Desorptionsvorgängen (wie Quellen und Entquellen bei Flüssigkeitsaufnahme und -abgabe) verbunden sein (s. a. Abschn. 8.3.1). Stimmen diese Vorgänge zeitlich nicht überein, d. h., verläuft einer der Vorgänge schneller, so spricht man von *anomaler Diffusion*. Sie tritt im Zustand der unterkühlten Schmelze auf. Mit zunehmender Sorption nähert sich der polymere Werkstoff immer mehr dem Zustand einer Schmelze, bei zunehmender Desorption dem Glaszustand an. Die absorbierten niedermolekularen Bestandteile beeinflussen die mikro- und makrobrownsche Bewegung und damit auch die Einfrier- und Erweichungs- bzw. Schmelztemperatur. Unterhalb der Einfriertemperatur verlaufen die Diffusionsvorgänge sehr langsam.

7.1.2
Diffusionsgesetze

In homogenen Systemen läuft der thermisch aktivierte Platzwechsel von Atomen im Mittel ungerichtet ab. Bei Vorhandensein von Konzentrationsgradienten von bestimmten Komponenten resultieren aus der statistischen Bewegung der Teilchen gerichtete Ströme dieser Komponenten. Neben dem Konzentrationsgradienten können auch Gradienten anderer Größen wie z. B. der Temperatur, der mechanischen Spannung oder des elektrischen Feldes Massenströme verursachen. Im Rahmen der irreversiblen Thermodynamik ergibt sich der Massenstrom einer Stoffkomponente ganz allgemein aus dem Gradienten des chemischen Potentials dieser Komponente [7.2], [7.3], [7.9]. Zunächst sollen jedoch der wesentliche Mechanismus sowie die Grundgleichungen des Stofftransports infolge eines Konzentrationsgradienten am Beispiel der Diffusion von Zwischengitteratomen anschaulich erläutert werden.

Betrachtet werden zwei benachbarte Atomebenen in einer binären Legierung (Bild 7.9). Die Flächenbelegung der Komponente 1, die als Zwischengitteratome im Gitter der Atomart 2 angeordnet sein möge, soll auf der linken Ebene am Orte x den Wert $c(x)a$ und die auf der rechten entsprechend $c(x + a)a$ annehmen, wobei $c(x)$ die Konzentration (Teilchenzahl pro Volumen) der Komponente 1 und a die Gitterkonstante bezeichnen. Durch thermisch aktivierte Platzwechselvorgänge ergibt sich

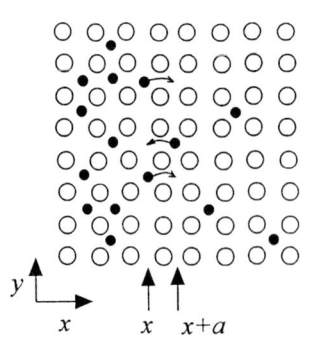

Bild 7.9 Schematische Darstellung der Diffusion von Zwischengitteratomen (Atomart 1, ●) in einem kubisch primitiven Gitter (Atomart 2, o)

ein Teilchenstrom von der linken zur rechten Atomebene, $j(l \rightarrow r) = v\,c(x)\,a/6$, der proportional zur Flächenbelegung auf der linken Atomebene ist, wobei $v/6$ die Sprunghäufigkeit eines Teilchens in eine vorgegebene Richtung pro Zeit ist. Ein analoger Ausdruck folgt für den Strom von der rechten zur linken Atomebene. Damit folgt bei Voraussetzung einer langsamen Veränderung der Konzentration der Komponente 1 über einen Gitterabstand unter Anwendung der Taylorentwicklung von $c(x+a)$ an der Stelle x als resultierender Gesamtstrom oder auch Diffusionsstrom

$$j = j(l \rightarrow r) - j(r \rightarrow l) = v\,a\,[c(x) - c(x+a)]/6 = -(v\,a^2/6)\,\partial c/\partial x = -D\,\partial c/\partial x \tag{7.3}$$

wobei in der letzten Gleichung der *Diffusionskoeffizient* $D = v a^2/6$ eingeführt wurde, der somit die Maßeinheit m²/s oder auch cm²/s hat. Gl. (7.3) stellt das *1. Ficksche Gesetz* dar.

Das negative Vorzeichen in Gl. (7.3) zeigt an, dass der Diffusionsstrom j dem Konzentrationsgradienten entgegengerichtet und damit bestrebt ist, Konzentrationsunterschiede auszugleichen. Die partielle Ableitung in (7.3) berücksichtigt, dass die Konzentration im Allgemeinen auch von der Zeit abhängt.

Zur Berechnung der zeitlichen Veränderung eines inhomogenen Konzentrationsfeldes infolge von Diffusionsströmen kann von der Teilchenzahlerhaltung ausgegangen werden, die sich mathematisch in der so genannten Kontinuitätsgleichung (7.4) ausdrückt [7.9].

$$\partial c(x,t)/\partial t + \partial j(x,t)/\partial x = 0 \tag{7.4}$$

Diese besagt ganz einfach, dass sich die Zahl von Teilchen in einem kleinen Volumenelement (bei vorliegender eindimensionaler Betrachtung einer dünnen Schicht) nur infolge einer Differenz der in dieses Element hinein- und herausfließenden Teilchenströme ändert. Bei Einsetzen des Diffusionsstromes (7.3) in Gl. (7.4) folgt die Diffusionsgleichung

$$\partial c/\partial t = \partial/\partial x\,(D\,\partial c/\partial x) \tag{7.5}$$

die auch als *2. Ficksches Gesetz* bekannt ist. Wenn der Diffusionskoeffizient nicht von der Konzentration abhängt, so vereinfacht sich Gl. (7.5) zu

$$\partial c/\partial t = D\partial^2 c/\partial x^2 \tag{7.6}$$

Die vereinfachte Diffusionsgleichung (7.6) stellt eine lineare partielle Differenzialgleichung dar und kann bei Vorgabe von Anfangs- und Randbedingungen für das Konzentrationsfeld mittels mathematischer Standardmethoden gelöst werden [7.10], [7.11].

Eine besonders einfache Lösung ergibt sich für diese Gleichung, wenn z. B. wie bei der chemisch-thermischen Oberflächenbehandlung (Aufkohlen, Nitrieren, Borieren u. Ä.) die Konzentration der eindiffundierenden Komponente (Kohlenstoff, Stickstoff bzw. Bor) auf der Werkstoffoberfläche konstant gehalten wird $c(x=0,t) = c_s$, während sie in der Tiefe des Werkstücks einen davon verschiedenen Wert $c(x=\infty,t) = c_b$ annimmt (s.a. Abschn. 7.1.4). Das Konzentrationsprofil wird dann durch die zeitlich veränderliche Fehlerfunktion beschrieben

$$c = c_s - (c_s - c_b)\,\mathrm{erf}\left(\frac{x}{2(Dt)^{1/2}}\right) \tag{7.7}$$

mit

$$\mathrm{erf}(s) = \frac{2}{\pi^{1/2}} \int_0^s \exp(-y^2)\,dy \tag{7.8}$$

Die Konzentration klingt in einem Abstand $x = (Dt)^{1/2}$ von der Oberfläche bereits auf den Wert $(c_s + c_b)/2$ ab, d. h. $(Dt)^{1/2}$ ist die charakteristische Abklinglänge des Diffusionsfeldes (s. a. Bild 7.10).

Der allgemeine Fall der Diffusion bei Vorliegen eines konzentrationsabhängigen Diffusionskoeffizienten $D(c)$ ist aufgrund der Nichtlinearität von Gl. (7.5) schwieriger zu lösen. Ein relevantes Beispiel hierfür ist die Interdiffusion (Fremddiffusion) zweier Komponenten in einer binären Legierung, die hauptsächlich über den Leerstellenmechanismus erfolgt. Durch Messung von Konzentrationsprofilen nach ge-

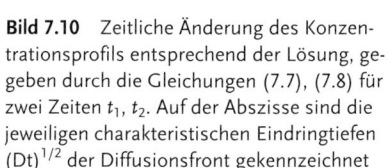

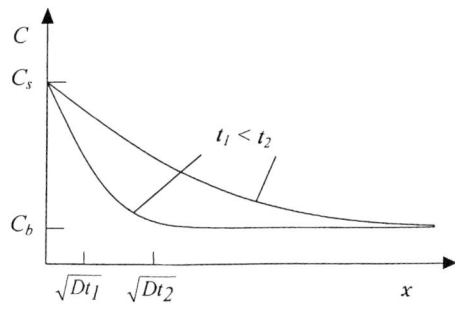

Bild 7.10 Zeitliche Änderung des Konzentrationsprofils entsprechend der Lösung, gegeben durch die Gleichungen (7.7), (7.8) für zwei Zeiten t_1, t_2. Auf der Abszisse sind die jeweiligen charakteristischen Eindringtiefen $(Dt)^{1/2}$ der Diffusionsfront gekennzeichnet

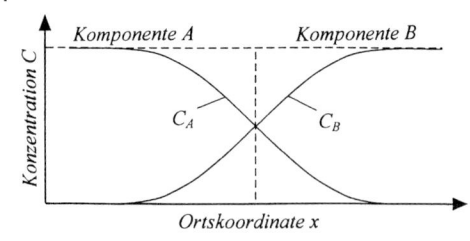

Bild 7.11 Räumliche Änderung des Konzentrationsprofils von zwei Atomsorten A und B infolge von Interdiffusion; der Ausgangszustand war durch eine sprunghafte Änderung der Konzentration an einer Grenzschicht gegeben

genseitiger Eindiffusion zweier Komponenten A und B an zwei sich anfänglich berührenden Halbräumen, bestehend aus jeweils einer Komponente (Bild 7.11), kann der *Interdiffusionskoeffizient* experimentell bestimmt werden. Hierfür haben sich Mikrosondenuntersuchungen als besonders geeignet erwiesen. Die Kenntnis des Konzentrationsprofils kann dann in einfachen Fällen zur direkten Berechnung der nichtlinearen $D(c)$-Abhängigkeit genutzt werden. Für das Beispiel einer ebenen Diffusionsfront, die sich aus einem stufenförmigen Konzentrationsprofil zur Zeit $t = 0$ entwickelt, ist diese Analyse als *Matano-Methode* bekannt [7.3].

Wie schon erwähnt, können Massenströme nicht nur durch einen Konzentrationsgradienten hervorgerufen werden, sondern sind entsprechend der Thermodynamik irreversibler Prozesse ganz allgemein eine Folge des Gradienten des chemischen Potenzials. Die Atome bewegen sich, um Unterschiede des chemischen Potenzials auszugleichen. Betrachtet werden als Beispiel Zwischengitteratome der Sorte B in einer Matrix der Sorte A. Ihre Driftgeschwindigkeit v_B ist proportional zum Gradienten des chemischen Potenzials μ_B

$$v_B = -M_B \, d\mu_B/dx \qquad (7.9)$$

wobei die Proportionalitätskonstante M_B die so genannte Beweglichkeit der Komponente *B* ist. Das chemische Potenzial der Komponente *B* hängt von den Zustandsvariablen des betrachteten Systems ab. Wir beschränken uns hier auf die Abhängigkeit von der Konzentration und einen zusätzlichen Term infolge einer räumlich veränderlichen mechanischen Spannung im betrachteten Körper. Unter der vereinfachenden Annahme einer idealen Lösung der Komponente *B* in der Matrix *A* lautet das chemische Potenzial

$$\mu_B = g_B + kT \ln N_B(x) - \sigma(x) \Delta\Omega \qquad (7.10)$$

wobei g_B das chemische Potenzial der reinen Komponente *B*, N_B der Molenbruch der Komponente *B*, σ die mechanische Spannung, und $\Delta\Omega$ die Änderung des Atomvolumens beim Platzwechsel sind. Der Teilchenstrom ergibt sich einfach als Produkt von Geschwindigkeit und Teilchendichte, $j_B = v_B c_B$, und nach Einsetzen des chemischen Potenzials (7.10) in (7.9) folgt

$$j_B = -c_B M_B \left[(kT/N_B) \, dN_B/dx - \Delta\Omega \, d\sigma(x)/dx \right]. \qquad (7.11)$$

Der Gradient der mechanischen Spannung führt also zu einer Drift der Zwischengitteratome zu jenen Gebieten der Körper hin, die unter Zugspannung ($\sigma > 0$) stehen. Ein Vergleich von Gl. (7.11) mit (7.3) ergibt bei Berücksichtigung der Definition des Molenbruchs $N_B = c_B/c_t$ (c_t Gesamtteilchenzahldichte) folgenden Zusammenhang zwischen Diffusionskoeffizient und Beweglichkeit

$$D_B = M_B\, kT \qquad (7.12)$$

Analog zu räumlichen Änderungen der mechanischen Spannung rufen auch Änderungen der Temperatur oder des elektrischen Feldes Massenströme hervor. Man spricht dann von *Thermo-* bzw. *Elektromigration*.

7.1.3
Bildung von Diffusionsschichten

Festkörperreaktionen, bei denen die Diffusionsgeschwindigkeit der Partner unterschiedlich und an denen überwiegend nur einer von ihnen beteiligt ist, haben vor allem für die Herstellung elektronischer Bauelemente (Legierungstransistoren) sowie für Oberflächenvorgänge wie die Auf- und Entkohlung, die Oxidation (Abschn. 8.5) und ganz besonders die *chemisch-thermische Oberflächenbehandlung* metallischer Werkstoffe große praktische Bedeutung. Das Ziel der bei erhöhter Temperatur ablaufenden Diffusionsvorgänge in einem Substratwerkstoff, der von einem festen, flüssigen oder gasförmigen Wirkmedium umgeben ist, besteht weniger in einer homogenisierenden Beeinflussung des Gefüges als vielmehr in der Anreicherung der Werkstückoberfläche mit bestimmten metallischen oder nichtmetallischen Elementen. Bei Konstruktionsteilen aus Stahl geschieht diese vorzugsweise zur Verbesserung des Verschleiß- und Korrosionsverhaltens. Die hierzu gebräuchlichen Verfahren werden als *Diffusionslegieren* bezeichnet.

Für die Erzeugung verschleißmindernder Oberflächenschichten auf Eisen- und z.T. auch Nichteisenwerkstoffen sind in der Praxis vor allem Nichtmetall-Diffusionsverfahren eingeführt worden. Hierher gehören neben dem Aufkohlen zum Zwecke des Einsatzhärtens das Nitrieren, Carbonitrieren, Sulfonitrieren, Oxinitrieren und Borieren. Beim Eindiffundieren schichtbildender Fremdatome in die Metalloberfläche laufen in den oberflächennahen Bereichen komplexe Vorgänge ab, die sowohl zur Mischkristallbildung als auch durch Reaktion mit dem Grundwerkstoff zur Bildung harter, die Verschleißfestigkeit erhöhender intermetallischer Phasen führen (Bild 7.12). Als einfache Diffusion bezeichnet man den Fall, dass allein die Atome des schichtbildenden Elementes diffundieren (z. B. das B beim Borieren von reinem Fe). Von komplexer Mehrstoffdiffusion dagegen spricht man, wenn gleichzeitig mehrere Fremdelemente in den Basiswerkstoff diffundieren (beispielsweise Carbonitrieren: Diffusion von N und C) oder ein Element in den legierten Basiswerkstoff (Substratwerkstoff) und mindestens ein Legierungselement in die bzw. aus der entstehenden Verbindungsschicht diffundiert (z. B. Vanadieren C-haltiger Stähle). Zur komplexen Diffusion zählt man auch das aufeinander folgende Eindiffundieren verschiedener Elemente (z. B. Titanieren von Boridschichten).

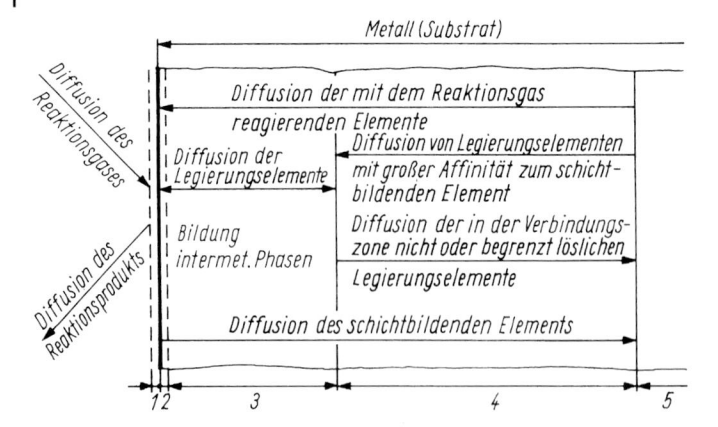

Bild 7.12 Vorgänge bei der Bildung von Diffusionsschichten in gasförmigen Wirkmedien (schematisch). *1* Doppelschicht, adsorbierte oder chemisorbierte Gase, Bildung von Reaktionsprodukten; *2* Oberflächenzone mit gestörtem Gitteraufbau; *3* Verbindungszone, intermetallische Phase; *4* Diffusionszone, Bildung von Mischkristallen und nicht zusammenhängenden intermetallischen Phasen des schichtbildenden Elementes mit dem Basismetall und Legierungselementen, Verarmung der an der Schichtbildung beteiligten Legierungselemente, Anreicherung der von der Schicht verdrängten Legierungselemente, Entstehung von Ausscheidungen; *5* Basismetall

Für eine technische Anwendung ist die Bildung aller nach dem Zustandsdiagramm möglichen intermetallischen Phasen in einer Oberflächendiffusionsschicht meist nicht erwünscht. So muss z. B. beim Borieren die neben Fe_2B sich bildende FeB-Phase (Bild 7.13), die aufgrund des Entstehens innerer Spannungen die Ursache für das Abplatzen der Schicht ist, weitgehend unterdrückt werden. Die Dicke und der Aufbau der Legierungszone werden bei der chemisch-thermischen Oberflächenbehandlung hauptsächlich durch die Art des angewendeten Wirkmediums sowie durch die Diffusionstemperatur und -dauer gesteuert. Bei hinreichend rasch ablaufenden Phasengrenzvorgängen und einem Schichtwachstum, für das allein die Diffusion einer Ionen- oder Atomart geschwindigkeitsbestimmend ist, gilt sowohl für die Dickenzunahme der Verbindungszone (Bildung intermetallischer Phasen)

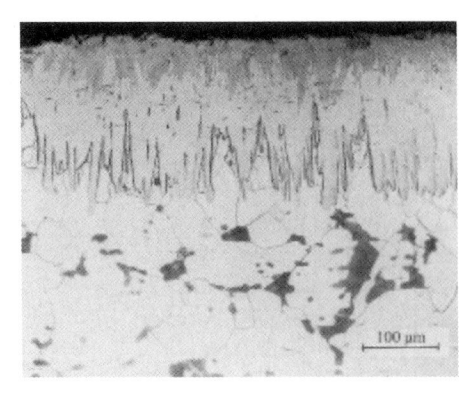

Bild 7.13 Boridschicht aus FeB (dunkle Phase) und Fe_2B (helle Phase) auf einem C-armen Stahl (0,15 % C), boriert bei 1000 °C (nach M. Riehle)

als auch des Mischkristallbereiches, wie z. B. beim Nitrieren und Borieren, häufig das *parabolische Zeitgesetz*

$$x = k \cdot (Dt)^{1/2} \tag{7.13}$$

(k Konstante, D Diffusionskoeffizient, t Diffusionsdauer, x Schichtdicke; s. a. Abschn. 8.5). Seine Herleitung folgt unmittelbar aus der in Abschnitt 7.1.2 angegebenen Beziehung (7.7).

7.1.4
Diffusionsgesteuerte Vorgänge

In den technischen Werkstoffen und unter Beanspruchung bei erhöhter Temperatur ($\geq 0,4\ T_\mathrm{m}$) wird die Volumendiffusion über den Leerstellenmechanismus in stärkerem Maße durch Strukturdefekte und das Gefüge beeinflusst.

Bei der Volumenselbstdiffusion sind die Richtungen der Bausteinbewegungen statistisch verteilt, sodass mit ihnen keine Gestaltsänderung des betreffenden Objektes verbunden ist. Dies kann sich aber ändern, wenn, wie aufgrund von Gl. (7.11) auch zu erwarten ist, dem Diffusionsvorgang eine Spannung überlagert wird, der zufolge die Bausteine eine Driftbewegung ausführen, sodass eine im Mittel gerichtete Diffusion, d. h. ein Materialtransport auftritt. Weist das Objekt außer den im thermodynamischen Gleichgewicht stehenden Leerstellen (s. Abschn. 2.1.11) zudem noch andere Störungen auf, die Bausteine und Leerstellen aufnehmen und abgeben können, dann ist in technisch relevanten Zeiten auch bei Belastungen weit unterhalb der Warmstreckgrenze eine Deformation des Objektes, die als *Kriechen* bezeichnet wird, gegeben. Als derartige Störungen kommen in erster Linie (Großwinkel-)Korngrenzen und Versetzungen in Betracht.

7.1.4.1 **Diffusionskriechen**
Das Diffusionskriechen *(diffusionsviskoses Fließen)* basiert auf der Vorstellung, dass die Korngrenzen als Leerstellensenken und -quellen dienen. Dabei kann der Leerstellen- (und ein ihm äquivalenter Atom-)Strom über das der Korngrenze benachbarte Volumen *(Nabarro-Herring-Mechanismus)* oder in der Korngrenze selbst verlaufen *(Coble-Mechanismus)*. Wie Bild 7.14a verdeutlicht, betätigen sich jene Korngrenzen, die in etwa senkrecht zur anliegenden Zugspannung σ angeordnet sind, als Leerstellenquellen und Atomsenken, die mehr parallel zu σ gelegenen als Leerstellensenken und Atomquellen. Auf diese Weise gibt der Festkörper dem äußeren Zwang nach und erleidet eine Kriechdeformation. Dieselben Überlegungen gelten für den Coble-Materialtransport in der Korngrenze. Die unter Zug stehenden Korngrenzen erhalten aus den nicht zugbeanspruchten Materie, die in die an der Korngrenze zusammentreffenden Kristalloberflächen eingebaut wird, sodass sich der Körper in die Spannungsrichtung dehnt und senkrecht dazu schrumpft. Die Verformungsrate für den Nabarro-Herring-Mechanismus beträgt

$$\dot{\varepsilon}_\mathrm{NH} = A_1 (D_\mathrm{V}\,\Omega\sigma/kT)(1/\bar{L}_\mathrm{G}^2) \tag{7.14a}$$

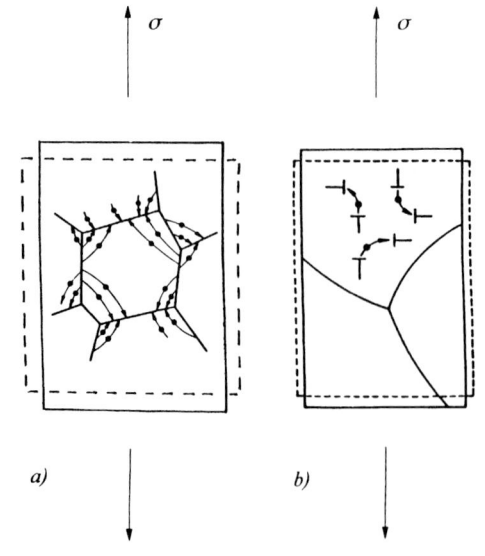

Bild 7.14 Schematische Darstellung der Atomdiffusion a) beim Nabarro-Herring-Mechanismus (Diffusionskriechen) und b) beim Versetzungskriechen; σ anliegende Spannung

beim Coble-Mechanismus

$$\dot{\varepsilon}_C = A_2 \left(D_K \, w\Omega\sigma/kT \right) (1/\bar{L}_G^3) \tag{7.14b}$$

wobei D_V und D_K die dem Vorgang entsprechenden Diffusionskoeffizienten, Ω das Atom- bzw. Leerstellenvolumen, $\bar{L}_G$ die lineare Mittelkorngröße und w die wirksame Breite der Korngrenze als Diffusionsweg sind. Der Zahlenfaktor $A_1 \approx 10$ erfasst die Mittelung aller vorkommenden Diffusionswege, die für das jeweilige Korn $< \bar{L}_G$ sind; $A_2 \gg A_1$ (≈ 150). Die Temperaturabhängigkeit von $\dot{\varepsilon}$ entspricht der von $D_V(T)$ bzw. $D_K(T)$.

Auf der Basis von Abschätzungen aufgestellte *Deformationsdiagramme* (Bild 7.15) weisen aus, dass bei hohen homologen Temperaturen und geringerer Belastung der Nabarro-Herring-Mechanismus für die Kriechdeformation bestimmend ist. Für Materialien mit kleinen L_G ($\lesssim 1$ μm) und/oder im Bereich niedriger T/T_m-Werte hingegen herrscht der Coble-Mechanismus beim Kriechen vor.

Eine für Diffusionskriechen (diffusionsviskoses Fließen) charakteristische Größe ist die *Viskosität des gestörten Kristalls* $\eta \sim 1/\dot{\varepsilon}$. Sie besagt, dass gemäß Gl. (7.14) die Viskosität umso niedriger und die Fließfähigkeit umso ausgeprägter ist, je kleiner die Kristallitgröße ausfällt.

7.1.4.2 Versetzungskriechen

Bei hohen homologen Temperaturen (Bild 7.15) ist für kompakte kristalline Körper eine weitere Deformationsmöglichkeit in Betracht zu ziehen, das Versetzungskriechen *(versetzungsviskoses Fließen)*. Unter der Wirkung einer äußeren Spannung führen, wie Bild 7.14b schematisch wiedergibt, Stufenversetzungen nichtkonservative Bewegungen aus (Klettern). Bei gleichzeitiger Emission von Leerstellen werden

Bild 7.15 Deformationsdiagramm für Nickel (nach M. F. Ashby); G Schubmodul, T_m Schmelztemperatur; der Parameter $\dot{\varepsilon}$ ist in der Maßeinheit s^{-1} angegeben

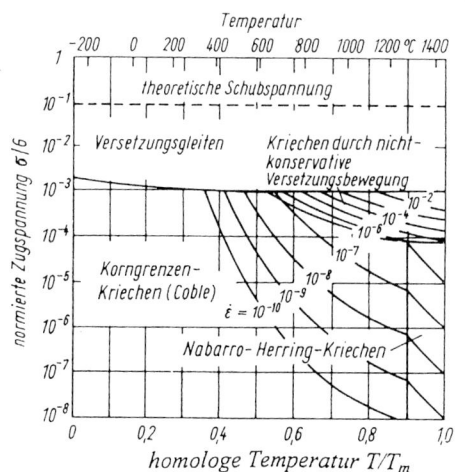

den Versetzungen, deren größere Komponente des Burgersvektors parallel zu σ liegt, Atome zugeführt; sie wirken als *Leerstellenquellen*. Eine dementsprechende Zahl von Versetzungen, deren Hauptkomponente senkrecht der Kraftrichtung angeordnet ist, verhält sich „umgekehrt". Diese Versetzungen emittieren Atome und absorbieren Leerstellen *(Leerstellensenken)*. Während im Zuge des erstgenannten Teilvorganges die eingeschobenen Halbebenen (Versetzungen) in den Kristall „hineinwachsen", werden als Folge des zweiten Halbebenen immer mehr abgebaut und günstigstenfalls ganz aus dem Kristallit eliminiert. Das resultierende Ereignis einer derartigen Versetzungs-Leerstellen-Wechselwirkung besteht darin, dass der Körper in Beanspruchungsrichtung verlängert wird (kriecht), während sein Durchmesser abnimmt.

Die Geschwindigkeit von Fließvorgängen, die auf Versetzungsbewegungen beruhen, beträgt nach *A. M. Kosevic*

$$\dot{\varepsilon}_V \approx \vartheta_V \cdot \bar{v} \cdot b \tag{7.15}$$

und hängt von der Dichte „freier" (beweglicher) Versetzungen ϑ_V sowie deren mittlerer Bewegungsgeschwindigkeit $\bar{v}$ ab (b Burgersvektor). Die nichtkonservativen Versetzungsbewegungen sind an die Diffusion von Punktdefekten gebunden, wonach

$$\bar{v} \approx \frac{D_V \cdot \Omega}{b \cdot k \cdot T} \cdot \sigma \tag{7.16}$$

beträgt. Durch Einsetzen von (7.16) in (7.15) erhält man die durch einen diffusionsversetzungsgesteuerten Vorgang bedingte Fließgeschwindigkeit

$$\dot{\varepsilon}_V \approx \frac{\vartheta_V \cdot D_V \cdot \Omega}{k \cdot T} \cdot \sigma \cong \frac{D_V \cdot \Omega}{k \cdot T \cdot \bar{L}_V^2} \sigma \tag{7.17}$$

Der mittlere Abstand zwischen den Versetzungen (Leerstellensenken und -quellen) beträgt $\bar{L}_V \approx 1/\sqrt{\vartheta_V}$; eine Faustregel besagt, dass etwa ein Drittel aller im Volumen befindlichen Versetzungen „freie", bewegliche Versetzungen sind. An die Stelle der linearen Mittelkorngröße in den Beziehungen für das Nabarro-Herring- und Coble-Kriechen sowie die diesen zuzuordnende Viskosität des gestörten Kristalls ist beim versetzungsviskosen Fließen der mittlere Abstand zwischen den als Quellen und Senken fungierenden beweglichen Versetzungen getreten.

Auch wenn eine versetzungsviskose Verformung bei ausreichend hohen Temperaturen gegeben ist, so muss doch die Versetzungsdichte eine gewisse Mindestgröße ϑ_{eff} aufweisen, damit das Versetzungsklettern makroskopisch als Kriechdeformation in Erscheinung tritt. Sicherlich können Versetzungen als lineare Gitterdefekte gegenüber den flächenhaften Korngrenzen erst dann als effektive Leerstellensenken (und Atomquellen) für den Materialtransport Bedeutung erlangen, wenn $\bar{L}_V \ll \bar{L}_G$ ist. Sollen Versetzungen als Leerstellensenken dominieren, dann muss nach J. E. Geguzin die Bedingung

$$\vartheta_V > \left(1/\delta \cdot \bar{L}_G^2\right)^{2/3} \qquad (7.18)$$

erfüllt sein ($\delta \approx 10$ Atomdurchmesser ist die charakteristische Entfernung zwischen Versetzung und Leerstelle, innerhalb der eine Leerstelle von einer Versetzung noch absorbiert wird). Behandelt man die Beziehung (7.18) zwecks Abschätzung eines unteren Grenzwertes ϑ_{eff}, oberhalb dessen ein merklicher Versetzungseinfluss auf den Materialtransport besteht, als Gleichung, dann muss beispielsweise ein Gefüge, dessen lineare Mittelkorngröße $\bar{L}_G = 10$ µm beträgt, durch eine Versetzungsdichte $\vartheta_V > \vartheta_{eff} \approx 2 \cdot 10^8$ cm^{-2} gekennzeichnet sein. Da $\vartheta_V \approx 1/\bar{L}_V^2$ ist, würde in diesem Fall der mittlere Versetzungsabstand $\bar{L}_V$ weniger als 0,7 µm betragen.

7.1.4.3 Sintern

Sintern ist die Vernichtung von Hohlraum, der als Porosität in einem aus Pulver gepressten Formkörper vorliegt (Pulvermetallurgie) [7.5]. Während des Aufheizens und Haltens auf Sintertemperatur T_s ($T_s/T_m \approx 0,75 \ldots 0,80$) wird das poröse Pulverhaufwerk im Streben nach Minimierung der freien Energie des Systems verdichtet. Die konkreten Triebkräfte der „freiwillig" (ohne äußeren Druck) verlaufenden Verdichtung sind einmal in den durch die Poren veranlassten Kapillarspannungen, zum anderen in Spannungsherden, die mikroheterogen im Pulverteilchenkontaktbereich verteilt sind, zu suchen. Solange die Porosität noch als räumliches bis zur Presslingsoberfläche reichendes Porennetzwerk besteht, lässt sich die mittlere Kapillarspannung $\bar{P}$, die auch als ein fiktiver äußerer hydrostatischer Druck aufgefasst werden darf, als

$$\bar{P} = A \frac{2\gamma - \gamma_G}{\bar{L}_P} \cdot \Theta \qquad (7.19\text{a})$$

beschreiben. Ist die Verdichtung soweit fortgeschritten, dass die Poren voneinander isoliert existieren, gilt

$$\bar{P} = 2\gamma \cdot \Theta / \bar{R} \tag{7.19 b}$$

Dabei sind γ die spezifische freie Oberflächenenergie (Oberflächenspannung), γ_G die Korngrenzenenergie, Θ die Porosität, $\bar{L}_P$ der mittlere Pulverteilchendurchmesser, der mittlere Porenradius und A ein Zahlenfaktor, der je nach Teilchengeometrie 1 ... 4 beträgt.

Äußere Kennzeichen der Verdichtung sind die Schwindung ε und ihre Geschwindigkeit $\dot{\varepsilon}$. Wie Bild 7.16 am Beispiel von Sinternickel verdeutlicht, wird der überragende Anteil der Verdichtung in der nichtisothermen Aufheizphase und allenfalls noch in den ersten Minuten des isothermen Sinterns realisiert (Schwindungsintensivstadium). Die Schwindungsgeschwindigkeit $\dot{\varepsilon}$ erreicht dabei maximale Werte, die mit denen der Formänderungsgeschwindigkeit bei der superplastischen Verformung (Abschn. 9.2.5.1) vergleichbar sind. Über elementare Diffusion allein lassen sich die hohen $\dot{\varepsilon}$-Werte und der damit verbundene schnelle Materialtransport nicht erklären.

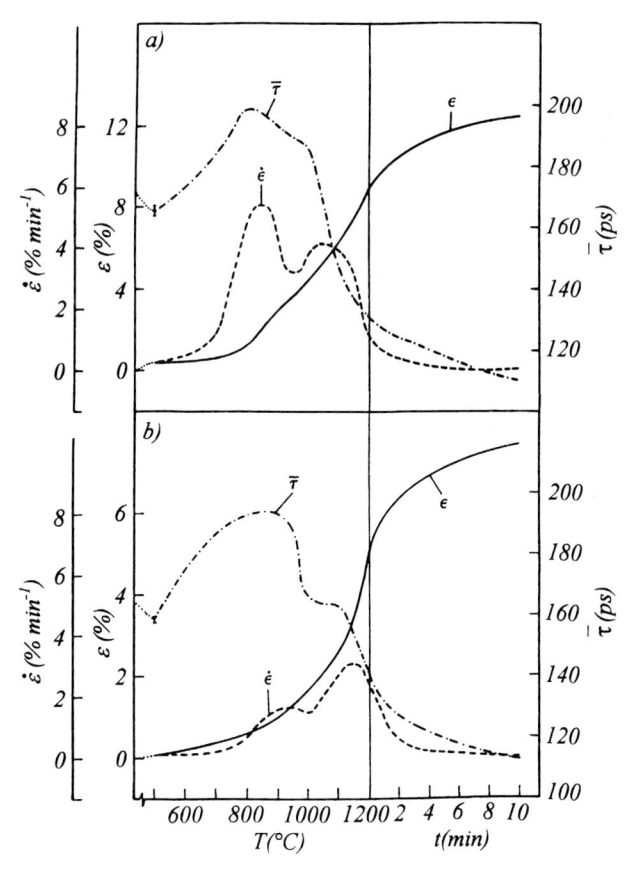

Bild 7.16 ε-, $\dot{\varepsilon}$- und $\bar{\tau}$-Kurven von Sinterkörpern aus Nickelreduktionspulver (nach [7.6]); a) Pressdruck 300 MPa, b) Pressdruck 700 MPa

Die Wendepunkte im ε-Verlauf deuten, da D mit T monoton zunimmt, vielmehr auf einen kooperativen Materialtransport hin [7.6].

Des Weiteren ist Bild 7.16 zu entnehmen, dass das Auftreten von $\dot{\varepsilon}_{max}$-Werten stets mit einem $\bar{\tau}$-Abfall korrespondiert. $\bar{\tau}$ ist die an identischen Proben gemessene mittlere Positronenlebensdauer und ein Maß für die Dichte aller Defekte; im vorliegenden Fall von Versetzungen und Leerstellenclustern. Die mit dem Pressen der unregelmäßig geformten Pulverteilchen geschlossenen Kontakte stellen keine kompakten Gebilde dar und sind durch örtlich unterschiedliche Versetzungsdichten ϑ_V gekennzeichnet, die auch bei erhöhten Temperaturen, sofern $\vartheta_V < \vartheta_{Vkrit}$ (z. B. $5 \cdot 10^{10}$ cm^{-2}) ist, nicht über Rekristallisation annihiliert werden. Bis gegen Ende der nichtisothermen Aufheizphase besteht der Kontaktbereich aus einer Vielzahl von punkt- und stegförmigen lokalen Diffusionskontakten und einer Großzahl dazwischen eingebetteter Mikroporen.

Der in den Poren eingeschlossene Hohlraum wird mit steigender Temperatur ($\gtrsim 0{,}5$ T$_S$) unter der Wirkung des Laplace-Druckes $P_R \sim \gamma/R$ (Porenbinnendruck) in Leerstellen gequantelt in das benachbarte Volumen emittiert, um dort bei gleichzeitiger Erniedrigung der inneren Energie des Kristalls zu Clustern zu koagulieren (Bild 7.17). Außerdem existieren in den Kontaktzonen Spannungen P_N, die Ausdruck der Nichtübereinstimmung der Gitterparameter a (z. B. als Folge unterschiedlicher Defektdichten) der örtlich miteinander kontaktierenden Teilchen sind. Diese können ebenso wie die mittlere Kapillarspannung $\bar{P}$ Werte annehmen, die ausreichen, um im Kontaktvolumen zusätzliche Versetzungen zu erzeugen [7.6] [7.12]. Die auf diese Weise in den Kontaktbereichen hoch angereicherten Versetzungen ($\vartheta_{max} \approx 10^{10}$ cm^{-2}) und Leerstellencluster (maximal 10^{17} cm^{-3}; im Mittel 6 ... 7 Leer-

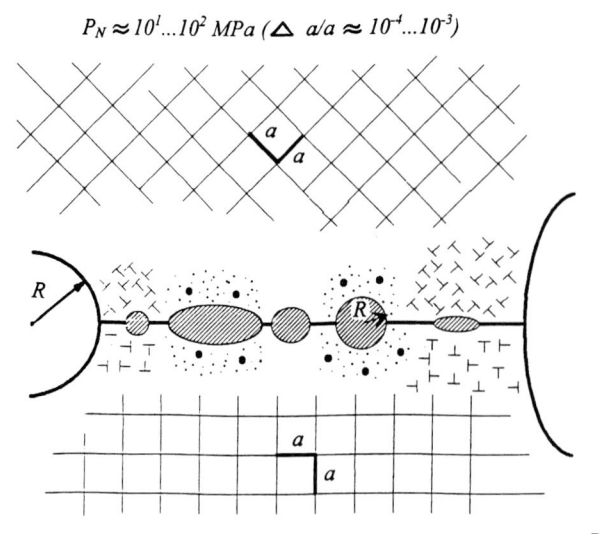

$P_N \approx 10^1 ... 10^2$ MPa ($\triangle$ $a/a \approx 10^{-4} ... 10^{-3}$)

$P_R \approx 10^{-2} ... 10^1$ MPa

⊥ *Stufenversetzung* • *Cluster* · *Leerstelle*

Bild 7.17 Schematische Darstellung des Presskontaktzustandes

stellen pro Cluster) wechselwirken unter sich wie auch kreuzweise, indem sie als Leerstellensenken und -quellen fungieren (Abschn. 2.1.11.4). Die Geschwindigkeit des diffusionsgestützten Materialtransports in der Kontaktzone $\dot{\varepsilon} \sim D/\bar{L}_{SQ}^2$ (L_{SQ} Abstand zwischen beliebigen Leerstellensenken und -quellen) wird dann nicht nur vom Koeffizienten der Diffusion von Punktdefekten, sondern auch von der mittleren Länge der Diffusionswege $\bar{L}_{SQ}$, über die der gerichtete Materialstrom verläuft, bestimmt.

Kleine $\bar{L}_{SQ}$-Werte bedeuten wegen $\dot{\varepsilon} \sim \eta^{-1}$ letztlich auch die Erniedrigung der Viskosität η der Kontaktzonensubstanz. Aus experimentellen Befunden und theoretischen Berechnungen wurde sie beispielsweise für Sinterkupfer bei 900 °C zu 10^9 und bei 800 °C zu 10^{10} Pa · s ermittelt; für den „normalen" Festkörper beträgt sie $\geq 10^{14}$ Pa · s. Dank der wesentlich niedrigeren Viskosität im Kontaktvolumen wird es möglich, dass die Teilchen unter der Wirkung von $\bar{P}$ als Ganzes entlang der „aufgeweichten" Kontaktgrenzgebiete in den Hohlraum abgleiten und, wenn dieser Mechanismus erschöpft ist, die Kontaktsubstanz versetzungsviskos in die Poren ausfließt. Mit einem derartigen kooperativen Materialtransport erklären sich nicht nur die im Intensivstadium gemessenen hohen $\dot{\varepsilon}$-Werte, sondern auch, dass, wie im Falle des Ni (Bild 7.16), zwei $\dot{\varepsilon}$-Maxima beobachtet werden, wobei das erste der Teilchentranslation, das zweite dem versetzungsviskosen Materialfluss zuzuordnen und bei Erhöhung des Pressdruckes (Bild 7.16b) wegen des verminderten Porenraumes das erste $\dot{\varepsilon}$-Maximum gegenüber dem zweiten erniedrigt ist. Bei anderen technologischen Parametern können die beiden Extrema auch zu einem Maximum „verschmiert" sein.

Es liegt in der Natur der Defektwechselwirkungen, dass in dem Maße, wie sie den Materialtransport fördern, auch die Defektdichte über Erholungs- und Ausheilprozesse zunehmend reduziert wird, sodass, wie der starke $\bar{\tau}$- und $\dot{\varepsilon}$-Kurvenabfall anzeigt, der versetzungsviskose Materialtransport weitgehend zum Erliegen kommt. Bei gleichzeitig asymptotischer Annäherung des ε-Kurvenzuges an einen Endwert wird nun die in ihrer Geschwindigkeit drastisch verringerte Verdichtung vom Nabarro-Herring-Kriechen dominiert, für dessen Beschreibung an die Stelle der äußeren Spannung σ in Gl. (7.14a) jetzt der Ausdruck (7.19b) tritt. Der unter der Wirkung des Porenbinnendruckes ausgelöste Leerstellenstrom wird in den Korngrenzen absorbiert, während ein entgegengerichteter Atomstrom die Poren ausfüllt. Von den Korngrenzen-Leerstellensenken weiter abgelegene Poren nehmen über einen LSW-Mechanismus *(Ostwald-Reifung)* (s. Abschn. 2.1.11.4, 4.2) zahlenmäßig ab, im Durchmesser jedoch zu. Der Hohlraum wird lediglich umverteilt, jedoch nicht verringert (inneres Sintern) [7.6].

Sinkt $\bar{L}_P$ unter einen gewissen Wert ab, dann ist eine Versetzungsvervielfachung nicht mehr gegeben. Der Abstand zwischen den Orten, an denen das Versetzungssegment, um als Versetzungsquelle arbeiten zu können, gepinnt ist, beläuft sich auf etwa $1/\sqrt{\vartheta_V^2}$. Deshalb geht bei den beobachteten ϑ_V-Werten ($10^8 \ldots 10^{10}$ cm^{-2}) unterhalb $\bar{L}_P \approx 1{,}0 \ldots 0{,}1$ µm der im Schwindungsintensivstadium dominierende Verdichtungsmechanismus in *Coble-Kriechen* über. Das spezifische Kontaktgrenzenvolumen (offene Volumen) ist in diesem Fall groß genug, um den Materialtransport in den Porenraum zu bewältigen.

7 Thermisch aktivierte Vorgänge

Auf andere Begleiterscheinungen des Sinterns wie Phasenbildungen oder das Auftreten von Schmelzen, die in Verbindung mit mehrkomponentigen Pulvergemischen anstehen und deren Sinterverhalten unterschiedlich beeinflussen, ist an dieser Stelle nicht einzugehen (s. [7.6]).

7.2
Kristallerholung und Rekristallisation

Mit zunehmender plastischer Verformung wird die Gitterfehlerdichte und somit die innere Energie eines Festkörpers erhöht (Abschn. 2.1.11 und 9.2.2). Die damit verbundene anwachsende Instabilität des Gefügezustandes bedingt bei Temperaturerhöhung eine Tendenz zum Energieabbau durch eine thermisch aktivierte Änderung der Gitterfehlerstruktur. Es wird eine Rückbildung der durch die Verformung veränderten Eigenschaften des Festkörpers angestrebt. Bild 7.18 zeigt als Beispiel die Abnahme der Festigkeit eines verformten C-armen Stahles bei steigender Temperatur. Aus dem Kurvenverlauf wird deutlich, dass dieser Vorgang in drei Stufen abläuft, die als Kristallerholung, Rekristallisation und Kornwachstum bezeichnet werden.

7.2.1
Kristallerholung

Die *Kristallerholung* ist gekennzeichnet durch das Ausheilen nulldimensionaler Gitterfehler und die Umordnung von Versetzungen. Sie lassen sich günstig über die Messung des elektrischen Widerstandes in Abhängigkeit von der Behandlungstemperatur verfolgen (Bild 7.19). Der Kurvenverlauf offenbart mehrere Erholungsstufen, die der Ausheilung einzelner Gitterfehlerarten, z. B. der Leerstellen oder Zwischengitteratome, oder spezifischen Bewegungsvorgängen, wie dem Klettern von Versetzungen, zugeordnet werden können, da dazu jeweils unterschiedliche Aktivierungsenergien benötigt werden.

Erholungsvorgänge treten nicht nur nach einer Verformung, sondern auch nach der Bestrahlung mit energiereichen Teilchen oder nach dem Abschrecken von ho-

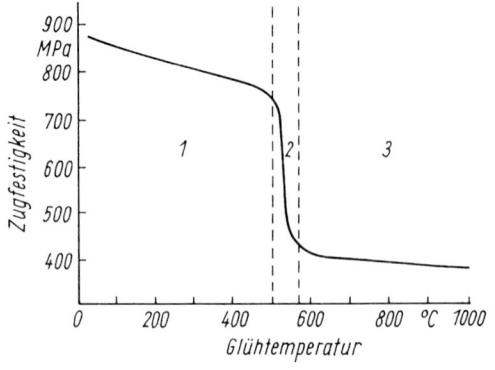

Bild 7.18 Abnahme der Zugfestigkeit eines kaltverformten C-armen Stahls beim Glühen (nach *G. Masing*). *1* Gebiet der Kristallerholung; *2* Gebiet der Rekristallisation; *3* Gebiet des Kornwachstums

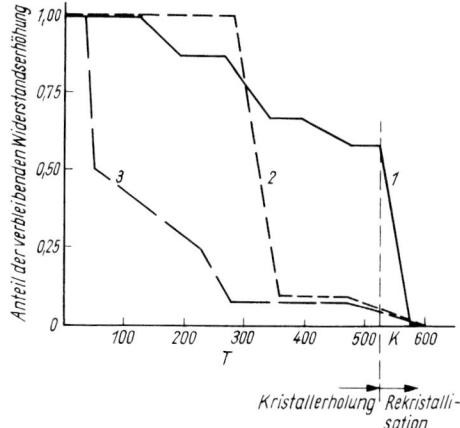

Bild 7.19 Widerstand-Erholungskurven von Kupfer unterschiedlicher Vorbehandlung. *1* verformt; *2* abgeschreckt; *3* bestrahlt

hen Temperaturen auf. Da in Abhängigkeit von der Vorbehandlung die einzelnen Gitterfehler in unterschiedlicher Anzahl gebildet werden, sind die entstehenden Widerstand-Erholungskurven modifiziert. Beim Abschrecken werden bevorzugt Überschussleerstellen erzeugt, sodass der elektrische Widerstand vor allem in der Stufe der Leerstellenausheilung rückgebildet wird.

Eine Verringerung der Versetzungsdichte infolge der gegenseitigen Auslöschung ungleichsinniger Versetzungen (Annihilation) tritt im Verlaufe der Erholung nur in geringem Maße ein. Würde beispielsweise in einem Gefüge mit einer durch Verformung entstandenen Versetzungsdichte von $\vartheta = 2 \cdot 10^{10}$ cm^{-2} die Hälfte der Versetzungen annihiliert werden, so verbliebe immer noch eine Versetzungsdichte $\vartheta = 10^{10}$ cm^{-2}. (Dagegen ist der Rückgang auf $\vartheta = 10^{6}$ bis 10^{7} cm^{-2} während der Rekristallisation wesentlich ausgeprägter.) Jedoch können sich die Versetzungen innerhalb der als Folge der Verformung gebildeten Zellstruktur durch thermisch aktiviertes *Quergleiten* von Schraubenversetzungen und durch *Klettern* von Stufenversetzungen umordnen.

Das Klettern der Versetzung wird möglich, indem bei höherer Temperatur Leerstellen zur Versetzung hindiffundieren können und in den Versetzungskern eingebaut werden. Dieser Prozess ist von einer nichtkonservativen Versetzungsbewegung senkrecht zur Gleitebene begleitet (s. Abschn. 2.1.11). Auf diese Weise können sich die Versetzungen aus den an unbeweglichen Versetzungen sowie an Korn- und Phasengrenzen entstandenen Aufstauungen herausbewegen und sich in der energetisch günstigeren Form von Kleinwinkelkorngrenzen anordnen. Dadurch werden die verformten Kristalle in mehrere verzerrungsärmere Subkörner unterteilt (Bild 7.20). Dieser Vorgang wird als *Polygonisation* bezeichnet und technisch in Form des Spannungsarmglühens genutzt. Bild 7.21 verdeutlicht die der Polygonisation einhergehende Veränderung des mechanischen Verhaltens. Mit der Beseitigung der Versetzungsaufstauungen ist eine Gitterentspannung verbunden, die einen deutlichen Rückgang der Streckgrenze und demzufolge ein duktileres Werkstoffverhalten zur Folge hat. Härte und Zugfestigkeit dagegen erleiden wegen der verbleibenden hohen

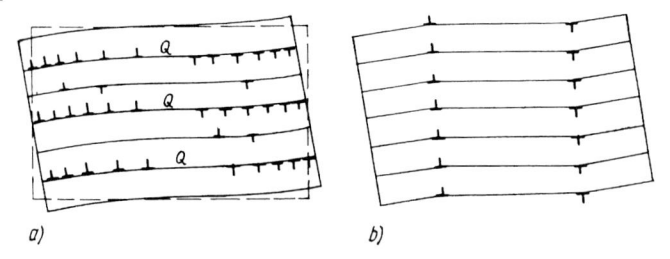

Bild 7.20 Schematische Darstellung der Polygonisation. a) Infolge des Aufstaus von Versetzungen, verspannter Kristall; Q Versetzungsquellen; b) durch Polygonisation entspannter (erholter) Kristall

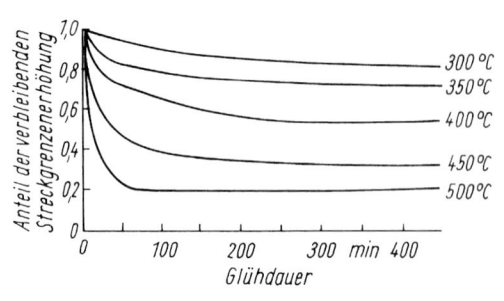

Bild 7.21 Erholungskurven der Streckgrenze verformter Eisenproben für unterschiedliche Glühtemperaturen (nach Leslie u. a.)

Versetzungsdichten nur einen geringfügigen Rückgang (s. Bild 7.18). Die Vorgänge der Kristallerholung haben auch an den Kriecherscheinungen der Werkstoffe (s. Abschn. 9.4) bedeutenden Anteil.

7.2.2
Rekristallisation

Während der *Rekristallisation* wird die Dichte der Versetzungen, in denen der Hauptanteil der im Verlaufe der Verformung erhöhten inneren Energie gespeichert ist, wesentlich reduziert. Es tritt eine Rückbildung der mechanischen Eigenschaften durch Neubildung und Wachstum versetzungsarmer Kristallite ein. Das Wachstum defektarmer Kristallite in das verformte Gefüge und die Ausheilung von darin bestehenden Versetzungen geschehen durch thermisch aktivierte Platzwechsel benachbarter Atome über die Grenzfläche (Großwinkelkorngrenze). Die treibende Kraft p der Rekristallisation lässt sich somit aus dem Unterschied der Versetzungsdichten des erholten und des rekristallisierten Gefüges sowie der Linienenergie der Versetzungen berechnen:

$$p = \Delta\vartheta\, Gb^2 \tag{7.20}$$

(ϑ Versetzungsdichte; G Schubmodul; b Burgersvektor; Gb^2 Linienenergie der Versetzungen). Für einen Versetzungsdichtenunterschied $\Delta\vartheta = 10^9$ cm^{-2} ergibt sich die treibende Kraft p zu etwa 10^{-2} MPa.

7.2 Kristallerholung und Rekristallisation

Das Rekristallisationsgefüge entsteht aufgrund eines Keimbildungs- und -wachstumsvorganges. Die Rekristallisation setzt ein, wenn der mit der Bildung der Keime und ihrem Wachstum verbundene Zuwachs an Korngrenzenenergie durch die über die Reduzierung der Versetzungsdichte gewonnene Energie kompensiert wird. Damit ein Keim das ihn umgebende Gefüge durch Wachstum aufzehren kann, muss er eine ausreichende Größe (s. Kap. 4) und eine gewisse Orientierungsdifferenz gegenüber der Umgebung aufweisen. Derartige Keime bilden sich durch Vergrößerung der bei der Polygonisation entstandenen Subkörner. Der Vorgang selbst ist einer Untersuchung schwer zugänglich. Es kann jedoch angenommen werden, dass sich durch thermisch aktiviertes Klettern von Versetzungen zu nahe gelegenen Subkorngrenzen einzelne Kleinwinkelkorngrenzen auflösen und sich die ihnen benachbarten Subkörner vereinigen (Theorie der Subkornkoaleszenz). Infolge der Aufnahme von kletternden Versetzungen in die Kleinwinkelkorngrenze des neu gebildeten Subkorns wird die Orientierungsdifferenz zu den es umgebenden Subkörnern größer. Durch mehrfache Wiederholung dieses Vorganges erlangt der Keim die zum stabilen Wachstum notwendige Größe und Orientierungsdifferenz gegenüber benachbarten Subkörnern (Ausbildung einer Großwinkelkorngrenze, Bild 7.22). Andererseits jedoch bedingt allein schon die Inhomogenität der Verformung Unterschiede der Orientierung zwischen den während der Polygonisation entstandenen Subkörnern bis zu mehreren

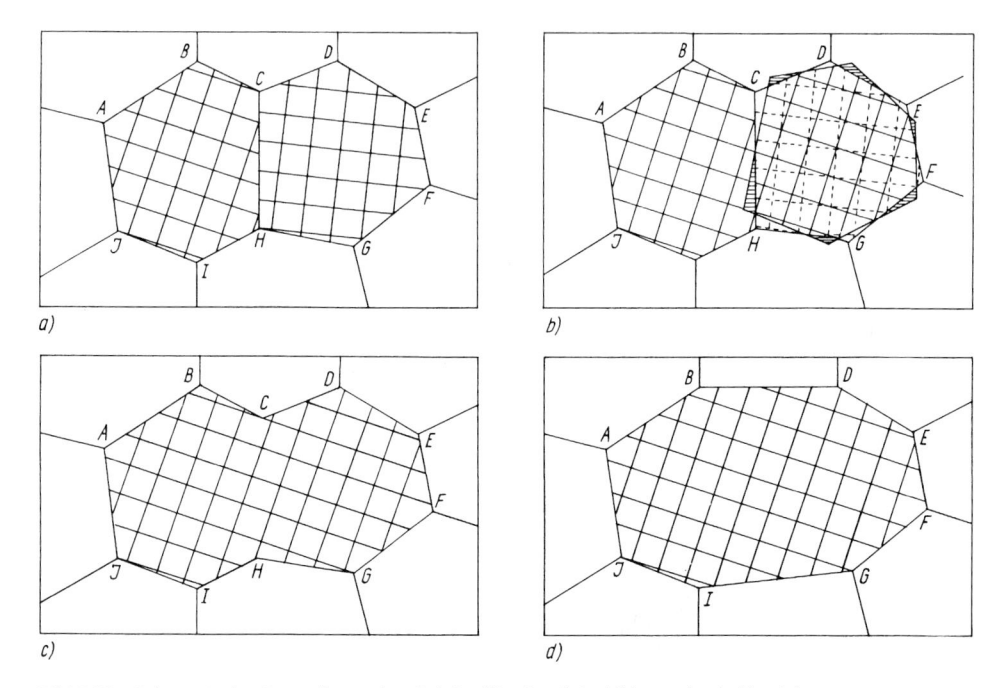

Bild 7.22 Schematische Darstellung der Rekristallisationskeimbildung durch Vereinigung von Subkörnern (nach H. Hu). Die im Teilbild b) angedeutete Eindrehung des Subkorns erfolgt durch Auflösung der mittleren Subkorngrenze und Klettern der Versetzungen in die angrenzenden Subkorngrenzen.

7 Thermisch aktivierte Vorgänge

Grad. Da die Beweglichkeit der Subkorngrenzen von der Größe des Winkels der Orientierungsdifferenz abhängt, sind Subkörner, die von Grenzen hoher Winkeldifferenz umgeben sind, wachstumsbegünstigt (Theorie des Subkornwachstums). Beide Vorgänge sind elektronenmikroskopisch beobachtet worden.

Die auf diese Weise entstandenen Kristallitkeime wachsen ähnlich wie bei der Kristallisation, bis sie sich gegenseitig berühren. Bild 7.23 zeigt die Bildung des Rekristallisationsgefüges in einem C-armen Stahl. Zur Abgrenzung gegenüber ähnlichen, jedoch durch andere Triebkräfte verursachten Erscheinungen des Kornwachstums wird der beschriebene Rekristallisationsvorgang als *primäre Rekristallisation* bezeichnet. Das Rekristallisationsgefüge wird wesentlich vom vorangegangenen Verformungsgrad, von der Glühtemperatur und der Glühdauer beeinflusst. Mit zunehmender Verformung, d.h. steigender Versetzungsdichte, nimmt die Größe der bei der Polygonisation entstehenden Subkörner ab und deren Orientierungsdifferenz zu. Die Keimbildung wird begünstigt, d.h. die Keimzahl erhöht, da die Kletterwege der Versetzungen kürzer werden und sich die Beweglichkeit der Subkorngrenzen vergrößert. Deshalb wird auch der Rekristallisationsbeginn an den Stellen größter und stark inhomogener Verformung – Kornkanten (Schnittlinien dreier Kornflächen), Einschlüssen, Ausscheidungen – bevorzugt beobachtet.

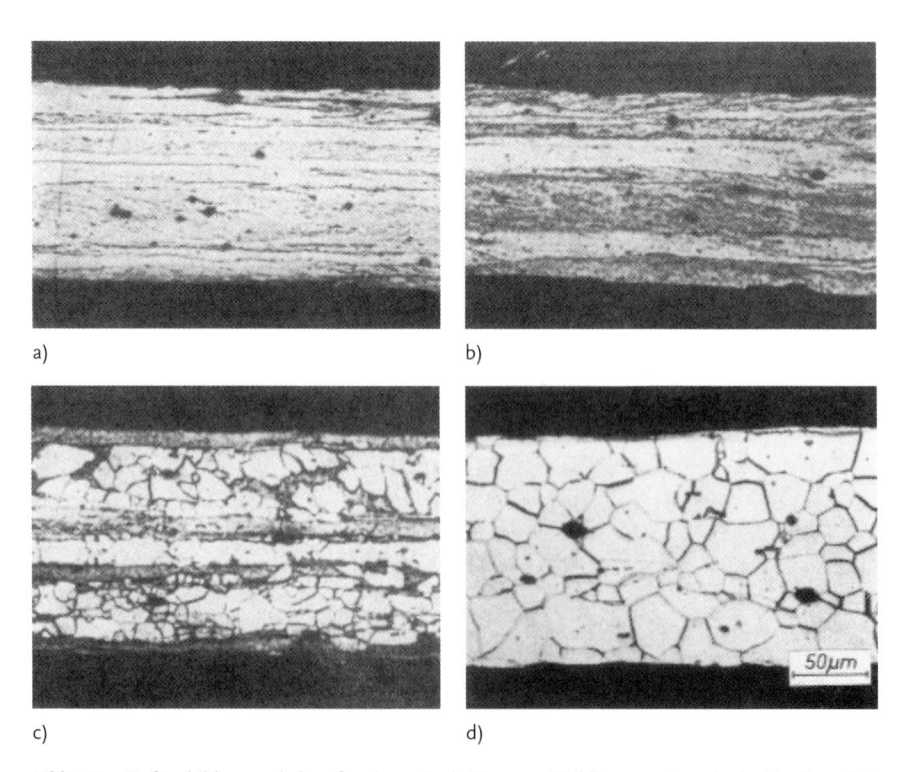

a) b)

c) d)

Bild 7.23 Gefügebilder von kaltverformtem Blech (C-armer Stahl) vor und nach einstündiger Glühung bei verschiedenen Temperaturen (nach *F. Eisenkolb*): a) ungeglüht; b) geglüht bei 525 °C; c) geglüht bei 550 °C; d) geglüht bei 650 °C

Bild 7.24 a) Abhängigkeit der Rekristallisationstemperatur vom Verformungsgrad, t = const; b) Abhängigkeit der Korngröße vom Verformungsgrad, t = const, T_G = const; c) Abhängigkeit der Korngröße von der Glühtemperatur, t = const; d) Abhängigkeit der Korngröße von der Glühdauer, T_G = const. $\bar{L}_A^K$ Korngröße des Gefüges vor der Verformung; $\bar{L}_V^K$ Korngröße des Gefüges nach der Verformung; t_I Inkubationszeit der Rekristallisationskeimbildung

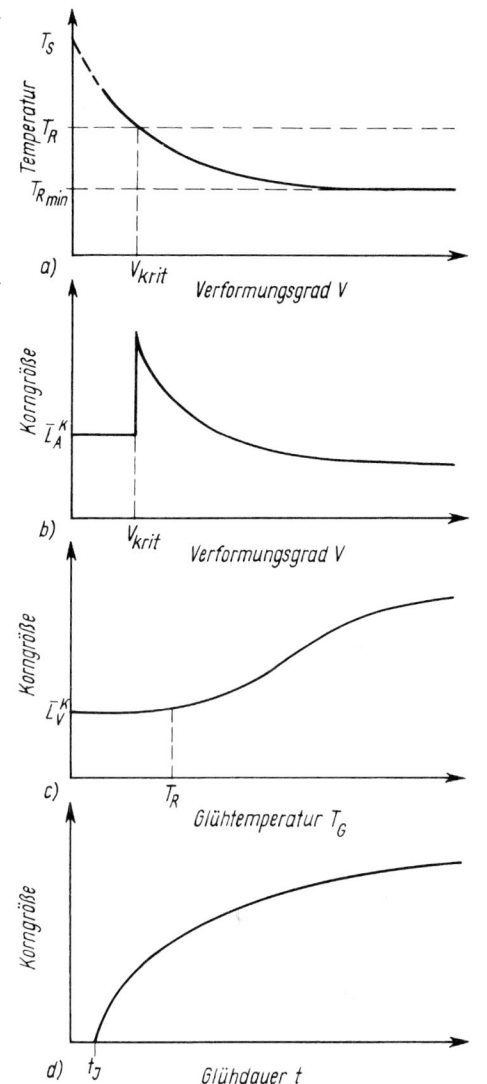

Da mit der Zunahme der Verformung über einen kritischen Verformungsgrad V_{krit} hinaus die treibende Kraft der Rekristallisation ansteigt, wird auch die für den Rekristallisationsbeginn benötigte Glühtemperatur geringer (Bild 7.24a).

Die unterste Temperaturgrenze der Rekristallisation $T_{R\,min}$ (K) liegt für hochverformte reine Metalle bei etwa 40% der Schmelztemperatur T_s (K) (Tab. 7.1). Für Legierungen ist sie höher, da im Mischkristall aufgenommene Zusätze oder weitere Phasen die Bewegung der Korngrenzen behindern.

Wegen der größeren Keimzahl nimmt auch die Korngröße mit wachsender Verformung ab (Bilder 7.24b und 7.25). Da mit einem feinkörnigen Gefüge erhöhte Fe-

7 Thermisch aktivierte Vorgänge

Tab. 7.1 Mindestrekristallisationstemperaturen von technisch reinen Metallen nach starker Verformung

Metall	T_{Rmin} °C	T_s °C	T_{Rmin}/T_s K/K
Sn	0	232	0,54
Pb	0	327	0,46
Zn	20	419	0,42
Al	150	658	0,45
Ag	200	961	0,38
Cu	250	1083	0,39
Fe	450	1536	0,40
W	1200	3370	0,41

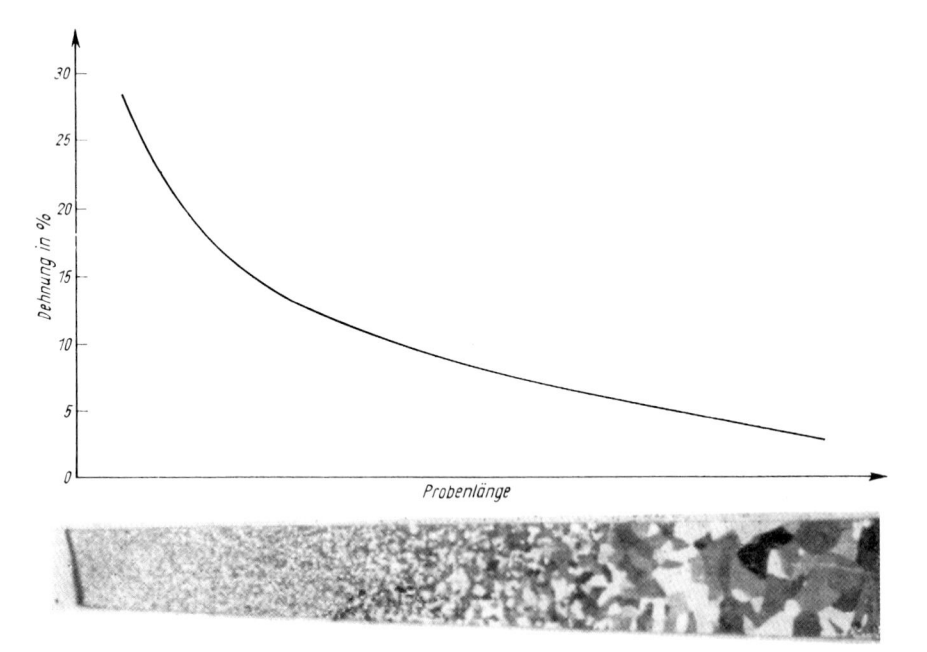

Bild 7.25 Rekristallisationsgefüge einer Keilzugprobe aus Reinaluminium; 30 min bei 500 °C geglüht, geätzt in 10%iger NaOH. Die Kurve gibt den Verlauf der Verformung in der Probe an.

stigkeit und Duktilität des Werkstoffs verbunden sind (Abschn. 6.7), ist man bestrebt, die Rekristallisation so zu steuern, dass die Korngröße klein bleibt. Dazu darf die Glühtemperatur nicht zu hoch und die Glühdauer nicht zu lang gewählt werden, da sonst die Gefahr einer Kornvergröberung (Abschn. 7.2.3) besteht (Bild 7.24c, d). Die zum Ablauf der Rekristallisation benötigte Glühdauer verkürzt sich mit wachsendem Verformungsgrad (Zunahme der Triebkraft) und mit der Erhöhung der Glühtemperatur (Beschleunigung der Kristallwachstumsgeschwindigkeit). In einem räumlichen Diagramm lässt sich der Einfluss der Rekristallisationsbedingungen auf

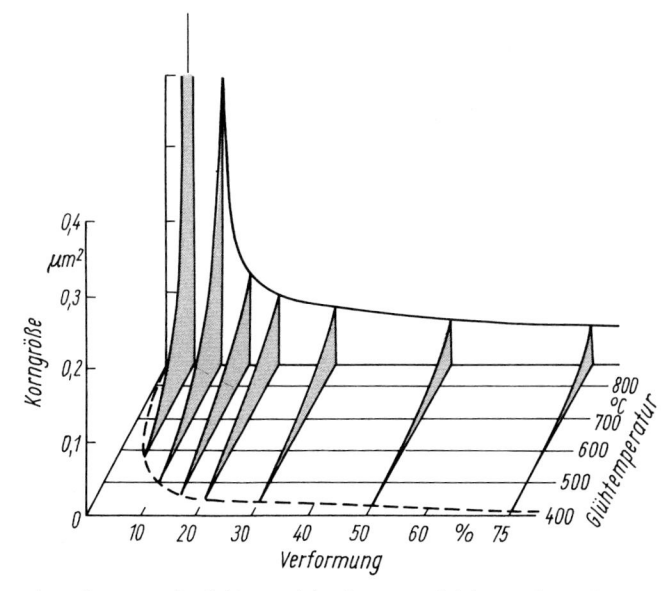

Bild 7.26 Räumliches Rekristallisationsschaubild von Elektrolyteisen, Glühdauer 1 h (nach W. G. Burgers)

die sich einstellende Korngröße anschaulich darstellen (Bild 7.26). Der geringste Verformungsgrad, der bei einer gewählten Glühbehandlung noch zur Rekristallisation führt, wird als *kritischer Verformungsgrad* V_{krit} bezeichnet. Das bei V_{krit} infolge der geringen Keimzahl entstehende grobkörnige Gefüge weist eine ausgeprägte Anfälligkeit gegen interkristallinen Sprödbruch auf.

Die primäre Rekristallisation ist der einzige Weg, um bei nicht umwandlungsfähigen Metallen und Legierungen eine Kornverfeinerung erzielen zu können. Sie ist deshalb von besonderer technischer Bedeutung. Außerdem wird die Möglichkeit, die Verformungstemperatur so zu wählen, dass sie weit über der Rekristallisationstemperatur liegt und die Rekristallisation bereits während der Verformung abläuft (Warmverformung), technisch weitgehend genutzt.

7.2.3
Kornwachstum

Die in den Versetzungen gespeicherte Energie kann auch Anlass für eine Korngrenzenbewegung ohne Keimbildung sein. Liegen in benachbarten Kristalliten unterschiedliche Versetzungsdichten vor, so wird auf die Korngrenze eine Kraft ausgeübt, die sie in Richtung der höheren Versetzungsdichte treibt. Die Korngrenze bewegt sich bei thermischer Aktivierung in den versetzungsreicheren Kristall hinein, wenn der Energieabbau durch Verringerung der Versetzungsdichte größer ist als der Zuwachs an Grenzflächenenergie infolge einer Ausbauchung der Korngrenze (Bild 7.27). Diese Erscheinung wird als *spannungsinduziertes Kornwachstum* bezeich-

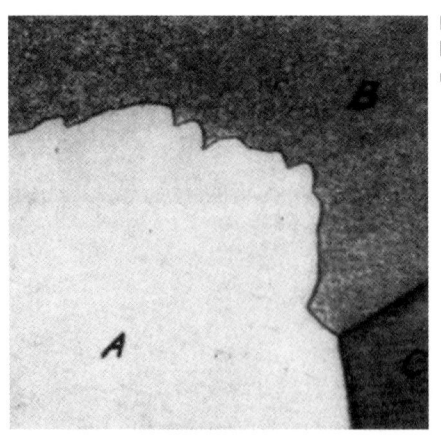

Bild 7.27 Spannungsinduzierte Korngrenzenbewegung in Reinstaluminium (nach P. A. Beck und D. R. Sperry)

net. Ein solches Kornwachstum kann während einer Hochtemperaturglühung nach geringer Verformung (im Gebiet des kritischen Verformungsgrades) sowie nach ungleichmäßiger Beanspruchung des Gefüges eintreten. Im ersten Fall sind die bei der Kristallerholung entstehenden Subkörner relativ groß und die Orientierungsdifferenzen gering, sodass ungünstige Voraussetzungen für eine Rekristallisationskeimbildung vorliegen. Durch geeignete Wahl der Bedingungen können auf diese Weise *Einkristalle* hergestellt werden.

Ein polykristallines Gefüge weist wegen der vorhandenen Korngrenzen gegenüber einem Einkristall eine höhere innere Energie auf. Bei fortgesetzter thermischer Aktivierung nach der primären Rekristallisation kann deshalb die Korngrenzendichte durch weiteres Kornwachstum verringert werden. Aufgrund der erhöhten Energie der in der Korngrenze gelegenen Bausteine ist die Korngrenze Sitz einer Grenzflächenenergie (Abschn. 6.2), die die Korngrenzenfläche möglichst klein zu halten sucht. Auf gewölbte Korngrenzenflächen wirkt daher in Richtung ihres Krümmungsmittelpunktes ein Druck

$$p \sim \gamma_G / R \tag{7.21}$$

(γ_G spezifische Korngrenzenenergie; R Krümmungsradius der Korngrenze). Er liegt etwa in der Größenordnung von 10^{-2} MPa. Die an einer gemeinsamen Kornkante der Körner A, B, C angreifenden Korngrenzenenergien γ_{AB}, γ_{BC}, γ_{AC} stehen im Gleichgewicht, wenn

$$\frac{\gamma_{AB}}{\sin \gamma} = \frac{\gamma_{BC}}{\sin \alpha} = \frac{\gamma_{AC}}{\sin \beta} \tag{7.22}$$

ist. Sind die speziellen Energien der Korngrenzen etwa gleich (was für einphasige Werkstoffe annähernd angenommen werden darf), so folgt daraus, dass die Gleichgewichtskonfiguration durch ebene Korngrenzenflächen, die unter einem Winkel von 120° am Korngrenzenzwickel zusammenstoßen (Bild 7.28), gekennzeichnet ist. In diesem Fall

Bild 7.28 Aus drei Korngrenzen mit annähernd gleicher spezifischer Korngrenzenenergie gebildete Kornkante (schematisch) im Gleichgewichtszustand: $\alpha \cong \beta \cong \gamma \cong 120°$

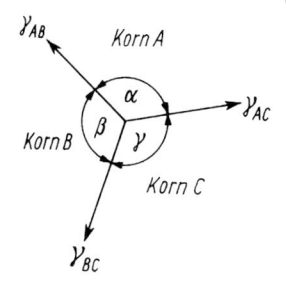

bilden die stabilen Korngrenzenlagen eine „Bienenwabenstruktur". In mehrphasigen Werkstoffen können die Korn- und Phasengrenzenenergien sehr verschieden sein und damit auch die Gleichgewichtswinkel merklich von 120° abweichen.

Während der Kristallisation oder Rekristallisation wird der Gleichgewichtszustand freilich kaum verwirklicht. Deshalb zeigt der vielkristalline Werkstoff die Tendenz, den Korngrenzengleichgewichtswinkel einzustellen und ebene Korngrenzenflächen auszubilden, wodurch Kristallite mit konvex gekrümmten Flächen sich verkleinern und solche mit konkaven wachsen (Bilder 7.29 und 7.30; *kontinuierliche Kornvergrößerung*). Da die Korngrenzenbewegung auf atomaren Platzwechselvorgängen beruht (s. Abschn. 2.1.11), wird sie mit steigender Temperatur erleichtert. Ist die kontinuierliche Kornvergrößerung in einem Werkstoff gehemmt, so kann dennoch bei höheren Temperaturen und/oder anderen begünstigenden Bedingungen dieser Zustand für einen Teil der Kristallite aufgehoben werden, die dann zu sehr großen Körnern auswachsen (Bild 7.31). Es tritt eine *diskontinuierliche Kornvergrößerung* ein, die auch als *sekundäre Rekristallisation* bezeichnet wird.

Ein gorbkörniges Gefüge ist für den Einsatz der Werkstoffe in der Regel ungünstig (s.a. Abschn. 6.7). Nur in Einzelfällen findet es aufgrund der damit verbundenen Verbesserung von Eigenschaften Anwendung, wie z. B. bei den weichmagnetischen Fe–Si-Legierungen, deren Koerzitivfeldstärke der Korngröße umgekehrt proportional ist (s.a. Abschn. 10.6.3; Bild 6.41). Werden Werkstoffe im Verlaufe ihrer

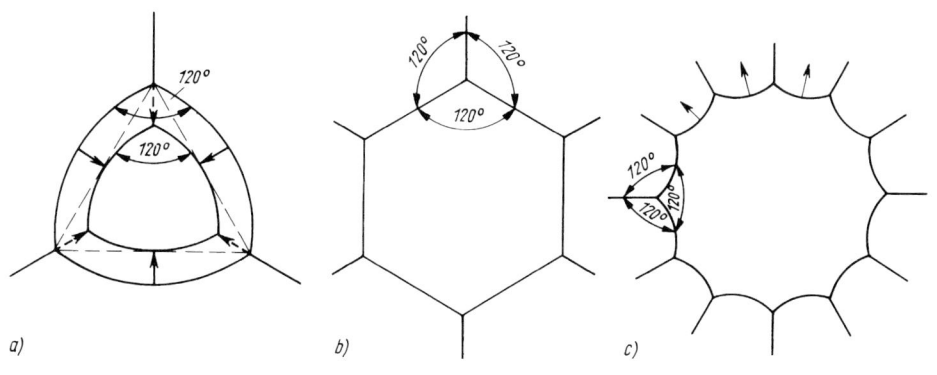

Bild 7.29 Kontinuierliche Korngrenzenbewegung (schematisch): a) sich verkleinerndes Korn; b) stabile Korngrenzenlage; c) wachsendes Korn

Bild 7.30 Kontinuierliche Korngrenzenbewegung in Fe-3 % Si, thermische Ätzung

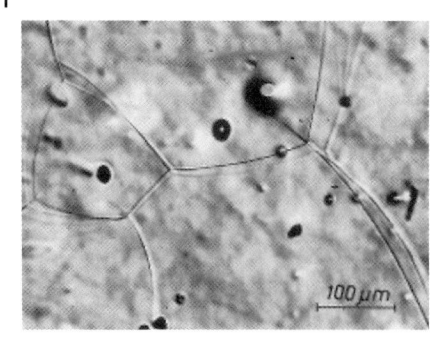

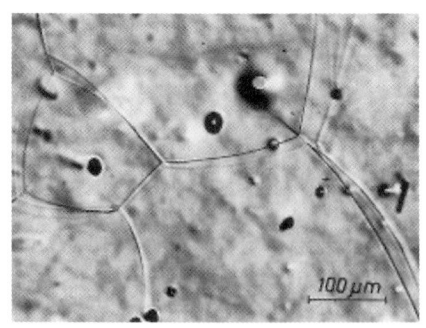

Bild 7.31 Diskontinuierliches Kornwachstum (Sekundärrekristallisation) in Eisen

praktischen Nutzung oder im Zuge einer notwendigen Wärmebehandlung (beispielsweise C-armer Stahl zum Zweck des Einsatzhärtens) hohen Temperaturen ausgesetzt, so muss das kontinuierliche Kornwachstum gehemmt werden. Das geschieht meist über das Einbringen einer feindispersen Phase, die bei den infrage kommenden Temperaturen nicht in Lösung geht und bevorzugt in der Korngrenze eingelagert ist. Da das Ablösen der Korngrenze von den in ihr befindlichen Teilchen einer Vergrößerung der Korngrenzenfläche, für die zusätzliche Energie aufgebracht werden muss, gleichkommt, wird so die Bewegung der Korngrenze erschwert. Als Beispiele seien die Ausscheidung von AlN in den aluminiumberuhigten Feinkornstählen und die ThO_2-Dotierung von W-Glühfäden genannt, in denen aufgrund der während des Ziehens entstandenen zeiligen Anordnung der ThO_2-Partikeln das Kornwachstum so gesteuert wird, dass ein „Stapeldrahtgefüge" entsteht [7.5]. Die Kornwachstumshemmung wird aufgehoben und die sekundäre Rekristallisation eingeleitet, wenn die Teilchen koagulieren oder in der Matrix gelöst werden *(verunreinigungskontrollierte Sekundärrekristallisation)*. Auf diesen Vorgang ist vor allem die diskontinuierliche Kornvergrößerung bei Eisen und Eisen-Silicium-Legierungen zurückzuführen (Bild 7.32a).

Eine Kornwachstumshemmung kann auch bei scharf ausgeprägten Texturen auftreten. Ist die Orientierungsdifferenz aneinander grenzender Kristallite klein oder befinden sie sich in Zwillingsstellung, dann ist die Korngrenzenbeweglichkeit gering. Bei gewissen größeren Orientierungsunterschieden der Kristalle jedoch sind Maxima der Korngrenzenbeweglichkeit festzustellen (Bild 7.33). Deshalb können einzelne, in einem Gefüge mit strenger Textur gelegene Kristallite, die eine stärker davon abweichende Orientierung aufweisen, wachsen und das sie umgebende Gefüge aufzehren *(texturbedingte Sekundärrekristallisation)* (Bild 7.32b).

Weiterhin kann die Hemmung des Kornwachstums durch einen Probendickeneffekt verursacht sein. Erreicht der Korndurchmesser die Blechdicke, so bricht das Kornwachstum infolge der mit dem Übergang vom dreidimensionalen zum zweidimensionalen Wachstum verminderten Triebkraft ab. Unterscheiden sich jedoch die Oberflächenspannungen der beiderseits einer Korngrenze gelegenen Kornschnittflächen stärker, so ist es möglich, die Hemmung zu überwinden und die Korngrenzen-

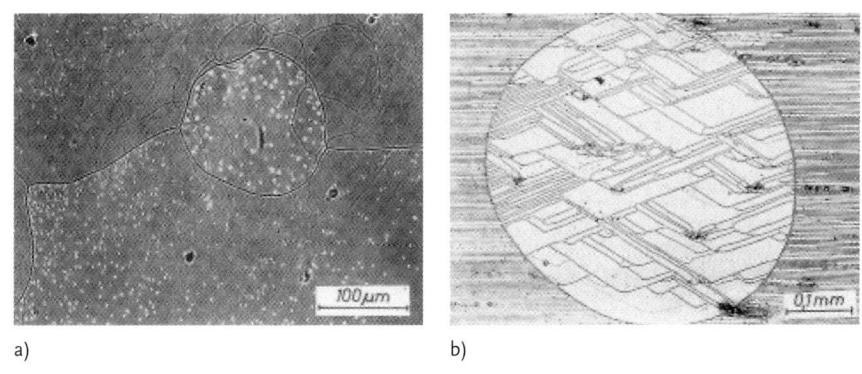

7.2 Kristallerholung und Rekristallisation | 325

a)   b)

Bild 7.32 a) Kaltgewalztes Fe-3 % Si, thermisch geätzt (nach H. D. Wiesinger); b) in kornorientiertem Trafoblech (Texturblech) durch texturbedingte Sekundärrekristallisation entstandenes rundes Großkorn, Schraffurätzung. Die im Bild a) erkennbaren dunkel angeätzten Korngrenzen sind als Folge verunreinigungskontrollierter Sekundärrekristallisation entstanden. Alle anderen Ätzfurchen stammen von vorangegangenen Korngrenzenlagen.

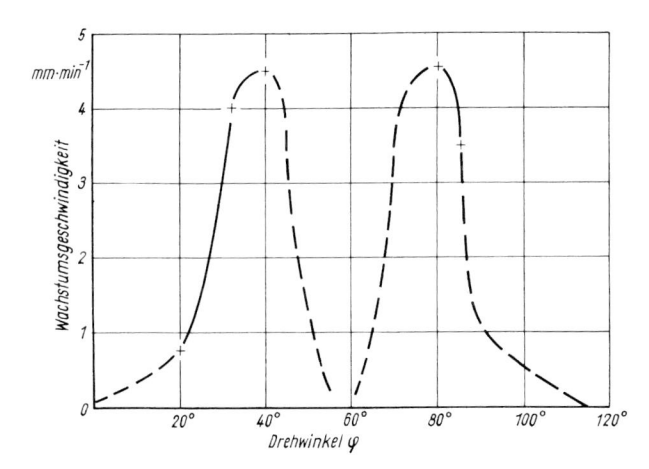

Bild 7.33 Orientierungsabhängigkeit der Korngrenzenbeweglichkeit (Al-Kristalle, gemeinsame Drehachse [1$\bar{1}$1]) (nach B. Liebmann, K. Lücke und G. Masing)

bewegung in das Korn mit der größeren Oberflächenspannung fortzuführen. Die treibende Kraft beträgt

$$p = \Delta\gamma/d \tag{7.23}$$

($\Delta\gamma$ Differenz der spezifischen freien Oberflächenenergie benachbarter Kristallite; d Probendicke). Sie liegt in der Größenordnung von 10^{-3} MPa und bewirkt eine sekundäre Rekristallisation, indem die Körner mit der niedrigsten Oberflächenspannung wachsen. Ändern sich aber während oder nach Abschluss der Sekundärrekristallisation die Oberflächenenergieverhältnisse, z. B. durch Adsorption, Chemisorption oder Bildung einer Oxidbedeckung, so kann erneut diskontinuierliches Kornwachstum auftreten, das in diesem Fall auch als *tertiäre Rekristallisation* bezeichnet wird.

Unter bestimmten Bedingungen können die Kornwachstumsvorgänge zur Ausbildung eines *Stengelkorngefüges* führen. In Si-freiem oder schwach mit Si legiertem Eisen mit etwa 0,03 bis 0,1% C z. B., das aufgrund beschleunigter Abkühlung nach der Warmverformung oder durch geringe Verformung Eigenspannungen aufweist, bilden sich während einer Glühung in entkohlender Atmosphäre oberhalb der Rekristallisationstemperatur – vermutlich durch spannungsinduziertes Kornwachstum – in der entkohlten Zone größere Kristallite, die nach gegenseitiger Berührung mit fortschreitender Entkohlungsfront in das Werkstoffinnere wachsen und sich zu einem Stengelkorngefüge formieren (Bild 7.34). Verlegt man die Glühtemperatur in das α–γ-Zweiphasengebiet, so wachsen die an der Oberfläche befindlichen oder sich bildenden Ferritkörner über Anlagerung des mit zunehmender Entkohlung durch Umwandlung entstehenden Ferrits ohne Mitwirkung von Spannungen in gleicher Weise (Bild 7.35). Infolge Kornvergröberung und Reinigung des Gefüges zeigen solche Werkstoffe gute weichmagnetische Eigenschaften. Schließlich kann auch die chemisch-thermische Oberflächenbehandlung des Stahls mit einer Stengelkornbildung verbunden sein, wenn mit der Eindiffusion des betreffenden Elementes die γ-

Bild 7.34 Eisen mit 0,06% C normalisiert und abgekühlt (von links nach rechts) im Ofen, in Öl und in Wasser, nachträglich bei 700 °C in feuchtem H_2 8 h geglüht

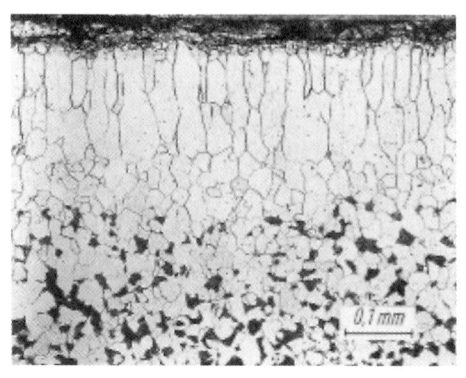

Bild 7.35 Stengelkorngefüge von Stahl C 60, der 15 h bei 850 °C in feuchtem H_2 geglüht wurde

Bild 7.36 Stengelkorngefüge in Weicheisen, das 4 h bei 1050 °C titaniert wurde

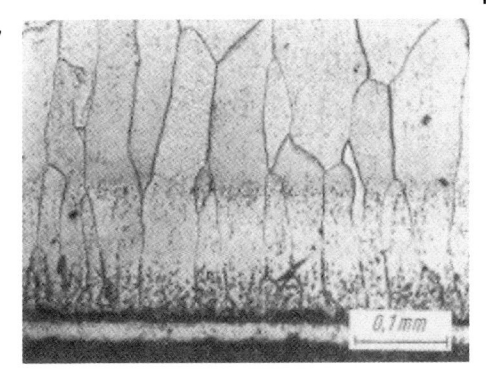

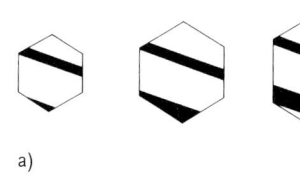

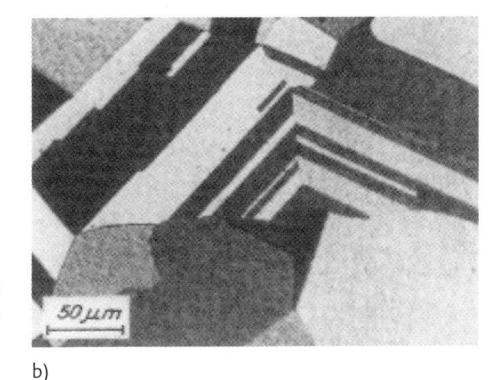

Bild 7.37 a) Wachstum von Rekristallisationszwillingen (schematisch); b) Rekristallisationszwillinge in Messing

α-Umwandlung einhergeht, wie es beispielsweise bei der Eindiffusion von Titan in Weicheisen (Bild 7.36) der Fall ist.

Im Gefüge von Metallen und Legierungen mit niedriger Stapelfehlerenergie (vorwiegend mit kfz Gitter wie Kupfer und seinen Legierungen oder austenitischen Stählen) sind nach der Rekristallisation und dem Kornwachstum zahlreiche *Zwillingskristalle* enthalten (Bild 7.37). Sie entstehen, wenn eine Korngrenze sich in ⟨111⟩-Richtung bewegt (in kfz Strukturen sind Zwillingsgrenzen und Stapelfehlerebenen {111}-Ebenen), wo die Atome in gestörter Stapelfolge in das Gitter des wachsenden Kornes eingebaut werden (s. a. Abschn. 2.1.11). Besetzen z. B. die an eine *B*-Ebene anzulagernden Atome nicht entsprechend der Stapelfolge ... *ABC* ... *C*-Plätze, sondern *A*-Plätze, so entsteht bei Beibehaltung der veränderten Stapelfolge mit der weiteren Bewegung der Korngrenze ein Zwillingskristall (... *ABC ABA CBA* ...) [7.8]. Das Wachstum des Zwillings endet, wenn aufgrund des gleichen Vorgangs die Stapelfolge wieder in die ursprüngliche abgewandelt wurde. Die Anwesenheit von Rekristallisationszwillingen im Gefüge stellt einen Indikator für vorangegangenes Kornwachstum dar.

7.2.4
Rekristallisationstexturen

Ebenso wie bei der Verformung (Abschn. 9.2.3.5) können sich auch im Verlaufe der primären und sekundären Rekristallisation *Texturen* ausbilden. Bei manchen Metallen stimmen sie mit der Verformungstextur überein. Meist weichen sie jedoch beträchtlich von ihr ab. Die Ursache dafür ist die selektive Wirkung der Kräfte, die die Keimbildung oder das Kornwachstum steuern. Eine selektive Keimbildung kann z. B. auf orientierungsbedingte Unterschiede in der Versetzungsdichte, die im Verlaufe der Verformung entstanden sind, zurückgehen. Selektives Kornwachstum tritt als Folge der Orientierungsabhängigkeit der Korngrenzenbeweglichkeit bzw. der Oberflächenenergie ein. In Fe–Si-Blechen beispielsweise führt das bevorzugte Wachstum von Kristalliten, deren {110}-Ebenen in der Walzebene liegen, während einer verunreinigungskontrollierten Sekundärrekristallisation zur Bildung der so genannten *Goss-Textur* (s. Abschn. 10.6.3). Die {110}-Ebene ist für krz Kristalle die Ebene mit der geringsten Oberflächenenergie.

Literaturhinweise

7.1 MEYER, K.: Physikalisch-chemische Kristallographie. Leipzig: VEB Deutscher Verlag für Grundstoffindustrie 1977

7.2 CAHN, R. W.: Physical Metallurgy. Amsterdam: North Holland Phys. Publ. 1983

7.3 HAASEN, P.: Physikalische Metallkunde. Berlin: Akademie-Verlag 1985

7.4 GORELIK, S. S.: Recrystallization in Metals and Alloys. Moskau: Mir 1981

7.5 SCHATT, W., und K.-P. WIETERS (Hrsg.): Pulvermetallurgie. Düsseldorf: VDI-Verlag 1994

7.6 SCHATT, W.: Sintervorgänge. Düsseldorf: VDI-Verlag 1992

7.7 MURCH, G. E. (Ed.): Diffusion in crystalline solids. Orlando: Academic Press 1984

7.8 BÄRO, G., and H. GLEITER: The Formation of Annealing Twins. Z. Metallkd. 63 (1972) 10, S. 661–663

7.9 PORTER, P. A., und K. E. EASTERLING: Phase Transformations in Metals and Alloys. London: Chapman & Hall 1992

7.10 CRANK, J.: The Mathematics of Diffusion. Oxford: Clarendon Press 1975

7.11 CARSLAW, H. S., and J. C. JAEGER: Conduction of Heat in Solids. Oxford: Clarendon Press 1959

7.12 SCHATT, W., und J. I. BOIKO: Defektmechanismen des Schwindungsintensivstadiums. Z. Metallkd. 82 (1991) 7, S. 527–531

8
Korrosion

Allgemein ist die Korrosion zu definieren als Angriff auf einen Werkstoff durch Reaktion mit seiner Umgebung, die zu einer messbaren Verschlechterung von Eigenschaften bis hin zur Zerstörung des Werkstoffes führt. Bauteile oder Systeme können dadurch in ihrer Funktion beeinträchtigt werden (Korrosionsschaden). Im engeren Sinne wird unter Korrosion die durch chemische oder elektrochemische Reaktionen mit der Umgebung verursachte Zerstörung von Metallen verstanden, wobei diese unter Zunahme der Wertigkeit in den Verbindungszustand übergehen.

Sowohl bei den Metallen als auch bei nichtmetallischen Werkstoffen, z. B. den Polymeren, können neben chemischen Reaktionen auch physikalische Vorgänge an der Korrosion beteiligt sein. Dagegen finden an den nicht leitenden Polymerwerkstoffen keine elektrochemischen Reaktionen statt.

Die Reaktionspartner Werkstoff (fest) und umgebendes Medium (flüssig oder gasförmig) bilden ein Korrosionssystem, in dem die chemischen und physikalischen Variablen aller beteiligten Phasen die Korrosion beeinflussen. Die ablaufenden Korrosionsreaktionen sind wegen der Zugehörigkeit der Partner zu verschiedenen Phasen Phasengrenzreaktionen (heterogene Reaktionen). Der Gesamtprozess der Korrosion kann jedoch außerdem noch durch vor- oder nachgelagerte Reaktionen und Transportprozesse, wie die An- oder Abdiffusion der reagierenden Spezies, beeinflusst werden.

Neben einer von der Oberfläche ausgehenden Schädigung des Werkstoffes in Form des gleichförmigen oder ungleichförmigen Abtrags durch chemische oder elektrochemische Reaktionen können auch im Werkstoffinneren Schädigungen eintreten, die mit Gefügeänderungen verknüpft sind. Voraussetzung dafür ist das Eindringen von Spezies in das Werkstoffvolumen (physikalischer Prozess), dem gegebenenfalls chemische Reaktionen, wie z. B. Hydrid- bzw. Oxidbildungen in Metallen oder Hydrolyse bzw. Kettenabbau bei Polymeren folgen können.

Auch in der Umgebung des Werkstoffs können Schädigungen durch Verunreinigungen in Form von Korrosionsprodukten hervorgerufen werden.

Im Rahmen dieses Kapitels kann nur auf die grundlegenden Vorgänge eingegangen werden. Weiterführende Literatur findet sich in [8.1]–[8.11].

Während der Nutzung von Bauteilen oder Anlagen können sich der Korrosion mechanische Belastungen überlagern (Bild 8.1), die zur Schwingungsrisskorrosion (Abschn. 8.1.8) oder Spannungsrisskorrosion (Abschn. 8.1.7) führen. Andere kom-

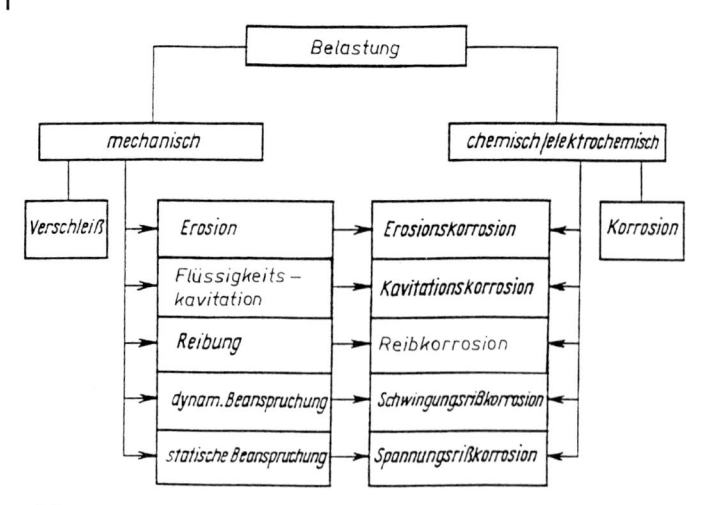

Bild 8.1 Korrosionsarten bei gleichzeitiger chemisch-elektrochemischer und mechanischer Beanspruchung

plexe Schädigungsarten entstehen, wenn die Korrosion kombiniert mit einer mechanischen Schädigung der Oberfläche auftritt; so

- mit der Erosion, d.h. einer abtragenden Wirkung bewegter Flüssigkeiten oder Gase, die Festkörperteilchen enthalten, was u.a. zur Zerstörung von Schutzschichten führen kann,
- mit der Flüssigkeitskavitation: bei hohen Strömungsgeschwindigkeiten werden durch den Zusammenbruch örtlich entstandener Vakua starke Flüssigkeitsschläge erzeugt, die im Laufe der Zeit den Rohr- und Behälterwerkstoff zerstören,
- durch Reibung ohne äußere Wärmeeinwirkung.

Sind dann die den Werkstoff umgebenden Medien chemisch aggressiv, so tritt *Erosions-* bzw. *Kavitationskorrosion* oder *Reibkorrosion* auf.

Die Reaktionen von Werkstoffen mit ihrer Umgebung können vielfältige Korrosionserscheinungen (Korrosionsformen) zur Folge haben. Die wichtigsten sind in Bild 8.2 schematisch dargestellt. Technisch am leichtesten beherrschbar ist die *gleichmäßige Flächenkorrosion*, bei der die Korrosionsgeschwindigkeit an jeder Stelle der Oberfläche nahezu gleich groß ist. Zu ihrer quantitativen Charakterisierung werden der flächenbezogene Masseverlust $m_a = \Delta m/A$ (Δm Masseverlust, A korrosionsbelastete Oberfläche) oder die Dickenabnahme Δs herangezogen. Unter Bezug auf die Belastungsdauer t lassen sich daraus die flächenbezogene Masseverlustrate $v = \Delta m/At$ bzw. die Abtragungsrate $w = \Delta s/t$ ermitteln.

Wesentlich gefährlicher als ein gleichmäßiger Abtrag ist die *ungleichförmige Korrosion*. Sie ist schwer kontrollierbar und wegen der örtlichen Schwächung des tragenden Querschnitts (Kerbwirkung) auch für die Funktionssicherheit eines Bauteils mit einem größeren Risiko verbunden. Zur Charakterisierung des ungleichförmigen Ab-

Angriffsform		Schema
Gleichmäßiger Flächenabtrag	**Gleichmäßige Flächenkorrosion** Δs Dickenabnahme	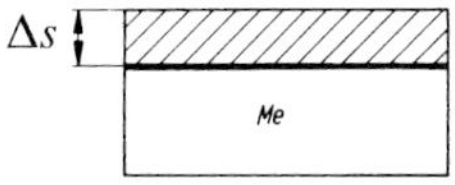
Ungleichmäßiger (örtlicher) Abtrag	**Lochfraß, Muldenfraß** Örtliche Vertiefungen bei praktisch nicht angegriffener Umgebung	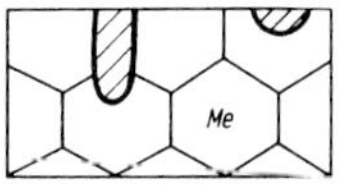
	Kontaktkorrosion Bevorzugter Angriff des unedleren Me II (als Anode des Korrosionselementes)	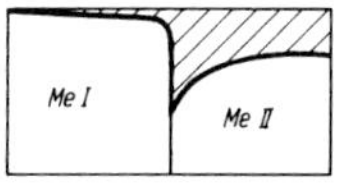
	Spaltkorrosion Bevorzugter Angriff des Spaltgrundes (als Anode eines Belüftungselementes)	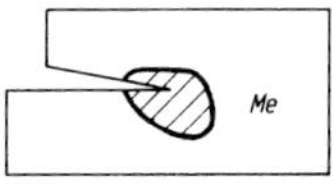
	Selektive Korrosion Herauslösung unedlerer Gefügebestandteile (e. Gbst. edlerer; u. Gbst. unedlerer Gefügebestandteil)	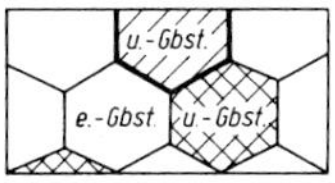
	Interkristalline Korrosion Selektiver Angriff im Korngrenzenbereich a) ohne, b) mit statischer Zugbelastung	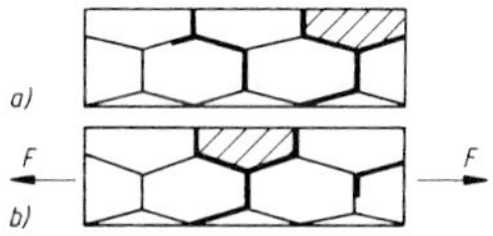
	Transkristalline Risskorrosion Korrosionsrisse außerhalb von Korngrenzen nach statischer Zugbelastung	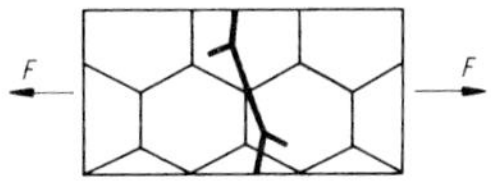

Bild 8.2 Die wichtigsten Korrosionserscheinungen

trags werden geometrische Größen wie die Loch- oder Risstiefe und die Anzahl bzw. die Dichte der örtlichen Angriffe verwendet. Außerdem werden Kenngrößen herangezogen, die die korrosionsbedingte Änderung bestimmter Eigenschaften wie der Zugfestigkeit oder des elektrischen Widerstandes zum Ausdruck bringen.

Die Frage, ob unter bestimmten Bedingungen eine Korrosion des Werkstoffs möglich ist oder nicht, kann mithilfe thermodynamischer Betrachtungen beantwortet werden.

Es ist jedoch nicht möglich, damit auch vorauszusagen, ob die Korrosionsreaktion tatsächlich, d. h. mit nennenswerter Geschwindigkeit, ablaufen wird.

Die treibende Kraft einer Reaktion ist die Änderung der freien Enthalpie ΔG [s. Gl. (3.9)]. Ein Prozess läuft spontan ab, wenn damit eine Abnahme der freien Enthalpie verbunden, d. h. ΔG negativ ist. Im Gleichgewichtszustand gilt $\Delta G = 0$. Für eine beliebige chemische Reaktion

$$aA + bB \rightleftharpoons cC + dD \tag{8.1}$$

wird die Änderung der freien Enthalpie (freie Reaktionsenthalpie) durch die Beziehung

$$\Delta G = \Delta G^0 + RT \ln \frac{a_C^c \cdot a_D^d}{a_A^a \cdot a_B^b} \tag{8.2}$$

beschrieben (ΔG^0 Änderung der freien Enthalpie unter Standardbedingungen; R allgemeine Gaskonstante; T absolute Temperatur; a Aktivität der Stoffe A, B, C, D). Für eine gegebene Metall-Gas-Reaktion, beispielsweise die Oxidation eines Metalls gemäß

$$m\,\text{Me} + n/2\,\text{O}_2 \rightarrow \text{Me}_m\text{O}_n \tag{8.3}$$

ist ΔG^0 die Änderung der freien Enthalpie bei Bildung eines Moles Oxid (Tab. 8.1). Die Gleichgewichtskonstante K ergibt sich aus dem Massenwirkungsgesetz zu

$$K = \left(\frac{a_{\text{Me}_m\text{O}_n}}{a_{\text{Me}}^m \cdot p_{\text{O}_2}^{n/2}} \right)_{gl} \tag{8.4}$$

($p_{\text{O}_{2(gl)}}$ Gleichgewicht)

Für reine Metalle und Oxide sind die Aktivitäten (effektive Konzentrationen) a_{Me} und $a_{\text{Me}_m\text{O}_n}$ gleich 1, sodass Gl (8.2) die Form

$$\Delta G = \Delta G^0 - n/2\,RT \ln p_{\text{O}_2} \tag{8.5}$$

annimmt. Daraus erhält man den Partialdruck des Sauerstoffs im Gleichgewicht ($\Delta G = 0$)

$$p_{\text{O}_{2(gl)}} = \exp(2\,\Delta G^0/n\,RT) \tag{8.6}$$

Tab. 8.1 Änderung der freien Enthalpie beim Übergang Metall/Metalloxid unter Standardbedingungen (Bildung von 1 Mol Oxid bei 298 K; nach [8.7])

Oxid	ΔG^0 kJ
Ag_2O	−11,2
Al_2O_3	−1582,4
Cr_2O_3	−1058,1
Cu_2O	−146,0
CuO	−129,7
FeO	−245,1
Fe_3O_4	−1015,5
Fe_2O_3	−742,2
NiO	−211

Bild 8.3 Sauerstoff-Gleichgewichtsdrücke einiger Metall-Metalloxid-Systeme (nach *Rahmel* und *Schwenk*)

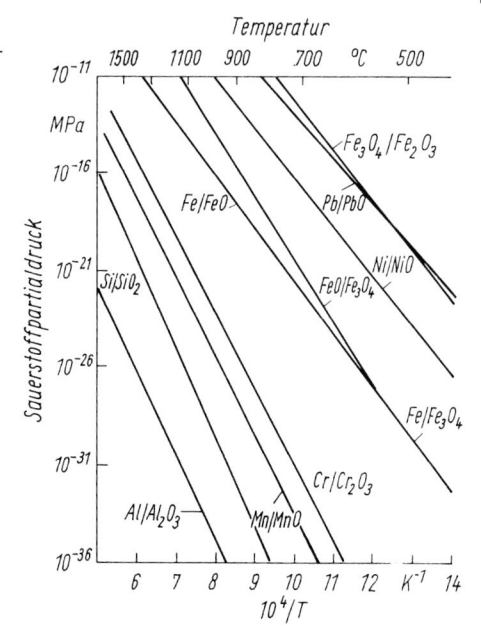

In Bild 8.3 sind die Gleichgewichtspartialdrücke in Abhängigkeit von der Temperatur für eine Reihe wichtiger Metall-Oxid-Systeme wiedergegeben. Daraus ist – wie auch aus Gl. (8.5) folgt – ersichtlich, dass die Reaktion (8.3) zum Ablauf von rechts nach links (Reduktion) tendiert und schon gebildetes Oxid wieder dissoziiert, wenn der im Korrosionssystem herrschende Sauerstoffpartialdruck niedriger als der Gleichgewichtsdruck ist. Ist hingegen der Sauerstoffdruck höher als der Gleichgewichtsdruck, dann verläuft die Reaktion (8.3) in der angezeigten Richtung (Oxidation), und das Metall korrodiert.

Wegen der sehr kleinen Gleichgewichtsdrücke (Bild 8.3) – z. B. für Ni–NiO bei 25 °C 10^{-75} MPa und bei 1000 °C 10^{-11} MPa – ist die Oxidation der Metalle an Luft ($p_{O_2} \approx 0{,}1$ MPa) eine freiwillig ablaufende Reaktion und unter anderem auch der Grund dafür, dass die meisten Metalle in der Natur nicht gediegen, sondern als Erze, d. h. an Sauerstoff, Schwefel, Kohlenstoff u. a. gebunden, vorkommen. Die Tendenz zur Oxidation nimmt in dem Maße zu, wie ΔG^0 abnimmt (Tab. 8.1).

Analoge Betrachtungen gelten für Reaktionsabläufe in Metall-Lösung-Systemen. Gemäß Gl. (8.1) existiert im Gleichgewichtszustand ($\Delta G = 0$) ein bestimmtes Aktivitätsverhältnis

$$\ln \left(\frac{a_C^c \cdot a_D^d}{a_A^a \cdot a_B^b} \right)_{gl} = -\frac{\Delta G^0}{RT} , \qquad (8.7)$$

das sich mithilfe von ΔG^0 (tabelliert) berechnen lässt. Wird im praktischen Fall das Gleichgewichtsaktivitätsverhältnis unterschritten, so nimmt ΔG nach Gl. (8.2) negative Werte an und die Reaktion (8.1) verläuft freiwillig von links nach rechts. Bei

Überschreiten des Aktivitätsverhältnisses wird ΔG positiv, und der Ablauf der Reaktion erfolgt von rechts nach links.

Als für die Praxis wichtiges Beispiel soll die Umsetzung von Eisen mit Kupferionen erörtert werden. Wird Eisen in eine Kupfersulfatlösung eingetaucht, dann scheidet sich metallisches Kupfer auf der Eisenoberfläche ab, und Eisen geht in Lösung:

$$Fe + Cu^{++} \rightarrow Fe^{++} + Cu \tag{8.8}$$

Für die Gleichgewichtskonstante K der Reaktion erhält man nach dem Massenwirkungsgesetz unter Verwendung der Ionenkonzentration c[1] anstelle der Aktivitäten a

$$c = \frac{a}{f} \quad \text{und} \quad f \leqq 1 \tag{8.9}$$

$$K = \left(\frac{c_{Fe^{++}} \cdot c_{Cu}}{c_{Cu^{++}} \cdot c_{Fe}}\right)_{gl} \tag{8.10}$$

und mit $c_{Cu} = c_{Fe} = 1$ wird

$$K = \left(\frac{c_{Fe^{++}}}{c_{Cu^{++}}}\right)_{gl} \tag{8.11}$$

Damit stellt sich die Änderung der freien Enthalpie der Reaktion (8.8) gemäß Gl. (8.2) zu

$$\Delta G = \Delta G^0 + RT \ln(c_{Fe^{++}}/c_{Cu^{++}}) \tag{8.12}$$

dar. Im Gleichgewicht ($\Delta G = 0$) gilt

$$K = \frac{c_{Fe^{++}}}{c_{Cu^{++}}} = \exp(-\Delta G^0/RT) \tag{8.13}$$

Mit $\Delta G^0 = -151$ kJ mol^{-1} beträgt das Gleichgewichtskonzentrationsverhältnis 10^{26}. Bei den in der Praxis vorkommenden Lösungen wird dieses Verhältnis jedoch nicht erreicht. Das bedeutet, dass ΔG in Gl. (8.12) negativ ist und die Reaktion stets von links nach rechts, d. h. unter Auflösung (Korrosion) des Eisens abläuft.

[1] Für $c < 10^{-3}$ mol l^{-1} wird $f \approx 1$ und $a \approx c$. Im Folgenden wird vereinfachend generell $a = c$ gesetzt.

8.1
Korrosion der Metalle in wässrigen Medien

Wässrige Medien sind Elektrolytlösungen, die Kationen und Anionen der im Wasser gelösten Stoffe (Säuren, Basen, Salze) enthalten. Sie sind Ionenleiter, d.h. der Stromtransport erfolgt durch die Wanderung von Kationen und Anionen unter der Wirkung eines elektrischen Feldes. Die Leitfähigkeit liegt zwischen 10^{-4} und 10^2 S m^{-1}.

Auch Gase können in Wasser gelöst sein. Ihre Gleichgewichtskonzentration c_i (Sättigungskonzentration, „Löslichkeit") ist nach dem *Henryschen Gesetz* dem Partialdruck des Gases p_i über der Lösung proportional.

$$c_i = k_i \cdot p_i \qquad (8.14)$$

Die Löslichkeitskonstante k_i ist temperaturabhängig, was bewirkt, dass die Löslichkeit von Gasen mit steigender Temperatur sinkt. Sie nimmt auch in Gegenwart gelöster Salze und mit deren Konzentration ab. Für die Korrosion ist besonders der in allen natürlichen Wässern und in den meisten in der Technik verwendeten Medien gelöste Sauerstoff von Bedeutung. Bei 273 K und $p = 0{,}1$ MPa enthält reines Wasser in Kontakt mit Luft etwa 6 cm^3/l Sauerstoff, in Kontakt mit reinem Sauerstoff etwa 28 cm^3/l. Dieser Betrag sinkt in 0,5 molarer Kochsalzlösung auf 24 cm^3/l ab.

Bei der Korrosion eines Metalls, das sich in Kontakt mit einer ionenleitenden Phase (Elektrolyt, Salzschmelze) befindet, laufen elektrochemische Vorgänge ab. Charakteristisch für eine solche *elektrochemische Korrosion* ist die Abhängigkeit von einem Strom, der durch die Phasengrenze Metall/Medium fließt bzw. von dem sich dort einstellenden Elektrodenpotenzial.

8.1.1
Grundlagen der elektrolytischen Korrosion

Eine zum Metallabtrag führende elektrochemische Korrosion in einem Elektrolyten wird als elektrolytische Korrosion bezeichnet.

Taucht ein Metall, wie in Bild 8.4a schematisch dargestellt, in eine Elektrolytlösung ein, dann bezeichnet man dieses System als *Elektrode*. Enthält die Lösung Ionen des gleichen Metalls mit der Wertigkeit z^+, so erfolgt zwischen den beiden Phasen eine Wechselwirkung. In beiden Richtungen treten Metallionen durch die Phasengrenze (Bild 8.4b).

$$\text{Me} \rightarrow \text{Me}^{z+} + z e \qquad (8.15\,\text{a})$$

$$\text{Me}^{z+} + z e \rightarrow \text{Me} \qquad (8.15\,\text{b})$$

Da die bei der Auflösung des Metalls gebildeten Ionen nicht nur Träger einer Masse, sondern auch einer elektrischen Ladung sind, ist mit dem Übergang Metall → Elektrolyt ein anodischer (positiver) Strom I_+ verbunden. Der gegenläufige Vorgang, der

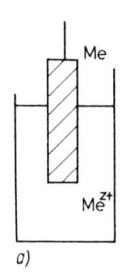

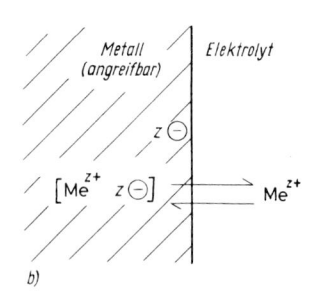

Bild 8.4 Ausbildung eines Metall-Metallionen-Potenzials.
a) Schema einer Metall-Metallionen-Elektrode; b) Vorgänge an der Phasengrenze (Durchtrittsreaktion)

Ionenübergang vom Elektrolyten zum Metall, die Metallabscheidung (katodische Reaktion, Reduktion), hat dementsprechend einen katodischen (negativen) Strom I_- zur Folge. Beide Reaktionen laufen gleichzeitig, aber mit anfangs unterschiedlichen Geschwindigkeiten ab. Ist die Auflösung zunächst schneller ($I_+ > I_-$), so wird die Reaktion (8.15a) bald durch die sich lösungsseitig anstauenden positiven Ladungen gebremst, während Reaktion (8.15b) infolge der Ansammlung der am Metall verbleibenden Elektronen beschleunigt wird. Nach einiger Zeit jedoch stellt sich ein Gleichgewichtszustand ($I_+ = I_-$) ein, bei dem das Metall wegen der anfangs erhöhten Auflösungsgeschwindigkeit gegenüber der Lösung eine negative Ladung angenommen hat.

Den negativen Ladungen im Metall stehen ähnlich wie bei einem Plattenkondensator auf der Elektrolytseite positive Ladungen gegenüber. Diese elektrochemische Doppelschicht ist der Sitz einer elektrischen Potenzialdifferenz Metall-Elektrolyt, d.h. einer elektrischen Spannung *(Galvanispannung $\Delta\varphi$[1])*. Dem Gleichgewichtszustand (Endzustand) entspricht die Gleichgewichtsgalvanispannung $\Delta\varphi^*$.

Zur negativen Aufladung tendieren alle so genannten *unedlen Metalle* wie Zink, Blei oder Eisen, die eine starke Neigung zur Ionenbildung bzw. nach *Nernst* einen „hohen Lösungsdruck" haben. Die *edlen Metalle* dagegen, wie Kupfer, Silber oder Gold, zeichnen sich durch eine starke Tendenz ihrer Ionen zur Elektronenaufnahme und damit zum Übergang in den metallischen Zustand aus (hoher „osmotischer Druck"). In diesem Fall ist die Metallabscheidung anfangs schneller ($I_- > I_+$), sodass das Metall gegenüber der Lösung eine positivere Ladung annimmt, die die katodische Reaktion bremst und die Geschwindigkeit der anodischen Reaktion bis zur Einstellung des Gleichgewichts ($I_- = I_+$; $\Delta\varphi = \Delta\varphi^*$) steigert.

Die *Galvanispannung $\Delta\varphi$* einer Elektrode kann man nicht messen. Jedoch ist ein Vergleich mit einer anderen, in der Regel einer *Bezugselektrode*, möglich. Dazu schaltet man entsprechend Bild 8.5 die Metallelektrode mit der Bezugselektrode elektrisch zu einer galvanischen Zelle zusammen und misst die relative Elektrodenspannung (Zellspannung), die als *Elektrodenpotenzial U* bezeichnet wird. Im Allgemeinen werden die Elektrodenpotenziale auf die *Standardwasserstoffelektrode* bezogen und mit $U_H(X)$ bzw. auch $U_{SHE}(X)$ ausgewiesen. Der Buchstabe X charakterisiert die betrachtete Elektrode. Unter der Standardwasserstoffelektrode versteht man ein platiniertes Platinblech, das in eine Lösung mit einer Wasserstoffionenaktivität

---

[1] $\Delta\varphi = \varphi_I - \varphi_{II}$; $\varphi_{I, II}$ inneres Potenzial der Phase I (Metall) bzw. Phase II (Elektrolyt).

Bild 8.5 Anordnung zur Messung von Elektrodenpotenzialen (schematisch)

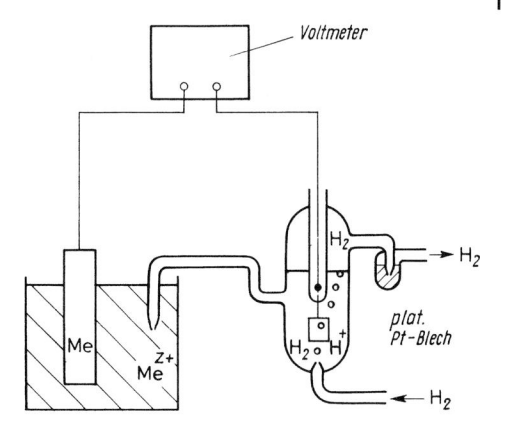

a_{H^+} = 1 mol/l eintaucht und von Wasserstoffgas mit p_{H_2} = 101,325 kPa umspült wird. Für das Potenzial dieser Elektrode (Standardwasserstoffelektrodenpotenzial) gilt U_H^0 (H_2, H^+) = 0 V [1]. Das Elektrodenpotenzial der Metallelektrode mit den Vorgängen (8.15) ist von der Aktivität der Metallionen in der Elektrolytlösung abhängig. Einen quantitativen Ausdruck dafür liefert die *Nernstsche Gleichung*

$$U_H^*(\text{Me}, \text{Me}^{z+}) = U_H^0(\text{Me}, \text{Me}^{z+}) + \frac{RT}{zF} \ln \frac{a_{\text{Me}^{z+}}}{a_{\text{Me}}} \tag{8.16}$$

(U_H^* (Me, Me^{z+}) Gleichgewichtselektrodenpotenzial der Reaktion (8.15) bezogen auf die Standardwasserstoffelektrode; U_H^0 (Me, Me^{z+}) Standardelektrodenpotenzial, das mit dem Gleichgewichtselektrodenpotenzial identisch ist, wenn die Metallionenaktivität $a_{Me^{z+}}$ = 1 mol/l und die Aktivität des Metalles a_{Me} = 1 (reines Metall) beträgt; F Faradaykonstante).

An der Wasserstoffelektrode stellt sich ein Gleichgewicht zwischen der Bildung von H^+-Ionen aus elementarem Wasserstoff unter Abgabe von Elektronen an das Platin Gl. (8.17 a) und der Abscheidung von Wasserstoff bei Elektronenaufnahme aus dem Metall [Gl. (8.17 b)] ein:

$$H_2 \rightarrow 2H^+ + 2e \qquad \text{anodische Reaktion} \tag{8.17a}$$

$$2H^+ + 2e \rightarrow H_2 \qquad \text{katodische Reaktion} \tag{8.17b}$$

Die Wasserstoffelektrode ist eine *Redoxelektrode*. Anders als beim Aufbau eines Metallpotenzials treten nicht Metallionen, sondern Elektronen in beiden Richtungen durch die Phasengrenze. Das Metall selbst wird dabei nicht angegriffen, da kein Stofftransport durch die Phasengrenze stattfindet. Das Schema einer solchen Elek-

---

[1] Für praktische Messungen werden einfacher zu handhabende Bezugselektroden bevorzugt, z. B. die gesättigte Kalomelelektrode, deren Potenzial (d.h. die Spannung der Zelle Kalomelelektrode-Standardwasserstoffelektrode) U_H^* = 0,244 V beträgt.

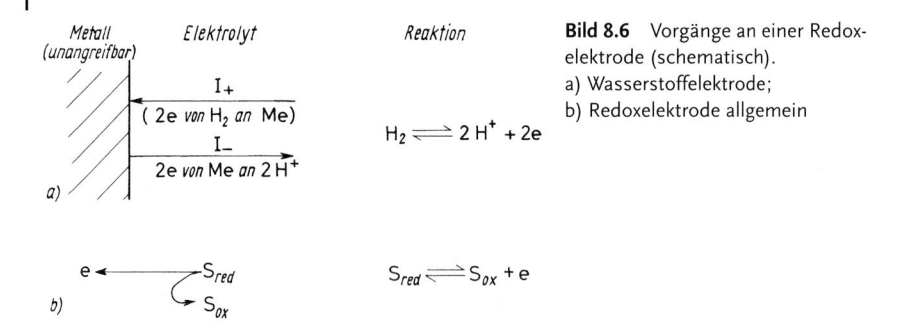

Bild 8.6 Vorgänge an einer Redoxelektrode (schematisch).
a) Wasserstoffelektrode;
b) Redoxelektrode allgemein

trode zeigt Bild 8.6 für die Wasserstoffelektrode sowie für einen allgemeinen *Redoxvorgang*

$$S_{red} \rightleftharpoons S_{ox} + ne \qquad (8.18)$$

mit dem reduzierenden und dem oxidierenden Stoff S_{red} und S_{ox} und der Zahl n der ausgetauschten Elektronen.

Das dazugehörige Gleichgewichtselektrodenpotenzial $U_H^*(S_{red}, S_{ox})$ ist nach

$$U_H^*(S_{red}, S_{ox}) = U_H^0(S_{red}, S_{ox}) + \frac{RT}{nF} \ln \frac{a_{ox}}{a_{red}} \qquad (8.19)$$

von der Aktivität a_{ox} und a_{red} des oxidierenden und des reduzierenden Stoffes abhängig. $U_H^0(S_{red}, S_{ox})$ ist hier das Standardredoxelektrodenpotenzial, bezogen auf die Standardwasserstoffelektrode; es gilt $U_H^*(S_{red}, S_{ox}) = U_H^0(S_{red}, S_{ox})$ für $a_{ox} = a_{red}$.

8.1.1.1 Elektrochemische Spannungsreihe und Korrosionsvorgänge

Ordnet man die Standardpotenziale von verschiedenen Metallelektroden ihrem Zahlenwert nach und bezieht sie auf das Potenzial der Standardwasserstoffelektrode $U_H^0(H_2, H^+) = 0$ V, so erhält man die *elektrochemische Spannungsreihe* der Metalle. In wässrigen Elektrolyten ist der Standardzustand der Versuchselektrode mit 25 °C und 101,325 kPa als Vergleichsbasis festgelegt ($U_H^0(X^{1)})$, 25 °C, 101, 325 kPa). Nach links sind gemäß Bild 8.7 (unten) die mit einem negativen Vorzeichen versehenen unedlen ($U_H^0(Me, Me^{z+}) < 0$ V), nach rechts die mit einem positiven Vorzeichen versehenen edlen Metalle ($U_H^0(Me, Me^{z+}) > 0$ V) eingetragen. Unter der Voraussetzung, dass sich das Gleichgewicht ungehemmt einstellen kann, ist aus diesen Zahlenwerten ablesbar, wie sich ein reines Metall in wässrigen Lösungen verhält, die sowohl Ionen dieses Metalls als auch Wasserstoffionen mit den jeweiligen Aktivitäten von 1 enthalten. Ein negatives Vorzeichen von $U_H^0(X)$ bedeutet, dass $\Delta G^0 = zFU^0$ Werte < 0 annimmt und die Reaktion freiwillig von links nach rechts verläuft. Dies entspricht der Auflösung, die für ein zweiwertiges Metall nach Gl. (8.20)

---

1) X charakterisiert die jeweilige Elektrodenreaktion, z. B. $H_2/2H^+$ nach Gl. 17 für die Wasserstoffelektrode.

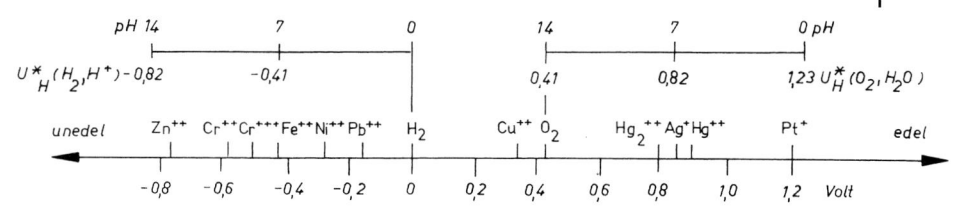

```
pH 14           7           0              14          7           0 pH
|---------------|-----------|              |-----------|-----------|
U*_H(H_2,H^+)  -0,82    -0,41              0,41       0,82    1,23 U*_H(O_2,H_2O)

unedel   Zn^++ Cr^++Cr^+++Fe^++Ni^++Pb^++  H_2   Cu^++ O_2   Hg_2^++ Ag^+Hg^++   Pt^+        edel
←────────┼─────┼──┼───┼──┼──┼──┼──┼────────┼─────┼─────┼─────┼──┼──┼────────────┼────────────→
       -0,8  -0,6    -0,4    -0,2    0    0,2   0,4    0,6    0,8      1,0     1,2    Volt
```

Bild 8.7 Spannungsreihe der Metalle (unten) sowie Wasserstoffelektroden- und Sauerstoffelektrodenpotenziale in Abhängigkeit vom pH-Wert des Mediums

$$Me + 2H^+ \rightarrow Me^{2+} + H_2 \tag{8.20}$$

unter Wasserstoffentwicklung abläuft. Die Triebkraft für diesen Vorgang nimmt mit dem Betrag von $U_H^0(X)$ zu.

Diese Betrachtung gilt auch für ein Metall, das in eine Säure taucht. Dabei findet die Wasserstoffentwicklung direkt am korrodierenden Metall statt, das sich in Bezug auf das System $H_2/2H^+$ ähnlich wie in Bild 8.6 beschrieben verhält.

Werden die beiden Halbzellen der galvanischen Zelle von zwei verschiedenen Metallen I, II und ihren Ionen im Elektrolyten gebildet, so wird das unedlere Me I zur Anode und löst sich auf [vgl. dazu auch Gl. (8.8)]:

$$Me\,I \rightarrow Me\,I^{z+} + ze \tag{8.21a}$$
$$Me\,II^{z+} + ze \rightarrow Me\,II \tag{8.21b}$$

$$Me\,I + Me\,II^{z+} \rightarrow Me\,I^{z+} + Me\,II \tag{8.21}$$

Für den Bruttovorgang (8.21) errechnet sich die Zellspannung zu

$$U_{zelle} = U_{Anode}(Me\,I, Me\,I^{z+}) - U_{Katode}(Me\,II, Me\,II^{z+}) + IW \tag{8.22}$$

Die Triebkraft für die Auflösung des unedleren Metalls I (Anode) nimmt in diesem Fall mit einer zunehmenden Potenzialdifferenz ΔU zwischen Anode und Katode zu. Mit dem Symbol W sind hier die Widerstände im metallischen Leiter und im Elektrolyten sowie die bei Stromfluss I an der Grenzfläche Metall-Elektrolyt auftretenden Polarisationswiderstände zusammengefasst (vgl. auch Abschn. 8.1.1.2).

Die Aussagefähigkeit bzw. Anwendbarkeit der elektrochemischen Spannungsreihe für praktische Korrosionsfälle wird häufig überschätzt. Tatsächlich lassen sich für das Korrosionsverhalten eines Metalls in einem bestimmten System bzw. einer Kombination zweier Metalle nur erste Anhaltspunkte oder Tendenzen aus der elektrochemischen Spannungsreihe ableiten. Dafür gibt es eine Reihe von Gründen:

– Thermodynamische Daten wie das Standardpotenzial beziehen sich auf reine Elemente. In der Praxis werden aber Metalle mit einem dem technischen Anwendungszweck entsprechenden Reinheitsgrad oder Legierungen verwendet. Es liegen dann auch keine Standardbedingungen vor. Gewöhnlich ist $a_{Me^{z+}} \ll 1$, bzw. es

sind zumindest im Anfangszustand überhaupt keine „potenzial-bestimmenden" Metallionen im angreifenden Medium enthalten.
- Durch die Bildung von Deckschichten und andere Hemmungserscheinungen stellt sich kein Gleichgewicht an der Phasengrenze ein, sondern es tritt eine „Überspannung" auf. Mit $U \neq U^*$ ist dann auch bei $a_{Me^{z+}} > 0$ keine Berechnung des Metallelektrodenpotenzials nach der Nernstschen Gleichung mehr möglich.
- Außerdem kann das Metall zum Träger einer Gaselektrode (Wasserstoff, Sauerstoff) werden, sodass sein Potenzial durch das jeweilige Redoxpotenzial beeinflusst wird (Ausbildung eines Ruhepotenzials U_R, s.a. Abschn. 8.1.2). Das Potenzial U hängt also nicht immer nur von der Natur des Metalls ab, sondern auch von der Art der an seiner Oberfläche insgesamt ablaufenden Vorgänge.

Dem Bedürfnis der Praxis nach einfachen und übersehbaren Regeln z.B. für den Einsatz von Werkstoffkombinationen unter bestimmten korrosiven Bedingungen tragen die *praktischen Spannungsreihen* Rechnung. Sie enthalten die Ruhepotenziale (freie Korrosionspotenziale) U_R technischer Metalle und Legierungen in häufig vorkommenden Medien wie Brauchwasser, künstlichem Meerwasser oder Kochsalzlösung, die nach Vorzeichen und Betrag (im Allgemeinen bezogen auf die gesättigte Kalomelelektrode) geordnet sind. Die Eignung einer Werkstoffpaarung für den Einsatz unter den gegebenen Bedingungen nimmt dabei mit zunehmender „Entfernung", d.h. zunehmendem ΔU_R ab.

Wie aus den erörterten Beispielen [Gln. (8.8) und (8.19)] schon hervorgeht, findet immer dann Korrosion statt, wenn die beim anodischen Teilvorgang (Metallionenbildung) freiwerdenden Elektronen durch einen andersartigen katodischen Vorgang (d.h. nicht durch die Wiederabscheidung der Ionen des gleichen Metalls) verbraucht werden. Die wichtigsten nach dem allgemeinen Schema $S_{ox} + n\,e \rightarrow S_{red}$ wirkenden *Redoxsysteme* sind die des Wasserstoffs und Sauerstoffs.

In sauren Medien erleiden die unedlen Metalle eine Korrosion unter Wasserstoffentwicklung *(Säurekorrosion)*, z.B. Zink:

$$Zn \rightarrow Zn^{2+} + 2e \qquad (8.23\,a)$$
$$2\,H^+ + 2e \rightarrow H_2 \qquad (8.23\,b)$$
$$\overline{Zn + 2\,H^+ \rightarrow Zn^{2+} + H_2} \qquad (8.24)$$

Atomistisch gesehen, laufen folgende Vorgänge ab: Die Atome werden an einer energetisch begünstigten Stelle, z.B. einer Halbkristalllage (s. Abschn. 3.1.1), abgelöst und gehen entweder über die Stufenkante/Adsorptionslage oder direkt aus der Halbkristalllage in die Phasengrenzschicht über. Dabei wird der Ausbau durch das dort adsorbierte Wasser, seine Dissoziationsprodukte H^+ oder OH^- oder auch durch gelöste Elektrolyte erleichtert. Dies erfolgt, indem die Aktivierungsenergie durch einen partiellen Elektronenübergang vom Wasser in das Elektronengas des Metalls herabgesetzt wird. Im Falle des Eisens sind zwei Hydroxidionen am Durchtrittsprozess beteiligt (Bild 8.8). Unter Zurücklassung von Elektronen tritt das gebildete Ion unter Hydratation (Anlagerung von Wassermolekülen) durch die elektrochemische

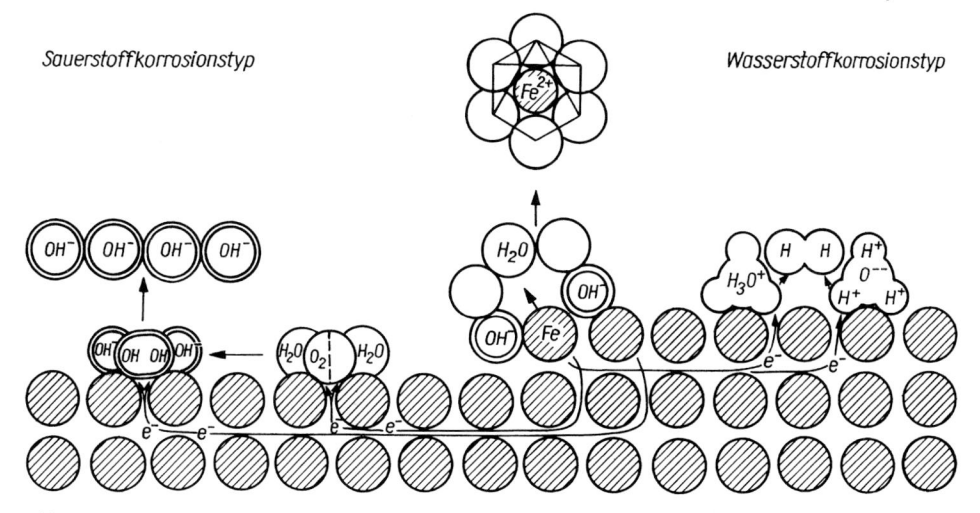

Bild 8.8 Schematische Darstellung der Korrosion des Eisens nach dem Wasserstoff- und dem Sauerstoffkorrosionstyp in sauren bzw. schwach sauren bis alkalischen Elektrolytlösungen

Doppelschicht in die Lösung. Die abgegebenen Elektronen sind im Metall frei beweglich. Sie werden an einer anderen Oberflächenstelle zur Entladung von H^+-Ionen verbraucht (Bild 8.8, rechts).

Die Säurekorrosion ist, wie die folgende Überlegung zeigt, vom pH-Wert der Lösung abhängig. Nach der *Nernstschen Gleichung* (Gl. 8.20) ist das Gleichgewichtspotenzial der Wasserstoffelektrode bei einem Gasdruck p_{H_2} (anstelle der Aktivität des Wasserstoffs) und unter Berücksichtigung von U_H^* (H_2, H^+) = 0 V durch

$$U_H^* = \frac{RT}{2F} \ln \frac{(a_{H^+})^2}{p_{H_2}} \tag{8.25}$$

gegeben. Für Normaldruck (= 101,325 kPa), Raumtemperatur 25 °C und pH = –log a_{H^+} wird

$$U_H^* = -0{,}059 \, pH \, [V] \tag{8.25 a}$$

Danach kann das Potenzial der Wasserstoffelektrode je nach dem pH-Wert der Lösung die im Bild 8.7 links oben eingetragenen Werte annehmen. Die Potenzialdifferenz zwischen einem korrodierenden Metall und der Wasserstoffelektrode ist demnach in alkalischer Lösung (pH > 7) wesentlich kleiner als in saurer Lösung (pH < 7). Ausnahmen bilden Metalle wie Aluminium oder Zink, die in stark alkalischen Lösungen leicht lösliche Komplexe bilden, wodurch die effektive Metallionenkonzentration erniedrigt und das Metallpotenzial negativer wird.

In neutralen bis alkalischen Lösungen tritt vorwiegend Korrosion unter Sauerstoffverbrauch *(Sauerstoffkorrosion)* auf. Sauerstoff ist in gelöster Form in Wässern und anderen Elektrolytlösungen enthalten, die mit der Atmosphäre Kontakt haben (vgl. Kap. 8.1, S. 335). Für Eisen ergibt sich beispielsweise bei der Korrosion unter Sauerstoffverbrauch (s. Bild 8.8, links) die Reaktionsfolge

$$Fe \rightarrow Fe^{++} + 2e \quad (8.26)$$
$$\tfrac{1}{2}O_2 + H_2O + 2e \rightarrow 2\,OH^- \quad (8.27)$$

$$Fe + \tfrac{1}{2}O_2 + H_2O \rightarrow Fe(OH)_2 \quad (8.28)$$
$$2\,Fe(OH)_2 + \tfrac{1}{2}O_2 + H_2O \rightarrow 2\,Fe(OH)_3 \quad (8.29)$$

Das gebildete, schwer lösliche Eisen(III)-hydroxid kann weiterhin nach Wasserabspaltung in die Verbindung FeO(OH) (Eisen(III)-oxidhydrat) übergehen. Sie stellt auch den Hauptbestandteil des bei der atmosphärischen Korrosion des Eisens entstehenden Korrosionsproduktes *Rost* dar.

Das Gleichgewichtspotenzial der Sauerstoffelektrode, genauer gesagt, das des Vorgangs (8.27), ist gleichfalls pH-abhängig. Dies ist in Bild 8.7 rechts oben dargestellt. Danach hat das edle Kupfer ein höheres Lösungsbestreben als der Sauerstoff, d. h., Kupfer kann unter Sauerstoffverbrauch korrodieren. Die Gegenwart von Sauerstoff in sauren Lösungen bewirkt, dass sich die Sauerstoffreduktion der Wasserstoffentwicklung überlagert und gleichzeitig Sauerstoff- und Säurekorrosion auftreten.

8.1.1.2 Geschwindigkeit elektrochemischer Reaktionen

Die Geschwindigkeit einer elektrochemischen Reaktion ist der Stromdichte $i = I/A$ proportional.[1] Im Gleichgewicht ($U = U^*$) ist die Austauschstromdichte i_0 ein Maß für die elektrochemische Reaktivität einer Elektrode,

$$i_0 = i_+ = |i_-| \quad (8.30)$$

wobei nach außen Stromlosigkeit herrscht. Damit aber eine elektrochemische Reaktion mit einem Stoffumsatz ablaufen kann, muss das Gleichgewichtspotenzial U^* über- bzw. unterschritten werden. Dieser Vorgang wird als Polarisation und die Abweichung von U^* als Überspannung

$$\eta = U - U^* \quad (8.31)$$

bezeichnet. Sie wird bei positiven Strömen $i_+(U)$ durch Hemmungen des anodischen (η_{anod}), bei negativen Strömen $i_-(U)$ durch Hemmungen des katodischen Teilvorgangs (η_{kat}) verursacht (Bild 8.9a). Die Geschwindigkeit einer *Durchtrittsreaktion* wie (8.15) gehorcht der *Arrhenius-Gleichung* (s. Gl. (7.1)). Wenn man berücksichtigt, dass die Aktivierungsenergie wegen der Teilnahme von Ladungsträgern vom elektrischen Feld abhängt, ergeben sich dann die Beziehungen

---

[1] Für die Metallauflösung durch anodische Ströme bestehen folgende Zusammenhänge: $i = (zF/M) \cdot (\Delta m/At) = (zF/M) \cdot v; i = (zF/M) \cdot \rho \cdot (\Delta s/t)$ (v flächenbezogene Massenverlustrate in g m^{-2} d^{-1}; Δs Dickenabnahme in mm; ρ Dichte des Metalls).

$$i_+ = i_0 \exp\left(\frac{\alpha z F}{RT}\eta\right) \tag{8.32}$$

$$i_- = -i_0 \exp\left(-\frac{(1-\alpha)zF}{RT}\eta\right) \tag{8.33}$$

Die Konstante α (Durchtrittsfaktor) nimmt Werte zwischen 0 und 1 an. Für die Summenstromdichte $i = i_+ + i_-$ gilt

$$i = i_0 \left[\exp\left(\frac{\alpha z F}{RT}\eta\right) - \exp\left(-\frac{(1-\alpha)zF}{RT}\eta\right)\right] \tag{8.34}$$

Bild 8.9a zeigt die zugehörigen *Stromdichte-Potenzial-Kurven* (auch als Polarisations- oder Stromspannungskurven bezeichnet). Bei hohen Überspannungen $|\eta| > 0{,}1$ V kann entweder der erste oder der zweite Term in Gl. (8.34) vernachlässigt werden. Man erhält dann den als *Tafel-Gleichung* bezeichneten Zusammenhang

$$\eta = a + b \lg i \tag{8.35}$$

mit der „Tafelneigung" b ($b_+ = 2{,}3\, RT/\alpha z F$ für die anodische Reaktion und $b_- = -2{,}3\, RT/(1-\alpha)zF$ für die katodische Reaktion) sowie $a = -b \lg i_0$. Die Größe b kennzeichnet den Anstieg der *Tafelgeraden* im log i – η-Diagramm (Bild 8.9b), deren Auftreten für Korrosionsvorgänge charakteristisch ist, bei denen der Durchtritt der Me-Ionen durch die Phasengrenze der am stärksten gehemmte und damit geschwindigkeitsbestimmende Teilschritt ist. Deshalb spricht man in diesen Fällen von einer *Durchtrittsüberspannung* η_D. Sie ist hoch bei den „trägen" Metallen mit ge-

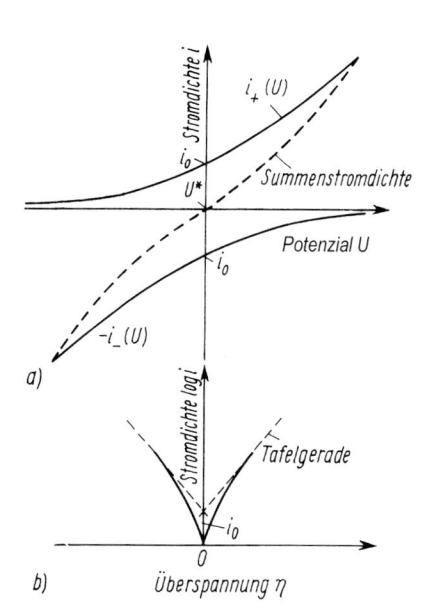

Bild 8.9 Stromdichte-Potenzial-Kurven (Polarisationskurven) bei überwiegender Durchtrittsüberspannung:
a) anodische und katodische Teil-Stromdichte-Potenzial-Kurven $i_+(U)$ und $i_-(U)$ sowie Kurve der Summenstromdichten;
b) log i gegen η, Tafelgeraden

ringer elektrochemischer Reaktivität und mit kleiner Austauschstromdichte wie Fe, Ni oder Cr. Kleine i_0-Werte sind mit einem flachen Verlauf der Stromdichte-Potenzial-Kurve verbunden. Das bedeutet, dass zum Erreichen eines bestimmten Stromwertes hohe Überspannungen η_D erforderlich sind.

Bei Metallen mit großer Austauschstromdichte („normale" Metalle, wie z. B. Zn) und/oder bei hohen Überspannungen sind dagegen häufig die Prozesse des An- und Abtransportes der reagierenden Stoffe bzw. die Bildung von Reaktionsprodukten geschwindigkeitsbestimmend. So entsteht beispielsweise bei der Reduktion von in Wasser gelöstem Sauerstoff nach Gleichung (8.27) an der Metalloberfläche eine Diffusionsgrenzschicht der Dicke δ mit einem Konzentrationsgefälle $c_0 - c$ (c_0 und c sind die Sauerstoffkonzentrationen im Innern des Elektrolyten und an der Phasengrenze). Gemäß dem 1. Fickschen Diffusionsgesetz (Gl. (7.3)) und unter Anwendung des Faradayschen Gesetzes (vgl. S. 335, Fußnote) gilt für die Stromdichte

$$i = -nFD(c_0 - c)/\delta \qquad (8.36)$$

Sie erreicht für $c = 0$ einen Maximalwert, die Grenzstromdichte $i_{gr} = -nFDc_0/\delta$.

Die Stromdichte ist außerdem vom Diffusionskoeffizienten D der diffundierenden Partikel im Elektrolyten und damit von der Temperatur abhängig. Zu beachten ist aber, dass beim Sauerstoff die mit steigender Temperatur abnehmende Löslichkeit über c_0 zur Verkleinerung der Stromdichte führt. Die für die Korrosion unter Sauerstoffverbrauch (s. Abschn. 8.1.2) wichtige Grenzstromdichte steigt jedoch bei stärkerer Konvektion der Lösung (Verringerung von δ durch Rühren oder Fließen des Elektrolyten). Aus den Konzentrationsunterschieden zwischen Elektrolytinnerem und Phasengrenze resultiert eine *Diffusionsüberspannung* η_d:

$$\eta_d = U^*_{(c)} - U^*_{(c_0)} = \frac{0{,}059}{n} \log \frac{c}{c_0} \qquad (8.37\,a)$$

(für 25 °C). Die Stromdichte-Potenzial-Kurve der katodischen Reaktion (O_2-Reduktion) in Bild 8.14 stellt ein typisches Beispiel des Verlaufes der Polarisationskurve für den Fall dar, dass der Diffusionsvorgang geschwindigkeitsbestimmend ist.

Für einen aus mehreren Teilschritten bestehenden Prozess können zur *Gesamtüberspannung* η_{ges} außer der Durchtritts- und Diffusionsüberspannung noch aus anderen Teilvorgängen stammende Hemmungen beitragen:

$$\eta_{ges} = \eta_D + \underbrace{\eta_d + \eta_r}_{\eta_c} + \eta_\Omega \qquad (8.37\,b)$$

So kann bei Deckschichten mit einem zusätzlichen ohmschen Widerstand eine *Widerstandsüberspannung* η_Ω auftreten. Ein behinderter Ablauf vor- bzw. nachgelagerter Prozesse wie Hydratation (Anlagerung von Wasser) oder Komplexbildung führt zu einer Reaktionsüberspannung η_r. Letztere wird mit dem ebenfalls auf Konzentrationsänderungen beruhenden η_d auch unter dem Begriff *Konzentrationsüberspannung* η_c zusammengefasst.

8.1.2
Gleichförmige Korrosion

Wie gezeigt wurde, sind an der Korrosion eines Metalls unter Wasserstoffentwicklung (Säurekorrosion) gemäß Beziehung (8.20) zwei verschiedene Elektrodenprozesse beteiligt. Ihre Stromdichte-Potenzial-Kurven mit den Gleichgewichtspotenzialen $U^*(Me, Me^{z+})$ und $U^*(H_2, H^+)$ liegen (Bild 8.10) so weit voneinander entfernt, dass in der nach $i = i_+ + i_-$ gebildeten Summenkurve nur die anodische Teilkurve der Metallauflösung und die katodische der Wasserstoffentwicklung erfasst werden. Im außenstromlosen Zustand ist $i_+ = |i_-| = i_{korr}$ (i_{korr} Korrosionsstromdichte) und $U = U_R$ (U_R Ruhepotenzial, freies Korrosionspotenzial). Das *Ruhepotenzial* hat den Charakter eines zwischen den Gleichgewichtspotenzialen gelegenen *Mischpotenzials* und ist wie die Korrosionsstromdichte auf allen Stellen der Oberfläche nahezu gleich groß. Man spricht deshalb auch von einer *homogenen Mischelektrode*.

U_R ist von der Lage und Form der Teilkurven und somit von den Ionenkonzentrationen und der Überspannung abhängig. Als Beispiel sei der schon erwähnte Rückgang der Korrosion mit abnehmender H^+-Konzentration angeführt, der, wie Bild 8.11 verdeutlicht, in einer Verlagerung der katodischen Teilkurven in negativer

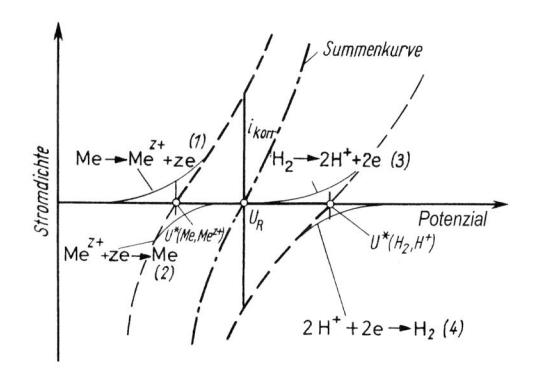

Bild 8.10 Stromdichte-Potenzial-Kurven und Mischpotenzialbildung bei der Korrosion eines Metalls unter Wasserstoffentwicklung

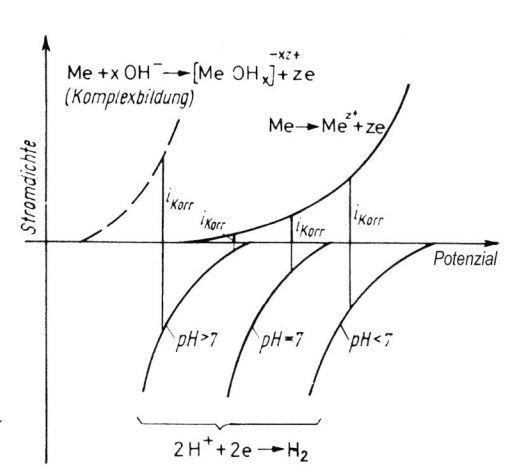

Bild 8.11 Einfluss des pH-Wertes und der Komplexbildung auf die Geschwindigkeit der Korrosion eines Metalls unter Wasserstoffentwicklung

Richtung zum Ausdruck kommt. Andererseits tritt, wenn in stark alkalischer Lösung durch *Komplexbildung* die effektive Metallionenkonzentration verringert und folglich die anodische Teilkurve zu unedleren Werten verschoben wird, wieder eine verstärkte Korrosion ein. Auf diese Weise können edle Metalle wie Au, Ag oder Pt, die wegen

$$U^*(\text{Me}, \text{Me}^{z+}) > U^*(\text{H}_2\text{O}, \text{O}_2),\ U^*(\text{H}_2, \text{H}^+)$$

bei sonst gegebenen Bedingungen nicht korrodieren, unter Sauerstoffverbrauch und das Cu sogar auch unter Wasserstoffentwicklung angegriffen werden.

Die *Säurekorrosion* hängt außer von den Gleichgewichtspotenzialen vor allem von der Überspannung des Wasserstoffs $\eta_H = U^*(\text{H}_2, \text{H}^+) - U_R$ ab. Hohe Überspannungen bedingen einen flachen Kurvenverlauf und kleine i_{korr}-Werte. Die Wasserstoffentwicklung läuft an Metallen mit sehr unterschiedlicher Hemmung ab. Während beispielsweise die Metalle der Platin- und der Eisengruppe praktisch keine oder nur eine sehr kleine Wasserstoffüberspannung hervorrufen, erreicht η_H an Blei und Quecksilber sehr hohe Werte. Mit zunehmendem $|\eta_H|$ wird das Potenzial der Wasserstoffelektrode wegen

$$U(\text{H}_2, \text{H}^+) = U^*(\text{H}_2, \text{H}^+) - \eta_H$$

negativer, sodass die theoretisch bestehende Potenzialdifferenz zwischen der Wasserstoffelektrode und einem in saurer Lösung korrodierenden Metall verringert und damit das Ausmaß der Korrosion eingeschränkt wird. Unter Umständen kann sogar $U(\text{H}_2, \text{H}^+) \leqq U(\text{Me}, \text{Me}^{z+})$ werden und damit die Korrosion praktisch aufhören. So verdankt z. B. das Blei seine Beständigkeit in stark sauren Lösungen seiner hohen Wasserstoffüberspannung.

In Verbindung mit der Überspannung wird die Säurekorrosion von der „Oberflächenqualität" des metallischen Werkstoffs beeinflusst. Unter „Oberflächenqualität" ist vor allem die sich über Größenordnungen erstreckende Rauigkeit der Oberfläche zu verstehen, die ein Ergebnis der Herstellung des Werkstoffs und der Bearbeitung seiner Oberfläche ist. In ihr haben zahlreiche Gitterbausteine Plätze inne, auf denen sie mit geringerer Energie an das Kristallgebäude gebunden sind (Abschn. 6.2). Je mehr solcher Bausteine, insbesondere Eckatome (Halbkristall-Lagen, Bild 8.8), die Oberfläche beherbergt, umso weniger wird (für ein und denselben Werkstoff) die Auflösung gehemmt sein.

Noch stärker ist der Einfluss der Reinheit und der chemischen Zusammensetzung des Werkstoffs. Sehr reines Zink oder Aluminium z. B. löst sich in verdünnten Säuren nur zögernd auf. Bei Vorhandensein edlerer Verunreinigungen hingegen, wie Kupfer in Zink und Aluminium oder Kohlenstoff als Graphit und Zementit in Eisenwerkstoffen, nimmt die Korrosionsgeschwindigkeit zu. Das ist unter anderem auf die geringe Überspannung des Wasserstoffs an diesen Beimengungen zurückzuführen. Aber auch Schwefel in Form von Sulfiden und Phosphor als Phosphid (Bild 8.12) wirken aufgrund ihres edlen Charakters in Eisen stark korrosionsfördernd, indem sie den Angriff durch Korrosionselementbildung (Abschn. 8.1.4) be-

Bild 8.12 Einfluss des Phosphor- und Schwefelgehaltes von Eisen auf die Korrosion in 1%iger H_2SO_4 (nach *Gellings*)

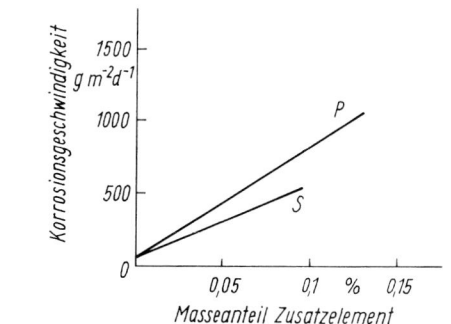

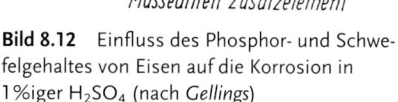

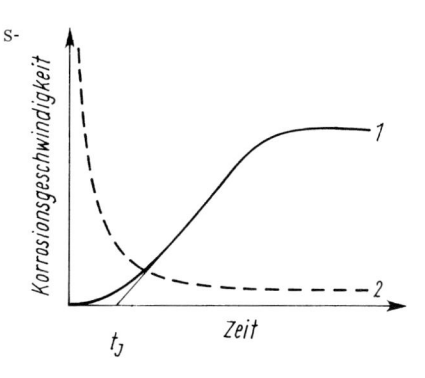

Bild 8.13 Zeitlicher Verlauf der Geschwindigkeit bei Säurekorrosion (1) und Sauerstoffkorrosion (2)

chleunigen. Es ist für den zeitlichen Verlauf des Angriffs in Säuren charakteristisch (Bild 8.13), dass nach einer Inkubationszeit t_J die Korrosionsgeschwindigkeit unter der Mitwirkung edlerer Verunreinigungen, die sich im Verlauf von t_J erst in der Oberfläche anreichern, steil ansteigt.

Anders liegen die Verhältnisse bei der technisch noch wichtigeren *Sauerstoffkorrosion* (Bild 8.14). In neutralen bis alkalischen Medien korrodieren die edleren Metalle wie Kupfer mit $U^*(H_2, H^+) < U^*(Me, Me^{z+}) < U^*(OH^-, O_2)$ allein infolge der Überlagerung der Teilströme von Metallauflösung und Sauerstoffreduktion. Die Diffusion des Sauerstoffs zur Metalloberfläche führt, wie schon erörtert, zu einem konstanten Grenzstrom, dessen Größe von der Sauerstoffkonzentration, der Temperatur und der Elektrolytbewegung abhängt (Bilder 8.14 und 8.15). Für alle Metalle, die ein Ruhepotenzial im Grenzstrombereich ausbilden, gilt $i_{korr} = -i_{gr}$, d.h., die Korrosionsgeschwindigkeit ist (bei sonst konstanten Bedingungen) nur von der Sauerstoffkonzentration und, im Gegensatz zur Säurekorrosion, nicht von der Natur des Metalls abhängig. Edelmetalle mit einer Lage des Gleichgewichtspotenzials $U^*(Me, Me^{z+}) > U^*(OH^-, O_2)$ können auch in Gegenwart von Sauerstoff nicht korrodieren.

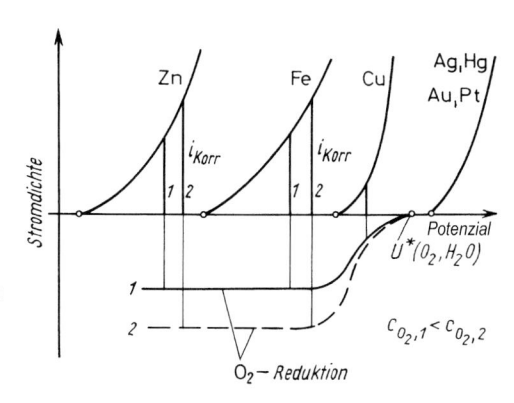

Bild 8.14 Stromdichte-Potenzial-Kurven für die Korrosion unter Sauerstoffverbrauch in neutralen bis alkalischen Medien

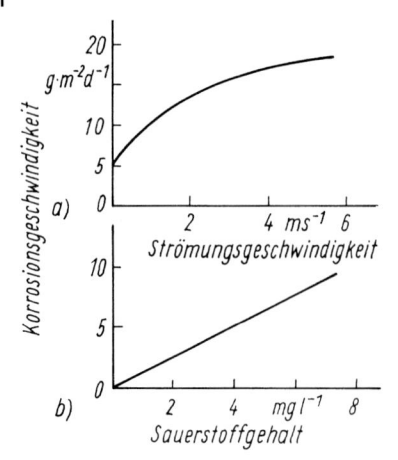

Bild 8.15 Einfluss von Strömungsgeschwindigkeit und Sauerstoffgehalt auf die Korrosion von unlegiertem Stahl (nach *Gellings*).
a) Seewasser, strömend;
b) belüftete Lösung

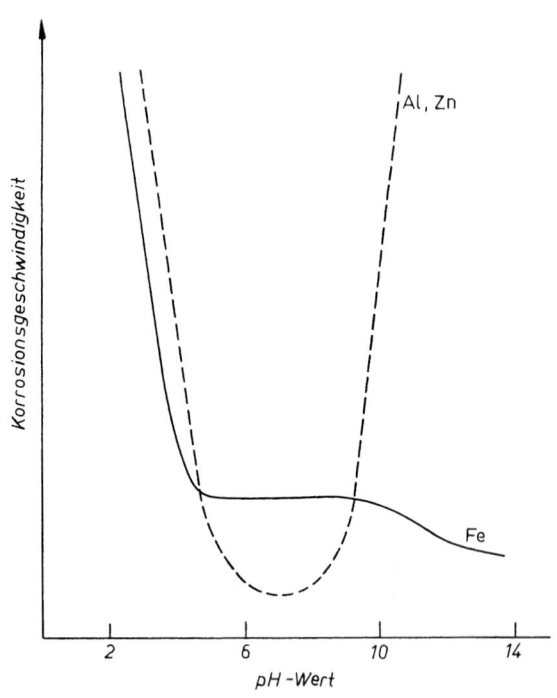

Bild 8.16 Einfluss des pH-Wertes auf die Korrosionsgeschwindigkeit von Eisen, Aluminium und Zink (schematisch)

Bei unedlen Metallen, deren Ruhepotenzial $U_R < U^*(H_2, H^+)$ ist, überlagern sich während der Metallauflösung Sauerstoffreduktion und Wasserstoffentwicklung, und der Grenzstrombereich wird durch den Übergang zu höheren katodischen Stromdichten beendet. Dies hat einen starken Anstieg der Korrosionsgeschwindigkeit zur Folge, wie er für Stahl beispielsweise ab $pH \leq 5$ beobachtet wird (Bild 8.16).

Der zeitliche Verlauf der Sauerstoffkorrosion (Bild 8.13, Kurve 2) zeigt anfangs einen steilen Abfall der Korrosionsgeschwindigkeit, dem die allmähliche Einstellung auf einen Grenzwert (Reststrom) folgt. Er entspricht dem Absinken der Sauerstoffkonzentration an der Metalloberfläche auf den der Diffusionsgeschwindigkeit entsprechenden Wert.

8.1.3
Passivität und Inhibition

In einer Reihe von Fällen erleiden Metalle und Legierungen beim Einbringen in ein Korrosionsmedium nur anfänglich einen Angriff, z.B. Eisen in konzentrierter Salpetersäure. Danach sinkt die Korrosionsgeschwindigkeit plötzlich ab, das Metall verhält sich passiv. Die anodische i–U-Kurve eines passivierbaren Metalls ist durch einen Rückgang der Stromdichte bei steigendem Potenzial gekennzeichnet (Bild 8.17). Der Zustand des Metalls im Bereich der stark verringerten Stromdichte wird als passiv und die Gesamterscheinung als *Passivität* bezeichnet.

Grundsätzlich lassen sich verschiedene charakteristische Abschnitte der i–U-Kurve unterscheiden (Bild 8.17). Im Aktivbereich gehen die Metallionen gemäß (8.15a) direkt in die Lösung über. Bei höheren Potenzialen reagiert das Metall außerdem mit Wasser und bildet Metalloxid, wie z.B. für ein zweiwertiges Metall

$$\text{Me} + \text{H}_2\text{O} \rightarrow \text{MeO} + 2\,\text{H}^+ + 2\,\text{e} \tag{8.38}$$

das sich schließlich zu einer meist sehr dünnen (bis 10 nm), porenfreien und festhaftenden Deckschicht (Passivschicht) formiert. Der Beginn dieses Prozesses beim

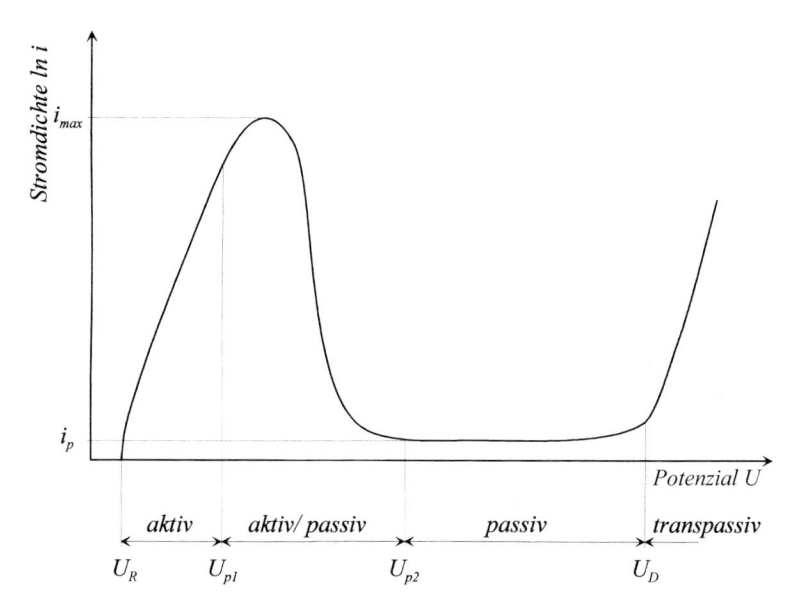

Bild 8.17 Anodische Stromdichte-Potenzial-Kurve eines passivierbaren Metalls (schematisch)

Passivierungspotenzial U_{p1} ist durch ein Abknicken von der Tafelgeraden in der log i/U-Kurve (vgl. S. 349) gekennzeichnet. Überwiegt die Bedeckung, so fällt die Stromdichte nach Durchlaufen eines Maximalwertes i_{max} beim Potenzial $U_{p(imax)}$ wieder ab. Am Potenzial U_{p2} ist der Bedeckungsvorgang und damit der Aktiv-Passiv-Übergang abgeschlossen. Die dann noch bestehende Passivstromdichte i_p entspricht der stark verringerten Korrosionsgeschwindigkeit des Metalls im passiven Zustand. Sie beträgt z. B. für Eisen, dessen maximale Stromdichte sich in neutralen Lösungen auf ungefähr 10^{-3} A cm^{-2} beläuft, nur noch etwa 10^{-8} A cm^{-2}.

Bei Metallen mit elektronenleitenden Passivschichten wie Fe, Ni und Cr ist mit Überschreiten eines bestimmten Potenzials, des *Durchbruchpotenzials* U_D, ein neuerlicher Anstieg der Stromdichte gegeben. Dieser Potenzialbereich wird als *Transpassivbereich* bezeichnet. Die Ursache für den i-Anstieg ist offenbar in einer Änderung der Struktur (und damit des Leitmechanismus) der Passivschicht zu suchen, die zu einem Durchtritt von Metallionen durch die Schicht führt. Der genannten Erscheinung kann sich bei Erreichen des Gleichgewichtspotenzials der Sauerstoffelektrode (U_H^* (O$_2$, H$_2$O) = 1,23 V) eine Sauerstoffentwicklung

$$2\,H_2O \rightarrow O_2 + 4\,H^+ + 4\,e \qquad (8.39)$$

die gleichfalls eine Erhöhung der Stromdichte zur Folge hat, überlagern.

Bei Chrom und chromhaltigen Stählen ist U_D durch die Bildung von Chromationen gekennzeichnet:

$$Cr + 4\,H_2O \rightarrow CrO_4^{2-} + 8\,H^+ + 6\,e \qquad (8.40)$$

durch die die Schutzwirkung der Passivschicht gemindert wird.

Bei mehrwertigen Metallen ändert sich beim Eintritt in den Passiv- und Transpassivbereich die Wertigkeit des Kations. So geht das Eisen im Aktivbereich als Fe^{2+}, im Übergangsbereich aktiv–passiv zwei- und dreiwertig, im passiven Bereich als Fe^{3+} und im transpassiven wieder als Fe^{2+} in Lösung. Beim Chrom erfolgt für U_D der Wechsel von Cr^{3+} zum 6wertigen Chrom im Chromation [vgl. Reaktion (8.40)].

Die Größe des Passivierungspotenzials und der oft einige Zehnerpotenzen betragende Rückgang der Stromdichte sind von der chemischen Zusammensetzung und der Realstruktur des Werkstoffs abhängig. Sie werden außerdem stark vom Korrosionsmedium wie auch von seinem pH-Wert beeinflusst. Sehr leicht passivierbar sind vor allem Chrom und Nickel, die diese Eigenschaft bei genügend hohen Gehalten auch auf die mit ihnen legierten Stähle übertragen. Reines Eisen bildet erst in Medien mit $pH > 8$ eine schützende Oxidschicht aus (s. a. Bild 8.16).

Die Strukturen oxidischer Passivschichten sind aufgrund ihrer geringen Dicke noch nicht in jedem Fall bekannt. Für Eisen wird angenommen, dass die Passivschicht einem Magnetit Fe$_{3-\Delta}$O$_4$ mit inverser Spinellstruktur entspricht. Das mit Δ angedeutete Eisendefizit nimmt innerhalb der Schicht (Bild 8.18) von der Grenzfläche Metall–Oxid zur Grenzfläche Oxid–Lösung zu, was einer Änderung der Schichtzusammensetzung von Fe$_3$O$_4$ bis Fe$_{2,67}$O$_4$, identisch mit γ-Fe$_2$O$_3$, entspricht (s. a. Abschn. 8.5.1).

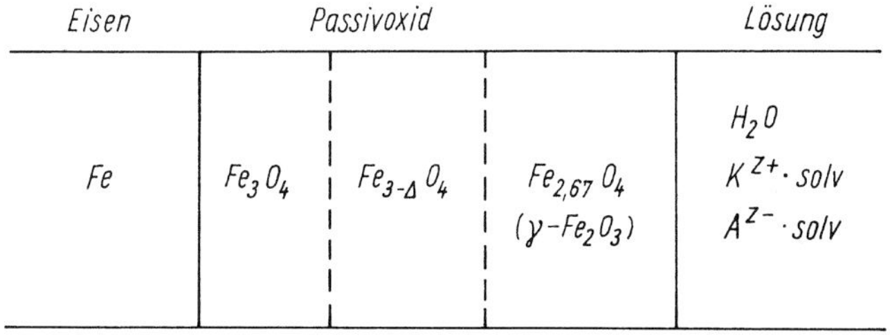

Eisen	Passivoxid			Lösung
Fe	Fe_3O_4	$Fe_{3-\Delta}O_4$	$Fe_{2,67}O_4$ (γ-Fe_2O_3)	H_2O $K^{z+} \cdot solv$ $A^{z-} \cdot solv$

Bild 8.18 Phasenschema einer passiven Eisenelektrode (nach W. Forker). K^{z+}_{solv}, A^{z-}_{solv} Kationen und Anionen mit Hydrathülle

Der passive Zustand ist für den Einsatz der Werkstoffe in der Praxis von großer Bedeutung. Mit Chrom hochlegierte Stähle sowie mit Silicium und Aluminium legiertes Sondergusseisen bilden bereits an Luft Passivschichten aus. In diesen Legierungen übertragen die Legierungselemente ihre ausgeprägte Neigung zur Passivschichtbildung auf den gesamten Werkstoff. Für bestimmte Korrosionsmedien lassen sich in Abhängigkeit von sonstigen Bedingungen Grenzlegierungsgehalte (Resistenzgrenzen) feststellen, oberhalb derer sich die Oberflächen mit einer stabilen Oxidschicht überziehen. Aus elektrochemischen und oberflächenanalytischen Untersuchungen geht hervor, dass sich die Ionen dieser Legierungselemente in der Passivschicht anreichern. Ihr Anteil in der Passivschicht ist weit höher, als es dem Legierungsgehalt entspricht. Beispielsweise wurden bei Eisen-13 Masse-% Chrom-Legierungen in der Passivschicht mithilfe der Photoelektronenspektroskopie (XPS) mehr als 50% Chrom nachgewiesen. Eine derartige Anreicherung ist nur möglich, wenn sich entweder die Legierungskomponente Cr aus dem Mischkristall selektiv auflöst und/oder wenn die Löslichkeit des Cr-hydroxids bzw. des Chromhydroxokomplexes $[Cr^{III}(OH)_6]^{3-}$ deutlich niedriger ist als die des $Fe(OH)_2$ bzw. des entsprechenden Eisenkomplexes $[Fe^{II}(OH)_6]^{4-}$. Dies ist für Fe^{2+}- und Cr^{3+}-Ionen tatsächlich der Fall: Die Löslichkeitsprodukte K_L betragen für $Cr(OH)_3 = 5,4 \cdot 10^{-31}$ mol^4/l^4, und für $Fe(OH)_2 = 4,87 \cdot 10^{-17}$ mol^3/l^3).

Nachdem das Chromatom/-ion durch die Phasengrenze hindurchgetreten ist, bleibt es demzufolge, wie in Bild 8.19a schematisch angedeutet, als Hydroxokomplex auf der Legierungsoberfläche liegen, der Eisenkomplex hingegen wandert in die Lösung ab. Aus mathematischen Betrachtungen zur Passivschichtbildung (Perkolationstheorie) geht hervor, dass diese Chromhydroxokomplexe im Fall einer stabilen Schicht anfangs eine netzartige Überdeckung („unendliches cluster") bilden. Dabei ist die Löslichkeit von der Anzahl der im cluster enthaltenen Ionen abhängig. Ein einzelner Chromhydroxokomplex ist noch relativ gut löslich. Agglomeriert er mit einem zweiten bzw. dritten (Bild 8.19b), nimmt die Löslichkeit beträchtlich ab. Demzufolge formieren sich auch bei der Passivschichtbildung Keime, die erst nach Überschreiten einer kritischen Größe (s. Abschn. 3.1.1) wachsen.

Hat sich eine erste geschlossene Schicht gebildet, dann ist das weitere Wachstum nur noch durch die Migration von einfachen Kat- und Anionen möglich, wobei die gleichen Zusammenhänge gelten, wie sie in den Abschnitten 2.1.11.1 und 7.1.1 be-

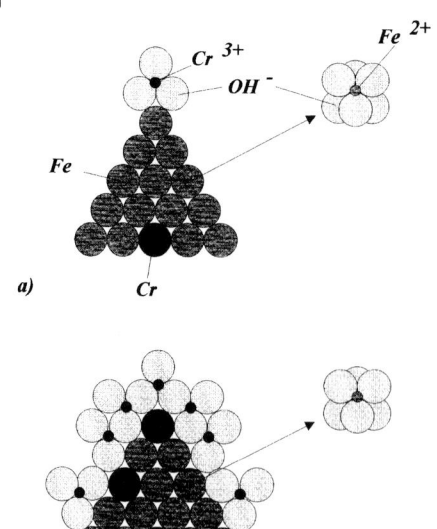

Bild 8.19 Schematische Darstellung der Eisen- und Chromhydroxokomplexbildung auf einer Eisen-Chrom-Legierung.
a) Komplexbildung bei Cr-Gehalten unterhalb der Resistenzgrenze.
b) Komplexbildung bei Cr-Gehalten oberhalb der Resistenzgrenze

schrieben wurden. Im Falle der Passivschichtbildung liegt jedoch im Vergleich zur Diffusion in Festkörpern eine Besonderheit vor. Durch den Potenzialabfall Metall/Oxid/Lösung liegen innerhalb der Passivschicht enorm hohe Feldstärken vor, die etwa 10^6–10^8 V/cm betragen können und somit für den Ladungstransfer bestimmend sind. Es erscheint denkbar, dass sich dadurch im Zuge des Wachstumsprozesses nicht die unter normalen Kristallisationsbedingungen entstehende Oxidstruktur bildet, sondern eine abweichende, stärker gestörte, die im Grenzfall Nahordnungscharakter annehmen kann. Wie stark der Störgrad innerhalb der Phasengrenzfläche Metall/Oxid ist, kann gegenwärtig nicht beantwortet werden. Aus Untersuchungen zur Passivität an nanokristallinen Fe–Cr-Legierungen ist zu schließen, dass die Beweglichkeit der Kationen in der Grenzfläche wesentlich höher ist, als bisher angenommen wurde, und deshalb von einer hohen Defektstellenkonzentration auszugehen ist. In dem Bestreben der Minimierung der Phasengrenzflächenenergie werden diese Defekte an der Phasengrenze abgebaut; sie wirkt als Leerstellensenke (s. a. Abschn. 7.1.1), wobei eine Leerstellendiffusion sowohl in Richtung des Oxids als auch in das Metall möglich erscheint. Eine erhöhte Leerstellenkonzentration sowohl im oberflächennahen Bereich des Metalls als auch in der Grenzschicht zum Oxid erhöht die Beweglichkeit der Teilchen und begünstigt damit die selektive Auflösung einer Legierungskomponente; ein Sachverhalt, der für die örtliche Auflösung von Bedeutung sein kann. Auch die Migration von Sauerstoffionen im Oxid wird erhöht.

Während in bestimmten Korrosionssystemen die Passivierung des Metalls – wie erwähnt – spontan erfolgt, muss das Metall in anderen Korrosionssystemen erst künstlich passiviert werden. Dazu polarisiert man mithilfe einer äußeren Gleichspannungsquelle das Metall so weit, dass es die Stromdichte-Potenzial-Kurve bis zu einem Potenzial $U \gtrless U_{p2}$ (vgl. Bild 8.17) durchläuft, wobei eine Stromdichte $i \gtrless i_{max}$

Bild 8.20 Passivierung durch Redoxsysteme. *1* nicht passivierendes Redoxsystem; *2* passivitätserhaltendes Redoxsystem $U_{2*} > U_{P2}$, $|i_2| \geq i_P$; *3* passivitätserzeugendes Redoxsystem $U_{3*} > U_{P2}$, $|i_3| \geq i_{max}$

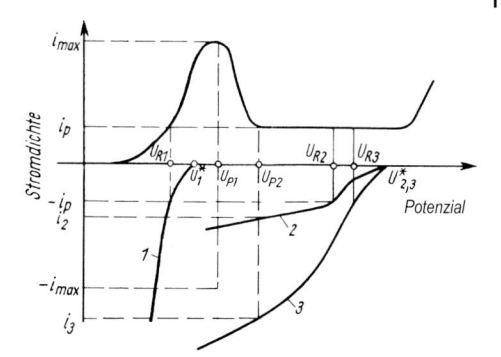

aufgebracht werden muss. Für die Aufrechterhaltung des passiven Zustandes ist dann nur $i \geq i_p$ erforderlich. Dieses Verfahren wird als *anodischer Schutz* bezeichnet. So wird z. B. der Transport von Säuren in billigen Behältern aus unlegiertem Stahl möglich. Weiterhin können metallische Werkstoffe durch solche Oxidationsmittel (Redoxsubstanzen) passiviert werden, deren Gleichgewichtspotenzial ($U_{2,3}^*$ in Bild 8.20) größer als das Passivierungspotenzial U_{P2} ist. Wenn das Oxidationsmittel (Reduktion nach Kurve 3) einen Strom $|i| \geq i_{max}$ erzeugt, dann stellt sich nach Durchlaufen des Aktiv-Passiv-Übergangs das im passiven Bereich liegende Ruhepotenzial U_{R3} ein (passivitätserzeugendes System). Das Oxidationsmittel 2 ermöglicht den Aktiv-Passiv-Übergang nicht. Es ist lediglich in der Lage, an einem bereits passiven Metall diesen Zustand aufrechtzuerhalten, indem es einen Strom $|i_2| \geq i_P$ liefert (passivitätserhaltendes System). Das Oxidationsmittel 1 erfüllt keine der genannten Bedingungen, und das Metall geht deshalb beim Ruhepotenzial U_{R1} aktiv in Lösung.

Während die Passivschichten als praktisch porenfreie und submikroskopisch dünne Oxidfilme die Korrosion sehr stark zu hemmen vermögen, sind die in der Regel lose anhaftenden *Rostschichten* des Eisens dazu im Allgemeinen nicht in der Lage. Unter bestimmten Bedingungen jedoch kann in kalk- und kohlensäurehaltigen Wässern eine so genannte Kalkrost-Schutzschicht entstehen. Die Erzeugung von Schutzschichten in geeignet zusammengesetzten Lösungen ist ebenfalls Aufgabe des Korrosionsschutzes (Abschn. 8.7.2).

Eine andere Möglichkeit, die Korrosionsgeschwindigkeit zu vermindern, besteht darin, dass an der Werkstoffoberfläche geeignete Verbindungen aus dem umgebenden Medium adsorbiert werden. Stoffe, die dem Korrosionsmittel absichtlich in geringer Konzentration zugesetzt werden und die die Korrosion zu hemmen vermögen, werden als Inhibitoren bezeichnet (Abschn. 8.7.2). Sie sind vorzugsweise im aktiven Zustand der Werkstoffe wirksam, wie bei der Säurekorrosion und beim Beizen (z. B. von Blechen zur Entfernung des Walzzunders). Es wird angenommen, dass sie über die Bildung eines Adsorptionsfilms die Metalloberfläche blockieren und die Auflösung erschweren.

8.1.4
Korrosionselemente

Ein *Korrosionselement* ist ein galvanisches Element (Zelle) mit örtlich unterschiedlichen Teilstromdichten der Metallauflösung, d. h. es liegt eine heterogene Mischelektrode vor. Ein Korrosionselement besteht aus Anode, Katode und einem Elektrolyten. Nach der Größe der Anoden- und Katodenflächen wird zwischen Makro-Korrosionselementen und Lokalelementen unterschieden. Die Herausbildung von Anoden und Katoden kann werkstoffseitig oder medienseitig bedingt sein sowie durch örtlich unterschiedliche Bedingungen, z. B. Temperaturen, hervorgerufen werden. Als werkstoffseitige Ursache kommen der Kontakt verschiedener Metalle (Kontaktkorrosion), von Metall mit ionenleitenden Festkörpern sowie Werkstoffinhomogenitäten (s. a. selektive Korrosion, Lochkorrosion) infrage. Medienseitig kann die örtlich ungleiche Konzentration von Stoffen, die den Metallabtrag beeinflussen, wie z. B. die des Sauerstoffs (Belüftungselement), zur Bildung anodischer und katodischer Bereiche führen.

Die vielkristallinen metallischen Werkstoffe der Technik sind von Natur aus immer physikalisch und chemisch inhomogen. Im Kontakt mit dem Korrosionsmedium bzw. während des Gebrauchs wird der inhomogene Zustand der Oberfläche oft noch beträchtlich verstärkt. In der realen Oberfläche (s. a. Abschn. 6.2) bestehen folglich stets leitend miteinander verbundene makro- bis submikroskopische Bereiche unterschiedlichen Potenzials, aus denen sich Korrosionselemente entwickeln können, sobald sich auf der Oberfläche ein Elektrolyt befindet. Hier genügen schon ein die Festkörperoberfläche fast immer bedeckender Wasserfilm und in der Luft vorhandene lösliche Verunreinigungen.

In Bild 8.21 ist schematisch das *i-U*-Schaubild zweier im elektrochemischen Verhalten unterschiedlicher Oberflächenbereiche dargestellt, die über das Werkstoffvolumen leitend miteinander verbunden sind und in einen Elektrolyten eintauchen. Im getrennten Zustand weisen sie die unterschiedlichen Ruhepotenziale U_{RI} (positiver) und U_{RII} (negativer) auf. Die ihnen entsprechenden anodischen Teil-Stromdichte-Potenzial-Kurven sind $i_{+I}(U)$ und $i_{+II}(U)$. Die katodischen Teil-Stromdichte-Potenzial-Kurven wurden der besseren Übersicht wegen nicht mit dargestellt. Bei leitender Verbindung und gegebenem Elektrolytwiderstand fließt aufgrund der Potenzialdifferenz ($U_{RI} - U_{RII}$) je Flächeneinheit des Korrosionselements die Elementstromdichte i_E, wodurch das Potenzial U_{RI} des als Katode fungierenden Ober-

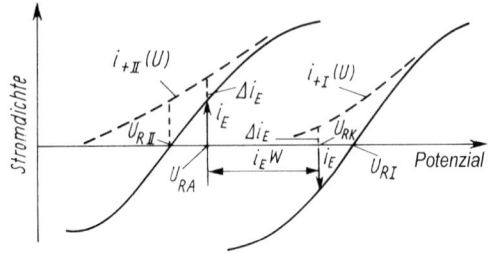

Bild 8.21 Stromdichte-Potenzial-Schaubild für ein Korrosionselement in Anlehnung an *Herbsleb*. (Dabei sollen Anoden- und Katodenfläche gleich groß sein.)

flächenbereiches zu U_{RK} erniedrigt und das dem anodischen Bereich zugehörige Potenzial U_{RII} auf U_{RA} erhöht wird. Das hat zur Folge, dass die wirkliche Korrosionsstromdichte an der Anode stets um Δi_E größer als die Elementstromdichte i_E ist und dass der anodische Anteil der Stromdichte an der Katode nicht null wird. ($i_E + \Delta i_E$) an der Anode wie auch Δi_E an der Katode sind der Geschwindigkeit, mit der die ihnen zugeordneten Oberflächenbereiche aufgelöst werden, proportional, sodass bei Korrosionselementen außer der dominierenden Korrosion an der Anode auch immer ein geringer Abtrag an der Katode zu verzeichnen ist.

Die mit der Elementbildung verbundene Korrosionsgeschwindigkeit hängt außer von der Differenz der Ruhepotenziale von der Neigung der Stromdichte-Potenzial-Kurven und vom Flächenverhältnis Katode/Anode ab. Kleine Anoden- und große Katodenflächen haben eine große Korrosionsgeschwindigkeit an den anodischen Bereichen zur Folge.

Die in der Praxis auftretenden Möglichkeiten zur Entstehung von Korrosionselementen sollen anhand einiger Beispiele konkretisiert und verdeutlicht werden. Bestehen Anode und Katode aus zwei verschiedenen Metallen, so korrodiert das die Anode bildende unedlere Metall (Me II im Bild 8.22), während das edlere (Me I) kaum angegriffen wird. Als *Kontaktkorrosion* tritt dieser Fall z. B. häufig an eisernen Rohrleitungen in Verbindung mit Messingarmaturen auf.

Der Elementstrom I_E unterliegt wie in galvanischen Elementen nach Gl. (8.41) dem zwischen Strom, Spannung und Widerständen geltenden Gesetz

$$I_E = \frac{\Delta U_R}{\sum W + R_A + R_K} \tag{8.41}$$

mit der Summe der ohmschen Widerstände W und den Polarisationswiderständen an Anode und Katode $R_{A(K)} = \Delta U/\Delta I$. Ein hoher Polarisationswiderstand ist danach gleichbedeutend mit einem flachen Verlauf der Polarisationskurve. Bei direktem Kontakt der beiden Metalle Me I und Me II ist W an der Grenzfläche vernachlässigbar und I_E bzw. $i_E = i_{korr}$ II (Flächengleichheit beider Elektroden).

Bild 8.22 zeigt, dass bei gleicher Neigung der Strom-Spannungs-Kurven (Kurve 2 und 1′ in Bild 8.22a und b) die Korrosion des unedlen Metalls mit der Differenz der Ruhepotenziale ansteigt i_{kor} 2, 1′ in b) ist größer als in a). Der Kontakt von Metallen, die in der praktischen Spannungsreihe weit auseinander liegen, sollte also konstruktiv vermieden werden. Bild 8.22 zeigt aber auch, dass bei gleicher Potenzialdifferenz eine Behinderung der Anodenreaktion z. B. durch eine Bedeckung mit Reaktionsprodukten (Abflachung von Kurve 1 zu Kurve 2 in 8.22a) oder eine Behinderung der Katodenreaktion z. B. durch hohe Überspannung der Wasserstoffentwicklung bei Säurekorrosion (Abflachung der katodischen Kurve von 1′ nach 2′) zur Verringerung des Korrosionsstromes führt.

Kontaktkorrosion kann auch beim Korrosionsschutz durch metallische Überzüge auftreten, wenn diese örtliche Defekte nach Schädigung durch längeren Gebrauch oder durch unsachgemäße Herstellung aufweisen. Ein metallischer Überzug mit unedlerem Charakter wie Zink auf Eisen wird dann selbst zur korrodierenden Anode und in der Umgebung der Fehlstelle aufgelöst, während das Eisen als Katode

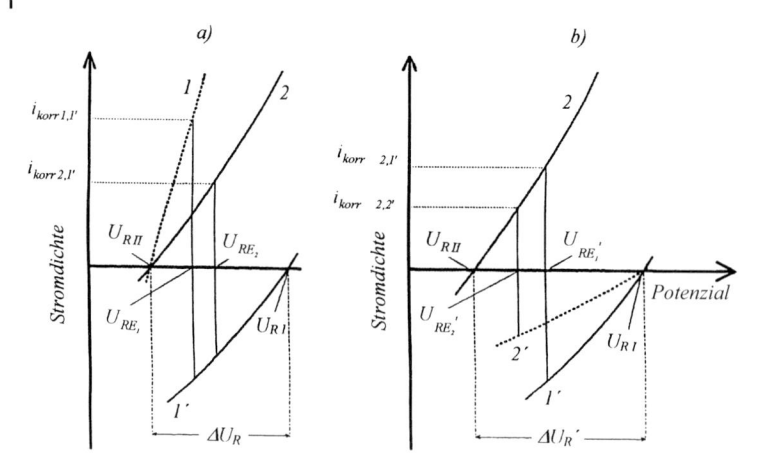

Bild 8.22 Einfluss der Strom-Spannungs-Kurven und der Differenz der Ruhepotenziale auf die Kontaktkorrosion ($A_{MeI} = A_{MeII}$ (Flächengleichheit)).
a) Einfluss der anodischen, b) der katodischen Teilkurve
a)/b) Einfluss der Potenzialdifferenz
$U_{RI,II}$ Ruhepotenziale der Metalle I und II
U_{RE} Mischpotenzial des Kontaktelements
1, 2 anodische Stromdichten $i_+(U)$
1', 2' katodische Stromdichten $i_-(U)$
i_{korr} Korrosionsstromdichte des unedleren Metalls

in gewissem Umfang vor einem Angriff geschützt wird (vgl. Abschn. 8.7.2). Wesentlich ungünstiger verhält sich verzinntes Eisen (Weißblech). An der Fehlstelle geht das unedlere Eisen anodisch in Lösung. Infolge des ungünstigen Verhältnisses von kleiner Anoden- zu großer Katodenfläche, d.h. einer hohen anodischen Stromdichte, entsteht eine starke örtliche Korrosion des Eisens mit lochfraßähnlichem Charakter. In entsprechender Weise können auch unvollständig ausgebildete oder teilzerstörte Oxidschichten zu Katoden von Korrosionselementen werden und den Angriff auf das freiliegende Metall erheblich verstärken.

Korrosionselemente können auch bei heterogenen Legierungen auftreten. Werden unedlere Gefügebestandteile anodisch aus dem Metallverband herausgelöst, so spricht man von *selektiver Korrosion* (vgl. auch Abschn. 8.1.6). Sie ist besonders beim zweiphasigen Messing als so genannte *Entzinkung* bekannt. Die unedlere (zinkreichere) β-Phase wird bevorzugt aufgelöst. Das zunächst mit in Lösung gehende, in der β-Phase anteilig enthaltene Kupfer scheidet sich wegen seines edleren Charakters durch Ionenaustausch nach

$$Zn + Cu^{++} \rightarrow Cu + Zn^{++} \tag{8.42}$$

als lockere Schicht oder Pfropfen wiederum auf dem Messing ab und verstärkt dadurch noch den Korrosionsvorgang. Auch Grauguss unterliegt der selektiven Korrosion *(Spongiose)*. Ferrit und Perlit werden aufgelöst, während der Graphit und das

Phosphideutektikum unangegriffen als lockere Masse zurückbleiben. Das Werkstück behält zwar seine äußere Form, aber es erleidet durch die Spongiose einen Festigkeitsverlust.

Weiterhin können örtliche Unterschiede der (spezifischen freien) Oberflächenenergie des metallischen Werkstoffs, die auf verschiedene Orientierungen der Kornschnittflächen (s. Abschn. 6.2), ungleichmäßige Kaltverformung, unterschiedliche Oberflächenrauhigkeiten oder örtliche Temperaturdifferenzen zurückgehen, zur Bildung von Korrosionselementen führen, in denen die energiereicheren Bezirke als Anoden wirken.

Von *Fremdstromkorrosion* spricht man, wenn die lokale Korrosion durch einen von außen aufgezwungenen Strom hervorgerufen wird. So können erdverlegte Rohrleitungen in der Nähe von Gleichstromanlagen (elektrische Bahnen) streckenweise von vagabundierenden Strömen als Leiter benutzt werden. Dann ergeben sich an den Stromaustrittsstellen beträchtliche Metallverluste.

Medienseitig können örtliche Konzentrationsunterschiede im angreifenden Elektrolyten über die Ausbildung von *Konzentrationselementen* zur Korrosion führen. Im speziellen Fall des im Elektrolyten gelösten Luftsauerstoffs bezeichnet man ein solches Element als *Belüftungselement*. Die Stellen höherer Sauerstoffkonzentration werden zur Katode, die schlechter belüfteten zur Anode. Als Beispiel zeigt Bild 8.23 schematisch die Korrosion von Eisen unter einem Wassertropfen. Im weniger belüfteten (O_2-armen) Mittelbereich geht das Eisen anodisch in Lösung. In schwach sauren bis schwach alkalischen Lösungen verläuft die Auflösung nach

$$Fe + H_2O \rightarrow FeOH^+ + H^+ + 2e \qquad (8.43)$$

mit der eine Ansäuerung im Anodenbereich verbunden ist. Die freiwerdenden Elektronen werden zur Sauerstoffreduktion im gut belüfteten (O_2-reichen) Randbereich (Katode) verbraucht. Gemäß Beziehung (8.27) steigt dort der pH-Wert infolge OH^--Ionen-Bildung an. Aus OH^- und $FeOH^+$ entsteht schwer lösliches Eisenhydroxid und nach weiteren Reaktionen an der Grenze beider Bereiche ein Rostring. Die beschriebenen Erscheinungen treten nicht auf, wenn durch starke Bewegung des Korrosionsmediums ausgeprägte Belüftungsunterschiede oder in gepufferten Lösungen lokale pH-Verschiebungen unterbunden werden.

Außer an Bauteilen in ruhenden neutralen Elektrolyten sind Belüftungselemente bei der Spaltkorrosion (vgl. Bild 8.2) von enormer praktischer Bedeutung. Konstruktiv bedingte Spalte finden sich bei Niet- und Schraubenverbindungen oder können

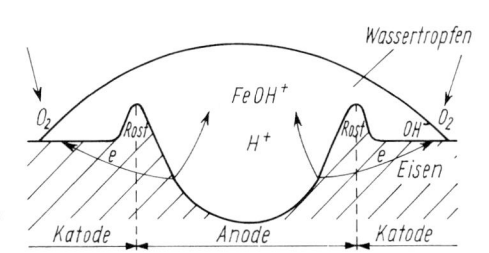

Bild 8.23 Korrosion von Eisen unter einem Wassertropfen (Belüftungselement)

sich an ungeschützten Schnittkanten von Bauteilen mit metallischen Überzügen oder organischen Beschichtungen bilden (vgl. Abschn. 8.7).

8.1.5
Lochkorrosion

Als Lochkorrosion im weiteren Sinn bezeichnet man jede örtlich begrenzte Korrosion, die zu ausgeprägten Korrosionsmulden führt. Sie ist u. a. bei Belüftungselementen, in Spalten oder in Verbindung mit beschädigten Schutzfilmen (Anstrichen, Überzügen) und Zunderschichten zu beobachten.

Unter *Lochkorrosion* im engeren Sinn versteht man einen örtlichen Angriff, den Metalle im passiven Zustand erleiden können. Bild 8.24 zeigt als Beispiel die Lochkorrosion auf einer Al-plattierten AlCuMg2-Legierung. Zu einer lokalen Aufhebung des passiven Zustandes sind vor allem die Halogenidionen Cl^-, Br^- und J^- befähigt. Da die Lochkorrosion bei geringer allgemeiner Flächenabtragung häufig mit einem recht schnellen Wachstum der örtlichen Vertiefungen verbunden ist und im fortgeschrittenen Stadium zur Durchlöcherung der Bauelemente führen kann, ist sie gefährlicher als der gleichmäßige Angriff.

Der Lochkorrosion unterliegen vor allem die leicht passivierbaren und wegen ihrer sonstigen chemischen Beständigkeit technisch wichtigen hochlegierten Cr- und Cr-Ni-Stähle. Auch an Aluminiumwerkstoffen, Titan und Nickel sowie ihren Legierungen tritt sie auf. Sie lässt sich mithilfe von Stromdichte-Potenzial-Kurven feststellen. Der Anstieg der Stromdichte, der mit der Lochbildung einsetzt (Bild 8.25, Kurve 2), erfolgt erst beim Überschreiten eines bestimmten Potenzialwertes, des Lochfraßpotenzials U_L. Die Höhe des Lochfraßpotenzials hängt außer von der Art des Metalls und seiner Oberflächenbeschaffenheit von der Zusammensetzung des Angriffsmittels ab.

Der gesamte Vorgang der Lochkorrosion lässt sich zeitlich gesehen in die Lochbildung und das Lochwachstum einteilen. Der Lochbildungsprozess ist noch nicht ausreichend aufgeklärt. Eingeleitet wird er durch die Adsorption der Halogenidionen auf dem Passivoxid. Es wird allgemein davon ausgegangen, dass diese Adsorption

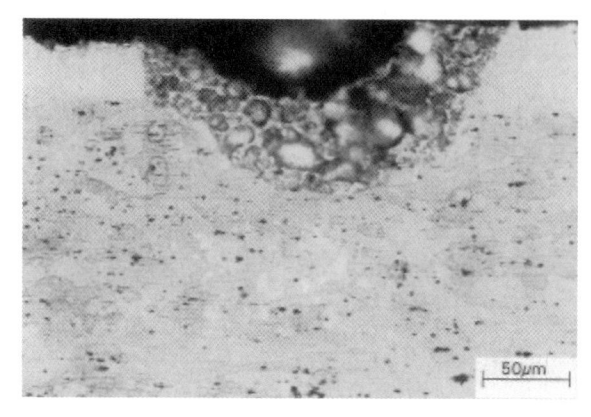

Bild 8.24 Querschliffdarstellung einer Lochkorrosion von einer Al-plattierten AlCuMg2-Legierung in Meerwasser

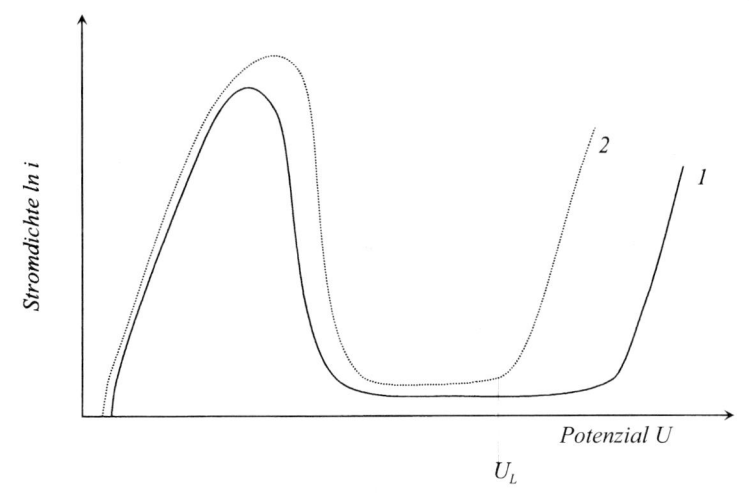

Bild 8.25 Einfluss von Cl⁻-Ionen auf die Stromdichte-Potenzial-Kurve (schematisch). *1* chloridfreies Korrosionsmedium; *2* Korrosionsmedium mit Chloridzusatz; U_L Lochfraßpotenzial

nicht gleichmäßig erfolgt und an Störstellen der Passivschicht bevorzugt einsetzt. Diese können, wenn die Passivschicht epitaktisch aufgewachsen ist, Gitterdefekten und Einschlüssen in der Metalloberfläche entsprechen. Die spezifische Adsorption der Halogenidionen führt zu einem beschleunigten Abbau der Passivschicht an diesen Stellen. Daran haben die vom Chlorid stets mitgeführten Protonen einen bedeutenden Anteil, da sie nach

$$\text{MeO} + \text{Cl}^- ... \text{H}^{(+)} - \text{OH}^{(-)} \rightarrow \text{MeOH}^+ + \text{Cl}^- + \text{OH}^- \tag{8.44}$$

$$\text{MeOH}^+ + \text{Cl}^- ... \text{H}^{(+)} - \text{OH}^{(-)} \rightarrow \text{Me}^{2+} + \text{H}_2\text{O} + \text{Cl}^- + \text{OH}^- \tag{8.45}$$

die Oxidschicht aufzulösen vermögen. Wie aus Positronenannihilationsuntersuchungen zu schließen ist, wird der eigentliche Durchbruch durch die Passivschicht außerdem durch die o. g. Leerstellenbildung und -agglomeration in der Grenzfläche Metall/Oxid begünstigt. Sie kommt, wie Bild 8.26 schematisch zeigt, dann zustande, wenn im Zuge der Passivschichtdickenabnahme nach den Gleichungen (8.44) und (8.45) und einer erhöhten Durchtrittsgeschwindigkeit von Metallatomen/Ionen in das Passivoxid die Sauerstoffionen aus dem Oxid nicht mehr mit hinreichender Geschwindigkeit vom Oxid zur Metalloberfläche migrieren. Die Folge ist eine Mikrokerbbildung und ein Aufreißen der Passivschicht. Diese Anschauung wird auch durch experimentelle Ergebnisse von *J. Castle* und *R. Ke* gestützt, die im Zuge der Locheinleitung eine regelrechte Blasenbildung und ein nachfolgendes Aufreißen der Passivschicht beobachteten. Mit dem Schichtriss hat sich ein Korrosionselement gebildet mit kleinen aktiven Stellen als Anode und einer sehr großen passiven Umgebungsfläche als Katode. Dadurch schreitet die Metallauflösung örtlich bei hoher anodischer Stromdichte rasch in die Tiefe fort. Bei einer Reihe von Werkstoffen voll-

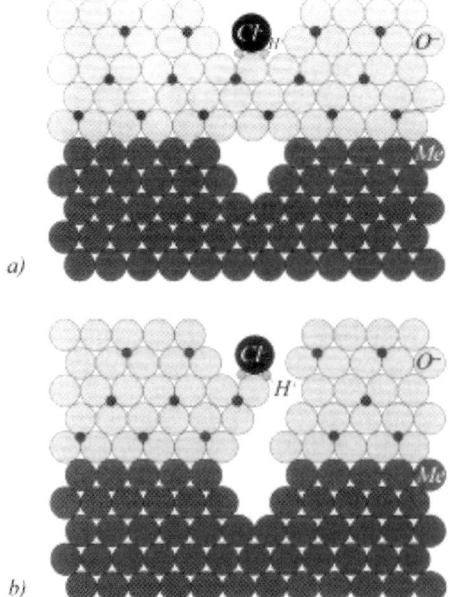

Bild 8.26 Schematische Darstellung der Locheinleitung:
a) örtlicher Passivschichtabbau infolge von Chloridionen sowie Mikrokerbbildung in der Metallphase;
b) Aufreißen der Passivschicht

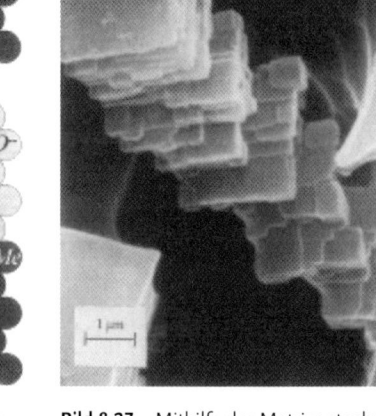

Bild 8.27 Mithilfe der Matrizentechnik abgebildete Lochmorphologie eines Lochtunnels in Reinaluminium

zieht sich das Tiefenwachstum kristallographisch definiert, wobei, wie es Bild 8.27 verdeutlicht, Tunnel gebildet werden, deren Morphologie auf eine diskontinuierliche Lochkeimbildung und Wachstum in die Breite hinweist. Die Stromdichte, d.h. die Geschwindigkeit, mit der die gebildeten Löcher weiterwachsen, gehorcht vielfach einem exponentiellen Gesetz der Art

$$i = a\, t^b \tag{8.46}$$

in dem i die Korrosionsstromdichte (bezogen auf die Gesamtelektrodenoberfläche), a eine Konstante, t die Zeit und b ein Exponent ist, der von der Lochgeometrie und von der Anzahl der sich gleichzeitig neu bildenden Löcher abhängt.

Die Lochkorrosion lässt sich vermeiden, wenn die Halogenidionen aus der Lösung entfernt werden oder wenn das Metallpotenzial auf einen Wert unterhalb des Lochfraßpotenzials gesenkt wird. Letzteres ist z. B. durch ein katodisches Schutzverfahren (Abschn. 8.7.2) möglich. Die Beständigkeit gegen Lochkorrosion kann ferner von der Metallseite her durch Legierungszusätze wie Cr, Mo oder Ni bei Stählen erhöht werden. Bei der Erschmelzung und Wärmebehandlung muss die Entstehung von Ausscheidungen vermieden werden, die, wie z. B. das MnS, die Struktur der Passivschicht stören.

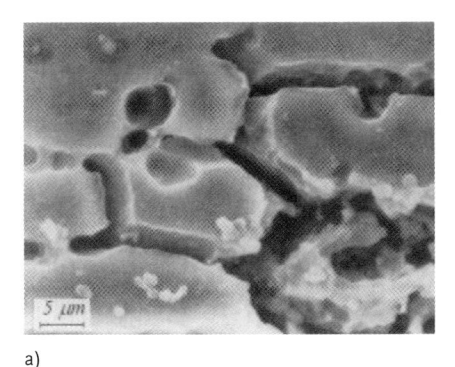

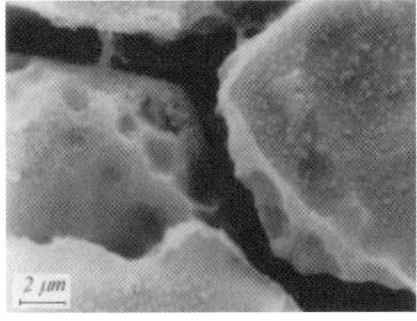

8.1.6
Selektive und interkristalline Korrosion

Als *selektive Korrosion* wird die bevorzugte Auflösung von bestimmten Bestandteilen oder Bereichen einer Legierungsoberfläche verstanden, die sich in ihren Teilstromdichte-Potenzialkurven unterscheiden. Erfolgt der selektive Angriff an Korn- bzw. Phasengrenzen unter Entstehung zusammenhängender Zonen mit erhöhter Vertikalauflösung, so spricht man von *interkristalliner Korrosion* (IK). Die selektive Korrosion kann in der Auflösung einer Komponente im homogenen Mischkristall bestehen, wie bei der Entzinkung von einphasigem Messing. Bei mehrphasigen Legierungen kann sich – wie schon erwähnt – eine Phase bevorzugt auflösen, z. B. die β-Phase aus α/β-Messing. Wird im Mischkristall die Löslichkeit einer Komponente überschritten, so kommt es zu Segregationen bzw. zu Ausscheidungen einer neuen Phase, was aus energetischen Gründen bevorzugt an Korn- bzw. Phasengrenzen erfolgt. Selektive bzw. interkristalline Korrosion tritt auf, wenn entweder die ausgeschiedene Phase selbst bevorzugt angegriffen wird (z. B. Cr-reiche Carbide in hochlegierten Stählen in stark oxidierenden Medien oder die im Vergleich zur Matrix unter bestimmten Bedingungen weniger korrosionsbeständigen (unedleren) Al_3Mg_2-Ausscheidungen in Al-Mg-Legierungen) (Bild 8.28a) oder der in seiner Zusammensetzung veränderte Phasengrenzbereich. Dies kann durch Entzug von Komponenten erfolgen, die die Beständigkeit bzw. die Passivierung fördern, wie z. B. durch Verarmung an Chrom infolge Ausscheidung Cr-reicher Carbide in hochlegierten Cr- und CrNi-Stählen. Demzufolge verhalten sich die Ausscheidungen in den bei Anwesenheit eines geeigneten Korrosionsmediums in der Korngrenzenzone entstehenden Korrosionselementen im erstgenannten Fall anodisch, im zweiten katodisch. Bild 8.28b zeigt, wie der interkristalline Angriff von der Oberfläche ausgehend in die Tiefe fortschreitet und im Endstadium zum völligen Zerfall des Werkstoffs in einzelne Kristalle führen kann (Kornzerfall).

Am bekanntesten ist der Kornzerfall der austenitischen Cr–Ni-Stähle mit $\approx 0{,}1\,\%$ C. Er ist – wie schon gesagt – durch die entlang den Korngrenzen ausge-

Bild 8.28 Interkristalline Korrosion.
a) IK an einer AlMgSi-Legierung in künstlichem Meerwasser; b) wie a); Ausschnittvergrößerung

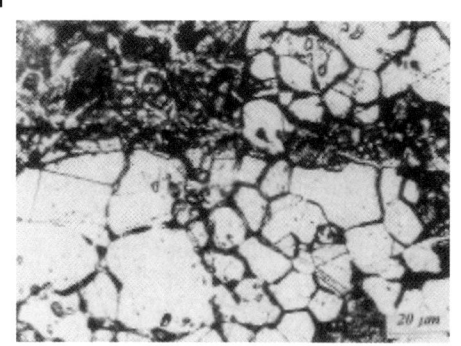

Bild 8.29 Interkristalliner Angriff in der austenitischen und selektive Korrosion der ferritischen Phase des Duplexstahles X2CrNiMoN22–53 nach Wärmebehandlung bei 750 °C (χ-Phasenausscheidung) in Schwefelsäure

schiedenen Carbide $(MeCr)_{23}C_6$ bedingt. Sie entstehen, wenn der aus dem homogenen γ-Gebiet von Temperaturen über 1000 °C abgeschreckte Stahl, wie beispielsweise in der Übergangszone zwischen Schweißnaht und Grundwerkstoff, auf Temperaturen zwischen etwa 450 und 850 °C wieder erwärmt wird. Infolge der Entstehung chromreicher Carbide verarmt das Gefüge in der Nähe der Korngrenzen an Chrom so weit, dass ein kritischer Chromgehalt unterschritten wird, d.h. die chromarmen Korngrenzenbereiche sich in ihrem elektrochemischen Verhalten wesentlich vom chromreicheren Korninneren unterscheiden. Bei der Einwirkung eines Elektrolyten wird die Korngrenzensubstanz unter Korrosionselementbildung herausgelöst, sodass es schließlich bis zum *Kornzerfall* kommen kann. Der Kornzerfall kann vermieden werden, indem der C-Gehalt extrem niedrig gehalten oder der Stahl durch Elemente wie Ti, Nb oder Ta, die eine größere Affinität zum Kohlenstoff haben als Cr und sich an seiner Stelle an der Carbidbildung beteiligen, „stabilisiert" wird.

Auch zweiphasige ferritisch-austenitische Stähle (Duplexstähle mit etwa gleichem α- und γ-Anteil) sowie für Schweißungen vorgesehene Austenite (mit bis zu 20 % δ-Ferrit) können der selektiven und/oder interkristallinen Korrosion unterliegen. Die Ursache sind Konzentrationsunterschiede, die aus der Anreicherung der ferritbildenden Elemente Cr, Mo und Si im Ferrit resultieren können. Aufgrund des höheren Cr-Gehaltes korrodiert der Ferrit im aktiven Zustand in nichtoxidierenden Säuren wie Schwefelsäure stärker als der Austenit. Verarmungsrandschichten neben Ausscheidungen von chromreichen Sondercarbiden und der σ-Phase, die als Folge von Wärmebehandlungs- und Schweißprozessen oder durch Einsatz in kritischen Temperaturbereichen entstehen, können vor allem im Austenit auftreten. Der Ferritanteil kann besonders bei netzartiger Verteilung durch thermischen Zerfall in Austenit und $Me_{23}C_6$, σ-Phase oder molybdänreiche χ-Phase ebenfalls zu interkristalliner Korrosion führen. Bild 8.29 zeigt einen interkristallinen Angriff in der austenitischen und selektive Korrosion der Ferritphase eines Duplexstahles.

8.1.7
Spannungsrisskorrosion

Von den örtlichen Korrosionsarten ist die *Spannungsrisskorrosion* am meisten gefürchtet, weil sie vielfach ohne sichtbare Veränderung der Metalloberfläche zum plötzlichen Versagen von Bauteilen führt. Ebenso wie die Lochkorrosion wird sie überwiegend an deckschichtbildenden metallischen Werkstoffen, wie un-, niedrig- und hochlegierten Stählen (Bild 8.30), Nickellegierungen, Aluminium, Messing (Bild 8.31) oder Magnesium, beobachtet. Sie tritt immer dann auf, wenn ein Metall unter einer äußeren oder inneren Zugspannung steht (Abschn. 9.5.3 und 9.6) und gleichzeitig ein bestimmtes Korrosionsmittel einwirkt.

Hinsichtlich des zur Zerstörung führenden Vorgangs unterscheidet man zwischen anodischer und katodischer Spannungsrisskorrosion, die in bestimmten Fällen auch kombiniert auftreten können. Bei der *anodischen* Spannungsrisskorrosion wird der Vorgang der Risseinleitung durch einen Auflösungsprozess eingeleitet. Es besteht die Vorstellung, dass das Korrosionsmedium, das vielfach Halogenidionen enthält, die Deckschicht örtlich an Defektstellen (Bild 8.32), wie an Gleitstufen (a),

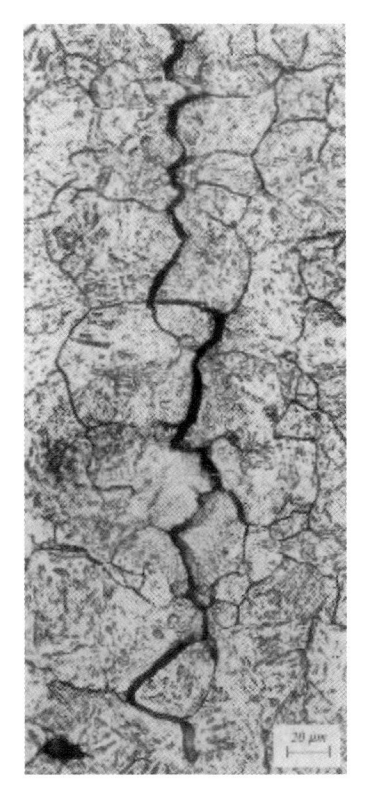

Bild 8.30 Interkristalliner Riss am Werkstoff 50CrV4 in einer Natriumnitratlösung

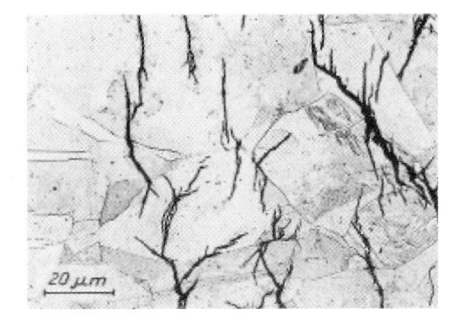

Bild 8.31 Transkristalline Spannungsrisskorrosion von Messing (Ms 63) in NH_3-Atmosphäre

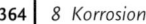

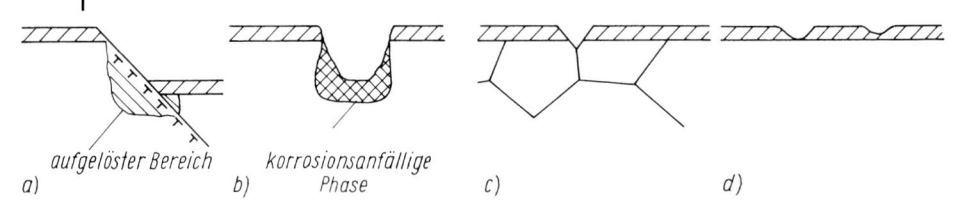

a) aufgelöster Bereich   b) korrosionsanfällige Phase   c)   d)

Bild 8.32 Schematische Darstellungen von Schwachstellen, die an mit Deckschichten behafteten Oberflächen zur anodischen Spannungsrisskorrosion führen

korrosionsanfälligen Phasen (b) und Korngrenzen (c) oder an lokalen Schwachstellen der Schicht selbst (d) zerstört. Die sich daran anschließende Auflösung des Grundwerkstoffs führt zur Bildung von Oberflächenkerben. Ist der Kerb ausreichend scharf, dann können sich im Kerbgrund bei hinreichender Spannungshöhe Risse bilden. Für die Rissausbreitung besteht die Vorstellung, dass sich der Riss infolge der erhöhten Spannung an der Rissspitze und der Einwirkung des Korrosionsmediums bis zum nächsten Hindernis (z. B. Gleitbändern, Ausscheidungen) ausbreitet (vgl. Abschn. 9.5). Dort wird erneut durch den Auflösungsprozess ein Kerb gebildet, von dem aus sich wiederum Risse ins Werkstoffinnere ausbreiten usw.

Die *katodische Spannungsrisskorrosion* tritt in Korrosionsmedien, wie H_2S, NH_3, HCN, auf, bei denen im katodischen Teilvorgang Wasserstoff gebildet wird, der in atomarer Form in den Werkstoff hineindiffundiert und ihn versprödet. Die Diffusion ist erleichtert an Gitterdefekten wie Korn- und Phasengrenzen, Einschlüssen, an Versetzungen insbesondere Stufenversetzungen sowie an Leerstellenclustern. Es besteht die Vorstellung, dass der atomar eingedrungene Wasserstoff in so genannten „traps" (Fallen) entweder zu nicht mehr diffusionsfähigem molekularem Wasserstoff rekombiniert oder durch chemische Reaktion (Hydridbildung) festgehalten wird. Letztere erfolgt mit Elementen, die eine hohe Affinität zu Wasserstoff haben, wie z. B. P, Si oder Cr, Ti. Dadurch entstehen im Inneren des Werkstoffes Zugspannungen, die sich gegebenenfalls den äußeren überlagern können und nach Überschreitung einer kritischen Spannung zum Aufreißen des Werkstoffes führen.

Bei Werkstoffen, die eine ausgeprägte Neigung zu interkristalliner Korrosion haben, erfolgt unter IK-spezifischen Bedingungen die Rissbildung und -ausbreitung interkristallin, so z. B. an un- und niedriglegierten Stählen in passivierenden Medien, Nitratlösungen oder hochkonzentrierter Salpetersäure. Bei hochlegierten austenitischen Mn- und Cr-Ni-Stählen sowie Nickelbasislegierungen dagegen verläuft in chloridhaltigen Medien der Bruch nach anodischen Vorgängen transkristallin.

Bei beiden Arten der Spannungsrisskorrosion kann der Rissverlauf unabhängig von der Entstehungsursache entlang den Korngrenzen des Gefüges – interkristallin – oder durch Körner hindurch – transkristallin – erfolgen. Die katodische Spannungsrisskorrosion mit transkristallinem Verlauf spielt eine besondere Rolle bei den höherfesten Stählen. Ohne Wasserstoff würden sie weitaus höhere Spannungen ertragen, sodass ihre Einsatzfähigkeit durch diese Korrosionsart deutlich begrenzt wird.

8.1.8
Schwingungsrisskorrosion

Ist dem Korrosionsvorgang eine zyklische Belastung überlagert, so kann eine *Schwingungsrisskorrosion* ausgelöst werden. Die kombinierte Wirkung kommt darin zum Ausdruck, dass die Wöhlerkurve unter der für nichtkorrosive Bedingungen ermittelten liegt (Bild 8.33) und nicht mehr mit einer Dauerfestigkeit gerechnet, sondern nur eine *Korrosionszeitfestigkeit* angegeben werden kann.

Der zeitliche Ablauf der Schwingungsrisskorrosion bis zur Zerstörung des Werkstoffs wird wie folgt angenommen. Zunächst werden an den Gleitstufen, die im Zuge der plastischen Verformung aus der Oberfläche austreten (Abschn. 9.5.2, 9.5.3), selektiv Gitterbausteine herausgelöst. Es entstehen Mikrokerben mit Spannungskonzentrationen, die später in Risse umgewandelt werden. Die Anrissbildung ist mit der in nichtkorrosiver Umgebung vergleichbar. Die einmal gebildeten Risse pflanzen sich aber infolge der wechselnden Belastung und gleichzeitigen Einwirkung des Korrosionsmediums schneller fort. Schließlich erfolgt, ebenso wie in einem nichtkorrosiven Medium, der Bruch des Bauteils. Jedoch ist bei der Schwingungsrisskorrosion die Anzahl der Risse in der Bruchzone wesentlich größer. Die Lebensdauer eines Bauteils lässt sich bei gegebenen Beanspruchungsbedingungen durch katodischen Schutz, durch Zusätze von Inhibitoren oder das Aufbringen von Überzügen (Abschn. 8.7) erhöhen.

Die Schwingungsrisskorrosion wird umso mehr begünstigt, je stärker der Korrosionsangriff, je größer die Last, je niedriger die Frequenz und je höher die Anzahl der Schwingspiele ist. Im Gegensatz zur Spannungsrisskorrosion ist die Schwingungsrisskorrosion weitgehend unabhängig von der Art des Metalls, seiner Zusammensetzung und Wärmebehandlung, da die Anrissbildung allein eine Folge der Gleitvorgänge ist, die mit der zyklischen Beanspruchung einsetzen. Es gibt auch kein bestimmtes spezifisch wirkendes Angriffsmittel, das die Schwingungsrisskorrosion bevorzugt auslöst. Sie kann in praktisch allen Medien auftreten. Die Risse verlaufen in der Regel transkristallin.

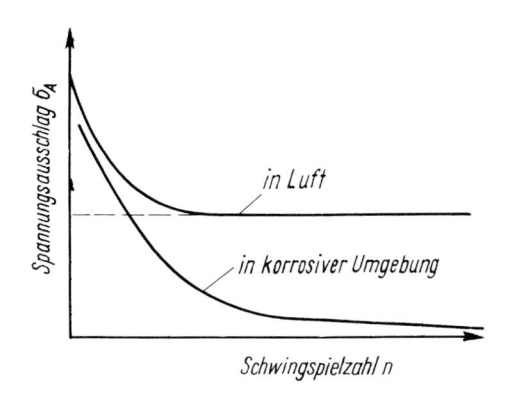

Bild 8.33 Veränderung der Wöhlerkurve durch Schwingungsrisskorrosion

8.2
Korrosion anorganisch-nichtmetallischer Werkstoffe in wässrigen Medien

Anorganisch-nichtmetallische Werkstoffe sind bei Raumtemperatur in den meisten anorganischen und organischen Chemikalien, in Wasser sowie in Säuren und schwachen Laugen praktisch unlöslich. Diese Eigenschaft wird genutzt beim Schutz metallischer Werkstoffe gegen Korrosion (vgl. Abschn. 8.7), z. B. in Form von Emails oder oxidischen Spritzschichten.

Der Grad der Beständigkeit hängt von der chemischen Zusammensetzung, dem Gefüge des Werkstoffs und von den Korrosionsbedingungen ab. Ist SiO_2 der Hauptbestandteil, dann greift nur Flusssäure den Werkstoff merklich an. Spezialgläser auf der Basis von P_2O_5 und Al_2O_3 dagegen sind auch in diesem aggressiven Medium beständig. Die Korrosion nimmt bei Werkstoffen, wie Steinzeug und Porzellan, mit der Größe der Poren zu. Für den Einsatz in aggressiven Flüssigkeiten vorgesehene Pumpen und Apparate dürfen deshalb keine offenen Poren aufweisen.

Bei Glas beruht die *Säurebeständigkeit* (mit Ausnahme gegenüber der schon erwähnten Flusssäure) auf der Tatsache, dass Wasserstoffionen der Säure gegen *Netzwerkwandlerionen* (Abschn. 2.2.2) ausgetauscht werden (Bild 8.34a). Mit fortschreitendem Austausch, dessen Geschwindigkeit der Wurzel der Korrosionsdauer proportional ist (Bild 8.35), entsteht durch Hydrolyse eine SiO_2-reiche Kieselgelschicht, die die Ionendiffusion und damit die Korrosion behindert und so das Glas zunehmend beständiger macht.

Die *Laugenbeständigkeit* des Glases ist wesentlich geringer, weil die OH^--Ionen in alkalischen Lösungen die Si–O–Si-Bindungen durch chemische Reaktion unter Bildung löslicher, niedermolekularer Silicate zerstören (Bild 8.34b). Der einem linearen Zeitgesetz folgende Abtrag (Bild 8.35) findet vor allem in starken Basen bei Temperaturen über 30 °C in beträchtlichem Umfang statt.

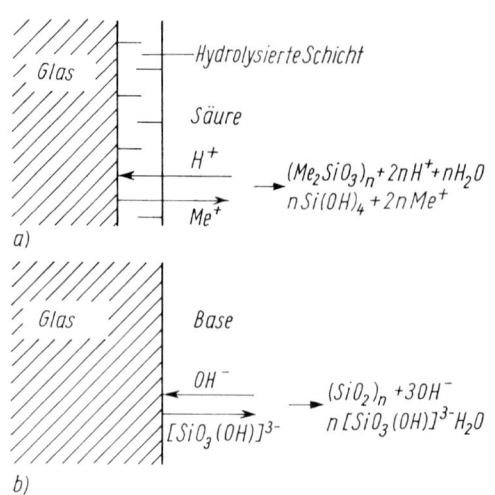

Bild 8.34 Korrosion von Glas (schematisch):
a) durch Säuren; b) durch Basen

Bild 8.35 Zeitlicher Verlauf der Korrosion von Glas (schematisch).
1 durch Basen; 2 durch Säuren und Wasser

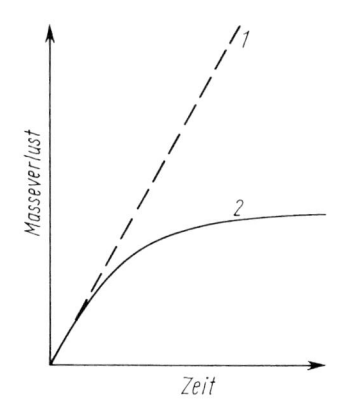

Auch im Kontakt in Wasser, besonders in Dampfform und bei hohen Temperaturen, können Glas und Keramik korrodieren *(Hydrolyse)*. Hieran sind die für Säuren und Laugen typischen Prozesse in komplexer Form beteiligt. Bei höheren Temperaturen liegt das Wasser verstärkt dissoziiert vor, sodass sich in Abhängigkeit von den jeweiligen Bedingungen einerseits gemäß Bild 8.34a Hydrolyseschichten bilden und andererseits über den Laugenmechanismus auch Korrosion stattfinden kann. Wie bei der Korrosion durch Säure bildet sich jedoch im Allgemeinen eine Kieselgelschicht aus, die die Korrosion mit der Zeit behindert. Nur unter sehr ungünstigen Bedingungen (z. B. bei Einwirkung von überhitztem Wasserdampf oder in Wärmetauschern) wird über weitere chemische Reaktionen und die Beteiligung der Kohlensäure der Luft die Gelschicht zerstört und damit das Glas fortschreitend geschädigt.

Beton wird vorwiegend durch saure Lösungen (*p*H < 6,5) angegriffen. Von seinen Bestandteilen werden besonders der Zementstein sowie karbonathaltige Zuschläge gelöst.

Bei Beton als Baustoff [8.15] spielt die Verwitterung eine wesentliche Rolle. Die dabei stattfindenden Mechanismen sind vielschichtig und sind auf komplex ablaufende physikalische, chemische und biologische Prozesse zurückzuführen. Voraussetzung ist die Anwesenheit von Wasser, das durch sein Eindringen und durch chemische Reaktionen an der Werkstoffzerstörung teilnimmt.

Die physikalische Verwitterung beruht auf der Wirkung mechanischer Kräfte im porösen Baustoff (Frost, Tau- und Eisbildung). Außerdem kann eine Dilatation stattfinden, die auf Quellen und Schwinden von Tonmaterialien durch Einlagerung von Wasser zwischen den Gefügebestandteilen zurückzuführen ist.

Im Falle chemischer Verwitterung kann das Wasser auch als Transportmedium für aggressive Schadstoffe (SO_2, NO_x, CO_2) und/oder für die durch chemische Reaktion gebildeten Salze (Sulfate, Nitrate, Carbonate) dienen. Diese können durch Bildung voluminöser Hydrate zur so genannten Salzsprengung führen.

Der als Bindemittel zwischen den Körnern der Zuschlagstoffe wirkende *Zementstein* besteht aus Calciumverbindungen sehr schwacher Säuren wie Calciumsilicathydraten und aus Calciumhydroxid (Abschn. 3.1.1.2). Bei der Reaktion mit sauren Medien wird der Zementstein entweder herausgelöst, oder es bilden sich feste Korrosionsprodukte mit einem größeren spezifischen Volumen, demzufolge ein hoher Kristallisationsdruck entsteht und der Kornverband gelockert wird. Nach einem anfänglichen Festigkeitsabfall tritt schließlich Verformung und Rissbildung auf. Bei starker Korrosion bleibt nur ein loses Haufwerk von Körnern zurück. Bei Einwirkung sulfathaltiger Lösungen entsteht aus dem Calciumhydroxid des Zementsteins Gips:

$$Ca(OH)_2 + H_2SO_4 \rightarrow CaSO_4 \cdot 2\,H_2O \tag{8.46}$$

Die damit verbundene Volumenvergrößerung von etwa 18 % treibt den Beton auseinander. Enthält der Zementstein Calciumaluminat, dann bildet sich durch Reaktion mit Sulfaten der *Ettringit* (Abschn. 3.1.1.2), der sogar ein mehr als doppelt so großes Volumen wie die Ausgangsstoffe aufweist. Sulfatbeständige Betone dürfen deshalb allenfalls nur sehr kleine Anteile von $Ca_3Al_2O_6$ enthalten.

Die biologische Verwitterung ist gekennzeichnet durch den Einfluss von pflanzlichem Bewuchs oder von Mikroorganismen, die durch Entmineralisierung und Säurebildung an der Zerstörung des Mineralgefüges beteiligt sind.

Ettringit bildet sich nur bei einer Temperatur von unter 70 °C. In wärmebehandelten Betonen, die bei einer höheren Temperatur erhärtet sind, kann sich nach der Abkühlung und Lagerung in feuchter Umgebung der so genannte sekundäre Ettringit ausbilden und so noch nach Jahren das Betongefüge schädigen oder zerstören.

Spektakuläre Korrosionsschäden traten in der Vergangenheit bei Eisenbahnschwellen und Betonbrücken durch Alkali-Kieselsäure-Reaktion auf.

Unter der Alkali-Kieselsäure-Reaktion versteht man die Umwandlung der SiO_2-haltigen Zuschläge des Betons in Hydroxide infolge der Reaktion des SiO_2 mit den Alkaliverbindungen des Betons. Dabei vergrößert sich das Volumen der Zuschlagkörner, und der Beton wird durch Risse, Abplatzungen oder Ausscheidungen geschädigt. Alkaliempfindliche Zuschlagstoffe sind der in Norddeutschland vorkommende Opalsandstein und der Flintstein. Unter ungünstigen Umständen kann selbst der beständige Quarzzuschlag von den Alkalien angegriffen werden. Durch die Verwendung von Zement mit einem niedrigen wirksamen Alkaligehalt und durch eine minimierte Zementmenge im Beton kann die Alkali-Kieselsäure-Reaktion vermieden werden.

8.3
Korrosion von Polymeren in flüssigen Medien

Polymerwerkstoffe sind in der Regel gegenüber solchen Medien, durch die die meisten metallischen Werkstoffe mehr oder weniger rasch zerstört werden (Wässer, saure oder alkalische Lösungen, aggressive Atmosphären), weitgehend beständig. Das bedeutet jedoch nicht, dass die Polymeren generell keiner Korrosion unterliegen. Sie sind vielmehr gegenüber bestimmten organischen Lösungsmitteln unbeständig. Auch in den anderen genannten Medien treten Schädigungen infolge Korrosion auf, deren Ausmaß jedoch von der chemischen Zusammensetzung und

Struktur der Polymeren sowie von der Konzentration des angreifenden Mediums, der Temperatur und der Einwirkungszeit abhängt.

Im Gegensatz zu den Metallen beginnt die Korrosion eines polymeren Stoffes in der überwiegenden Zahl der Fälle mit dem Eindringen von Fremdmolekülen, d. h. mit einem physikalischen Vorgang in drei Schritten: der Adsorption (Benetzung der Oberfläche durch das korrosiv wirkende Medium), der Diffusion (Eindringen des Mediums in das Innere des Werkstoffs) und der Absorption (Aufnahme des Mediums unter vollständiger und gleichmäßiger Durchdringung des Werkstoffs). Daran können sich chemische Vorgänge (Chemisorption, oxidativer oder reduktiver Abbau, Hydrolyse u. a.) anschließen, die erhebliche Verschlechterungen der Werkstoffeigenschaften nach sich ziehen. Bild 8.36 gibt eine Übersicht zur Schädigung von Polymeren einschließlich ihrer Füll- und Hilfsstoffe durch flüssige Medien.

Die Schädigungen von Polymeren laufen meist komplex und in Begleitung weiterer Erscheinungen ab, wie dem Einstellen thermodynamischer Gleichgewichte (Nachkristallisation, Rekristallisation, Neokristallisation, Spannungs- und Verformungsrelaxation). Dies erfolgt unter der Einwirkung von thermischer und/oder Strahlungsenergie (s. Abschn. 10.10.2.2) sowie biologischer Einflüsse. Die dadurch bedingten zeitlich fortschreitenden irreversiblen Eigenschaftsveränderungen fasst man unter dem Begriff *Alterung* zusammen. Sie drückt sich meist in einer Verschlechterung der Eigenschaften aus wie Glanzeinbuße, Farbveränderungen, Rissbildung, Materialabtragung, Versprödung und negative Veränderungen mechanischer und elektrischer Eigenschaften. Das Altern verläuft, bedingt durch die relativ zur Schmelztemperatur des Polymeren hohe Temperatur ihrer Anwendung, unter den natürlichen Einflüssen der Bewitterung, dem so genannten Technoklima, zunächst relativ rasch. Nach einer bestimmten Alterungszeit nimmt die Geschwindigkeit der Eigenschaftsveränderungen jedoch ab und strebt null zu. Das dann erreichte Festigkeitsniveau wird als *Bewitterungsfestigkeit* bezeichnet [8.16].

8.3.1
Begrenzte und unbegrenzte Quellung

Unter Quellung wird ganz allgemein das Vermögen eines Festkörpers verstanden, bei erheblicher Volumenzunahme Flüssigkeit aufzunehmen. Von *begrenzter Quellung* spricht man, wenn sich dabei zwar die Eigenschaften des Stoffs, wie Festigkeit und Elastizität, merklich ändern, Gestalt (Form) und körperlicher Zusammenhalt aber weitgehend erhalten bleiben. Die *unbegrenzte Quellung* dagegen ist mit einem Verlust des Zusammenhaltes und demzufolge auch der Gestalt und der Eigenschaften des Festkörpers verbunden; der Stoff wird in der Flüssigkeit, dem Lösungsmittel, dispergiert (gelöst).

Die Ursache der begrenzten und unbegrenzten Quellung von Polymerwerkstoffen liegen im spezifischen physikalischen und chemischen Aufbau der Molekülstrukturen. Zwischen die lose und filzartig miteinander verknäuelten ungeordneten Molekülketten der Thermoplaste, z. B. Polystyren (PS) oder Cellulosenitrat (CN), die nur durch zwischenmolekulare Wechselwirkungen (s. Abschn. 2.1.10.2) zusammengehalten werden, können die Flüssigkeitsmoleküle leicht eindringen und eine unbe-

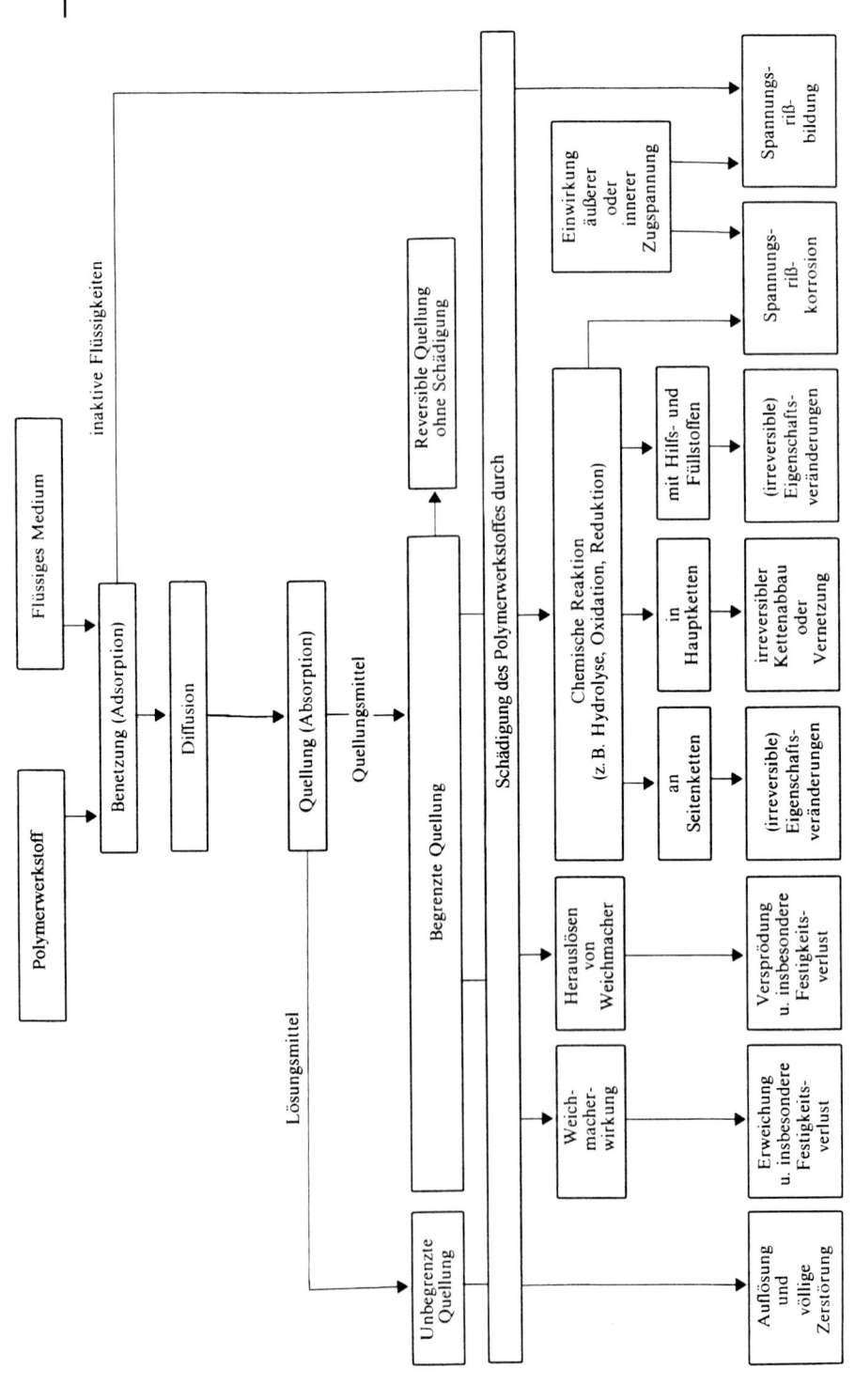

Bild 8.36 Schädigung polymerer Werkstoffe durch flüssige Medien

grenzte Quellung bewirken. Das durch Hauptvalenzen (s. Abschn. 2.1.10.1) weitmaschig vernetzte Kettensystem der Elastomeren, wie bei Butadien-Kautschuk (BR) und Siliconkautschuk (SI), ist dagegen schon weniger aufweitbar und kann nur noch in begrenztem Maße quellen. Die eng vernetzten Strukturen der Duromeren, wie Phenol-Formaldehyd-Harze und stark vernetzte Polyurethane (PUR), sind dagegen praktisch weder löslich noch quellbar.

Bei den Thermoplasten setzen kristalline Bereiche, wie sie beim Polyethylen (PE) oder Polyoximethylen (POM) vorliegen, wegen des größeren Ordnungszustandes dem Eindringen von Flüssigkeiten einen erhöhten Widerstand entgegen. Deshalb ist die Quellbarkeit von teilkristallinen Thermoplasten eingeschränkt, und es wird eine verzögerte Auflösung beobachtet. Ihre Beständigkeit steigt im Allgemeinen mit dem Grad der Kristallinität an.

Von Einfluss sind fernerhin Art und Struktur der Flüssigkeit selbst. Als Faustregel gilt, dass die Quellbarkeit bzw. Löslichkeit mit der Ähnlichkeit der Grundstrukturen von Polymeren und Flüssigkeit zunimmt. So wird z.B. das unpolare nur methylsubstituierte Alkan Polyisobutylen (PIB) von anderen Alkanen des Typs C_nH_{2n+2} sowie Benzen gelöst. Beim Polyvinylchlorid ist Dichlorethen erfolgreich, während die unpolaren Alkane nicht als Lösungsmittel geeignet sind.

Eine Molekülkette wird durch angreifende Flüssigkeitsmoleküle umso schwerer aus dem Molekülverband gelöst, je stärker die Kräfte zwischen den nebeneinander liegenden Ketten und je länger die Ketten sind. Die Kräfte, die das flüssige Medium auf die Molekülketten ausübt, müssen deshalb so groß sein, dass sie die zwischen den Ketten wirkenden Kräfte überwinden können. Vermag die sich um das Kettenmolekül bildende Solvatschicht die Rückassoziation bereits gelöster Verbindungsstellen zu verhindern, so werden die Ketten völlig getrennt und gleichzeitig über den zur Verfügung stehenden Flüssigkeitsraum verteilt. Sie lösen sich in der Flüssigkeit auf, bleiben aber als Makromoleküle bestehen. Sind jedoch die Kräfte zwischen den Polymerketten größer als die zwischen Polymer- und Flüssigkeitsmolekülen, so bleibt der Vorgang auf eine Quellung beschränkt. Das Gleiche ist der Fall, wenn die Wechselwirkungen innerhalb des flüssigen Mediums stärker als die zwischen Flüssigkeit und Polymeren sind.

In den Polyamiden z.B. bestehen starke zwischenmolekulare Kräfte infolge der Ausbildung von Wasserstoffbrückenbindungen der CO- und NH-Gruppen sowie schwächer wirkende Dispersionskräfte zwischen den paraffinischen Kettenabschnitten. Polyamide werden deshalb von solchen Stoffen gelöst, die ebenfalls Wasserstoffbrückenbindungen (oder Ionenbindungen durch Anlagerung von Wasserstoffionen) bilden und damit die CO$\cdots$NH-Brücken öffnen können. Das Wasser erfüllt zwar prinzipiell diese Voraussetzungen. Es ist aber durch eigene zwischenmolekulare Kräfte so stark assoziiert, dass der Angriff auf eine Quellung beschränkt bleibt.

Bei der Quellung vermindert sich gemäß Gl. (3.9) die freie Enthalpie G des Systems Polymer–Flüssigkeit stets, indem sich die innere Energie U (Einfluss zwischenmolekularer Wechselwirkungen), das Volumen des Systems V (Zunahme des Volumens des Polymeren, Abnahme des Volumens des flüssigen Mediums) und die Entropie S (als Maß des Ordnungszustandes) ändern. Aufgrund der Abnahme der Ordnung nimmt S bei Thermoplasten zu. Bei Elastomeren kann S wegen Verbesserung der Ordnung der Kettenabschnitte zwischen den Vernetzungsstellen abnehmen.

Solange $\Delta G < 0$, d. h. $T\Delta S > \Delta H$ ist ($\Delta H = \Delta U + p\,\Delta V$), findet spontan starke und immer weiter fortschreitende (unbegrenzte) Quellung statt. Stark negativ wird ΔG dann, wenn bei großer Änderung der Entropie $\Delta H \approx 0$ bleibt. Wird dagegen $\Delta G = 0$, d. h. $T\Delta S = \Delta H$, dann stellt sich ein Gleichgewicht zwischen dem gequollenen Polymeren und der Flüssigkeit, in der ggf. einzelne Molekülfäden gelöst sein können, ein.

Theoretische Überlegungen (beispielsweise von *W. Holzmüller* und *K. Altenburg* oder in [8.14]) haben ergeben, dass ΔH wesentlich von den Unterschieden der *Kohäsionsenergiedichten* des Polymeren e_H und des flüssigen Mediums e_L als Maß der bestehenden zwischenmolekularen Wechselwirkungen abhängt. Unterscheiden sich beide Werte kaum ($e_H \approx e_L$, woraus $\Delta H \approx 0$ folgt), dann tritt unbegrenzte Quellung ein. Weichen beide Werte erheblich voneinander ab, erscheint eine Quellung unwahrscheinlich. Bei Kenntnis der Kohäsionsenergiedichten verschiedener Polymerer und Flüssigkeiten lassen sich also Vorhersagen über das zu erwartende Verhalten eines Systems treffen, die auch auf Flüssigkeitsgemische aus zwei und mehr Komponenten erweitert werden können.

Vielfach hat die Quellung gleichzeitig eine Weichmachung des Polymeren zur Folge. Die eindringenden Flüssigkeitsmoleküle schwächen die zwischenmolekularen Wechselwirkungen, der Abstand und die Beweglichkeit der Makromoleküle zueinander vergrößern sich. Einfriertemperatur und Elastizitätsmodul fallen ab, während die Verformbarkeit wächst. Der gequollene Werkstoff erweicht. Meistens sind solche Veränderungen unerwünscht.

In einigen Fällen können die zur Quellung führenden Flüssigkeiten aber auch eine Versprödung des Polymeren durch das Herauslösen von Weichmachern verursachen, z. B. des Dioctylphthalats (DOP) beim Weich-PVC oder des Kampfers beim Cellulosenitrat (CN). Daraus hergestellte Teile werden dadurch geschädigt und gegebenenfalls funktionsunfähig.

8.3.2
Schädigung durch chemische Reaktionen

Der Quellung folgen häufig chemische Reaktionen zwischen Fremdmolekülen und dem Polymeren bzw. Zusatzstoffen. In Wasser und wässrigen Medien, vor allem bei hohen Wasserstoff- oder Hydroxidionenkonzentrationen, wie sie beispielsweise anorganische Säuren bzw. Basen haben, erleiden Polymere mit bestimmten funktionellen Gruppen (Amide, Ester, Nitrile) eine Hydrolyse. Sitzen diese Gruppen als Substituenten an der Kette, so wird bei der chemischen Reaktion die Molmasse nicht wesentlich verändert. Sind sie aber Bestandteil der Hauptkette, so bewirkt die Hydrolyse über einen Kettenabbau, dass sich die Eigenschaften stark verändern. Bei Polyamiden erfolgt die Hydrolyse nach dem Schema

$$\underset{\underset{H}{|}}{\underset{\|}{R^1-C-N-R^2}} + H_2O \longrightarrow \underset{\underset{}{O}}{\underset{\|}{R^1-C-OH}} + \underset{\underset{H}{|}}{H-N-R^2} \qquad (8.47)$$

(R^1, R^2 Molekülrest als Kurzzeichen der Polymerkette); wegen der Wasserstoffbrückenbindung zwischen den Makromolekülen treten Hydrolyseerscheinungen mit H_2O aber erst bei hohen Temperaturen ein (oberhalb 180 °C).

Organische Säuren wie Mono-, Di- oder Polycarbonsäuren, reagieren entsprechend dem einfachen Hydrolyseschema über Umamidisierung.

$$R^1-\underset{\underset{H}{|}}{\overset{\overset{O}{\|}}{C}}-N-R^2 + R^3-C\overset{O}{\underset{OH}{\diagdown}} \longrightarrow R^1-\overset{\overset{O}{\|}}{C}-OH + R^3CO-\underset{\underset{H}{|}}{N}-R^2 \qquad (8.48)$$

(R^3 organischer Rest, z. B. $-CH_3$ oder H–)

Oxidierende Säuren und Basen können ebenfalls zu chemischen Reaktionen führen, die oft in Form von Hydrolyse ablaufen.

An der Atmosphäre, bei der Bewitterung, überlagern sich chemische, photochemische und thermische Prozesse. Chemische Reaktionen in Verbindung mit Quellung führen zu einer Verschlechterung der mechanischen Eigenschaften. Harte Polymere verspröden meist und Elastomere verhärten. Dies wirkt sich besonders negativ bei Folien und Fäden aus, deren große spezifische Oberfläche eine Schädigung begünstigt.

Die in Polymerwerkstoffen enthaltenen *Hilfsstoffe* und *Füllstoffe* können gleichfalls Veränderungen erleiden. Sie können durch aggressive Medien auch völlig zerstört werden. Die Schädigung dieser Stoffe bedeutet stets eine Verschlechterung der Eigenschaften des Werkstoffs. Unter Umständen können dadurch auch Abbauprozesse der Makromoleküle katalytisch beeinflusst werden. Da es sich bei den Hilfs- und Füllstoffen um chemisch außerordentlich unterschiedliche Stoffe handelt, ist eine Verallgemeinerung der ablaufenden Reaktionen nicht möglich.

8.3.3
Spannungsrisskorrosion von Polymeren

Diese bereits bei Metallen besprochene Korrosionsart ist auch bei Polymerwerkstoffen anzutreffen. Wie bereits in Abschnitt 8.1.7 erörtert, sind auch bei ihnen die Anwesenheit eines spezifisch wirksamen Mediums sowie innere und/oder äußere Zugspannungen zu ihrer Auslösung erforderlich. Meist genügt die Anwesenheit von Feuchtigkeit. In einer Reihe von Fällen müssen jedoch oberflächenaktive Medien vorhanden sein. Die vermutlich durch Herauslösen von niedermolekularen Bestandteilen oder Verunreinigungen sowie durch Quellen (Solvatation) verursachten Gleitvorgänge führen in den unter Spannung stehenden Zonen zur Rissbildung (Crazes). Temperaturerhöhung beschleunigt diesen Prozess [8.17]. Durch die Benetzung der Oberfläche wird an den Schwachstellen die Kerbspannung erhöht und als Folge davon die zum Bruch erforderliche Spannung erniedrigt. Außerdem diffundiert das benetzende oder quellende Medium in das Innere, wodurch der Zusammenhalt der Kettenmoleküle gelockert, die Bildung und Erweiterung der Risse gefördert und die Risswachstumsgeschwindigkeit erhöht wird. Bei teilkristallinen Thermoplasten können durch den im amorphen und kristallinen Bereich unterschiedlichen Quellgrad Eigenspannungen entstehen, die gleichfalls die Rissbildung begünstigen. Auch hochkristalline, relativ kurzkettige Polymere, wie niedermolekulares Polyethylen, können spannungsrissanfällig sein.

Sofern die Quellung im Polymerwerkstoff einen Weichmachereffekt verursacht (s. Abschn. 8.3.1), kann bei kleinen mechanischen Spannungen die Rissbildung manchmal wieder zum Stillstand kommen, da infolge der Erniedrigung der Einfriertemperatur die Spannungen durch Relaxationsprozesse der Makromoleküle abgebaut werden. Vernetzte Polymere zeigen wegen der größeren Stabilität gegenüber Quellung nur geringe oder überhaupt keine Spannungsrissanfälligkeit.

Die Spannungsrisskorrosion spielt eine große Rolle bei Behältern, Auskleidungen, Rohren, Kabeln und ähnlichen Erzeugnissen, die unter Zugspannung stehen und mit oberflächenaktiven Medien in Berührung kommen.

Alle Maßnahmen, die zu einer Verbesserung der Beweglichkeit der Molekülketten führen, vermindern die Spannungsrisskorrosion: innere und äußere Weichmachung und Anwendung oberhalb der Einfriertemperatur (also im Zustand der unterkühlten Schmelze) sowie eine zusätzliche Vernetzung in thermoplastischen Werkstoffen.

8.4
Korrosion in Schmelzen

Oxid- und Salzschmelzen werden technisch als Wärmespeicher oder -träger genutzt. Sie sind außerdem Bestandteil unerwünschter Ablagerungen von Verbrennungsgasen und können erhebliche Schädigungen an Metallen und feuerfesten silicattechnischen Werkstoffen hervorrufen. Auch Glasflüsse und Schlackeschmelzen können das Behältermaterial angreifen. Metallschmelzen führen bei metallischen Behältermaterialien über Legierungsbildung zu einem unerwünschten Abtrag, der im Folgenden jedoch nicht behandelt werden soll.

Oxid- und Salzschmelzen sind ionenleitende Medien, sodass in ihnen elektrochemische Reaktionen ablaufen können [8.19]. An Metallen sind anodische Auflösung und katodische Reduktion eines Oxidationsmittels zu erwarten. Alkali- und Erdalkalichloride sowie Nitrat-, Sulfat- und Carbonatschmelzen sind weitgehend in Ionen dissoziiert und haben demzufolge eine hohe elektrische Leitfähigkeit. Bei sauerstoffhaltigen Anionen spielt der saure oder basische Charakter der Verbindung eine wesentliche Rolle.

Abweichend von den in wässrigen Lösungen bestehenden und durch den pH-Wert charakterisierten Verhältnissen sind hier Basen definiert als Stoffe, die Sauerstoffionen abgeben (O^{2-}-Donatoren), und Säuren sind Stoffe, die O^{2-} aufnehmen. Nach dem Schema

$$\text{Base} \rightarrow \text{Säure} + O^{2-} \tag{8.49}$$

haben Carbonat- und Sulfationen Basencharakter, während CO_2 und SO_3 als Säuren anzusehen sind:

$$CO_3^{2-} \rightarrow CO_2 + O^{2-} \tag{8.50}$$

$$SO_4^{2-} \rightarrow SO_3 + O^{2-} \tag{8.51}$$

In einigen Schmelzen wie denen von MoO_3 oder V_2O_5 und anderen Vanadiumoxiden bzw. Salzen, d.h. bei Ionen mit leicht erfolgendem Wertigkeitswechsel, kann neben der Ionenleitung auch noch Elektronenleitfähigkeit auftreten. Dann können die katodischen Reduktionsvorgänge nicht nur an Metalloberflächen (Behälterwänden), sondern auch im Medium oder an der Grenzfläche Medium–Gasphase erfolgen, was über die damit verbundene Stimulation des katodischen Teilprozesses zu einer erheblichen Verstärkung der Korrosion führt.

Auch in Schmelzen kann die Korrosion großflächiger metallischer Bauteile durch *Korrosionselemente* verstärkt werden, die sich infolge örtlicher Konzentrationsunterschiede in der Schmelze bilden. Solche Konzentrationsunterschiede entstehen durch Konvektion infolge von Temperatur- und Dichteunterschieden sowie durch Diffusions- und Strömungsvorgänge. Die damit verbundenen vor- und nachgelagerten Transportprozesse werden umso mehr begünstigt, je geringer die Viskosität der Schmelze ist. Salzschmelzen zeichnen sich durch eine niedrige Viskosität aus, während Schmelzen mit polymeren Anionen, wie z.B. Silicate, eine hohe Viskosität aufweisen (s.a. Abschn. 3.2.1). Kleine Grenzflächenspannungen Schmelze–Werkstoff erleichtern die Adsorption und Benetzung.

Insbesondere bei feuerfesten Werkstoffen wird die Korrosion durch eine stark porige, d.h. große Oberfläche beschleunigt und ist außerdem von der Korngröße des Materials abhängig. Analog den Spaltkorrosionserscheinungen in wässriger Lösung (Bild 8.2) treten auch in Schmelzen häufig besonders starke Schädigungen an der 3-Phasen-Grenze Werkstoff–Schmelze–Gasphase auf. Ein Beispiel dafür ist die *Spülkantenkorrosion* der feuerfesten Baustoffe, die hauptsächlich auf eine besonders intensive Grenzflächenkonvektion der Schmelze zurückgeführt wird. Bei starker Bewegung der Schmelze ist *Erosionskorrosion* als alleinige oder zusätzliche Ursache von Werkstoffschäden in Betracht zu ziehen.

8.4.1
Korrosion von Metallen in durch Ablagerungen gebildeten Schmelzen

In Rauchgasen enthaltene Alkalisulfate verursachen häufig Korrosionsschäden in Kesselanlagen, Gasturbinen und Müllverbrennungsanlagen. Alkaliverbindungen verdampfen bei hohen Flammentemperaturen und kondensieren an kälteren Apparateteilen. Sie werden durch Reaktion mit SO_3, das neben SO_2 aus dem in allen fossilen Brennstoffen enthaltenen Schwefel durch Verbrennung entsteht, zu Alkalisulfaten umgesetzt. Letztere reichern sich in den aus Flugasche und anderen mitgerissenen Bestandteilen gebildeten Ablagerungen infolge des von der Rauchgasseite zum Metall hin bestehenden Temperaturgefälles auf der Werkstoffoberfläche an. Die Ablagerungen werden meist erst bei höheren Schwefeltrioxidgehalten aggressiv, die bei Anwesenheit von Eisen- und Vanadiumoxiden entstehen, weil diese die SO_3-Bildung katalysieren. Durch Reaktion von Metalloxiden mit SO_3 entstehen einfache oder unter Einbeziehung von Alkalisulfaten auch komplexe Sulfate:

$$Fe_2O_3 + 3\,K_2SO_4 + 3\,SO_3 \rightarrow 2\,K_3Fe(SO_4)_3 \qquad (8.52)$$

Es bilden sich niedrigschmelzende Eutektika und damit schmelzflüssige Phasen. Das Eutektikum aus K_2SO_4 und $K_3Fe(SO_4)_3$ schmilzt z. B. bei 627 °C. Etwa parallel dazu steigt die Korrosionsgeschwindigkeit stark an. Im Fall von Stählen lässt sich die Korrosionsbeständigkeit durch Legieren mit Chrom und Silicium verbessern, da deren Oxide keine komplexen Sulfate bilden. Auch bei Abwesenheit von SO_3 kann der Werkstoff unter schmelzflüssigen Ablagerungen korrodieren, wenn durch die Einwirkung von Sauerstoffionen auf Chrom-, Nickel- oder Aluminiumoxid, wie z. B. gemäß

$$Al_2O_3 + O^{2-} \rightarrow 2\,AlO_2^{-} \qquad (8.53)$$

die schützende Oxidschicht zerstört wird.

Die Untersuchung der Korrosion von Chromstählen in Alkalisulfatschmelzen hat gezeigt, dass Parallelen zum Korrosionsverhalten in wässrigen Lösungen bestehen. So existiert bei niedrigen Potenzialen ein Bereich mit Schutzschichtbildung und passivitätsähnlichem Verhalten, während die Korrosionsverluste oberhalb eines bestimmten kritischen Potenzials, des Durchbruchspotenzials, stark ansteigen (Bild 8.37). Der Passivbereich wird mit steigendem Cr-Gehalt des Stahls erweitert, durch zunehmende SO_3- und K_2SO_4-Gehalte der Schmelze jedoch verengt.

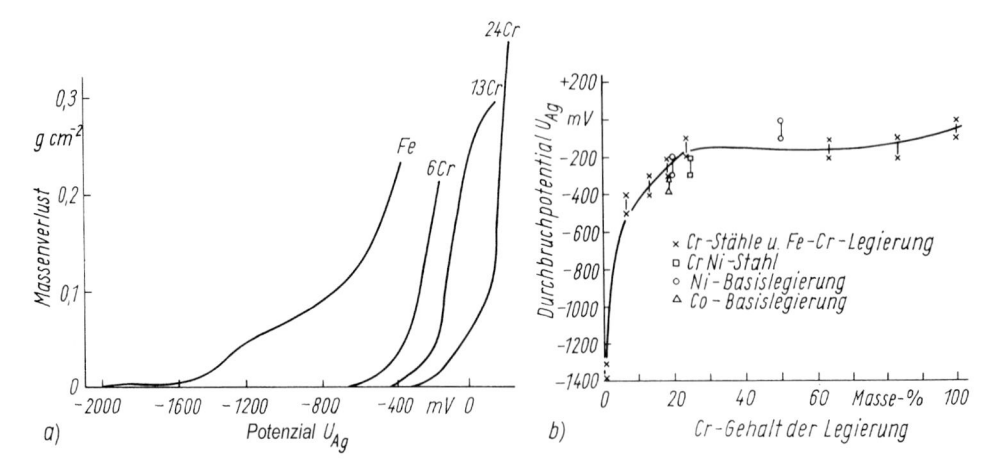

Bild 8.37 Korrosion von Eisen und Chromstählen in Alkalisulfatschmelzen (nach *Rahmel* und *Schwenk*). Eutektische Schmelze aus K_2SO_4 und Na_2SO_4, 625 °C; potenziostatische Halteversuche 15 h; U_{Ag} Potenziale, bezogen auf die Silber-Silberchlorid-Bezugselektrode.
a) Flächenbezogener Masseverlust in Abhängigkeit vom Potenzial;
b) Einfluss des Chromgehaltes der Legierung auf das Durchbruchspotenzial

Schäden durch Vanadiumverbindungen treten besonders bei der Verbrennung von Heizölen auf. Heizöle haben zwar einen wesentlich geringeren Aschegehalt als Kohle, aber es entstehen trotzdem Ablagerungen z. B. an Wärmeaustauschflächen. Die in den Ablagerungen enthaltenen Vanadiumoxide und -verbindungen schmelzen bei Temperaturen unter 650 °C. Durch andere Oxide, besonders Na_2O, wird der Schmelzpunkt weiter erniedrigt und die Korrosionsgeschwindigkeit stark erhöht. Für den Ablauf der Korrosion wird neben der Auflösung der Schutzschicht durch die Schmelze auch eine teilweise Umwandlung der Oxide in weniger gut schützende Verbindungen angenommen. Außerdem wird die katodische Sauerstoffreduktion in der Schmelze nach

$$\frac{1}{2} O_2 + 2\,e \rightarrow O^{2-} \tag{8.54}$$

durch Vanadiumoxide katalysiert, was wegen der elektronischen Teilleitfähigkeit der Schmelze (s. o.) den Angriff auf das Metall an deckschichtfreien Bereichen verstärkt.

Bei der Verbrennung „klopffester", bleitetraethylhaltiger Kraftstoffe entstehen bleihaltige Ablagerungen. Die dadurch hauptsächlich an Auslassventilen von Kraftfahrzeug- und Flugzeugmotoren auftretenden Korrosionserscheinungen sind den durch Vanadiumoxiden hervorgerufenen sehr ähnlich, da auch hier die Korrosion nach der Bildung niedrigschmelzender Eutektika stark zunimmt.

In Verbindung mit der Verbrennung von Müll oder fossilen Brennstoffen entstehen chloridhaltige Ablagerungen. Chloride führen zur Ausbildung poröser Deckschichten und bei manchen Fe–Cr-Legierungen zu einem selektiven Angriff entlang den Korngrenzen. Auch die gelegentlich in der Technik verwendeten Chloridschmelzen greifen Stähle sehr stark an.

Werden schützende Deckschichten infolge des Auftretens schmelzflüssiger Phasen teilweise oder völlig zerstört, dann kann es in sauerstoffhaltigen Gasen zur so genannten *katastrophalen Oxidation* kommen, deren Verlauf meist einem linearen Zeitgesetz (Abschn. 8.5) gehorcht. Das ist auch der Grund, weshalb eine Reihe hitzebeständiger Stähle oberhalb 650 °C unter derartigen Bedingungen nicht mehr einsetzbar ist.

8.4.2
Korrosion feuerfester Baustoffe in Schmelzen

Die zu den silicattechnischen Werkstoffen gehörenden feuerfesten Baustoffe werden in den Hochtemperaturprozessen der Metallurgie, der Verbrennung, der Kerntechnik und der Silicatindustrie eingesetzt. Während sie mit metallischen Schmelzen im Allgemeinen nicht reagieren, findet in Salz-, Schlacken- und Glasschmelzen eine Korrosion statt, die auch als *Verschlackung* bezeichnet wird. Sie kann als Auflösung des festen Werkstoffs in der Schmelze oder durch chemische bzw. elektrochemische Reaktion mit nachfolgender Auflösung der Reaktionsprodukte erfolgen. In Einzelfällen, wie der Korrosion von Schamotte durch Silicatschmelzen, in deren Verlauf sich die beständige Verbindung Mullit $3\,Al_2O_3 \cdot 2\,SiO_2$ bildet, wird der weitere Angriff durch den Schutzschichtcharakter der Korrosionsprodukte gehemmt.

Eine Vorstufe der Korrosion ist bereits das Eindringen der Schmelze in die Poren des Werkstoffs (Tränkung), das eigenschaftsändernd wirken und die nachfolgenden Korrosionsvorgänge erleichtern kann. Bei mehrphasigen Werkstoffen geschieht der Angriff gewöhnlich selektiv, wobei – analog zu den Metallen – Korngrenzen bevorzugt werden. Auch eingelagerte Glasphasen oder die Mörtelfugen zwischen den feuerfesten Steinen können die Ablösung von Körnern und ganzen Oberflächenbereichen begünstigen.

Für die Auflösung von Komponenten des feuerfesten Materials gilt das Zustandsdiagramm des entsprechenden Mehrstoffsystems. Sie ist bis zur Sättigung der Schmelze mit der jeweiligen Komponente möglich, d. h. bis zum Erreichen des Subliquidusbereiches.

Über die elektrochemischen Vorgänge bei der Korrosion silicattechnischer Werkstoffe in Schmelzen lassen sich zurzeit noch keine allgemein gültigen Aussagen machen.

8.5
Korrosion der Metalle in heißen Gasen

Die Beständigkeit der metallischen Werkstoffe wird bei hohen Temperaturen häufig durch Reaktionen mit Gasen (Sauerstoff und anderen Nichtmetallen bzw. deren Verbindungen) beeinträchtigt. Die Reaktion mit Sauerstoff ist als *Verzunderung* und das gebildete feste Korrosionsprodukt als *Zunder* bekannt. Die Verzunderung hat vor allem in Verbindung mit Stählen, die dem Sauerstoff, der Luft oder technischen Gasgemischen mit Wasserdampf oder Kohlendioxid ausgesetzt sind, größere technische Bedeutung.

Wie eingangs dieses Kapitels bereits erörtert, ist eine Oxidation dann gegeben, wenn der Sauerstoffpartialdruck an der Phasengrenze Metall–Gas größer als der Gleichgewichtsdruck ist. Über die Adsorption, Dissoziation und Ionisierung von Sauerstoffmolekülen und die gleichzeitige Bereitstellung von Metallionen und Elektronen bildet sich auf der Oberfläche des Metalls eine oxidische Erstbedeckung, die häufig mit dem Metall epitaktisch verwachsen ist (Abschn. 3.3, Tab. 3.3) und die die Reaktionspartner räumlich voneinander trennt.

Für den Fortgang und die Geschwindigkeit der Korrosion (d. h. des Schichtwachstums) sind folgende Teilschritte wesentlich (s. a. Abschn. 7.1.3):

– Reaktion an der Grenzfläche Me–Oxid. Dabei treten Me-Ionen und Elektronen aus dem Gitter des Metalls in das Oxidgitter über.
– Diffusion von Me-Ionen und Elektronen durch die Oxidschicht.
– Reaktion an der Grenzfläche Oxid–Gas. Nach Dissoziation von O_2 und Ionisation werden Sauerstoffionen in das Oxidgitter eingebaut.
– Antransport von Sauerstoff durch die Oxidphase an die Metalloberfläche

Für die Verbesserung der Oxidationsbeständigkeit eines Werkstoffs ist es von Bedeutung zu wissen, welcher der Teilschritte am stärksten gehemmt und damit geschwindigkeitsbestimmend ist. Dies kann aus dem Zeitgesetz der Oxidation und aus der Abhängigkeit der *Zunderkonstante* von den Oxidationsbedingungen (T, p_{O_2}, Strömungsgeschwindigkeit) ermittelt werden.

Bei niedrigeren Temperaturen (200 bis 400 °C) fällt die anfänglich hohe Reaktionsgeschwindigkeit meist schnell auf sehr kleine Werte ab, und das Wachstum der Schichtdicke y mit der Zeit t kann häufig durch ein *logarithmisches Zeitgesetz* beschrieben werden:

$$y = k' \ln\left(\frac{t}{\text{konst.}} + 1\right) \tag{8.55}$$

(k' Konstante). Die so entstandenen und wegen ihrer geringen Dicke (< 0,1 µm) als *Anlaufschichten* bezeichneten Bedeckungen stellen im Allgemeinen keine wesentliche Schädigung des Werkstoffs dar.

Bei höheren Temperaturen entstehen dickere Schichten, die meist nach einem *parabolischen Zeitgesetz* wachsen. Dabei ist die zeitliche Dickenzunahme der schon vorhandenen Schichtdicke umgekehrt proportional:

$$dy/dt = k''/y \tag{8.56}$$

Für $y_{(t=0)} = 0$ folgt durch Integration

$$y^2 = 2k''t \tag{8.57}$$

mit der parabolischen Zunderkonstanten k''. Das parabolische Gesetz tritt bei porenfreien Deckschichten auf, wenn die Diffusionsgeschwindigkeit der Ionen und Elektronen in der Zunderschicht geschwindigkeitsbestimmend ist (s.a. Abschn. 7.1.3). Ist die Bedeckung durch die Oxidschicht infolge von Poren- und Rissbildung unvollständig – das betrifft meist bereits dickere Zunderschichten –, dann kann schließlich die Reaktion an der Phasengrenze Metall–Gas oder der Antransport des Sauerstoffs geschwindigkeitsbestimmend werden. In diesem Fall wird ein *lineares Zeitgesetz* beobachtet:

$$y - y_0 = k'''t \tag{8.58}$$

y_0 ist die Schichtdicke bei t_0, d.h. dem Zeitpunkt des Gültigkeitsbeginns der Gl. (8.58), und k''' die lineare Zunderkonstante.

8.5.1
Oxidation (Zundern) von Eisen

Bei Metallen mit verschiedenen Wertigkeitsstufen setzt sich der Zunder im Allgemeinen schichtenförmig aus Oxiden zusammen, in denen die Wertigkeit des Metalls von der Metall- zur Gasphase hin zunimmt. Auf Eisen entsteht bei Temperaturen über 570 °C in Sauerstoff oder Luft ein Zunder mit der Schichtenfolge Fe–FeO–Fe_3O_4–Fe_2O_3–O_2. Dabei beträgt der Anteil des *Wüstits* (FeO) fast 90 %, während auf den Magnetit (Fe$_3$O$_4$) 7 bis 10 % und auf die *Hämatit*schicht (Fe$_2$O$_3$) nur etwa 1 bis 3 % entfallen. Bei langsamer Abkühlung unter 570 °C zerfällt der Wüstit nach

$$4\,\text{FeO} \rightarrow \text{Fe}_3\text{O}_4 + \text{Fe} \tag{8.59}$$

in Eisen und Magnetit. Wegen der unterschiedlichen Dichte und der im Vergleich zu FeO geringeren „Fließfähigkeit" des Fe$_3$O$_4$ sind die so entstandenen Schichten spröde und mikrorissig. Durch rasche Abkühlung, wie sie z. B. beim Warmwalzen von Blechen vorliegt, kann die Umwandlung jedoch unterdrückt werden und der Zunder haften bleiben (Klebzunder). Die Fe$_2$O$_3$-Bildung wird bei niedrigen Temperaturen durch Hemmung der Keimbildung verzögert.

Über die Transportvorgänge in der oberhalb 570 °C gebildeten Oxidschicht bestehen folgende Vorstellungen (Bild 8.38) [8.2]. An der Phasengrenze I treten ionisierte Eisenatome aus dem Metallgitter in das FeO, das ein nichtstöchiometrischer Ionenkristall mit Metallunterschuss ist, über und besetzen dort die Eisenionenleerstellen V''_{Fe} und die freigesetzten Elektronen die Elektronendefektstellen $h^{\cdot}$:

$$\{\text{Fe}\}_{Fe} + \{V''_{Fe} + 2\,h^{\cdot}\}_{FeO} \rightarrow \{\text{Fe}^x_{Fe}\}_{FeO} \tag{8.60}$$

Dabei stehen die Zeichen »·« für eine positive, »'« für eine negative Überschussladung und »^{x}« für Neutralität gegenüber dem Idealkristall. Die Phasengrenze I wandert infolge der Reaktion (8.60) von rechts nach links, die Eisenionen und Elektronen in entgegengesetzter Richtung (Bild 8.38). Den entsprechenden Konzentrationsgradienten der Leer- und Elektronendefektstellen zeigt Bild 8.38 b.

An der Phasengrenze II entsteht ein Teil der im FeO wandernden Leer- und Elektronendefektstellen nach

$$\{2\,\text{Fe}^x_{Fe}\}_{FeO} + \{V''_{Fe} + V'''_{Fe} + 5\,h^{\cdot}\}_{Fe_3O_4} \rightarrow$$
$$\{2\,V''_{Fe} + 4\,h^{\cdot}\}_{FeO} + \{\text{Fe(II)}^x_{Fe} + \text{Fe(III)}^x_{Fe}\}_{Fe_3O_4} \tag{8.61}$$

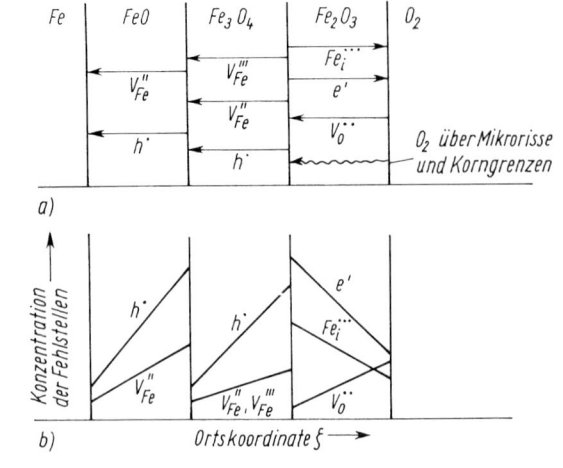

Bild 8.38 Transportvorgänge bei der Oxidation von Eisen in Sauerstoff (nach *Rahmel* und *Schwenk*). a) Transportvorgänge; b) Konzentration der Fehlstellen

durch den Übertritt von Fe-Ionen und Elektronen aus dem FeO- in das Fe_3O_4-Gitter. Daneben erfolgt die FeO-Bildung durch Phasenumwandlung nach

$$Fe_3O_4 \rightarrow 4\,FeO + \{V''_{Fe} + 2\,h^\cdot\}_{FeO} \tag{8.62}$$

In der Fe_3O_4-Schicht wandern Fe-II- und Fe-III-Ionenleerstellen und Elektronendefektstellen. Die an der Phasengrenze II vernichteten V''_{Fe}, V'''_{Fe} und $h^\cdot$ im Fe_3O_4 werden durch Reduktion an der Phasengrenze III Fe_3O_4–Fe_2O_3 neu gemäß

$$12\,Fe_2O_3 \rightarrow 9\,Fe_3O_4 + \{V''_{Fe} + 2\,V'''_{Fe} + 8\,h^\cdot\}_{Fe_3O_4} \tag{8.63}$$

erzeugt.

Während die Wüstit- und die Magnetitschicht ausschließlich über eine nach außen gerichtete Wanderung von Eisenionen und Elektronen wächst, wird für die Fe_2O_3-Schicht wegen der etwa gleich großen Diffusionskoeffizienten für Eisen und Sauerstoff eine nach innen gerichtete Wanderung von Sauerstoffionen über $V_Ö^{\cdot\cdot}$ neben der von Fe-III-Ionen nach außen angenommen. Es wird weiter vermutet, dass zusätzlich zur Diffusion der Ionen über Punktdefekte noch molekularer Sauerstoff über Mikrorisse, Korngrenzen oder Versetzungen eindiffundiert, sodass Fe_2O_3 sowohl an der Phasengrenze IV gemäß

$$\{2\,Fe^{\cdot\cdot\cdot} + 6\,e\}_{Fe_2O_3} + \tfrac{3}{2}O_2 \rightarrow Fe_2O_3 \tag{8.64}$$

als auch an der Grenze III infolge Sauerstoffionenwanderung entsteht:

$$2\,Fe_3O_4 \rightarrow 3\,Fe_2O_3 + \{V_Ö^{\cdot\cdot} + 2\,e\}_{Fe_2O_3} \tag{8.65}$$

Die Vernichtung der Sauerstoffionenleerstellen geschieht an der Phasengrenze IV nach

$$\{\tfrac{1}{2}O_2 + V_Ö^{\cdot\cdot} + 2\,e\}_{Fe_2O_3} \rightarrow \{O_O^x\}_{Fe_2O_3} \tag{8.66}$$

Über das Einwandern von molekularem Sauerstoff und die Reaktion mit Fe_3O_4 ist außerdem noch eine Fe_2O_3-Bildung an der Phasengrenze III möglich:

$$2\,Fe_3O_4 + \tfrac{1}{2}O_2 \rightarrow 3\,Fe_2O_3 \tag{8.67}$$

8.5.2
Oxidation von Legierungen

Die bei der Oxidation von Legierungen entstehenden Zunderschichten können sich von denen des Eisens hinsichtlich Aufbau und Eigenschaften der Oxide, d. h. Gittertyp, Fehlordnungsstruktur und Transporteigenschaften, maßgeblich unterscheiden.

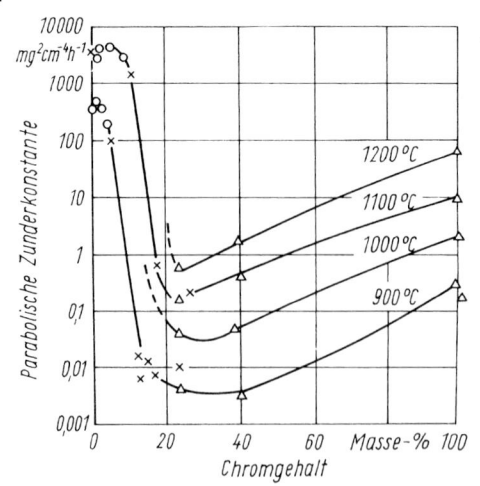

Bild 8.39 Einfluss des Cr-Gehaltes und der Temperatur auf die parabolische Zunderkonstante von Eisen-Chrom-Legierungen in reinem Sauerstoff mit $p_{O_2} = 0{,}1$ MPa (nach *Rahmel* und *Schwenk*)

Von technisch hervorragender Bedeutung ist die Herabsetzung der Oxidationsgeschwindigkeit des Eisens durch die Legierungselemente Cr, Al und Si. Die Zunderbeständigkeit hochlegierter Stähle wird in entscheidendem Maße von ihrem Cr-Gehalt bestimmt. Bei 25 bis 30 % Cr weist die *Zunderkonstante* ein Minimum auf (Bild 8.39), was auf die verschlechterten Transporteigenschaften der in diesem Konzentrationsbereich existierenden festen Lösung aus Fe_2O_3 und Cr_2O_3 zurückzuführen ist. Aluminiumzusätze bewirken eine weitere Verringerung der Zundergeschwindigkeit, besonders wenn eine zusammenhängende Al_2O_3-Schicht entstehen kann, was bei Heizleiterlegierungen mit 25 % Cr und 5 % Al oberhalb 900 °C der Fall ist. Si wirkt sich durch die Bildung eines SiO_2-Films zwischen Legierung und Cr_2O_3-Schicht bereits bei geringen Gehalten günstig aus.

Bei hochlegierten Cr- und CrNi-Stählen bildet sich bei nicht zu hohen Temperaturen eine Cr_2O_3-reiche Deckschicht aus (Typ A in Bild 8.40). Die Oxidationsgeschwindigkeit ist in diesem Temperaturgebiet gering. Oberhalb eines bestimmten, vom Cr-Gehalt des Stahls und der Temperatur abhängigen Bereichs entstehen Wüstit- und Fe–Cr-spinellhaltige Oxide (Typ B), und die damit verbundene Oxidationsgeschwindigkeit ist hoch. Für den technischen Einsatz der Stähle ist deshalb die obere Temperaturgrenze des Typs A wichtig.

8.5.3
Schädigung von Stahl durch Druckwasserstoff

In Syntheseanlagen, die mit *Druckwasserstoff* arbeiten, wie solche für die Ammoniaksynthese, können infolge einer Entkohlung Schäden größeren Ausmaßes auftreten. Oberhalb 200 °C wird der durch thermische Dissoziation entstandene atomare Wasserstoff im Stahl gelöst, wo er mit dem Eisencarbid reagiert und Methan bildet:

$$Fe_3C + 4\,H_{(Fe)} \rightarrow CH_4 \tag{8.68}$$

Bild 8.40 Einfluss der Temperatur und des Cr-Gehaltes technischer Chromstähle auf die Zusammensetzung des Zunders (nach *Rahmel* und *Schwenk*).
Typ A, gute, Typ B schlechte Schutzwirkung.
Die Kurven kennzeichnen den Temperaturbereich des Übergangs A → B nach 10 bis 20 h Glühdauer an Luft

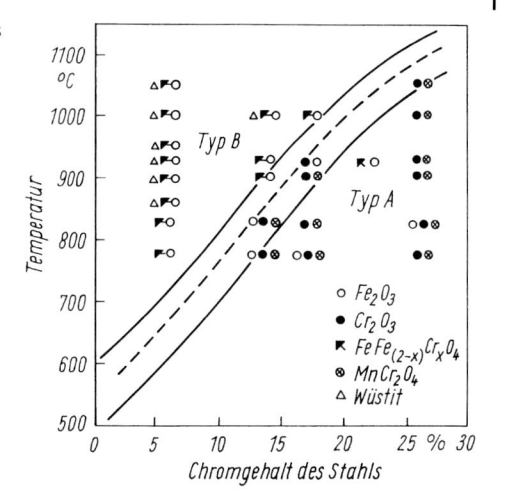

das nicht entweichen kann und unter hohem Druck steht. Die mechanischen Eigenschaften des Stahls werden auf diese Weise durch Entkohlung und Versprödung verschlechtert, sodass an Einschlüssen, Korngrenzen u. Ä. auftretende Materialtrennungen zum Ausgangspunkt für Sprödbrüche werden können. Durch Zulegieren von Elementen wie Chrom, Molybdän, Wolfram und Vanadin, deren Affinität zum Kohlenstoff größer als die des Eisens ist und die deshalb unter den genannten Bedingungen stabile Carbide bilden, lässt sich die Beständigkeit gegenüber Druckwasserstoff verbessern. Außerdem können austenitische CrNi-Stähle für alle üblichen Hochdruckverfahren eingesetzt werden, da ihr Kohlenstoffgehalt sehr niedrig ist ($\leq 0{,}1\%$ C).

8.5.4
Aufkohlung und Metal Dusting

In Anlagen der chemischen und der petrolchemischen Industrie kommen Werkstoffe bei erhöhten Betriebstemperaturen vielfach in Kontakt mit aufkohlend wirkenden Gasen, die z. B. bei der Ethenproduktion durch Cracken von langkettigen Kohlenwasserstoffen entstehen. Im Allgemeinen enthalten die aufkohlend wirkenden Atmosphären CO, CH_4 aber auch CO_2 und H_2O. Während Aufkohlungen als thermochemische Behandlungen zu einer gewünschten Eigenschaftsverbesserung vielfach bei Eisenwerkstoffen genutzt werden, gibt es auch Bedingungen, die zu Werkstoffschädigungen führen. Beispielsweise werden in Fe–Cr–Ni-Legierungen unter C-abgebender Gasatmosphäre Carbidbildungen beobachtet, die je nach C-Gehalt und Zeit zu $Me_{23}C_6$ bzw. Me_7C_3 führen können, wobei die Carbidausscheidungen in das Innere des Werkstoffes fortschreiten. Das zunächst entstandene $Me_{23}C_6$ bildet sich in Me_7C_3 um. Diese innere Carbidbildung verschlechtert besonders die Zähigkeit bei niedrigen Temperaturen. Eine besonders katastrophale Aufkohlung kann ein Werkstoff im mittleren Temperaturbereich (400–600 °C) erfahren, die als

Metal Dusting bezeichnet wird. Dabei wird der Werkstoff in ein feines Pulver aus Metall und Kohlenstoff, gegebenenfalls auch Oxid- und Carbidteilchen, umgewandelt. Der Vorgang beginnt nach schneller Übersättigung des Werkstoffes an Kohlenstoff mit der Bildung des instabilen Carbids Me_3C (Me=Fe, Ni) an der Oberfläche und an den Korngrenzen. Dem folgt die Zersetzung des Carbids nach

$$Me_3C \rightarrow 3\,Me + C \tag{8.69}$$

Die dabei entstehenden feinen Metallpartikel beschleunigen die weitere Kohlenstoffaufnahme katalytisch, sodass voluminöse Kohlenstoffablagerungen auf der Metalloberfläche wachsen. Die losen Ablagerungen können durch den Gasstrom unter Bildung lochfraßähnlicher Vertiefungen entfernt werden [8.20].

8.6
Korrosion feuerfester Werkstoffe in heißen Gasen

Die Beständigkeit von feuerfesten Materialien gegenüber Rauchgasen (Feuerungsabgasen) und reduzierenden Gasen wie Kohlenmonoxid ist von erheblicher technischer Bedeutung. Sie sinkt mit der Porigkeit der Werkstoffe, da das Verhältnis von zugänglicher Oberfläche zum Volumen zunimmt und die gasförmigen Medien leicht in die Poren eindringen können.

Im Temperaturbereich von 400 bis 800 °C kann Kohlenmonoxid Beton und feuerfeste Werkstoffe zerstören, wenn diese freies Eisenoxid Fe_2O_3 enthalten. Das Eisenoxid katalysiert die Disproportionierung von CO unter Entstehung von Kohlenstoff

$$2\,CO \rightarrow CO_2 + C, \tag{8.70}$$

der sich in fester Form in den Poren ablagert und durch seinen Kristallisationsdruck den Werkstoff zersprengt. Der Kohlenstoff kann aber auch durch direkte Reduktion von oxidischen Bestandteilen das Feuerfestmaterial schädigen. Eine solche Reduktion ist möglich, wenn die Änderung der freien Enthalpie der CO-Bildung kleiner als die für die Entstehung des betreffenden Metalloxids ist ($\Delta G_{CO} < \Delta G_{MeOxid}$). Gemäß Bild 8.41 z. B. wird Magnesiumoxid bei 1700 °C reduziert:

$$MgO + C \rightarrow Mg + CO \tag{8.71}$$

Siliciumoxid kann schon ab 1400 °C angegriffen werden. Die Korrosion wird noch dadurch begünstigt, dass die Reaktionsprodukte bei den herrschenden Temperaturen gasförmig sind und schnell abgeführt werden, was einer Verschiebung des Gleichgewichtes der Reaktion (8.71) nach rechts gleichkommt.

Feuerungsgase enthalten häufig dampfförmige Metalle, Metalloxide oder -fluoride, die an den äußeren oder inneren Oberflächen des Werkstoffs kondensieren bzw. sublimieren und dann mit ihm in Wechselwirkung treten. So bildet sich beispielsweise bei Einwirkung von Alkalioxiddämpfen auf Schamotte eine Na_2O-haltige

Bild 8.41 Freie Bildungsenthalpie einiger Oxide aus den Elementen (bezogen auf 1 Mol O_2) in Abhängigkeit von der Temperatur (nach *Babushkin*)

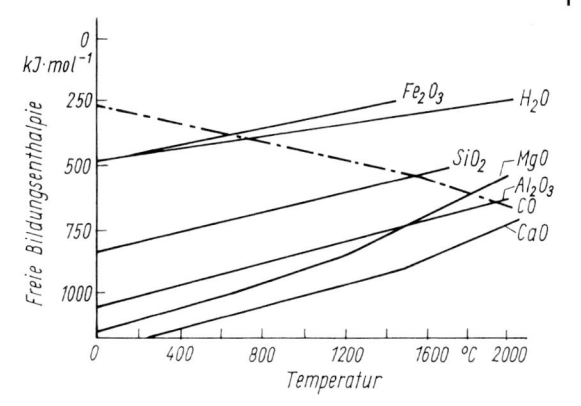

Glasschmelze, die den Werkstoff angreift. Die Umsetzung kann jedoch auch zur Bildung von festem Feldspat führen. Dann besteht infolge der damit verbundenen Volumenzunahme die Gefahr des Zersprengens.

8.7
Korrosionsschutz

Der *Korrosionsschutz* erstreckt sich von der Verringerung der Korrosionsgeschwindigkeit bis hin zur völligen Vermeidung von Korrosionsschäden. Die Wahl geeigneter Korrosionsschutzmaßnahmen richtet sich nach den jeweiligen Ursachen der Korrosion, wie sie im Vorangegangenen erörtert wurden. Dabei spielen ökonomische Erwägungen, d. h., ob dauerhafte oder nur zeitlich begrenzt wirkende Maßnahmen ergriffen werden, eine nicht unwesentliche Rolle [8.22].

Bereits bei der Standortwahl einer Anlage (Feuchtigkeit, benachbarte industrielle Emissionsquelle in Hauptwindrichtung) müssen die Fragen der Korrosion Berücksichtigung finden. Korrosionsschäden lassen sich vermeiden bzw. die Nutzungszeiten der Anlagen verlängern, wenn diese korrosionsschutzgerecht konstruiert werden (glatte Oberflächen, Vermeidung von Mulden und Spalten, z. B. bei lösbaren oder unlösbaren Verbindungen, in denen sich Korrosionsmedien und -produkte anreichern können). Im erweiterten Sinn gehören hierzu auch Betrachtungen, die die Möglichkeit des Auftretens von Belastungs- und Werkstoffzuständen betreffen, die zur Spannungs- und Schwingungsrisskorrosion führen. Außerdem ist in korrosionsgefährdeten Anlagen eine laufende Kontrolle des Werkstoffzustandes und der Zusammensetzung der einwirkenden Medien sowie eine Überwachung der Schutzmaßnahmen geboten.

Überwiegend werden beim Korrosionsschutz Maßnahmen des *passiven Korrosionsschutzes* in Form von Beschichtungen und Überzügen eingesetzt, die eine räumliche Trennung von Werkstoff und Medium bewirken. Ihre Qualität hängt ab von der Beständigkeit der Schichtsubstanz, von ihrer Dichtheit und Haftung auf dem Grundwerkstoff sowie von der Schichtdicke. Maßnahmen des *aktiven Korrosions-*

schutzes bestehen in einer Beeinflussung des Korrosionssystems, wie z. B. dem Legieren von Werkstoffen und dem Zusatz von Inhibitoren zum angreifenden Medium.

8.7.1
Passiver Korrosionsschutz

Für den passiven Korrosionsschutz werden am häufigsten *organische Schichten* eingesetzt, deren Hauptbestandteil neben bituminösen Stoffen Elastomere auf der Basis von Natur- oder modifiziertem Kautschuk sowie Thermomere und Duromere sind. Zur Verarbeitung im flüssigen oder pastösen Zustand für Anstriche oder durch Tauchen, Elektrotauchen sowie mechanisches und elektrostatisches Spritzen werden Lösungs- bzw. Dispergiermittel zugesetzt. Bei der Herstellung dickerer Schichten (einige 100 µm) geht man von Polymerpulvern aus, die auf dem vorher (Wirbelsintern) oder nachträglich zu erwärmenden Werkstück (elektrostatisches Pulverspritzen) aufgeschmolzen oder in schmelzflüssiger Form auf das kalte Werkstück (Flammspritzen) aufgesprüht werden. Noch stärkere Bedeckungen (Dickbeschichtung, etwa 1 mm) stellt man über das Beschichten mittels Extrudieren und Aufwalzen oder durch Auskleiden mit Folien her. Die Wahl von Polymeren als Schichtstoff muss natürlich die im Abschnitt 8.3. dargelegten Möglichkeiten einer Schädigung, insbesondere die Quellung, in Betracht ziehen.

Einen guten Korrosionsschutz bieten auch *metallische Überzüge* vorzugsweise dann, wenn ihre Oberfläche spontan passiviert bzw. durch einen anderweitig schützenden Film bedeckt wird oder das Schichtmetall hinreichend edel ist. Ihre Stärke kann zwischen einigen µm und mm liegen. Dicke Schichten, die vorzugsweise für den chemischen Apparatebau wichtig sind, werden durch Plattieren (Walz-, Schweiß- oder Explosionsplattierungen) erzeugt. Un- und niedriglegierte Stähle beispielsweise werden so mit hochlegierten rost- und säurebeständigen Stählen beschichtet. Für den Schutz gegenüber atmosphärischer Korrosion und in Wässern werden auf Eisenwerkstoffen Zink oder Aluminium durch Schmelztauchen oder Metallspritzen aufgebracht. Dem Schutz gegen atmosphärische Korrosion dienen auch die für dekorative Zwecke, z. B. im Fahrzeugbau eingesetzten dünnen Nickel- und Chromschichten, die elektrolytisch bzw. chemisch (Ni) abgeschieden werden. Da sich beide Elemente (Cr dank seiner Passivschicht) gegenüber Stahl elektrochemisch edler verhalten, sind bei stärkerer Beanspruchung mehrschichtige Systeme, z. B. Ni–Cr, Cu–Ni–Cr oder Doppelnickelschichten, erforderlich. Bei allen metallischen Substraten ist die an Fehlstellen der Schicht mögliche Ausbildung von Korrosionselementen mit nachfolgender Kontaktkorrosion (vgl. Abschn. 8.1.4) zu beachten.

Ökonomische Lösungen von Korrosionsproblemen auch in Verbindung mit höheren Temperaturen sind – soweit deren Sprödigkeit nicht stört – häufig mit dem Einsatz von anorganisch-nichtmetallischen Schichten gegeben. Hier sind vor allem die *Emails* zu nennen, die meist zweischichtig durch Schmelzen oder Fritten auf den metallischen Grundwerkstoff aufgebracht werden. Je nach der Zusammensetzung des Deckemails weisen die Schichten eine sehr gute Beständigkeit gegenüber Atmosphären, Wässern und Medien der chemischen Industrie auf oder bieten als

Hochtemperaturemails einen guten Schutz gegen das Verzundern. Die etwa 0,1 mm dicken Schichten sind elektrisch isolierend, undurchlässig und altern nicht. Ihren guten hygienischen Eigenschaften verdanken sie den Einsatz in der Lebensmittelindustrie und im Haushalt. Speziellen Anwendungen sind *Phosphat-, Chromat- und Oxidschichten,* die über Reaktionen mit geeigneten Medien auf dem Grundwerkstoff erzeugt werden, vorbehalten. Phosphatschichten auf Stahl wirken wegen ihrer Porosität nur kurzzeitig korrosionsschützend, sie verbessern jedoch die Haftung von Anstrichen und hemmen die Unterrostung. Die auf der spontanen Bildung einer Oxidschicht beruhende gute Beständigkeit des Aluminiums an der Atmosphäre kann mit Hilfe einer anodischen Oxidation noch verbessert werden. Für sehr hohe Temperaturen kommen durch Plasmaspritzen aufgebrachte Schichten aus hochschmelzenden Oxiden, Hartstoffen oder Cermets zum Einsatz, die zugleich auch eine erhöhte Verschleißfestigkeit aufweisen [8.8].

8.7.2
Aktiver Korrosionsschutz

Wie schon erwähnt, bezieht sich der aktive Korrosionsschutz auf die Beeinflussung des Korrosionssystems Werkstoff–Medium selbst. Mediumseitige Maßnahmen hierzu sind:

– Zusatz von *Stabilisatoren*, die eine im Hinblick auf die korrodierende Wirkung negative Veränderung des Mediums ausschließen,
– Entfernung aggressiver Bestandteile, wie die weitgehende Herabsetzung des Sauerstoffgehaltes oder der Ausschluss von Chloridionen (Lochfraß, Abschn. 8.1.5),
– Zusatz von Hemmstoffen (*Inhibitoren*, Abschn. 8.1.3), so im Falle neutraler Wässer und Salzlösungen, die Zugabe alkalisierender und deckschichtbegünstigender Carbonate, Phosphate, Silicate oder Benzoate.

Werkstoffseitig kommen folgende Maßnahmen in Frage:

– Legieren von metallischen und polymeren Werkstoffen. Bei den hochlegierten Chrom-Nickelstählen z. B. geschieht dies, um sie unter bestimmten Bedingungen passiv werden zu lassen. Bei Polymerwerkstoffen werden bestimmte Komponenten zugesetzt, um die intermakromolekularen Abstände zu verringern, den Widerstand gegen die Quellung zu erhöhen (Abschn. 8.3.1) oder um eine innere Weichmachung zu erzielen und damit die Spannungsrissanfälligkeit (s. Abschn. 8.3.3) zu vermindern.
– *Stabilisieren* von Polymeren, das die Schädigung durch chemische Reaktionen verhindert oder verringert, indem beispielsweise aktive Zentren im Makromolekül blockiert, die Kettenreaktionen abgebrochen oder entstandene und reaktionsbeschleunigende Peroxide zersetzt werden.
– Einstellung eines möglichst homogenen und spannungsfreien Gefüges durch Wärmebehandlung sowie eines optimalen Oberflächenzustandes (geringe Rauigkeit, fremdstofffrei)

– elektrochemischer Schutz, bei dem das Potenzial des zu schützenden Werkstoffs durch anodische oder katodische Polarisation aus dem mit einer Korrosion verbundenen Potenzialbereich entfernt wird.

Der *anodische Schutz* ist nur für passivierbare Systeme anwendbar und wurde bereits in Abschnitt 8.1.3 behandelt. Beim *katodischen Schutz* wird das Metall katodisch polarisiert, d. h., es wird ihm ein Potenzial vorgegeben, das praktisch keine Bildung von Metallionen zulässt. Bei dem als „katodischer Schutz mit Fremdstrom" bezeichneten Verfahren wird das zu schützende Werkstück an eine äußere Gleichspannungsquelle unter Verbindung mit einer z. B. aus Ferrosilicium oder Graphit bestehenden, d. h. möglichst wenig löslichen Fremdstromanode angeschlossen. Im Gegensatz dazu wird das Metall beim „katodischen Schutz mittels Opferanode" nur mit dieser leitend verbunden. In dem so entstandenen Element korrodieren die unedleren *Opferanoden,* die meist aus Magnesium oder Zink und dessen Legierungen bestehen. Das zu schützende Metall wird zur Katode. Durch katodischen Schutz werden in großem Umfang Kabel und erdverlegte Rohre sowie Behälter der chemischen Industrie vor Korrosion bewahrt. Er kann durch einen zusätzlichen passiven Schutz (z. B. Rohrumkleidungen) noch wesentlich verbessert werden.

Literaturhinweise

8.1 Kaesche, H.: Die Korrosion der Metalle. Berlin/Heidelberg/New York/London/Paris/Tokyo/Hong Kong/Barcelona: Springer-Verlag 1990
8.2 Rahmel, A., und W. Schwenk: Korrosion und Korrosionsschutz von Stählen. Weinheim/New York: Verlag Chemie 1977
8.3 Wranglen, G.: Korrosion und Korrosionsschutz. Berlin: Springer-Verlag 1985
8.4 Heitz, E., R. Henkhaus und A. Rahmel: Korrosionskunde im Experiment, Untersuchungsverfahren. Messtechnik – Aussagen. Weinheim/New York/Basel/Cambridge: Verlag Chemie 1990
8.5 Gräfen, H., und A. Rahmel (Hrsg.): Korrosion verstehen – Korrosionsschäden vermeiden, Bd. I und II. Bonn: Verlag Irene Kuron 1994
8.6 Jones, O. A.: Principles and Prevention of Corrosion. New York: Macmillan Publishing Company 1992
8.7 Gellings, P. J.: Introduction to Corrosion Prevention and Control for Engineers. Delft: University Press 1976
8.8 Schatt, W. (Hrsg.): Werkstoffe des Maschinen-, Anlagen- und Apparatebaues. Leipzig: VEB Deutscher Verlag für Grundstoffindustrie 1987
8.9 Garz, I.: Korrosionsprüfung. In: *Blumenauer, H.* (Hrsg.): Werkstoffprüfung. Leipzig, Stuttgart: Deutscher Verlag für Grundstoffindustrie 1994
8.10 Vetter, K. J.: Elektrochemische Kinetik. Berlin/Göttingen/Heidelberg: Springer-Verlag 1961
8.11 Forker, W.: Elektrochemische Kinetik. Berlin: Akademie-Verlag 1989
8.12 Daniell, J.F., B.R. Kurtz und R.W. Ke: Journal of the Electrochemical Society 139(1992) 6, 1573–1580
8.13 Vogel, W.: Glaschemie. Berlin/Heidelberg/New York: 1992
8.14 Grobe, J., K. Stoppeck-Langer, W. Müller-Warmuth, S. Thomas, A. Benninghoven und B. Hagenhoff: Nachr. Chem. Techn. Lab. 41 (1993), 1233–1240
8.15 Kraus, K.: Bautenschutz und Bausanierung 5 (1988) 143
8.16 Schmiedel, H. (Hrsg.): Handbuch der Kunststoffprüfung. München: Carl Hanser Verlag 1992
8.17 Domininghaus, H.: Die Kunststoffe und

ihre Eigenschaften. Düsseldorf: Springer Verlag 1999

8.18 Frishat, G. H.: Korrosion. In: Handbuch der Keramik. Freiburg i. Breisgau: Verlag Schmid GmbH 1982

8.19 Rahmel, A.: Korrosion unter Ablagerungen und in Salzschmelzen. In: [8.2]

8.20 Grabke, H. J., und A. Rahmel: Aufkohlung und Metal Dusting von FeCrNi-Legierungen. In: [8.2]

8.21 Babushkin, V. J., u. a.: Thermodynamik der Silikate. Berlin/Heidelberg/New York/Tokyo: Springer-Verlag 1985

8.22 Simon, H., und M. Thoma: Angewandte Oberflächentechnik metallischer Werkstoffe. Wien: Carl Hanser Verlag 1989

9
Mechanische Erscheinungen

Die mechanischen Erscheinungen werden von der Reaktion des Werkstoffs auf eine einwirkende Beanspruchung durch Kräfte oder Momente bestimmt. Diese Reaktion verläuft in folgenden Stadien:

- *reversible Verformung*, bei der eine Formänderung sofort bzw. eine bestimmte Zeit nach der Krafteinwirkung wieder verschwindet (linearelastische, energie- und entropieelastische sowie viskoelastische Verformung),
- *irreversible* (bleibende) *Verformung*, bei der eine Formänderung auch nach der Krafteinwirkung erhalten bleibt (plastische und viskose Verformung),
- *Bruch* infolge des Ausbreitens von Rissen in makroskopischen Bereichen.

Unter *Festigkeit* versteht man den Widerstand eines Werkstoffs gegenüber Verformung; die *Zähigkeit* bestimmt den Bruchwiderstand. Bei einem hohen Anteil an irreversibler Verformung verhält sich der Werkstoff duktil (zäh), dominiert hingegen die linear- oder energieelastische Verformung, liegt ein sprödes Verhalten vor.

Das Verformungsvermögen hängt sowohl von der Realstruktur und dem Gefüge des Werkstoffs als auch von den Beanspruchungs- und Umgebungsbedingungen ab. Während Metalle mit kfz Struktur, wie Kupfer oder Nickel, eine große *Duktilität* aufweisen, zeigen Glas oder Keramik im Bereich mittlerer und tiefer Temperaturen eine ausgesprochene *Sprödigkeit*. Bei krz Metallen oder Kunststoffen kann mit sinkender Temperatur oder zunehmender Beanspruchungsgeschwindigkeit ein Übergang vom zähen zum spröden Verhalten auftreten.

Die mechanischen Werkstoffeigenschaften werden durch Kennwerte beschrieben, die mit genormten Versuchen der Werkstoffprüfung zu ermitteln sind [9.1], [9.2]. Ein Maß für die Festigkeit des Werkstoffs bei monotoner Beanspruchung sind die im Zugversuch bestimmten Kennwerte *Streckgrenze* und *Zugfestigkeit* (Abschn. 9.2.3.1), während die *Bruchzähigkeit* den Widerstand gegen Rissausbreitung charakterisiert (Abschn. 9.5.4). Es ist zu beachten, dass derartige Kennwerte von der Art und Dauer der Beanspruchung, der Form und Größe der Proben sowie der Temperatur und den Umgebungsbedingungen abhängen. Deshalb ist bei Dimensionierungsrechnungen oder Zuverlässigkeitsbewertungen immer die Frage nach der Übertragbarkeit auf das Bauteilverhalten im Betriebszustand zu stellen.

Eine Modellbildung der mechanischen Erscheinungen ist Gegenstand der *Werkstoffmechanik* [9.3], [9.4], [9.5]. Mit phänomenologischen Stoffgesetzen *(konstitutiven Gleichungen)* wird dabei ein Zusammenhang zwischen der Spannung und Verformung sowie den Parametern Temperatur, Zeit und Verformungsgeschwindigkeit hergestellt. Zusätzlich können infolge der Beanspruchung eintretende Werkstoffveränderungen durch eine Schädigungsvariable erfasst werden. Die einfachste konstitutive Gleichung ist das Hookesche Gesetz (Abschn. 9.1.1), das den zeitunabhängigen linearen Zusammenhang zwischen Spannung und Verformung wiedergibt. Wesentlich komplizierter werden dagegen die Stoffgesetze, wenn solche Phänomene wie Viskoelastizität, duktiler Bruch, Hochtemperaturkriechen, Memory-Effekte oder das mechanische Verhalten poröser Sinterwerkstoffe zu beschreiben sind [9.6].

Ein wichtiger Aspekt der Werkstoffmechanik ist es, Kriterien für das Werkstoffversagen und damit für die Zuverlässigkeit von Maschinen und Anlagen zu formulieren. Hierin besteht auch die Aufgabe der Konzepte der *Bruch-* und *Schädigungsmechanik* (Abschn. 9.5.4).

9.1 Reversible Verformung

Durch eine mechanische Beanspruchung werden im Werkstoff Reaktionskräfte erzeugt, die mit den äußeren Kräften im Gleichgewicht stehen. Die auf die Flächeneinheit bezogenen Reaktionskräfte bezeichnet man als Spannungen. Dabei ist zu unterscheiden zwischen den *Normalspannungen* σ, die senkrecht zu einer betrachteten Fläche wirken, und den in dieser Fläche auftretenden *Schubspannungen* τ.

Eine in drei Richtungen (x, y, z) wirkende Beanspruchung eines Körpers wird durch den *Spannungstensor*

$$T = \begin{pmatrix} \sigma_x & \tau_{yx} & \tau_{zx} \\ \tau_{xy} & \sigma_y & \tau_{zy} \\ \tau_{xz} & \tau_{yz} & \sigma_z \end{pmatrix} \qquad (9.1)$$

erfasst. Ruft die Normalspannung eine Verlängerung hervor, bezeichnet man sie als *Zugspannung* und die relative Längenzunahme als *Dehnung* ε. Im umgekehrten Fall spricht man von *Druckspannung* und *Stauchung*. Schubspannungen bewirken ein Abscheren um die *Schiebung* γ. Die bei Zugspannungen auftretende Querschnittsverminderung wird als *Querkontraktion* ε_q bezeichnet (Bild 9.1).

Der im Werkstoff vorliegende Spannungszustand kann ein-, zwei- oder dreiachsig sein, wobei der Grad der Mehrachsigkeit auch von der an Kerben oder Rissen behinderten Verformung *(constraint)* bestimmt wird. Zwei herausgehobene Beanspruchungsfälle sind der *ebene Spannungszustand* (ESZ, keine Spannungskomponente in z-Richtung) und der *ebene Dehnungszustand* (EDZ, keine Dehnungskomponente in z-Richtung). Nachfolgend soll nur das Werkstoffverhalten bei einachsiger Beanspruchung betrachtet werden. Weiterführende Informationen über inhomogene bzw.

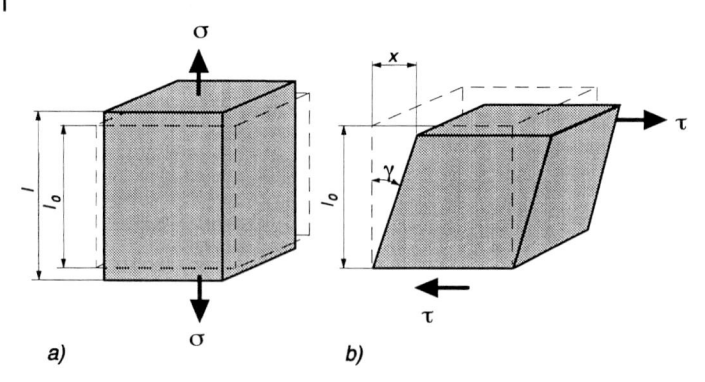

Bild 9.1 Verformung durch Normal- und Schubspannungen. a) Normalspannung: Längenänderung $\Delta l = l - l_0$, Dehnung $\varepsilon = \Delta l / l_0$. b) Schubspannung: Schiebung $\tan \gamma = x/l_0$ (für kleine Verschiebungen ist $\tan \gamma \approx \gamma$)

mehrachsige Spannungs- und Verformungszustände sind in den Lehrbüchern der Festigkeitslehre zu finden [9.7].

9.1.1
Linearelastische Verformung

Bei vielen Werkstoffen besteht zwischen den Spannungen und den elastischen Verformungen ein linearer Zusammenhang in Form des *Hookeschen Gesetzes*:

$$\sigma_{ij} = c_{ijkl}\, \varepsilon_{kl} \tag{9.2}$$

Dabei sind σ_{ij} bzw. ε_{kl} die Komponenten des Spannungs- bzw. Dehnungstensors und c_{ijkl} der *Elastizitätstensor*, der aus Symmetriegründen 21 unterschiedliche elastische Konstanten enthält. Reduziert man diese Gesetzmäßigkeit auf den einachsigen Spannungszustand und isotropes Werkstoffverhalten, ergibt sich

$$\sigma = E\,\varepsilon \quad \text{für Normalspannungen und} \tag{9.3a}$$

$$\tau = G\,\gamma \quad \text{für Schubspannungen.} \tag{9.3b}$$

Bei der grafischen Darstellung des Zusammenhangs zwischen Normalspannung und Dehnung *(Spannungs-Dehnungs-Diagramm)* bzw. Schubspannung und Schiebung erhält man für Be- bzw. Entlasten Geraden (Bild 9.3), aus deren Anstieg sich die Konstanten E bzw. G bestimmen lassen. Die beiden in Gl. (9.3) eingeführten elastischen Konstanten, der *Elastizitätsmodul* E und der *Gleit-* oder *Schubmodul* G, sind mit zwei weiteren Konstanten, dem *Volumenelastizitätsmodul (Kompressionsmodul)* K als Kennzahl für die Volumenänderung eines Körpers unter allseitigem Druck und der *Querdehnzahl (Poissonsche Konstante)* ν als Verhältnis von Querkontraktion ε_q zu Längsdehnung ε, durch die Beziehungen

$$K = \frac{E}{3(1-2v)} \quad \text{und} \quad v = \frac{E}{2G} - 1 \tag{9.4}$$

verknüpft. Bei der Verformung wird im Werkstoffvolumen die spezifische Formänderungsenergie *(Formänderungsenergiedichte)* W_s gespeichert. Es ist

$$W_s = \frac{\sigma^2}{2E} = \frac{E\varepsilon^2}{2} \quad \text{bzw.} \tag{9.5 a}$$

$$W_s = \frac{\tau^2}{2G} = \frac{G\gamma^2}{2} \tag{9.5 b}$$

Diese Beziehungen der *Elastizitätstheorie* sind eine wesentliche Grundlage für die Berechnung und Konstruktion von Maschinen und Tragwerken. Allerdings gilt die hier benutzte Formulierung des Hookeschen Gesetzes nur für isotrope Werkstoffe. Die bei Kristallen vorliegende *Anisotropie* äußert sich im mechanischen Verhalten dadurch, dass bei Einwirken einer Spannung die Verformung in verschiedenen kristallographischen Richtungen unterschiedlich groß ist. Das bedeutet, dass die elastischen Konstanten von der kristallographischen Orientierung abhängen (Tab. 9.1).

Bei polykristallinen Werkstoffen tritt die Orientierungsabhängigkeit der elastischen Konstanten makroskopisch nicht in Erscheinung, somit kann das elastische Verhalten durch einen mittleren Elastizitäts- und Gleitmodul beschrieben werden (Tab. 9.2). Dabei ist jedoch zu bedenken, dass die einzelnen Kristallite im polykristallinen Haufwerk ein orientierungsabhängiges elastisches Verhalten aufweisen, das an den Korngrenzen ausgeglichen werden muss und eine ungleichmäßige Spannungsverteilung in mikroskopischen Bereichen zur Folge hat.

Die elastischen Verformungen eines Werkstoffs beruhen auf dem zeitweiligen Entfernen der Atome aus ihrer von der Bindung im Festkörper (Abschn. 2.1.5) abhängigen Gleichgewichtslage. Der Elastizitätsmodul ist ein Maß für den dabei zu überwindenden Widerstand; er ist für eine kovalente Bindung größer als bei der metallischen Bindung. Die enge Beziehung zwischen dem Elastizitätsmodul und der Bindungsenergie kommt auch darin zum Ausdruck, dass Werkstoffe mit einer hohen Schmelztemperatur in der Regel einen hohen Elastizitätsmodul haben. Da die mittleren Atomabstände mit der Temperatur zu- und somit die Bindungsenergien abnehmen, zeigen die elastischen Konstanten eine mit steigender Temperatur fallende Tendenz.

Tab. 9.1 Abhängigkeit des Elastizitäts- und Gleitmoduls von der kristallographischen Orientierung für Eiseneinkristalle

Beanspruchung in Kristallrichtung	*Elastizitätsmodul E* *GPa*	*Gleitmodul G* *GPa*
Würfelkante ⟨100⟩	130	60
Flächendiagonale ⟨110⟩	200	80
Raumdiagonale ⟨111⟩	280	110

Tab. 9.2 Elastische Konstanten einiger Werkstoffe (mittlere Werte)

	E GPa	G GPa	ν
Stahl	200	80	0,30
Kupfer	120	45	0,35
Aluminium	70	25	0,34
Wolfram	360	130	0,35
Gusseisen mit lamellarem Graphit	120	60	0,25
Beton	30 ... 50		0,20
Thermoplaste	1 ... 5	1 ... 2	0,3
Duroplaste	7 ... 15	3 ... 4	0,35
Elastomere	0,1	0,04 ... 1	0,42

9.1.2
Energie- und entropieelastische Verformung

Infolge der hohen Packungsdichte sind in kristallinen Werkstoffen nur elastische Verformungen von weniger als 1% möglich. Bei Polymeren, die eine teilweise (teilkristalline) oder völlig ungeordnete (amorphe) Struktur aufweisen, kommt es dagegen wegen der wesentlich geringeren zwischenmolekularen Wechselwirkungen zu erheblich größeren Formänderungen. Dabei ist zu unterscheiden zwischen der *energieelastischen Verformung*, die auf reversiblen Änderungen der Atomabstände und Valenzwinkel sowie des Abstandes benachbarter Moleküle bzw. Molekülsegmente beruht, und der oberhalb der Einfriertemperatur (Abschn. 2.2.1) auftretenden *entropieelastischen* Verformung, auch als Gummi- bzw. Kautschukelastizität bezeichnet.

Eine entropieelastische Verformung wird vor allem bei Polymeren mit langen flexiblen Kettenmolekülen (Elastomere) beobachtet, in denen wegen der Beweglichkeit der Kettensegmente und Seitenketten (mikrobrownsche Bewegung) ein Strecken der miteinander verschlauften oder vernetzten Molekülketten (Bild 9.2) oder ein Konformationswechsel (Abschn. 2.1.10.3) aufeinander folgender Molekülsegmente möglich ist. Diese Formänderungen weisen keinen linearen Zusammenhang mit der einwirkenden Spannung auf und sind mit einer Abnahme der Entropie verbunden.

Unter dem Einfluss der Wärmebewegung streben die Moleküle eine Rückkehr in die ursprüngliche Form an. Dadurch entsteht eine Rückstellkraft *(Gestaltelastizität)*, wie sie sich beispielsweise an einem gezogenen Gummiband äußert. Die starke Bewegung der Molekülsegmente ist mit Reibung verbunden, was dazu führt, dass sich insbesondere bei zyklischer Beanspruchung (z. B. bei Gummifedern) ein Teil der aufgewandten Energie in Wärme umwandelt. Die Werte für den Gleit- bzw. Elastizitätsmodul von Thermoplasten liegen im energieelastischen Bereich bei 10^{-1} bis 10^1 GPa und sinken im entropieelastischen Bereich auf 10^{-4} bis 10^{-1} GPa ab.

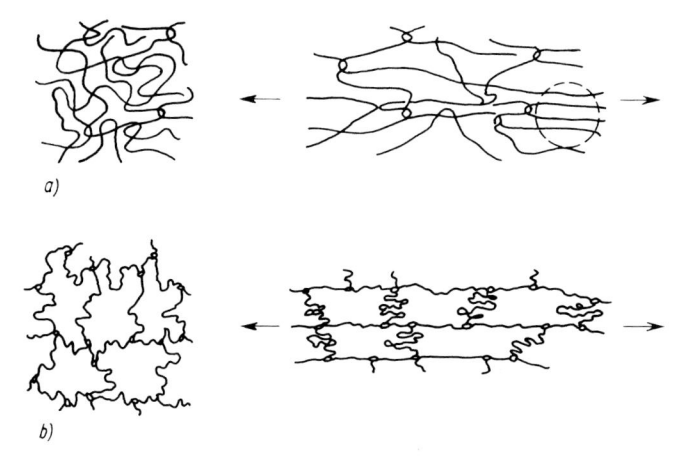

Bild 9.2 Verformung polymerer Strukturen im entropieelastischen Bereich. a) Fadenmoleküle eines Thermoplasts mit Verschlaufungen im ungedehnten und gedehnten Zustand. Innerhalb des gestrichelten Kreises ist eine Kristallisation zu erkennen. b) Vernetzte Moleküle eines Elastomers oder Duromers im ungedehnten und gedehnten Zustand

9.1.3 Anelastische Verformung

Beim linearelastischen Verhalten wird davon ausgegangen, dass nach dem Hookeschen Gesetz jedem Spannungswert ein bestimmter Dehnungswert, der sofort mit dem Belasten entsteht bzw. beim Entlasten wieder verschwindet, zugeordnet ist. Vor allem bei metallischen Werkstoffen ist aber häufig eine *elastische Nachwirkung* zu beobachten. Darunter versteht man das Auftreten einer zusätzlichen zeitabhängigen Verformung, die nach dem Entlasten erst allmählich wieder abklingt. Man spricht in diesem Fall von einer *anelastischen Verformung*. Ihr Auftreten hat bei einem geschlossenen Be- und Entlastungszyklus Energieverluste zur Folge, die sich im Spannungs-Dehnungs-Diagramm als Hystereseschleife darstellen lassen (schraffierter Bereich in Bild 9.3). Die mechanischen Energieverluste werden größtenteils in Wärme umgewandelt und führen somit zu einer Temperaturerhöhung *(thermoelastischer Effekt)*. Bei einer elastischen Nachwirkung mit dem Dehnungsbetrag ε_N ergibt sich ein *unrelaxierter Elastizitätsmodul*

$$E' = \frac{\sigma}{\varepsilon - \varepsilon_N} \tag{9.6}$$

Damit kann anelastisches Verhalten durch den *Moduleffekt*

$$\frac{\Delta E}{E'} = \frac{\varepsilon_N}{\varepsilon} \tag{9.7}$$

ausgedrückt werden.

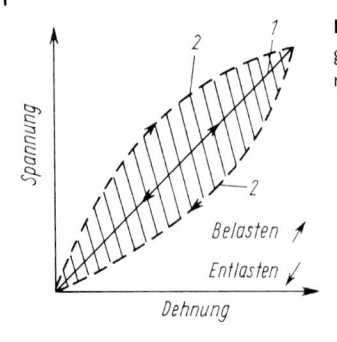

Bild 9.3 Hystereseschleife im Spannungs-Dehnungs-Diagramm. *1* linearelastische Verformung; *2* anelastische Verformung

Die Ursachen der Anelastizität beruhen auf dem zeitabhängigen reversiblen Umordnen von eingelagerten Fremdatomen und Versetzungen (*innere Reibung*, Abschn. 10.9). Anelastische Verformungen treten auch bei Polymeren durch Bewegen von Seitengruppen oder Abgleiten von Segmenten auf. In der Technik sind Nachwirkungseffekte vor allem bei hohen Präzisionsanforderungen an die Kraft- oder Längenkonstanz (Federn, Schneiden) zu beachten.

9.1.4
Pseudoelastische Verformung

Ein Spezialfall der elastischen Verformung ist das bei metastabilen metallischen Legierungen in Verbindung mit einer martensitischen Umwandlung (Abschn. 4.1.3) zu beobachtende *pseudoelastische Verhalten*. Beim Einwirken äußerer Kräfte tritt eine thermoelastische martensitische Umwandlung auf, die zu erheblichen Formänderungen führen kann, weshalb man auch von *Superelastizität* spricht (Bild 9.4). Nach einem dem Hookeschen Gesetz gehorchenden linearelastischen Anfangsteil setzt durch Betätigen eines günstig orientierten Schersystems eine spannungsinduzierte Martensitbildung ein, wodurch sich der Anstieg der Kurve zunächst verringert (elastische Streckgrenze). Wird die Belastung fortgesetzt, können weitere Schersysteme aktiviert werden, die einen verstärkten Anstieg der Spannungs-Dehnungs-Kurve bedingen (elastische Verfestigung). Beim Entlasten sorgen die entstandenen Umwand-

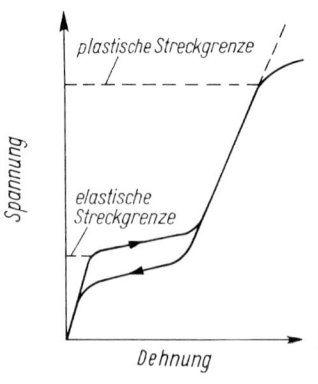

Bild 9.4 Zusammenhang zwischen Spannung und Dehnung bei superelastischem Verhalten (nach H. Schumann)

lungsspannungen dafür, dass die Martensitbildung und die mit ihr einhergegangene Verformung wieder rückgängig gemacht werden. Zwischen Be- und Entlasten ist eine Hysterese festzustellen. Voraussetzung für ein solches Verhalten ist, dass die zur Martensitumwandlung erforderlichen Spannungen unter der plastischen Streckgrenze (Abschn. 9.2.3.1) des Werkstoffs liegen.

Derartige Werkstoffe, z. B. NiTi-Legierungen, zeigen häufig einen so genannten *Form-Gedächtnis-Effekt (Memory-Effekt)*. Ist die Hysterese sehr ausgeprägt, gehen der spannungsinduzierte Martensit und die mit ihm verbundene Formänderung nur teilweise zurück. Erst nach Erwärmen auf eine Temperatur oberhalb M_d (Abschn. 4.1.3) verschwinden sie, und der Werkstoff nimmt (als erinnere er sich) seine Ausgangsgestalt wieder an *(Einwegeffekt)*. Ein Form-Gedächtnis-Effekt tritt ebenfalls auf, wenn die metastabile Legierung oberhalb der M_d-Temperatur stark (mit irreversiblem Anteil) verformt wird. Beim Abkühlen unter M_d entsteht spannungs- oder verformungsinduzierter Martensit und mit ihm eine zusätzliche Gestaltänderung. Bei Erwärmung auf wenig über M_d wandeln sich beide zurück, und der Werkstoff nimmt wieder die bei der ursprünglichen Verformung aufgeprägte Gestalt an *(Zweiwegeffekt)*. Der Vorgang ist durch Pendeln um M_d wiederholbar, wozu nur geringe Temperaturdifferenzen erforderlich sind. Interessante technische Anwendungsmöglichkeiten von SMA *(shape memory alloys)* sind thermisch steuerbare Schalter in der Elektrotechnik, thermisch spannbare Schienen für die Orthopädie oder das Bewegen von Roboterhänden, bei der der Zweiwegeffekt durch impulsartige Erwärmung infolge direkten Stromdurchgangs genutzt wird. Eingebettet in einen Matrixwerkstoff bewirken sie ein adaptives, d. h. auf äußere Einflüsse reagierendes Verformungs- oder Dämpfungsverhalten *(smart materials)*.

9.2
Plastische Verformung

Im Anschluss an eine reversible Verformung können entweder bleibende Verformungen auftreten oder die Bindungen im Festkörper zerstört werden (Bruch). Erfolgen die Formänderungen erst nach Überschreiten eines Schwellenwertes der Spannung *(Fließ-* oder *Streckgrenze)*, bezeichnet man sie als *plastische Verformung*. Ist das Auftreten einer bleibenden Verformung an keinen Schwellenwert gebunden, spricht man von *viskoser Verformung* (Abschn. 9.3).

Die Plastizität ist eine außerordentlich wichtige Werkstoffeigenschaft, denn auf ihr beruhen die Fertigungsverfahren der bildsamen Formgebung. Sie ist außerdem die Voraussetzung dafür, dass örtliche Spannungsspitzen an Kerben und Rissen durch Verformung abgebaut werden können, was die Bruchgefahr verringert (Abschn. 9.5). Die im Gegensatz zum elastischen Werkstoffverhalten nichtlinearen Beziehungen zwischen Spannungen und Dehnungen werden durch die Grundgleichungen der *Plastizitätstheorie* beschrieben [9.8].

Die Fähigkeit zur plastischen Verformung beruht vor allem auf der Bewegung von Versetzungen (Abschn. 9.2.2.1). Während bei metallischen Werkstoffen die technisch üblicherweise erzeugbaren Kräfte ausreichen, um Versetzungsbewegungen in großem Umfang auszulösen, gelingt dies in den Ionenkristallen der keramischen Werkstoffe, insbesondere solchen mit sehr hohen Schmelztemperaturen, nur unter extremen Bedingungen. Hieraus resultieren die großen Unterschiede im Verformungs- und Bruchverhalten beider Werkstoffgruppen.

Duktile Kunststoffe können sich ebenfalls nach Erreichen einer definierten Streckgrenze plastisch verformen. Mechanismen dieser Verformung sind in amorphen Strukturen die durch Abgleiten von Molekülsegmenten hervorgerufene Scherbandbildung ohne Volumenänderung sowie das mit einer Dichteänderung verbundene Entstehen von Hohlräumen. Bei teilkristalliner Struktur sind auch die für metallische Werkstoffe charakteristischen Vorgänge des Gleitens und der Zwillingsbildung zu beobachten.

9.2.1
Geometrie der plastischen Verformung von Einkristallen

Die plastische Verformung eines Kristalls vollzieht sich im Wesentlichen durch Abgleiten von Atomschichten längs bestimmter kristallographischer Ebenen und Richtungen infolge des Einwirkens von Schubspannungen (Bild 9.5). An der Oberfläche entstehen dadurch Gleitstufen, die als *Gleitlinien* bzw. *Gleitbänder* sichtbar werden (Bild 9.6). Die Dicke der abgleitenden Atomschichten und der Betrag des Abgleitens

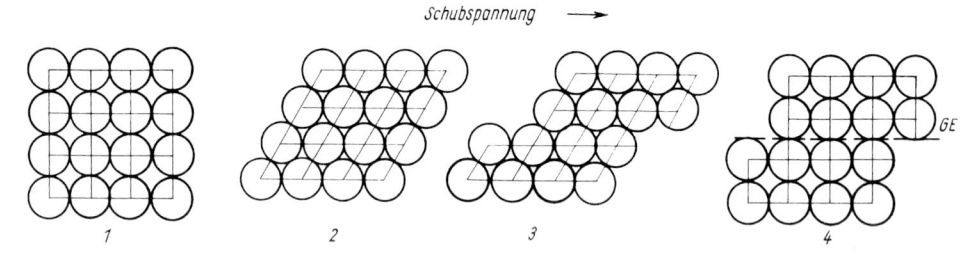

Bild 9.5 Plastische Verformung durch Abgleiten im idealen Gitter. *1* unverformt; *2* elastisch verformt; *3* plastisch verformt; *4* nach Entlasten; *GE* Gleitebene

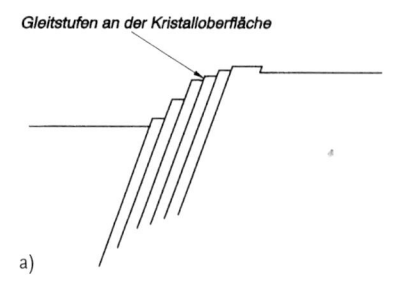

Bild 9.6 Entstehen von Gleitstufen (a) und Gleitlinien an der Oberfläche eines verformten Kupfereinkristalls (b)

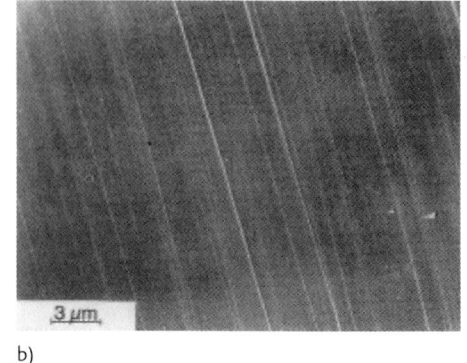

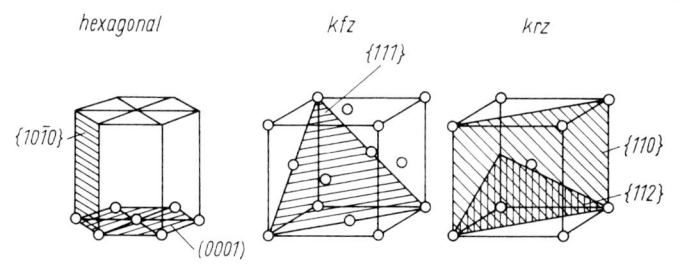

Bild 9.7 Gleitebenen im hexagonalen, kubisch-flächenzentrierten und kubisch-raumzentrierten Gitter

können sehr unterschiedlich sein, wobei sich die untere Grenze aus der Größe des *Burgersvektors* (Abschn. 2.1.11.2) ergibt.

Die kristallographischen Ebenen und Richtungen, in denen es zum Abgleiten kommt, sind die *Gleitebenen* und *Gleitrichtungen;* beide bilden ein *Gleitsystem.* Als Gleitebenen werden meist die am dichtesten mit Atomen besetzten Gitterebenen wirksam, während die Gleitrichtungen stets mit den Richtungen dichtester Packung übereinstimmen.

Im Bild 9.7 sind die wichtigsten Gleitebenen der hexagonalen, kubisch-flächenzentrierten und kubisch-raumzentrierten Kristallstrukturen in die Elementarzelle eingezeichnet. Im hexagonalen Gitter ist die Basisebene (0001) die am dichtesten mit Atomen belegte Ebene und daher die allgemein beobachtete Gleitebene. Als weitere Gleitebene tritt die Prismaebene 1. Art {10$\bar{1}$0} in Erscheinung. In beiden Fällen ist die Gleitrichtung ⟨11$\bar{2}$0⟩.

Beim kfz Gitter erfolgt das Abgleiten in den dichtest gepackten Oktaederebenen {111} längs der Gleitrichtung ⟨110⟩. Aus den verschiedenen Kombinationsmöglichkeiten von Gleitebenen und -richtungen resultieren in kfz Kristallen insgesamt 12 Gleitsysteme. Diese Vielzahl von Gleitmöglichkeiten ist der Grund für die gute Verformbarkeit solcher Metalle wie Aluminium, Kupfer oder Nickel. Nicht so eindeutig sind die Gleitverhältnisse in krz Kristallen. Als Gleitrichtung wirkt hier immer die am dichtesten belegte Würfeldiagonale ⟨111⟩, jedoch sind verschiedene Gleitebenen möglich. In der Reihenfolge ihrer Häufigkeit und Bedeutung kann das Abgleiten in den Ebenen {110}, {112} und {113} erfolgen. Der dadurch während der Verformung mögliche Wechsel in den Gleitebenen äußert sich in unregelmäßigen und gewellten Gleitbändern.

Das Abgleiten von Atomschichten kann erst dann einsetzen, wenn die infolge der äußeren Beanspruchung in einem Gleitsystem wirksam werdende Schubspannung einen bestimmten Wert, die *kritische Schubspannung* τ_{kr}, überschreitet. Die in einer Gleitebene und -richtung auftretende Schubspannung τ kann aus der äußeren Zugspannung σ mit Hilfe des *Schmidschen Schubspannungsgesetzes* berechnet werden. Hiernach entsteht in einem Gleitsystem eine Schubspannung

$$\tau = M\sigma \tag{9.8}$$

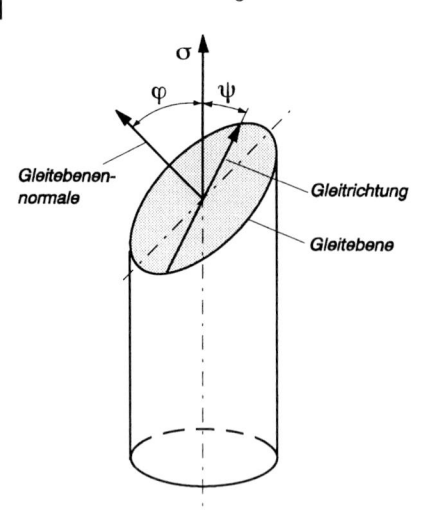

Bild 9.8 Zusammenhang zwischen Zugspannung, Gleitebene und Gleitrichtung

wobei $M = \sin\varphi \cos\psi$ als kristallographischer *Orientierungsfaktor* bezeichnet wird (Bild 9.8). Die Beziehung (9.8) macht deutlich, dass in zwei Grenzfällen die Schubspannung $\tau = 0$ ist, und zwar wenn die Zugspannung senkrecht ($\varphi = 0°$) oder parallel ($\varphi = 90°$) zur Gleitebene angreift. Für diese beiden Orientierungen ist eine plastische Verformung durch Abgleiten nicht möglich. Andererseits erreicht die Schubspannung für den Fall $\varphi = \psi = 45°$ ihren Höchstwert $\tau_{max} = 0{,}5\,\sigma$. Da meist mehrere Gleitsysteme existieren, wird durch das Schmidsche Schubspannungsgesetz das Gleitsystem festgelegt, in dem bei einer vorgegebenen äußeren Beanspruchung das Abgleiten beginnt. Das Gleitsystem, in dem zuerst die kritische Schubspannung erreicht wird, ist in der Regel durch den höchsten Orientierungsfaktor gekennzeichnet. Die kritische Schubspannung ist eine fundamentale Kenngröße für das plastische Verhalten von Einkristallen. An ihrer Veränderung können der Einfluss struktureller Faktoren (Reinheitsgrad, Versetzungsdichte) und der Beanspruchungsbedingungen (Temperatur, Verformungsgeschwindigkeit, Kristallorientierung) sichtbar gemacht werden.

Neben dem Abgleiten existiert noch ein zweiter Mechanismus der plastischen Verformung, die *mechanische Zwillingsbildung*. Hierbei werden unter Wirkung von Schubspannungen Gitterbereiche über einen Schervorgang in eine spiegelbildliche Anordnung versetzt. Im krz Gitter ist die {112}-Ebene die Zwillingsebene und die ⟨111⟩-Richtung die Scherrichtung. Besonders häufig trifft man die Zwillingsbildung bei hexagonal kristallisierenden Werkstoffen an. Die wichtigsten Zwillingsebenen sind hier {10$\bar{1}$2}, {11$\bar{2}$1} und {11$\bar{2}$2}. Die durch Zwillingsbildung erreichten Verformungen sind wesentlich geringer als die durch Abgleiten. Dieser Mechanismus spielt besonders dann eine Rolle, wenn nur wenige Gleitmöglichkeiten vorhanden sind (intermetallische Phasen) oder das Abgleiten durch ungünstige Beanspruchungsverhältnisse wie niedrige Temperaturen bzw. hohe Verformungsgeschwindigkeiten erschwert ist. Die Zwillingsebene, an der die gescherten Kristallbereiche kohärent verbunden sind, ist eine Unstetigkeit im Gitteraufbau und kann deshalb ebenso wie die Gleitlinien an einer polierten Oberfläche sichtbar gemacht werden.

Ein dritter Verformungsmechanismus ist das *Korngrenzengleiten*, das besonders beim *Kriechen* (Abschn. 9.4 und 7.1.4) und *superplastischem Verhalten* (Abschn. 9.2.5.1) in den Vordergrund tritt.

9.2.2 Mechanismus der plastischen Verformung

9.2.2.1 Theoretische Festigkeit

Die eingehendere Analyse der Vorgänge bei der plastischen Verformung erbrachte die bemerkenswerte Feststellung, dass die aus den Bindungsenergien im Kristallgitter berechnete *theoretische Scherfestigkeit* um mehrere Größenordnungen höher ist als die experimentell ermittelte kritische Schubspannung. Für eine vereinfachte Berechnung der theoretischen Scherfestigkeit darf man annehmen, dass die zum gegenseitigen Verschieben benachbarter Gitterebenen (Bild 9.9 oben) erforderliche Schubspannung aufgrund der Periodizität des Gitters in erster Näherung durch eine Sinusfunktion (Bild 9.9 unten) beschrieben wird, sodass

$$\tau(x) = \tau_{max} \sin(2\pi x/a) \approx \tau_{max}(2\pi x/a) \tag{9.9}$$

ist.

Mit dem Hookeschen Gesetz

$$\tau(x) = \gamma G = x/a \, G \tag{9.10}$$

ergibt sich als theoretische Scherfestigkeit

$$\tau_{max} \approx G/2\pi. \tag{9.11}$$

Verwendet man den in Tabelle 9.1 angegebenen Wert des Gleitmoduls in $\langle 111 \rangle$-Richtung, so erhält man beispielsweise für Eisen eine theoretische Scherfestigkeit

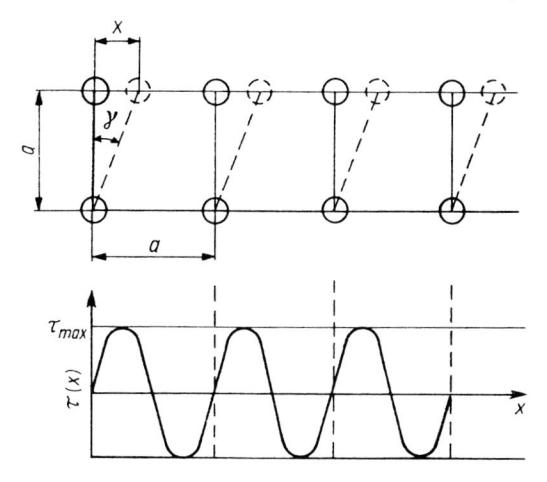

Bild 9.9 Zur Ableitung der theoretischen Scherfestigkeit

Tab. 9.3 Werte für die theoretische Trenn- und Scherfestigkeit

Werkstoff	Gitterebene	Theoretische Trennfestigkeit GPa	Theoretische Scherfestigkeit GPa
Diamant	{111}	120	17
Korund (Al$_2$O$_3$)	{0001}	46	5
Wolfram	{100}	39	5
α-Eisen	{100}	13	2
Kupfer	{100}	6,7	1,5

von $1{,}8 \cdot 10^4$ MPa, der eine experimentell ermittelte kritische Schubspannung von nur etwa 20 MPa gegenübersteht. Analog zur Beziehung (9.11) lässt sich auch für das Trennen zweier unter einer Normalspannung stehenden Gitterebenen eine *theoretische Trennfestigkeit* (Abschn. 9.5) ableiten. In Tabelle 9.3 sind Werte der theoretischen Trenn- und Scherfestigkeit einiger kristalliner Stoffe angegeben.

Die Ursache der Diskrepanz zwischen den berechneten und den experimentell bestimmten Festigkeitswerten ist darin zu suchen, dass für die theoretische Abschätzung idealer Gitteraufbau angenommen wurde, ein Realkristall aber immer eine große Anzahl von Fehlstellen enthält. Gleitversetzungen (Abschn. 2.1.11.2) können schon durch sehr kleine Schubspannungen bewegt werden, da lediglich die Bindungskräfte in der unmittelbaren Umgebung der Versetzungen überwunden werden müssen. Man kann diesen Mechanismus mit der Fortbewegung einer Raupe vergleichen.

Der Bewegung einer einzelnen Versetzung wirkt in einem ansonsten ungestörten Gitter eine „Reibungskraft" entgegen, die daher rührt, dass die Versetzung während der Bewegung ihre atomare Struktur und damit auch ihre Energie ändert (Bild 9.10). Der dabei maximal aufzubringenden Energie E_p, die als *Peierls-Energie* bezeichnet wird, entspricht eine für die Versetzungsbewegung erforderliche Mindestspannung τ_p *(Peierls-Spannung)*.

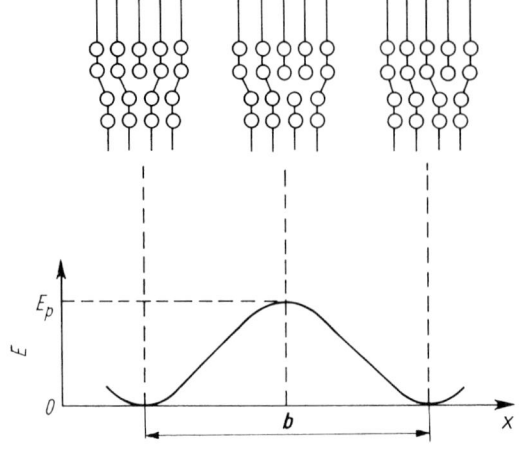

Bild 9.10 Änderung der Atomfiguration und der Energie E bei der Bewegung einer Stufenversetzung um den Burgersvektor **b**

Der das Wandern der Versetzungen behindernde Werkstoffwiderstand lässt sich in einen stark von Temperatur und Verformungsgeschwindigkeit abhängigen thermischen sowie einen athermischen Anteil zerlegen. Während der thermische Anteil auf Wechselwirkungen zwischen den Gleitversetzungen mit ihren kurz reichenden Spannungsfeldern (< 10 Atomabstände) beruht, sind für den athermischen Anteil weit reichende Spannungsfelder (Kristallitabmessungen) bestimmend. Thermisch aktivierbare Verformungsprozesse sind außer dem Überwinden der Peierls-Spannung noch das Quergleiten aufgespaltener Schraubenversetzungen, das Klettern von Stufenversetzungen sowie das Überwinden von Blockierungen durch Fremdatome oder Ausscheidungen. Der nur über den Gleitmodul schwach temperaturabhängige athermische Verformungswiderstand wird durch die Kristallstruktur bzw. Art und Dichte der Versetzungen bestimmt.

Zur experimentellen Analyse des dynamischen Verhaltens von Versetzungen dienen in-situ-Verformungsversuche im Transmissions-Elektronenmikroskop. Die Simulation des kollektiven Verhaltens einer großen Anzahl von Versetzungen erfordert den Einsatz von Hochleistungsrechnern. Nachfolgend werden die wichtigsten Mechanismen, die das plastische Verhalten kennzeichnen, eingehender betrachtet. Eine umfassende Darstellung findet man in [9.9], [9.10].

9.2.2.2 Entstehen und Wechselwirkung von Versetzungen

Neben dem Wandern bereits vorhandener Versetzungen entstehen bei der plastischen Verformung eine große Anzahl neuer Versetzungen. Während in geglühten Metallkristallen die Versetzungsdichte zwischen 10^6 und 10^8 cm^{-2} liegt, kann sie infolge einer plastischen Verformung um mehrere Zehnerpotenzen ansteigen.

Ein einfaches Modell für die *Versetzungsmultiplikation* bei plastischer Verformung ist die erstmals von *Frank* und *Read* angegebene Versetzungsquelle (Bild 9.11). In einer Gleitebene liegt eine an zwei Punkten verankerte Versetzungslinie $\overline{AB}$. Die Verankerungspunkte können Knotenstellen der im Kristall vorhandenen Versetzungsstruktur, andere Versetzungslinien, Ausscheidungen oder Einschlüsse sein. Beim Einwirken einer Schubspannung baucht die Versetzungslinie zunächst aus, bis ein instabiler Zustand erreicht wird und sich ein Versetzungsring ablöst. Die Versetzungslinie $\overline{AB}$ geht in die alte Lage zurück, und der Vorgang kann sich in gleicher Weise wiederholen.

Das Entstehen neuer Versetzungen, d. h. der Anstieg der Versetzungsdichte, führt zu einer zunehmenden gegenseitigen Behinderung der Versetzungsbewegungen.

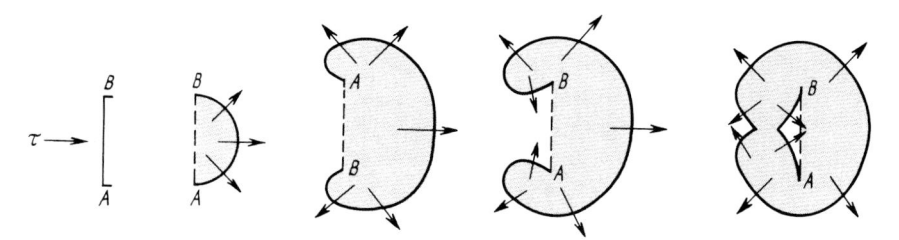

Bild 9.11 Bildung neuer Versetzungen nach dem *Frank-Read*-Mechanismus

Um zwei Versetzungen auf parallelen Gleitebenen im Abstand d aneinander vorbeizubewegen, muss das sie umgebende Spannungsfeld überwunden werden. Dazu ist eine Passierspannung

$$\tau_{\mathrm{pa}} = (G/2\pi)(\boldsymbol{b}/d) \tag{9.12}$$

(G Gleitmodul, $\boldsymbol{b}$ Burgersvektor) aufzubringen. Koexistieren im Kristall viele Versetzungen, überlagern sich die Spannungen, sodass im Mittel, um eine Versetzung durch die Spannungsfelder der anderen Versetzungen fortzubewegen, eine Schubspannung

$$\tau_{\mathrm{v}} = \alpha\, G\, \boldsymbol{b}\, \vartheta^{1/2} \tag{9.13}$$

(ϑ Versetzungsdichte) erforderlich wird. Der Faktor α hängt von der Anordnung benachbarter Versetzungen ab, i. a. wird $\alpha \leq 0{,}1$ angenommen.

Schneiden sich zwei nichtparallele Versetzungen, entsteht ein Sprung in der Versetzungslinie *(Kinke)*, der bei ihrer weiteren Bewegung mitgeschleppt werden muss. Dieser Prozess ist vor allem beim Durchgang der Gleitversetzungen durch die nicht in der Gleitebene liegenden Versetzungen *(Waldversetzungen)* zu beobachten. Die Spannung τ_{v} kann sich noch dadurch erhöhen, dass die Versetzungen nicht gleichmäßig verteilt sind. Befindet sich in einer Gleitebene ein Hindernis, stauen sich die von einer Versetzungsquelle abgestoßenen Versetzungen an diesem Hindernis auf (Bild 9.12). Ein derartiges Hindernis kann von vornherein vorhanden sein (z. B. als Einschluss) oder erst durch Versetzungsreaktionen gebildet werden.

Die am Hindernis aufgestauten n Einzelversetzungen können auch als Superversetzung mit einem Burgersvektor $n\boldsymbol{b}$ aufgefasst werden. Dabei entsteht eine hohe Spannungskonzentration, die leicht zur Mikrorissbildung führt (Bild 9.40).

Das gegenseitige Behindern der Bewegung der Versetzungen ist die Ursache für die als *Verformungsverfestigung* bezeichnete Zunahme der erforderlichen Schubspannung im Verlauf der plastischen Verformung. Bei kfz Einkristallen mit einer mittleren Orientierung (Kurve 2) weist die Schubspannungs-Abgleitungs-Kurve (Bild 9.13) eine deutliche Dreiteilung auf. Im Bereich I nach Überschreiten der kritischen Schubspannung τ_{kr} ist nur ein geringer Anstieg der Kurve zu beobachten, d. h., die plastische Verformung verläuft noch ohne nennenswerte Verfestigung. Dies ist darauf zurückzuführen, dass kaum Wechselwirkungen zwischen den Versetzungen auftreten und diese deshalb lange Wege zurücklegen können. Da sich im Bereich I die Versetzungen nur in einem Gleitsystem bewegen, spricht man vom *Einfachgleiten*.

Der Bereich II ist durch einen steilen Anstieg der Verfestigungskurve gekennzeichnet. Durch das Aktivieren weiterer Gleitsysteme *(Mehrfachgleiten)* treten in starkem Maße Wechselwirkungen unter den Versetzungen auf (z. B. durch Bildung von *Lomer-Cottrell-Versetzungen*, Abschn. 2.1.11). Die neu gebildeten Versetzungen sind nicht mehr gleichmäßig verteilt, sondern ordnen sich in Form von Versetzungsbündeln oder Zellwänden an (Bild 9.14). Damit nimmt die Zahl der Hindernisse für die wandernden Versetzungen zu, und zum Aufrechterhalten der plastischen Verfor-

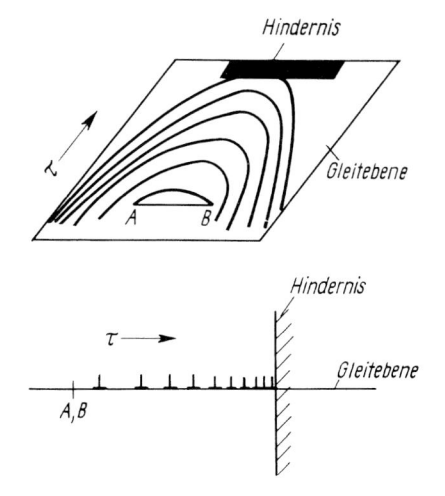

Bild 9.12 Aufstau von Versetzungen an einem in der Gleitebene liegenden Hindernis A, B Frank-Read-Quelle

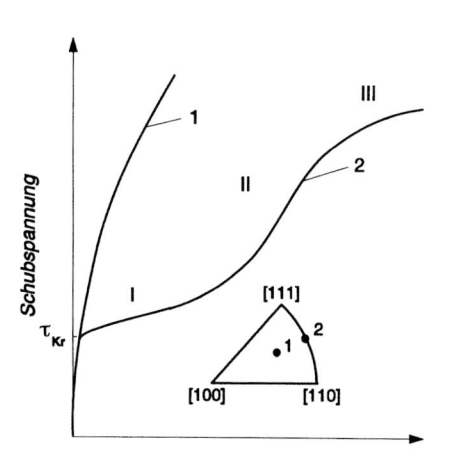

Bild 9.13 Schubspannungs-Abgleitungs-Kurve für kfz Einkristalle unterschiedlicher Orientierung

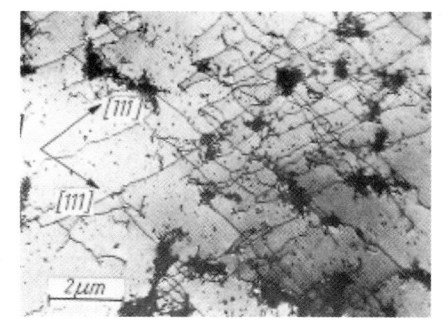

Bild 9.14 Inhomogene Versetzungsstruktur nach starker plastischer Verformung eines Molybdän-Einkristalls (nach A. Luft). schwarze Flächen: Versetzungsbündel mit hoher Versetzungsdichte; schwarze Linien: Einzelversetzungen

mung muss eine höhere Spannung aufgebracht werden. Zwischen der erforderlichen Schubspannung und der Versetzungsdichte besteht der Zusammenhang nach Gl. (9.13).

Im Bereich III verringert sich der Verfestigungsanstieg wieder. In diesem Stadium tritt *dynamische Erholung* ein, d. h., die Versetzungen können sich teilweise auflösen (Annihilation von Versetzungsschleifen mit entgegengesetztem Vorzeichen) oder Hindernisse durch Quergleiten umgehen. Die Einsatzspannung für den Bereich III nimmt exponentiell mit ansteigender Temperatur ab, und zwar besonders stark bei Metallen mit hoher Stapelfehlerenergie wie Aluminium oder Nickel. Die Dreiteilung der Verfestigungskurve verschwindet, wenn infolge der Kristallorientierung vom Beginn an Mehrfachgleitung auftritt (Kurve 1 in Bild 9.13).

9.2.2.3 Wechselwirkung zwischen Versetzungen und Fremdatomen

Eine erschwerte Versetzungsbewegung liegt auch in Mischkristallen vor *(Mischkristallverfestigung)*. Infolge ihrer abweichenden Größe verursachen Fremdatome eine symmetrische Verzerrung ihrer Umgebung (Abschn. 2.1.11), und es entsteht ein Normalspannungsfeld. Gelangt eine sich bewegende Stufenversetzung, die ebenfalls von einem Normalspannungsfeld umgeben ist, in die Nähe der Fremdatome, werden sich die Spannungsfelder gegenseitig beeinflussen. Es besteht die Tendenz, große Fremdatome, die Druckspannungen bewirken, in das Zugspannungsfeld der Versetzung und kleine Fremdatome, die zu Zugspannungen führen, in das Druckspannungsfeld der Versetzung, d. h. in die zusätzliche Gitterebene einzubauen. Dadurch wird die Gesamtverzerrung des Gitters verringert. Ist die Bewegungsgeschwindigkeit der Versetzungen höher als die Diffusionsgeschwindigkeit der Fremdatome, was im Allgemeinen bei Raumtemperatur der Fall ist, muss ein zusätzlicher Spannungsbetrag aufgebracht werden, um die Versetzung wieder von den Fremdatomen zu lösen.

Weiterhin können die Fremdatome, selbst wenn sie von etwa der gleichen Größe wie die Matrixatome sind, eine abweichende Bindungsenergie aufweisen. Das führt bei elastischer Beanspruchung der Fremdatomumgebung durch das Spannungsfeld einer Versetzung zu einem lokalen Schubmodulunterschied ΔG. Da die Versetzungsenergie der Größe des Schubmoduls proportional ist (Abschn. 2.1.11), wird aus energetischen Gründen bei negativem ΔG die Versetzung durch das Fremdatom angezogen, bei positivem ΔG abgestoßen. In beiden Fällen aber wird das Weiterbewegen der Versetzung erschwert.

Die Anwesenheit von Fremdatomen bewirkt einen Widerstand, zu dessen Überwinden die Schubspannung

$$\tau_M = a_F\, G\, c^{1/2} \tag{9.14}$$

(c Konzentration der Fremdatome in Atom-%; a_F Faktor, der die spezifische Verfestigungswirkung einer Atomart infolge des Atomgrößen- und Schubmodulunterschiedes angibt) notwendig ist. In Bild 9.15 ist am Beispiel einiger Legierungen mit Austauschmischkristallbildung die Verfestigung in Abhängigkeit von der Konzentration dargestellt.

Weitere Gründe für eine erschwerte Versetzungsbewegung sind chemische Wechselwirkungen *(Suzuki-Effekt)* oder Veränderungen der Elektronenstruktur bei Halbleitern.

Die Verfestigung von Einlagerungsmischkristallen ist im Allgemeinen stärker als von Substitutionsmischkristallen. Die Ursache für diesen Unterschied liegt darin begründet, dass Substitutionsatome infolge symmetrischer Gitterverzerrung ein Normalspannungsfeld verursachen und Schraubenversetzungen, die nur ein Schubspannungsfeld aufweisen, nicht beeinflussen können. Dagegen rufen Zwischengitteratome, z. B. Kohlenstoff im Eisen, anisotrope tetragonale Gitterverzerrungen hervor, wodurch Normal- und Schubspannungen im Gitter entstehen, die mit jedem Versetzungstyp in Wechselwirkung treten können.

Auch Ordnungsumwandlungen in Mischkristallen (Abschn. 4.4) können die Versetzungsbewegung behindern. Wandert eine vollständige Versetzung mit dem Bur-

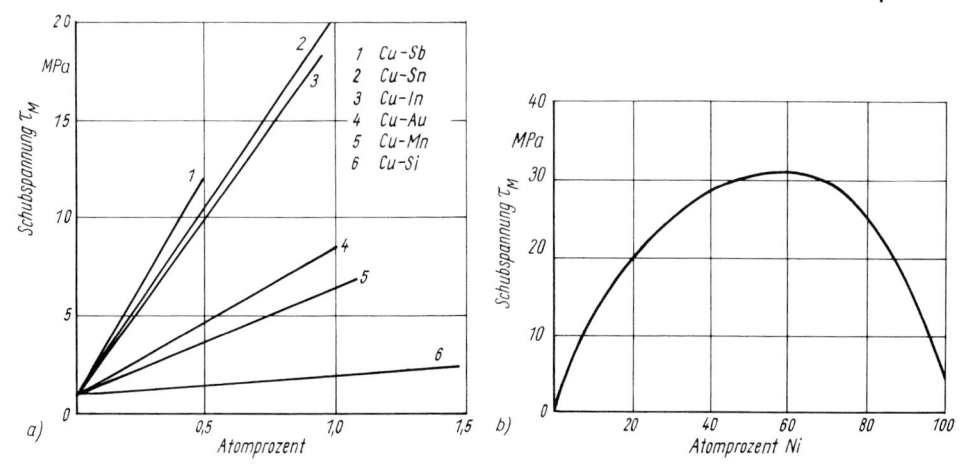

Bild 9.15 Mischkristallverfestigung in Abhängigkeit von der Konzentration für verschiedene Kupfer-Legierungen (a) sowie für das Zweistoffsystem Cu–Ni (b)

gersvektor $b = a/2 \langle 110 \rangle$ durch ein geordnetes kfz Gitter, erzeugt sie eine Antiphasengrenze, die mit einem Stapelfehler der Ordnung gleichbedeutend ist und eine Grenzfläche erhöhter Energie darstellt (Abschn. 2.1.11). Zum Bewegen der Versetzung durch ein geordnetes Gitter muss folglich eine zusätzliche Schubspannung aufgebracht werden, die der Energie der Antiphasengrenze proportional ist. Das stetige Vergrößern der Antiphasengrenze durch Bewegen von Einzelversetzungen im geordneten Gitter ist energetisch aber nicht günstig. Aus diesem Grunde arrangieren sich gleichsinnige Einzelversetzungen paarweise in einer Gleitebene zu Überversetzungen, wobei die zweite Versetzung die ursprüngliche Ordnung wieder herstellt. Sie benötigen eine kleinere zusätzliche Schubspannung und sind relativ gut gleitfähig.

Leerstellen zeigen prinzipiell die gleichen Wechselwirkungen mit den Versetzungen wie Fremdatome, jedoch wesentlich schwächer ausgeprägt. Überschussleerstellen bewirken das Behindern der Versetzungsbewegung vor allem dadurch, dass sie sich in die Versetzungsebenen (Sprungbildung) einlagern oder Ausscheidungen von Leerstellenagglomeraten im Gitter und Versetzungsringe bilden.

9.2.2.4 Wechselwirkung zwischen Versetzungen und Teilchen

Durch Ausscheiden aus einem übersättigten Mischkristall *(Ausscheidungsverfestigung)* gebildete oder mit Hilfe pulvermetallurgischer Verfahren *(Dispersionsverfestigung)* in den Grundwerkstoff (Matrix) feindispers eingelagerte Teilchen treten den Gleitversetzungen als Hindernisse entgegen, die von diesen entweder durch Schneiden oder Umgehen überwunden werden müssen. In beiden Fällen ist ein zusätzlicher Spannungsbetrag aufzubringen *(Teilchenverfestigung)*.

Sind Teilchen und Matrix kohärent, gehen die Gleitsysteme des Teilchens in die Matrix über, und die Versetzung kann auf ihrer Gleitebene das Teilchen durchlaufen (Bild 9.16). Der dazu erforderliche Spannungsbetrag ist angenähert

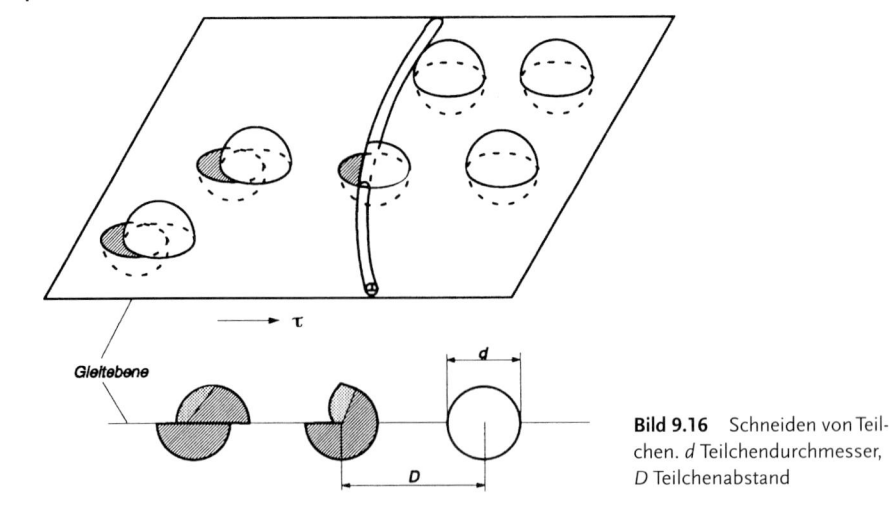

Bild 9.16 Schneiden von Teilchen. d Teilchendurchmesser, D Teilchenabstand

$$\tau_s \approx \pi \gamma_0 d/bD \tag{9.15}$$

(γ_0 Energie der durch den Schneidvorgang gebildeten Grenzfläche, d Teilchendurchmesser, D Teilchenabstand).

Bild 9.17 zeigt, wie Ni_3Al-Teilchen in einer NiCrAl-Legierung geschnitten und dabei Aluminiumatome über spannungsinduzierte Diffusion ausgeschleppt werden.

Ist das Teilchen wegen ungenügender Übereinstimmung der beiden Gitter von einem Kohärenzspannungsfeld umgeben, muss die Spannung weiter erhöht werden. Das Spannungsfeld wirkt so, als ob der Teilchenabstand verringert worden wäre.

In Teilchen mit geordneter Struktur entsteht durch Scheren eine Antiphasengrenze (Bild 9.18). Geschieht dies bei gleichzeitiger Bildung von Versetzungspaaren, können auch größere Teilchen geschnitten werden, da die von der Versetzungslinie I hinterlassene Antiphasengrenzfläche unter Rückgewinnen von Energie durch die nachfolgende Versetzung II beseitigt und die alte Ordnung wieder hergestellt wird (Bild 9.19).

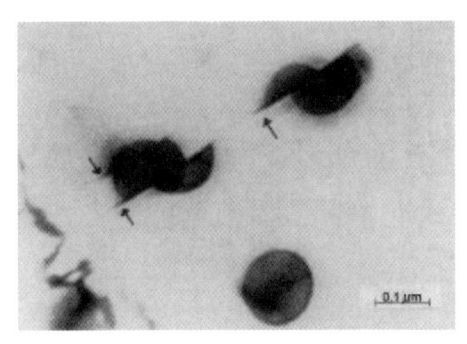

Bild 9.17 Schneiden von Ni_3Al-Teilchen (nach H. Gleiter)

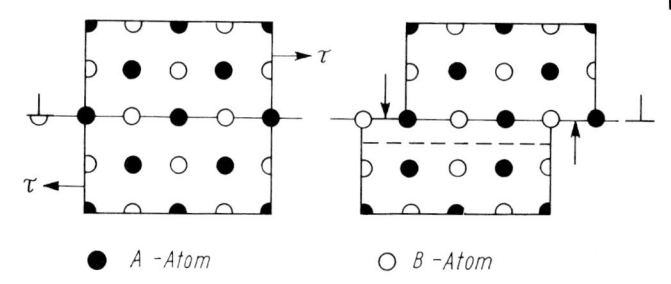

Bild 9.18 Entstehen einer neuen Grenzfläche Teilchen/Matrix (Pfeile) und einer inneren Antiphasengrenzfläche (gestrichelt) beim Scheren eines geordneten Teilchens (nach B. Ilschner)

Bild 9.19 Schneidvorgang in geordneten Teilchen unter Bildung eines Versetzungspaares (nach E. Hornbogen).
Schraffierte Fläche: Antiphasengrenze

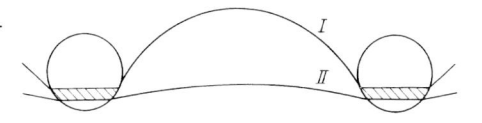

Erweisen sich die Teilchen als für Versetzungen undurchdringlich, wie im Fall von kohärenten Teilchen mit sehr starkem Spannungsfeld oder inkohärenten Partikeln, umschlingt die Versetzungslinie die Teilchen und dehnt sich zwischen jeweils zwei Partikeln so weit aus, bis sich antiparallele Versetzungsteile gegenseitig anziehen und annihilieren *(Orowan-Mechanismus)*. Die Versetzung hat das Hindernis unter Hinterlassen eines Versetzungsringes umgangen (Bild 9.20). Die dazu erforderliche Schubspannung beträgt

$$\tau_o \approx G_M \boldsymbol{b}/Df(d) \tag{9.16}$$

(G_M Gleitmodul der Matrix). Günstig für die Festigkeitssteigerung ist demnach ein geringer Teilchenabstand. Die Wiederholung dieses Vorgangs ist begrenzt, da bereits wenige Ringe genügen, um eine weit reichende und das weitere Abgleiten erschwerende Gegenspannung auszuüben. Deshalb ist dieser Verfestigungsmechanismus nur im Bereich der *Mikroplastizität* (Abschn. 9.2.3.2) wirksam. Für grö-

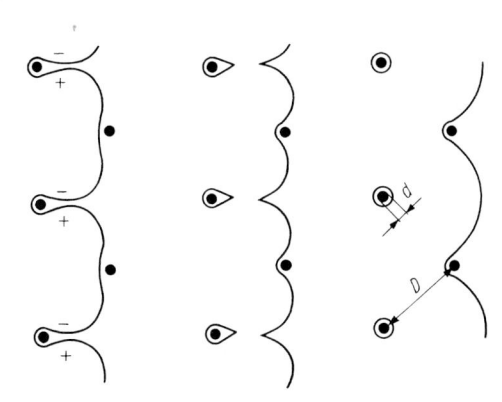

Bild 9.20 Umgehen von Teilchen beim Durchlauf der Versetzungslinie von links nach rechts

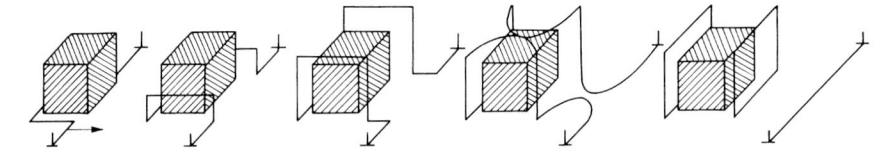

Bild 9.21 Umgehen eines Teilchens durch Quergleiten unter Bildung von zwei prismatischen Versetzungsschleifen (nach B. Ilschner)

ßere Verformungen kann die Verfestigung mit dem Entstehen prismatischer Versetzungsschleifen (Bild 9.21) erklärt werden. Die beim Vervielfachen entstandenen Versetzungen schneiden in der Regel die Primärgleitebenen und bewirken so eine Verfestigung, die in der Größenordnung der mit Gl. (9.16) beschriebenen liegt.

Der Orowan-Mechanismus wird zu Beginn der plastischen Verformung dann vorliegen, wenn $\tau_s > \tau_o$, und der Schneidvorgang, wenn $\tau_s < \tau_o$ ist. Für $\tau_s \approx \tau_o$ besteht zwischen beiden Mechanismen ein Übergang, für den sich eine kritische Teilchengröße

$$d_k = \frac{G_M \boldsymbol{b}}{\tau_T} \tag{9.17}$$

(τ_T die zum Verformen des Teilchens nötige Schubspannung) angeben lässt; es gilt dann $d < d_k$: Schneiden; $d > d_k$: Umgehen. Abschätzungen zeigen, dass für viele oxidische und carbidische Teilchen d_k in der Größenordnung von 10^{-5} bis 10^{-6} mm, für kohärente Phasen aber meist bei 10^{-4} mm liegt.

Überträgt man diese Ergebnisse auf technische Werkstoffe, so ist die Dispersionsverfestigung in Sintermaterialien mit Oxidteilchen wie DT-Nickel (Ni–ThO$_2$), SAP (Al–Al$_2$O$_3$), Blei (Pb–PbO) oder Ag-CdO-Kontakten, aber auch die Ausscheidungsverfestigung im Cu-legierten Sinterstahl, bei der Cu-reiche inkohärente Teilchen gebildet werden, auf Versetzungsumgehung und -vervielfachung zurückzuführen. Die Ausscheidungsverfestigung in Al–Cu-Legierungen *(Guinier-Preston-Zonen)* oder in Cu–Ti-Legierungen (modulierte Struktur) hingegen wird, solange keine Überalterung (Koagulation der Teilchen infolge Ostwald-Reifung) auftritt (Abschn. 4.2), durch das Schneiden kohärenter Teilchen verursacht [9.11].

Da ein geschnittenes Teilchen wegen der kleineren Hindernisfläche von nachfolgenden Versetzungen in der gleichen Gleitebene leichter durchlaufen werden kann als in benachbarten Gleitebenen, konzentriert sich in diesem Fall die plastische Verformung auf wenige Gleitebenen *(Grobgleiten)*. An den hohen Gleitstufen, die aus der Oberfläche austreten, können sich leicht Mikrorisse bilden. Beim *Orowan*-Mechanismus dagegen verkleinern die die Teilchen umgebenden Versetzungsringe den effektiven Teilchenabstand, sodass den in der gleichen Gleitebene nachfolgenden Versetzungen ein größerer Widerstand entgegengesetzt wird. Es werden deshalb neue Gleitebenen aktiviert, d. h. an der Oberfläche treten viele nebeneinander liegende Gleitstufen auf *(Feingleiten)*.

Bild 9.22 Elektronenmikroskopischer Befund für die Anziehung einer Versetzung durch ein Y_2O_3-Teilchen in einer Ni-Basis ODS-Superlegierung (nach J. H. Schröder und E. Arzt)

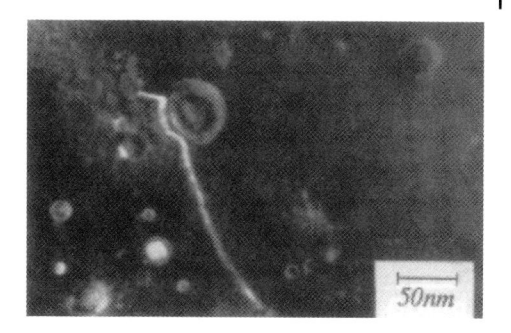

In dispersionsverfestigten Legierungen besteht bei ausreichend hohen Temperaturen für Versetzungen eine weitere Möglichkeit, die sich ihnen in den Weg stellenden harten Teilchen zu überwinden. Die Dispersoide zwingen die Versetzungen, sie mittels thermisch aktivierter nichtkonservativer Kletterbewegungen (Abschn. 7.1.4) zu umgehen. Dieser Vorgang läuft jedoch relativ rasch ab, sodass die hohe Kriechfestigkeit, wie dies insbesondere in Verbindung mit dem Kriechverhalten von ODS-Superlegierungen (**O**xid **D**ispersion **S**trengthened) gezeigt wurde, mit ihm allein nicht zu verstehen wäre. Vielmehr werden die Versetzungsbewegungen zeitweilig durch eine Anziehungskraft gehemmt, deren Ursache in einer teilweisen Relaxation des Verzerrungsfeldes in der unmittelbaren Nähe der Teilchen-Matrix-Grenzfläche zu suchen ist (Bild 9.22). Im Ergebnis dessen ist ein zusätzlicher Spannungsanteil

$$\tau_D \approx \tau_o \sqrt{1 - k^2} \qquad (9.18)$$

aufzubringen, um die Versetzung, nachdem sie das Teilchen bereits überklettert hat, von diesem abzulösen. In Gl. (9.18) sind τ_o die Orowan-Spannung nach Gl. (9.16) und k ein Parameter ($1 > k > 0$), der die Stärke der zwischen Teilchen und Versetzung temporär wirkenden Anziehungskraft charakterisiert [9.12]. Der Wert $k = 0$ steht für die maximale Anziehungskraft, während bei $k = 1$ keine Wechselwirkung existiert.

9.2.3
Plastische Verformung polykristalliner Werkstoffe (Vielkristallplastizität)

Beim Übertragen der Vorgänge der plastischen Verformung in Einkristallen auf polykristalline Werkstoffe treten drei Faktoren in den Vordergrund, nämlich die unterschiedliche Orientierung der Kristallite (Körner) im Kristallhaufwerk, die Rolle der Korngrenzen sowie die unterschiedlichen mechanischen Eigenschaften der Bestandteile mehrphasiger Legierungen (Abschn. 6.7.2).

9.2.3.1 **Spannungs-Dehnungs-Diagramm**
Im Unterschied zu den Einkristallen, bei denen man zum Beschreiben der Verformungsvorgänge den Zusammenhang zwischen der Schubspannung τ und der

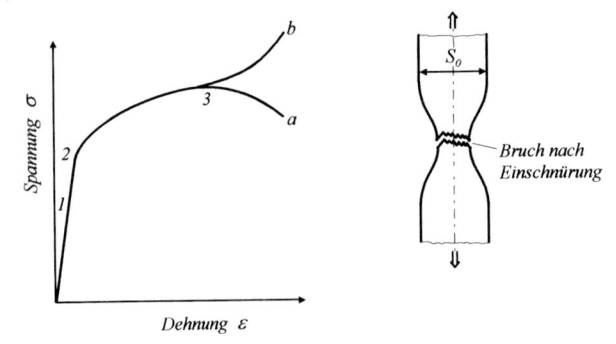

Bild 9.23 Spannungs-Dehnungs-Diagramm für duktiles Werkstoffverhalten. Scheinbares (a) und wahres (b) σ-ε-Diagramm. 1 Hookesche Gerade, 2 Fließ- oder Streckgrenze, 3 Zugfestigkeit

Schiebung γ bevorzugt, werden bei polykristallinen Werkstoffen in der Regel die Normalspannung σ und die Dehnung ε benutzt.

In Bild 9.23 ist die im einachsigen Zugversuch ermittelte Spannungs-Dehnungs-Kurve für duktiles Werkstoffverhalten dargestellt. Nach der linearelastischen Verformung – der Anstieg der Hookeschen Geraden bestimmt den Elastizitätsmodul – tritt bei sprödem Verhalten der Bruch ein, während sich bei ausreichender Duktilität nach Erreichen der Fließ- oder Streckgrenze ein nichtlinearer Zusammenhang zwischen Spannung und plastischer Dehnung einstellt. Da sich bei größeren plastischen Verformungen der Anfangsquerschnitt der Zugprobe S_o verkleinert, muss je nach der zum Berechnen der Zugspannung verwendeten Querschnittsfläche zwischen dem scheinbaren ($\sigma = F/S_o$) und dem wahren ($\sigma = F/S_W$) Diagramm unterschieden werden. Rechts im Bild 9.23 ist der Einschnür- und Bruchbereich einer Zugprobe dargestellt.

Die wahre σ–ε-Kurve lässt sich durch die *Ramberg-Osgood*-Beziehung

$$\varepsilon = \frac{\sigma}{E} + \left(\frac{\sigma}{B}\right)^n \tag{9.19}$$

(*E* Elastizitätsmodul, *B* Werkstoffkonstante, *n Verfestigungsexponent*) approximieren. Die zum Erreichen einer bestimmten plastischen Verformung erforderliche wahre Spannung (Fließspannung) bestimmt den Verformungswiderstand eines Werkstoffs. Infolge der Zunahme der Versetzungsdichte durch Multiplikation und der Abnahme durch gegenseitige Annihilation besteht für metallische Werkstoffe angenähert ein linearer Zusammenhang zwischen der Fließspannung und dem Verfestigungskoeffizient $d\sigma/d\varepsilon$.

Zur Ermittlung der im Spannungs-Dehnungs-Diagramm festgelegten Kennwerte wie Elastizitätsmodul, Streckgrenze oder Zugfestigkeit dient der *Zugversuch* [9.1]. Gemäß der internationalen Normung werden die Festigkeitswerte mit *R* bezeichnet. Sie erhalten einen Index, z. B. R_e für die Streckgrenze oder R_m für die Zugfestigkeit. Die Bruchdehnung *A* ergibt sich aus der bleibenden Längendehnung der Zugprobe; sie ist ein Maß für die Duktilität des Werkstoffs.

9.2.3.2 Orientierungseinfluss

Da in einem polykristallinen Haufwerk jeder Kristallit eine andere Lage seiner Gleitsysteme zur Beanspruchungsrichtung aufweist, wird das Abgleiten zunächst nur in wenigen, günstig orientierten Kristalliten (Orientierungsfaktor $M \approx 0{,}5$, Gl. (9.8)) einsetzen *(Mikroplastizität)*. Der Übergang zum plastischen Fließen im gesamten Volumen erfordert, dass mindestens fünf unabhängige Gleitsysteme wirksam werden, damit die Formänderung eines Kristallits den Nachbarkristalliten angepasst wird und somit die Kompatibilität an den Korngrenzen gewahrt bleibt. Deshalb wird im Gegensatz zu den Einkristallen, die bei geringen plastischen Verformungen Einfachgleiten zeigen können, bei polykristallinen Werkstoffen immer Mehrfachgleiten beobachtet. Das hat wiederum eine merkliche Erhöhung der Einsatzspannung für die plastische Verformung zur Folge. Bei hexagonalen Metallen, die bei Raumtemperatur nur auf der Basisfläche abgleiten können, muss die unterschiedliche plastische Verformung durch elastische Anpassung der benachbarten Körner aufgefangen werden, sodass schon bei geringen Verformungen hohe Spannungen im Werkstoff auftreten. In Kristallstrukturen mit niedriger Symmetrie, z. B. kristallinen Thermoplasten, können dadurch ausgeprägte Verformungstexturen (Abschn. 9.2.3.5) entstehen.

9.2.3.3 Korngrenzeneinfluss

Die Korngrenzen wirken für bewegte Versetzungen als Barrieren *(Korngrenzenverfestigung)*. Wird in einem Kristall mit günstiger Orientierung die zum Aktivieren der Versetzungsquellen erforderliche Schubspannung erreicht, können sich die Versetzungen auf den Gleitebenen zunächst nur bis zur Korngrenze bewegen. Es kommt zu einem Aufstau der Versetzungen, und erst bei einer bestimmten, durch den Korndurchmesser L^K begrenzten Aufstaulänge wird der Korngrenzenwiderstand überwunden (Bild 9.24).

Für den Übergang der Versetzungsbewegung über eine Korngrenze hinweg wurden verschiedene Modelle entwickelt (Bild 9.25). Während *Hall* und *Petch* annahmen, dass die Korngrenzen örtlich durchbrochen werden (Bild 9.25a), ging *Cottrell* davon aus, dass das Fließen im Nachbarkorn dann einsetzt, wenn als Folge der

Bild 9.24 Versetzungsbewegungen in einem Bikristall (nach *Hook* und *Hirth*)

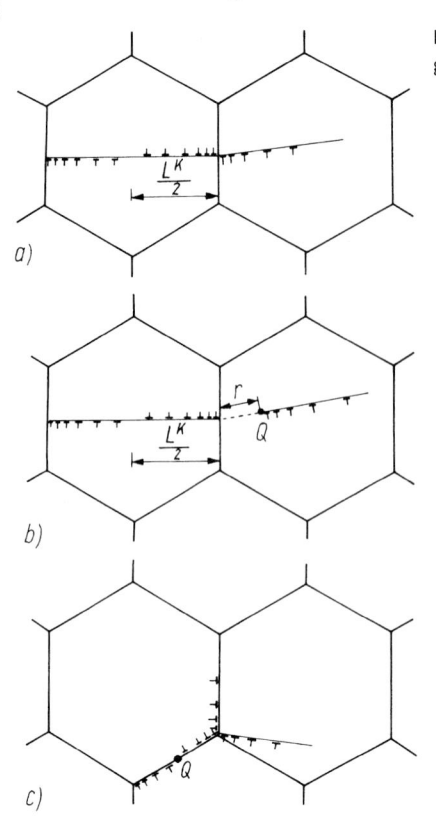

Bild 9.25 Modelle für das Überwinden von Korngrenzen durch Versetzungen

durch den Versetzungsaufstau verursachten Spannungskonzentration im Abstand r eine Versetzungsquelle Q aktiviert wird (Bild 9.25 b). Beide Aufstaumodelle sind allerdings nur für Metalle mit niedriger Stapelfehlerenergie, in denen ein Versetzungsaufstau in größerem Maße möglich ist, anwendbar. Für Metalle mit hoher Stapelfehlerenergie (Al, Ni) dürfte das Versetzungsmodell von *Conrad* eher zutreffen, wonach die innerhalb der Körner erzeugten Versetzungen eine der Wurzel aus der Versetzungsdichte proportionale Verfestigung bewirken. Für eine bestimmte plastische Verformung werden in kleineren Körnern wegen der kürzeren Laufwege höhere Versetzungsdichten benötigt als in größeren, d. h., in den kleineren Körnern muss die stärkere Behinderung der Versetzungsbewegung durch eine höhere äußere Spannung überwunden werden.

Andere Vorstellungen basieren darauf, dass die Korngrenzen selbst als Versetzungsquellen wirken (Bild 9.25 c). Nach dem Korngrenzenversetzungsmodell von *Bäro*, *Gleiter* und *Hornbogen* kann eine Korngrenzenversetzung (Abschn. 2.1.11.3.3) an einer Korngrenzenecke oder einer gekrümmten Korngrenze eine Gitterversetzung abspalten. Dieser Vorgang ist in Bild 9.26 dargestellt. Hier treffen sich zwei Gleitebenen eines Kristallits in der Schnittlinie AB auf der Korngrenze. Eine im Bereich vor der Korngrenze wirkende Schubspannung führt zur Scherung des Kristall-

9.2 Plastische Verformung

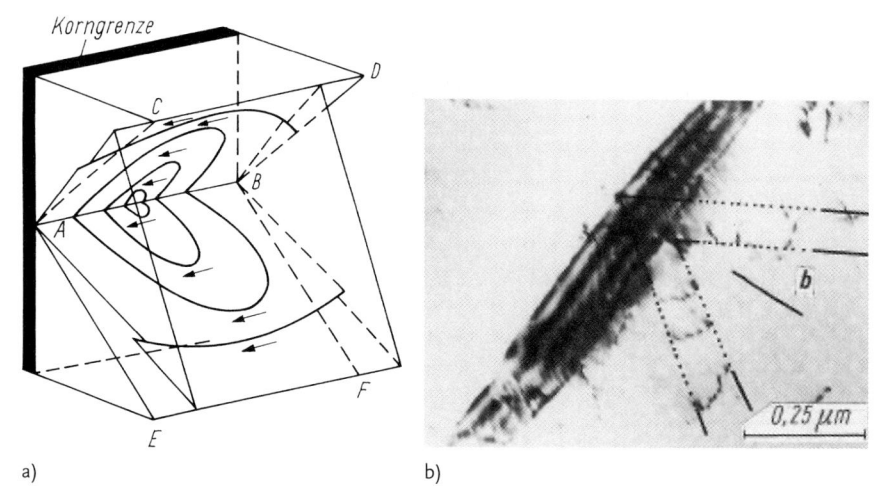

a) b)

Bild 9.26 Korngrenzen als Versetzungsquelle (nach H. Gleiter). a) Schematische Darstellung, b) elektronenmikroskopische Durchstrahlungsaufnahme

teils CAEFBD. Eine derartige Scherung kann aber nur dann eintreten, wenn die Korngrenze Versetzungsschleifen mit den durch Pfeile angedeuteten Burgersvektoren emittiert.

Sämtliche Modellvorstellungen führen auf den von *Hall* und *Petch* gefundenen Zusammenhang zwischen der Streckgrenze R_e und dem mittleren Korndurchmesser L^K (Abschn. 6.7.1). Die Konstante K in Gl. (6.16) bringt den Einfluss der Korngrenzen zum Ausdruck (Korngrenzenwiderstand). Die Darstellung der Streckgrenze über der reziproken Wurzel aus dem mittleren Korndurchmesser ergibt eine Gerade, deren Anstieg von K bestimmt (Bild 9.27) und die durch Änderung der Temperatur T und der Verformungsgeschwindigkeit $\dot{\varepsilon}$ parallel verschoben wird. Die *Reibungsspannung* σ_r kennzeichnet den Widerstand gegen Versetzungsbewegung ohne Korngrenzeneinfluss.

In technischen Werkstoffen liegen häufig mehrere Gefügebestandteile etwa gleicher Größe vor *(Duplex-Gefüge)*. Das Verformungsverhalten wird dann vor allem von der *Kontiguität* (Abschn. 6.6) und dem Verhältnis der Streckgrenzen der Phasen bestimmt.

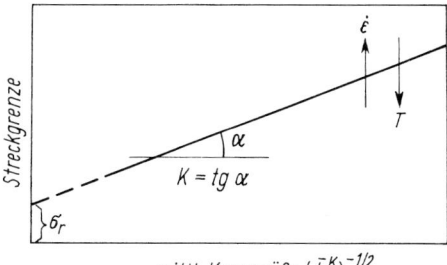

Bild 9.27 Zusammenhang zwischen Korndurchmesser und Streckgrenze

9.2.3.4 Streckgrenzenerscheinung

Der Übergang von der Mikroplastizität zum allgemeinen Fließen kann sowohl kontinuierlich als auch diskontinuierlich erfolgen. Im letztgenannten Fall tritt im Spannungs-Dehnungs-Diagramm im Anschluss an die Hookesche Gerade eine mehr oder weniger deutlich ausgeprägte Unstetigkeit *(obere Streckgrenze)* in Erscheinung (Bild 9.28). Die mit ihr verbundene plastische Verformung ε_L wird als *Lüders-Dehnung* bezeichnet. Dabei trägt ein zunächst lokal deformierter Bereich *(Lüdersband)* die plastische Verformung in die unverformten Bereiche hinein (bei unterschiedlicher Lichtreflexion als *Fließfiguren* sichtbar). Derartige inhomogene Verformungen sind bei der Blechumformung durch Kaltwalzen oder Tiefziehen unerwünscht, weil sie zu einer erhöhten Oberflächenrauigkeit führen. Da die Fließfiguren wieder verschwinden, sobald sich die Lüdersbänder über die gesamte Oberfläche ausgebreitet haben, ist beim Umformen darauf zu achten, dass der Verformungsgrad die Lüders-Dehnung überschreitet. Nach Abschluss der Lüdersbandausbreitung wird die plastische Verformung makroskopisch homogen, und der Verformungswiderstand steigt wieder an.

Das Auftreten einer oberen Streckgrenze ist primär auf die elastische Wechselwirkung zwischen Gleitversetzungen und Fremdatomen zurückzuführen. Nach den Vorstellungen von *Cottrell* werden insbesondere die Stufenversetzungen durch interstitiell gelöste Atome, die sich in der Dilatationszone der Versetzung unter Minimierung der elastischen Verzerrungsenergie des Gitters als „*Cottrell-Wolken*" anlagern, an ihrer Bewegung gehindert. Erst durch eine erhöhte äußere Spannung können die Versetzungen von diesen „Wolken" losgerissen werden. Dabei tritt eine Versetzungsmultiplikation ein, d. h., es bilden sich viele gleitfähige Versetzungen mit hinreichend großen Laufwegen.

Die plastische Dehngeschwindigkeit $\dot{\varepsilon}_{pl}$ eines auf Zug beanspruchten Werkstoffes ist

$$\dot{\varepsilon}_{pl} = \vartheta^G \boldsymbol{b} v \tag{9.20}$$

(ϑ^G Zahl der gleitenden Versetzungen, $\boldsymbol{b}$ Burgersvektor, v Abgleitgeschwindigkeit der Versetzungen).

Da die mittlere Abgleitgeschwindigkeit der Versetzungen der wirkenden Zugspannung proportional ist, muss sich bei konstanter Dehngeschwindigkeit eine Zunahme von ϑ^G in einer Abnahme von v, d. h. einem plötzlichen Spannungsabfall bemerkbar machen. Für kleine Verformungen gilt

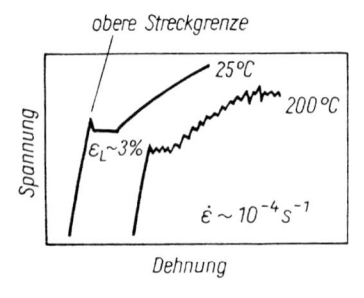

Bild 9.28 Spannungs-Dehnungs-Diagramm für weichen Stahl mit ausgeprägter Streckgrenze (links) und *Portevin-Le Chatelier*-Effekt (rechts)

$$\vartheta^G = \vartheta_o^G + c\varepsilon_{\text{pl}} \tag{9.21}$$

(ϑ_o^G Zahl der gleitfähigen Versetzungen im unverformten Zustand, c Konstante).

Ein sprunghafter Spannungsabfall tritt immer dann ein, wenn ϑ_o^G klein ist, was z. B. beim Eisen infolge Blockierens von Versetzungen durch *Cottrell*-Wolken der Einlagerungselemente C und N der Fall ist. Auch Whiskers (Abschn. 3.3), die nur wenige Versetzungen enthalten, zeigen eine ausgeprägte Streckgrenze.

Die beschriebenen Vorgänge sind temperaturabhängig. Bei höheren Temperaturen sind infolge der größeren thermischen Beweglichkeit der Fremdatome die „Wolken" nicht mehr stabil, und die Anzahl der gleitfähigen Versetzungen wird erhöht. Schon im Bereich von 100 bis 300 °C entspricht die Diffusionsgeschwindigkeit der Fremdatome etwa der Geschwindigkeit der bewegten Versetzungen, sodass sich um die von den Fremdatomen losgelösten Versetzungen während ihrer Bewegung erneut Wolken bilden können, die sie zeitweilig blockieren *(Portevin-Le Chatelier-Effekt)*. Man beobachtet dann einen diskontinuierlichen Verformungsverlauf in Form gezahnter Fließkurven (Bild 9.28). Der *Portevin-Le Chatelier*-Effekt tritt auch bei krz- und kfz-Substitutionsmischkristallen auf. Ursache dafür ist die Wechselwirkung der Versetzungen mit Atomagglomerationen. Hohe Verformungsgeschwindigkeiten ($\dot{\varepsilon} > 10^3$ s^{-1}) bewirken Dämpfungseffekte bei der Versetzungsbewegung, was zu einer *Fließverzögerung* führt.

9.2.3.5 Verformungsgefüge und Textur

Die hierunter fallenden Erscheinungen sind mit großen plastischen Verformungen polykristalliner Werkstoffe verbunden. Beim Umformen metallischer Werkstoffe unterscheidet man zwischen Warm- und Kaltumformen. Beim *Warmumformen* liegt die Verformungstemperatur oberhalb der Rekristallisationstemperatur (Abschn. 7.2.2), sodass die infolge der plastischen Verformung eintretende Verfestigung durch Erholungs- bzw. Rekristallisationsvorgänge sogleich wieder aufgehoben wird. In diesem Zustand großer Bildsamkeit kann der Werkstoff unter Anwendung verhältnismäßig geringer Umformkräfte hohe Umformgrade ohne Rissentstehung ertragen. Neben der im Vordergrund stehenden Formgebung werden auch infolge des intensiven Durchknetens die mechanischen Eigenschaften verbessert. Zum einen wird der Werkstoff durch Verschweißen von Gasblasen und Mikrolunkern weiter verdichtet, zum anderen das grobe Gussgefüge (Primärgefüge) (Abschn. 3.1.1.1) in ein wesentlich feinkörnigeres Sekundärgefüge umgewandelt.

Das *Kaltumformen* dagegen wird unterhalb der Rekristallisationstemperatur vorgenommen. Infolge der hierbei wirksam werdenden Verfestigung ist das Formänderungsvermögen wesentlich geringer. Nach dem Erreichen eines kritischen Umformgrades ist weiteres Verformen erst dann möglich, wenn durch ein Zwischenglühen der Werkstoff rekristallisiert wird. Andererseits ist jedoch das Kaltumformen wegen der mit ihm einhergehenden Verfestigung eine wichtige Möglichkeit zur Steigerung der Werkstofffestigkeit.

Das Kaltumformen eines polykristallinen Werkstoffs ist von der Veränderung der Kornform begleitet. Ein globulitisches Gefüge wird in Beanspruchungsrichtung gestreckt. Es entsteht ein Verformungsgefüge (Bild 7.23), das eine Anisotropie der me-

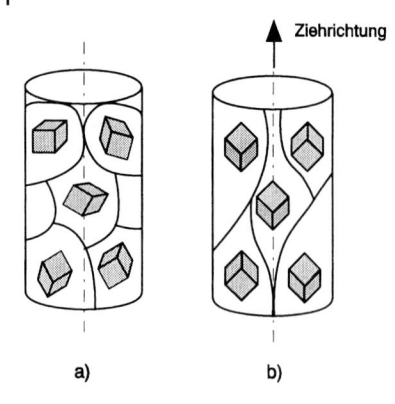

Bild 9.29 Verformungsgefüge und Textur (schematisch): a) unverformt, b) Textur

chanischen Eigenschaften bewirkt *(Gefügeanisotropie)*. Diese Anisotropie wird noch verstärkt, wenn sich im kristallinen Haufwerk eine kristallographische Vorzugsorientierung einstellt und eine *Verformungstextur* ausbildet [9.13]. In Abhängigkeit vom Umformprozess können verschiedene Texturarten unterschieden werden, so die beim Ziehen von Draht bzw. Strangpressen entstehende *Fasertextur* (Bild 9.29) oder die durch Walzen von Blech hervorgerufene *Walztextur* (Bild 10.37). Wichtige Verformungstexturen metallischer Werkstoffe enthält Tabelle 9.4.

Die Darstellung einer Textur ist mit Hilfe einer Polfigur, die auf röntgenographischem Wege ermittelt werden kann, möglich (Bild 2.17). Während die Durchstoßpunkte (Pole) der Normalen einer bestimmten kristallographischen Ebene bei regelloser Orientierung aller Kristallite gleichmäßig verteilt sind, häufen sie sich beim Vorliegen einer Textur an bestimmten Stellen. Die Belegungsdichte ist ein quantitatives Maß für die Orientierungsverteilung aller Kristallite, d.h. für die Textur.

Eine Verformungstextur bedingt eine Strukturanisotropie, die sich ähnlich dem Einkristallverhalten in von der kristallographischen Richtung abhängigen Unterschieden der Eigenschaften niederschlägt. Sie kann sowohl negative als auch positive Auswirkungen haben. Beim Tiefziehen beispielsweise führt eine Textur zur unerwünschten Zipfelbildung. Dagegen sind Texturen in Transformatoren- oder Dynamoblechen erwünscht, um Werkstoffe mit leichter Magnetisierbarkeit herzustellen (Abschn. 10.6.3).

Tab. 9.4 Wichtige Verformungstexturen

Gittertyp	Fasertextur kristallographische Richtungen in der Ziehrichtung	Walztextur kristallographische Ebenen in der Walzebene	Walztextur kristallographische Richtungen in der Walzrichtung
kfz	[111] + [100]	(123) (011)	[41$\bar{2}$] [21$\bar{1}$]
krz	[110]	(011)	[110]
hexagonal dichteste Kugelpackung	[10$\bar{1}$0]	(0001)	[10$\bar{1}$0]

9.2.4
Plastische Wechselverformung

Eine häufig wiederholte (zyklische) Beanspruchung kann selbst dann zu irreversiblen Werkstoffveränderungen führen, wenn die Spannungen unterhalb der Fließgrenze bleiben. Diese Erscheinungen werden als *Ermüdung* bezeichnet [9.14], [9.15]. Dabei sind zwei unterschiedliche Ermüdungsregime zu unterscheiden:

a) Die hochzyklische Ermüdung *(high cycle fatigue = HCF)* beschreibt das Werkstoffverhalten bei über 10^5 Belastungszyklen, wobei mit Ausnahme lokaler plastischer Verformungen an Spannungskonzentrationsstellen nur elastische Formänderungen auftreten.
b) Die niederzyklische Ermüdung *(low cycle fatigue = LCF)* ist begrenzt auf etwa 10^4 Belastungszyklen, bei denen es aber durch Überschreiten der Fließgrenze zu plastischen Verformungen kommt.

Elastisch-plastische Wechselverformungen können auch durch instationäre und inhomogene Temperaturfelder, die zu *thermisch induzierten Spannungen* führen, hervorgerufen werden. Dies ist z. B. der Fall beim An- und Abfahren von Aggregaten, deren Betriebstemperatur die Umgebungstemperatur wesentlich überschreitet, sowie in Werkzeugen für das Ur- und Umformen. Man spricht in diesem Fall von einer *thermischen Ermüdung*. Die durch elastisch-plastische Wechselverformung hervorgerufene irreversible Dehnungsakkumulation wird als *Ratcheting* bezeichnet.

Hier soll zunächst der Ermüdungsprozess bis zur Anrissbildung betrachtet werden, die sich anschließenden Vorgänge sind Gegenstand von Abschn. 9.5. Das Werkstoffverhalten bei elastisch-plastischer Wechselverformung beschreibt die *zyklische Spannungs-Dehnungs-Kurve (ZSD-Kurve*, Bild 9.30). Sie entsteht als Verbindungslinie der Umkehrpunkte von Hystereseschleifen, die sich bei unterschiedlichen Amplituden der plastischen Dehnung ergeben. Die ZSD-Kurve kann sowohl oberhalb als auch unterhalb der im Zugversuch ermittelten monotonen σ-ε-Kurve liegen, man

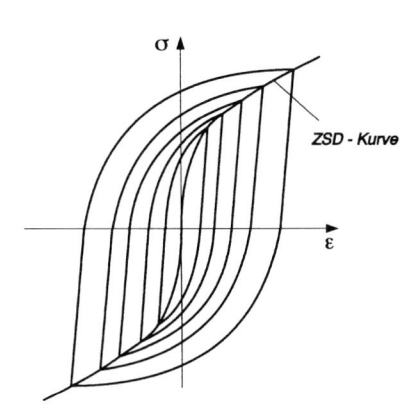

Bild 9.30   Zyklische Spannungs-Dehnungs-Kurve

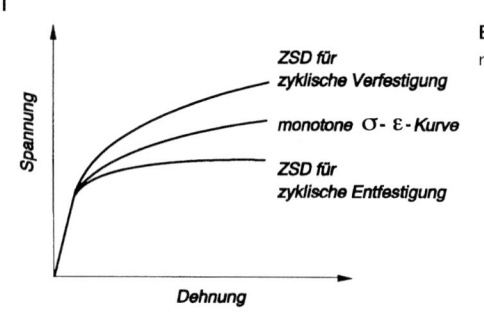

Bild 9.31 ZSD-Kurven im Vergleich zur monotonen Spannungs-Dehnungs-Kurve

spricht dann von zyklischer Verfestigung bzw. Entfestigung (Bild 9.31). Ob ein Werkstoff ver- oder entfestigt, wird von der von der Beanspruchung und dem Werkstoffzustand abhängigen Versetzungsstruktur bestimmt.

Infolge des ständigen Hin- und Herbewegens ordnen sich die Versetzungen in einer Leiter- bzw. Zellstruktur an. Dadurch konzentriert sich die Versetzungsbewegung zunehmend auf wenige Gleitbänder (*persistente* oder *F* [von fatigue]-Bänder), die an der Oberfläche zu groben Gleitstufen und damit zu Risskeimen führen (Abschn. 9.5.2). Als wesentliche Ursache für das Entstehen der F-Bänder wird das Quergleiten von Schraubenversetzungen angenommen.

9.2.5
Besondere Erscheinungen der Plastizität

Bei geeigneter Kombination bestimmter Gefügezustände und Umformbedingungen können außergewöhnliche plastische Eigenschaften beobachtet werden. Es handelt sich hierbei vorwiegend um diffusionsgesteuerte Erscheinungen, wie die *Superplastizität*, aber auch um solche, die auf spannungs- bzw. verformungsinduzierter Martensitbildung beruhen, wie die *Umwandlungsplastizität* oder das *Tieftemperaturkriechen*.

9.2.5.1 Superplastizität
Die superplastische Verformung *(SPD)*, die bei Temperaturen $> 0{,}5\, T_s$ möglich wird, ist durch das kombinierte Auftreten dreier Eigenheiten charakterisiert: eine große Bruchdehnung ($10^2 - 10^3\,\%$), eine niedrige Fließspannung ($10^0 - 10^1$ MPa) und Dehngeschwindigkeiten $\dot{\varepsilon}$ von 10^{-5} bis $10^{-1}\,\mathrm{s}^{-1}$. Gewöhnlich ist die Superplastizität an sehr kleine Korngrößen und eine globulare Kornform (Mikroduplexgefüge) gebunden. Sie wird sowohl bei einphasigen als auch bei mehrphasigen Gefügen beobachtet, wobei im letztgenannten Fall die Phasen etwa in gleicher Menge vorliegen sollten. Daher bauen viele superplastische Legierungen auf eutektischen und eutektoiden Systemen aus zwei und mehr Komponenten mit annähernd gleicher Schmelztemperatur auf.

Die im Vergleich zum Kriechen ($10^{-8}\,\mathrm{s}^{-1} < \dot{\varepsilon} < 10^{-5}\,\mathrm{s}^{-1}$) schnelle SPD geschieht über einen mit Diffusions- und/oder Versetzungskriechen kombinierten Abgleitvorgang längs der Korngrenzen derart, dass die Kompatibilität des Gefüges und die

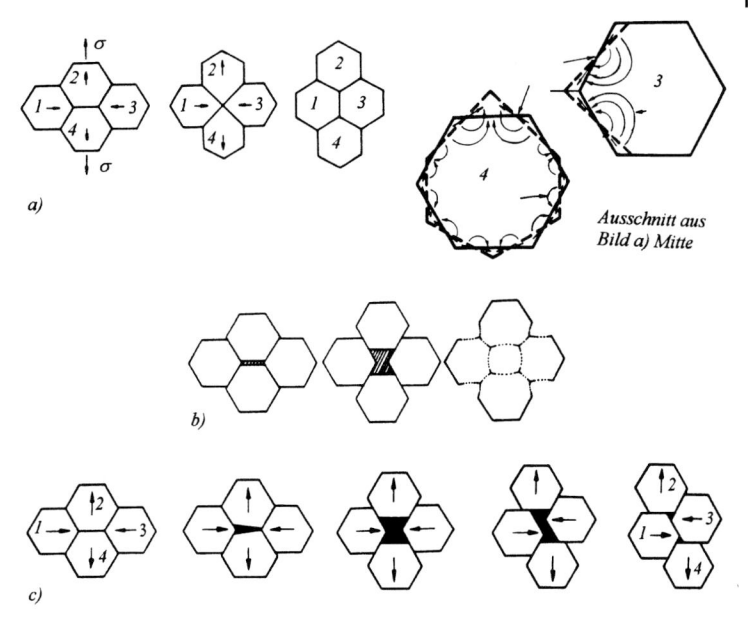

Bild 9.32 Schematische Darstellung a) des *Ashby-Verrall*-Mechanismus, b) des Permutationsmodells von Gifkins und c) der SPD mit temporärer Korngrenzenporosität (nach *Kuznetsova*)

Ausschnitt aus Bild a) Mitte

Kontinuität der Verformung gewahrt bleiben. Sowohl ein in Kraftrichtung hin erfolgendes Abgleiten der Kristallite als auch ein Strecken der Körner durch Kriechen würde für sich allein genommen zur Dekohäsion des Gefüges an den Korngrenzen führen. Sie wird vermieden, indem mit der Kristallitbewegung (Korngrenzengleiten) ein gestaltsakkommodativer Materialumbau über Kriechvorgänge im korngrenzennahen Bereich einhergeht und sich die Körner nicht nur in einer Ebene, sondern auch senkrecht dazu verschieben. Für alle diese Vorgänge, die experimentell belegt sind, wurden Modellvorstellungen entwickelt.

Am bekanntesten ist der *Ashby-Verall*-Mechanismus (Bild 9.32 a), wo die Gestaltsakkommodation beim Abgleiten der Kristallite über ein auf den korngrenzennahen Bereich eingeengtes Diffusionskriechen erreicht wird. Die Gleitverschiebung ist schneller als die des *Nabarro-Herring*- und *Coble*-Kriechens (Abschn. 7.1.4.1). Während der *Nabarro-Herring*-Mechanismus das Gesamtkristallitvolumen beansprucht, erstreckt sich die gestaltsakkommodative Fließdeformation des *Ashby-Verall*-Vorgangs auf nur etwa 15 % des Kristallitvolumens.

Das Permutations-Modell von *Gifkins* (Bild 9.32 b) sieht, nachdem eine Korngruppe so weit abgeglitten ist, dass sich zwischen zwei benachbarten Kornoberflächen ein Spalt gebildet hat, die Gestaltsakkommodation in der Weise vor, dass sich ein darunter (oder darüber) gelegenes Korn in die Öffnung einschiebt. Mit zunehmendem Abgleiten der Nachbarn nimmt es schließlich einen „regulären" Platz in der betrachteten Kornebene (Bildebene) ein, wobei das Korngrenzennetzwerk so korrigiert wird, dass annähernd im Gleichgewicht befindliche Korngrenzenwinkel von 120° entstehen.

Gleichfalls mit temporärer Hohlraumbildung (Korngrenzenporosität) verbunden und bei relativ grobkörnigem Gefüge favorisiert ist die SPD nach Bild 9.32c. Die Verformung geschieht im Wesentlichen dadurch, dass Korngrenzenversetzungen gleiten und klettern. Zur Wahrung der Verformungskontinuität tun sich zeitweise zwischen den driftenden Kristalliten Hohlräume auf, die „Freiräume" für die Bewegung der Körner darstellen und im weiteren Verformungsverlauf wieder geschlossen werden. Noch vorhandene Mikroporosität wird durch Gitterversetzungen, die sich aus dem korngrenzennahen Volumen bewegen und mit den Korngrenzen wechselwirken, eliminiert.

9.2.5.2 Umwandlungsplastizität

Wirkt während einer Phasenumwandlung eine äußere Spannung, tritt infolge ihrer Überlagerung mit den Umwandlungsspannungen (Abschn. 9.6) ein verstärktes plastisches Fließen ein, auch wenn die äußere Spannung unterhalb der Fließgrenze liegt. Der Werkstoff zeigt in diesem Temperaturbereich eine erhöhte Bildsamkeit. Wird die Phasenumwandlung durch zyklische Temperaturänderungen unter konstanter Last oftmalig wiederholt, dann können – ähnlich dem superplastischen Verhalten – Längenänderungen von mehreren hundert Prozent erreicht werden. Auf diese Weise wurden beispielsweise an Stählen im Zugversuch einschnürungsfreie Verlängerungen von 500 % erzielt.

Für stabile Werkstoffzustände besteht ein direkter Zusammenhang zwischen Gefüge und mechanischen Eigenschaften des betreffenden Werkstoffs. Bei metastabilen Zuständen ist aufgrund des komplizierten Wechselspiels zwischen der sich während der Verformung ändernden Gefügezusammensetzung und den daraus resultierenden Eigenschaften eine solche Beziehung nicht ohne weiteres gegeben. Charakteristisch hierfür ist das Spannungs-Dehnungs-Verhalten metastabiler austenitischer Stähle. Bild 9.33 zeigt im Vergleich zu der bei Raumtemperatur vorliegenden Spannungs-Dehnungs-Kurve, dass bei einer Verformungstemperatur von $-180\,°C < M_d$ (Abschn. 4.1.3) ab etwa 15 % Dehnung verformungsinduzierter Martensit entsteht und es damit zu einem verstärkten Anstieg der Spannung kommt.

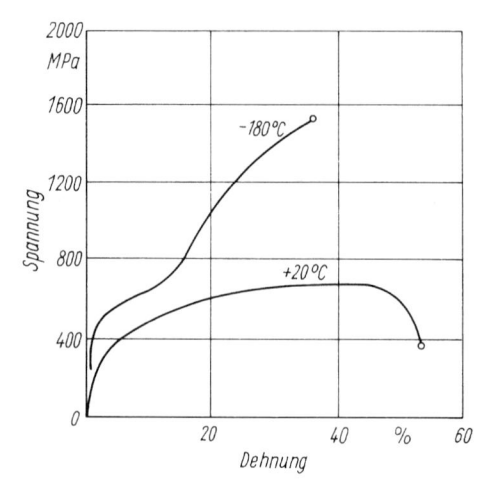

Bild 9.33 Spannungs-Dehnungs-Diagramm eines metastabilen austenitischen Stahls (nach H. Schumann)

Bild 9.34 TRIP-Effekt bei einer Eisen-Nickel-Legierung (nach H. Schumann)

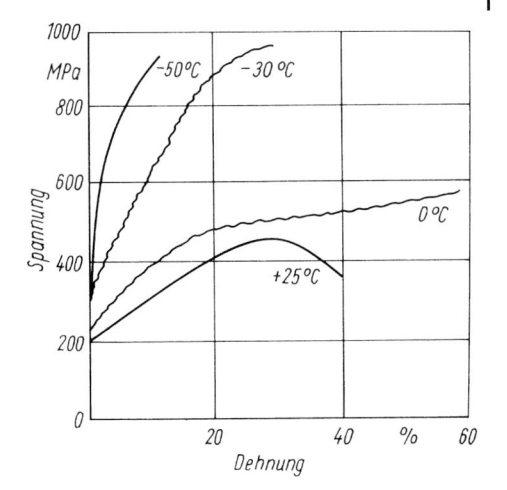

Über eine geeignete Abstimmung des Bereiches der Austenitstabilität (Variation der chemischen Zusammensetzung) mit der Verformungstemperatur lassen sich die Festigkeits- und Duktilitätseigenschaften der Legierungen in weitem Maße beeinflussen. Für eine FeNi-Legierung ($M_s = -32$ °C) ist bei einer Verformungstemperatur von 0 °C die Bruchdehnung viel größer als bei höheren oder tieferen Temperaturen (Bild 9.34). Der Grund dafür ist, dass mit der Einschnürung eine verstärkte verformungsinduzierte Martensitbildung einsetzt, die in der Einschnürzone zu einer starken örtlichen Verfestigung führt und dadurch den Fortgang der Einschnürung behindert. Dies wird als *TRIP-Effekt* (**T**ransformation **I**nduced **P**lasticity) bezeichnet.

Mit dem *TRIP-Effekt* sind auch dann sehr hohe Dehnungen erreichbar, wenn durch wiederholtes Erwärmen die Martensitumwandlung rückgängig und die Wirkung der verformungsinduzierten Martensitbildung jeweils erneut nutzbar gemacht wird. Es konnte außerdem gezeigt werden, dass die Wachstumsgeschwindigkeit von Ermüdungsrissen (Abschn. 9.5.3) in metastabilen Stählen oberhalb der M_s-Temperatur wesentlich geringer ist als bei den gleichen Stählen im austenitischen oder martensitischen Zustand, da in der plastischen Zone vor der Rissspitze verformungsinduzierter Martensit entsteht, der das Risswachstum behindert.

Beginnt die verformungsinduzierte Martensitbildung bereits während der Gleichmaßdehnung, überwiegt der Effekt der Festigkeitssteigerung. Die bei der plastischen Verformung entstehenden Versetzungen wirken keimbildend, sodass der verformungsinduzierte Martensit meist sehr feinkörnig in den Gleitebenen angeordnet ist. Hierdurch werden die Gleitversetzungen blockiert. Über die Wahl geeigneter chemischer Zusammensetzungen und Verformungstemperaturen lassen sich auf diesem Wege hochfeste und ultrafeste Stähle sowie die so genannten MP-Legierungen (**M**ulti-**P**hasen-Legierungen) mit 20 % Chrom, 10 % Molybdän, Rest Kobalt und Nickel in wechselnden Mengenverhältnissen herstellen. Diese ultrafesten Legierungen haben neben einer guten Zähigkeit auch eine ausgezeichnete Korrosions- und Spannungsrisskorrosionsbeständigkeit.

9.3
Viskose und viskoelastische Verformung

Die Verformung von Werkstoffen mit amorpher Struktur wird vom *viskosen* und *viskoelastischen* (verzögert-elastischen) Verhalten bestimmt. Je mehr sich die Temperatur des amorphen Werkstoffs von der Einfriertemperatur (Abschn. 2.2.1) zu niedrigen Temperaturen hin entfernt, umso größer wird der elastische bzw. viskoelastische und umso kleiner der viskose Anteil. Dagegen gehen beim Erhöhen der Temperatur über die Einfriertemperatur hinaus der elastische und viskoelastische Verformungsanteil zurück und der viskose nimmt zu. Eine rein viskose Verformung liegt jedoch erst im Schmelzzustand vor.

Die *viskose Verformung (viskoses Fließen)* ist ein irreversibler Vorgang kooperativer Bewegung von Molekülen bzw. Molekülgruppen, bei der Nebenvalenzbindungen lokal aufgebrochen werden. Dadurch können benachbarte Molekülteile nachgeben und stückweise aneinander vorbeigleiten, bis sie an anderer Stelle wieder festgehalten werden. Im Laufe der Zeit verschieben sich ganze Segmente der amorphen Struktur, wobei in jedem Augenblick die meisten Nebenvalenzbindungen intakt und nur einige wenige gelöst sind („Raupenbewegung"). Die viskose Verformung lässt sich durch eine lineare Abhängigkeit der Dehnung von der Zeit beschreiben:

$$\varepsilon_{\text{viskos}} = \frac{1}{\eta}\, t\, \sigma \tag{9.22}$$

t Beanspruchungszeit; σ konstante Zugspannung. Die Größe η ist ein Maß für den Widerstand gegen viskoses Fließen und wird als *dynamische Viskosität* bezeichnet. Das viskose Fließen wird für das Ur- und Umformen von Gläsern und Kunststoffen im Bereich $\eta < 10^{13}$ Pa s technisch umfassend genutzt (Abschn. 3.2.1 und Bild 3.27).

Die *viskoelastische* oder *relaxierende Verformung* bildet sich erst über einen mehr oder weniger langen Zeitraum zurück. Sie ist ein zeitabhängiger reversibler Vorgang, der durch folgende Beziehung beschrieben werden kann:

$$\varepsilon_{\text{r}} = \frac{1}{E_{\text{r}}}\, \sigma \left[1 - \exp(-t/t_{\text{r}})\right] \tag{9.23}$$

Dabei kennzeichnet der *Relaxationsmodul* E_{r} die Stärke des Widerstandes gegen eine viskoelastische Verformung, während die *Relaxationszeit* t_{r} die Geschwindigkeit beeinflusst, mit der sich die relaxierende Verformung einstellt.

Die Gesamtverformung eines amorphen Werkstoffs besteht immer aus elastischen, viskosen und viskoelastischen Anteilen (Bild 9.35):

$$\varepsilon_{\text{ges}} = \left(\frac{1}{E} + \frac{t}{\eta} + \frac{1}{E_{\text{r}}}\left[1 - \exp\left(-\frac{t}{t_{\text{r}}}\right)\right]\right)\sigma \tag{9.24}$$

Bei Kunststoffen ist der viskoelastische Anteil gegenüber dem elastischen relativ groß, bei Gläsern dagegen klein. Werkstoffe, bei denen die Kristallite von Glaspha-

Bild 9.35 Verformung eines amorphen Werkstoffs unter Zugbeanspruchung beim Be- und Entlasten
ε_{el} elastischer Dehnungsanteil
ε_v viskoser Dehnungsanteil
ε_r viskoelastischer (relaxierender) Dehnungsanteil

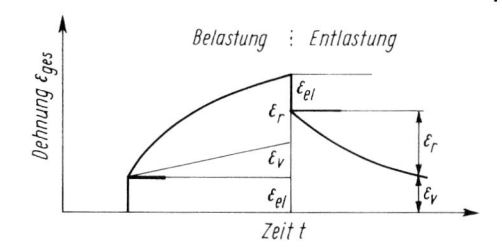

sen umgeben sind, wie Porzellan, Steinzeug oder Schamotte, zeigen ein den Gläsern analoges viskoelastisches Verhalten, obgleich durch die im Gefüge befindlichen Kristallite die viskose Verformung vermindert wird. Auch Beton verhält sich weitgehend viskoelastisch. Bituminöse Straßenbeläge zeigen bei den üblichen Temperatur- und Belastungsbedingungen eine aus viskosen und viskoelastischen Anteilen bestehende Verformung.

Ein derart komplexes Verformungsverhalten lässt sich anschaulich durch *rheologische Grundmodelle* darstellen, in denen Federn die elastische und Dämpfungselemente (Kolben in einem Zylinder mit zäher Flüssigkeit) die viskose Verformung repräsentieren. Das Modell im Bild 9.36a, in dem eine Feder und ein Dämpfungselement hintereinander geschaltet sind (*Maxwell*-Modell), beschreibt das elastisch-plastische Verhalten, während im Fall b die Parallelschaltung (*Voigt-Kelvin*-Modell) das viskoelastische Verhalten simuliert. Die Verformung vieler Kunststoffe kann mit Hilfe eines 4-Parameter-Modells, das ein *Voigt-Kelvin*- und ein *Maxwell*-Modell kombiniert, beschrieben werden (Bild 9.36c). Diese Modelle ermöglichen die mathematische Formulierung des Verformungsverhaltens, ohne dabei die strukturellen Prozesse zu beachten.

Das verzögerte Einstellen der Verformung bei vorgegebener Spannung bezeichnet man als *Retardation* oder *Verformungsrelaxation*. Von *Spannungsrelaxation* spricht man dann, wenn das Aufrechterhalten einer bestimmten Verformung von einer allmählichen Abnahme der Spannung begleitet ist. Sie hat beispielsweise zur Folge, dass ein zwischen zwei Teilen bestehender Kraftschluss mit der Zeit verloren geht.

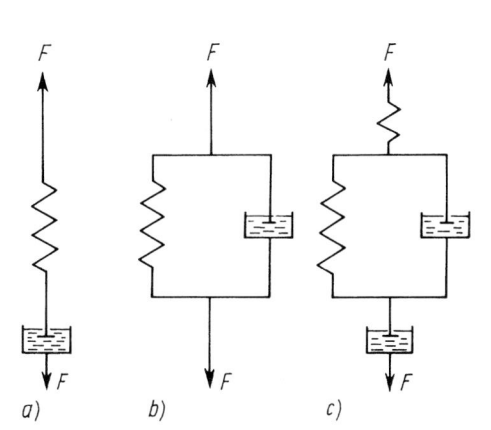

Bild 9.36 Rheologische Grundmodelle zur Beschreibung des zeitabhängigen Verformungsverhaltens. a) *Maxwell*-Modell, b) *Voigt-Kelvin*-Modell, c) 4-Parameter-Modell

Die Relaxationsvorgänge sind sowohl von der Zeit als auch der Temperatur abhängig. Während z. B. Gläser im Raumtemperaturbereich erst nach Jahren merkliche Relaxationen zeigen, benötigen sie im Zustand der unterkühlten Schmelze hierzu nur wenige Minuten.

Im makroskopischen Bereich gelten für Gläser die genannten Verformungsmechanismen ohne Einschränkung. Bei hoher Belastung kleinster Oberflächenbereiche – z. B. durch Ritzen mit einer Diamantspitze – zeigt das Glas unterhalb des Einfrierbereiches jedoch ein davon abweichendes Verhalten. Es treten irreversible Verformungen auf, deren Berechnung erst dann zu größenordnungsmäßig richtigen Werten führt, wenn ein Plastizitätsterm eingeführt wird. Dennoch unterscheidet sich das Fließverhalten des Glases von der plastischen Verformung kristalliner Körper. So schließt die häufig nachweisbare Dichtezunahme unter der Eindruckfläche bei vorangegangener hoher lokaler Belastung eine Volumenkonstanz aus, wie sie für den plastischen Fließvorgang gefordert wird, und auch die Fließspannung als Schwellenwert ist nicht vorhanden. Es liegt daher nahe, den Mikroverformungsmechanismus bei Gläsern als viskose Erscheinung darzustellen. Dabei bilden sich unter den kleinen Flächen des Indenter hohe Druck- und Scherkräfte aus, die ein nicht newtonsches Verhalten des Glases und eine örtlich zeitweise stark herabgesetzte Viskosität zur Folge haben. Allerdings wird für Gläser und amorphe Polymere auch die Existenz beweglicher Struktureinheiten diskutiert, die als versetzungsähnliche Gebilde durch ihre spannungsinduzierte Bewegung ein plastisches Fließen ermöglichen.

9.4
Kriechen

Bei konstanter Beanspruchung ablaufende zeit- und temperaturabhängige Verformungsprozesse werden in der Technik als *Kriechen* bezeichnet [9.16], [9.17]. Sie sind von besonderer Bedeutung für Werkstoffe mit amorpher und teilkristalliner Struktur wie Glas und Polymere, bei entsprechend hohen Temperaturen aber auch für kristalline Werkstoffe. Während das Kriechen amorpher und teilkristalliner Werkstoffe viskoser bzw. viskoelastischer Natur ist, stellen die irreversiblen Verformungsvorgänge bei kristallinen Werkstoffen im Temperaturgebiet $T > 0,4\ T_s$ (*Hochtemperaturkriechen*) eine Kombination von Verfestigen und Entfestigen in Verbindung mit Hohlraumbildung dar.

Im Gegensatz zum thermisch aktivierten Hochtemperaturkriechen wird das *Tieftemperaturkriechen* durch Erscheinungen, die als Folge von Volumen- und Formeffekten bei der Umwandlung von Austenit in Martensit auftreten, verursacht. Die mit dem Kriechen verbundenen komplexen strukturellen Vorgänge wurden in den Abschnitten 7.1.4.1 und 7.1.4.2 ausführlich erörtert; eine Übersicht der verschiedenen Kriechprozesse zeigt Bild 7.15.

Trägt man für den Fall des Hochtemperaturkriechens die Kriechdehnung ε bzw. die Kriechgeschwindigkeit $\dot{\varepsilon}$ in Abhängigkeit von der Zeit t auf, erhält man Kriechkurven, die grundsätzlich in drei verschiedene Bereiche unterteilt werden können (Bild 9.37). Die zeitliche Ausdehnung der einzelnen Bereiche hängt sowohl von den

Bild 9.37 Kriechdehnung und Kriechgeschwindigkeit in Abhängigkeit von der Zeit

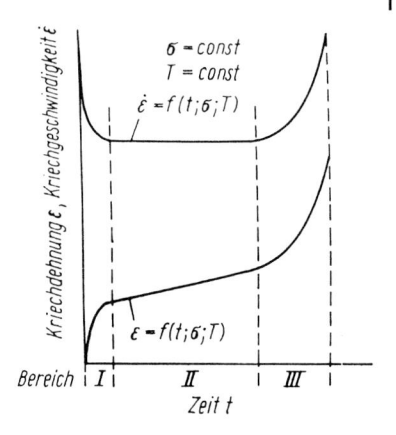

werkstoffspezifischen Eigenschaften als auch von den Beanspruchungsparametern (Spannung, Temperatur) ab. Der Bereich I (*Primär-* oder *Übergangskriechen*) ist für tiefe Temperaturen und niedrige Spannungen repräsentativ. Die Zunahme der Kriechdehnung erfolgt nach

$$\varepsilon_I = \alpha \log t \tag{9.25}$$

weshalb auch vom α-Kriechen oder logarithmischen Kriechen gesprochen wird. Das Absinken der Kriechgeschwindigkeit ist in diesem Bereich vorwiegend durch Verfestigungsvorgänge bedingt, die auf das Behindern der Versetzungsbewegung infolge thermisch aktivierter Schneidprozesse zurückzuführen sind. Der am Ende des Bereiches I sich einstellende Wert der Kriechdehnung wird von der Bauteilform, dem Eigenspannungszustand und dem Ausgangsgefüge bestimmt.

Die Kriechdehnungen im Bereich II (*stationäres Kriechen*) folgen der Beziehung

$$\varepsilon_{II} = k t, \tag{9.26}$$

wobei die Konstanz der Kriechgeschwindigkeit nicht immer gegeben ist. Der Bereich II hat die größte technische Bedeutung, da er für die *Zeitkriechgrenze*, d. h. die auf den Ausgangsquerschnitt einer Zugprobe bezogene Kraft, unter der nach Ablauf einer bestimmten Zeit ein gegebener bleibender Dehnungsbetrag nicht überschritten wird, maßgeblich ist. Damit lässt sich festlegen, wie lange ein Bauteil einer Temperatur-Spannungs-Beanspruchung ausgesetzt werden darf, ohne dass eine unstatthaft große Kriechverformung oder gar der Bruch eintritt. Wie bei jedem anderen thermisch aktivierten Vorgang lässt sich auch hier die *Arrhenius*-Gleichung zur Beschreibung heranziehen, wonach die Kriechgeschwindigkeit die Form

$$\dot{\varepsilon}_{II} = K \exp(-Q/RT) \tag{9.27}$$

annimmt. In die Größe K gehen (bei σ, T konst.) Korngröße und -form, Volumenanteil, Dispersionsgrad, Form, Größe, Textur und Anordnung der verschiedenen Phasen, Lage und Winkelunterschied von Zellgrenzen, Zahl, Dichte und Form isolierter Versetzungen sowie die Konzentration von Punktdefekten ein. Die für das stationäre Kriechen benötigte Aktivierungsenergie Q kann nach der Beziehung

$$Q = R \frac{T_1 T_2}{T_2 - T_1} (\ln \dot{\varepsilon}_2 - \ln \dot{\varepsilon}_1) \tag{9.28}$$

berechnet werden. Dafür ist die Ermittlung von zwei Kriechkurven bei Temperaturen T_1 und $T_2 > T_1$ erforderlich.

Im Bereich des stationären Kriechens besteht ein dynamisches Gleichgewicht zwischen Ver- und Entfestigen. Mit dem Entstehen neuer Versetzungen geht eine dynamische Erholung einher, die schneller als die statische Erholung (Abschn. 7.2.1) verläuft. Unter dem Einwirken der äußeren Spannung treten weiterhin gerichtetes Korngrenzengleiten (-kriechen) und diffusionsgesteuertes Kriechen (Versetzungskriechen, *Nabarro-Herring*-Kriechen, *Coble*-Kriechen) auf (Abschn. 7.1.4). Beim Übergang vom Bereich I zum Bereich II wird oft auch das so genannte β-Kriechen nach dem Zeitgesetz

$$\varepsilon_{\text{I/II}} = \beta t^{1/3} \tag{9.29}$$

beobachtet.

Der Bereich III *(tertiäres Kriechen)* zeigt eine rasch zunehmende Kriechdehnung. Er wird bei hohen Temperaturen und Spannungen beobachtet und endet mit dem *Kriechbruch* (Abschn. 9.5). Ursachen der anwachsenden Kriechdehnung sind einmal die Spannungserhöhung als Folge der lokal auftretenden Einschnürung (statisches Tertiärkriechen) und zum anderen irreversible Werkstoffveränderungen (physikalisches Tertiärkriechen). Als Werkstoffveränderungen kommen vor allem die Koagulation von Ausscheidungen, Rekristallisationsvorgänge sowie das Entstehen von Hohlräumen (Poren) als Folge des Korngrenzengleitens in Betracht. Da diese Werkstoffveränderungen bereits im Bereich II beginnen, vollzieht sich schon hier der Übergang von der Verfestigung zur irreversiblen Schädigung.

9.5
Bruch

Die folgenschwerste Ursache des Versagens einer Konstruktion ist der Bruch. Es ist deshalb verständlich, dass zum Erreichen einer hohen Sicherheit und Zuverlässigkeit von Maschinen und Anlagen der werkstoffwissenschaftlichen Analyse seiner Ursachen und der daraus resultierenden Maßnahmen zur Bruchverhütung große Aufmerksamkeit geschenkt werden muss [9.18], [9.19], [9.20].

9.5.1
Makroskopische und mikroskopische Bruchmerkmale

Der *Bruch* ist das makroskopische Trennen eines Festkörpers infolge Aufbrechen der Bindungen. Es kommt dabei zum Ausbreiten von Rissen in mikroskopischen und makroskopischen Dimensionen mit dem Stabilitätsverlust nach Erreichen einer kritischen Risslänge. Jeder Werkstoff hat eine *theoretische Trennfestigkeit* (Abschn. 9.2.2.1), die von den Bindungskräften zwischen den Atomen bzw. Molekülen und der Temperatur bestimmt wird. Dieser theoretische Wert wird aber – mit Ausnahme der Whiskers – bei weitem nicht erreicht, da die auf den verschiedenen Strukturniveaus existierenden Fehlstellen die zum Bruch führende Rissausbreitung wesentlich erleichtern.

Entscheidend beeinflusst wird das Bruchverhalten von der Kohäsion an inneren Grenzflächen zwischen Matrix und Ausscheidungen bzw. Einschlüssen. Auch durch die Segregation von Spurenelementen an Korn- bzw. Phasengrenzen wird der Rissausbreitungswiderstand reduziert.

In Abhängigkeit von den Beanspruchungsbedingungen sowie dem Gefüge des Werkstoffs können die Bruchmerkmale sowohl im makroskopischen als auch mikroskopischen Erscheinungsbild sehr unterschiedlich sein, was wichtige Anhaltspunkte für das Aufklären von Schadensfällen liefert (Bild 9.38 und 9.39) [9.21], [9.22].

Nach dem makroskopischen Bruchaussehen wird zwischen *Sprödbruch* und *Zähbruch* unterschieden. Man bezeichnet den Bruch als spröde, wenn der Rissausbreitung keine bzw. nur eine auf den unmittelbaren Bereich an der Rissspitze beschränkte irreversible Verformung vorausgeht. Typische Bruchflächenmerkmale sind der *trans- bzw. interkristalline Spaltbruch* (Bild 9.39 a und b). Sprödbrüche haben häufig zu schwerwiegenden Havarien an Brücken, Schiffen, Turbinen oder Druckbehältern geführt. Wird der Werkstoff dagegen erst nach stärkerer irreversibler Verformung seines gesamten Volumens getrennt, spricht man vom Zäh- oder Verformungsbruch. Mikroskopisches Bruchmerkmal sind die durch die Dekohäsion von Teilchen entstehenden Hohlräume (*Waben-* oder *Grübchenbruch*, Bild 9.39 c). Dabei ist zu beachten, dass zähes oder sprödes Verhalten nicht ausschließlich Werkstoffeigenschaften sind, sondern außer von der chemischen Zusammensetzung und dem Gefüge ganz wesentlich von den Beanspruchungsbedingungen wie Tempera-

Bild 9.38 Brucharten an einem einachsig und quasistatisch beanspruchten Zugstab:
a) transkristalliner Spaltbruch,
b) interkristalliner Spaltbruch,
c) duktiler Bruch durch Hohlraumkoaleszenz an Einschlüssen,
d) vollständige Einschnürung,
e) heterogener Scherbruch

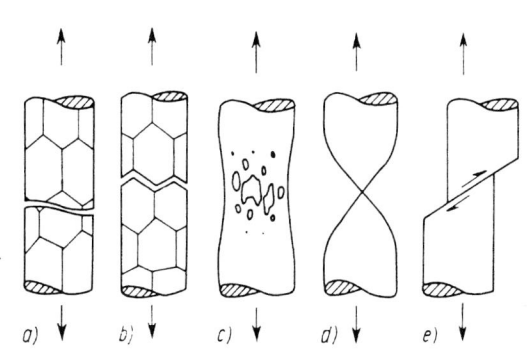

a) b)

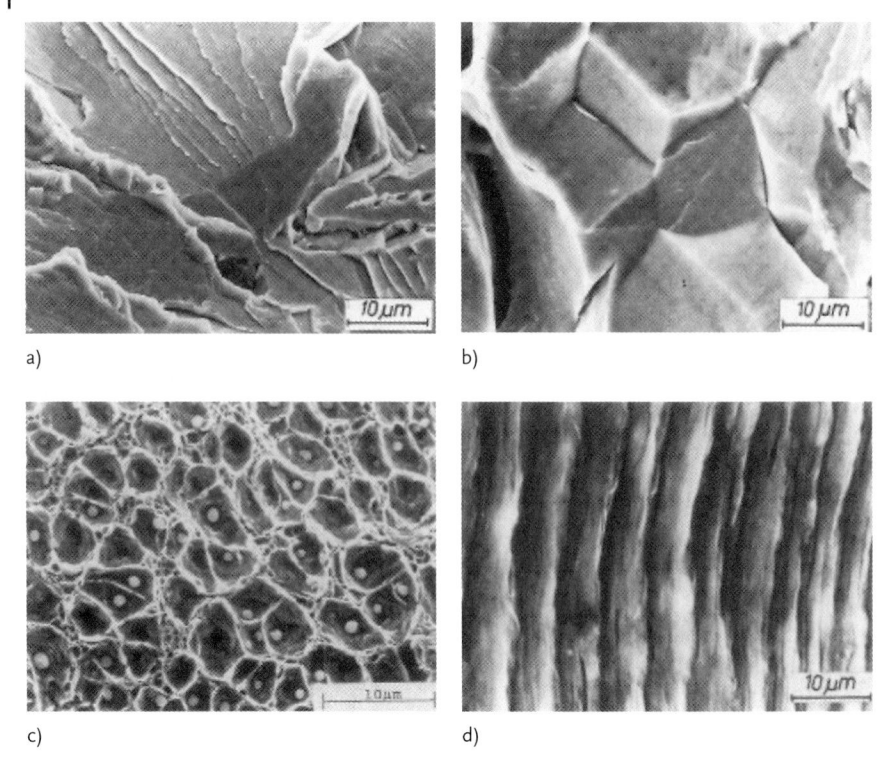

c) d)

Bild 9.39 Rasterelektronenmikroskopische Bruchflächenaufnahmen:
a) transkristalliner Spaltbruch, ebene Spaltflächen mit Zungen und Flüssen;
b) interkristalliner Spaltbruch, winklig zueinander angeordnete Korngrenzenflächen;
c) Grübchen- oder Wabenbruch durch Entstehen von Hohlräumen und Abscheren der dazwischen verbliebenen Werkstoffbrücken;
d) Ermüdungsbruch mit Schwingungsstreifen

tur, Spannungszustand, Belastungsgeschwindigkeit und umgebende Medien abhängen. Für einen durch zyklische Beanspruchung hervorgerufenen *Ermüdungsbruch* ist das Auftreten von Schwingungsstreifen (Bild 9.39 d) charakteristisch.

9.5.2
Rissbildung

Bereits im Fertigungsprozess können sich Risse bilden, beispielsweise beim Urformen oder Schweißen (Heiß- und Kaltrisse) bzw. bei der Wärmebehandlung (Härterisse). Die Ursache einer derartigen Rissbildung sind fast immer Eigenspannungen (Abschn. 9.6). Häufig entstehen Risse aber erst infolge lokalisierter Verformungen beim Einwirken äußerer Beanspruchungen oder durch Korrosion (Abschn. 8.1.7). In Bild 9.40 sind einige Mechanismen für das Entstehen transkristalliner Spaltrisse durch inhomogene Versetzungsbewegungen dargestellt.

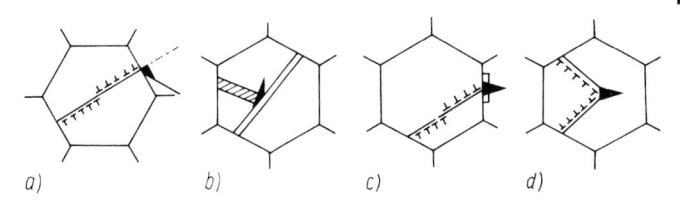

Bild 9.40 Entstehen transkristalliner Spaltrisse. a) Aufstau (pile-up) von Stufenversetzungen an einer Korngrenze, b) Auflaufen eines Gleitbandes auf einen Zwilling, c) Aufreißen von Ausscheidungen an den Korngrenzen, d) Kreuzen von Gleitbändern

Der Aufstau *(pile-up)* von Stufenversetzungen an einer Korngrenze ist mit einer Spannungskonzentration verbunden. Sie führt zum Aufreißen, falls die Trennfestigkeit früher erreicht wird als die zur Bildung weiterer Versetzungen erforderliche kritische Schubspannung. Andere Möglichkeiten der Bildung transkristalliner Spaltrisse sind das Auflaufen eines Gleitbandes auf einen Zwilling bzw. kreuzende Bänder. Diese *Versetzungsrisse* breiten sich zunächst in einzelnen Kristalliten auf Spaltebenen aus, bis sie die Korngrenzen überschreiten und schließlich zum makroskopischen Riss bzw. Bruch führen. Als Spaltebenen (Tab. 9.5) kommen vor allem niedrig indizierte kristallographische Ebenen in Frage, da diese Ebenen die geringste Oberflächenspannung haben (Abschn. 6.2). In metallischen Werkstoffen mit kfz Struktur wird kein Spalten beobachtet, da hier wegen der vielen Gleitsysteme und der starken Neigung zum Quergleiten immer günstige Voraussetzungen zur plastischen Verformung bestehen. In krz Strukturen wird die Bewegung der Versetzungen vor allem bei hohen Verformungsgeschwindigkeiten und niedrigen Temperaturen erschwert, und es können unter derartigen Beanspruchungsbedingungen Spaltbrüche auftreten.

Der Spaltmechanismus ist auch typisch für Kristallstrukturen mit Ionen- bzw. Atombindung, bei denen kaum eine plastische Verformung durch Versetzungsaktivierung möglich ist.

In den Fällen, bei denen das Korngrenzengleiten als überwiegender Verformungsmechanismus wirkt, entstehen interkristalline Spaltrisse (Bild 9.41 a). Besonders häufig sind keilförmige Risse an Korngrenzentripelpunkten, an denen das gegenseitige Abgleiten von zwei Korngrenzen durch ein drittes Korn behindert wird (Bild 9.41 b).

Tab. 9.5 Spaltebenen in Kristallen

Gittertyp	Spaltebene
krz	{100}
hexagonal	(0001)
Diamant	{111}
CaF_2-Struktur	{111}
ZnS-Struktur	{110}

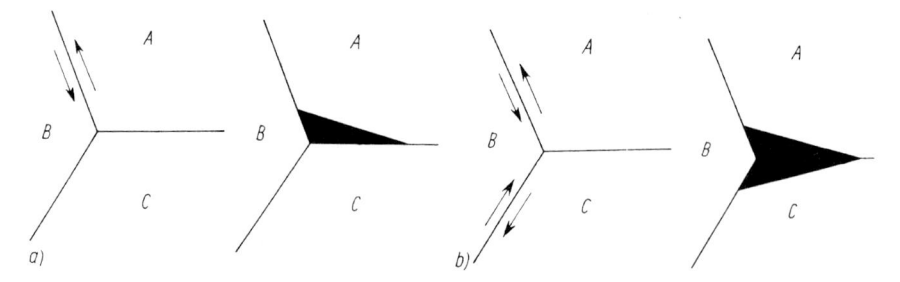

Bild 9.41 Entstehen interkristalliner Spaltrisse an Korngrenzentripelpunkten

Während der Spaltrissmechanismus für sprödes Werkstoffverhalten charakteristisch ist, verläuft in duktilen Werkstoffen die Rissbildung über das Entstehen und Vereinigen von Hohlräumen *(voids)* im Korninneren oder an den Korngrenzen (Bild 9.42). Voids entstehen häufig auch an Ausscheidungen oder Einschlüssen, wenn infolge plastischer Verformung die Grenzfläche zur Matrix abgelöst wird (Bild 9.43).

Allgemein ist zum Einfluss einer zweiten Phase zu sagen, dass diese bei globulitischer Form, mittlerer Größe und hoher Grenzflächenfestigkeit zur Matrix den Widerstand gegen Voidbildung erhöht, in Plättchen- oder Faserform, bei niedriger Festigkeit der Grenzfläche und hinlänglich kleinem oder großem Durchmesser aber er-

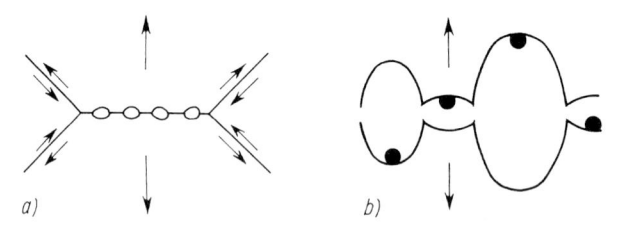

Bild 9.42 Rissbildung durch Vereinigen von Hohlräumen: a) auf den Korngrenzen, b) im Korninneren

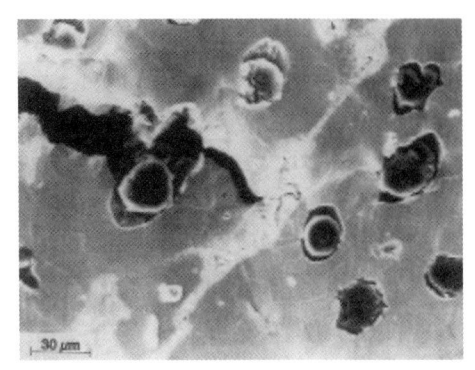

Bild 9.43 Ablösen von Graphit-Teilchen im Gusseisen

Bild 9.44 Riss in einem Carbid-Teilchen eines Werkzeugstahls

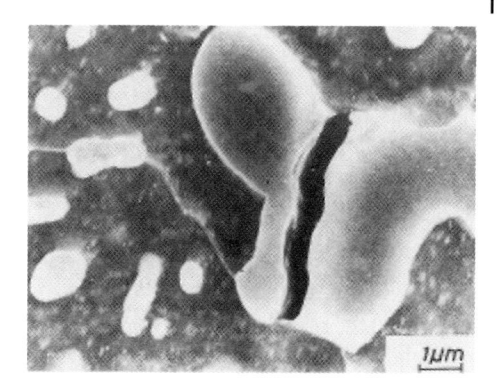

leichtert. Ein Beispiel für das Entstehen eines Spaltrisses in einem spröden Teilchen, der sich nicht in die duktile Matrix ausbreiten konnte, zeigt Bild 9.44.

Auch bei den Kunststoffen ist die Rissbildung mit inhomogenen Verformungsvorgängen verbunden. Neben Hohlraumbildung und Einschnürung oder auch inter- bzw. intrasphärolithischer plastischer Verformung spielt das Entstehen von Fließzonen *(Crazes)* eine besondere Rolle [9.23]. Crazes, deren Dicke nur einige hundertstel Millimeter beträgt, die aber an der Oberfläche eine Länge von mehreren Zentimetern erreichen können, sind Hohlräume, die im stark verstreckten Polymerwerkstoff zwischen den Fibrillen entstehen. Da die Dichte einer Fließzone nur etwa die Hälfte des kompakten Materials beträgt (das Innere der Fließzone ist mit einer stark orientierten Schaumstruktur vergleichbar), können diese Schwachstellen leicht aufreißen. Das Entstehen von Crazes wird durch erhöhte Spannungen sowie das Eindringen benetzender Medien gefördert (Abschn. 8.3.1). Das mit steigender Belastung zu beobachtende Aufweiten der Fließzonen geschieht nicht über die Umwandlung von weiterem Polymerwerkstoff in Craze-Bereiche, sondern durch Dehnen der bereits bestehenden Crazes.

Crazes kommen vor allem in amorphen, aber auch in teilkristallinen Thermoplasten und in geringem Umfang in duromeren Gießharzen vor. In Thermoplasten mit Sphärolithstruktur (Abschn. 3.1.2.2) bildet sich eine inhomogene Verformung derart aus, dass die senkrecht zur Normalspannung liegenden Sphärolithbereiche irreversibel verstreckt, die im Scheitelbereich befindlichen dagegen nur reversibel gedehnt werden. Dies führt zur Mikrorissbildung, die wegen der damit verbundenen Lichtbrechung als *Weißbruch* bezeichnet wird. Mit zunehmender Belastung reißen auch die amorphen Bereiche an den Sphärolithgrenzen auf.

Der Bruch *faserverstärkter Verbundwerkstoffe* (Abschn. 9.7.4) kann durch Entstehen von Mikrorissen in der Matrix, Aufreißen oder Herausziehen *(pull out)* der Fasern sowie Ablösen der Fasern von der Matrix *(Debonding)* eingeleitet werden.

Bei plastischen Wechselverformungen metallischer Werkstoffe können in den F-Bändern (Abschn. 9.2.4) an der Werkstoffoberfläche Auspressungen *(Extrusionen)* oder Einsenkungen *(Intrusionen)* entstehen (Bild 9.45), die als Risskeime wirken. Größere Spannungs- bzw. Dehnungsamplituden führen auch zu Anrissen an Korn-

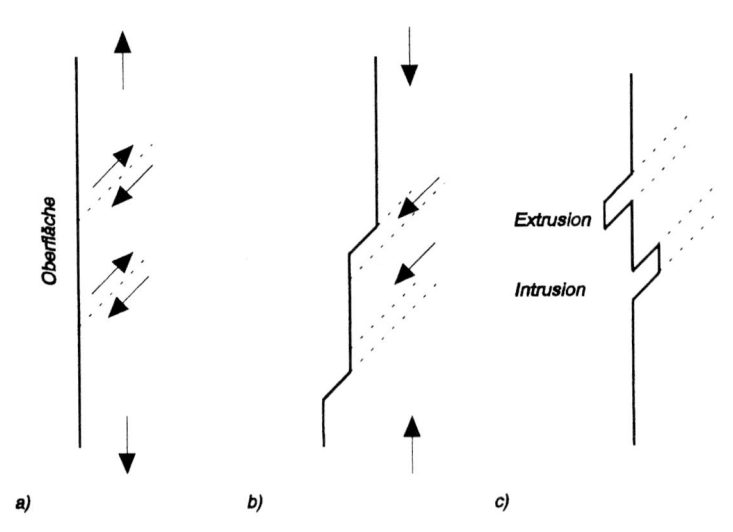

Bild 9.45 Entstehen von Risskeimen an der Werkstoffoberfläche bei zyklischer Beanspruchung

oder Zwillingsgrenzen im oberflächennahen Bereich homogener bzw. an den Phasengrenzen heterogener Werkstoffe. Ist die Oberfläche von einer Passivschicht bedeckt, was z. B. bei rostbeständigen CrNi-Stählen der Fall ist, kann diese durch Gleitstufen örtlich zerstört werden. Auch an solchen Stellen können Risskeime entstehen.

9.5.3
Rissausbreitung

Die Rissbildung führt nur dann zum Bruch, wenn der Riss ausbreitungsfähig ist. Sind die Bedingungen für eine Rissausbreitung gegeben, geht der submikroskopische Anriss zunächst in einen Mikroriss (1 μm bis 1 mm) und dieser später zum Makroriss (>1 mm) über, aus dem schließlich der zum Bruch führende Magistralriss entsteht. Die Rissausbreitung kann entweder instabil (unter Energiefreisetzung) oder stabil (unter ständiger Energiezufuhr) verlaufen.

Für die *instabile Rissausbreitung* wurde von *Griffith* die Bedingung aufgestellt, dass sich die im Werkstoff gespeicherte elastische Verzerrungsenergie stärker verringert als der zur Bildung der Rissoberfläche aufzubringende Betrag an Oberflächenenergie. Die elastische Verzerrungsenergie beträgt

$$W_E = \frac{\pi a^2 \sigma^2}{E} \qquad (9.30)$$

(*a* Risslänge, σ senkrecht zum Riss wirkende Zugspannung, *E* Elastizitätsmodul). Das negative Vorzeichen besagt, dass mit zunehmender Risslänge die Verzerrungsenergie abnimmt. Die aufzubringende Oberflächenenergie ist

$$W_0 = 4a\gamma_0 \qquad (9.31)$$

(γ_0 spezifische freie Oberflächenenergie).
Die Gleichgewichtsbedingung für beide Energien lautet

$$\frac{dW}{da} = \frac{2\pi a \sigma^2}{E} + 4\gamma_0 = 0 \qquad (9.32)$$

Damit ergibt sich die für instabile Rissausbreitung erforderliche kritische Spannung zu

$$\sigma_c = \left(\frac{2\gamma_0 E}{\pi a}\right)^{1/2} \qquad (9.33)$$

Aus den an Glas gemessenen Bruchfestigkeiten errechnet sich nach dieser Beziehung eine kritische Risslänge von etwa 10^{-4} mm. Allerdings gilt Beziehung (9.33) nur für spröde Werkstoffe wie Glas oder Keramik. Bei metallischen Werkstoffen tritt infolge von Versetzungsbewegungen an der Rissspitze immer eine örtliche plastische Verformung *(plastische Zone)* auf, was eine beträchtliche Erhöhung der zum Erzeugen der Bruchfläche effektiv benötigten Energie ($\gamma_{eff} \gg \gamma_0$) und damit auch der kritischen Risslänge zur Folge hat. Die instabile Rissausbreitung kann als Spaltbruch sowohl transkristallin als auch – falls durch Ausscheidungen die Kohäsionsfestigkeit an den Korngrenzen vermindert ist – interkristallin verlaufen. Im Allgemeinen führt sie zu einem verformungsarmen Bruch, der makroskopisch als Sprödbruch in Erscheinung tritt.

Wird vor Erreichen der kritischen Spannung σ_c die Fließgrenze überschritten, kommt es zum allgemeinen Fließen im Werkstoffvolumen, und die Rissausbreitung kann nur unter ständiger Energiezufuhr, also stabil, fortschreiten. Wichtigster Mechanismus der stabilen Rissausbreitung unter statischer Beanspruchung ist die in Bild 9.42 dargestellte Koaleszenz von Rissen oder rissartigen Hohlräumen, die vor der Spitze eines sich zunächst abstumpfenden Anrisses entstehen.

Werkstoffe mit krz Struktur zeigen einen Wechsel von der stabilen zur instabilen Rissausbreitung mit sinkender Temperatur. Das ist darauf zurückzuführen, dass die Spannung σ_c und die Streckgrenze eine unterschiedliche Temperaturabhängigkeit aufweisen. Oberhalb einer *Übergangstemperatur* $T_ü$ wird zuerst die Streckgrenze erreicht, d.h., der Bruch erfolgt nach plastischer Verformung als Zähbruch. Bei $T < T_ü$ dagegen wird die kritische Spannung für die instabile Rissausbreitung wirksam, und es kommt zum Sprödbruch. Mit abnehmender Korngröße wird die Übergangstemperatur zu niedrigeren Temperaturen verschoben. Analog zur Streckgrenze (Gl. 6.16) besteht der Zusammenhang

$$\frac{1}{T_ü} = A + B(L^K)^{1/2} \qquad (9.34)$$

(A, B werkstoffspezifische Konstanten; L^K mittlerer Korndurchmesser).

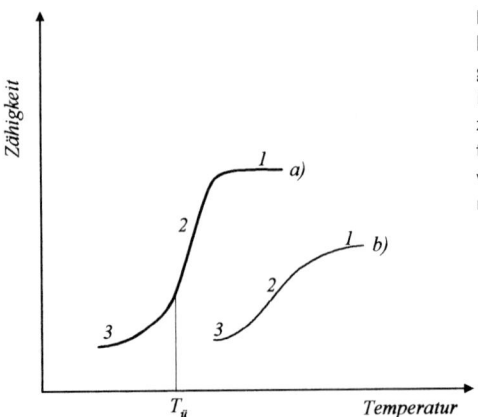

Bild 9.46 Zähigkeit – Temperatur – Schaubild. a) statische Beanspruchung, einachsiger Spannungszustand, b) schlagartige Beanspruchung, mehrachsiger Spannungszustand. 1 Hochlage mit stabiler Rissinitiierung (Zähbruch), 2 Übergangsbereich vom Zähbruch zum Sprödbruch, 3 Tieflage mit instabilem Rissfortschritt (Sprödbruch)

Bild 9.46 zeigt den Einfluss von Temperatur, Spannungszustand und Beanspruchungsgeschwindigkeit auf den Übergang vom Zäh- zum Sprödbruch. Zur Kennwertermittlung dient der *Kerbschlagbiegeversuch* [9.24]

Die häufigste Brucherscheinung im Maschinen- und Fahrzeugbau ist der infolge zyklischer Beanspruchung auftretende *Ermüdungsbruch*. Auch hierbei liegt eine stabile Rissausbreitung vor, die in zwei Stadien ablaufen kann. Im Rissausbreitungsstadium I ist das Wachstum der von den Intrusionen ausgehenden Gleitbandrisse sehr gering, es liegt in der Größenordnung von 10^{-7} mm je Belastungszyklus. Durch Mehrfachgleiten ändert sich schon nach wenigen Körnern die Rissausbreitungsrichtung, sodass die Rissufer annähernd senkrecht zur Normalspannung verlaufen (Rissausbreitungsstadium II). Die allmählich ansteigende Geschwindigkeit der Rissausbreitung wird von Abgleitprozessen unmittelbar vor der Rissspitze bestimmt, die zu einer Streifenstruktur auf der Bruchfläche (Bild 9.39d) führen. Derartige Schwingungsstreifen bilden sich beim Durchlaufen eines oder weniger Lastzyklen durch abwechselndes Öffnen und Schließen der Rissspitze (Bild 9.47).

Bei großen Amplituden der Wechselverformung oder in heterogenen Werkstoffen tritt das Stadium I nicht auf, da die Risse überwiegend an den Korn- bzw. Phasengrenzen entstehen. Auch beim Vorliegen von Spannungskonzentrationsstellen an der Werkstoffoberfläche wie Kerben, scharfen Querschnittsübergängen, Bohrungen, Drehriefen oder Korrosionsnarben ist für die Lebensdauer eines Bauteils die Rissausbreitung im Stadium II maßgebend.

Wenn infolge der allmählichen Rissausbreitung der Querschnitt so weit vermindert worden ist, dass der verbleibende Rest die auftretende Belastung nicht mehr aufnehmen kann, tritt der *Gewalt-* oder *Restbruch* ein. Dementsprechend zeigt eine infolge zyklischer Beanspruchung entstandene Bruchfläche beim makroskopischen Betrachten zwei unterschiedliche Bereiche, nämlich den relativ glatten Dauerbruch und den stärker zerklüfteten Restbruch. Ruhepausen in der Beanspruchung bilden sich als *Rastlinien* auf der Dauerbruchfläche ab.

Häufig sind mechanisch beanspruchte Bauteile korrosiven Medien ausgesetzt. In solchen Fällen verläuft die Rissausbreitung unter dem kombinierten Wirken

Bild 9.47 Rissfortschritt bei zyklischer Beanspruchung

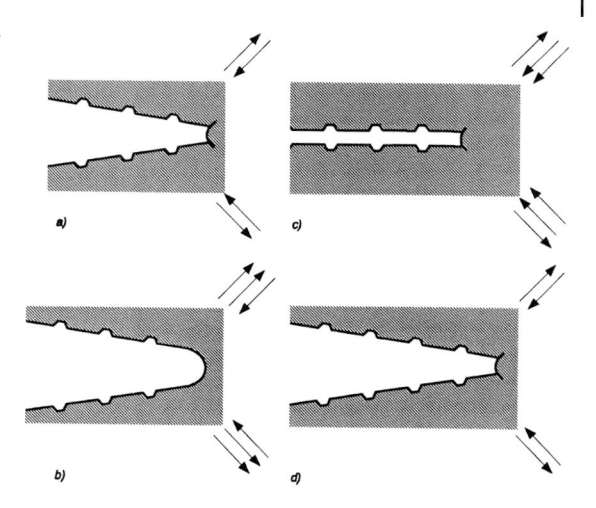

von Versetzungsbewegungen und dem lokalen Korrosionsangriff bzw. der Zerstörung der Passivschicht. Man spricht von *Schwingungsrisskorrosion* bei zyklischer und von *Spannungsrisskorrosion* bei monotoner Beanspruchung (Abschn. 8.1.8 und 8.1.7).

9.5.4
Bruchmechanik

Zum Vermeiden von Brüchen werden *Bruchkriterien* benötigt. Ausgehend von der allgemeinen Bruchursache, nämlich dem Ausbreiten von Rissen, hat es sich als notwendig erwiesen, Kriterien zu entwickeln, die das Vorhandensein von Rissen bzw. rissartigen Inhomogenitäten im Werkstoff berücksichtigen und den Widerstand gegen eine instabile bzw. stabile Rissausbreitung charakterisieren. Das ist der wesentliche Inhalt der *Bruchmechanik* [9.25], [9.26], [9.27].

9.5.4.1 Linearelastische Bruchmechanik

Die *linearelastische Bruchmechanik (LEBM)* geht von der Annahme aus, dass sich ein Werkstoff bis zum Bruch makroskopisch elastisch verhält und nur an der Rissspitze lokalisierte plastische Verformungen in Form einer *plastischen Zone* auftreten (Bild 9.48).

Das elastische Spannungsfeld an der Spitze eines Risses in einer unendlich ausgedehnten Platte lässt sich durch folgende Beziehungen beschreiben:

$$\sigma_x = \frac{K}{(2\pi r)^{1/2}} \cos\frac{\Theta}{2} \left(1 - \sin\frac{\Theta}{2} \sin\frac{3\Theta}{2}\right) \qquad (9.35\,\text{a})$$

$$\sigma_y = \frac{K}{(2\pi r)^{1/2}} \cos\frac{\Theta}{2} \left(1 + \sin\frac{\Theta}{2} \sin\frac{3\Theta}{2}\right) \qquad (9.35\,\text{b})$$

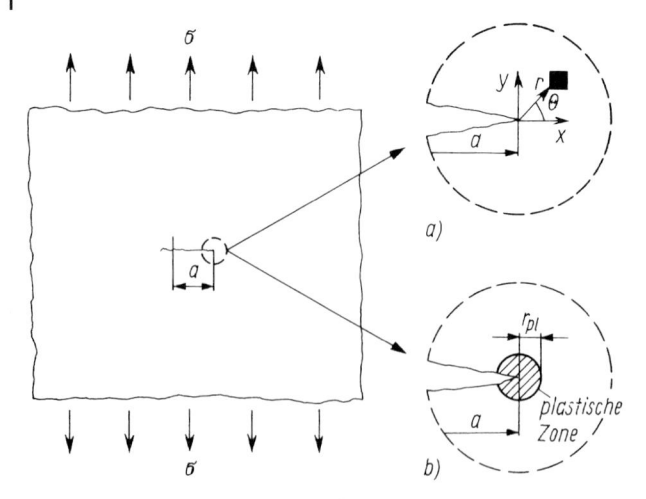

Bild 9.48 Platte mit Innenriss: a) idealisiert, ohne plastische Zone; b) mit plastischer Zone an der Rissspitze

$$\tau_{xy} = \frac{K}{(2\pi r)^{1/2}} \cos\frac{\Theta}{2} \sin\frac{\Theta}{2} \cos\frac{3\Theta}{2} \qquad (9.35\,c)$$

(r, Θ Polarkoordinaten in der x-y-Ebene). Die in allen Gleichungen wiederkehrende Größe K wird als *Spannungsintensitätsfaktor* bezeichnet, sie beschreibt die Stärke des Spannungsfeldes vor der Rissspitze. Für ein Bauteil oder eine Probe mit endlichen Abmessungen ist dieser Faktor mit

$$K = \sigma (\pi a)^{1/2} f\left(\frac{a}{W}\right) \quad \text{in} \quad \text{MPa m}^{1/2} \qquad (9.36)$$

(σ Nennspannung, a Risslänge, $f\left(\frac{a}{W}\right)$ dimensionslose Korrekturfunktion, die den Einfluss der Bauteilgeometrie und Risskonfiguration zum Ausdruck bringt) festgelegt. Das Kriterium für die instabile Ausbreitung eines vorhandenen Risses besteht nun darin, dass K einen kritischen Wert, die *Bruchzähigkeit* K_{Ic}, erreicht. Der Index I kennzeichnet sowohl das Vorliegen der Rissöffnungsart I (senkrechtes Abheben der Rissufer) als auch die Bedingung des ebenen Dehnungszustandes. Einige Angaben zur Bruchzähigkeit K_{Ic} enthält Tab. 9.6.

Während bei den metallischen Werkstoffen auch im Fall des Sprödbruchs immer eine begrenzte Rissspitzenplastizität in Form der plastischen Zone auftritt, kann die Spannungsintensität an einem Riss in extrem spröden Werkstoffen (Glas, Keramik) nur durch energiedissipative Prozesse (Abschn. 9.7.5) vermindert werden.

Für den Ermüdungsbruch im HCF-Bereich ergibt sich der in Bild 9.49 dargestellte Zusammenhang zwischen der Rissausbreitungsgeschwindigkeit da/dN (N Schwingspielzahl) und dem zyklischen Spannungsintensitätsfaktor ΔK. Im mittleren Bereich dieser Kurve gilt das von *Paris* angegebene Rissausbreitungsgesetz

9.5 Bruch

Tab. 9.6 Orientierungswerte der Bruchzähigkeit

Werkstoff	K_{Ic} in MPa m$^{1/2}$
Si-Einkristall {110}	0,9
Porzellan	1,0
Si$_3$N$_4$/SiC-Keramik	10
Ti-Legierungen	70 ... 150
hochfester Stahl	100 ... 200
hochfeste C-Faser/ Polyamid (Faseranteil 60%)	50

Bild 9.49 Rissausbreitungsgeschwindigkeit da/dN in Abhängigkeit vom zyklischen Spannungsintensitätsfaktor ΔK. Bereich I: Beginn der Rissausbreitung beim Schwellenwert ΔK_0; Bereich II: Rissausbreitung nach Gl. (9.37); Bereich III: Übergang zur instabilen Rissausbreitung beim Erreichen von ΔK_{fc}

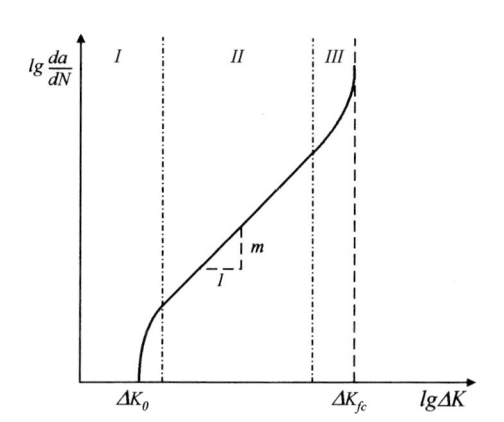

$$\frac{da}{dN} = C(\Delta K)^m \tag{9.37}$$

(C, m Konstanten). Bei einer Spannungsintensität, die kleiner ist als der Schwellwert ΔK_0, sind vorhandene Risse nicht mehr ausbreitungsfähig.

Für den Fall einer Rissausbreitung in korrosiver Umgebung wird ein kritischer Spannungsintensitätsfaktor K_{Iscc} (**s**tress **c**orrosion **c**racking) angegeben. Darunter versteht man den unteren Grenzwert des Spannungsintensitätsfaktors, bei dem selbst unter Medieneinfluss kein Rissfortschritt festgestellt werden kann. Bruchmechanische Konzepte können auch auf das beim Kriechen vorliegende zeitabhängige Risswachstum angewandt werden.

9.5.4.2 Fließbruchmechanik

Bei elastisch-plastischem Werkstoffverhalten geht der Rissausbreitung ein Abstumpfen der Rissspitze voraus (Bild 9.50). In diesem Fall gelten die Konzepte der elastisch-plastischen oder *Fließbruchmechanik*. Das auf dem *Dugdale*-Rissmodell aufbauende Rissöffnungskonzept verwendet als kennzeichnenden Rissfeldparameter die *Rissspitzenöffnung* δ (CTOD = **c**rack **t**ip **o**pening **d**isplacement) [9.28]. Die Risseinleitung erfolgt stabil, wenn ein kritischer CTOD-Wert δ_i (i von Initiierung) erreicht

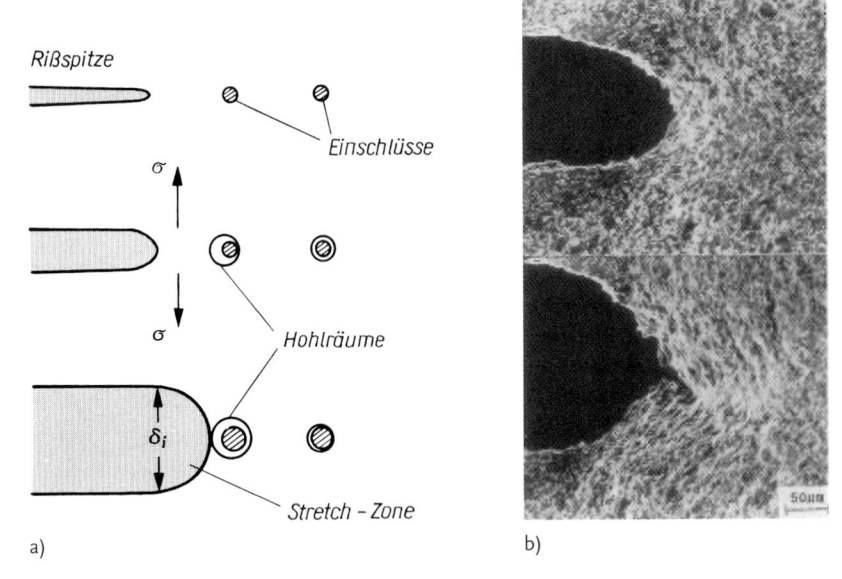

Bild 9.50 Abstumpfen der Rissspitze: a) schematisch, b) Stretchzone mit Rissinitiierung (in-situ-Zugversuch im Rasterelektronenmikroskop)

wird (Bild 9.50a). Die bis zur Risseinleitung als Folge intensiver Versetzungsbewegungen entstandene Rissspitzenabstumpfung wird bei einer rasterelektronenmikroskopischen Betrachtung als *Stretch-Zone* sichtbar (Bild 9.50b). Zwischen der kritischen Rissspitzenöffnung δ_i und den Gefügeparametern besteht ein Zusammenhang. So wird in Baustählen der stabile Rissfortschritt im starken Maße von der Größe und Verteilung der Sulfideinschlüsse bestimmt. Durch Gefügeänderungen, die lokalisiertes Abgleiten fördern (Altern, Neutronenbestrahlung), wird δ_i erniedrigt.

Als ein weiterer Rissfeldparameter der Fließbruchmechanik hat das *J-Integral*, das ist ein wegunabhängiges Linienintegral um die Rissspitze, Bedeutung erlangt. Der Zusammenhang zwischen beiden Konzepten ist durch

$$J = m \sigma_F \delta \quad \text{in Nmm}^{-1} \tag{9.38}$$

(m der zwischen 1 und 3 liegende Constraintfaktor, σ_F Fließspannung) gegeben.

Das Werkstoffverhalten bei stabiler Rissausbreitung lässt sich mit Hilfe der *Risswiderstands(R)-Kurve* (Bild 9.51) erfassen. Sie gibt den Zusammenhang zwischen dem aus der äußeren Belastung resultierenden Rissfeldparameter J oder δ und dem stabilen Rissfortschritt Δa an. Als kennzeichnende Werkstoffparameter werden die Risseinleitungszähigkeit J_i bzw. δ_i und der dem Anstieg der R-Kurve proportionale *Reiß- oder T(tearing)-Modul* ermittelt.

Die den R-Kurven in Verbindung mit den Spannungs-Dehnungs-Kurven (Bild 9.23) zu entnehmenden Kennwerte bilden die Grundlage für die bruchmecha-

Bild 9.51 Risswiderstandskurven für einen Werkstoff mit hohem (a) und niedrigem (b) Rissausbreitungswiderstand. Bereich 1: Abstumpfen der Rissspitze und Risseinleitung; Bereich 2: stabile Rissvergrößerung

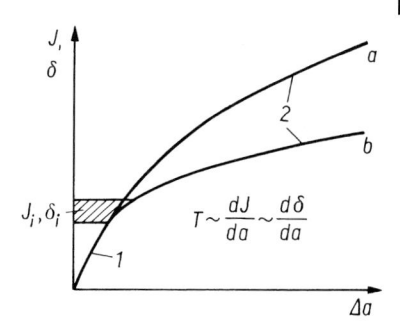

nischen Vorschriften zur Zuverlässigkeitsbewertung hochbeanspruchter Bauteile. Die Bruchmechanik wird ergänzt durch die *Schädigungsmechanik* [9.29], [9.30], [9.31]. Bei Letzterer werden in die konstitutiven Gleichungen innere Zustandsgrößen eingeführt, die die Irreversibilität der Schädigungsprozesse charakterisieren. Die einfachste Form ist die isotrope *Schädigungsvariable*

$$D = \frac{S_0 - S}{S_0} \tag{9.39}$$

(S_0 Fläche des ursprünglich ungeschädigten Querschnitts, z. B. einer Zugprobe, S Flächeninhalt aller auf dieser Fläche liegenden Inhomogenitäten). Unter Inhomogenitäten versteht man in erster Linie Werkstofftrennungen durch Mikrorisse oder Poren, es können aber auch Strukturänderungen (Ausscheidungszonen, kaltverfestigte Bereiche u. Ä.) in Betracht gezogen werden. Die Schädigungsvariable D verändert sich von $D = 0$ für ein ungeschädigtes bis $D = 1$ für ein vollständig zerstörtes Werkstoffelement. Mit ihr erhält man die effektive, d. h. auf den geschwächten Querschnitt bezogene Spannung

$$\sigma_{\text{eff}} = \frac{\sigma_N}{1 - D} \tag{9.40}$$

(σ_N Nennspannung).

9.6
Eigenspannungen

Eigenspannungen sind innere Spannungen in einem Werkstoff, der sich im Temperaturgleichgewicht befindet und auf den keine äußeren Kräfte oder Momente einwirken [9.32], [9.33], [9.34]. Sie entstehen häufig während der Fertigung und werden danach als Guss-, Härte-, Umform-, Schleif-, Beschichtungs- oder Schweißeigenspannungen bezeichnet. Eine weitere Ursache sind inhomogene Verformungen in unterschiedlich großen Volumenbereichen.

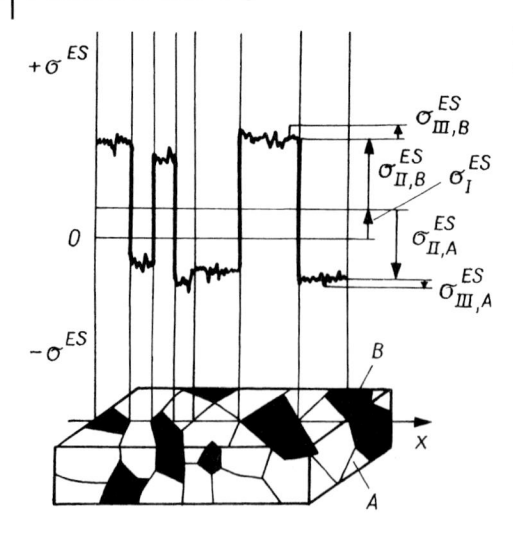

Bild 9.52 Überlagern von Eigenspannungen σ^{ES} in einem zweiphasigen Werkstoff (nach E. Macherauch)

Die *Makroeigenspannungen*, auch als Eigenspannungen I. Art bezeichnet, sind über eine ausreichend große Anzahl von Kristalliten nahezu homogen. Bei einem Eingriff in das Kräfte- und Momentengleichgewicht, z. B. durch Abdrehen oder Ausbohren, treten makroskopische Formänderungen auf. Den *Mikroeigenspannungen* ordnet man Eigenspannungen II. und III. Art zu. Eigenspannungen II. Art sind in mikroskopischen Bereichen homogen, während die auf die Spannungsfelder inhomogener Versetzungsverteilungen zurückzuführenden Eigenspannungen III. Art schon über wenige Atomabstände veränderlich sind. Dabei können die Eigenspannungen II. Art in den einzelnen Phasen eines mehrphasigen Werkstoffs unterschiedliche Vorzeichen aufweisen (Bild 9.52).

Diese Definitionen beziehen sich auf idealisierte Eigenspannungszustände. Meist ist mit einem Überlagern der Eigenspannungen I. bis III. Art zu rechnen, sodass es zweckmäßig erscheint, nur nach Makro- und Mikroeigenspannungen zu unterscheiden und unter Mikroeigenspannungen alle Eigenspannungen im Wirkungsbereich der Realstruktur zusammenzufassen. Bei Festigkeitsberechnungen werden die Makroeigenspannungen den äußeren Beanspruchungen, die Mikroeigenspannungen dagegen dem mechanischen Werkstoffverhalten zugeordnet.

Das Entstehen von Eigenspannungen ist auf unterschiedliche Ursachen zurückzuführen. Beim Abkühlen bilden sich als Folge von Temperaturunterschieden zwischen den äußeren und inneren Werkstoffbereichen *thermische Eigenspannungen* (Eigenspannungen I. Art) aus. Der Rand kühlt zunächst schneller ab als der Kern, sodass außen Zug- und innen Druckspannungen entstehen, die bei hinreichend schnellem Wärmeentzug die Streckgrenze übersteigen und plastische Verformungen hervorrufen. Mit zunehmendem Temperaturausgleich zwischen Rand und Kern erfolgt eine Spannungsumkehr, der zufolge nach vollständiger Abkühlung am Rand Druck- und im Kern Zugspannungen vorliegen.

Kunststoffe und Gläser sind wegen ihrer schlechten Wärmeleitung hinsichtlich der Ausbildung thermischer Eigenspannungszustände besonders gefährdet. Werden sie zur Formgebung oberhalb des Schmelzbereiches oder zwischen Schmelz- und Einfrierbereich verarbeitet, ist zum Fixieren ihrer Gestalt ein Abkühlen in der Form bis unterhalb des Einfrierbereiches notwendig. Die dabei aufgebauten Druck- (in der Außenhaut) bzw. Zugspannungen (im Inneren) werden als Abkühl- oder Schrumpfspannungen bezeichnet.

In Werkstoffen mit heterogenem Gefügeaufbau entstehen aufgrund der unterschiedlichen Ausdehnungskoeffizienten der Phasen *thermisch induzierte Eigenspannungen*. Sie gehören zu den Eigenspannungen II. Art und treten im Gegensatz zu den rein thermischen Eigenspannungen auch bei sehr langsamer Abkühlung auf. Für zweiphasige Werkstoffe ist eine rechnerische Abschätzung nach der Beziehung

$$\sigma^{ES} = \varphi \left(\alpha_1 - \alpha_2 \right) \Delta T \tag{9.41}$$

(α_1, α_2 Ausdehnungskoeffizienten der Phasen, ΔT durchlaufenes Temperaturintervall, φ Funktion der elastischen Konstanten sowie der Mengenanteile der Phasen) möglich. Thermische Eigenspannungen können auch induziert werden durch Fehlanpassungen *(mismatch)* zwischen unterschiedlichen Werkstoffen, z. B. bei Schweiß- oder Lötverbindungen, sowie in Mikrosystemen, bei denen auf einem Substratwerkstoff dünne Schichten aufgebracht sind.

Als Folge von Phasenumwandlungen, die mit einer Volumenänderung verbunden sind, entstehen *Umwandlungseigenspannungen*. Da sie sich den thermischen Eigenspannungen überlagern, ist die Lage der Umwandlungstemperatur für die entstehende Eigenspannungsverteilung entscheidend.

Wenn der für Ausscheidungen erforderliche Volumenbedarf größer oder kleiner ist als das Volumen der die Ausscheidung bildenden Atome, treten *Ausscheidungseigenspannungen* auf. Bei kohärenten Ausscheidungen entstehen außerdem Kohärenzspannungen (Eigenspannungen III. Art) infolge anpassungsbedingter Gitterverzerrungen (Abschn. 2.1.11).

Die *Verformungseigenspannungen* sind entweder auf eine überelastische Beanspruchung durch Streckgrenzen- bzw. Verfestigungsunterschiede zwischen der Oberfläche und dem Innern eines Bauteils (Eigenspannungen I. Art) oder auf die unterschiedliche Orientierung der Kristallite (Eigenspannungen II. Art) zurückzuführen. Die beim Kaltverformen entstehenden Versetzungszellwände und die Verformungsinkompatibilitäten in heterogenen Gefügestrukturen sind die Quelle von Eigenspannungen III. Art.

Beim Verarbeiten von Polymeren im schmelzflüssigen Zustand können sich in Abhängigkeit von den Verarbeitungsbedingungen – z. B. bei langen Fließwegen – die Makromoleküle in Fließrichtung orientieren. Sie werden dabei aus ihrer ungeordneten Knäuelstruktur in einen Zustand höherer Ordnung und damit kleinerer Entropie gezwungen, der bei rascher Abkühlung einfriert. Die dadurch entstehenden Eigenspannungen werden *Orientierungsspannungen* genannt.

Je nachdem, wie sich die Eigenspannungen einer äußeren Belastung überlagern, können sie das mechanische Verhalten und damit die Lebensdauer von Bauteilen positiv (Abschn. 9.7.2) oder negativ beeinflussen. Nachteilige Auswirkungen von Eigenspannungen zeigen sich bei metallischen Werkstoffen vor allem durch stark veränderliche Spannungsgradienten, wie z. B. in der Umgebung von Schweißnähten, als Beeinträchtigung der Maßhaltigkeit durch Verzug sowie in Veränderungen des elektrochemischen Potenzials (Spannungsrisskorrosion) und der magnetischen bzw. elektrischen Eigenschaften. Bei Kunststoffen führen Eigenspannungen zum Kriechen und Nachschwinden sowie zur Spannungsrisskorrosion. Gläser zeigen eine Anisotropie, die sich in einer Doppelbrechung des Lichts äußert. Das Herstellen von optischen Gläsern erfordert deshalb eine besonders langsame Abkühlung.

Auf die Wirkung verformungsinduzierter Eigenspannungen lässt sich auch der *Bauschinger-Effekt* zurückführen. Er beinhaltet, dass der Übergang vom elastischen in den plastischen Bereich bei einer geringeren Belastung erfolgt, wenn eine plastische Verformung in umgekehrter Richtung vorausgegangen ist, also z. B. ein gestauchter Werkstoff anschließend auf Zug beansprucht wird. Dieser Effekt ist besonders dann von Bedeutung, wenn es beim Einsatz kaltverformter Werkstoffe zu plastischen Verformungen kommt und die Richtung der Beanspruchung nicht mit derjenigen der Vorverformung übereinstimmt.

In metallischen Werkstoffen können Eigenspannungen I. und II. Art (mit Ausnahme der thermisch induzierten Eigenspannungen) durch ein *Spannungsarmglühen* unterhalb der Rekristallisationstemperatur abgebaut werden (*Kristallerholung*, Abschn. 7.2.1). Die Eigenspannungen in Gläsern und Kunststoffen (ausgenommen die Orientierungsspannungen von Duro- und Elastomeren) werden gleichfalls durch eine meist als *Tempern* bezeichnete Wärmebehandlung reduziert. Füllstoffe in Kunststoffen erniedrigen deren Ausdehnungskoeffizienten und wirken deshalb dem Entstehen von Abkühlspannungen entgegen.

Der experimentelle Nachweis von Eigenspannungen kann entweder durch Messen makroskopischer Formänderungen, z. B. beim Ausbohren oder Aufschlitzen, bei kristallinen Werkstoffen durch Messen von Gitterparameteränderungen mit Röntgen- oder Neutronenstrahlen und im Fall durchsichtiger amorpher Werkstoffe anhand der Spannungsdoppelbrechung geschehen. In zunehmendem Maße werden Eigenspannungszustände numerisch mit Hilfe der Methode der finiten Elemente berechnet.

9.7
Festigkeitssteigerung und Schadenstoleranz

Zwischen der theoretisch möglichen und der technisch realisierten Festigkeit besteht noch eine große Diskrepanz (Abschn. 9.2.2.1). Ein wichtiges Ziel werkstoffwissenschaftlicher Grundlagenforschung ist es deshalb, die Festigkeit von Konstruktionswerkstoffen weiter zu erhöhen. Diese Festigkeitssteigerung ist allerdings nur dann nutzbar, wenn der Widerstand gegenüber Risseinleitung und Rissausbreitung erhalten bleibt oder ebenfalls verbessert wird. Die daraus resultierende Forderung nach einem „schadenstoleranten" Werkstoffverhalten tritt gegenüber der alleinigen Festigkeitssteigerung zunehmend in den Vordergrund. Ein weiterer Aspekt ist die Forderung des Leichtbaus nach einer möglichst hohen auf die Dichte bezogenen *spezifischen Festigkeit*.

9.7 Festigkeitssteigerung und Schadenstoleranz

Folgende in den kristallinen und vor allem metallischen Werkstoffen wirkenden Mechanismen zur Beeinflussung der Festigkeit wurden bereits erörtert:

- Verformungs-(Versetzungs-)Verfestigung [Abschn. 9.2.2.2, Gl. (9.13)],
- Mischkristallverfestigung [Abschn. 9.2.2.3, Gl. (9.14)],
- Korngrenzenverfestigung (Abschn. 9.2.3.3) und Gl. (6.16),
- Teilchenverfestigung [Abschn. 9.2.2.4, Gln. (9.15) und (9.16)].

Sofern in den genannten Beziehungen Schubspannungen angegeben sind, können diese mit Hilfe des Orientierungsfaktors (Gl. (9.8)) in Zugspannungen umgerechnet werden. Für polykristalline Werkstoffe ist ein mittlerer Orientierungsfaktor von $M = 0{,}33$ angängig.

Eine weitere Möglichkeit bieten die amorphen Metalle (Abschn. 3.2.3), die sich durch hohe Streckgrenzen (> 3500 MPa) in Verbindung mit elastischen Dehnungen von über 1 % auszeichnen. Bei nichtmetallischen organischen Werkstoffen, für die die o. g. Grundmechanismen nur zum Teil zutreffend sind, haben noch andere Erscheinungen für die Beeinflussung der Festigkeit Bedeutung (Abschn. 2.1.10.5).

9.7.1
Kombinierte Mechanismen zur Festigkeitssteigerung metallischer Werkstoffe

In technischen Werkstoffen treten die festigkeitssteigernden Mechanismen kombiniert auf. Versuche, die Werkstofffestigkeit aus den einzelnen Mechanismenanteilen zu berechnen oder durch Erzeugen bestimmter Verfestigungsanteile im Werkstoff eine vorausbestimmbare additive Festigkeit zu erzielen, haben sich bisher als wenig erfolgreich erwiesen. Der Grund dafür ist, dass das Festigkeitsverhalten nicht in einfacher Weise die Summe der Wirkungen der Einzelmechanismen darstellt, sondern auch deren wechselseitige Beeinflussung mit enthält. Es ist weiterhin zu beachten, dass sich die festigkeitssteigernden Mechanismen in sehr unterschiedlicher Weise auf den Risswiderstand der Konstruktionswerkstoffe auswirken. Deshalb soll auf weitergehende theoretische Erörterungen verzichtet und auf Möglichkeiten zum Verbessern der mechanischen Eigenschaften lediglich qualitativ anhand einiger repräsentativer Beispiele hingewiesen werden. In günstigen Fällen ist es dabei möglich, technisch nutzbare Festigkeitswerte von 30 bis 40 % der theoretischen Festigkeit zu erreichen.

Das älteste Verfahren zum Erzielen hoher Härte und Festigkeit bei Stählen ist das *Abschreckhärten* (Abschn. 5.6.1). Die nach dem Härten zu beobachtende beträchtliche Festigkeits- und Härtesteigerung (Bild 6.38) ist im Wesentlichen auf die Kohlenstoffübersättigung des Martensits (Mischkristallverfestigung), der außerdem eine hohe Versetzungs- oder Zwillingsdichte aufweist (Abschn. 4.1.3), sowie auf die feindispers in die Martensitmatrix eingelagerten ε-Carbidpartikel, die eine Versetzungsbewegung behindern (Teilchenverfestigung), zurückzuführen.

Wird der Stahl nach dem Abschreckhärten auf Temperaturen von etwa 450 bis 650 °C angelassen, spricht man vom Vergüten. Die Festigkeitseigenschaften der Stähle mit Vergütungsgefüge werden vor allem durch einen sehr feinkörnigen Ferrit

(Korngrenzenverfestigung) und darin feindispers eingebettete Fe$_3$C-Teilchen (Teilchenverfestigung) bestimmt. Sie sind gegenüber dem martensitischen Stahl durch einen merklichen Härteabfall, aber eine bedeutende Verbesserung der Zähigkeit gekennzeichnet. Je höher die Anlasstemperatur gewählt wird, umso mehr vergröbern die Carbidteilchen, und der Teilchenverfestigungsanteil geht zurück. Bei legierten Stählen, die noch Cr, Mo u. a. Legierungselemente enthalten, bilden sich Misch- oder Sondercarbide, die sowohl die Festigkeit als auch den Verschleißwiderstand weiter erhöhen.

Ein ähnliches Überlagern von Verfestigungsmechanismen lässt sich bei Legierungen, die einen nur geringfügig mischkristallverfestigten (weichen) Martensit bilden, über die so genannte *Martensitaushärtung* erzielen. Kohlenstoffarmen Fe-Ni-Legierungen beispielsweise werden zu diesem Zweck ausscheidungsbildende Elemente wie Al, Ti und Mo zulegiert. Im Verlauf einer der Martensitbildung nachgeschalteten Anlassbehandlung bei 450 bis 600 °C scheiden sich weitgehend kohärente intermetallische oder Ordnungsphasen aus, die gleichzeitig das Ausheilen der bei der martensitischen Umwandlung im Martensit entstandenen Gitterfehler (Versetzungen, Stapelfehler) behindern. Der über das Martensitaushärten erbrachte Festigkeitszuwachs ist demnach vorwiegend durch einen Verfestigungsanteil infolge erhöhter Gitterfehlerdichte und eine Teilchenverfestigung gegeben (Bild 9.53). Man nennt diese Stähle martensitaushärtende oder *Maraging*-Stähle.

Vielfältige Kombinationsmöglichkeiten verschiedener Verfestigungsmechanismen bei Stählen und NE-Werkstoffen bietet die bereits im Abschn. 5.6.4 besprochene *thermomechanische Behandlung*. Durch TMB ist eine günstige Kombination hoher Festigkeit bei statischer und zyklischer Beanspruchung mit guter Bruchzähigkeit erreichbar.

Schließlich sei auf den *mikrolegierten Stahl* verwiesen, der Legierungselemente wie Nb, V, Ti oder Al in der Größenordnung von 0,01 bis 0,1 % enthält, die mit Kohlenstoff oder Stickstoff feinverteilte Carbid- oder Nitrid- bzw. Carbonitridpartikel bil-

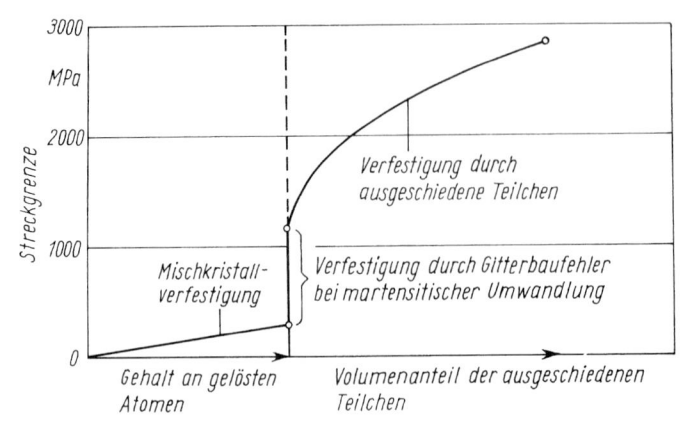

Bild 9.53 Einfluss verschiedener Verfestigungsmechanismen auf die Streckgrenze eines martensitaushärtenden Stahls (nach E. Hornbogen)

Bild 9.54 Bruchzähigkeit metallischer Werkstoffe in Abhängigkeit von ihrer Streckgrenze

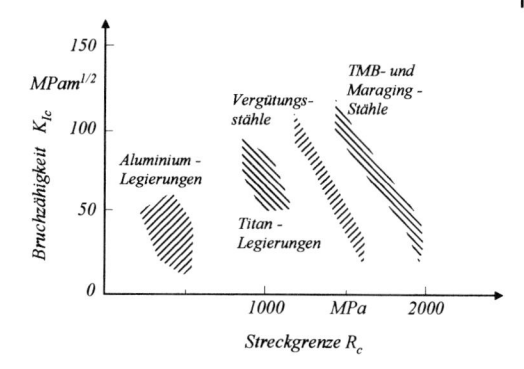

den. Die festigkeitserhöhende Wirkung ist auf eine verstärkte Keimwirkung der Teilchen bei der γ-α-Umwandlung nach dem Normalglühen oder Walzen, durch die ein feinkörniges Gefüge entsteht (Korngrenzenverfestigung), sowie auf die Teilchenverfestigung (Umgehungsmechanismus) zurückzuführen. Durch sekundärmetallurgische Maßnahmen können die nur schwach an die Matrix gebundenen nichtmetallischen Einschlüsse (z. B. Mangansulfide) stark reduziert werden, wodurch sich die Risseinleitungszähigkeit J_i um einen Faktor 4 verbessert. Mikrolegierte Stähle werden vor allem als schweißgeeignete Baustähle mit Streckgrenzenwerten zwischen 300 und 600 MPa eingesetzt. Bild 9.54 zeigt den Zusammenhang zwischen der Streckgrenze und Bruchzähigkeit metallischer Werkstoffe.

9.7.2
Festigkeitssteigerung durch Druckeigenspannungen in der Randschicht

Sind die in der Werkstoffrandschicht vorliegenden Eigenspannungen der äußeren Beanspruchung entgegengerichtet, wird das Festigkeitsverhalten positiv beeinflusst. In metallischen Werkstoffen lässt sich durch gezieltes Erzeugen von Druckeigenspannungen, z. B. durch Kaltverfestigen (Kaltwalzen, Kugelstrahlen) oder chemisch-thermisches Randschichtbehandeln (Einsatzhärten, Nitrieren) der Widerstand gegen Rissausbreitung, vor allem bei zyklischer Beanspruchung, spürbar erhöhen. Die Tiefe der Druckeigenspannungszone kann dabei von wenigen Mikrometern bis zu mehreren Zentimetern betragen. Auch bei Gläsern sind verschiedene Möglichkeiten zur Festigkeitssteigerung durch Druckeigenspannungen gegeben. Beim *thermischen Verfestigen* wird das Glas nach Erhitzen bis knapp unter die Transformationstemperatur durch Anblasen von kalter Luft oder Andrücken von Metallplatten rasch abgekühlt. Dabei entstehen im Inneren Zug- und in der Randschicht Druckeigenspannungen. In der Druckspannungsschicht werden die dort befindlichen Mikrorisse an einer Ausbreitung gehindert. Damit ist ein Anstieg der Zugfestigkeit von etwa 50 auf 200 MPa erreichbar.

Beim *chemischen Verfestigen* von Glas entstehen Druckspannungen, indem unterhalb der Einfriertemperatur kleinere Alkaliionen (z. B. Na$^+$) gegen größere (z. B. K$^+$) ausgetauscht werden. Analog hierzu lässt sich in der Randschicht keramischer Werkstoffe über eine Mischkristallbildung der Gitterparameter vergrößern. Den

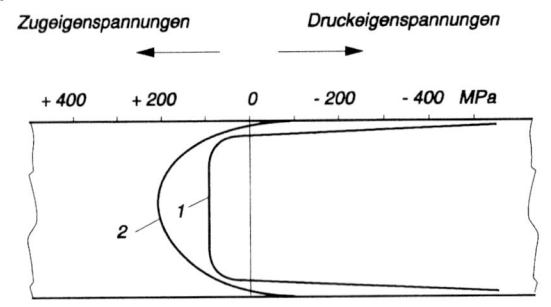

Bild 9.55 Eigenspannungen in einer verfestigten Glasplatte. 1 thermisch verfestigt; 2 chemisch verfestigt

Eigenspannungsverlauf in einer thermisch bzw. chemisch verfestigten Glasplatte zeigt Bild 9.55.

Man kann auch Druckspannungen erzeugen, indem Bausteine so ausgetauscht werden, dass die Randschicht einen kleineren Wärmeausdehnungskoeffizienten erhält als das Innere, z. B. bei Al_2O_3 im Austausch von Al^{3+}- gegen Cr^{3+}-Ionen oder bei glasierten Keramiken, wenn der thermische Ausdehnungskoeffizient der Glasur kleiner als der der keramischen Unterlage ist. Dann überlagert sich die Wirkung der Druckspannungen der durch Aufbringen einer Glasur (Verkitten von Oberflächenrissen) ohnehin erschwerten Rissausbreitung.

9.7.3
Festigkeitssteigerung durch Verstrecken und Vernetzen

Amorphe Kunststoffe zeigen das in Bild 9.56 am Beispiel des Polyamids dargestellte Festigkeitsverhalten (Kurve a). Mit zunehmender Verformung werden die Molekülstränge gestreckt. Ist die maximale Streckung erreicht, können sie nur noch über die Änderung von Atomabständen und Valenzwinkeln verlängert werden; der Werkstoff ist verfestigt (Kurve b). Man bezeichnet diesen Vorgang als *Verstrecken*. Infolge des Verstreckens wird die Orientierung der Fadenmoleküle zueinander stark erhöht (Verformungstextur), woraus ein ausgesprochen anisotropes Verhalten des Werkstoffs resultiert.

In teilkristallinen Kunststoffen laufen beim Verstrecken in den amorphen Gebieten die gleichen Vorgänge ab, wobei in beschränktem Umfang eine Nachkristallisation stattfinden kann. Das Verstrecken wird vor allem bei Thermoplasten technisch genutzt, um die Festigkeit bei hoher Biegsamkeit von Folien, Bändern, Rohren und Fasern zu erhöhen. Es kann auch während des Urformens beim Erstarren vorgenommen werden (Warmverstrecken). Elastomere können wegen ihrer Kautschukelastizität keinem Verstrecken im Sinne einer irreversiblen Verformung mit Festigkeitssteigerung unterzogen werden. Duromere lassen sich aufgrund ihrer dreidimensional-vernetzten Struktur nur in Ausnahmefällen geringfügig verstrecken (z. B. reine Phenolharze).

Eine andere Möglichkeit, die Festigkeit von Kunststoffen zu verbessern, ist das *Vernetzen*. Während in Duromeren und Elastomeren schon während des Urformens Netzstrukturen gebildet werden, ist bei Thermoplasten hierfür eine nachträgliche Behandlung erforderlich, in der der Werkstoff nach der Formgebung einer energie-

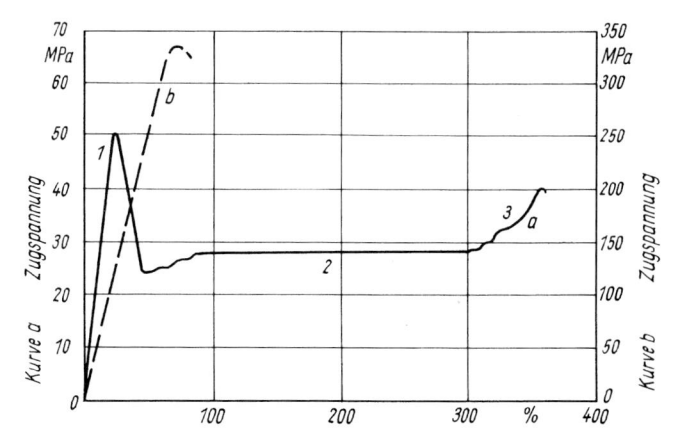

Bild 9.56 Spannungs-Dehnungs-Diagramm von Polyamid beim Verstrecken (Kurve a) und danach (Kurve b). *1* Spannungsverlauf bis zur Streckgrenze; *2* Bereich des Verstreckens; *3* Verfestigungsbereich

reichen Strahlung ausgesetzt (Abschn. 10.10) oder mit geeigneten Chemikalien behandelt wird. Dabei entstehen freie Radikale, die auch untereinander reagieren können und die Molekülketten zu einem Netzwerk verbinden.

Die Eigenschaften vernetzter Polymere hängen nicht nur von der Anzahl der Vernetzungsstellen, sondern auch von der Lage und der Struktur der vernetzenden Molekülteile ab. Ist die Vernetzung weitmaschig, behalten die Molekülteile zwischen den Knotenpunkten oberhalb der Einfriertemperatur bzw. des Kristallitschmelzpunktes ihre Beweglichkeit bei. Der teilvernetzte Werkstoff zeigt ein kautschukelastisches Verhalten und eine erhöhte Formbeständigkeit in der Wärme. Mit weiterer Zunahme der Anzahl der Vernetzungsstellen wird das Netzwerk immer unbeweglicher, und der Elastizitäts- bzw. Schubmodul im energieelastischen Bereich nimmt stark zu (Bild 9.57). Schließlich entsteht ein zwar formbeständiger und harter, zugleich aber spröder Werkstoff. Auch bei Temperaturen innerhalb der Einfrier- bzw. der Kristallitschmelztemperatur weisen vernetzte Polymere gegenüber unvernetzten eine erhöhte Festigkeit auf, da gleichzeitig mit der Vernetzung die Anzahl der kovalenten Bindungen vergrößert wird.

9.7.4
Festigkeitssteigerung durch Faserverstärkung

Gute Voraussetzungen für das Erreichen hoher Festigkeit bei relativ niedriger Dichte bieten Verbundwerkstoffe [9.35]. Es existieren zwei Grenzfälle, die aufgrund ihrer Geometrie einer quantitativen Beschreibung des mechanischen Verhaltens zugänglich sind:

– homogen in eine Matrix eingelagerte feindisperse Teilchen,
– gleichmäßig in eine Matrix eingebettete parallel gerichtete Fasern.

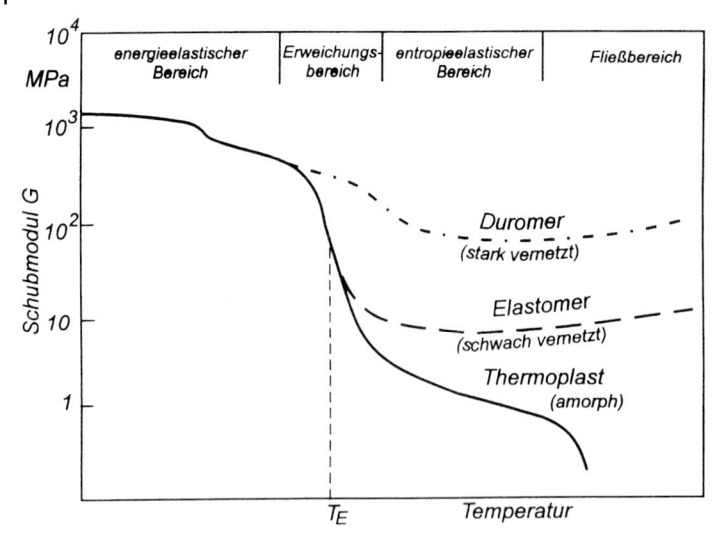

Bild 9.57 Schubmodul-Kurven von amorphen Thermoplasten, Elastomeren und Duromeren in den verschiedenen Zustands- und Übergangsbereichen; T_E Einfriertemperatur

Das erstgenannte Verbundprinzip und die damit gegebenen Änderungen der Festigkeit kristalliner Werkstoffe wurden im Abschn. 9.2.2.4 behandelt. Bei den Polymeren wird das Prinzip der Teilchenverstärkung durch Zusatz anorganischer Teilchen (Kreide, Talkum, Kaolin, Glaskugeln) zu Thermoplasten realisiert. Die dadurch entstehenden modifizierten Polymere (Abschn. 2.1.10.5) zeichnen sich durch höhere Härte, Steifigkeit und Temperaturbeständigkeit aus. Auf weitere Teilchengefüge wurde bereits im Abschn. 6.7.2 eingegangen.

Die folgenden Erörterungen sollen deshalb dem *Faserverbund* vorbehalten sein, der in verschiedenartigen Kombinationen der einzelnen Werkstoffgruppen hergestellt werden kann. Dabei gelingt es, durch unterschiedliche Dichte und Orientierung der Fasern das mechanische Verhalten des Verbundwerkstoffs den Beanspruchungen eines Bauteils weitgehend anzupassen [9.36]. Technologische Möglichkeiten zum Herstellen von langfaserverstärkten Kunststoffen sind das Wickeln von getränkten Fasern oder Faserbündeln *(Rovings)* sowie das Heißpressen vorimprägnierter Matten *(Prepregs)*. Bei kurzfaserverstärkten Kunststoffen findet das Schleudern von Fasern und Harz in einer drehenden Kokille Anwendung. Zum Einbetten von Fasern in metallische oder keramische Matrixwerkstoffe werden pulvermetallurgische Verfahren oder das thermische Spritzen genutzt.

Die Faserwerkstoffe sollen einen möglichst hohen Elastizitätsmodul und eine hohe Zugfestigkeit aufweisen. Weitere Kriterien sind gute chemische Stabilität und Verträglichkeit mit der Matrix. Einige der zum Verstärken geeigneten Fasern ($l/d \geq 10$; $d < 1$ mm) enthält Tab. 9.7.

Die für Kunststoffe zum Verbessern der Festigkeit und Steifigkeit bevorzugte Verstärkungskomponente sind Fasern aus alkalifreiem Glas. Mit Aramid- oder Borfasern wird der Einsatz von Polymer-Verbundwerkstoffen auch für höher bean-

Tab. 9.7 Eigenschaften von Fasern (Mittelwerte)

Art	Dichte g cm^{-3}	Zugfestigkeit MPa	E-Modul GPa
Mo	9,0	2200	360
W	19,3	4000	420
C-Stahl (patentiert)	7,8	3000	210
Ni-Maraging-Stahl	8,0	2500	200
C (HM-Faser)[1]	1,8	1800	400
C (HT-Faser)[2]	1,8	2800	280
Sodaglas	2,5	3500	80
Bor	2,3	10000	550
SiC	3	3000	600
Hanf	1,5	500	25

[1] Fasern, bei denen ein hoher Elastizitätsmodul im Vordergrund steht
[2] Fasern, bei denen eine hohe Zugfestigkeit im Vordergrund steht

spruchte Konstruktionsteile möglich. Für Spezialanwendungen stehen hochtemperaturbeständige Fasern aus SiC zur Verfügung. Zunehmende Anwendung, u. a. im Automobilbau, finden die aus nachwachsenden Rohstoffen hergestellten und somit biologisch abbaubaren Fasern wie Flachs, Hanf oder Jute.

Als Matrix werden vorwiegend stark vernetzbare Polymere (Duromere), aber auch Thermoplaste und Elastomere eingesetzt. Faserverbunde mit metallischen Matrizes haben vor allem wegen der vergleichsweise aufwändigen Herstellungstechnologie bisher noch keine nennenswerte Anwendung erlangt. Neben dem Verstärkungseffekt steht hier das Verbessern des Ermüdungswiderstandes im Vordergrund. Als Matrixwerkstoff kommen aushärtbare Aluminium- oder Magnesiumlegierungen mit hoher Festigkeit in Frage. Bei keramischen Matrizes wird zum Anheben der Bruchzähigkeit die Einlagerung von rissausbreitungshemmenden Fasern angestrebt (Abschn. 9.7.5). Als Faserwerkstoff können auch Whisker aus Metallen oder Keramik mit Durchmessern von wenigen Mikrometern Verwendung finden. Neuartige Effekte erwartet man von den versetzungsfreien Nanodrähten bzw. -röhren (*nanotubes*) aus Kohlenstoff mit einem Durchmesser von 5 ... 50 nm.

Die mechanischen Eigenschaften von Faserverbundwerkstoffen sind abhängig von den Eigenschaften der Matrix- und Faserwerkstoffe, dem Gehalt, der Geometrie und Anordnung der Fasern sowie von dem Verhalten der Grenzfläche Matrix–Faser. Wird ein mit parallelen kontinuierlichen Fasern verstärkter Verbundkörper in Faserrichtung belastet, dann werden – ausreichende Bindung zwischen Fasern und Matrix vorausgesetzt – Fasern und Matrix um den gleichen Betrag elastisch verformt. Aufgrund ihrer unterschiedlichen Spannungs-Dehnungs-Charakteristika entstehen in ihnen jedoch unterschiedliche Normalspannungen. Bei Beanspruchung eines Verbundes mit diskontinuierlichen Fasern (hierzu gehören auch gerichtet erstarrte Eutektika) weicht dagegen die Verformung der Komponenten voneinander ab. Die Schubspannung τ in der Grenzschicht nimmt von einem Maximum an den Faserenden zur Fasermitte hin auf null ab, während die Zugspannung in der Faser σ_f den

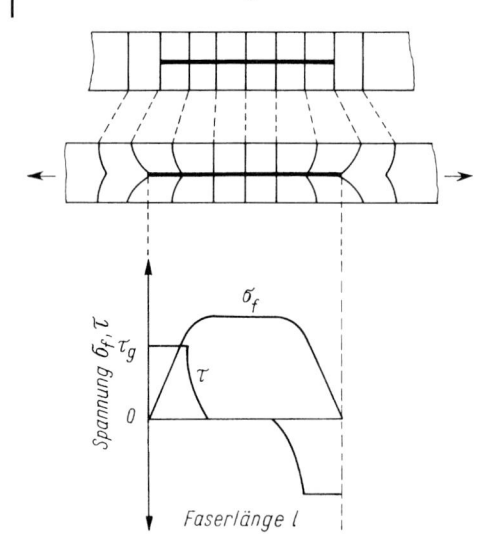

Bild 9.58 Spannungsverteilung in einem Verbund mit diskontinuierlicher Faser und duktiler Matrix unter Zugbeanspruchung

entgegengesetzten Verlauf zeigt (Bild 9.58). Im Bereich $\tau = 0$ besteht die gleiche Spannungsverteilung wie im Fall kontinuierlicher Fasern. Die Höhe der Schubspannung ist durch die *Grenzschichtscherfestigkeit* τ_g begrenzt. Erreicht τ die Größe von τ_g, wird die Grenzschicht bei duktiler Matrix plastisch verformt, bei spröder Matrix aufgebrochen.

Damit in den Fasern die Zugspannung σ_f erreicht und somit ihre Festigkeit voll ausgenutzt werden kann, müssen die Fasern mit dem Durchmesser d mindestens eine kritische Faserlänge l_c haben:

$$l_c = \frac{\sigma_f\, d}{\eta\, \tau_g} \tag{9.42}$$

(η Faserwirkungsgrad, er kennzeichnet die Faserverstärkung im realen Verbundwerkstoff). Ist dies nicht der Fall, gehen die Fasern nicht zu Bruch, sondern werden aufgrund des Versagens der Grenzschicht aus der Matrix herausgezogen.

Die Spannungs-Dehnungs-Kurve für faserparallele Zugbeanspruchung eines Faserverbundwerkstoffs lässt sich in drei Bereiche untergliedern (Bild 9.59). Bereich I beschreibt die elastische Verformung von Fasern und Matrix. Die Zugspannung und der Elastizitätsmodul des Verbundwerkstoffs können nach der Mischungsregel berechnet werden:

$$\sigma_{V,I} = \sigma_f\, v_f + \sigma_m\, (1 - v_f) \tag{9.43a}$$

$$E_{V,I} = E_f\, v_f + E_m\, (1 - v_f) \tag{9.43b}$$

Die Indizes V, f, m beziehen sich auf Verbundwerkstoff, Faser und Matrix. v_f ist der Volumenanteil der Fasern.

Bild 9.59 Spannungs-Dehnungs-Kurve und Hystereseschleife eines faserverstärkten Verbundwerkstoffes (schematisch)

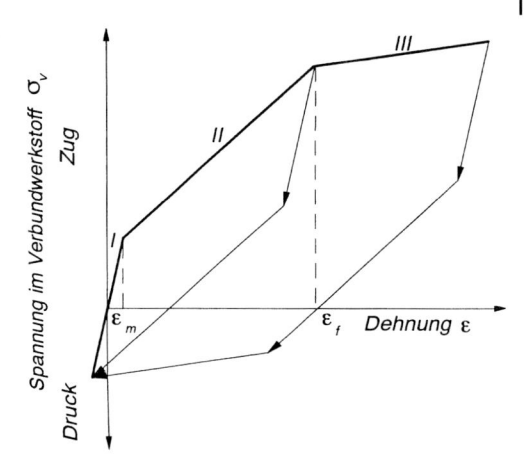

Der Bereich II beginnt mit der plastischen Verformung der Matrix bei ε_m. Die Fasern werden weiterhin elastisch beansprucht und müssen, da die Verfestigung der Matrix relativ gering ist, den Spannungszuwachs nahezu allein aufnehmen. Dadurch verringern sich der Anstieg der Kurve und auch der Elastizitätsmodul E_V. Es ist:

$$\sigma_{V,II} = \varepsilon\, E_f\, v_f + \varepsilon_m E_m (1 - v_f) \tag{9.44 a}$$

$$E_{V,II} = E_f\, v_f + (d\sigma_m/d\varepsilon_m)(1 - v_f) \tag{9.44 b}$$

($d\sigma_m/d\varepsilon_m$ Anstieg der σ-ε-Kurve der Matrix bei der Dehnung ε_m).

Mit Erreichen von ε_f schließlich werden auch die Fasern plastisch verformt, und die σ-ε-Kurve tritt in den Bereich III ein. Der noch geringe Anstieg von σ_V ist vorwiegend durch Verfestigen der Fasern verursacht.

Für einen Verbundkörper mit diskontinuierlichen Fasern ist infolge des Spannungsabfalls an den Faserenden mit zunehmender Dehnung in Abweichung von den Gln. (9.43) und (9.44) eine kontinuierliche Verringerung des σ_V-Anstieges und damit auch des E-Moduls zu erwarten. Für Faserlängen $l \gg l_c$ sind diese Abweichungen jedoch vernachlässigbar.

In der Praxis sind für die Beanspruchung eines Faserverbundwerkstoffs vorwiegend die Bereiche I und II nutzbar. Aus Bild 9.59 ist weiterhin zu entnehmen, dass sich aufgrund von Hystereseerscheinungen bei wiederholter Belastung der Bereich I ausweiten kann. Nach Entlasten aus den Bereichen II bzw. III bleiben infolge der eingetretenen plastischen Verformungen in den Fasern Zug-, in der Matrix Druckspannungen zurück. Nachfolgende Be- und Entlastungszyklen mit gleicher oder geringerer Beanspruchung haben bei sich verfestigender Matrix keine plastischen Dehnungen mehr zur Folge. Über eine Vorbeanspruchung des Bauteils ist es also möglich, den Bereich des elastischen Werkstoffverhaltens zu höheren Spannungen hin auszudehnen.

Die Zugfestigkeit R_{mV} des mit einsinnig gerichteten, kontinuierlichen Fasern verstärkten Verbundwerkstoffs lässt sich unter der Voraussetzung, dass die Beanspruchung in Faserrichtung geschieht, nach der Mischungsregel errechnen:

$$R_{mV} = R_{mf}\, v_f + \sigma'_m (1 - v_f) \tag{9.45}$$

(σ'_m die in der Matrix herrschende Spannung, wenn der Verbundwerkstoff bis zum Bruch der Fasern beansprucht ist). Beziehung (9.45) wird jedoch nur dann realisiert, wenn die Zugfestigkeit des Verbundwerkstoffs R_{mV} höher als der Spannungsanteil $R_{mM} (1 - v_f)$ ist, den die Matrix allein aufzunehmen vermag; R_{mM} bezeichnet die Matrixzugfestigkeit. Ist dies nicht der Fall, so zerreißen die Fasern infolge des von ihnen aufzunehmenden hohen Anteils der äußeren Belastung schon bei niedrigen Spannungen. In Bild 9.60 sind einige Beispiele wiedergegeben, die beweisen, dass die Festigkeitseigenschaften der Mischungsregel bis zu hohen Faservolumenanteilen ($v_t \leq 60\%$) folgen.

Eine merkliche Festigkeitserhöhung durch Fasereinlagerung tritt jedoch erst ein, wenn $R_{mV} > R_{mM}$ ist. Der hierfür benötigte kritische Faservolumenanteil ist

$$v_{f\,krit} = \frac{R_{mM} - \sigma'_m}{R_{mf} - \sigma'_m} \tag{9.46}$$

$v_{f\,krit}$ wird umso größer, je stärker verfestigungsfähig die Matrix und je geringer der Festigkeitsunterschied der Komponenten ist. Für duktile Fasern gelten diese Betrachtungen nicht ganz, da die Matrix ihr Einschnüren behindert. Sie können sich deshalb weiterhin gleichmäßig verformen und höhere Spannungen übertragen, wodurch mit zunehmendem Faservolumenanteil eine stetig ansteigende Festigkeitskurve erhalten werden kann. Der höchstmögliche Volumenanteil bei gleichsinnig

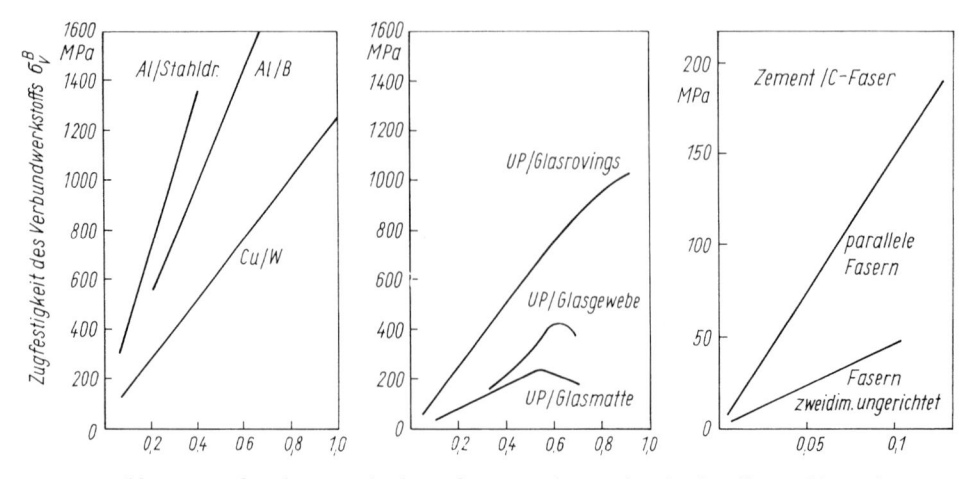

Bild 9.60 Zugfestigkeit verschiedener faserverstärkter Verbundwerkstoffe in Abhängigkeit vom Faservolumenanteil

angeordneten Fasern gleichen Durchmessers beträgt 90,6 %, da sich dann die Fasern gerade berühren. Es bereitet jedoch technologisch Schwierigkeiten, mehr als etwa 60 Vol.-% Fasern ohne beträchtliche Gefügeinhomogenitäten in eine Matrix einzubetten.

Entsprechend den vorangegangenen Betrachtungen zur Beanspruchungsübertragung sollte ein Verbundwerkstoff mit diskontinuierlichen Fasern ein Eigenschaftsverhalten wie ein Faserverbund mit kontinuierlichen Fasern haben, falls $l > l_c$ ist und die Fasern sich auf einer Länge von $> l_c/2$ überlappen. Dies trifft in der Tat auch weitgehend zu, wenn $l/l_c \gtrsim 10$ beträgt.

Weicht die Beanspruchungsrichtung von der Faserorientierung ab, ist damit auch ein beträchtlicher Abfall der Festigkeit verbunden. Anstelle der Faserfestigkeit wird die Faser-Matrix-Grenzschichtscherfestigkeit τ_g bzw. bei Beanspruchung nahezu senkrecht zum Faserverlauf die Matrixzugfestigkeit R_{mM} für die Festigkeit des Verbundwerkstoffs ausschlaggebend.

Die Anisotropie der mechanischen Eigenschaften der Verbundkörper lässt sich vermindern, wenn die Fasern in zwei- oder auch dreidimensionaler Verteilung eingelagert werden. Da in diesem Fall jedoch nicht mehr alle Fasern gleichzeitig und gleichmäßig beansprucht sind, müssen entsprechende Festigkeitseinbußen in Kauf genommen werden. Bei zweidimensional gerichteten Fasern (z. B. Gewebe) sinkt die Festigkeit des Verbundwerkstoffs auf die Hälfte, für eine flächig ungerichtete Faseranordnung (Fasermatten) auf ein Drittel und bei räumlich statistischer Verteilung (Faserschnitzel) sogar auf ein Sechstel gegenüber einer eindimensionalen Anordnung ab.

Schichtweise aufgebaute Faserverbundwerkstoffe zeichnen sich durch einen hohen Ermüdungswiderstand aus. Allerdings besteht eine hohe Empfindlichkeit gegenüber stoßartigen Belastungen, die leicht zu *Delaminationen* führen können.

9.7.5
Steigerung von Festigkeit und Bruchzähigkeit durch Energiedissipation

In keramischen Werkstoffen ist ein Abbau von Spannungsspitzen durch plastische Verformung, d. h. die Bewegung von Versetzungen, nicht oder nur sehr eingeschränkt möglich. Dennoch kann über energiedissipative Prozesse eine erhebliche Steigerung der Festigkeit und vor allem der Bruchzähigkeit erreicht werden. *Energiedissipation* ist möglich durch kontrolliertes Einbringen von Mikrorissen, Rissumlenkung an Fasern oder Teilchen sowie die Erzeugung von Eigenspannungen infolge Phasenumwandlungen. Das bekannteste Beispiel sind die Dispersionskeramiken aus einem Matrixwerkstoff, vorwiegend Al_2O_3, mit eingelagerten ZrO_2-Teilchen (ZTC = **Z**irconia **T**oughened **C**eramics, wichtigster Vertreter ZTA = **Z**irconia **T**oughened **A**luminia).

Die bei niedrigen Temperaturen monokline Struktur des Zirkondioxids wandelt sich bei 1000 bis 1200 °C martensitisch in eine tetragonale Phase um. Die während des Abkühlens auftretende Rückwandlung ist mit einer Volumenausdehnung (3 bis 5 %) verbunden und wird mit abnehmender Teilchengröße zu tieferen Temperaturen, bei sehr kleinen bzw. chemisch stabilisierten Teilchen sogar bis weit unter die

Raumtemperatur, verschoben. Mit dieser Phasenumwandlung sind drei energiedissipative Prozesse gegeben.

Infolge der Umwandlung tetragonal → monoklin bildet sich in der Al_2O_3-Matrix um die ZrO_2-Teilchen ein Spannungsfeld aus. Dabei wird der kritische Spannungswert der Matrix lokal überschritten, sodass um die monoklinen ZrO_2-Teilchen eine Mikrorisshülle entsteht. Die zur Erzeugung von Mikrorissflächen verbrauchte Energie hemmt die weitere instabile Rissausbreitung (Bild 9.61 a).

Zur spannungsinduzierten Phasenumwandlung (Bild 9.61 b) ist der Einbau von ZrO_2-Teilchen erforderlich, die erst im Spannungsfeld einer belasteten Rissspitze zur Phasenumwandlung angeregt werden. Es entstehen Druckeigenspannungen, die der äußeren Zugbeanspruchung entgegenwirken. Um diesen Mechanismus auszulösen, müssen entweder sehr kleine Teilchen ($\leq 0{,}5$ µm in einer Al_2O_3-Matrix) oder aber größere und (z. B. durch Y_2O_3-Zusatz) chemisch stabilisierte verwendet werden.

In der Umgebung relativ großer monokliner ZrO_2-Teilchen (> 3 µm in einer Al_2O_3-Matrix) können sich im Einflussbereich der Spannungsfelder an Tripelpunkten des Matrixkorngrenzennetzes spontan Mikrorisssterne bilden (Orte potenzieller Rissverzweigung). Beim Einlaufen eines Magistralrisses wird deren Oberfläche unter Energieverbrauch vergrößert und die instabile Rissausbreitung ebenfalls gehemmt (Bild 9.61 c). Mit Hilfe der genannten energiedissipativen Mechanismen konnte die Bruchzähigkeit keramischer Hochleistungswerkstoffe beträchtlich erhöht werden; bei 15 bis 20 Vol.-% ZrO_2 und einer Teilchengröße von etwa 1 µm sind K_{Ic}-Werte über 10 MPa m$^{1/2}$ erreichbar.

Der prinzipielle Nachteil der Umwandlungsverstärkung – das Beschränken auf relativ niedrige Temperaturen – lässt sich bei faser- oder whiskerverstärkten Verbundkeramiken überwinden. Ist der thermische Ausdehnungskoeffizient der Matrix

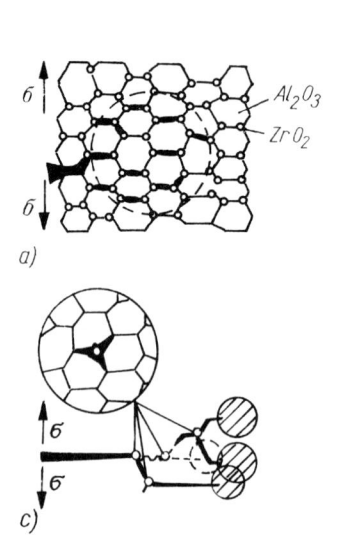

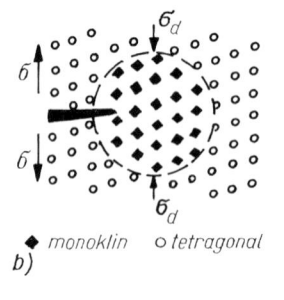

Bild 9.61 Energiedissipative Mechanismen in einer ZrO_2-verstärkten Dispersionskeramik (nach *H. Ruf* und *N. Claussen*). a) Mikrorissbildung; b) spannungsinduzierte Phasenumwandlung; c) Rissverzweigung (die gestrichelten Risse liegen außerhalb der Zeichenebene)

Bild 9.62 Gefüge eines schlagzähmodifizierten Polystyrols (nach *H.-G. Braun*) (helle Anteile Polystyrol, dunkle Kautschuk)

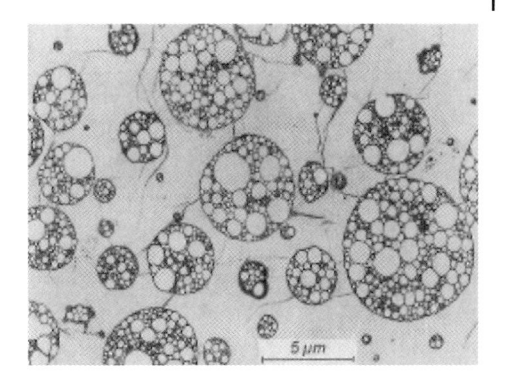

größer als der des Faserwerkstoffs, treten um die in der Matrix eingesinterten Fasern Druckvorspannungen auf.

Im Fall einer Al_2O_3-Matrix mit SiC-Fasern bildet sich außerdem bei ausreichend hohen Temperaturen in der Phasengrenze eine viskose Glasphase, wodurch der Riss umgelenkt und sein Fortschreiten ebenfalls gehemmt wird. Die Glasphase entsteht durch Reaktion mit SiO_2, das sich auf der Oberfläche der Fasern befindet, und Matrixoxid.

Ein anschauliches Beispiel der energiedissipativen Beeinflussung der Bruchzähigkeit von Polymeren stellen die schlagzähmodifizierten Thermoplaste dar. Es handelt sich dabei insbesondere um Styrol-Co- und Homopolymerisate, die mit Kautschukpartikeln in homogener Feinverteilung modifiziert sind (Bild 9.62). Die mikroskopische Abfolge von Hartphasen (Polystyrol) und Weichphasen (Kautschuk) hat ein hohes mechanisches Arbeitsaufnahmevermögen und somit eine stark erhöhte Schlagzähigkeit zur Folge. Ein Großteil der eingebrachten Energie wird durch die Weichphasenteilchen energiedissipativ absorbiert.

9.8
Härte und Verschleiß

Zu den in der Technik am häufigsten genutzten mechanischen Erscheinungen gehört die *Härte*. Darunter versteht man den Widerstand, den der Werkstoff dem Eindringen eines Eindringkörpers (*Indenter*) entgegensetzt.

Die sich durch Form und Material des Indenters unterscheidenden „klassischen" Härtekennwerte lassen sich schnell und nahezu zerstörungsfrei ermitteln; sie sind deshalb von besonderer Bedeutung für das werkstoffbezogene *Qualitätsmanagement* [9.37]. Der Nachteil dieser Verfahren ist der werkstoffmechanisch kaum definierbare elastisch-plastische Verformungszustand unterhalb des Eindringkörpers. Bei der *Martenshärte* wird deshalb der Zusammenhang zwischen Belastung und Eindringtiefe während der gesamten Be- und Entlastungsphase registriert. Dieses Verfahren ist auch zur Untersuchung von Mikrokomponenten oder dünnen Funktionsschichten geeignet, und mit einem *Nanoindenter* kann das Gefüge im Mikro- und Nanometerbereich charakterisiert werden [9.38].

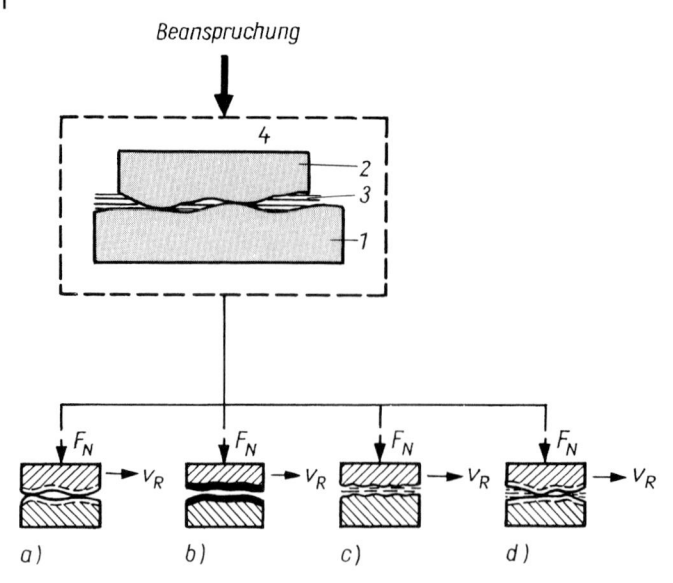

Bild 9.63 Grundstruktur eines tribologischen Systems im Zusammenhang mit verschiedenen Reibungszuständen. *1* Reibkörper 1; *2* Reibkörper 2; *3* Zwischenstoff; *4* Umgebungsmedium; *a* reine Festkörperreibung; *b* Haftschichtenreibung; *c* Flüssigreibung; *d* Mischreibung; F_n äußere Beanspruchung; V_R Geschwindigkeit der Relativbewegung

Neben dem Bruch (Abschn. 9.5) und der Korrosion (Kap. 8) ist der *Verschleiß* eine im Verlauf der Betriebsbeanspruchung auftretende Werkstoffschädigung, von der die Lebensdauer bzw. Zuverlässigkeit eines Bauteils oder Werkzeugs wesentlich bestimmt wird [9.39], [9.40]. Unter Verschleiß versteht man den als Folge einer *tribologischen Beanspruchung (Reibung)* fortschreitenden Materialverlust an der Werkstoffoberfläche. Die Grundstruktur eines *tribologischen Systems* ist in Bild 9.63 dargestellt. Es besteht aus den drei aktiven Elementen: dem Reibkörper 1, der die nominelle Berührungsfläche bestimmt, dem Reibkörper (Gegenkörper) 2, der auch als Stoffstrom einwirken kann, und dem Zwischenstoff 3, der bei bewusstem Einbringen als *Schmierstoff* bezeichnet wird. Außerdem kann das Umgebungsmedium, z. B. über Oxidation, Einfluss auf den Verschleißvorgang nehmen.

Die zwischen Reib- und Gegenkörper auftretende Relativbewegung bewirkt eine örtliche und zeitliche Änderung der Kontaktflächen, was zu den in Tab. 9.8 zusammengefassten Verschleißmechanismen und -erscheinungsformen führt.

In der Praxis wirken zumeist mehrere dieser Mechanismen zusammen, was sehr unterschiedliche Erscheinungsbilder des Verschleißes zur Folge hat. Generell aber gilt, dass die Reibung vorrangig von den Mikrokontakten an der Reibkörperoberfläche abhängt, sodass die Mikrogeometrie und stoffliche Beschaffenheit der Randschicht des Werkstoffs die Intensität des Verschleißvorgangs stark beeinflussen. Die Größe der Mikrokontaktfläche und somit auch die Adhäsionsneigung der Reibpartner nehmen bei polykristallinen Werkstoffen vom kfz- über das krz- zum hexagonalen Kristallsystem ab. Weiterhin wird die Festkörperreibung von der Elektronen-

Tab. 9.8 Verschleißmechanismen und -erscheinungsformen

Verschleißmechanismus	Verschleißerscheinungsform
Adhäsion durch molekulare Wechselwirkungen in der Kontaktfläche	örtliche Verschweißungen, Löcher, Schuppen, Materialübertrag
Abrasion durch Furchen oder Mikrospanen	Materialabtrag als Kratzer, Riefen, Mulden
Oberflächenzerrüttung infolge tribologischer Schwell- oder Wechselbeanspruchung	Risse, Grübchen (Pittings), Schuppen
Tribochemische Reaktion mit umgebenden Medien (Reiboxidation, Tribokorrosion)	Schichtbildung, Abtrag von Reaktionspartikeln

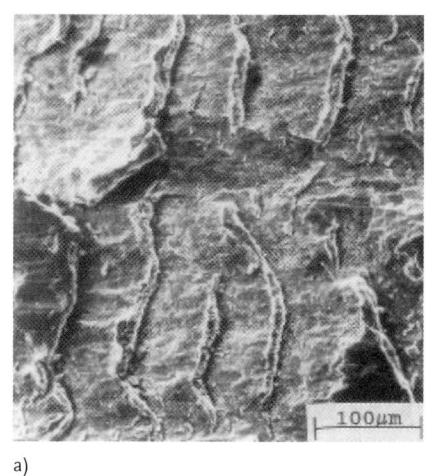

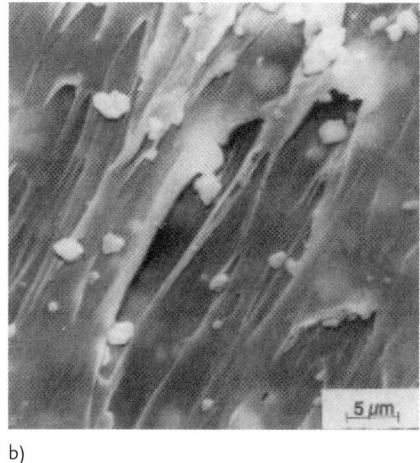

a)   b)

Bild 9.64 Rasterelektronenmikroskopische Aufnahmen von Verschleißoberflächen. (nach *U. Wendt*). a) Stahloberfläche mit Adhäsionsverschleiß; b) kreidegefüllter Polypropylen mit Abrasionsverschleiß

struktur beeinflusst; Werkstoffe mit geringer Dichte beweglicher Elektronen (Übergangsmetalle, Kunststoffe) haben nur eine geringe Adhäsionsneigung, was beispielsweise die Anwendung von PTFE als Trockengleitlager ermöglicht. Im Bild 9.64 sind rasterelektronenmikroskopische Aufnahmen der Verschleißoberfläche von Stahl nach Adhäsion und kreidegefülltem Polypropylen nach Abrasion dargestellt.

Zur quantitativen Beschreibung des Verschleißwiderstandes dienen das ab- bzw. aufgetragene oder in seinen Eigenschaften veränderte Verschleißvolumen, die *Verschleißintensität* (auf den Reibungsweg bezogenes Verschleißvolumen) oder die *Reibungsenergiedichte* (auf das durch Reibung beanspruchte Stoffvolumen bezogene Reibungsenergie).

Literatur

9.1 BLUMENAUER, H. (Hrsg.): Werkstoffprüfung. Leipzig, Stuttgart: Deutscher Verlag für Grundstoffindustrie. 6. Auflage 1994

9.2 GRELLMANN, W., und S. SEIDLER (Hrsg.): Handbuch der Kunststoffprüfung. München, Wien: Hanser Verlag 2003

9.3 ALTENBACH, H.: Werkstoffmechanik – Einführung. Leipzig, Stuttgart: Deutscher Verlag für Grundstoffindustrie 1993

9.4 LEMAITRE, J., und J.-L. CHABOCHE: Mechanics of solid materials. Cambridge: Cambridge University Press 1990

9.5 MEYERS, M. A., R. W. ARMSTRONG, und H. O. K. KIRCHNER (ed.): Mechanics and Materials – Fundamentals and Linkages. New York, Weinheim: J. Wiley & Sons, Inc. 1999

9.6 KRAWIETZ, A.: Materialtheorie. Berlin, Heidelberg, New York, Tokyo: Springer Verlag 1986

9.7 GÖLDNER, H. (Hrsg.): Höhere Festigkeitslehre. Leipzig, Köln: Fachbuchverlag. Bd. 1: 1991, Bd. 2: 1992

9.8 BURTH, K., und W. BROCKS: Plastizität Grundlagen und Anwendungen für Ingenieure. Braunschweig, Wiesbaden: Friedr. Vieweg & Sohn 1992

9.9 CAHN, R. W., P. HANSEN und E. J. KRAMER (ed.): Materials Science and Technology. Volume 6: Plastic Deformation and Fracture of Materials. Volumen Editor: H. Mughrabi. Weinheim, New York, Basel, Cambridge: VCH Verlagsgesellschaft mbH 1993

9.10 Dislocations 2000: An International Conference on the Fundamentals of Plastic Deformation. Materials Science & Engineerings A 309–310, July 2001

9.11 SCHATT, W., und K.-W. WIETERS (Hrsg.): Pulvermetallurgie. Düsseldorf: VDI-Verlag 1994

9.12 ARZT, E., und J. RÖSLER: Acta metall. 36 (1988), 1053–1060

9.13 BUNGE, H.-J.: Textur und mechanische Eigenschaften. In: Beiträge zur Materialkunde (Hrsg. O. W. ASBECK und K. H. MATUCHA). DGM Informationsgesellschaft Oberursel 1990

9.14 SCHOTT, G. (Hrsg.): Werkstoffermüdung. Stuttgart: Deutscher Verlag für Grundstoffindustrie 1997

9.15 CHRIST, H.-J. (Hrsg.): Ermüdungsverhalten metallischer Werkstoffe. Frankfurt: Werkstoff-Informationsgesellschaft mbH 1998

9.16 BÜRGEL, R.: Handbuch der Hochtemperatur-Werkstofftechnik. Braunschweig, Wiesbaden: Friedr. Vieweg & Sohn, 2. Aufl. 2001

9.17 SHI, L., and D. O. NORTHWOOD: Recent Progress in the Modelling of High-Temperature Creep and its Application to Alloy Development. J. of Mat. And Perform. 4 (1995), 196–211

9.18 GÖLDNER, H., und S. SÄHN: Bruch- und Beurteilungskriterien in der Festigkeitslehre. Leipzig, Köln: Fachbuchverlag, 2. Auflage 1993

9.19 HERTZBERG, R. W.: Deformation and Fracture – Mechanics of Engineering Materials. 4. edition. New York: John Wiley & Sons, Inc. 1996

9.20 GRELLMANN, W., und S. SEIDLER: Deformation und Bruchverhalten von Kunststoffen. Berlin u. a.: Springer-Verlag 1998 und Deformation and Fracture Behaviour of Polymers. Berlin u. a.: Springer-Verlag 2001

9.21 SCHMITT-THOMAS, K.-H.G.: Integrierte Schadensanalyse. Berlin, Heidelberg: Springer-Verlag 1999

9.22 LANGE, G. (Hrsg.): Systematische Beurteilung technischer Schadensfälle. Weinheim: Wiley – VCH, 5. Aufl. 2001

9.23 MICHLER, G. H.: Kunststoff-Mikromechanik. München, Wien: Hanser Verlag 1992

9.24 BLUMENAUER, H. (Ed.): 100 Jahre Charpy-Versuch. Materialwissenschaft und Werkstofftechnik 32 (6) 501–584 (2001)

9.25 BLUMENAUER, H., und G. PUSCH: Technische Bruchmechanik. Leipzig, Stuttgart: Deutscher Verlag für Grundstoffindustrie, 3. Auflage 1993

9.26 SCHWALBE, K.-H.: Bruchmechanik metallischer Werkstoffe, München, Wien: Hauser Verlag 1980

9.27 GROSS, D., und TH. SEELIG: Bruchmechanik. Berlin u. a.: Springer-Verlag 2001

9.28 SCHWALBE, K.-H. (Hrsg.): The Crack Tip Opening Displacement in Elastic-Plastic Fracture Mechanics. Berlin, Heidelberg: Springer-Verlag 1986

9.29 KACHANOV, L. M.: Introduction to Continuum Damage Mechanics. Martinus Nijhoff Publishers 1986

9.30 LEMAITRE, J.: A Course on Damage Mechanics. Springer-Verlag, 2. Aufl. 1996

9.31 KRAJCINOVIC, D., u. a.: damage mechanics. Elsevier Science B.V. 1996

9.32 HAUK, V., H. P. HOUGARDY, E. MACHERAUCH und H.-D. TIETZ (ed.): Residual stresses. DGM Informationsgesellschaft Verlag Oberursel 1993

9.33 TIETZ, H.-D.: Grundlagen der Eigenspannungen. Leipzig: Deutscher Verlag für Grundstoffindustrie 1983

9.34 HAUK, V.: Structural and Residual Stress Analysis by Nondestructive Methods Evaluation – Application – Assessment. Amsterdam u. a.: Elsevier 1997

9.35 WIELAGE, B., und G. LEONHARDT: Verbundwerkstoffe und Werkstoffverbunde. Weinheim: Wiley – VCH 2001

9.36 FLEMMING, M., G. ZIEGMANN, und S. ROTH: Faserverbundbauweisen. Springer-Verlag 1996

9.37 WEILER, W., u. a.: Härteprüfung an Metallen und Kunststoffen. Sindelfingen: Expert Verlag 1990

9.38 Härteprüfung – von Makro bis Nano. Härtereitechn. Mitt. 56 (2001), 4

9.39 CZICHOS, H., und K.-H. HABIG: Tribologie Handbuch, Reibung und Verschleiß. Braunschweig, Wiesbaden: Friedr. Vieweg & Sohn Verlagsgesellschaft 1992

9.40 FISCHER, A. (Hrsg.): Reibung und Verschleiß. Weinheim: Wiley – VCH 2000

10 Physikalische Erscheinungen

10.1 Elektrische Leitfähigkeit

Unter elektrischem Strom versteht man eine gerichtete Bewegung elektrischer Ladungen. *Ladungsträger* können positive und negative Ionen *(Ionenleitung)* oder Elektronen bzw. Defektelektronen *(Elektronenleitung)* sein. Ein Elektron trägt die Ladung $e^- = -1{,}6 \cdot 10^{-19}$ As. Da ein Ion durch Aufnahme oder Abgabe eines oder mehrerer Elektronen entsteht, kann der Betrag seiner elektrischen Ladung nur gleich oder ein Vielfaches der Ladung eines Elektrons sein. Die Ladung eines Elektrons ist daher die *Elementarladung*.

Die *elektrische Leitfähigkeit* κ eines Materials hängt von der Anzahl der Ladungsträger je Volumeneinheit n, von der Ladung q jedes Ladungsträgers und von der Beweglichkeit μ der Ladungsträger ab. Sie ist dem mit der Temperatur T variierenden Produkt aus der Ladungsträgerkonzentration und -beweglichkeit direkt proportional:

$$\kappa(T) = q \cdot n(T) \cdot \mu(T) \tag{10.1}$$

Die *Ionenleitung* ist in Festkörpern bei niedriger Temperatur von untergeordneter Bedeutung. In Ionenkristallen kann die Ionenwanderung nur durch Platzwechsel über Leerstellen oder Zwischengitterplätze (Punktdefekte) erfolgen (s.a. Abschn. 7.1.1). Die Ionenbeweglichkeit μ_i ist daher eng mit den Diffusionsgesetzen verknüpft:

$$\mu_i = qD/kT \tag{10.2}$$

(D Diffusionskoeffizient; k Boltzmann-Konstante ($1{,}38 \cdot 10^{-23}$ Ws K^{-1}); T Temperatur in K). Entsprechend der exponentiellen Temperaturabhängigkeit des Diffusionskoeffizienten und der Konzentration der Punktdefekte (Abschn. 2.1.11) kann die Ionenleitung für erhöhte Temperaturen jedoch erhebliche Beträge annehmen. Bei keramischen Werkstoffen, die als elektrische Isolatoren verwendet werden, wird deshalb das Isolationsverhalten mit steigender Temperatur schnell schlechter (Bild 10.1).

Auch in Gläsern kann eine mehr oder minder große Stromleitung infolge Ionenwanderung auftreten. Die spezifische elektrische Durchgangsleitfähigkeit hängt in

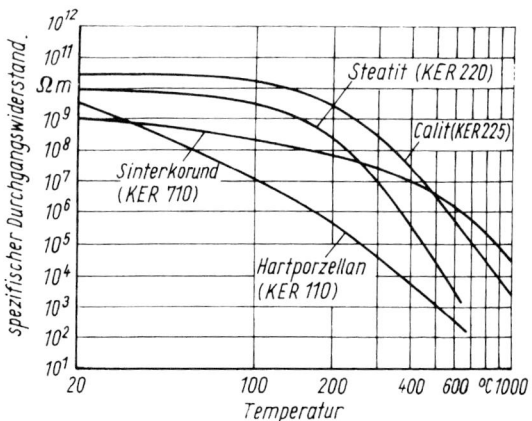

Bild 10.1 Spezifischer Durchgangswiderstand einiger keramischer Werkstoffe in Abhängigkeit von der Temperatur

starkem Maße von der chemischen Zusammensetzung ab und liegt für die meisten technischen Gläser zwischen 10^{-17} und $10^{-8}\,\Omega^{-1}\,m^{-1}$. Sehr geringe Leitfähigkeitswerte zeigt bei tiefen Temperaturen reines Kieselglas, in dessen starrem Netzwerk die Ionen relativ fest gebunden sind und sich deshalb praktisch keine Ladungsträger bewegen können (Abschn. 2.2 und 7.1). Werden in die Netzwerkstruktur jedoch Fremdkationen *(Netzwerkwandler)* eingebracht, die eine Lockerung der Bindungen bzw. eine Aufweitung des Netzwerkes verursachen, dann können sich die Isolationseigenschaften des Glases merklich verändern. So führen bereits geringste Alkaliverunreinigungen im Kieselglas, insbesondere locker gebundene und daher leicht bewegliche Na-Ionen, zu einem Anstieg der elektrischen Leitfähigkeit. Hingegen schränken andere, das Netzwerk verfestigende Bestandteile der technischen Mehrkomponentengläser, beispielsweise Erdalkalioxide, die Beweglichkeit der ionischen Ladungsträger ein.

Die Ionenleitung in Gläsern nimmt oberhalb der Einfriertemperatur T_E infolge der dann einsetzenden Erniedrigung der Viskosität stark zu. Die relativ große elektrische Leitfähigkeit bei hohen Temperaturen gestattet es beispielsweise, Glasschmelzen durch Widerstandserwärmung über eingeführte Elektroden (Molybdänelektroden) direkt zu beheizen.

Zum Verständnis der *Elektronenleitung* müssen, ausgehend von den Energieniveaus im freien Atom, die Energiezustände der Elektronen im Festkörper betrachtet werden. Die Quantentheorie ordnet jedem Elektron im Atom vier Quantenzahlen zu (s. a. Abschn. 2.1.5), die seinen Energiezustand eindeutig beschreiben: Die *Hauptquantenzahl n* kennzeichnet eine Gruppe von Energiezuständen bzw. die Elektronenschale im Bohrschen Modell. Entsprechend $n = 1, 2, 3 \ldots 7$ werden diese vom Kern ausgehend entweder mit den betreffenden Zahlen oder den Buchstaben K, L, M ... Q bezeichnet (Tab. 10.1). Die Energieniveaus mit $n = 1$ fasst man zur K-Schale, die mit $n = 2$ zur L-Schale usw. zusammen. Zu einer Hauptquantenzahl n gibt es insgesamt $2\,n^2$ verschiedene Zustände. Folglich enthält die K-Schale bis zu 2, die L-Schale bis zu 8, die M-Schale bis zu 18 usf. Elektronen.

Tab. 10.1 Elektronenanordnung in den Elementen

Element Symbol	Z	K (n = 1) 1s	L (n = 2) 2s 2p	M (n = 3) 3s 3p 3d	N (n = 4) 4s 4p 4d 4f	O (n = 5) 5s 5p 5d 5f	P (n = 6) 6s 6p 6d	Q (n = 7) 7s
H	1	1						
He	2	2						
Li	3	2	1					
Be	4	2	2					
B	5	2	2 1					
C	6	2	2 2					
N	7	2	2 3					
O	8	2	2 4					
F	9	2	2 5					
Ne	10	2	2 6					
Na	11	2	2 6	1				
Mg	12	2	2 6	2				
Al	13	2	2 6	2 1				
Si	14	2	2 6	2 2				
P	15	2	2 6	2 3				
S	16	2	2 6	2 4				
Cl	17	2	2 6	2 5				
Ar	18	2	2 6	2 6				
K	19	2	2 6	2 6	1			
Ca	20	2	2 6	2 6	2			
Sc	21	2	2 6	2 6 1	2			
Ti	22	2	2 6	2 6 2	2			
V	23	2	2 6	2 6 3	2			
Cr	24	2	2 6	2 6 5	1			
Mn	25	2	2 6	2 6 5	2			
Fe	26	2	2 6	2 6 6	2			
Co	27	2	2 6	2 6 7	2			
Ni	28	2	2 6	2 6 8	2			
Cu	29	2	2 6	2 6 10	1			
Zn	30	2	2 6	2 6 10	2			
Ga	31	2	2 6	2 6 10	2 1			
Ge	32	2	2 6	2 6 10	2 2			
As	33	2	2 6	2 6 10	2 3			
Se	34	2	2 6	2 6 10	2 4			
Br	35	2	2 6	2 6 10	2 5			
Kr	36	2	2 6	2 6 10	2 6			
Rb	37	2	2 6	2 6 10	2 6	1		
Sr	38	2	2 6	2 6 10	2 6	2		
Y	39	2	2 6	2 6 10	2 6 1	2		
Zr	40	2	2 6	2 6 10	2 6 2	2		
Nb	41	2	2 6	2 6 10	2 6 4	1		
Mo	42	2	2 6	2 6 10	2 6 5	1		
Tc	43	2	2 6	2 6 10	2 6 6	1		
Ru	44	2	2 6	2 6 10	2 6 7	1		

Tab. 10.1 (Fortsetzung)

Element Symbol	Z	K (n = 1) 1s	L (n = 2) 2s 2p	M (n = 3) 3s 3p 3d	N (n = 4) 4s 4p 4d 4f	O (n = 5) 5s 5p 5d 5f	P (n = 6) 6s 6p 6d	Q (n = 7) 7s
Rh	45	2	2 6	2 6 10	2 6 8	1		
Pd	46	2	2 6	2 6 10	2 6 10			
Ag	47	2	2 6	2 6 10	2 6 10	1		
Cd	48	2	2 6	2 6 10	2 6 10	2		
In	49	2	2 6	2 6 10	2 6 10	2 1		
Sn	50	2	2 6	2 6 10	2 6 10	2 2		
Sb	51	2	2 6	2 6 10	2 6 10	2 3		
Te	52	2	2 6	2 6 10	2 6 10	2 4		
J	53	2	2 6	2 6 10	2 6 10	2 5		
Xe	54	2	2 6	2 6 10	2 6 10	2 6		
Cs	55	2	2 6	2 6 10	2 6 10	2 6	1	
Ba	56	2	2 6	2 6 10	2 6 10	2 6	2	
La	57	2	2 6	2 6 10	2 6 10	2 6 1	2	
Ce	58	2	2 6	2 6 10	2 6 10 2	2 6	2	
Pr	59	2	2 6	2 6 10	2 6 10 3	2 6	2	
Nd	60	2	2 6	2 6 10	2 6 10 4	2 6	2	
Pm	61	2	2 6	2 6 10	2 6 10 5	2 6	2	
Sm	62	2	2 6	2 6 10	2 6 10 6	2 6	2	
Eu	63	2	2 6	2 6 10	2 6 10 7	2 6	2	
Gd	64	2	2 6	2 6 10	2 6 10 7	2 6 1	2	
Tb	65	2	2 6	2 6 10	2 6 10 8	2 6 1	2	
Dy	66	2	2 6	2 6 10	2 6 10 10	2 6	2	
Ho	67	2	2 6	2 6 10	2 6 10 11	2 6	2	
Er	68	2	2 6	2 6 10	2 6 10 12	2 6	2	
Tm	69	2	2 6	2 6 10	2 6 10 13	2 6	2	
Yb	70	2	2 6	2 6 10	2 6 10 14	2 6	2	
Lu	71	2	2 6	2 6 10	2 6 10 14	2 6 1	2	
Hf	72	2	2 6	2 6 10	2 6 10 14	2 6 2	2	
Ta	73	2	2 6	2 6 10	2 6 10 14	2 6 3	2	
W	74	2	2 6	2 6 10	2 6 10 14	2 6 4	2	
Re	75	2	2 6	2 6 10	2 6 10 14	2 6 5	2	
Os	76	2	2 6	2 6 10	2 6 10 14	2 6 6	2	
Ir	77	2	2 6	2 6 10	2 6 10 14	2 6 7	2	
Pt	78	2	2 6	2 6 10	2 6 10 14	2 6 8	2	
Au	79	2	2 6	2 6 10	2 6 10 14	2 6 10	1	
Hg	80	2	2 6	2 6 10	2 6 10 14	2 6 10	2	
Tl	81	2	2 6	2 6 10	2 6 10 14	2 6 10	2 1	
Pb	82	2	2 6	2 6 10	2 6 10 14	2 6 10	2 2	
Bi	83	2	2 6	2 6 10	2 6 10 14	2 6 10	2 3	
Po	84	2	2 6	2 6 10	2 6 10 14	2 6 10	2 4	
At	85	2	2 6	2 6 10	2 6 10 14	2 6 10	2 5	
Rn	86	2	2 6	2 6 10	2 6 10 14	2 6 10	2 6	

Tab. 10.1 (Fortsetzung)

Element		K (n = 1)	L (n = 2)		M (n = 3)			N (n = 4)				O (n = 5)				P (n = 6)			Q (n = 7)
Symbol	Z	1s	2s	2p	3s	3p	3d	4s	4p	4d	4f	5s	5p	5d	5f	6s	6p	6d	7s
Fr	87	2	2	6	2	6	10	2	6	10	14	2	6	10		2	6		1
Ra	88	2	2	6	2	6	10	2	6	10	14	2	6	10		2	6		2
Ac	89	2	2	6	2	6	10	2	6	10	14	2	6	10		2	6	1	2
Th	90	2	2	6	2	6	10	2	6	10	14	2	6	10		2	6	2	2
Pa	91	2	2	6	2	6	10	2	6	10	14	2	6	10	2	2	6	1	2
U	92	2	2	6	2	6	10	2	6	10	14	2	6	10	3	2	6	1	2
Np	93	2	2	6	2	6	10	2	6	10	14	2	6	10	5	2	6		2
Pu	94	2	2	6	2	6	10	2	6	10	14	2	6	10	6	2	6		2
Am	95	2	2	6	2	6	10	2	6	10	14	2	6	10	7	2	6		2
Cm	96	2	2	6	2	6	10	2	6	10	14	2	6	10	7	2	6	1	2

Die *Neben-* oder *Orbitalquantenzahl* $l = 0, 1, 2, 3 \ldots (n-1)$ charakterisiert die durch den Bahndrehimpuls bedingte Abweichung von einer kugelsymmetrischen Ladungsverteilung (Elektronendichteverteilung, Orbitale). In dem einem jeweiligen l-Wert entsprechenden Zustand können bis zu $2(2l+1)$ Elektronen vorkommen. Demnach sind maximal zwei s-Elektronen, sechs p-Elektronen, zehn d-Elektronen und vierzehn f-Elektronen möglich (Tab. 10.1). Die beiden weiteren Quantenzahlen, die *Magnetquantenzahl* m_l und die *Spinquantenzahl* m_s, berücksichtigen den Einfluss auf die Elektronenenergie, der durch die Orientierung des Bahndrehimpulsvektors gegenüber einem äußeren Magnetfeld und durch den infolge der Eigenrotation (Spin) des Elektrons entstehenden Spindrehimpuls gegeben ist.

Gemäß dem Paulischen Ausschließungsprinzip darf sich in jedem der durch die Kombination der vier Quantenzahlen festgelegten Energiezustände nur jeweils ein Elektron befinden, d. h., die den Elektronen zuzuordnenden Quantenzahlen müssen sich mindestens in einer Quantenzahl unterscheiden.

Die Besetzung der möglichen Elektronenzustände mit steigender Ordnungszahl Z der Elemente erfolgt ausgehend von den dem Kern nächsten zu den äußeren Energieniveaus hin. Das geschieht bis zum Element mit der Ordnungszahl 18 (Argon) in der Reihenfolge 1s, 2s, 2p, 3s, 3p. Ab Element 19 (Kalium) wird wegen der energetisch günstigeren Lage die Belegung des s-Zustandes der nächst höheren Schale bereits begonnen, ehe die d- und f-Zustände der darunter liegenden Schalen aufgefüllt sind (Tab. 10.1). So befinden sich z. B. beim Ni bereits Elektronen im 4s-Zustand, bevor die Besetzung des 3d-Zustandes voll ausgeschöpft wurde. Die Elemente mit nicht voll aufgefüllten inneren Niveaus (3d, 4d, 5d) werden als *Übergangselemente* bezeichnet.

Treten mehrere Atome zu einem Atomverband zusammen, dann werden die Elektronen nicht mehr nur vom Potenzialfeld des eigenen Atoms, sondern auch durch das benachbarter Atome beeinflusst. Infolge dieser Wechselwirkungen werden die diskreten Energieniveaus der Einzelatome im Kristall gestört und zu *Energiebändern* aufgespalten (Bild 10.2; s. a. Abschn. 2.1.5.4). Da die inneren Elektronen fester an

Bild 10.2 Aufspaltung der diskreten Energiezustände der Einzelatome zu Energiebändern bei Annäherung der Atome
a_0 Atomabstand im Gitter

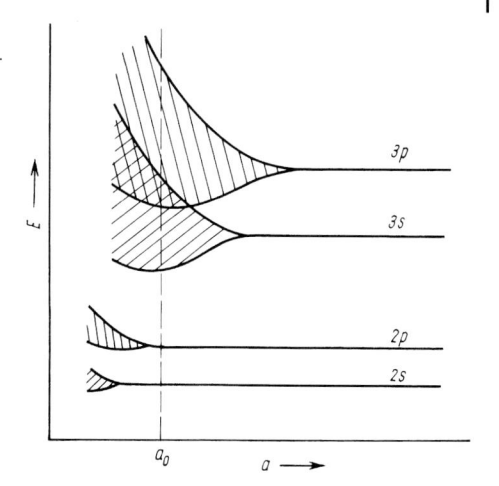

den Kern gebunden und durch weiter außen liegende weitgehend abgeschirmt sind, werden die ihnen entsprechenden Energiezustände vom Potenzialfeld benachbarter Atome wenig beeinflusst. Sie bleiben als Einzelniveaus erhalten. (Das 1s-Niveau ist deshalb in Bild 10.2 nicht mit eingezeichnet.) Beim Atomabstand a_0 des Kristallgitters werden lediglich die äußeren, die die Valenzelektronen betreffenden oder auch im ungestörten Zustand noch nicht besetzten Energieniveaus (beim Mg-Atom z. B. das 3p-Niveau) und erst bei weiterer Annäherung der Atome (unter hohem Druck) auch die darunter liegenden Energieniveaus aufgespalten.

Wie in Abschn. 2.1.5.4 beschrieben wurde, spaltet bei Annäherung zweier Atome jeder Elektronenterm zweifach auf, und zwar umso weiter, je stärker die Elektronen in Wechselwirkung treten. In einem Kristall stehen alle vorhandenen Atome miteinander in Wechselwirkung, sie bilden zusammen ein Atomsystem. Deshalb werden in jedem der entstehenden Bänder so viele neue Energiestufen geschaffen, wie im Kristallgitter Atome enthalten sind (s. a. Bild 2.32). Jede Energiestufe kann gemäß dem Pauli-Prinzip mit zwei Elektronen entgegengesetzten Spins besetzt werden. Da ein Kristall aus sehr vielen Atomen besteht, ist die Zustandsdichte $z(E)$ innerhalb eines Energiebandes sehr hoch. Der Energieverlauf über der Bandbreite darf daher als quasikontinuierlich angenommen werden, weil die gequantelten Einzelenergiestufen sehr nahe beieinander liegen. Die Zustandsdichte $z(E)$ ist über der Bandbreite nicht gleichmäßig und im Allgemeinen auch nicht symmetrisch zur Lage des Ausgangsniveaus beim Einzelatom (Bild 10.3).

Wie Bild 10.2 zeigt, nimmt die Bandbreite wegen der stärkeren Wechselwirkung mit geringer werdenden Atomabständen zu, sodass sich die äußeren Bänder teilweise überlappen. Dadurch kann ein Elektron unter Energieaufnahme, z. B. in einem elektrischen Feld oder durch thermische Anregung, nahezu kontinuierlich von einem niedrigeren in ein höheres, im Falle des Bildes 10.2 vom 3s- in das 3p-Band, übergehen. Das ist bei Metallen, die relativ hohe Koordinationszahlen haben, in der Regel der Fall und eine der Ursachen für ihre gute elektrische Leitfähigkeit. Überlappen sich die Energiebänder nicht (Isolatoren), besteht in Analogie zum

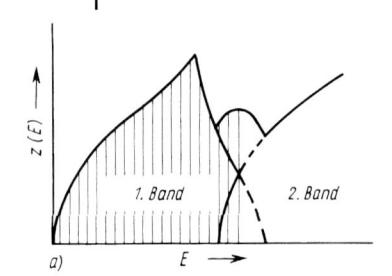

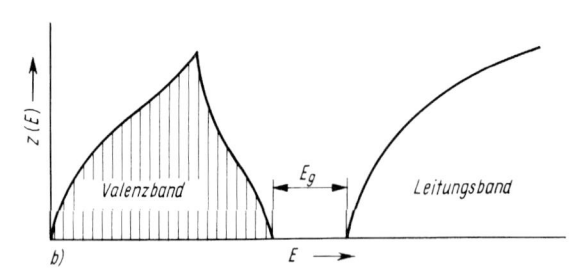

Bild 10.3 Prinzipieller Verlauf der Zustandsdichte z (E) in den Energiebändern: a) sich überlappende Bänder (elektrisch leitendes Material); b) voll besetztes Valenzband und leeres Leitungsband mit dazwischen liegendem verbotenem Energiebereich E_g (Isolator)

freien Atom zwischen den Bändern ein Energiebereich, der von den Elektronen nicht besetzt werden kann *(verbotene Zone)*.

Am absoluten Nullpunkt nehmen die Elektronen die tiefsten Energiewerte an, d. h., sie füllen entsprechend ihrer Anzahl und den durch das Pauli-Prinzip geregelten Besetzungsmöglichkeiten der Reihe nach alle im Kristall verfügbaren niederen Energiezustände. Lediglich bei den Übergangsmetallen werden bereits Zustände mit höheren Quantenzahlen besetzt, während Niveaus mit niederen frei bleiben, da die s-Zustände sehr stark aufspalten und sich mit den darunter liegenden d- bzw. f-Bändern überlappen.

Die Grenzenergie zwischen den bei $T = 0$ K besetzten und nicht besetzten Zuständen wird als *Fermigrenze* oder *Fermienergie* bezeichnet. Sie ist eine Materialkonstante und beträgt in gut leitenden Metallen einige Elektronenvolt (bei Cu etwa 7 eV, bei Na etwa 3,1 eV). Wird die Temperatur erhöht, können Elektronen, die sich an der Fermigrenze aufhalten, eine der thermischen Energie kT entsprechende zusätzliche Energie aufnehmen und sich auf bisher unbesetzte höhere Zustände verteilen. Die Wärmeenergie je Elektron ist gegenüber der Fermienergie jedoch gering. Sie erreicht z. B. bei 300 K den Wert kT = 0,025 eV, sodass die Schärfe der Fermigrenze mit steigender Temperatur kaum beeinflusst wird.

Wird an einen Kristall ein äußeres elektrisches Feld angelegt, wirkt auf alle Elektronen des Kristalls eine beschleunigende Kraft in Richtung auf den positiven Pol hin. Das elektrische Feld kann den Elektronen einen geringen Energiezuwachs erteilen und sie in Zustände höherer Energie anheben. Dafür kommen aber wegen der Bedingungen, die sich aus dem Pauli-Prinzip ergeben, nur die in der Nähe der Fermigrenze befindlichen Elektronen in Frage.

Wenn, wie bei Kristallen mit metallischer bzw. vorherrschend metallischer Bindung, das äußere Band nur teilweise, im günstigsten Fall zur Hälfte, besetzt ist, sind sowohl zahlreiche an der Energieleitung teilnehmende Elektronen als auch in seinem oberen Teil genügend freie Zustände vorhanden, in die die Elektronen infolge Energieaufnahme übergehen können. Bei Alkalimetallen z. B. oder Edelmetallen, wie Cu, Ag und Au, die sich durch eine sehr gute elektrische Leitfähigkeit auszeichnen, ist im Einzelatom der höchste Energiezustand jeweils mit einem s-Elektron besetzt (z. B. Cu $3d^{10}$, $4s^1$). Im äußeren Band ihres Kristallgitters ist folglich die Hälfte aller möglichen Energiestufen frei (Bild 10.4a). Bei anderen Metallen, wie Al, Ga, In, Tl, Sn, Pb, Bi, sind die p-Bänder die äußeren Bänder und unvollständig aufgefüllt (Tab. 10.1).

Ist das äußere Band in Metallkristallen voll besetzt (Erdalkalimetalle, Zn, Cd), dann kann es trotzdem einen stärkeren elektrischen Stromfluss geben, wenn sich das aufgefüllte mit dem darüber liegenden leeren Band überlappt (Bilder 10.3a und 10.4b), sodass bei Energieaufnahme Elektronen nahezu kontinuierlich in dieses übergehen können. Das trifft z. B. für das zweiwertige Mg ($2p^6$, $3s^2$) zu, dessen mit zwei Elektronen voll besetztes äußeres s-Niveau sich mit dem darüber befindlichen im nicht angeregten Zustand leeren 3p-Band breit überlappt. Die Folge der Bandüberlappung ist, dass ein Teil der Valenzelektronen in die unteren Zustände des darüber liegenden leeren Bandes abfließen wird, weil diese tiefer liegen als die höchsten Zustände im Valenzband. Auf diese Weise entstehen zwei unvollständig besetzte Bänder, in denen Elektronen am Leitungsvorgang teilnehmen können (Zweibandleitung). (In Bild 10.4b wurde nur das obere Band als Leitungsband gekennzeichnet.) Da aber nicht in jedem der sich überlappenden Bänder jeweils gerade die Hälfte der möglichen Energiezustände von Elektronen eingenommen werden kann, sind freilich keine optimalen Bedingungen für die Elektronenleitung gegeben. Die genannten zweiwertigen Metalle weisen daher schlechtere Leitfähigkeitswerte als die einwertigen, mit genau zur Hälfte besetzten Bändern auf.

Ein nur teilweise aufgefülltes Bandsystem liegt auch im Kristallgitter der Übergangselemente vor, in dem ein Teil der äußeren s-Elektronen in das aus den darunter liegenden d-Zuständen gebildete Band zurücktritt, wie aus der effektiven Zahl von Bohrschen Magnetonen je Atom für Fe, Co und Ni (Abschn. 10.6.1) geschlossen werden kann.

Stoffe mit rein kovalenter Bindung (Atombindung) weisen keine freien, sondern stets bestimmten Atomen zugehörige Elektronen und wegen der abgesättigten Valenzen nur voll besetzte Bänder auf. Ist allerdings der Abstand bis zum nächsthöheren leeren Energieband, der durch die Energie E_g gekennzeichnet wird, gering (Bild 10.4d), so kann bereits durch die Wärmeenergie bei Raumtemperatur der notwendige Energiebetrag aufgebracht werden, um einzelne oder mehrere Elektronen über die Energielücke hinwegzuheben. Dazu darf die Breite der verbotenen Zone im Allgemeinen nicht größer als 2,5 eV sein. Die Anzahl der Elektronen, die aus dem Valenzband in das Leitungsband, in dem sie nun beweglich sind, übergehen,

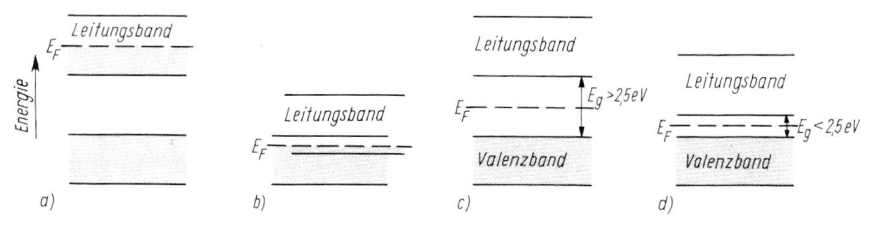

Bild 10.4 Relative Anordnung der äußeren Energiebänder (schematisch). a) Metall mit unvollständig besetztem oberstem Band (z. B. einwertiges Metall); b) Metall mit voll besetztem oberstem Band und überlappendem Leitungsband (z. B. zweiwertiges Metall); c) Isolator; d) Halbleiter

nimmt mit wachsender Temperatur exponentiell zu, und demzufolge steigt auch die elektrische Leitfähigkeit stärker an. Außerdem tragen die im Valenzband gleichzeitig in entsprechender Zahl gebildeten Löcher *(Defektelektronen)*, die sich wie positive Ladungsträger verhalten, mit zur Leitfähigkeit bei. Man nennt solche Stoffe *Halbleiter*. Ihre elektrische Leitfähigkeit liegt für Raumtemperatur zwischen der der gut leitenden Metalle und der von Isolatoren (Tab. 10.2).

Auch in stöchiometrisch zusammengesetzten Ionenkristallen liegen aufgrund des bestehenden Bindungstyps nur vollständig aufgefüllte Energiebänder vor. Alle Elektronen sind bestimmten Atomen zugeordnet und befinden sich im Potenzialtrichtermodell deshalb auf Energiezuständen, die niedriger als die zwischen den Kernen befindlichen Potenzialberge sind (s. Bild 2.26 b). Die starke Bindung der Elektronen hat zur Folge, dass die Bandaufspaltung gering bleibt und sich somit schmale Bän-

Tab. 10.2 Spezifische elektrische Leitfähigkeit einiger Werkstoffe bei Raumtemperatur

Metalle 10^6 $(\Omega m)^{-1}$		Halbleiter $(\Omega m)^{-1}$		Isolatoren $(\Omega m)^{-1}$	
Na	23	Si	$4{,}4 \cdot 10^{-4}$	Diamant	10^{-14}
Mg	22,4	Si dotiert	$2 \cdot 10^3$	Glas	$10^{-12} \dots 10^{-9}$
Al	40	Ge	2,2	Glimmer	10^{-15}
Ti	2,3	Ge dotiert	$3 \cdot 10^4$	Hartporzellan	10^{-10}
Fe	11,6	InSb	$1{,}4 \cdot 10^4$	Korund	$10^{-11} \dots 10^{-9}$
Co	18	GaAs	$4 \cdot 10^{-7}$	Quarz	$10^{-17} \dots 10^{-15}$
Ni	16,3	Cu_2O	$5 \cdot 10^{-5}$	Paraffin	10^{-14}
Cu	64	FeO	$1 \cdot 10^{-2}$	Phenolharz	$10^{-10} \dots 10^{-8}$
Zn	18	Graphit	$1 \cdot 10^5$	Polyvinylchlorid	$10^{-14} \dots 10^{-11}$
Mo	19,8			Polystyren-Reinpolym.	$10^{-17} \dots 10^{-15}$
Ag	67			Polycarbonat	10^{-14}
Cd	14			Polytetrafluorethylen	10^{-17}
Sn	8,7			Silicone	10^{-11}
W	20,4				
Pt	10,2				
Au	48,5				
Pb	5,2				
Konstantan (55% Cu, 44% Ni, 1% Mn)	2				
Maganin (86% Cu, 12% Mn, 2% Ni)	2,3				
Chromnickel (80% Ni, 20% Cr)	0,9				
$Fe_{80}B_{20}$ (amorph)	0,8				
$Fe_{40}Ni_{40}P_{14}B_6$ (amorph)	0,74				
$Fe_{73{,}5}Si_{13{,}5}B_9Cu_1Nb_3$ (nanokristallin)	0,87				

der und breite verbotene Zonen bilden. Die Bänder überlappen sich nicht (Bilder 10.3b und 10.4c). Die Elektronen können bei einem angelegten äußeren Feld keinen Zusatzimpuls aufnehmen und damit nicht zur elektrischen Leitung beitragen. Solche Stoffe sind daher bei tiefen Temperaturen, bei denen auch eine Ionendiffusion praktisch ausgeschlossen ist, ideale *Isolatoren*. In nichtstöchiometrischen Ionengittern besteht neben der Ionen- noch eine Elektronenfehlordnung (Abschn. 2.1.11), der zufolge auch bei tiefen Temperaturen eine gewisse Elektronenleitung besteht. Je nach deren Größe werden die entsprechenden Stoffe zu den Isolatoren (Al_2O_3) oder den Halbleitern (FeO, Cu_2O) gezählt (Tab. 10.2; Abschn. 10.1.2.2).

Halbleiter und Isolatoren haben bei $T = 0$ K gleichartige Besetzungsverhältnisse in den Bändern. Sie unterscheiden sich lediglich in der Breite der verbotenen Zone E_g zwischen Valenz- und Leitungsband. Die nach der Fermi-Verteilungsfunktion berechnete Fermienergie E_F liegt etwa in der Mitte zwischen dem oberen Rand des Valenz- und dem unteren Rand des Leitungsbandes.

Das Energiebänder-Modell lässt sich streng nur für kristalline Stoffe anwenden. Bei *amorphen Festkörpern* (Abschn. 2.2) werden die Elektronenzustände und damit auch die elektrischen Eigenschaften weitgehend durch die hier mehr oder weniger ausgeprägte Nahordnung bestimmt. Unter der Voraussetzung nur geringfügig veränderter Atompositionen in den nahgeordneten Bereichen gegenüber denen im Kristall ist das Bändermodell bestenfalls partiell anwendbar. Seine Modifizierung besteht als Folge der regellosen Verknüpfung der Nahordnungsbereiche untereinander im Wesentlichen darin, dass die Bandkanten nicht mehr scharf sind. Den Energiebändern sind nach oben und nach unten in Richtung der verbotenen Zone lokalisierte Elektronenzustände vorgelagert. Die lokalisierten Niveaus können je nach dem Grad der strukturellen Unordnung, der chemischen Zusammensetzung und dem vorherrschenden Bindungstyp eine beträchtliche Dichte aufweisen und tief in die verbotene Zone hineinreichen. Unter diesen Umständen werden als Energiebänder Bereiche mit relativ großer Elektronenzustandsdichte verstanden. Sie sind durch Bereiche mit relativ geringer bzw. nahezu verschwindender Zustandsdichte, auch *Pseudogap* genannt, voneinander getrennt.

Hinsichtlich des Elektronentransports treten, wenn sich Elektronen in nicht lokalisierten Zuständen befinden, Bandleitungsprozesse und außerdem so genannte *Hoppingleitung* auf, die in einem durch Phononen vermittelten thermisch aktivierten Hüpfen der Elektronen zwischen lokalisierten Zuständen besteht. Der Hoppingprozess ist umso wahrscheinlicher, je näher die beteiligten lokalisierten Zustände beieinander liegen und je weniger sich ihre Energien voneinander unterscheiden. Bei ausreichender Häufigkeit der Hüpfprozesse und Ausrichtung durch ein äußeres elektrisches Feld wird auch eine merkliche elektrische Leitfähigkeit beobachtet. Auf diese Weise lässt sich beispielsweise die Elektronenleitung in den kovalent gebundenen *Halbleitergläsern* erklären.

Durch Nutzung der verschiedenartigen Leitungsmechanismen kann in nichtmetallischen Festkörpern ein breit aufgefächertes Leitfähigkeitsverhalten eingestellt werden. So sind keramische Stoffe in ihrer Leitfähigkeit sehr stark von der chemischen Zusammensetzung abhängig, demzufolge sich die Leitfähigkeitswerte über die Auswahl bestimmter Komponenten in einem größeren Bereich variieren lassen.

Als bekannte Beispiele seien *Thermistoren* und *Varistoren* genannt, die aus Oxiden (Fe_2O_3 und TiO_2) bzw. aus Siliciumcarbid hergestellt werden und als elektrische Widerstände mit Halbleitereigenschaften Verwendung finden. Andere nichtmetallische Stoffe (NiS, VO_2, FeS, V_3O_5) zeigen in Abhängigkeit von der Temperatur oder dem Druck einen sprunghaften Übergang im elektrischen Leitfähigkeitsverhalten, einen so genannten *Metall-Isolator-Übergang*. Damit wird ausgedrückt, dass die Leitfähigkeit von einer Metallen entsprechenden Größe auf einen in Nichtmetallen anzutreffenden Wert (Leitung mit Halbleitercharakter) zurückgeht. Dementsprechende Stoffe haben für Schalt- und Speicherzwecke große technische Bedeutung erlangt. Unter den thermisch steuerbaren Substanzen mit Metall-Isolator-Übergang nimmt das Vanadiumdioxid (VO_2) wegen seiner günstig gelegenen Übergangstemperatur eine besonders gewichtige Stellung ein. Bei $T = 67\ °C$ wandelt sich die halbleitende VO_2-Tieftemperaturphase (MoO_2-Strukturtyp) in eine metallisch leitende Hochtemperaturphase (TiO_2-Strukturtyp) um. Der spezifische elektrische Widerstand springt dabei von etwa $10^{-1}\ \Omega m$ auf Werte $< 10^{-5}\ \Omega m$. Um der mit der Phasenumwandlung verbundenen Gefahr der Rissbildung zu begegnen, werden dem VO_2 glasbildende Bindemittel zugesetzt, oder das VO_2 kommt auf Trägermaterialien in Form von dünnen Schichten zum Einsatz.

In *Polymeren* wird der Ladungstransport vom molekularen Aufbau und von der Struktur bestimmt. Ionenleitung kann durch Verunreinigungen der Ausgangssubstanzen, Reste von Monomeren, niedermolekulare Reaktionsprodukte, Katalysatoren oder durch thermische oder hydrolytische Spaltung bedingt sein. Darüber hinaus beeinflussen bei gegebener Zusammensetzung alle Änderungen der Morphologie (z. B. Sphärolithgröße) und Struktur die Leitfähigkeitswerte polymerer Festkörper beträchtlich. Die elektrische Leitfähigkeit der Polymeren überstreicht einen großen Bereich und reicht vom ausgeprägten Isolator über halbleitendes und quasimetallisches Verhalten bis hin zum polymeren Supraleiter (Polyazasulfen). Ein wesentliches Merkmal der Polymerfestkörper ist die extrem geringe Ladungsträgerbeweglichkeit (10^{-11} bis $10^{-16}\ m^2\ V^{-1}\ s^{-1}$). Entsprechende Untersuchungen weisen auf einen überwiegenden Elektronen-Ladungstransport hin; nur in wenigen Fällen dominiert die Ionenleitung. Größe und Temperaturabhängigkeit der Ladungsträgerbeweglichkeit lassen erkennen, dass die elektrische Leitfähigkeit (z. B. bei Polyethylen) durch einen *Hoppingmechanismus* über lokalisierte Elektronenniveaus hervorgerufen wird.

Die elektrische Leitfähigkeit der handelsüblichen Polymere liegt bei Raumtemperatur zwischen etwa 10^{-10} und $10^{-17}\ \Omega^{-1}\ m^{-1}$. Höhere Leitfähigkeitswerte, wie sie z. B. für Verbindungselemente benötigt werden, lassen sich erzielen, indem gut leitende Zusätze in die Polymerstruktur eingelagert werden. Dafür sind elektrisch leitende Elastomere (Siliconkautschuk-Ruß-Verbundwerkstoffe) mit $\kappa = 1$ bis $50\ \Omega^{-1}\ m^{-1}$ gebräuchlich.

Aufgrund der bei einer Vielzahl von Polymeren gegebenen Möglichkeit, in ihrer Struktur über eine gezielte Oxidation oder Reduktion bewegliche Ladungsträger zu induzieren, halten die Bemühungen, Polymerwerkstoffe mit metallähnlicher elektrischer Leitfähigkeit zu entwickeln, weiterhin an. Diese chemischen Umsetzungen in Polymeren z. B. mit Halogenen, Pseudohalogenen, Alkalimetallen oder Alkalimetall-

Derivaten werden wie in der Halbleiterphysik ebenfalls als Dotieren bezeichnet. Als leitfähige Polymere bekannt sind z. B. Polyacetylen-AsF_6-, Poly-p-phenylen-AsF_5- oder Polypyrrol-Iod-Komplexe, bei denen an der Polymerkette Kationenradikale gebildet werden, die mit den Dotierungsanionen im Zwischenraum zwischen den Molekülketten in Wechselwirkung treten. Beide Ladungsträger bewerkstelligen den Ladungstransport. Erklärt wird dieses Verhalten durch die Perkolationstheorie (Tunneln der Ladungsträger durch isolierende Grenzschichten). Technische Anwendungen sind Kontaktierungen in der Halbleiter- und in der elektrochemischen Speicherzellen-Technik [10.4]. Nachteil der bisher bekannten leitfähigen Polymere ist ihre zu geringe chemische Stabilität (Lebensdauer).

Im Zuge von Entwicklungen hochleitfähiger Werkstoffe haben die Graphitwerkstoffe an Interesse gewonnen. Graphit weist ein hexagonales Schichtgitter mit ausgeprägter Bindungsanisotropie auf [kovalent-metallische Bindung in den (0001)-Ebenen, van-der-Waalssche Bindung senkrecht dazu (parallel der c-Achse; Bild 2.37)]. In den (0001)-Basisebenen erreicht die elektrische Leitfähigkeit des Graphits größenordnungsmäßig die von metallischen Leitern, in c-Richtung ist sie um etwa 10^5 kleiner. Als Ursache der guten Leitfähigkeit des Graphits in den Schichtebenen werden die starken Bindungen innerhalb dieser Ebenen angesehen, denen zufolge die thermisch angeregten Schwingungen hohe Frequenzen aufweisen, die Elektron-Phonon-Streuung (Abschn. 10.4) sehr gering und die Beweglichkeit der Elektronen in den Basisebenen außerordentlich groß ist (Tab. 10.3). Insgesamt aber bleibt die Leitfähigkeit wegen der geringen Ladungsträgerkonzentration noch um eine Größenordnung unter der von Cu. Durch die Einlagerung von Elektronen spendenden oder akzeptierenden (s. Abschn. 10.1.2.2) Fremdatomen oder -molekülen (Interkalation) zwischen den Schichtebenen ist es jedoch möglich, die Zahl der Ladungsträger wesentlich zu erhöhen. In dem im Bild 10.5 dargestellten Beispiel ist dies durch Kaliumatome, die als Elektronenspender fungieren, geschehen. Bei Einlagerung von HF + SbF_5 als Interkalantsubstanz wurden Leitfähigkeitswerte, die sogar über denen des Cu liegen, gemessen. Eine gleichzeitig auch ausreichende mechanische Stabilität von Graphitleitern ist freilich nur im Verbund mit einem Metall, wie z. B. mit Hilfe des Rohrmantelverfahrens (Hüllenverbund), zu erreichen, bei dem mit Interkalant gemischtes Graphitpulver in ein Cu-Rohr eingefüllt und wärmebehandelt wird. Über nachfolgendes Strangpressen oder Ziehen wird die kristallographische Ausrichtung der Graphitpulverteilchen, die Voraussetzung für eine hohe Leitfähigkeit ist, erzwungen.

Tab. 10.3 Ladungsträgerkonzentration und -beweglichkeit in Kupfer, Aluminium und Graphit

Werkstoff	Ladungsträgerkonzentration m^{-3}	Beweglichkeiten $m^2 V^{-1} s^{-1}$
Cu	$1,14 \cdot 10^{29}$	$32 \cdot 10^{-4}$
Al	$1,74 \cdot 10^{29}$	$13 \cdot 10^{-4}$
Graphit[1]	$2,0 \cdot 10^{25}$	≈ 1

[1]) parallel den (0001)-Ebenen

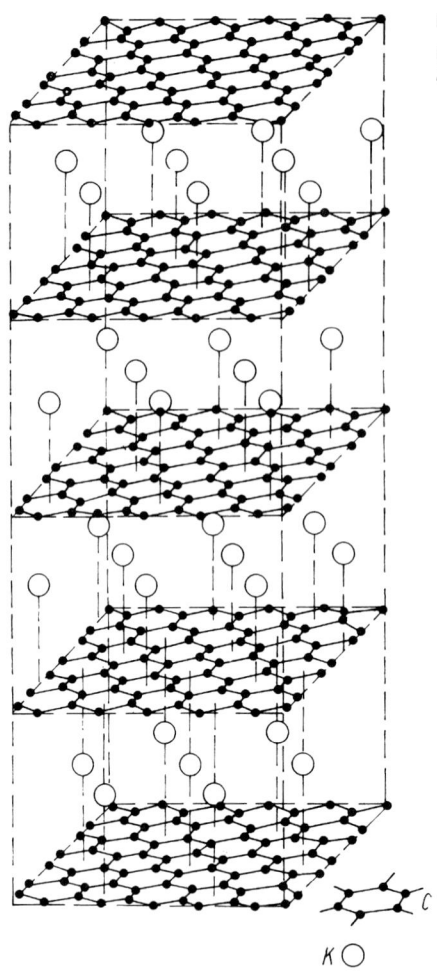

Bild 10.5 Schematische Darstellung einer Graphit-Interkalationsverbindung (nach A. R. Ubbelohde)

K ○   C

10.1.1
Elektrische Leitfähigkeit in Metallen

In Metallen und deren Legierungen sind aufgrund der metallischen Bindung freie Elektronen ($\approx 10^{22}$ cm^{-3}) vorhanden. Beim Anlegen eines elektrischen Potenzials überlagert sich der ungerichteten thermischen Bewegung der Leitungselektronen eine zusätzliche gerichtete Bewegung (Driftbewegung). Die mittlere Driftgeschwindigkeit ist der elektrischen Feldstärke proportional. Der Quotient aus beiden Größen ist als Elektronenbeweglichkeit μ (s. Gl. (10.1)) definiert. Da bei Metallen die Konzentration der Leitungselektronen temperaturunabhängig und selbst bis oberhalb der Schmelztemperatur konstant ist, haben auf den Zahlenwert der elektrischen Leitfähigkeit nach Gl. (10.1) nur jene Faktoren Einfluss, die die Bewegung der Elektronen durch den Kristall einschränken.

Bild 10.6 Potenzialtopfmodell

Vakuumpotential

ΔE_E

$E_{F(0)}$ (Fermigrenze)

besetzte Energieniveaus

Metallgitterpotential

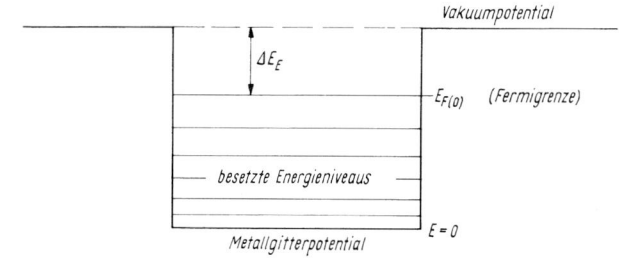

$E = 0$

Die Theorie geht vom Modell freier Elektronen aus, die sich in einem *Potenzialtopf* konstanter Tiefe befinden, wobei das Grundpotenzial das des Metallgitters darstellt und willkürlich gleich null gesetzt wird (Bild 10.6). Am absoluten Nullpunkt sind alle Elektronenzustände bis zur Fermienergie $E_{F(0)}$ besetzt. Für die Anregung müssen die Elektronen über die Fermigrenze gehoben werden. Bis zur Emission in das umgebende Vakuum muss die Energiedifferenz ΔE_E (Austrittsarbeit) aufgebracht werden. Die Elektronen innerhalb des Topfs sind als ebene Wellen aufzufassen, die durch Wellenfunktionen beschrieben werden. Da sich die Elektronen nur in bestimmten erlaubten Energiezuständen befinden, entspricht jedem von ihnen eine Eigenfunktion, die sich jeweils als Lösung der Schrödinger-Gleichung ergibt.

Die einzelnen Quantenzustände werden durch die Wellenzahl $k = 2\pi/\lambda$ charakterisiert, wodurch die Verknüpfung mit der Wellenlänge λ gegeben ist. k ist der Betrag des Wellenzahlvektors **k**, der dem Impuls und damit auch der Geschwindigkeit der Elektronen proportional ist und gleichzeitig auch die Ausbreitungsrichtung der Welle festlegt. Ein angelegtes äußeres elektrisches Feld verleiht den Elektronen einen Zusatzimpuls, der sie in einen höheren Energiezustand überführt und ihnen eine Vorzugsgeschwindigkeit in Richtung des Potenzialgradienten erteilt. Entsprechend den quantentheoretischen Vorstellungen sind die fortschreitenden Elektronenwellen gitterperiodisch moduliert, sodass ein vollkommen ideal gebauter Kristall die Bewegung der Elektronen nicht beeinträchtigt. Am absoluten Nullpunkt sollte die Leitfähigkeit für eine solche Struktur daher unendlich sein. Die reale Kristallstruktur eines Metalls weist jedoch von der strengen Periodizität seiner Bausteine abweichende Störungen auf, die einen elektrischen Widerstand verursachen. Die fortschreitenden Elektronenwellen werden an den Störungen gestreut und aus ihrer Richtung abgelenkt. Dabei übertragen sie einen Teil ihres Impulses an die Atomrümpfe, worin die Erwärmung (Joulesche Wärme) eines stromdurchflossenen Leiters begründet ist.

Der elektrische Widerstand kann auf zwei einigermaßen voneinander unabhängige Ursachen zurückgeführt werden: auf die mit steigender Temperatur zunehmenden Wärmeschwingungen der Atomrümpfe (Phononenanteil) und auf Gitterbaufehler wie Leerstellen, Fremdatome und Versetzungen. Der von Letzteren hervorgerufene Widerstandsanteil ρ_Z ist von der Temperatur im Wesentlichen unabhängig. Folglich wird der elektrische Widerstand bei tiefen Temperaturen vornehmlich durch die Gitterbaufehler bestimmt. Aus diesem Grunde lässt sich aus auf den absoluten Nullpunkt extrapolierten Restwiderstandsmessungen auf die Menge der in einem Metall vorhandenen Gitterbaufehler bzw. Verunreinigungen schließen (Bild 10.7). Für Edel-

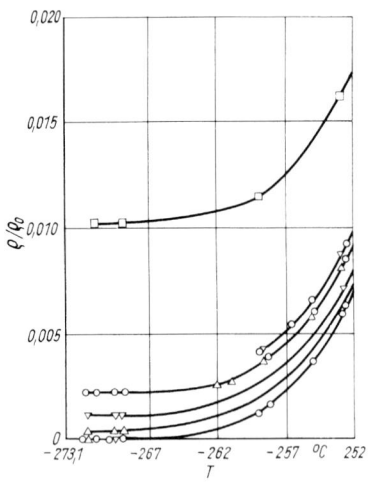

Bild 10.7 Relativer spezifischer elektrischer Widerstand von Goldproben verschiedener Reinheit in der Nähe des absoluten Nullpunktes. ρ_0 spezifischer Widerstand bei Raumtemperatur; ρ spezifischer Widerstand bei der Messtemperatur

metalle z. B. hat man ermittelt, dass ein Prozent Fehlstellen (Leerstellen, Zwischengitteratome) eine Widerstandserhöhung von etwa $2 \cdot 10^{-8}\,\Omega\text{m}$ verursacht. Bei hohen Temperaturen überwiegt der von den thermischen Gitterschwingungen herrührende Anteil ρ_G. Der gesamte spezifische Widerstand ρ eines mit Gitterbaufehlern behafteten oder mit Fremdatomen legierten Metalls ergibt sich dann zu

$$\rho = \rho_G + \rho_Z \tag{10.3}$$

(Regel von Matthiessen). Der temperaturabhängige Anteil ρ_G ist materialkennzeichnend, da er nur von der Kristallstruktur und von der Elektronenkonfiguration abhängt. Während ρ_G unterhalb der für jedes Metall charakteristischen Debyeschen Temperatur Θ, die im Bereich von 88 K (Pb) bis etwa 400 K (Al) liegt, proportional T^3 bis T^5 ansteigt, nimmt er oberhalb Θ in erster Näherung linear mit der Temperatur zu. Abweichungen vom linearen Verlauf entstehen bei den ferromagnetischen Metallen (s. Bild 10.11). Zwischen den an Gitterpunkten lokalisierten 3d-Elektronen mit unkompensiertem Spin und den 4s-Leitfähigkeitselektronen tritt eine Austauschwechselwirkung auf, durch die ein magnetisch bedingter Zusatzwiderstand entsteht. Dieser Widerstandsanteil ist bei 0 Kelvin gleich null, da die ferromagnetische Kopplung alle Spins der Elektronen ausgerichtet hat *(Spinordnung)*. Sie schafft damit ein rein periodisches Potenzial für die Leitfähigkeitselektronen. Mit zunehmender Temperatur nimmt die Spinordnung ab, und schließlich werden die Spinrichtungen statistisch verteilt *(Spin-Disorder)*. Dadurch stören sie die Periodizität des Potenzials. Die 4s-Elektronen werden gestreut, und es entsteht ein von der Spin-Disorder abhängiger Zusatzwiderstand, der bis zur Curietemperatur T_c zunimmt. Oberhalb der T_c bleibt der Spin-Disorder-Widerstand temperaturunabhängig.

Bereits in geringer Menge in den Kristall eingebaute Fremdatome setzen wegen ihrer abweichenden Größe und Eigenschaften die elektrische Leitfähigkeit stark herab. Daraus ergibt sich z. B. der typische Widerstandsverlauf in Mischkristallreihen mit lückenloser Mischkristallbildung, wie er für Ag-Au-Legierungen in Bild 10.8 ge-

Bild 10.8 Widerstandsverlauf in der Mischkristallreihe Silber–Gold bei verschiedenen Temperaturen

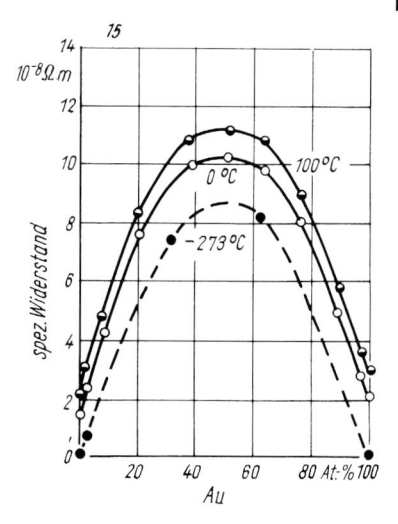

zeigt wird. Für geringe Legierungszusätze im Mischkristall ist die Widerstandszunahme etwa linear. Dagegen setzt sich in heterogenen Legierungen (Kristallgemischen) der Widerstand additiv aus den Widerständen der beteiligten Phasen, bezogen auf ihren Volumenanteil im Gefüge, zusammen (Mischungsregel, Abschn. 6.7.2).

Der temperaturabhängige Verlauf des *spezifischen elektrischen Widerstandes* kann für einen begrenzten Temperaturbereich (mittlere Temperaturen) näherungsweise durch eine Gerade dargestellt werden (Bild 10.9), für die

$$\rho_T = \rho_{293}(1 + \alpha \Delta T) \tag{10.4}$$

gilt (ρ_T spezifischer Widerstand bei der Temperatur T in K; $\Delta T = T - 293$ K). Für α ist der im betreffenden Temperaturgebiet maßgebende Temperaturkoeffizient des spezifischen Widerstandes einzusetzen. Bei Raumtemperatur findet man für eine größere Anzahl reiner Metalle (Al, Pb, Au, Cu, Pt, Ag, W, Zn, Sn) $\alpha \approx +0{,}004$ K^{-1}, d. h., infolge einer Temperaturänderung von 1 K ändert sich der spezifische elektrische Widerstand um etwa 0,4 %.

Bei Mischkristallbildung und steigendem Fremdatomzusatz ergibt sich für die Temperaturabhängigkeit des spezifischen elektrischen Widerstandes, vom reinen Metall ausgehend, eine Schar paralleler Geraden mit demselben Anstieg (Bild 10.9). Der Differenzialquotient des Widerstandes nach der Temperatur wird von der Mischkristallbildung praktisch nicht beeinflusst. Geht man auf den Temperaturkoeffizienten des spezifischen Widerstandes $\alpha = (1/\rho)(d\rho/dT)$ über, so folgt aus Gl. (10.3)

$$\alpha\rho = \text{const.} \tag{10.5}$$

Das besagt, dass der Temperaturkoeffizient des elektrischen Widerstandes durch Mischkristallbildung immer erniedrigt wird, da der Widerstand der Legierung gegenüber dem der reinen Ausgangsmetalle erhöht ist.

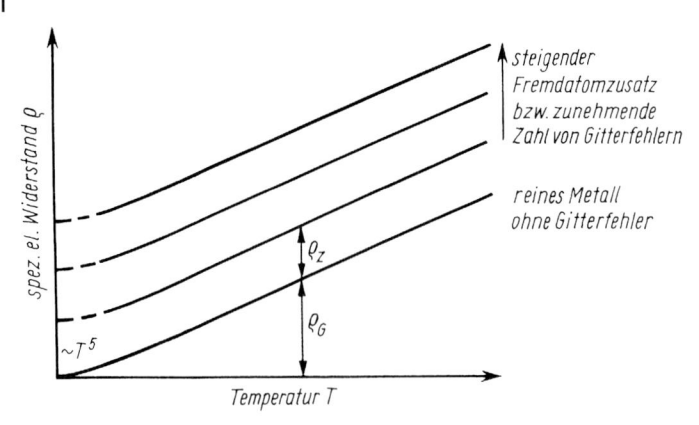

Bild 10.9 Temperaturabhängigkeit des spezifischen Widerstandes eines reinen Metalls und bei geringen Fremdatomzusätzen (Mischkristallbildung)

Der mit Gl. (10.5) gegebene Zusammenhang gilt jedoch nur für Mischkristalllegierungen mit statistischer Verteilung der Zusatzatome im Grundgitter. In Legierungen mit Fernordnung der Zusatzatome (Überstruktur, s.a. Abschn. 4.4) wird infolge der wieder vorhandenen Gitterperiodizität der Widerstandsanteil ρ_z weitgehend herabgesetzt. Mit der Ordnungseinstellung tritt deshalb wie bei den Überstrukturen Cu$_3$Au und CuAu im System Au–Cu eine Widerstandserniedrigung ein (Bild 10.10).

Bei geeigneter Zusammensetzung und Wärmebehandlung können in Mischkristalllegierungen aber auch Atomanordnungen entstehen, die die umgekehrte Erscheinung zur Folge haben, nämlich dass der Widerstand gegenüber dem der statistisch regellosen Atomverteilung erhöht ist *(K-Effekt)*. Ein derartiges Verhalten wird häufig an Legierungen, die mindestens ein Übergangsmetall als Komponente enthalten, beobachtet. Da der Temperaturbeiwert des durch den K-Effekt gegebenen Zusatzwiderstandes in einem bestimmten Temperaturintervall negativ ist, geht für die-

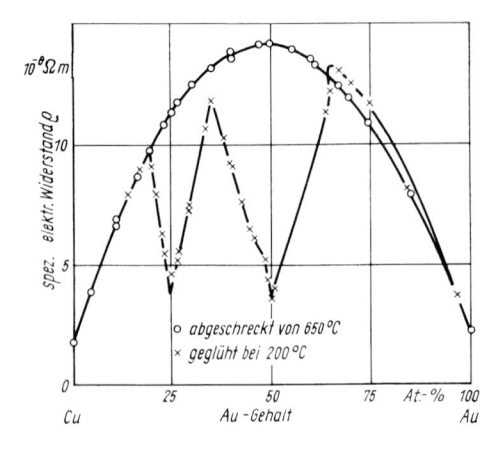

Bild 10.10 Widerstandserniedrigung bei Ausbildung der Überstrukturen Cu$_3$Au und CuAu in Kupfer-Gold-Legierungen

Bild 10.11 Einfluss verschiedener Ordnungserscheinungen auf die ρ (T)-Kurve von Mischkristalllegierungen

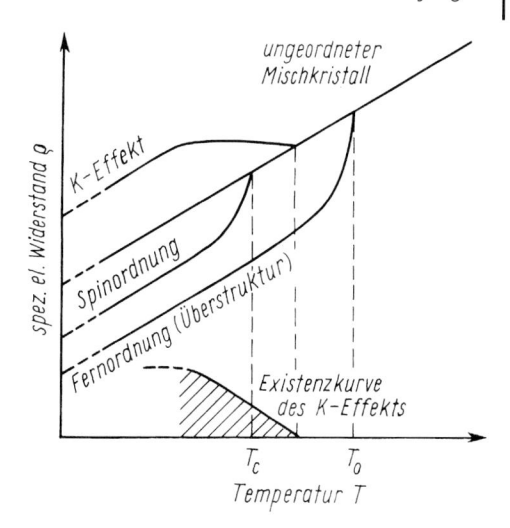

ses der Anstieg der resultierenden ρ-T-Kurve gegen null, d. h., dass in diesem Temperaturgebiet der elektrische Widerstand praktisch konstant ist (Bild 10.11). Solche Legierungen, z. B. Cu–Ni + Zusatz und Cu–Mn + Zusatz, finden als Präzisionswiderstände Anwendung.

Der spezifische elektrische Widerstand von amorphen Metallen und Legierungen ist etwa dreimal so groß wie der der gleichen Materialien im kristallinen Zustand; er beträgt für Raumtemperatur meist (1 bis 2) 10^{-6} Ωm. Die Widerstandserhöhung ist auf die zusätzliche Streuung der Leitungselektronen in der nicht ferngeordneten Struktur zurückzuführen. Aufgrund der strukturellen Ähnlichkeit von Schmelzen und amorphen Stoffen zeigen diese für dieselbe Zusammensetzung im amorphen Zustand bei tieferen Temperaturen und im flüssigen Zustand knapp oberhalb der Schmelztemperatur oft nahezu gleiche Widerstandswerte.

Amorphe Metalle und *Legierungen* weisen, wie auch eine Reihe kristalliner ungeordneter Übergangsmetall-Legierungen, deren spezifischer elektrischer Widerstand ρ in derselben Größenordnung liegt (vgl. Tab. 10.2, $Fe_{80}B_{20}$ und Chromnickel), sehr kleine Temperaturkoeffizienten des Widerstandes auf ($\alpha \approx 10^{-4}$ K^{-1}). Sie haben ferner mit jenen gemeinsam, dass für $\rho \gtrsim 1{,}8 \cdot 10^{-6}$ Ωm durchweg sogar negative α-Werte gemessen werden und dass zwischen diesen Größen offenbar ein Zusammenhang besteht. Die Matthiessensche Regel ist hier nicht mehr gültig.

10.1.2
Elektrische Leitfähigkeit in Halbleitern

Halbleiter sind in der Regel kristalline oder amorphe Festkörper, deren spezifischer elektrischer Widerstand ($\rho \approx 10^{-5}$ bis 10^{+7} Ωm) zwischen dem der Metalle und dem von Isolatoren liegt und der einen negativen Temperaturkoeffizienten aufweist. Da sich die Grenzwerte des spezifischen Widerstandes von Halbleitern mit denen von Metallen und Isolatoren überlappen, ist das wichtigste Merkmal der Halbleiter ihr *negativer Temperaturkoeffizient*, d. h. die Tatsache, dass der elektrische Widerstand mit wachsender Temperatur sinkt. Diese Abhängigkeit besteht zumindest in bestimmten Temperaturbereichen und folgt häufig angenähert einem Exponentialgesetz.

10.1.2.1 Eigenhalbleitung

Typische kristalline Halbleiterstoffe sind die vierwertigen, mit Diamantstruktur kristallisierenden Elemente Si und Ge. In ihnen herrscht die kovalente Bindung vor, d. h., es existieren keine freien Elektronen. Wegen der abgesättigten Valenzen weisen sie nur voll besetzte Bänder auf. Bei $T = 0$ K ist das *Valenzband* (VB) voll besetzt, das *Leitungsband* (LB) hingegen völlig leer (Bild 10.4 d). Hochreine, von Kristallbaufehlern weitgehend freie Halbleiter sind bei $T = 0$ K Isolatoren, da keine Ladungsträger zum Stromtransport zur Verfügung stehen. Wegen des geringen Wertes für die *verbotene Zone* (Energielücke E_g) zwischen VB und LB ($E_{g(Si)} = 1{,}1$ eV; $E_{g(Ge)} = 0{,}7$ eV) reicht die Wärmeenergie bei Raumtemperatur aber bereits aus, um Elektronen aus dem VB in das LB zu heben. Diese Elektronen und die gleichzeitig gebildeten unbesetzten Zustände im VB, die auch als Löcher oder *Defektelektronen* bezeichnet werden, sind unter dem Einfluss eines von außen angelegten elektrischen Feldes beweglich und tragen somit zur elektrischen Leitfähigkeit bei. Die Löcher verhalten sich wie Ladungsträger mit positivem Vorzeichen. Ihre im elektrischen Feld wirksame Masse entspricht der der Elektronen, d. h., es erfolgt auch in diesem Fall der Ladungstransport ohne Massetransport. Der beschriebene Leitungsmechanismus wird als *Eigenleitung* oder Intrinsic-Leitung (i-Leitung) bezeichnet. Die Anzahl der Ladungsträger n im LB und p im VB je m³ lässt sich aus dem Bandabstand und aus den effektiven Zustandsdichten N_v im VB und N_c im LB als Funktion der Temperatur berechnen, wenn man voraussetzt, dass durch die thermische Anregung stets Ladungsträgerpaare erzeugt werden und die Konzentration der Elektronen im LB gleich der der Defektelektronen im VB ist. Es gilt dann

$$n \cdot p = N_v \cdot N_c \exp(-E_g/kT) \tag{10.6}$$

Daraus erhält man für Raumtemperatur bei Si eine Ladungsträger-Konzentration von $1{,}5 \cdot 10^{16}$ je m³ und für Ge $2{,}4 \cdot 10^{19}$ je m³ oder ein Ladungsträgerpaar auf etwa 10^{12} Si- bzw. 10^{9} Ge-Atome [10.3]. Die Bildung von Elektronen-Defektelektronen-Paaren wird Generation genannt. Sie nimmt gemäß Gl. (10.6) mit der Temperatur zu und der spezifische Widerstand (etwa exponentiell) ab.

10.1.2.2 Störstellenhalbleitung

Für technische Belange ist die Tatsache bedeutungsvoll, dass bereits geringe Mengen substituierender Fremdatome mit anderer Wertigkeit oder andere das Elektronengleichgewicht beeinflussende Störstellen im Kristall die Leitfähigkeit des Halbleiters stark verändern. Die von den Störstellen hervorgerufene *Störstellenleitung* kann die Eigenleitung sogar völlig überdecken. So wird z. B. durch Einbau von Bor in Silicium (Verhältnis $1:10^{5}$) dessen Raumtemperaturleitfähigkeit auf das 1000 fache erhöht. Die Beeinflussung der Leitfähigkeitscharakteristik durch kontrollierte Zugabe von Fremdatomen wird als *Dotieren* bezeichnet. Dafür kommen vor allem

3wertige Elemente (B, Al, Ga, In) und 5wertige Elemente (P, As, Sb, Bi) in Betracht.

Wird dem Si ein P-Atom zugefügt, so substituiert es ein Si-Atom. Das P-Atom kann die von der Diamantstruktur des Si (Bild 2.31 b) geforderten 4 Valenzen absättigen, wie es die ebene Darstellung in Bild 10.12 a zeigt. Das fünfte Elektron bleibt zunächst locker an das Mutteratom gebunden. Eine geringe Energiezufuhr ΔE_D (Größenordnung $\lesssim 0{,}1$ eV) aber genügt bereits, um das P-Atom zu ionisieren und das Elektron in das LB des Halbleiterkristalls zu heben (Tab. 10.4). Im Bändermodell entsteht ein Zwischenenergieniveau (Donatorniveau), das wegen der niedrigen Konzentration der Fremdatome und der daher untereinander nur geringfügigen Wechselwirkung nicht merklich aufspaltet. Die in Bild 10.12 b und c gestrichelt angedeuteten Donatorterme stellen lokalisierte Zustände dar. Das Donatorniveau liegt im Energie-Orts-Raum dicht unterhalb der unteren Kante des leeren LB (Bild 10.12 b). Da durch das Dotieren mit 5wertigen Elementen zusätzliche negative Ladungsträger in das LB gegeben werden, bezeichnet man die Elektronen spendenden Fremdatome als *Donatoren* und die so verursachte Leitfähigkeit als *n-Leitung*.

Tab. 10.4 Ionisierungsenergien von Dotierungselementen in Silicium und Germanium

Dotierungselement	Ionisierungsenergie ΔE in Si eV	in Ge eV	Leitungstyp
P	0,044	0,012	n
As	0,049	0,0127	n
Sb	0,039	0,0096	n
B	0,045	0,0104	p
Al	0,057	0,0102	p
Ga	0,065	0,0108	p
In	0,16	0,0112	p

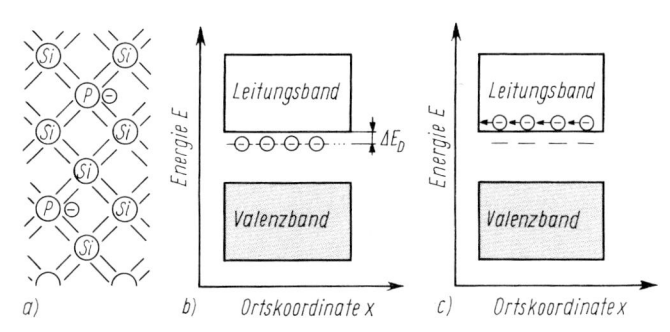

Bild 10.12 Zur Erklärung der *n*-Leitung in Si: a) substituierendes Donatoratom in Si; b) Lage der Donatorniveaus im Bandschema, Besetzung bei $T = 0$ K; c) Besetzung der Donatorniveaus bei $T \approx 293$ K. Die Elektronen $\ominus$ sind im Leitungsband frei beweglich. Die gleichzeitig auftretende Eigenleitung ist im Bild nicht eingezeichnet

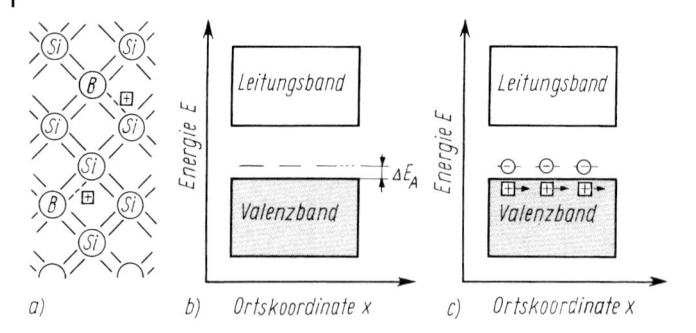

Bild 10.13 Zur Erklärung der *p*-Leitung in Si: a) substituierendes Akzeptoratom in Si; b) Lage der Akzeptorniveaus im Bandschema, Besetzung bei $T = 0$ K; c) Besetzung der Akzeptorniveaus bei $T \approx 293$ K. Die Defektelektronen ⊞ sind im Valenzband frei beweglich. Die gleichzeitig auftretende Eigenleitung ist im Bild nicht eingezeichnet

Wird das Si dagegen mit einem 3wertigen Element wie B dotiert, dann fehlt für die vollständige Ausbildung der Bindung ein Elektron (Bild 10.13a). Zu diesem Zweck kann das B-Atom jedoch einem der benachbarten Si-Atome ein Valenzelektron entziehen, wodurch dieses ionisiert wird und gleichzeitig im VB ein Defektelektron entsteht. Derartige Zusatzatome werden als *Akzeptoren* bezeichnet. Das Akzeptorniveau liegt um den Betrag der Ionisierungsenergie ΔE_A (Tab. 10.4) oberhalb der oberen Kante des VB (Bild 10.13b). Bei $T = 0$ K ist es unbesetzt. Mit zunehmender Temperatur überwinden immer mehr Elektronen des VB die geringe Energiedifferenz und gehen auf das Akzeptorniveau über, wo sie ortsfest gebunden bleiben. Die im VB zurückbleibenden Defektelektronen sind als positive Ladungen frei beweglich (Bild 10.13c). Die damit verbundene Leitfähigkeit nennt man *p-Leitung*. Im thermischen Gleichgewicht fallen in gleicher Zahl Elektronen aus dem angeregten in den tieferen Zustand zurück, wie durch Energiezufuhr gehoben werden; sie rekombinieren. Wenn alle zugesetzten Atome (Dotanten) ionisiert sind, bleibt die Ladungsträgerkonzentration bei weiterer Temperaturerhöhung konstant (Störstellenerschöpfung). Neben der thermischen Energie können auch Lichtstrahlen, deren Energie $h \cdot f > E_g$ bzw. gleich ΔE ist, die elektrische Leitfähigkeit anregen (Photoleitung).

An die Werkstoffe für *Halbleiterbauelemente* werden höchste Reinheitsforderungen gestellt. Vor der p- bzw. n-Dotierung darf die Summe aller Fremdelemente eine Konzentration von 10^{-5}% nicht überschreiten. Zur Herstellung von Transistoren oder integrierten Schaltkreisen, wo mehrere hundert Bauelemente in einem Si-Einkristallplättchen von 1 mm^2 bis 10 mm^2 Fläche mit einer Dicke von 0,1 bis 0,2 mm untergebracht sind, werden als Ausgangswerkstoff weitgehend fehlerfreie Einkristalle benötigt. Korngrenzen oder auch Versetzungsdichten $\gtrsim 10^2$ cm^{-2} würden die Eigenschaften so negativ beeinflussen, dass die gewünschten elektronischen Effekte nicht zustande kommen.

Das derzeit wichtigste Halbleitergrundmaterial ist das Silicium. Bauelemente auf Si-Basis zeichnen sich dank der Breite der Energielücke E_g durch ein hinreichend temperaturstabiles Leitfähigkeitsverhalten (bis über 150 °C) aus. Demgegenüber liegt die obere Anwendungsgrenze von Ge-Bauelementen bei nur etwa 90 °C. Neben Si und Ge werden für spezielle Bauelemente halbleitende intermetallische Verbindungen des Typs $A^{III} B^{V}$ (A Element aus der III., B Element aus der V. Gruppe des Periodensystems), wie GaAs, GaP, InSb und InP, bzw. des Typs $A^{II} B^{VI}$, wie CdS, PbS oder CdSe (Photowiderstände), sowie Oxide (Cu_2O, Fe_2O_3–TiO_2) in größerem Umfang technisch genutzt.

Halbleitung ist nicht allein auf kristalline Stoffe beschränkt, sondern auch in amorphen Festkörpern (Polymeren, Gläsern) anzutreffen. Der ausschließlichen Ionenleitung in herkömmlichen Gläsern, die als Netzwerkbildner Si, B oder P enthalten, kann eine Elektronenleitung überlagert werden, indem dem Grundglas solche Metalloxide zugesetzt werden, deren Metallionen in verschiedenen Wertigkeitsstufen auftreten. In Betracht kommen die Oxide fast aller Übergangsmetalle wie V_2O_5, MnO_2, TiO_2, Fe_2O_3 u. a. Man spricht in diesen Fällen auch von *Übergangsmetalloxid-Gläsern*.

Eine zweite, andersartige Gruppe von Gläsern, die Elektronenleitung zeigen, sind die *Chalkogenidgläser*. Sie stellen Kombinationen der Chalkogene S, Se und Te mit As und/oder Si und Ge (As–Te–Si–Ge, As–Se–Te) dar. Sowohl die Übergangsmetalloxidgläser als auch die Chalkogenidgläser, die auch unter der Bezeichnung Ovonics zusammengefasst werden, verhalten sich elektrisch sehr ungewöhnlich: Oberhalb einer kritischen elektrischen Feldstärke oder Temperatur vermindert sich ihr elektrischer Widerstand sprunghaft um mehrere Zehnerpotenzen. Sie haben für Schaltzwecke und als Speicherelemente großes technisches Interesse gefunden.

10.1.2.3 Sperrschichthalbleitung

Stoßen in einem Halbleitereinkristall Zonen mit p- und n-leitendem Charakter aufeinander, so liegt ein so genannter *p-n-Übergang* vor.

Nimmt man, wie in Bild 10.14a dargestellt, an, dass die Konzentration der Ladungsträger im p- und n-Gebiet gleich groß ist und von außen keine elektrische Spannung am p-n-Übergang anliegt, dann werden die Ladungsträger in der unmittelbaren Umgebung der p-n-Schicht bestrebt sein, sich durch Diffusion auszugleichen. Es diffundieren Löcher vom p-Gebiet in das n-Gebiet und umgekehrt, demzufolge im p-Gebiet ein Defizit an Löchern und dadurch eine negative Raumladung, im n-Gebiet hingegen ein Mangel an Elektronen, d.h. eine positive Raumladung, entsteht (Bild 10.14b). Die Diffusion der Ladungsträger hört auf, wenn die Raumladungen groß genug sind, um die gleichgeladenen Defektelektronen bzw. Elektronen zurückdrängen zu können. Am p-n-Übergang hat sich ein Gebiet mit geringer Ladungsträgerdichte gebildet, der ein hoher elektrischer Widerstand zwischen p- und n-Zone entspricht. Es liegt ein *Sperrschichthalbleiter* vor.

Wird an den Sperrschichthalbleiter eine Spannung angeschlossen, deren negativer Pol am p-Gebiet und deren positiver Pol am n-Gebiet liegt, dann werden die Löcher und die Elektronen aus dem Grenzgebiet zu den Elektroden abgesaugt (Bild 10.15a). Auf diese Weise wird die hochohmige Sperrschicht verbreitert. Die dadurch erhöhten Raumladungen bilden ein noch größeres Hindernis für die Ladungsträger. Der p-n-Übergang wird zur *elektrischen Sperrschicht*.

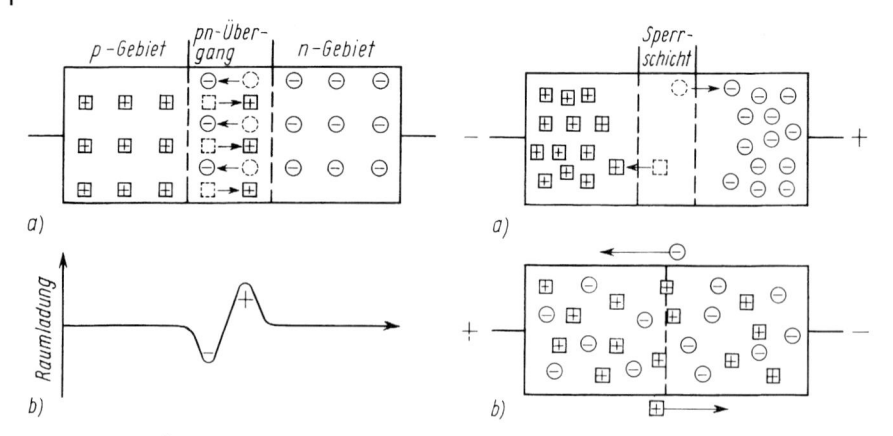

Bild 10.14 p-n-Übergang ohne äußere Spannung. a) Ladungsträgerausgleich durch Diffusion; b) Ausbildung einer Raumladungsverteilung im p-n-Übergang

Bild 10.15 p-n-Übergang mit äußerer Spannung: a) in Sperrrichtung; b) in Durchlassrichtung

Im umgekehrten Fall, wenn der positive Pol an das p-Gebiet und der negative Pol an das n-Gebiet angeschlossen werden, werden Elektronen und Defektelektronen vom äußeren Feld durch den p-n-Übergang hindurch bewegt (Bild 10.15b). Damit erhöht sich die Leitfähigkeit des p-n-Übergangs, und der Durchlassstrom steigt exponentiell mit wachsender Spannung an. Der p-n-Übergang zeigt eine Gleichrichterwirkung, die technisch z. B. in *Dioden* ausgenutzt wird (Bild 10.16).

Der Sperrwiderstand eines p-n-Übergangs lässt sich steuern, wenn im gleichen Halbleitereinkristall ein zweiter, in Durchlassrichtung gepolter p-n-Übergang angeordnet ist. Technisch wird das entweder mit pnp- oder npn-Zonen verwirklicht. Eine solche Kombination heißt *Transistor*.

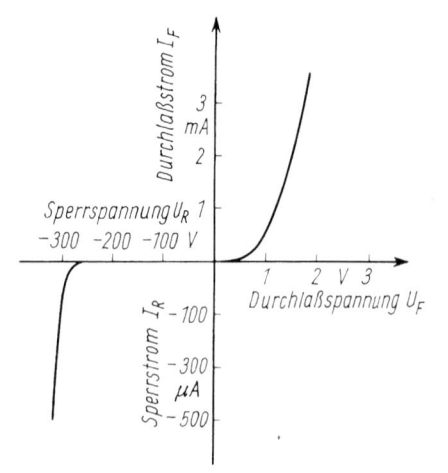

Bild 10.16 Kennlinie einer Si-Diode bei $T \approx 293$ K. Man beachte die unterschiedlichen Maßstäbe an den positiven und negativen Halbachsen des Koordinatenkreuzes!

10.2
Supraleitung

Bei vielen Metallen und einer großen Zahl von Legierungen und intermetallischen Verbindungen sowie auch oxidischer Materialien fällt der elektrische Gleichstromwiderstand bei Unterschreiten einer für den betreffenden Stoff charakteristischen Temperatur T_k *(Sprungtemperatur)* innerhalb eines kleinen Temperaturintervalles diskontinuierlich auf einen unmessbar kleinen Wert ab (Bild 10.17). Diese Erscheinung wird als *Supraleitung* bezeichnet. Sie tritt in metallischen Materialien bei sehr tiefer Temperatur auf ($T_k \lesssim 23$ K). Eine andere Form der Supraleitung wurde in speziellen oxidischen Keramiken gefunden, für die die Sprungtemperaturen wesentlich höher liegen (bis über 90 K).

10.2.1
Supraleitung in Metallen und intermetallischen Verbindungen

Die Supraleitung steht in enger Wechselbeziehung zum Magnetismus. Durch ein magnetisches Feld kann der supraleitende Zustand wieder aufgehoben werden. Die dazu notwendige *kritische Feldstärke* H_k ist umso höher, je tiefer der Supraleiter unter die Sprungtemperatur abgekühlt wird. Näherungsweise gilt die empirisch gefundene Beziehung

$$H_k = H_{k0}\left[1 - \left(\frac{T}{T_k}\right)^2\right] \tag{10.7}$$

(H_{k0} kritische Feldstärke bei $T = 0$ K). Unterhalb der im Bild 10.18 für einige Metalle gezeichneten H_k-T-Kurven besteht der supraleitende, oberhalb der normalleitende Zustand.

Von allen metallischen Elementen hat Nb mit 9,2 K die höchste Sprungtemperatur; die niedrigste wurde an W mit 0,01 K gemessen. Stoffe, die bei Raumtemperatur ein schlechtes Leitvermögen für den elektrischen Strom haben, zeigen die besseren supraleitenden Eigenschaften. Für Legierungen und intermetallische Verbindungen liegen die Sprungtemperaturen höher, maximal bei etwa 23 K (Tab. 10.5). In ferromagnetischen Elementen kann infolge der spontanen Magnetisierung und des dadurch vorhandenen inneren Feldes keine Supraleitung auftreten.

Der Übergang in den supraleitenden Zustand ist mit einer Entropieabnahme verbunden, d.h., es stellt sich ein höherer Ordnungszustand im Festkörper ein. Er besteht nach der Theorie von *Bardeen-Cooper-Schrieffer* (BCS-Theorie) darin, dass je zwei benachbarte, in der Nähe der Fermigrenze befindliche Leitungselektronen mit entgegengesetztem Spin Paare bilden (Cooper-Paare), die, in Phase mit den Gitterschwingungen, kollektive Bewegungen ausführen und daher keine Streuung erleiden. Die Paarbildung wird durch die Wechselwirkung mit dem Gitter vermittelt. Beim Übergang zur Normalleitung müssen die Elektronenpaare wieder getrennt werden. Dazu ist eine Energiezufuhr von mindestens 10^{-4} eV notwendig. Infolgedessen tritt zwischen dem supraleitenden und dem normalleitenden Zustand eine

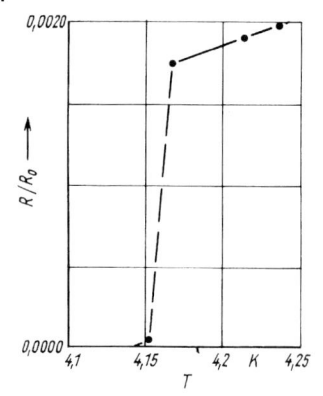

Bild 10.17 Temperaturabhängigkeit des relativen elektrischen Widerstandes von Hg im Bereich der Sprungtemperatur. R_0 elektrischer Widerstand bei Raumtemperatur; R elektrischer Widerstand bei der Messtemperatur

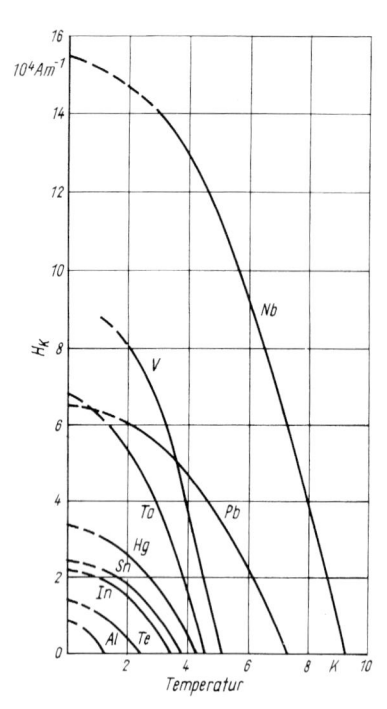

Bild 10.18 Abhängigkeit der kritischen magnetischen Feldstärke H_k von der Temperatur T für einige supraleitende Metalle

Tab. 10.5 Sprungtemperaturen T_k und kritische Feldstärken H_{k0} bzw. H_{k2} klassischer Supraleiter

Supraleiter 1. Art	Supraleiter 2. bzw. 3. Art	Sprungtemperatur T_k bei $H = 0$ kAm^{-1} K	Kritische Feldstärke H_k bzw. H_{k2} bei $T = 0$ K kAm^{-1}
Al		1,19	8,4
In		3,4	22,5
Sn		3,7	24,5
Hg		4,15	32,7
Ta		4,4	66
Pb		7,2	64
	V	5,3	104
	Nb	9,2	155
	Nb–Ti	9,8	11200
	Nb–Zr	11	8800
	V_3Si	17,1	18600
	V_3Ga	16,8	20000
	Nb_3Sn	18,1	20500
	Nb_3Ga	20,7	26500
	Nb_3Ge	23,3	30700
	$PbMo_6S_8$	15,2	47800

Energielücke dieser Größenordnung auf. Die zur Trennung des Elektronenpaares notwendige Anregungsenergie kann entweder durch Temperaturerhöhung, von einer genügend hohen magnetischen Feldenergie oder durch Erhöhung der Stromdichte aufgebracht werden.

Je nach ihrem Verhalten gegenüber einem äußeren Magnetfeld unterscheidet man Supraleiter 1., 2. und 3. Art. Alle supraleitenden reinen Metalle mit Ausnahme des Niobs, Vanadiums und Technetiums sind *Supraleiter 1. Art*, so genannte weiche Supraleiter. Bei ihnen wird im supraleitenden Zustand der magnetische Fluss bis auf eine dünne Randschicht (Eindringtiefe $\approx 10^{-6}$ cm) vollständig aus dem Inneren des Leiters verdrängt *(Meißner-Ochsenfeld-Effekt)*. Die Supraleitung führt zu einem idealen Diamagnetismus, der durch $B = 0$ (B magnetische Induktion) gekennzeichnet ist.

Das Verhalten eines Supraleiters 1. Art im Magnetfeld beschreibt die in Bild 10.19 dargestellte Magnetisierungskurve (Volllinie). Bis zur kritischen Feldstärke H_k dringen keine Flusslinien in das Innere des Supraleiters ein. Bei H_k bricht die Abschirmwirkung der äußeren Randschicht zusammen, und der gesamte Leiterquerschnitt wird homogen vom magnetischen Fluss erfüllt. Der supraleitende Zustand wird damit aufgehoben. Dieser Übergang erfolgt plötzlich und hat thermodynamisch den Charakter einer Umwandlung 1. Art.

Supraleiter 2. Art sind dadurch gekennzeichnet, dass der magnetische Fluss über einen größeren Feldstärkebereich (H_{k1} bis H_{k2}) in Form von dünnen *Flussschläuchen* reversibel in den Leiter eindringt, ohne dass dieser seine supraleitenden Eigenschaften unstetig verliert (Umwandlung 2. Art). Die Matrix zwischen den Flussschläuchen bleibt supraleitend. Die kritische Feldstärke H_{k2} für den Übergang in den normalleitenden Zustand liegt wesentlich höher als bei Supraleitern 1. Art (Bild 10.19, gestrichelte Kurve). Ein flussfreier Zustand (diamagnetisches Verhalten) besteht nur bis zur unteren kritischen Feldstärke H_{k1} (Meißner-Phase). Im Feldstärkebereich $H_{k1} < H < H_{k2}$ befindet sich der Supraleiter im Mischzustand, in dem Normalleitung (im Kerngebiet jedes Flussschlauches) und Supraleitung nebeneinander auftreten (Shubnikov-Phase). Die kritischen Feldstärken H_{k1} und H_{k2} sind eine Funktion der Temperatur und für einen gegebenen Supraleiter über den Ginzburg-Landau-Parameter (s. Gl. (10.8)) mit H_k verknüpft. Das Feldstärke-Temperatur-Phasendiagramm ist in Bild 10.20 schematisch wiedergegeben.

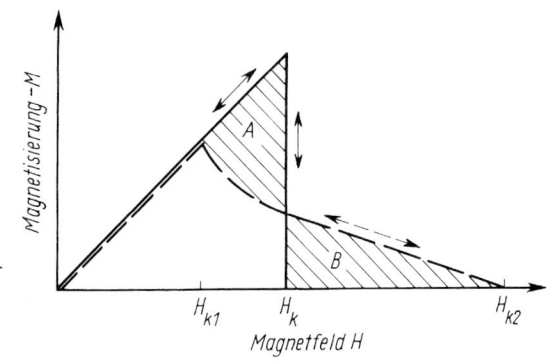

Bild 10.19 Verhalten von Supraleitern 1. Art (Volllinie) und Supraleitern 2. Art (gestrichelte Linie) im Magnetfeld

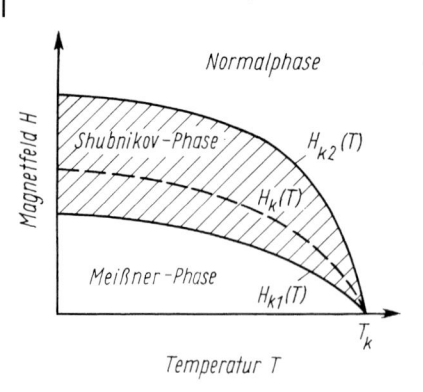

Bild 10.20 H-T-Zustandsdiagramm eines Supraleiters 2. Art

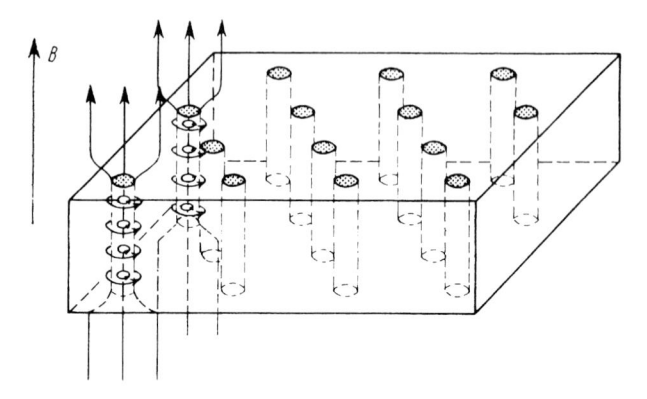

Bild 10.21 Schematische Darstellung des Flussschlauchgitters in einem Supraleiter 2. Art (Mischzustand, Shubnikov-Phase, nach [10.6])

Die magnetischen Flussschläuche sind in einer bestimmten Ordnung über den Querschnitt des Leiters verteilt und bilden ein so genanntes *Flussschlauchgitter* (Bild 10.21). Die Durchstoßpunkte der Flussschläuche an der Oberfläche lassen sich durch Dekoration mit ferromagnetischen Teilchen elektronenmikroskopisch sichtbar machen. Um jeden einzelnen Flussschlauch bilden sich zirkulare Supraströme, ähnlich wie in der Oberflächenschicht der Supraleiter 1. Art, die die supraleitende Matrix magnetisch abschirmen. Mit wachsender Feldstärke nimmt die Zahl der normalleitenden Flussschläuche kontinuierlich zu, sodass die zwischen diesen liegende supraleitende Matrix bis H_{k2} gänzlich verschwindet.

Die Ausbildung von Flussschläuchen, die nur ein magnetisches Flussquant $\Phi_0 \approx 2 \cdot 10^{-15}$ Wb (kleinste Einheit des quantisierten magnetischen Flusses) tragen, setzt voraus, dass die Grenzflächenenergie zwischen den normal- und supraleitenden Bereichen negativ ist. Während das für Supraleiter 2. und 3. Art zutrifft, ist diese Grenzflächenenergie bei Supraleitern 1. Art positiv. Eine negative Grenzflächenenergie liegt nach *Asbrikosov* dann vor, wenn der Ginzburg-Landau-Parameter $\kappa > 1/\sqrt{2}$ ist. Gemäß

$$\kappa = H_{k2}/(\sqrt{2}H_k) \tag{10.8}$$

ist für einen Supraleiter mit gegebenem kritischem Feld H_k die obere kritische Feldstärke H_{k2} umso höher, je größer κ ist. H_k kann nach Bild 10.19 ermittelt werden, da aus energetischen Gründen die schraffierten Flächen A und B gleich groß sein müssen. κ ist mit dem spezifischen Widerstand ρ des Supraleiters im normalleitenden Zustand über die Beziehung

$$\kappa = \kappa_0 + 2{,}4 \cdot 10^6 \sqrt{\frac{\gamma}{V_m} \frac{J}{m^3 K^2}} \cdot \rho \frac{1}{\Omega m} \tag{10.9}$$

verknüpft (κ_0 Ginzburg-Landau-Parameter des reinen Metalls; γ Koeffizient des Elektronenanteils der Molwärme; V_m Molvolumen). Somit besteht die Möglichkeit, H_{k2} über κ durch Mischkristallbildung oder den Einbau von Gitterfehlern, die den Widerstandsanteil ρ_z des Gesamtwiderstandes ρ erhöhen [s. Gl. (10.3)], zu beeinflussen.

In Supraleitern 2. Art sind die Flussschläuche im Bereich des Mischzustandes $H_{k1} < H < H_{k2}$ relativ leicht beweglich. Unter Strombelastung und gleichzeitigem Einwirken eines transversalen äußeren Magnetfeldes setzen sich die Flussschläuche in Richtung der auf sie wirkenden Lorentzkraft in Bewegung, wodurch Wirbelströme induziert werden und Verluste entstehen. Das wird verhindert, wenn die Flusslinien an geeigneten Haftstellen (Pinning-Zentren) wie Leerstellen-Cluster, Oxid-, Nitrid- und Carbid-Ausscheidungen oder an bestimmten Versetzungsanordnungen verankert werden. Die Haftwirkung der Gefügeinhomogenitäten ist dann optimal, wenn ihre mittlere Ausdehnung bei $100 \cdot 10^{-10}$ m liegt und $50 \cdot 10^{-10}$ m nicht unterschreitet. Auch die Verringerung der Korngröße auf weniger als $400 \cdot 10^{-10}$ m (wie beim CVD-Verfahren und Sputtern, Abschn. 3.3) bringt einen merklichen Beitrag zum Pinning-Effekt. Für einen höchstmöglichen wirksamen Störgrad lassen sich im Supraleiter kritische Stromdichten bis etwa 10^{10} Am^{-2} bei einem Feld von 4000 kAm^{-1} erreichen. Diese Hochfeld-Hochstrom-Supraleiter werden als *Supraleiter 3. Art* bezeichnet.

Die Supraleitung ist nicht auf bestimmte Kristallsysteme beschränkt, doch tritt sie bevorzugt in kubisch kristallisierenden Stoffen auf. Höhere Sprungtemperaturen ($T_k > 12$ K) werden bei intermetallischen Phasen mit A15-Struktur (Cr$_3$Si-Typ), den so genannten β-Wolfram-Phasen, und bei B1-Strukturen (NaCl-Typ) gefunden. Für eine technische Anwendung sind die verformbaren Nb-Ti- und Nb-Zr-Legierungen sowie die spröden intermetallischen Phasen auf Nb- und V-Basis am weitesten entwickelt. Die höchste Sprungtemperatur von intermetallischen Verbindungen wurde bisher an gesputterten (durch Katodenzerstäubung hergestellten) Nb$_3$Ge-Schichten gemessen (Tab. 10.5).

Allein aufgrund der Theorie sollten sich bei den intermetallischen Phasen Sprungtemperaturen bis etwa 40 K erreichen lassen. Dem steht jedoch entgegen, dass mit zunehmender Elektron-Phonon-Wechselwirkung das A15-Gitter immer instabiler wird und trotz stöchiometrischer Zusammensetzung A_3B die Bedingungen für die Bildung der A15-Struktur nicht mehr gegeben sind.

Eine in anderer Weise herausragende Gruppe von Supraleitern sind die Metall-Chalkogenide, die, obgleich sie nur mittlere Sprungtemperaturen aufweisen, sehr

Bild 10.22 Mehrkernsupraleiter mit Niob-Titan-Kernen in Kupfermatrix, hergestellt durch Verbundziehen (nach W. *Grünberger* und P. *Müller*)

hohe kritische Magnetfelder ertragen. Der an $PbMo_6S_8$ bei 0 K ermittelte Wert von $H_{k2} = 47800$ kAm^{-1} ist das bisher höchste experimentell festgestellte kritische Feld.

Supraleiter werden fast ausnahmslos als Verbundleiter angewendet. Die supraleitende Komponente wird beispielsweise (Bild 10.22) in Form von Filamenten (der Durchmesser eines einzelnen Filamentes reicht bis unter 10 µm) in einen Normalleiter mit hoher elektrischer und thermischer Leitfähigkeit, meist Kupfer, eingebettet (stabilisierter Supraleiter). Damit soll bei eventuell auftretenden örtlichen und zeitlichen Instabilitäten des Supraleiters wie durch das Eindringen eines magnetischen Flusses oder eine Wärmeentwicklung infolge entstehender Verluste eine rasche Wärmeabfuhr und eine kurzfristige Übernahme der Stromführung durch den Normalleiter ermöglicht werden. Die Herstellung supraleitender Magnetspulen aus spröden intermetallischen Phasen geschieht meist durch Wickeln der duktilen Komponente, z. B. eines Nb-Drahtes, und anschließendes Eindiffundieren der anderen Komponente(n) oder durch die Abscheidung von Schichten definierter Zusammensetzung über das CVD-Verfahren (Abschn. 3.3), z. B. Nb_3Ge, sowie durch Sputtern. Es ist auch möglich, aus beiden Komponenten der intermetallischen Phase über Strangpressen oder Ziehen zunächst einen Verbundleiter herzustellen, der beispielsweise 100 Kerndrähte der Komponente *A* in einer Bronzematrix enthält, die aus Kupfer und maximal etwa 20 % der Komponente *B* besteht. Durch nachfolgendes Reaktions-Diffusionsglühen bei ungefähr 700 °C entsteht dann an den Grenzflächen zwischen Kernen und Matrix die intermetallische Phase A_3B (Bronze-Verfahren, Verfahren der selektiven Diffusion).

10.2.2
Supraleitung in keramischen Substanzen

Keramische Supraleiter enthalten neben Barium, Yttrium oder Wismut, Strontium, Thallium und Calcium stets Kupferoxid. Die ihnen eigenen hohen Sprungtemperaturen, die z. T. weit oberhalb der der klassischen metallischen Supraleiter liegen, wurden zuerst an den Phasen $La_{2-x}Ba_xCuO_{4-y}$ und $La_{2-x}Sr_xCuO_{4-y}$ beobachtet. Der Übergang zur Supraleitung liegt für *x*-Werte zwischen 0,15 und 0,20 bei etwa 38 K;

y kennzeichnet das Sauerstoffdefizit in der Kristallstruktur (y < 0,25). Wird ein Teil des Lanthans durch Yttrium ersetzt, steigt T_k über 90 K. Weitere Substitutionen führten zur Entdeckung der Supraleitung in Bi, Tl und Hg enthaltenden Cupraten mit noch höheren T_k. An texturiertem Material der Phase $HgBa_2Ca_2Cu_3O_8$ wurde die bisher höchste Sprungtemperatur beobachtet: 134 K unter Normalbedingungen und 164 K bei einem Druck von etwa 30 GPa [10.7].

Bei den supraleitenden keramischen Substanzen erwies es sich als ein besonderes Problem, eine ausreichende Strombelastbarkeit für den Einsatz bei Temperaturen des flüssigen Stickstoffs zu erreichen. Die technische Forderung, bei einer Sprungtemperatur $T_k > 77$ K gleichzeitig eine kritische Stromdichte von mindestens $4 \cdot 10^8$ A m^{-2} zu gewährleisten, konnte zunächst nur bei Abwesenheit magnetischer Felder erfüllt werden.

Die Mehrzahl der bis heute entdeckten keramischen Supraleiter – als Hochtemperatursupraleiter (HTSL) bezeichnet – ist einkristallin oder einphasig polykristallin. Gemeinsames Merkmal ist die Ausbildung von CuO_2-Ebenen in der Kristallstruktur. Die Struktur des nach der Formel $YBa_2Cu_3O_{7-y}$ zusammengesetzten Supraleiters leitet sich aus der kubisch symmetrischen Perowskit-Struktur ABO_3 ab, in der das Y-Ion die Raummittenposition einnimmt und Schichten von CuO_2, BaO und CuO symmetrisch darüber und darunter angeordnet sind [10.8]. Die Eigenschaften des Materials werden stark vom Sauerstoffgehalt und von der Vollkommenheit der Kristallstruktur beeinflusst. Die Sauerstoffkonzentration hat entscheidenden Einfluss auf die Höhe der Sprungtemperatur. Die partielle Substitution von dreiwertigem Lanthan beispielsweise durch zweiwertiges Barium setzt Sauerstoffbindungen frei, die vom Kupfer zusätzlich abgesättigt werden, indem es teilweise in den dreiwertigen Zustand übergeht. Die gemischte Valenz der Kupfer-Kationen ist in Verbindung mit einer starken Elektron-Phonon-Wechselwirkung die Voraussetzung für das Auftreten von Supraleitung in den Oxidphasen. Wie in den konventionellen Supraleitern (Abschn. 10.2.1) liegen unterhalb der Sprungtemperatur ebenfalls Cooper-Paare vor, die den supraleitenden Zustand bewirken. Ungeklärt bleibt bisher, welche Wechselwirkung zu der Paarbildung der Leitungselektronen führt.

Die oxidischen Supraleiter werden vorzugsweise nach der keramischen Technologie hergestellt. Die pulverförmigen Ausgangsanteile von Oxiden und Carbonaten, wie z. B. $BaCO_3$, Y_2O_3 und CuO, werden gepresst und an Luft gesintert. Bei der Sintertemperatur von 800 bis 1000 °C reagieren die Ausgangsbestandteile so miteinander, dass sich im Verein mit einer geregelten Abkühlung die optimale Sauerstoffkonzentration und die erwähnte Zusammensetzung als homogene Phase einstellen. Die Homogenisierung kann über die Größe der Pulverteilchen sowie deren Aktivität (Zwischenmahlen) beeinflusst werden.

Als besonders bedeutungsvoll bei der Entwicklung der keramischen Supraleiter erwiesen sich die Übergänge an den Korngrenzen. Es wird angestrebt, über das Herstellungsverfahren, die Ausgangspulver sowie die Sinterbedingungen die Mikrostruktur zu verbessern und damit die kritische Stromdichte wesentlich anzuheben. Die oxidischen Supraleiter zeigen eine noch ausgeprägtere Anisotropie der kritischen Stromdichte parallel und senkrecht zur (Cu–O)-Ebene der orthorhombischen Struktur als die oben erwähnten Metall-Chalkogenide ($PbMo_6S_8$). Die kritische

Stromdichte parallel zur Basisebene der Elementarzelle ist viel höher als senkrecht dazu. Aus diesem Grund spielt die Ausbildung einer kristallographischen Textur in den Materialien eine wichtige Rolle. Ein hoher Texturgrad und guter Kontakt zwischen den Kristalliten, d. h. eine besonders homogene Struktur der Korngrenzen sowie deren geringe Dicke, sind Bedingungen für hohe Stromdichtewerte. In einkristallinen Filmen aus $YBa_2Cu_3O_7$ konnten für die kritische Stromdichte Werte von 10^{11} A m^{-2} erreicht werden.

Die keramischen Supraleiter sind wie die metallischen Hochfeld-Hochstrom-Supraleiter spröde und außerordentlich brüchig. Diese Eigenschaft erschwert die Herstellung von Drähten und Bändern ganz wesentlich. Die Bildung hochtexturierter Bänder geschieht zurzeit vorzugsweise über den Einsatz von Dünnschicht-Depositionsverfahren. Als Substrat für die Abscheidung werden dünne Bänder aus Ni, Ni-Legierungen oder Ag verwendet, in denen vorher durch Kaltwalzen und Rekristallisationsglühen selbst eine scharfe Textur ausgeprägt worden ist (Abschn. 7.2.4 und 10.6.3). In den so hergestellten supraleitenden Schichten werden bei 77 K Stromdichtewerte von $2 \cdot 10^9$ bis zu 10^{11} A m^{-2} erzielt.

Eine andere Entwicklung mit spektakulärem Ergebnis wurde in letzter Zeit mit Massivmaterial aus $YBa_2Cu_3O_{7-y}$ verfolgt. Durch „Schmelztexturierung" (gerichtete Erstarrung, siehe Abschn. 3.1.1.1) konnte in zylindrischen Scheiben mit Abmessungen von 50 mm Durchmesser und ca. 12 mm Höhe ein Gefüge mit nahezu einheitlicher Kristallitorientierung erzeugt werden. In solchen Scheiben lässt sich magnetischer Fluss dauerhaft verankern bzw. „einfrieren". Zn-Zusatz von 0,12 Masse-% bewirkt dabei zusätzliche Pinningeffekte. An Magnetproben aus diesem Werkstoff wurden mit 16 T bei 24 K und 11,2 T bei 47 K die bisher höchst erreichten Remanenzwerte gemessen [10.9]. Sie liegen um den Faktor 10 höher als die der metallischen Dauermagnete – allerdings bei Kühlung. Damit das Material wegen der beim Magnetisierungsprozess auftretenden starken mechanischen Spannungen nicht zerplatzt, müssen die Scheiben in Stützhülsen aus Stahl (Cr-Ni-Stahl) eingekapselt werden.

Neben den $YBa_2Cu_3O_{7-y}$ („Y-123-phase") supraleitenden Substanzen sind heute, insbesondere für die Herstellung von Filament-Supraleitern mit Abmessungen der Einzelfilamente von 0,25 µm Dicke und 1 µm Breite die Systeme $Bi_2Sr_2CaCu_2O_8$ („Bi-2212-phase") mit T_k = 90 K und $Bi_2Sr_2Ca_2Cu_3O_{10}$ („Bi-2223-phase") mit T_k = 120 K von großem technischem Interesse [10.10]. Aufgrund ihrer Kristallstruktur ergibt sich die Möglichkeit, aus diesen Materialien Bänder über konventionelle Umformverfahren herzustellen. Dazu wird beispielsweise die bereits gebildete supraleitende Phase als Pulver in ein Metallrohr aus Ag oder einer Ag-Legierung eingebracht, komprimiert und bei geeigneten Temperaturen mit Hilfe üblicher Verformungsprozesse wie Hämmern, Walzen und Ziehen zu Draht bzw. Band bis unter 1 mm Dicke verformt („Powder in Tube Processing"). Durch eine weitere thermomechanische Behandlung der Bänder wird ein dichtes, stark texturiertes Gefüge der supraleitenden Phase erzeugt. Ziel ist die Herstellung von Verbundleitern mit hoher Stromtragfähigkeit, in denen lange, durchgehende Filamente beispielsweise in einer Silber- oder Silberlegierungsmatrix eingelagert sind.

10.3
Thermoelektrizität

Verbindet man zwei verschiedene metallische Leiter 1 und 2 zu einem Stromkreis und befinden sich die beiden Verbindungsstellen auf unterschiedlichen Temperaturen, so entsteht in dem Stromkreis eine elektromotorische Kraft, und es fließt ein Thermostrom *(Seebeck-Effekt)*. Die Potenzialdifferenz zwischen beiden Leitern wird als *Thermospannung* oder *Thermokraft* bezeichnet. Sie hängt von der verwendeten Werkstoffpaarung, von der Temperaturdifferenz zwischen den beiden Kontaktstellen sowie von der Temperaturlage ab. Für eine Temperaturdifferenz dT ergibt sich die relative Thermospannung zu

$$dE_{12} = e_{12}(T) \, dT \tag{10.10}$$

Darin ist $e_{12}(T)$ die relative differenzielle Thermospannung (μV K^{-1}) zwischen den Leitern 1 und 2. Sie setzt sich nach $e_{12} = e_1 - e_2$ aus den temperaturabhängigen absoluten differenziellen Thermospannungen der beiden Leiter zusammen. Sie wird positiv gezählt, wenn der von der Thermospannung erregte Strom an der wärmeren Kontaktstelle vom Leiter 2 zum Leiter 1 fließt. Liegt zwischen den Kontaktstellen eine endliche Temperaturdifferenz $T_2 - T_1$ vor, so erhält man nach

$$E_{12} = \int_{T_1}^{T_2} e_{12}(T) \, dT \tag{10.11}$$

die relative integrale Thermospannung.

Die absolute differenzielle Thermokraft ist eine Werkstoffkenngröße. Bei tiefen Temperaturen lässt sie sich durch Paarung mit einem Supraleiter bestimmen, dessen absolute Thermospannung null ist. In anderen Temperaturbereichen setzt ihre Berechnung die Ermittlung des Thomson-Koeffizienten voraus.

Die gegen ein Bezugsmetall und über den Temperaturbereich 0 bis 100 °C bestimmten integralen Thermospannungen der metallischen Elemente ergeben die so genannte *thermoelektrische Spannungsreihe*. In Tabelle 10.6 sind die gegen Pt bzw. gegen Cu gemessenen Thermospannungen und die absoluten Thermospannungen einiger Metalle aufgeführt.

Das Entstehen der Thermospannung in einem Stromkreis aus zwei verschiedenen Leitern, zwischen deren Verbindungsstellen eine Temperaturdifferenz besteht, lässt sich vereinfacht mit Hilfe des Potenzialtopfmodells (Bild 10.6) verstehen. Man hat zunächst zu berücksichtigen, dass in verschiedenen Metallen die Fermienergie und die Austrittsarbeit ΔE_E (s. Abschn. 10.1.1) unterschiedlich sein werden. Berühren sich zwei ungleiche Metalle, so können Elektronen aus dem Metall mit der geringeren Austrittsarbeit in das mit der größeren übergehen. Gleichzeitig werden dabei die Metalle unterschiedlich aufgeladen, es entsteht eine Berührungsspannung (Volta-Spannung). Der Elektronenübertritt erfolgt so lange, bis die Fermienergie in beiden Metallen auf gleichem Niveau liegt. In einem geschlossenen Leiterkreis, in dem sich die Kontaktstellen auf derselben Temperatur

Tab. 10.6 Thermoelektrische Spannungsreihe einiger Metalle gegen Platin bzw. gegen Kupfer und absolute Thermospannungen ($T_1 = 0$ °C, $T_2 = 100$ °C)

Metall	Thermospannung		
	gegen Platin mV	gegen Kupfer mV	absolute Werte mV
Wismut	−7,0	−8,0	−8,0
Cobalt	−1,6	−2,3	−2,1
Nickel	−1,5	−2,2	−2,0
Palladium	−0,3	−1,0	−0,8
Platin	0,0	−0,75	−0,55
Quecksilber	0,0	−0,75	−0,55
Aluminium	+0,4	−0,35	−0,15
Zinn	+0,45	−0,3	−0,1
Zink	+0,7	−0,05	+0,15
Silber	+0,7	−0,05	+0,15
Gold	+0,7	−0,05	+0,15
Kupfer	+0,75	0,0	+0,2
Wolfram	+0,8	+0,05	+0,25
Molybdän	+1,2	+0,45	+0,65
Eisen	+1,8	+1,05	+1,25
Silicium	+45,0	+0,44	+0,44

befinden, heben sich die Berührungsspannungen gegenseitig auf, sodass kein Strom fließt.

Wird eine der beiden Kontaktstellen erhitzt, so werden an dieser Stelle in beiden Leitern diejenigen Elektronen, deren Energie in der Nähe der Fermigrenze liegt, thermisch so weit angeregt, dass sie in höhere Energieniveaus übergehen. Damit ändert sich auch die Austrittsarbeit, und es entsteht eine vom Temperaturunterschied zwischen den beiden Kontaktstellen abhängige Differenz der Berührungsspannungen, die einen Thermostrom erzeugt. Wie in Abschnitt 10.1 bereits dargelegt wurde, ist die von den Elektronen an der Fermigrenze aufgenommene Wärmeenergie bei Metallen insgesamt gering, sodass sich nur Thermospannungen in der Größenordnung von mV ergeben.

Zwischen der Struktur eines Leiters und seiner Thermospannung besteht ein enger Zusammenhang. Jede Änderung der Struktur ist mit einer Änderung der Elektronenverteilung im Gitter verbunden und wirkt sich auf das Verhalten der Leitungselektronen und damit auf die Thermospannung aus. Daher sind Thermospannungsmessungen auch ein empfindlicher Nachweis für Phasenumwandlungen und Änderungen der Atom-Nachbarschaftsverhältnisse durch Ordnungsbildung oder Ausscheidungen, die meist von einer Änderung der Ladungsträgerdichte und ihrer Beweglichkeit begleitet sind. Ebenso wird die Thermospannung von Strukturdefekten, die infolge einer Kaltverformung entstehen, beeinflusst. Die Änderung der relativen differenziellen Thermospannung nach starker Verformung beträgt bei reinen Metallen bis zu 0,3 μV K^{-1}.

Es ist in einer Reihe von Fällen auch möglich, über die Messung der Kontaktthermospannung zwischen einer spitzen beheizten Sonde mit bekannten thermoelektrischen Eigenschaften und einem gegebenen Werkstoff diesen zerstörungsfrei hinsichtlich seiner Zusammensetzung und seines Wärmebehandlungszustandes zu prüfen oder eine Schichtdickenmessung (z. B. Ni-Schichten auf Stahl) vorzunehmen.

Die bekannteste Nutzung der Thermoelektrizität ist die Temperaturmessung und -regelung mit Thermoelementen (s. a. Abschn. 5.2). Dazu werden Metallpaarungen verwendet, deren relative differenzielle Thermospannung in einem größeren interessierenden Temperaturbereich möglichst wenig von der Temperatur abhängt, sodass die integrale Thermospannung nur der Temperaturdifferenz zwischen Mess- und Vergleichsstelle (Bezugstemperatur) proportional ist. Hierfür gebräuchliche Thermoelemente sind

Cu-Konstantan   400 °C, kurzzeitig bis 600 °C
Fe-Konstantan   für Arbeitstemperaturen bis   700 °C, kurzzeitig bis 900 °C
NiCr–Ni   1000 °C, kurzzeitig bis 1200 °C
PtRh–Pt   1300 °C, kurzzeitig bis 1600 °C

Die Thermospannungen der betreffenden Metallpaarungen sind aus Bild 10.23 ersichtlich.

In elektronischen Mess- und Steuerschaltungen ist das Entstehen von Thermospannungen verständlicherweise unerwünscht. Darum wählt man, sofern Temperaturunterschiede an den Kontaktstellen auftreten können, nach Möglichkeit Metallpaarungen mit geringer Thermospannung.

Die Umkehrung des Seebeck-Effektes ist der *Peltier-Effekt*. Wird durch die Berührungsstelle zweier Leiter mit verschiedenen Austrittsarbeiten ein elektrischer Strom

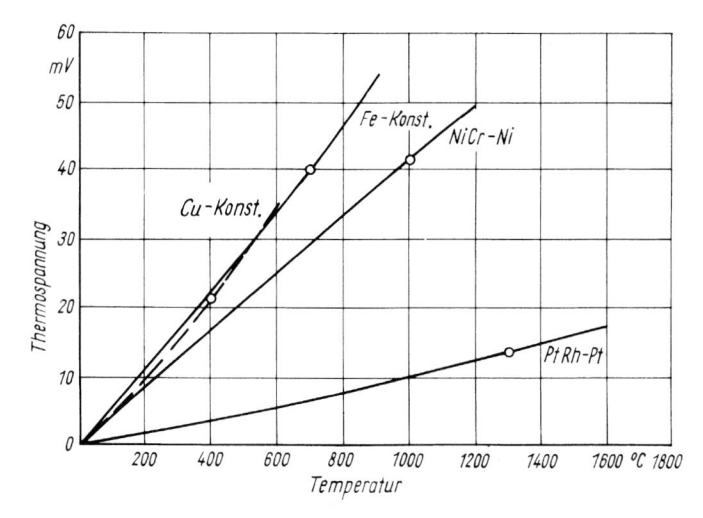

Bild 10.23 Thermospannungen für einige gebräuchliche Thermoelemente

geschickt, so lässt sich eine Erwärmung bzw. Abkühlung beobachten. Da zur Überwindung der Berührungsspannung in der Grenzfläche je nach Richtung des Stroms eine positive oder negative Arbeit geleistet werden muss, wird Wärme absorbiert oder entwickelt. Der Peltier-Effekt bildet die Grundlage der Thermokühlelemente.

Da die Thermospannung eines Leiterpaares wesentlich durch das Verhältnis der Anzahl der freien Ladungsträger im Leiter 1 zu der im Leiter 2 bestimmt wird, lassen sich bei Kombination n- und p-leitender Halbleiterwerkstoffe (s. Abschnitt 10.1.2) sehr intensive Thermoeffekte erzeugen, die gegenüber denen von Metallen um Größenordnungen größer sein können. Wegen der starken Temperaturabhängigkeit der Leitfähigkeit von Halbleitern ist deren Anwendung bisher jedoch auf tiefere Temperaturbereiche beschränkt geblieben.

10.4
Wärmeleitfähigkeit

Der Transport thermischer Energie im Festkörper wird als *Wärmeleitung* bezeichnet. Für die in der Zeit dt in einem Temperaturgefälle dT/dx durch die Fläche A strömende Wärmemenge dQ gilt im stationären Fall die Beziehung

$$dQ/dt = -\lambda A \, dT/dx \tag{10.12}$$

λ ist die spezifische Wärmeleitfähigkeit oder Wärmeleitzahl des Stoffes und wird in der Maßeinheit $W\,m^{-1}\,K^{-1}$ angegeben. Die Wärmeleitfähigkeit ist je nach der Zusammensetzung, Bindungsart und Struktur des Festkörpers sehr unterschiedlich. Für Raumtemperatur liegt sie bei metallischen Werkstoffen um Größenordnungen höher als bei nichtmetallischen (Tab. 10.7).

Da in der Regel dann, wenn eine hohe elektrische Leitfähigkeit vorliegt, auch eine gute Wärmeleitfähigkeit beobachtet wird, darf angenommen werden, dass die im metallischen Festkörper vorhandenen freien Elektronen bei der Wärmeleitung eine maßgebliche Rolle spielen. Andererseits deutet die Tatsache, dass Stoffe mit Ionen- oder kovalenter Bindung zwar schlechte Wärmeleiter, aber keine Wärmeisolatoren sind, darauf hin, dass es bei der Wärmeleitung neben dem Energietransport durch Elektronen noch einen weiteren Mechanismus gibt. Dieser besteht darin, dass die Wärme auch durch die gekoppelten Schwingungen der Bausteine im Festkörper transportiert wird. Die *Wärmeleitfähigkeit* λ eines Stoffes setzt sich demnach aus der Elektronenleitfähigkeit λ_e und der Gitterleitfähigkeit λ_G, zusammen:

$$\lambda = \lambda_e + \lambda_G \tag{10.13}$$

Die gequantelten Gitterschwingungen werden als *Phononen* und die von ihnen verursachten Beiträge zur Wärmeleitfähigkeit als Phononenanteil bezeichnet.

In Metallen wird der Wärmetransport bei höherer Temperatur vor allem durch die freien Elektronen bewirkt. Sie überführen ihre hohe kinetische Energie von Orten höherer zu Orten niedrigerer Temperatur. Infolge ihrer großen Beweglichkeit fungieren

Tab. 10.7 Spezifische Wärmeleitfähigkeit einiger Werkstoffe bei Raumtemperatur

Werkstoff	Spezifische Wärmeleitfähigkeit $W\,m^{-1}\,K^{-1}$
Ag	420
Cu	398
Al	230
Fe	75
Chromnickelstahl (18% Cr, 8% Ni)	16
Graphit	100 ... 140
Sinterkorund (KER 710)	13 ... 16
Hartporzellan	1,13 ... 1,6
Kieselglas	1,38
Polyvinylchlorid	0,15 ... 0,16
Polystyren-Reinpolymerisat	0,16
Polytetrafluorethylen	0,24
Glasfasern	0,037
Schaumpolystyren	0,030

sie nicht nur als Ladungsträger, sondern auch als Träger thermischer Energie. Da der elektronische Anteil überwiegt, ist das Verhältnis von thermischer (λ) zu elektrischer Leitfähigkeit (κ) bei Temperaturen oberhalb der Debyeschen Temperatur Θ für alle Metalle annähernd gleich und hängt nur von der absoluten Temperatur ab. Dieser Zusammenhang wird durch das Gesetz von *Wiedemann-Franz* ausgedrückt:

$$\frac{\lambda}{\kappa} = \frac{\pi^2}{3}\left(\frac{k}{e}\right)^2 T = LT \tag{10.14}$$

(*e* Elementarladung). Die Konstante L (Lorenz-Zahl) liegt für reine Metalle bei Raumtemperatur zwischen $2{,}2 \cdot 10^{-8}$ und etwa $2{,}6 \cdot 10^{-8}\,V^2\,K^{-2}$. Bei tieferen Temperaturen ist Gl. (10.14) wegen der Überlagerung unterschiedlich temperaturabhängiger Einflüsse nicht mehr erfüllt.

In kristallinen Stoffen, die aufgrund ihrer Bindungsverhältnisse keine freien Elektronen aufweisen, wird die Wärme als Schwingungsenergie von den in starker gegenseitiger Wechselwirkung stehenden Bausteinen geleitet (Gitterleitfähigkeit). Die Ausbreitungsgeschwindigkeit der angeregten thermischen Gitterwellen wird durch die Anharmonizität der Gitterschwingungen, die mit steigender Temperatur zunimmt und daher zu einem Rückgang der durch diesen Mechanismus bedingten Wärmeleitung führt, begrenzt.

Störungen der Festkörperstruktur wirken sich auf beide zur Wärmeleitung beitragenden Anteile aus und setzen die Gesamtwärmeleitfähigkeit herab. Die thermischen Gitterwellen werden an Leerstellen, Versetzungen und Fremdatomen ebenso gestreut wie durch diese Gitterbaufehler die elektrische Leitfähigkeit und damit auch der elektronische Anteil der Wärmeleitfähigkeit empfindlich beeinflusst wird.

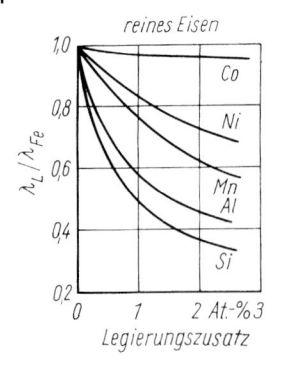

Bild 10.24 Änderung der relativen Wärmeleitfähigkeit λ_L/λ_{Fe} bei Raumtemperatur durch Zusatz verschiedener Legierungselemente zum reinen Eisen

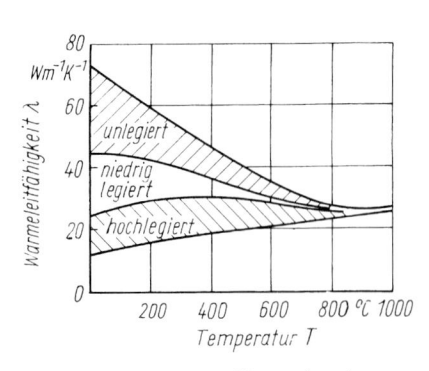

Bild 10.25 Temperaturabhängigkeit der Wärmeleitfähigkeit für unterschiedlich legierte Stähle

Daher haben beispielsweise Mischkristalle meist eine wesentlich geringere Wärmeleitfähigkeit als reine Metalle. Bild 10.24 veranschaulicht das für den Zusatz verschiedener Legierungselemente zum reinen Eisen.

Auch in Stählen (Bild 10.25) ist die Wärmeleitfähigkeit im Gebiet um Raumtemperatur bis zu mittleren Temperaturen ausgeprägt vom Legierungsgehalt abhängig. Diese Verhältnisse müssen bei der Wärmebehandlung berücksichtigt werden. Oberhalb etwa 850 °C wird die Wärmeleitfähigkeit nur noch wenig von der chemischen Zusammensetzung beeinflusst; sie ist nicht mehr sonderlich von der des reinen Eisens verschieden.

In nicht elektronenleitenden Kristallen wird die Wärmeenergie ausschließlich durch Phononen transportiert. Nach *Debye* ergibt sich für die *Gitterleitfähigkeit*

$$\lambda_G = \frac{1}{3} c \, v_{Ph} \, l_{Ph} \tag{10.15}$$

(c spezifische Wärmekapazität, bezogen auf die Volumeneinheit; v_{Ph} Phononengeschwindigkeit; l_{Ph} mittlere freie Weglänge der Phononen). Mit steigender Temperatur wird λ_G durch die Zunahme der spezifischen Wärmekapazität zunächst größer. Die gleichzeitige Erhöhung der Phononendichte und die dadurch bedingte Verringerung der mittleren freien Weglänge wirken dem jedoch entgegen, sodass innerhalb eines weiten Temperaturbereiches λ_G proportional $1/T$ wird.

Materialien mit hoher Fehlstellenkonzentration weisen bereits minimale Werte für l_{Ph} auf, sodass bei einer Temperaturerhöhung die Zunahme von c überwiegt und λ_G leicht ansteigt. Dies trifft sinngemäß auch für Gläser zu. In der Umgebung der Raumtemperatur wird ihre Wärmeleitfähigkeit nur wenig von der Temperatur beeinflusst. Je starrer die Bindungen im Netzwerk sind und je geringer die Zahl der Komponenten ist, desto höher liegt der λ-Wert. Demgegenüber ist der Einbau netzwerklockernder Komponenten in jedem Falle von einer Abnahme der Wärmeleitfähigkeit begleitet. Die λ-Werte für amorphe Gläser liegen um 1 W m^{-1} K^{-1}. Glaskeramiken, d. h. mehr oder weniger kristallisierte Gläser, haben eine höhere Wärmeleitfähigkeit ($\lambda \approx 3{,}3$ W m^{-1} K^{-1}).

Auch die Wärmeleitfähigkeit von Polymeren steht in enger Beziehung zu ihrem kristallinen Anteil. In amorphen Polymeren ist sie gering und ändert sich mit der Temperatur nur wenig. Mit zunehmendem Kristallisationsgrad steigt die Wärmeleitfähigkeit der Polymeren jedoch an. In gleicher Weise wirken die Zunahme der Molmasse, Vernetzung und Orientierung der Makromoleküle sowie die Modifizierung mit Füll- und Verstärkungsstoffen, wenn deren Wärmeleitzahl deutlich höher liegt.

Keramische Materialien und andere Sinterwerkstoffe weisen häufig noch einen mehr oder weniger hohen Porenanteil auf. Da sich die Wärmeleitfähigkeit der Matrixphase λ_M von der der Poren stark unterscheidet ($\lambda_\text{Gas} \ll \lambda_\text{fest}$), wird die resultierende Wärmeleitfähigkeit λ_R vom Volumenanteil der Poren P abhängen:

$$\lambda_\text{R} \approx \lambda_\text{M} \frac{1-P}{1-0{,}5P} \tag{10.16}$$

In grober Näherung erhält man mit

$$\lambda_\text{R} \approx \lambda_\text{M}(1-P) \tag{10.17}$$

eine lineare Abnahme der Wärmeleitfähigkeit mit steigender Porosität, was besonders für die Bewertung von feuerfesten Werkstoffen zu beachten ist.

Bei hohen Temperaturen wirkt sich die Wärmestrahlung zunehmend auf den Wärmetransport aus. Infolge ihrer T^3-Abhängigkeit nimmt die Strahlungswärmeleitfähigkeit für hohe Temperaturen so stark zu, dass sie für den Wärmetransport bestimmend werden kann. Im Fall poröser Werkstoffe allerdings wird der Strahlungsanteil erst bei hohen Temperaturen (oberhalb etwa 800 °C) erkennbar, da die Photonen an den Poren gestreut werden. Als Beispiel sei Sinterkorund genannt, bei dem eine Porosität von 0,25 Vol.-% die mittlere freie Photonenweglänge auf 0,04 cm gegenüber einer solchen von 10 cm für Al_2O_3-Einkristalle verkürzt.

10.5
Dielektrizität

Wie in Abschnitt 10.1 schon erörtert wurde, sind bei keramischen Werkstoffen und Polymeren (innerhalb der Makromoleküle) die Elektronen infolge der bestehenden Ionen- bzw. Atombindung (kovalente Bindung) mehr oder weniger fest an den Atomkern gebunden. Demzufolge haben diese Werkstoffe (Isolatoren, Halbleiter in Sperrrichtung) eine sehr geringe Elektronenleitfähigkeit ($< 10^{-8}$ Ω^{-1} m^{-1}, Tab. 10.2). Werden sie einem elektrostatischen Feld ausgesetzt, dann herrscht nicht wie bei den Metallen der Ladungstransport durch Elektronenwanderung vor, sondern es tritt lediglich eine Ladungsverschiebung (dielektrische Verschiebung) ein, die zu einer *Polarisation* und damit zur Entstehung eines elektrischen Dipolmomentes führt, das der von außen wirkenden Feldstärke entgegengerichtet ist.

Die Polarisation kann in verschiedener Weise erfolgen (Bild 10.26). Als Elektronen- oder auch *Atompolarisation* bezeichnet man die Verschiebung der negativen Elektronenhülle gegenüber dem positiven Atomkern, wodurch die Ladungsschwerpunkte eines Atomkerns räumlich getrennt werden (Bild 10.26 a).

Entsprechend spricht man bei der Verschiebung von Ionen in Ionenkristallen von einer *Ionenpolarisation* (Bild 10.26 b). Eine andere Polarisationserscheinung ist durch die Abstandsvergrößerung der elektrischen Schwerpunkte von polaren Molekülen gegeben, deren Ladungsschwerpunkte schon im feldfreien Raum nicht zusammenfallen, sodass infolge der Polarisation im Feld das bereits vorhandene permanente Dipolmoment noch vergrößert wird (Dipolpolarisation permanenter Dipole, Bild 10.26 d). Weiterhin können in inhomogenen Werkstoffen, wenn die dielektrischen Eigenschaften und die Leitfähigkeit ihrer Komponenten voneinander abweichen, an deren Grenzflächen Ladungen entstehen (*Grenzflächenpolarisation*, Bild 10.26 c).

Alle diese Polarisationsarten erfordern sehr kleine Einstellzeiten und sind temperaturunabhängig. Von der Temperatur abhängig hingegen ist die so genannte *Orientierungspolarisation* (Bild 10.26 e). Darunter versteht man die Ausrichtung der infolge der Wärmebewegung statistisch verteilten permanenten Dipolmomente zum äuße-

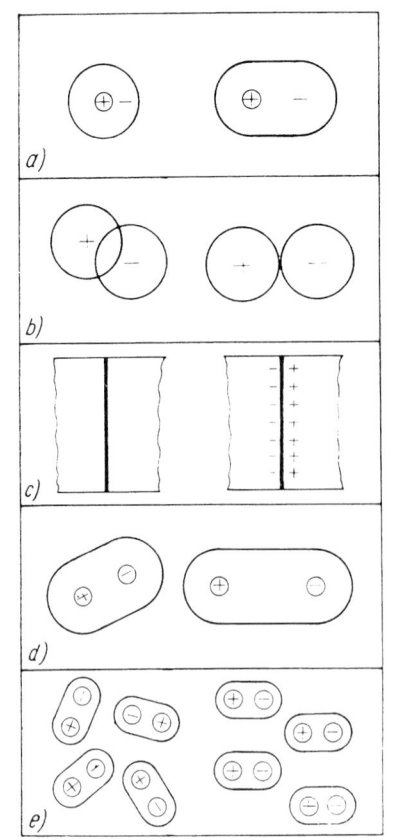

Bild 10.26 Schematische Darstellung von Polarisationen bei Nichtleitern. a) Atompolarisation; b) Ionenpolarisation; c) Grenzflächenpolarisation. Die Polarisation entsteht bei a) bis c) erst durch ein äußeres elektrostatisches Feld. d) Dipolpolarisation permanenter Dipole; e) Orientierungspolarisation permanenter Dipole. Die Ausrichtung der Dipole erfolgt stets in Richtung des Feldes

ren elektrischen Feld. Sie benötigt wesentlich größere Einstellzeiten, die von der Viskosität des Stoffes abhängen. Die Orientierungspolarisation ist der Temperatur umgekehrt proportional, da den ausrichtenden Kräften des elektrischen Feldes die Wärmebewegung entgegenwirkt. Da Atome kein permanentes Dipolmoment haben können, kann eine Orientierungspolarisation nur in Molekülkristallen oder in amorphen Substanzen auftreten.

Meist wird unter der Dielektrizität das Entstehen von elektrischen Dipolen durch Atom- oder Ionenpolarisation verstanden und die Orientierungspolarisation als *Paraelektrizität* bezeichnet. Für beide ist die Polarisation im Allgemeinen eine lineare Funktion der Feldstärke. Es gibt aber auch Stoffe, bei denen die Polarisation eine Hysterese und in starken elektrischen Feldern eine Sättigung zeigt. Analog dem Ferromagnetismus spricht man dann von *Ferroelektrizität*. Meist liegen mehrere Polarisationserscheinungen gleichzeitig vor, z. B. bei Ionenkristallen die Elektronen- und Ionenpolarisation oder bei Paraelektrizität stets auch Dielektrizität.

Die *Dielektrizitätskonstante* (DK) ist eine Materialkenngröße, die das Verhalten eines Nichtleiters (Isolators) im elektrostatischen Feld beschreibt. Geht man davon aus, dass die im Werkstoff entstandene Polarisation **P** die Differenz zwischen den durch ein äußeres Feld der Feldstärke **E** im Material und im Vakuum verursachten Ladungsverschiebungen **D** und D_v ist, so gilt

$$\boldsymbol{P} = \boldsymbol{D} - \boldsymbol{D}_\mathrm{v} = \boldsymbol{D} - \varepsilon_0 \boldsymbol{E} \tag{10.18}$$

[$\varepsilon_0 = 8{,}8542 \cdot 10^{-12}$ As V^{-1} m^{-1} (Verschiebungs- oder absolute Dielektrizitätskonstante des Vakuums)]. Wegen $P = \alpha E$ (α Polarisierbarkeit) und $\varepsilon = 1 + \alpha/\varepsilon_0$ erhält man schließlich für die Verschiebung im Material

$$\boldsymbol{D} = \varepsilon_0\, \varepsilon \boldsymbol{E} \tag{10.19}$$

ε ist die relative Dielektrizitätskonstante. Sie gibt bei konstanter Feldstärke die Änderung der Verschiebung **D** in einem Werkstoff gegenüber der im Vakuum an. Im Vakuum hat sie den Wert 1. Sie ist temperatur- und frequenzabhängig, also keine Materialkonstante im eigentlichen Sinn.

Niedrigste ε-Werte zeigen unpolare Werkstoffe, also solche, deren Moleküle einen völlig symmetrischen Aufbau aufweisen, wie z. B. Kieselglas, Polyethylen oder Polytetrafluorethylen. Relativ niedrige DK liegen auch dann vor, wenn für den Aufbau der Molekülketten nur C- und H-Atome verwendet wurden, wie bei Polystyren, Polyisopren oder Polybutadien. In den genannten Polymeren herrscht die Atompolarisation vor. Für sie besteht zwischen der relativen DK$_\varepsilon$ und dem Brechungsindex n die Beziehung $\varepsilon = n^2$. Sind in die Moleküle Sauerstoff, Stickstoff oder Halogene eingebaut, so liegen die ε-Werte bereits oberhalb 2,5. Auch ein Wassergehalt im Werkstoff erhöht infolge der sehr hohen DK des Wassers ($\varepsilon = 80$) die Polarisation beträchtlich, wie z. B. bei Phenoplasten und Polyamid. Da bei einem Kondensator durch die Verwendung eines Dielektrikums die Kapazität C gegenüber der des Vakuums C_0 gemäß $C = \varepsilon\, C_0$ beträchtlich erhöht werden kann, sind keramische Werkstoffe mit hoher DK hierfür von technischem Interesse.

Wird das elektrostatische Feld, das zur Polarisation **P** im Werkstoff geführt hat, abgeschaltet, dann verschwindet die Polarisation nicht sofort, sondern klingt nach einem Exponentialgesetz ab:

$$\boldsymbol{P}_t = \boldsymbol{P}_0\, e^{-t/\tau} \tag{10.20}$$

($\boldsymbol{P}_t$ Polarisation nach der Zeit t; $\boldsymbol{P}_0$ Polarisation zum Zeitpunkt des Abschaltens des Feldes; τ Relaxationszeit, nach der die Polarisation $\boldsymbol{P}_0$ auf den e-ten Teil abgesunken ist). τ ist temperaturabhängig. Je höher die Temperatur ist, umso kleiner ist τ. Darin kommt die Beweglichkeit der Dipole zum Ausdruck. In Analogie zu mechanischen Relaxationsvorgängen (Abschn. 9.3.) lassen sich daher aus dem dielektrischen Verhalten eines Werkstoffs in Abhängigkeit von der Temperatur Rückschlüsse auf seine Struktur und seinen Zustand ziehen.

Wird ein Dielektrikum in ein elektrisches Wechselfeld gebracht, in dem sich die Feldstärke periodisch ändert, dann ändert sich auch die Polarisation im Werkstoff periodisch. Da die Ladungen an eine Masse gebunden sind, gehorchen die elektrischen Verschiebungen den Gesetzen einer erzwungenen Schwingung, d. h., die Amplitude der Schwingung ist von der Frequenz der Erregung abhängig. Es treten zwischen erregender und erregter Schwingung Phasenverschiebungen auf, die zugleich anzeigen, dass infolge der wirkenden molekularen Bindungskräfte die Ausrichtung der Dipole im Werkstoff behindert wird und die Schwingung nicht trägheitslos vor sich geht. Außerdem nehmen die Moleküldipole Energie aus dem elektrischen Wechselfeld auf, die in Wärme umgesetzt wird und sich in einer Temperaturerhöhung des Dielektrikums äußert. Man bezeichnet diesen Energieanteil als *dielektrische Verluste* und den Vorgang als dielektrische Erwärmung.

Die bei einem derartig verlustbehafteten Dielektrikum beobachtete Phasenverschiebung wird durch den *Verlustwinkel* δ charakterisiert (Winkel zwischen dem Blindstrom I_C in einem verlustfreien Dielektrikum und dem tatsächlich durch das Dielektrikum fließenden Gesamtstrom I). Der Tangens dieses Winkels wird als *Verlustfaktor* bezeichnet:

$$\tan\delta = I_R/I_C \tag{10.21}$$

Die im Dielektrikum entstehende Wärme hängt vom Produkt $I_R U$ ab. Die Verlustleistung ist

$$N_{\text{verl}} = 2\pi f\, U^2 \tan\delta\, U \tag{10.22}$$

(f Frequenz des elektrischen Wechselfeldes; U Spannung) und in einem homogenen Feld, wie es in einem planparallelen Kondensator mit $C = \varepsilon\varepsilon_0\, F/d$ existiert,

$$N_{\text{verl}} = 2\pi f U^2\, \varepsilon\varepsilon_0 \tan\delta\, F/d \tag{10.23}$$

(f Frequenz des elektrischen Wechselfeldes; U Spannung; F Kondensatorfläche; d Abstand der Kondensatorbelegung). Im letzteren Fall findet eine gleichmäßige Er-

Bild 10.27 Schematische Darstellung der Frequenzabhängigkeit von ε und tan δ für zwei Temperaturen $T_1 < T_2$

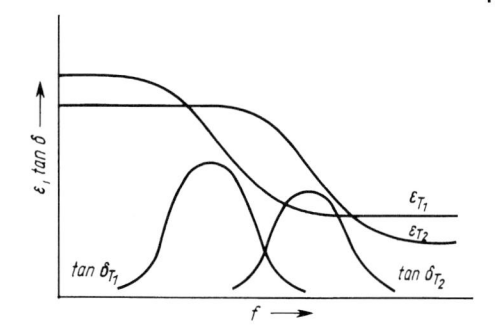

wärmung des Dielektrikums statt. Aus der Vorstellung, dass den Dipolen Schwingungen aufgezwungen werden, folgt auch, dass die Energieabsorption am größten sein wird, wenn sie im Resonanzgebiet schwingen. Daraus resultiert die charakteristische *Dispersion*, d. h. die Frequenzabhängigkeit von tan δ (Bild 10.27).

Wie bei der mechanischen Relaxation relaxieren die verschiedenen Makromoleküle eines polymeren Werkstoffs unterschiedlich. Das hat zur Folge, dass bei Polymeren mehrere Dispersionsgebiete vorliegen. Außerdem sind die verschiedenen Polarisationsmechanismen unterschiedlich frequenzabhängig, sodass sich für die Gesamtheit der Polarisationen die in Bild 10.28 dargestellte Abhängigkeit ergibt. Auch daraus lassen sich Rückschlüsse auf den molekularen Aufbau der Werkstoffe ziehen.

Die Werte für tan δ liegen bei Polymeren etwa zwischen 10^{-4} und 10^{-1}. Extrem niedrige Werte haben unpolare Stoffe wie Polyethylen, Polystyren und Polytetrafluorethylen sowie viele keramische Werkstoffe und Silicatgläser. Sie sind daher wichtige

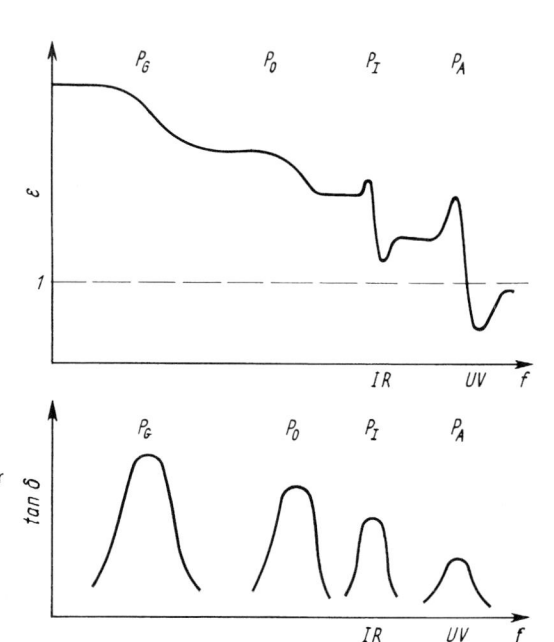

Bild 10.28 Schematische Darstellung der Anteile der Polarisationsmechanismen an der Gesamtheit der Polarisation in Abhängigkeit von der Frequenz. P_G Grenzflächenpolarisation; P_O Orientierungspolarisation; P_I Ionenpolarisation; P_A Atompolarisation; *IR* Infrarotgebiet; *UV* Ultraviolettgebiet

Werkstoffe für die Elektrotechnik. Werkstoffe mit niedrigerem spezifischem Widerstand hingegen zeigen größere Verluste, denn auch die Ionenleitfähigkeit trägt, vor allem bei niedrigen Frequenzen, zum Verlustfaktor bei. Andererseits wird das Auftreten großer dielektrischer Verluste, wie z. B. bei Polyvinylchlorid, vielen Duromeren und Elastomeren oder in wasserhaltigen Werkstoffen, technisch zur Trocknung, Vorwärmung, Vulkanisation, Verleimung oder Schweißung mittels HF-Energie genutzt. Dabei sind extrem kurze Aufheizzeiten erreichbar, da die Leistungsdichte in der Regel 0,2 bis 5 Watt je cm^3 und in günstigsten Fällen sogar bis 100 Watt je cm^3 betragen kann, während bei konventioneller Wärmeübertragung durch Leitung, Strahlung und Konvektion auf Nichtleiter nur 0,01 Watt je cm^3 übertragbar sind.

Bei einigen Ionenkristallen, z. B. Ferroelektrika und Quarzkristallen, kann eine homogene Polarisierung auch über eine äußere mechanische Beanspruchung erzielt werden, wenn durch elastische Verformung die Ionen verschoben und elektrische Dipolmomente gebildet werden. Diese Erscheinung wird als *Piezoelektrizität* bezeichnet. Da zwischen Polarisation und Verformung ein linearer Zusammenhang besteht, lassen sich piezoelektrische Stoffe als Kraft- und Druckmesser und in Kristallmikrofonen und -tonabnehmern als mechanisch-elektrische Wandler nutzen. Der Vorgang verläuft umgekehrt, wenn an den unbelasteten Kristall ein elektrisches Feld angelegt wird. Es kommt zur elastischen Verformung *(Elektrostriktion)*. Verwendet man dazu ein elektrisches Wechselfeld, dann wird der Kristall zu erzwungenen mechanischen Schwingungen angeregt, die am stärksten sind, wenn Erregerfrequenz und Eigenfrequenz des Kristalls übereinstimmen, d. h. Resonanz herrscht. Technisch werden piezokeramische Resonatoren (z. B. gesinterte Bariumtitanate oder Bleititanatzirkonate) und Quarz zur Erzeugung von Ultraschall genutzt.

10.6
Magnetismus

10.6.1
Erscheinungsformen des Magnetismus

Bringt man einen Stoff in ein homogenes Magnetfeld, so wird die magnetische Kraftliniendichte gegenüber der im Vakuum verändert. Die Wechselwirkung zwischen Stoff und Magnetfeld steht ursächlich mit den Bewegungen, die die Elektronen um die Atomkerne (Bahnbewegung) sowie um ihre eigene Achse (Eigenrotation, Spin) ausführen und die von einem magnetischen Moment begleitet sind, in Zusammenhang.

Je nach ihrem Verhalten in einem äußeren Magnetfeld werden zunächst diamagnetische und paramagnetische Stoffe unterschieden. Von *Diamagnetismus* spricht man, wenn die magnetische Kraftliniendichte durch den Stoff geschwächt wird. In jedem Atom wird ein magnetisches Moment, das der äußeren Feldrichtung entgegengesetzt ist, induziert. Die dadurch entstehende Kraft hat zur Folge, dass diamagnetische Stoffe aus einem inhomogenen Magnetfeld herausgedrängt werden. Diamagnetisch verhalten sich alle Stoffe, die aus Atomen oder Ionen mit abgeschlossenen Elektronenschalen aufgebaut sind. In diesen hat die Hälfte der Elektronen positiven bzw. negativen Spin, sodass sich die Spinmomente bereits innerhalb der Elektronenschale aufheben. Zu diesen Stoffen zählen z. B. die Edelgase, Salze und viele organische Verbindungen, aber auch eine Reihe von Metallen wie Cu, Ag, Au, Zn oder Cd, die ihre locker gebundenen Valenzelektronen an das sog. Elektronengas des Gitters (s. Abschn. 2.1.5) abgeben und deren Atomrümpfe nur voll aufgefüllte Elektronenschalen zeigen.

Sind die Atome hingegen so aufgebaut, dass mindestens eine der Elektronenschalen der Bausteine nicht voll aufgefüllt ist, so werden die magnetischen Momente der Bahnbewegungen und Spins im Einzelatom auch nicht voll kompensiert. Die Atome weisen dann ein resultierendes magnetisches Moment auf. Das damit gegebene Stoffverhalten wird als *Paramagnetismus* bezeichnet.

Das resultierende Moment setzt sich allgemein aus dem magnetischen Moment des Atomkerns und den magnetischen Bahn- und Spinmomenten der Elektronen zusammen. Das magnetische Kernmoment ist für die makroskopischen magnetischen Erscheinungen jedoch vernachlässigbar klein, und auch das Bahnmoment liefert in Festkörpern nur einen geringen Beitrag zum magnetischen Gesamtmoment der Atome. Den ausschlaggebenden Anteil zum resultierenden magnetischen Moment trägt das von der Eigenrotation des Elektrons herrührende Spinmoment bei. Es ist etwa gleich einem Bohrschen Magneton. Das Bohrsche Magneton $\mu_B = 9{,}273 \cdot 10^{-24}$ Am^2 ist der kleinste Wert des magnetischen Momentes.

Da die Energiezustände in der Elektronenhülle von niedrigen zu höheren Niveaus fortschreitend jeweils mit Elektronen positiven und negativen Spins besetzt werden, können Elemente mit regulär besetzten Elektronenschalen nur ein magnetisches Moment der Größe Null (Diamagnetismus) oder 1 μ_B (Paramagnetismus) haben. Eine Ausnahme hiervon bilden die Übergangselemente (Abschn. 10.1), die sich durch nicht voll aufgefüllte innere Elektronenniveaus auszeichnen. Von ihnen sind für die magnetischen Erscheinungen besonders die Elemente, deren 3 d-Zustände nicht voll besetzt sind (Cr bis Ni), wichtig. Der Spin der im 3d-Zustand möglichen zehn Elektronen ist mit steigender Ordnungszahl bis zu fünf Elektronen gleichsinnig und erst ab sechstem entgegengesetzt (Hundsche Regel). So treten beispielsweise beim Cr, das gerade fünf 3 d-Elektronen aufweist (Tab. 10.1), auch fünf unkompensierte Spinmomente auf. Das resultierende magnetische Moment des Cr-Atoms beträgt 5 μ_B.

Innerhalb eines paramagnetischen Stoffes sind die magnetischen Momente der einzelnen Atome mit gleicher Wahrscheinlichkeit in alle Richtungen orientiert, sodass der Körper nach außen hin kein resultierendes magnetisches Moment zeigt. Wird der Stoff in ein genügend starkes Magnetfeld gebracht, sind die als magnetische Dipole wirkenden Atome bestrebt, sich in Feldrichtung einzustellen. Die Dichte der magnetischen Kraftlinien erfährt eine geringe Verstärkung. Ein paramagnetischer Körper wird deshalb in ein inhomogenes Magnetfeld hineingezogen. Die wirkende Kraft ist jedoch, wie auch die, die den diamagnetischen Stoff aus einem inhomogenen Magnetfeld herausdrängt, klein.

Während bei den paramagnetischen Stoffen nur eine geringe gegenseitige Beeinflussung benachbarter Atome vorhanden ist, besteht in Werkstoffen mit *Ferromagne*-

tismus außer einer nicht aufgefüllten inneren Elektronenschale auch eine starke Wechselwirkung zwischen benachbarten Atomen. Unter der Wirkung der quantenmechanischen Austauschkraft richten sich in ferromagnetischen Stoffen Atome mit ihren magnetischen Momenten über größere Kristallbereiche parallel zueinander aus. Dadurch enthält der ferromagnetische Werkstoff bereits kleine magnetische Bezirke mit einem resultierenden magnetischen Moment, die als *Weißsche Bezirke* bezeichnet werden. Sie umfassen durchschnittlich 10^{11} bis 10^{15} Atome. Ihre Größe hängt von der Austauschenergie und den magnetischen Anisotropieenergien sowie vom Magnetisierungszustand des Werkstoffes ab und ist in der Regel nicht identisch mit der Kristallitgröße. Aus dem Gesagten folgt auch, dass der Ferromagnetismus nur bei Festkörpern auftreten kann, während Dia- und Paramagnetismus Stoffen aller Aggregatzustände eigen ist.

Die Energiebeziehung für die Wechselwirkungen zwischen benachbarten Atomen enthält eine charakteristische Größe, das Austauschintegral A, das die Art der Spinkopplung kennzeichnet. Eine Parallelstellung der Atommomente tritt nur bei positivem Austauschintegral ein. Das ist immer dann der Fall, wenn ein bestimmtes Verhältnis von kürzestem Atomabstand im Gitter zum mittleren Durchmesser der nicht voll besetzten Elektronenschale *(Slater-Koeffizient)* vorliegt. Das Austauschintegral ist, wie Bild 10.29 zeigt, bei den Elementen Fe, Co, Ni, Gd und einigen weiteren Seltenerdmetallen positiv, während es bei Mn und Cr negative Werte hat. Im Falle des Mn ist das Verhältnis $a/d = 1{,}47$. Es liegt also knapp unterhalb dem für das Auftreten von Ferromagnetismus erforderlichen Wert von 1,5. Wird dem Mn jedoch beispielsweise so viel Cu und Al zulegiert, dass sich die ternäre Überstruktur Cu_2MnAl bildet (Heuslersche Legierung), wird auch der Gitterabstand der Mn-Atome so weit vergrößert, dass der Slater-Koeffizient einen Wert von $>1{,}5$ annimmt. Als Folge dessen wird die aus nichtferromagnetischen Komponenten zusammengesetzte Legierung ferromagnetisch.

Die atomaren magnetischen Momente der ferromagnetischen Metalle Fe, Co und Ni müssten der Anzahl der unkompensierten Spinmomente in den 3d-Zuständen entsprechen. Im Kristallgitter treten jedoch infolge der Überlappung des 4s- und 3d-Bandes einige der 4s-Elektronen in das 3d-Band über und füllen es teilweise auf, sodass sich eine davon abweichende effektive Zahl von Bohrschen Magnetonen je Atom, für Fe = 2,2 μ_B, Co = 1,7 μ_B und Ni = 0,6 μ_B, ergibt. Das Zulegieren von

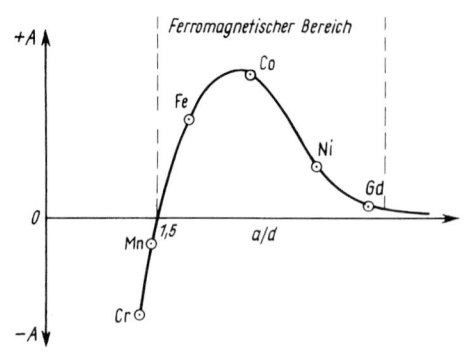

Bild 10.29 Abhängigkeit des Austauschintegrals *A* vom Verhältnis Atomabstand *a* zum Durchmesser *d* der nicht voll besetzten inneren Elektronenschalen (schematisch)

Fremdatomen zu den ferromagnetischen Elementen kann sogar zur vollen Auffüllung der 3d-Zustände führen. So werden z. B. Valenzelektronen von Cu-Atomen beim Zulegieren zu Ni energetisch günstiger in die 3d-Zustände der Ni-Atome eingebaut und sättigen bei einem Atomverhältnis von 40 % Ni und 60 % Cu alle unkompensierten Spins ab, sodass eine derartige Legierung dann keine ferromagnetischen Eigenschaften mehr aufweist.

Die Parallelstellung der magnetischen Atommomente kann nicht willkürlich erfolgen. Der Zustand geringster Energie wird dann eingenommen, wenn sich die Atommomente parallel zu bestimmten Gitterrichtungen, den magnetischen Vorzugsrichtungen oder auch Richtungen leichtester Magnetisierbarkeit, anordnen. In einem krz Eisenkristall beispielsweise sind das die Richtungen parallel zu den Kanten der Elementarzelle ⟨100⟩ (s. a. Bild 10.35). Sollen die Spinmomente aus diesen Richtungen herausgedreht werden, so ist dazu durch das äußere Magnetfeld eine zusätzliche Energie, die so genannte *Kristallanisotropieenergie* (Kristallenergie), aufzubringen.

Die zwischen den Atomen wirkenden Austauschkräfte haben das Bestreben, möglichst viele Atome im Kristallgitter parallel auszurichten. Bei völliger Parallelstellung über den ganzen Kristall würden aber auf der Kristalloberfläche freie magnetische Pole entstehen, was insgesamt energetisch ungünstig wäre. Zur Verminderung des Streuflusses bildet sich deshalb in den Kristallen unter Beachtung der magnetischen Vorzugsrichtungen eine Vielzahl spontan magnetisierter Weißscher Bezirke mit unterschiedlicher Orientierung so aus, dass sich der magnetische Fluss im Werkstoff insgesamt kompensiert. Obwohl der Werkstoff aus kleinen „Elementarmagneten", den Weißschen Bezirken, besteht, hat er, z. B. ein Stück Eisen, zunächst kein magnetisches Moment, er ist pauschal unmagnetisch.

Die Richtungsänderung der Atommomente (Änderung der Magnetisierungsrichtung) von einem Weißschen Bezirk zum anderen erfolgt nicht unstetig, sondern allmählich über einen größeren Gitterbereich hinweg. Solche Übergangsbereiche werden *Blochwände* genannt (Bild 10.30). In ihnen sind die Atommomente aus den magnetischen Vorzugsrichtungen herausgedreht. Sie befinden sich in einem Zustand erhöhter Energie, sodass die Blochwände eine *Wandenergie* (Größenordnung 10^{-4} bis 10^{-2} J m^{-2}, auf die Flächeneinheit der Wand bezogen) haben. Die Dicke einer Blochwand richtet sich nach den durch die anderen magnetischen Grundkonstanten

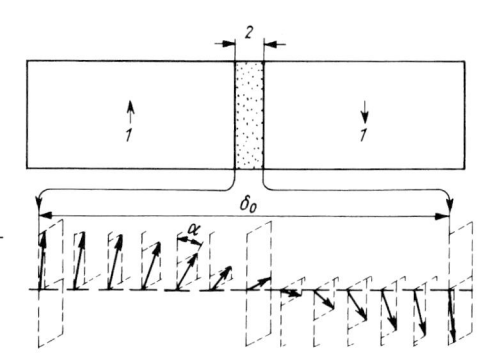

Bild 10.30 Änderung der Magnetisierungsrichtung innerhalb einer 180°-Blochwand.
1 Elementarbezirke; 2 Blochwand von der Dicke δ_0; α Winkel, der die Richtungsänderung der Atommomente kennzeichnet

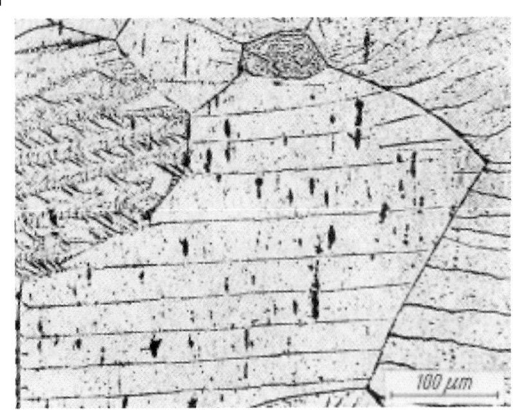

Bild 10.31 Pulvermuster auf polykristallinem Fe–Si-Blech (nach J. Edelmann und L. Illgen). 180°-Wände im mittleren Kristalliten

des Werkstoffes vorgegebenen energetischen Verhältnissen und wird im Allgemeinen mit 100 bis 1000 Atomabständen angegeben. In Kristallen mit magnetischen ⟨100⟩-Vorzugsrichtungen können benachbarte Weißsche Bezirke Orientierungen von 90° oder 180° zueinander einnehmen. In solchen mit ⟨111⟩-Vorzugsrichtungen (z. B. Ni) treten dagegen neben 180°-Wänden auch 109°- und 71°-Wände auf.

Die Blochwände lassen sich durch den aus der Kristalloberfläche austretenden Streufluss nachweisen. In einer Suspension befindliche ferri- oder ferromagnetische Pulverteilchen (z. B. Fe_3O_4 mit 10^{-8} bis 10^{-7} m Durchmesser) werden durch den Streufluss angezogen und reichern sich dem Verlauf der Blochwände entsprechend auf der Kristalloberfläche an. Die dabei entstehenden Muster werden auch als *Bittersche Streifen* bezeichnet. Mit ihrer Hilfe lässt sich die im Werkstoff vorliegende magnetische Bezirksstruktur sichtbar machen (Bild 10.31). Neben der Bitterstreifenmethode wird auch der magnetooptische Kerr-Effekt zur Abbildung der Weißschen Bezirke benutzt [10.13]. Er beruht auf einer Drehung der Polarisation eines polarisierten Lichtstrahls durch die magnetischen Streufelder an der Oberfläche des Magnetwerkstoffs.

Die aus den Weißschen Bezirken und Blochwänden bestehende magnetische Bezirksstruktur bildet sich unterhalb einer bestimmten Temperatur *(Curie-Temperatur)* in jedem Werkstoff, bei dem die Bedingungen für das Auftreten von Ferromagnetismus erfüllt sind. Dabei ist jeder Weißsche Bezirk spontan bis zu der der jeweiligen Temperatur entsprechenden magnetischen Sättigung magnetisiert *(spontane Magnetisierung)*. Eine ideale Parallelstellung der magnetischen Atommomente ist nur bei $T = 0$ K möglich. Die auf eine statistische Anordnung der Atommomentenrichtungen hinwirkende Wärmeenergie überlagert sich mit steigender Temperatur zunehmend den zwischenatomaren Austauschkräften. Schließlich wird eine Temperatur erreicht, bei der die Wärmeenergie die Austauschwechselwirkung überwiegt: die Curie-Temperatur T_c. Sie beträgt für Fe = 768 °C, für Co = 1128 °C, für Ni = 360 °C und für Gd = 17 °C. Oberhalb T_c befindet sich der Werkstoff im paramagnetischen Zustand. Daraus folgt, dass die Sättigungspolarisation J_s des Werkstoffs temperaturabhängig ist (Bild 10.32).

Bild 10.32 Abhängigkeit der Sättigungspolarisation J_s von der Temperatur bei reinem Eisen

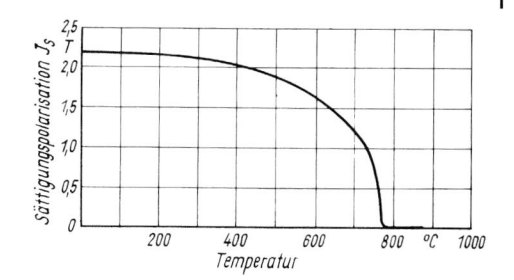

Die Austauschwechselwirkung kann, wie z. B. beim Cr, die Atommomente aber auch so beeinflussen, dass sich eine Antiparallelstellung benachbarter Atome einstellt. Diese Momentenanordnung wird als *Antiferromagnetismus* bezeichnet. Sie tritt bei negativem Austauschintegral auf, weil dann die Antiparallelstellung die energetisch günstigere Lage ist. Spontan magnetisierte Bereiche mit einem resultierenden magnetischen Moment können dabei in den Kristalliten nicht auftreten, wohl aber ist eine Bezirksstruktur möglich, da die Antiparallelstellung der Vektoren ebenfalls nur über kleine Bereiche des Kristallgitters erfolgt. Ebenso wie beim Ferromagnetismus ist die Antiparallelstellung der Atommomente von der Temperatur abhängig, sodass ein antiferromagnetischer Curie-Punkt (Néel-Punkt genannt) besteht.

Eine weitere Erscheinungsform des Magnetismus ist der *Ferrimagnetismus*. Ähnlich wie beim Antiferromagnetismus treten antiparallel gestellte Atom- bzw. Ionenmomente auf. Die magnetische Struktur ferrimagnetischer Stoffe (Ferrite) hat man sich als aus Untergittern (s. a. Bild 10.41) mit entgegengesetzter Magnetisierung zusammengesetzt vorzustellen, wobei deren Momente sich aber nur teilweise kompensieren, sodass ein resultierendes magnetisches Moment übrig bleibt. Es treten eine spontane Magnetisierung wie bei Ferromagnetika und eine magnetische Bezirksstruktur auf. Die Temperaturabhängigkeit der spontanen Magnetisierung kann bei ferrimagnetischen Werkstoffen komplizierter sein, da die resultierende Magnetisierung der jeweiligen Untergitter nicht dieselbe Temperaturabhängigkeit aufzuweisen braucht. Daraus ergibt sich unter Umständen beim Verschwinden der Magnetisierung des einen Untergitters und Weiterbestehen der Magnetisierung des anderen Untergitters ein sog. Inversionspunkt.

10.6.2
Technische Magnetisierung

Die in einem ferromagnetischen Werkstoff bereits spontan magnetisierten Weißschen Bezirke lassen sich durch Anlegen eines äußeren magnetischen Feldes in Feldrichtung ausrichten. Der Vorgang wird als technische Magnetisierung bezeichnet. Dabei laufen in Abhängigkeit von der äußeren Feldstärke charakteristische Magnetisierungsprozesse ab, die am Beispiel eines in eine stromdurchflossene Spule gebrachten Eisenstabes erläutert werden sollen. Das von der Spule erzeugte Magnetfeld H ist proportional der Stromstärke I und der Windungsdichte w/l (w Windungszahl, l Länge der Zylinderspule):

$$H = I\frac{w}{l} \text{ in Am}^{-1} \tag{10.24}$$

Ausgehend vom pauschal unmagnetischen (entmagnetisierten) Zustand findet bei Feldstärken $H < H_1$ (Bild 10.33) zunächst eine reversible Verschiebung von Blochwänden statt. Dabei wachsen die Bezirke, deren Magnetisierungsvektoren günstig zur äußeren Feldrichtung liegen, auf Kosten der ungünstiger orientierten, vor allem in 90°-Lage befindlichen Nachbarbezirke, indem sich die Blochwände wie eine Membran in diese hineinwölben. Bei Wegnahme des äußeren Feldes wird der Ausgangszustand wieder eingenommen. Bei Feldstärken $H_1 < H < H_2$ erfolgt ein rasches Anwachsen der magnetischen Polarisation. Dabei kommt es neben den weiter ablaufenden Wandverschiebungen nacheinander zu sprunghaften Umklappvorgängen antiparallel orientierter Bezirke, die als *Barkhausensprünge* bekannt sind. Diese Magnetisierungsvorgänge sind irreversibel, sodass nach Abschalten des äußeren Feldes eine magnetische Polarisation des Werkstoffes zurückbleibt. Da die Kristallite in einem polykristallinen Werkstoff hinsichtlich ihrer Kristallorientierung im Allgemeinen regellos angeordnet sind, nehmen die Magnetisierungsvektoren bei H_2 die Vorzugsrichtungen ein, die den kleinsten Winkel mit der äußeren Feldrichtung bilden. Bei Feldstärken $> H_2$ überwiegt die Energie des äußeren Feldes die Kristallenergie. Alle magnetischen Atommomente werden parallel zur äußeren Feldrichtung eingedreht. Diese Drehprozesse sind reversibel, sodass sich bei Verringerung des äußeren Feldes die Magnetisierungsvektoren wieder in die magnetische Vorzugsrichtung zurückdrehen. Bei H_s ist die technische Sättigung des Werkstoffes erreicht. Die Sättigungspolarisation J_s des gesamten Werkstoffs hat denselben Betrag wie vorher die spontane Magnetisierung innerhalb der einzelnen Weißschen Bezirke. Steigert man die äußere Feldstärke wesentlich über die zur technischen Sättigung notwendige hinaus, wird die bei endlicher Temperatur durch die Wärmebewegung bedingte geringfügige Abweichung von der idealen Parallelstellung der Atommomente

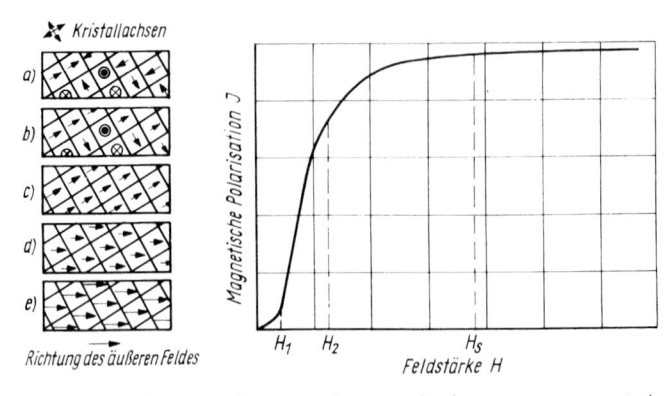

Bild 10.33 Polarisationskurve (Neukurve) und Polarisationsprozesse (schematisch).
a) Ausgangszustand; b) nach Ablauf der 180°-Wandverschiebungen; c) nach Beendigung sämtlicher Wandverschiebungen; d) technische Sättigung nach Ablauf der Drehprozesse; e) wahre Magnetisierung bei sehr hoher Feldstärke

weiter verringert. Dadurch nimmt die Polarisation proportional zur äußeren Feldstärke noch etwas zu, was als „wahre Magnetisierung" oder auch als „Paraprozess" bezeichnet wird.

Die ausgehend vom unmagnetischen Zustand im Zuge der technischen Magnetisierung erhaltene und in Bild 10.33 dargestellte Magnetisierungskurve ist die Neukurve des Werkstoffs. J ist die magnetische Polarisation (magnetisches Moment je Volumeneinheit). Die magnetische Kraftliniendichte in der Feldspule, die Induktion B, hat infolge der Polarisation J des ferromagnetischen Werkstoffes sehr stark zugenommen. Zwischen der Induktion B, der magnetischen Polarisation J und dem äußeren Feld H besteht der Zusammenhang:

$$\boldsymbol{B} = \boldsymbol{J} + \mu_0 \boldsymbol{H} \text{ in T (Tesla)} \tag{10.25}$$

Der Faktor μ_0 ist die Induktionskonstante ($\mu_0 = 4\pi \cdot 10^{-7}$ Vs A^{-1} m^{-1}). Die relative Permeabilität $\mu_r = \dfrac{B}{\mu_0 H}$ stellt ein Maß für die Verstärkung der Kraftliniendichte in der Spule durch einen Magnetwerkstoff dar. Während bei diamagnetischen Werkstoffen μ_r wenig kleiner und bei paramagnetischen wenig größer als 1 ist, erreicht die relative Permeabilität bei ferromagnetischen Werkstoffen Werte in der Größenordnung 10^6. Technisch wichtig sind die Anfangspermeabilität μ_i im Gebiet der reversiblen Wandverschiebungen (μ_i ist der Grenzwert der relativen Permeabilität für die Feldstärke $H \to 0$) sowie die Maximalpermeabilität μ_{max}, die sich als Steigung der vom Koordinatenursprung an das Knie der Induktionskurve gelegten Tangente ergibt.

In einem bis zur Sättigung J_s magnetisierten Werkstoff bleibt auf Grund des irreversiblen Anteils der Magnetisierungsprozesse nach Abschalten des äußeren Feldes eine remanente Polarisation J_r zurück. Wegen $H = 0$ ist J_r gleich der remanenten Induktion B_r *(Remanenz)*. Wird ein Gegenfeld angelegt, werden zunächst durch gleichartige Wandverschiebungsprozesse, wie sie oben beschrieben wurden, die Magnetisierungsvektoren aus der ursprünglichen in die neue Feldrichtung umorientiert. Bei einer bestimmten negativen Feldstärke, der *Koerzitivfeldstärke* H_c, heben sich die Komponenten der Magnetisierungsvektoren in alter und neuer Feldrichtung gerade auf, die magnetische Polarisation ist null. Eine weitere Steigerung der negativen Feldstärke führt schließlich zur negativen Sättigung $-J_s$.

Erfolgt ein ständiger Wechsel zwischen positiver und negativer Sättigungsfeldstärke H_s, z. B. durch einen Wechselstrom, so beschreibt die Magnetisierungskurve infolge der im Werkstoff ablaufenden einzelnen Magnetisierungsprozesse eine Hystereseschleife (Bild 10.34). Je nachdem, ob über der Feldstärke H die Induktion B oder die magnetische Polarisation J aufgetragen wird, erhält man sie als Induktions- oder als Polarisationskurve [s. Gl. (10.25)].

Demgemäß werden auch die sich aus den beiden Hysteresekurven ergebenden Koerzitivfeldstärken $_JH_c$ und $_BH_c$ bzw. H_{cJ} und H_{cB} unterschieden. Während bei weichmagnetischen Werkstoffen $H_{cJ} \cong H_{cB}$ ist, bestehen bei magnetisch harten Werkstoffen mit breiter Hystereseschleife zwischen beiden Größen erhebliche Unterschiede.

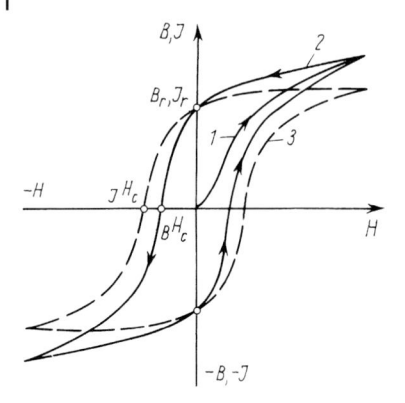

Bild 10.34 Hystereseschleifen eines ferromagnetischen Werkstoffes. *1* Neukurve; *2* Induktionskurve B über H; *3* Polarisationskurve J über H

Der Flächeninhalt der Induktionskurve ist ein Maß für die zur Ummagnetisierung des Werkstoffes benötigte Energie. Sie wird in Wärme umgesetzt und erscheint als Hystereseverlust P_h. Je kleiner die von der Hystereseschleife eingeschlossene Fläche ist, d.h. je schmaler die Schleife bzw. je kleiner die Koerzitivfeldstärke ist, umso geringer wird der Hystereseverlust sein. Bezogen auf die Masseeinheit ergeben sich die spezifischen Hystereseverluste aus der *Ummagnetisierungsarbeit* W_u (in Ws m^{-3}) je Zyklus, der Werkstoffdichte d (in kg m^{-3}) und der Frequenz f (in Hz) zu

$$p_h = (W_u f/d) \, 10^{-8} \text{ in W kg}^{-1} \tag{10.26}$$

Zu dem so aus der statischen Messung mit Gleichstrommagnetisierung berechneten Hystereseverlust addieren sich bei Wechselfeldmagnetisierung noch der Wirbelstrom- und der Nachwirkungsverlust zum Gesamt-Ummagnetisierungsverlust p_V (bzw. p_{Fe} oder p_s). Für die einzelnen ferromagnetischen Werkstoffe werden die spezifischen Ummagnetisierungsverluste mit p_1, $p_{1,5}$ bzw. $p_{1,7}$ für Induktionen von 1 T, 1,5 T bzw. 1,7 T bei 50 Hz angegeben.

Gestalt und Flächeninhalt der Hystereseschleife werden außer von der durch die Werkstoffzusammensetzung gegebenen Sättigungspolarisation durch die Beweglichkeit der Blochwände und die den Drehprozessen entgegenwirkenden Kräfte bestimmt. Diese werden sowohl von gefügeabhängigen wie auch -unabhängigen Faktoren beeinflusst.

Allgemein behindern Gefügeinhomogenitäten wie Fremdeinschlüsse, Ausscheidungen und Poren sowie Gitterstörungen, z.B. Versetzungen oder Leerstellen-Clusters, die Wandverschiebungen. Einen wesentlichen Einfluss auf die Magnetisierbarkeit von ferromagnetischen Werkstoffen üben auch die Anisotropieenergien aus. Wie schon erwähnt, sind die Magnetisierungsvektoren an bestimmte Vorzugsrichtungen gebunden, sodass es einer zusätzlichen Energie bedarf, um sie aus diesen herauszudrehen. Wie aus Bild 10.35a hervorgeht, ist für die Magnetisierung eines Eiseneinkristalls bis zur Sättigung in ⟨100⟩-Richtung die geringste äußere Feldenergie erforderlich. Für die Magnetisierung in ⟨111⟩-Richtung dagegen ist eine wesentlich größere Feldenergie aufzubringen. Die Differenz der Magnetisierungsarbeiten je Volumen-

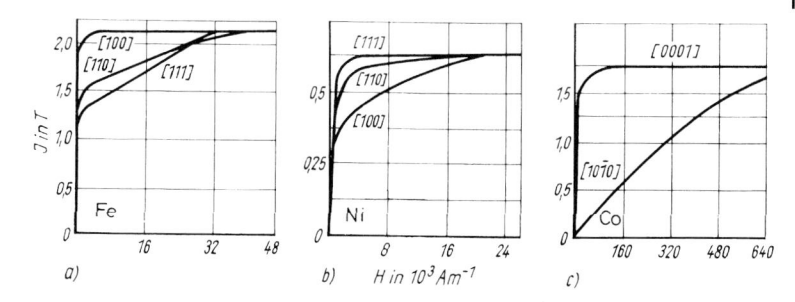

Bild 10.35 Magnetisierungskurven von Eisen-, Nickel- und Kobalteinkristallen in verschiedenen kristallographischen Richtungen

einheit zwischen einer magnetischen Vorzugsrichtung und einer beliebigen Gitterrichtung wird als *Kristallenergie* (Kristallanisotropieenergie) bezeichnet, wobei die Größe K_1 in J m^{-3} (Kristallenergiekonstante) ein Maß für diese darstellt. Beim Nickel sind die ⟨111⟩ Vorzugsrichtungen und die ⟨100⟩ die Richtungen der schweren Magnetisierbarkeit bzw. beim Kobalt die [0001]- und die [10$\bar{1}$0]-Richtung (Bild 10.35 b, c). Im polykristallinen ferromagnetischen Werkstoff mit statistischer Verteilung der Kornorientierung muss in jedem Falle beim Eindrehen der Magnetisierungsvektoren in die äußere Feldrichtung die Kristallenergie überwunden werden.

Eine weitere der Magnetisierung entgegenwirkende Anisotropie (Spannungsanisotropie) ist mit dem Auftreten der *Magnetostriktion* verbunden. Die Magnetostriktion ist eine Sekundärerscheinung der spontanen Magnetisierung. Infolge der spontanen Ausrichtung der magnetischen Atommomente innerhalb der Weißschen Bezirke erfahren auch die Atomabstände dieser Gittervolumina eine geringfügige Änderung, wodurch das Gitter anisotrop deformiert wird. Je nach Werkstoffzusammensetzung kann die Gitterdeformation im Hinblick auf die Richtung der spontanen Magnetisierung positiv oder negativ sein. Beim Anlegen eines äußeren Feldes führen die erzwungenen Richtungsänderungen der Magnetisierungsvektoren deshalb zu elastischen Spannungen im Werkstoff und makroskopisch zu einer Gestaltsänderung des ferromagnetischen Körpers. Bei magnetischer Sättigung kann die lineare Magnetostriktion $\lambda_s = \Delta l/l$ je nach Material bis zu 10^{-4} betragen. Im Werkstoff bereits bestehende Eigenspannungen erhöhen die durch die erzwungenen Richtungsänderungen der Magnetisierungsvektoren hervorgerufenen Spannungen noch und erschweren die technische Magnetisierung zusätzlich.

In mehrphasigen Werkstoffen mit ferromagnetischen Gefügebestandteilen, die lang gestreckt und so klein sind, dass sie nur aus einem Elementarbezirk bestehen und keine Blochwände aufweisen, wird der Magnetisierungsvektor in den Teilchen durch deren geometrische Form festgelegt. Die zur Ummagnetisierung aufzubringende Energie ist folglich von der Teilchenform beeinflusst *(Formanisotropie)*. Die Größe der Formanisotropie hängt von der Differenz der Entmagnetisierungsfaktoren in Teilchenlängs- und -querrichtung ab.

10.6.3
Weichmagnetisches Verhalten

Das weichmagnetische Verhalten eines Werkstoffes ist durch eine leichte Magnetisierbarkeit und geringe Hystereseverluste charakterisiert. Es zeichnet sich durch eine kleine Koerzitivfeldstärke und hohe μ_i sowie μ_{max} aus. Derartige Eigenschaftskombinationen sind nur bei homogenen, hochreinen Werkstoffen anzutreffen.

Ein viel genutzter weichmagnetischer Werkstoff ist reines Eisen, das von den ferromagnetischen Elementen bei Zimmertemperatur die höchste magnetische Sättigungspolarisation hat (J_s = 2,16 T; 1 Tesla ≙ 10^4 Gauß ≙ 1 Vs/m²). Es wird vorwiegend als Relaiswerkstoff verwendet. Wegen seiner relativ hohen elektrischen Leitfähigkeit treten bei Wechselfeldmagnetisierung jedoch größere Wirbelstromverluste auf. Um dem zu begegnen, werden beim Eisen bis zu 4,5 % Si zulegiert. Dadurch wird der spezifische elektrische Widerstand auf das 5 fache erhöht, J_s aber nur auf etwa 1,98 T erniedrigt. Fe–Si-Werkstoffe werden vor allem als Elektrobleche für Generatoren, Motoren und Transformatoren eingesetzt.

Weitere weichmagnetische Werkstoffe sind Legierungen auf Basis Fe–Co, Fe–Al und Fe–Ni (Bild 10.36). Fe–Co-Legierungen mit 35 bis 50 % Co erreichen infolge der durch den Co-Zusatz veränderten Atomnachbarschaftsverhältnisse im Gitter und einer dabei eintretenden Erhöhung des atomaren magnetischen Moments des Fe eine Sättigungspolarisation von etwa 2,4 T.

Neben der Sättigungspolarisation J_s sind auch Vorzeichen und Betrag der Kristallenergiekonstanten K_1 sowie der Sättigungsmagnetostriktion λ_s von der Werkstoffzusammensetzung abhängig. Da die Kristallenergiekonstante des Eisens bei Raumtemperatur positiv ($K_1 \approx 4{,}5 \cdot 10^4$ J m^{-3}), die des Nickels aber negativ ist ($K_1 \approx -5{,}6 \cdot 10^3$ J m^{-3}), wechselt K_1 in der Legierungsreihe Fe–Ni sein Vorzeichen. Bei einer bestimmten Zusammensetzung (sie liegt nach geeigneter Wärmebehandlung

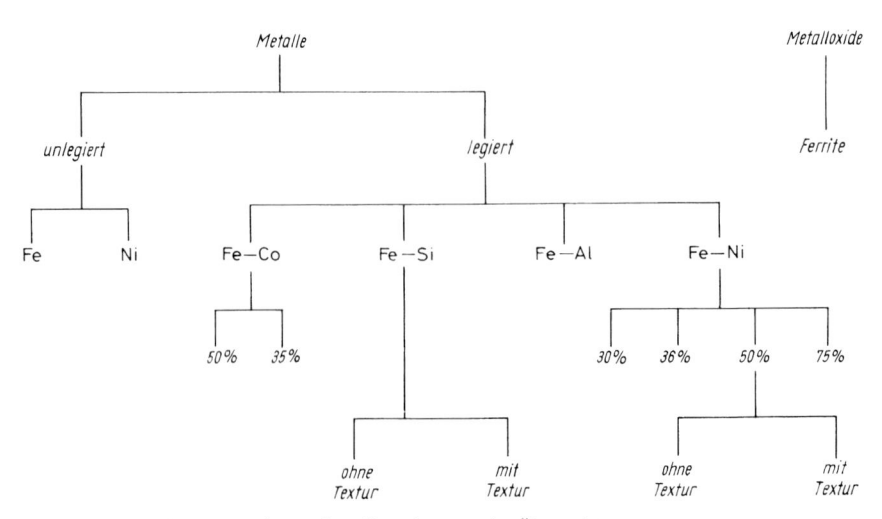

Bild 10.36 Weichmagnetische Werkstoffe (schematische Übersicht)

bei etwa 76% Ni) ist $K_1 = 0$. Das bedeutet, dass alle Gitterrichtungen des Kristalls magnetische Vorzugsrichtungen sind. Der Werkstoff ist hinsichtlich seiner Magnetisierbarkeit isotrop. Außerdem tritt in der Nähe dieser Zusammensetzung (bei $\approx 81\%$ Ni) auch ein Nulldurchgang (Vorzeichenwechsel) für λ_s auf. Durch geringen Zusatz von z. B. Mo, Cr oder V gelingt es, dass sowohl K_1 als auch λ_s etwa gleichzeitig den Wert 0 annehmen, sodass in diesem Legierungsgebiet Werkstoffe mit höchster Permeabilität sowie einer sehr niedrigen Koerzitivfeldstärke in der Größenordnung von 0,1 Am^{-1} gefunden werden (Permalloy-Legierungen).

Eine andere Möglichkeit, Werkstoffe mit leichter Magnetisierbarkeit herzustellen, ist durch die Ausbildung bestimmter Texturen gegeben. Fe-Si-Bleche mit rund 3% Si beispielsweise können über eine kombinierte Kaltverformungs-Glühbehandlung so kornorientiert werden, dass die [100]-Richtung der Körner in Walzrichtung und ihre (011)-Ebene in der Blechebene liegt (Goss-Textur bzw. Einfach-Textur). Die Walzrichtung ist dann die Richtung leichtester Magnetisierbarkeit (Bilder 10.35a und 10.37). Durch eine mehr als 95%ige Kaltverformung und anschließende Rekristallisation bei 1050 bis 1100 °C können in Fe-Ni-Legierungen mit 50% Ni die Körner so orientiert werden, dass die Würfelfläche des Gitters der Blechoberfläche parallel und die Würfelkanten längs und quer zur Walzrichtung angeordnet sind (Bild 10.37) (Würfeltextur). Die Hystereseschleife einer solchen Legierung ist schmal und nahezu rechteckig.

Bei der Wärmebehandlung von Mischkristalllegierungen im Magnetfeld unterhalb der Curietemperatur ordnen sich bei ausreichender Diffusionsmöglichkeit gleichartige Atompaare auf benachbarten Gitterplätzen so an, dass ihre Bindungsachse möglichst nahe der Richtung der spontanen Magnetisierung liegt. Es entsteht eine so genannte Richtungsordnung oder Orientierungsüberstruktur, die bei der Abkühlung „einfriert" und eine einachsige magnetische Anisotropie zur Folge hat. Die Anisotropieenergiedichte kann bis zu 10^3 Jm^{-3} betragen. Die entsprechenden technischen Verfahren sind als Magnetfeldglühen oder auch als thermomagnetische Behandlung bekannt. Sie werden in letzter Zeit zunehmend angewendet, um bei Magnetlegierungen hohe Wechselfeldpermeabilitäten zu erzielen (Ni-Fe-Legierungen mit 54 bis 63% Ni) oder die Form der Hystereseschleife bzw. das Remanenzverhältnis B_r/B_s zu beeinflussen. Ist bei geeignet gewählter Zusammensetzung die Kristallanisotropieenergie klein gegenüber der magnetfeldinduzierten einachsigen Aniso-

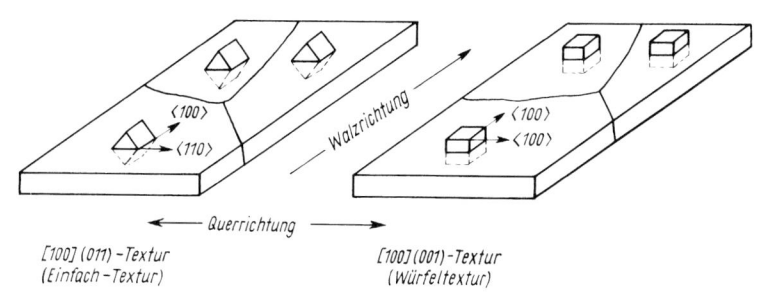

Bild 10.37 Technisch wichtige Texturen in weichmagnetischen Werkstoffen

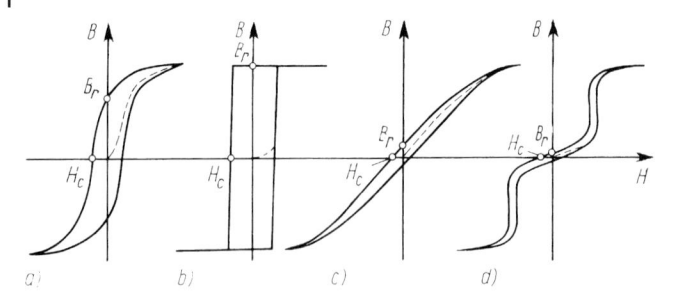

Bild 10.38 Kennzeichnende Formen der Hystereseschleife: a) normale S-förmige Schleife; b) Rechteckschleife; c) flache (Isoperm-)Schleife; d) Stufenschleife

tropieenergie, findet man rechteckförmige Hystereseschleifen (Bild 10.38b), wenn das Feld während der Wärmebehandlung parallel zur Schleifen-Messrichtung (Anwendungsrichtung) einwirkte. Wird derselbe Werkstoff dagegen in einem quer zur späteren Anwendungsrichtung anliegenden Feld geglüht, als Querfeldbehandlung bezeichnet, wird die magnetische Polarisation in der Querrichtung energetisch stabilisiert. In diesem Falle erfolgt der Magnetisierungsvorgang ausschließlich über Drehprozesse, und man erhält eine nahezu lineare Abhängigkeit der Induktion B von der Feldstärke H, d.h. eine Hystereseschleife mit sehr kleinem B_r/B_s-Verhältnis (Bild 10.38c). Über die gleichzeitige Erzeugung einer Würfeltextur und die gezielte Beeinflussung der magnetischen Anisotropieenergien durch Querfeldglühen kann bei bestimmten Ni–Fe-Basislegierungen eine schmale stufenförmige Hystereseschleife ausgebildet werden (Bild 10.38d). Sie ist durch einen flachen, fast linearen Verlauf in einem zum Koordinatenursprung symmetrischen Feldstärkebereich und anschließenden steilen Anstieg der Induktion bis zum Sättigungswert gekennzeichnet.

Neben den kristallinen Magnetwerkstoffen finden *amorphe Metalle und Legierungen* (Abschn. 2.2.4 und 3.2.3) als Ferromagnetika zunehmende technische Anwendung [10.14]. In amorphen Systemen der Zusammensetzung $T_{80}M_{20}$ (T ein oder mehrere Übergangsmetalle; M Metalloide wie P, B, C oder Si) stellen sich bei positivem Austauschintegral die resultierenden magnetischen Momente benachbarter Übergangsmetallatome parallel. Es tritt eine magnetische Bezirksstruktur ähnlich wie in kristallinen Ferromagneten auf. Die Sättigungspolarisation und die Curietemperatur liegen bei Legierungen gleicher Grundzusammensetzung im amorphen Zustand niedriger als im kristallinen. Man nimmt an, dass einzelne Elektronen der Glasbildner (Metalloide) die 3d-Niveaus der Übergangsmetalle zusätzlich auffüllen und dadurch das mittlere magnetische Moment je Metallatom verringern. Im amorphen Fall beträgt dieses bei Fe etwa 2 μ_B, bei Co etwa 1 μ_B und bei Ni weniger als 0,3 μ_B (für den kristallinen Zustand vgl. Abschn. 10.6.1). Etwas höhere Momente werden gemessen, wenn die Legierungen nur B oder B und Si als Glasbildner enthalten. Außer durch den Legierungseffekt wird die Sättigungspolarisation in amorphen Strukturen infolge der örtlichen Schwankungen der Austauschintegrale, deren Vorzeichen und Größe empfindlich vom Atomabstand abhängen, herabgesetzt.

10.6 Magnetismus

Homogene isotrope amorphe Legierungen weisen keine makroskopische magnetische Anisotropie auf. Herstellungsbedingte Eigenspannungen können über die Magnetostriktion eine lokale Anisotropie bewirken. Diese lässt sich durch Glühen unterhalb der Kristallisationstemperatur, die bei technischen Werkstoffen über 400 bis 450 °C liegen soll, weitgehend beseitigen. Da die Blochwandverschiebungen auch nicht durch Korngrenzen oder Ausscheidungen behindert werden, verlaufen die Polarisationsvorgänge sehr erleichtert. Amorphe Metalle zeigen daher gute weichmagnetische Eigenschaften, wobei sich bei bestimmten Zusammensetzungen ähnlich hohe Permeabilitäten wie bei den kristallinen Permalloy-Legierungen erzielen lassen. Unterzieht man amorphe Legierungen einer Magnetfeldglühung, so entsteht eine induzierte einachsige Anisotropie in der gleichen Größenordnung wie bei kristallinen Magnetlegierungen. Demzufolge gelingt es, rechteckförmige oder flache Hystereseschleifen einzustellen. Der elektrische Widerstand ist im amorphen Zustand etwa zwei- bis viermal so groß wie im kristallinen (Abschn. 10.1.1), sodass bei Wechselfeldmagnetisierung geringere Verluste auftreten. Industriell werden drei Gruppen von amorphen weichmagnetischen Legierungen gefertigt: Werkstoffe auf Fe-Ni-Basis mit der Zusammensetzung $Ni_{40}Fe_{40}(B, Mo, Si)_{20}$, hochcobalthaltige Legierungen mit mindestens 65 At.-% Co, deren Zusammensetzungen $(Co, Fe, Mn, Mo)_{73-80}(B, Si)_{27-20}$ entsprechen und die aufgrund einer sehr kleinen Magnetostriktionskonstante λ_s höchste Permeabilitäten aufweisen, und für Anwendungen, bei denen höhere Flussdichten gefordert werden, auch Legierungen auf Fe-Basis mit $Fe_{76-83}(B, Si)_{24-17}$. Die Herstellung von amorphen Metallen in Band- oder Drahtform direkt aus der Schmelze ist gegenüber konventionellen Technologien prozessstufenarm und vergleichsweise billig.

Die in jüngerer Zeit entwickelten nanokristallinen FeSiB-CuNb-Legierungen stellen eine neue Klasse weichmagnetischer Werkstoffe dar [10.15]. Sie vereinen die Vorzüge der amorphen Fe- und Co-Basislegierungen mit hoher Sättigungsinduktion, hohen Permeabilitäten und niedrigen Ummagnetisierungsverlusten. Das entsprechend zusammengesetzte Material, z. B. $Fe_{73,5}Si_{13,5}B_9Cu_1Nb_3$, wird durch Rascherstarrung zunächst als amorphes, $\approx 20\,\mu m$ dickes Band hergestellt. Ein anschließendes Anlassglühen bei Temperaturen um 500 °C führt zur Bildung einer nanokristallinen Fe-Si-Phase in der amorphen Matrix. Die magnetischen Parameter werden entscheidend von der Korngröße der Fe-Si-Phase beeinflusst und lassen sich durch die Legierungszusammensetzung und die Anlassbedingungen optimieren. Beste weichmagnetische Eigenschaften ergeben sich für Korngrößen im Bereich von 5 bis 12 nm. Das Entstehen der Nanokristallite, die einen Volumenanteil von etwa 70 bis 80 % des Gefüges einnehmen, ist auf die kombinierte Zugabe der Elemente Cu und Nb zurückzuführen. Das Cu fördert die Keimbildung, während Nb das Kornwachstum begrenzt.

Das hervorragende weichmagnetische Verhalten erklärt sich aus dem Wechselspiel von lokalen Anisotropieenergien, die in diesem Korngrößenbereich im Mittel sehr erniedrigt sind, und ferromagnetischer Austauschwechselwirkung [10.16]. Als dessen Folge stellt sich eine besonders leichte Beweglichkeit der Magnetisierungsvektoren ein. Die nanokristallinen Magnetwerkstoffe zeigen gegenüber den amorphen Legierungen eine bessere thermische Stabilität sowie relativ hohe Werte der

Sättigungspolarisation (J_s = 1,2–1,3 T) und gestatten über eine Magnetfeldglühung die Induzierung verschiedener Formen der Hystereseschleife. Die geringen Banddicken im Verein mit einem hohen spezifischen elektrischen Widerstand (s. Tab. 10.2) machen diesen Werkstoff insbesondere für induktive Bauelemente der Hochfrequenztechnik geeignet.

10.6.4
Hartmagnetisches Verhalten

Das hartmagnetische Verhalten eines Werkstoffes ist außer durch eine hohe Koerzitivfeldstärke H_c und Remanenz B_r vor allem durch die maximale Energiedichte $(BH)_{max}$ gekennzeichnet. Der einmal bis zur Sättigung aufmagnetisierte Werkstoff soll seinen Magnetisierungszustand auch in einem seiner Polarisation entgegengesetzten Magnetfeld möglichst beibehalten. Das bedingt, dass Ummagnetisierungsprozesse im dauermagnetischen Werkstoff nur mit großem äußerem Feldaufwand ablaufen dürfen. Je größer $(BH)_{max}$ ist, desto weniger Werkstoff wird für die Aufrechterhaltung eines bestimmten magnetischen Flusses im Arbeitsluftspalt benötigt. Die Dauermagneteigenschaften werden durch den Verlauf der Entmagnetisierungskurve (Hystereseschleife im 2. Quadranten) beschrieben. Diese sowie die zugehörige Kurve der Energiedichte (BH) sind schematisch in Bild 10.39 dargestellt.

Das dauermagnetische Verhalten erfordert einen Werkstoff, dessen Gefüge die reversiblen und irreversiblen Blochwandbewegungen sowie Drehprozesse – infolge großer Anisotropieenergien – weitgehend erschwert. Das kann einmal erreicht werden, indem in eine ferromagnetische Matrix Hindernisse in Form kohärent ausgeschiedener Teilchen mit starken Kohärenzspannungen eingelagert werden. Bei einer kritischen Teilchengröße treten maximale Koerzitivfeldstärken auf. Um eine hohe Flussdichte zu gewährleisten, sind solche Werkstoffe meist auf Eisenbasis aufgebaut.

Für hochwertige Dauermagnetwerkstoffe wird die bereits erwähnte Formanisotropie zur Erzielung hoher Koerzitivfeldstärken genutzt. In den ferromagnetischen Einbereichsteilchen kann die Ummagnetisierung praktisch nur als kohärente Drehung der Magnetisierungsvektoren erfolgen. Blochwände treten aus energetischen Gründen nicht auf, sodass die mit geringerem Energieaufwand ablaufenden Wandverschiebungen ausgeschlossen sind. Der kritische Teilchendurchmesser, unterhalb dem keine Blochwände mehr auftreten, hängt von der Wandenergie des betreffen-

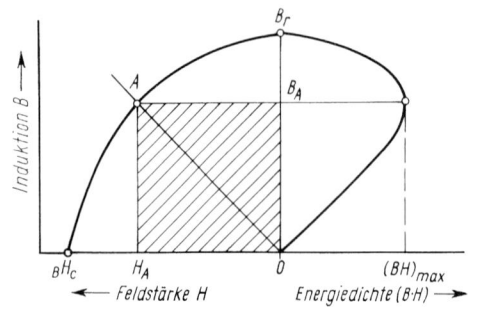

Bild 10.39 Entmagnetisierungskurve eines Dauermagnetwerkstoffes und zugehörige Kurve der Energiedichte (BH). A günstigster Arbeitspunkt

den Werkstoffs ab. Er liegt in der Größenordnung von 0,01 μm. Die maximal erreichbare Koerzitivfeldstärke lässt sich nach der Beziehung $H_c = (N_2 - N_1) J_s/\mu_0$ abschätzen, wenn N_1 und N_2 die Entmagnetisierungsfaktoren eines Teilchens in Längs- und Querrichtung und J_s die Sättigungspolarisation der Teilchensubstanz sind. Daraus ergibt sich die Folgerung, dass mit nadelförmigen, untereinander möglichst nicht in magnetischer Wechselwirkung stehenden Teilchen die höchsten Koerzitivfeldstärken zu erzielen sind.

Die markantesten Vertreter der auf Formanisotropie beruhenden Dauermagnetlegierungen sind die AlNi- bzw. die AlNiCo-Magnete [10.17], die außerdem höhere Fe-Anteile aufweisen sowie Cu-Zusätze und zur weiteren H_c-Steigerung bis zu 8 % Ti. Die bei hohen Temperaturen homogenen Legierungen entmischen sich beim Abkühlen unterhalb 900 °C in eine krz schwach- oder nichtferromagnetische α-Phase und in eine krz ferromagnetische α'-Phase mit hoher Sättigungspolarisation (spinodale Entmischung, s. Abschn. 5.3.5). Dabei bildet die α'-Phase stäbchenförmige Einbereichsteilchen, die den ⟨100⟩-Richtungen der α-Phase parallel angeordnet sind. Die AlNi-Magnete werden in der Regel mit isotropen Eigenschaften hergestellt. Bei den Co-haltigen Legierungen liegt die Curie-Temperatur der α'-Phase oberhalb der Entmischungstemperatur. In diesem Fall kann deren Orientierung durch ein während des Entmischungsvorgangs von außen angelegtes Magnetfeld beeinflusst werden, und zwar wachsen die Fe-Co-reichen α'-Teilchen bevorzugt längs solcher Würfelkanten, die mit der äußeren Feldrichtung den kleinsten Winkel einschließen. Der Werkstoff wird dadurch magnetisch anisotrop und seine Koerzitivfeldstärke auf mehr als 90 kA m^{-1} erhöht. In Bild 10.40 ist das Gefüge eines magnetfeldabgekühlten AlNiCo-Werkstoffs wiedergegeben. Eine zusätzliche Verbesserung des hartmagnetischen Verhaltens lässt sich erreichen, wenn über eine gerichtete Erstarrung und Stengelkornbildung gleichzeitig auch die Matrixkristallite in Gebrauchsrichtung des Magneten ausgerichtet werden. Von solchen Werkstoffen sind Spitzenwerte $(BH)_{max} \approx 90$ kJ m^{-3} bekannt.

Die AlNiCo-Werkstoffe sind spröde und lassen sich nur als Sinter- oder Gussformteile herstellen. Verformbare Dauermagnetwerkstoffe hingegen sind die Fe–Co–V-Legierungen mit 52 % Co, 10 bis 14 % V, Rest Fe (Vicalloy). Sie erhalten ihre Dauer-

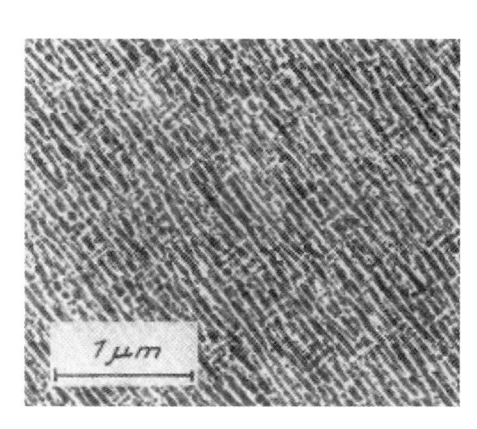

Bild 10.40 Gefüge eines AlNiCo-Werkstoffes mit Ti-Zusatz (Einkristall), im Magnetfeld abgekühlt (nach J. Edelmann)

magneteigenschaften nach starker Kaltverformung und einer anschließenden Anlassbehandlung bei etwa 600 °C, während der das optimale Gefüge eingestellt wird. Zu den duktilen Dauermagneten sind auch die Fe–Co–Cr-Legierungen (5 bis 23% Co, 20 bis 30% Cr, Rest Fe) zu rechnen, die im Laufe ihrer Herstellung einer isothermen Magnetfeldglühung bei 640 °C unterworfen, abgeschreckt und nachfolgend zweistufig (600 °C und 580 °C) angelassen werden. Im abgeschreckten Zustand lässt sich der Werkstoff kalt verformen. Die Dauermagneteigenschaften ($H_{cB} \approx 70$ kA m^{-1}; $(BH)_{max} \approx 60$ kJ m^{-3}) sind auf die Formanisotropie eisenreicher Teilchen, die während der Wärmebehandlung infolge einer spinodalen Entmischung entstehen, zurückzuführen.

Hartmagnetische Werkstoffe mit weit höheren Güteziffern, als sie von den vorwiegend die Formanisotropie nutzenden Legierungen erreicht werden, sind die intermetallischen Verbindungen von Co und Seltene Erden (Magnete auf der Basis SmCo$_5$ und Sm$_2$Co$_{17}$ mit $H_{cB} = 520$ bis 780 kA m^{-1} und $(BH)_{max} = 160$ bis 240 kJ m^{-3}) sowie die Nd–Fe–B-Dauermagnete. Ursache der extremen hartmagnetischen Eigenschaften dieser Legierungen ist eine außerordentlich große Kristallanisotropieenergie. SmCo$_5$ z. B. kristallisiert hexagonal mit der c-Achse als magnetischer Vorzugsrichtung und weist eine Kristallenergiekonstante $K_1 = 1{,}3 \cdot 10^7$ J m^{-3} auf. Die Legierungen auf der Basis Sm$_2$Co$_{17}$ (rhomboedrisch, Th$_2$Zn$_{17}$-Typ), die nicht stöchiometrisch zusammengesetzt sind [Sm(Co, Cu, Fe)$_{6{,}8 \ldots 8{,}5}$], erhalten ihre optimalen Eigenschaften über eine mehrstufige Anlassbehandlung, mit der eine zusätzliche Ausscheidungshärtung bewirkt wird [10.17]. Wegen ihres hohen Preises werden die Seltenerd-Co-Magnete ausschließlich für Sonderzwecke bzw. dort, wo ein möglichst kleines Systemvolumen gefordert wird, eingesetzt. Die Nd–Fe–B-Dauermagnetlegierungen auf der Basis der hochmagnetischen tetragonalen Phase Nd$_2$Fe$_{14}$B übertreffen in ihren magnetischen Güteziffern bei Raumtemperatur ($H_{cB} = 950$ kA m^{-1}, $(BH)_{max} = 300$ kJ m^{-3}) noch die der Seltenerd-Co-Magnete. Allerdings steht einem universellen Einsatz der Nd–Fe–B-Magnete entgegen, dass sich bereits bei Temperaturen oberhalb ≈ 100 °C irreversible Eigenschaftsänderungen vollziehen können.

Sowohl die Seltenerd-Co als auch die Nd–Fe–B-Legierungen sind spröde und hart. Ihre Herstellung geschieht, ausgehend von erschmolzenem und wieder zerkleinertem Vormaterial, pulvermetallurgisch durch Pressen und Sintern. Die einkristallinen Pulverteilchen ($\lesssim 5$ μm) werden unter Einwirkung eines starken Magnetfeldes direkt zu Formkörpern verpresst oder isostatisch verdichtet. Dabei erfolgt die Ausrichtung der Pulverpartikel mit ihren c-Achsen parallel zur Richtung des einwirkenden Magnetfeldes. Damit erhalten die Magnete eine kristallographische Vorzugsorientierung und folglich anisotrope Eigenschaften.

10.6.5
Ferrimagnetisches Verhalten

Wie erwähnt, resultiert das ferrimagnetische Verhalten aus einem unkompensierten Antiferromagnetismus, der sich aus der Anordnung der Metallionen in bestimmten Metalloxidverbindungen *(Ferriten)* ergibt. Aus diesem Grunde ist es notwendig, auf die Struktur der Ferrite näher einzugehen [10.18].

Die technisch am meisten genutzten ferrimagnetischen Oxide kristallisieren in einer Spinellstruktur des Typs $MgAl_2O_4$ oder gehören der Gruppe der Granate an. Ferrite mit Spinellstruktur lassen sich mit der allgemeinen Formel $Me^{III}(Me^{II}, Me^{III})O_4$ als *inverser Spinell* mit statistischer Besetzung der Me^{III}-Plätze beschreiben, wo das Me^{II} zweiwertige Metallionen wie Mg^{II}, Mn^{II}, Fe^{II}, Co^{II}, Ni^{II}, Cu^{II}, Zn^{II} und Cd^{II} oder ein Gemisch dieser Ionen, z. B. Mn^{II}/Zn^{II} oder Ni^{II}/Zn^{II}, Me^{III} entsprechende dreiwertige, vor allem Fe^{III}-Ionen sind. Die Elementarzelle der nach dem Spinelltyp aufgebauten Ferrite enthält zweiunddreißig Sauerstoffionen, die in sich ein kfz Gitter bilden. In dieser sind acht Fe^{III}-Ionen auf Tetraederplätzen sowie die gleiche Anzahl Fe^{III}-Ionen und weitere acht andere Me^{II}-Ionen auf Oktaederplätzen untergebracht, sodass die die Tetraederplätze einnehmenden Metallionen von vier und die die Oktaederplätze besetzenden von sechs O-Ionen in nächster Nachbarschaft umgeben sind. Im *normalen Spinell* sind die sechzehn Fe^{III}-Ionen auf Oktaederplätze verteilt, während die zweiwertigen Metallionen Tetraederplätze einnehmen. In beiden Fällen wird die Elementarzelle des Spinells (Bild 10.41) folglich von sechsundfünfzig Ionen gebildet.

Die Sättigungspolarisation J_s ergibt sich nun als Differenz der resultierenden Momente der von den Metallionen gebildeten Untergitter (die spontane Magnetisierung ist deshalb kleiner als in den meisten ferromagnetischen Stoffen). Die Kationen in den Oktaederlücken kompensieren paarweise die mit ihren magnetischen Momenten antiparallel gerichteten Kationen in den benachbarten Tetraederlücken. Da jedoch die Anzahl der besetzten Oktaederplätze doppelt so groß ist wie die der Tetraederplätze, ist eine vollkommene Kompensation nicht möglich. Ebenso wie in den Ferromagnetika tritt in den Ferriten eine spontane Magnetisierung auf (Weißsche Bezirke), und bei Anlegen eines äußeren Feldes spielen sich ähnliche Magnetisierungsvorgänge wie bei diesen ab.

Während die O-Ionen kein magnetisches Moment haben, beträgt das der Fe^{III}-Ionen jeweils 5 μ_B. Werden neben den acht Fe^{III}-Ionen auf den Oktaederplätzen beispielsweise acht Ni^{II}-Ionen mit einem magnetischen Moment von je 2 μ_B eingebaut, so ergibt sich ein resultierendes Moment von 2 μ_B je Formeleinheit oder 16 μ_B je Elementarzelle. Durch zusätzlichen Einbau von Zn^{II}-Ionen, die selbst kein magneti-

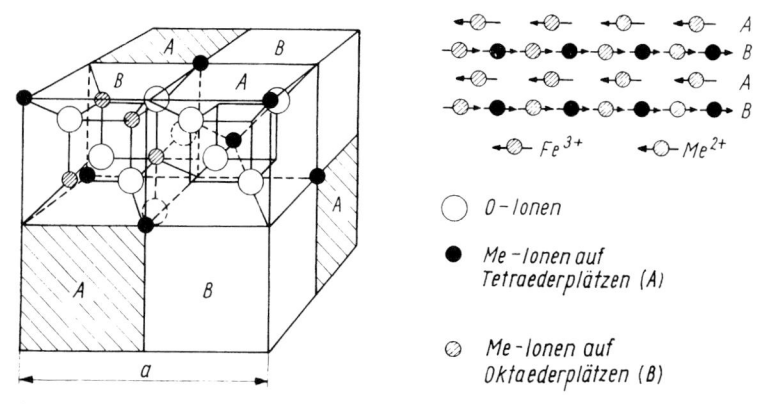

Bild 10.41 Elementarzelle des Spinellgitters und Spinanordnung im inversen Spinell (Ferrit)

sches Moment aufweisen, aber magnetische Fe^{III}-Ionen von den Tetraederplätzen verdrängen, wird die Zahl der sich paarweise kompensierenden magnetischen Momente herabgesetzt, wodurch das resultierende Moment im Gitter und damit die magnetische Sättigungspolarisation J_s insgesamt ansteigen.

Die die Ferrite bei der Verwendung in der Hochfrequenztechnik hauptsächlich auszeichnende Eigenschaft ist ihre geringe elektrische Leitfähigkeit. Sie liegt zwischen 1 und 10^{-7} $(\Omega m)^{-1}$, weshalb die Ferrite größenordnungsmäßig in das Leitfähigkeitsgebiet der Halbleiter einzuordnen sind. Infolgedessen sind die Wirbelstromverluste sehr klein. Ein weiterer Vorteil ist die geringe Dichte der Ferrite ($3{,}8 \cdot 10^3$ bis $5 \cdot 10^3$ kg m^{-3}).

Das magnetische Verhalten der Ferrite, die nach keramischen Fertigungsmethoden durch Mischen der Oxidpulver, Pressen oder Strangpressen und Sintern in definierter Atmosphäre hergestellt werden, wird durch ihre Zusammensetzung, die Sinterbedingungen und das Gefüge bestimmt. Ebenso wie bei metallischen Magnetwerkstoffen lassen sich über eine geeignete Wahl der Me-Ionenart und ihre Mischungsverhältnisse die Anisotropieenergien erniedrigen und weichmagnetische Eigenschaften einstellen. Dem kommt der Umstand entgegen, dass der Eisenferrit FeO $\times$ Fe$_2$O$_3$ eine positive lineare Magnetostriktion hat, während alle übrigen Ferrite negative Werte aufweisen. Voraussetzung für ein weichmagnetisches Verhalten ist, dass bei Mischferriten die Kationenradien nur geringfügig voneinander abweichen und die kubische Struktur der Elementarzelle erhalten bleibt. Fügt man größere Kationen hinzu, z. B. Ba^{II}- oder Sr^{II}-Ionen, so entsteht eine hexagonale Kristallstruktur. Ferrite mit der Zusammensetzung (Ba, Sr)O $\cdot$ 6 Fe$_2$O$_3$ zeigen sehr gute hartmagnetische Eigenschaften ($H_{cB} \approx 160$ kA m^{-1}), deren Träger die Phasen BaFe$_{12}$O$_{19}$ bzw. SrFe$_{12}$O$_{19}$ sind. Erhält der Werkstoff durch Pressen im Magnetfeld eine Vorzugsorientierung, so werden Koerzitivfeldstärken $H_{cB} = 240$ kA m^{-1} erreicht. Die maximale Energiedichte $(BH)_{max}$ beträgt dann bis zu 32 kJ m^{-3}. Infolge der flachen Entmagnetisierungskurve (geringe Remanenz B_r) sind die Bariumferritmagnete gegen entmagnetisierende Felder stabiler als z. B. die AlNiCo-Magnete.

10.7
Thermische Ausdehnung

Als *thermische Ausdehnung* bezeichnet man die durch Temperaturänderung bewirkte Änderung des Volumens. Sie wird durch den *thermischen Ausdehnungskoeffizienten* charakterisiert. Der *Volumen-Temperaturkoeffizient* für konstanten Druck ist als

$$\beta = \frac{1}{V_0} \left(\frac{\partial V}{\partial T} \right)_P \tag{10.27}$$

definiert. V_0 ist dasjenige Volumen, das der mittleren Temperatur des gemessenen $\dfrac{dV}{dT}$ entspricht. Wegen der Kleinheit der Ausdehnungskoeffizienten fester Stoffe wird das Ausgangsvolumen V_0 jedoch meist auf $T = 0\ °C$ bezogen.

Für die Änderung in einer Dimension ergibt sich analog (10.27) der *Längen-Temperaturkoeffizient* (linearer Ausdehnungskoeffizient):

$$\alpha = \frac{1}{l_0}\left(\frac{\partial l}{\partial T}\right)_P \tag{10.28}$$

Dieser ist bei kristallinen Festkörpern von der Gitterrichtung abhängig. In erster Näherung gilt $3\alpha = \beta$ bei kubischer, $2\alpha_x + \alpha_z = \beta$ bei hexagonaler, trigonaler und tetragonaler, $\alpha_x + \alpha_y + \alpha_z = \beta$ bei rhombischer, mono- und trikliner Kristallstruktur.

Der thermische Ausdehnungskoeffizient eines festen Körpers ist nicht konstant, sondern von der Temperatur abhängig. Daher rechnet man allgemein mit dem mittleren Temperaturkoeffizienten, z. B. für das Volumen

$$\beta = \frac{1}{V_0} \cdot \frac{\Delta V}{\Delta T} \tag{10.29}$$

(ΔV Volumenänderung im Temperaturintervall ΔT). Sofern keine Phasenumwandlung auftritt, steigt der thermische Ausdehnungskoeffizient mit der Temperatur monoton an. Mit Annäherung an den absoluten Nullpunkt fällt er rasch ab und geht mit $T \rightarrow 0$ selbst gegen null. Der Temperaturgang des Ausdehnungskoeffizienten entspricht dem der *spezifischen Wärme* C_v bzw. C_p, was im Falle des linearen Ausdehnungskoeffizienten durch folgende von etwa der Temperatur der flüssigen Luft bis zum Schmelzpunkt gültige Beziehung ausgedrückt wird:

$$\alpha(T) = \text{const} \cdot C_v(T) \approx \text{const} \cdot C_p(T) \tag{10.30}$$

Aus diesem Zusammenhang geht auch hervor, dass thermische Ausdehnung und spezifische Wärme auf eine gemeinsame Ursache zurückzuführen sind, auf die *Wärmeschwingungen der Atome*.

Die *Gleichgewichtslage* eines Atoms im Kristallgitter wird durch die Wechselwirkung von anziehenden und abstoßenden Kräften bestimmt (Bild 10.42 a). Während in der Gleichgewichtslage A auf das Atom keine Kraft wirkt, treten beim Heraustreten aus dieser Gegenkräfte auf. Für den Fall streng harmonischer Schwingungen würde die bei Temperaturerhöhung zunehmende Schwingungsamplitude – die *Eigenfrequenzen* der Kristalle betragen 10^{12} bis 10^{13} Hz – nicht zu einer *Wärmeausdehnung* des Körpers führen, da die Auslenkungen aus den Gleichgewichtslagen über alle Teilchen eines Kristalls gemittelt immer gleich null sind. Im Bild 10.42 b ist der Verlauf der *Kraftresultierenden* in der Umgebung der Gleichgewichtslage vergrößert wiedergegeben. Man erkennt, dass die Kraftwirkungen auf ein Atom bei gleichen Auslenkungen asymmetrisch sind. Wenn die Atome um den Punkt A schwingen, so werden sie vom Punkt $a_0 - x$ mit einer größeren Kraft in die Gleichgewichtslage zurückgetrieben als vom Punkt $a_0 + x$. Die Folge davon ist, dass sich mit zunehmender Amplitude der *Schwingungsmittelpunkt* verschiebt, und zwar nach $+x$ hin (im Bild 10.42 b von A nach A'). Im Mittel wird der Atomabstand etwas vergrößert, der Körper dehnt sich aus. Die Wärmeausdehnung fester Körper ist also

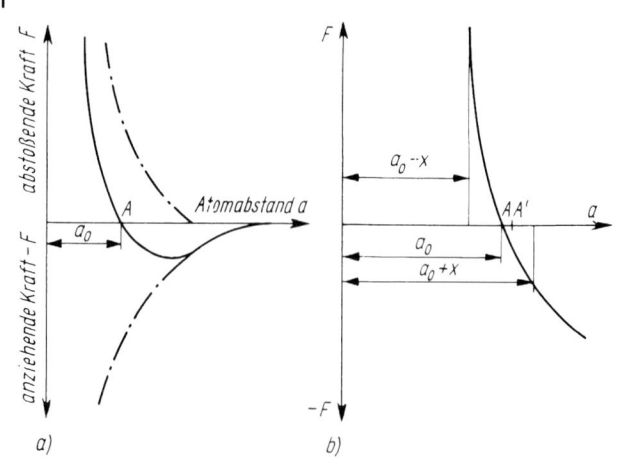

Bild 10.42 a) Kraftwirkungen zwischen Atomen als Funktion des Abstandes (schematisch); b) resultierende Kraftfunktion in der Nähe der Gleichgewichtslage eines Atoms

auf den unsymmetrischen Verlauf der resultierenden Kraftfunktion in der Nähe der Gleichgewichtslage der Teilchen zurückzuführen. Das Verschwinden der thermischen Ausdehnung bei tiefen Temperaturen ($\beta \rightarrow 0$) erklärt sich daraus, dass die Kraftresultierende bei kleinen Schwingungsamplituden und damit geringen Auslenkungen aus der Gleichgewichtslage als eine Gerade mit symmetrischen Kraftverhältnissen betrachtet werden kann. Die anharmonischen Schwingungen der Atome gehen in harmonische über, womit ursächlich keine thermische Ausdehnung stattfindet.

Trägt man für verschiedene Metalle mit kubischer Kristallstruktur die *Volumenänderung*, bezogen auf das Volumen beim absoluten Nullpunkt $(V - V_a)/V_a$, im Bereich zwischen 0 K und der Schmelztemperatur T_s (K) als Funktion von T/T_s auf, so erhält man Kurven von sehr ähnlichem Verlauf. Außerdem zeigt sich, dass fast alle Kurven beim Schmelzpunkt ($T/T_s = 1$) einen Wert von $\Delta V/V_a = 0{,}06$ bis $0{,}07$ annehmen. Das bedeutet, dass die gesamte Volumenzunahme vom absoluten Nullpunkt bis zum Schmelzpunkt übereinstimmend etwa 6 bis 7 % bzw. die *Längenänderung* etwa 2 % beträgt *(Grüneisensche Regel)*. Daraus folgt, dass der thermische Ausdehnungskoeffizient bei Metallen mit hohem Schmelzpunkt wesentlich kleiner ist als der von Metallen mit niedrigem Schmelzpunkt. So hat z. B. Wolfram (Schmelztemperatur 3410 °C) bei 20 °C einen linearen Ausdehnungskoeffizienten von $4{,}4 \cdot 10^{-6}$ K^{-1}, Blei (Schmelztemperatur 327 °C) dagegen einen solchen von etwa $28{,}3 \cdot 10^{-6}$ K^{-1} (Bild 10.43).

Nach einer Wärmebehandlung können im Verbund befindliche Stoffe mit sehr unterschiedlichen Ausdehnungskoeffizienten bei Raumtemperatur praktisch nicht spannungsfrei sein. Auch bei Kristallgemischen, z. B. bei Legierungen des Kupfers mit Eisen, die schmelzmetallurgisch oder durch Sintern hergestellt worden sind, liegt bei tiefen Temperaturen mindestens eine Komponente im verformten Zustand vor.

Die in den Polymeren andersartigen Bindungskräfte und die zu Ketten oder Netzwerken zusammengeschlossenen Moleküle haben ein gegenüber kristallinen Fest-

Bild 10.43 Zusammenhang zwischen dem thermischen Ausdehnungskoeffizienten und der Schmelztemperatur ausgewählter Metalle (nach [10.19])

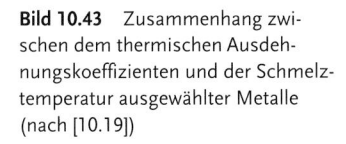

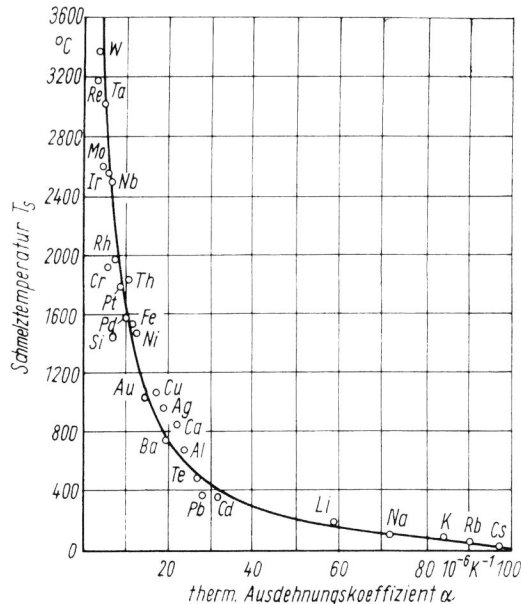

körpern verändertes Schwingungsspektrum zur Folge. Spezifische Wärme und thermischer Ausdehnungskoeffizient liegen deutlich höher. Beide Eigenschaften hängen für die einzelnen Polymere von deren strukturellen Besonderheiten ab. Bei den amorphen Polymeren beobachtet man im Einfrierbereich einen Knick in der Volumen-Temperatur-Kurve (s. Bild 3.24b). Im eingefrorenen oder Glaszustand ist der Ausdehnungskoeffizient niedriger (für amorphe Thermoplaste $\alpha = 70 \cdot 10^{-6}$ bis $80 \cdot 10^{-6}$ K^{-1}) als oberhalb der *Einfriertemperatur* T_E (s. Bild 3.24c). Teilkristalline Polymere zeigen ebenfalls einen Knick in der $V(T)$-Kurve, der auf den amorphen Anteil zurückzuführen ist. Mit zunehmendem Kristallisationsgrad wird dieser jedoch immer flacher. Bei weitgehend kristallisierten Polymeren liegt der Ausdehnungskoeffizient etwas niedriger als bei amorphen, da die Wärmeausdehnung der kristallinen Bereiche geringer als diejenige der amorphen ist.

Das Ausdehnungsverhalten der Werkstoffe wird durch die Stärke der Bindungskräfte zwischen den einzelnen Bausteinen bestimmt. Durch größere Bindungskräfte werden die Schwingungen der Teilchen stärker gehemmt, und ihre Schwingungsamplituden sind relativ klein. Sind die Bindungskräfte hingegen klein, z. B. bei solchen Polymeren, zwischen deren Bausteinen nur schwache Restvalenzkräfte wirken, so ist die thermische Ausdehnung größer. Auch der Ausdehnungskoeffizient eines Glases ist umso größer, je lockerer seine Struktur, d. h. je höher der Netzwerkwandleranteil ist. Deshalb hat reines SiO_2 (Kieselglas) mit $\alpha = 0{,}58 \cdot 10^{-6}$ K^{-1} den kleinsten thermischen Ausdehnungskoeffizienten aller Silicatgläser. In der Regel gilt, dass mit sinkender Einfriertemperatur T_E der Gläser der Ausdehnungskoeffizient zunimmt. Gläser mit $\alpha < 6 \cdot 10^{-6}$ K^{-1} bezeichnet man als *Hartgläser*, solche mit $\alpha > 6 \cdot 10^{-6}$ K^{-1} als *Weichgläser*.

In *ferromagnetischen Werkstoffen* ist mit dem Bestehen der *spontanen Magnetisierung* ein Volumeneffekt verknüpft, der in einem bestimmten Temperaturbereich zu einer *Anomalie der thermischen Ausdehnung* führt. Bei sehr hohen äußeren magnetischen Feldstärken H wird im Innern eines jeden Weißschen Bezirks die Parallelstellung der magnetischen Momente benachbarter Atome, die durch die Austauschkräfte hervorgerufen und durch die Wärmebewegung gestört wird, verbessert (s. a. Abschn. 10.6.2). Die infolgedessen bewirkte Zunahme der Sättigungspolarisation J_s *(wahre Magnetisierung, Paraprozess)* ist gewöhnlich mit einer Volumenänderung, die positiv oder negativ sein kann und die als *erzwungene* oder *Volumenmagnetostriktion* bezeichnet wird, verknüpft. Da J_s aber außer durch starke äußere Felder auch durch die Temperatur zu beeinflussen ist (s. Bild 10.32), kann die Volumenmagnetostriktion auch durch eine Temperaturänderung hervorgerufen werden. Sie überlagert sich der normalen thermischen Ausdehnung von dem Augenblick an, wenn bei der Abkühlung des Werkstoffes der Curiepunkt T_c unterschritten wird und die spontane Magnetisierung mit sinkender Temperatur zunächst rasch, danach langsam bis zum absoluten Nullpunkt anwächst. Umgekehrt nimmt die spontane Magnetisierung mit steigender Temperatur ab, die magnetische Kopplung wird durch die thermische Bewegung der Atome zunehmend beseitigt, bis sie schließlich bei Überschreiten von T_c ganz aufgehoben ist. Da die Änderung von J_s mit der Temperatur dicht unterhalb T_c am größten ist, muss auch die Volumenmagnetostriktion hier am größten sein. Infolgedessen wird in diesem Temperaturgebiet die $\alpha(T)$-Kurve eines ferromagnetischen Werkstoffes immer eine Anomalie zeigen. Bei tieferen Temperaturen und im paramagnetischen Bereich oberhalb T_c ist der Ausdehnungskoeffizient normal (Bild 10.44).

Im Allgemeinen ist der Einfluss der Volumenmagnetostriktion auf die thermische Ausdehnung gering. Nur bei ferromagnetischen Legierungen, die im Zustandsdiagramm in der Nähe eines kfz-krz-Phasenüberganges liegen, beobachtet man einen großen positiven Wert dV/dH, d.h., mit der Ausbildung der spontanen Magnetisierung ist eine starke Ausdehnung des Kristallgitters gegenüber dem paramagnetischen Zustand ungeordneter Spinrichtungsverteilung verbunden. Ihr überlagert sich die Kontraktion, die jeder feste Körper infolge der Abnahme der Schwingungsamplituden seiner Bausteine bei der Abkühlung erfährt. Je mehr sich Ausdehnung

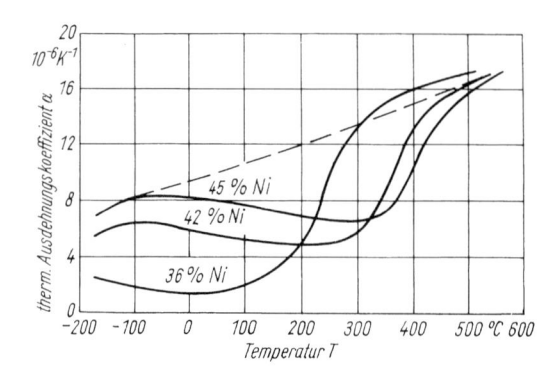

Bild 10.44 Temperaturabhängigkeit des thermischen Ausdehnungskoeffizienten von Fe–Ni-Legierungen

und Kontraktion in einem gegebenen Temperaturgebiet kompensieren, desto kleiner wird in diesem Bereich der resultierende Ausdehnungskoeffizient sein.

Diese Erscheinung tritt in besonders starkem Maße in Fe–Ni-Legierungen *(Invar-Legierungen)* mit etwa 30 bis 54 % Ni und in einigen davon ausgehenden ternären Systemen auf. Wie Bild 10.44 zeigt, ist der Ausdehnungskoeffizient dieser Legierungen in einem bestimmten Temperaturbereich stark erniedrigt. Die Legierung mit 36 % Ni zeichnet sich zwischen 0 und 100 °C durch einen besonders kleinen Ausdehnungskoeffizienten ($\alpha \approx 1{,}5 \cdot 10^{-6}\,\mathrm{K}^{-1}$) aus. Bei höheren Ni-Gehalten liegen die erreichbaren Tiefstwerte zwar höher, jedoch ist der Temperaturbereich der nutzbaren kleinen thermischen Ausdehnungskoeffizienten wesentlich größer. Bild 10.45 verdeutlicht noch einmal, wie das Zusammentreffen von niedriger Curietemperatur und großer Volumenmagnetostriktion zu dem anomalen Ausdehnungsverhalten der Invar-Legierungen führt.

Eine noch ausgeprägtere Ausdehnungsanomalie findet man in der Fe–Pt-Legierungsreihe. Bei einer Legierung mit 56 % Pt ist α in einem begrenzten Temperaturgebiet negativ, d. h., der Stoff zieht sich bei Erwärmung zusammen. Die Volumenmagnetostriktion ist hier so groß, dass sie die normale thermische Ausdehnung weit übertrifft und einen negativen Wärmeausdehnungskoeffizienten verursacht.

Die Ausdehnungsanomalien der Invar-Legierungen werden in starkem Umfang technisch genutzt. Die binären Fe–Ni-Werkstoffe mit den in der Umgebung der Raumtemperatur kleinsten thermischen Ausdehnungskoeffizienten werden als *Ausdehnungslegierungen* bezeichnet. Sie finden breite Anwendung besonders in der Feinwerktechnik und im Messinstrumentebau sowie als passive Komponente für Thermobimetalle. Die ternären Legierungen auf Fe–Ni-Basis (Fe–Ni–Co, Fe–Ni–Cr), bei denen das Ausdehnungsverhalten durch die ternären Zusätze so beeinflusst wird, dass die α (T)-Kurven mit denen der Weich- bzw. Hartgläser unterhalb der Einfriertempera-

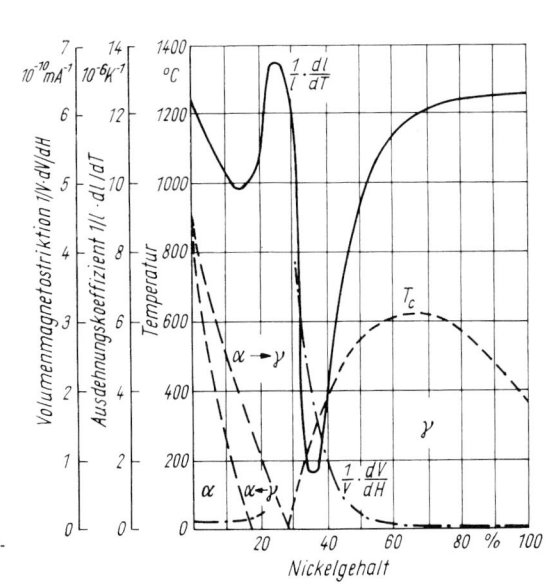

Bild 10.45 Phasengrenzen, Curietemperatur, Volumenmagnetostriktion und thermischer Ausdehnungskoeffizient im System Fe–Ni

10.8
Temperaturunabhängiges elastisches Verhalten

Der *Elastizitätsmodul* (*E*-Modul) fester Stoffe nimmt in der Regel mit steigender Temperatur infolge der kleiner werdenden zwischenatomaren Bindungskräfte stetig ab, sein Temperaturkoeffizient ist negativ. Für besondere Zwecke, z. B. für Bauelemente in Schwingsystemen der Feingerätetechnik, werden Werkstoffe gefordert, die in einem größeren Temperaturgebiet, meist um Raumtemperatur, einen konstanten oder leicht ansteigenden *E*-Modul aufweisen. Zur Herstellung derartiger Werkstoffe nutzt man die Anomalie des thermoelastischen Verhaltens aus, die bei bestimmten ferro- und antiferromagnetischen Legierungen in der Nähe des Curie- bzw. Néel-Punktes infolge des ΔE-*Effekts*, einer durch magnetische Vorgänge hervorgerufenen starken Erniedrigung des *E*-Moduls, entsteht [10.20].

Wird ein ferromagnetischer Werkstoff einer mechanischen Zugbeanspruchung σ unterworfen, so stellen sich die Vektoren der spontanen Magnetisierung über 90°-Wandverschiebungen und Drehprozesse in der Weise ein, dass außer der rein elastischen Dehnung ε_0 eine zusätzliche *magnetostriktive Dehnung* ε_m entsteht:

$$\varepsilon = \varepsilon_0 + \varepsilon_m = \sigma/E > \varepsilon_0 = \sigma/E_0 \qquad (10.31)$$

Mithin verläuft die Spannungs-Dehnungs-Kennlinie im Proportionalitätsbereich flacher, und man misst zunächst einen kleineren Elastizitätsmodul *E* (Bild 10.46). Nach Beendigung der Ausrichtungsprozesse bei genügend großen Spannungen σ geht dieser in den normalen Wert E_0 über. Die durch Richtungsänderungen der Magnetisierungsvektoren verursachte Dehnung ε_m ist in erster Näherung dem Betrag der *linearen (Gestalts-)Magnetostriktion* $\lambda = \Delta l/l$ (s. Abschn. 10.6.2) und damit auch

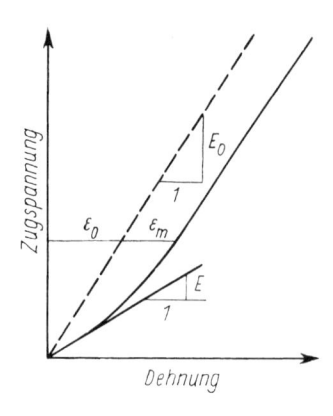

Bild 10.46 Spannungs-Dehnungs-Kurve eines ferromagnetischen Werkstoffes (schematisch)

deren Temperaturabhängigkeit proportional. Der Anfangsteil der Spannungs-Dehnungs-Kurve ist umso weniger geneigt und die Einmündung in den geraden Verlauf erfolgt bei umso höherer Spannung, je stärker Gitterstörungen oder magnetische Richtkräfte anderer Art die zur Erzeugung der magnetostriktiven Dehnung erforderlichen Umorientierungen von magnetischen Bezirken behindern. Werden die Magnetisierungsvektoren durch ein starkes äußeres Magnetfeld oder im Material enthaltene hohe Eigenspannungen festgehalten, so bleibt die Zusatzdehnung ε_m aus, der ΔE-Effekt ($\Delta E = E_0 - E$) verschwindet.

In Bild 10.47 sind die Temperaturabhängigkeit des E-Moduls von Nickel sowie der Einfluss eines unterschiedlichen Eigenspannungsgehaltes, der durch eine Kaltverformung induziert und anschließend durch Glühen bei ansteigenden Temperaturen variiert wurde, dargestellt. Nickel zeigt nach Spannungsarmglühen bei hohen Temperaturen (1300 °C) eine ausgeprägte E-Modul-Anomalie. Der beträchtliche ΔE-Effekt im Bereich unterhalb des Curiepunkts ($T_c = 360$ °C) beruht auf großen λ-Werten und einer hohen Spannungsempfindlichkeit der magnetischen Bezirksstruktur. Die $E(T)$-Kurven durchlaufen bei 150 bis 200 °C ein Minimum, weil die Kristallenergie, die zu tieferen Temperaturen hin größere Beträge annimmt, die Drehung der Magnetisierungsvektoren mehr und mehr erschwert. Bei einem definierten Gehalt an Eigenspannungen nach geeigneter Verformungs- und Glühbehandlung stellt sich in einem schmalen Bereich ein von der Temperatur unabhängiger E-Modul ein.

Neben der Gestaltsmagnetostriktion λ tragen in ferromagnetischen Stoffen im allgemeinen noch zwei weitere magnetostriktive Einflüsse zur E-Modul-Anomalie bei, und dementsprechend setzt sich ΔE aus drei Anteilen zusammen: $\Delta E = \Delta E_\lambda + \Delta E_\omega + \Delta E_A$. Die Anteile ΔE_ω und ΔE_A rühren von magnetischen Volumeneffekten her. Das Volumen eines Körpers im Zustand ferro- oder antiferromagnetischer Spinordnung ist verschieden von dem, welches er ohne vorliegende Spinordnung haben würde. Deshalb kommt es in dem Maße, wie eine Spinordnung im Werkstoff entsteht oder die Spinkopplung von außen her beeinflusst wird, zu einer Gitterexpansion oder -kontraktion (*Volumenmagnetostriktion*, s. Abschn. 10.7). Das ist der Fall, wenn ein starkes Magnetfeld oder mechanische Spannungen an den Werkstoff an-

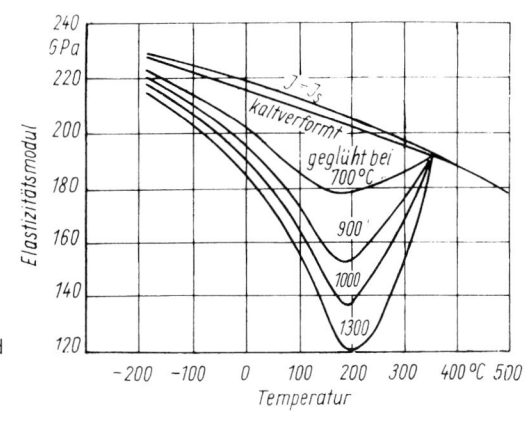

Bild 10.47 Temperaturabhängigkeit des E-Moduls von kaltverformtem und bei verschiedenen Temperaturen geglühtem Nickel

gelegt werden (erzwungene Volumenmagnetostriktion, Anteil ΔE_ω) oder wenn mit einer Temperaturänderung eine größere Änderung der Spinkopplung (Austauschwechselwirkung) hervorgerufen wird (spontane Volumenmagnetostriktion, Anteil ΔE_A). Ist mit dem Auftreten von ferro- bzw. antiferromagnetischer Spinordnung oder mit deren Veränderung eine Vergrößerung der Atomabstände im Gitter verknüpft, so werden die Bindungskräfte und damit auch der E-Modul abnehmen.

Die sich aus magnetischen Volumeneffekten herleitenden relativen Längenänderungen sind meist um ein bis drei Größenordnungen kleiner als die Gestaltsmagnetostriktion und, beispielsweise beim ΔE-Effekt des Nickels, praktisch vernachlässigbar. Wie in Abschnitt 10.7 erörtert wurde, erreicht die Volumenmagnetostriktion in den Fe–Ni-Legierungen mit 30 bis 45 % Ni (Invarlegierungen) jedoch abnorm hohe Werte (s. Bild 10.45). Demzufolge ergibt sich mit großen volumenmagnetostriktiv bedingten Beträgen $\Delta E_\omega + \Delta E_A$ auch eine sehr beträchtliche E-Modul-Anomalie. Durch geeignete Maßnahmen lässt sich der $E(T)$-Verlauf so gestalten, dass der Temperaturkoeffizient des E-Moduls in einem weiten Temperaturgebiet (−50 bis 150 °C) nahezu null wird.

Die Einstellung des $(\Delta E_\omega + \Delta E_A)$-Effektes auf das erforderliche Maß geschieht durch Zusätze ternärer Legierungselemente, z. B. Cr, Mo oder W. Diese Elemente erniedrigen die magnetische Kopplung und damit ΔE_A und setzen gleichzeitig die Curietemperatur herab. In technischen Legierungen wird außerdem durch Kaltverformung und Ausscheidungshärtung der Gehalt an Eigenspannungen modifiziert, wodurch der ΔE_λ-Effekt verringert und zugleich die Streckgrenze und Härte erhöht werden. Als ausscheidungshärtende Elemente werden Ti, Al, Be und Nb verwendet.

Werkstoffe mit temperaturkompensierenden elastischen Eigenschaften bezeichnet man allgemein als *„Elinvar"* (Konstantmodul-Legierungen). Charakteristische Anwendungen sind temperaturunabhängige Federn (Unruhspiralen), magnetomechanische Resonatoren (magnetostriktive Filter) und Spannbänder in Präzisionsmessinstrumenten.

Prinzipiell besteht bei ferromagnetischen Elinvaren die Möglichkeit der Beeinflussung des thermoelastischen Verhaltens durch äußere Magnetfelder. Um dieser Magnetfeldempfindlichkeit zu begegnen, sind antiferromagnetische Werkstoffe entwickelt worden, bei denen die E-Modul-Anomalie in der Umgebung des Néel-Punkts ausgenutzt wird. Der magnetische Beitrag zum ΔE-Effekt besteht nur aus dem Spinkopplungsanteil ΔE_A. Als geeignet für einen technischen Einsatz haben sich antiferromagnetische Fe–Mn-Basislegierungen erwiesen.

10.9
Dämpfung

Unter Dämpfung versteht man den Energieverlust mechanischer Schwingungen. Sie wird häufig durch das *logarithmische Dekrement* Λ, das durch die Gleichung

$$\Lambda = \ln \frac{a_1}{a_2} \tag{10.32}$$

definiert ist, charakterisiert, wobei a_1 und a_2 die Amplitudenwerte zweier aufeinander folgender Schwingungen bedeuten. Der Energieverlust setzt sich aus zwei Anteilen zusammen, nämlich den Energieverlusten, die durch Reibung mit der Umgebung, z. B. der Luft, entstehen, und solchen, die durch innere Reibung infolge werkstoffspezifischer Effekte bedingt sind. Im Folgenden sollen nur die Letzteren betrachtet werden.

Im Spannungs-Dehnungs-Diagramm zeigen sich die Energieverluste im Auftreten einer mechanischen Hysterese (s. Bild 9.3). Die Be- und Entlastungskurven fallen nicht zusammen, wie es für einen ideal elastischen Werkstoff zu erwarten wäre, sondern es entsteht eine Hystereseschleife, deren Flächeninhalt den Verlusten proportional ist. Zwischen Spannung und Dehnung entsteht eine zeitliche Phasenverschiebung. Die Dehnung erreicht ihren Endwert erst nach einer bestimmten Relaxationszeit, deren Größe von den im Werkstoff ablaufenden Prozessen abhängt. In gleicher Weise ist nach der Entlastung noch ein gewisser Restdehnungsbetrag zu finden, der erst nach längerer Zeit auf den Wert Null zurückgeht.

Die Energieverluste sind durch die Höhe der Belastung und die Belastungsgeschwindigkeit, d.h. bei Schwingungen durch die Amplitude und die Frequenz, bestimmt. Sie werden ferner durch die Temperatur beeinflusst.

Aus der Tatsache, dass zwischen dem Spannungs- und dem Dehnungsmaximum eine zeitliche Phasenverschiebung existiert, kann geschlossen werden, dass die Dämpfung im Werkstoff durch zeitabhängige Prozesse hervorgerufen wird. Als solche sind beispielsweise Platzwechselvorgänge interstitiell gelöster Fremdatome in Einlagerungsmischkristallen mit kubisch-raumzentriertem Gitter zu nennen. Im unbeanspruchten Werkstoff sind alle möglichen Plätze hinsichtlich ihrer Besetzung mit Zwischengitteratomen energetisch gleichberechtigt. Durch eine mechanische Beanspruchung werden die Atomabstände des Kristallgitters in Zugrichtung jedoch vergrößert. Die in dieser Richtung vorhandenen möglichen Zwischengitterplätze besitzen jetzt für die Einlagerung der Fremdatome energetisch günstigere Bedingungen, während Bereiche mit Druckbeanspruchung energetisch ungünstiger sind. Im Kristallgitter tritt daher eine Umordnung der eingelagerten Fremdatome ein. Diese Umordnung ist zeitabhängig und bewirkt eine zusätzliche Aufweitung des Kristallgitters in Zugrichtung, d.h. eine zusätzliche Dehnung.

Verändert sich im Verlauf der Schwingung die Beanspruchungsrichtung, so sind die zuvor energetisch günstigen Zwischengitterplätze durch diese Richtungsänderung energetisch ungünstiger geworden. Die eingelagerten Fremdatome ordnen sich nun auf den in der neuen Beanspruchungsrichtung vorhandenen energetisch begünstigten Zwischengitterplätzen an.

Die Energie für diese Platzwechselvorgänge wird der Schwingungsenergie entzogen und ist unter dem Begriff *Snoek-Dämpfung* bekannt. Sie zeigt keine Abhängigkeit von der Amplitude, wohl aber von der Temperatur und der Frequenz. Ähnliche Verhältnisse liegen bei der als *Zener-Effekt* bekannten Dämpfung durch Platzwechselvorgänge von Doppelleerstellen vor.

Da die Relaxationszeiten der Platzwechselvorgänge temperaturabhängig und für verschiedene Atomarten unterschiedlich sind, ist jede Atomart durch ein Dämpfungsmaximum in dem bei konstanter Frequenz in Abhängigkeit von der Tempera-

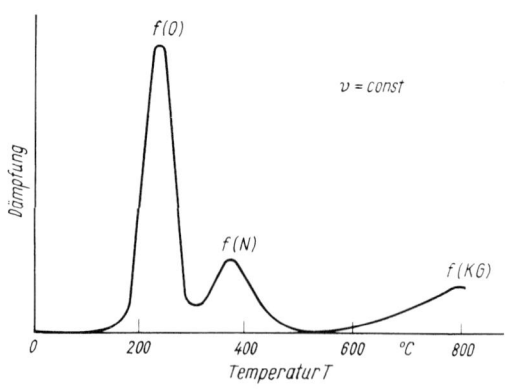

Bild 10.48 Temperaturabhängigkeit der Dämpfung von Niob. $f(0)$ Dämpfungsmaximum durch gelöste Sauerstoffatome; $f(N)$ Dämpfungsmaximum durch gelöste Stickstoffatome; $f(KG)$ Dämpfungseinfluss der Korngrenzen. Die Höhe der einzelnen Maxima ist der Menge der gelösten Atome proportional

tur aufgenommenen Dämpfungsspektrum gekennzeichnet. Ein solches Spektrum ist in Bild 10.48 dargestellt.

Als weitere amplitudenunabhängige Dämpfungsanteile sind Vorgänge zu nennen, die mit Strukturdefekten im Zusammenhang stehen und bei denen durch thermisch aktivierte Wechselwirkungen von Versetzungen mit Fremdatomen oder Leerstellen Schwingungsenergie verbraucht wird. Zu diesen Vorgängen gehören Platzwechselvorgänge von an Stufenversetzungen gebundenen Zwischengitteratomen und Leerstellen, Lagewechsel von Versetzungslinien zwischen benachbarten Leerstellen, die als Verankerungspunkte wirken können, sowie Platzwechsel von Versetzungssprüngen und -schleifen in bzw. senkrecht zur Gleitrichtung.

Weitere Energieverluste können durch thermoelastische Effekte hervorgerufen werden, die darauf beruhen, dass in Werkstoffen infolge Änderung der mechanischen Beanspruchung Temperaturänderungen auftreten. So ist bei Zugbeanspruchung neben der elastischen Dehnung noch eine Abkühlung des beanspruchten Werkstoffbereiches zu beobachten. Wird diesem Gebiet durch Wärmeleitung aus der Umgebung wieder Wärme zugeführt, so kann eine zusätzliche, aber zeitlich verzögerte thermische Dehnung festgestellt werden. Bei nur wenigen Belastungszyklen in der Zeiteinheit, d. h. niedrigen Frequenzen, ist ein nahezu vollständiger, bei sehr hohen Frequenzen praktisch kein Temperaturausgleich möglich. In beiden Fällen ist daher eine geringe Dämpfung zu beobachten, während der durch thermoelastische Effekte hervorgerufene Dämpfungsanteil in mittleren Frequenzbereichen ein Maximum aufweist.

In ferromagnetischen Materialien tritt infolge der mechanischen Beanspruchung außerdem eine Dehnung oder Verschiebung, d. h. Ausrichtung magnetischer Elementarbereiche ein (Abschn. 10.8). Dadurch wird die magnetische Bezirksstruktur entsprechend der Amplitude und Frequenz der Schwingungen verändert, sodass lokale Wirbelströme entstehen. Diese wiederum verursachen örtliche Energieumwandlungen und haben daher eine Dämpfung der Schwingungen zur Folge, die als *magneto-elastische Dämpfung* bezeichnet wird.

In polykristallinen Materialien tritt bei höheren Temperaturen und geringen Frequenzen ein weiterer Dämpfungsanteil in Erscheinung, der auf Fließbewegungen in stark gestörten Kristallbereichen zurückgeführt wird. Als solche sind Korn- und Zwillingsgrenzen sowie in heterogenen Werkstoffen Phasengrenzen zu nennen, die örtlich erhöhte Versetzungsdichten aufweisen und als Bereiche mit großer Viskosität angesehen werden können. Eine Übersicht über die in Metallen auftretenden Dämpfungsmaxima sowie deren Ursachen ist in Bild 10.49 gegeben.

Ein ausgeprägtes Dämpfungsmaximum wird, wie Bild 10.50 und Bild 2.67 zeigen, auch bei amorphen Strukturen wie in polymeren Werkstoffen im Bereich der Er-

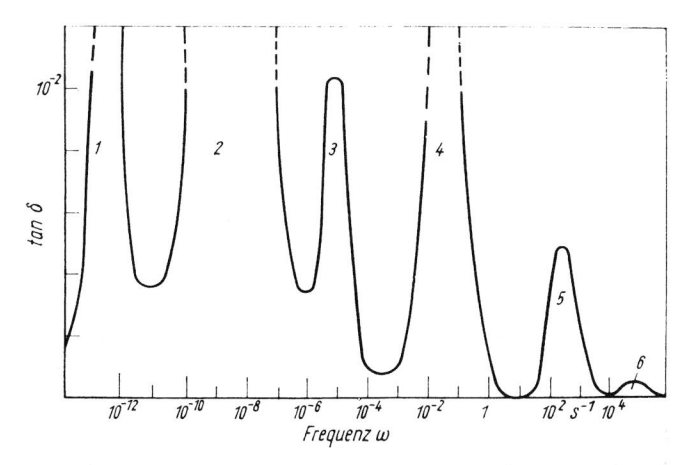

Bild 10.49 Dämpfungsspektrum nach C. Zener. *1* Umordnung von Paaren gelöster Fremdatome in Mischkristallen; *2* Korngrenzenfließen; *3* Verschiebung von Zwillingsgrenzen; *4* Bewegung von Zwischengitteratomen; *5* Temperaturausgleich durch Wärmeleitung innerhalb der Kristallite; *6* Wärmeströme zwischen den Kristalliten

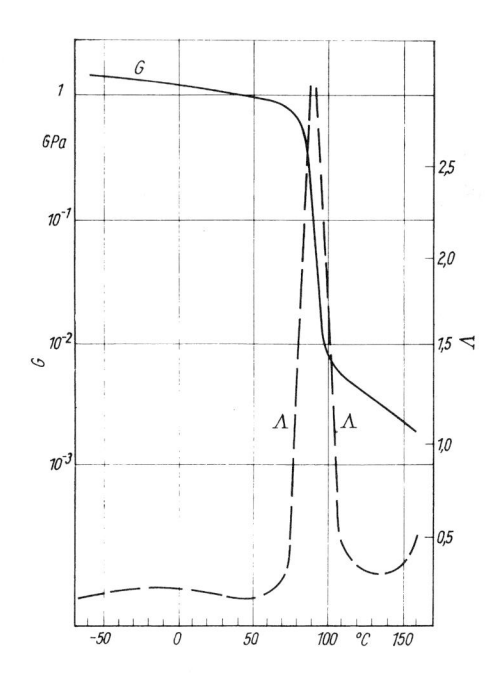

Bild 10.50 Schematische Darstellung des Dämpfungsverhaltens eines Polymeren im Einfrierbereich. G Schubmodul; Λ logarithmisches Dekrement der Dämpfung

weichungs- bzw. Einfriertemperatur beobachtet. Es ist dem Freiwerden der mikrobrownschen Bewegung beim Übergang vom Glas- in den kautschukelastischen Zustand zuzuordnen. In diesem Übergangsbereich beginnt die Beweglichkeit von Seitenketten und Molekülsegmenten, sodass molekulare Gleitprozesse ablaufen können.

10.10
Wechselwirkung zwischen Strahlung und Festkörpern

Strahlung ist die räumliche Ausbreitung von Energie in Form von Wellen oder Teilchen (Korpuskeln). Danach unterscheidet man zwischen Wellenstrahlung (Tab. 10.8) und Korpuskularstrahlung (Tab. 10.9). Bei ihrer Wechselwirkung mit Festkörpern treten je nach Strahlart und Energie unterschiedliche Prozesse auf, die die Ursache sind für die optischen Eigenschaften der Festkörper, für die Entstehung von Röntgen-, Elektronen- und Neutronenstrahlinterferenzen sowie für gewollte, weil eigenschaftsverbessernde, bzw. ungewollte, weil eigenschaftsverschlechternde Veränderungen in Werkstoffen.

Fällt eine elektromagnetische Welle auf einen Festkörper, so vermag sie mehr oder weniger tief einzudringen. Ist die Intensität der Strahlung beim Eintritt I_0, so misst man, nachdem die Strahlung der Wellenlänge λ die Dicke D durchdrungen hat, die Intensität I gemäß

$$I = I_0 \, e^{-\mu D} \tag{10.33}$$

(μ Absorptionskoeffizient). Als anschauliches Maß für die Eindringtiefe kann die mittlere Reichweite D_R angesehen werden. Sie ist diejenige Materialdicke, nach der I auf $1/e \approx 37\%$ von I_0 gesunken ist. Nach Gl. (10.33) ist das bei $\mu D_R = 1$ der Fall. Die Größen μ bzw. D_R sind stark von λ abhängig. Ihr Verlauf ist in Bild 10.51 für verschiedene Stoffgruppen schematisch dargestellt. Auffällig ist die hohe Absorption (kleine D_R) elektromagnetischer Wellen in Metallen für alle λ und die Existenz zweier λ-Bereiche äußerst geringer Absorption (großer D_R) in Ionenkristallen, Gläsern, Polymeren und Halbleitern. Dieses Verhalten wird durch unterschiedliche

Tab. 10.8 Wellenlänge und Energie elektromagnetischer Strahlungen

Strahlung	Wellenlänge	Energie
	m	eV
IR-Licht	$10^{-5} \dots 7{,}6 \cdot 10^{-7}$	$0{,}1 \dots 1{,}7$
sichtbares Licht	$7{,}6 \cdot 10^{-7} \dots 3{,}8 \cdot 10^{-7}$	$1{,}7 \dots 3{,}5$
UV-Licht	$3{,}6 \cdot 10^{-7} \dots 10^{-8}$	$3{,}5 \dots 120$
Röntgenstrahlen	$10^{-8} \dots 10^{-13}$	$120 \dots 10^6$
γ-Strahlen	$10^{-11} \dots 10^{-14}$	$10^5 \dots 10^8$
kosmische Strahlung	$10^{-14} \dots 10^{-16}$	$10^8 \dots 10^{10}$

Tab. 10.9 Daten einiger Korpuskularstrahlungen

Korpuskelgruppe	Korpuskel	Ladung	Ruhemasse kg
geladene leichte Korpuskeln	Elektron	$-e$	$9{,}107 \cdot 10^{-31}$
	Positron	$+e$	$9{,}107 \cdot 10^{-31}$
geladene schwere Korpuskeln	Proton	$+e$	$1{,}672 \cdot 10^{-27}$
	Deuteron	$+e$	$3{,}343 \cdot 10^{-27}$
	α-Teilchen (Helium-Kerne)	$+2e$	$6{,}643 \cdot 10^{-27}$
ungeladene Korpuskeln	Neutron	–	$1{,}675 \cdot 10^{-27}$

Wechselwirkungsvorgänge der elektromagnetischen Strahlung mit den Leitfähigkeitselektronen, den in der Atomhülle gebundenen Elektronen und den Gitterschwingungen verursacht (Bild 10.51).

In metallischen Werkstoffen regt die Strahlung im gesamten Spektralbereich $\lambda > 0{,}1$ μm die Leitfähigkeitselektronen zu Schwingungen an. Diese erzeugen ein elektromagnetisches Wechselfeld, dessen Energie jedoch bereits in den oberflächennahen Schichten in Joulesche Wärme umgesetzt wird. Die Metalle sind für diesen λ-Bereich undurchsichtig. Unterhalb $\lambda \approx 0{,}1$ μm (UV-Licht) fällt der Anteil der Absorption, der durch die Leitfähigkeitselektronen verursacht ist, stark ab (in Bild 10.51a). Es kommt ein neuer Absorptionsmechanismus ins Spiel. Die kurzwelligere Strahlung ist wegen ihrer größeren Energie $E > 4$ eV ($E = h \cdot f = h \cdot c/\lambda$; f Frequenz, h Plancksches Wirkungsquantum, c Lichtgeschwindigkeit) nun in der Lage, die Elektronen der Atomhülle anzuregen bzw. die Atome zu ionisieren. Äußerst kurzwellige Röntgenstrahlung vermag sogar merklich in Metalle einzudringen. Die

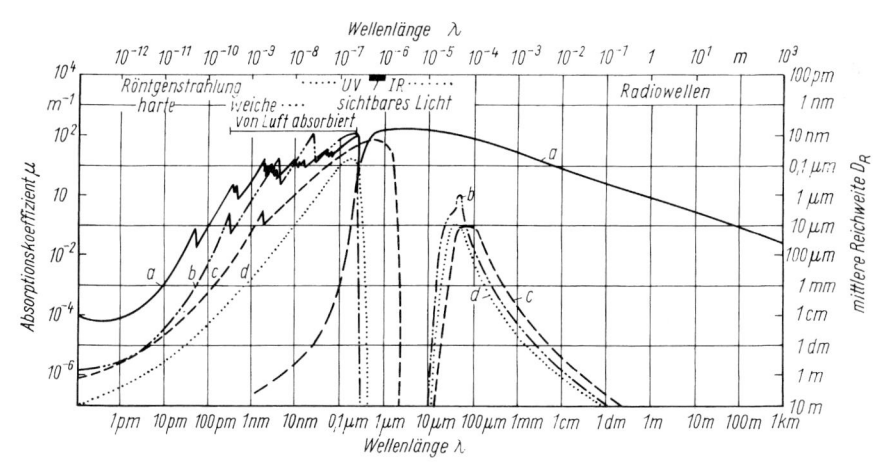

Bild 10.51 Mittlere Eindringtiefe D_R elektromagnetischer Wellen als Funktion der Wellenlänge: a) für Metalle; b) für Ionenkristalle; c) für Halbleiter; d) für Polymere

zerstörungsfreie Werkstoffprüfung mit Röntgenstrahlung (Röntgengrobstrukturverfahren) beruht auf dem Effekt der unterschiedlichen Absorption in Materialien größerer und geringer Dichte.

10.10.1
Wechselwirkung mit energiearmer Strahlung

In Ionenkristallen, Gläsern, Polymeren und Halbleitern existieren keine freien Elektronen. Energiearme Strahlung, wie Radiowellen, durchdringt diese Werkstoffe (Bild 10.51 b bis d). Im Bereich von $\lambda \approx 1$ mm bis $\lambda \approx 10$ μm aber erreicht die Frequenz $f = \frac{c}{\lambda}$ der Strahlung die Größenordnung der Eigenfrequenzen der Bausteine, wodurch die Strahlung beim Eintritt in den Festkörper diese zu intensiveren Schwingungen anregt und selbst merklich absorbiert wird. Im Gebiet des nahen IR-Lichtes liegt die Frequenz der Strahlung wieder weit ab von der der Bausteineigenschwingungen, sodass keine Resonanz mehr auftritt und demzufolge auch praktisch keine Anregung mehr erfolgt: Die Absorption sinkt. Dies betrifft auch den anschließenden Wellenlängenbereich des sichtbaren Lichtes, weshalb Ionenkristalle, Gläser und amorphe Polymere durchsichtig sind. Erst im UV-Licht, das die Elektronen der Atomhülle anregt, wird die Strahlung wieder weitgehend absorbiert. In Abweichung davon setzt infolge der geringen Energielücke zwischen Valenzband und Leitfähigkeitsband in Halbleitern (s. Bild 10.4 d) die Anregung der Hüllenelektronen schon bei $\lambda \approx 1$ μm ein. Halbleiter weisen deshalb im IR-Licht eine gewisse Absorption auf, die jedoch so gering ist, dass man mit IR-Bildwandlern noch durch sie hindurchsehen kann (Prüfmethode); für sichtbares Licht sind Halbleiter undurchsichtig. Gegenüber energiereicher elektromagnetischer Strahlung mit $\lambda < 0{,}1$ μm ist das Verhalten aller Festkörper qualitativ gleich (Bild 10.51 a bis d).

Die Durchlässigkeit für sichtbares Licht von Ionenkristallen, Gläsern und Polymeren wird durch matrixeigene und matrixfremde kristalline Bereiche, durch Ausscheidungen, Einschlüsse und Blasen sowie im Fall der Polymeren auch durch Füllstoffe herabgesetzt. Infolge des meist unterschiedlichen Brechwertes von Matrix und dispergierter Phase werden das einfallende Licht gestreut und der Werkstoff getrübt. Auch seine *Farbe* lässt sich aus dem Absorptionsverhalten erklären. Ein Werkstoff ist farblos, wenn in ihm bei der Bestrahlung mit sichtbarem Licht (760 nm bis 380 nm entsprechend 1,7 eV bis 3,5 eV) praktisch keine Elektronenübergänge stattfinden. Das trifft z. B. für fehlerfreien Diamant ($E_g = 5{,}3$ eV), Quarz (SiO_2) und Korund (Al_2O_3) zu. Wird Al_2O_3 mit 0,5 % Cr bzw. Fe dotiert, färbt es sich dunkelrot (Rubin) bzw. grün (Saphir). Die an Stelle der Al^{3+}-Ionen eingebauten Cr^{3+}- bzw. Fe^{3+}-Ionen haben im grünen bzw. roten Spektralgebiet eine erhöhte Absorption *(Absorptionskanten)*, sodass die Kristalle die nicht verschluckten Komplementärfarben des weißen Lichtes wiedergeben. Kupfer weist im grünen Spektralbereich (500 nm) eine Absorptionskante auf, sodass es in der Komplementärfarbe Rot erscheint. Beim elektronisch verwandten Silber ist die Absorptionskante ins UV verschoben, und es reflektiert die Farbe des auffallenden Lichtes unverändert. Das gilt für die meisten Metalle und Legierungen. Ihr hohes Reflexionsvermögen ist die Ursache des typisch metallischen Glanzes. Das hervorragende Reflexionsvermögen der Metalle wird zur Herstellung von Spiegeln, indem auf das Glas z. B. eine reflektierende Al-Schicht aufgedampft wird, oder zur Erhöhung der Wärmereflexion von Flachglas, das mit Cr oder Cu oberflächenbeschichtet wird, genutzt.

Energiearme Strahlung vermag in Metallen keine Eigenschaftsänderungen auszulösen. In Halbleitern bedingt sie eine starke Zunahme der elektrischen Leitfähigkeit *(Fotoleitung)*, indem Elektronen aus dem Valenzband in das Leitungsband gehoben werden. Sowohl die Löcher im Valenzband als auch die Elektronen im Leitungsband tragen zur Leitung bei. Dieser (innere) lichtelektrische Effekt *(Fotoeffekt)* wird praktisch in Fernsehkameras, Infrarotdetektoren, Fotozellen (Belichtungsmessern) und – auf indirekte Weise – beim fotografischen Prozess verwendet. Reicht die Energie der Strahlung aus, um in den energetisch weiter voneinander entfernten Bändern der Ionenkristalle ($E \approx 5$ eV) Elektron-Loch-Paare zu erzeugen, so nimmt auch in Ionenkristallen die elektrische Leitfähigkeit zu. Ein besonderer Fall liegt dann vor, wenn sich Elektronen in einer Leerstelle des Anionenteilgitters festsetzen: Diese Störstelle absorbiert sichtbares Licht und führt zur Färbung der Ionenkristalle *(Farbzentren)*.

Besonders nachhaltig kann Strahlungsenergie auf Polymere einwirken, indem sie kovalente Bindungen trennt und damit chemische Reaktionen auslöst, die die Makromoleküle wie auch die zugemischten Hilfs- und Füllstoffe verändern. Sie haben irreversible Eigenschaftsänderungen zur Folge, die mit der Zeit fortschreiten und den Werkstoff völlig zerstören können. Meistens laufen diese Vorgänge unter gleichzeitiger Oxidation ab, sodass die tatsächlichen Reaktionen komplizierter sind, als sie hier dargestellt werden [10.4].

Insbesondere der UV-Anteil des Lichtes (Tab. 10.10) vermag kovalente Bindungen zu trennen. Im Realfall überlagern sich dem vielfach noch thermische, chemische oder mechanische Einflüsse, die diesen Vorgang begünstigen, sodass bei den meisten Polymeren schon im sichtbaren Licht mit Veränderungen, wie Kettenabbau, Wandlung der chemischen Struktur und Vernetzung, zu rechnen ist.

Kettenabbau tritt bei der Trennung von Bindungen zwischen Atomen der Molekülkette ein, wodurch bindungsfähige Stellen (freie Radikale) entstehen. Im Falle des Polyethylens z. B. werden C–C-Bindungen mit einer Bindungsenergie von 335 kJ mol^{-1} aufgespalten (die Seitengruppen C–H sind mit einer Bindungsenergie von 390 kJ mol^{-1} stabiler):

$$\ldots -H_2C-CH_2- \ldots \rightarrow \ldots -H_2C\cdot + \cdot CH_2- \ldots$$

Dadurch wird die Aktivierungsenergie für weitere chemische Reaktionen, vor allem mit O_2 (Oxidation) oder H_2O (Hydrolyse), herabgesetzt. Außerdem können Kettenreaktionen ablaufen, die den Polymerisationsgrad über Kettenabspaltung unter Bildung niedermolekularer Bruchstücke unterschiedlicher Kettenlänge einschließlich von Monomeren oder durch eine echte *Depolymerisation* mit hoher Monomerenausbeute (s. Tab. 10.11) erniedrigen. Als Beispiel sei die Depolymerisation von Polyoximethylen (Polyformaldehyd) zu Methanal (Formaldehyd) aufgeführt:

$$\cdots-\overset{\overset{H}{|}}{\underset{\underset{H}{|}}{C}}-O-\overset{\overset{H}{|}}{\underset{\underset{H}{|}}{C}}-O-\overset{\overset{H}{|}}{\underset{\underset{H}{|}}{C}}-O-\cdots \;\longrightarrow\; \cdots\overset{\overset{H}{|}}{\underset{\underset{H}{|}}{C}}{=}O \;+\; \overset{\overset{H}{|}}{\underset{\underset{H}{|}}{C}}{=}O \;+\; \overset{\overset{H}{|}}{\underset{\underset{H}{|}}{C}}{=}O \;+\; \cdots$$

Veränderungen der Struktur kommen vor allem als Folge der Trennung endständiger Doppelbindungen sowie der Spaltung kovalenter Bindungen an Verzweigstellen oder Substituenten vor. Polymere mit den Substituenten H- oder Cl- bzw. OH- reagieren beispielsweise so, dass diese von der Hauptkette abgespalten werden und niedermolekulare Produkte (HCl, H_2O) bilden. Dadurch bleibt die Kettenlänge (Polymerisationsgrad) erhalten, die chemische Struktur des Polymeren aber wird verändert. Als Beispiel sei die Dehydrochlorierung von PVC genannt:

$$\cdots-\underset{Cl}{\overset{H}{\underset{|}{\overset{|}{C}}}}-\underset{H}{\overset{H}{\underset{|}{\overset{|}{C}}}}-\underset{Cl}{\overset{H}{\underset{|}{\overset{|}{C}}}}-\underset{H}{\overset{H}{\underset{|}{\overset{|}{C}}}}-\underset{Cl}{\overset{H}{\underset{|}{\overset{|}{C}}}}-\cdots \;\xrightarrow{-\,HCl}\; \cdots-\underset{Cl}{\overset{H}{\underset{|}{\overset{|}{C}}}}-\underset{H}{\overset{H}{\underset{|}{\overset{|}{C}}}}-\underset{Cl}{\overset{H}{\underset{|}{\overset{|}{C}}}}-\overset{H}{\underset{|}{C}}{=}\overset{H}{\underset{|}{C}}-\cdots$$

Durch die entstehenden Doppelbindungen wird die notwendige Energie zur Abspaltung eines weiteren benachbarten Cl-Atoms von etwa 318 kJ mol^{-1} auf etwa 147 kJ mol^{-1} verringert. Die Reaktion schreitet unter Bildung eines Systems konjugierter Doppelbindungen (Polyene) fort:

$$\xrightarrow{-\,HCl}\; \cdots-\underset{Cl}{\overset{H}{\underset{|}{\overset{|}{C}}}}-\overset{H}{\underset{|}{C}}{=}\overset{H}{\underset{|}{C}}-\overset{H}{\underset{|}{C}}{=}\overset{H}{\underset{|}{C}}-\cdots$$

Sie ist wegen der gleichzeitig veränderten Absorption des sichtbaren Lichtes durch die Doppelbindungen mit einer zunehmenden Verfärbung über Rot und Braun nach Schwarz verbunden.

Die Radikale können aber auch mit gleich- oder fremdartigen anderen Radikalen reagieren, sodass Block- oder Pfropf-Copolymerisation bzw. bei tri- und höherfunktionellen Gruppen oder bei mehr als zwei reaktionsfähigen Stellen im Molekül, z. B. nach Abspaltung von Seitengruppen, eine *Vernetzung* benachbarter Moleküle eintritt. Für PVC sei dieser Vorgang nach der Abspaltung von H- und Cl- (Entstehung von HCl) dargestellt:

$$\begin{array}{c} \cdots-\overset{H}{\underset{|}{C}}{=}\overset{H}{\underset{|}{C}}-\underset{Cl}{\overset{H}{\underset{|}{\overset{|}{C}}}}-\underset{H}{\overset{H}{\underset{|}{\overset{|}{C}}}}-\cdots \\[4pt] \cdots-\underset{Cl}{\overset{H}{\underset{|}{\overset{|}{C}}}}-\underset{H}{\overset{H}{\underset{|}{\overset{|}{C}}}}-\underset{Cl}{\overset{H}{\underset{|}{\overset{|}{C}}}}-\underset{H}{\overset{H}{\underset{|}{\overset{|}{C}}}}-\cdots \end{array} \;\xrightarrow{-\,HCl}\; \begin{array}{c} \cdots-\overset{H}{\underset{|}{C}}{=}\overset{H}{\underset{|}{C}}-\underset{|}{\overset{H}{\overset{|}{C}}}-\underset{H}{\overset{H}{\underset{|}{\overset{|}{C}}}}-\cdots \\[4pt] \cdots-\underset{Cl}{\overset{H}{\underset{|}{\overset{|}{C}}}}-\underset{H}{\overset{H}{\underset{|}{\overset{|}{C}}}}-\underset{Cl}{\overset{|}{\overset{|}{C}}}-\underset{H}{\overset{H}{\underset{|}{\overset{|}{C}}}}-\cdots \end{array}$$

Dabei nehmen Löslichkeit und Schmelzbarkeit sehr stark ab. Ist der Vernetzungsgrad hoch, lässt sich das PVC nicht mehr aufschmelzen. Der Werkstoff versprödet.

Tab. 10.10 Strahlungsenergie E des Lichtes bei völliger Absorption in Abhängigkeit von der Wellenlänge λ. Beispiele für Bindungsenergien kovalenter Bindungen

Art der kovalenten Bindung (Beispiele)	E / kJ mol^{-1}	λ / nm	Lichtart
		1000	IR
		900	
O – O	147	800	
		760	
		700	rot
		600	gelb
S – S	226		
		500	grün
C – S	272		blau
		400	violett
		380	
C – Cl	318		
C – C$_{al}$	335		
C – O	358		
Si – O	373		
C–H, N–H	390		
C – N	410	300	UV
C – F	486	250	
C – C$_{ar}$	523		
C = S	536		
C = C	611	200	

(sichtbares Licht: 380–760 nm)

Tab. 10.11 Monomerenausbeute beim Abbau von Thermoplasten

Werkstofftyp	Kurzzeichen	Monomerenausbeute[1]) %	Beispiele für die zum Abbau erforderlichen Aktivierungsenergien kJ mol^{-1}
Polytetrafluorethylen	PTFE		> 440
Polymethylmethacrylat	PMMA		207 im Innern,
		> 95	113 am Ende der Kette
Polyamid	PA		
Poly-α-methylstyren			
Polyoximethylen	POM		
Polyisobutylen	PIB	46	218
Polystyren	PS	40 ... 65	142 ohne O$_2$, 105 mit O$_2$
Polychlortrifluorethylen	PCTFE	27 ... 86	
Polypropylen	PP	2	
Polyethylen	PE	< 0,1	251 ... 293 an Verzweigungen und oxidierbaren Gruppen
Polyvinylchlorid	PVC		153 ohne O$_2$, 48 mit O$_2$, 105 bei Vernetzung
Polyvinylacetat	PVAC	0	153
Polyvinylalkohol	PVAL		

[1]) Hohe Monomerenausbeute ist gleichbedeutend mit echter Depolymerisation, niedrige Ausbeute mit statistischer Kettenspaltung unter Bildung niedermolekularer Bruchstücke einschließlich Monomeren (nach B. Dolezel und W. Foerst).

Polyamide vernetzen auf ähnliche Weise unter H$_2$O-Abspaltung. Eine rein thermisch ausgelöste Vernetzung tritt bei Polyethylen während der Verarbeitung bei zu hohen Temperaturen ein. Es entstehen dadurch Gelpartikeln unschmelzbaren Materials, sog. Stippen, die den Verarbeitungsprozess stören.

Alle genannten Reaktionen sind auch möglich, wenn sich der Werkstoff nicht durch Strahlung oder Konvektion, sondern infolge des Auftretens Joulescher Verluste oder, bei Wechselströmen, aufgrund zusätzlicher dielektrischer Verluste, die bei der Stromleitungs-, Spannungs- und dielektrischen Beanspruchung entstehen, erwärmt. Der Grad der Erwärmung hängt von den spezifischen Eigenschaften des Polymeren und seiner Hilfs- und Füllstoffe ab (s. a. Abschn. 10.1 und 10.5).

10.10.2
Wechselwirkung mit energiereicher Strahlung

Die Wechselwirkung zwischen Festkörpern und energiereicher Strahlung kann sich grundsätzlich in drei Effekten äußern:

– Ionisation und Anregung von Atomen (Wechselwirkung mit den Elektronen des Atoms),

- elastische Wechselwirkung zwischen Strahlung und Atomen,
- Wechselwirkung der Strahlung mit den Atomkernen (Kernreaktionen).

10.10.2.1 Elastische Streuung von ionisierenden Strahlen

Bei der *elastischen Streuung von Strahlung* bleibt deren Energie (oder Wellenlänge) erhalten, nur die Richtung der Strahlung ändert sich. Auch energiereiche Strahlung, wie *Röntgen-* oder γ-Strahlung sowie Materiewellen *(Elektronen-, Neutronenstrahlen)*, zeigen diese Erscheinung. Die ionisierende (Röntgen-, γ- und Elektronen-) Strahlung wird an den Elektronen der Atomhülle gestreut, die Neutronenstrahlung hingegen vor allem an den Atomkernen. Wegen ihres magnetischen Moments treten die Neutronen dann mit den Elektronen der Atomhülle zusätzlich in Wechselwirkung, wenn diese ein resultierendes magnetisches Moment aufweisen, d.h. in Ferro-, Antiferro- oder Ferrimagnetika.

Werden viele Atome eines Werkstoffes gleichzeitig von einer Strahlung getroffen, so überlagert sich der von ihnen elastisch gestreute Strahlungsanteil, und es können *Interferenzen* auftreten. Es werden Intensitätsmaxima (Beugungsmaxima, d.h. konstruktive Interferenz) außerhalb der primären Strahlrichtung beobachtet, wenn gleichzeitig zwei Bedingungen erfüllt sind: Die Atome müssen ferngeordnet und die Wellenlänge der Strahlung muss mit der Gitterkonstante vergleichbar oder kleiner als die Gitterkonstante sein. Unabhängig von der Art der Strahlung, ob Röntgen-, Elektronen- oder Neutronenstrahlen, gilt die Braggsche Gleichung

$$2 d_{hkl} \sin \Theta_{hkl} = n \lambda \qquad (10.34)$$

(d_{hkl} Netzebenenabstand der beugenden Netzebenenschar $(h\,k\,l)$, Θ_{hkl} Bragg- oder Glanzwinkel, λ Wellenlänge der Strahlung, n Beugungsordnung, ganze Zahl).

Gl. (10.34) sagt aus, dass Beugungsmaxima von elektromagnetischen und Materiewellen auftreten, wenn diese unter einem definierten Winkel Θ_{hkl} auf die Netzebenenschar $(h\,k\,l)$ auffallen. Die gebeugten Strahlen liegen in der vom einfallenden Strahl und der Netzebenennormale aufgespannten Ebene und verlassen die Netzebenenschar unter dem gleichen Glanzwinkel Θ_{hkl} (Bild 10.52). In diesem Sinne darf man von einer „Reflexion" der Strahlung an einer Netzebenenschar sprechen, muss aber immer im Auge behalten, dass bei Einstrahlung unter einem

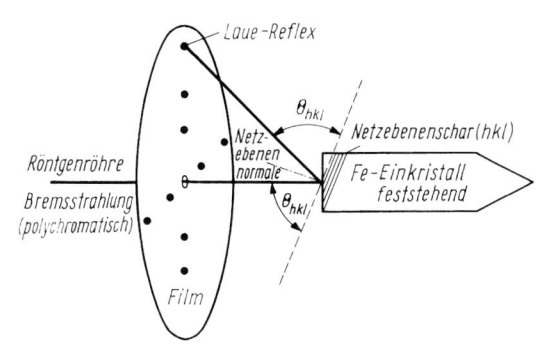

Bild 10.52 Prinzip des Laue-Verfahrens

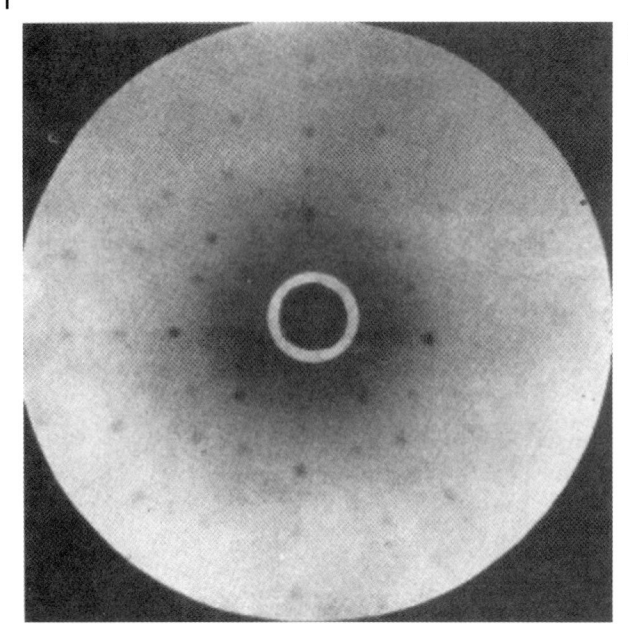

Bild 10.53 Laue-Aufnahme eines Eiseneinkristalls

von Θ_{hkl} verschiedenen Winkel keine Beugungsmaxima auftreten (destruktive Interferenz).

In der Werkstoffforschung werden zahlreiche *Beugungsverfahren* eingesetzt. Sie weisen z. B. nach, ob der untersuchte Werkstoff einkristallin, polykristallin (mit bzw. ohne Textur) oder amorph ist, welche Kristallstruktur vorliegt, wie groß die Konzentration der Versetzungen ist und in welchen Netzebenen ihre Burgersvektoren liegen. Aus Präzisionsbestimmungen der Gitterkonstanten kann gefolgert werden, ob mechanische Spannungen im Werkstück vorliegen. Bei magnetischen Werkstoffen lässt sich mittels Neutronenbeugung die Anordnung der magnetischen Momente im Gitter ermitteln (Bild 10.41). Bild 10.53 zeigt als Beispiel die Röntgenbeugungsaufnahme (Laue-Rückstrahl-Verfahren) eines Fe-Einkristalls, der in Richtung [100] mit einem ausgeblendeten polychromatischen Röntgenstrahlenbündel (Bremsstrahlung) bestrahlt wurde. Die Interferenzpunkte sind in bestimmter Weise angeordnet und geben Auskunft über die Kristallsymmetrie. Da mit dem *Laue-Verfahren* die Lage des Kristallgitters zum Probenkoordinatensystem festgestellt wird, dient es vor allem zur Orientierungsbestimmung von Einkristallen. Wird als Probe ein Polykristall verwendet, so sind die Interferenzpunkte statistisch verteilt, bei einem amorphen Werkstoff treten sie nicht auf.

Zur Untersuchung von polykristallinen Werkstoffen dient das *Debye-Scherrer-Verfahren* (Bild 10.54). Ein paralleler monochromatischer Röntgenstrahl (z. B. die Kα-Strahlung einer Röntgenröhre mit Cu-Anode) wird auf eine in einer Zylinderkammer sich langsam drehende dünne Probe gerichtet. Er erzeugt dabei von jedem Kristalliten einen oder mehrere kleine Beugungspunkte, wenn eine oder mehrere Netzebenenscharen gemäß Gl. (10.34) in Reflexionsstellung kommen. Alle von der Probe

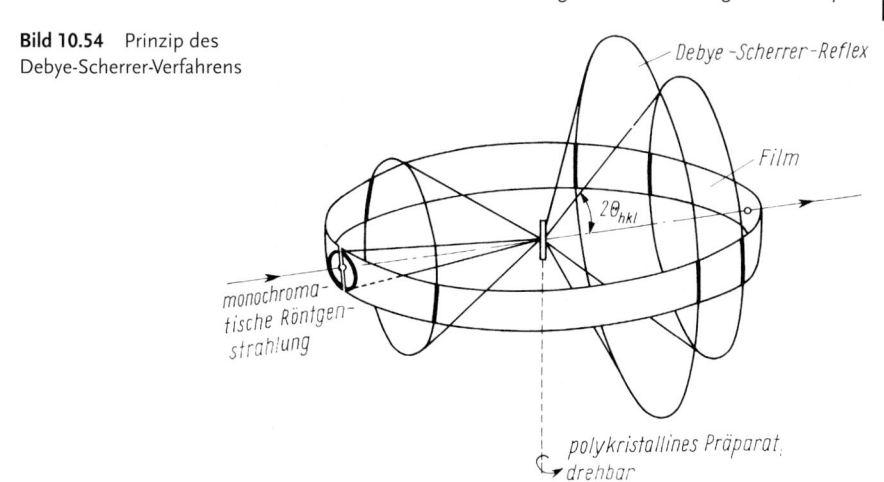

Bild 10.54 Prinzip des Debye-Scherrer-Verfahrens

ausgehenden Interferenzstrahlen liegen auf Halbkegeln, deren Auftreffstellen auf dem Film die Debye-Scherrer-Reflexe ergeben (Bild 10.55). Ist die zu untersuchende Probe amorph, entstehen in der Debye-Scherrer-Aufnahme keine scharfen Reflexe. So zeigen die Bilder 10.55 d von einer amorphen metallischen Legierung und 10.55 f von einem amorphen Polymer diffuse Maxima. Beim Tempern der amorphen metallischen Legierung geht diese in den kristallinen Zustand über, und es treten Beugungsreflexe auf (Bild 10.55 e). In gleicher Weise wirkt sich die Erhöhung des Kristallinitätsgrades in Polymeren auf die Debye-Scherrer-Reflexe aus (Bild 10.55 g, h).

Aus der Lage der scharfen Reflexe lassen sich Θ_{hkl} und mit Gl. (10.34) die Netzebenenabstände d_{hkl} bestimmen. Bei bekannten (h k l) folgt daraus für einen kubisch kristallisierenden Werkstoff über Gl. (2.6) die Gitterkonstante a.

Besteht eine Probe aus mehreren kristallinen Phasen (z. B. Stahl mit Ferrit und Austenit oder mit Carbidphasen) oder liegt ein Gemisch von Pulvern verschiedener kristalliner Substanzen vor, dann erscheinen deren Beugungsreflexe getrennt nebeneinander im Röntgendiagramm. Durch Vergleich der daraus ermittelten Gitterkonstanten mit Literaturwerten können die Phasen identifiziert werden. Die Mengenanteile der einzelnen Phasen lassen sich über die Messung der Intensitäten ausgewählter Beugungsreflexe mit dem Zählrohrgoniometer (Bild 10.56) ermitteln. Außerdem kann mit Hilfe des Intensitätsprofils eines Beugungsreflexes auf die Größe der kohärent streuenden Bereiche sowie auf die infolge von Kristallbaufehlern entstandenen inhomogenen Gitterverzerrungen geschlossen werden. Das ist besonders dann der Fall, wenn nach einer plastischen Verformung die Versetzungsdichte über 10^8 cm^{-2} ansteigt. Unter bestimmten Voraussetzungen können über die Profilanalyse Versetzungsdichtebestimmungen vorgenommen werden (Erfassungsbereich 10^9 bis 10^{11} cm^{-2}).

Liegt eine noch stärkere Fehlordnung, wie in amorphen Stoffen, vor, so zeigt das Streudiagramm verbreiterte Maxima und Minima, aus deren Intensitätsverteilung Aussagen über die Wahrscheinlichkeit der Lage von benachbarten Atomen bzw. Molekülen und damit über die Nahordnung (Abschn. 2.2.1) gemacht werden können. Als Beispiel ist in Bild 10.57 a die Intensitätsverteilung der amorphen Legierung

544 | 10 Physikalische Erscheinungen

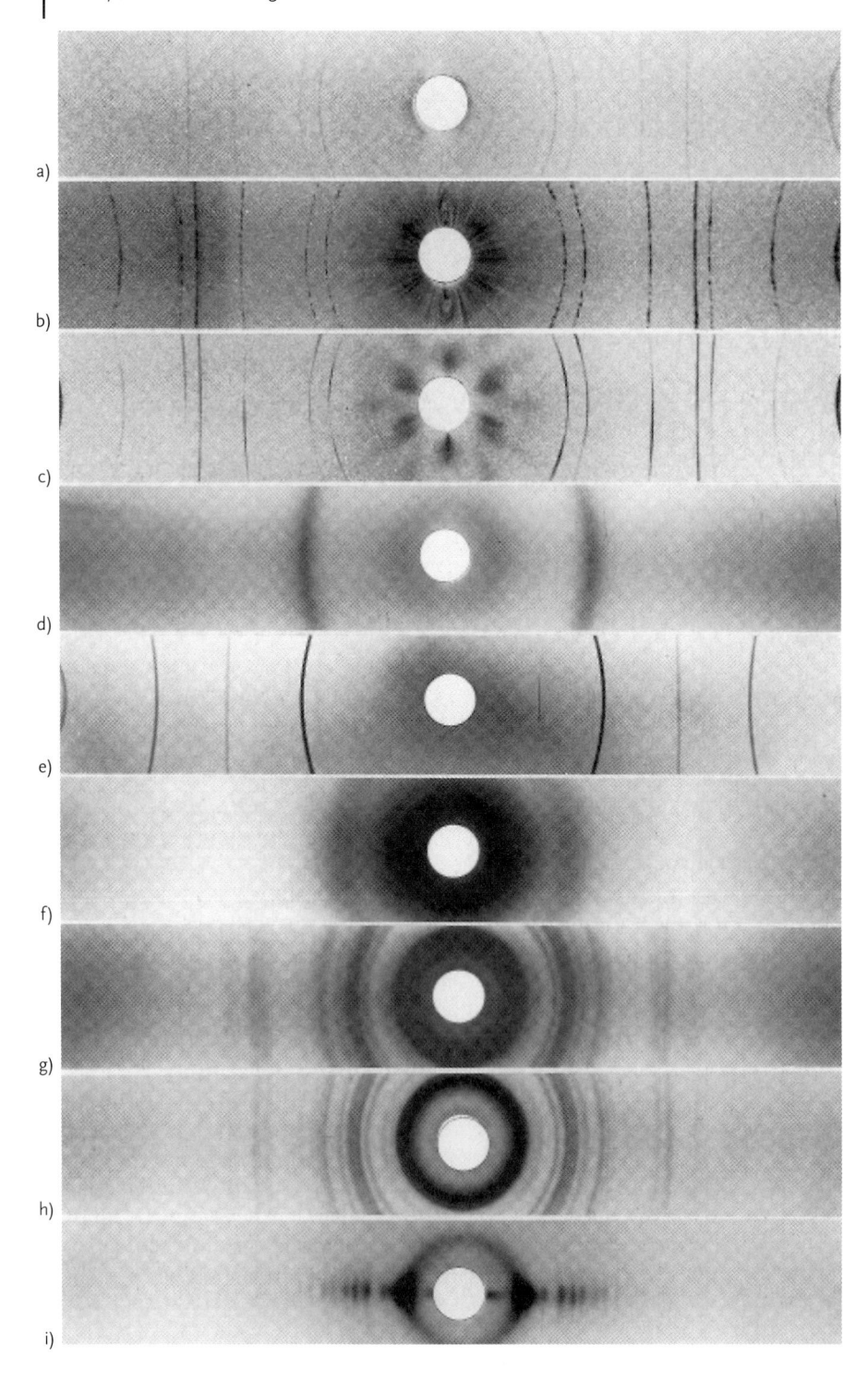

$Fe_{80}P_{13}C_7$ wiedergegeben. Ihre Auswertung liefert die im Bild 2.1f dargestellte Verteilungsfunktion. Sie gibt ein Bild von der Anordnung der Bausteine im amorphen Zustand (Bild 2.1 e). Nach einer Temperaturbehandlung von 10^4 min bei 330 °C weist die Streukurve scharf ausgebildete Reflexe auf, die einer krz Struktur mit $a = 2,86 \cdot 10^{-10}$ m zugeordnet werden können (Bild 10.57 b). Entsprechende Röntgenstreukurven von amorphen und teilkristallinen Polymeren sind im Bild 10.57 c, d dargestellt. Aus dem letztgenannten Beispiel wird auch ersichtlich, dass man über die Intensitätsauswertung von Streukurven den Anteil kristalliner und amorpher Phasen in teilkristallinen Werkstoffen bestimmen kann.

10.10.2.2 Veränderungen in Festkörpern durch Strahlung

In Ionenkristallen und Halbleitern werden die in Abschn. 10.10.1 genannten Effekte (Farbzentrenbildung, Fotoeffekt) bei Einwirkung energiereicher Strahlung mit verstärkter Intensität beobachtet. Der starke Fotoeffekt in Halbleitern für Röntgen-, γ-, Elektronen- und Protonenstrahlen wird für deren Nachweis bzw. energetische Zerlegung ausgenutzt (energiedispersive Halbleiterdetektoren der γ- und Röntgenspektrometrie).

Die durch energiereiche Strahlung hervorgerufenen eigenschaftsverbessernden Veränderungen werden vor allem bei *Polymeren* genutzt. Hier tritt die Elektronen-, Röntgen- und γ-Strahlung mit den Elektronen der Atomhülle in intensive Wechselwirkung. Die dadurch bedingten Reaktionen laufen entweder, nachdem sie durch die Strahlung einmal ausgelöst wurden, als Kettenreaktion weiter, so z. B. Polymerisationsvorgänge und die Vernetzung von Polyestern, oder sie kommen mit dem Aufhören der Strahlung wieder zum Stillstand. Letzteres trifft vor allem für Thermoplaste sowie Elastomere zu, die über die Abtrennung von Seitengruppen durch Vernetzung, Gasabspaltung oder Abbau einschneidende Veränderungen erfahren können.

Beim Abtrennvorgang entsteht ein Ion und an der Molekülkette selbst ein freies Radikal. Ist die kinetische Energie des Ions groß genug, kann es an einem benachbarten Molekül eine weitere reaktionsfähige Stelle erzeugen. Da die Lebensdauer der Radikale relativ lang ist (Halbwertszeiten um 2 bis 30 s), wird damit eine *Vernetzungsreaktion* (s. Abschn. 10.10.1) zwischen beiden Molekülen (Radikalmechanismus) möglich. Eine andere Annahme, die auf dem während der Bestrahlung beobachteten Anstieg der elektrischen Leitfähigkeit basiert, besagt, dass infolge der Strahleneinwirkung freie Elektronen bzw. Defektelektronen gebildet werden, die in einem bereits vorhandenen oder durch die Strahlung entstandenen Potenzialfeld entlang den Molekülketten wandern. Treffen solche Ladungen auf unmittelbar benachbarte Seitengruppen zweier Moleküle, dann können, wenn die Bindung untereinander stärker als die zur Molekülkette ist, die betreffenden Seitengruppen mit-

---

◀ **Bild 10.55** Debye-Scherrer-Aufnahmen; d) und e) nach *J. Henke* und *K. Stange*, f) bis i) nach *M. May* und *Chr. Walther*: a) feinkristallines Al; b) grobkristallines Al; c) mit Textur behaftetes Al; d) eine amorphe metallische Legierung (Fe mit P und B); e) Legierung von d) kristallisiert; f) ein amorphes Polymer (Polycarbonat); g) Polyethylen niederer Dichte (Kristallinitätsgrad $\approx 50\%$); h) Polyethylen hoher Dichte (Kristallinitätsgrad $\approx 70\%$); i) Polyethylen mit Faserstruktur (Ausrichtung der kristallinen Bereiche längs der Faserachse)

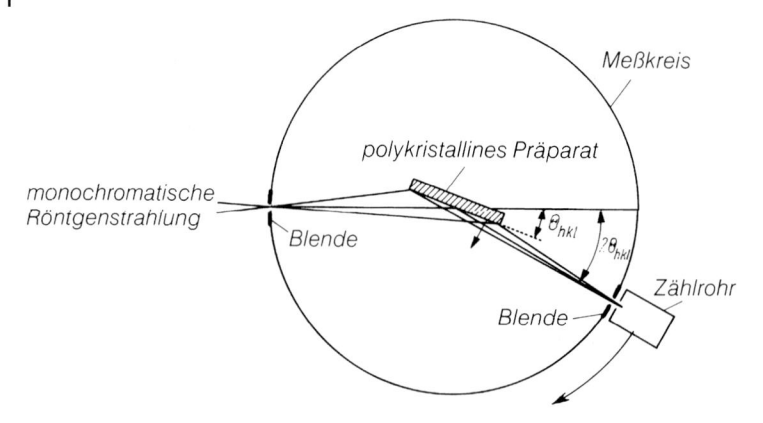

Bild 10.56 Prinzip des Röntgendiffraktometers

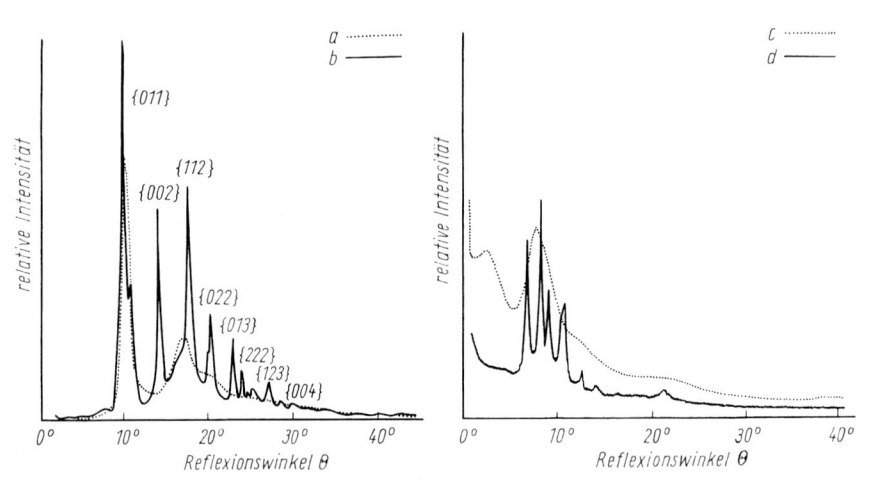

Bild 10.57 Streukurven für amorphe und kristalline Werkstoffe; (a) und (b) nach *Y. Waseda* und *T. Masumoto*, (c) und (d) nach *M. May* und *Chr. Walther*: a) amorphes $Fe_{80}P_{13}C_7$; b) kristallines $Fe_{80}P_{13}C_7$; c) amorphes Polycarbonat; d) isotaktisches Polyethylen (teilkristallin)

einander reagieren und sich vom Molekül abspalten. Es entstehen wieder vernetzungsfähige Stellen (Ionenmechanismus).

Treten die unter Strahleneinwirkung abgetrennten Seitengruppen zu gasförmigen Molekülen zusammen *(Gasabspaltung)*, so können diese bei kompakten Bauteilen nur zum Teil entweichen, sodass sich der Werkstoff im Temperaturgebiet des Erweichens ausdehnt oder u. U. sogar ein Schaumstoff entsteht. Je stärker die Molekülketten verzweigt und je größer die Seitengruppen sind, umso geringer ist der H_2-Anteil des entstandenen Gases und umso größer der Anteil von Kohlenwasserstoffen (besonders CH_4), CO und CO_2, bzw. bei stickstoffhaltigen Polymeren auch der von N_2, NH_3, C_2N_2 u. a. Mit der Gasabspaltung geht eine Masseverringerung einher.

10.10 Wechselwirkung zwischen Strahlung und Festkörpern

Der Abbau der Polymere durch Strahleneinwirkung erfolgt analog dem unter Einwirkung von mechanischer, thermischer oder Lichtenergie (s. a. Abschn. 10.10.1), nämlich durch Kettenbruch, der meist von Oxidationsvorgängen begleitet ist.

Die Neigung von Polymeren zur Vernetzung oder zum *Abbau* hängt von der Größe ihrer Polymerisationswärme ab. Polymere mit Polymerisationswärmen von weniger als 63 kJ mol^{-1}, wie Polymethylmethacrylat, Polyisobutylen oder Polytetrafluorethylen, neigen überwiegend zum Abbau. Bei solchen, deren Polymerisationswärme größer als 63 kJ mol^{-1} ist, herrscht *Vernetzung* vor, Beispiele hierfür sind Polyethylen, Polystyren, Polyvinylchlorid, Polyamid und Kautschuk. Als Folge der Vernetzung werden vor allem die mechanischen Eigenschaften wie der *E*-Modul (Bild 10.58), die Festigkeit (Bild 10.59) oder die Wärmeformbeständigkeit verbessert, sofern durch einen zu hohen Vernetzungsgrad der Werkstoff nicht unstatthaft versprödet. Bei teilkristallinen Thermoplasten geschieht die Vernetzung zuungunsten des Kristallisationsgrades. Der Abbau führt wegen der damit verbundenen Versprödung, Entstehung von inneren Spannungen und Rissen, Erniedrigung der Viskosität oder verstärkten Feuchtigkeitsaufnahme im Allgemeinen zu Eigenschaftsver-

Bild 10.58 Einfluss der Strahlenvernetzung auf den *E*-Modul und die Wärmeformbeständigkeit von Polyethylen (nach *E. Rexer* und *L. Wuckel*). Mit Zunahme der Reaktorbestrahlungseinheiten nimmt auch der Vernetzungsgrad zu, und der *E*-Modul-Abfall im Schmelzbereich der Kristallite um 120 °C wird immer geringer, bis sich schließlich das hochvernetzte Polyethylen ähnlich wie ein Duromer verhält

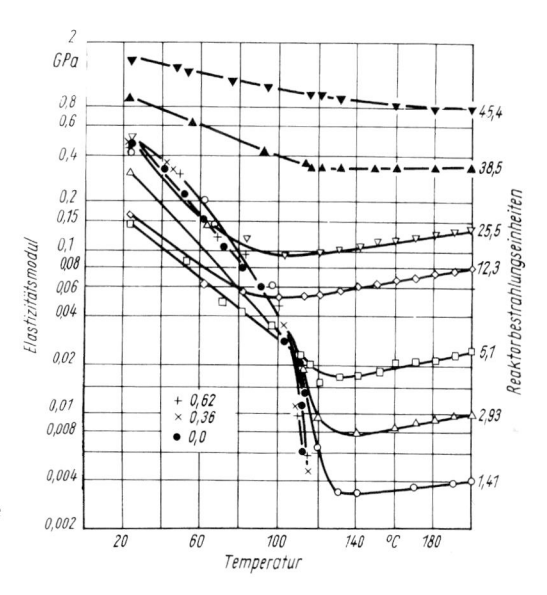

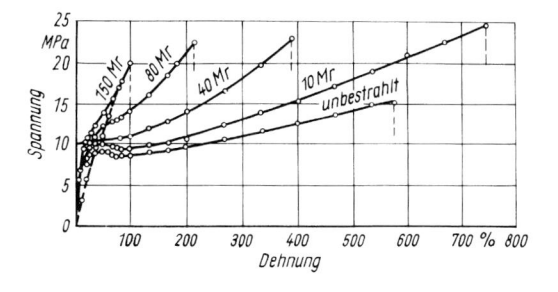

Bild 10.59 Einfluss der Strahlenvernetzung auf das Spannungs-Dehnungs-Verhalten von Polyethylen (nach *E. Rexer* und *L. Wuckel*). Mr Bestrahlungsdosis in Megaröntgen. Bei gleichzeitiger Abnahme der Verstreckbarkeit nimmt die Verfestigung mit der Strahlendosis zu

schlechterungen. Oft ergeben sich in Abhängigkeit von der Strahlendosis auch Farbänderungen wie beim Polystyren, Polyvinylchlorid oder Polyamid.

Die Vorteile *strahlenchemischer Reaktionen* liegen dann auf der Hand, wenn sie zu Veränderungen führen, die mit herkömmlichen Methoden nicht, unter Schwierigkeiten oder nur unvollständig möglich sind. Technische Bedeutung haben die strahlenchemische Polymerisation von Monomeren im festen Zustand bzw. von solchen, die sonst schwer oder nicht miteinander reagieren, und die Strahlenvernetzung von Thermoplasten zur Erhöhung ihrer Wärmeformbeständigkeit, z. B. bei Polyethylen oder Polypropylen, die dadurch sterilisierbar werden und deshalb für medizinische Zwecke Verwendung finden können.

Polymere, die keine schweren Elemente enthalten, haben in ihrer Anwendung als leicht dekontaminierbare und auch nach der Bestrahlung gefahrlos handhabbare Werkstoffe, z. B. für Gefäße oder als Isolier- und Verpackungsmaterial, große Bedeutung erlangt, da sie selbst nicht radioaktiv werden können [10.4].

Die unter Einwirkung energiereicher Korpuskularstrahlung hervorgerufenen unerwünschten Eigenschaftsänderungen werden unter dem Begriff *Strahlenschäden* zusammengefasst. Bei elastischen Stößen der Korpuskeln mit den Gitterbausteinen werden Letztere von ihren regulären Gitterplätzen entfernt. Die von ihren Gitterplätzen abgelösten Atome oder Ionen lassen Leerstellen zurück und werden nach Verlust ihrer Energie infolge weiterer Wechselwirkungen im Gitter auf Zwischengitterplätzen eingebaut. Die Gitterfehlerkombination Leerstelle-Zwischengitteratom wird auch als *Frenkel-Defekt* bezeichnet (s. Abschn. 2.1.11). Ist die an die Gitterbausteine abgegebene Energie wesentlich größer als die Schwellenenergie, so vermögen diese weitere Atome oder Ionen von ihren Gitterplätzen zu verdrängen. Es entsteht eine so genannte *Schädigungskaskade* (Bild 10.60). Wird mit zunehmender Stoßfolge immer mehr Energie verbraucht und demzufolge die freie Weglänge der Teilchen (Korpuskeln und von ihrem Gitterplatz gestoßene Bausteine) bis in die Größenordnung der Atomabstände reduziert, dann können sich an den Enden der Teilchenbahnen Gebiete größerer Leerstellenkonzentration (-cluster) bilden, deren Berandungen eine erhöhte Dichte von Zwischengitteratomen aufweisen. Solche (atom-)verdünnten Zonen erreichen Durchmesser bis zu 0,1 µm. Infolge ihrer hohen inneren Energie sind diese Störgebiete jedoch nicht stabil. Schon bei relativ niedriger Temperatur werden sie über eine Umordnung ausgeheilt. Die Leerstellen scheiden sich im Gitter aus und bilden *Versetzungsringe* vom Frank-Typ (s. Abschn. 2.1.11), sodass in Abhängigkeit von der Bestrahlungsdauer die Gitterfehlerdichte erhöht und der Festkörper verfestigt wird (Bild 10.61). Diese als *Tieftemperaturversprödung* oder Strahlungsverfestigung bezeichnete Schädigung ist für alle in Kernreaktoren der Neutronenstrahlung ausgesetzten metallischen Konstruktionswerkstoffe (Hüllenwerkstoffe, Werkstoffe für Reaktorgefäß) typisch. Durch Temperatureinwirkung, z. B. im Reaktor selbst oder im Zuge einer nachfolgenden Glühbehandlung, lässt sie sich jedoch wieder rückgängig machen.

Bei sehr starker Neutronenbelastung kann die Leerstellenübersättigung und -clusterbildung so weit gehen, dass diese zu Poren mikroskopischen Ausmaßes [beispielsweise $(400 \text{ bis } 500) \cdot 10^{-10}$ m] koaleszieren (Hohlraumbildung). Die *Hohlraumbildung* ist insbesondere für warmfeste austenitische Stähle in schnellen Brutreakto-

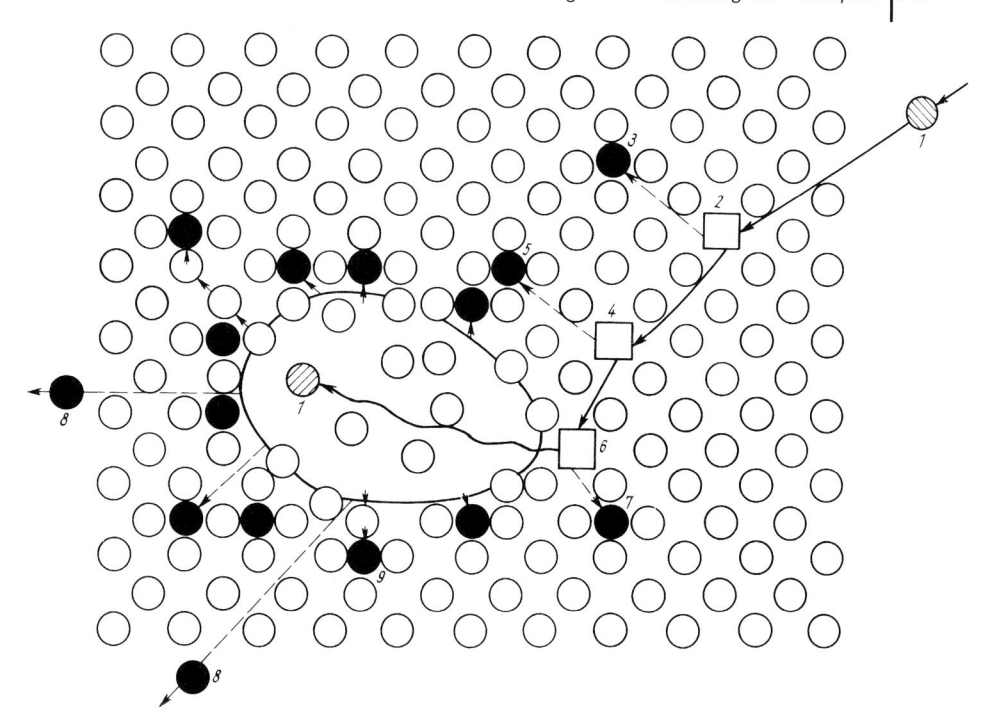

Bild 10.60 Schematische Darstellung einer Schädigungskaskade. *1* Strahlungsteilchen; *2, 4, 6* Leerstellen; *3, 5, 7, 9* Zwischengitteratome; *2/3, 4/5, 6/7* Frenkel-Paare; *8* emittierte Atome

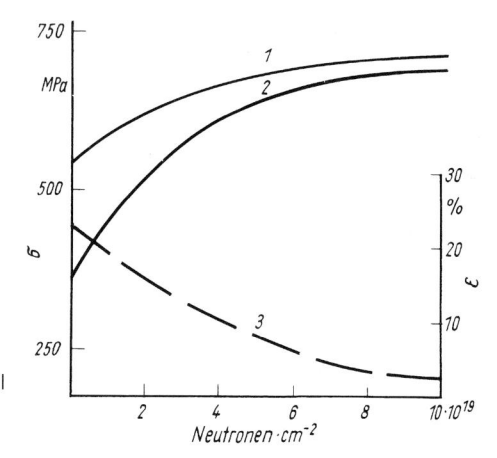

Bild 10.61 Strahlungsverfestigung in Stahl (nach [10.22]). *1* Zugfestigkeit; *2* Streckgrenze; *3* Dehnung

ren von technischer Relevanz. Sie tritt bevorzugt im Temperaturgebiet $0{,}3\,T_s$ bis $0{,}6\,T_s$ (T_s Schmelztemperatur in K) auf. Das Maximum der durch sie verursachten Volumenzunahme (etwa 10 %) liegt für austenitische Stähle bei 450 bis 500 °C. Diese Schädigungsart ist irreversibel [10.21].

Weitere strahlenbedingte Eigenschaftsänderungen betreffen die Wärme- und elektrische Leitfähigkeit. Sie werden in Metallen – da beiden der gleiche Mechanismus zugrunde liegt (Elektronenbewegung) – stets erniedrigt. Das Verhältnis aus der Abnahme der elektrischen und Wärmeleitfähigkeit ist annähernd unabhängig von der Strahlendosis. In Ionenkristallen nehmen ebenfalls die elektrische wie auch die Wärmeleitfähigkeit durch Strahlenschädigung ab, solange der Transport von Elektrizität bzw. Wärme durch die Ionenbewegung bzw. die Gitterschwingungen allein verursacht wird. Bei hohen Strahlendosen allerdings treten gehäuft Ionisationsvorgänge auf, die Elektronenübergänge in das vorher leere Leitungsband auslösen und somit eine Zunahme der elektrischen und Wärmeleitfähigkeit bedingen. Besonders empfindlich reagiert die elektrische Leitfähigkeit von Halbleitern auf Gitterstörungen. In Halbleiterbauelementen (Dioden, Transistoren) können schon kleine Bestrahlungsdosen von 10^{17} Neutronen je cm^2 deren Funktion zum Erliegen bringen. Die Wärmeleitung von Halbleitern basiert sowohl auf Gitterschwingungen als auch auf der Bewegung von Elektronen und Defektelektronen. Deshalb ist ihre Änderung bei zunehmender Einwirkung von Strahlung komplex. Der Anteil der Gitterschwingungen an der Wärmeleitfähigkeit nimmt ab, und auch die Beweglichkeit der Ladungsträger wird kleiner. Dagegen steigt die Ladungsträgerdichte an, wodurch die Wärmeleitung wieder verbessert werden kann.

Ein spezieller Anwendungsfall für Korpuskularstrahlung ist die *Ionenimplantation*, bei der Atome oder Moleküle ionisiert, in einem elektrostatischen Feld beschleunigt und in den Werkstoff geschossen (implantiert) werden [10.23]. Dabei sind beliebige Ion/Werkstoff-Kombinationen möglich wie B/Si, Si/Si, Pt/Fe oder Te/GaAs. Die Beschleunigungsenergie liegt zwischen einigen keV und MeV. Die mittlere Eindringtiefe ist von der Energie und Masse der Ionen sowie der Masse der Atome des Werkstoffes abhängig. Sie beläuft sich beispielsweise für 10-keV-P-Ionen in Si auf 14 nm und für 1-MeV-B-Ionen in Si auf 1700 nm.

Die *Ionenimplantation* ist in den letzten Jahren als neues Verfahren zur Dotierung von Halbleitereinkristallen entwickelt worden und weist für den Entwurf mikroelektronischer Bauelemente einige technologische Vorzüge auf. Nachteilig wirkt sich die der Implantation einhergehende Strahlenschädigung aus, die bis zur Bildung einer amorphen Schicht in einer bestimmten Tiefe führen kann. Andere Anwendungsformen der Strahlenimplantation sind die Passivierung von Metallen, die Erhöhung bzw. Erniedrigung der Sprungtemperatur bei den klassischen Supraleitern, die Veränderung der elastischen Eigenschaften und die Oberflächenhärtung von Werkstoffen.

Besonders drastische Eigenschaftsänderungen treten auf, wenn Korpuskularstrahlen mit Atomkernen zur Reaktion gelangen. So verursachen Neutronenstrahlen ausreichend hoher Energie Kernspaltungsprozesse. Die Neutronen vereinigen sich mit Atomkernen und bilden metastabile Zwischenkerne, die unter Abgabe von Strahlung in stabile oder radioaktive Kerne, auch eines anderen Elements, zerfallen. Als Folge dessen verändern sich die Eigenschaften der davon betroffenen Werkstoffe wie bei der Legierungsbildung.

Andere Kernreaktionen führen oberhalb 0,5 T_s beispielsweise in Stählen und Nickellegierungen zu einer Hochtemperaturversprödung. Sie äußert sich in einer Abnahme der Bruchdehnung und Zeitstandfestigkeit. Die Ursache liegt in der Bildung von He, das als Folge von (n, α)-Reaktionen der Legierungselemente der genannten Werkstoffe entsteht. Wegen der geringen Löslichkeit für das Helium werden an den Korngrenzen Heliumblasen ausgeschieden, wodurch die Neigung dieser Legierungen zum interkristallinen Bruch zu niedrigen Temperaturen verschoben wird. Die Hochtemperaturversprödung ist im Gegensatz zur Tieftemperaturversprödung irreversibel. In besonderem Maße von ihr betroffen sind die im schnellen Brutreaktor eingesetzten austenitischen Stähle [10.21].

Literaturhinweise

10.1 Ibach, H., und H. Lüth: Festkörperphysik – Eine Einführung in die Grundlagen, 6. Aufl. Berlin, Heidelberg, New York, London, Paris, Tokyo: Springer-Verlag 2002

10.2 Kittel, Ch.: Einführung in die Festkörperphysik, 12. vollst. überarb. u. aktualis. Aufl., München/Wien: R. Oldenbourg Verlag 1999

10.3 Nitzsche, K., und H.-J. Ullrich (Hrsg.): Funktionswerkstoffe der Elektrotechnik und Elektronik, 2. Aufl. Leipzig und Stuttgart: Deutscher Verlag für Grundstoffindustrie 1993

10.4 Batzer, H. (Hrsg.): Polymere Werkstoffe. Bd. I: Chemie und Physik. Stuttgart/New York: Georg Thieme Verlag 1985

10.5 Hadamovsky, H.-F. (Hrsg.): Werkstoffe der Halbleitertechnik, 2. Aufl. Leipzig: Deutscher Verlag für Grundstoffindustrie 1990

10.6 Buckel, W.: Supraleitung – Grundlagen und Anwendungen, 5. Aufl. Weinheim, New York, Basel, Cambridge, Tokyo: VCH; 1994

10.7 Eschrig, H.; Fink, J.; Schultz, L.: 15 Jahre Hochtemperatur-Supraleitung. Physik Journal 1 (2002) Nr. 1, S. 45–51

10.8 Pollock, D. D.: Physical Properties of Materials for Engineers, 2. Aufl. Boca Raton, Ann Arbor, London, Tokyo: CRC Press 1993

10.9 Gruss, S.; Fuchs, G.; Krabbes, G.; Verges, P.; Stöver, G.; Müller, K.-H.; Fink, J.; Schultz, L.: Superconducting bulk magnets: Very high trapped fields and cracking. Appl. Phys. Lett., Vol. 79, No. 19, 5 November 2001

10.10 Goyal, A.: Advances in Processing High-T_c Superconductors for Bulk Applications. JOM 46 (1994)12, S. 11

10.11 Salmang, H., und H. Scholze: Keramik, 7. völlig neu bearb. u. erw. Aufl. Berlin/Heidelberg/New York/Tokyo: Springer-Verlag 2001

10.12 Wohlfarth, E. P. (Hrsg.): Ferromagnetic Materials. Vol. 1–5. Amsterdam/New York/Oxford: North-Holland Publishing Company 1986 bis 1990

10.13 Hubert, A., und R. Schäfer: Magnetic Domains – The Analysis of Magnetic Microstructures. Berlin, Heidelberg, New York: Springer-Verlag 1998

10.14 Moorjani, K., und J.M.D. Coey: Metallic Glasses. Amsterdam: Elsevier Science Publishers 1984

10.15 Herzer, G.: Nanocrystalline Soft Magnetic Alloys. In: Handbook of Magnetic Materials, Vol. 10, S. 415–462, herausgeg. von K.H.J. Buschow Amsterdam, Lausanne, New York/u.a/: Elsevier Science B.V. 1997

10.16 Müller, M.; Mattern, N.; Illgen, L.: The Influence of the Si/B Content on the Microstructure and on the Magnetic Properties of Magnetically Soft Nanocrystalline FeBSiCuNb Alloys. Z. Metallkunde. 82 (1991) 12, S. 895–901

10.17 Schatt, W., und K.-P. Wieters (Hrsg.): Pulvermetallurgie – Technologien und Werkstoffe. Düsseldorf: VDI-Verlag 1994

10.18 Michalowsky, L. (Hrsg.): Neue Keramische Werkstoffe. Leipzig und Stuttgart: Deutscher Verlag für Grundstoffindustrie 1994

10.19 Hornbogen, E.: Werkstoffe – Aufbau und Eigenschaften, 6. neubearb. u. erw. Aufl. Berlin/Heidelberg/New York/London/Paris/Tokyo: Springer-Verlag 1994

10.20 Müller, M.: An antiferromagnetic temperature compensating elastic Elinvar-alloy on the basis of Fe-Mn. J. of Magnetism and Magnetic Materials Vol. 78 (1989), S. 337–346

10.21 Schatt, W.; Simmchen, E.; Zouhar, G. (Hrsg.): Konstruktionswerkstoffe des Maschinen- und Anlagenbaues, 5. völlig neu bearb. Aufl. Stuttgart: Deutscher Verlag für Grundstoffindustrie 1998

10.22 van Vlack, L. H.: Elements of Materials Science and Engineering, 6. Aufl. Addison-Wesley Publishing Company 1989

10.23 Ryssel, H., und I. Ruge: Ionenimplantation. Leipzig: Akadem. Verlagsgesellschaft Geest & Portig K.G. 1978 und Chichester: Wiley 1986

Sachregister

a

Abbau 547
Abkühlungsgeschwindigkeit
– untere kritische 233
Abkühlungskurven 204
Abrasion 459
Abscheidung
– elektrolytische 154
Abschirmtheorie 111
Abschreckhärten 445
Abschreckmethode 208
Absorptionskanten 536
Abstoßungskräfte 20
Additions-Mischkristall 56
Adhäsion 459
Afwillit 85, 132
Aggregatzustand
– gasförmiger 118
α-γ-Umwandlung 171
Aktivierung
– thermische 293
Aktivierungsenergie 164, 293
Aktivierungsenthalpie 164, 293, 296
Akzeptoren 482
Alterung 46, 369
Analyse
– thermische 203
anisotrop 246
Anisotropie 393
Anlaufschichten 379
Anomalie der thermischen Ausdehnung 526
Anpassungsversetzungen 160
Antiferromagnetismus 509
Anti-Frenkel-Fehlordnung 81
Antiphasengrenze 45, 88, 248
Antiphasengrenzen 92
Anti-Schottky-Fehlordnung 81
Anziehungskräfte 20
Arrhenius-Gleichung 342, 427
Ashby-Verall-Mechanismus 421
Ashby-Verall-Vorgang 421

Atombindungen 56
Atompolarisation 500
Ätzanlassen 251 f., 263
Ätzen
– thermisches 266
Ätzfiguren 264
Ätzgrübchen 158
Aufdampfen 154, 263
Auflicht-Hellfeld 268
Aufspritzen 154
Ausdehnung
– thermische 522
– thermischer 522
Ausdehnungslegierungen 527
Ausfällung 130
Ausscheidung 130
– kontinuierliche 181
Ausscheidungen
– diskontinuierliche 181
Ausscheidungseigenspannungen 443
Ausscheidungshärtung 407
Austauschmechanismus 297
Austauschmischkristalle 43, 55, 209
Austenit 182, 225

b

Bainitgefüge 234
Bänder
– persistente 420
Bänderstrukturen 52
Bardeen-Cooper-Schrieffer 485
Barkhausensprünge 510
Bauschinger-Effekt 444
Beanspruchung
– tribologische 458
Bearbeitungsschicht 254
Behandlung
– Hochtemperatur thermomechanische 241
– Niedertemperatur thermomechanische 242
– thermomechanische 446
– thermomechanische 240 f.

Belegungsdichte 16
Belüftungselement 357
Beton 288
Betrachtung im polarisierten Licht 269
Beugungsverfahren 542
Bewitterungsfeld 369
Bezugselektrode 336
Bindung
– gerichtete 33
– heteropolare 30
– ungerichtete 30, 34
Bindungen
– kovalente 56
Bindungsabstand 57
Bindungsachsen 33, 58
Bindungszustand 156
Bittersche Streifen 508
Blochwände 507
Blockcopolyester
– segmentierte 76
Blockcopolymere 73
Bohrsches Atommodell 28
Branntgips 131
Bronzen 227
Bruch 390, 429
Bruchkriterien 437
Bruchmechanik 391, 437
– linearelastische 437
Bruchzähigkeit 390, 438
Burgers-Vektor 93
Burgersvektor 81, 399

c

Chalkogenidgläser 483
Chemoepitaxie 159
Chromatschichten 387
cis-trans-Isometrie 63
Clausius-Clapeyron 117
Cluster 44
Coble-Kriechen 313, 421
Coble-Mechanismus 307
constraint 391
Copolymere
– alternierende 73
– statistische 73
Cottrell-Wolken 416
Coulombsche Anziehung 29
Crazes 433
CSL-Gitter 95
Curie-Temperatur 508

d

ΔE-Effekt 528
Dämpfung
– magneto-elastische 532
Debonding 433
Debye-Scherrer-Verfahren 542
Defektelektronen 470, 480
Deformationsdiagramme 308
Dehnung 391
– magnetostriktive 528
Dehnungszustand
– ebener 391
Dekrement
– logarithmisches 530
Delaminationen 455
Dendritenwachstum 140
Dendriten 125, 157
Depolymerisation 537
Diamagnetismus 504
Dielektrizitätskonstante 501
Differenzialthermoanalyse 204
Diffusion
– anomale 301
– gebundene 300
Diffusion in Polymeren 301
Diffusionskoeffizient 296
– partieller 299
Diffusionslegieren 305
Diffusionsporosität 300
Diffusionsüberspannung 344
Diffusionsvorgänge in silicatischen Gläsern 300
Dilatometerverfahren 206
Dioden 484
Dipol-Dipol-Kräfte 35
Dipol-Ion-Kräfte 36
Dipole 58
Dispersionsverfestigung 407
Dispersion 503
Dispersionskräfte 35
Dissoziationsenergie 22
Domänen 186
Donatoren 481
Dotieren 480
Dreistoffsystem 219 f.
Druckspannung 391
Druckwasserstoff 382
Dugdale-Rissmodell 439
Duktilität 390
Dunkelfeld-Beleuchtung 268
Dünnschliff 255
Duplex-Gefüge 415
Duplex-Kristall 130
Durchbruchpotenzial 350
Durchdringungsgefüge 248
Durchdringungsnetzwerke 76
Durchhärtbarkeit 238

Durchlicht 269
Durchtrittsreaktion 342
Durchtrittsüberspannung 343
Duromere 113

e
Effekt
– thermoelastischer 395
Eigenfrequenzen 523
Eigenleitung 480
Eigenspannungen 441
– thermisch induzierte 443
– thermische 442
Einfachgleiten 404
Einfrierbereich 146
Einfriertemperatur 106, 155, 525
Einkristall 245
Einkristalle 127, 322
Einlagerungsgefüge 248
Einlagerungsmischkristalle 45, 55
Einlagerungsstrukturen 47
Einschmelzlegierungen 528
Einstoffsystem 201
Einstoffsysteme 195
Einwegeffekt 397
Eisen-Kohlenstoff-Legierungen 223
Elastizitätsmodul 392, 528
– unrelaxierter 395
Elastizitätstensor 392
Elastizitätstheorie 393
Elastomere 113
– thermoplastische 76
Elektrode 335
Elektrodenpotenzial 336
Elektromigration 305
Elektronenfehlordnung 81
Elektronengas 34
Elektronenkonfiguration 28
Elektronenleitung 462 f.
Elektronenstrahlen 541
Elektronenstrahl-Mikrosonde 273
Elektrostriktion 504
Elektrowischpolieren 258
Elementarladung 462
Elementarzelle 7
Elinvar 530
Emails 386
E-Modul-Anomalie 529
Energie
– freie 6
– innere 116
Energiebändern 466
Energiedissipation 455

Entglasung 156
Enthalpie 117
– freie 120
Entmischung
– einphasige 177
– spinodale 151
– spinodale 218
Entmischungen 147
Entzinkung 356
Epitaxie 158
Erhärtung
– hydraulische 132, 134
Erhärtung der Bindemittel 130
Erholung
– dynamische 405
Ermüdung 419
– thermische 419
Ermüdungsbruch 430, 436
Erosionskorrosion 330, 375
Erstarrung
– amorphe 154
– gerichtete 127
– globulitisch 127
– mikrokristalline 140
– transkristalline 127
Erstarrungsfront 127
Erstarrungswärme 119, 127
Ettringit 132, 368
Eutektika
– gerichtet erstarrte 130
Eutektikum 211
Extrusionen 433
Facettenwachstum 140

f
Faltenkeime 138
Faltungskeime 138
Farbätzen 251 f.
Farbe 536
Farbzentren 537
Faserperiode 68
Fasertextur 418
Faserverbund 450
F-Bänder 420
Fehlordnung
– antistrukturelle 81
Feingleiten 410
Feldstärke 110
Fermienergie 468
Fermigrenze 468
Fernordnung 184
Fernordnungsumwandlung 176
Ferrimagnetismus 509
Ferrit 182, 225, 520

Ferroelektrizität 501
Ferromagnetismus 506
Festigkeit 390
– spezifische 444
Festkörper
– amorpher 4
– amorphe 471
– kristalline 5
Ficksches Gesetz 303
Filzstruktur 112
Flächenanalyse 275
Flächenkorrosion
– gleichmäßige 330
Flächenpole 17
Fließbruchmechanik 439
Fließen
– diffusionsviskoses 307
– nichtnewtonsches 149
– versetzungsviskoses 308
– viskoses 424
Fließfiguren 416
Fließgrenze 397
Fließverzögerung 417
Flussschläuche 487
Flussschlauchgitter 488
Fokusonen 267
Formänderungsenergiedichte 393
Formanisotropie 513
Formfaktoren 279
Form-Gedächtnis-Effekt 397
Fotoeffekt 537
Fotoleitung 537
Frank-Read-Mechanismus 81, 403
Frank-Read-Quelle 405
Frank-Versetzungen 88
Frankscher-Versetzungsring 88
Fransenkeime 137
Fremd-(Inter-)Diffusion 294
Fremdkeimen 128
Fremdstromkorrosion 357
Frenkel-Defekt 548
Frenkel-Effekt 104, 300
Frenkel-Fehlordnung 81
Füllstoffe 373

g
γ-Strahlung 541
Galvanispannung 336
Gasabspaltung 546
Gasblasen 129
Gefüge 125, 227, 245
– heterogenes 248
– homogenes 248
Gefügeanisotropie 282, 418

Gefügebestandteile 245
Gefügegrenzen 245
Gefügerechteck 213
gehärteten Zustand 280
Gele
– irreversible 143
– reversible 143
Gerüststrukturen 52
Gesamtüberspannung 344
Gestaltelastizität 394
Gewaltbruch 436
Gibbssches Phasengesetz 202
Gießstrahlentgasung 129
Gips 52
Gitterenergie 22, 118
Gitterkonstanten 8
Gitterleitfähigkeit 498
Gläser
– metallische 156
Glaskeramik 135
– transparente 136
Glaszustand 145
Gleichgewicht
– thermodynamisches 197
Gleichgewichtsform 125
Gleichgewichtslage 523
Gleichungen
– konstitutive 391
Gleitbänder 398
Gleitebene 84
Gleitebenen 399
Gleitlinien 84, 398
Gleitmodul 392
Gleitrichtung 84
Gleitrichtungen 399
Gleitsystem 399
Goss-Textur 328
Grenzfläche
– inkohärente 100
– kohärente 100
– spezifische 277
– teilkohärente 100
Grenzflächen 93
Grenzflächendiffusion 294
Grenzflächenlegierungen 102
Grenzflächenpolarisation 500
Grenzschichtscherfestigkeit 452
Grobgleiten 410
Großwinkelkorngrenzen 94 f.
Grübchenbruch 429
Grundkreis 18
Grundmodelle
– rheologische 425
Grüneisensche Regel 524

Gruppen
– ionogene 76
Guinier-Preston-Zonen 410
Gusstextur 127

h

Habitusebene 173
Halbkristalllage 123
Halbleiter 470
Halbleiterbauelemente 482
Halbleitergläser 471
Halbleiterpolymere 61
Halbmetalle 28
Hall-Petch-Beziehung 283
Hämatit 380
Härte 457
Hartgläser 525
Hartmetalle 48, 287
Hartstoffe 47
Hauptquantenzahl 24, 463
Hauptvalenzbindungen 23, 36
Hebelgesetz 210
Helix 70
Henrysches Gesetz 335
Heterophasengrenzen 93, 99
high cycle fatigue = HCF 419
Hilfsstoffe 373
Hochtemperaturkriechen 426
Hohlraumbildung 548
Homophasengrenzen 93
Hookesches Gesetz 392
Hoppingleitung 471
Hoppingmechanismus 472
Hume-Rothery-Phasen 49
Hume-Radius 43
Hybridisierung 32
Hydratation 131 f.
Hydrolyse 367
Hyxsterese
– thermische 207

i

Indenter 457
Induktions-Kräfte 36
Inhibitoren 387
Interdiffusionskoeffizient 304
Interferenzen 541
Interferenzschichten 263
Interstitiellen-Diffusion 297
Intrusionen 433
Invar-Legierungen 527
Ionenbindung 29
Ionenfehlordnung 81
Ionenimplantation 550

Ionenkristalle 50, 81
– nichtstöchiometrische 50
– stöchiometrische 50
Ionenleitung 462
Ionenpolarisation 500
Ionenstrukturen 50
Ionierungsenergie 26
Ionomere 76
Isolatoren 471

j

J-Integral 440
jogs 86

k

Kaltumformen 417
Katodenzerstäubung 154
Kavitationskorrosion 330
K-Effekt 478
Keimbildung 119, 165
– athermische 139
– heterogene 127, 139
– heterogen 165
– homogene 165
– homogene 127, 139
– sekundäre 139
– thermische 139
– verschleppte 139
Keimbildungsarbeit 121
Keimbildungsgeschwindigkeit 165
Keimbildungshäufigkeit 123
Keimbildungslänge
– kritische 137
Keimkonzentration 139
Keimradius
– kritischer 121
Keimzahl 123
Kerbschlagbiegeversuch 436
Kettenabbau 537
Kettenstrukturen 52
Kinke 404
Kirkendall-Effekt 299
Kleinwinkelkorngrenze 248
Kleinwinkelkorngrenzen 93, 245
Klettern 84, 315
Koerzitivfeldstärke 511
Kohäsionsenergiedichte 372
Koinzidenzgrenzflächen 95
Koinzidenzkorngrenze 94
Koinzidenzlagengitter 94
Komplexbildung 346
Komponenten 195
Kompressionsmodul 392
Kondensationswärme 119

Konfiguration 63
– ataktische 63
– isotaktische 63
– syndiotaktische 63
Konformation
– gedeckte 65
– gestaffelte gauche- 65
– gestaffelte trans- 65
– gestaffelte 65
Konformationsfolge 67
Konformationsisomere 64
Konode 209
Konstanten, elastische 392
Konstitution 60
Konstruktions-(Hochleistungs-)Keramik 48
Kontaktkorrosion 355
Kontiguität 278, 415
Konzentrationsbereich 227
Konzentrationsdreieck 219
Konzentrationselemente 357
Konzentrationsüberspannung 344
Koordinationsgitter 50
Koordinationspolyeder 37
Koordinationszahl 37
Koordinationszahlen 58
Kornfläche
– mittlere 275
Kornflächenätzung 251, 262
Korngrenzen 93, 139, 246
– spezielle 97
Korngrenzenätzung 251, 253, 260, 267
Korngrenzendiffusion 294
Korngrenzenfläche
– spezifische 277
Korngrenzengleiten 98, 401
Korngrenzenverfestigung 282, 413
Korngrenzenversetzungen 98
– extrinsische 99
– intrinsische 98
– primäre 98
– sekundäre 98
Kornschnittfläche 250
Kornvergrößerung
– diskontinuierliche 323
– kontinuierliche 323
Kornwachstum
– spannungsinduziertes 321
Kornzerfall 362
Korrosion
– elektrochemische 335
– interkristalline 361
– selektive 356, 361
– ungleichförmige 330
Korrosionselement 354

Korrosionselemente 375
Korrosionsschutz 385
– passiver 385
Korrosionsstromdichte 345
Korrosionszeitfestigkeit 365
Kraftresultierende 523
Kreisverfahren 275
Kriechbruch 428
Kriechen 307, 401, 426
– stationäres 427
– tertiäres 428
Kristallanisotropieenergie 507
Kristallbaufehler 77
Kristallenergie 513
Kristallerholung 314, 444
Kristallgemisch 196
Kristallisation 119
Kristallisation– gesteuerte 136, 151
Kristallisationswärme 119
Kristallisatoren 128
Kristallithypothese 107
Kristallkeime 121
Kristallsteigerungen 129, 210
Kristallstruktur 9
Kristallsysteme 8
Kristallwachstum 119
Kristallwachstumsgeschwindigkeit 139
Kugelpackungen 9

l

Ladungsdefekte 81
Ladungsträger 462
Lagekugel 17
Lamellen 138
Längenänderung 524
Längen-Temperaturkoeffizient 523
Lattenmartensit 175
Laue-Verfahren 542
Laugenbeständigkeit 366
Laves-Phasen 48
LEBM 437
Ledeburit I 225
Leerstellen 78
Leerstellenkonzentration 79
Leerstellenmechanismus 298
Leerstellenquellen 309
Leerstellensenken 309
Legierung 195
Legierungen
– amorphe 479, 516
– nanostrukturierte 102 f.
Leiterpolymere 61
Leitfähigkeit
– elektrische 462

Leitungsband   480
Liganden X   37
Linearanalyse   276
lineare Mittelkorngröße   277
Liquiduslinie   199
Lochkorrosion   358
Lomer-Cottrell-Versetzung   88
Lomer-Cottrell-Versetzungen   404
Löschkalk   131
low cycle fatigue = LCF   419
LSW-Theorie   104
Lüdersband   416
Lüders-Dehnung   416
Lunker   128

m
Magnetisierung
– spontane   508, 526
– wahre   526
Magnetostriktion   513
– lineare (Gestalts-)   528
Magnetquantenzahl   24, 466
Makroeigenspannungen   442
Makrogefüge   249
Makromoleküle
– lineare   61
– räumlich vernetzte   62
– verzweigte   61
Makroschliff   255
Maraging-Stähle   446
Martenshärte   457
Martensit   172, 233 f.
– kubischer   280
– spannungsinduzierter   174
– thermoelastischer   174
– verformungsinduzierter   174
Martensitaushärtung   446
Martensitbildung   46
Martensitstufe   234
Matano-Methode   304
Maxwell-Modell   425
Mehrfachgleiten   404
Mehrkomponenten-Schmelzen   129
Mehrstoffsysteme   195
Meißner-Ochsenfeld-Effekt   487
Memory-Effekt   397
Metal Dusting   384
Metalle   26
– amorphe   156, 479, 516
– edle   336
– unedle   336
Metall-Isolator-Übergang   472
Metalloide   26
Mikroeigenspannungen   442

Mikrofraktographie   252
Mikrogefüge   249
Mikrolunker   128
Mikrophasen   111, 153
Mikrophasenbildung   151
Mikroplastizität   409, 413
Mikroschliff   255
Mikrotom   256
Millerschen Indizes   12
Mischbarkeit
– begrenzte   44
Mischbindungen   36
Mischelektrode
– homogene   345
Mischkristallreihe
– lückenlose   43
Mischkristallverfestigung   406
Mischpotenzial   345
mismatch   443
mittlerer freier Weg   278, 287
Modell
– energetisches   24
Modifikation
– allotrope   167, 227
Modifizierung   73
Modulationsperiode   177
Moduleffekt   395
Molmasse   60
Multiplikations-Mischkristall   56

n
Nabarro-Herring-Kriechen   421
Nabarro-Herring-Mechanismus   307, 421
Nachkristallisation   176
Nachwirkung
– elastische   395
Nachwirkungen   147
Nadelkristalle   125
Nahordnung   4, 185
Nahordnungsumwandlung   176
Nanoindenter   457
NE-Abstand   11, 15
Nebenbindung   34
Nebenquantenzahl   24, 466
Nebenvalenzbindung   23
Nebenvalenzbindungen   56
Nernstsche Gleichung   337, 341
Netzebene   11
Netzebenen einer kristallographischen
    Form   12
Netzebenenschar   11
Netzwerkbildner   109
Netzwerktheorie   108
Netzwerkwandler   109, 463

Netzwerkwandlerionen 366
Neukristallisation 176
Neutronenstrahlen 541
Nichtmetalle 26
n-Leitung 481
normalgeglühten Zustand 280
Normalglühen 171
Normalspannungen 391

o

Oberflächenbehandlung
– chemisch-thermische 305
Oberflächendiffusion 294
Oberflächenhärtung 239
Oberflächenzerrüttung 459
Opferanode 388
Orbitalquantenzahl 24, 466
Ordnungsgrad 184
Ordnungszahl 24
Orientierungsdreieck 19
Orientierungsfaktor 279, 400
Orientierungskräfte 35
Orientierungspolarisation 500
Orientierungsspannungen 443
Orowan-Mechanismus 409f.
Ostwald-Reifung 104, 178, 313
Ostwaldsche Stufenregel 187
Oxidation
– katastrophale 377
Oxidschichten 387

p

Packungsdichte 41
parabolisches Zeitgesetz 307
Paraelektrizität 501
Paramagnetismus 505
Paraprozess 526
Passivität 349
Pauli-Prinzip 25
Peierls-Energie 402
Peierls-Spannung 402
Peierlsspannungen 47
Peltier-Effekt 495
Periodensystem 26
Perlit 182, 226
Perlitstufe 234
Pfropfcopolymere 74
Phase
– intermetallische 46
Phasen
– intermetallische 227
Phasengrenze 99
Phasengrenzen 93, 246
Phasenkontrastverfahren 270

Phononen 496
Phosphatschichten 387
Piezoelektrizität 504
pile-up 431
Plastizitätstheorie 397
Plattenmartensit 173
p-Leitung 482
p-n-Übergang 483
Poissonsche Konstante 392
Polarisation 499
Polfiguren 19
Polieren
– elektrolytisches 258
Polkugel 17
Polygonisation 315
Polymerblends 74
Polymerblendtechnik 74
Polymere 472, 545
– flüssig-kristalline 77
– unvernetzte 112
Polymerisationsgrad 60
Polymerlegierung 230
Polymorphie 167
Polyurethane
– segmentierte 76
Porenphase 248
Portevin-Le Chatelier-Effekt 417
Potenzialtopf 475
Prepregs 450
Primärgefüge 128, 248
Primärkriechen 427
Primärzementit 225
Projektion
– stereographische 17
Projektionsebene 18
Pseudogap 471
Pseudomorphie 159
pull out 433
PVD-Verfahren 160

q

Qualitätsmanagement 457
Quarz 52
Quellung
– begrenzte 369
– unbegrenzte 369
Querdehnzahl 392
Quergleiten 84, 315
Querkontraktion 391

r

Ramberg-Osgood-Beziehung 412
Rasterelektronenmikroskop 271
Ratcheting 419

Raumerfüllung 41
Raumgitter 7
Reaktion
– peritektische 215
– tribochemische 459
Reaktionen
– eutektoide 215
– strahlenchemische 548
Realstruktur 6
Rechteckverfahren 276
Redoxelektrode 337
Redoxsysteme 340
Redoxvorgang 338
Reibkorrosion 330
Reibung 458
– innere 396
Reibungsenergiedichte 459
Reibungsspannung 415
Reiß-Modul 440
Rekaleszenz 234
Rekristallisation 316
– primäre 318
– sekundäre 323
– tertiäre 326
Relaxationsmodul 424
Relaxationszeit 424
Reliefpolieren 270
Remanenz 511
Restaustenit 239
Restbruch 436
Restvalenzbindung 34
Retardation 425
Richtreihen 277
Richtung einer Gittergeraden 13
Ringdiffusion 297
Rissausbreitung
– instabile 434
Rissspitzenöffnung 439
Risswiderstands(R)-Kurve 440
Röntgenstrahlung 541
Rost 342
Rostebenen 70
Rostschichten 353
Ruhepotenzial 345

S

Sauerstoffkorrosion 341, 347
Säurebeständigkeit 366
Säurekorrosion 340, 346
Schädigungskaskade 548
Schädigungsmechanik 391, 441
Schädigungsvariable 441
Scherfestigkeit
– theoretische 401

Schichten
– organische 386
Schichtenstrukturen 52
Schiebung 391
Schlifffläche 250
Schmelze 117
– unterkühlte 106, 145
Schmelzenthalpie 117
Schmelzpunkt 117
Schmelzwärme 119
Schmidsches Schubspannungsgesetz 399
Schmierstoff 458
Schottky-Fehlordnung 81
Schraubenversetzung 82
Schritt
– wiederholbarer 123
Schrumpfung 129
Schubmodul 392
Schubspannung
– kritische 399
Schubspannungen 391
Schutz
– anodischer 353, 388
– katodischer 388
Schwarmbildung 151
Schwingungsmittelpunkt 523
Schwingungsrisskorrosion 365, 437
Seebeck-Effekt 493
Seigerungen 129
Sekundärgefüge 128, 249
Sekundärkristallisation
– texturbedingte 324
– verunreinigungskontrollierte 324
Sekundärzementit 225
shape memory alloys 397
Shockley-Versetzungen 88, 91
Silicate 52
Slater-Koeffizient 506
smart materials 397
Snoek-Dämpfung 531
Sol-Gel-Technik 144
Sol-Gel-Umwandlung 142
Soliduslinie 200
Sorbit 233
Spaltbruch
– interkristalliner 429
– transkristalliner 429
Spaltflächen 31, 252
Spannungen
– thermisch induzierte 419
Spannungsarmglühen 444
Spannungs-Dehnungs-Diagramm 392
Spannungs-Dehnungs-Kurve
– zyklische 419

Spannungsintensitätsfaktor 438
Spannungsreihe
– elektrochemische 338
– thermoelektrische 493
Spannungsreihen
– praktische 340
Spannungsrelaxation 425
Spannungsrisskorrosion 363, 437
– anodische 363
– katodische 364
Spannungstensor 391
Spannungszustand
– ebener 391
Sperrschicht
– elektrische 483
Sperrschichthalbleiter 483
Sphärolithe 140
– garbenförmige 140
Spin-Disorder 476
Spinell
– inverser 521
– normales 521
Spinordnung 476
Spinquantenzahl 24, 466
Spongiose 356
Sprödbruch 429
Sprödigkeit 390
Sprungtemperatur 485
Spülkantenkorrosion 375
Stabilisatoren 387
Stabilisieren 387
Stahl
– mikrolegierter 446
Stähle
– übereutektoide 226, 233
– untereutektoide 226, 233
Stahlhärtung 239
Standardprojektionen 19
Standardwasserstoffelektrode 336
Stapelfehlerenergie 91
Stapelfehler 88, 91
Stauchung 391
Stengelkorngefüge 326
Stereometrie 273
Störstellenleitung 480
Strahlenschäden 548
Streckgrenze 390, 397
– obere 416
Stretch-Zone 440
Streuung von Strahlung
– elastische 541
Stromdichte-Potenzial-Kurven 343
Struktur
– modulierte 177

Strukturen
– nanokristalline 101
Strukturformel 60
Stufenversetzung 81
Sublimation 118
Sublimationsenergie 118
Substituenten 61
Substitution
– gekoppelte 55
Substitutionsmischkristalle 43
Subtraktions-Mischkristall 56
Superelastizität 396
Super-Versetzungen 90
Supraleiter 1. Art 487
Supraleiter 2. Art 487
Supraleiter 3. Art 489
Supraleitung 485
Suzuki-Effekt 406
System
– heterogenes 196
– hexagonales 14
– kubisches 13
– tribologisches 458

t

Tafelgerade 343
Tafel-Gleichung 343
Taktizität 63
Teilchengefüge 285
Teilchenverfestigung 407
Teilversetzungen 88
Temperaturkoeffizient
– negativer 480
Tempern 444
Tertiärzementit 226
Texturen 328
Thermistoren 472
Thermokraft 493
Thermomigration 305
Thermospannung 493
Tieftemperaturkriechen 420, 426
Tieftemperaturversprödung 548
Transformationstemperatur 106
Transistor 484
Transkristallisationszone 127
Transpassivbereich 350
Trennfestigkeit
– theoretische 402, 429
TRIP-Effekt 423
TRIP-Stähle 243
Troostit 234
Tröpfchenmodell 111
Trübgläser 153
T(tearing)-Modul 440

u

Überalterung 179
Übergangselemente 466
Übergangskriechen 427
Übergangsmetalle 28
Übergangsmetalloxid-Gläser 483
Übergangstemperatur 435
Übersättigung 120
Überschussleerstellen 79
Überstruktur 185, 217, 228
Überstrukturen 44, 184 f.
– kugelförmige 140
Überzüge
– metallische 386
Umkristallisation 175
Ummagnetisierungsarbeit 512
Umwandlung
– displazive 169
– martensitische 167, 172
– massive 174
– polymorphe 167
– rekonstruktive 169
Umwandlung erster Art 163, 186
Umwandlung zweiter Art 163, 186
Umwandlungseigenspannungen 443
Umwandlungsplastizität 420
Unterkühlung 120

v

Valenz
– elektrostatische 53
Valenzband 480
Valenzwinkel 32, 58
van-der-Waals-Kräfte 34
Varistoren 472
Vegardsche Regel 44, 209
Veränderungen der Struktur 538
Verbundwerkstoffe
– anisotrope 130
– faserverstärkte 433
Verdampfungspunkt 118
Verdampfungswärme 119
Verfestigen
– chemisches 447
– thermisches 447
Verfestigungsexponent 412
Verformung
– anelastische 395
– energieelastische 394
– entropieelastische 394
– irreversible 390
– plastische 397
– relaxierende 424

– reversible 390
– viskoelastische 424
– viskose 397, 424
Verformungseigenspannungen 443
Verformungsgrad
– kritischer 321
Verformungsrelaxation 425
Verformungstextur 418
Verformungsverfestigung 404
Vergüten 281
Verhalten
– isotropes 107
– pseudoelastisches 396
– quasiisotropes 246
– superplastisches 401
– viskoelastisches 424
– viskoses 424
Verluste
– dielektrische 502
Verlustfaktor 502
Verlustwinkel 502
Vernetzen 448
Vernetzungsgrad 62
Vernetzungsreaktion 545
Vernetzung 538, 547
Verschlackung 377
Verschleißintensität 459
Verschleiß 458
Versetzung
– gemischte 82
Versetzungen 81
– unvollständige 88
– vollständige 87
Versetzungsätzen 253, 264
Versetzungsmultiplikation 403
Versetzungsring
– vollständiger 88
Versetzungsringe 88, 548
Versetzungsrisse 431
Verstrecken 448
Verzunderung 378
Vibrationsverfahren 256
Viskosität 149
– dynamische 424
Viskosität des gestörten Kristalls 308
Viskositätsfixpunkte 150
– bearbeitbare 136
Vitrokerame 135
Vizinalflächen 250
Vogel-Fulcher-Tammann 150
voids 432
Voigt-Kelvin-Modell 425
Vollmert-Stutz-Modell 112

Volumenänderung 524
Volumenanteil 276 f.
Volumendiffusion 294
Volumenelastizitätsmodul 392
Volumenmagnetostriktion 526, 529
– erzwungene 526
Volumen-Temperaturkoeffizient 522
Vycorgläser 153

W

Wabenbruch 429
Wachstumsform 125
Waldversetzungen 404
Walzabschrecken 154
Walztextur 418
Wandenergie 507
Wärme
– latente 119
– spezifische 523
Wärmeausdehnung 523
Wärmefluss 127
Wärmeleitfähigkeit 496
Wärmeleitung 496
Wärmeschwingungen der Atome 523
Warmumformen 417
Wasserstoffbrückenbindung 35, 59
Wechselwirkungen verschiedenartiger Gitterstörungen 104
Weichgläser 525
Weichmachung 76
Weißbruch 433
Weißsche Bezirke 506
Werkstoffe
– ferromagnetische 526
– nanostrukturierte 249
– polykristallin 246
Werkstoffmechanik 391
Werkstoffoberfläche 255
Werkstoffverhalten
– schadenstolerantes 444
Werkstoffwissenschaft 1
Whiskers 125, 157, 417
Widerstand
– spezifischer elektrischer 477
Widerstandsüberspannung 344
Wulffsche Netz 18
Wüstit 379

Z

Zähbruch 429
Zeitgesetzt
– lineares 379
– logarithmisches 379
– parabolisches 379
Zeitkriechgrenze 427
Zellstruktur 112
Zemente 131
Zementgel 134
Zementit 182
Zementstein 134, 288, 367
Zener-Effekt 531
Zerfall
– eutektoider 182
Zickzack-Form 67
Zone 14
– plastische 435, 437
– verbotene 468, 480
Zonen 177
Zonenachse 14
Zonengleichung 15
Zonenmischkristalle 210
ZSD-Kurve 419
ZTA-Diagramm 239
ZTU-Diagramme 235
Zugfestigkeit 390
Zugspannung 391
Zugversuch 412
Zunderkonstante 379, 382
Zunder 378
Zustand 106
– amorpher 106
– fester 116
– flüssiger 4
– gasförmiger 4
– schmelzflüssiger 118
– teilkristalliner 140
Zustandsgrößen 195
Zweistoffsystem 202, 220
Zweiwegeffekt 397
Zwillinge 140
Zwillingsbildung
– mechanische 400
Zwillingsgrenzen 97
Zwillingskristalle 327
Zwischengitteratome 46, 78
Zwischengittermechanismus 297